Lehrbuch der Bergwirtschaft

Lehrbuch der Bergwirtschaft

Von

Dipl.-Berging. **K. Kegel**

o. Professor für Bergbau und Bergwirtschaft an der
Bergakademie Freiberg, Direktor der bergtechnischen Abteilung
des Braunkohlen-Forschungs-Institutes

Mit 167 Abbildungen und
20 Formularen im Text
und auf einer Tafel

Springer-Verlag Berlin Heidelberg GmbH
1931

ISBN 978-3-642-89935-5   ISBN 978-3-642-91792-9 (eBook)
DOI 10.1007/978-3-642-91792-9

Vorwort.

In den letzten Jahrzehnten, insbesondere nach dem Weltkriege sind die Schwierigkeiten einer erfolgreichen wirtschaftlich-technischen Leitung und Überwachung der Industriebetriebe durch die sich zunehmend drückender gestaltende Volks- und Weltwirtschaftslage immer erheblicher geworden. Diese Sachlage führte dazu, daß sich neben den bereits bestehenden rein technischen Wissenschaften die Betriebswissenschaft mehr und mehr entwickelte und eine gleichberechtigte Bedeutung neben der reinen Technik zu erlangen im Begriff ist. Diese Entwicklung trifft nicht zum mindesten auch für die Bergbauindustrie zu und veranlaßte mich, eine Vorlesung über dieses Gebiet auszubauen und die Grundlagen derselben zu dem vorliegenden Buche zusammenzufassen.

In ihrem weitesten Umfange würde zur Bergwirtschaftslehre noch die welt- und volkswirtschaftliche Montanstatistik gehören unter eingehender Würdigung der Lagerstättenvorräte und der aus geographischer Lage und geologischem Zustand derselben mit Berücksichtigung der technisch-volkswirtschaftlichen Struktur der Welt sich ergebenden Gesamtwirtschaft des Bergbaues der Welt bzw. der einzelnen Länder. Ich habe bewußt davon abgesehen, diesen Gegenstand zu behandeln, da er einerseits für sich allein ein vollständiges Buch beanspruchen würde, und da andererseits der Stoff für den Betriebsleiter und die Betriebsbeamten eines Bergwerkes in der Regel nur ein sekundär-praktisches Interesse hat. Viel wichtiger erscheint mir derjenige Teil der Bergwirtschaftslehre, der die Leitung und den Betrieb der einzelnen Bergwerke betrifft. Trotz dieser Einschränkung ist das Buch noch sehr vielseitig mit 8 Hauptabschnitten, von denen jeder ein völlig anders geartetes Gebiet behandelt.

Das Buch soll den Studenten und jungen Ingenieuren als Lehrbuch dienen und zugleich dem erfahrenen Fachmann Anregungen bringen. Mit Rücksicht auf die Studenten und jungen Ingenieure, die meist weder die Zeit noch die Möglichkeit haben, die weit zerstreute Literatur der vielen, die Bergwirtschaft berührenden Gebiete zu studieren und sich dadurch die grundlegenden Kenntnisse derselben zu erwerben, hielt ich es für erforderlich, in den einzelnen Abschnitten die grundlegenden Forschungsergebnisse zusammenzustellen. Dies gilt im Abschnitt „Die Stellung des Arbeiters in der Betriebswirtschaft" auch für die Behandlung der physikalisch-chemischen und physiologischen Einwirkungen der natürlichen Verhältnisse des Betriebes auf den Arbeiter. Überhaupt glaubte ich der arbeitsorientierten Stellung des Bergbaues durch tieferes Eingehen auf die Arbeiterverhältnisse Rechnung tragen zu sollen.

Im Abschnitt „Betriebsüberwachung" habe ich die rein buchhalterisch-kaufmännischen Maßnahmen nur so weit angedeutet, als es mir für den technischen

Betriebsbeamten zum Verständnis seiner Maßnahmen erforderlich erschien. Die Einwirkung der fixen und veränderlichen Kosten sowie des mittleren Ausnutzungsgrades auf die richtige Wahl einer Anlage habe ich ihrer einschneidenden Bedeutung wegen eingehend behandelt. Die umfassende Behandlung der übrigen Fragen der Betriebsüberwachung einschließlich Materialüberwachung ergab sich aus ihrer Bedeutung von selbst. Der Begutachtung und Bewertung der Lagerstätten und Bergwerke wurde am Schluß ein ausführlicher Abschnitt gewidmet.

Die Betriebswissenschaft ist mehr wie jede andere Wissenschaft auf die Zusammenarbeit mit den Industriebetrieben angewiesen, wenn sie sich nutzbringend entwickeln soll. Da nicht jeder Bergwerksbetrieb ein großes Betriebsforschungsinstitut unterhalten kann und auch größere Unternehmungen nur die Verhältnisse ihrer eigenen Betriebe untersuchen können, so scheinen mir die Hochschulinstitute besonders geeignet zu sein, als Clearinghaus für den neutralen Austausch der Erfahrungen und Forschungsergebnisse auf dem Gebiete der Betriebswissenschaft zu dienen. Ich hoffe, daß das vorliegende Buch dazu beiträgt, diese für die notwendige weitere Entwicklung der Betriebswissenschaft zweckmäßige Zusammenarbeit zu fördern.

Es bleibt mir nun noch die angenehme Pflicht, allen denen meinen Dank auszusprechen, die mich durch Überlassung von Material unterstützt haben. Ebenso danke ich auch meinem Assistenten am Institut für Bergbau und Bergwirtschaft, Herrn Dipl.-Berging. Hanel, für seine treue Mitarbeit, die er mir durch seine Durchsicht des gesamten Manuskriptes und der Korrekturbogen geleistet hat. Weiter möchte ich der Verlagsbuchhandlung Julius Springer danken für die sorgfältige Ausstattung des Buches und für die Berücksichtigung meiner Wünsche bei der Drucklegung.

Freiberg, im Januar 1931.

K. Kegel.

Inhaltsverzeichnis.

Seite

Einleitung.

Die Aufgabe des Bergbaues besteht in der gewinnbringenden Beschaffung mineralischer Rohprodukte aus den natürlichen Lagerstätten. Letztere stellen Vorräte dar, deren Nutzbarmachung mit mehr oder weniger großen Schwierigkeiten verknüpft ist. Zur Überwindung derselben dienen Technik und Wirtschaft, die in ihrer Wirkung durch die rechtlichen Beziehungen stark beeinflußt werden. Auf den materiellen, rechtlichen und technisch-wirtschaftlichen Grundlagen baut sich sonach die Bergwirtschaft eines Landes sowohl in der Gesamtheit als auch im einzelnen auf. Die Bergwirtschaftslehre, die sich mit der Untersuchung und Feststellung aller Ursachen zu befassen hat, die in ihrem Zusammenwirken die Wirtschaftlichkeit eines Bergbaues bedingen, hat eine Doppelaufgabe zu lösen. Einerseits ist der Zusammenhang der Bergwirtschaft mit der allgemeinen Volks- und Weltwirtschaft festzustellen. Andererseits sind alle die Mittel und Wege zu untersuchen, die geeignet sind, sowohl die kaufmännische als auch die technische Betriebswirtschaft zu verbessern. Gegenstand der vorliegenden Betrachtung soll in erster Linie die technische Betriebswirtschaftslehre unter besonderer Berücksichtigung der bergtechnischen Betriebswirtschaft sein.

Die allgemeine Bergwirtschaft sowie die kaufmännische Betriebswirtschaft wirken so unmittelbar und erheblich auf die bergtechnische Betriebswirtschaft ein, daß sich eine völlige Abtrennung dieser beiden Zweige der Wissenschaft als untunlich erweisen würde und das um so mehr, als zur Bewertung eines Bergwerkes neben den technischen Kenntnissen auch solche der kaufmännischen Betriebswirtschaft und der allgemeinen Bergwirtschaft erforderlich sind. Es werden daher in der vorliegenden Schrift zunächst die allgemeinen Grundlagen der Bergwirtschaft und anschließend die bergtechnische Betriebswirtschaft behandelt.

A. Die Grundlagen der Bergwirtschaft.

I. Die materiellen Grundlagen der Bergwirtschaft.

Die materielle Grundlage eines Bergwerkes ist die Lagerstätte. Sie bildet den Gegenstand des betreffenden Betriebes. Für den Abbau der Lagerstätten ist aber nicht allein ihre Beschaffenheit, sondern auch die Beschaffenheit des gesamten Lagerstättengebirges einschließlich des Deckgebirges und in vielen Fällen auch des liegenden Gebirges von wesentlicher Bedeutung. So können bei sonst gleichartigen Lagerstätten (z. B. Steinkohlen) die verschiedenen geologisch-tektonischen Verhältnisse des Lagerstättengebirges mitunter erhebliche Unterschiede in der Wirtschaftlichkeit der einzelnen Bergbaubetriebe verursachen. Dazu kommen noch politische, volks- und finanzwirtschaftliche und technisch-wirtschaftliche Bedingungen. Die Abbauwürdigkeit einer Lagerstätte setzt also voraus, daß

a) die substantiellen,
b) die geologischen,
c) die volks- und finanzwirtschaftlichen und
d) die technisch-wirtschaftlichen Bedingungen

erfüllt sind.

a) Die substantiellen Bedingungen der Bauwürdigkeit[1].

Die Beschaffenheit der in Frage kommenden Bergwerkssubstanz bzw. des geförderten Bergwerksproduktes muß eine wirtschaftliche Verwendung ermöglichen. Dieser Gesichtspunkt kommt daher allein für den bei der Bezeichnung des Bergwerksproduktes unterzulegenden Begriff in Betracht. Der mineralogische Standpunkt, nach dem als „Erze" nur Mineralien bezeichnet werden, die Schwermetalle in bestimmten chemischen Verbindungen enthalten, scheidet hier aus. Es kommt für den Umfang des wirtschaftlichen Begriffes „Erz", „Salz", „Kohle" usw. lediglich der technische Standpunkt der Verwendbarkeit in Frage.

Auch die Technik läßt einen verschiedenen Umfang des Begriffes zu, je nachdem es sich um die Weiterverarbeitungsindustrie, bei Erzen also um das Hüttenwesen, oder um die Erzeugungsindustrie, also das Bergwesen, handelt.

Vom Standpunkte des Eisenhüttenmannes wird der Begriff „Eisenerz" in der vom Verein Deutscher Eisenhüttenleute zu Düsseldorf herausgegebenen „Gemeinfaßlichen Darstellung des Eisenhüttenwesens", 9. Aufl., 1915, auf S. 25, wie folgt erklärt:

„Der Eisenhüttenmann versteht unter ‚Eisenerz' alle diejenigen in der Natur vorkommenden Verbindungen, die Eisen in solcher Menge und in solcher Beschaffenheit enthalten, daß sie als Rohstoffe für die fabrikmäßige Darstellung des Eisens mit wirtschaftlichem Erfolg benutzt werden können."

Dieser dem Wort Eisenerz unterlegte Begriff läßt bereits eine Deutung verschiedenen Umfanges zu.

---

[1] Vgl. Voelkel: Die absolute und die relative Bauwürdigkeit. Z. f. Bergrecht Bd. 53, S. 49.

Relativ im engsten Sinne umfaßt dieser Begriff für ein bestimmtes Eisenhochofenwerk nur solche in der Natur vorkommende eisenhaltige Gesteine, die diese Hütte mit ihren vorhandenen Einrichtungen wirtschaftlich vorteilhaft verwenden kann. Daraus ergeben sich bereits Schwankungen des Begriffes innerhalb der Grenzen, die durch die mehr oder weniger vollkommenen Einrichtungen der verschiedenen Hochofenwerke gegeben sind.

Relativ im weitesten Sinne des Wortes muß darnach der Eisenhüttenmann alle diejenigen eisenhaltigen Gesteine jeweils als Eisenerze ansprechen, die von denjenigen Hochofenwerken noch mit Vorteil verschmolzen werden können, die zur jeweiligen Zeit die vollkommensten Einrichtungen zur eisenhüttenmännischen Verarbeitung dieser Erzsorten besitzen.

Wesentlich weiter müßte der Eisenhüttenmann den absoluten Begriff „Eisenerz" fassen. Hierzu würden alle jene eisenhaltigen Gesteine zu rechnen sein, aus denen die Herstellung von Eisen mit wirtschaftlichem Nutzen möglich erscheint bei Anwendung der besten vorhandenen oder nach dem Stande der Technik möglichen Hilfsmittel der Eisenhüttentechnik.

Im bergmännischen Sinne versteht man unter „Erzen" solche metallhaltige Gesteine, aus denen sich Erze im hüttenmännischen Sinne darstellen lassen.

Auch hier ergibt sich ein verschieden weiter Umfang sowohl des relativen als auch des absoluten Begriffes des Wortes Erz, Kohle usw. Er hängt sinngemäß in derselben Weise vom Stande der Aufbereitungstechnik ab wie der hüttenmännische Begriff „Erz" vom Stande der Hüttentechnik.

Für den Umfang des bergmännischen Begriffes „Erz" ist also neben dem jeweiligen Stande der Hüttentechnik der gleichzeitige Stand der Aufbereitungstechnik maßgebend.

Der engste relative Begriff des Wortes „Eisenerz" im bergmännischen Sinne hängt also für ein Bergwerk von der Güte der dort errichteten Aufbereitungsanlage und von den Anforderungen des die Erzeugnisse abnehmenden Eisenhochofenwerkes ab.

Im absoluten bergmännischen Sinne würde man dagegen unter Eisenerz noch alle diejenigen eisenhaltigen Gesteine zu rechnen haben, deren nutzbringende Verarbeitung zu Eisenerz im absoluten hüttenmännischen Sinne bei Anwendung der besten vorhandenen oder nach dem Stande der Technik möglichen Hilfsmittel der Aufbereitungstechnik denkbar erscheint.

Es ist selbstverständlich, daß für die Beurteilung des absoluten oder relativen Begriffes eines verleihbaren Minerals neben der Entwicklung der Technik auch die Entwicklung der Marktlage von ausschlaggebender Bedeutung ist.

Namentlich ist in diesem Zusammenhange die Stellung derjenigen Lagerstätten und Lagerstättenteile zu beurteilen, die Gesteine enthalten, die weder im relativen noch im absoluten bergmännischen Sinne als absatzfähige Bergbauprodukte angesehen werden können. Hierzu würde man z. B. manche arme, sehr schwer aufbereitbare Erze zu rechnen haben.

Als Beispiel ließen sich auch die komplexen Erze der bolivianischen Grube „El Salvador" anführen[1]. Sie bestehen vorwiegend aus Zinkblende, Eisenkies, Jamesonit, Bleiglanz, Zinnstein und führen über 20% Zn, 5% Pb, 0,8% Sn und 0,03% Ag. Obwohl über 200 000 t Erz aufgeschlossen sind, ist die Lagerstätte heute nicht bauwürdig. Denn die Zinkgewinnung allein ermöglicht wegen der teuren Frachten keinen Gewinn und die getrennte Gewinnung von Bleiglanz und Zinnstein ist zur Zeit aufbereitungstechnisch unmöglich; das Ausbringen des Zinns auf metallurgischem Wege ist wegen des geringen Zinngehaltes noch

---

[1] Nach Mitteilung von Dr. Bornitz, Zwickau i. Sa.

unwirtschaftlich. Die El-Salvador-Erze sind somit zur Zeit in Bolivien nicht bauwürdig. Trotzdem wäre es falsch, diese Mineralien nicht als Erze im absoluten Sinne anzusehen. Denn bei der fortschreitenden Erschöpfung der Zinnerzlager wird man vielleicht später auf diese zinnarmen, komplexen Erze zurückgreifen müssen, die dann entweder infolge Steigens des Zinnpreises wegen sinkenden Angebotes oder durch Verbesserung der metallurgischen Methoden bauwürdig werden. Die Erze besitzen aus diesen Erwägungen heraus einen spekulativen Wert sowohl für die Privatwirtschaft, die sich Reserven für die Zukunft sichern will, wie auch für die Volkswirtschaft, weil die Untersuchung der heute unbauwürdigen Vorkommen die spätere Realisierung von im Augenblick nicht gewinnbaren Bodenschätzen in der Zukunft vorbereitet. Es liegt hier also eine mögliche Bauwürdigkeit vor.

Sehr arme Eisenerze können, wenn ihr Bergegehalt infolge seiner Zusammensetzung den Schmelzfluß begünstigt, als Zuschläge verwendet werden. Der Vorteil solcher Zuschläge gegenüber eisenfreien liegt auf der Hand. Anders liegt der Fall bei solchen Eisenerzen, deren Bergezusammensetzung den Schmelzfluß erschwert.

Läßt sich durch Möllerung dieser Erze, evtl. nach vorhergehender Aufbereitung derselben, mit anderen im bergmännischen Sinne vollwertigen Erzen ein Durchschnittsprodukt erzielen, das den an den Begriff Erz im absoluten oder relativen Sinne zu stellenden Anforderungen entspricht, so kann man mit deren Hilfe mehr Metall aus den vorhandenen Lagerstättenvorräten erzeugen, den Volksreichtum an diesem Metall also entsprechend erhöhen. Man kann solche Erze als „Streckungserze" bezeichnen.

Gewohnheitsgemäß rechnet man überall solche Streckungserze mit zu den Erzen im relativ bergmännischen Sinne, wo sie mit im bergmännischen Sinne vollwertigen Erzen gemeinsam vorkommen und wo bei gemeinsamer Gewinnung ein Durchschnittsprodukt gewonnen werden kann, das den an den Begriff Erz im relativen bergmännischen Sinne zu stellenden Anforderungen noch genügt.

Dieser gewohnheitsmäßige Gebrauch erstreckt sich nicht nur auf solche Streckungserze, die bei der Hereingewinnung vollwertiger Erze aus bergmännischen Gründen mit hereingewonnen werden müssen, sondern auch darüber hinaus auf solche Streckungserze enthaltende Lagerstättenteile, für die besondere Aus- und Vorrichtungsarbeiten ausgeführt werden müssen. Den geflissentlichen, ausschließlichen Abbau der höchstwertigen Erze würde man in solchen Fällen als Raubbau zu bezeichnen haben, der dem Volksvermögen außerordentlich schädlich sein kann.

Hiernach müssen Streckungserze auch dann noch als Erze im absoluten oder relativen bergmännischen Sinne angesehen werden, wenn sie auf selbständiger Lagerstätte vorkommen, sofern die geographische Lage dieses Feldes in Verbindung mit reichen Lagerstätten bzw. die sonstigen wirtschaftlichen Verhältnisse eine gemeinsame wirtschaftliche Verwendung möglich erscheinen lassen bzw. ermöglichen.

Sinngemäß gelten diese Ausführungen auch für die anderen Mineralien.

Die erste Voraussetzung für die Bauwürdigkeit einer Lagerstätte ist darnach erfüllt, wenn der Lagerstätteninhalt den Bedingungen entspricht, die gemäß obigen Ausführungen der Begriff „Bergwerksprodukt" im bergmännischen absoluten oder relativen Sinne umfaßt.

b) Die geologischen Bedingungen der Bauwürdigkeit.

Das Deckgebirge bedingt vorwiegend durch seine Mächtigkeit, Wasserführung, lockere oder feste Beschaffenheit die Schwierigkeiten der ersten Aufschlußarbeiten, d. i. des Schachtabteufens oder des Tagebaueinschnittes und damit die Höhe der Aufschlußkosten. Mit den steigenden Aufschlußkosten muß aber eine Steigerung der Leistungsfähigkeit der Anlage verknüpft werden, da man die erhöhten Aufschlußkosten entsprechend verzinsen muß. Die gesamten Anlagekosten erhöhen sich also nicht allein um den Betrag der Mehrkosten für den Aufschluß, sondern auch um den Betrag für die größere Betriebsanlage. Einige Beispiele mögen dies erläutern.

Es seien zwei Braunkohlentagebaue aufzuschließen, die beide ein Verhältnis der Mächtigkeit von Deckgebirge und Kohle wie 1 : 1, und zwar in dem einen Falle je 10 m und im anderen Falle je 30 m aufweisen. Die Beschaffenheit der Kohle, die Lagerungsverhältnisse usw. seien in beiden Fällen dieselben, so daß man annehmen kann, daß die späteren Betriebskosten in beiden Fällen etwa die gleichen sind. Es soll in beiden Fällen der Tagebauaufschluß vor Aufnahme des Betriebes so groß ausgeführt werden, daß eine Kohlenoberfläche von 120 m Länge und 30 m Breite freigelegt wird. Bei 30 m Mächtigkeit erfolgt der Abraum in zwei Schnitten.

Die für den Tagebauaufschluß abzuräumende Deckgebirgsmasse beträgt dann, wenn man eine Abraumböschung von 45° vorsieht, ohne schiefe Ebene bei 10 m Deckgebirgsmächtigkeit rd. 52000 m³ und bei 30 m Deckgebirgsmächtigkeit rd. 400000 m³, also im letzteren Falle ungefähr das Achtfache.

Die erforderlichen Aufschlußkosten A setzen sich zusammen aus den Kosten für:

Tagebauaufschluß einschl. Einschnitt $= E$,

Aufschlußentwässerung $= W$,

so daß $A = E + W$ ist.

F sind die Kosten für Abraum- und Grubenanlagen, Brikettfabrik und Nebenanlagen.

Rechnet man die Kosten für Abraum- und Grubenanlage, Brikettfabrik und Nebenanlage je Presse gleich f und die Anzahl der erforderlichen Pressen gleich x, so wird $F = x \cdot f$. Nimmt man ferner den Betriebsgewinn je Presse unter Berücksichtigung der Betriebs- und Amortisationskosten, sowie der sonstigen Unkosten außer der Amortisation des Tagebauaufschlusses und der Aufschlußentwässerung gleich S an, so beträgt der Betriebsrohgewinn gleich $x \cdot S$. Er vermindert sich in den vorliegenden Fällen um die

Amortisation des Tagebauaufschlusses $= e = \dfrac{m}{100} \cdot E$,

Amortisation der Aufschlußentwässerung $= w = \dfrac{m}{100} \cdot W$,

so daß sich als Rente des Bergwerkes ergibt:

$$R = x \cdot S - e - w.$$

Bei einer Verzinsung p des Anlagekapitals wird

$$\frac{p}{100} \cdot A = R,$$

woraus folgt:

$$\frac{p}{100} (E + W) = x \cdot S - e - w,$$

$$x = \frac{\frac{p}{100} \cdot (E + W) + e + w}{S} = \frac{p + m}{100} \cdot \frac{E + W}{S} .$$

Den Betrag für W ergibt die folgende Überlegung:

Zur Entwässerung ist ein Entwässerungstrichter herzustellen, dessen Wasserinhalt J m³ betrage. Der Wasserzulauf betrage B m³/min und die Leistung der Entwässerungsanlage D m³/min. Die Dauer der Entwässerung beträgt sonach $t = \dfrac{J}{D-B}$ (min). Die in dieser Zeit zu hebende Wassermenge Z (Inhalt des Entwässerungstrichters und der während der Zeit t erfolgende Zulauf) beträgt:

$$Z = t \cdot D = \frac{J \cdot D}{D-B}.$$

Rechnet man die Wasserhebungskosten zu $k\,\mathscr{M}$/m³, so betragen die Gesamtkosten der Entwässerung bis zur Trockenlegung des Entwässerungstrichters

$$W = k \cdot \frac{J \cdot D}{D-B} \quad (\text{in } \mathscr{M}).$$

Die Kosten für Aufschluß und Einschnitt, sowie für die Aufschlußentwässerung bedingen hiernach allein die notwendige Anzahl der Pressen. Je nach den örtlichen Verhältnissen sind zu den Kosten für den Aufschluß auch die Mehrkosten hinzuzurechnen, die für die Kippe dadurch entstehen, daß der Abraum erst nach einem gewissen Fortschritt des Abbaues wieder in den Tagebau gestürzt werden kann.

Auch für Tiefbaugruben werden die Anlagekosten oft durch die Deckgebirgsverhältnisse entscheidend beeinflußt.

Streicht z. B. in einem Grubenfeld das Steinkohlengebirge zutage aus und will man die oberen 100 m desselben aus Sicherheitsgründen nicht abbauen, so kann man für die erste Bausohle mit einer Schachtteufe von rd. 200 m auskommen. Für eine Doppelschachtanlage sind also im ganzen 400 m Schacht abzuteufen, wodurch bei geringen Wasser- und Gebirgsschwierigkeiten ein Kostenaufwand von etwa 600 000 bis 800 000 $\mathscr{M}$ verursacht wird. Muß dagegen für die erste Aufschlußarbeit eine Teufe von 900 m erreicht werden und erfordern hiervon 500 m teure Abteufverfahren, so können sich etwa folgende Abteufkosten für die Doppelschachtanlage ergeben:

$$
\begin{aligned}
2 \cdot 500 \text{ m je } 8000\ \mathscr{M} \ \ldots\ldots\ldots &= 8\,000\,000\ \mathscr{M}\\
2 \cdot 400 \text{ m je } 2000\ \mathscr{M} \ \ldots\ldots\ldots &= 1\,600\,000\ \mathscr{M}\\
\text{i. Sa.} &= \overline{9\,600\,000\ \mathscr{M}.}
\end{aligned}
$$

Diese teure Schachtanlage bedingt zu ihrer angemessenen Verzinsung und Amortisation eine entsprechend größere Förderleistung, also auch eine größere Gesamtanlage. Während man vor dem Kriege im ersten Falle Gesamtanlagen mit etwa 4 000 000 bis 6 000 000 $\mathscr{M}$ errichten konnte, versursachen die Anlagen unter den zuletzt erwähnten schwierigen Verhältnissen einen Kostenaufwand von 20 000 000 $\mathscr{M}$ und darüber, wobei Grubenfeld, Arbeiterkolonien usw. eingerechnet sind. Bei 5%iger Verzinsung erfordern 20 000 000 $\mathscr{M}$ bereits einen Reingewinn von 1 000 000 $\mathscr{M}$. Rechnet man mit einer Spanne von 1 $\mathscr{M}$/t Kohle zwischen Selbstkosten und Verkaufspreis, so müssen derartig teure Schachtanlagen eine jährliche Mindestförderung von 1 000 000 t haben, sofern keine zusätzlichen Gewinne aus der Verarbeitung der Kohle (Aufbereitung, Kokerei und Nebenproduktenanlage) zu erwarten sind.

Da der Abbau mehr und mehr in die Tiefe vorschreitet, muß mit einer zunehmenden Vergrößerung der Einzelanlagen, gegebenenfalls mit einer Konzentration der Betriebe gerechnet werden. Hierbei ist zu beachten, daß der Einfluß des Deckgebirges auf die Anlage- und Betriebskosten in dem Maße schwindet, als es der Technik gelingt, dieser Schwierigkeiten sicherer und billiger Herr zu werden (z. B. Entwicklung des Schachtabteufverfahrens).

Das Lagerstättengebirge beeinflußt die Anlage- und Betriebskosten des Bergwerkes vorwiegend durch seine Oberflächengestaltung, ferner das Vorhandensein und die Beschaffenheit der Verwitterungskruste an dieser Oberfläche, die zutage liegen oder von anderen Schichten überlagert sein kann. Weiter sind für die Kosten die Beschaffenheit der Schichten bzw. Gebirgsmassen, der Schichtenaufbau, die Tektonik, die Lagerstättendichte sowie die Gas- und Wasserführung von Bedeutung.

Die Verwitterungskruste ist namentlich bei Vorhandensein toniger Verwitterungsprodukte (Arkosesandstein) oft wasserundurchlässiger als das feste, anstehende Gestein, besonders wenn dieses durch Verwerfungen und sonstige Klüfte zerrissen ist. Das Vorhandensein einer starken Verwitterungskruste kann daher die Grubenbaue in erheblichem Umfange gegen das Eindringen der im Deckgebirge enthaltenen Wassermengen schützen.

Ist das Lagerstättengebirge durch tiefe Taleinschnitte zerteilt, durch die auch die Lagerstätten selbst in Mitleidenschaft gezogen werden, so wird die Einteilung des Baufeldes in geeignete Bauabschnitte erschwert. Je nach der durch die Erosion bewirkten Lage der Einschnitte können einzelne Bauabschnitte sehr ungünstige Formen erhalten. Soweit das erodierte Lagerstättengebirge über Tage ansteht, sind die Bergformen genau meßbar und bekannt, so daß darnach die Betriebsdispositionen im voraus getroffen werden können. Gelegentliche, auch ungewollte Durchhiebe der Grubenbaue mit der Tagesoberfläche sind in der Regel für den Betrieb ungefährlich und können gegebenenfalls zur Verbesserung der Wetterführung herangezogen werden. Immerhin bedingt die Zersplitterung der Baufelder eine umständlichere Aus- und Vorrichtung und damit eine Erhöhung der Anlage- und Selbstkosten.

Ist das durch Erosion zerschnittene Lagerstättengebirge von jüngeren, festen, wenig wasserführenden Gebirgsschichten bedeckt, wie z. B. das Steinkohlengebirge im Gebiet von Zwickau und Lugau-Ölsnitz, so wird der Betrieb dadurch verteuert, daß man die Formen der Erosionswirkung nicht so genau kennt, so daß vermehrte Untersuchungsarbeiten nötig sind. Besteht dagegen die Überlagerung aus wasserführenden, lockeren, mehr oder weniger feinsandigen Schichten, wie z. B. die miozänen Tegelsande im Mährisch-Ostrauer Steinkohlenrevier, so tritt die schwerwiegende Gefahr der Wasser- und Sandeinbrüche hinzu, wenn die Grubenbaue zu nahe an die karbonen Berghänge herankommen. Diesen Gefahren kann man nur dadurch begegnen, daß man die Gestaltung der von jungen Schichten überlagerten Erosionsoberfläche des Lagerstättengebirges systematisch durch Bohrungen und sonstige Aufschlüsse feststellt. Immerhin muß man auch dann noch kleineren, von den Untersuchungen nicht mit Sicherheit erfaßbaren Abweichungen von der festgestellten Form dadurch Rechnung tragen, daß man Sicherheitsstreifen von genügender Breite anbaut, d. h. erhebliche Kohlenmengen verloren gibt.

Die Tektonik des Lagerstättengebirges (Faltungen, Verwerfungen usw.) kann ebenso wie die Lagerstättendichte (Lagerstättenabstand, Lagerstättenzüge, Verhältnis der Flözmächtigkeit zur Gesamtmächtigkeit und mittlere Gebirgsmächtigkeit) sowohl den Lagerstättenvorrat, als auch die Anlage- und Betriebskosten in der verschiedensten Weise beeinflussen.

Geringer Lagerstättenabstand, größere Flözmächtigkeit, ebenso die Anordnung der Lagerstätten in Flözzügen (Gangzügen) vereinfachen und verbilligen die Aus- und Vorrichtung und den Betrieb in der Regel. Eine Erhöhung des im Grubenfelde enthaltenen Lagerstättenvorrates kann durch Überschiebungen und Faltungen usw. bewirkt werden, eine Verminderung durch Abrasion, Erosion (Luftsättel usw.), durch tiefe Mulden- und Grabensenkungen, sofern die tiefliegenden Lagerstättenteile aus technischen oder wirtschaftlichen Gründen nicht mit wirtschaftlichem Vorteil gewonnen werden können. Überschiebungen können im Grubenfelde auch eine Verdoppelung flöz-leerer Mittel bewirken.

Überschiebungen, Verwerfungen und Seitenverschiebungen können als Ein-zelspalten oder als Bruchzonen auftreten. Innerhalb der letzteren ist der Abbau meist unmöglich oder doch wesentlich erschwert. Je nach der Lage der Störungen zueinander oder zur Markscheide entstehen oft ungünstige Abmessungen der Abbaufelder und dadurch eine entsprechende Erhöhung der Selbstkosten.

Die physikalische Beschaffenheit des Lagerstättengebirges ist für den Berg-bau ebenfalls von großer Bedeutung. Das Lagerstättengebirge kann fest oder lose, löslich oder unlöslich, wasserdurchlässig oder wasserundurchlässig sein. Bei festem Gebirge kommt die Härte, Zähigkeit und Sprödigkeit bzw. Formbar-keit in Frage. Zähe und formbare Gebirgsglieder werden von tektonischen Zer-reißungen und von Abbauwirkungen weniger leicht betroffen als spröde Gebirgs-glieder. Etwa entstehende Druckspalten schließen sich im ersteren Falle sehr bald, so daß Wasser- und Gasansammlungen bzw. -zuführungen vermieden werden. Beim Anfahren von Verwerfungen kann in solchen Fällen nur dann Wasser erschroten werden, wenn jenseits der Spalten ein wasserführendes Ge-birge ansteht. Aus diesem Grunde sind auch beim Abbau von Lagerstätten in der Regel keine Wasserzuflüsse zu befürchten, wenn diese von formbaren, wasser-undurchlässigen, genügend mächtigen Gebirgsgliedern umgeben sind. In ge-brächem, leicht formbarem sowie leicht verwitterndem Gebirge wird die Bau-hafthaltung der Grubenbaue erschwert und teuer.

Bei löslichem Gebirge — in Frage kommt hier das Salzgebirge — ist darauf zu achten, daß Wasserzuflüsse vom Salzlager bzw. von den zum Abbau die-nenden Grubengebäuden ferngehalten werden. Die hierzu erforderlichen Vor-kehrungen können je nach der Lage des Falles die Anlage- und Betriebskosten wesentlich erhöhen.

Loses Gebirge kann aus weichen, sehr formbaren, wasserundurchlässigen Tonen oder aus rolligen, lockeren, meist wasserdurchlässigen Sanden bestehen. Lehmartige Böden treten in der Regel für den Tiefbau an Bedeutung zurück. Die Gefahr der Wassersandeinbrüche, die größere Gebirgsdruckwirkung der Tone im Tiefbau, sowie die schwierigere Gewinnbarkeit der Tone und Lehme im Tagebau sind für die Anlage- und Betriebskosten maßgebend.

Das Liegende des Lagerstättengebirges, soweit es sich nicht um das un-mittelbare Liegende der Lagerstätte handelt, kommt für den Betrieb in der Regel nur dann in Betracht, wenn es wasserführend ist und das Wasser von hier aus in die Grubenbaue gelangen kann. Bestehen diese Schichten aus wasser-führenden Sanden oder handelt es sich um Salzbergbau, so wird das Liegende planmäßig entwässert (entspannt), oder man gibt — beim Salzbergbau nament-lich — den betreffenden Feldesteil auf, wenn man nicht durch Anbau einer ge-nügend mächtigen Schicht am Liegenden ausreichende Sicherheit schaffen kann.

Das unmittelbare Liegende kann, wenn es weich, gebräch oder locker ist, durch Sohlendruckwirkung und bei steiler Lagerung im Abbau auch durch Nachfallgefahr die Gewinnung erschweren.

Hinsichtlich der Beschaffenheit der Lagerstätte ist zu bemerken: Am günstigsten ist bei sedimentären Lagerstätten im allgemeinen die plattige Form, nicht zu geringe Mächtigkeit, große Ausdehnung im Streichen und Fallen, gleich-mäßiges Verhalten, sowie Fehlen von Zwischenmitteln und Nachfall. Es ist beson-ders vorteilhaft, wenn die einzelnen Lagerstätten so nahe beieinander liegen, daß ein günstiger Abbau mit geringster Ausdehnung der Aus- und Vorrichtungsbaue unter Durchführung eines konzentrierten Betriebes möglich ist. Günstig ist es daher, wenn die Lagerstätten in wenigen Gruppen auftreten und sich nicht gleichmäßig mit großem Einzelabstand über das ganze Lagerstättengebirge verteilen. Ganz besonders groß werden die Schwierigkeiten, wenn die einzelnen Lagerstätten nur geringe Ausdehnung haben und regellos ohne Zusammenhang im Lagerstättengebirge verteilt sind (Golderzsattelgänge von Bendigo). Der Abbau ist in solchen Fällen wegen der teuren Aus- und Vorrichtungen nur bei sehr wertvollen Mineralien lohnend. Je größer die einzelne Lagerstätte innerhalb eines Lagerstättenkomplexes ist, um so mehr treten die gekennzeichneten Nachteile zurück. Sie verschwinden ganz, wenn die einzelne Lagerstätte so ausgedehnt ist, daß sie zu ihrer Ausbeutung die Errichtung einer besonderen Bergwerksanlage rechtfertigt.

Sinngemäß wirkt sich auch die Unregelmäßigkeit des Verhaltens innerhalb einer Lagerstätte aus wie z. B. der unregelmäßige Wechsel von Erzfällen mit tauben, unbauwürdigen Teilen eines Ganges, das Verhalten der meisten metasomatischen Bleizinkerzlager in Oberschlesien usw. Die Aufsuchung der Erzfälle in Erzgängen ist hierbei insofern leichter, als dieselben an den Gang gebunden sind. Sind die Erzfälle geringen Umfanges und absätzig, d. h. regellos verstreut, so muß der Sohlenabstand und der Abstand sonstiger Grubenbaue entsprechend geringer gewählt werden, um — besonders bei wertvollen Erzen — keine Erzmittel zu übersehen. Hierdurch werden die Anlage- und Betriebskosten erhöht.

Die Größe der Lagerstätte und die Regelmäßigkeit der Erzführung ist weit wichtiger als die Höhe des Durchschnittsgehaltes. Ferner sind von Bedeutung:

1. die sekundäre Anreicherung in den oberen Teufen und
2. die topographische Lage des Vorkommens (Erschließbarkeit durch Stollen).

Zu 1. Einmal erleichtert ein gut ausgeprägter Ausstrich und Erzführung an der Oberfläche das Auffinden und die Verfolgung des Vorkommens. Dann begünstigen reiche Oxydations- und Zementationszonen durch große Abbaugewinne die Entwicklung des Bergbaues und liefern oft erst das nötige Kapital, das zum Vordringen in größere Tiefen erforderlich ist.

Die Anreicherung in der Oxydations- und Zementationszone spielt bergwirtschaftlich vor allem im Kupfer- und Silberbergbau eine sehr bedeutende Rolle.

Zu 2. Die topographische Lage der Erzvorkommen ist insofern wichtig, als in durch tiefe Täler durchfurchtem Gebirge oft Stollenbetrieb möglich ist, der einen verhältnismäßig reichen und billigen Aufschluß der Lagerstätte ermöglicht und später einen geringen Kostenaufwand für Förderung und Wasserhaltung bedingt. Stollenbetrieb spielt heute noch im Kupferbergbau in der Cordillere Chiles und im Erzbergbau Boliviens eine große Rolle. Ein Beispiel hierfür bietet der berühmte Silberberg von Potosi (Bolivien[1]), der mit 30 000 t Gesamtfeinsilberproduktion der bedeutendste Silberproduzent der Erde war. Er wurde bis heute fast ausschließlich in reinem Stollenbetrieb abgebaut.

c) Die volks- und finanzwirtschaftlichen Bedingungen der Bauwürdigkeit.

1. Tagessituation und geographische Lage.

Mehr als irgendein anderes industrielles Gewerbe ist der Bergbau an bestimmte Orte gebunden, die durch die Lagerstätte gegeben sind. In vielen Fällen ist er sogar an eine durch die Lage des Grubenfeldes gebotene Tagessituation gebunden und muß mit ihr rechnen. Insofern hat der Bergbau vollkommen den Charakter eines Grundstückes.

Die Tagessituation bedingt durch die Lage der Eisenbahnen, Wege, Ort-

---

[1] Mitteilung von Dr. Bornitz, Zwickau i. Sa.

schaften, Flüsse, Seen, Vorflutverhältnisse usw. die Wahl des Schachtpunktes und somit des Ortes der Tagesanlagen und ferner im Hinblick auf den gebotenen Schutz der Oberfläche den Umfang des abzubauenden Gebietes bzw. die Wahl der Abbauverfahren und beeinflußt dadurch den volkswirtschaftlich verloren zu gebenden Teil der Lagerstätte sowie die Selbstkosten des Betriebes. Ebenso wird durch die Tagessituation in Verbindung mit der sonstigen geographischen Lage häufig der Wert des Grundstückes und damit der Kaufpreis bei Erwerb und die Entschädigungshöhe bei Grundstücksbeschädigung entscheidend bestimmt.

Die geographische Lage bedingt die politische Zugehörigkeit und damit die rechtlichen und wirtschaftspolitischen Grundlagen des Bergbaues sowie die Handels- und Frachtenlage. Von der Stellungnahme des Landes zur Industrie, die freundlich, feindlich oder indifferent sein kann, wird die Gesetzgebung und damit die Rechtsgrundlage des Bergbaues wesentlich beeinflußt. Von dem Kultur- und Zivilisationsgrade des Landes hängt es ab, ob technische und kaufmännische Beamte im Lande genügend ausgebildet werden, wobei zu beachten ist, daß in manchen Fällen ein regierungsseitiger Zwang vorliegt, insbesondere die leitenden und verantwortlichen Personen aus der Zahl der Einheimischen zu nehmen. Daraus ergibt sich oft die Notwendigkeit, der Vertrauensperson des Unternehmens einen einheimischen Direktor als behördlich anerkannten Leiter zu koordinieren.

Ebenso ergibt sich aus der geographischen Lage die Gestaltung der Arbeiter- frage. Es ist zu untersuchen, ob genügend einheimische Arbeiter herangezogen werden können oder ob ausländische (weiße oder farbige) unter Berücksichtigung des Klimas verwendet werden müssen. Es ist von wesentlicher Bedeutung, ob die Arbeiter mit den besonderen Schwierigkeiten des Bergbaues vertraut sind, ob sie intelligent sind usw. Die allgemeinen Arbeits- und Lohnverhältnisse, Lei- stungsfähigkeit, Belegschaftswechsel und deren Ursachen sind ebenso wichtig wie die gesetzliche Lage der Arbeiterschaft (Schichtdauer, Kündigung, Betriebs- räte, Beschäftigung von Frauen und Minderjährigen, Sozialversicherung usw.). Im Zusammenhang hiermit steht die politische Verfassung der Arbeiterschaft, ihre Stellungnahme zum Unternehmertum, die vielfach beeinflußt wird durch freiwillige oder gesetzliche bzw. vertraglich geregelte Wohlfahrtseinrichtungen, wie z. B. Gestellung von Kohle, Brennholz, Licht, frei oder zu Vorzugspreisen, Sicherung und Verbilligung der Verpflegung durch Konsumanstalten, Kantinen, Brotbäckereien, durch Rechtsauskunfteien, Lesehallen, Fortbildungs- und Volks- bildungskurse.

Zur Ausführung bestimmter Arbeiten, die Spezialerfahrungen oder sonst nicht erforderliche Spezialmaschinen bedürfen, werden zweckmäßig Unternehmer herangezogen (Tiefbohrung, z. T. Schachtbau, Koksofenbau usw.). Es kommt wesentlich darauf an, ob im Lande ein gutes, zuverlässiges und leistungsfähiges Unternehmertum vorhanden ist, welche Betriebszweige von diesem bearbeitet werden und ob dessen Heranziehung zur Ausführung schwieriger bzw. besonderer Arbeiten vorteilhaft ist. In manchen Fällen bedeutet die Verwendung von Unter- nehmern nichts anderes als die schnelle Heranziehung geübter Arbeiter, was in Ländern mit ungeschulten Arbeitern besonders wichtig ist.

In Ländern mit nicht genügend vorgebildeter Beamten- und Arbeiterschaft wird das System der Kleinunternehmer noch aus dem Grunde gefördert, um dem Betriebsleiter die unbedingt notwendige Konzentration seiner Arbeitskraft auf den Betrieb der Grube zu ermöglichen.

2. Allgemeine Handelslage.

Die allgemeine Handelslage eines Bergwerkes hängt außer von der Bergbau- politik des betreffenden Landes von der Lage zu den Absatzgebieten ab, ferner von der Aufnahmefähigkeit derselben unter Berücksichtigung der vorhandenen Verkehrswege, insbesondere Eisenbahnen, Kanäle, Seetransport, und von der Lage der Konkurrenzwerke zu diesen Absatzgebieten unter Berücksichtigung der Transportkosten, Gestehungspreise und der Güte der Erzeugnisse, wobei zu prüfen ist, ob die Höhe der eigenen Selbstkosten gegebenenfalls eine dauernde Preisunterbietung des Gegners möglich macht.

Wichtig ist die Art der Wagen-, Kahn- oder Schiffsgestellung (regelmäßig, willkürlich oder an bestimmte Vorschriften gebunden). Häufig ist es empfehlenswert, eigene Transporteinrichtungen zu beschaffen. Insbesondere ist bei staatlichen oder sonstigen umfassenden Verkehrsunternehmen die Tarifpolitik von Wichtigkeit. Aus dem gleichen Grunde ist das Vorhandensein, die Einrichtung und das Eigentumsverhältnis der Lager- und Stapelplätze, Hafen, Reeden und der dort benutzten Be- und Entladeeinrichtungen festzustellen.

Die allgemeine finanzielle Lage der Bergwerke eines Bezirkes — insbesondere bei Massenproduktion, wie z. B. Kohlen — ist von erheblichem Einfluß auf die Handelsbedingungen. Je abhängiger die Werke von der Händlerwelt sind, um so schärfer werden meist bei schlechter Konjunktur die Preise gedrückt. Demgegenüber ist ein Einzelwerk auch bei guter finanzieller Grundlage ziemlich machtlos. Nur durch eine gute, eigene Verkaufsorganisation kann dieser Erscheinung einigermaßen entgegengewirkt werden. Es ist daher zu untersuchen, ob Syndikate vorhanden sind, wie sie organisiert sind, oder ob solche mit Aussicht auf Erfolg ins Leben gerufen werden können. Die besonderen Handelsbeziehungen des Werkes zu Großabnehmern, wie Hüttenwerke, Großhandlungen usw., sind im Zusammenhang hiermit daraufhin zu prüfen, ob die Verkaufspreise angemessen sind und die Abnahme genügend stetig ist. Allgemein sind die Lieferungsverträge auf ihre Wirkung hinsichtlich der Sicherung des Absatzes und der Gewinnmöglichkeit zu prüfen. Während bei steigendem Mineralwert kurzfristige Lieferungsverträge vorteilhaft sind, wird man in allen anderen Fällen möglichst langfristige Verträge abzuschließen suchen. Die Preisstatistik und die Ursachen der Preisschwankungen sind daher möglichst genau zu verfolgen. Die meist ausgleichende Wirkung kräftiger Syndikate auf Konjunktur- und Preisschwankungen ist hier zu würdigen.

Preisspekulationen sind besonders im Erzbergbau außerordentlich gefährlich wegen des starken Schwankens der Metallpreise und haben zum Ruin vieler Unternehmer geführt. Besonders kleine und mittlere Unternehmer sollten sich von ihnen grundsätzlich fernhalten, weil sie mit ihrer bescheidenen Produktion auf die Preisbildung des Metalls keinen Einfluß ausüben. Am zweckmäßigsten wird als Basis für die Erzberechnung der Tagespreis oder der durchschnittliche Monatspreis der Metalle zugrunde gelegt. So geht weder der Produzent noch der Käufer ein Risiko ein und der Produzent erzielt verhältnismäßig günstige Bedingungen.

Für die zukünftige Entwicklung des Bergwerkes ist es von Bedeutung, ob die Art des Bergwerksproduktes gleichbleibend ist. In dieser Hinsicht ist nicht allein die Veränderung des Lagerstätteninhaltes in den einzelnen Zonen zu beachten, sondern es ist festzustellen, ob die Lagerstätte so abgebaut wird bzw. abgebaut werden kann, daß eine möglichst gleichmäßige Beschaffenheit der Fördererzeugnisse erreicht werden kann. Ebenso ist die künftige Entwicklung der Selbstkosten- und Frachtenlage, die Wirkung neuer Aufbereitungs- und Verhüttungsmethoden, das Auftreten neuer Konkurrenz und Absatzgebiete, neuer Syndikate, neuer Verkehrsmittel usw. soweit als möglich in Rechnung zu ziehen. Die voraussichtlich als nachhaltig sich ergebende durchschnittliche Absatzmöglichkeit ist darnach zu ermitteln. Hierbei ist zu berücksichtigen, ob die Eigenschaften der Erzeugnisse bestimmter Fundpunkte, Distrikte und Lagerstättenarten, die hauptsächlich durch die Genesis der Lagerstätten beeinflußt werden, die Aufstellung fester Handelsmarken ermöglichen, für die sich zum Teil feste Preisgrundlagen herausbilden.

d) Die technischen und technisch-wirtschaftlichen Bedingungen.

Die Geschichte des Bergbaues zeigt, daß man bis etwa zu Beginn des 19. Jahrhunderts selbst außerordentlich günstige Lagerstätten nicht bis tief unterhalb des Grundwasserspiegels abbauen konnte, sofern den Grubenbauen nur einigermaßen erhebliche Wassermengen zuflossen, weil es damals technisch unmöglich war, Schächte unter diesen Schwierigkeiten abzuteufen oder die Wassermengen mit den damals vorhandenen Hilfsmitteln zu heben. Auch heute kann man noch nicht in jede beliebige Teufe vordringen, jedoch wird man durch Verbesserung der Abbaumethoden, Bewetterung und Förderung der hier auftretenden Schwierigkeiten mehr und mehr Herr.

Für die Entscheidung der Bauwürdigkeit einer Lagerstätte ist der wirtschaftliche Einfluß der zu treffenden technischen Maßnahmen von größerer Bedeutung, denn es kommt nicht allein darauf an, ob eine erforderliche Maßnahme technisch möglich ist, sondern vor allem darauf, wie das Unternehmen durch diese Maßnahme finanziell belastet wird. Je nach der Lage des Falles erfolgt die Belastung in erster Linie durch die Anlagekosten. In anderen Fällen treten diese mehr und mehr an Bedeutung zurück und die Betriebskosten hervor. Die Anlagekosten der Schächte sind oft sehr hoch, die Unterhaltungskosten derselben vergleichsweise gering. Bei der Fördereinrichtung desselben Schachtes sind jedoch die Betriebskosten wichtiger als die vom Anschaffungspreis abhängigen Verzinsungs- und Abschreibungskosten. Das gilt besonders bei starker Förderung, also guter Ausnützung der Anlage.

Die Beschaffenheit der Lagerstätte und des Lagerstättengebirges ist für die technisch-wirtschaftlichen Bedingungen der Bauwürdigkeit von größter Bedeutung (vgl. Abschnitt A I b). Bei genügender Mächtigkeit der Lagerstätte können die Strecken innerhalb derselben aufgefahren werden, während bei zu geringer Mächtigkeit Nebengestein mit gewonnen werden muß, so daß sich die Kosten oft durch die Bergeabfuhr erhöhen und der Gewinn durch die geringere Menge nutzbarer Mineralien niedriger wird. Dasselbe gilt sinngemäß für den Abbau. In allen Fällen ist zu beachten, daß bei etwa erforderlicher Schrämarbeit die je m² Schramfläche gelöste Menge an Mineralien mit der Mächtigkeit der Lagerstätte wächst. Bergemittel verunreinigen in der Regel die hereingewonnenen Mineralien, wodurch die Aufbereitungsanlagen vergrößert werden müssen und die Aufbereitungskosten steigen. Mit Zunahme ihrer Mächtigkeit führen die Bergemittel zum gesonderten Abbau der getrennten Lagerstättenteile, falls deren Einzelmächtigkeit noch einen lohnenden Abbau ermöglicht. Dadurch werden die Kosten für die Aus- und Vorrichtung und für den Betrieb evtl. erhöht.

Die Festigkeit der Lagerstätte und des Nebengesteins, das Vorhandensein von Bergemitteln und Nachfall, die Mächtigkeit der Lagerstätte, die Tektonik, wie Faltungen, Verwerfungen und sonstige Störungen, die Gegenwart von Wasser, Gas usw. ergeben in ihrem Zusammenwirken die allgemeinen Abbauverhältnisse einer Lagerstätte, die je nach dem Zusammentreffen der einzelnen Umstände schwierig bis günstig sein können und sowohl die Anlage als auch die Betriebskosten in weitesten Grenzen beeinflussen.

In einem Lagerstättengebirge, das verschiedene Gruppen von Lagerstätten enthält, ist der Fall häufig, daß die einzelnen Gruppen verschiedenartige Mineralien oder doch verschiedenartige Qualitäten gleichartiger Mineralien führen. So können die Gangarten verschiedener Gänge eines Distrikts in ihrer Mischung eine leichtflüssige, für sich allein eine strengflüssige Schlacke ergeben. Die günstige Möllerung erfordert dann einen entsprechend gleichzeitigen Abbau der Gänge. Eine Steinkohlenzeche, die über Flöze der Magerkohlen-, Kokskohlen- und Gaskohlengruppen verfügt, wird nach Maßgabe der Absatzverhältnisse diese Gruppen gleichzeitig in Angriff nehmen, soweit es der Betrieb zuläßt. Das Interesse am Absatz bestimmter Qualitäten wirkt in diesen Fällen auf die Anordnung der Abbaureihenfolge ein. Naturgemäß kreuzen sich nicht selten die Interessen des Absatzes mit den Erfordernissen des Grubenbetriebes, die oft den gemeinsamen Abbau bestimmter Lagerstätten ohne Rücksicht auf ihre Qualität und unter vorläufigem Ausschluß der anderen Lagerstätten mehr oder weniger notwendig machen. Der Abbauplan ist dann zweckmäßig so aufzustellen, daß bei Wahrung der technischen Erfordernisse den Bedürfnissen des Absatzes möglichst Rechnung getragen wird. In allen Fällen ist es zweckmäßig, den Abbau so zu verteilen, daß auf lange Zeit eine möglichst gleichbleibende Qualität der Förderung erzielt wird. Die schlechteren Lagerstätten sind mit den besseren möglichst gleichzeitig abzubauen, besonders wenn die spätere Gewinnung der ersteren durch die Folgen des Abbaues der letzteren erschwert oder unmöglich gemacht wird; jedoch sind im einzelnen Falle die wirtschaftlichen Verhältnisse und der derzeitige Stand der Technik (z. B. Aufbereitungsmöglichkeit) entsprechend zu berücksichtigen.

Die physikalischen Eigenschaften der Lagerstätte beeinflussen neben der besprochenen Gewinnbarkeit auch die Verwendbarkeit im Rohzustand und die erforderlichen Veredelungsarbeiten. Die bei der Siebung und Aufbereitung auftretenden Schwierigkeiten entstehen in erster Linie durch die physikalischen Eigenschaften wie Verwachsungsgrad, Härte, Sprödigkeit, Spaltbarkeit, Elastizität, Körnung, spezifisches Gewicht usw. Mitunter können die physikalischen Eigenschaften auch unmittelbar für die Verwendung der Produkte von Bedeutung sein. Feinkörnige Erze erschweren den Hochofenbetrieb, feinkörnige Kohlen den Feuerungsbetrieb. Daraus folgen die Maßnahmen zur Stückgewinnung und zur Brikettierung. Diamanten werden nur nach ihren physikalischen Eigenschaften wie Größe, Reinheit, Farbe und Feuer bewertet.

Das chemische Verhalten der Berge und Metalle ist für den Hüttenprozeß wichtig (s. Abschnitt H) und ist daher eine der wesentlichsten Grundlagen für die Beurteilung der Bauwürdigkeit der betreffenden Lagerstätte. Dasselbe gilt natürlich sinngemäß für die Lagerstätten der Kalisalze, Kohlen, Erdöle usw. Die Entwicklung der chemischen Industrie ist in dieser Beziehung oft für die Verwertbarkeit der Bergwerksprodukte und damit für die Frage der Bauwürdigkeit einer Lagerstätte, ja für die Verwertbarkeit bestimmter Mineralien und damit für deren Stellung zur Bergwirtschaft von ausschlaggebender Bedeutung. Hierbei ist natürlich in jedem Falle die Frage der weiteren Verwendbarkeit der Erzeugnisse zu beachten. Die Aluminiumerze gewannen erst eine Bedeutung für die Bergwirtschaft, als es gelang, Aluminium aus diesen mit wirtschaftlichem Vorteil herzustellen. Die phosphorhaltigen Eisenerze sind erst durch das Thomas-Verfahren für sich allein verhüttbar geworden, wodurch der Hauptanstoß für die bergbauliche Entwicklung des Minettebezirkes gegeben wurde. Die in den letzten Jahrzehnten mehr und mehr entwickelte Ausnützung der bei der Verkokung der Kokskohlen entweichenden flüchtigen Bestandteile (Ammoniak, Teer, Benzol, Phenol, Toluol usw.) hat die wirtschaftliche Grundlage des Steinkohlenbergbaues und damit die Beurteilung der Bauwürdigkeit der einzelnen Lagerstätten wesentlich beeinflußt. Dasselbe gilt vielleicht für die Entwicklung der neuerdings in verstärktem Umfange einsetzenden chemischen Verarbeitung der Braunkohlen.

e) Zusammenfassung.

Aus den vorstehenden Ausführungen lassen sich die folgenden Schlüsse ziehen:

1. Die Bauwürdigkeit einer Lagerstätte wird bedingt durch die Beschaffenheit der Lagerstätte selbst, durch den geologisch-tektonischen Aufbau des Lagerstättengebirges einschließlich des Deckgebirges und des Liegenden, durch die geographische Lage und durch die Tagessituation. Hierdurch werden sowohl die Anlage- und Betriebskosten als auch die Absatzverhältnisse des Bergwerksbetriebes ausschlaggebend beeinflußt.

2. Die technischen und sonstigen Schwierigkeiten, die bis zur Förderfähigkeit eines Bergwerkes und beim Betriebe desselben zu überwinden sind und die Höhe der Anlage- und Betriebskosten wesentlich beeinflussen, lassen sich in der Regel bei Beginn eines Bergwerksunternehmens nicht genau übersehen. Ebenso wenig kennt man den verfügbaren Lagerstätteninhalt genau, solange die Lagerstätte noch nicht völlig aufgeschlossen oder sonst entsprechend untersucht ist. Diese Ungewißheit über die Höhe der Anlage- und Betriebskosten und über die verfügbare Lagerstättenmenge ergibt eine Unsicherheit in der Beurteilung der Bauwürdigkeit und bestimmt das Risiko des Bergwerksbetriebes.

Die einzige Möglichkeit, dieses Risiko möglichst klein zu halten, liegt in dem gründlichen Aufschluß der Lagerstätte vor der Errichtung der eigentlichen Grubenanlagen. Die Nordamerikaner danken dieser Erkenntnis ihre großen Erfolge bei der Bearbeitung der niederprozentigen Kupfervorkommen in Chile (Chucicamata, Porterillos, Teniente). Bei regelmäßigen Lagerstätten, insbesondere bei sedimentären Lagerstätten, tritt dieses Risiko an Bedeutung entsprechend zurück.

3. Die Höhe dieses Risikos wird wesentlich bedingt durch das Entwicklungsstadium, in dem sich das Bergwerk befindet. Je weiter die Untersuchung der Lagerstätte sowie die Aus- und Vorrichtung und der Abbau vorgeschritten sind, desto umfassender sind die etwa vorhandenen Betriebsschwierigkeiten erkannt und gegebenenfalls beseitigt oder umgangen (z. B. durch Aufgabe des Feldesteiles) und desto genauer ist man über den gewinnbaren Inhalt der Lagerstätte unterrichtet. Mit dem völligen Abbau sind auch die Risiken beendet bis auf den noch möglichen Eintritt von Bergschäden. Daraus ergibt sich, daß man je nach dem Stande der Untersuchung der Lagerstätte und je nach dem Entwicklungsstadium des Bergwerkes von sicheren, wahrscheinlichen und möglichen Lagerstättenvorräten und ebenso von sicheren, wahrscheinlichen und möglichen technischen Schwierigkeiten des Bergwerksbetriebes und damit sinngemäß von einem sicheren, wahrscheinlichen und möglichen Gesamtrisiko des Bergwerksbetriebes sprechen kann. Je klarer sich die geologischen und sonstigen Verhältnisse übersehen lassen, um so größer wird der Anteil an sicheren und wahrscheinlichen Lagerstättenvorräten und um so genauer ist das sichere und wahrscheinliche Risiko zu bemessen. Diese Kenntnis ist eine der wichtigsten Grundlagen sowohl für die Bewertung von Bergwerken als auch für die Beurteilung der Entwicklungsaussichten des einzelnen Bergwerkes und der Bergwirtschaft ganzer Gegenden und Länder.

4. Die zur Rentabilität erforderliche Mindestgröße und Leistungsfähigkeit eines Bergwerkes wird bedingt von der Höhe der für die Aufschlußarbeiten unbedingt notwendigen Anlagekosten und den damit erforderlichen Amortisations- und Verzinsungskosten sowie von dem Betriebsrohgewinn je Einheit Fördergut, d. h. von der Spanne zwischen Selbstkosten und Verkaufspreis.

5. Die Größe der Lagerstätte, d. h. die aus derselben gewinnbare, nutzbare Mineralienmenge, ergibt zugleich den Maßstab für die wirtschaftlich zulässige Größe der Anlage. Die Anlage darf nur so teuer werden, daß sich die Amorti-

sation und Verzinsung derselben aus den Gewinnüberschüssen decken lassen, d. h. die Amortisation der Anlage muß bei gleichzeitiger Verzinsung spätestens mit der Erschöpfung der Anlage beendet sein.

6. Das Verhältnis der nach Maßgabe der Anlage- und Betriebskosten erforderlichen Größe der Anlage zu der nach Maßgabe der Lagerstätte zulässigen Größe ergibt einen Maßstab für die Bauwürdigkeit der Lagerstätte. Bauwürdig ist hiernach eine Lagerstätte, wenn die gemäß Aufschluß- und Betriebskosten erforderliche Größe einer Anlage kleiner oder höchstens gleich ist der entsprechend dem Lagerstätteninhalt zulässigen Größe derselben.

II. Die rechtlichen Grundlagen der Bergwirtschaft.

a) Entwicklungsgeschichtlicher Rückblick.

Die Rechtsgrundlagen der Bergwirtschaft umfassen alle Rechtsbestimmungen, die das Bergwerkseigentum und das daraus entspringende Recht zum Bergwerksbetriebe und ferner die verwaltungsrechtlichen und wirtschaftspolitischen Beziehungen des Bergbaues zum Staate und zur Allgemeinheit regeln.

Soweit die besonderen Erfordernisse des Bergbaues die Aufstellung von Rechtssätzen nötig machen, die auf anderen Gebieten des öffentlichen oder privaten Lebens nicht anwendbar sind, finden wir diese in den meisten Ländern in besonderen Berggesetzen zusammengefaßt. Bei den vielfachen Berührungsflächen, die der Bergbau, als Gewerbe im weiteren Sinne betrachtet, mit den verschiedensten Zweigen des Rechtslebens hat, greifen naturgemäß auch viele Rechtsvorschriften anderer Gesetze mehr oder weniger fühlbar in die Bergwirtschaft bzw. in den einzelnen Bergwerksbetrieb ein. Soweit diese Gesetze dem Berggesetz vorangehen und dadurch einzelne, die Grenzgebiete behandelnde ältere Vorschriften der Berggesetze aufheben, sind letztere in der Regel entsprechend abgeändert und geben nun die Vorschriften des Hauptrechtes evtl. in einer dem Bergbau angepaßten Form wieder. Die Rechtsvorschriften, die für den Bergbau sowohl innerhalb als auch außerhalb des etwaigen Berggesetzes in Betracht kommen, sind je nach der zu regelnden Angelegenheit entweder privatrechtlicher oder öffentlich-rechtlicher oder gemischt-rechtlicher Natur.

Von besonderer Bedeutung für die Entwicklung der Rechtsvorschriften, die sich auf den Bergbau beziehen bzw. bezogen, hat sich die Entwicklung von Technik und Wirtschaft gezeigt. In Deutschland nahm die technisch-wirtschaftliche Entwicklung etwa den folgenden Verlauf:

In den Zeiten geringer technischer und wirtschaftlicher Entwicklung überwog der Eigenlöhnerbetrieb auf den kleinen, technisch nur minderwertig ausgerüsteten Gruben. Vorwiegend konnten nur diejenigen Mineralien gewonnen werden, die sich vom Ausgehenden her ohne besondere Schwierigkeiten, insbesondere ohne Wasserschwierigkeiten, erreichen ließen. Der vollständige Mangel an geeigneten Wasserhebungsmaschinen für größere Wassermengen aus größerer Teufe machte den tiefer liegenden Teil der Lagerstätte für den Eigenlöhner in der Regel unerreichbar. Geht man von dem naturgemäßen Begriff aus, daß ein Eigentumsrecht an einer Sache nur soweit bestehen kann, als der Eigentümer in der Lage ist, auch tatsächlich von der Sache Besitz zu ergreifen, und der übrige, für ihn unerreichbare Teil der Sache auch außerhalb seiner Interessensphäre liegt, so versteht man auch die Rechtsauffassung, daß die Lagerstätte dem Bergmann nur soweit gehört, als er sie mit den ihm zu Gebote stehenden Mitteln auch tatsächlich abbauen kann. Wird ein Teil der Lagerstätte, der dem bisherigen Bergbautreibenden aus den oben erwähnten Gründen unzugänglich war, etwa durch einen tiefer liegenden Stollen erschlossen, so gehört dieser Lagerstättenteil dem, der den Stollen herstellte. Der tiefere Stollen trat gewissermaßen das Erbe des alten, nicht mehr entwicklungsfähigen Betriebes an (Erbstollengerechtigkeit). Die Herstellung eines solchen Stollens war für den einzelnen Eigenlöhner meist zu teuer. Es wäre auch unvorteilhaft gewesen, wenn jeder Eigenlöhner für das kleine, von ihm bewirtschaftete Bergwerk einen neuen Stollen hätte herstellen wollen. Das führte ohne weiteres zum gewerkschaftlichen Zusammenschluß, bei dem — zunächst wenigstens — die einzelnen Gewerken auch mittätige Eigentümer waren.

Daneben läuft die von den deutschen Fürsten beeinflußte wirtschaftspolitische Entwicklung: Die deutschen Könige und später die deutschen Landesherren brachten das Bergregal größtenteils an sich und übertrugen nun das Recht zum Abbau zu den verschiedensten Bedingungen, unter denen namentlich die Abgabe des „Zehnten" der Bergwerksausbeute eine erhebliche Rolle spielte. Der Bergbau wurde von den Fürsten zwecks möglichster Steigerung dieser risikofreien Einnahmen meist für frei erklärt, d. h. jeder, der diese Bedingungen einging, also das finanzielle Wagnis übernahm, konnte ertragreiche Lagerstätten aufsuchen, um innerhalb gewisser Grenzen mit dem Bergbau beliehen zu werden. Dadurch beteiligten sich neben den Eigenlöhnern in zunehmendem Maße Unternehmer am Bergbau, die mit relativ großen Mitteln arbeiteten und deshalb von den Fürsten vielfach bevorzugt wurden.

Die zunehmende Erschöpfung der leicht erreichbaren ausgehenden Lagerstättenteile zwang zudem immer mehr zum Abbau tiefer liegender Lagerstättenteile und damit zu Anlagen, die größeren Kapitalaufwand erforderten. Dadurch trat der gewerkschaftliche Zusammenschluß und der Unternehmerbetrieb mehr und mehr in den Vordergrund. Beide Betriebsarten nahmen in demselben Maße kapitalistische Formen an, in dem die Länge der Stollen und die Entwicklung der mit dem Bergbau damals vielfach noch unmittelbar verbundenen Hüttentechnik und damit der Kapitalbedarf wuchsen. Der selbständige Eigenlöhnerbetrieb wurde also sowohl durch die technisch-wirtschaftliche als auch durch die wirtschaftspolitische Entwicklung immer stärker zurückgedrängt.

Im Interesse ihrer Einkünfte beanspruchten die Landesherren die Beaufsichtigung und Leitung der Bergwerksbetriebe, so daß die Gewerken nur noch Ausbeute zu empfangen oder Zubuße zu zahlen hatten, aber sonst ohne Einfluß auf den Betrieb waren (Direktorialprinzip). Dieses Verfahren hat sich nicht bewährt, da die fürstlichen Beamten ihre Maßnahmen nur vom fiskalischen oder verwaltungstechnischen Standpunkte trafen und sie lediglich nach ihrer Verantwortlichkeit handeln konnten, also kein Risiko übernahmen.

Diese Verhältnisse wurden am Ausgange des 18. Jahrhunderts und in der ersten Hälfte des 19. durch die Entwicklung der Technik und der wirtschaftspolitischen Verhältnisse völlig geändert. Es lag die Notwendigkeit vor, die äußerst schwach entwickelte deutsche Industrie in dem erforderlichen Umfange zu verstärken. Das geschah u. a. durch Fortfall des Direktorialprinzips und durch Einführung des Mutungsrechtes.

Die Entwicklung der Technik hatte der neueren Rechtsauffassung vom technisch-wirtschaftlichen Standpunkte aus bereits wesentlich vorgearbeitet. Die mit Dampf betriebenen Wasserhaltungs- und Fördermaschinen ermöglichten ein Vordringen in bis dahin ungeahnte Teufen. Damit war der Bergbau nicht mehr auf den Stollen als technische Lebensnotwendigkeit angewiesen. Das Erbstollenrecht wurde gegenstandslos und mußte fallen. Wenn auch die Verleihung des Eigentums- bzw. Aneignungsrechtes bis zur „ewigen Teufe" ein übertreibendes Wortbild ist, so soll doch damit gesagt werden, daß es heute bei der technischen und vor allem auch wirtschaftlichen Entwicklung jedem Bergbautreibenden, gegebenenfalls unter Heranziehung fremder Kapitalien, möglich ist, in große Tiefen vorzudringen, und daß die Entwicklung der Technik menschlicher Voraussicht nach ein Vordringen in immer größere Teufen gestatten wird.

b) Die Arten der Rechtsgrundlagen des Bergwerkseigentums.

Maßgebend für die Gestaltung der Rechtsgrundlagen sind die Begriffe des Eigentumsrechtes. Es kommt in Frage, ob:

1. das Recht des Grundeigentümers die bergbaulich gewinnbaren Lagerstätten mit umfaßt (Grundeigentümerbergbau), oder ob

2. das Recht an der Lagerstätte vom Grundeigentumsrecht unabhängig und ihm gleichgestellt werden soll, wobei der Staat oder besonders Bevorrechtete das Verwaltungs- oder Verfügungsrecht haben (regaler Bergbau im weiteren Wortsinne).

Von wesentlicher Bedeutung für die Regelung der Rechte zwischen Grundeigentum und Bergbau dürfte in Deutschland die Entscheidung des Staatsgerichtshofes vom 23. 3. 1929 werden[1]. Nach der Begründung dieses Urteiles wird zwar das Recht des Grundeigentümers durch Entziehung der Berechtigung zur Aufsuchung und Gewinnung der in Frage stehenden Mineralien gemindert. Diese Minderung ist aber keine Enteignung, sondern eine Neuregelung der Gesetzgebung über Inhalt und Schranken des Grundeigentums. Den Inhalt und die Schranken des Eigentums allgemein zu regeln, die zulässigen Rechte an Grundstücken und die Voraussetzung ihrer Entstehung allgemein zu bestimmen, müßte dem Gesetzgeber vorbehalten bleiben, ohne daß er dabei durch eine Pflicht zur Entschädigung gehindert werden könne. Dieses Recht sei ihm ausdrücklich durch Art. 153, Abs. 1, Satz 2 der Reichsverfassung vorbehalten, der besagt: „Inhalt und Schranken des Eigentums ergeben sich aus den Gesetzen."

Stellt man das Recht an der Lagerstätte dem Grundeigentum gleich, so kommt in Frage, ob die Allgemeinheit zweckmäßig Eigentümer und Unternehmer sein soll (Staats- und Kommunalbetriebe) oder ob der Bergbau freigegeben, d. h. die Lagerstätte Privaten unter bestimmten Bedingungen zur Ausbeute überlassen werden soll. In allen diesen Fällen soll der Bergbau im Interesse der Allgemeinheit geführt werden. Daher ist stets die Frage von Bedeutung, in welchem Umfange der Unternehmer der Allgemeinheit gegenüber verantwortlich ist.

Hiernach kann das Recht zum Abbau und damit zur Aneignung der den Gegenstand des Bergbaues bildenden Mineralien[2]

a) dem Staate, der Gemeinde oder auch (als Privatregal) besonders bevorrechtigten Personen, wie z. B. den Standesherren, vorbehalten sein, ohne die Befugnis oder die Pflicht, das Recht an Dritte abzugeben (Monopolbergbau);

b) für frei erklärt werden, d. h. der Staat (oder die berechtigte Standesperson) kann bzw. muß jedem das Bergbaurecht bei Erfüllung gewisser Bedingungen überlassen, wobei das Eigentumsrecht entweder dem Staate verbleibt (Domänialbergbau) oder an den Bergbauberechtigten übertragen wird (privater Eigentumsbergbau). Die Übertragung des Bergbaurechtes kann nach zwei Gesichtspunkten erfolgen, und zwar:

---

[1] Z. f. Bergrecht Bd. 70, S. 222ff. 1929, sowie Thielmann: Entstehungsgeschichte und Inhalt des Gesetzes über einen erweiterten Staatsvorbehalt zur Aufsuchung und Gewinnung von Steinkohle und Erdöl. Kohle Erz 1929, Nr. 22.

[2] Weigelt: Die Bergbaumineralien nach den deutschen Berggesetzen. Essener Glückauf 1929, Nr. 32.

1. als Mutungsrecht dem ersten Finder oder, falls dieser innerhalb bestimmter Frist keinen Anspruch erhebt, dem, der zuerst bei der zuständigen Behörde um Übertragung des Abbaurechtes einkommt, wobei er meist gleichzeitig den Nachweis der absolut bauwürdigen Lagerstätte zu führen hat. Die Übertragung kann zu Eigentum oder mit Eigentumsvorbehalt des Staates, im letzteren Falle auf beschränkte oder unbeschränkte Zeit, in beiden Fällen ohne weitere Bedingungen oder unter Auflage bestimmter, meist gesetzlich geregelter Bedingungen erfolgen, oder es erfolgt die Übertragung

2. als Bergbaukonzessions- oder Erlaubnisrecht nach Ermessen der zuständigen Behörden an einen der Bewerber zu entweder gesetzlich vorgeschriebenen oder fallweise festzusetzenden Bedingungen, für die besondere Richtlinien vorgeschrieben sein können, entweder zu Eigentum oder mit Eigentumsvorbehalt des Staates.

Hierbei kann der Nachweis einer im absoluten Sinne bauwürdigen Lagerstätte entweder vom Staate oder vom Antragsteller erbracht werden, falls nicht überhaupt auf den Fundesnachweis vor Erteilung des Abbaurechtes verzichtet wird.

c) Schließlich kann das Abbaurecht dem Grundeigentümer zur unbeschränkten Verfügung stehen (Grundeigentümerbergbau), wobei das Abbaurecht rechtlich entweder stets mit dem Grundeigentum verbunden bleibt (abhängige Abbaugerechtigkeit) oder rechtlich vom Grundeigentum völlig getrennt werden kann (selbständige Abbaugerechtigkeit).

In den meisten Fällen liegt ein Gemischtrecht insofern vor, als nur bestimmte Mineralgruppen usw. dem Bergregal unterstellt werden. Ein Gemischtrecht bedeutete auch die Vorschrift des französischen Berggesetzes von 1791, die alle Mineralien bis 100 Fuß Teufe dem Grundeigentümer überließ. Diese Vorschrift wurde schon im Gesetz von 1810 ihrer praktischen Undurchführbarkeit wegen aufgegeben.

Es dürfte überhaupt fraglich sein, ob sich eine eindeutige Regelung der Rechtsgrundlagen des Bergbaues finden läßt, die allen Belangen der Bergwirtschaft Rechnung trägt. Zweifellos wird die bergwirtschaftliche Untersuchung und Entwicklung eines Landes durch den Mutungsbergbau mit Überlassung des Bergwerkes an den Muter als dessen Eigentum am stärksten begünstigt, da diese Rechtsgrundlage die private Initiative am stärksten anreizt. Dies zeigt die Entwicklung des Bergbaues in Preußen nach dem Erlaß des Berggesetzes von 1865. (Steinkohlenförderung im Jahre 1860 rd. 12 Mill. t und im Jahre 1910 rd. 150 Mill. t, Braunkohlenförderung im Jahre 1860 rd. 4,4 Mill. t und im Jahre 1910 rd. 69,5 Mill. t.)

Die Allgemeinheit hat ein mitunter berechtigtes Interesse daran, für ihre in der Überlassung des Bergwerkes bestehende Leistung eine Gegenleistung durch Anteilnahme an dem Gewinn des Bergbaues zu finden. Die Absicht, einerseits die Aufschließung der Lagerstätten durch Unterstützung der privaten Initiative zu fördern, andererseits der Allgemeinheit einen gewissen Anteil an den Gewinnen des Bergbaues zu sichern, läßt sich z. B. in der Weise durchführen, daß man eine bevorrechtigte, etwa kostenfreie Überlassung des Bergwerkseigentumes an den Muter auf Neumutungen innerhalb bis dahin geologisch als „unbekannt" geltender Gebiete beschränkt. Die Abgabe von Bergwerksfeldern in „bekannten" Gebieten wird nur kauf- oder pachtweise zugelassen. Allerdings müssen dann Normen geschaffen werden, die den Begriff des geologisch bekannten Gebietes genügend umgrenzen. Man könnte z. B. um die geologisch-bergmännisch durch Bohrungen völlig aufgeschlossenen Gebiete eine Zone von bestimmter Breite vorsehen, die im obigen Sinne als geologisch hinreichend bekannt und daher nicht mehr für die bevorrechtigte, etwa abgabenfreie Mutung in Frage kommend anzusehen wäre. Zu den „bekannten" Gebieten gehören auch etwaige Neumutungen in bis dahin unbekanntem Gebiet, denen ein angemessenes Feld zuzuweisen ist. Aus der Verschiedenartigkeit des Verhaltens der einzelnen Lagerstätten folgt, daß man die Zonenbreite von Fall zu Fall, etwa unter Mitwirkung der geologischen Landesanstalten und der Bergbausachverständigen der Bergbehörden, der Wissenschaft und Industrie zu bestimmen hat.

Ein Beispiel für die Trennung von bevorrechtigten Neumutungen und nicht bevorrechtigten Bergbaukonzessionsfeldern gibt die Entwicklung des rumänischen Berggesetzes[1].

Die rumänische Regierung vertrat durch das 1925 geltende Berggesetz den Standpunkt, daß grundsätzlich der Boden mit seinen mineralischen Schätzen Nationaleigentum ist, soweit nicht schon erworbene Rechte vorhanden sind. Art. 32 dieses Gesetzes bestimmte, daß Konzessionen künftig nur rumänischen Gesellschaften verliehen werden konnten, als welche nach Art. 33 nur solche gelten sollten, deren Kapital aus Namensaktien bestand und von dem mindestens 60% im Besitze rumänischer Staatsbürger sein mußten. Für bereits bestehende Unternehmungen, die sich innerhalb 10 Jahren nach dem Inkrafttreten des Gesetzes nationalisieren lassen mußten, wurde der Anteil des rumänischen Kapitals auf 35% festgesetzt. Zwei Drittel des Verwaltungsrates, der Präsident und zwei Drittel der Direktoren mußten rumänische Staatsangehörige sein. Bei Kapitalerhöhungen mußten bestimmte hohe Prozentsätze für rumänische Bürger reserviert werden.

Der Schürfer hatte bei Erdöl Anrecht auf ein Feld von 50 ha rund um die Fundstelle und, falls es sich um eine rumänische Gesellschaft handelte, weiteres Anrecht auf 30 bis 50 ha (Zusatzfeld).

Der Rest des verleihungswürdigen Gebietes wurde in Parzellen von 10 bis 40 ha zerlegt, die wieder in drei möglichst gleiche Gruppen verteilt wurden. Hiervon bildete die erste Gruppe, die der Staat auswählte, die staatliche Reserve, die Konzessionen der Gruppen II und III konnten an rumänische Unternehmungen verliehen werden. Ein zu verleihendes Gebiet sollte nicht größer als 50 ha sein. Bei Abgabe solcher Felder erfolgte meist die unrichtige Zeitungsnotiz, daß der Staat seine Ölfelderreserven „verkauft" habe. Von der Produktion sollte eine Abgabe bis zu 35% derselben entrichtet werden. Die Produktion sollte in erster Linie für die Petroleumversorgung Rumäniens dienen.

Rumänien sah für Erdölfelder also wesentlich kleinere Abmessungen vor, als sie für Kohlenfelder nach den einzelnen Berggesetzen vorgeschlagen sind. Ob 50 bis 100 ha eine ausreichende Felderbasis für ein Erdölunternehmen ist, soll hier nicht untersucht werden.

Diese Regelung ist, soweit sie sich gegen das ausländische Kapital richtete, inzwischen wahrscheinlich aufgegeben worden[2].

Bei der Fassung der um die Mitte des vorigen Jahrhunderts erlassenen Berggesetze der meisten deutschen Bundesstaaten, nach denen der Muter für jeden Fundesnachweis im bergfreien Felde die Verleihung eines Bergwerks beanspruchen konnte, war ferner die Gefahr der Monopolbildung gegeben. So verfügte die aus der Internationalen Tiefbohrgesellschaft in Verbindung mit dem Schaffhausener Bankverein hervorgegangene Rheinisch-Westfälische Bergwerksgesellschaft m. b. H. in Mülheim allein über rd. 275 Steinkohlennormalfelder vorwiegend in den Provinzen Rheinland und Westfalen, außer anderen Kohlen- und Kalisalzbergwerksfeldern.

---

[1] Petroleum Bd. 21, Nr. 27, S. 1694. 1925. [2] Metall Erz Jg. XXVI, S. 54. 1929.

Das Bestreben, dieser Monopolgefahr entgegenzutreten und dem Staate bzw. der Allgemeinheit von den zukünftig zu verleihenden Feldern einen Anteil aus dem zu erwartenden Betriebsgewinn zu sichern, hat die Berggesetzgebung vielfach stark beeinflußt. Durch die „lex Gamp" hatte man in Preußen im Jahre 1907 das Mutungsrecht auf Kohlen und Salze praktisch aufgehoben und dadurch die Monopolstellung der Inhaber verliehener Felder wesentlich gestärkt. Die noch bergfreien Gebiete wurden dem Staate vorbehalten. Durch den nach § 2 Abs. 4 des Preußischen Allgemeinen Berggesetzes in der Fassung vom 11. 12. 1920 für den Braunkohlenbergbau gewählten Weg für die Übertragung der Rechte aus dem Staatsvorbehalt (Preußische Gesetzsammlung Nr. 4 vom 11. 1. 1924, Gesetz vom 3. 1. 1924) wird erreicht, daß der Staat Eigentümer und der Unternehmer Pächter des auf Grund des Gesetzes aufgeschlossenen Bergwerkes ist. „Der andere" (der Unternehmer) hat im Falle eines verleihungsfähigen Fundes die Verleihung des Bergwerkseigentumes an den Staat herbeizuführen, wogegen dieser sich verpflichtet, „dem anderen" die Ausbeutung des Bergwerks ganz oder teilweise unter bestimmten Bedingungen zu überlassen. Das Mutungs- und Verleihungsverfahren regelt sich nach denselben Vorschriften wie im Gebiete der Bergbaufreiheit, also nach §§ 12 bis 38 ABG. Die Verleihung des Bergwerkseigentumes an den Staat erfolgt demnach durch das Oberbergamt. Die von den Bergbehörden mit den Unternehmern zu schließenden Verträge sollen regelmäßig folgenden Hauptinhalt haben:

1. Ermächtigung des Unternehmers zum Schürfen auf Braunkohle innerhalb eines räumlich begrenzten Feldes während einer bestimmten Zeit.

2. Feststellung der Verpflichtung des Unternehmers, im Falle eines verleihungsfähigen Fundes die Verleihung des Bergwerkseigentumes an den Staat herbeizuführen.

3. Verpachtung des Bergwerkes — für den Fall der Verleihung eines solchen — an den Unternehmer.

4. Bestimmung der Entschädigung, wobei erst später bekannt werdenden Verhältnissen eine Einwirkung nach oben und unten eingeräumt werden kann.

5. Übernahme der Bergschadenersatzpflicht durch den Pächter mit der Verpflichtung zur Sicherstellung des Staates unter bestimmten Voraussetzungen.

6. Feststellung des Verfahrens zur Entscheidung von Rechtsstreitigkeiten.

Im Interesse einer einheitlichen Handhabung und der Wahrung der staatsfinanziellen Gesichtspunkte ist die Rechtsverbindlichkeit der Verträge von der Genehmigung des Ministers für Handel und Gewerbe und des Finanzministers abhängig gemacht[1].

Auch der Altenburger Braunkohlenbergbau hat infolge der Thüringer Gesetzgebung vom 4. 6. 1920 eine Änderung seiner Rechtsgrundlage erfahren. Das Gewinnungsrecht auf Stein- und Braunkohlen ist grundsätzlich dem Staate vorbehalten und damit unter Beachtung gewisser Übergangsbestimmungen, die dem Schutze der bereits bestehenden Bergbaue dienen, dem Grundeigentümer entschädigungslos entzogen. Die Landesregierung kann das Recht zur Aufsuchung und Gewinnung an andere übertragen. Die Genehmigung muß versagt werden, wenn überwiegende Gründe des öffentlichen Interesses entgegenstehen. Ebenso bedarf die Veräußerung eines bestehenden Bergwerkseigentumes der Genehmigung des Staates. Die bereits bestehenden, in Betrieb befindlichen Bergwerksfelder gelten als bereits verliehene Felder.

Einige thüringische Staaten hatten sich bei der Überlassung von Kalisalzbergwerksfeldern ein Beteiligungsrecht ausbedungen. In der Regel war das Ge-

---

[1] Braunkohle 1923/24, H. 44, S. 662.

winnungsrecht als solches hier dem Staate mit der Maßgabe vorbehalten, daß er berechtigt war, das Recht nach eigenem Ermessen an Bewerber unter von Fall zu Fall zu vereinbarenden Bedingungen zu übertragen. Der Staat machte hier vielfach von seinem Rechte nur Gebrauch, wenn das Unternehmen sich als aussichtsreich gestaltete. Er schob dann z. B. die Erklärung, ob er sich beteiligen wollte, bis nach Vollendung des Schachtabteufens hinaus. Abgesehen davon, daß hierdurch die Finanzierung des Bergwerkes zweifellos erschwert wurde, überließ der Staat den Fundesnachweis und das erste, meist größte Risiko den Unternehmern.

Im Freistaate Sachsen ist das bisher dem Grundeigentümer überlassen gewesene Abbaurecht für Braunkohlen und Steinkohlen durch das Gesetz vom 14. 6. 1918 entschädigungslos an den Staat übergegangen. Das Abbaurecht soll in erster Linie vom Staate ausgeübt werden, kann aber auch unter bestimmten Bedingungen an Privatunternehmer übertragen werden.

c) Ausscheidung von Mineralien aus dem Besitzrechte am Grundeigentume durch den regalen Bergbau.

Die Einschränkung des Grundeigentums zugunsten des Bergbaues kann sowohl dem Umfang wie auch der Art nach in sehr verschiedener Weise erfolgen. In der Regel sind Baumaterialien (Bausteine, Sand, Ton, Dachschiefer usw.) ebenso Materialien, die zur Töpferei, für den Glashüttenbetrieb usw. dienen, nicht Gegenstand des Bergrechtes. Man darf im allgemeinen davon ausgehen, daß diese Gewerbe sich fast stets aus landwirtschaftlichen Nebenbetrieben entwickelt haben, also aus einem typischen Grundeigentümerbergbau, soweit die Beschaffung der Rohmaterialien in Betracht kommt. Ebenso dürfte für die Unterstellung der Mineralien unter das Grundeigentum wenigstens gefühlsmäßig der Umstand maßgebend gewesen sein, daß Materialien, wie Sand, Ton, Lehm, Kalkstein, klastische und kristalline Gesteine den normalen Bestand der Substanz des Grundstückes bilden und ohne besondere Vorkehrungen für den Grundeigentümer greifbar sind, was bei den meisten Lagerstätten der Bergbaumineralien nicht der Fall ist.

Dem Bergregal werden sonach vorwiegend diejenigen verwertbaren Mineralien unterworfen, die sich selten oder doch nicht allzu häufig an der Erdoberfläche finden und die wegen ihres Gehaltes an Metallen, Schwefel, Salz (Kochsalz, Kalisalze, beibrechende Salze) usw. verwendbar sind, ferner bituminöse Gesteine wie Schwarz- und Braunkohlen, Graphit, Erdharze, Erdöle und Erdgas, außerdem vielfach Edelsteine, Halbedelsteine, ferner Solen und Zementwässer (Thermen, Heilquellen) und solche Mineralien, aus denen sich bestimmte chemische Produkte (z. B. Alaun und Vitriolerze) erzeugen lassen.

Andererseits unterliegen die Mineralien, die nur zur Erleichterung des Hüttenbetriebes dienen, wie Zuschläge für den Hochofenbetrieb, nicht dem Bergregal, da es sich meist um Normalbestandteile der Grundstücke (Kalkstein usw.) handelt.

Von besonderer Bedeutung für die Entwicklungsfähigkeit der auf der Rechtsgrundlage des Bergregals begründeten Bergwirtschaft eines Landes ist die Zahl der dem Verfügungsrecht des Grundeigentümers entzogenen Mineralien. Im Gesetz kann eine völlig erschöpfende Aufzählung dieser Minerale (Steinkohle, Braunkohle, Graphit usw.) oder bestimmter Produkte, die sich aus den Mineralien erzeugen lassen (Eisen, Kupfer, Blei usw.), enthalten sein (Enumerationsprinzip, wie z. B. Preußisches Berggesetz vom 24. 6. 1865, § 1). Andere Berggesetze zählen bestimmte Gattungen von Mineralien (Brennstoffe, bituminöse Schiefer usw.) oder Gattungen von Produkten (Metalle) auf, die sich aus den

Mineralien in gewerbsmäßigen Anlagen mit wirtschaftlichem Erfolg erzeugen lassen (Clausula generalis, z. B. im Allgemeinen Österreichischen Berggesetz vom 23. 5. 1854, § 3).

Diese Rechtsgrundlagen lassen sich hinsichtlich ihrer Anpassungsfähigkeit an die fortschreitende Entwicklung von Wirtschaft und Technik und damit an die jeweils sich herausbildenden Forderungen des allgemeinen Interesses in drei Klassen einteilen:

I. Das auf bestimmte Mineralien beschränkte Bergbauregal läßt sich der Entwicklung von Wirtschaft und Technik am wenigsten anpassen. Der Gesetzgeber kann bei dieser Rechtsart nur von der zur Zeit der Gesetzgebung vorhandenen Lage der Wirtschaft und Technik ausgehen und kann höchstens die nach dem derzeitigen Stande der Erkenntnis vorauszusehenden Entwicklungsmöglichkeiten schon mit berücksichtigen. Geht die Entwicklung aber über diesen Rahmen hinaus oder nimmt sie einen anderen Verlauf, so muß diese Rechtsart mehr oder weniger versagen, wenn sie nicht dauernd den wechselnden Anforderungen der allgemeinen Interessen durch Gesetzesänderungen angepaßt wird. Da in den einzelnen Zwischenzeiten der Entwicklung bis zur Neuregelung des Gesetzes in den meisten Fällen Bergbaubetriebe auf der Grundlage des Grundeigentümerbergbaues mit allen für die allgemeinen Interessen schädlichen Nebenwirkungen entstehen, so ergibt sich daraus die Minderwertigkeit dieser Rechtsart von selbst. Immerhin schafft diese Regelung die klarsten Rechtsverhältnisse in juristischer Hinsicht.

II. Besser ist schon die gesetzliche Regelung, durch die alle Mineralien, aus denen sich in gewerbsmäßigen Betrieben mit wirtschaftlichem Erfolge bestimmte Produkte wie Kupfer, Blei, Schwefel, Alaun usw. gewinnen lassen, dem Bergregal unterliegen. Mit fortschreitender Entwicklung von Wirtschaft und Technik gelangen auch diejenigen Mineralien unter den Rechtsbereich des Bergregals, aus denen die Gewinnung der betreffenden Produkte im großen mit wirtschaftlichem Erfolg erst mehr oder weniger lange Zeit nach dem Erlaß des Gesetzes gelingt. Der Eintritt in den Rechtsbereich des Bergregals erfolgt automatisch zu diesem Zeitpunkte. Wenn z. B. die Kiese, insbesondere Schwefelkies, als normale Schwefelerze gelten, so muß bei dieser Rechtsart der Anhydrit in dem Augenblick als ein Schwefelerz angesprochen werden, und damit dem Bergregal unterliegen, in dem es gelingt, aus diesem Mineral Schwefel im großen mit wirtschaftlichem Erfolg zu gewinnen.

Auch die Aufzählung der Produkte als Grundlage für die dem Bergregal zu unterstellenden Mineralien genügt den Anforderungen der allgemeinen Interessen und der Entwicklungsmöglichkeit derselben nur unvollkommen.

Grundsätzlich sollten unter Beachtung der später noch auszuführenden Einschränkungen alle diejenigen Mineralien aus dem Verbande des Grundeigentums ausscheiden und dem Bergregal unterliegen, deren bergmännische Gewinnung im Interesse der Allgemeinheit geboten ist, während im umgekehrten Falle die Mineralien wieder in den Grundstücksverband zurückkehren sollten.

III. Allen diesen Erfordernissen wird diejenige Rechtsgrundlage am besten entsprechen, durch die die Rechtsbeziehungen zum Bergregal für bestimmte Gattungen von Produkten oder von Mineralarten geregelt werden.

Diese Anpassungsfähigkeit der in Form einer Generalklausel gefaßten Rechtsvorschriften über die dem Bergregal unterliegenden Mineralien ist namentlich durch die neuere Entwicklung der Hüttentechnik für die Metallindustrie von erheblicher Bedeutung geworden. Es sei nur auf manche wertvolle Metalle hingewiesen, die erst in neuerer Zeit eine größere wirtschaftliche Bedeutung erlangt haben, wie Aluminium, Kadmium, Molybdän, Platin, Radium, Selen,

Strontium, Wolfram usw. Andererseits fallen Minerale, die infolge der allgemeinen wirtschaftlichen Entwicklung kein bergbauliches Interesse mehr haben, ohne weiteres in das Verfügungsrecht des Grundeigentümers zurück. Die Generalklausel verengert oder erweitert also selbsttätig den Kreis der verleihbaren Mineralien dem Allgemeinbedürfnis und dem Stande der Technik entsprechend, was beim Enumerationsprinzip nicht der Fall ist. Die Anpassungsfähigkeit der Generalklausel an die jeweilige Entwicklung von Wirtschaft und Technik wird wesentlich bedingt durch die Voraussetzungen, unter denen sie angewandt wird. Es kommt darauf an, ob man die Verleihbarkeit eines Minerals an die Bedingung knüpft, daß der Metallgehalt in metallischem Zustande verwendbar ist, oder ob auch spezifische Eigenschaften von chemischen Verbindungen, die nur mit Hilfe dieses Metalls erzielt werden können und ihre technische Verwendbarkeit ermöglichen, als ausreichende Voraussetzung der Verleihbarkeit angesehen werden können. Diese Frage ist auch für das Enumerationsprinzip von Bedeutung, sofern es sich auf Produkte erstreckt.

Es ist beispielsweise nicht möglich, bei den in der Pharmazie verwendeten Wismutpräparaten das Wismut durch ein anderes Metall zu ersetzen, ohne die Eigenschaften des Präparates grundlegend zu ändern. Es muß für diese Präparate Wismut benutzt werden. Es ist also auch in diesem Falle der Metallgehalt für die technisch-wirtschaftliche Verwendbarkeit des Minerals ausschlaggebend. Ganz ähnlich verhält es sich mit Strontium und Barium.

Wenn die Generalklausel die Verleihbarkeit der Minerale an die allgemein gehaltene Voraussetzung knüpft, daß die Minerale „wegen ihres Metallgehaltes nutzbar" sein müssen (§ 1, Abs. 1 des Sächsischen Allgemeinen Berggesetzes vom 31. 8. 1910), so ist die oben erwähnte engere und weitere Auslegung der Gesetzesvorschrift möglich.

Die wirtschaftliche Bedeutung der Anpassungsfähigkeit der Generalklausel gegenüber der Starrheit des Enumerationsprinzipes wird in absehbarer Zeit bei der Aluminiumindustrie besonders fühlbar werden. Noch im Jahre 1866 hat das Österreichische Ministerium die Anfrage einer Bergbehörde, ob der in Wochein (Krain) vorkommende, seines hohen Aluminiumgehaltes wegen zur Darstellung von Aluminium geeignete Bauxit als Bergregalgegenstand verleihbar sei, dahin entschieden, daß die Bedingung zur Verleihbarkeit nicht erfüllt sei, da ein Ausbringen des Aluminiums im großen mittels technischer Hüttenbetriebe nicht möglich sei[1]. In nächster Zeit wird voraussichtlich bereits der Ton mit wirtschaftlichem Erfolg zur gewerblichen Darstellung von Aluminium verwendet werden können.

Es darf nicht verkannt werden, daß die Anwendung der unumschränkten Generalklausel zu schweren Beeinträchtigungen der Rechte am Grundeigentum führen kann. Es sei nur auf die Möglichkeit einer technisch-wirtschaftlichen Gewinnung von Aluminium aus Ton oder Kaolin verwiesen. Ton ist ein in fast allen Gegenden an der Erdoberfläche verbreitetes Gestein und gehört infolge seiner Verbreitung und seiner Eigenart ebenso wie Sand, Lehm usw. zu den wichtigsten Trägern der landwirtschaftlichen Bebauung der Grundstücke. Man muß also diese Gesteine als den normalen Bestand der Substanz eines Grundstückes ansehen. Dasselbe gilt sinngemäß für diejenigen festen Gesteine, aus denen sich die feste Erdrinde an der Erdoberfläche vorwiegend zusammensetzt. Alle diese Gesteine werden vom Grundeigentümer überall gewohnheitsmäßig sowohl als Träger der landwirtschaftlichen Benutzung in Gebrauch genommen, als auch zu Zwecken des Baugewerbes, der Töpferei, der Glasindustrie usw. verwertet.

---

[1] Erlaß des Ministeriums für Handel u. Verkehr vom 11.1.1866, Z.17761.

In diesem Zusammenhange würde Raseneisenerz trotz seiner Verhüttungsfähigkeit dem Verfügungsrecht des Grundeigentümers deshalb unterliegen, weil diese rezente Bildung als Nebenerscheinung einer landwirtschaftlichen Benutzung des Grundstückes (Wiesenbau) eintreten kann bzw. eintritt, und das Recht aus der landwirtschaftlichen Benutzung als das ältere und verursachende vorzugehen hat, insbesondere weil die Entstehung des Erzes von der Art der landwirtschaftlichen Benutzung des Grundstückes beeinflußt werden kann. Würde der Grundstückseigentümer z. B. sein Grundstück zwecks Überganges vom Wiesenbau zum Ackerbau dränieren, so würde damit die weitere Bildung des Raseneisenerzes an dieser Stelle unterbrochen. Es ist also diese Ablagerung, wie bereits erwähnt, als Nebenerscheinung der landwirtschaftlichen Benutzung des Grundstückes anzusehen. Tatsächlich nehmen viele deutsche Bergrechtsordnungen den Raseneisenstein ausdrücklich aus der Zahl der verleihbaren Mineralien aus.

Hiernach sind alle Gesteine, die wegen ihrer großen Verbreitung zum normalen Bestand der Substanz der Erdoberfläche gehören, ferner solche, welche als Nebenerscheinung landwirtschaftlicher Benutzung eines Grundstückes anzusehen sind, dem Verfügungsrechte des Grundeigentümers zu belassen. Insbesondere ist ihm auch das Recht zu belassen, diese Gesteine zu Zwecken des Baugewerbes, der Töpferei, der Glasindustrie, als Hilfsmittel für die Hüttenindustrie usw. zu verwenden. Nur solche Mineralien und Gesteine, die vergleichsweise selten an der Erdoberfläche auftreten und gleichzeitig den Erfordernissen genügen, die für die Gültigkeit einer Mutung erfüllt sein müssen, sind hiernach dem Bergrecht unterstellt und verleihbar.

Diese grundsätzlichen Ausführungen klären beispielsweise den wesentlichen bergwirtschaftlichen Unterschied zwischen einem Ton-, Kaolin- und Bauxitlager. Diese Gesteine sind als Aluminiumerze im absoluten Sinne des Wortes anzusprechen, weil ihre Verwertung zur technisch-wirtschaftlichen Darstellung von Aluminium möglich erscheint. Sie sind also bei uneingeschränkter Generalklausel verleihbar. Während jedoch Ton ein weitverbreiteter, normaler Bestandteil der Substanz der Erdoberfläche ist, handelt es sich bei Bauxit um vergleichsweise selten auftretende Lagerstätten, deren Genesis das Zusammentreffen verschiedener, nicht allgemein gegebener Vorbedingungen erfordert. Es würde bei entsprechend eingeschränkter Generalklausel mit Bestimmtheit nur der Bauxit — je nach der grundsätzlichen Stellungnahme — höchstens noch der Kaolin verleihbar sein.

Die Vorschriften eines Gesetzes, durch die die Bergbaufreiheit gewisser Mineralien erklärt wird, können entweder nur dem Enumerationsprinzip folgen, wie z. B. das Preußische Berggesetz, oder nur Generalklauseln enthalten und schließlich beides miteinander vereinigen, wie z. B. das Allgemeine Österreichische Berggesetz vom 23. 5. 1854, das einerseits hinsichtlich des Schwefels, Alauns, Vitriols, Kochsalzes, Graphits, der Erdharze, sowie der Schwarz- und Braunkohlen dem Enumerationsprinzip folgt, hinsichtlich der Metalle und Zementwässer aber eine spezifizierende Aufzählung unterläßt. Edelsteine und Halbedelsteine sind in diesem Gesetze nicht genannt und unterliegen hier also nicht dem Bergregal.

Einer besonderen bergrechtlichen Regelung unterliegen allgemein noch diejenigen für den Bergbaubetrieb an sich wertlosen Mineralien, die aus betriebstechnischen Gründen zum Zwecke der Ausrichtung, Vorrichtung und des Abbaues einer Lagerstätte nutzbarer, dem Bergrecht unterliegender Mineralien mit hereingewonnen werden müssen. In der Regel bleiben sie dem Bergbautreibenden für die Zwecke des Bergbaubetriebes (zum Versatz usw.) ohne weiteres überlassen, nicht immer aber zur gewerblichen Ausnützung außerhalb des eigenen

Bergbaubetriebes. Will der Bergbautreibende etwa Berge, die er beim Abbau eines Erzganges mit hereingewinnt, für den Absatz an dritte Personen verwenden, so muß er sich z. B. nach preußischem Bergrecht mit den Grundbesitzern einigen, aus deren Grundeigentum er die Berge entnimmt, während er in Sachsen volle Verfügungsfreiheit hat. Dagegen kann er meist die Berge, die er nicht weiter verwenden kann, auf die Halde stürzen, ohne dem Grundeigentümer entschädigungspflichtig zu sein. Diese Berge sind von dem Grundeigentum, aus dem sie entstammen, rechtlich ebenso dauernd und bedingungslos getrennt, wie die innerhalb fremder Grundstücke versetzten Berge. In beiden Fällen gehören diese Berge zum neuen Grundstücke.

Nicht selten tritt der Fall ein, daß zwei verschiedenartige, der Bergfreiheit unterliegende Minerale auf gleicher Lagerstätte vorkommen, also gemeinsam gewonnen werden müssen, daß jedoch zu deren Aneignung zwei verschiedene Personen berechtigt sind. In diesem Falle ist in der Regel vorgesehen, daß die Abbau treibende Person die ihr nicht zustehenden Minerale der berechtigten Person gegen Erstattung der anteiligen Gewinnungs- und Förderkosten herausgeben muß. Diese Vorschrift ist gewöhnlich eine Sollvorschrift und kann vertraglich abgeändert werden.

Die Verleihbarkeit eines Mineralvorkommens, d. h. die Unterstellung der Lagerstätten unter das Bergregal bzw. deren Loslösung vom Grundeigentum, wird im Gesetz, abgesehen von der selbstverständlichen Forderung des Fehlens besserer Rechte dritter Personen, meist davon abhängig gemacht, daß es sich um ein Vorkommen auf natürlicher Ablagerung mit absoluter Bauwürdigkeit (s. Abschnitt A I a) handelt. Unerheblich ist es dabei, ob sich die Mineralien in geologischer Hinsicht auf primärer oder sekundärer Lagerstätte befinden. Dagegen sind Halden nicht als natürliche Lagerstätten anzusehen. Gleichwohl wird bei manchen Berggesetzen das Aufsuchungs- und Gewinnungsrecht des Bergwerkseigentümers auf die verliehenen Mineralien ausgedehnt, die sich in Halden innerhalb seines Feldes vorfinden. Voraussetzung ist hierbei, daß im Felde das Mineral auf bauwürdiger, natürlicher Lagerstätte nachgewiesen wurde, da die Halden als solche nicht Grundlagen der Übertragung eines Bergbaurechtes sein können.

Das Allgemeine Österreichische Berggesetz sieht in § 76 für die Mineralien, die in Seifen, Sandbänken, Flußläufen und sonstigen losen Gebirgen oder in alten verlassenen Halden vorkommen, eine Verleihbarkeit vor, wobei sich aber das Bergwerkseigentum innerhalb des verliehenen Feldes nur auf die in der Verleihungsurkunde bezeichneten Lagerstätten, nicht aber in die „ewige Teufe" erstreckt.

Das meist vorgesehene Erfordernis eines Fundesnachweises ist von erheblicher allgemeiner Bedeutung. Selbstverständlich ist ein auf einem einzigen Fundpunkt geführter Nachweis der Bauwürdigkeit nur eine Fiktion. Man muß schon stillschweigend die Voraussetzung als gegeben oder doch als wahrscheinlich unterstellen, daß das Durchschnittsverhalten der Lagerstätte mindestens dem Fundesnachweis bei etwaigen Grenzfällen entspricht und daß die Ausdehnung der Lagerstätte so beschaffen ist, daß sie wahrscheinlich oder doch möglicherweise die Ausdehnung des zu verleihenden Feldes umfaßt.

Wenn auch die Behörde durch die Anerkennung des Fundesnachweises keine Gewähr dafür übernimmt, daß die Lagerstätte relativ bauwürdig ist, so liegt in der Anerkennung des Fundes doch eine gewisse Gewähr dafür vor, daß die absolute Bauwürdigkeit nach dem derzeitigen Stande von der Kenntnis der Lagerstätte und dem derzeitigen Stande von Technik und Wirtschaft als vorhanden angesehen werden kann.

Durch das Vorliegen mehrerer Fundpunkte wird die Beurteilung dieser Frage erleichtert, wenn die Funde nicht zu nahe beisammen liegen. Bekanntlich schreiben die Berggesetze jetzt meist eine Mindestentfernung der Fundpunkte voneinander und von benachbarten Markscheiden vor. Wenn auch für die Verleihungsbehörde nur der gerade vorliegende Fund maßgebend sein darf, so wird man „vernünftigerweise" die Nachbarfunde zur Beurteilung vielfach mit heranziehen.

d) Das Bergwerksfeld (Das Bergwerk).

Der Begriff des Wortes „Grubenfeld", in der preußischen Gesetzesbezeichnung wohl auch „Bergwerk" genannt, ist im Gebiete des deutschen regalen Bergbaues eindeutig festgelegt und erstreckt bzw. beschränkt sich auf das nach Gesetzesvorschrift verliehene Grubenfeld oder Bergwerk. Die maximale Größe eines verleihbaren Grubenfeldes ist in den Gebieten deutschen Bergrechtes gesetzlich bestimmt. Während die Größe eines solchen Grubenfeldes in früheren Jahrhunderten, entsprechend dem damaligen Stande der Technik und Wirtschaft, nach heutigen Begriffen gering bemessen war, sieht die neuere deutsche Berggesetzgebung für Bergwerksverleihungen fast durchweg wesentlich größere Abmessungen vor. Sie folgt dabei den allgemeinen volkswirtschaftlichen Erwägungen, daß ein gesunder Bergbau sich nur entwickeln kann, wenn die Größe des Grubenfeldes eine Deckung des für den Betrieb erforderlichen Anlage- und Betriebskapitals unter Berücksichtigung des Risikos als sicher erscheinen läßt.

Die Größe des Grubenfeldes ist in diesen Fällen stets nur eine Umschreibung für die eigentliche materielle Grundlage des Bergwerkes, nämlich für die Größe des Lagerstätteninhaltes, die meist erst nach der Verleihung durch den Bergwerksbetrieb einwandfrei festgestellt werden kann.

Die Größe des Feldes, für das die Übertragung des Gewinnungs- und Aneignungsrechtes ausgesprochen ist, also des „verliehenen" Bergwerksfeldes, ist in den verschiedenen Berggesetzen verschieden. Im Preußischen Berggesetz sind $2\,200\,000$ m² vorgesehen. Zweckmäßig ist die Größe so zu bemessen, daß sie einen rentablen Bergwerksbetrieb wahrscheinlich macht. Die im Preußischen Berggesetz vorgesehene Größe von $2\,200\,000$ m² ist nur für günstigere Abbauverhältnisse eben ausreichend, bei schwierigeren, zu teuren Anlagen zwingenden Verhältnissen, z. B. bei sehr großen Teufen usw. ist die Feldesfläche zu gering. Tatsächlich haben die Stein- und Braunkohlenbergwerke der preußischen Bergbaubezirke, soweit sie in Gebieten regalen Bergbaues liegen, von sehr wenigen Ausnahmen abgesehen, durchwegs eine größere Feldesgrundlage als die eines preußischen Normalfeldes. Man hat also durch die Praxis die längst veralteten Bestimmungen über die Maximalgröße der Bergwerksfelder der wirtschaftlichen Notwendigkeit entsprechend korrigiert. Das Bayrische Berggesetz vom 20. 3. 1869/30. 6. 1900 entspricht in dieser Hinsicht den wirtschaftlichen Anforderungen insofern besser, als es für Stein- und Braunkohlen ein Feld bis zu $8\,000\,000$ m² und nur für die übrigen Mineralien ein Feld von $2\,000\,000$ m² vorsieht.

Die im österreichischen Gesetz vorgesehene Größe von $45\,116$ m² für ein Grubenmaß (§ 42 ABG.) ist zu gering. Dasselbe gilt auch für die bei Stein- und Braunkohlen verleihbare Fläche von 4 Doppelmaßen, also $360\,928$ m² (§ 47 ABG.). Hierbei konnte das Grubenfeld auch durch Konsolidation (Zusammenschlagung) nicht auf eine zweckmäßige Größe gebracht werden, da die größte, zulässige Feldgröße nur $721\,865$ m² betrug (§ 113 ABG.).

Die Erkenntnis, daß Grubenfelder eine gewisse Größe haben müssen und daß ihre Abgrenzung gegenüber dem Nachbarfelde möglichst so gestaltet werden soll, daß sie technisch am günstigsten liegt, hat z. B. in Preußen zum Erlaß der Gesetze

1. vom 22. 4. 1922 über die Vereinigung von Steinkohlenfeldern im Ober-
bergamtsbezirk Dortmund und

2. vom 22. 7. 1922 über die Regelung der Grenzen von Bergwerksfeldern
geführt. Auf Grund des 1. Gesetzes können — gegebenenfalls zwangsweise —
kleine, wirtschaftlich nicht abbaufähige Grubenfelder älteren Rechtes (Längenfelder bzw. Geviertfelder) miteinander oder mit markscheidenden größeren
Feldern neueren Rechtes vereinigt werden.

Wenn damit auch die etwa noch vorhandenen Längenfelder älteren Rechtes
nicht den bergrechtlichen Charakter eines Bergwerkes verloren haben, so ist
doch durch die neuere Gesetzgebung anerkannt, daß diese Felder, weil ein
darauf zu begründender Betrieb nicht wirtschaftlich lebensfähig ist, auch rechtlich nicht mehr als vollwertige Sachrechte angesehen werden können, so daß
deren rechtliche Selbständigkeit gegebenenfalls zwangsweise aufgehoben werden
kann.

Durch das Gesetz über die Felderbereinigung können Bergwerksbesitzer gezwungen werden, ohne Aufgabe ihres Eigentums an anstehenden, verliehenen
Mineralmengen ihres Felderbesitzes doch in eine bessere Abgrenzung ihres beiderseitigen Felderbesitzes einzuwilligen.

Die Zusammenlegung mehrerer Grubenfelder zu einem rechtlich einheitlichen
Bergwerk soll zugleich die Schaffung einer Grubenfeldreserve ermöglichen. Diese
Reservefelder sind für die Zukunft eines Werkes oft eine Lebensfrage. Sie sollen
die materielle Grundlage für die Fortsetzung des Betriebes einer Bergwerksanlage bilden, wenn der Abbau des Stammfeldes beendet ist. Andererseits soll
durch die Zusammenlegung nicht etwa der Privatmonopolbildung Vorschub geleistet werden. Während in Preußen für eine Zusammenlegung nur verlangt wird,
daß die Felder aneinander markscheiden und der Zusammenlegung keine öffentlichen Interessen entgegenstehen, wird in einigen anderen Staaten mit deutschem
Bergrecht im Hinblick auf den Betriebszwang die Größe der zu einem Betrieb
zusammenzuschließenden Felder (Konsolidation oder Erklärung als Feldreserve)
je nach dem Betriebsrisiko, dem erforderlichen Betriebsumfang und der enthaltenen Mineralien auf 4 bis 16 km² beschränkt (Bayern).

Es ist volkswirtschaftlich durchaus richtig, daß die Feldreserve nicht nur
in einem zu konsolidierenden Felde, sondern auch in einem abseits liegenden
selbständigen Grubenfeld erblickt werden kann. Der über diese Fläche hinaus-
gehende Feldbesitz eines Unternehmers wird als materielle Grundlage einer
anderen bzw. je nach der Größe auch mehrerer selbständiger Werksanlagen angesehen und gegebenenfalls nach den über den Betriebszwang geltenden Vorschriften behandelt.

Während hiernach die Zusammenlegung von Grubenfeldern innerhalb gewisser Grenzen in der Regel den allgemeinen Interessen entspricht, wird man
bei der Realteilung vom behördlichen Standpunkte stets vorsichtig verfahren
müssen. Die entstehenden Teilfelder müssen auf alle Fälle noch einen Betrieb
mit Wahrscheinlichkeit gewährleisten. Hiernach wird man die Teilung leichter
genehmigen können, wenn die Teilfelder schon so weit aufgeschlossen sind, daß
sich die zu verlangende Wirtschaftlichkeit derselben feststellen läßt (Nachweis
der relativen Bauwürdigkeit).

e) Betriebszwang und Zwangsstillegung.

Die Freierklärung des Bergbaues soll lediglich im allgemeinen Interesse erfolgen. Es ist hiernach auch durchaus gerechtfertigt, daß die meisten Berggesetze, die auf dem Boden der Bergbaufreiheit entstanden sind, auch Vor-

schriften enthalten, nach denen der Bergwerkseigentümer zum Betriebe des Bergwerks verpflichtet ist, wenn die Unterlassung oder Einstellung des Betriebes nach Entscheidung der zuständigen Behörden eine überwiegende Schädigung des öffentlichen Interesses mit sich bringt. Hierbei sind nicht nur die Interessen der Verbraucher oder Weiterverarbeiter, sondern auch diejenigen der umliegenden Ortschaften des Bergwerkes evtl. des ganzen Landes maßgebend. Naturgemäß kann niemand gezwungen werden, im fremden oder auch allgemeinen Interesse einen verlustbringenden Bergbau zu betreiben. Die Klärung dieser Verhältnisse wird aber am wirksamsten dadurch herbeigeführt, daß das Bergwerkseigentum nach Ablauf einer dem Eigentümer zur Wiederaufnahme des Betriebes gesetzten Frist entweder auf dem Wege der Zwangsversteigerung in andere Hände übergeführt wird oder, falls diese Zwangsversteigerung nicht zum Verkaufe des Bergwerkseigentumes führt, das Bergwerkseigentum aufgehoben wird. Der Bergwerkseigentümer wird es in diesem Falle zur Versteigerung oder Aufhebung des Bergwerkseigentums nur dann kommen lassen, wenn er nach seinen Betriebserfahrungen keine Möglichkeit einer Rentabilität sieht. Es darf jedoch nicht verkannt werden, daß die Aufhebung des Bergwerkseigentums schwerwiegende Mängel und Härten in sich bergen kann, da ein Werk z. B. in späterer Zeit — bei entsprechender Entwicklung von Wirtschaft und Technik — rentabel werden kann, und man zweckmäßig die Forderung nach Aufnahme des Betriebes auf diese Zeiten verschieben sollte. Vor allem wird aber eine scharfe Handhabung der Bestimmungen über den Betriebszwang die Kreditfähigkeit der Bergindustrie wesentlich gefährden, da ein aus irgendwelchen Gründen zum Erliegen gekommenes oder noch nicht in Betrieb gesetztes Werk keine Geldmittel zur Verfügung erhalten wird, wenn der Geldgeber befürchten muß, daß das beliehene Bergwerkseigentum ohne weiteres erlöschen könnte. Die sonstigen Vorschriften über etwaige freiwillige Aufhebung des Bergwerkseigentums haben keine bergwirtschaftliche Bedeutung.

Neuerdings wurde in Preußen vorgeschlagen, den Betriebszwang mit der Besteuerung der Bergwerksfelder zu verknüpfen. Die Feldessteuern sollen je 1000 m² Feldesfläche betragen:

a) bei Steinkohlen (außer Wealdenkohle) und Kalisalzbergwerken 1,00 $\mathscr{M}$ jährlich,

b) bei Wealdensteinkohlenbergwerken (und anderen nicht höher zu bewertenden Ablagerungen) sowie Braunkohlenbergwerken 0,50 $\mathscr{M}$ jährlich,

c) bei sonstigen, gemäß § 1 des Berggesetzes vom 24. 6. 1865 verliehenen Bergwerken 0,25 $\mathscr{M}$ jährlich,

d) bei Distriktsfeldern, die auf Erze, und bei Bergwerken und Distriktsfeldern, die auf nicht in § 1 des Berggesetzes vom 24. 6. 1865 bezeichnete Mineralien verliehen sind, 0,05 M jährlich.

Sind in einem Bergwerke mehrere Mineralien zugleich verliehen, so gilt der jeweils höchste Satz, jedoch nur einmal berechnet.

Wird ein Bergwerk, dessen Betrieb nach Feststellung des Oberbergamtes im allgemeinen wirtschaftlichen Interesse liegt, trotz Aufforderung des Oberbergamtes nicht oder nicht andauernd betrieben, so kann das Oberbergamt das Verfahren wegen Entziehung des Bergwerkseigentums beschließen.

Ebenso wie der Betriebszwang kann auch gelegentlich die Betriebseinschränkung im Interesse der Allgemeinheit liegen. Das gilt zur Zeit für den deutschen Kalisalzbergbau, der durch die Folgen des Weltkrieges, da tatsächlich eine übergroße Zahl von Werken in Betrieb war, in eine außerordentlich schwierige Notlage geriet. Die damalige Wirtschaftslage wird durch nachstehende Tabelle 1 beleuchtet[1]. In der Kaliindustrie hatte man:

Tabelle 1.

Jahr	Zahl der Quotenschächte	Gesamtabsatz dz K_2O	Durchschnittsabsatz je Werk dz K_2O	Durchschnittserlös je dz K_2O
1913	164	11 103 694	67 700	15,70 ℳ
1924	219	8 420 600	38 450	12,60 ℳ

Diese wirtschaftliche Entwicklung zwang zu einer straffen Zusammenfassung der Betriebe, um die deutsche Kaliindustrie lebensfähig über die schwere Zeit hinwegzubringen. Auf Grund der Notverordnung über die Stillegung und Betriebseinschränkungen im Kalisalzbergbau[2] sowie der Abänderungen hierzu[3] ist:

1. das Abteufen neuer Kalischächte verboten,
2. auf einen Zusammenschluß der Betriebe hinzuwirken, sind
3. unwirtschaftliche Investierungen zu verhüten und
4. Angestellte und Arbeiter zu schützen.

Ausgenommen von diesem Verbote sind:

1. Schächte, deren Herstellung nach Ansicht des Reichskalirates im volkswirtschaftlichen Interesse liegt,
2. bergpolizeilich angeordnete Sicherheitsschächte,
3. ferner zwei fiskalische Schächte für Baden und je ein Schacht für Braunschweig, Mecklenburg-Schwerin und Preußen.

Das Ziel der Zusammenlegung soll erreicht werden durch freiwillige oder zwangsweise Stillegung. Dazu ist vorgesehen:

a) Werke mit endgültiger Beteiligungsziffer, die bis 1. 4. 1923 unwiderruflich erklären, bis Ende 1953 den Betrieb stillzulegen, behalten bis dahin ihre Beteiligungsziffer. Es darf dann überhaupt kein nutzbares Mineral (auch kein Steinsalz oder Kupferschiefer) gefördert werden. Diese Vorschrift bedeutet eine unnütze Erschwerung, denn man sollte die Stillegung nur auf die Stein- und Kalisalzförderung beschränken. Ein Verbot des Abbaues des Kupferschiefers ist nur gerechtfertigt, wenn dadurch die Stein- und Kalisalzlager gefährdet werden.

b) Werke mit vorläufiger Beteiligung können bei Übernahme der Verpflichtung zu a) Zuteilung endgültiger bis Ende 1953 geltender Beteiligungsziffern verlangen. Maßgebend für die Höhe dieser Beteiligungsziffern sind Feldgröße, Aufschlüsse usw.

c) Vom 1. 4. 1923 ab wird die Wirtschaftlichkeit der Werke durch die Kaliprüfungsstelle fortdauernd untersucht. Ergibt sich dabei die dauernde Unwirtschaftlichkeit eines Werkes, so beschließt der Reichskalirat zwangsweise Stilllegung bis 1953 gegen angemessene Entschädigung unter Berücksichtigung etwaiger Förderung anderer Mineralien. Gegen diese Entscheidung haben Landesbehörden und Kaliwerke Berufungsrecht bei der „Kaliberufungsstelle für die Kaliindustrie" in Berlin.

Es sind außerdem noch Bestimmungen über weitere Regelung der Beteilgungsziffern und über den Schutz der Angestellten und Arbeiter vorgesehen.

---

[1] Dt. Bergwerkszg. vom 14. 11. 1925, Nr. 268.
[2] Reichsgesetzblatt Nr. 102, S. 1312 vom 28. 10. 1921.
[3] Reichsgesetzblatt Nr. 21, Teil II, S. 229 vom 1. 6. 1923, ferner Nr. 7, Teil II, S. 44 vom 1. 3. 1924 und Nr. 25, Teil II, S. 155 vom 11. 6. 1924.

Ein Bild vom Stande der Betriebsstillegung im Jahre 1925 ergibt die folgende Tabelle 2[1]:

Tabelle 2.

Bezirk	Gesamt- zahl der Werke	Anzahl d. fördernd. Werke	Prozentzahl d. ruhenden Werke	Beteiligung d. ruhenden Werke $^{0}/_{00}$
Hannover	70	34	51,43	123,0359
Staßfurt-Magdeburg	57	17	70,18	161,4294
Halle-Mansfeld-Unstrut	31	9	70,97	87,4559
Südharz.	35	16	54,29	89,5665
Werra	28	13	53,57	57,8154
Summe	221	89	59,73	519,3031

Es ergibt sich also, daß je nach der wirtschaftlichen Lage teils der Betrieb, teils die Stillegung betriebener Werke den Interessen der Allgemeinheit entspricht. Es ist daher falsch, grundsätzlich den Betrieb als Regel zu verlangen. Tatsächlich sind in Hessen und Bayern nur etwa 2,5 bis 3% der verliehenen Felder im Betriebe, in Sachsen etwa 10%.

Bergwirtschaftlich sind die Formalitäten des Erwerbes (z. B. die Verleihung) des Bergwerkseigentumes, d. h. das Aneignungs- und Gewinnungsrecht, belanglos, ebenso auch die Vorschriften über das Schürfen und Muten. Dagegen sind Wesen und Inhalt des Bergwerkseigentumes im Gebiete des Bergregales wichtig. Das Eigentumsrecht des Bergwerkseigentümers erstreckt sich hinsichtlich der verliehenen Mineralien mindestens auf die bereits gewonnenen Teile desselben. Auf alle Fälle hat er die ausschließliche Befugnis, das in der Verleihungsurkunde benannte Mineral in seinem Felde aufzusuchen und zu gewinnen, sowie alle hierzu erforderlichen Vorrichtungen unter und über Tage zu treffen[2].

Das Abbaurecht ist sonach ein Immaterialgüterrecht[3]. Der Abbauberechtigte gilt daher nicht als Sacheigentümer der abzubauenden Mineralien. Allerdings wird auch die Auffassung vertreten, daß Grundeigentümer gemäß römisch-rechtlicher Begriffe ein Sacheigentum an den dem Grundeigentümer nicht entzogenen Mineralien haben[4].

f) Bergbauliche Anlagen des Bergwerkes einschließlich Hilfsbaue.

Das Recht, die zur Aufsuchung und Gewinnung des verliehenen Minerals erforderlichen Vorrichtungen innerhalb des Bergwerksfeldes über und unter Tage zu errichten, ist von außerordentlicher Bedeutung. Denn dadurch wird das Gewinnungsrecht erst verwendbar. Dieses Recht muß daher dem Recht am Grundeigentum vorgehen, so daß letzteres auf dem Wege der Zwangsenteignung — natürlich gegen angemessene Entschädigung — außer Kraft gesetzt werden kann, wenn der Grundeigentümer sich der Errichtung der Bergwerksanlagen widersetzt.

Dieses Vorrecht ist dem Bergwerkseigentümer nur im allgemeinen Interesse zu verleihen. Es wird infolgedessen auch nur so weit auszudehnen sein, als es für den Zweck des Bergbaues erforderlich ist, der letzten Endes darin bestehen

---

[1] Korte: Die gegenwärtige Lage der mitteldeutschen Kaliindustrie. Magdeburger Tageszg. Nr. 150, S. 37f. 1925.
[2] Preuß. Berggesetz von 1865, § 54.
[3] Vgl. Wolf, Martin: Sachenrecht. Marburg: Elvert 1929.
[4] Vgl. Sehling: Rechtsverhältnisse an den der Verfügung des Grundeigentümers nicht entzogenen Mineralien. Leipzig: A. Deichert 1904. — Klostermann: Kommentar zum Berggesetz, 6. Aufl. Berlin 1911.

muß, die Bergbauprodukte nicht allein nur zu gewinnen, sondern sie auch mit Vorteil absetzen zu können. Zu den Anlagen über Tage gehören daher in der Regel auch diejenigen Anlagen, die notwendig sind, um das Förderprodukt verkaufsfähig zu machen, insbesondere Aufbereitungsanstalten, Kokereien, Schwelereien, Brikettfabriken, Röst- und Glühöfen usw. Das Preußische Berggesetz vom 24. 6. 1865 beschränkt im § 58 die Befugnis des Bergwerkseigentümers zur Errichtung von Weiterverarbeitungsanlagen auf die Aufbereitungsanlagen. Diese enge Fassung ist bergwirtschaftlich falsch und undurchführbar. Es mußte daher der Kreis der unter den § 58 fallenden Anstalten unter den Begriff „Zubehörungen des Bergwerkes" erweitert werden. Maßgebend muß die Absicht sein, das Bergwerksprodukt ohne wesentliche Änderung seines Gebrauchszweckes verkäuflich zu machen und dabei außerdem nur diejenigen Anlagen zu gestatten, die zur Gewinnung etwa entfallender Nebenprodukte notwendig sind. Die Herstellung von Koks würde unter diesen Begriff fallen, da Koks immer noch als Heizmaterial dient. Ebenso würden die Anlagen zur Gewinnung der ersten Generation der Nebenprodukte unter diesen Begriff fallen, nicht aber die Anlagen zu deren Weiterverarbeitung. Aus der Bedingung der „Verkäuflichkeit" ergibt sich dann auch andererseits eine Anpassungsfähigkeit des als Zubehör eines Bergwerkes anzusehenden Kreises von Weiterverarbeitungsanstalten zur jeweilig technisch-wirtschaftlichen Entwicklung. Ein Eisenhüttenwerk kann man danach nicht als „Zubehör" eines Bergwerkes ansehen. Diese Hütten sind heute in der Regel auf die Zufuhr einer großen Anzahl von Eisenerzwerken angewiesen. Ein Eisenerzwerk kann seine Erze in der Regel an die verschiedensten Hütten absetzen und ist für sich allein meist nicht in der Lage, den Bedarf eines modernen Eisenhüttenwerkes zu decken. Dagegen wird es in vielen Fällen notwendig sein, die hüttenmäßige Gewinnung seltener Metalle, deren Vorkommen auf einen oder sehr wenige Punkte beschränkt ist, auf dem Bergwerke bzw. durch den Bergwerkseigentümer vorzunehmen, um das Bergwerksprodukt überhaupt verkaufsfähig zu gestalten. Anderenfalls läuft das Werk Gefahr, einer Hütte gegenüber, die das Monopol der Verarbeitung tatsächlich hat, in eine finanziell bedenkliche Abhängigkeit zu geraten. Zweckmäßig erscheint es, den Kreis der hiernach als Zubehör eines Bergwerkes anzusehenden Anlagen von Zeit zu Zeit durch die Staatsbehörde in Gemeinschaft mit bergbaulichen Selbstverwaltungskörpern festzustellen bzw. in Streitfällen jederzeit zu entscheiden. Gegebenenfalls sind von den Behörden auch Vertretungen der Weiterverarbeitungsindustrie heranzuziehen. Gemäß Notgesetz über die thüringischen Bergbehörden vom 26. 9. 1922[1] unterstehen in Großthüringen der bergpolizeilichen Aufsicht außer den Bergwerken auch die zum Bergwerk gehörigen, dem Betriebe, der Verarbeitung oder dem Absatz der geförderten Mineralien dienenden Anlagen. Damit ist der im modernen Bergwerksbetriebe nicht scharf umgrenzbare Ausdruck „Aufbereitungsanstalten" weggefallen, wodurch die Fassung wesentlich klarer und zweckentsprechender ist, als es bei den Bestimmungen der §§ 58 und 59 des Preußischen Berggesetzes von 1865 der Fall ist.

Zu den Anlagen gehören in der Regel auch solche Grubenbaue und Tagesanlagen, die aus Zweckmäßigkeitsgründen außerhalb des Bergwerksfeldes angelegt werden müssen (Hilfsbaue). Sofern hierbei Mineralien gewonnen werden, die einem benachbarten Bergwerkseigentümer gehören, müssen dieselben dem Berechtigten auf Verlangen gegen Erstattung der Gewinnungs- und Förderkosten oder unentgeltlich herausgegeben werden. Diese Vorschriften sind zweckmäßig als Sollvorschriften zu behandeln.

---

[1] Braunkohle Jg. XXI, S. 651. 1922.

Ebenso wie bei der Teilung und Konsolidation ist es auch bei der Gestattung von Hilfsbauen angebracht, daß die öffentlichen Interessen im vollsten Umfange durch entsprechende Rechtsvorschriften gewahrt bleiben. Es darf z. B. nicht gestattet werden, daß der Abraum eines Tagebaues auf Feldesteile gestürzt wird, die selbst für Tagebaue geeignet sind, solange sich der Abraum irgendwie auf anderen, evtl. entfernteren Geländeabschnitten unterbringen läßt, ohne die Wirtschaftlichkeit des Betriebes zu gefährden, besonders wenn das Bestreben vorliegt, durch die Haldenbeschüttung das fremde Bergwerkseigentum zu schädigen. Das gleiche gilt sinngemäß auch für unterirdische Hilfsbaue, wenn diese den späteren Abbau erheblicher Feldesteile unmöglich machen. In diesen Fällen wird man sich durch Feldesaustausch, Vereinbarungen über den späteren Abbau des betreffenden Lagerstättenteiles usw. helfen können, wobei der Bergbehörde das Recht zustehen muß, unberechtigte Ansprüche der einen oder anderen Partei zurückzuweisen und die volkswirtschaftlichen Interessen zu wahren.

g) Regaler Bergbau und Grundeigentum.

Aus Zweckmäßigkeitsgründen gelten in den deutschen Berggesetzen für das Bergwerkseigentum die auf Grundstücke sich beziehenden gesetzlichen Vorschriften. Diese Vorschriften erleichtern die Finanzierung des Bergwerksunternehmens, weil der Stand der gesicherten Belastung desselben durch Einsicht in die hypothekarischen Eintragungen jederzeit festgestellt werden kann.

Ein Bergwerksbetrieb ist ohne Benutzung eines Teiles des Grundstückes, unter dem sich das Bergwerkseigentum erstreckt bzw. ohne Benutzung benachbarter Grundstücke nicht durchführbar. Schon bei den Schürfarbeiten und später zur Herstellung der Schächte, Tagesanlagen, Halden usw. muß der Bergwerkseigentümer Grundstücke in Benutzung nehmen. Er muß also in die Rechte des Grundeigentümers eingreifen, wenn er sein Recht zur Aufsuchung und Gewinnung der Mineralien, sei es zum Fundesnachweis, sei es zur Aneignung, ausüben will. Das Berggesetz muß daher auch Vorschriften erlassen, durch die die einander widerstreitenden Rechte und Interessen des Bergwerkseigentümers bzw. Bergwerksunternehmers und des Grundeigentümers in gerechter Weise und den allgemeinen Interessen entsprechend ausgeübt werden. Das preußische und französische Berggesetz erkennen nur dem Bergwerkseigentümer die Befugnis zu, die Abtretung des Grundstückes zu verlangen, das sächsische Berggesetz dagegen dem Unternehmer ohne Rücksicht auf das Eigentumsverhältnis. Das Gesetz muß Vorschriften enthalten, durch welche die Grundeigentümer zur Duldung der Benutzung ihrer Grundstücke durch den Bergbau gezwungen werden können, sofern sie sich auf gütliche Einigung nicht einlassen bzw. unberechtigte Forderungen stellen. Es ist dem Grundsatz durchaus beizupflichten, daß der Grundeigentümer durch diese zwangsweise Abtretung keine besondere Bereicherung an Vermögenswerten erhalten soll, andererseits aber jeden, auch indirekten Schaden, den er an der bisherigen Bewirtschaftung seines Grundeigentumes durch die Abtretung eines Grundstückes erleidet, voll ersetzt bekommt, wobei rein spekulative Gewinnmöglichkeiten, die erst in Zukunft namentlich infolge des Bergwerksbetriebes erwartet oder angenommen werden, außer Betracht bleiben müssen. Im beiderseitigen Interesse dürfte es liegen, wenn Grundstücke, die für den Bergwerksbetrieb der Verfügung des Grundeigentümers dauernd oder doch voraussichtlich auf lange Zeit (z. B. über 30 Jahre) entzogen werden müssen, vom Bergbautreibenden (bzw. vom Bergwerkseigentümer) erworben werden können, gegebenenfalls auch erworben werden müssen. Für andere Grundstücke braucht dem Bergbautreibenden (Bergwerkseigentümer) kein Recht zum Erwerb des Grundeigentums gegeben werden. Wohl aber kann man dem Grundeigentümer das Recht zugestehen, daß auf sein Verlangen der Bergbautreibende (bzw. der Bergwerkseigentümer) das Grundstück erwirbt.

Die oft außerordentlich starke Einwirkung des Bergbaues auf die Erdoberfläche, die z. B. beim Braunkohlenbergbau zu einer förmlichen Benutzung derselben wird, verschärft in vielen Fällen die Interessengegensätze des Grundeigentümers und des Bergbautreibenden sehr wesentlich. So konnte nach dem Ansiedlungsgesetz vom 25. 8. 1876, 16. 9. 1899 und 10. 8. 1904 die Errichtung von Wohngebäuden durch den Bergbautreibenden nur dann verhindert werden, wenn das Gebäude außerhalb der durch den behördlich genehmigten Bauplan vorgesehenen Fläche errichtet werden sollte und eine Ansiedlungsgenehmigung nicht vorlag. Dem Bergbautreibenden stand jedoch ein Einspruchsrecht nur dann zu, wenn das zu bebauende Grundstück durch den Bergbau „in absehbarer Zeit" (Betriebsplan!) gefährdet wird und die wirtschaftliche Bedeutung des uneingeschränkten Abbaues die der Ansiedlung überwiegt. Bei sonstigen Nutzgebäuden stand dem Bergbautreibenden überhaupt kein Einspruchsrecht zu.

Um dieser Schwierigkeiten Herr zu werden, ist für den Ruhrkohlenbezirk durch das Gesetz vom 5. 5. 1920 ein Siedlungsverband ins Leben gerufen worden, der den Zweck hat, eine gerechte und zweckmäßige gegenseitige Abgrenzung der Interessen der Gemeinden, der Industrie, des Verkehrswesens, des Bergbaues usw. an der Benutzung der Erdoberfläche herbeizuführen.

Auch für Mitteldeutschland sind Siedlungsausschüsse[1] ins Leben gerufen worden, die Siedlungspläne bearbeiten sollen. Hierfür sind die im folgenden auszugsweise angeführten Richtlinien aufgestellt worden:

„Die Siedlungspläne bieten Gelegenheit, öffentliche und private Belange sowie ihren Ausgleich rechtzeitig in Betracht zu ziehen.

Im besonderen sind sie geeignet, Schwierigkeiten bei der förmlichen Festsetzung der Bebauungs- und Fluchtlinienpläne, die von den Gemeinden nach den Bedürfnissen der näheren Zukunft aufgestellt werden, aus dem Wege zu räumen.

In den Siedlungsplänen sind die Flächen, die dem Wohnen, der Industrie, dem Bergbau, dem Handel, dem Verkehr und der Erholung dienen sollen, erkennbar zu machen.

Ferner sind darin die Durchgangs- und Ausfallstraßen sowie Verkehrsbänder (Geländestreifen, die Verkehrsmitteln aller Art, insbesondere Eisenbahnen, Kleinbahnen oder Kraftwagen dienen oder als Wasserstraßen ausgebaut werden sollen) aufzunehmen.

Grün- und andere Freiflächen, deren dauernde Freihaltung von Bauwerken anzustreben ist oder deren Bebauung nur so weit gestattet werden soll, als es durch die geplante Nutzungsart bedingt wird, sind als solche zu kennzeichnen.

Auch die hauptsächlichsten Höhenverhältnisse des Geländes sowie der geplanten Verkehrsflächen und Verkehrskreuzungen sind in die Pläne aufzunehmen. Endlich soll aus den Siedlungsplänen die Abstufung der Bauweise, insbesondere hinsichtlich der Wohnviertel (Bauzonenplan) ersichtlich sein.

Im einzelnen ist zu beachten:

A. Industrie- und Wohngebiete.

Als Industriegelände kommt vor allem Gelände an Eisenbahnen, Wasserstraßen und in der Nähe von bestehenden oder geplanten Kohlengewinnungsstätten in Frage. Für Wohngebiete ist eine gesunde, freie, ruhige Lage, möglichst im Zusammenhang mit Grünflächen abseits vom Verkehr und in nicht zu großer Entfernung von den Arbeitsstätten, doch geschützt gegen Belästigung durch Lärm, Rauch und Gase zu wählen.

B. Durchgangs- und Ausfallstraßen, Verkehrswege, Verkehrsbänder.

Neuanlagen von Straßen und Verkehrsbändern auf Boden mit abbauwürdigen Braunkohlenflözen sind im allgemeinen zu vermeiden. Wo ihre Anlage bis zur Auskohlung angezeigt erscheint, ist die Wirtschaftlichkeit besonders zu erörtern.

---

[1] Herwegen: Die Bedeutung der Flächenaufteilungspläne für den deutschen Braunkohlenbergbau. Braunkohle Jg. XXIV, Nr. 31, S. 693. 1925/26. Rottstedt: Das Zubauen von Mutungsfeldern. Braunkohle Jg. XXIII, Nr. 39, S. 733.

Bei der Neuplanung von Bahnen sollen etwa die folgenden Maße beachtet werden:

Kleinster Halbmesser in Krümmungen auf freier Strecke	Maximale Steigungen
Straßenbahnen . . . . 60,— m	1 : 20 bei besonderem Bahnkörper
Straßenschnellbahnen . . . . 100,— m	1 : 40
Neben- und Kleinbahnen . . . . 300,— m	1 : 40

Flughäfen sind als Verkehrsflächen einzutragen.

C. Freiflächen.

Als Freiflächen kommen in Frage: Park- und Gartenanlagen, Friedhöfe, Spiel- und Sportplätze, Freiflächen innerhalb von Baublöcken, Kleingartenland, ferner Forst- und landwirtschaftlich genutzte Flächen, Wälder, Heiden, Wiesen und Niederungsgebiete sowie Flächen, die für Zwecke der Be- und Entwässerung und andere öffentliche Zwecke, z. B. Kirchen und Schulbauten benötigt werden.

Berücksichtigt werden muß, daß weite Grundflächen in den nächsten Jahrzehnten vom Abbau der Kohle erfaßt werden. Hinsichtlich der Eignung der bereits ausgekohlten, wie der noch auszukohlenden Gebiete als dauernd zu erhaltende Grünflächen wird das Urteil Sachverständiger einzuholen sein.

D. Vorbereitung der Siedlungspläne.

Bei den Vorbereitungen für die Aufstellung der Siedlungspläne für den Mitteldeutschen Industriebezirk wird besonders Gewicht auf die Beschreibung der bergbaulichen Verhältnisse zu legen sein. Es bedarf einer Klarstellung über die Lage, Ausdehnung und Ergiebigkeit der Kohlenlagerstätten sowie des Fortschrittes und der Richtung des Abbaues und der Angabe, welchen Umfang der Tage- und Tiefbau voraussichtlich einnehmen wird. Das vermutlich in den nächsten 50 Jahren abzubauende Gelände ist zu bezeichnen. Ferner ist anzugeben, in welchem Maße die Auffüllung der Gruben erfolgt und inwieweit der Boden wieder kultiviert wird oder wann er wieder bebaubar sein wird.

Außer den Flächen, unter denen abbauwürdige Kohlen anstehen, müssen auch diejenigen Flächen in Betracht gezogen werden, welche zu betrieblichen Zwecken möglicherweise benötigt werden, wie z. B. zur Errichtung von Bahnanlagen (Anschlußgleis, Haldenbahn, Grubenbahn usw.), für Halden und andere Zwecke.

Die Gebiete, die in die Bebauungspläne für Wohn- und Industriezwecke, für Parkanlagen usw. einbezogen sind, die aber im allgemeinen Interesse in erster Linie für den Bergbau verwendet werden sollten, sind — gegebenenfalls auf Antrag der Interessenten — besonders zu kennzeichnen. Ferner müssen diejenigen Ortschaften bekanntgegeben werden, unter denen Braunkohle in solcher Mächtigkeit ansteht, daß deren Gewinnung im allgemeinen Interesse liegt. Ebenso sind die Eisenbahnen, Landstraßen, Bachläufe kenntlich zu machen, deren Verlegung infolge des Bergbaues notwendig wird.

Es ist Wert darauf zu legen, daß alle interessierten Kreise Aufklärung über die verschiedenen wirtschaftlichen Belange erhalten, damit bei der Aufstellung der Flächenaufteilungspläne die allgemeinen Interessen richtig erfaßt und berücksichtigt werden können.

Im Interesse der allgemeinen Volkswirtschaft liegt es, daß der Bergwerkseigentümer alle Grundstücke, die er nicht mehr für den Bergwerksbetrieb braucht, nach Lage der Dinge in einen verwendungsfähigen Zustand versetzt, soweit dadurch eine angemessene Verzinsung des Unternehmens nicht in Frage gestellt wird. Ebenso ist darauf zu sehen, daß nach Möglichkeit keine Grundstücke durch den Bergbau in einen dauernd unbrauchbaren Zustand versetzt werden. Andernfalls muß es Sache der Bergbehörde sein, evtl. gemeinsam mit den Selbstverwaltungskörperschaften darüber zu entscheiden, ob auch aus volkswirtschaftlichen Gründen durch den Bergbau Grundstücke dauernd für jede weitere Verwendung unbrauchbar gemacht werden dürfen oder ob der Bergbau unter den gefährdeten Flächen zu verbieten oder nur bedingungsweise zu gestatten ist, z. B. durch Anordnung des Versatzbaues, um die Senkung der Erdoberfläche auf ein bestimmtes Maß beschränken zu können.

Die vorstehenden Ausführungen führen damit ohne weiteres in das Gebiet der Entschädigungspflicht des Bergwerkseigentümers für die durch seinen Betrieb beschädigten Grundstücke. Grundsätzlich sind hier die Duldungs- und Entschädigungsfragen ebenso zu regeln, wie bei der soeben besprochenen Abtrennung der Grundstücke für Betriebszwecke.

Für die Bemessung der Entschädigung ist bei der Grundstücksabtretung der Zustand desselben im Augenblick der Abtretung maßgebend. Der Zustand läßt sich genau feststellen und damit auch die Höhe der zu zahlenden Entschädigung. Bei der Grundstücksbeschädigung soll der Betrag der Entwertung entschädigt werden, der sich aus dem Zustand des Grundstückes vor und nach der Beschädigung ergibt. Hierbei entstehen recht oft erhebliche prozessuale Schwierigkeiten. Der frühere Zustand ist meist nicht mehr feststellbar, bei vorgenommenen Ausbesserungen mitunter auch nicht der Umfang der Beschädigungen. Man ist dann in vielen Fällen auf Zeugenaussagen angewiesen, die nicht immer einwandfrei sind, selbst wenn die Zeugen die beste Absicht haben, der Wahrheit zum Recht zu verhelfen. Aus diesem Grunde ist es für den Bergwerksunternehmer zweckmäßig, den Zustand der im Bereich etwaiger Abbauwirkung liegenden Grundstücke und der darauf errichteten Tagesanlagen vor Beginn eines schädigenden Betriebes bzw. vor Eintritt einer Schädigung durch den Bergbau möglichst genau festzustellen. Soweit keine anderen Messungen, die öffentlichen Glauben haben, vorliegen, kann die Tagessituation vermessen und nivelliert werden. Messungen in Brunnen und nach Bedarf niedergebrachten Pegelbohrlöchern können Aufschluß geben über den durchschnittlichen Stand des Grundwasserspiegels und seine Schwankungen. Die Beschaffenheit der Brunnen oder Grundwasser kann durch Analysen öffentlicher Laboratorien festgestellt werden. Es ist vielleicht zweckmäßig, hier mit den Landwirtschaftskammern zusammen zu arbeiten.

In sehr vielen Fällen kann auch die Photographie zur einwandfreien Feststellung der verschiedenen Zustände der Grundstücke und der darauf errichteten Anlagen herangezogen werden. Sehr häufig zeigen sich im Rohbau von Gebäuden, Brücken usw. Konstruktions- oder Ausführungsfehler durch Risse und Sprünge. Diese werden durch den Verputz zunächst unsichtbar und treten dann später, sobald die Wirkung der Fehler eine allmähliche Erweiterung der Sprünge und Risse veranlaßt, auch durch den Verputz wieder auf, wobei sie dann, wenn es irgend geht, als Bergschäden angesprochen werden. Es gibt Bergwerksgesellschaften, die grundsätzlich jeden Neubau in verschiedenen Entwicklungsstadien photographieren und dadurch oft Beweismaterial über die Bauausführung erhalten. Eine scharfe Überwachung von Neubauten liegt nicht nur im Interesse des Bergwerksunternehmens, sondern auch des Bauherrn. Im Interesse einer gerechten Rechtspflege ist es zweckmäßig, wenn allen Parteien für etwaige zukünftige Rechtsstreitigkeiten das Recht der Beweissicherung gegeben wird, soweit nach Lage der Sache Bergschäden eintreten können oder doch der Eintritt derselben behauptet werden kann. Die Art der Beweissicherung ist dem gegebenen Einzelfall zweckmäßig anzupassen.

In sehr vielen Fällen ist es wichtig, Beschädigungsursachen, die von anderen Gewerbebetrieben ausgehen, rechtzeitig und, soweit es möglich ist, in ihren Wirkungen festzustellen. Beispielsweise kann die Fundamentierung eines Hauses durch unsachgemäße Kanalisationsarbeiten leiden. Durch die Erschütterungsstöße schwerer Fallhämmer, Großgasmaschinen, teilweise auch von Straßen- und Eisenbahnen, Kraftwagen usw. können auf die Dauer schwere Gebäudebeschädigungen entstehen. Im letzteren Falle empfiehlt sich oft die Verwendung seismometrischer Messungen.

Bei mancher Art des Bergbaues, besonders beim Braunkohlenbergbau, kommt es häufig vor, daß die Tagesoberfläche durch den Abbau der Lagerstätte „zu Bruch gebaut wird", d. h. daß das Hangende der Lagerstätte unter Bildung von Pingen an der Oberfläche in die vom Abbau geschaffenen Hohlräume nachbricht. Man bezeichnet diese im voraus bekannte Wirkung des Abbaues auch als „planmäßiges Zubruchbauen" der Oberfläche.

3*

Geht man davon aus, daß diese Schadensfolge des Braunkohlentiefbaues in den meisten Fällen schon vor Beginn des Abbaues soweit bekannt ist, daß man — von gewissen Grenzfällen in der Beschaffenheit des Deckgebirges abgesehen — schon vorher darüber entscheiden kann, ob ein planmäßiges Zubruchbauen der Oberfläche zu erwarten ist oder nicht, so kann man die Inangriffnahme eines solchen Abbaufeldes zugleich als Benutzung des Feldes ansehen ebenso etwa wie das Abräumen eines Tagebaufeldes. Das geht schon aus dem Sinne des Wortes „planmäßig" hervor. Es fragt sich nun, ob in diesem Falle der Schaden im voraus zu ersetzen ist. Zu unterscheiden ist hierbei die Benutzung, die darin liegt, daß das Betreten und damit die eigentliche Benutzung des Grundstückes für die Dauer des Abbaues wegen der mit dem planmäßigen Zubruchbau verbundenen Gefahren unmöglich wird, und der Schaden, der durch die Pingenbildung tatsächlich eintritt.

Der erste Schaden ist in seinem Umfange vorher zu übersehen, ist also als Benutzung anzusehen und vorher zu entschädigen. Die eigentliche Sachbeschädigung des Grundstückes ist zwar nicht genau vorher zu beurteilen, es ist aber sicher, daß sie bedeutend sein wird und mit einer gewissen Wahrscheinlichkeit vorher geschätzt werden kann. Um den Grundeigentümer vor den Folgen etwaiger Zahlungsunfähigkeit des Bergwerksunternehmers bei diesen doch immerhin im voraus sicher zu erwartenden großen Schäden zu schützen, ist der Vorschlag Arndts[1] wohl zweckmäßig, nach dem der planmäßige Bruchbau der Genehmigung der Bergbehörde unterliegt, die abhängig gemacht wird von der Hinterlegung einer von der oberen Bergbehörde festgesetzten, der Höhe des mutmaßlichen Schadensersatzes entsprechenden Sicherheitsleistung. In der preußischen Verwaltungspraxis wird auch seit den achtziger Jahren des vorigen Jahrhunderts das planmäßige Zubruchbauen als ein Fall der Benutzung angesehen, so daß dem Grundeigentümer das Recht der Abwehr anerkannt wird, falls der Bergwerksunternehmer das Recht nicht auf gütlichem Wege oder auf dem Wege der Entscheidung bereits erworben hat.

Das Reichsgericht hat sich dieser Ansicht angeschlossen[2].

Eine besondere Regelung haben in der deutschen Berggesetzgebung die Rechtsverhältnisse des deutschen Bergbaues zu den öffentlichen Verkehrsanstalten erfahren[3].

Zu den öffentlichen Verkehrsanstalten, die unter dem Schutze der §§ 153 ff. des Preuß. ABG. stehen, gehören nur solche, für deren Errichtung dem Unternehmer das Enteignungsrecht zusteht[4].

Gegen öffentliche Verkehrsanstalten steht dem Bergbautreibenden für den Fall, daß er zu deren Schutz den Abbau bestimmter Feldesteile unterlassen muß, ein Schadensersatzanspruch nur insoweit zu, als entweder die Herstellung sonst nicht erforderlicher Anlagen in dem Bergwerke oder die sonst nicht erforderliche Beseitigung oder Veränderung bereits in dem Bergwerk vorhandener Anlagen notwendig wird. Weitere nach dem Bürgerlichen Gesetzbuch zu behandelnde Ansprüche bestehen nur für solche Bergwerke, die vor dem Erlaß des Allgemeinen Berggesetzes verliehen waren. Maßgebend für diese Fassung war die damals zutreffende Ansicht, daß den Bergwerksbesitzern ein Anspruch auf Entschädigung nur insoweit gegeben werden dürfte, als dadurch das Entstehen

---

[1] Arndt: Bergbau, Bergbaupolitik. Leipzig: Hirschfeld 1894.

[2] Reichsgesetz. Z. Bergrecht Bd. 27, S. 215; Bd. 28, S. 390; Bd. 31, S. 248. Ferner vgl. Völkel: Grundzüge des Preußischen Bergrechts. Berlin: Guttentag 1914.

[3] Gottschalk: Das Verhältnis des Bergbaues zu den öffentlichen Verkehrsanstalten. E. G. A. 1927, Nr. 4, S. 121.

[4] Reichsgerichtsentscheidung vom 11. 12. 1911; ferner Gruchot: Z. Bergrecht Bd. 56, S. 1023 ff.

öffentlicher — damals meist in Privatbesitz befindlicher und nicht sonderlich kapitalstarker — Verkehrsanstalten nicht gefährdet würde. Mit Recht macht Gottschalk[1] darauf aufmerksam, daß sich die öffentlichen Verkehrsanstalten, insbesondere die Eisenbahnen inzwischen zu Unternehmen von erheblicher wirtschaftlicher Stärke entwickelt haben. Es muß daher als zweifelhaft bezeichnet werden, ob die bisher in der Rechtsprechung und im Schrifttum herrschende Meinung, nach welcher der Schadenersatzanspruch des Bergbautreibenden möglichst eng einzuschränken sei, sich unter den heutigen Verhältnissen noch aufrechterhalten läßt. Maßgebend muß das öffentliche Interesse an beiden Industrien sein, das sowohl die Aufrechterhaltung des Verkehrs als auch zur Steigerung des Volksvermögens den Abbau möglichst aller Lagerstätten erfordert.

Es ist daher ein Schadenersatzanspruch des Bergbautreibenden gegen öffentliche Verkehrsanstalten für diejenigen Mehrkosten gerechtfertigt, die ihm durch den Abbau eines zur Sicherung einer öffentlichen Verkehrsanstalt stehengelassenen Sicherheitspfeilers unter Anwendung des Hand- oder Spülversatzes entstehen. Ebenso sind auch die Erschwernisse, die in dem außerhalb des Sicherheitspfeilers gelegenen Gebiete dem Abbau durch das Anstehenlassen des Sicherheitspfeilers erwachsen, zu entschädigen.

Die Schadenersatzansprüche, die seitens öffentlicher Verkehrsanstalten gegen den Bergbautreibenden erhoben werden können, finden ihre gesetzliche Regelung in § 150 des ABG., soweit Preußen in Frage kommt. Die neueren Reichsgerichtsentscheidungen geben als maßgebenden Zeitpunkt, von dem ab sich der Bergbautreibende gegenüber Schadenersatzansprüchen von öffentlichen Verkehrsanstalten nicht mehr auf § 150 des ABG. berufen kann, denjenigen an, von dem ab der Bergbautreibende mit der Errichtung der Anstalt rechnen mußte. Dies ist mindestens vom Tage des landespolizeilichen Prüfungstermines der Anlage an der Fall.

h) Grundeigentümerbergbau.

1. Rechtsgrundlagen.

Nach der Rechtsanschauung des Preußischen Berggesetzes vom 24. 6. 1865 gehören dem Grundeigentümer nicht nur die Oberfläche seines Grundstückes, sondern auch die unter demselben anstehenden Gebirgsmassen mit Ausnahme der etwa durch das Bergrecht seiner Verfügung entzogenen Mineralien. Abgesehen von diesen Mineralien kann also der Grundeigentümer jene Gebirgsmassen nach Belieben abbauen und verwerten. Er kann auch zweifellos dieses Recht an Dritte übertragen[2].

Nach anderer Rechtsauffassung wird das Abbaurecht des Grundeigentümers dem Abbaurechte gleichgestellt, das im bergfreien Gebiet durch die Verleihung des Bergwerkseigentums entsteht[3]. Das Abbaurecht ist dann ein Immaterialgüterrecht[4]. Diese Auffassung ist insofern berechtigt, als das Grundeigentum an sich keine wahre Sachherrschaft über die in der Tiefe liegenden Mineralien begründet. Tatsächlich wird der Grundeigentümer ebenso wie der Bergwerkseigentümer erst durch die Gewinnung der Mineralien Eigentümer derselben.

In vielen Fällen wird der Grundeigentümer die Gewinnung der in seinem Grundstück anstehenden, nutzbaren Mineralien etwa in Form eines landwirt-

---

[1] Siehe Fußnote 3 auf Seite 36.

[2] Sehling: Rechtsverhältnisse an den der Verfügung des Grundeigentümers nicht entzogenen Mineralien. Leipzig: A. Deichert 1904. Ferner Klostermann: Kommentar zum Berggesetz, 6. Aufl. Berlin 1911.

[3] Isay: Das Bergrecht der wichtigsten Kulturstaaten in rechtsvergleichender Darstellung. Berlin: Vahlen 1929.

[4] Wolf, M.: Sachenrecht. Marburg: Elverth 1929.

schaftlichen Nebenbetriebes vornehmen. Schon die Bezeichnung drückt aus, daß es sich dabei in der Regel nur um vergleichsweise kleinere Betriebe handeln kann, die vielfach nur den Zweck haben, das Personal und den Fuhrpark in landwirtschaftlich stillen Zeiten möglichst auszunutzen. Auch kleinere Ziegeleien und Steinbrüche kann man noch hierzu rechnen. Die Sachlage wird aber sofort anders, wenn der Betrieb nur als industrieller Großbetrieb geführt werden kann. In diesem Falle wird der Betrieb nicht nur seines Charakters eines landwirtschaftlichen Nebenbetriebes entkleidet, sondern es ist dem Grundeigentümer meist nicht möglich, einen derartigen Betrieb mit den ihm zur Verfügung stehenden Mitteln einzurichten und durchzuführen, wenn er nicht über ein ausgedehntes Grundeigentum und große Kapitalien verfügt.

In diesen Fällen kann sich eine Industrie zur Verwertung der in Frage kommenden Mineralien nur in der Weise entwickeln, daß der industrielle Unternehmer das Gewinnungsrecht von dem Grundeigentümer erwirbt.

Die Rechtsverhältnisse, unter denen das Gewinnungsrecht von dem Grundeigentümer an den Unternehmer übertragen werden kann, hängen in erster Linie von der rechtlichen Regulierung des Grundeigentums ab. In Deutschland z. B. wird das Recht am Grundeigentum durch das Bürgerliche Gesetzbuch vom 18. 8. 1896 geregelt. Die Tendenz dieses Gesetzes geht dahin, die Rechte am Grundeigentum möglichst ungeschmälert zu erhalten und vor allem zu verhüten, daß gewisse Rechte vollkommen vom Grundstück abgetreten werden können. Es ist vielmehr Vorsorge getroffen, daß jedes vom Grundeigentümer abgetretene Recht zeitlich möglichst beschränkt wird.

So bedürfen z. B. Pachtverträge nach § 566 BGB. der schriftlichen Form, wenn sie länger als ein Jahr dauern sollen. Gemäß § 567 BGB. können alle Pachtverträge, die für eine längere als 30 jährige Dauer geschlossen werden, nach Ablauf der 30 Jahre von jedem der Kontrahenten unter Einhaltung der gesetzlichen Frist gekündigt werden [1].

Infolgedessen bietet der Pachtvertrag für den Unternehmer keine sichere Unterlage, wenn der Betrieb auf eine längere als eine 30 jährige Dauer vorgesehen ist.

Der Nießbrauch erlischt gemäß BGB. § 1061 mit dem Tode des Nießbrauchers bzw. bei juristischen Personen mit dem Erlöschen derselben. Nach § 1059 BGB. ist der Nießbrauch an sich nicht übertragbar, wohl aber die Ausübung desselben.

Das gleiche gilt gemäß §§ 1090 Abs. 2 und 1092 BGB. für die beschränkte persönliche Dienstbarkeit mit der Einschränkung, daß die Ausübung der Dienstbarkeit nur mit dem ausdrücklichen Willen des Grundeigentümers an Dritte überlassen werden kann.

Daraus ergibt sich, daß Abbauverträge, die auf Grund des Nießbrauches oder der beschränkten persönlichen Dienstbarkeit abgeschlossen werden, Bestimmungen enthalten müssen, durch die der Grundeigentümer sich verpflichtet, dem Kontrahenten oder dessen Rechtsnachfolger das Ausbeutungsrecht als Nießbrauch oder als beschränkte persönliche Dienstbarkeit eintragen zu lassen. Zur Wahrung der Interessen des Grundeigentümers kann die Bestimmung eingefügt werden, daß der Rechtsnachfolger auf Verlangen des Grundeigentümers nachzuweisen hat, daß er voraussichtlich imstande ist, die ihn betreffenden Verpflichtungen des Vertrages zu erfüllen. Erst dadurch wird der Vertrag zessionsfähig. Die Eintragung des Rechtes wird dann erst von derjenigen Person bzw. Gesellschaft beantragt, die den Betrieb eröffnen will. Im Vertrage kann auch

---

[1] Vgl. auch BGB. § 581 Abs. 2.

die Verpflichtung für den Grundeigentümer vorgesehen werden, für den Rechtsnachfolger jedesmal die Eintragung der beschränkten persönlichen Dienstbarkeit erneut zu beantragen, da andernfalls die Dienstbarkeit nicht mehr weiter übertragen werden kann, sobald sie erst einmal in das Grundbuch eingetragen ist. Bis zur Eintragung wird man zur Sicherung des Rechtes eine Vormerkung gemäß § 883 BGB. vornehmen lassen.

Aus der Unübertragbarkeit ergibt sich ferner, daß ein Feldesaustausch später nicht mehr vorgenommen werden kann, wenn der Grundeigentümer nicht verpflichtet ist, die beschränkte persönliche Dienstbarkeit in solchen Fällen erneut zu beantragen. Unvorteilhafte Formen des Grubenfeldes können dann nicht durch Austausch beseitigt werden.

Außerdem ist das Recht unpfändbar, kann also nicht als Grundlage eines Realkredits dienen, wodurch die Beschaffung flüssiger Geldmittel gegebenenfalls sehr erschwert wird.

Vor allem ist aber der Umstand von erheblicher Bedeutung, daß alle diese Rechte gemäß §§ 52, 59, 90 und 91 des Zwangsversteigerungsgesetzes im Falle einer Zwangsversteigerung des belasteten Grundstückes zum Erlöschen gebracht werden, wenn sie nicht mit in das Mindestgebot nach §§ 44 und 45 ZVG. aufgenommen werden. Dabei ist zu beachten, daß die Ansprüche aus Rechten an Grundstücken nach § 10 ZVG. erst in 4. Reihe der Rangordnung stehen.

Infolgedessen sind diese Rechtsgrundlagen nicht ausreichend und sicher genug, um auf denselben ein langdauerndes, großes bergbauliches Unternehmen gründen zu können, das den Zweck hat, Mineralien zu gewinnen, die dem Verfügungsrecht des Grundeigentümers unterliegen. Ein solches Unternehmen muß vielmehr vor allen Zufälligkeiten, die das Grundstück treffen können, dauernd unter allen Umständen bewahrt bleiben. Zu diesem Zwecke muß das Gewinnungsrecht vollständig aus dem Pfandverband des Grundstückes ausgeschieden werden können.

Einige Staaten, wie z. B. Preußen, Sachsen und Thüringen, haben Rechtsformen, die eine derartige Abtrennung des Gewinnungsrechtes auf die dem Verfügungsrecht des Grundeigentümers unterliegenden Mineralien vom Grundeigentum in bestimmten Fällen zulassen, und zwar in Gestalt der „selbständigen Abbaugerechtigkeiten". Die Abbaugerechtigkeit ist schon seit längerer Zeit innerhalb des sog. kursächsischen Mandatsbezirkes für die Gewinnung der dort dem Grundeigentümer gehörenden Kohlen bekannt und wurde im Jahre 1904 auch auf die Gewinnung von Kalisalzen in der Provinz Hannover ausgedehnt. Die Abbaugerechtigkeit kann nach den gesetzlichen Vorschriften von dem Eigentum an dem Grundstück abgetrennt und dann als „selbständige Gerechtigkeit" für den Grundeigentümer oder für Dritte bestellt werden. Die selbständige Abbaugerechtigkeit hängt also rechtlich in keiner Beziehung mehr mit dem Grundstück zusammen, von dem sie abgetrennt wurde, so daß der Vermerk im Grundbuchblatt des Grundstückes nicht als Belastung des Grundstückes, sondern nur als Nachricht aufzufassen ist. Um alle Beziehungen der neuen selbständigen Abbaugerechtigkeit zum Grundstück sogleich von Anfang an bindend zu ordnen, wird gesetzlich in der Regel bestimmt bzw. ist es auf alle Fälle zweckmäßig, bei der Bestellung der selbständigen Abbaugerechtigkeit für einen Dritten eine vertragliche Einigung des Grundeigentümers und des Erwerbers über die Bestellung der Gerechtigkeit und die Eintragung im Grundbuch herbeizuführen. Die Einigung muß in der Regel bei gleichzeitiger Anwesenheit beider Teile vor dem Grundbuchamt erklärt werden. Diese, bei der Bestellung der Abbaugerechtigkeit dem Grundbuchamt zu übergebenden, den Inhalt des Kaufvertrages bildenden Einigungsbedingungen sind daher ein wesentlicher Bestandteil der abgetretenen Abbaugerechtigkeit.

Neuerdings bedarf die Einigung über die Bestellung einer Salzabbaugerechtigkeit nicht mehr der Erklärung vor dem Grundbuchamt, sie ist aber in der in § 29 der Grundbuchordnung bestimmten Form dem Grundbuch nachzuweisen.

Aus volkswirtschaftlichen Gründen dürfte es sich empfehlen, innerhalb des Geltungsbereiches des Grundeigentümerbergbaues die Möglichkeit der Bestellung selbständiger Abbaugerechtigkeiten auf alle Mineralien auszudehnen, die die Grundlage einer für die Volkswirtschaft wichtigen Industrie bilden können und sich ihrer Natur nach nicht zum landwirtschaftlichen Nebenbetrieb eignen. Es sei nur an die Gewinnung von Strontianit, Schwerspat und Flußspat, an die Gewinnung von Rohmaterial für die Zementindustrie, an Steinbruchbetriebe usw. erinnert. Diese Industrien sind gezwungen, wenn die Möglichkeit der Bestellung einer Abbaugerechtigkeit nicht besteht, das Grundeigentum selbst zu erwerben, um für ihre Unternehmen eine genügend sichere Basis zu haben. Da diese Industrien meist kein Interesse und keine Sachverständnis für die landwirtschaftliche Ausnutzung ihrer Grundstücke haben, können erhebliche volkswirtschaftliche Schäden entstehen.

Von wesentlicher Bedeutung für die Wirkung der abgetrennten Abbaugerechtigkeit bzw. für die in den Vertrag mit dem Grundeigentümer bei Bestellung der Abbaugerechtigkeit aufzunehmenden Bestimmungen ist der Umstand, ob und in welchem Umfange allgemeine bergrechtliche Bestimmungen für Bergwerke Geltung haben, die auf Grund der Abbaugerechtigkeit entstanden sind. Es kommt also wesentlich darauf an, ob das Enteignungsrecht für die Zwecke des Bergwerksbetriebes in Anspruch genommen werden kann und in welchem Umfange. In Preußen kann für Abbaugerechtigkeiten nur die Abtretung „fremder Grundstücke zur Errichtung von Hilfsbauen und Betriebsanlagen" verlangt werden. Dieses Recht ist aber insofern wesentlich eingeschränkt, als es nicht geltend gemacht werden kann für Halden, Ablade- und Niederlageplätze, Maschinenanlagen, Teiche, Zechenhäuser und anderen Betriebszwecken dienende Tagesgebäude, Anlagen, Vorrichtungen und Aufbereitungsanstalten. Schon aus diesem Grunde ist es zweckmäßig, in den Kaufvertrag Bestimmungen aufzunehmen, die die Rechte des Bergwerksunternehmers in dieser Hinsicht in vollem Umfange gewährleisten. Der Vertrag ist also eine wesentliche Rechtsgrundlage der Abbaugerechtigkeit, der auch die nach Tätigung des Vertrages geltenden Rechtsbeziehungen zwischen dem Grundstück und der von diesem abgetrennten Abbaugerechtigkeit zu regeln hat.

2. Das Bergwerk bzw. das Grubenfeld.

Während die Rechtsgrundlagen und damit der dem Worte Bergwerk bzw. Grubenfeld zu unterlegende Rechtsbegriff beim regalen Bergbau vollkommen klar umschrieben sind, liegen beim Grundeigentümerbergbau wesentliche Schwierigkeiten vor. In beiden Fällen müßten unbestreitbar die wirtschaftlichen Erfordernisse und Grundlagen von maßgebendem Einfluß für Rechtsgrundlage und Rechtsbegriff sein. Man muß — ebenso wie beim regalen Bergbau — die wirtschaftliche Entwicklung des Grundeigentümerbergbaues, zweckmäßig des hier in erster Linie in Frage kommenden mitteldeutschen Braunkohlenbergbaues verfolgen, um die Ursachen kennenzulernen, die für die Ausgestaltung der materiellen Grundlage dieser Betriebe, d. h. deren Grubenfelder, maßgebend waren. Hieraus lassen sich unter entsprechender Anlehnung an den durch das regale Bergrecht geschaffenen Begriff die richtigen Schlüsse für den dem Worte Grubenfeld hier zu unterlegenden Rechtsbegriff ziehen.

Sieht man von den kleinbäuerlichen Bergwerksbetrieben ab, die weder industriell noch volkswirtschaftlich eine Bedeutung haben, so sind die Bergwerksunternehmer in der Regel gezwungen, das dem Grundeigentümer gehörende Abbaurecht unter irgendeiner Rechtsform zu erwerben. Infolge des Geldmangels, unter dem der Braunkohlenbergbau in den früheren Jahrzehnten in der Regel litt, erwarben die Bergwerksunternehmer nur den Umfang an geschlossenen Feldern, den sie zum gesicherten Betriebe für eine bestimmte Zeitspanne brauchten, und sicherten sich die für die spätere Zeit erforderliche Feldreserve dadurch, daß sie innerhalb des vorgesehenen Interessengebietes das Abbaurecht einzelner Parzellen möglichst in dem Umfange und in der Verteilung erwarben, daß fremde Bergwerksunternehmer in diesen Gebieten keinen großzügigen Bergbau mehr treiben konnten, also auch kein industrielles Interesse mehr am Erwerb des Gebietes oder einzelner Teile derselben haben konnten.

Das Verfahren hat man bis in die neueste Zeit beibehalten, um die Zahlung der erheblichen Ankaufskosten für die freibleibenden Flächen auf eine entsprechend spätere Zeit hinauszuschieben. Man sparte, ohne ein erhebliches Risiko einzugehen, die Zinsausgaben für die erst nach Jahrzehnten in Abbau zu nehmenden Feldesteile, deren Betrag allein unter Berücksichtigung der Zinseszinsrechnung bei Ablauf genannter Zeit schon ausreichte, um das Reservekapital aufgesammelt zu haben für den später durchzuführenden Neuankauf der Feldesteile. Diese Art der Sicherung entsprach also durchaus gesunden finanzwirtschaftlichen Überlegungen und war daher allgemein üblich.

Die Art des Erwerbes des Abbaurechtes war in den einzelnen Gegenden, aber auch vielfach innerhalb eines Bezirkes, oft recht verschieden. Das Bergwerksunternehmen suchte möglichst das Grundstück oder doch wenigstens die vom Grundstück rechtlich abgetrennte Abbaugerechtigkeit zu kaufen, um eine gesicherte, gegebenenfalls bankkreditfähige materielle Feldergrundlage für sein Unternehmen zu haben. In vielen Fällen war aber der käufliche Erwerb des Grundstückes bzw. der Abbaugerechtigkeit unmöglich, z. B. wenn einzelne Grundeigentümer das Kohlenabbaurecht nur in Form einer Pacht hergaben.

Die Gründe, die den Grundeigentümer veranlaßten, das Abbaurecht nicht zu verkaufen, waren verschieden. Es ist für den vorliegenden Fall belanglos, hierauf einzugehen.

Aus diesen Gründen war auch der Fall nicht selten, daß die von einem Unternehmer nach irgendeiner Rechtsform erworbenen und in Abbau genommenen Feldesteile durch Grundstücke getrennt wurden, deren Abbaugerechtigkeit nicht erworben werden konnte.

Um die daraus sich ergebenden schweren betriebswirtschaftlichen Nachteile zu vermeiden — man hätte z. B. für jede getrennt liegende Parzelle eine Schachtanlage errichten müssen —, wurde das aus dem im regalen Bergrecht allgemein bekannte Hilfsbaurecht in besonders großem Umfange angewandt. Hierbei wurden die einzelnen, nicht zusammenhängenden Abbaugerechtigkeitsparzellen als Teile eines Bergwerkes angesehen. Sie konnten untereinander durch Hilfsbaue verbunden und auch gegen den Willen der Inhaber zwischenliegender Abbaugerechtigkeiten nach Lage der Sache durch diese hindurch getrieben werden.

Damit hatte sich, unterstützt durch die Verwaltungspraxis der Bergaufsichtsbehörden ein Gewohnheitsrecht herausgebildet, nach dem die zersplittert liegenden Abbauparzellen im Bereich des Grundeigentümerbergbaues als Teile eines Grubenfeldes anzusehen sind, sofern ein gemeinsamer technisch-wirtschaftlicher Betrieb — unter Anwendung der Hilfsbaue — wahrscheinlich ist[1].

---

[1] Entscheidung des Sächs. Oberverwaltungsgerichtes, Dresden: Was ist ein Grubenfeld? Der Kompaß 1926, S. 23.

In gewisser Hinsicht finden sich ähnliche Verhältnisse auch beim regalen Bergbau.

Der Fall, daß ein Grubenfeld eines regal verliehenen Bergbaues zwei völlig getrennte Anlagen erhält, kann z. B. dadurch gegeben sein, daß sich mitten durch das Feld ein breiter unbauwürdiger Streifen hinzieht, der aus irgendwelchen Gründen den gemeinsamen Abbau der getrennten Teile von einer Schachtanlage untunlich erscheinen läßt. In solchen Fällen wird man oft zunächst nur den einen Feldesteil in Angriff nehmen und den anderen als Feldesreserve ansehen, die später durch eine besondere Schachtanlage zu lösen ist. Durch diese neue Schachtanlage entsteht jedoch kein „neues" Bergwerk im bergrechtlichen Sinne, sondern lediglich ein neuer Grubenbetrieb, der allenfalls bergpolizeilich gesondert zu behandeln ist, solange nicht das förmliche Verfahren der Trennung (Realteilung) durchgeführt wurde.

Ebenso wird man auch beim Erwerb der Abbauparzellen im Bereiche des Grundeigentümerbergbaues flözleere Gebiete naturgemäß nicht erwerben. Trotzdem können die räumlich getrennten Abbauflächen als materielle Grundlage eines Bergwerkes dienen.

Für den Bergwerksbetrieb erfolgte und erfolgt die Wahl der anzuwendenden Abbaumethode, der Reihenfolge des Abbaues der einzelnen Flurstücke und der damit zusammenhängenden Aus- und Vorrichtung lediglich nach allgemeinen bergtechnischen Grundsätzen. In dieser Hinsicht ist es daher grundsätzlich gleichgültig, ob die Felder eines Bergwerksbetriebes alle nach derselben Rechtsform erworben wurden, ob die Feldesteile zusammenhängen oder mehr oder weniger zersplittert sind, sofern ein technisch-wirtschaftlicher Abbau der einzelnen Parzellen von der oder von den bestehenden Betriebsanlagen aus wahrscheinlich ist. Maßgebend für die als Bestandteile des Grubenfeldes anzusehenden Feldesteile bzw. Abbaugerechtigkeiten von Parzellen und Flurstücken ist also lediglich die Tatsache ihrer Zusammenfassung für den Bergwerksbetrieb eines gemeinsamen Bergbauunternehmens, wobei es gegebenenfalls gleichgültig ist, ob der Abbau des Grubenfeldes von einer oder von mehreren Betriebsanlagen erfolgt.

Aus diesen Darlegungen geht hervor, daß der Begriff „Grubenfeld" für Gebiete des Grundeigentümerbergbaues wesentlich komplizierter ist als für Gebiete regalen Bergbaues.

Im Bereiche des Grundeigentümerbergbaues ist sonach unter Grubenfeld ein in sich zusammenhängendes, mindestens für den Betrieb einer Anlage wirtschaftlich ausreichendes Gebiet zu verstehen, in dem von einem einheitlichen Bergwerksunternehmen unter irgendeiner der hierfür üblichen Rechtsformen das Abbaurecht erworben worden ist. Dazu tritt oft noch ein als Interessengebiet anzusehendes, an den zusammenhängenden Feldesteil anschließendes Gebiet, in dem das Abbaurecht einzelner Parzellen in dem Umfange und in der Verteilung erworben worden ist, daß fremde Bergwerksunternehmungen in diesem Gebiete keinen großzügigen Bergbau mehr treiben können, oder daß doch die Absicht klar erkennbar ist, daß das betreffende Gebiet als Reservefeld betrachtet werden soll.

III. Die finanziellen Grundlagen der Bergwirtschaft.

Unter Finanzierung soll in den nachstehenden Betrachtungen die Beschaffung und zweckmäßige Einteilung der Mittel für die Errichtung und den Betrieb eines Bergwerkes verstanden werden. Die Mittel können aus Barmitteln allein oder in Verbindung mit Mobilien, Immobilien und Effekten bestehen. An Mobilien

kommen in diesen Fällen vor allem Maschinen usw., an Immobilien Grubenfelder und Grundeigentum in Betracht.

Man kann ferner unterscheiden die Mittel, die zur Errichtung der Anlage
gebraucht werden, von den Mitteln, die im Betriebe stets flüssig erhalten werden
müssen zur Auszahlung von Löhnen und sonstigen Verbindlichkeiten, also das
Anlagekapital vom Betriebskapital.

In solchen Fällen, in denen für ein Unternehmen etwa zur Vergrößerung
desselben oder zur Überwindung unvorhergesehener Schwierigkeiten dauernd
größere Mittel als Anlage- oder Betriebskapital verwendet werden müssen, ist
eine Nachfinanzierung erforderlich, während eine solche nicht erforderlich ist, wenn
der Geldbedarf nicht dauernd ist und das Unternehmen mit einem vorüber-
gehenden, in absehbarer Zeit wieder abzustoßenden Bankkredit auskommen kann.

Für die Ausgestaltung der Finanzierung eines Unternehmens, also auch eines
Bergwerkes, sind im allgemeinen die drei Hauptentwicklungsstufen desselben,
die Gründung, die Bauzeit und der laufende Betrieb von erheblicher Bedeutung.

Verursacht werden diese Unterschiede durch die verschiedenartige Kenntnis
und Beurteilung des zu erwartenden Risikos. Es wird wiederholt auf diesen
Umstand zurückzukommen sein.

a) Die Finanzierung eines Bergwerkes.

1. Der Zweck der Finanzierung.

Um die Finanzierung eines Unternehmens richtig zu verstehen, muß man
vor allem die Absichten kennen, die die Teilhaber bei der Gründung, dem Bau
und dem Betrieb der Anlagen verfolgen. Selbstverständlich haben alle Teilhaber mit wenigen Ausnahmen die Absicht, mit dem oder durch das Unternehmen Geld zu verdienen. Höchstens der Staat kann es sich auf die Dauer
leisten, und auch dieser nur im Rahmen der ihm zur Verfügung stehenden Mittel,
einen verlustbringenden Bergbau zu beginnen und weiter zu betreiben. Er wird
es aber nur tun, um sich einen Bevölkerungsstamm zu erhalten, für den er zur
Zeit keine gewinnbringendere Beschäftigung hat. In seltenen Fällen kann es
sich auch darum handeln, einen Bergbau, der zur Zeit notleidend ist, bis zur
Wiederkehr besserer Zeiten durchzubringen.

Die Absicht des Gelderwerbes kann also gemeinhin bei allen Bergwerksunternehmen vorausgesetzt werden. Der wesentliche, die Art der Finanzierung
bestimmende Unterschied liegt jedoch darin, daß der einzelne Teilhaber seinen
Verdienst ausschließlich oder vorwiegend in bestimmten Entwicklungsstadien
des Unternehmens oder in verschiedener Art realisieren kann und will.

Es ist klar, daß die Gründer für die zweckmäßige Organisation der Gründung
des Unternehmens und gegebenenfalls auch für das von ihnen bei der ersten
Finanzierung der Gründung übernommene Risiko eine angemessene Entschädigung zu verlangen berechtigt sind. Der Unterschied liegt jedoch darin, ob sich
die Gründer lediglich durch die finanzielle Verwertung des Gründungsaktes bezahlt machen wollen, ob sie durch Lieferungen beim Ausbau des Werkes verdienen wollen, an später zu erwartendem Gewinn des Bergwerkes teilnehmen
oder in erster Linie Spekulationsgewinne im Effektengeschäft erzielen wollen.
Es können natürlich auch diese Absichten zusammen vorliegen, wobei es darauf
ankommt, festzustellen, welcher der verschiedenen Absichten seitens der Teilhaber der Vorzug gegeben wird.

α) **Spekulationsgewinne aus der Gründung.** Die Gefahr einer finanziell und
materiell unsoliden Gründung liegt in erster Linie vor, wenn die Gründer ledig-

lich an der Gründung selbst verdienen wollen. Die Gründer haben in diesem Falle kein Interesse daran, Effekten, d. h. Anteilscheine (Kuxe, Aktien), durch die Gründung zu schaffen, die sich angemessen, d. h. dem Betriebsrisiko entsprechend, verzinsen. Die Gesellschaftsanteile werden vielmehr so schnell wie möglich zu Preisen verkauft, die den inneren Wert möglichst übersteigen. Hierbei wird das Bergwerk zuvor häufig zugunsten der Gründer ohne jede Gegenleistung schwer belastet. Sind dann die Gründungsgewinne realisiert, so haben die Gründer an dem weiteren Geschick des Bergwerkes kein Interesse.

Die finanzielle Grundlage besteht oft nur darin, daß die erforderlichen Stempel- und Notargebühren für den Gesellschaftsakt bezahlt werden.

In materieller Hinsicht handelt es sich vielfach um minderwertige oder schlecht untersuchte Bergwerksobjekte. Beim Grundeigentümerbergbau kommt oft hinzu, daß die Verträge in unsachgemäßer, das Bergwerk übermäßig belastender Form abgefaßt worden sind, nur um die Grundeigentümer recht sicher zum Abschluß des Vertrages zu bewegen, und daß nur selten festgestellt wird, ob die Mineralien, für die das Abbaurecht vertraglich gesichert wurde, unter den Grundstücken anstehen.

Einige Beispiele mögen diese Ausführungen erläutern: Es sind sehr häufig Kuxe oder Anteile von Bohrgesellschaften, auf die 100 bis 150 $\mathcal{M}$ für die Bohrkosten eingezahlt wurden, mit 2000 $\mathcal{M}$ und mehr in Verkehr gebracht worden, ehe die Bohrungen überhaupt fündig waren. Um den Käufern einen hohen inneren Wert der Anteile vorzutäuschen, ließ man sich glänzende Gutachten von meist recht zweifelhaften Gutachtern anfertigen, die dann als Lockmittel benutzt wurden. Die Bohrungen selbst wurden vielfach aus Mangel an Mitteln nie begonnen oder sie wurden, wenn sie begonnen wurden, überhaupt nicht fündig, weil sie entweder auf geologisch ungeeignetem, aussichtslosem Gebiet angesetzt waren oder wegen des erwähnten Geldmangels vorzeitig aufgegeben wurden. Vielfach hatten dabei die Gründer die Ausführung der Bohrarbeiten gegen übermäßig hohe Metergelder und sonstige, sie vor jedem Verlust sichernde Bedingungen in Lohnarbeit an sich selbst vergeben und bohrten nun so lange, als sie Geld von neuen Inhabern der Bohrgesellschaft erhalten konnten. Besonders großer Mißbrauch mit dem Verkauf solcher Bohranteile wurde in den Jahren 1890 bis 1910 in der Kaliindustrie getrieben. Nach der Frankfurter Zeitung vom 28. 3. 1905 sind bis 1898 schon 57 Kalibohrgesellschaften tätig gewesen, von denen höchstens 12 Gesellschaften fündig wurden. Es ist wohl kaum übertrieben, wenn man annimmt, daß höchstens $^1/_4$ bis $^1/_3$ der entstandenen Bohrgesellschaften Funde nachwiesen, die zum Abbau von Kalisalzen führten.

Einige Bankfirmen machten ein Gewerbe aus der unsoliden Gründung von Bohrgesellschaften und verpflichteten vielfach Reisende zum Vertrieb der Bohranteile in ihrem Kunden- bzw. Bekanntenkreise. Eine derartige Firma[1] gründete Bohrgesellschaften mit 1000 Anteilen, von denen statutengemäß 500 Anteile zubußefrei an die Firma übergingen. War dann die andere Hälfte der Anteile verkauft, so beschloß man Zubuße nach Gutdünken der stets über die Mehrheit verfügenden Firma.

Neben den in Form der G.m.b.H. gegründeten Bohrgesellschaften waren auch gewisse in Gewerkschaftsform gegründete Bohrgesellschaften bemerkenswert. Das galt insbesondere von den Gothaischen Gewerkschaften. Diese meist auf Grund eines wertlosen Eisenerzvorkommens gegründeten Gewerkschaften erweiterten ihr Statut zunächst dahin, daß sich die Gewerkschaften auch an anderen bergbaulichen und industriellen Unternehmungen beteiligen konnten und damit waren die Kuxe schon verkaufsreif. Gothaische Gewerkschaften „mit

---

[1] Vgl. Giebel: Die Finanzierung der Kaliindustrie S. 25. Karlsruhe: G. Braun 1912.

guten Statuten" wurden in den Jahren um 1890 bis 1910 vielfach in den Zeitungen angeboten oder gesucht. Es handelte sich hier also gar nicht um die Errichtung eines neuen Bergwerkes, sondern vielmehr um ein oft sehr fragwürdiges Spekulationsgeschäft in Effekten.

Die Zeiten der Hochkonjunkturen sind für unsolide Gründungen am günstigsten, während sie in schlechten Geschäftszeiten seltener vorkommen.

Es ist natürlich nicht ausgeschlossen, daß eine Gründung, deren Gründer sehr bald wieder ausscheiden, durchaus gesund ist. In vielen Fällen wollen die neuen Käufer ein Werk allein unter Ausschluß der Gründer ausbauen.

β) Lieferungsgewinne aus der Gründung. Etwas günstiger als die Teilhaber eines Unternehmens, die nur aus der Gründung selbst ihren Vorteil ziehen wollen, wirken im allgemeinen diejenigen Beteiligten, die ein Interesse an Lieferungen und Leistungen irgendwelcher Art für das zu errichtende Bergwerk haben. Zur Kategorie dieser Gründer gehören vorwiegend Bohrfirmen, Maschinenfabriken und Baufirmen, Kohlen- bzw. Erzhandlungen usw.

Die größeren Bohrunternehmungen haben sich vielfach von reinen Lohnbohrfirmen zu Spekulationsfirmen entwickelt, die auf eigene Rechnung und Gefahr unerschlossene Grubenfelder je nach der Rechtslage durch Mutung, Vertrag oder Kauf erwarben und sodann durch Tiefbohrungen untersuchten. In vielen Fällen wurden allerdings nur die zum Fundesnachweis erforderlichen Tiefbohrungen niedergebracht und die Ausdehnung des Vorkommens durch eine möglichst große Anzahl aneinander gereihter Mutungsbohrlöcher einigermaßen klargestellt. Gleichzeitig erwarb man dadurch eine entsprechend große Anzahl von Feldern.

Falls Unternehmer unerschlossene, aber bereits verliehene Braunkohlenfelder systematisch abbohren und dadurch die Ablagerung, insbesondere die Ausdehnung von Tagebaufeldern und den Kohleninhalt so genau nachweisen, daß sich darauf einwandfreie Rentabilitätsberechnungen aufbauen lassen, kann man die Gründung in materieller Hinsicht meist als durchaus solid bezeichnen. Natürlich muß man dann noch die speziell finanzielle Unterlage der Gründung mit den dazugehörigen etwaigen Belastungen des Unternehmens durch Verträge und Sonderabkommen kennen, um dessen Gesamtlage beurteilen zu können.

Bei dieser Beurteilung ist zu berücksichtigen, daß die Gründer im Falle des systematischen Abbohrens der Felder im Hinblick auf die dadurch bewirkte Ausschaltung des Risikos für den Käufer auch einen entsprechend höheren Gewinn zu verlangen durchaus berechtigt sind.

Bestehen die Aufschlüsse dagegen nur in den Fundesnachweisen, so können dieselben zur oberflächlichen Beurteilung der materiellen Unterlage der Gründung nur in einem Flözgebirge herangezogen werden, von dem man weiß, daß es im allgemeinen regelmäßig abgelagert ist und auch hier nur dann, wenn das zur Beurteilung in Frage kommende Bergwerksfeld mit einer größeren Anzahl unmittelbar nebeneinander liegender Bergwerksfelder markscheidet. Dabei ist vorausgesetzt, daß in jedem Falle — gemeint sind hier preußische Normalfelder von 2,2 km² Fläche — die nutzbaren Lagerstätten durch mindestens einen Fundpunkt nachgewiesen sind. Ganz sicher sind auch hierdurch die Ablagerungsverhältnisse nicht festzustellen, aber man kann doch nicht mehr von einer unsoliden Gründung in materieller Hinsicht sprechen, sofern keine betrügerische Verheimlichung oder Beschönigung schlechter Funde vorliegt. Das Risiko, das der Käufer in solchen Fällen eingeht, ist im Bergbau selbstverständlich.

Hatten wir uns soeben mit der Klasse von Beteiligten befaßt, die vorwiegend als Lieferanten der materiellen Grundlage des Bergwerksunternehmens in Frage kommen, so wollen wir uns jetzt denen zuwenden, die sich an Bergwerken beteiligen, um für dieselben später irgendwelche Materialien oder Maschinen zu liefern, Bauausführungen zu übernehmen u. a. m. In Frage kommen vorwiegend Maschinenfabriken, die ganze Betriebsanlagen für Bergwerke bauen, wie Braunkohlenbrikettfabriken, Steinkohlenkokereien mit Nebenproduktengewinnung usw. Auch Grubenholzhändler und andere Händler und Firmen, die sich mit dem Vertrieb oder der Herstellung von Bergwerksartikeln befassen, kommen häufig in Betracht.

Derartige Gründer haben in den meisten Fällen kein Interesse an einer materiell unsoliden Gründung, besonders dann nicht, wenn sie auf langfristige Lieferungen rechnen. Nur Firmen, die lediglich Material für den ersten Ausbau gegen Barzahlung liefern wollen, haben kein unbedingtes Interesse an einer materiell gesunden Grundlage des Bergwerkes.

In finanzieller Hinsicht gibt die Beteiligung von Lieferanten immer zur genauen Prüfung der Frage Anlaß, ob diesen im Gründungsakt oder durch Sonderabkommen unberechtigt hohe Gewinne für ihre Lieferungen zugesagt sind, und ob die Verträge kündbar bzw. auf bestimmte, nicht zu lang ausgedehnte Frist, oder unkündbar abgeschlossen sind. Die Tatsache, daß die betreffenden Firmen eventuell ausschließlich zu den Lieferungen herangezogen werden, ist sachlich unbedenklich, solange sie zu Konkurrenz- bzw. normalen Tagespreisen und in gleicher Güte und Ausführung zu liefern verpflichtet sind.

Bei Maschinen und Gebäuden muß man in solchen Fällen besonders darauf achten, daß sie nicht zu groß bestellt und geliefert werden, was häufig geschieht, um recht hohe Gewinne und Provisionen für die Lieferanten und deren Hintermänner herauszuwirtschaften.

In vielen Fällen bedeutet die dauernde Bindung des Bergwerksunternehmens an bestimmte Lieferanten, besonders wenn sie zugleich Großbeteiligte desselben sind, eine erhebliche Belastung des Werkes. Die Preise für die Lieferungen sind meist höher als man sie bei freier Konkurrenz anlegen müßte. Beanstandungen schlechter Lieferungen sind, wenn sie überhaupt erfolgen, sehr viel schwerer mit Erfolg durchzudrücken. Außerdem können die Werke keinen Gebrauch von billigen Gelegenheitskäufen machen und können, was vielfach sehr gefährlich werden kann, z. B. keinen Gebrauch von Verbesserungen an Apparaten usw. (Patente!) machen, solange ihr Lieferant ähnliche, aber veraltete Apparate führt.

Aus diesem Grunde ist es den Käufern von Bergwerksunternehmungen immer anzuraten, derartige unkündbare Lieferungsverträge nicht zu übernehmen.

Für die Teilhaber, die ihren Gründungsgewinn in der späteren dauernden Abnahme und im Vertrieb der Bergwerksprodukte suchen wollen, gilt sinngemäß dasselbe, was bereits über die Dauerlieferanten ausgeführt wurde. Zu beachten bleibt immerhin, daß gegebenenfalls der gesicherte Absatz eines großen Teiles oder der gesamten Produktion auch eine finanzielle Stärkung bzw. Sicherung des Bergwerksunternehmens bedeuten kann, wenn die Großabnehmer stets einen der Marktlage angemessenen Preis bezahlen. Sachlich zu bekämpfen sind Abkommen über die Abnahme der Produkte nur, wenn sie zu niedrigeren Preisen erfolgen soll, als sie im offenen Markt (durchschnittlich) als angemessen — also abgesehen von Preistreiberei oder Preisdrückerei — zu erreichen sind, oder wenn die eigene, nutzbringende Weiterverarbeitung der Produkte unmöglich gemacht wird. Der Großabnehmer sollte seinen Gründergewinn in der Bevorzugung sehen, mit der ihm die Produkte abgegeben werden, auch dann, wenn er etwaige Konkurrenzpreise eingehen muß.

Besonders gefährlich sind in dieser Hinsicht vielfach Verkaufsorganisationen, wie z. B. Verkaufsgesellschaften, die von der Majorität einer Gesellschaft — mitunter auch der schlaueren Minorität — gegründet werden, und die sich von der Unternehmergesellschaft den gesamten Vertrieb der Produkte übertragen lassen. Es kommt dann nicht selten vor, daß die Vertriebsgesellschaften dem Unternehmen nach einiger Zeit nur so viel für die Produkte zahlen, daß letzteres sich kaum finanziell halten kann. Den eigentlichen Gewinn haben dann nur die an der Vertriebsgesellschaft Beteiligten, da nur die letzteren die Spanne zwischen dem mitunter höchstens die Selbstkosten deckenden Verkaufspreis ab Werk und dem Verkaufspreis des Handels als Zwischengewinn einstecken. Die Verkaufseinrichtungen sollten stets ein Teil des Unternehmens selbst sein. Eine Ausnahme machen die Verkaufssyndikate dann, wenn diese den Verkaufsgewinn der einzelnen Werke, von den normalen Verwaltungsunkosten abgesehen, nicht schmälern.

γ) Gewinne aus dem Betrieb des Bergwerkes. Die Teilhaber von Bergwerken, die sich an dem nachfolgenden Ausbau und Betriebe desselben beteiligen und nur aus den Betriebsüberschüssen verdienen wollen, haben naturgemäß ein ernstes Interesse an einer gesunden materiellen und finanziellen Grundlage des Unternehmens. Es ist daher nicht zu verwundern, daß Leute, die sich an einem Bergwerksunternehmen beteiligen wollen und die Sachlage nicht klar genug überschauen können, vielfach die Forderung stellen, daß sich die Gründer bzw. Vorbesitzer zur weiteren Beteiligung am Werke in einem gewissen Umfange und auf eine vereinbarte Mindestzeit verpflichten sollen. Sie sehen darin ein Zeichen, daß die Gründer, die im allgemeinen das Bergwerksfeld noch am besten kennen, Zutrauen zur Entwicklungsfähigkeit desselben haben.

Die vorstehenden Ausführungen lassen deutlich erkennen, daß zur Beurteilung der wirtschaftlichen Lage eines Bergwerkes neben der Kenntnis der Lagerstätte, der Produktions- und Absatzverhältnisse usw. auch die Kenntnis der durch die Gründungsvorgänge oder die Einwirkung der früheren oder derzeitigen Beteiligten des Unternehmens geschaffenen Sonderlasten von erheblicher Bedeutung sein kann.

2. Die Kapitalbeschaffung.

α) Allgemeine Vorbemerkungen. Das für das Unternehmen erforderliche Kapital können die Teilhaber entweder aus eigenem Vermögen aufbringen oder aus Anleihen. Von dem Vertrauen, das das Unternehmen genießt, ist die Möglichkeit, fremde Kapitalien für den Ausbau und den Betrieb leihweise heranzuziehen, in starkem Maße abhängig. Ebenso ist auch das Vertrauen der Beteiligten ausschlaggebend für die Willigkeit, eigenes Vermögen dem Unternehmen zur Verfügung zu stellen.

Die Grundlagen der Kreditwürdigkeit des Bergwerkes werden in Abschnitt H eingehend besprochen, weshalb hierauf verwiesen wird. Wichtig ist für den Bergbau, namentlich für den Ausbau, vielfach auch für den Betrieb, der charakteristische Umstand der Unbestimmbarkeit des Kapitalbedarfes. Ferner sind die Betriebsrisiken vielgestaltig und in ihrem Ausmaß häufig im voraus unbestimmbar und meist größer als bei anderen Industrien. Je größer die Zahl der in einem Unternehmen zusammengefaßten, selbständigen Betriebsanlagen ist, desto mehr gleichen sich die durch den Eintritt von Risikofällen bewirkten Schwankungen der Betriebsergebnisse aus. Die Betriebsrisiken können je nach dem Entwicklungsstadium der Anlagen mehr oder weniger ausgeschaltet oder doch wenigstens genauer bestimmt werden. Sie können eine gleichbleibende, fallende oder steigende Tendenz haben.

In der Regel wird ein neues Unternehmen nur finanziert werden können, wenn die Teilhaber selbst das erforderliche Kapital aufbringen. Fremde Kapitalien leihweise zu beschaffen, gelingt meist erst dann, wenn die gefährlichsten Risiken ausgeschaltet oder doch so weit erkannt sind, daß sie mit einiger Zuverlässigkeit in die Rechnung eingesetzt werden können.

Die Möglichkeit der Beschaffung der Kapitalien durch die Teilhaber ist im wesentlichen Umfange von der Gesellschaftsform abhängig, unter der sich die Teilhaber im Unternehmen zusammenschließen.

Im Hinblick auf die bereits erwähnte Unbestimmbarkeit des für ein Bergwerksunternehmen erforderlichen Kapitals sind solche Gesellschaftsformen am zweckmäßigsten, die eine Nachschußpflicht der Mitglieder zwecks Auffüllung des Gesellschaftskapitals auf die erforderliche Höhe vorsehen. Nur auf diese Weise kann gegebenenfalls der Bestand des Unternehmens gesichert werden, weil die leihweise Beschaffung fremder Geldmittel gerade nach dem Eintritt von Betriebsschwierigkeiten sich in der Regel als unmöglich erweist oder nur unter besonders schweren Bedingungen zu erlangen ist.

Die in der losen Form des bürgerlichen Rechtes gebildeten Gesellschaften sind für diesen Zweck ungeeignet, weil sich die Gesellschafter der Nachzahlung (Zubuße, Nachschießen von Kapital) zu leicht entziehen können.

In Formular 1 und 2 sind die verschiedenen Gesellschaftsformen des Handelsrechtes dargestellt, zusammengefaßt nach ihrem Rechtscharakter einerseits und nach der Haftung der Gesellschafter andererseits. Für den Bergbau kommen als geeignete Gesellschaftsformen vor allem die für die Bergbauindustrie geschaffenen Gewerkschaften und die diesen nachgebildeten Gesellschaften mit beschränkter Haftung (G.m.b.H.) und unter bestimmten Voraussetzungen auch die Aktiengesellschaften in Frage.

Auf alle Fälle ist es zweckmäßig — namentlich für die ersten Entwicklungsstadien des Unternehmens —, dem Unternehmen eine straffe Gesellschaftsorganisation zu geben. In der Frage der Finanzierung, sowie in sonstigen wichtigen, das Unternehmen berührenden Fragen werden sich naturgemäß häufig verschiedene Stellungnahmen der einzelnen Gesellschafter ergeben. Um die Gesellschaft arbeitsfähig zu gestalten, müssen die Entscheidungen nach Mehrheitsbeschlüssen getroffen werden. In einfacheren Fällen wird man in der Regel die Entscheidung nach der Meinung der absoluten Mehrheit (über die Hälfte der abgegebenen Stimmen bzw. der vorhandenen Stimmen) und falls eine solche nicht zustande kommt, gegebenenfalls bei der zweiten Abstimmung nach der am stärksten vertretenen Meinung treffen. Wichtige Fragen, wie z. B. Verkauf der Anlagen usw., bedürfen in der Regel einer ⅔ oder ¾ Majorität der vorhandenen Stimmen, z. B. des Aktienkapitals bzw. aller stimmberechtigten Aktien (qualifizierte Majorität). Man unterscheidet:

1. die absolute Majorität (über die Hälfte) oder
2. die qualifizierte Majorität (über ⅔ bzw. meist ¾) bzw.
3. die qualifizierte Minorität (über ⅓ bzw. ¼).

β) Die Gewerkschaft. Die Gewerkschaft entsteht nach einigen deutschen Berggesetzen ohne weiteres, wenn zwei oder mehr Mitbeteiligte eines Bergwerkes vorhanden sind und diese nicht ausdrücklich eine andere Gesellschaftsform gewählt haben. Für diese Gewerkschaft tritt zugleich das im Gesetz vorgesehene Normalstatut in Kraft, dessen Bestimmungen allerdings zum Teil durch Beschluß der Gewerken (Mitbeteiligten) geändert werden können. Andere deutsche Berggesetze, wie z. B. die von Sachsen, Sachsen-Koburg-Gotha, Schwarzburg-Sondershausen, Reuß j. L., Mecklenburg-Schwerin und Baden, setzen bzw. setzten zur Entstehung der Gewerkschaft einen notariellen Gesellschaftsvertrag voraus. In Sachsen sind Gewerkschaften auch beim Grundeigentümerbergbau zulässig. Hier ist es zweckmäßig, an die Genehmigung der Gewerkschaft die Bedingung zu knüpfen, daß außer der rechtlichen Grundlage auch der Nachweis einer bauwürdigen Lagerstätte erbracht wird.

Formular 1[1].

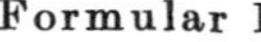

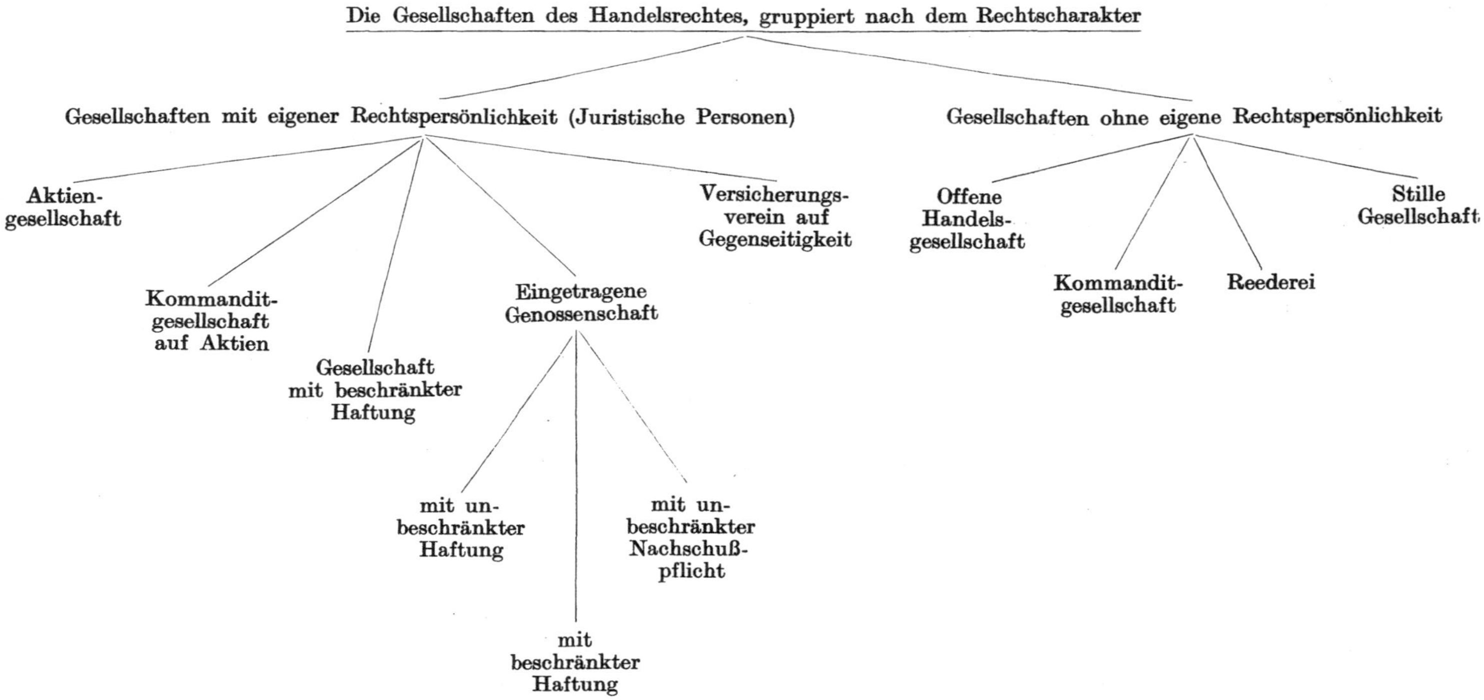

[1] Formular 1 und 2 nach Dannenberg: Die Einteilung der Unternehmungsformen. Techn. Wirtsch. 1924, S. 109.

Formular 2.

Die Gesellschaften des Handelsrechtes, gruppiert nach der Haftung der Gesellschafter
Innengesellschaften
Außengesellschaften
Stille Gesellschaft (stiller Teilhaber haftet nicht)
Gesellschaften mit gleicher Haftung aller Gesellschafter
Gesellschaften mit ungleicher Haftung aller Gesellschafter
Alle Gesellschafter haften
Kein Gesellschafter haftet (nur die Gesellschaft als solche)
unbeschränkt an erster Stelle
unbeschränkt hinter der Gesellschaft
beschränkt hinter der Gesellschaft
bald beschränkt, bald unbeschränkt an erster Stelle
Offene Handelsgesellschaft
Eingetragene Genossenschaft mit unbeschränkter Haftpflicht
Eingetragene Genossenschaft mit beschränkter Haftpflicht
Reederei
Aktiengesellschaft
Gesellschaft mit beschränkter Haftung
Eingetragene Genossenschaft mit beschränkter Nachschußpflicht
Versicherungsverein auf Gegenseitigkeit
Kommanditgesellschaft
Kommanditgesellschaft auf Aktien

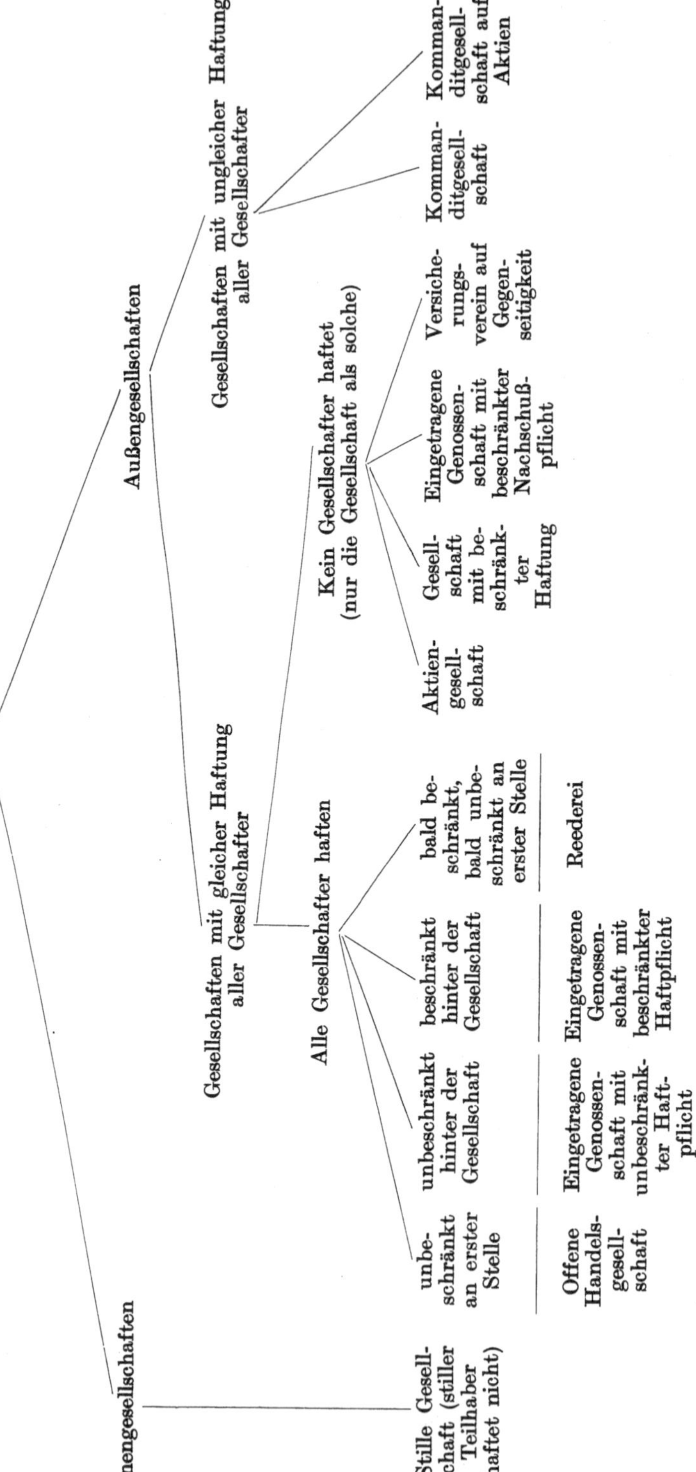

Die Gewerkschaft hat den Charakter einer juristischen Person. Die Kuxe (Anteilscheine) lauten nicht auf einen bestimmten Nominalbetrag, vielmehr haben die Gewerken (Kuxeneigentümer) im Verhältnis ihres Kuxeigentums Zubuße (Beiträge) zu zahlen und Ausbeute (Auszahlungen) zu empfangen.

Daraus folgt, daß die Gewerkschaft kein bestimmtes Grundkapital hat, sondern die ihr erforderlich erscheinenden Kapitalien von den Gewerken einzieht.

Ist die Gewerkschaft aus der ersten Gründergesellschaft hervorgegangen, so waren die Kapitalien, die zum Erwerb der materiellen Grundlage der Gewerkschaft festgelegt werden mußten, meist vergleichsweise gering und bestanden im Gebiete des regalen Bergbaues nur aus den Bohrkosten und aus den Kosten für das Verleihungsverfahren. Anders liegt der Fall, wenn die Personen, die ein Werk für eigene Rechnung ausbauen wollen, das verliehene Bergwerk kaufen müssen. In diesem Falle müssen allein für den Felderbesitz je nach Bewertung desselben, die oft auch von der Konjunktur abhängt, mehrere Hunderttausend bis mehrere Millionen Mark bezahlt werden. Dazu kommen dann noch die Ausbaukosten, die in ihrer voraussichtlichen Höhe überhaupt nicht bestimmbar sind, aber auch im günstigsten Falle die Aufwendung für einen gekauften Felderbesitz in der Regel noch mehrfach übersteigen. Daraus folgt, daß den Ausbau eines große Anlagekosten bedingenden Bergwerkes, sofern für das Unternehmen die Gesellschaftsform der Gewerkschaft gewählt ist, nur sehr vermögende Leute finanziell mit Sicherheit durchhalten können, wenn die Zahl der Kuxe vergleichsweise gering ist. Hatten sich an einer solchen Gewerkschaft eine größere Anzahl weniger kapitalkräftiger Leute beteiligt, so muß diese Gewerkschaft in Geldschwierigkeiten kommen, wenn der Kapitalbedarf für den Ausbau unerwartet erheblich größer werden sollte, als man ursprünglich annahm und die Gewerken keine Zubußen mehr zahlen wollen oder können. Es ist klar, daß man in solchen Fällen versucht, durch Vermehrung der Anteile die Geldanforderungen an den einzelnen Teilhaber zu verringern. Für rein spekulative Kreise kommt noch der Anreiz hinzu, daß kleinere Anteile erfahrungsgemäß relativ höher bezahlt werden. Die Zahl der Kuxe einer Gewerkschaft war nach dem Preußischen Berggesetz vom 24. 6. 1865 auf 100 beschränkt und konnte nur für im Betrieb befindliche Bergwerke auf 1000 erhöht werden. Die gleiche Vorschrift hatten auch viele andere deutsche Berggesetze.

Die preußischen Bergbehörden haben der Zersplitterung der Kuxanteile bis zu Anfang dieses Jahrhunderts stets Widerstand entgegengesetzt mit der Absicht, den Kleinkapitalisten zum Schutze vor Verlusten vom Bergbau fernzuhalten. Die preußischen Bergbehörden gestatteten daher in der Regel nur denjenigen Gewerkschaften die Tausendteiligkeit, deren Bergwerk bereits in Betrieb war und einen entsprechend hohen Wert — mindestens etwa eine Million Mark — hatte. Im Rekursbescheid vom 5. 5. 1886[1] wird ausgeführt, daß die Anwendung der Kuxzahl 1000 auf Bergwerke von geringem Werte den öffentlichen Interessen in der Tat Nachteile bereitet, denn dadurch wird insbesondere die Gefahr herbeigeführt, daß in weiteren Kreisen der Bevölkerung, die zu einer richtigen Beurteilung der hierbei in Betracht kommenden Verhältnisse außerstande sind, über die Bedeutung und den Wert des fraglichen Bergwerkseigentumes irrige Vorstellungen hervorgerufen und infolgedessen die Anteile zum Gegenstand einer nach verschiedenen Richtungen bedenklichen Spekulation gemacht werden können. Auch Brassert vertritt in seinem Kommentar zum Allgemeinen Berggesetz für die Preußischen Staaten den gleichen Standpunkt[2].

---

[1] Z. Bergrecht Bd. 27, S. 257.

[2] Brassert: Kommentar zum Allgemeinen Berggesetz für die Preußischen Staaten, S. 295. Bonn: Marcus 1888.

Andererseits lassen andere Berggesetze (deutschen Rechtes) eine größere Anzahl von Kuxanteilen zu, wie Schaumburg-Lippe usw. Am weitesten ging wohl das Österreichische Berggesetz vom 23. 5. 1854[1], das im § 140 Abs. 2 bestimmte, daß eine Gewerkschaft nicht in mehr als 128 Kuxe und der Kux in nicht mehr als 100 Teile geteilt werden darf. Daraus ergibt sich die Zulässigkeit von 12800 Kuxanteilen. Auch für das Preußische Berggesetz hatte die Regierung eine Kuxeinteilung von 1000 Kuxen und für wertvollere Bergwerke eine durch Statut zulässige Teilung in 10000 Kuxanteile vorgesehen. Bei den Kommissionsberatungen wurde dann jedoch die 100- und 1000teilige Gewerkschaft beschlossen. Man konnte damals die gewaltige Entwicklung einer erheblichen Anzahl von Gewerkschaften noch nicht voraussehen.

Die neuen modernen Steinkohlenbergwerke im nördlichen Teile des Ruhrbezirkes bzw. am linken Ufer des Niederrheins erfordern zu ihrem Ausbau bis zur Förderfähigkeit infolge der großen Schachtteufen und erheblichen Abteufschwierigkeiten die Festlegung eines Anlagekapitals von etwa 20 bis 25 Millionen Mark. In diese Summe sind die Kosten für Erwerb des Grubenfeldes, Schachtanlage einschl. Aus- und Vorrichtung, Tagesanlagen, Bahnanschluß, Arbeiterkolonie usw. einbezogen. Es kommt nun sehr darauf an, wie der Begriff „in Betrieb befindlich" auszulegen ist. Mindestens müßte bei Beginn des Ausbaues in einem solchen Falle der Eigentümer eines Kuxes der unter allen Umständen noch 100teiligen Gewerkschaft damit rechnen, 200000 bis 250000 $\mathscr{M}$ Zubuße zu zahlen. Auch bei Zulassung der Tausendteiligkeit während des Ausbaues sind für jeden Kux 20000 bis 25000 $\mathscr{M}$ Zubuße zu zahlen. In diesen Zahlen sind noch nicht einmal unvorhergesehene, besonders große Schwierigkeiten berücksichtigt, sondern nur die für dieses Gebiet als normal anzusehenden, an sich allerdings durchweg bedeutenden Schwierigkeiten.

Es ist klar, daß man einen Ausweg suchen mußte, um wenigstens bei sehr teuren Anlagen diese allzustarke Belastung des einzelnen Gewerken zu umgehen und der Gewerkschaft die erforderlichen Geldmittel besser zu sichern. Die Macht der veränderten wirtschaftlichen Bedürfnisse setzte sich auch in Preußen über das formale Recht hinweg, umging es und verdrängte es so in der Praxis mehr oder weniger.

Wollte man die Gewerkschaftsform beibehalten, so war der Weg gangbar, daß man im Gebiet des regalen Bergbaues jedes Feld eines größeren, für gemeinschaftlichen Betrieb geeigneten Felderbesitzes rechtlich getrennt hielt, d. h. die Felder nicht konsolidierte. Jedes Feld, das rechtlich je ein selbständiges Bergwerk darstellte, bildete die materielle Grundlage je einer Gewerkschaft. Diese Gewerkschaften können sich dann durch Vertrag zum gemeinsamen Ausbau und Betrieb des Werkes mit gleichen Rechten und Pflichten zusammentun, wie beim Kaliwerk Heldrungen, oder die Gewerkschaften gründen eine G.m.b.H., deren Anteile sie zu gleichen Teilen besitzen, und übertragen der G.m.b.H. den Ausbau und Betrieb der Werke, wie bei der Kohlenbergwerksgesellschaft Trier G.m.b.H. Im Jahre 1910 hat das Bankgeschäft Laupenmühlen in Essen mit ministerieller Erlaubnis die zehntausendteilige Gewerkschaft „Westfalen" gegründet. Diese Gewerkschaft ist aus der alten 10000teiligen Erzgewerkschaft „Wildermann" zu Siegen entstanden, deren Änderung in den Namen Gewerkschaft „Westfalen" von dem Oberbergamt Bonn bzw. dem preußischen Handelsministerium seinerzeit genehmigt wurde.

Durch das Gesetz zur Änderung des § 101 Abs. 2 ABG. vom 22. 4. 1922 ist die Fassung des Paragraphen dahin geändert, daß eine Teilung der Gewerkschafts-

---

[1] Österreichisches Berggesetz vom 23. 5. 1854. Wien: Manz 1911.

anteile in 10000 Teile (Kuxe) möglich ist. Die Kapitalbeschaffung wird durch die größere Verteilung des Risikos erheblich erleichtert werden. Das gilt auch für die Einziehung von Zubußen. Ebenso sind auch sonstige wichtige finanztechnische Maßnahmen nach Einführung dieser Erleichterung durchführbar, die bisher nur von Aktiengesellschaften usw. ausgeübt werden konnten. Es ist z. B. denkbar, daß bei genügend weitgehender Kuxenteilung die Unternehmungen einen Teil der neu geschaffenen kleineren Anteile im eigenen Portefeuille behalten und auf diese Weise in die Lage versetzt werden, Angliederungs- und Zusammenlegungsaktionen leichter zu bewerkstelligen.

Für die verschiedenen Möglichkeiten, der Gewerkschaft das erforderliche Kapital zu verschaffen, sind maßgebend: die gesetzliche Verpflichtung der Gewerken zur Zubußezahlung, das Abandonrecht, d. h. das Recht, den Kux zur Verfügung stellen zu können, die Vorschriften über den Zwangsverkauf des Kuxes und schließlich die Vorschrift, daß für die Verbindlichkeit der Gewerkschaft entweder nur das Vermögen derselben oder auch das der Gewerken haftet, verbunden mit den Vorschriften über die Ausschreibung von Zubußen und Ausbeuten.

Sofern diese Rechtsgrundsätze statutarisch geregelt werden können, muß die Organisation möglichst straff durchgeführt werden, um die Geldbeschaffung weitgehend zu sichern. In Frage kommen verschiedene Möglichkeiten, z. B.:

1. die Sicherung der Gewerkschaft gegenüber den Gewerken in bezug auf die Zahlung der Zubußen und

2. die Sicherung der Gläubiger einer Gewerkschaft gegenüber derselben, um die Deckung der von dieser eingegangenen Verpflichtungen jederzeit zu erreichen.

Die Sicherung der Gewerkschaft gegenüber den Gewerken wird erreicht:

1. durch Aufhebung des Abandonrechtes,

2. durch die Bindung der Gültigkeit eines Verkaufes der Anteile an die Genehmigung der Gesellschaft, und

3. durch Mithaftung aller Personen, die in der Zeit von der Bewilligung der Zubuße bis zur Einziehung derselben Eigentümer des Kuxes waren.

Durch Aufhebung des Abandonrechtes sichert sich die Gewerkschaft das Eingriffsrecht in das Vermögen der derzeitigen Gewerken bzw. Gesellschafter. Durch die Mithaftung des Voreigentümers für die zur Zeit des Verkaufes der Kuxe bereits bewilligte Zubuße bürgen alle Zwischeneigentümer bis zu dem Eigentümer, der den Kux zur Zeit der Bewilligung der Zubuße besaß, solidarisch für die Zubuße. Infolgedessen hat jeder Verkäufer im eigenen Interesse das Bestreben, seinen Kux nur an zahlungsfähige Leute zu verkaufen, und dient dadurch gleichzeitig den Interessen der Gewerkschaft. In Preußen darf das Abandonrecht auch durch Änderung der Statuten (§ 133) nicht aufgehoben werden[1].

Durch statutarische Bindung des Rechtes zum Verkauf eines Kuxes an die Genehmigung der Gewerkschaft hat letztere es ebenfalls in der Hand, nicht- kapitalkräftige Kaufanwärter zurückzuweisen. Gleichzeitig kann sie auch aus anderen Gründen unerwünschte Elemente fernhalten. In Betracht kommen vor allem der Schutz gegen Konzentrations- und Trustbestrebungen, die Fernhaltung der Konkurrenz usw.[2]. Auch diese Sicherung ist in Preußen durch den § 94 Abs. 3 nach der Fassung vom Februar 1924 unmöglich. Die Zwangsversteigerung des Kuxes führt nur im Falle einer tatsächlichen Veräußerung zum gewünschten Erfolg. Der unverkäufliche Anteil an Kuxen kann der Gewerkschaft

---

[1] Rekursbescheid vom 26. 8. 1922, Zahl 64. 123.

[2] Werneburg: Die Unabänderbarkeit gesetzlicher Bestimmungen des Allgemeinen Berggesetzes durch das Gewerkschaftsstatut. E. G. A. 1918, S. 388.

lastenfrei zugeschrieben werden, die dann aus diesen keine Zubuße erhält. Die Kuxe können auch den Gewerken nach dem Verhältnis ihrer Anteile zufallen. In diesen beiden Fällen werden die Gewerken entsprechend stärker mit Zubußen belastet. Immerhin ist auf diesem Wege mitunter ein Erfolg für die Gewerkschaft möglich.

Soll das erforderliche Kapital ganz oder teilweise von fremden Geldgebern geliehen werden, so muß eine Sicherung der Gläubiger gegenüber der Gewerkschaft vorgesehen werden, um die Gewerkschaft kreditwürdig zu machen. Für diesen Zweck kann das Vermögen der Gewerkschaft dienen. Für vorsichtige Geldgeber genügt aber z. B. ein im Ausbau begriffenes Werk nicht, da das einzugehende Risiko zu groß ist. Es bliebe also die Einziehung von Zubußen zur Deckung etwaiger Schulden. Bei Gewerkschaften mit der ursprünglichen Rechtsgrundlage des Preuß. ABG. von 1865 lag die Schwierigkeit für den vorsichtigen Geldgeber oder Großlieferanten darin, daß die Zubußen von den Gewerken beschlossen werden mußten und kein Zwang auf die Fassung der Gewerkenbeschlüsse in dieser Hinsicht ausgeübt werden konnte. Überstieg also die Geldanforderung — z. B. bei Eintritt unvorhergesehener schwerer Betriebsstörungen — die Leistungsfähigkeit der Eigentümer der Kuxmehrheit, so brauchten diese keine Zubuße zu beschließen und den Gläubigern verblieb nur der Weg der Zwangsvollstreckung, die sich auf das Gewerkschaftsvermögen beschränken mußte. Hinzu kam früher, daß eine Gewerkschaft preußischen Rechtes bis zum Gesetz vom 24. 5. 1923 Ausbeute verteilen konnte, ohne Gewinn gemacht zu haben, so daß sie vor Eintritt der Zwangsverwaltung in der Lage war, das gesamte noch nicht verpfändete Vermögen ohne Rücksicht auf die Gläubiger unter die Gewerken zu verteilen[1]. Nur bei Auflösung der Gewerkschaft durch die Gewerken mußten die Gläubiger befriedigt werden[2], d. h. soweit noch Gewerkschaftsvermögen vorhanden war.

Durch die neue Fassung des § 102 Abs. 2 des Preuß. ABG. sind die Gewerken verpflichtet, nach dem Verhältnis ihrer Kuxe die Beiträge zu zahlen, die zur Erfüllung der Schuldverbindlichkeiten der Gewerkschaft und zum Betriebe erforderlich sind. Dadurch ist den Gewerkschaften die Beschaffung des zum Betrieb erforderlichen Geldes wesentlich besser als früher gesichert und ebenso ist den etwaigen Geldgebern Sicherheit geboten, da der Geldgeber die Gewerkschaft gegebenenfalls zwingen kann, die zur Begleichung der Schulden nötigen Beträge von ihren Gewerken einzuziehen.

Allerdings fehlt den zahlungswilligen und zahlungsfähigen Gewerken bei dieser Rechtslage die Möglichkeit, das Eindringen zahlungsschwacher Gewerken zu verhindern. Wird der Anteil der letzteren vergleichsweise groß, so können Gewerken, die für ihren eigenen Kuxenbesitz die etwaigen Zubußen eben noch leisten könnten, dann schwer geschädigt werden, wenn die Gewerkschaft als solche ihre Zahlungsunfähigkeit erklären muß infolge Ausbleibens der Zahlungen seitens der zahlungsschwachen Gewerken.

Wenn der gesetzliche Zwang zur Zahlung von Zubußen für den Betrieb und die Schuldverbindlichkeiten der Gewerkschaften nicht gegeben ist, so muß man zur Sicherstellung aufzunehmender Gelddarlehen Zubußen vor Aufnahme des Kredits beschließen, die zwar nicht eingezogen, aber dem Kreditgeber verpfändet werden. Dadurch kann letzterer sich an den Gewerken schadlos halten, soweit die Gewerkschaft ihre Verpflichtungen nicht erfüllen kann. Durch die bewilligte und verpfändete Zubuße leisten also die Gewerken Bürgschaft. Es tritt auch

---

[1] Reichsgerichtsentscheidung, 11. 3. 1892 betr. Dachschiefergewerkschaft Kreuzberg.
[2] Reichsgerichtsentscheidung, 29. 1. 1887.

häufig der Fall ein, daß einzelne kapitalkräftige Gewerken usw. gegen irgendwelche Entschädigung persönlich die Bürgschaft übernehmen.

Für ein neu auszubauendes Werk kann die Beschaffung von Bankkredit oder Obligationen erleichtert werden, wenn der Hauptgewerke z. B. ein großer Bergwerks-, Hütten- oder sonstiger Konzern ist und dieser mit seinen bestehenden Anlagen für das neue Werk bürgt. Je umfangreicher, betriebssicherer und aussichtsreicher diese Anlagen sind, um so leichter wird auch die Geldbeschaffung für das neue Werk sein.

Sind die Gewerken nicht zur Bewilligung einer Bürgschaftszubuße zu bewegen oder ist auch auf andere Weise kein Kredit zu beschaffen, ein Fall, der bei alleinstehenden Werken leicht eintreten kann, so kann man in manchen Fällen auch Kapital durch Umwandlung der Gewerkschaft in eine Aktiengesellschaft beschaffen, da die Ausgabe von Aktien, wie es unten noch ausgeführt wird, leichter ist.

Hierbei kann man vielfach die Gewerken zu weiterer Kapitalhergabe zwingen, indem man ihnen für die Kuxe Aktien gibt, die nicht als voll eingezahlt gelten. Durch die Zeichnung dieser Aktien verpflichten sie sich zur Vollzahlung.

γ) **Die Gesellschaft mit beschränkter Haftpflicht**[1]. Diese ist im großen und ganzen der Gewerkschaft nachgebildet. Die wichtigsten Unterschiede bestehen darin, daß keine bestimmte Zahl der Geschäftsanteile vorgeschrieben ist (§§ 15 und 17), und die Gesellschaft ein bestimmtes, jedermann kenntliches, nicht unter 20000 $\mathcal{M}$ — neuerdings 5000 $\mathcal{M}$ — betragendes Gesellschaftskapital hat, an dem sich die Gläubiger schadlos halten können. Dieses Geschäfts- oder Stammkapital muß voll eingezahlt sein und darf nicht durch Auszahlungen an die Gesellschafter vermindert werden. Eine der Zubuße entsprechende Nachschußpflicht der Gesellschafter ist zulässig (§ 26). Bemerkenswert und für manche Fälle wichtig ist der Umstand, daß die G.m.b.H. laut Reichsgerichtsentscheidung vom 12. 11. 1912, Aktenzeichen II 29112 durch Statut berechtigt sein kann, für einzelne Gesellschafter (Konkurrenten usw.) zu bestimmen, daß ihre Gesellschaftsbefugnisse, außer den vermögensrechtlichen, ruhen, und es diesen freigestellt werden kann, ein bestimmtes Mitglied der Geschäftsführung oder des Aufsichtsrates mit der Vertretung zu beauftragen. Diese Bestimmung kann ebenso wie diejenige, nach der die Übertragung der Anteile von der Genehmigung der Gesellschaft abhängig gemacht werden kann (§ 15 Abs. 5), dazu benutzt werden, einerseits Konkurrenten Geschäftsgeheimnisse vorzuenthalten und andererseits Fusions- und ähnliche Absichten zu erschweren.

Im übrigen gelten für die G.m.b.H. im großen und ganzen annähernd dieselben Bedingungen für die Kapitalbeschaffung wie für die Gewerkschaft, da beide wesensverwandt sind.

Im Bergbau wird die G.m.b.H. vorwiegend nur zur finanziellen und betrieblichen Zusammenfassung von mehreren Gewerkschaften benutzt. Zum Verkauf und sonstiger Übertragung von Geschäftsanteilen bedarf es eines in gerichtlicher oder notarieller Form geschlossenen Vertrages (§ 15 Abs. 3). Hierdurch wird die allgemeinere Anwendung dieser Gesellschaftsform wirksam erschwert.

δ) **Die Aktiengesellschaft.** Im Gegensatz zu den Gewerkschaften und Gesellschaften mit beschränkter Haftung hat die Aktiengesellschaft ein bestimmtes Grundkapital, an dem sämtliche Gesellschafter im Verhältnis ihres Aktienbesitzes Anteil haben, ohne persönlich für die Verbindlichkeiten der Gesellschaft zu haften. Der Gründungsvorgang ist in Deutschland gesetzlichen Vorschriften unterworfen (§§ 182, 186, 191 bis 192 u. 196, 202 bis 206 HGB.). Ferner liegt

---

[1] Reichsgesetz vom 20. 4. 1892, Fassung vom 10. 5. 1897.

eine gesetzliche Pflicht zur Aufstellung einer genauen Bilanz (§ 261) und zur Ansammlung von Reservefonds (§ 262) vor. Außerdem hat der Vorstand unverzüglich eine Generalversammlung einzuberufen, wenn der Verlust die Hälfte des Grundkapitals erreicht, um den Aktionären davon Mitteilung zu machen, und den Konkurs zu beantragen, sobald die Zahlungsunfähigkeit eintritt oder das Vermögen nicht die Schulden deckt (§ 240).

Nachforderungen zum Ausgleich des Gesellschaftsvermögens können nur auf dem Wege von Zuzahlungen (§ 262 Ziff. 3) erfolgen, wobei die betreffenden Aktien gewöhnlich zu Vorzugsaktien erklärt werden, wenn nicht auf alle Aktien die entfallende Zuzahlung geleistet wird.

Die Vorschriften bieten sowohl dem Gesellschafter als auch dem Gläubiger der Gesellschaft erheblichen Schutz und erleichtern infolgedessen sowohl die Beteiligung als auch den Kredit. Der Umstand, daß das persönliche Moment beim Aktionär gegenüber den Gewerken erheblich zurücktritt, bietet ferner den Vorteil, daß die Anteile leicht veräußerlich sind, und daß sich wegen dieser ungehinderten Verfügungsmöglichkeit eher Personen finden, die sich finanziell an einem Aktienunternehmen beteiligen. Diese Mobilisierung des Kapitals erleichtert durch den Umstand, daß der Nennwert der Aktien in der Regel 1000 ℳ beträgt, die Schaffung einer breiteren Grundlage für das Unternehmen und bei der Gründung der A.-G. die Zuführung von neuem Kapital, das auf dem Wege der Zubußeforderungen durch Gewerkschaften nicht zu beschaffen gewesen wäre[1].

Die mit der bequemen Verkaufsfähigkeit der Aktien verbundene leichte Emissionsfähigkeit derselben verleitet die Gründer bei der Umwandlung des bisherigen Unternehmens in eine Aktiengesellschaft leicht zu einer Überkapitalisierung, um möglichst hohe Gründergewinne aus dem Verkauf der Aktien zu erhalten. Die Haftung aus § 202 Abs. 2 des HGB. wird den Gründern vielfach dadurch erleichtert, daß die Abschätzung des Wertes eines Bergwerkes durch Sachverständigengutachten in vielen Fällen auf zunächst unbeweisbaren Voraussetzungen aufgebaut werden muß, was besonders hinsichtlich der Risiken gilt, und daher schwer nachprüfbar ist. Auch ist eine Umgehung der Sachgründung durch Bargründung und nachfolgenden Ankauf des Objektes möglich.

Die Nachteile der Aktiengesellschaft beruhen vor allen Dingen darin, daß sich der Gegensatz zwischen dem starren, festen Grundkapital der Aktiengesellschaft und dem unbestimmbaren Kapitalbedarf des Bergwerksunternehmens insbesondere in Rücksicht auf das ihm innewohnende Risiko schwer, in vielen Fällen überhaupt nicht überbrücken läßt. Daraus geht hervor, daß sich die Nachteile der Aktiengesellschaftsform am schärfsten in den Fällen der größeren Risiken zeigen müssen, also besonders bei Einzelbergwerken während des Ausbaues und gegebenenfalls auch während des Betriebes, sobald sich unerwartet große Betriebsschwierigkeiten einstellen. Die Neubeschaffung von Kapital ist dann oft mit großen Opfern verbunden, da die Werke noch nicht in der Lage sind, für Kredite oder Anleihen eine reelle Grundlage zu geben, weil sie ja in der Regel gerade vor der Überwindung eines unerwartet hohen Risikofalles stehen, dieser Umstand zudem meist bekannt ist und hindernd auf etwaige Geldgeber einwirkt. Hinzu kommt, daß der Wert des eingezahlten und im Ausbau festgelegten Aktienkapitals durch den eingetretenen Risikofall naturgemäß gesunken ist, was sich durch Sinken des Kurses der Aktien, also der Bewertung der Kreditfähigkeit des Gesellschaftsvermögens kennzeichnet. Den in solchen Fällen häufigen allzu starken Kursstürzen, die durch Spekulationskreise oder

---

[1] Vgl. Abschnitt A III a 2 β: Die Gewerkschaft.

durch übergroße Ängstlichkeit der Aktionäre bewirkt werden und die Kreditfähigkeit der Aktiengesellschaft schwer schädigen, suchen manche Aktiengesellschaften durch möglichst feste Bindung der Aktionäre an das Unternehmen vorzubeugen. Man legt zu diesem Zweck eine jahrelange Sperrfrist für den Aktienverkauf fest oder bindet die Übertragung der Aktien für immer an die Einwilligung der Aktiengesellschaft. Noch weiter gehen die Aktiengesellschaften, die gleich bei der Gründung ein wesentlich größeres Aktienkapital normieren, als voraussichtlich für die Errichtung des Werkes erforderlich ist, und zunächst nur den erforderlich erscheinenden Betrag einzahlen lassen. Läßt man das Aktienkapital nominell bestehen, ohne die Restbeträge für die Aktien einzuziehen, was gemäß § 227 HGB. im Gesellschaftsvertrag vorgesehen werden kann, so entsteht dadurch zugleich eine gewisse „Verwässerung des Kapitals". Die spätere Verzinsung erscheint dann — in bezug auf das nominelle Kapital — gering, auch wenn sie in bezug auf das tatsächliche durchaus normal ist.

Die Verwässerung wird bei gutgehenden Anlagen meist allmählich „aufgetrocknet", indem der innere Wert der Anlagen durch Rücklagen, weiteren Ausbau ohne neue Aktienausgabe usw. den nominellen allmählich erreicht und dann auch dem nominellen Kapital angemessene Verzinsung bringt.

Auf alle Fälle hat das Verfahren den Vorteil, daß bei eintretenden Schwierigkeiten die Restbeträge gegebenenfalls jederzeit eingezogen werden können, so daß die Möglichkeit des Kapitalnachschusses besser gesichert ist. Dadurch nähert sich die Aktiengesellschaft mehr der Form der G.m.b.H.

Durch alle diese Bestimmungen wird natürlich die Handelsfähigkeit der Aktien beeinflußt und das berufsmäßige Spekulantentum ferngehalten, was in der Regel nur im Interesse der Aktiengesellschaft liegt.

Ist die Neubeschaffung von Kapital auf die oben erwähnte Weise nicht möglich, so kann dies auch durch Erhöhung des Aktienkapitals oder Beschaffung von Kredit geschehen. Für die Ausgabe von Aktien ist die gesetzliche Vorschrift von Bedeutung, nach der sie nicht unter dem Nennbetrag, wohl aber für einen höheren Betrag ausgegeben werden dürfen (§ 184 HGB.), wenn dies im Gesellschaftsvertrage vorgesehen ist. Die Ausgabe zu einem höheren Betrage als dem Nennbetrage scheidet bei einem im Ausbau begriffenen Werke, dem sich soeben große, noch nicht überwundene Betriebsschwierigkeiten entgegenstellen, in der Regel aus. Es wird im Gegenteil schwierig sein, die neuen Aktien zum Nennbetrage zu begeben, falls sich nicht alle Aktionäre zur restlosen Übernahme der neuen Aktien bereitfinden. In solchen Fällen muß man entweder die neuen Aktien mit größeren Gewinnanteilen und Sicherheiten ausstatten oder den Kurs der alten Aktien durch Sanierung, d. h. Herabsetzung des Nominalwertes derselben, derart heben, daß eine Neuausgabe von Aktien zum Parikurs ermöglicht wird. In beiden Fällen wird das Risiko auf eine breitere Basis verteilt. Die alten Aktionäre werden dadurch jedoch nicht nur dauernd insofern geschädigt, als sich später die Gewinnansprüche auf eine neu hinzukommende Anzahl von Aktien verteilen, sondern vor allem auch dadurch, daß behufs neuer Kapitalbeschaffung die Bevorzugung der neuen Aktien meist über das Maß hinausgehen muß, das nach dem noch vorhandenen inneren Werte der alten Aktien gerechtfertigt wäre.

Angebracht erscheint eine Neuausgabe von Vorzugsaktien ohne Sanierung der alten Aktien nur dann, wenn das Gesamtkapital im zukünftigen Betriebe des Bergwerkes hohe Verzinsung erhoffen läßt und der vorhandene innere Wert des Bergwerkes unter Berücksichtigung der Risiken dem alten Aktienkapital noch entspricht. Das dürfte aber nur der Fall sein, wenn das Unternehmen mit zu geringem Aktienkapital begonnen wurde bzw. das Bergwerksfeld bei der

Gründung für einen sehr geringen Preis erworben wurde und nun als Kapital-reserve zum Ausgleich dienen kann.

Die Bevorzugung der Aktien kann erfolgen durch Erteilung verschiedener Rechte, die insbesondere die Verteilung des Gewinnes oder des Gesellschafts-vermögens betreffen (§ 185 HGB.). Die Bevorzugung bei den Vorzugsaktien besteht in der Regel darin, daß sie entweder bei der Verteilung des Gewinnes einen bestimmten Prozentsatz ihres Nennbetrages im voraus erhalten, oder bei der etwaigen Liquidation mit einem bestimmten Prozentsatz ihres Nenn-betrages im voraus abgefunden werden. Oft ist beides zugleich vorgesehen. Es werden auch Vorzugsaktien ausgegeben, deren Dividendenanspruch nach oben begrenzt ist, der aber aus dem Reingewinn zunächst gedeckt werden muß, ehe eine weitere Verteilung vorgenommen werden darf, und für den z. T. ein Nach-zahlungsanspruch vorgesehen ist, so daß diesen Aktien ein Dividendenrest, der in schlechten Geschäftsjahren nicht ausgezahlt werden konnte, in Jahren mit höherem Reingewinn zunächst nachgezahlt werden muß. Es handelt sich in diesem Falle also um Obligationen mit Aktienrecht.

Da das deutsche Aktienrecht absolute Minderheitsrechte kennt, d. h. Rechte einer relativ kleinen Anzahl von Aktionären, evtl. eines einzelnen Aktionärs, auf Grund der §§ 254, 264, 266 Abs. 2, 268, 271, 295 HGB. gegen den Willen der Majorität einzugreifen, so kann die Minderheit auch bei Sanierungsplänen wirk-sam eingreifen, wenn dadurch Interessen der Aktiengesellschaft geschädigt werden können.

Die Neubeschaffung von Kapital wird, wie die vorstehenden Darlegungen zeigen, in allen Fällen besonders dadurch erschwert, daß die einzelnen Aktionäre niemals gezwungen werden können, der Aktiengesellschaft über den im Gesell-schaftsvertrage vorgesehenen Ausgabekurs für ihre Aktien Nachzahlungen zu leisten. Infolgedessen ist die Aktiengesellschaftsform für Bergbauunternehmen wenig geeignet, sofern das Risiko nicht auf eine größere Anzahl technisch-selb-ständiger, leistungsfähiger Werke verteilt werden kann, die gegebenenfalls einen Ausgleich durch ihre größere Zahl schaffen.

ε) **Die Heranziehung fremder Kapitalien.** Die leihweise Heranziehung fremder Kapitalien für die Zwecke eines Bergwerksunternehmens wird stets versucht werden, wenn es nicht gelingt, die zur Weiterführung des Ausbaues oder des Betriebes erforderlichen Kapitalien von den Beteiligten oder durch neue Be-teiligung zu erlangen, und wenn durch die Heranziehung fremden billigen Kapitals eine bessere Verzinsung des eigenen Gesellschaftskapitals erreicht werden kann. Fremdes Kapital ist als billig anzusehen, wenn die für dasselbe zu zahlende feste Verzinsung hinter der aus den durchschnittlichen Betriebsgewinnen sich er-gebenden Verzinsung des gesamten für das Bergwerk aufgewandten Anlage- und Betriebskapitals zurückbleibt.

Je nach dem Zweck, für den das fremde Kapital herangezogen werden soll, kann man die Anlage- von den Betriebskrediten bzw. Betriebsanleihen unter-scheiden. Erstere dienen zur Weiterführung des Ausbaues bzw. zur Vermeidung oder Beseitigung erheblicher Betriebsstörungen des Werkes, während letztere nur zur alleinigen oder teilweisen Deckung des Bedarfs an flüssigem Betriebs-kapital verwendet werden. Es liegt in der Natur der Sache, daß die Anlage-kredite (Anleihen) meist langfristig und die Betriebskredite meist kurzfristig sind.

Je nach der Quelle, aus der die fremden, leihweise zu beschaffenden Kapitalien stammen, kann man die meist kurzfristigen Bankkredite von den von einer größeren Masse von Gläubigern übernommenen, meist langfristigen Anleihen (Obli-gationen) unterscheiden. Einzelne Personen treten nur in den seltensten Fällen als Gelddarleiher auf, so daß dieser Fall hier unberücksichtigt bleiben kann.

ε_1) Der Bankkredit. Der Bankkredit ist seiner Natur nach stets nur ein Aushilfsmittel. Die Banken können nicht dauernd größere Mittel aus eigenem Kapital für Bergwerke festlegen, ohne ihre Bewegungsfreiheit in schädigender Weise einzuschränken. Sie werden daher zur Kreditgabe nur bei hoher Verzinsung oder bei Gewährung sonstiger Vorteile geneigt sein. Solange eine Bank einem Bergwerksunternehmen Kredit in erheblichem Umfange eingeräumt hat, wird sie sich ein Aufsichtsrecht über die Geschäftsführung dieses Unternehmens ausbedingen. Sie wird also Aufsichtsratsstellen besetzen, die Wahl des Vorstandes mit bestimmen usw. Der Einfluß der Banken auf die Industrie beruht vorwiegend auf dem Kreditbedarf derselben und endet in der Regel auch mit diesem Bedarf.

Daraus ergibt sich, daß andererseits die Bergwerksgesellschaften den Bankkredit so schnell als möglich abzustoßen versuchen, um die Rentabilität zu verbessern und um die Willensfreiheit zurückzuerlangen.

Ferner ergibt sich daraus, daß die Banken vorwiegend in solchen Bergbauzweigen einen dauernden Einfluß haben, in denen sich auch der Betrieb durch einen erheblichen und stark wechselnden Geldbedarf auszeichnet. Weiterhin wächst der Einfluß der Banken in Zeiten wilden Konkurrenzkampfes, in denen die Schleuderpreise, zu denen die Bergwerksprodukte verkauft werden, nicht die Ansammlung von Reserven erlauben, die das Bergwerk über Zeiten plötzlichen größeren Geldbedarfes hinwegbringen könnten.

Die Gewährung eines Bankkredites hängt von den gebotenen Sicherheiten ab. Bei einem im Ausbau befindlichen Werk werden die in den Anlagen bereits festgelegten Werte in der Regel erst dann als Sicherheit für einen zu gewährenden Bankkredit angesehen, wenn die dem Ausbau gegenüberstehenden bekannten größeren Risiken bereits überwunden sind, z. B. wenn der Schacht die Lagerstätte erreicht hat und der Wasserabschluß gelungen ist. Auch hierbei müssen die noch zu erwartenden Risiken beachtet werden.

In allen anderen Fällen müssen einem vorsichtigen Geldgeber Sicherheiten geleistet werden, die nicht von dem Werte dieses Bergwerkes abhängig sind.

Bei Einzelbergwerken können Gewerkschaften Zubußen bewilligen und diese verpfänden. Aktiengesellschaften mit nicht voll eingezahltem Aktienkapital können den noch nicht eingezahlten Restbetrag verpfänden. Bei einem im Ausbau weit vorgeschrittenen Werke können gelegentlich auch die Kuxe als Pfand dienen, wenn sie im Verhältnis zum Kredit einen erheblichen Wert darstellen.

Ferner können Großaktionäre oder Großgewerken persönliche Bürgschaft leisten. In solchen Fällen leihen die Banken vielfach das Geld an diese Personen, die es ihrerseits mit einer Mehrverzinsung oder gegen Einräumung sonstiger Vorteile an das Unternehmen weiterleiten.

Die Ablösung der Kredite erfolgt bei den noch im Ausbau begriffenen Werken meist durch Einziehung von Zubußen oder Ausgabe neuer Aktien. Förderfähige Werke, zum großen Teil auch solche Werke, die den Ausbau ziemlich vollendet, jedenfalls die schwierigsten Risiken überwunden haben, lösen den Bankkredit mitunter durch eine Anleihe (Obligation) ab, die meist die kreditgebende Bank übernimmt.

Diese verteilt durch den Verkauf der Obligationen das Risiko der Anleihe auf eine große Anzahl von Gläubigern und erhält selbst wieder flüssiges Kapital für den eigenen Bankbetrieb zurück.

ε_2) Die Anleihen (Obligationen). Im Gegensatz zum Bankkredit ist die Obligationsausgabe im allgemeinen die billigste Art der Geldbeschaffung, die zugleich die Willensfreiheit der Bergwerksgesellschaft in der Regel nicht einschränkt. Das zeigt folgende sehr einfache Überlegung.

Es sei angenommen, ein systematisch abgebohrtes Braunkohlentagebaufeld, bei dessen Abbau erhebliche Betriebsrisiken nicht mehr zu erwarten sind, habe einen gesamten Kapitalbedarf von 1 000 000 $\mathcal{M}$ und lasse rechnerisch einen jährlichen Durchschnittsgewinn von 8% erwarten. Würde man für den Ausbau nur die Hälfte des Kapitalbedarfes von den Gesellschaftern einziehen und die andere Hälfte in Gestalt von Obligationen beschaffen, die mit 4% verzinst und mit 2% amortisiert werden, so würde sich die folgende Rechnung ergeben:

Voraussichtlicher Reingewinn des Bergwerkes = 8% von 1 000 000 $\mathcal{M}$ . . . .   80 000,— $\mathcal{M}$
davon ab 6% von 500 000 $\mathcal{M}$ Obligationen (4% Zinsen + 2% Amortisation)   30 000,— $\mathcal{M}$
bleiben rechnerisch für das von den Gesellschaftern bezahlte Kapital von
500 000 $\mathcal{M}$ . . . . 50 000,— $\mathcal{M}$

oder 10% Verzinsung. Mit der Amortisation der Obligation steigt die Verzinsung des Gesellschaftskapitals automatisch auf 16%.

Obligationen können namentlich von Einzelbergwerken in der Regel erst begeben werden, wenn dieselben die Risiken des Ausbaues (Schachtabteufen, Ausrichtung usw.) überwunden haben, und man die erhaltenen Aufschlüsse zur klaren Beurteilung der Abbaurisiken heranziehen kann. Erst dann kann übersehen werden, welchen Realwert das der Obligation als Pfandobjekt dienende Bergwerk hat. Von den Abbaurisiken hängen daher vorwiegend die Bedingungen ab, zu denen die Obligationen begeben werden können. Sind die Risiken gering und auch in ihrem Höchstmaße einigermaßen klar zu übersehen, wie z. B. bei einem systematisch abgebohrten Braunkohlentagebaufeld, so sind auch Obligationen leicht und zu billigem Zinsfuß zu begeben. In der Regel zahlt man hier etwa 4% Verzinsung.

Im Braunkohlentiefbau sind die Wassereinwirkungen oft schwer zu beurteilen, was ungünstig auf die Begebung der Obligationen einwirkt. Noch schwieriger sind die Risiken vereinzelt beim Steinkohlenbergbau und meist beim Erz- und Salzbergbau zu übersehen. Eine große Schlagwetterexplosion kann fast noch einmal das ursprüngliche Anlagekapital zur Wiederherstellung des Betriebes kosten, die plötzliche Vertaubung der Gänge kann ein Erzbergwerk, Wassereinbrüche können alle Bergwerke wertlos machen. Hinsichtlich des Wassers ist besonders der Kalisalzbergbau sehr stark gefährdet, weil hier auch bei geringerem Wasserzufluß der Betrieb meist eingestellt werden muß, um gefährliche Zusammenbrüche des Deckgebirges zu vermeiden, die sonst infolge der Auflösung der tragenden Salzpfeiler durch das bei der Wasserhebung stets nachfließende Wasser zu befürchten sind.

Diesen Umständen müssen die Bergwerksgesellschaften auch bei der Verzinsung ihrer Anleihen Rechnung tragen. Solche Werke mußten die Obligationen im allgemeinen mit 5 bis 5½% verzinsen und erhielten meist nicht den Nennbetrag derselben. In der Höhe der Verzinsung findet also das Risiko seinen Ausdruck, das der Gläubiger zu tragen hat.

Die billige Geldbeschaffung, welche die Ausgabe von Obligationen ermöglicht, reizt natürlich die Bergwerksgesellschaften dazu an, möglichst schon bei Beginn oder während des Ausbaues Geld durch Obligationen zu beschaffen. Insbesondere werden die Vorbesitzer des erworbenen Bergwerksfeldes oft mit Obligationen abgefunden, die auf die Felder hypothekarisch eingetragen sind. Ebenso werden die den Ausbau (Tagesanlagen usw.) ausführenden Baufirmen, Handwerker und Baumaterialien liefernden Unternehmer usw. häufig mit Obligationen bezahlt. Kapitalschwache Bergwerksgesellschaften zahlen vielfach erhebliche Provisionen für den Vertrieb des hierbei noch nicht untergebrachten Teiles ihrer Obligationen.

Die Ausgabe von Obligationen durch Bergwerke, die erst den Ausbau beginnen bzw. die gefährlichen Risiken desselben noch nicht überwunden haben, bedeutet nichts weiter als ein Abschieben des Risikos von dem Unternehmer auf den Obligationsgläubiger. Dieser Umstand ist schon deshalb eine volkswirtschaftlich ungesunde und auch in moralischer Hinsicht bedenkliche Handlungsweise, da die einzugehenden Risiken vielfach erheblicher Natur sind. Die materielle Grundlage der Obligation, das im Aufbau begriffene Bergwerk, bietet wegen der noch nicht überwundenen Risiken keine genügende Sicherheit. Außerdem werfen die im Ausbau befindlichen Bergwerke noch keinen Gewinn ab, so daß oft die Verzinsung der Obligationen gefährdet ist. Aus dem letzteren Grunde haben kapitalschwache Bergwerksgesellschaften vielfach die Verzinsung der Obligationsschuld mehrere Jahre hinausgeschoben, in der Hoffnung, den Ausbau bis dahin glücklich beendet zu haben. Das Mißverhältnis zwischen dem Nennbetrag der Obligationen und den hierfür gebotenen Sicherheiten drückt sich natürlich in dem meist niedrigen Kurs dieser Obligationen während der Ausbauzeit des Bergwerkes aus. Besonders schwer werden hierdurch die mit Obligationen bezahlten kapitalschwächeren Lieferanten getroffen, die sofort wieder flüssige Mittel haben müssen und deshalb gezwungen sind, diese Obligationen noch vor Beendigung des Ausbaues und infolgedessen mit großem Disagio zu verkaufen.

Der Kursstand der Obligationen kann den Bergwerksgesellschaften im Hinblick auf die noch nicht verkauften bzw. noch zu begebenden Obligationen nicht immer gleichgültig sein. Um die Obligationen verkaufsfähig zu machen, und um neue Obligationen herausgeben zu können, müssen für diese noch besondere Sicherheiten geboten werden, die in bekannter Weise durch Verpfändung bewilligter Zubußen, durch persönliche Bürgschaften von Großgewerken usw. zu leisten sind.

Es ist einleuchtend, daß man bei billigem Geldkurs vielfach versucht, den gesamten Ausbau des Bergwerkes von vornherein mit dem Erlös von begebenen Obligationen zu bezahlen und eigenes Kapital nur in geringem Umfange zu investieren. In diesem Falle müssen natürlich Sicherheiten geboten werden. Diese werden von größeren Konzernen häufig in den fertig ausgebauten Werken gestellt. Selbstverständlich bleibt dann das neue Werk finanziell in irgendeiner Weise abhängig von dem alten. Die Obligationen bilden in diesem Falle ein Mittel, mit geringem eigenen und billigem fremden Kapital Konzentrationsbestrebungen durchzuführen.

Ferner begünstigt die Ausbauobligation das Spekulantentum. Die Gründer bzw. Gesellschafter brauchen wenig Eigenkapital. In dem Maße, wie das Obligationkapital zufließt, steigen die Kurse ihrer Anlagepapiere. Dieser Kursgewinn wird dann von den ersten Gesellschaftern möglichst bald durch Verkauf der Anteile realisiert, so daß bei einem etwaigen Rückschlag, der durch irgendeine Betriebsschwierigkeit, wie z. B. durch Wassereinbruch usw., eintreten kann, außer den Obligationsgläubigern noch die spätere Gesellschaftergeneration, aber keinesfalls die Gründer in Mitleidenschaft gezogen werden.

ζ) **Die Ansammlung von Reserven aus Betriebsgewinnen.** Bei den allgemeinen Ausführungen über Betriebskredite wurde schon darauf hingewiesen, daß ein im Betrieb befindliches Bergwerk häufig in die Lage kommen kann, von neuem größere Mengen von Kapitalien festzulegen. Die Ursachen können ganz verschiedener Natur sein. Einmal kann es sich darum handeln, die Folgen elementarer Ereignisse, die den Betrieb erschweren oder unmöglich machen, zu beseitigen oder doch so einzuschränken, daß wieder ein rentabler Betrieb möglich wird. Ferner kann eine plötzlich eintretende günstige Konjunktur, eine neue Erfindung usw. gewisse Erweiterungen der Anlage verlangen, um diese Konjunktur bzw. Verbesserung möglichst ausnutzen zu können. Schließlich kann der Ausbau des Werkes nach einem festen, weitsichtigen Plane erweitert und vervollständigt werden.

Im ersten und mitunter auch im zweiten Falle sind die Kapitalien oft unvorhergesehen erforderlich, während man sich für den dritten Fall meist rechtzeitig vorbereiten kann, sofern die beiden ersten Fälle nicht störend einwirken.

Für alle diese Fälle ist die Ansammlung von Reserven aus Betriebsgewinnen das zweckmäßigste Mittel zur Festigung der Finanzverhältnisse der Bergwerksgesellschaft. Für Bergwerke mit hohen Betriebsrisiken ist dies sogar das einzige Mittel. Dies gilt besonders für Erzbergwerke mit sehr unregelmäßigem Verhalten des Ganges. In Zeiten, in denen ein reicher Erzfall abgebaut wird, stehen die Kuxe oft verhältnismäßig hoch, weil der ganze Betriebsgewinn als Ausbeute verteilt wird, während die Kuxe nach Verhieb dieses Erzfalles fast wertlos sind, um dann bei Anbruch eines neuen Erzfalles wieder in die Höhe zu schnellen. Dieses Finanzgebaren, von Bergwerken mit hohen Risiken angewandt, bietet dem Spekulantentum natürlich einen besonderen Anreiz zu ungesunden Machenschaften. Inwieweit Bergwerke zur Klasse mit hohem Risiko gehören, ist natürlich nur von Fall zu Fall und auch da nur unter Vorbehalt zu entscheiden.

Dagegen kann man allgemein sagen, daß sich für Bergwerke mit hohen Betriebsrisiken neben der Bargeldansammlung die Anlage einer technischen Reserve empfiehlt, die z. B. bei unregelmäßiger Mineralführung der Lagerstätte in einer ausgedehnten Ausrichtung, bei Wassergefahr in Reservewasserhaltungsmaschinen usw. bestehen kann.

Die technischen Betriebsreserven haben den Nachteil, daß sie zinslos sind und meistens Unterhaltung kosten, während die Bargeldreserven Zinsen bringen. Man wird infolgedessen die technische Reserve zur Abwendung von gefährlichen Betriebsrisiken als ein notwendiges Übel hinnehmen müssen, hingegen die Abmessung derselben zur Ausnutzung von Konjunkturen sorgfältig dem Bedürfnis anzupassen versuchen.

Das gelingt noch am einfachsten in solchen Fällen, in denen die Absatzschwankungen sich in bestimmten Zeitabschnitten und in bestimmtem Umfange vollziehen. Als Beispiel sei die Absatzsteigerung vieler Braunkohlenwerke zur Zeit der sog. Zuckerrübenkampagne genannt. Im übrigen empfiehlt sich neben einer dauernden, relativ kleineren Vorrichtungsreserve das stete sorgfältige Studium der Marktverhältnisse, um rechtzeitig darnach seine Dispositionen treffen zu können. Am besten sind in dieser Hinsicht die Bergwerke gestellt, die infolge der Eigentümlichkeit ihrer Abbauweise ohnehin größere Mengen hereingewonnener Mineralien in den Grubenbauen haben, die nur der Förderung harren, wie z. B. die Kalisalzwerke, oder die Werke, die die Gewinnung leicht vergrößern können, wie Braunkohlentagebaue.

Natürlich kann ein Bergwerk trotz aller Umsicht der Leitung unvorbereitet von einer günstigen, aber nicht vorauszusehenden Konjunktur überrascht werden, wie z. B. durch Streik in benachbarten Gebieten usw.

Auch Erfindungen können erheblich in die Betriebswirtschaft eines Bergwerkes eingreifen. Ein Metall, das früher nicht gebraucht oder gar als schädlich zurückgewiesen wurde, kann durch eine Erfindung plötzlich gesucht werden. Ebenso kann für ein bisher nicht aufbereitbares oder verhüttbares Erz ein Verfahren zur Aufbereitung bzw. Verhüttung erfunden werden. In solchen Fällen sind dann mitunter relativ erhebliche Kapitalien erforderlich, um diese Erfindung auszunützen. Wenn es auch in solchen Fällen meist gelingen wird, fremdes Kapital heranzuziehen, so liegt es doch vielfach im Interesse der Erhaltung der Willensfreiheit der Bergwerkseigentümer hinsichtlich des Verkaufs der Produkte, wenn sie solche Anlagen aus eigenen Mitteln bestreiten und hierzu gegebenenfalls Bargeldreserven angesammelt haben.

3. Zusammenfassung.

1. Die Finanzierung des Bergwerksunternehmens wird während des Ausbaues fast ausschließlich von dem technischen Risiko beeinflußt.

2. Die Finanzierung von in Betrieb befindlichen Bergwerken wird außer vom technischen Risiko auch vom rein finanziellen Risiko, wie Konjunktur, Lohnfragen usw. beeinflußt.

3. Die richtige gegenseitige Bewertung der sicheren, wahrscheinlichen und möglichen Mineralvorräte und der sicheren, wahrscheinlichen und möglichen Risiken des Betriebes in technischer und konjunktureller Hinsicht bildet die Grundlage der finanziellen Bewertung eines Bergwerksfeldes.

4. Für Punkt 2 und 3 ist zu beachten, daß sich die Risiken technischer Art mit dem Fortschreiten des Abbaues und des Betriebes zunehmend klarer erkennen und beurteilen lassen. Es muß im einzelnen Falle untersucht werden, ob die Betriebsrisiken des Abbaues eine zunehmende, abnehmende oder gleichbleibende Tendenz haben.

5. Für Bergwerksunternehmungen ist die Gewerkschaft die geeignetste Gesellschaftsform.

Die Aktiengesellschaft eignet sich für Einzelbergwerke nur, wenn die Betriebsrisiken gering sind, und der Kapitalbedarf leicht übersehbar und in nicht zu weiten Grenzen sicher bestimmbar ist.

Die Gesellschaft mit beschränkter Haftung kommt nur selten als Gesellschaftsform für Bergwerksunternehmungen vor und ist der Gewerkschaft wesensverwandt.

Andere Gesellschaftsformen sind ungebräuchlich.

6. Zur Sicherung der Kapitalbeschaffung heben die Gewerkschaften in den Statuten meist das Abandonrecht auf und machen die Übertragung der Kuxe an dritte Personen von der Einwilligung der Gesellschaft abhängig. Ferner sorgen sie vor Aufnahme fremden Kapitals für die Bewilligung von Bürgschaftszubußen.

Die Kapitalbeschaffung wird erleichtert durch eine möglichst weitgehende Kuxenteilung. Eine Teilung der Kuxe bis zu einem Wert der einzelnen Kuxe eines eben förderreifen Werkes von etwa 2000 bis 5000 $\mathcal{M}$ erscheint unbedenklich, wenn die im Abschnitt A III a 2 β zusammengestellten Bedingungen erfüllt sind.

7. Für Aktiengesellschaften gilt sinngemäß der Absatz 6.

Hinzu kommt, daß es zweckmäßig ist, zunächst das Aktienkapital zu hoch zu benennen, aber nicht voll einzahlen zu lassen, um sich beim Eintritt eines Risikofalles während des Ausbaues zunächst an die Nachschußpflicht der Aktionäre halten zu können. Nach Beendigung des Ausbaues kann dann das Aktienkapital durch Zusammenlegung bzw. Einziehen von Aktien gemäß § 227 HGB. auf den die tatsächlichen Anlagekosten und die Verzinsungsmöglichkeit berücksichtigenden Betrag herabgesetzt werden, wenn diese Maßnahmen im Gesellschaftsvertrag vorgesehen sind.

8. Bankkredite sind stets nur als vorübergehende, bald zu beseitigende Aushilfsmittel anzusehen, weil sie zu teuer sind.

9. Die Obligationen haben den Zweck

a) möglichst hoher Verzinsung des eigenen Kapitals durch Beschaffung billigen fremden Kapitals und

b) möglichst starker Einschränkung des dem Risiko ausgesetzten eigenen Kapitalaufwandes.

Sofern die Obligationen den Charakter einigermaßen sicherer Anlagepapiere haben sollen, beschränkt sich die Anwendbarkeit auf:

a) breit fundierte Unternehmungen (große Zahl von Einzelanlagen) an sich schwieriger Art, sofern die Einzelanlagen im Durchschnitt einen Gewinn erwarten lassen,

b) auf kleinere Unternehmungen an sich leichterer Art (abgebohrte Braunkohlentagebaufelder usw.),

c) auf fertiggestellte Unternehmungen an sich schwieriger Art nach Überwindung der Hauptschwierigkeiten.

Die billige Geldbeschaffung durch Obligationen reizt zur Anwendung derselben für unreife, d. h. noch im Ausbau begriffene Bergwerke, und trägt dadurch zur Förderung eines ungesunden Spekulantentumes bei.

Ferner werden durch die systematische Anwendung der Obligationen die Zusammenschlüsse (Fusionen usw.) wesentlich erleichtert, vielfach ermöglicht.

10. Die vorwiegend aus Betriebsgewinnen zu beschaffenden Reserven können entweder in Betriebsanlagen (Betriebsreserven) oder in Kapitalien (Geldreserven) bestehen.

Betriebsreserven können geschaffen werden zur Ausschaltung von befürchteten oder eingetretenen Betriebsrisiken, zur besseren Ausnutzung von Konjunkturen usw.

Geldreserven dienen in allen Fällen zur Hebung der Kreditfähigkeit des Unternehmens und können als Ausgleichsfonds bei eingetretenen Betriebsrisiken dienen und ferner zur Beschaffung von Anlagen, Ausnutzung von Konjunkturen, Erfindungen usw. und zur Erweiterung der Anlagen.

Außer durch Betriebsgewinn können Geldreserven noch beschafft werden gelegentlich der Verausgabung von Aktien, wenn für dieselben ein Aufgeld erzielt wird.

b) Die Zusammenschlüsse im Bergbau.

1. Die Grundlagen der Zusammenschlüsse.

Nach der Art der Zusammenschlüsse (Konzentration) unterscheidet man in der Hauptsache die Horizontal- und Vertikalzusammenschlüsse. Unter Horizontalzusammenschluß versteht man den Zusammenschluß gleichartiger Unternehmungen, z. B. mehrerer Steinkohlenbergwerke oder mehrerer Kalisalzbergwerke usw., während man unter Vertikalzusammenschluß den Zusammenschluß der Rohstoff- und Weiterverarbeitungsunternehmungen, etwa Steinkohlen- und Eisenerzbergwerke mit Hochofenwerken und dieser dann weiter mit Walzwerken, Maschinenfabriken usw. versteht. Natürlich können auch beide Arten des Zusammenschlusses miteinander verbunden werden, was besonders in der Schwerindustrie der Fall ist.

Die Ursachen der Zusammenschlüsse können finanzieller oder betrieblicher Natur sein. Es wird daher im nachstehenden unterschieden zwischen den finanziellen und technischen Zusammenschlüssen.

Die Zusammenschlußbestrebungen sind im Bergbau hauptsächlich in der Absicht entstanden und durchgeführt, den Betrieb möglichst rentabel zu gestalten. Die hierzu angewandten Mittel können rein finanzieller Natur sein, wie z. B. die Vereinigung in Kartellen zur Hebung bzw. Sicherung der Verkaufspreise, oder rein technischer Natur, wie der Ausbau des Bergwerkes zur Weiterverarbeitung der Produkte, zur Erniedrigung der Selbstkosten, oder finanzieller und technischer Natur, wie die Vereinigung mehrerer Werke zu einem geschlossenen Unternehmen.

Gegenstand der nachstehenden Betrachtungen sollen nur die rein bergwirtschaftlichen, insbesondere auch die betriebswirtschaftlichen Folgen der Zusammenschlüsse sein. Betrachtungen allgemein volkswirtschaftlicher Natur werden nur so weit herangezogen, als sie zum Verständnis der bergwirtschaftlichen Entwicklung notwendig erscheinen.

Von erheblichem Einfluß auf die finanziellen Zusammenschlüsse, insbesondere auf die Ausgestaltung der Kartelle und Syndikate sind die Fachverbände.

Die Fachverbände haben den Zweck, die für die betreffende Industrie auftauchenden Probleme in ihrer allgemeinen grundsätzlichen Bedeutung zum eigenen und zum gesamten Wirtschaftsleben zu untersuchen, um das Material zu einer für diese Industrie möglichst günstigen Lösung derselben zu schaffen. Infolgedessen erstreckt sich der Tätigkeitsbereich der Fachverbände auf alle Gebiete, durch die die Wirtschaft der von ihnen vertretenen Industrien beeinflußt wird, wie Handels-, Zoll- und Verkehrspolitik, Steuerpolitik, Gewerbe- und Sozialpolitik, gewerblichen Rechtsschutz, Presseaufklärung usw., ferner auf die Förderung der allgemeinen Technik des Industriezweiges, wozu auch die grundsätzlichen Fragen der Typisierung, Normierung, Spezialisierung, der Betriebsorganisation, des technischen Schulwesens usw. gehören. Die grundsätzliche Untersuchung wirtschaftlicher und betrieblicher Fragen führt außerdem vielfach zu Selbstkostenerhebungen usw., woran sich folgerichtig sehr häufig Untersuchungen und grundsätzliche Prüfungen der Preisbildung, der Absatzverhältnisse usw. schließen. Wenn sonach die Fachverbände überall nur die allgemeinen Richtlinien herausgeben und es den einzelnen Interessengruppen überlassen, ihre Belange in den Kartellverbänden zur Geltung zu bringen, so ist doch ihre außerordentliche Bedeutung für die Kartellbildung und Kartellpolitik offensichtlich. Vor allem ist die psychologische Wirkung der gemeinsamen Arbeit der einzelnen Vertreter einer Industriegruppe in den Fachverbänden wirkungsvoll. Das gegenseitige Mißtrauen wird beseitigt oder doch stark eingeschränkt und dadurch der Boden für ein vertrauensvolles Zusammenarbeiten in den Kartellen vorbereitet.

2. Finanzielle Konzentrationen.

α) **Allgemeine Ursachen.** Obwohl die finanziellen Zusammenschlüsse an sich allgemein volkswirtschaftliche, auch für andere Industriezweige anwendbare Vorgänge sind, so verknüpfen sich mit diesen doch eine Reihe rein bergwirtschaftlicher und bergtechnischer Folgeerscheinungen, die hier zu untersuchen sind.

Die Einwirkungen des Bankwesens und in vielen Fällen diejenigen des Handels mit Bergwerkserzeugnissen beeinflussen oft ausschlaggebend Umfang, Verlauf und Ziele der finanziellen Konzentration. Der Handel, oft auch die Weiterverarbeitungsindustrie, wird sich vielfach den Erzeugungsstätten angliedern, einerseits um sich den Bezug der für den eigenen Betrieb nötigen Bergwerkserzeugnisse dauernd zu sichern, und andererseits, um dadurch der etwaigen Konkurrenz gegenüber besser gewachsen zu sein und diese gegebenenfalls zu beseitigen. Die Konzentration auf dem Gebiete der amerikanischen Kupfererzeugung beweist dies, obwohl hier auch rein bergwirtschaftliche Ursachen mitgewirkt haben.

Von größter Wirkung sind die industriellen Zusammenschlüsse auf den Handel insofern, als letzterer vielfach völlig ausgeschaltet wird. Davon wird vorwiegend der Zwischenhandel von Rohprodukten und Halbfabrikaten betroffen. Hier ist zu beachten, daß der Handel niemals als wirtschaftlicher Selbstzweck betrachtet werden darf, vielmehr nur als Vermittlungsglied zwischen Erzeugung und Verbrauch. Er hat nur da eine große Bedeutung, wo er nicht ersetzt werden kann. Durch ein organisatorisches Zusammenwirken der Rohstofflieferanten mit den Verarbeitern und letzterer mit den Verbrauchern muß aber der Handel entsprechend zurückgehen und gegebenenfalls völlig verschwinden. Der Handel wird sich daher in einem bestimmten Gebiete nur halten können, wenn er seine Zwischenhandelsspesen so verbilligen kann, daß die Industrie bei einem organisatorischen Zusammenschluß nicht billiger arbeiten kann. Vor allem wird aber der Handel sich stets den ihm geeigneten Gebieten zuwenden müssen, also die Marktlage entsprechend zu beobachten haben.

Zur finanziellen Konzentration dienen die Kartelle und die Trusts im weitesten Sinne, d. h. die Treuhänderverwaltungen, die Kontrollgesellschaften und die Fusionierung. Die Ursachen dieser Konzentrationen sind in der Regel entweder die Ergebnisse der Not oder die Erkenntnisse der aus einer Konzentration erwachsenden Vorteile.

β) **Der vertragliche Zusammenschluß (Kartell).** Kartelle sind vertragliche Zusammenschlüsse selbständig bleibender Unternehmer, deren Aufgabe darin besteht, zwecks gemeinsamer monopolistischer Beherrschung des Marktes diejenige Verwaltungstätigkeit in mehr oder weniger großem Umfange auszuüben, durch die Produktionsumfang und Vertrieb der einzelnen angeschlossenen Unternehmungen geregelt werden.

Um diesen Zweck der Marktbeherrschung zu erreichen, müssen mindestens so viel der Unternehmer dem Zusammenschluß beitreten, daß der Rest keine wirksame Konkurrenz machen kann. Die kaufmännische Selbständigkeit des Unternehmens muß je nach der Art des Kartells mehr oder weniger beschränkt werden.

Man kann unterscheiden:

a) je nach der Art der angeschlossenen Unternehmungen

1. **Spezial- oder Horizontalkartelle** = Zusammenschluß gleichartiger Betriebe,

2. **General- oder Vertikalkartelle** = Zusammenschluß von Rohstofflieferanten mit der Weiterverarbeitungsindustrie,

b) je nach der **Aufgabe** der Kartelle:

1. **Einkaufskartelle**; diese treffen Vereinbarungen über die gemeinsame Beschaffung der Rohmaterialien usw.,

2. **Fertigungskartelle oder Produktionskartelle**; diese treffen Vereinbarungen über die Menge der zu produzierenden Fertigwaren,

3. **Propagandakartelle**,

4. **Verkaufskartelle**.

Je nach den besonderen Bedingungen, unter denen die Kartellverträge abgeschlossen werden, unterscheidet man hierbei folgende niedere Formen:

α) das **Konditionskartell**, das nur die allgemeinen Geschäftsbedingungen festsetzt, z. B. Zahlungsbedingungen usw., ohne in die Preisfestsetzungen einzugreifen. Die höhere Form ist das **Preiskartell**, durch das die Mindestpreise festgelegt werden.

β) das **Gebietskartell**, das zur gegenseitigen Garantie eines bestimmten Absatzgebietes dient. Die höhere Form ist das **Verteilungssyndikat**, das die Verteilung der Aufträge vornimmt.

γ) Die höchste Entwicklung der Kartelle stellen diejenigen **Verkaufssyndikate** dar, die den **Verkauf** der Produkte selbst durchführen und damit zugleich die Tätigkeit des Fertigungs- und Propagandakartells übernehmen.

Im allgemeinen kann man sagen, daß der Nutzen der Kartelle für den Unternehmer um so größer wird, je umfassender sie sind, also je mehr sie die Selbständigkeit der Unternehmer einschränken. Der Boden für die Entwicklung der Kartelle ist vor allem da gegeben, wo es sich um Massenartikel geringer Qualitätsunterschiede bei geographischer Konzentration der Produktionsstätten handelt.

Die in bergwirtschaftlicher Hinsicht wichtigste Wirkung der Kartelle, insbesondere der hochentwickelten Syndikate, liegt in der größeren Stetigkeit der Verkaufspreise unter Vermeidung der Schleuderpreise und in der größeren Stetigkeit des Absatzes und der dadurch bewirkten Verminderung der Risiken.

Hierdurch wird der Raubbau eingeschränkt und auch der Abbau ungünstiger Lagerstätten ermöglicht, in vielen Fällen erst der Anreiz dazu gegeben. Infolgedessen wird die Nachhaltigkeit des Bergbaues wesentlich gesteigert. So müßten zahlreiche oberschlesische Steinkohlengruben jetzt oder in nächster Zeit eingehen, wenn nicht im Spülversatz ein Mittel gefunden worden wäre, die mächtigsten oberschlesischen Flöze auch unter den bewohnten Gegenden gefahrlos abzubauen. Dieses an sich rein technische Mittel ist aber in Hinblick auf die dadurch wesentlich erhöhten Betriebskosten nur anwendbar, solange die Kohlenpreise auf einer angemessenen Höhe erhalten werden.

Die Stetigkeit des Absatzes wirkt auf die Betriebsdispositionen und auf die Betriebsselbstkosten günstig ein. Da sich in diesem Falle die zu leistende Fördermenge auf absehbare Zeit viel genauer einschätzen läßt, sind keine so übermäßig ausgedehnte, in der Unterhaltung meist teure Aus- und Vorrichtungsbetriebe nötig, wie man sie im Falle häufiger stark schwankender Konjunkturen haben müßte, um günstige Konjunkturen rechtzeitig ausnutzen zu können.

Eine ungünstige Nebenwirkung der von den Kartellen erzielten Sicherung der Preise und des Absatzes besteht in dem Anreiz der Steigerung der Produktion des Einzelwerkes und der Errichtung von Neuanlagen. Beide Maßnahmen bewirken, abgesehen von den Gefahren für den Fortbestand des Kartells, daß relativ zu viel Aus- und Vorrichtungsbaue und sonstige Anlagen vorhanden sind, die den Betrieb verteuern. Diese Wirkung hatte sich in den Jahren 1895 bis 1914 namentlich in der Kaliindustrie gezeigt.

Andererseits wurden auch unrentable Anlagen von solchen, die sich gut rentierten, aufgekauft und stillgelegt, um die Beteiligungsziffer der aufgekauften Werke übertragen und dadurch die gute Anlage technisch noch besser ausnutzen zu können. Bekannt sind die Zechenstillegungen im Ruhrgebiet um das Jahr 1904. Bemerkt sei, daß durch die spekulativen Stillegungen dieser Jahre höchstens etwa 64,5 Mill. t anstehender Kohle vorübergehend aufgegeben wurden, d. h. also noch nicht einmal die Menge einer Jahresförderung der damaligen Zeit, und daß eine nicht unerhebliche Anzahl dieser Zechen ohnehin infolge der zu hohen Selbstkosten kurz nachher zum Erliegen gekommen wäre.

Außerdem liegt auch ein naturgemäßer Anreiz vor zum Aufkauf bzw. zur Verschmelzung gut rentabler Werke, um dadurch die eigene Stellung im Kartell gegenüber den anderen Kartellmitgliedern zu stärken.

Ferner haben die Kartelle, da sie meist den Selbstverbrauch nicht mit regelten, den Anlaß zu weitgehenden Betriebskonzentrationen auf dem Wege der Fusionierung gegeben, wobei sich die Rohstoff liefernden Werke mit den Weiterverarbeitungsbetrieben vereinten. Derartige Betriebskombinationen waren mitunter der einzige Weg, um den Wirkungen der Preisgestaltung der Rohstoffkartelle zu entgehen, und sie müssen daher, wenn sie größere Bedeutung gewinnen, entweder den Bestand dieser Kartelle überhaupt gefährden oder deren Struktur durch Umwandlung den neuen Verhältnissen anpassen. Es ist klar, daß in solchen Fällen leicht ein Zerfall des Kartells eintreten kann. Hiergegen hilft ein klarer Vertrag, der die Rechte und Pflichten des Kartells und seiner Mitglieder unzweideutig enthält. Der Vertrag muß Bestimmungen enthalten, durch welche bewußt vertragswidrige Maßnahmen der Mitglieder wirksam verhütet werden können.

Das Rheinisch-Westfälische Kohlensyndikat (RWKS.)[1] hat zu diesem Zweck unter anderem hohe Geldstrafen vorgesehen, die nach dem Vertrag von 1925 auf 25 $\mathscr{M}$ je Tonne und auf mindestens 1000 bis 3000 $\mathscr{M}$ für den Einzelfall festgesetzt sind. Auch die Organisation des RWKS. soll die Dauerhaftigkeit des Zusammenschlusses möglichst stärken. Die Organe des RWKS. sind die Mitgliederversammlung, die ständigen Ausschüsse und die Geschäftsführung. Richtunggebend für die Stellungnahme der Ausschüsse und der Geschäftsführung ist die Zechenbesitzerversammlung. Die Geschäftsführung ist mit weitgehenden Handlungsvollmachten ausgestattet, deren Normen möglichst anpassungsfähig sind, damit sie in notwendigen, wichtigen Fällen schnelle Entscheidungen treffen kann. Die ständigen Ausschüsse haben die verschiedenartigen, im Laufe der Zeit auftretenden Probleme zu bearbeiten, insbesondere Präzedenzfälle zu vermeiden. Soweit sie nicht selbst das Entscheidungsrecht besitzen, sind die Lösungen der Probleme so weit vorzubereiten, daß der Mitgliederversammlung nur noch die formale Entscheidung verbleibt. Berufungen gehen unter Ausschluß des Rechtsweges an ein Schiedsgericht. Die Ausschüsse sind also die eigentlichen Arbeitsorgane. Bei der Neugründung des Syndikates wurden acht Ausschüsse eingesetzt, und zwar: der Kohlenausschuß, der Koksausschuß und der Brikettausschuß, die namentlich die Beteiligungsfragen zu bearbeiten haben, ferner der Selbstverbrauchsausschuß, der Qualitätsausschuß, der Absatzausschuß, der Geschäftsausschuß und der Auslandsausschuß, deren Tätigkeitsbereich durch ihre Bezeichnung hinreichend klargestellt ist. Der Geschäftsausschuß hat vorwiegend die Verkaufsorganisation zu bearbeiten. Durch diese Ausschüsse wird eine zentrale Regelung der auftauchenden Fragen gewährleistet und eine Entlastung der Mitgliedsversammlung herbeigeführt.

Neben dieser Verwaltungsorganisation besteht die eigentliche Betriebsorganisation, die in elf nach Verkaufsrevieren eingeteilte Verkaufsabteilungen und in sechs nach Verkaufssorten eingeteilte Versandabteilungen zergliedert ist, an die sich die allgemeine Verwaltung, die Abteilung für Verkehrsangelegenheiten, die Abteilung für Wärmetechnik, die Buchhaltung, die Kasse, das Nachrichtenbüro und die Statistik anschließen.

γ) **Der finanziell-technische Zusammenschluß** (Trust, Kontrollgesellschaft, Treuhänderverwaltung, Fusion). Der finanzielle Zusammenschluß beruht auf der Zusammenfassung der Besitzgrundlage. Es handelt sich also in jedem Falle um ein neues Unternehmen, das eine Anzahl alter Einzelunternehmer in gemeinsamer Verwaltung umfaßt. Während der vertragliche Zusammenschluß ohne Monopolstellung völlig wertlos ist, hat der finanzielle Zusammenschluß durch die Vorteile, die die gemeinsame Verwaltung mehrerer Werke in technischer und kapitalistischer Hinsicht bringt, auch dann noch eine wichtige Bedeutung, wenn er kein Monopol erreicht. Die wichtigste Bedeutung der finanziellen Zusammenschlüsse liegt zur Zeit überhaupt nicht in der Monopolstellung.

Die stärkere Stellung, die die finanziell zusammengeschlossenen Werke den Einzelwerken gegenüber in den Kartellen usw. haben, wurde schon oben erwähnt. Hier sei noch bemerkt, daß finanzielle Zusammenfassungen, die keine Monopolstellung haben, auch keine Stabilisierung der Konjunktur usw. bewirken können wie die Kartelle.

---

[1] Ledermann: Die Organisation des Ruhrbergbaues. H. 12 der Modernen Wirtschaftsgestaltung von Wiedenfeld. Berlin-Leipzig: Walter de Gruyter u. Co. 1927.

Das Maß der technisch-bergwirtschaftlichen Vorteile, die der finanzielle Zusammenschluß erreichen läßt, hängt von der Art dieses Zusammenschlusses ab. Man kann in der Hauptsache drei Arten des finanziellen Zusammenschlusses unterscheiden: Die Kontrollgesellschaft, die Treuhänderverwaltung und die Fusion.

Die niedere Stufe der Kontrollgesellschaft ist die der größeren Beteiligung an einem interessierenden Werke. Man erreicht dadurch engere Beziehungen freundschaftlicher Art, die sich ausdrücken in Übereinkommen hinsichtlich der Absatzverteilung, der Übernahme neuer Produktionsmethoden und Patente usw. Vielfach besteht der Kaufpreis der eventuell gegenseitig auszutauschenden Patente usw. in dem gegenseitigen Austausch von Anteilscheinen der Werke. Auf alle Fälle wird dadurch eine Interessengemeinschaft angebahnt; auch findet ein gewisser Risikoausgleich statt. Die Interessengemeinschaft wird erhöht, wenn eine Gesellschaft die stimmberechtigte Kapitalsmehrheit der anderen Gesellschaft besitzt. In diesem Falle wird letztere von der erstgenannten Gesellschaft beherrscht, d. h. sie wird kontrolliert. Es entsteht also eine Kontrollgesellschaft mit abhängiger Tochtergesellschaft. Eine Kontrollgesellschaft kann auf diese Weise mehrere Gesellschaften nebeneinander kontrollieren, kann aber auch die weitere Kontrolle durch ein abhängiges Werk ausüben lassen, das wiederum ein drittes Werk kontrolliert usw.

Der bergwirtschaft-technische Vorteil dieses Zusammenschlusses liegt vor allem in der Begünstigung eines vorteilhaften Felderaustausches und in der gegenseitigen Überlassung von Patenten und sonstigen Betriebsfortschritten namentlich auf dem Gebiete der Weiterverarbeitung der Bergwerkserzeugnisse und in dem Austausch von Beteiligungsquoten der Kartelle (Syndikate). Der letzte Fall hat dann Bedeutung, wenn das einzelne Werk nur über bestimmte Mineralvorkommen verfügt, das Syndikat aber die Auftragserteilung nicht auf Grund der tatsächlichen Förderfähigkeit des Werkes vornimmt, oder aber ein Werk den Betrieb überhaupt nicht aufnimmt, sondern seinen Syndikatsförderanteil einem anderen Werke überläßt. Diese Vorteile werden die Kontrollgesellschaften besonders leicht ausnützen können. Jedoch ist immer der Interessenaustausch an das Vetorecht derjenigen Gesellschafter[1] gebunden, die evtl. mehr Wert auf die Erhaltung der Selbständigkeit des Werkes legen. Es kann nie über den abhängigen Betrieb so disponiert werden, als wenn er Eigentum wäre. Der Hauptwert der Kontrollgesellschaft liegt daher lediglich in einer kapitalistischen Stärkung der angeschlossenen Werke.

Wesentlich günstiger liegen in dieser Hinsicht die Verhältnisse bei den beiden anderen Formen des finanziellen Zusammenschlusses, der Treuhänderverwaltung und der Fusion. Bei der Treuhänderverwaltung übergeben eine Anzahl von Gesellschaften dem Treuhänder (Truster), als der auch eine Gesellschaft auftreten kann, ihren Besitz zum gemeinsamen Betrieb und zur gemeinsamen Verwaltung. Der Treuhänder verfügt also über sämtlichen Besitz aller Gesellschaften wie über einen gemeinsamen Besitz. Nur Verlust und Gewinn werden nach einem vorher vereinbarten Schlüssel verteilt. In manchen Fällen werden auch die Anteilscheine der Einzelgesellschaften bei der Treuhändergesellschaft hinterlegt, die dafür eigene Anteilscheine ausgibt. Daraus ergibt sich der Übergang zur Fusion. Bei der Fusion gehen alle Werke in den gemeinsamen Besitz der Fusionsgesellschaft über.

Treuhandverwaltungen sind in Deutschland wenig üblich. Die Bergwerksgesellschaft Trier m. b. H. kann man als solche ansehen. Sie beutet den Bergwerksbesitz der Gewerkschaften Trier I, II und III wie einen Gemeinschaftsbesitz aus.

---

[1] Vgl. Abschnitt A III a 2 α.

Die Fusionen sind dagegen in Deutschland sehr verbreitet. Die Vorteile dieses finanziellen Zusammenschlusses beruhen vorwiegend in einer Verbilligung der Produktions- und Betriebskosten infolge der Verschmelzung der Unternehmen unter evtl. Stillegung unrentabler Werke, womit gleichzeitig ein relativ geringes Erfordernis an Arbeitskräften, Beamten usw. verbunden ist. Insbesondere sind für den Abbau von markscheidenden Bergwerksfeldern nicht mehr die alten Markscheiden maßgebend, sondern man kann die Baufelder viel zweckmäßiger nach den gegebenen natürlichen Bedingungen, wie z. B. nach dem Verlauf von Gebirgsstörungen, Erzfällen, des Ausgehenden usw. einteilen. Ebenso kann im geeigneten Falle die Wasserhaltung durch Anlage einer Zentralwasserhaltung verbilligt werden. Die systematische Bekämpfung einer etwaigen Wassergefahr wird durch die Zusammenfassung markscheidender Betriebe erleichtert.

Die Sicherung der Wetterführung und des Fluchtweges im Falle von Schlagwetterexplosionen wird durch den gemeinsamen Betrieb markscheidender, miteinander durchschlägiger Werke vergrößert.

Wenn auch diese Vorteile bei den nicht markscheidenden, fusionierten Werken fortfallen, so bleiben doch noch auf alle Fälle die Vorteile bestehen, daß die Betriebskosten erheblich herabgesetzt werden können durch Stillegung oder Vernachlässigung eines etwa unrentablen Betriebes unter gleichzeitiger Konzentration der Förderung auf ein günstiges Werk. Außerdem ist die Möglichkeit gegeben, die Förderung verschiedener Mineralien auf die einzelnen Gruben je nach dem dortigen Mineralvorkommen besser zu verteilen und sich so der jeweiligen Marktlage besser anzupassen. Ein großes Steinkohlenunternehmen, das gleichzeitig über Magerkohlen, Fettkohlen und Gaskohlen verfügt, kann günstige Hausbrand-, Industriebrand- oder Gaskohlenkonjunkturen stets mit ausnutzen, was z. B. bei einer reinen Magerkohlenzeche nur bei guter Hausbrandkohlenkonjunktur der Fall ist. Auch für Erzbergwerke gilt dies sinngemäß je nach der Kombination der Erzvorkommen. Schließlich ist auch das bedeutungsvolle Moment des Risikoausgleiches nicht zu verkennen.

Die finanziellen (kapitalistischen) Zusammenschlüsse haben unstreitig den Nachteil einer mit dem Umfang des Unternehmens immer schwerfälligeren Verwaltung. Die Initiative des einzelnen tritt zurück und wird in ihren fruchtbringenden Wirkungen unterdrückt oder gehemmt. Die großen Konzerne nähern sich daher in Arbeitserfolgen den Staatsbetrieben, wenn sie auch wohl selten ganz auf deren ungünstigen Stand herabsinken, da die Leiter der privaten Unternehmungen immerhin freier arbeiten können als die an die engen Vorschriften der Staatsverwaltungen gebundenen Leiter staatlicher Unternehmen. Letztere haben deshalb in neuerer Zeit vielfach die Form von Aktiengesellschaften erhalten.

3. Technische Konzentrationen.

α) **Allgemeiner Aufbau.** Konzentrationen, die auf technische Ursachen zurückzuführen sind, können sowohl Bergwerke umfassen, die gleichartige Mineralien führen (horizontale Konzentration), als auch solche, deren verschiedenartige Mineralien gemeinsam als Rohstoffe bei der Weiterverarbeitung verwendet werden (vertikale Konzentration).

Die Konzentration von markscheidenden Bergwerken wird zweckmäßig, wenn z. B. der in die Tiefe fortschreitende Abbau die Errichtung so großer Anlagen erfordert, daß die Anlagekosten vom einzelnen Bergwerk nicht mehr verzinst und amortisiert werden können. Dasselbe gilt sinngemäß für den Fall, daß die Erze mit zunehmender Teufe verarmen oder daß die Erzpreise sinken und aus diesen Gründen die Förderung verstärkt und die Aufbereitungs- und sonstigen Weiterverarbeitungsanlagen umfangreicher ausgebaut und verbessert werden

müssen. Die Entstehung der „Mansfelder Kupferschiefer bauenden Gewerkschaft"
in den 60er Jahren des vorigen Jahrhunderts ist ein typisches Beispiel für den
ersten Fall und die Fusionierung der Porphyries-Gruben in Arizona ein Beispiel
für das Zusammenwirken beider Fälle.

Die horizontalen Konzentrationen, die auf technische Ursachen zurückzuführen sind, sind vergleichsweise selten. Man kann allerdings hier noch solche
hinzurechnen, bei denen durch die Konzentration der Betriebe der Gewinn nur
erhöht und nicht, wie in den eben angenommenen Fällen, ermöglicht werden
soll. Damit gelangt man wieder zugleich in das Gebiet der finanziellen Konzentration.

In viel größerem Umfange als in der eben erwähnten Richtung hat sich —
namentlich in Deutschland — der Zusammenschluß der Rohstoffe liefernden
Werke mit den Weiterverarbeitungswerken vollzogen (Vertikalkonzentration).
Der wesentliche Vorteil liegt hier vorwiegend in der Ausnützung der Kräfte, der
Vereinfachung des Arbeitsprozesses, in der Ausschaltung der Zwischengewinne,
von unnötigen Frachtkosten usw. Am klarsten wird diese Einwirkung an dem
Beispiele der Kombination von Hochofenwerken mit Stahl- und Walzwerken.
Die in den Hochofengasen steckende Kraft kann voll ausgenutzt, die Walz-
produkte können in einer Hitze fertiggestellt werden, während bei nicht fusionierten Werken das Halbfabrikat (der Knüppel) erst zum Weiterverarbeitungs-
werk transportiert werden muß und dort wieder eines erheblichen Wärmeauf-
wandes für die Weiterverarbeitung bedarf. Die Kombination der Weiterverarbei-
tungsbetriebe geht vielfach bis zur Massenherstellung hochwertiger Gebrauchsgegenstände, so daß mit den Hochofen- und Walzwerken teilweise auch Brücken-
bauanstalten, Lokomotivfabriken usw. verbunden sind.

Die Betriebskombinationen können nicht beliebig fortgesetzt werden. Sie
finden ihre Grenzen in der Massenfabrikation solcher Artikel, die zu ihrer Herstellung eines für den Sonderfall hervorragend geschulten Arbeiter- und Beamten-
personals bedürfen. Ein solches Personal ist am besten in den von Schwer-
industriezentren abgelegenen Gegenden dauernd zu halten.

Ein besonderes Interesse beanspruchen die zur Ergänzung des Bergwerksbetriebes diesem anzugliedernden Nebenbetriebe. Sie bringen nur dann einen
bergwirtschaftlich-technischen Vorteil, wenn sie dem Rahmen des betreffenden
Bergwerksunternehmens angepaßt sind. Andernfalls wachsen sie über den Rahmen
eines bergwirtschaftlichen Ergänzungsbetriebes hinaus. Das Bergwerk wird dann
ein Glied eines Unternehmens mit weiteren Wirtschaftsfunktionen. In den Rahmen der vorliegenden Abhandlungen fallen aber nur die bergwirtschaftlichen
Fragen. Die zuletzt erwähnten Kombinationen werden daher nur soweit besprochen, als es für die bergwirtschaftlichen Belange erforderlich erscheint. Es
ist natürlich schwer, eine scharfe Grenze zu ziehen. Um Ursachen und Wirkungen
besser übersehen zu können, wird es vielfach nötig sein, etwas über diesen Rahmen
hinauszugehen.

Es handelt sich in der Hauptsache um Anstalten:

1. zur Herstellung des Betriebsbedarfes des Bergwerkes,

2. zur Weiterverarbeitung der Bergwerksprodukte und zur Gewinnung der
Abfall- und Nebenprodukte[1],

---

[1] Abfallprodukte entstehen bei dem normalen Erzeugungsprozeß des Hauptproduktes,
ohne daß besondere Anlage- und Betriebskosten erforderlich werden. Zur Gewinnung der
Nebenprodukte sind be ondere Anlagen und besondere Betriebsvorgänge erforderlich.
Überschußenergie ist diejenige Energie, die aus dem erforderlichen Koch- bzw.
Trockendampf durch Vergrößerung des Druck- und Temperaturgefälles zwischen diesem
und dem Kesseldampf gewonnen werden kann. Sie ist also als Nebenprodukt anzusehen.
Dasselbe gilt sinngemäß für Überschußwärme usw.

3. zur Ausnützung von Kraftüberschüssen des Bergwerkes und

4. zur Sicherung des Absatzes bzw. des Rohstoffbezuges.

Diese speziell bergwirtschaftlich-technischen Betriebskombinationen sollen der Gegenstand der Untersuchung der nachfolgenden Abschnitte über die technische Konzentration der Bergwerksbetriebe mit anderen Betrieben sein.

Nicht immer sind technische Konzentrationen auch von einer finanziellen begleitet. Bekannt und häufig war z. B. der Fall, in dem die Nebenproduktenanlage einer Kokerei dem Bergwerksunternehmen nicht gehörte. Aus dem in der Kokerei gewonnenen Gas wurden in der Nebenproduktenanlage die sog. Nebenprodukte, wie Teer, Ammoniak, Benzol usw. gewonnen und gingen in das Eigentum der Fabrik über, während das Gas selbst Eigentum des Bergwerksunternehmens blieb.

In neuerer Zeit gewinnt die Frage des Austausches von Abfallenergie bzw. Abfallwärme zwecks Verbesserung der allgemeinen Wärmewirtschaft eine steigende volkswirtschaftliche Bedeutung.

In den meisten Fällen ist allerdings mit der technischen auch die finanzielle Konzentration verbunden, schon um die Zwischengewinne usw. auszuschalten. Es ist natürlich ausgeschlossen, daß alle Fälle der Angliederung der Nebenbetriebe an Bergwerke oder sonstige Kombinationen von Bergwerksbetrieben mit anderen Betrieben hier in ihren Ursachen und Wirkungen besprochen werden können. Es soll jedoch versucht werden, wenigstens die wichtigsten Erscheinungen auf diesem Gebiete einer Erörterung zu unterziehen.

β) Anstalten zur Herstellung des Betriebsbedarfes eines Bergwerkes. Hierzu gehören vorwiegend die Werkstätten zur Herstellung und Instandhaltung des Gezähes, der Fördereinrichtungen usw. Der Arbeitsbereich dieser Werkstätten wächst mit dem Umfang der zusammengehörigen Bergwerksbetriebe. Während z. B. kleinere Bergwerksbetriebe die Anfertigung von Förderwagen, Förderwagenradsätzen usw. zweckmäßig den Spezialfirmen überlassen, lohnt es sich für große Bergwerksgesellschaften vielfach, eine eigene Eisengießerei anzulegen, um die regelmäßige und rechtzeitige Versorgung ihrer Betriebe mit Fördergerätschaften usw. zu sichern. Sogar kleinere Betriebsmaschinen werden gelegentlich in solchen Werkstätten hergestellt.

Seine Grenze findet der Arbeitsbereich dieser Werkstätten in den Gebrauchsgegenständen und Verschleißmaterialien, die von dem Unternehmen in genügender Menge verbraucht werden, so daß sich ihre Herstellung im eigenen Betriebe lohnt, und in solchen Gegenständen, die sofort wieder betriebsfähig hergestellt und ergänzt werden müssen. Der Arbeitsbereich ist also im einzelnen Falle vielfach eine Sache der Kalkulation der Kosten für das Vorratslager einerseits und der Selbsterzeugung und der Betriebsverluste andererseits.

Beim Vorhandensein großer Spezialmaschinen und Spezialanlagen werden, wenn aus dem eigenen Betriebe verhältnismäßig wenig Aufträge einlaufen, oft Aufträge von den benachbarten Werken angenommen, z. B. Schweißarbeiten, Wiederherstellung der Lokomotiven, größere Reparaturen an Abraumwagen usw. Es erzeugt in solchen Fällen die Werkstatt mehr als den eigenen Bedarf und wächst sich dann oft zu einer über die Bedürfnisse des Bergwerkes hinausgehenden Fabrik aus, die sich weitere Absatzgebiete suchen muß und dann im Falle eingegangener Lieferungsverpflichtungen bei unvorhergesehenem Bedarf das eigene Werk nicht mehr rechtzeitig versorgen kann.

Eine weitere Einschränkung findet der Arbeitsbereich der Werkstätten bei all den Gebrauchsgegenständen, die sich in einem Stadium lebhafter technischer Entwicklung befinden, bei denen sich also die meist patentrechtlich geschützten Verbesserungen in fremdem Besitz befinden. Die technisch vollkommensten

Apparate muß man in solchen Fällen von den Patentinhabern beziehen, wenn keine Lizenzen vergeben werden. Dasselbe gilt auch für alle diejenigen Apparate, die zu ihrer Herstellung einer weitgehenden Spezialwerkstatterfahrung der Beamten und Arbeiter, besonderer, teurer Arbeitsmaschinen usw. bedürfen. Aus diesem Grunde werden Bohrmaschinen, Haspel usw. trotz des hohen Bedarfes auch von großen Bergwerksunternehmungen in der Regel nicht in eigenen Werkstätten erzeugt.

γ) **Anstalten zur Weiterverarbeitung der Bergwerksprodukte.** Im allgemeinen haben die Anstalten zur Weiterverarbeitung der Bergwerksprodukte den Zweck, den Absatz derselben durch deren Veredelung zu sichern und zu erweitern. Ferner sollen durch ihre finanzielle Angliederung an das Bergwerk die Zwischengewinne ausgeschaltet werden. Schließlich können durch die räumliche Zusammenfassung der Weiterverarbeitungsanlagen je nach den Umständen gewisse Arbeitsprozesse, Frachten usw. erspart, Kräfte besser ausgenutzt werden usw., so daß die Rentabilität der Gesamtlage des Bergwerkes zugleich besser gesichert ist.

Die Veredelung der Bergwerksprodukte kann in der Abscheidung der unhaltigen, bzw. für den Verwendungszweck wertlosen Bestandteile beruhen, womit vielfach zugleich eine Verbesserung der Beschaffenheit bzw. Anpassung derselben für einen besonderen Verwendungszweck verbunden sein kann.

Die Gewichtsverminderung der Bergwerksprodukte bei gleichzeitiger Veredelung ist ein wichtiger Zweck der Braunkohlenbrikettierung und eine Nebenwirkung der Kokerei und drückt sich wirtschaftlich in der Verminderung der Frachtkosten aus. Diese Frachtkostenersparnis ermöglicht in vielen Fällen die Rentabilität eines Bergwerksbetriebes überhaupt, wie vielfach bei Erzbergwerken in verkehrsarmen Gegenden, oder doch seine Ausdehnungsfähigkeit, wie beim Braunkohlenbergbau durch die Brikettierung. Es kann also durch die Veredelung der Verwendungsbereich des Bergwerksproduktes sowohl sachlich als auch geographisch erweitert werden.

Gerade bei der Braunkohlenbrikettierung liegen die Verhältnisse ihrer wirtschaftlichen Einwirkung so eigenartig, daß sie als Musterbeispiel einer Untersuchung des Zusammenhanges zwischen Frachtkostenersparnis und Rentabilität bzw. Ausdehnungsfähigkeit des Absatzgebietes herangezogen werden kann. Während bei der Sortierung von Erzen und Steinkohlen in der Regel eine Wertsteigerung erzielt wird, die nach Deckung der Sortierungskosten noch einen Gewinn übrigläßt, der die Anwendung der Sortierung an sich schon verständlich erscheinen läßt, ist dies bei der Braunkohlenbrikettierung nicht der Fall. Ein einfaches Beispiel zeigt dies. Zur Herstellung von einer Tonne Briketts werden im Durchschnitt etwa 3 t Rohkohlen verbraucht. Man rechnete den Wert der Tonne Rohkohle um 1910 zu 2,50 ℳ. Es ergaben sich also die Rohkohlenkosten je Tonne Briketts zu 7,50 ℳ. Dazu kamen noch etwa 2,50 bis 3,00 ℳ Fabrikations- und Amortisationskosten, so daß die Tonne Braunkohlenbriketts etwa 10,00 ℳ Selbstkosten verursachte. Die Verkaufspreise betrugen in dieser Zeit in der Regel jedoch nur 7 bis 9,00 ℳ. Die Braunkohlenwerke mußten also von dem aus der Rohkohle erzielbaren Gewinn erhebliche Beträge streichen, um die Betriebsverluste der Brikettfabrik zu decken.

Der Rohkohlenabsatz ist also scheinbar für die Braunkohlenwerke gewinnbringender. Er wäre auch hinsichtlich der Ausnutzung der in der Kohle steckenden Wärmemengen wirtschaftlicher, weil für die Trocknung und Verpressung der Kohle erhebliche Wärmemengen aufgewandt werden müssen, die verlorengehen. Bei einer Rohbraunkohle von 60% Wassergehalt und 2100 kcal werden je Kilogramm Brikett etwa 3 kg Rohkohle oder 6300 kcal aufgewandt. Die Briketts haben aber nur etwa 4500 bis 5000 kcal, der Rest geht verloren, wenn auch nicht verkannt werden darf, daß er je nach den örtlichen Verhältnissen in mehr oder weniger großem Umfange zur Kraftgewinnung für den Grubenbetrieb zurückgewonnen werden kann. Jedoch war das bei den älteren Anlagen nicht der Fall.

Wenn trotzdem die Brikettierung dem Braunkohlenbergbau die erste Möglichkeit zu seinem Aufschwung gab, so liegt die Ursache lediglich in der Frachtenfrage.

Der Verkaufswert der Kohlen richtet sich bekanntlich in erster Linie nach den unter Berücksichtigung der Konkurrenz zulässigen Heizkosten (Dampferzeugungskosten) usw. an den Verbrauchsstellen. Diese Kosten setzen sich zusammen aus den Kosten des Heizkessels einschließlich Frachtstempel, Abfertigungsgebühr frei Waggon des Abgangsortes, den Entlade- und Anfuhr- bzw. Abfuhrkosten im Verbrauchsorte für Kohle und deren Asche als konstante Kosten je Heizwerteinheit und den mit der Entfernung zwischen Abgangs- und Verbrauchsort zunehmenden Kosten für die Beförderung, also den reinen Frachtkosten.

Um hinsichtlich des Wertes der Kohlen am Verbrauchsorte brauchbare Vergleiche anstellen zu können, muß man die Kosten entweder auf die Einheit der von den Kohlen erreichbaren Verdampfungsziffern oder, was etwa die gleichen Resultate ergibt, auf eine Einheit von Kalorien beziehen.

Bedeuten:

M = Kosten des Brennstoffes je Einheit von Wärmemengen in Mark am Verbrauchsort,
W = Anzahl der Einheiten von Wärmemengen je t Brennstoff in Millionen kcal,
K = Frachtkosten (Tarif) je t/km in Mark,
E = Entfernung zwischen Gewinnungs- und Verbrauchsort in km,
η = Feuerungswirkungsgrad,
F = Frachtkosten je Einheit von Wärmemengen eines Brennstoffes,

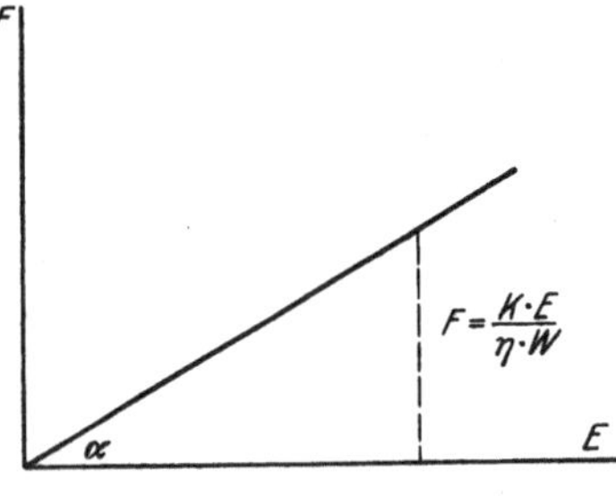

so betragen die reinen Frachtkosten je Einheit an Wärmemengen eines Brennstoffes

$$F = \frac{K \cdot E}{\eta \cdot W}. \qquad (I)$$

Aus der nebenstehenden Abb. 1 ergibt sich die Neigung der Frachtkostenlinie:

$$\operatorname{tg} \alpha = \frac{F}{E} = \frac{\dfrac{K \cdot E}{\eta \cdot W}}{E} = \frac{K}{\eta \cdot W}. \qquad (II)$$

Abb. 1. Abhängigkeit der Frachtkosten je Einheit von Wärmemengen eines Brennstoffes von der Entfernung bei gleichbleibendem Frachtentarif.

Das bedeutet, daß bei gleichem Frachtentarif die Frachtkosten je Wärmeeinheit für den hochwertigen Heizstoff niedriger als für den geringwertigen sind. Andererseits kann man die Einwirkung der verschiedenen Heizkraft der Brennstoffe durch verschiedene Festsetzung der Frachtentarife ausgleichen, indem man z. B. die Tarife im umgekehrten Verhältnis zur Heizkraft wachsen läßt, was besonders zur Bekämpfung der Einfuhr ausländischer Kohlen, zur Hebung der Leistungsfähigkeit eines bestimmten Bergbaubezirkes usw. anwendbar ist. Darin liegt die Bedeutung der Tarifpolitik für den Kohlenabsatz.

Setzt man ferner:

G = die konstanten Kosten je t Brennstoff am Verbrauchsort (Kosten frei Waggon am Abgangsort zuzüglich Frachtstempel, Abfertigungsgebühr, Entlade- und Abfuhrkosten, Bedienung für die Feuerung am Verbrauchsort),

so ist der konstante Kostenanteil je Million von Wärmeeinheiten des Brennstoffes gleich $\dfrac{G}{\eta \cdot W}.$

Hieraus ergibt sich:

$$M = \frac{G}{\eta \cdot W} + \frac{K \cdot E}{\eta \cdot W}. \quad \text{(III)}$$

Nimmt man die Frachtkosten

$$K = 0{,}02\,\mathscr{M}\,[1]$$

für inländische und

$$K = 0{,}04\,\mathscr{M}$$

für ausländische Kohlen an, so ergibt sich die nebenstehende Tabelle 3, in der die Zahlen der beiden ersten Spalten ebenfalls als gegeben zu betrachten sind.

Aus Abb. 2 ist ersichtlich, daß bei Eintritt der obigen Voraussetzungen hinsichtlich der Preise die Rohbraunkohle III von 2100 kcal bis zu einer Entfernung von 40 km vom Erzeugungsort den Braunkohlenbriketts und Steinkohlen in wirtschaftlicher Hinsicht überlegen ist, solange der technische Verwendungszweck mit dieser Kohle überhaupt erreichbar ist. Bis 65 km sind dann die Braunkohlenbriketts am billigsten, über 65 km die Steinkohlen. Rohbraunkohlen I von 2500 kcal sind bis 90 km am billigsten und werden dann unmittelbar von den Steinkohlen abgelöst.

[1] Der einfacheren Rechnung wegen ist von den nach Entfernungen gestaffelten Tarifen hier abgesehen worden, da die Darstellung grundsätzlich dieselbe bleibt. Außerdem ist ebenso wie bei der graphischen Darstellung der Feuerungswirkungsgrad außer Betracht gelassen worden.

Tabelle 3. Kosten verschiedener Brennstoffe je Einheit von Wärmemenge am Verbrauchsort.

Brennstoffart	G je t in M	W je t in 1000000 kcal[1]	$\dfrac{G}{W}$	$\dfrac{K}{W}$ bei $K = 0{,}02$ M in M	$\dfrac{K}{W}$ bei $K = 0{,}04$ M in M	$\dfrac{K \cdot E}{W}$ bei $E = 100$ km, bei $K = 0{,}02$ M in M	$\dfrac{K \cdot E}{W}$ bei $E = 100$ km, bei $K = 0{,}04$ M in M	$\dfrac{G}{W} + \dfrac{K \cdot E}{W}$ bei $E = 100$ km und, bei $K = 0{,}02$ M in M	$\dfrac{G}{W} + \dfrac{K \cdot E}{W}$ bei $E = 100$ km und, bei $K = 0{,}04$ M in M
Dtsch. Steinkohle . .	12,0	8	$\frac{12}{8} = 1{,}5$	$\frac{0{,}02}{8} = 0{,}0025$	—	0,25	—	$1{,}5 + 0{,}25 = 1{,}75$	—
Dtsch. Braunkohlenbriketts	7,0	5	$\frac{7}{5} = 1{,}4$	$\frac{0{,}02}{5} = 0{,}0040$	—	0,40	—	$1{,}4 + 0{,}40 = 1{,}80$	—
Dtsch. Rohbraunkohle I.	2,5	2,5	$\frac{2{,}5}{2{,}5} = 1{,}0$	$\frac{0{,}02}{2{,}5} = 0{,}0080$	—	0,80	—	$1{,}0 + 0{,}80 = 1{,}80$	—
desgl. II	2,1	2,1	$\frac{2{,}1}{2{,}1} = 1{,}0$	$\frac{0{,}02}{2{,}1} = 0{,}0095$	—	0,95	—	$1{,}0 + 0{,}95 = 1{,}95$	—
desgl. III	2,5	2,1	$\frac{2{,}5}{2{,}1} = 1{,}19$	$\frac{0{,}02}{2{,}1} = 0{,}0095$	—	0,95	—	$1{,}19 + 0{,}95 = 2{,}14$	—
Böhm. Braunkohlen .	5,0[2]	5,0	$\frac{5}{5} = 1{,}0$	—	$\frac{0{,}04}{5} = 0{,}008$	—	0,80	—	$1{,}0 + 0{,}80 = 1{,}80$

[1] Für je 1000000 kcal/t ist also eine Einheit von Wärmemenge gerechnet.
[2] Ab deutscher Grenzstation. (Als Annahme, um die Wirkung verschiedener Frachtkosten zu zeigen.)

Diese Zahlen gelten natürlich nur für den Fall, daß alle Kohlensorten am gleichen Orte gewonnen werden, wie annähernd etwa im Aachener Revier (abgesehen von der böhmischen Braunkohle). Es sind stets die tatsächlichen Entfernungen des Verbrauchsortes von den Gewinnungsorten der Berechnung zugrunde zu legen.

Dieser Kostenlinienverlauf gibt auch die Erklärung für die Entwicklung der Braunkohlenbrikettfabrikation.

Rohbraunkohlen von 2100 kcal liegen vorwiegend im Rheinland und in der Lausitz. In dem näheren Umkreise von 40 Bahnkilometern war in der Regel keine genügend ausgedehnte Industrie vorhanden, um einen größeren Rohkohlenabsatz unterbringen zu können. Vorwiegend kam für die Lausitz das 80 bis 100 km entfernte Groß-Berlin in Frage. In dieser Entfernung waren aber die Braunkohlenbriketts wirtschaftlich billiger, so daß sich mit eiserner Notwendigkeit nur die Werke entwickeln konnten, die ihre Brikettfabrikation genügend ausdehnten.

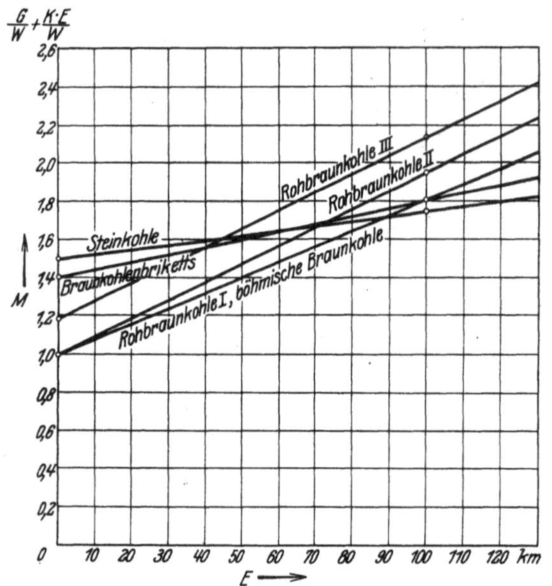

Abb. 2. Kosten verschiedener Brennstoffe je Einheit Wärmemenge am Verbrauchsort bei gleichem Frachtentarif und verschiedener Entfernung (siehe Tabelle 3).

Die hochwertigen deutschen Braunkohlen von 2500 bis 3000 kcal werden vorwiegend in den industriereicheren Gegenden Sachsen, Anhalt, Braunschweig gewonnen. Hinzu kommt, daß der wirtschaftliche Schlagkreis dieser Rohbraunkohle viel größer ist und bei 2500 kcal bereits 80 bis 90 km beträgt. Infolgedessen findet man in dieser Gegend einen relativ erheblicheren Rohkohlenabsatz.

Gewiß darf nicht verkannt werden, daß neben der Entfernung auch die bessere

Tabelle 4. Kostenvergleich je t Grubenhaufwerk und je t aufbereitetes Erz bei gleichen Transportverhältnissen.

	Grubenhaufwerk		Sa.	Aufbereitetes Erz		Sa.
Hüttenpreis . . . . . $H\ddot{u}$	$\dfrac{G_1}{a-\alpha}=\dfrac{38,50}{6-1}$	7,70	7,70	$\dfrac{G_2}{c-\alpha}=\dfrac{177,10}{24-1}$	7,70	7,70
Landtransport (Träger) T	$\dfrac{K_1\cdot E_1}{a-\alpha}=\dfrac{0,4\cdot 70}{6-1}$	5,60	—	$\dfrac{K_1\cdot E_1}{c-\alpha}=\dfrac{0,4\cdot 70}{24-1}$	1,22	—
Umschlag(Abgangshaf.)U_A	$\dfrac{U_1}{a-\alpha}=\dfrac{0,70}{6-1}$	0,14	—	$\dfrac{U_1}{c-\alpha}=\dfrac{0,70}{24-1}$	0,03	—
Seetransport . . . . . . S	$\dfrac{K_2\cdot E_2}{a-\alpha}=\dfrac{0,002\cdot 1000}{6-1}$	0,40	—	$\dfrac{K_2\cdot E_2}{c-\alpha}=\dfrac{0,002\cdot 1000}{24-1}$	0,09	—
Umschlag(Hüttenhafen)U_H	$\dfrac{U_2}{a-\alpha}=\dfrac{3,30}{6-1}$	0,66	6,80	$\dfrac{U_2}{c-\alpha}=\dfrac{3,30}{24-1}$	0,14	1,48
Gewinnungs-,Förder- u. Aufbereitungskosten $\}F$	$\dfrac{C}{a-\alpha}=\dfrac{5,00}{6-1}$	1,00	1,00	$\dfrac{A}{c-\alpha}=\dfrac{40,00}{24-1}$	1,74	1,74
Verdienst bzw. Verlust. V	$7,70-7,80=$	$-0,10\,\mathscr{M}$	7,80	$7,70-3,22=$	$+4,48\,\mathscr{M}$	3,22

Verwendbarkeit der Briketts für den Hausbrand eine Rolle spielt. Aber dem ist gegenüber zu halten, daß sich aus wirtschaftlichen Gründen die an sich billige Naßpreßsteinfabrikation viel besser hätte behaupten müssen, wenn der Naßpreßstein infolge seines die Rohkohle nur wenig übertreffenden, geringen Heizwertes nicht denselben ungünstigen Frachtbedingungen unterliegen würde.

Aus diesen Darlegungen geht hervor, daß die Gewichtsverminderung der Bergwerksprodukte infolge der Veredelung in der Aufbereitung in vielen Fällen ein sehr wichtiges Mittel zur wirksamen Begegnung der Transportkosten ist. Das gilt insbesondere auch für den Abbau armer Erze in den Kolonien, sobald namentlich die Bergwerke fern von der Küste liegen und die Transportkosten hoch sind. Die Transportkosten betrugen bei der Swakopmund-Windhuk-Bahn um das Jahr 1900 für Erze 0,07 ℳ je Tonnenkilometer. Trägerlasten rechnete man damals in Afrika durchschnittlich zu 0,40 ℳ je Tonnenkilometer.

Unter diesen Umständen ist vielfach das Vorhandensein von Wasser zum Betrieb einer Aufbereitung eine Grundbedingung für die Lebensfähigkeit eines Bergwerkes in den Kolonien oder sonstigen sehr verkehrsarmen Gegenden.

Zur Erläuterung sei nachstehendes Beispiel gebracht, bei dem die Berechnung insofern eine Anpassung an die gegebenen Verhältnisse erfahren hat, als von dem Hüttenwerte des zu verkaufenden Erzes ausgegangen wird. Von diesem werden die Frachtkosten abgezogen, um den tatsächlich ab Grube erhaltenen Kaufpreis feststellen und diesen zum Zwecke der Ermittlung von Gewinn oder Verlust mit den tatsächlichen Selbstkosten vergleichen zu können. (Siehe Tabelle 4 und Abb. 3.)

Um den Rechnungsgang zu vereinfachen, sei angenommen, daß das Erz nur ein Metall (Cu) enthält, wobei der Cu-Gehalt im Roherz 6% und im aufbereiteten Erz 24% beträgt.

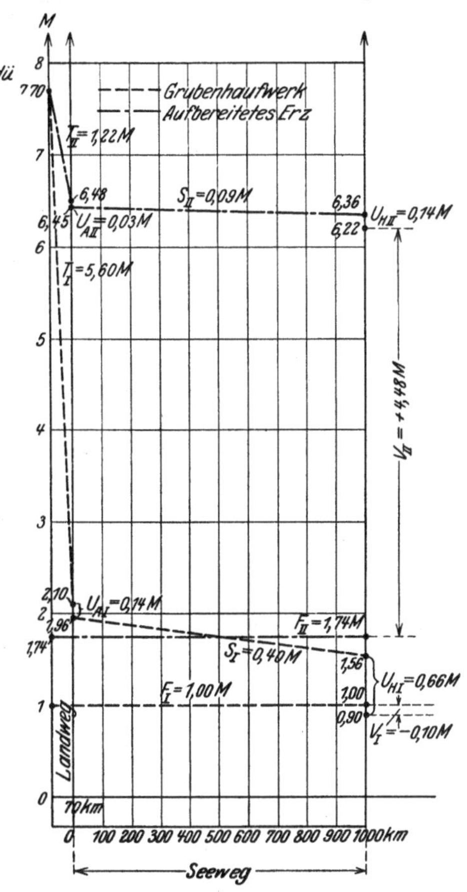

Abb. 3. Graphische Darstellung des Kostenvergleichs je t Grubenhaufwerk und je t aufbereitetes Erz bei gleichen Transportverhältnissen (siehe Tabelle 4).

Hierin bedeuten[1]:

	%	t	in 10 kg
a = Metallgehalt des Grubenhaufwerkes je t	6	0,06	6
b = Metallgehalt der Waschabgänge	1,5	0,015	1,5
c = Metallgehalt des aufbereiteten Erzes	24	0,24	24
n = Konzentrationsverhältnis, das besagt, wieviel t Grubenhaufwerk notwendig sind, um 1 t Konzentrat zu erhalten		5	
α = Hüttenabzug in % vom Metallprozentgehalt des Erzes	1	0,01	

[1] In Anlehnung an die Einheitliche Bezeichnungen und Formeln für die rechnerische Erfassung der Erzaufbereitung von Madel: Metall Erz 1928, S. 77.

p = vereinbarter Hüttenpreis je 10 kg bezahlten Metallgehaltes . . . . . . = 7,70 M
G_1 = Hüttenwert je t Grubenhaufwerk = $p \cdot (a - \alpha)$ = $7,70 \cdot (6 - 1)$ . . . . = 38,50 M
G_2 = Hüttenwert je t aufbereitetes Erz = $p \cdot (c - \alpha)$ = $7,70 (24 - 1)$ . . . = 177,10 M
C = Selbstkosten je t Grubenhaufwerk . . . . = 5,00 M
H = Aufbereitungskosten je t Grubenhaufwerk . . . . = 3,00 M
A^1 = Gewinnungs-, Förder- und Aufbereitungskosten je t aufbereitetes Erz = 40,00 M
U_1 = Umschlag- und sonstige konstante Kosten je t Erz am Abgangshafen = 0,70 M
U_2 = das entsprechende für Hüttenhafen . . . . = 3,30 M
K_1 = Transportkosten je t/km von der Grube zum Abgangshafen (Träger) = 0,40 M
K_2 = Transportkosten je t/km Seeweg . . . . = 0,002 M
E_1 = Transportlänge von der Grube bis Abgangshafen . . . . = 70 km
E_2 = Transportlänge auf dem Seewege . . . . = 1000 km

In einem anderen Falle[2] beträgt die Bahnfracht nach der Küste durchschnittlich £ 4,— je t ($\cong$ 80,— M). Auf den Produkten vieler Bleierzgruben lasten außerdem noch Frachten von £ 2,— (= 40,— M) bis zur Bahn, so daß die Produzenten mit durchschnittlich £ 6,— (= 120,— M) Frachtkosten von der Grube bis zur Küste zu rechnen haben.

Eine Bleierzgrube produziere nun nicht silberhaltiges Bleierz. Die Bleinotierung betrage £ 25,—. 95% des Bleigehaltes werden bezahlt, d. h. 66,5% bei 70%igem Konzentrat und 76% bei 80%igem Konzentrat.

Die Abzüge für Seefracht, Hüttenlohn, Säcke, Verladung, Spesen machen rd. £ 4,5 aus, die Fracht von der Grube bis zur Küste £ 6,—.

Für 70%iges Konzentrat ergibt sich dann:

      Bezahlter Bleigehalt £ 25 × 0,665 . . . . £ 16,625
      Abzüge: Seefracht, Hüttenlohn usw. . . £ 4,500
      Wert des Konzentrates im Hafen . . . . £ 12,125
      Fracht Grube—Küste . . . . £ 6,000
      Wert des Konzentrates auf der Grube. . £ 6,125.

Für 80%iges Konzentrat ergibt dieselbe Rechnung:

      Bezahlter Bleigehalt £ 25 × 0,76 . . . . £ 19,000
      Abzüge: Seefracht, Hüttenlohn usw. . . £ 4,500
      Wert des Konzentrates im Hafen . . . . £ 14,500
      Fracht Grube—Küste . . . . £ 6,000
      Wert des Konzentrates auf der Grube. . £ 8,500.

Das 80%ige Konzentrat ist somit auf der Grube über ⅓ mehr wert als das 70%ige.

Bei geringerem Bleipreis, d. h. niedrigerem Wert des Produktes, verschiebt sich das Verhältnis noch wesentlich stärker zugunsten des höherprozentigen Konzentrates. So würde unter sonst gleichen Voraussetzungen bei einem Bleipreis von £ 20,— der Wert des 70%igen Konzentrates auf der Grube £ 2,8 (oder 56,— M) und der Wert des 80%igen Konzentrates auf der Grube £ 4,7 (oder 94,— M) betragen.

Der Anreicherungsgrad des Erzes spielt somit für geringwertige Erze bei hohen Frachtkosten eine wichtige Rolle.

Andererseits kann die Aufbereitung dem Werke auch einen unmittelbaren, von der Frachtersparnis unabhängigen Nutzen bringen. Zur Nedden, Berlin, hat darüber für Steinkohlenaufbereitungen die nachstehende Rechnungsgrundlage aufgestellt.

Sind:

x = Waschabgang in % . . . . = 16
g = Gehalt der Waschberge an brennbaren Bestandteilen in % . . . . = 25
z = Mehraschengehalt der Förderkohle gegenüber dem Aschengehalt der gewaschenen Kohle in %:

$$z = x - \frac{g}{100} \cdot x = 16 - 0,25 \cdot 16 \ldots \ldots \ldots \ldots = 12$$

(also der Minderheizwert der Förderkohle = 12%)

---

[1] Hierbei ergibt sich A aus den Werten C, H und n nach der Beziehung:
$$A = (C + H) \cdot n.$$
Im vorliegenden Falle ist demnach $A = (5 + 3) \cdot 5 = 40,— \mathit{M}$.

[2] Nach Angaben von Dr. Bornitz, Zwickau i. Sa.

M_w = Mehrverbrauch an Förderkohlen gegenüber Waschkohlen in %:

$$M_w = \frac{1}{1 - z \cdot 0{,}01} = \frac{1}{1 - 0{,}12} = 1{,}14 \ldots \ldots \ldots = 14$$

η_f = Feuerungswirkungsgrad der Förderkohlen $\ldots \ldots \ldots \ldots \ldots = 0{,}7$
η_w = Feuerungswirkungsgrad der Waschkohlen $\ldots \ldots \ldots \ldots \ldots = 0{,}75$
M_f = Mehrverbrauch an Förderkohlen infolge geringeren Wirkungsgrades in %:

$$M_f = \frac{\eta_w}{\eta_f} = \frac{0{,}75}{0{,}70} = 1{,}07 \ldots \ldots \ldots \ldots \ldots = 7,$$

dann ist der gesamte Mehrverbrauch $= M$ an Förderkohlen gegenüber Waschkohlen:

$$M = M_w \cdot M_f = \frac{1}{1 - 0{,}01 \cdot z} \cdot \frac{\eta_w}{\eta_f} = \frac{1}{1 - 0{,}01 \cdot \left(x - \frac{g}{100} \cdot x\right)} \cdot \frac{\eta_w}{\eta_f} =$$

$$= 1{,}14 \cdot 1{,}07 = 1{,}22 = 22\% ,$$

d. h., es kann die Waschkohle an Ort und Stelle um 22% teurer sein. Der Verkaufspreis wird mit zunehmender Frachtentfernung noch günstiger.

Die Aufbereitungsanlage kann also für das Bergwerk einen Mehrverdienst bringen:

1. entweder dadurch, daß die Aufbereitungskosten geringer sind als die infolge der Aufbereitung bewirkte Wertsteigerung oder

2. dadurch, daß trotz der diese Wertsteigerung übertreffenden Aufbereitungskosten ein Mehrgewinn durch Frachtersparnis erzielt wird, und schließlich

3. durch Zusammentreffen beider Gewinnvorteile.

Von den Frachtkosten einerseits und den Aufbereitungskosten andererseits hängt es daher auch vielfach ab, ob die Aufbereitungsanstalten an den einzelnen Bergwerken errichtet werden sollen, oder ob sich die Errichtung einer Zentralwäsche empfiehlt. Auch die Lage der Zentralwäsche ist von den Frachtverhältnissen abhängig. Bei sehr zerstreut liegenden Erzbergwerken mit geringer, aber hinsichtlich der Aufbereitungstechnik einigermaßen gleichartiger Förderung ist oft die Aufbereitungsanlage zweckmäßig am Hüttenwerk zu errichten.

Während die bisher besprochenen Anstalten zur Weiterverarbeitung der Bergwerksprodukte nur den Zweck hatten, durch Veredelung dieser Produkte an Frachten zu sparen, oder ihren Wert für den Verwendungszweck zu erhöhen, sollen andere Weiterverarbeitungsanstalten die Verwendung eines Bergwerksproduktes für einen bestimmten Zweck erst ermöglichen. Hierzu gehören unter anderem die Kokereien der Steinkohlen, die Teerschwelereien der Braunkohlen, die chemischen Fabriken der Kalisalzgruben, unter Umständen auch die Erzaufbereitungen und anderes mehr.

Steinkohle ist als solche für den modernen Hochofenbetrieb unverwendbar und muß für diesen Verwendungszweck erst in Koks umgewandelt werden. Solange man noch nicht gelernt hatte, die bei der Kokerei entstehenden Gase und sonstigen Nebenprodukte auszunützen, entschied über die Lage der Kokerei lediglich die Frachtenfrage. Nimmt man die Koksausbeute zu rd. 75% = 0,75 an, so beträgt die Koksfracht 0,75 mal der Fracht, die für die zur Verkokung notwendigen Kohlen aufzuwenden wäre. Damit ergab sich die Lage der Kokerei an den Steinkohlenbergwerken.

Als es dann später gelang, die bei der Kokerei entstehenden Gase und Nebenprodukte namentlich durch die Entwicklung der Heiztechnik in immer größerem Umfange auszunutzen, hatten Steinkohlenwerke mit relativ großen Kokereianlagen oft mehr Gas zur Verfügung, als sie für sich selbst ausnutzen konnten. Da aber die Hochofenwerke stets noch einen großen Bedarf an hochwertigen Gasen auch nach Ausnutzung der Hochofengase hatten, ergab sich hieraus das

Bestreben, die Kokerei am Hüttenwerk zu errichten. Durch die Ausnützungsmöglichkeit der Gasüberschüsse war die Frachtdifferenz zum Teil ausgeglichen. Sie besteht jetzt nur noch hinsichtlich der Wärmemenge, die für den Kokereibetrieb verbraucht wird. Nur dieser Kohlenanteil wird gewissermaßen nutzlos zur Hütte verfrachtet.

Immerhin bleibt diese verminderte Frachtdifferenz stets bestehen. Daraus ergibt sich, daß auch die Kokerei zweckmäßig beim Steinkohlenbergwerk bleibt, sofern sich dort die Ausnützung der Gasüberschüsse ermöglichen läßt. Diese Tatsache führte einerseits zur Errichtung großer elektrischer Zentralen und andererseits zur Abgabe von Kokereigas an Gemeinden usw.

Die technische Entwicklung der Ferngasversorgung förderte ihrerseits in erheblichem Maße die Gasversorgung der Gemeinden seitens der Kokereien der Steinkohlenbergwerke. Die ersten Vorbilder für die Gasfernleitung auf sehr weite Strecken gab Nordamerika. Die Gasfernleitung hatte dort ihre Vorgängerin in der Ölfernleitung, die bereits um die Mitte des vorigen Jahrhunderts das Erdöl Pennsylvaniens nach den Häfen der Ostküste schaffte. Den ersten Anstoß zur Gasfernleitung

Abb. 4. Stand der Ferngasversorgung um 1923/24 in Rheinland-Westfalen.

gaben die großen Naturgasfelder Nordamerikas. So wird die Gasversorgung der Stadt Chikago durch eine 200 km lange Hochdruckdoppelleitung bewirkt, die das den Kokomofeldern im Staate Indiana entströmende Naturgas der Stadt zuführt.

Während man in Amerika zur Gasfernleitung sehr hohe Drücke von 6 bis 8 at bevorzugt, wendet man in Deutschland meist nicht viel mehr als 0,5 bis 0,6 atü an. Man muß dafür allerdings bei größeren Entfernungen Zwischenstationen einschalten, erspart aber die erheblichen Kosten für die hohe Kompression und die teure, schwer instand zu haltende Hochdruckleitung.

Die Gasversorgung aus Kokereien hat sich namentlich im niederrheinisch-westfälischen Industrierevier stark entwickelt. Bekannt ist die zur Versorgung der Stadt Barmen dienende ca. 50 km lange Gasfernleitung, die von der Zeche „Gewerkschaft Deutscher Kaiser" (jetzt Thyssen) bei Hamborn über Meiderich, Alstaden, Styrum, Mülheim-Ruhr — hier in Dückern durch die Ruhr gehend —

Saarn, Mintard, Kettwig v. d. Brücke, Velbert, Tönisheide, Neviges, Dönberg nach Barmen-Loh geführt wurde. Die Rohrleitung wurde mit einem Durchmesser von 500 mm in der ersten Hälfte und 400 mm in der zweiten Hälfte der Strecke gebaut. Von der Zeche wird das Gas mit einem Überdruck von etwa 0,5 at abgegeben. Auch andere Zechen befassen sich mit der Ferngasversorgung. Von den verschiedensten Zechen bezogen bereits in den Jahren 1923/24 etwa 70 Städte Rheinland-Westfalens ihr Gas durch Fernleitung (s. Abb. 4). Auch in Niederschlesien hatte sich in derselben Zeit ein beachtliches Gasfernleitungsnetz entwickelt (s. Abb. 5). Die Ferngasversorgung durch Kokereien, die erst zu Anfang dieses Jahrhunderts einsetzte und im niederrheinisch-westfälischen Industriebezirk im Jahre 1903 nur 25,8 Mill. m³ betrug, stieg bereits im Jahre 1906 auf 119 Mill. m³, im Jahre 1914 auf 150 Mill. m³. Im Jahre 1917 wurden in Deutschland insgesamt 250 Mill. m³ Kokereigas an Gemeinden abgegeben, und zwar vorwiegend im niederrheinisch-westfälischen Industriebezirk.

Die Ferngasversorgung ist vor allem dadurch wichtig, daß die Frachtkosten für die sonst zur Versorgung der örtlichen Gasanstalt dienenden Kohlen erspart werden und das Gas im Kokereibetriebe wesentlich billiger gewonnen werden kann. Außerdem ist die Betriebssicherheit einer größeren Kokereianlage höher als die einer kleineren Gasanstalt zu veranschlagen. Für die Bergwerksverwaltungen ergibt sich dadurch der Anreiz zu einer wesentlichen Ausdehnung ihrer Kokereien[1].

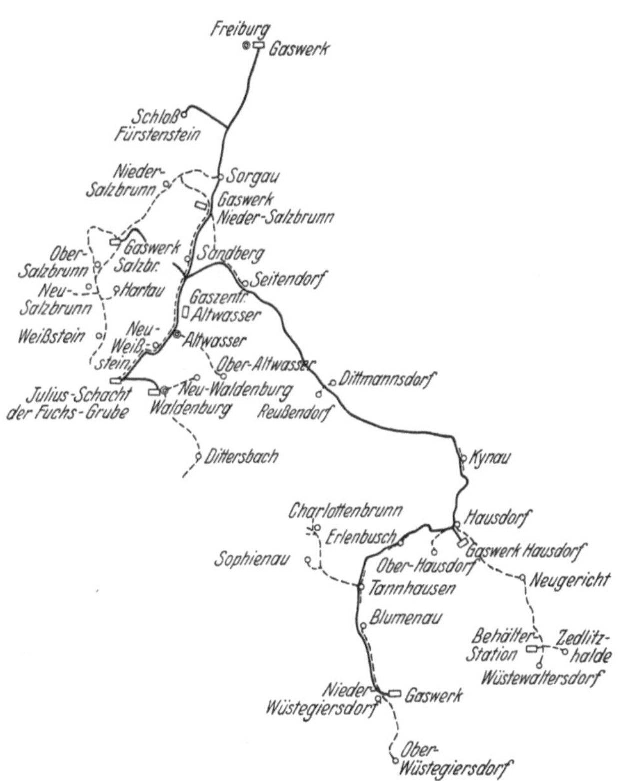

Abb. 5. Stand der Ferngasversorgung um 1923/24 in Niederschlesien.

[1] Welche Anforderungen an das für die Ferngasversorgung zu erzeugende Gas gestellt werden, zeigen die nachfolgenden Qualitätsbedingungen für Kokereigas beim Rheinisch-Westfälischen Elektrizitätswerk:

Das zu liefernde Steinkohlengas muß fortlaufend in vollständig gereinigtem Zustande geliefert werden und stets den Anforderungen der modernen Gasheiz- und Beleuchtungstechnik entsprechen. Insbesondere muß es folgenden Anforderungen genügen:

a) Das Gas muß gut gekühlt und technisch frei sein von Teer und Schwefelwasserstoff; für Teer erfolgt die Probe am Droryschen Hahn, für H_2S die Probe mit Bleiazetat.

b) Der Gehalt an Ammoniak darf 2 g, der Gehalt an Naphthalin 45 g in 100 m³ nicht übersteigen.

c) Die untere Grenze des oberen Heizwertes muß im Jahresdurchschnitt mindestens 5200 kcal bei 0° C und 760 mm Barometerstand betragen, gemessen hinter dem Gasbehälter, und darf auch vorübergehend nicht unter 5000 kcal fallen.

Die Qualität des Gases muß tunlichst gleichmäßig sein; plötzlich auftretende Schwankungen im Heizwerte sind zu vermeiden und dürfen keineswegs 200 kcal übersteigen.

Ein anderer Weg zur Ausnützung der Gasüberschüsse der Kokereien bietet sich in der Erzeugung elektrischer Energie in großen Bergwerkszentralen, die zur Versorgung der Umgebung mit elektrischer Kraft dienen. Auch diese Art der Ausnützung hat Anwendung gefunden wie z. B. auf der großen elektrischen Zentrale der Grube „Anna" bei Alsdorf des Eschweiler Bergwerksvereins, auf der zur Krafterzeugung ausschließlich mit Kokereigas betriebene Großgasmaschinen vorhanden sind.

Die weitere Ausnutzung der in den Kokereigasen enthaltenen Nebenprodukte, wie Teer, Ammoniak, Benzol usw. machte den Bau entsprechender Anlagen auf dem Bergwerke selbst erforderlich. Damit ergibt sich die Kombination dieses Betriebes mit dem Bergwerksbetriebe von selbst. Trotz des notwendigerweise örtlichen Zusammenhanges waren diese Betriebe anfangs nicht immer finanziell zusammenhängend. Insbesondere mochten anfangs, als die finanzielle Bedeutung der Nebenproduktengewinnung noch nicht genügend bekannt war, die Bergwerksverwaltungen das Risiko für das in diese Anlage festzulegende Kapital nicht übernehmen. Teilweise gelang es ihnen aus dem gleichen Grunde auch wohl nicht, für den Bau einer solchen Anlage Obligationen unterzubringen, wenn nicht genügend eigenes Kapital zur Verfügung stand. In solchen Fällen errichteten Kokereibaufirmen, anfangs besonders die Fa. Dr. C. Otto u. Comp., Dahlhausen a. d. Ruhr, mitunter derartige Anlagen auf eigene Rechnung. Die Anlagen gingen nach einer Reihe von Jahren, während der das Gas frei zur Nebenproduktengewinnung zur Verfügung gestellt wurde, in den Besitz der Bergwerke über.

Die Frage, wieweit die Verarbeitung der Nebenprodukte auf dem Bergwerke getrieben werden soll, richtet sich nach der Größe der Kokerei und damit nach der Menge der aus den verarbeiteten Gasen gewinnbaren Einzelprodukte. Die Weiterverarbeitung der letzteren, insbesondere der Teere usw., verlohnt sich nur, wenn genügend große Mengen erzeugt werden, die den Bau einer Spezialanlage rentabel machen. Andernfalls werden diese Produkte zweckmäßig unverarbeitet auf den Markt gebracht.

Die Bemühungen, die zur besseren wirtschaftlichen Ausnützung der Kohlen unternommen werden, dürften aller Voraussicht nach nichts daran ändern, daß man zur Vermeidung unnötig hoher Frachten die Veredelungsanstalten am Bergwerke errichtet, da sich für die sich etwa ergebenden Nebenprodukte, sofern es sich um Gas oder elektrische Energie handelt, immer der billige Transport durch Fernleitungen bietet.

In der Kalisalzindustrie ist die Entwicklung insofern eigenartig, als die Anstalten zur Weiterverarbeitung der Kalisalze sich in der ersten Zeit selbständig neben den Kalisalzbergwerken entwickelten. Die hohen Gewinne der zur Weiterverarbeitung der Salze dienenden chemischen Fabriken, verbunden mit den anfangs niedrigen Anlagekosten, führten bald zu einer Überproduktion. Die Bergwerke schlossen sich daraufhin zusammen und kontingentierten zum Teil die Abgabe von Kalisalzen an die Fabriken, um dem durch die Überproduktion bewirkten Preisdruck zu begegnen. Dies führte unter anderem zum Zusammenschluß einer Anzahl dieser Fabriken mit der Absicht, sich finanziellen Einfluß auf Kalisalzbergwerke und damit den ungestörten Bezug von Kalirohsalzen zu sichern.

In neuerer Zeit sind aber die Kalisalzbergwerke fast alle dazu übergegangen, chemische Fabriken zur Weiterverarbeitung der Salze entweder allein oder gemeinsam mit benachbarten Bergwerken zu betreiben. Von Bedeutung ist der Umstand, daß die industrielle Verwendung der Kalisalze, die im Jahre 1880 noch 57,5% des Gesamtabsatzes betrug, jetzt auf etwa 10 bis 15% gesunken ist, und daß dafür der Verbrauch in der Landwirtschaft entsprechend stieg. Die Tatsache, daß zunächst als Düngesalze vorwiegend Kainite und Hartsalze mit etwa 12 bis 16% K_2O im Handel waren, ließ die Bedeutung der reinen Karnallitwerke zurückgehen, da sie vorwiegend auf fabrikatorische Verarbeitung ihrer Salze angewiesen sind, während die Hartsalzwerke ihre Rohsalze ohne weitere Verarbeitung absetzen konnten. Als aber durch das Auffinden hochprozentiger Sylvinlager der Absatz und damit auch sehr bald die Nachfrage nach diesen Salzen in der Landwirtschaft wuchs, nahm die Bedeutung der Verarbeitung der Salze zu hochprozentigen Kalidüngesalzen mit 30 bis 40% K_2O und damit sowohl die Bedeutung der chemischen Kalisalzfabriken als auch in gewissem Umfange die der Karnallitbergwerke wieder zu.

Die ursprüngliche Bedeutung der Karnallitwerke für die Rohsalzförderung lag in der Förderung des Kainits, der mit einem Mindestgehalt von 23% K_2SO_4 geliefert wurde. Wegen der mit dem Abbau des Kainits verbundenen Wassergefahr — der Kainit kommt infolge seiner Entstehung meist in der Nähe wasserführender Gebirgsschichten vor — wurde der Abbau desselben mehr und mehr eingestellt. Man war gezwungen, entweder Karnallite zu verarbeiten oder hochprozentige Hartsalze (Gemisch von $NaCl$, KCl und $MgSO_4$) oder Sylvinite (Gemisch von $NaCl$ und KCl) als Rohsalz zu liefern. Um für alle Fälle eine gemeinsame Berechnungsbasis zu erhalten, wurde das Salz nach seinem (fiktiven) Gehalt an K_2O bewertet, der also bei Chlorsalzen durch Umrechnung abgeleitet werden mußte.

Was nun die Bewertung der verschiedenartigen Kalisalzbergwerke anbelangt, so ist zwar zuzugeben, daß Rohsalze mit höherem Kaligehalt natürlich in der Fabrik billiger auf konzentrierte Kalisalze verarbeitet werden können als Rohsalze mit niedrigem Kaligehalt, zu denen im allgemeinen die Karnallite gehören. Für die Wirtschaftlichkeit einer Anlage sind aber nicht allein die Fabrikationskosten, sondern auch die bergmännischen Gewinnungskosten der Rohsalze maßgebend. Weiter muß berücksichtigt werden, daß die Karnallit- und Hartsalzwerke in der Lage sind, durch Verarbeitung des in ihrer Lagerstätte auftretenden Kieserits schwefelsaure Salze herzustellen, die besonders im Auslande sehr begehrt sind. Sylvinitwerke können solche Salze nicht herstellen, ohne Kieserit von anderen Werken kaufen zu müssen. Auf diesem Gebiete besitzt die deutsche Kaliindustrie eine beachtliche Überlegenheit gegenüber den elsässischen Werken, die bekanntlich keinen Kieserit in ihren Lagerstätten führen. Für die Karnallitwerke kommt wertsteigernd hinzu, daß sie auch noch andere Nebenprodukte, wie Brom und Bromsalze, Chlormagnesium, Glaubersalz usw. herstellen können, die den wirtschaftlichen Erfolg der Karnallitwerke günstig beeinflussen können.

Soweit es sich um kompliziertere Veredelungsprozesse der Bergwerksprodukte handelt, für die große Anstalten mit erheblichem Kapitalaufwand errichtet und entsprechend große Mengen von Rohprodukten verarbeitet werden müssen, wie beim Metallhüttenbetrieb, entscheidet oft die Frachtenfrage über die Lage und damit zum Teil auch über die finanzielle Zugehörigkeit dieser Anlagen. Ein einzelnes Erzbergwerk liefert meist nicht genügend Erze für einen Hüttenbetrieb. Insbesondere bietet ein Erzgang selten eine genügend sichere Realgrundlage für die Errichtung einer Hütte.

Oft liegen viele Erzbergwerke in einer engumgrenzten Gegend. In diesem Falle wird sich auch ein Hüttenwerk mit Aussicht auf finanziellen Erfolg errichten lassen, das entweder meist selbständig ist, wenn der Bergwerksbesitz zersplittert ist, oder dem zusammengefaßten Bergwerksbesitz angegliedert ist, wie z. B. beim Mansfelder Kupferschieferbergbau usw. Daneben ist mitunter die Personalfrage wichtig. In Chile sind Kupferhütten, die vom Standpunkte der Frachtenfrage dort lebensfähig sein müßten, nicht errichtet oder doch wieder stillgelegt worden, weil es an geschultem, einheimischem Personal fehlte und der ausschließliche Betrieb mit Ausländern für kleine und mittlere Betriebe zu teuer wird[1].

Für überseeische Erzbergwerke wird die Hütte zweckmäßig der Frachtersparnis wegen möglichst nahe dem Seehafen liegen, in dem die Erze ausgeladen werden. Solche Seehäfen, nach denen gleichzeitig die Kohle billig verfrachtet werden kann, werden sich als Hüttenhäfen besonders gut eignen.

Die Erzaufbereitungsanstalten werden in den meisten Fällen zweckmäßig an den Bergwerken liegen. Die Gründe hierfür sind einmal in der bereits besprochenen Frachtenfrage zu finden und andererseits in dem Umstande, daß die Erze verschiedener Vorkommen wegen der meist verschiedenartigen Kombinationen der im Gange enthaltenen Berge und Erze, des verschiedenen Verwachsungsgrades usw. besonderer Aufbereitungsmethoden bedürfen. Eine Hütte, die je nach Marktlage und sonstigen Umständen leicht veranlaßt werden kann, die Erzbezugsquelle zu wechseln, wird sich daher zweckmäßig nicht durch den Bau einer Erzaufbereitung auf bestimmte Erzvorkommen festlegen.

Die Frage des billigen Kohlenbezuges ist wegen der großen Mengen, die im Hüttenprozeß verbraucht werden, oft ebenso wichtig wie die Frage des billigen Erzbezuges. In den Fällen, in denen sowohl die Erze als auch die Kohlen in ihren Bergbauzentren in genügenden Mengen zu haben sind, entscheidet lediglich die Frachtenfrage über die geographische Lage der Hütte. Werden dem Gewicht nach mehr Kohlen als Erze verbraucht, wie in der Eisenindustrie[2], so liegen die Hütten zweckmäßig in der Nähe der Kohlenzechen. Ist dagegen das Gewicht der zu verhüttenden Erze größer als dasjenige des Kohlenverbrauches, so liegen die Hütten besser bei den Erzbergwerken, wie z. B. die Kupferhütten usw. In manchen Fällen ist allerdings auch die historische Entwicklung für die heutige Lage von Hüttenwerken maßgebend (z. B. Staatliche Hüttenwerke in Muldenhütten bei Freiberg/Sa.).

Allgemein läßt sich daher sagen, daß die einfachen, billigen, mit geringem Kraftaufwand und bereits bei kleinerem Betriebe mit geringen Selbstkosten arbeitenden Weiterverarbeitungsanstalten der Bergwerksprodukte, insbesondere solche, die erhebliche Frachtersparnisse bewirken, aus wirtschaftlich-technischen Gründen am Bergwerke zu errichten und mit diesem finanziell zu verbinden sind. Für Anstalten, in denen komplizierte Veredelungsprozesse durchgeführt werden sollen, bei denen die Verarbeitungskosten sehr stark wachsen, wenn die in der Zeiteinheit zu verarbeitende Menge unter ein Mindestmaß sinkt, muß die zweckmäßigste geographische Lage von Fall zu Fall entschieden werden.

d) **Anstalten zur Ausnützung von Kraftüberschüssen des Bergwerksbetriebes.** Die zum Bergwerksbetriebe errichteten Gruben können in manchen Fällen Kraftquellen auslösen, deren Ausnützung sich lohnt.

Insbesondere können durch Stollenbetriebe oft erhebliche Wasserkräfte nutzbar gemacht werden, die sich vorwiegend zum Betriebe elektrischer Zentralen eignen, wie dies bei der Freiberger Revierwasserlaufanstalt der Fall ist, der zu diesem Zwecke die durch den Rothschönberger Stollen nutzbar gewordenen Wasserkräfte zur Verfügung stehen. In diesem Falle bleibt die Kraftausnützung noch bestehen, wenn auch der Bergbau längst eingestellt ist.

Auch Grubengas wird vielfach als Kraftquelle nutzbar gemacht, sofern das Gas aus Bläsern usw. kommt, also rein genug abgefangen und den Verbrauchs-

---

[1] Nach Mitteilung von Dr. Bornitz, Zwickau i. Sa.

[2] Roheisenerzeugung einschl. Weiterverarbeitung zu Stahl, Flußeisen, Walzwerksprodukten usw.

stellen zugeführt werden kann. Bekanntlich wiederholen sich auch jetzt noch stets die Versuche zur Abscheidung des Grubengases aus den Grubenwettern der Steinkohlengruben. Wenn man berücksichtigt, daß ein bis zwei größere westfälische Steinkohlenzechen genügend Grubengas mit den Grubenwettern zutage fördern, um z. B. Berlin mit Gas zu versorgen, so erkennt man die hohe volkswirtschaftliche Bedeutung dieser Versuche.

In erheblichem Maße werden auch Kräfte nutzbar infolge des Betriebes der Weiterverarbeitungsanstalten. Ein treffliches Beispiel hierfür bietet die Braunkohlenbrikettfabrikation. Die der Brikettierung zuzuführenden Rohkohlen müssen zuvor so weit getrocknet werden, daß der Wassergehalt durchschnittlich etwa 15% beträgt. Gründe betriebstechnischer Art führten zunächst allmählich dahin, daß zum Trocknen schließlich nur mit Dampf geheizte Apparate verwendet werden. Da der Wassergehalt der Rohkohlen zwischen 45 bis 60% schwankt, ist auch der Bedarf an Trocknungsdampf zur Entfernung des Wasserüberschusses sehr verschieden. Bei 45% Wassergehalt sind zur Herstellung von 10000 kg Briketts etwa 9750 kg Trocknungsdampf und bei 60% Wassergehalt etwa 20000 kg Trocknungsdampf erforderlich.

Wird die Spannung des Trocknungsdampfes zuvor in Betriebsmaschinen zur Erzeugung von Arbeit ausgenutzt, so stehen, wie Abb. 6 erkennen läßt, bei 60% Wassergehalt der Rohkohle und ca. 10 at Kesseldampfdruck insgesamt etwa 370 PS$_i$ zur Verfügung, wovon für den Brikettfabrikbetrieb 155 PS$_i$ verbraucht werden, so daß für jede Presse, die in der Brikettfabrik betrieben wird, ein Kraftüberschuß von 215 PS$_i$ vorhanden ist. Dieser Kraftüberschuß kann zum Betriebe einer elektrischen Zentrale dienen, die das Bergwerk und evtl. die weitere Umgebung mit elektrischer Energie versorgt. Es ist zu beachten, daß eine Brikettfabrik von 20 Pressen, die Rohkohlen von 60% Wassergehalt verarbeitet, darnach einen Kraftüberschuß von 4300 PS$_i$ zur Verfügung hat.

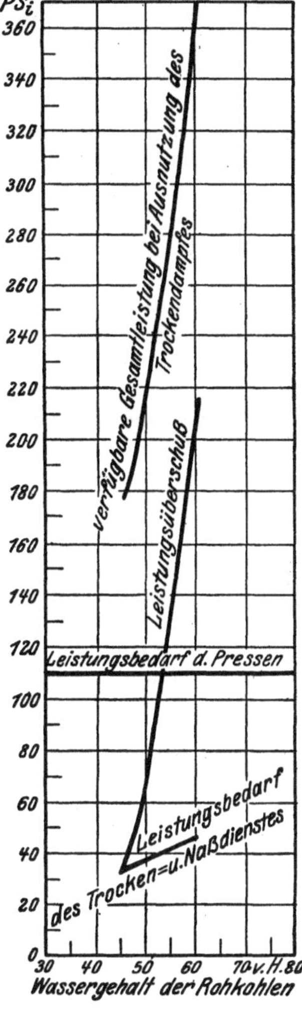

Abb. 6. Kraftwirtschaft einer Brikettfabrik. (Der Wassergehalt der Briketts beträgt 15% in allen Fällen.)

Auch die Kalisalzbergwerke verbrauchen für ihre chemischen Fabriken erhebliche Mengen Koch- und Heizdampf, so daß sie in ähnlicher Weise in der Lage sind, aus dem Fabrikbetrieb Kraftüberschüsse für den Bergwerksbetrieb und für sonstige Zwecke zu gewinnen. Jedoch muß die hierfür etwa errichtete elektrische Zentrale dem stark wechselnden Kochdampfbedarf der Fabrik angepaßt werden.

Die geschilderten Arten der Abdampfverwertung haben über den Bergbau hinaus für die gesamte Kraftwirtschaft in Deutschland eine erhebliche und stets zunehmende Bedeutung. Das gilt in geringerem Umfange für die Abwärmeverwertung durch Fernheizwerke, jedoch in vorwiegendem Maße für die Bereitstellung billiger Abfallenergie in Form von elektrischer Kraft.

Während die reinen Elektrizitätswerke mehr und mehr der Konzentration zwecks Verbilligung der Krafterzeugung zustreben, bewirken die Industriewerke, insbesondere die Kohlenbergwerke, die billige Abfallenergie erzeugen, wieder eine Dezentralisation der elektrischen Krafterzeugung, wenn auch innerhalb der durch die Mengen der Abfallenergie gegebenen Grenzen.

Zunächst liegt der Fall vielfach so, daß der Überschußstrom an benachbarte Industrien abgegeben werden kann. Hier bestand die Schwierigkeit, daß öffentliche Wege oder fremde Grundstücke nicht zur Führung vom Dampfleitungen oder elektrischen Leitungen benutzt werden konnten. Seit etwa 1922 wird jedoch in Deutschland allgemein die mit der Ausnutzung der Abfallwärme oder der Abfallenergie verbundene Kohlenersparnis als im öffentlichen Interesse liegend anerkannt, so daß Straßen und Grundstücke jetzt auf Grund der Enteignungsgesetze von 1874 zu diesem Zwecke gegebenenfalls enteignet werden können. In Bayern ist die Landeskohlenstelle sogar ermächtigt, mangelhafte Wärmewirtschaft zu beanstanden und Änderungen zu erzwingen.

Die unmittelbare Abgabe elektrischer Abfallenergie an entfernt liegende Industrien ist nicht immer möglich. In solchen Fällen bleibt nur die Abgabe an die großen öffentlichen Elektrizitätszentralen. Der Preis für die Kraft wird natürlich verschieden sein, je nachdem es sich um große oder kleine Mengen, um vorübergehende oder dauernde Abgabe und um Lieferung zu willkommener oder unwillkommener Tages- oder Jahreszeit handelt.

Es darf ferner nicht verkannt werden, daß der Parallelbetrieb mit zahlreichen Industriekraftwerken die Betriebsführung des öffentlichen Kraftwerkes erschwert. Abgesehen von den technischen Schwierigkeiten, die in der größeren Komplizierung des Leitungsnetzes liegen können, kann eine weitere Erschwernis dadurch bewirkt werden, daß die Energieerzeugung des fließenden elektrischen Stromes stets gleich seinem Verbrauch sein muß. Da die Bergwerksbetriebe in der Regel einen steten, gleichbleibenden Elektrizitätsüberschuß erzeugen, können sie nicht zur Übernahme der Spitzenleistungen herangezogen werden. Der für die Grundlast erzeugte Strom wird aus naheliegenden Gründen schlechter bezahlt[1].

Ganz ähnlich liegen die Verhältnisse auch da, wo die Eigenerzeugung elektrischer Energie nicht ausreicht, die Industrie also Reststrom kaufen muß. In diesen Fällen wird der Parallelbetrieb vielfach dadurch umgangen, daß man in den Fabriken einzelne Antriebe oder Gruppen von Antrieben so einrichtet, daß man sie auf das eigene oder auf das öffentliche Kraftwerk umschalten kann.

ε) Anstalten zur Sicherung des Absatzes bzw. Rohstoff- oder Betriebsstoffbezuges. Die gegenseitige Sicherung des Absatzes bzw. Rohstoffbezuges hat in den Fusionsbewegungen des deutschen Wirtschaftslebens zu den größten Betriebskombinationen geführt. Erinnert sei nur an die finanzielle Zusammenfassung der Eisenhütten mit Eisenerz- und Kohlenbergwerken, wodurch sich die Hütten ebenso ihren Rohstoffbezug wie die Bergwerke ihren Absatz sicherten. Gleiche Gründe haben auch vielfach Kalisalzwerke veranlaßt, sich nahegelegene Braunkohlenbergwerke zu erwerben oder sich mindestens einen maßgebenden finanziellen Einfluß zu sichern. Auch chemische und sonstige Industrien haben sich vielfach Kohlenwerke erworben. Ist der Bedarf dieser Industrien an Kohlen vergleichsweise groß, so sind sie aus Frachtenrücksichten vielfach zu den Kohlenwerken hingewandert, wie z. B. die chemischen Fabriken bei Bitterfeld u. a. m.

Ebenso haben auch einzelne Kohlenbergwerke auf ihrer Anlage große elektrische Überlandzentralen errichtet, um diese Energie unter weitgehendster Ersparnis von Kohlenfrachtkosten an die weitere Umgebung abgeben zu können.

---

[1] Ein Ausweg dürfte vielleicht in der Anlage von Wasserkraftspeichern zu finden sein. Diese sind jedoch nur bei entsprechenden Geländeverhältnissen möglich.

In diesem Falle haben sowohl Abgeber wie Abnehmer erhebliche Vorteile. Der Abgeber hat einen gesicherten großen Kohlenabsatz und kann dem Abnehmer die Kraft durch die Frachtersparnis sehr billig überlassen. Die südlich von Brühl bei Köln gelegene Braunkohlengrube „Berggeist" ist eines der ersten Bergwerke gewesen, das auf diesem Gebiete bahnbrechend vorgegangen ist.

c) Beiträge zur Beurteilung der Finanzlage.

1. Das Gesellschaftsvermögen.

Obwohl die Aufstellung der Bilanz eine rein kaufmännische Tätigkeit ist und auch die Gesichtspunkte, nach denen sie aufgestellt wird, vorwiegend von den kaufmännischen Absichten bestimmt werden, so ist doch die Beurteilung der Bilanz eines industriellen Unternehmens, insbesondere eines Bergwerksunternehmens, von einer Reihe technisch-wirtschaftlicher Grundlagen abhängig, die es zweckmäßig erscheinen lassen, die Bilanz auch getrennt von der kaufmännischen Organisation zu betrachten. Für die richtige Beurteilung eines Unternehmens ist nicht allein die Bewertung der Sachgüter ausreichend. In vielen Fällen ist die Liquidität der Wertteile von größter, ausschlaggebender Bedeutung, was bei den nachfolgenden Betrachtungen stets zu beachten ist.

Die Bilanz soll einen Überblick über das Vermögen des Unternehmens geben. Das Vermögen kann eingeteilt werden in das Geschäftsvermögen und das Reinvermögen. Unter Reinvermögen versteht man die Summe der Kapitaleinlage der Unternehmer, z. B. des Aktienkapitals, und des Gewinnes oder Verlustes, wobei letzterer natürlich negativ wirkt. Unter Geschäftsvermögen versteht man die Werte, die im Unternehmen angelegt sind. Man kann das Geschäftsvermögen einerseits einteilen in Besitzteile (Aktiva, Debet, Soll) und Schulden (Passiva, Kredit, Haben) und andererseits in Anlagekapital und Betriebskapital.

Die Besitzteile des Geschäftsvermögens setzen sich zusammen aus:

a) zum Anlagekapital gehörig: Grubenfeld, Grundstücke, Gebäude, Maschinenanlagen, bergmännische Ausrichtungsanlagen usw.;

b) zum Betriebskapital gehörig: Bargeld, Forderungen an Kunden, Gütervorräte, die bei Verwendung zur Produktion vollständig aufgebraucht werden, indem sie, wie z. B. die Rohstoffe, in andere verwertbare Form umgewandelt werden oder als Hilfsstoffe zum Zwecke der Produktion aufgezehrt werden, wie z. B. Sprengstoffe, Grubenholz, Mauersteine, Feuerkohlen usw.

Die Schulden des Geschäftsvermögens setzen sich zusammen aus:

a) zum Anlagekapital gehörig: Hypotheken, evtl. auch langbefristete Guthaben der Banken, z. B. als Schulden auf Maschinenanlagen, Gebäuden usw.;

b) zum Betriebskapital gehörig: in der Regel die kurzfristigen Guthaben der Banken und der Lieferanten für Betriebsmaterialien, im Umlauf befindliche Schuldwechsel oder Akzepte usw.

Das Geschäftsvermögen läßt sich jederzeit durch Inventur feststellen und kann daher auch Bestandvermögen genannt werden.

Die Kapitaleinlage kann ein Besitzteil der Unternehmer sein in Gestalt des eingezahlten Aktienkapitals, der eingezahlten Zubußen, der aufgesammelten Reserven, oder ein Schuldteil in Gestalt von Obligationen usw. Der Gewinn kann in Geld oder Geldeswert oder in Vorräten verkäuflicher Fertigprodukte bestehen.

2. Die Bilanz.

Zieht man von den Besitzteilen (Aktiva) die Schulden (Passiva) ab, so ergibt sich das Reinvermögen des Unternehmens, das aus der Einlage und dem Gewinn oder Verlust besteht. Da die Kontoform eine derartige Einteilung der einzelnen Posten auf beiden Seiten der Bilanz erfordert, daß die Posten, auf beiden Seiten addiert, die gleichen Summen ergeben, so folgt, daß auf der sog. Aktivseite der Bilanz (in der Regel die linke Seite) die Besitzteile des Geschäftsvermögens und der etwaige Verlustbetrag des Reinvermögens und auf der (rechten) sog. Passivseite die Schuldteile des Geschäftsvermögens und ferner das Einlagekapital und der etwaige Gewinn des Reinvermögens stehen.

Daraus ergeben sich folgende Formen der Bilanz:

1. bei Gründung der Gesellschaft

$$\text{Bilanz I}$$

Aktiva = $X\ \mathcal{M}$	Einlagekapital = $X\ \mathcal{M}$

und

2. in späteren Geschäftsjahren

$$\text{Bilanz II}$$

Aktiva = $P\ \mathcal{M}$	Passiva $= y\ \mathcal{M}$
	Einlagekapital $= x\ \mathcal{M}$
	Gewinne $= z\ \mathcal{M}$
$= P\ \mathcal{M}$	$= P\ \mathcal{M}$

oder

$$\text{Bilanz III}$$

Aktiva = $P\ \mathcal{M}$	Passiva $= y\ \mathcal{M}$
	Einlagekapital $= x\ \mathcal{M}$
Verlust $= z\ \mathcal{M}$	
$= Q\ \mathcal{M}$	$= Q\ \mathcal{M}$

Die Ermittlung der einzelnen Posten der Bilanz einschließlich des Gewinnes oder Verlustes kann schon durch die Inventuraufnahme erfolgen, die die eigentliche Grundlage der Bilanz zu bilden hat.

Die Unterscheidung zwischen Anlage- und Betriebskapital ist praktisch von Bedeutung für die Ermittlung des Gewinnes. Das verausgabte Betriebskapital ist mit Einschluß etwaiger Zinsen als verbraucht anzusehen und muß von den erzielten Einnahmen voll in Abzug gebracht werden.

Vom Anlagekapital ist nur die Verzinsung und ein Teilbetrag für die Tilgung (für die „Abschreibung") als Ausgabe anzusehen.

Bergbaukonzessionskonto.	$1\,179\,650{,}26\ \mathcal{M}$		
hinzugekommen.	$4\,221{,}32\ \mathcal{M}$	$1\,183\,871{,}58\ \mathcal{M}$	
Abschreibung		$65\,071{,}58\ \mathcal{M}$	$1\,118\,800{,}00\ \mathcal{M}$

In der Bilanz wird, wie in der Buchführung, jede Gattung von Sachen, deren Jahresergebnis zahlenmäßig auf das Ergebnis der Bilanz von Einfluß ist, in sog. Posten oder Konten zusammengefaßt. Hierzu gehören das Einlagekapitalkonto, die verschiedenen Konten des Geschäftsvermögens oder des Bestandes und des Betriebskapitals. Da die Bilanz sich aufbaut auf dem Vergleich der Ergebnisse der Inventur und des Betriebsergebnisses, werden die Konten des Betriebskapitals auch als Ergebniskonten bezeichnet.

Während die Zugehörigkeit der zum Einlagekapital gehörigen Posten klar ist, gibt es Posten, die teils zu den Ergebniskonten, teils zu den Bestandskonten gehören, die man daher auch als Gemischtkonten ansprechen kann. Hierzu gehören namentlich die Erzeugnisse, die durch ihren Verkauf das Betriebsergebnis beeinflussen, während ihre Bestände zweifellos dem durch Inventur zu erfassenden Bestands- oder Geschäftsvermögen angehören, worauf zweckmäßig bei Aufstellung der Inventur- und der Ergebnisbilanzen Rücksicht genommen wird, um beide Bilanzen völlig klar zu haben. Ebenso gehört das Ergebnis der Abschreibungen in die Bestandsbilanz, die Höhe derselben in die Ergebnisbilanz.

Neben der eigentlichen, von Aktiengesellschaften zu veröffentlichenden Inventur- und Betriebsbilanz muß noch die Buchbilanz aufgestellt werden, d. h. der reine Bücherabschluß (siehe Formular 3). Dieser zeigt als Probebilanz, auch Verkehrs- oder Umsatzbilanz genannt, die gesamte Vermögensbewegung des abgelaufenen Geschäftsjahres, während die Saldobilanz, auch Brutto- oder Rohbilanz genannt, das Ergebnis der Vermögensbewegung darstellt.

Zur eigentlichen Bilanz gehören Inventurbilanz und Betriebsbilanz, auch Gewinn- und Verlustrechnung genannt. Die Inventurbilanz gibt den Vermögensstand am Jahresschluß an und die Betriebsbilanz soll Aufschluß über Gewinn und Verlust geben.

Es ist wichtig, die einzelnen Konten einer Bilanz darauf zu prüfen, ob das Ergebnis zu günstig oder zu ungünstig errechnet wurde. Bei den Kapitaleinlagekonten ist z. B. zu prüfen, wie die Reservefonds angelegt wurden. Sind sie in unsicheren Unternehmungen angelegt, so können sie völlig wertlos sein oder gegebenenfalls wertlos werden. Bei den Bestandskonten ist zu beachten, daß z. B. die Abschreibungen der Anlagekonten richtig durchgeführt werden. Unter den Kontokorrentkonten sind besonders die Bankkonten (hohe Bankschulden?), die Debitoren (sind die Schuldner kreditwürdig?) und Kreditoren (keine hohen Summen im Habenkonto der Saldobilanz), Art der Schulden (langfristig?, Zinsfuß?) und das Delkrederekonto (Ausgleich für uneinbringliche Forderungen) zu beachten. Außerdem ist noch besonders das Gewinn- oder Verlustkonto zu beachten, da es gern zur Verschleierung von Verlusten benutzt wird, wobei sich meist der Verlustbetrag in der Aktivseite der Inventurbilanz findet.

Die Vorräte an Erzeugnissen dürfen nur zu den Selbstkosten eingesetzt werden. Dagegen wird der volle Betrag des Verkaufspreises für verkaufte Produkte eingesetzt. Der Bestand an Vorräten am Jahresende rechnet in der Inventurbilanz zu den Aktiven, erhöht also den Gewinn. Dies ist an sich unbedenklich, solange diese Tatsache bei der Gewinnausschüttung entsprechend berücksichtigt wird. Sonst können sich bedenkliche Folgerungen ergeben, wenn die Produkte aus irgendwelchen Gründen unverkäuflich sind oder werden.

Sind die Bestände der Materialien (Aktivseite der Inventurbilanz) sehr hoch, so ist zu untersuchen, ob die Bestände vergleichsweise teuer oder billig eingekauft sind.

Es empfiehlt sich, möglichst viel Ausgaben auf die Betriebskonten zu verbuchen, um buchmäßig geringere Anlagewerte zu erhalten und somit die innere Finanzkraft des Unternehmens zu stärken.

In den Bestandskonten ist das durch die Anlagen festgelegte Kapital bzw. der jeweilige Wert der Anlagen nicht immer klar ersichtlich. Der sich nach Berücksichtigung der Ab- und Zugänge sowie der buchmäßig verrechneten Abschreibungen ergebende Buchwert läßt in vielen Fällen kaum einen Rückschluß auf den Wert und die Bedeutung des betreffenden Anlageteiles zu, den es für das Unternehmen tatsächlich hat. Es empfiehlt sich, eine Kartothek anzulegen, in der für jede Teilanlage eine Karte geführt wird, in der der Tag der Errichtung und der erste Anlagewert, ferner Tag und Gegenwert und nähere Bezeichnung der Zu- und Abgänge sowie die Höhe der Abschreibungen fortlaufend eingetragen werden. Auf diese Weise läßt sich für Inventur und Bewertung am schnellsten und sichersten ein Überblick gewinnen. Naturgemäß ist bei der Bewertung nicht allein das beim Bau festgelegte Kapital von Bedeutung, sondern in erster Linie die durch mehr oder weniger geschickte Wahl und Anordnung der Betriebsteile bedingte Leistungsfähigkeit derselben.

Durch mehr oder weniger klare Auf- bzw. Umstellung in der Höhe einzelner Posten der Buchführung kann man oft sehr verschiedene Geschäftsergebnisse herausrechnen. Wird ein zu günstiges Ergebnis errechnet, so wird ein zu hoher, tatsächlich nicht vorhandener Gewinn auf Kosten der inneren Kapitalkraft des

Formular 3. Buchbilanz, Vermögensbilanz,

Konten-Gruppen	Konten	Buch-	
		Umsatzbilanz	
		Soll +	Haben −
Kapital-einlagen	1. Aktienkapital		4000000
	2. Reservefonds A		200000
	3. Reservefonds B		150000
Reine Bestandskonten	4. Grubenfeld.	300000	
	Zu- und Abgang.		
	Abschreibungsfonds.		150000
	5. Grundstücke	70000	2000
	Zu- und Abgang	5000	3000
	Abschreibungsfonds.		30000
	6. Grubenanlagen	2700000	
	Zu- und Abgang	150000	100000
	Abschreibungsfonds.		400000
	7. Gebäude.	400000	5000
	Zu- und Abgang	40000	20000
	Abschreibungsfonds.		80000
	8. Maschinen und Kessel	1600000	25000
	Zu- und Abgang	100000	80000
	Abschreibungsfonds.		320000
	9. Mobilien.	60000	1000
	Zu- und Abgang	8000	5000
	Abschreibungsfonds.		12000
	10. Kasse	5150000	5000000
	11. Gewinnvortrag		50000
	12. Banken	130000	80000
	Konto-korrent {13. Debitoren (Kunden)	800000	750000
	14. Kreditoren (Lieferanten)	1550000	1580000
	15. Kapital-Debitoren (Schuldner)	1100000	100000
	16. Kapital-Kreditoren	30000	699500
	17. Wertpapiere (Effekten)	500000	50000
	18. Delkredere-Konto	5000	20000
	19. Gewinn- und Verlustkonto		
Gem. Be-standsktn.	20. Bergwerksprodukte	150000	4900000
	21. Materialien (Ein- und Verkauf)	1250000	53000
Reine Ergebnis-konten	22. Löhne und Gehälter	1995500	1000
	23. Sonstige Unkosten	380000	10000
	24. Zinsen und Provisionen	28000	13000
	25. Steuern und Abgaben.	400000	
	26. Miete und Pacht.	28000	40000
	27. Reingewinn		
		18929500	18929500

Unternehmens in Rechnung gesetzt, der allerdings die Spekulationslust Unkundiger reizt. Ein zu ungünstiges Rechnungsergebnis ist für das Unternehmen günstig, da weniger Gewinn ausgeschüttet wird, als verdient wurde, der Überschuß also zur Stärkung der inneren Kapitalkraft des Unternehmens dient. Dem Interesse des Unternehmens steht in diesem Falle das Augenblicksinteresse des Aktionärs gegenüber, da bei niedriger Verzinsung neben den zu geringen Einnahmen auch der Börsenkurs meist nicht dem inneren Werte der Aktien entspricht. Aus diesem Grunde ist es zweckmäßig, die einzelnen Konten der Bilanz kritisch zu beachten.

Gewinn- und Verlustrechnung.

| bilanz | | Zu- und Abgang für die eigentliche Bilanz | | Eigentliche Bilanz | | | |
| Saldobilanz | | | | Inventur- oder Vermögensbilanz | | Betriebsbilanz oder Gewinn- und Verlustrechnung | |
Soll +	Haben −	Soll	Haben	Soll Aktiva	Haben Passiva	Soll Verlust	Haben Gewinn
	4000000				4000000		
	200000		25000		225000	25000	
	150000		25000		175000	25000	
300000				300000			
	150000		30000		180000	30000	
70000				70000			
	30000		5000		35000	5000	
2750000				2750000			
	400000		100000		500000	100000	
415000				415000			
	80000		40000		120000	40000	
1595000				1595000			
	320000		160000		480000	160000	
62000				62000			
	12000		6000		18000	6000	
150000				150000			
	50000						50000
50000				50000			
50000				50000			
	30000				30000		
1000000				1000000			
	669500				669500		
450000				450000			
	15000				15000		
	4750000			50000			4800000
1197000				197000		1000000	
1994500						1994500	
370000						370000	
15000						15000	
400000						400000	
	12000						12000
					691500	691500	
10868500	10868500			7139000	7139000	4862000	4862000

3. Abschreibungen.

Von besonderer Bedeutung ist in diesem Zusammenhange die Beurteilung der Abschreibungen.

Man ging früher meist von der Ansicht aus, daß man durch die Abschreibungen das in die Anlage hineingesteckte Kapital wieder erhalten haben müßte, sobald die Anlage abgenutzt ist. Diese Ansicht hat aber einerseits den grundsätzlichen Fehler, daß sie bei einfachem zahlenmäßigen Ausgleich den in der Zeit zwischen Errichtung und Abnutzung der Anlage eingetretenen Wertrückgang des Geldes nicht berücksichtigt. Andererseits berücksichtigt sie nicht, daß in der Regel nicht die Absicht besteht, den Betrieb einer Anlage einzustellen, wenn die bei der Errichtung der Anlage eingebauten Betriebsteile so weit abgenutzt sind, daß kein wirtschaftlicher Betrieb mehr möglich ist. Vielmehr soll diese Möglichkeit durch entsprechende Instandhaltung der Anlage gewahrt bleiben. Die hierfür erforderlichen Mittel müssen durch rechtzeitig aufgesammelte Rücklagen, die Abschreibungen, bereitgestellt werden. Die Abschreibungen sind daher lediglich unter dem Gesichtspunkte der Fortsetzung des Betriebes zu betrachten.

Die unter diesem Gesichtspunkte vorgenommenen Abschreibungen haben den Zweck, die Wiederbeschaffung der in den Betrieben vorhandenen, aber verbrauchten, veralteten oder sonst unbrauchbar gewordenen Anlagen zu ermöglichen, ohne daß neue Mittel hierfür herangezogen werden müssen. Zu diesem Zwecke werden aus den Erlösen entsprechende Beträge zurückbehalten. Man bezeichnet daher diese Abschreibungen besser als Werkerhaltungskonten.

Die Höhe dieser Beträge muß ausreichen, um beim Eintritt der Ersatznotwendigkeit die neuen Anlagen wieder beschaffen zu können. Daraus ergibt sich, daß man zunächst die Einzelbeträge der Abschreibungen auf diejenige Anzahl von Jahren verteilt, nach deren Ablauf erfahrungsgemäß die Anlagen erneuert werden müssen. Zunächst wird man die jährlichen Abschreibungsbeträge nach den in Frage kommenden Anschaffungskosten berechnen. Steigen jedoch die Anschaffungspreise, so muß man auch die Abschreibungsbeträge entsprechend erhöhen, um gegebenenfalls beim Eintritt der Ersatznotwendigkeit die gegen früher gestiegene Anschaffungssumme zur Verfügung zu haben. Die im Rahmen der erfolgten Abnutzung eingestellten Rücklagen müssen auch dann steuerfrei bleiben, wenn die Wiederherstellung höhere als die ursprünglichen Kosten beansprucht.

Für Arbeiter- und Beamtenkolonien kommt nicht selten der Umstand in Betracht, daß sie nach Einstellung des Betriebes des betreffenden Werkes unvermietbar werden, sofern sich nicht eine neue Industrie ansiedelt. Auch diese Gebäude haben dann nach Beendigung des Betriebes nur Abbruchswert. Dieser Fall tritt namentlich in den Gebieten des Braunkohlen-, Erz- und Kalisalzbergbaues Deutschlands häufig ein. Er gilt allgemein für Bergwerke in solchen Gegenden, die wegen ihrer Unfruchtbarkeit oder entlegenen Lagen keine andere Industrie als die Gewinnung der dort lagernden Bodenschätze gestatten. In diesen Fällen macht sich gegenüber sonstigen Wohngebäuden gegebenenfalls eine erhöhte Abschreibungsquote erforderlich.

Eine beschleunigte Abschreibung wird man auch dann vornehmen müssen, wenn sich infolge irgendwelcher Umstände voraussehen läßt, daß die Abnützung der Anlage in kürzerer Zeit erfolgt, als sie sonst erfahrungsgemäß eintritt. Die Ursachen hierfür können in der Verstärkung des Betriebes liegen, durch die die Maschinen usw. entsprechend stärker belastet und abgenutzt werden. Im letzten Kriege hat auch die erschwerte und zum Teil völlig verhinderte Beschaffung guter Betriebsmaterialien wie Schmieröl usw. eine beschleunigte Abnutzung der Maschinen bewirkt. Ebenso können Betriebsunfälle aller Art eine vorzeitige Unbrauchbarkeit herbeiführen. Eine beschleunigte Abschreibung wird u. a. auch notwendig, wenn die Anlage durch die Entwicklung der Technik mehr oder weniger schnell überholt und entwertet wird. Diesen Umständen müssen die Abschreibungen je nach der Lage des Falles Rechnung tragen.

Bei Bergwerksunternehmungen mit stark schwankenden Betriebsergebnissen, insbesondere wenn letztere sich sogar für die nahe Zukunft nicht mit Sicherheit voraussehen lassen, wie dies u. a. bei mangelhaft aufgeschlossenem Erzbergbau der Fall ist, kann man, um die volle Abschreibung der Betriebsanlagen, mindestens des investierten Kapitals, möglichst zu gewährleisten, die jährlichen Abschreibungsbeträge in den ersten Jahren vergleichsweise hoch und später mit abnehmender Höhe einsetzen. Auf alle Fälle ist die Abschreibung möglichst zu beschleunigen, um bei Eintritt des gefürchteten Risikofalles die Kapitalverluste zu verringern.

Es wurde bereits darauf hingewiesen, daß die gesamte Abschreibungssumme dem Wiederbeschaffungspreis entsprechen muß, wenn der Betrieb in der gewohnten Weise fortgesetzt werden soll. Der wirtschaftliche Maßstab für die zur Fortsetzung des Betriebes zu treffenden Maßnahmen ist der Gewinn, der aufrecht erhalten bleiben muß. Da der Gewinn einerseits von der Produktionsmenge und den Selbstkosten je Produktionseinheit und andererseits von dem Verkaufspreis je Produktionseinheit abhängt, so kann ein Unternehmen zur Erhaltung seiner finanziellen Lage gezwungen sein, bei sinkenden Preisen entweder leistungsfähigere oder billiger arbeitende Neuanlagen zu schaffen und an Stelle der veralteten in Betrieb zu nehmen. Der Wiederbeschaffungspreis wird also im Hinblick auf die Fortsetzung des Betriebes gegenüber dem ursprünglichen Anschaffungspreis nicht nur um den Betrag erhöht, der infolge des sinkenden Geldwertes für die Wiederbeschaffung neuer Maschinen der alten Konstruktion nötig ist, sondern auch um den Betrag, der zur Beschaffung von modernsten Anlagen zum Zwecke der Aufrechterhaltung der alten Wirtschaftlichkeit gebraucht wird. Ein solches Verfahren ist notwendig zur Sicherung der Wettbewerbsfähigkeit gegenüber anderen Betrieben. Sollten gesetzliche Bestimmungen entgegenstehen, so muß die Wettbewerbsfähigkeit der Industrie dieses Landes gegenüber der Industrie anderer Länder leiden.

Die Abschreibungen müssen nach dem Sachwert der Anlagen, nicht etwa nach dem Buchwerte der Anlagen oder nach dem nominellen Gesellschaftskapital errechnet werden. Zu niedrige Buchwerte sind nach der Inflation fast allgemein bei der sog. Eröffnung der Goldmarkbilanzen für die Anlagen der deutschen Industrieunternehmungen eingesetzt worden, weil nach der Verordnung über die Goldmarkbilanzen vom 28. 12. 1923 eine vorsichtige, d. h. niedrige Bewertung des Anlagekapitals erfolgen konnte. Eine zu niedrige Buchung der Anlagewerte wird oft auch vorgenommen, wenn der bei der Neuausgabe von Aktien erzielte Agiogewinn oder ein nicht mit den Dividenden zur Verteilung gelangter Betriebsgewinn zum Ausbau der Anlagen verwendet wird, und diese Werte gleichzeitig ganz oder größtenteils abgeschrieben werden. Schreibt man dann die üblichen Sätze auf diese viel zu niedrig eingesetzten Anlagewerte ab, so müssen · Fehlbeträge entstehen, da die Abschreibungen zu niedrig sind. Ein Beispiel möge dies erläutern.

Es möge der buchmäßige Anlagewert 50% des Sachwertes entsprechen, Das nominelle Gesellschaftskapital sei gleich dem buchmäßigen Anlagewert. Sonstige Verbindlichkeiten bestehen nicht. Der Rohgewinn sei gleich der Summe von Reingewinn und Abschreibung. Es betrage der Sachwert = 2 Mill. $\mathcal{M}$, der Rohgewinn = 180 000 $\mathcal{M}$, und die Abschreibung je nachdem je 10% vom Buchwert oder vom Sachwert. Dann ergeben sich bei der Berechnung nach dem Buchwert:

```
Abschreibung = (10% von 1 Mill. ℳ Buchwert) . . . . . . . . . . . . 100 000,— ℳ
Reingewinn   = (8% von 1 Mill. ℳ nominellen Gesellschaftskapital) . . . . .  80 000,— ℳ
                                                         Rohgewinn 180 000,— ℳ
```

Bei der Berechnung nach dem Sachwert ergeben sich jedoch:

```
Abschreibung = (10% von 2 Mill. ℳ Sachwert). . . . . . . . . . . . . . 200 000,— ℳ
Fehlbetrag   = (2% von 1 Mill. ℳ nominellen Gesellschaftskapital) . . . . .  20 000,— ℳ
                                                         Rohgewinn 180 000,— ℳ
```

Während bei der Berechnung nach dem Buchwerte ein Scheingewinn von 8%, bezogen auf das nominelle Gesellschaftskapital, errechnet wurde, beträgt der tatsächliche Verlust 2%, wenn die Abschreibung vom Sachwert errechnet wird. Im ersten Falle ist die Werkserneuerung durch die Abschreibung nur zur Hälfte gedeckt. Die Werkserneuerung kann also nur unvollständig (Substanzverlust!) oder nur mit neu aufzunehmenden Geldmitteln durchgeführt werden.

Die Abschreibungsbeträge setzen sich darnach zusammen aus:

1. dem Abschreibungsgrundbetrage, der der Verschlechterung der Anlage infolge der regelmäßig (erfahrungsgemäß) eintretenden jährlichen Abnützung Rechnung trägt und von den Anschaffungskosten (ursprünglicher Sachwert) ausgeht;

2. den Abschreibungszuschlägen, die notwendig werden, um eine Beschleunigung der Abschreibung durchzuführen, weil:

a) die Beendigung des Betriebes und damit die Unverwendbarkeit der Anlage früher eintritt als deren Unbrauchbarkeit durch Abnützung,

b) die Abnützung schneller erfolgt als zunächst angenommen oder vorausgesehen wurde,

c) die vorzeitige Unverwendbarkeit durch die Entwicklung der Technik und Wirtschaft eintritt oder zu erwarten steht, und

d) die Unsicherheit des Betriebes eine in den ersten Betriebsjahren erhöhte Abschreibung zur Sicherung der in den Anlagen festgelegten Kapitalien tunlich erscheinen läßt, sowie

3. den Abschreibungszuschlägen, die notwendig werden, um eine Erhöhung der Abschreibungssumme gegenüber der ursprünglichen Beschaffungssumme (ursprünglicher Sachwert) auf den Betrag herbeizuführen, der die zur Fortsetzung des Betriebs mit gleichem wirtschaftlichem Erfolge notwendige Werkerneuerung ermöglicht (zukünftiger Sachwert). Diese Abschreibungszuschläge können notwendig werden, weil:

a) die Ersatzbeschaffung infolge der Steigerung der Materialpreise usw. verteuert wird, und

b) die Entwicklung von Technik und Wirtschaft eine Modernisierung und Verstärkung der Betriebsanlagen verlangt, wenn die finanziellen Ergebnisse nicht sinken sollen.

Für den Fall, daß die unter 2. und 3. genannten Ereignisse erst später eintreten bzw. erkannt werden, treten hinzu:

4. Abschreibungsnachzahlungsbeträge, die notwendig werden:

a) zum Ausgleich der infolge des späteren Eintrittes der Fälle 2. und 3. in früheren Jahren zu niedrig angesetzten Abschreibungen, und

b) zum Ausgleich der Entwertung der früheren Abschreibungsbeträge bei sinkender Valuta usw.

Die Frage, ob die unter 4. genannten Nachzahlungsbeträge sofort nach dem Bekanntwerden der Ursachen bzw. bei der nächsten Bilanzaufstellung vollständig oder auf mehrere Jahre verteilt, nachgeholt werden sollen, läßt sich nur von Fall zu Fall entscheiden. Es hängt das wesentlich von der Höhe dieser Beträge im Verhältnis zu den Erträgnissen und zur Entwicklung der Preise, der Selbstkosten und des Absatzes ab.

Mit Recht weist Mast[1] auf die Wirkung der ständigen Goldentwertung hin, die sich mehr oder weniger in der Verteuerung der Löhne, Geräte, Materialien usw. ausdrückt. Nach Staatssekretär a. D. Dr. Hirsch[2] hat das Gold in den

---

[1] Mast, Dr., Breslau: Zureichende Bemessung der Abschreibungen. Techn. Wirtsch. 1930, S. 95.

[2] Hirsch: Amerikas Wille zur Stabilisierung der Wirtschaft. Berliner Tageblatt vom 8. März 1928.

Jahren 1894 bis 1914 jährlich rd. 2,5% an Kaufkraft verloren. Die erhebliche Bedeutung der durch die Geldentwertung usw. bewirkten Teuerungszunahme auf die Abschreibungen ergibt sich aus den nachfolgenden Berechnungen. In Anlehnung an Mast werden unterschieden:

a) Betriebsrücklagensätze für solche Rücklagen, die als Betriebskapital im eigenen Betrieb arbeiten, und

b) Geldrücklagensätze, die in besonderen Erneuerungsfonds gesammelt werden, wie dies z. B. bei den öffentlich-rechtlichen Konzessionsunternehmungen der Fall ist.

Bezeichnet man mit:

K = Anlagekapital (bei Errichtung der Anlage),

n = Anzahl der Betriebsjahre, nach denen die Abschreibung durchgeführt sein muß,

e = jährliche Teuerungszunahme in %,

a = jährliche Betriebsrücklage ohne Berücksichtigung der Teuerungszunahme,

a_e = jährliche Betriebsrücklage mit Berücksichtigung der Teuerungszunahme,

α_e = prozentuale jährliche Betriebsrücklage mit Berücksichtigung der Teuerungszunahme,

r = jährliche Goldrücklage ohne Berücksichtigung der Teuerungszunahme,

r_e = jährliche Goldrücklage mit Berücksichtigung der Teuerungszunahme,

ϱ_e = prozentuale Goldrücklage mit Berücksichtigung der Teuerungszunahme,

v = Verzinsung der Geldrücklagen,

$$p = \left(1 + \frac{v}{100}\right) = \text{Zinsfaktor der Geldrücklagen},$$

$$q = \left(1 + \frac{e}{100}\right) = \text{Teuerungsfaktor},$$

K_n = Kapital zur Erneuerung der Anlage nach n Jahren,

so gelten zur Zeit für die Berechnung der Abschreibungen (Betriebs- bzw. Geldrücklagen) ohne Berücksichtigung der Teuerungszunahme

für Betriebsrücklagen: $\qquad a = \dfrac{K}{n}$,

für Geldrücklagen: $\qquad r = \dfrac{K \cdot (p - 1)}{p^n - 1}$.

Um in n Jahren die Anlage unter Berücksichtigung der Teuerungszunahme wirklich ersetzen zu können, ist ein Kapital erforderlich von

$$K_n = K \cdot \left(1 + \frac{e}{100}\right)^n = K \cdot q^n.$$

Soll dieses Kapital in n gleichen Jahresraten angesammelt werden, so sind die folgenden Abschreibungen erforderlich

bei Betriebsrücklagen: $\qquad a_e = \dfrac{K_n}{n} = \dfrac{K \cdot q^n}{n}$,

bei Geldrücklagen: $\qquad r_e = K_n \cdot \dfrac{p - 1}{p^n - 1} = K \cdot q^n \cdot \dfrac{p - 1}{p^n - 1}$.

Prozentmäßig betragen die Abschreibungen unter Berücksichtigung der Teuerungszunahme

bei Betriebsrücklagen: $\qquad \alpha_e = \dfrac{a_e \cdot 100}{K} = \dfrac{100 \cdot q^n}{n}$,

bei Geldrücklagen: $\qquad e = \dfrac{r_e \cdot 100}{K} = 100 \cdot q^n \cdot \dfrac{p - 1}{p^n - 1}$.

Mit diesen Rechnungen sind nur die Abschreibungssätze erfaßt, aber noch nicht die Verzinsung des im Betriebe arbeitenden Kapitals. Für das im Betriebe arbeitende Anlage- und Betriebskapital ist in der Regel ein höherer Zinssatz anzurechnen, als für das im Erneuerungsfonds angesammelte, und zwar um so höher, je größer der Risikofaktor ist.

Die Grundlagen der Bergwirtschaft.

Tabelle 5[1]. Abschreibungssätze (in %) unter Berücksichtigung der jährlichen Teuerung von $e\%$.

$e\%$	5	10	15	20	25	30	35	40	45	50	60	70	80	90	100
0,0	20,00	10,00	6,67	5,00	4,00	3,33	2,85	2,50	2,22	2,00	1,67	1,43	1,25	1,11	1,00
1,0	21,020	11,046	7,740	6,101	5,130	4,493	4,047	3,722	3,477	3,289	3,028	2,867	2,771	2,721	2,705
1,5	21,550	11,600	8,333	6,734	5,804	5,210	4,811	4,535	4,343	4,210	4,072	4,051	4,113	4,243	4,432
2,0	22,082	12,190	8,972	7,430	6,562	6,038	5,714	5,520	5,418	5,383	5,468	5,714	6,094	6,604	7,245
2,5	22,628	12,801	9,656	8,193	7,416	6,992	6,781	6,713	6,751	6,874	7,333	8,046	9,012	10,254	11,814
3,0	23,186	13,439	10,387	9,030	8,375	8,091	8,040	8,155	8,404	8,768	9,819	11,311	13,301	15,890	19,219

[1] Dr. Mast, Breslau, a. a. O.

In Tabelle 5 sind die Betriebsrücklagensätze in Prozenten unter Berücksichtigung einer jährlichen Teuerungszunahme von 0 bis 3% angegeben. Man sieht, daß die erforderlichen Abschreibungen mit steigender Teuerungszunahme erheblich wachsen. Es ist interessant, daß die Abschreibungssätze für jede Teuerungszunahme einen Kleinstwert erreichen, wenn die Abschreibungsdauer (nach Mast) $n = \dfrac{1}{\ln q}$ beträgt.

In Tabelle 6 sind die Geldrücklagensätze in Prozenten unter Berücksichtigung einer Teuerungszunahme von 0 bis 3% und einer Rücklagenverzinsung von 3 bis 8% angegeben.

Die Abschreibungen müssen in der nach den obigen Gesichtspunkten erforderlichen Höhe erfolgen, damit die Substanz des Unternehmens, die Anlage, jederzeit auf den Zustand gebracht werden kann, der erforderlich ist, um den Betrieb mit unvermindertem, wirtschaftlichem Erfolge fortführen zu können. Zu niedrige Abschreibungen gehen also auf Kosten der Substanz. Die Anlage kann dann später nur durch Aufnahme fremder Geldmittel oder durch Vermehrung des Gesellschaftskapitals wieder auf den zur Erreichung der alten Rohgewinne erforderlichen Zustand gebracht werden. Damit werden aber die Gewinnaussichten entsprechend vermindert bzw. ausgeschaltet.

Es wird allgemein anerkannt, daß bei der Selbstkostenberechnung die Abschreibungen berücksichtigt werden müssen. In diesem Zusammenhange sind die Abschreibungsbeträge — nicht aber die Zinsen aus angesammelten Abschreibungsbeträgen — steuerfrei. Es beruht dies auf dem Rechnungsgrundsatz, daß bei der Besteuerung die wirtschaftliche Einheit des Gesamtunternehmens das Objekt bildet, und daß die Bewertung dieses Unternehmens unter der Voraussetzung der Fortsetzung des Betriebes erfolgt[1]. Diesen Rechtssatz erkennt auch die Reichsabgabenordnung in § 139 an. Ebenso verlangt der § 40 des HGB. vom 10. 5. 1897, daß bei der Aufstellung des Inventars und der Bilanz sämtliche Vermögensgegenstände und Schulden nach dem Werte anzusetzen sind, der ihnen in dem Zeitpunkte beizulegen ist, für den die Aufstellung stattfindet. Eine weitere Ausführungsbestimmung, die sich auf die Geschäftsführung von Aktiengesellschaften bezieht, erhält der § 40 noch durch § 261 des HGB.

Daß auch Abschreibungen als steuerfrei anzusehen sind, die gemäß Fall 3a und 4b durch die infolge der Geldentwertung verteuerten Ersatzbeschaffungen der Anlagen und Verbrauchsgegenstände erforderlich sind,

---

[1] Urteil d. Preuß. Oberverwaltungsgerichtes, Entscheidung in Staatssteuersachen Bd. 15, S. 298.

Tabelle 6[1]. Rücklagensätze (in %) unter Berücksichtigung der jährlichen Teuerung von e % und der Verzinsung der Rücklagen mit v %.

Der Wert erlischt in Jahren:

v %	e %	5	10	15	20	25	30	35	40	45	50	60	70	80	90	100
3,0	0,0	18,836	8,723	5,376	3,722	2,742	2,101	1,653	1,326	1,078	0,886	0,613	0,433	0,311	0,225	0,164
	1,0	19,796	9,635	6,241	4,541	3,516	2,832	2,341	1,974	1,687	1,457	1,113	0,869	0,689	0,551	0,443
	1,5	20,293	10,124	6,722	5,014	3,979	3,285	2,784	2,406	2,108	1,876	1,499	1,229	1,024	0,860	0,728
	2,0	20,797	10,633	7,235	5,531	4,499	3,806	3,306	2,928	2,628	2,385	2,011	1,732	1,516	1,337	1,188
	2,5	21,310	11,165	7,785	6,098	5,082	4,406	3,922	3,559	3,273	3,038	2,696	2,440	2,241	2,079	1,942
	3,0	21,832	11,724	8,376	6,722	5,743	5,102	4,654	4,326	4,079	3,887	3,613	3,434	3,311	3,226	3,165
4,0	0,0	18,462	8,329	4,994	3,358	2,401	1,783	1,357	1,052	0,826	0,655	0,420	0,274	0,181	0,120	0,081
	1,0	19,404	9,200	5,798	4,097	3,079	2,403	1,922	1,566	1,292	1,077	0,763	0,550	0,401	0,294	0,219
	1,5	19,890	9,667	6,245	4,524	3,485	2,788	2,286	1,909	1,615	1,380	1,027	0,777	0,596	0,459	0,359
	2,0	20,384	10,153	6,721	4,990	3,939	3,230	2,714	2,323	2,014	1,763	1,378	1,096	0,882	0,713	0,587
	2,5	20,889	10,662	7,233	5,503	4,452	3,740	3,222	2,826	2,510	2,251	1,849	1,546	1,308	1,116	0,954
	3,0	21,403	11,194	7,781	6,065	5,028	4,328	3,820	3,433	3,125	2,872	2,476	2,174	1,930	1,727	1,553
5,0	0,0	18,097	7,950	4,634	3,024	2,095	1,505	1,107	0,827	0,626	0,477	0,282	0,169	0,102	0,062	0,038
	1,0	19,020	8,782	5,380	3,690	2,686	2,028	1,568	1,231	0,979	0,784	0,512	0,339	0,226	0,152	0,103
	1,5	19,497	9,227	5,794	4,074	3,040	2,353	1,865	1,501	1,224	1,005	0,689	0,479	0,336	0,237	0,169
	2,0	19,980	9,691	6,237	4,493	3,437	2,726	2,214	1,826	1,526	1,284	0,925	0,676	0,497	0,368	0,275
	2,5	20,471	10,177	6,712	4,955	3,884	3,157	2,628	2,228	1,902	1,642	1,244	0,957	0,742	0,579	0,453
	3,0	20,980	10,685	7,220	5,462	4,387	3,653	3,115	2,707	2,368	2,094	1,666	1,345	1,096	0,897	0,736
6,0	0,0	17,739	7,586	4,296	2,718	1,822	1,264	0,897	0,646	0,470	0,344	0,187	0,103	0,057	0,031	0,017
	1,0	18,644	8,379	4,987	3,316	2,336	1,704	1,271	0,962	0,735	0,566	0,340	0,207	0,126	0,076	0,046
	1,5	19,111	8,805	5,372	3,661	2,644	1,976	1,511	1,172	0,919	0,725	0,457	0,292	0,188	0,118	0,075
	2,0	19,585	9,247	5,782	4,039	2,989	2,290	1,794	1,426	1,146	0,926	0,614	0,412	0,278	0,184	0,123
	2,5	20,071	9,712	6,237	4,455	3,379	2,653	2,130	1,735	1,428	1,184	0,825	0,582	0,413	0,294	0,209
	3,0	20,565	10,196	6,709	4,910	3,816	3,070	2,525	2,108	1,778	1,510	1,105	0,818	0,609	0,455	0,341
7,0	0,0	17,392	7,239	3,980	2,440	1,581	1,059	0,724	0,501	0,350	0,246	0,123	0,062	0,031	$0{,}015_9$	$0{,}008_1$
	1,0	18,279	7,996	4,620	2,977	2,027	1,427	1,026	0,746	0,548	0,407	0,223	0,124	0,069	0,039	$0{,}021_9$
	1,5	18,737	8,402	4,977	3,287	2,294	1,656	1,220	0,909	0,684	0,518	0,301	0,176	0,102	0,061	0,036
	2,0	19,202	8,824	5,357	3,626	2,594	1,918	1,448	1,106	0,853	0,662	0,404	0,248	0,151	0,094	0,059
	2,5	19,674	9,265	5,763	3,997	2,931	2,221	1,717	1,345	1,063	0,845	0,541	0,349	0,226	0,147	0,095
	3,0	20,159	9,727	6,200	4,406	3,310	2,570	2,036	1,634	1,323	1,078	0,724	0,491	0,334	0,228	0,155
8,0	0,0	17,046	6,903	3,683	2,185	1,368	0,883	0,580	0,386	0,259	0,174	0,080	0,037	$0{,}017_0$	$0{,}007_9$	$0{,}003_6$
	1,0	17,917	7,625	4,277	2,667	1,754	1,190	0,823	0,575	0,405	0,286	0,145	0,074	0,038	$0{,}019_3$	$0{,}009_7$
	1,5	18,366	8,011	4,607	2,945	1,985	1,381	0,979	0,700	0,506	0,366	0,196	0,105	0,056	$0{,}030_3$	$0{,}016_0$
	2,0	18,822	8,415	4,958	3,248	2,244	1,599	1,162	0,852	0,631	0,468	0,262	0,148	0,083	0,047	$0{,}026_8$
	2,5	19,286	8,836	5,334	3,581	2,536	1,852	1,377	1,037	0,786	0,598	0,351	0,207	0,122	0,073	0,043
	3,0	19,761	9,277	5,738	3,947	2,864	2,143	1,633	1,259	0,978	0,764	0,470	0,291	0,181	0,112	0,070

[1] Dr. Mast, Breslau, a. a. O.

Tabelle 7. Auszüge aus den Bilanzen eines Unter-

Jahr	Selbstkosten- ausschl. Amortisation $\mathscr{M}/t$	Durch- schnittl. Erlös $\mathscr{M}/t$	Jahres- förde- rung t	Rechnungs- mäßiger Rohgewinn aus der Förderung $\mathscr{M}$	Gewinn- vortrag, Miete, Pacht, Zinsen usw. $\mathscr{M}$	Gesamtroh- gewinn $\mathscr{M}$	Erforderl. Abschrei- bungen $\mathscr{M}$	Einnahmen		
								Reingewinn $\mathscr{M}$	Anleihen $\mathscr{M}$	in Sa. $\mathscr{M}$
1	7,69	9,90	695 450	1 538 620	237 000	1 775 620	420 000	1 355 620	—	1 355 620
2	7,09	9,00	675 125	1 295 700	245 000	1 540 700	450 000	1 090 700	—	1 090 700
3	7,04	8,90	691 355	1 286 345	239 000	1 525 345	490 000	1 035 345	1 600 000	2 635 345
4	7,42	8,80	682 275	939 112	241 000	1 180 112	420 000	760 112	199 888	960 000
5	7,87	8,90	657 762	676 463	235 000	911 463	350 000	561 463	2 298 537	2 860 000
6	8,53	10,30	710 242	1 259 875	240 000	1 499 875	350 000	1 149 875	1 500 000	2 649 875
7	9,44	11,00	757 569	1 186 687	244 000	1 430 687	360 000	1 070 687	59 313	1 130 000
						Sa.:	2 840 000	7 023 802	5 657 738	12 681 540

ist ebenfalls anerkannt[1]. Derartige Nachzahlungsbeträge können nicht nur eingesetzt werden, wenn der Ersatzfall bereits eingetreten ist, sondern auch evtl. entsprechend zeitlich verteilt vor Eintritt des Ersatzfalles mit Rücksicht auf den sicher zu erwartenden Eintritt desselben.

Abschreibungsfähig sind auch die der Substanzverminderung betriebener Bergwerke entsprechenden Beträge[2]. Für die dabei zu beachtenden Grundsätze ist ebenfalls der § 40 HGB. maßgebend. Jedoch kann man natürlich nicht die anstehenden Mineralien nach ihrem Verkaufswerte einsetzen, da auf diesem Werte noch die Produktionskosten, Zinsverluste infolge ihrer erst nach Jahren eintretenden Greifbarkeit usw. lasten[3]. Der Wert der Substanz kann einem Kapitale gleichgesetzt werden, das sich nach der Rentenrechnung ergibt, wobei man den aus der Jahresförderung erzielten Gewinn als jährliche Rente und den Wert des Quotienten: „sicher vorhandene, noch anstehende Mineralien" dividiert durch „Jahresförderung" als Rentendauer einsetzt, vermindert um den Wert der errichteten Anlage. Bei gekauften Bergwerksfeldern wird man auch den Kaufpreis als Grundlage der Abschreibungsbeträge nehmen können.

Auf die Schwierigkeiten, die sich der richtigen Bemessung der Abschreibungs- bzw. Werkerhaltungsbeträge infolge der Unsicherheiten aller Art, wie Schwankungen der Valuta, des Wiederbeschaffungspreises usw., gegenüberstellen, ist bereits hingewiesen worden. Diese Schwierigkeiten lassen es in vielen Fällen fraglich erscheinen, ob es richtig ist, die Rückstellungen für bestimmte Anlageteile zu verbuchen und in Geld solange anzulegen, bis die Erneuerung des betreffenden Teiles durchgeführt wird. Geht man von dem Grundsatze der ungestörten Fortsetzung des Betriebes des Gesamtwerkes aus, so ist es — namentlich für ältere Werke — in solchen Fällen wohl richtiger, wenn fortdauernd in jedem Jahre Umbauten und Auswechselungen von Maschinen usw. in dem der Abnutzung, der Erhaltung der Konkurrenzfähigkeit usw. entsprechenden Umfange der Gesamtanlage durchgeführt werden. Durch dieses Verfahren wird das zwecklose Ansammeln von Kapitalbeträgen vermieden, die z. B. im Falle sinkender Valuta automatisch wertlos werden können, ohne je ihren Zweck zu erfüllen, und trotzdem wird das Ziel, die Betriebs- und Konkurrenzfähigkeit des Werkes dauernd zu erhalten, mindestens ebenso sicher, meist sogar besser erreicht.

Außer den Abschreibungs- und Werkerhaltungsbeträgen können jährliche Rückstellungen notwendig sein, um später fällig werdende Verpflichtungen beim

---

[1] Reichsfinanzhof, Urteil vom 11. 1. 1921, Entscheidung Bd. 4, S. 160ff.; D. B. Z. vom 19. 8. 1921, Nr. 193.

[2] REStG. § 13, Abs. 1c.

[3] Vgl. Preuß. Oberverwaltungsgericht, Entscheidung vom 3. 3. 1909, VI a 5/08.

nehmens zwecks Feststellung der Finanzpolitik.

Ausgaben				Kritik der Ausgaben					in Sa.
				Für Neuanlagen sind verbraucht		Für Ausbeute		Für Geld-anlagen nur aus Rein-gewinnen	
Ausbeute	Neu-anlagen	Geld-anlagen	in Sa.	Vom Rein-gewinn	Aus Anleihe	Vom Rein-gewinn	Aus Anleihe		
ℳ	ℳ	ℳ	ℳ	ℳ	ℳ	ℳ	ℳ	ℳ	ℳ
900 000	400 000	55 620	1 355 620	400 000	—	900 000	—	55 620	1 355 620
800 000	250 000	40 700	1 090 700	250 000	—	800 000	—	40 700	1 090 700
820 000	1 800 000	15 345	2 635 345	200 000	1 600 000	820 000	—	15 345	2 635 345
960 000	—	—	960 000	—	—	760 102	199 898	—	960 000
860 000	2 000 000	—	2 860 000	—	2 000 000	561 463	298 537	—	2 860 000
1 100 000	1 540 000	9 875	2 649 875	40 000	1 500 000	1 100 000	—	9 875	2 649 875
1 100 000	30 000	—	1 130 000	—	30 000	1 070 687	29 313	—	1 130 000
6 540 000	6 020 000	121 540	12 681 540	890 000	5 130 000	6 012 252	527 748	121 540	12 681 540

Eintritt der Fälligkeit erfüllen zu können. Das ist z. B. der Fall, wenn ein Unternehmen gegen seine Angestellten die Verpflichtung übernimmt, ihnen nach ihrem Ausscheiden aus ihrer Stellung eine bestimmte Pension zu zahlen. Für das Unternehmen bildet diese Verpflichtung einer späteren Pensionszahlung eine gegenwärtige Last, die nach bestehendem Recht bilanzpflichtig ist, und die für jedes Jahr nach den Erfahrungsgrundsätzen der Versicherungstechnik zu bewerten und zu Lasten des Gewinn- und Verlustkontos in die Passiven einzustellen ist. Das so gebildete Konto ist keine echte, steuerpflichtige Reserve, sondern lediglich ein Unkostenkonto für bestehende Verpflichtungen und daher steuerfrei wie jede Abschreibung[1].

In der vorstehenden Besprechung der Bilanz wurden die einzelnen Posten vor allem nach dem Gesichtspunkte einer Kritik unterzogen, ob und wie die von den betreffenden Gesellschaften betriebene Finanzpolitik erkennbar wird. Es ist jedoch zu beachten, daß eine veröffentlichte Bilanz nur ein Augenblicksbild geben kann. Um die Richtlinien der Finanzpolitik eines Unternehmens sicher zu erkennen, bedarf es in der Regel einer größeren Reihe aufeinander folgender Jahresbilanzen bzw. der hieraus zu entnehmenden, für die Beurteilung wichtigen Auszüge. Zweckmäßig müssen wenigstens die Zahlen der in der obenstehenden Tabelle 7 angegebenen Posten für die Zeit der letzten 6 bis 10 Jahre zusammengestellt werden, um einen einigermaßen klaren Überblick über die Finanzwirtschaft eines Unternehmens zu erhalten.

Tabelle 7 läßt in den ersten 3 Jahren ein vorsichtiges Finanzgebaren erkennen. Es sind aus den Reingewinnen erhebliche Mittel für Neuanlagen festgelegt worden. In den letzten Jahren vermißt man diese Sorgfalt. Die gezahlten Ausbeuten sind zu hoch, so daß insgesamt bei Einrechnung der ersten drei Jahre fast der ganze Reingewinn zur Ausbeutezahlung verwandt wurde und für Neuanlagen nichts übrigblieb. Infolgedessen wuchsen die Anleihebeträge, so daß das Unternehmen mehr und mehr in Abhängigkeit von Banken geriet. Es darf allerdings nicht verkannt werden, daß eine solche Finanzpolitik Berechtigung haben kann, wenn die Absicht bzw. Aussicht besteht, das Unternehmen zu verkaufen. Bekanntlich richtet sich der Kursstand der Anteile eines Unternehmens in der Regel vorwiegend nach der Höhe der verteilten Ausbeute (Dividenden usw.). Es kommt daher häufig vor, daß die Anteilscheine (Aktien, Kuxe) eines Unternehmens, das die Erweiterung des Betriebes möglichst aus Betriebsmitteln deckt und daher niedrige Ausbeuten verteilt, wesentlich niedriger im Kurse stehen, als es dem inneren Werte des Unternehmens entspricht. Im Falle eines Verkaufes des Unternehmens würden dann alle bisherigen Gesellschafter ge-

---

[1] Urteil des Reichsfinanzhofes vom 18. 2. 1921, I. A. 229/20.

schädigt sein, sofern der Kursstand für den Kaufpreis zugrunde gelegt wird. Im allgemeinen ist aber eine gute und vernünftige Dividendenpolitik für den Fortbestand und für die Entwicklungsfähigkeit einer Industrie von größter Bedeutung.

Einen sehr guten Einblick in die finanzielle Lage eines Unternehmens erhält man ferner durch die Angaben über:

1. Anlagekapital,
2. eigene Mittel (Anlagekapital + Reserven + noch nicht ausgezahlte Gewinne),
3. gesamtes erwerbstätiges Kapital (eigene und fremde Mittel z. B. Obligationen),
4. Sachwert der Anlage,
5. Buchwert der Anlage,
6. Abschreibungen, bezogen auf den Sachwert in %,
7. Abschreibungen, bezogen auf den Buchwert in %,
8. Abschreibung je Tonne Förderung (Nettoförderung),
9. Umsatz (Erlös),
10. Jahresreingewinn,
11. Reingewinn in % des Gesellschaftskapitals,
12. Reingewinn in % der eigenen Mittel,
13. Reingewinn in % des gesamten erwerbstätigen Kapitals,
14. Reingewinn in % des Umsatzes,
15. Aufwand (einschließlich Verluste) in % des Umsatzes,
16. Dividende in % des Gesellschaftskapitals,
17. finanzielle Rentabilität (Verzinsung im Verhältnis zum Kurswert der Anteilscheine),
18. Beschäftigungsgrad (Ausnützung der Leistungsfähigkeit).

Diese Angaben sind zweckmäßig für mehrere Jahre zu ermitteln und erhalten besonderen Wert durch den Vergleich mit mehreren gleichartigen Unternehmungen. Wichtig ist in jedem Falle die Feststellung, ob das Gesellschaftskapital den ursprünglich eingezahlten Geldmitteln entspricht, oder ob und in welchem Umfange eine Sanierung durch Zusammenlegung erfolgte. Man kann dann unter gleichzeitiger entsprechender Würdigung der Organisation der Anlage und des Betriebes Schlüsse ziehen z. B. über die Aussichten einer Neuanlage. Erzielt beispielsweise ein Unternehmen, dessen Gesellschaftskapital 4fach zusammengelegt ist, eine Dividende von 12%, so wird auf das tatsächlich eingezahlte Kapital nur eine Rente von 3% gezahlt. Eine Neuanlage würde also nur dann Aussicht auf einigen wirtschaftlichen Erfolg haben, wenn die Organisation der Anlage und des Betriebes, bei Bergwerken auch die Lagerstätte der bestehenden Anlage, so ungünstig ist, daß man mit Sicherheit bei der Neuanlage mit entsprechend besseren Verhältnissen rechnen kann. Von wesentlicher Bedeutung ist ferner die Frage, wie sich bei verschiedener Belastung der Anlage die veränderlichen Kosten (Krafterzeugung, Löhne, Betriebsmaterial, Reparaturen, Grubenunterhaltung zum Teil usw.) zu den festen Kosten (Abschreibungen, Zinszahlungen, Verwaltung, z. T. auch Wasserhaltung und Grubenunterhaltung, Bergschäden usw.) verschieben, und wie hierdurch die Selbstkosten und damit die Konkurrenzfähigkeit des Unternehmens beeinflußt wird. In vielen Fällen ist eine Rentabilität nur durch stärkere Leistungen des Unternehmens bzw. des betreffenden Betriebsteiles zu erreichen.

B. Die Stellung des Arbeiters in der Betriebswirtschaft.

I. Einführung in die Untersuchung der Arbeitsvorgänge.

a) Geschichtliche Entwicklung.

Die Lehre von der systematischen Betriebsuntersuchung behandelt ebenso wie die Lehre von der Organisation der Betriebsanlagen, des Betriebes und der Arbeit die verschiedenen Mittel, die die Erreichung der höchsten Wirtschaftlichkeit zum Ziele haben. Zugleich muß diese Wissenschaft den verschiedenen Ursachen, die auf den Betrieb einwirken, nachgehen und deren Gesetzmäßigkeit — falls sie vorhanden ist — ergründen, um möglichst klar und eindeutig die Wirkungen auf den Betrieb festlegen und bestimmen zu können, während die Lehre von der Organisation lediglich die Aufgabe hat, Aufschluß über die zweckmäßigste Zusammenfassung der bekannten Mittel zu geben. Wenn also auch der Zweck der systematischen Betriebsuntersuchung ebenfalls ein rein praktischer ist und in erster Linie gewollte Ziele und die technischen Mittel zu deren Erreichung behandelt, so sind doch ihre Hilfsmittel zur Erkennung bzw. zur Schaffung der technischen Mittel schon jetzt in sehr vielen Fällen rein kausaler Natur und dienen zur Untersuchung der Erscheinungen des Betriebes nach Ursache und Folge. Es darf als sicher angenommen werden, daß gerade diese Untersuchungen bei dem weiteren Ausbau der Betriebswissenschaften eine mehr und mehr zunehmende Bedeutung erhalten werden.

Die systematische Betriebsuntersuchung ist in ihren ersten Anfängen schon ziemlich alt. In der Maschinenindustrie befolgte die Ludwig Loewe u. Co., A.-G. bei der Ausbildung ihrer Lehrlinge die wichtigsten Grundsätze systematischer Betriebsuntersuchung schon lange, bevor dieser Name bzw. die Bezeichnung „wissenschaftliche Betriebsführung" jemals geprägt war. Andererseits ist es zweifellos bekannt, daß das Zeitstudienverfahren zur Verbesserung des Betriebserfolges erstmalig in Amerika in größerem Umfange von Taylor systematisch durchgeführt worden ist. Wenig bekannt dürfte es dagegen sein, daß im deutschen Braunkohlenbergbau bereits um die Mitte des 19. Jahrhunderts Versuche zur Durchführung von Zeitstudien angestellt wurden. In einer geschriebenen, von Bergrat Uhde verfaßten Bergbaukunde der Eislebener Bergschule, deren Text aus den 70er oder spätestens 80er Jahren des vorigen Jahrhunderts stammen dürfte, findet sich unter der Überschrift „Berechnung eines Fördermaschinenfeldes" u. a. die folgende Ausführung:

„Von den 1½ achtstündigen Schichten, die fast durchschnittlich verfahren werden, können höchstens 9 Std. = 32 400 sec als wirkliche Arbeitszeit angenommen werden. Diese Zeit ist indessen nicht durchschnittlich zur Förderung mit Wagen verfügbar, denn es kommt davon eine Versäumniszeit in Abzug, die

1. zum Füllen, Anschlagen, Wagenschmieren, Lichtputzen usw. erforderlich ist und für jeden Wagen dieselbe bleibt,

2. auf das Ausweichen in der Förderstrecke zu rechnen ist und deshalb mit der Förderlänge wächst."

Die Zeit zu 1. wird in dem ausführlichen Text zu 4 min je Wagen (Schurren-füllung), die Zeit zu 2. je 100 m auf 1 min angesetzt. Die durchschnittliche Geschwindigkeit des Schleppers wird zu 1,25 m/sec angenommen und darnach die Leistungsfähigkeit eines Schleppers ermittelt. Es werden dann die Baulängen eines Baufeldes bei 80 m Bauhöhe von 100 bis 400 m angenommen und hier in Staffeln von 50 zu 50 m die gesamten Anlagekosten und Förderkosten je Hektoliter Braunkohle ermittelt. Die Kosten werden addiert und so die Baufeldlänge ermittelt, die die niedrigsten Kosten ergibt.

In Anlehnung an diese an sich etwas umständliche Rechnung hat Verfasser später unter Anwendung der Maxima- und Minimarechnung versucht, einen gangbaren Weg zur Berechnung der Abmessung von Abbaufeldern zu geben[1]. Den Anlaß hierzu gab die gelegentlich festgestellte Tatsache, daß bei zwei aneinander markscheidenden, unter durchaus denselben Verhältnissen bauenden Kalisalzbergwerken die Entfernungen der Bremsschächte sehr verschieden waren. Dieselben betrugen auf dem einen Werke 300 m und auf dem Nachbarwerke 600 m. Da die Fördergedinge gleichmäßig gestaffelt und die Kosten der Bremsschächte von gleicher Höhe waren, so war kein Anlaß zu der verschiedenen Bemessung der Bremsschachtfelder gegeben. Die Rechnung ergab, daß das Minimum der Kosten bei etwa 220 m lag.

Diese Rechnungen bauen sich in erster Linie auf Zeitmessungen und den damit zusammenhängenden Ermittlungen der Zusammenhänge zwischen Zeit und allen hiervon abhängigen Kosten auf. Daneben werden u. a. die Anlagekosten und deren Einwirkung auf die aus- und vorgerichtete Menge anstehender, abbauwürdiger Mineralien (Erz, Salz, Kohle) in Rechnung gesetzt.

Mit diesem Beispiele ist nachgewiesen, daß Ansätze zu einer systematischen Betriebsuntersuchung, bei der auch Zeitmessungen nach Lage des Falles mit herangezogen wurden, in Deutschland schon seit vielen Jahrzehnten bekannt sind. Tatsächlich sind in Mitteldeutschland die Fördergedinge schon in den 90er Jahren des vorigen Jahrhunderts auf einer großen Anzahl von Werken nach der in dem bereits erwähnten Aufsatz benutzten Gleichung[1] für die zu erwartende Förderleistung berechnet worden. Wenn es sonach sicher ist, daß es Anfänge einer systematischen Betriebsuntersuchung schon vor Taylor gab, so kann aber wohl nicht bestritten werden, daß er der erste war, der im praktischen Betriebe über gelegentliche, unzusammenhängende Einzelanwendungen hinausging, und eine systematische Lösung wenigstens eines wichtigen Teiles des gesamten Aufgabengebietes mit großem Erfolge in Angriff nahm. Allerdings bezeichnet Taylor seine Arbeiten als wissenschaftliche „Betriebsführung", obwohl gerade die Beamten, die diese Arbeiten durchzuführen haben, nicht selbst in den Betrieb eingreifen, sondern nur den Betrieb untersuchen und das Ergebnis der Untersuchungen in Form von Anweisungen zusammenfassen sollen, nach denen die Betriebsbeamten den Betrieb zu führen haben. Das Wesen der Taylorschen Arbeiten ist also die Betriebsuntersuchung, die Art der Betriebsführung ist nur die an sich selbstverständliche Folgerung.

Es ist außerdem bemerkenswert, daß sich Taylor in der Hauptsache auf die Untersuchung der Vorgänge bei der Ausführung der Arbeit durch den einzelnen Arbeiter beschränkt hat. Aus den hier gewonnenen Erkenntnissen zieht er dann seine Rückschlüsse für den Betrieb. Er geht damit insofern den richtigen Weg, als er zunächst diejenigen Untersuchungen aufnimmt, die in einem bestehenden Betriebe mit den einfachsten Mitteln durchführbar sind und am schnellsten greifbare Ergebnisse zeitigen können. Hieran können dann die weiteren Untersuchungs-

---

[1] Kegel: Die Berechnung der Abmessungen von Abbaufeldern. Glückauf 1904, S. 1499; 1905, S. 993.

methoden angeschlossen und über alle Einzelheiten des Betriebes ausgedehnt werden.

Die betriebsmäßige Untersuchung der möglichen Arbeiterleistung setzt die Kenntnis einer Reihe von Gesichtspunkten über das Arbeitswesen voraus, die hier kurz besprochen werden sollen.

Taylor hat in erster Linie Bewegungsstudien durchgeführt und darauf ein Lohnsystem aufgebaut, das dem Arbeiter eine Sicherheit gewährte, für hohe Leistungen hohe Löhne verdienen zu können, ohne dabei Gefahr zu laufen, daß die Verdienstmöglichkeit durch Akkordherabsetzung geschmälert würde.

Das Ehepaar Gilbreth verfeinerte die Bewegungsstudien durch Einführung der kinematographischen Aufnahmen der Bewegungsvorgänge zugleich mit der Zeigerstellung einer Uhr. Diese Studien hat auch Witte weiter fortgesetzt.

Merrick und Michel[1] sehen von genauen Bewegungsstudien ab, und messen nur die Zeitdauer der einzelnen Teilarbeiten (Arbeitselemente). Sie führen in erster Linie Leistungsstudien durch.

Kraeplin geht auf die geistige Leistungsfähigkeit der Personen zurück. Er hebt bereits die folgenden Gesichtspunkte hervor[2].

1. Zerlegung der Arbeit in möglichst kleine, gleichartige Teilarbeiten, deren Lösungszeiten zu bestimmen sind;

2. Festlegung des Pensums der täglichen Arbeit; Bestimmung von Menge und Wert der täglichen Arbeit;

3. Einfluß der Übung durch Arbeitsgewöhnung; Grenzen der Übungsfähigkeit; Gedächtnisstärkung; Dauer der erworbenen Übung und Schwinden im Alter;

4. Wirkungen der Ermüdung; Ablenkbarkeit durch Störungen aller Art; Bedeutung der zweckmäßig bemessenen und verteilten Erholungspausen.

Münsterberg führte als erster an der Harvard-Universität zu Philadelphia wirtschaftspsychologische Forschungen durch und legte dadurch den Grund zum Ausbau der Psychotechnik.

Rubner führte an der Berliner Universität erstmalig die Untersuchung der anatomisch-physiologischen Bedingungen der Arbeitsleistung durch und brachte dadurch die Möglichkeiten einer wissenschaftlichen Betriebs- und Arbeitsuntersuchung einen wesentlichen Schritt weiter.

Die aus den vorstehenden Angaben hervorgehende Bemühung zur gründlichen Untersuchung der menschlichen Arbeitsbedingungen ist angesichts der außerordentlichen Wichtigkeit des Menschen im industriellen Produktionsprozeß durchaus gerechtfertigt. Jedoch sind damit die Erfordernisse einer systematischen Betriebsuntersuchung noch nicht erschöpft. Man darf sich hierbei nicht auf die Untersuchung der Arbeitsvorgänge beschränken, die Untersuchung muß vielmehr auf alle Betriebsvorgänge und Betriebseinrichtungen, auf die Hilfs- und Rohmaterialien, sowie auf die Fertigprodukte ausgedehnt werden, um die billigste und beste Erzeugung bei möglichst geringem Anstrengungsgrade des Menschen zu erreichen.

Es ist außerdem zu beachten, daß die Arbeitsausführung nur teilweise von Hand, in der Regel unter teilweiser oder ausschließlicher Heranziehung von Arbeitsmaschinen erfolgt.

b) Entwicklungsstufen der Arbeitsausführung.

Die Arbeitsausführung von Hand kann betriebswissenschaftlich als die unterste Entwicklungsstufe der Produktion angesehen werden. Sie ist am leichtesten da zu

---

[1] Michel: Wie macht man Zeitstudien? Berlin: VDI-Verlag 1920.
[2] Pothmann: Die Grundzüge der wissenschaftlichen Betriebsführung. Braunkohle 1925, S. 309.

verdrängen, wo die Gleichförmigkeit der Arbeit und die Höhe der Erzeugung eine Anwendung von Arbeitsmaschinen ermöglicht.

Grundsätzlich lassen sich für die Heranziehung von Arbeitsmaschinen bei der Gewinnung und Förderung im Bergbau die folgenden Entwicklungsstadien verfolgen:

1. Die Maschine dient lediglich als Werkzeug zur Leistungserhöhung menschlicher Arbeit, die als solche die Grundlage der Leistung bleibt, so daß keine wesentliche Verminderung der körperlichen Anstrengung des Arbeiters erfolgt (Maschinenarbeiter).

2. Die Maschine übernimmt die Arbeitsleistung im wesentlichen, beansprucht aber die geistige Arbeitskraft des Arbeiters mehr oder weniger umfangreich durch die erforderliche Bedienung, Beaufsichtigung und Wartung (Maschinenführer).

3. Die Maschine übernimmt nicht nur die Arbeitsleistung, sondern führt sie mehr oder weniger automatisch aus, so daß Bedienung und Beaufsichtigung mehr und mehr zurücktreten, und Wartung sowie Bereitschaftsdienst zur Beseitigung etwaiger Störungen mehr und mehr in den Vordergrund treten (Maschinenwärter).

Mit dieser Dreiteilung ist die „Intelligenz" der Maschine, nicht die seitens des Arbeitnehmers erforderliche Intelligenz gekennzeichnet. Die dem Arbeitnehmer zugemutete Nervenbeanspruchung und Aufmerksamkeit ist sogar bei den Maschinen des ersten und besonders des zweiten Entwicklungsstadiums meist eine weit größere. Dagegen stellen die Maschinen des dritten Entwicklungsstadiums in der Regel — wenn man von sehr einfachen Arbeitsvorgängen absieht — an das Wissen des Arbeitnehmers zunehmend höhere Anforderungen. Ein treffendes Beispiel für diese Entwicklung gibt die Schachtförderung. Die primitivste Art besteht in dem Heraufschaffen der Förderung in Trägerlasten, eine Förderung, wie sie beim sizilianischen Schwefelbergbau noch bis in die neuere Zeit angewandt wurde, und wie sie in den von Treptow veröffentlichten Bildern eines japanischen Erzbergwerkes zur Darstellung gelangte[1].

Das erste Entwicklungsstadium der Anwendung von Maschinen wird durch den Handhaspel, das zweite durch die ältere Dampffördermaschine gekennzeichnet, die ohne Sicherheitsvorkehrungen, Anfahrtregler usw. arbeitete, während die elektrische Fördermaschine mit ihrer automatischen Geschwindigkeitsreglung und Fahrtbegrenzung das dritte Entwicklungsstadium fast vollständig erreicht hat. Die elektrische Wasserhaltungsmaschine dürfte namentlich bei reinem Wasser eine typische Vertreterin des dritten Entwicklungsstadiums darstellen, da die hier tätigen Maschinisten vorwiegend nur Bereitschaftsdienst zu verrichten haben. Es ist selbstverständlich, daß an die Betriebssicherheit der Arbeitsmaschinen des dritten Entwicklungsstadiums besonders hohe Anforderungen gestellt werden müssen, wenn sie ihrer Aufgabe, d. h. der weitgehendsten Ausschaltung der Mitwirkung menschlicher Arbeit in wirtschaftlicher Hinsicht gerecht werden sollen.

Der zunehmende Lohnanteil der Produktionskosten, hervorgerufen in erster Linie durch den im Laufe der letzten Jahrzehnte stets gesunkenen relativen Verkaufswert der Produkte bezogen auf die Lebenshaltungskosten, hat eine mehr und mehr zunehmende Mechanisierung der Betriebe mit sich gebracht.

Auch im Bergbau hat man dauernd Versuche einer Mechanisierung der Betriebe angestellt. Die günstigen Ergebnisse der Mechanisierung der Braunkohlentagebaue zeigen zugleich in sinngemäßer Auswertung der in anderen Industrien gewonnenen Erfahrungen und in Übereinstimmung mit den bereits vorliegenden Ergebnissen der Betriebsuntersuchung unterirdischer Bergbaubetriebe, daß die

---

[1] Treptow: Japanische Rollbilder (Kupferbergbau). Sächs. Jahrb. 1904, S. 149.

Einführung und Durchbildung eines konzentrierten, kontinuierlich vorwärts schreitenden Abbaues als wichtigste Vorbedingung für die erfolgreiche Mechanisierung des unterirdischen Bergbaubetriebes angesehen werden kann.

Von erheblicher Bedeutung für die Wechselwirkung von Berufs- und Volksbildung zur Entwicklung von Technik und Wirtschaft sind die oben angeführten Entwicklungsstadien der mechanisierten Betriebe insofern, als mit zunehmender Vervollkommnung — wenn sich diese für den Betrieb wirtschaftlich segensreich auswirken soll — von dem einzelnen Arbeitnehmer zum Teil stärkere geistige Mitarbeit und in der Regel erhöhtes geistiges Verständnis sowohl für die Arbeit selbst als auch für deren volkswirtschaftliche Bedeutung vorausgesetzt wird.

c) Die Gründe für die Einführung der wissenschaftlichen Betriebsführung.

Die Ursache, die Taylor zur Durchführung seiner Methode der „wissenschaftlichen Betriebsführung" veranlaßte, war die Erfahrung, daß die Arbeiter des von ihm geleiteten Betriebes in der Regel nur einen Bruchteil dessen leisteten, was sie ohne Gesundheitsschädigung hätten leisten können. Taylor, der infolge seines Entwicklungsganges die Leistungsfähigkeit recht gut beurteilen konnte, ging den Ursachen nach und fand, daß die Arbeiter mit ihren Arbeitsleistungen zurückhielten, weil sie vielfach die Erfahrung machten, daß eine Kürzung des Stücklohnes oder der Gedinge erfolgte, sobald sie über einen gewissen Maximallohn hinaus verdienten.

Die Lohnfrage ist zweifellos von großer Bedeutung. Zunächst muß darauf hingewiesen werden, daß die Betriebsstatistiken vom psychologischen Standpunkte aus dann falsch aufgestellt sind, wenn die Angaben über die Lohnhöhen je Mann und Schicht stärker betont werden als die über den Lohnanteil je Leistungseinheit, oder wenn diese Angabe sogar fehlt.

Die Tatsache, daß dann der Leiter eines Werkes an Stelle des Lohnanteiles stets die Lohnhöhe vor Augen hat, veranlaßt ihn leicht, Ersparnismöglichkeiten lediglich in der Verminderung der Lohnhöhe zu erblicken. Die Lohnherabsetzung bewirkt dann wieder ein Zurückhalten der Leistungen seitens der Arbeiter. Ausschlaggebend für die Höhe der Selbstkosten ist nicht die Lohnhöhe sondern der Lohnanteil. Es wird bei geschickter Betriebsführung sehr häufig der Fall eintreten, daß unter bestimmten Voraussetzungen mit zunehmender Lohnhöhe der Lohnanteil fällt. Eine Senkung des Lohnanteils bei steigernder Lohnhöhe ist aber nur denkbar, wenn die Leistung des Arbeiters steigt. Der Arbeiter muß sonach ein Interesse haben, stets beste Leistungen zu vollbringen. Ein solches Interesse kann aber nur geweckt und erhalten werden, wenn der Arbeiter eine Gewähr für die Beibehaltung seiner Lohngrundlage (Akkord, Gedinge usw.) auch bei erreichten hohen Spitzenlöhnen hat. Schon Taylor führt aus, daß die auf Grund wissenschaftlicher Betriebsuntersuchungen berechnete, also nicht auf mehr oder weniger unklare Vorstellungen und Erfahrungen geschätzte Arbeitszeit dem Zeitbedarf des besten Arbeiters unter Voraussetzung bester Hilfsmittel für eine bestimmte Arbeitsleistung entspricht. Der Unternehmer muß diese Leistung als die höchstmöglichste und der Arbeiter als eine gegebenenfalls erreichbare anerkennen, um eine feste Basis für die Gedingestellung zu erhalten. Das Gedinge muß dann so gehalten sein, daß der Normallohn (Normalgedingelohn) bei der Normalleistung erreicht wird, die natürlich entsprechend unterhalb der möglichen Höchstleistung liegt. Diese Gedinge müssen so lange unverändert bleiben, als die Arbeitsweise dieselbe bleibt. Michel schlägt deshalb die Ausfertigung von Garantiescheinen (Akkordgarantie) vor, die den Arbeitern unter allen Umständen die Sicherheit bieten sollen, daß das Gedinge so lange aufrecht-

erhalten wird, als die in dem Schein spezifizierte Arbeitsmethode und der fest-
gesetzte Grundlohn dieselben bleiben.

Auch Taylor weist schon darauf hin, daß das Bedenken der Arbeiterschaft,
es könnte vom Arbeiter stets das Maximum der nach den Untersuchungen
möglich erscheinenden Leistungen verlangt werden, unbegründet ist, da dieses
Verlangen stets mit einem Fiasko enden müßte. Ein solcher Arbeitgeber würde
nicht mit der allgemeinen Psychologie der Arbeiterschaft zu rechnen verstehen.
Wenn der Arbeiter sieht, daß er seinen Lohn nur beim Zusammentreffen aller
günstigen Voraussetzungen und nur bei höchster Geschicklichkeit verdienen
kann, ihn aber durchschnittlich nicht erreichen wird, so verliert er die Lust an
der Arbeit.

Auch der Einwand, daß die Lohnsteigerung nicht in dem Maße der Produk-
tionssteigerung erfolge, übersieht die Tatsache, daß die Leistungssteigerung nur
teilweise auf einen erhöhten Arbeitsaufwand der Arbeiter und mehr oder weniger
auf einen verbesserten Arbeitsplan, bessere Organisationen des Betriebes und zu
diesem Zwecke verstärkten Beamtenapparat, sowie auf die Vervollkommnung
der maschinellen Ausrüstung zurückzuführen ist. Die Arbeiterschaft muß bedenken, daß die systematische Betriebsverfolgung in erster Linie den Zweck
hat, Mittel und Wege zu finden, um bei einem bestimmten Arbeitsaufwand die
höchstmöglichste Leistung zu erzielen. Es liegt also im volkswirtschaftlichen
Interesse, und damit auch im Interesse eines jeden Arbeiters, die gesamten Betriebsvorgänge eingehend wissenschaftlich zu untersuchen, um auf dem Inlands-
und Weltmarkte konkurrenzfähig zu werden bzw. zu bleiben.

Rein psychologisch aufzufassen ist auch die Befürchtung der Gewerkschaften,
daß ihr Einfluß durch die systematische Betriebsuntersuchung ausgeschaltet würde.
Diese Befürchtung ist grundlos. Die wissenschaftlich systematische Betriebsuntersuchung wird niemals über die Höhe des Normallohnes entscheiden. Wohl
aber wird sie meist in der Lage sein, zur Klärung der Arbeitsvorgänge zuverlässige
Grundlagen für die Aufstellung gerechter Akkorde bzw. Gedinge zu geben. Sie
wird also automatisch — vernünftige Handhabung vorausgesetzt — viel Zünd-
stoff beseitigen und dadurch erheblich dazu beitragen können, ein verständnis-
volles, gegenseitiges Vertrauensverhältnis zwischen Arbeitgeber und Arbeitnehmer
anzubahnen und zu erhalten. Ein weiterer Vorwurf gegen die systematische Betriebsuntersuchung ist der einer Entseelung der Arbeit oder der Geistesverödung
durch die zunehmende Monotonie des Berufes infolge der Normalisierung und
Spezialisierung der Tätigkeit. Münsterberg wendet hiergegen mit Recht ein,
daß ein Außenstehender überhaupt nicht die feineren Verschiedenheiten einer
ihm nicht genügend bekannten Arbeit zu erkennen vermag. Er kann daher auch
nicht beurteilen, ob eine scheinbar monotone Arbeit geistige Anregungen zu
geben in der Lage ist. Es gibt neben dem gewerblichen Arbeiter viele andere,
u. a. auch akademische und künstlerische Berufe, deren Angehörige eine mehr
oder weniger scharfe Einengung ihrer Betätigung in Kauf nehmen müssen. Nur
solche Menschen, die nicht in die Eigenart ihres Berufes einzudringen vermögen,
sei es infolge mangelnder persönlicher Neigung, sei es infolge irgendwelcher
äußerer Einflüsse, werden unter der Monotonie ihres Berufes leiden. Henry
Ford weist darauf hin[1], daß der Durchschnittsarbeiter sich stets eine Arbeit
wünscht, bei der er sich nicht körperlich, vor allem aber nicht geistig anzustrengen
braucht. Berücksichtigt man ferner, daß die Entwicklung der Wirtschaft, Wissenschaft und Technik zu einer fortschreitenden Arbeitsteilung zwingt, so muß
man andere Auswege suchen, um etwaigen schädlichen Wirkungen der Monotonie
der Arbeit vorzubeugen. Versuche, außerhalb der Arbeit liegende Mittel zur

---

[1] Ford: Mein Leben und mein Werk. Leipzig: Paul List.

Hebung der Arbeitsfreude bzw. der Leistung anzuwenden, sind nur unter bestimmten Bedingungen von Erfolg. Hierzu gehört u. a. das Singen bei der Arbeit, die dann aber so mechanisch oder automatisch und rhythmisch sein muß, daß keine gespannte Aufmerksamkeit erforderlich ist. Dieses bereits im alten Handwerk angewandte Mittel wird jedoch nie die Bedeutung haben, wie die in der Arbeit und im Arbeitserfolg liegenden Triebfedern des Berufsstolzes. Hierzu ist eine intensivere Berufsausbildung erforderlich, die den Schaffenden befähigt, die Feinheiten seiner Betätigung und deren Bedeutung für das Ganze zu erkennen und damit das Selbstbewußtsein und die Verantwortungsfreudigkeit zu heben.

II. Arbeit und Rhythmus.

a) Der Ursprung der Arbeit.

Der Ursprung der Arbeit ist sicher in erster Linie auf die Notwendigkeit der Beschaffung des Lebensunterhaltes zurückzuführen. Es bedeutete schon einen erheblichen, intellektuellen Fortschritt des Menschen, als er verschiedene Arbeitsmethoden anwandte, um sich die Ausführung der stets wiederkehrenden Arbeiten zu erleichtern. Hieran werden sich erst viel später solche Arbeiten angeschlossen haben, die ihm Annehmlichkeiten aller Art gebracht haben. Zunächst wird dem Naturmenschen jede Arbeit mehr oder weniger unangenehm gewesen sein. Hierauf deutet die Tatsache, daß die Ausdrücke für Arbeit in den verschiedenen Sprachen ursprünglich den Sinn von Not, Mühsal, Plage gehabt haben[1]. Der hervorstechendste Charakterzug der wilden Naturvölker ist nach den Mitteilungen der Beobachter aller Zeiten fast stets der große Hang zur Faulheit, aus dem heraus die Sklaverei, sowie die Arbeitsüberbürdung der Frau dadurch entstanden ist, daß der Starke den Schwachen unterjochte, um dessen Arbeitskraft auszunützen. Immerhin darf nicht verkannt werden, daß auch die Sklaverei meist mit einem Zustand beginnt, bei dem Herr und Knecht sich gemeinsam an der Arbeit beteiligen.

Von Bedeutung ist jedoch der Umstand, daß die Arbeit von dem Naturmenschen launenhaft und spielerisch durchgeführt wird und daß er vor allem die regelmäßige, länger dauernde und zugleich anstrengende Arbeit scheut. Ein Zwang zu langdauernder und anstrengender Arbeit lag vor, weil die Werkzeuge zur Beschaffung der notwendigsten Lebensbedürfnisse zu einfach und wirkungslos waren.

Die körperliche Anstrengung ist aber als solche zweifellos nicht die Ursache der Abneigung gegen die Arbeit. Bekanntlich lieben gerade die wilden Völkerschaften den Tanz. Man kann wohl sagen, daß alle Naturvölker den Tanz oft und gern bis zur Raserei und völligen Erschöpfung ihrer Kräfte ausführen. Der Unterschied zwischen Tanz und Arbeit besteht in erster Linie darin, daß der Tanz namentlich infolge der rhythmischen Wiederholung der Bewegungen keine geistige Anstrengung neben der körperlichen erfordert. Infolge der Ausschaltung geistiger Anstrengung können sich beim Tanz Gefühle der Freude einstellen, während sich bei der Arbeit infolge der andauernden Spannung der Aufmerksamkeit besonders bei den wilden, geistiger Arbeit abholden Naturmenschen sehr bald Unlustgefühle einstellen.

Es ist naheliegend, daß der Naturmensch sehr bald versuchte, die geistige Anstrengung der Arbeit dadurch zu umgehen, daß er die Arbeit soweit als möglich rhythmisierte. Das ergab sich für ihn schon aus der mehr spielerischen Ausführung der Arbeit. Er fand sehr bald, daß das sonst eintretende Unlustgefühl gebannt

---

[1] **Bücher:** Arbeit und Rhythmus, S. 2. 6. Aufl. Leipzig: Emanuel Reinicke 1924; ferner **Horneffer:** Der Weg zur Arbeitsfreude. Berlin: Reimar Hobbing.

wird, sofern die Arbeitsvorgänge rhythmisch durchgeführt wurden, besonders wenn der Rhythmus durch Arbeitsgesänge unterstützt wurde.

Bekanntlich kommt der Arbeitsrhythmus in der Regel dadurch zustande, daß irgendein regelmäßig wiederkehrender Arbeitsvorgang besonders markiert wird, falls er nicht von selbst hervortritt. So schlägt der Schmied seinen Takt durch periodisches, kräftiges Aufschlagen des Hammers. Dieser Arbeitsrhythmus ist zwar noch kein Tonrhythmus, doch ist die Herausbildung eines Tonrhythmus aus dem Arbeitsrhythmus durchaus verständlich. Diese Ansicht Büchers, daß Musik und Poesie aus dem Arbeitsrhythmus entstanden sei, dürfte daher sehr viel für sich haben, um so mehr, als Poesie und Musik ursprünglich nie getrennt vorkommen, keine Sprache für sich ihre Wörter und Sätze rhythmisch baut und die Arbeitsgesänge in ihren primitivsten Formen als die ältesten Gesänge anzusehen sind.

b) Der Rhythmus im Lebensprozeß und in der Arbeitsbewegung.

Diese rein historischen Feststellungen berechtigen zu der Annahme, daß rhythmische Vorgänge auf das Nervensystem der Menschen in vielen Fällen derart einwirken, daß nicht nur sein Arbeitstrieb, sondern auch seine Leistungsfähigkeit gesteigert wird. Diese Annahme scheint auch durch die Tatsache unterstützt zu werden, daß alle gesetzmäßig fortschreitenden Energieäußerungen der Natur in Wellenbewegungen von fallweise bestimmter Wellenlänge, Wellenhöhe und Wellengeschwindigkeit, also rhythmisch verlaufen. Diese rhythmischen Bewegungen erstrecken sich allem Anschein nach nicht nur auf die rein physikalischen Vorgänge (Lichtwellen, Schallwellen usw.), sondern auch auf die wichtigsten Lebensvorgänge, wenigstens insoweit sie vom Willen des betreffenden Individuums nicht beeinflußt werden. Der Herzschlag ist rhythmisch, ebenso der normale Atmungsvorgang.

Durch die Rhythmisierung der Bewegung erfolgt auch eine körperliche Entlastung dadurch, daß bei den rhythmischen Bewegungen die kleineren Muskelsysteme (Nebenmuskeln) von selbst zweckmäßig mit eingeschaltet werden, wodurch eine Entlastung der Hauptmuskeln und damit eine Erhöhung der Leistungsfähigkeit und der Ausdauer des Menschen eintritt.

Es kommt ferner hinzu, daß rhythmisch gestaltete und eingeübte Bewegungen die Ausführung einer Arbeit exakter gestalten, den Arbeitenden dadurch sowohl körperlich als auch geistig weniger ermüden und gleichmäßige, in der Regel auch höhere Leistungen erzielen lassen.

Die Rhythmisierung vollzieht sich ohne jede stärkere Inanspruchnahme des Willens und der Aufmerksamkeit, sofern der betreffende Mensch nur den geringsten Sinn bzw. das geringste Gefühl für Rhythmus hat und einfache rhythmische Bewegungsvorgänge in Frage kommen. Kompliziert zusammengesetzte Rhythmen sind ungeeignet, da sie schließlich doch erhöhte Anforderungen an den Willen und die Aufmerksamkeit der Personen stellen.

Die sämtlichen Bewegungen eines Arbeitsvorganges müssen sich stets im gleichen Rhythmus unter Beachtung der physiologisch-anatomischen Voraussetzungen rhythmischer Bewegungen wiederholen. Nach During[1] muß die Rhythmik so gewählt sein, „daß die Arbeit, die ursprünglich in ihrer Gänze vollbewußt und unter genauer Kontrolle durch die Hirnrinde des Arbeiters erfolgte, zur automatischen oder halbautomatischen wird, so daß die Großhirnrinde frei wird für eine höhere Beurteilung des Arbeitsvorganges und für Gedanken, die sich außerhalb des Rahmens der Pflichtarbeit bewegen". Daß durch die Rhythmi-

---

[1] During: Die Ermüdung. Schriften des Internationalen Kongresses für Gewerbekrankheiten, Wien 1916, S. 97.

sierung die Gedanken frei werden, betont auch Hultzsch[1] auf Grund seiner am Fordschen Arbeitsbande gemachten Erfahrungen. Er weist darauf hin, daß auch die übrigen Arbeiter bei rhythmischen Bewegungen Gelegenheit hatten, sich nebenbei irgendwie geistig zu beschäftigen und führt an, daß die physiognomische Beobachtung zu falschen Schlüssen führt, da die Unbeweglichkeit der Gesichtszüge und die Starrheit des auf die Arbeit gerichteten Auges keinerlei Aufschluß darüber geben kann, was der Mensch denkt.

Es geht daraus hervor, daß die Monotonie der Arbeit durchaus nicht so schädigend auf den Arbeiter einwirkt, wie von Fernstehenden vielfach angenommen wird, und auch Münsterberg noch annahm. Ein klassisches Beispiel für die Haltlosigkeit dieser Annahme ist die Arbeit des Gehens. Man kann sich wohl kaum eine monotonere Arbeit vorstellen als das Gehen. Und dennoch gibt es viele Spaziergänger, die auf ihren Spaziergängen nicht nur geistige Erholung, sondern auch geistige Anregungen finden, die stundenlang spazierengehen, ohne es geisttötend zu finden. Die Erklärung liegt darin, daß der Arbeitsvorgang sich rhythmisch wiederholt und so einfach und so eingeübt ist, daß das Hirn bei dem Arbeitsvorgang gar nicht mehr herangezogen wird. Nur in untergeordnetem Maße hat der Mensch auf guten Straßen Gefahrenpunkte usw. zu beachten. Das Hirn ist daher für jede Gedankenarbeit fast vollkommen frei.

Dieses Beispiel zeigt, daß gerade die beiden Extreme der Arbeit, die geistig anspannende und die den Geist nicht beanspruchende, viel günstiger auf die geistige und seelische Verfassung des Menschen einwirken als die Arbeiten, die nur die Aufmerksamkeit des Arbeiters stark beanspruchen, ohne jedoch ein höheres geistiges Interesse anzuregen.

Da gerade die einfachsten Bewegungsvorgänge sich am leichtesten rhythmisieren lassen, so folgt daraus, daß bei der Arbeitszergliederung (z. B. für die Fließarbeit) tunlichst die Gesichtspunkte der Arbeitsrhythmisierung beachtet werden sollten, und daß eine weitgehende Arbeitsteilung verbunden mit einer Rhythmisierung der Arbeitsvorgänge wesentlich zu einer befriedigenden Lösung dieser Arbeitsorganisation beitragen kann.

c) Die Faktoren der rhythmischen Arbeitsbewegung.

Rhythmische Arbeitsbewegungen müssen in jeder Hinsicht eine Bewegungsharmonie darstellen, die sich aus den physiologisch-anatomischen Grundlagen des Menschen ergeben. Bedingt werden die rhythmischen Bewegungen in erster Linie durch:

α) Bewegungsdauer,
β) Bewegungsmaß,
γ) Bewegungsfolge,
δ) Bewegungszusammensetzung,
ε) Bewegungswiderstände,
ζ) den Rhythmus der Maschinen.

α) **Bewegungsdauer.** Die günstigste Bewegungsdauer ist von dem rhythmischen Gefühl abhängig, das bei den Menschen im großen und ganzen zwar ungefähr übereinstimmt, aber doch gewissen Schwankungen unterliegt und bei einzelnen Menschen mehr oder weniger fehlt. Letztere sind zur Ausführung rhythmisch gestalteter Arbeit meist unfähig und stören nur den Arbeitsrhythmus der Mitarbeiter, wodurch deren Leistungsfähigkeit herabgesetzt wird[2]. Man denke nur an die in der Kolonne außer Takt marschierenden Soldaten.

---

[1] Hultzsch: Arbeitsstudien bei Ford, S. 17, 26 u. 29. Dresden: Kohler 1926.
[2] During: a. a. O.

Die Ursachen des rhythmischen Gefühls beruhen nach Wilhelm Wundt[1] auf einer subjektiven Zeitvorstellung, als deren natürliche Einheit er den $^2/_8$-Takt aus den Gehbewegungen ableitet. Diese subjektive Zeitvorstellung steht sonach in einem gewissen Gegensatz zu der in Sekunden gemessenen objektiven Zeitmessung. Die Bedeutung dieses Unterschiedes liegt darin, daß die Bewegungen eines Menschen normalerweise nicht nach Sekunden, sondern nach dem dem betreffenden Menschen eigenen Bewegungsrhythmus erfolgen. Wenn auch daraus folgt, daß das Zeitmaß, in dem gleiche rhythmische Bewegungen bei verschiedenen Leuten erfolgen, an sich etwas voneinander abweicht, so ist doch eine Anpassung an ein einheitliches Zeitmaß in der Regel möglich, da das günstigste Zeitmaß einer rhythmischen Bewegung für den einzelnen Menschen nicht einem bestimmten punktförmigen Zeitwerte, sondern mehr einem Zeitschwellenwerte entspricht, innerhalb dessen das Tempo des Rhythmus liegen kann.

Das Tempo, das bei völlig sich selbst überlassenen Leuten recht verschieden sein kann, läßt sich durch entsprechende rhythmische Taktangabe meist unschwer zur Übereinstimmung bringen. Für das Tempo sind nur die Bedingungen zu erfüllen, daß:

a) das normale Durchschnittstempo nicht wesentlich über- oder unterschritten wird, und

b) das einmal gewählte Tempo beibehalten wird.

Ein zu langsames Tempo strengt bekanntlich die Muskulatur übermäßig an, ein zu schnelles mindestens das Herz, so daß in beiden Fällen sehr bald eine völlige Erschöpfung eintritt. Außerdem liegen beide Bewegungsarten außerhalb der Gefühlslage, innerhalb der sich rhythmische Bewegungsvorgänge bei genügender Wiederholung mehr oder weniger unbewußt automatisch abspielen können.

Ein plötzlicher Tempowechsel der Taktangabe usw. veranlaßt vom Gehirn ausgehende Gegenwirkungen zu der im Gang befindlichen rhythmischen Bewegung, wodurch sowohl die Muskulatur, als auch die Nerven ungünstig beeinflußt, die Ermüdung bzw. Erschöpfung also beschleunigt werden.

β) Bewegungsmaß. Rhythmische Bewegungen müssen nicht nur zeitlich, sondern auch in ihren Ausmaßen den physiologisch-anatomischen Eigenschaften des Menschen entsprechen. Insbesondere sind zu große Ausmaße der Einzelbewegungen schädlich und verhindern die Durchführung rhythmischer Bewegungen. Eine Gehbewegung wird nicht mehr rhythmisch durchführbar, wenn die Schrittlänge über ein bestimmtes, jeweils von der betreffenden Person abhängiges Maß bemessen werden soll. Gleichzeitig tritt ein übermäßiger Kräfteverbrauch ein. Die Leistungsfähigkeit der Person sinkt.

Ebenso wie für das Tempo ist auch für das Maß rhythmischer Bewegungen die Tatsache von Bedeutung, daß letzteres nicht punktförmig für eine Person festliegt, sondern daß das günstigste Bewegungsmaß innerhalb eines Schwellenwertes liegt, der eine mehr oder weniger große Anpassungsfähigkeit der Bewegungsmaße der einzelnen Personen an ein gemeinsames Bewegungsmaß ermöglicht. Bekannt ist das gleiche Schrittmaß sowohl im Tempo als auch in der Schrittlänge bei der Armee. Ebenso bekannt ist aber auch die Schwierigkeit, die gleiche Schrittlänge für große und kleine Leute, namentlich bei längeren Märschen in der Kolonne, auch wirklich einzuhalten, besonders wenn die größeren Leute an der Spitze der Kolonne marschieren. Daraus folgt für manche Kolonnenarbeit die Notwendigkeit, möglichst gleich große Leute zusammenzustellen, um übereinstimmende Bewegungsmaße zu erhalten.

---

[1] Wundt: Physiologische Psychologie, Bd. 3, 6. Aufl. S. 21. Leipzig 1911.

Dasselbe gilt sinngemäß für alle Arbeitsbewegungen. Beispielsweise kann die Wurfbewegung beim Einschaufeln als rhythmische Bewegung in einem Zuge durchgeführt werden, solange die Wurfweite, d. h. die Entfernung des zu füllenden Wagens, nicht zu groß ist. Mit der Überschreitung eines bestimmten Maßes läßt die Leistungsfähigkeit infolgedessen erheblich nach. So stellt Gold[1] fest, daß auf einem Braunkohlenwerke die reine Füllzeit je hl bei 1 bis 1,5 m Entfernung des Schleppers vom Wagen 40 sec und bei 3 m Entfernung 55 sec betrug. Will der Schlepper die Massen über ein gewisses, von seiner Körperkraft und Gewandtheit abhängiges Maß hinaus mit der Schaufel werfen, so wird die Bewegung unrhythmisch. Der Wurf wird dadurch ungenau, was man am besten an der zunehmenden Streuung der abgeworfenen Massen feststellt.

γ) **Bewegungsfolge.** Es ist bekannt, daß ein Schlepper größere Wurfweiten dadurch zu erreichen sucht, daß er im Tempo und in ·der Richtung der Wurfbewegung ein Bein vorsetzt und den Oberkörper entsprechend ausschwingt. Gegebenenfalls führt der Mann gleichzeitig eine entsprechende Wendung aus. Daraus ergibt sich die Einwirkung der Bewegungsfolge. Zusammengesetzte rhythmische Bewegungen setzen eine fließende Bewegung voraus, durch welche die dem Körper bereits erteilte Massenbewegung für die Fortsetzung der Bewegung ausgenutzt werden kann. Alle Bewegungsunterbrechungen und plötzliche Richtungsänderungen sind hier zu vermeiden. Der Schmied, der den schweren Vorschlaghammer vom Amboß zunächst nach unten fallen läßt, um ihn kreisend durchzuschwingen, wird seine Arbeit mit wesentlich größerem Erfolg und geringerem Kraftaufwand durchführen als der Mann, der den schweren Hammer etwa wie einen leichten direkt vom Amboß nach oben hebt und ihn dann wieder niederfallen läßt. Grundsätzlich wird man die Beobachtung machen können, daß Leute, die eckige Arbeitsbewegungen ausführen, trotz größerer Kraftanstrengung viel weniger leisten und sich viel schneller erschöpfen als Leute, die fließende, rhythmische Arbeitsbewegungen ausführen. Sehr häufig liegt hier das Geheimnis des Kohlenhauers[2], der trotz schwächerer körperlicher Entwicklung wesentlich mehr leistet als sein kräftigerer Arbeitskamerad. Zweifellos ist hierauf auch die größere Leistungsfähigkeit der Brikettverladerinnen zurückzuführen (s. Tabelle 8).

Tabelle 8. Zeitmessungen über Verladung von Stapelbriketts.

	Besteingearbeitet		Eingearbeitet		Wenig geübt	
	Ver-lader	Ver-laderin	Ver-lader	Ver-laderin	Ver-lader	Ver-laderin
Mittlere Lufttemperatur . . . . °C	5,5	5,5	5,9	5,9	9,25	9,25
Luftfeuchtigkeit . . . . %	93	93	100	100	100	100
Alter . . . . Jahre	26	31	26	19	26	20
Dauer der Messung (reine Arbeitszeit) Std. min	6 13	6 42	9 32	7 23	9 43	9 12
Zurückzulegender einfacher Arbeitsweg . . . . m	10,8	10,8	11,35	9,2	8,9	11,25
Geförderte Gesamtleistung . . . kg	14 780	14 180	15 230	15 580	14 830	14 430
Stündl. geförderte Last . . . . kg	2377,5	2116,4	1597,5	2110,2	1526,2	1568,5
Zurückgelegter Gesamtweg . . . m	22 766,4	23 414,4	21 315,3	23 036,8	21 733,8	22 770,0
Mit Last zurückgelegter Weg . . m	11 383,2	11 707,2	10 657,6	11 518,4	10 866,9	11 385,0
Gesamtleistung . . . . . . tm/Stde	25,67	22,85	18,13	19,41	13,58	17,64

[1] Gold: Wissenschaftliche Betriebsführung im Braunkohlentiefbau mit Hilfe von Zeitstudien. Dissertation Freiberg 1928.

[2] Nach Walther: Diss. Freiberg 1926, turnte ein Hauer systematisch, um sich für die Arbeit „gelenkig" zu erhalten.

Bei der Anlernung des Lehrhauers dürften diese Gesichtspunkte von erheblicher Bedeutung sein. Es soll hierbei nicht verkannt werden, daß die Durchführung fließender Arbeitsbewegungen durch die beengten Raumverhältnisse der Grubenbaue erschwert wird. Jedoch läßt sich sehr viel durch entsprechende Bemessung der Gezähe, gegebenenfalls unter entsprechender Anpassung der Arbeitsverhältnisse erreichen. Insbesondere wird es — wie z. B. bei der Schaufelarbeit — nötig werden, die Bewegungshindernisse durch Anwendung geeigneter Hilfsmittel, hier etwa durch Anwendung glatter Schippsohlen, zu vermindern.

δ) **Bewegungszusammensetzung.** Wichtig ist es ferner, die Bewegungszusammensetzung bei der Ausführung der Arbeit möglichst so zu organisieren, daß nicht ein und dasselbe Muskelsystem gleichzeitig verschiedenartige Arbeiten zu verrichten hat. Die Muskulatur wird dadurch übermäßig beansprucht und der Bewegungsrhythmus mehr oder weniger gestört.

Bei Anwendung eines Schlangenbohrers mit Krückel muß der Mann gleichzeitig mit den Händen den Krückel drehen und den Bohrer andrücken. Wendet man ein Brustschild mit Kurbel an, so kann der Mann den Bohrer mit dem Oberkörper andrücken, sofern das Bohrloch eine geeignete Höhenlage und Richtung hat, und braucht mit den Händen nur zu drehen. Er kann im letzteren Falle bei geringerer Anstrengung wesentlich mehr leisten. Es kommt hinzu, daß er dann neben der besseren Arbeitsverteilung auch die bessere fließende Arbeitsbewegung mit der Kurbel ausführen kann, während er beim Krückel die Dreharbeit stets nach einer Drehung von 180⁰ unterbrechen muß.

ε) **Bewegungswiderstände.** Rhythmische Arbeitsbewegungen lassen sich, auch wenn die Bedingungen des Bewegungsmaßes, der Bewegungsfolge und der Bewegungszusammensetzung erfüllt sind oder erfüllt werden können, nur dann in einer geeigneten Bewegungszeit (Tempo) durchführen, wenn die Bewegungswiderstände nicht zu groß sind.

Beim Wegfüllen spezifisch leichter, feinkörniger Massen, z. B. eines Haufwerkes feinkörniger Braunkohlen, lassen sich die gesamten Schaufelbewegungen — einschließlich Einstoßen der Schaufel in das Haufwerk — in einer geschlossenen, rhythmisch harmonischen Bewegungsreihe ausführen. Die Bewegung wird sofort unterbrochen, wenn die Schaufel in ein grobstückiges Haufwerk von hohem spezifischen Gewicht bei fehlender Schippsohle eingestoßen werden muß.

Ebenso sind rhythmische Bewegungen nicht mehr durchführbar, wenn die bei der Arbeit zu bewegenden Lasten zu groß sind. Es darf allerdings nicht übersehen werden, daß man vielfach durch geschickte Bewegungsarten erhebliche Lasten meistern kann.

Rhythmische Gehbewegungen werden durch das Tragen von Schuhwerk stets mehr oder weniger stark — je nach der Art des letzteren — behindert. Es dürfte daher auch kein Zufall sein, daß die Brikettverladerinnen, die, wie aus Tabelle 8 ersichtlich, im Durchschnitt leistungsfähiger sind als die Männer, auch fast durchweg bei ihrer Arbeit barfuß laufen.

Daraus geht hervor, daß man je nach der Veranlagung der Personen und je nach der Art der Arbeit entweder die Bewegungswiderstände unmittelbar vermindern oder die Arbeitsorganisation entsprechend verbessern muß.

ζ) **Der Rhythmus der Maschinen.** Von wesentlicher Bedeutung für die Rhythmisierung der Handarbeit ist auch der von den Arbeitsmaschinen direkt oder indirekt gegebene Takt. During weist in seiner bereits mehrfach erwähnten Abhandlung darauf hin, daß der Lärm, den die Maschine verursacht, keinen erheblichen nachteiligen Einfluß zu haben scheint. Es tritt bald eine Gewöhnung an diesen ein, da die betreffenden Nervenbahnen unter Hemmungen gelegt werden. Es kommt sogar vor, daß Arbeiter sich aus dem Lärm ein rhythmisches Geräusch zurechtlegen, das sie in dem Rhythmus ihrer eigenen Arbeit fördert. Die Hauptgefahr für die Betriebsleistung liegt dann vor, wenn der Rhythmus der Maschine und der Arbeit nicht der rhythmischen Veranlagung des Arbeiters angepaßt ist oder angepaßt werden kann, oder wenn der Maschinenrhythmus wesentlich von dem durchführbaren Arbeitsrhythmus abweicht. Da der Arbeiter in solchen Fällen seinen Arbeitsrhythmus mehr oder weniger ungewollt dem Maschinenrhythmus anzupassen versucht, so entsteht eine Überbeanspruchung des Nervensystems des Arbeiters, die zu einer vorzeitigen Ermüdung bzw. Erschöpfung führen muß. Taylor hat bei Versuchen mit Kugelsortiererinnen festgestellt, daß deren Arbeitsleistungsfähigkeit durch gut angepaßte rhythmische Taktangabe (Musik usw.) gesteigert wurde, während bei schlechter, unregelmäßiger Taktangabe eine wesentliche Leistungsminderung eintrat, wobei zugleich die Nerven der Arbeiterinnen so ungünstig beeinflußt wurden, daß bei einzelnen derselben Schreikrämpfe ausbrachen. Die bewußte rhythmische Gestaltung des Arbeitsganges der Maschinen und der sonstigen auf den Arbeiter einwirkenden Licht-, Schall- und andersartigen Impulse ist daher in vielen Fällen sehr wichtig und sollte schon beim Bau der Maschinen und Einrichtungen gebührend berücksichtigt werden[1].

d) Einteilung der Rhythmen nach dem Zeitmaß.

Das in den Rhythmen liegende Tempo ist sonach für die Durchführung einer Arbeitsorganisation von ausschlaggebender Bedeutung. Dem Zeitmaße nach kann man bei einfachen Rhythmen unterscheiden[2]:

1. kurze Rhythmen: bis zu 1 sec je Periode (Gehen, Winken, Trommeln, Trillern usw.),

2. mittellange Rhythmen: 1 bis 5 sec je Periode (Anstreichen einer Wandfläche, Werfen von Steinen von Mann zu Mann beim Ausladen von Ziegeln, Hämmern, Mähen, Gleisrücken),

3. länger dauernde Rhythmen: 5 bis 7 sec je Periode (Putzanwerfen, Schaufeln usw.).

Die zusammengesetzten Rhythmen lassen sich aus den obengenannten Rhythmen je nach der Aufeinanderfolge bei Teilarbeiten zusammenstellen. Hierhin gehört z. B. das Verlegen eines Ziegelsteines nach dem anderen beim Mauern.

Man kann ferner unterscheiden:

1. natürliche Rhythmen: Pulsschlag, Atmung usw.,

2. Rhythmen, die dem musikalischen Gefühl entsprechen und sich daher meist selbsttätig einstellen,

3. willkürliche Rhythmen: Verszeitmaße; diese werden oft bei gemeinsamer, ruckweiser Bewegung angewandt („ho-ruck"),

4. Rhythmen, die durch menschliche Zusammenhänge gegeben sind (soziale Rhythmen). Diese lassen sich wiederum gliedern in:

a) sachlich nötige Rhythmen:

α) Gleichtakt (beim Rudern, Ziehen am Rammbärseil usw.),

β) Wechseltakt (beim Dreschen, Schmieden usw.);

b) freiwillig sich einstellende Rhythmen:

α) Gleichtakt (beim Marschieren usw.),

β) Wechseltakt (beim Stampfen von Steinen usw., um musikalische oder kürzere, der Gefühlslage besser entsprechende Rhythmen in die Arbeit hineinzubringen).

---

[1] S. auch Sachsenberg: Neuere Erfahrungen auf arbeitstechnischem Gebiet. Vortrag vor der Arbeitsgemeinschaft deutscher Betriebsingenieure, Berlin.

[2] Mayer, M.: Rhythmus und Resonanz im Betriebe. V. d. I. Nachr. 1927, Nr. 1, S. 2.

In allen Fällen bedingt der Arbeitsrhythmus aneinander schließende, vielfache Wiederholungen eines bestimmten Arbeitsvorganges in unveränderter Form und innerhalb eines gleichbleibenden Zeitmaßes. Die Periodendauer des Rhythmus eines Arbeitsvorganges wird wesentlich von der Art desselben bestimmt, wobei der Arbeitsvorgang zweckmäßig entweder ein pendelnd hin- und hergehender oder ein in sich geschlossen-fließender sein kann. Die kurzen Rhythmen bis herab zur einfachen Taktangabe dienen in erster Linie zur Erzielung gleichmäßiger, bester Leistung bei tunlichster Ausschaltung der Gedankenarbeit, so daß das Gehirn frei wird für andere intellektuelle Arbeit, während die zusammengesetzten, insbesondere die musikalischen Rhythmen in erster Linie die seelischen Äußerungen günstig beeinflussen, also zur Hebung der Arbeitsfreudigkeit dienen. Vorteilhaft ist also eine zweckmäßige Vereinigung beider.

III. Die Anwendung der Physiologie und Psychologie in der Technik.

a) Die Aufgabe der Arbeitsphysiologie und Arbeitspsychologie.

Die Wissenschaft der Arbeitsphysiologie[1] befindet sich noch in den Anfängen der Entwicklung. Ihre Aufgabe besteht in der zweckmäßigsten Anpassung der Arbeitsprozesse an Körper und Geist des Menschen. Sie hat daher aus dem Gesamtgebiet der menschlichen Physiologie das für die Arbeit in Betracht kommende zusammenzustellen und die Folgerungen daraus zu ziehen. Es ist u. a. festzustellen, welche Funktionen der menschliche Körper bzw. dessen Organe bei beruflicher Arbeit ausführen, und unter welchen Arbeitsbedingungen diese Funktionen am leichtesten, sichersten und mit den geringsten Ermüdungsfolgen erfüllt werden können. Gleichzeitig sind die zur Vermeidung von Gesundheitsschädigungen erforderlichen Vorkehrungen sowie auch die Rückwirkung der Arbeitsvorgänge auf die Psyche des Arbeiters in den Kreis der Betrachtungen zu ziehen.

Aus den Ergebnissen der bisherigen Untersuchungen läßt sich der Schluß ziehen, daß die Bestrebungen zur Rationalisierung der Arbeit nicht darauf abzielen dürfen, aus dem einzelnen Mann maximale Leistungen bei minimalem Zeitaufwand ohne Rücksicht auf gesundheitliche Folgen usw. herauszuholen. Es ist vielmehr die günstigste Zeit für eine bestimmte Leistung zu ermitteln, d. h. die Zeit, in der die Arbeit mit dem geringsten gesamten Energieaufwand geleistet werden kann. Dieses Optimum wird also durch das Verhältnis von Arbeitseffekt zum Energieaufwand gekennzeichnet. Hierbei ist zu beachten, daß sich der physikalische Begriff der Arbeit nicht mit dem physiologischen Arbeitsbegriff deckt.

Man unterscheidet folgende Muskelbeanspruchungen:

1. isotonische Zuckungen = Zusammenziehungen des Muskels, wobei das Volumen gleichbleibt,

2. isometrische Zuckungen = Anspannung des Muskels ohne Änderung seiner Länge und Dicke,

3. Muskeltetanus = Summation so schnell aufeinanderfolgender Zuckungen bzw. Anreize hierzu, daß der Muskel keine Zeit mehr zum Erschlaffen findet, so daß die Kurve der Reizfrequenz glatt verläuft. Muskeltetanus hat einen gegenüber der Ruhe beträchtlich erhöhten Verbrauch an Nährstoffen und Sauerstoff, sowie eine erhöhte Produktion an Stoffwechselprodukten bei vermindertem Stoffwechsel infolge gehemmter Durchblutung.

---

[1] **Giese:** Handwörterbuch der Arbeitswissenschaften. Halle a. S.: C. Marhold 1929.

Die von den Muskeln aufzubringende „statische" Arbeit ist daher besonders
ermüdend und anstrengend, weil bei jeder „Haltearbeit", wie sie etwa das Halten
eines größeren Gewichtes darstellt, die Durchblutung der Muskeln durch die mit
dieser Arbeitsart verbundene Dauerkontraktion derselben und die darauf zurückzuführende Zusammenpressung der Blutgefäße gehindert wird. Die Durchblutung reicht dann nicht aus, um den vermehrten Stoffverbrauch ausgleichen
zu können, so daß die Ermüdung früher als im normalen Zustande eintritt.

Unter Ermüdung[1] versteht man eine Störung des assimilatorischen und
dissimilatorischen Stoffwechselgleichgewichtes der Zellen. Daher ist z. B. die
bei der Arbeit eingenommene, bzw. erforderliche Körperhaltung für den zur Arbeitsleistung erforderlichen, gesamten Energieaufwand äußerst wichtig. Es ist
z. B. für einen Mann von normaler Größe schwerer, ein Gewicht vom Boden um
einen Meter zu heben als von einer Höhe von 0,5 m auf 1,5 m. Der Energieverbrauch des menschlichen Körpers steigert sich gegenüber dem Liegen je nach
seiner Stellung, also ohne sonstige Arbeitsverrichtung[2] um rund 4% beim Sitzen,
8,5% beim Hocken, 12% beim Stehen und 55% beim Bücken. Hieraus ergibt
sich, daß die Ausführung der Arbeiten im Sitzen oder Hocken der Ausführung im
Stehen oder Bücken vorzuziehen ist. In diesem Zusammenhange ist auch die
Rückwirkung von Körpergröße und anatomischem Körperbau auf Haltung und
Bewegung von Bedeutung. Der bei Ungeübten anfangs eintretende „Muskel-
kater" verschwindet bei angemessener Fortführung der Arbeit wieder und damit
auch der „Ermüdungsrest", d. h. der Überschuß dissimilatorischen Stoffwechsels.
Hiernach führt ein Ermüdungsrest nur für solche Arbeiten bzw. Arbeitsmengen
zur Summation, für die der Trainingszustand des betr. Arbeiters nicht mehr verbessert werden kann. Unter Training versteht man die mit der Übung verbundene, durch Ausschaltung aller überflüssigen Bewegungen bewirkte Minderung des für eine Arbeit aufzubringenden physiologischen Energieaufwandes
auf ein Mindestmaß, verbunden mit der durch die systematische, zweckmäßige
Durchbildung des Körpers bewirkten Stärkung der in Frage kommenden Organe.

Den arbeitenden Organen müssen entsprechend größere Blutmengen wegen
des erforderlichen Stoffwechsels zugeführt werden. Bei starker Anstrengung
einzelner Organe verschieben sich infolgedessen wesentliche Blutmengen in dieselben, die den anderen Organen zum Teil entzogen werden müssen. Hierauf ist
der während der Verdauungszeit häufig bestehende Blutmangel in Gehirn und
Muskeln zurückzuführen (Verdauungsträgheit).

Der physiologische Arbeitsaufwand wird zur Zeit am sichersten gemessen durch
Feststellung der bei der Arbeit erforderlichen Sauerstoffaufnahme und Kohlensäureabgabe (Gaswechsel) mit Hilfe von Respirationsapparaten. Die Durchführung der Messung ist nicht einfach und nicht überall im Betriebe möglich.
Es ist ferner zu beachten, daß jede äußere Arbeitsleistung mit relativ großem oder
kleinem physiologischen Energieaufwand verbunden sein kann, je nach Arbeitstempo und Arbeitstraining. Personen, die für bestimmte Arbeiten trainiert sind,
führen sie mit einem bis über 30% geringeren physiologischen Energieverbrauch aus wie untrainierte Personen[3]. Jedoch kann man unter sonst gleichen
Voraussetzungen, z. B. bei gut trainierten Personen, von mehreren Ausführungsarten eines Arbeitsprozesses objektiv die günstigste erkennen, wie die Untersuchungen von Atzler (Kaiser-Wilhelm-Institut für Arbeitsphysiologie) zeigen.

Da der physiologische Arbeitsaufwand am besten durch die Sauerstoffaufnahme bzw. Kohlensäureabgabe gekennzeichnet wird, so ergibt sich sinngemäß,

---

[1] Giese: a. a. O.
[2] Müller: Ermüdungsbekämpfung. Neue Hauswirtsch. 1929, Nr. 5.
[3] Giese: a. a. O. S. 3353.

daß die Atmungs- und Kreislauforgane sowie das Nervensystem neben der Körperstärke und dem anatomischen Bau des Menschen maßgebend für die zulässige physiologische Energiebeanspruchung sind. Neben der Messung der Muskelkraft und -ausdauer ist daher die Prüfung des Blutkreislaufes und der Atmung von Bedeutung. Leute mit zu starker Blutdrucksteigerung sind für Schwerarbeit ebenso ungeeignet wie Leute, bei denen die Blutdrucksteigerung zu langsam zurückgeht. Ebenso kann das Schwellen der Füße bei längerem Stehen Rückschlüsse auf die Herztätigkeit ermöglichen, weshalb von Atzler die Messung der Volumenzunahme der Füße nach längerem Stehen zum Zwecke der Untersuchung auf die Eignung für gewisse Arbeiten vorgeschlagen wird. Infolge des durch die Arbeit gesteigerten Gaswechsels sind auch Leute, deren Lungen nur zu geringe Sauerstoffmengen aufnehmen können, für Schwerarbeit ebenso ungeeignet wie Leute, welche hohe Kohlensäurekonzentrationen in der Lunge nicht vertragen können. Die ersteren brauchen häufige Ruhepausen, letztere haben schon bei leichteren Anstrengungen stark vertiefte Atmung, bei größerer Anstrengung Atemnot. Bekanntlich beträgt die von erwachsenen Menschen eingeatmete Luftmenge je nach dem physiologischen Energieaufwand zwischen 4,9 bis 84 l/min, was einem Sauerstoffverbrauch von 0,19 bis 3,3 l/min entspricht. Der Sauerstoffteildruck der Ausatmungsluft beträgt für den ruhig atmenden Menschen rund 110 mm Hg, das sind 14,4% O_2, errechnet für 760 mm Hg Luftdruck, 4,9 l/min Einatmungsluft bei 14 Atemzügen und einem schädlichen Raum in Bronchien und Luftwegen von 140 cm³. Der geringste Sauerstoffteildruck, bei dem eben noch das Leben erhalten bleibt, sofern keinerlei körperliche Anstrengungen gemacht werden, beträgt etwa 42 mm Hg. Das entspricht bei fabrikatorisch hergestelltem, reinem Sauerstoff unter Berücksichtigung der Teildrücke für CO_2, H_2O und N_2 einem Gesamtdruck von mindestens 128 mm Hg. Für schwer arbeitende Leute muß der Gesamtdruck mindestens 214 mm Hg betragen. Auch bei hohen Luftdrücken versagt die Atmung teils infolge der größeren Belastung der Brustmuskeln, jedenfalls auch teils infolge der Zunahme der vom Blute gelösten Gasmengen. Nach Stelzner[1] können Menschen bei Luftdrücken von 17 at abs. keine Arbeit mehr verrichten.

Ebenso wie die Arbeitsphysiologie hat sich auch die Arbeitspsychologie als Wissenschaft erst verhältnismäßig spät entwickelt. In den letzten Jahrzehnten des 19. Jahrhunderts wurden die ersten planmäßigen Untersuchungen der psychologischen Eigenschaften verschiedener Individuen durchgeführt, wobei bald festgestellt wurde, daß sich die Menschen hinsichtlich ihrer geistigen Eigenschaften in bestimmte Typen einordnen lassen (Charcot, Galton). Bereits 1890 versuchte Catell, die psychologischen Eigenschaften experimentell durch ,,mental tests" festzustellen. Das Verfahren wurde von Binet so entwickelt, daß für jede Altersstufe 5 Tests genügten (1911), die internationale Geltung erlangten[2]. William Stern unterscheidet in seinem Werke ,,Differentielle Psychologie"[3]:

1. die Variationslehre (Unterschied eines bestimmten Merkmales bei verschiedenen Individuen,

2. die Psychographie (Merkmale eines Individuums),

3. die Korrelationslehre (Beziehungen von zwei oder mehreren Merkmalen bei vielen Individuen),

4. die Komparationslehre (Vergleich mehrerer Individuen in bezug auf ihre Merkmale).

---

[1] Stelzner: Die interessante Zahl 17. Draeger-Hefte 1928, Nr. 138.
[2] Couvé: Die Psychotechnik im Dienste der Deutschen Reichsbahn. VDI-Verlag 1925.
[3] Stern: Differentielle Psychologie. Leipzig 1921.

Die hierdurch gewonnenen Erkenntnisse wandte der Deutsch-Amerikaner Münsterberg für die von ihm als Psychotechnik bezeichnete und durch ihn begründete Sonderwissenschaft der Wirtschafts- oder Arbeitspsychologie an.

Die Aufgaben der Arbeitsphysiologie und der Arbeitspsychologie und der diese Aufgabengebiete umfassenden Psychotechnik bestehen in der Erforschung und Ausgestaltung der günstigsten Arbeitsbedingungen, in der objektiven Feststellung der Berufseignung der Personen und in der Entwicklung der geeignetsten Berufsschulung mit dem Ziele, eine möglichst hohe, den optimalen Leistungen entsprechende Arbeitsintensität zu erreichen.

Die Berufseignung wird gekennzeichnet durch die physische, psychische, moralische und kenntnismäßige Eignung, die durch psychotechnische und ärztliche Untersuchungen, durch Führungszeugnisse, Schulzeugnisse und Fachprüfungen festgestellt werden. Die Berufsschulung wird erreicht durch psychotechnische Anlernung, schulmäßige Ausbildung und praktische Einarbeitung. Die Steigerung der Arbeitsintensität wird erreicht durch Auslese gut geeigneter Leute, die eine gute Berufsschulung erhalten, und deren Arbeitswillen durch zweckmäßige psychologische Beeinflussung gesteigert wird.

Hiernach bestehen die ersten Aufgaben der Psychotechnik darin, geeignete Wege für die psychotechnische Eignungsprüfung, für die psychotechnische Anlernung, sowie für eine günstige psychologische Beeinflussung der Arbeiter und Beamten zu finden bzw. zu schaffen.

b) Die psychotechnische Eignungsprüfung.

1. Die Arten der Prüfung und die zu untersuchenden Eigenschaften.

Bei der Bewertung der psychotechnischen Prüfungsmethoden wird stets eine gewisse Vorsicht geboten sein, da ihre Ergebnisse durch verschiedene Zufälligkeiten beeinflußt werden können. Bestenfalls geben sie den Augenblickszustand eines Menschen, nicht aber mit Sicherheit seine zukünftige geistige und körperliche Entwicklung an. Ferner ist zu beachten, daß es jeder Durchschnittsmensch bei genügendem Aufwand an Fleiß und Ausdauer und bei genügender Ausbildung in jedem Gewerbe zu Durchschnittsleistungen bringen kann. Die psychotechnischen Untersuchungen haben daher vor allem den Zweck, die für besonders schwierige Berufe und besonders verantwortliche Posten besonders gut geeigneten und ebenso die für irgendeinen Beruf ungeeigneten Leute möglichst schnell zu erkennen. Die hierzu erforderlichen Feststellungen sind einfach und schnell durchführbar. Mit diesen Ausscheidungsprüfungen werden zweckmäßig alle Eignungsprüfungen begonnen. Es ist ferner zu beachten, daß die Zahl der ungeeigneten oder besonders geeigneten Leute nur wenige Prozent der Gesamtheit umfaßt, und daß man bestenfalls nur die relativ Geeignetsten feststellen wird, wenn man auch bemüht sein soll, den absolut Befähigsten zu finden.

Unter diesen Voraussetzungen kann die psychotechnische Eignungsprüfung gute Erfolge erzielen. Man benutzt sie in zunehmendem Maße bei der Auswahl von Personen, denen besonders verantwortliche und nervenanstrengende Posten (Fördermaschinisten, Lokomotivführer usw.) übertragen werden sollen. Nach dem Vorschlage von Poppelreuther[1] sollen die der positiven Auslese dienenden Prüfungen mit einer psychologischen Begutachtung des zu Prüfenden verbunden werden. Er weist ganz richtig darauf hin, daß der Nachweis der Stärke noch kein Beweis dafür ist, daß der Prüfling seine Kräfte auch stets entsprechend verwenden will. Deshalb schlägt Poppelreuther vor, eine länger dauernde, für

---

[1] Oberhoff: Die neuere Entwicklung der psychotechnischen Begutachtung. Arch. Eisenhüttenwes. 1929, H. 9.

jeden Fall besonders geartete Arbeitsprüfung vorzunehmen. Dem geübten Blick kann es dann nicht entgehen, ob etwaige Unterbrechungen der Arbeit aus Mangel an Pflichtgefühl und Willensenergie oder aus tatsächlicher Erschöpfung erfolgen. Eine regelmäßige, allmählich sich verringernde Zeitspanne zwischen den einzelnen Erholungspausen mit langsam absteigender Gesamtleistung deutet auf Ermüdung, während unregelmäßige Pausen und Leistungen andeuten, daß dem Prüfling die betreffende Arbeit „nicht liegt". Die Arbeitsprüfungen dauern etwa 1 bis 1,5 Std. Zweckmäßig ist es natürlich, den Prüfling auch nach seiner Einstellung noch im Betriebe zu beobachten, um sich zu vergewissern, daß die Beurteilung durch die Eignungsprüfung keine Fehldiagnose war.

Die Prüfungen haben sich auf die Feststellung derjenigen Eigenschaften zu beschränken, die für den betreffenden Beruf erforderlich sind. Daraus ergibt sich für den Bergbau in der Regel eine Dreiteilung[1] der psychotechnischen Prüfungen in:

a) **Grobsiebung** für alle Arbeiter, die in das betreffende Werk eintreten bzw. im Werke tätig sind,

b) **Feinsiebung** für Lehrlinge, die bestimmten Berufen (Grubenhandwerker, Tiefbauhäuer usw.) zugeführt werden sollen, und

c) **Spezialsiebung** für Spezialberufe (Fördermaschinisten, Baggerführer, Lokomotivführer, Schießmeister usw.), die besonders hohe Anforderungen in geistiger und moralischer Hinsicht usw. stellen.

Die Grobsiebung muß schnell durchführbar sein, da der Betrieb nicht tagelang auf die Einstellung der Leute warten kann. Sie beschränkt sich daher auf die Feststellung der Ungeeigneten und bei den Geeigneten gegebenenfalls auf eine geringe Zahl einfacher, charakteristischer Prüfungen, die in der Regel von den Ingenieuren der Lehrlingswerkstätten durchgeführt werden können. Die Ergebnisse der ärztlichen Untersuchung sind wichtige Ergänzungen der Grobsiebung.

Zur Durchführung der Fein- und Spezialsiebung wird vielfach die Verwendung hochqualifizierter Prüfleiter vorgeschlagen, die sowohl die Psychotechnik beherrschen als auch die speziellen Anforderungen des Betriebes genau kennen. Da sich der Bedarf an hochqualifizierten Leuten in der Regel rechtzeitig voraussehen läßt, so spielt auch der größere Zeitbedarf der Prüfungen, gegebenenfalls an einem vom Werke etwas entfernt liegenden Orte, keine ausschlaggebende Rolle, besonders wenn man Maßnahmen trifft, den Nachwuchs möglichst aus der eigenen Belegschaft zu decken. Zweckmäßig ist hierbei eine vorsorgliche Auslese vor Eintritt des Bedarfes, um gegebenenfalls sofort passenden Ersatz zur Hand zu haben.

Da die Untersuchungen sich auf die Eigenschaften zu erstrecken haben, die zur Ausübung des betreffenden Berufes notwendig oder erwünscht sind, muß zunächst eine genaue Feststellung der zu verlangenden Eigenschaften erfolgen. Je nach dem Grade der Notwendigkeit der einzelnen zu verlangenden Eigenschaften wird man die Bedeutung der Ergebnisse der Einzeluntersuchungen gegenseitig abstufen. Die zu untersuchenden Eigenschaften umfassen in der Regel die folgenden vier Hauptgruppen:

1. **geistige Eignung**, wie: Intelligenz, Gedächtnis usw.,

2. **Charaktereignung** wie: Willen, Aufmerksamkeit, Gefühlslage,

3. **körperliche Eignung**, wie: Schärfe der Sinneswerkzeuge, Körperkraft, Gewandtheit, Geschicklichkeit,

4. **Ausbildung (Schulung)**, wie: geistige Schulung, technische Schulung, Handwerksschulung.

---

[1] Bericht der Sonderkommission des vom deutschen Braunkohlen-Industrie-Verein gebildeten Ausschusses für psychotechnische Eignungsprüfungen über die Sitzung vom 6. 7. 1926.

Zu den Intelligenzprüfungen gehört z. B. die Prüfung der allgemeinen Intelligenz, der logischen Vernunft und sprachlichen Kritik, des kritischen Urteils, der Kombinationsgabe, der allgemeinen Auffassung und Schnelligkeit der Auffassung, Erfassung des Wesentlichen, Fähigkeit des Überblickes, Umsicht, der Fähigkeit zum Disponieren, des Organisationstalentes, der Beobachtungsgabe, Lernfähigkeit, der Gewandtheit im Rechnen, Findigkeit, praktischen Veranlagung, technischen Befähigung, des technischen Denkens, der Raumvorstellung, der Bewegungsvorstellung usw.

Die Gedächtnisprüfung erstreckt sich u. a. auf die Feststellung des allgemeinen Gedächtnisses, des Gedächtnisses für Zahlen, Personen usw. je nach Berufsanforderung, des Raumlagegedächtnisses, der Merkfähigkeit für Neues, des Schulwissens, des Berufswissens usw.

Die Willensprüfung umfaßt u. a. die Prüfung der Entschlußkraft, insbesondere bei Gefahren, der Unerschrockenheit, des Konzentrationsvermögens, der Geistesgegenwart, der Gewissenhaftigkeit, des Arbeitstriebes, Eifers, Ordnungssinnes, der Sorgfalt, der Erregbarkeit, des Umganges mit Personal, Mitarbeitern und Publikum.

Die Prüfung der Aufmerksamkeit hat die allgemeine Aufmerksamkeit, die Aufmerksamkeitsverteilung, die Ausdauer zur Beobachtung, die Fähigkeit zur Mehrfachhandlung usw. zum Gegenstand.

Die Prüfung der Gefühlslage umfaßt die Reaktion auf Außenreize, optische Reize, akustische Reize, Widerstandsfähigkeit gegen Geräusche, Ruhe, Selbstbeherrschung, Monotonieempfinden, Widerstand gegen Schreckreize, Fähigkeit der Reaktion oder des Widerstandes gegen komplizierte Gesamtimpulse usw.

Bei der Prüfung der Schärfe der Sinneswerkzeuge, die z. T. durch den Arzt erfolgen muß, kommen in Frage: Das Sehvermögen, die Farbenunterscheidung, die Helligkeitsabstufung (Fehlen der Nachtblindheit), das Augenmaß (Sinn für Symmetrie), das Gehör, die Tonunterscheidung (Hören von Signalen in starkem Getöse), die optische Raumrichtungsauffassung, die akustische Raumrichtungsauffassung, die Schätzung der Entfernung (auch bei schlechtem Licht), die Schätzung der Geschwindigkeit, der Tastsinn (Tastfeingefühl), die Formauffassung durch Tasten, Formsinn und Richtungssinn usw.

Die Untersuchung der allgemeinen Arbeitsweise einer Person umfaßt die Arbeitsgeschwindigkeit, Gewandtheit, Handgeschicklichkeit, Zielsicherheit (Treffsicherheit), allgemeine Körperkraft und Ausdauer (körperliche Rüstigkeit), Widerstand gegen Ermüdung, Kraft und Ausdauer der Hand (des Beines usw.), Ruhe und Sicherheit der Hand, Zweihändigkeit, Links- oder Rechtshändigkeit usw.

Bei der Prüfung der einzelnen Eigenschaften soll man möglichst die Vorgänge berücksichtigen, denen die Person bei Ausübung des Berufes gegenübersteht. Für angehende Bergleute und Bergbeamte wird man daher im Prüfungsverfahren möglichst Vorgänge des Bergwerksbetriebes nachahmen, soweit sich die Prüfung nicht im Betriebe selbst durchführen läßt, um die spezifische Einstellung des Prüflings zu den Betriebsvorgängen möglichst genau feststellen zu können. In der richtigen und zweckmäßigen Durchbildung der Prüfungsverfahren liegt eine der größten Schwierigkeiten und der wichtigsten Vorbedingungen für die Brauchbarkeit der psychotechnischen Eignungsprüfung.

Als Beispiel für die durchzuführende psychotechnische Eignungsprüfung sei das Formular für eine bei der Deutschen Reichsbahn[1] angewandte Prüfung von Stenotypistinnen und sonstigen Kanzleikräften angegeben (Formular 4). Die für

---

[1] Vgl. Couvé: Die Psychotechnik im Dienste der Deutschen Reichsbahn, S. 38. VDI-Verlag 1925.

Formular 4.

Berufliche Anforderungen an Stenotypistinnen und sonstige Kanzleikräfte.

Art der Einzelarbeiten	Kombination	Auffassung	Gedächtnis	Aufmerksamkeit	Konzentration	Gewissenhaftigkeit	Schnelles Erfassen optischer Reize	Arbeitsgeschwindigkeit	Geschicklichkeit der Hand	Beweglichkeit der Hand	Treffsicherheit	Optische Zuordnung	Akustische Zuordnung	Augenmaß	Fähigkeit zu komplizierten Gesamtimpulsen	Sorgfalt	Sprachliche Kritik
A. Beim Stenographieren.																	
Aufnahme von Stenogrammen		—	—	—	—			—	—								
Schnelles Schreiben								—		—							
Lesen von Stenogrammen	—	—	—														
B. Bei Bedienung der Schreibmaschine.																	
Einspannen des Bogens									—								
Schreiben nach Vorlage	—	—	—	—	—	—			—	—	—	—		—	—		—
Schreiben nach Diktat		—		—	—				—	—	—		—	—			—
Anordnung eines Schriftsatzes															—		—
C. Sonstige Kanzleiarbeiten.																	
Anfertigung handschriftlicher Reinschriften	—			—	—	—		—					—			—	—
Vergleichen von Reinschrift mit Urschrift				—	—	—										—	—

Die Striche deuten die Eigenschaften an, die für die Einzeltätigkeit erforderlich sind. Die Wichtigkeit der Eigenschaften für die Einzeltätigkeit und der Einzeltätigkeit für die Gesamttätigkeit könnte man durch Wertzahlen angeben.

einige Arbeiterkategorien im Braunkohlenbergbau erforderlichen Eigenschaften gibt Formular 5 an.

Ein graphisches Bild von den Eigenschaften des Prüflings kann man sich verschaffen, indem man in ein Koordinatensystem auf der Ordinatenachse die Funktionen (Eigenschaften) und auf der Abszissenachse die Prozentwerte der Leistungen, evtl. multipliziert mit der Wertzahl der Funktionen (Eigenschaften) für den betreffenden Beruf, aufträgt. Die dadurch gebildete Profilkurve ermöglicht einen sinnfälligen Vergleich der einzelnen Anlagen des Prüflings zueinander und einen Vergleich der Prüflinge untereinander.

Sehr häufig werden wichtige Änderungen der Berufseignung eines Menschen durch den Betrieb selbst verursacht. Die Leistungsfähigkeit eines Löffelbaggerführers läßt vielfach bereits nach etwa einjähriger Tätigkeit deutlich nach. Es treten mindestens merkliche Zeichen nervöser Erregbarkeit auf. Nach durchschnittlich neun bis zehn Dienstjahren am Bagger ist der Führer in der Regel bei starkem Betrieb nicht mehr in der Lage, den zu stellenden Anforderungen zu genügen, wenn die Betriebseinwirkungen nicht durch einen systematischen

Formular 5. Die für einige Arbeiterkategorien im Braunkohlenbergbau erforderlichen Eigenschaften.[1]

Intelligenz	Ge-dächtnis	Willen	Aufmerk-samkeit	Gefühls-lage	Sinneswerkzeuge	Allgemeine Arbeitsweise
1. Tiefbauhäuer:						
Fähigkeit des Überblickes Praktische Veranlagung	Raumlagegedächtnis	Unerschrockenheit Entschlußkraft bei Gefahr Geistesgegenwart	Aufmerksamkeits-verteilung	Reaktion auf Schallreize (Warnen) Widerstand gegen Schallreize	Gutes Sehvermögen Fehlen von Nachtblindheit Gutes Augenmaß Sinn für Symmetrie Gutes Hörvermögen Akustische Raum-richtungsauffassung	Gewandtheit Geschicklichkeit Treffsicherheit Körperkraft u. Ausdauer Rüstigkeit rechts-linkshändig
2. Fördermaschinisten:						
Praktische Intelligenz Technisches Verständnis Gute Auffassungsgabe	Gutes Gedächtnis	Schnelle Entschlußkraft Geistesgegenwart	Dauernde Aufmerksam-keit (Konzentration)		Gutes Sehvermögen Gutes Hörvermögen	Reaktionsgeschwindigk. Schnelles Erfassen bewegter Reize Gewissenhaftigkeit Zuverlässigkeit Schätzungsvermögen für Bewegungen Schätzungsvermögen für Bremswege Widerstand gegen Ermüdung Ruhe
3. Baggerführer:						
Technisches Verständnis Gute Auffassungsgabe		Schnelle Entschlußkraft Geistesgegenwart			Gutes Sehvermögen Gutes Hörvermögen	Schätzungsvermögen für Bewegungen Schätzungsvermögen für räumliche Entfernung.[2] Widerstand gegen Ermüdung

[1] Nicolai: Psychotechnische Eignungsprüfungen. Braunk.-Brikett-Ind. 1926, Nr. 3 bis 5.
[2] Schätzungsvermögen für Bewegung und räumliche Entfernung nötig, um Löffel ohne langes Probieren über Füllrumpf zu bringen usw.

Beschäftigungswechsel ferngehalten werden. Dieser Beschäftigungswechsel kann dadurch herbeigeführt werden, daß der Baggerführer in bestimmten Zeitabschnitten einige Wochen hindurch eine leichtere Beschäftigung an anderen Betriebsstellen (Reparaturwerkstätte usw.) erhält, oder daß stets zwei Führer in einer Schicht am Bagger vorhanden sind, die sich gegenseitig während der Schicht mehrmals in der Weise ablösen, daß der eine die Maschine führt und der andere die notwendigen laufenden Instandhaltungsarbeiten ausführt, wie Schmierung, Reinigung usw.

2. Feststellung der Berufseignung und Unfallneigung.

Von erheblicher Bedeutung für den Betrieb ist die Frage der Ausscheidung ungeeigneter Personen. Soweit die Nichteignung einer Person in ihrer geringeren Leistungsfähigkeit liegt, wirkt sie sich ausschließlich in der diese Person treffenden Höhe des anteiligen Lohnes und der anteiligen sonstigen Unkosten aus. Die Sachlage ändert sich aber sofort, wenn durch die Einwirkung einer ungeeigneten Person die gesamte Betriebsleistung herabgesetzt oder der Betrieb gefährdet wird, z. B. durch einen zu langsam fahrenden oder durch einen ungeschickten Fördermaschinisten. In gefährlichen Betrieben kann ein sonst hinsichtlich seines Fleißes, seiner Handfertigkeit usw. gut geeigneter Mann als ungeeignet bezeichnet werden, wenn er dazu neigt, durch sein Verhalten (Nervosität) usw. sich, seine Arbeitsgenossen oder den ganzen Betrieb in Gefahr zu bringen.

Sehr eingehende Untersuchungen in dieser Richtung hat Marbe[1] durchgeführt. Er weist nach, daß die geistigen Anlagen eines Menschen, wie Intelligenz, Reaktionsfähigkeit, Trieb-, Gefühls- und Willensleben neben Erziehung und Erfahrung, der körperlichen Gewandtheit, Übung und den somatischen Einflüssen, wie Gesundheitszustand, Ermüdung, Alter usw. ausschlaggebend für die Häufigkeit der Unfälle sind, die er selbst herbeiführt. Die jeweilige körperliche und geistige Inanspruchnahme, das jeweilige Befinden des Menschen entspricht also einer bestimmten jeweiligen Unfallneigung desselben.

Von Bedeutung ist ferner das Umstellungsvermögen[2], das sich beispielsweise messen läßt durch die Zeiten, in der eine Person eine Anzahl von Schrauben verschiedener Abmessungen einmal nach der Länge und einmal nach der Dicke richtig ordnet. Die Umstellfähigkeit eines Menschen ist offenbar für verschiedene Vorgänge verschieden, so daß sich neben einer allgemeinen Unfallneigung noch spezielle Unfallneigungen für bestimmte Berufe usw. ergeben. Übereilung, Ermüdung, schlechte Ernährung, Alkoholgenuß usw. beeinträchtigen die Umstellfähigkeit natürlich auch im ungünstigen Sinne.

Es ist naturgemäß, daß unordentliche, sowie gleichgültige Leute besonders starke Unfallneigung haben. Ebenso ist für manche Personen ihre Unfallbereitschaft verhängnisvoll. Unter Unfallbereitschaft versteht man die bei einzelnen Personen mehr oder weniger deutlich im Bewußtsein auftretenden Wünsche des Erleidens eines Unfalles, die zurückzuführen sind auf eine abnorme Geistesverfassung, auf irrige Vorstellungen über die finanzielle Bedeutung einer Unfallrente usw. Nach einer alten psychologischen Erfahrung führt die Erwartung von Bewegungen — insbesondere von gefahrbringenden — häufig auch zur wirklichen Ausführung derselben und damit zu Unglücksfällen. Schließlich ist auch die augenblickliche Einstellung des Menschen von Bedeutung für seine jeweilige Unfallneigung. Es ist eine bekannte Erscheinung, daß ein Mensch bei Geschicklichkeitsspielen je nach seiner augenblicklichen Einstellung Perioden

---

[1] Marbe: Praktische Psychologie der Unfälle und Betriebsschäden. München-Berlin: R. Oldenbourg 1926.

[2] Franzen: Zur Psychologie der Umstellung. Dissertation Würzburg 1925.

guter und schlechter Leistungen hat. Bekannt ist es, daß man vielfach den Spieler durch Zurufe aller Art um seine Ruhe, d. h. um seine richtige Einstellung zum Spiel, bringen oder ihn in dieser festigen will.

Neben diesen persönlichen Faktoren wird die Unfallneigung selbstverständlich auch durch sachliche stark beeinflußt, wie schlechte Beleuchtung, ungünstige Temperaturverhältnisse, gefahrbringende technische oder organisatorische Betriebseinrichtungen usw.

Marbe[1] unterscheidet Personen, die wenig Unfälle, von solchen, die eine mehr oder weniger größere Anzahl von Unfällen herbeiführen. Durch seine Schüler hat Marbe eine größere Anzahl von Untersuchungen anstellen lassen, die grundsätzlich stets dieselben Ergebnisse brachten. So hat Greiveldinger[1] aus den Listen einer Versicherungsgesellschaft aufs Geratewohl die Unfallziffern von 3000 Militärpersonen herausgegriffen, die alle je 10 Jahre versichert waren. Er teilte diese Leute je nach der Zahl der in den ersten 5 Jahren erlittenen Unfälle in 3 Gruppen und bezeichnete die 1478 Personen, die bis dahin noch keinen Unfall erlitten hatten, als Nuller, die 893 Personen, die bis dahin nur einen Unfall erlitten hatten, als Einser und die übrigen 629, die schon mehr als einen Unfall erlitten hatten, als Mehrer. In den nächsten fünf Jahren, also bis zum Ablauf der ganzen 10 Jahre, erlitten die Personen im Durchschnitt je Kopf die folgende Anzahl von Unfällen (Tabelle 9a).

Ebenso hat Schmitt[2] sehr interessante Untersuchungen auf dem Rangierbahnhof München-Laim durchgeführt, die sich über den Zeitabschnitt von acht Monaten erstreckten und sich auf das dortige Rangier- und Weichenstellerpersonal bezogen. Von den hier beobachteten 489 Personen wurden in den ersten vier Monaten 369 Nuller, 86 Einser und 34 Mehrer festgestellt. Für die folgenden vier Monate ergaben sich die nebenstehenden Unfallziffern (Tabelle 9b).

Von erheblicher Bedeutung ist ferner die auch hier gezeitigte Feststellung, daß jüngere Personen mehr Unfälle und Betriebsschadenfälle verursachen als ältere.

In derselben Zeit von acht Monaten betrug die Durchschnittszahl der je Mann verursachten Schadenfälle für Personen verschiedenen Alters, wobei die Unfallziffern für die Lebensalter von 16 bis 20 Jahren den Betrag von 4,0 — 2,78 — 2,09 — 2,00 und 2,01 erreichten, nach Tabelle 9c:

Es scheint danach eine erhöhte Unfallneigung in jüngeren Jahren zu bestehen, besonders in der Zeit unter 20 Jahren, die mit der jugendlichen Verkennung der Gefahren und mit dem jugendlichen Übermute zusammenhängen dürfte.

Tabelle 9. Mittlere Unfallzahl je Kopf.

Tabelle 9a.

Gruppe	Mittlere Unfallzahl je Kopf
Nuller	0,52
Einser	0,91
Mehrer	1,34

Tabelle 9b.

Gruppe	Mittlere Unfallzahl je Mann
Nuller	0,36
Einser	0,60
Mehrer	1,12

Tabelle 9c.

Alter Jahre	Mittlere Unfallzahl je Mann
21 bis 30	1,32
31 „ 40	0,71
41 „ 50	0,34
51 „ 60	0,19

Aus den vorstehenden Darlegungen geht unzweifelhaft hervor, daß die psychologische Untersuchung der Arbeiter sehr viel zur Unfallverhütung beitragen kann. Hier ist von besonderer Bedeutung, daß es Leute gibt, die infolge ihrer Veranlagung geborene Unfäller, Schaden- und Unglückstifter sind, ebenso wie es geborene Verbrecher, geborene Praktiker, Theoretiker und Konfusionsräte gibt. Jedoch muß betont werden, daß die Schopenhauersche Lehre von

---

[1] Marbe: a. a. O. S. 15.   [2] Marbe: a. a. O. S. 93.

der Unabänderlichkeit des Charakters und der Persönlichkeit nicht ganz aufrechterhalten werden kann, daß vielmehr eine Erziehung oder Selbsterziehung durchaus möglich ist, wozu eine richtige, allgemein verständliche Aufklärung und Anlernung viel beitragen kann. Propagandaartige Aufklärungsbilder, die sinnfällig Unfallursachen und Folgen vor Augen führen, können neben einer guten, sorgfältigen Berufsausbildung viel Segen stiften. Mindestens ebenso wichtig ist aber auch die geeignete Auswahl der Arbeiter. Leute, die schon mehrere Betriebsunfälle hatten, müssen auf mindergefährliche bzw. weniger verantwortungsvolle Posten gestellt werden, besonders dann, wenn ihre Handlungen auch das Leben und die Gesundheit anderer Personen gefährden. Ebenso ist jeder unnötige Personalwechsel sowie namentlich die Einstellung sehr jugendlicher Arbeiter an gefährlichen Stellen zu vermeiden. Das statistische Material der Unfallberufsgenossenschaften ist in dieser Hinsicht zu verwerten. Die Reichsbahndirektion Dresden hat deshalb zur Untersuchung der Unfälle und Schadensstiftungen Fragebögen herausgegeben, die den nachfolgenden Inhalt haben:

1. Art des Unfalles.
2. Ort des Unfalles.
3. Kurze Beschreibung des Unfallverlaufes.
4. Äußere Ursache des Unfalles.
5. Am Unfall beteiligte Personen (Name, Dienststellung).
6. Welche Stunde der Dienstpflicht.
7. Mangel an körperlicher Gewandtheit.
8. Unkenntnis der Vorschriften oder besonderer Weisungen.
9. Mangel an Pflichtgefühl und Arbeitseifer (z. B. Drang zur Beendigung des Dienstes).
10. Mangel an Umsicht, Geistesgegenwart oder Nervenruhe.
11. Mangel an Gedächtnis.
12. Mangel an Fähigkeit, sich rasch auf den Dienst einzustellen (besonders bei Unfällen zu Beginn der Dienstschicht).
13. Ablenkung durch Sorgen und Kummer.
14. Ablenkungen durch freudige Gemütserregungen.
15. Ablenkung durch Hast, Zeitgeiz.
16. Ablenkung durch Ehrgeiz, Übereifer.
17. Hemmungen durch Alkoholgenuß.
18. Hemmungen durch Übermüdung, Überlastung.
19. Hemmungen durch Alterserscheinungen.
20. Hemmungen durch Erkrankungen während des Dienstes.
21. Hemmungen durch Nachwirkungen von Kriegseinflüssen (Verwundung, Ernährungszustand).
22. Hemmungen durch Witterungseinflüsse.
23. Schon bei anderen Unfällen beteiligt gewesen und bei welchen.
24. Allgemeines Urteil über Leistungen und Verhalten.

Die Wichtigkeit der Feststellung von „Unfällern" und deren Ausschaltung aus gefährlichen Betriebsabteilungen des Bergbaues ist einleuchtend. Man braucht nur an den Steinkohlenbergbau mit seiner Schlagwetter- und Kohlenstaubgefahr und im allgemeinen an die Schießarbeit, an die Arbeit in steilen oder in druckhaften Grubenbauen usw. zu denken. Immerhin liegt wohl die größere wirtschaftliche Bedeutung der psychotechnischen Untersuchung in der Feststellung der positiven Eignung der für den Bergbau und für Sonderstellungen im Bergbau besonders befähigten Personen. Die Aufgaben, die in dieser Hinsicht — natürlich unter entsprechender Berücksichtigung etwaiger negativer Feststellungen — seitens der psychotechnischen Versuchsstellen zu erfüllen sind, hat das Reichsverkehrsministerium für die bei der Deutschen Reichsbahn errichtete Prüfungsstelle folgendermaßen umrissen[1]:

1. Aufstellung von Prüfverfahren für die Eignungsprüfungen (zunächst hauptsächlich des Werkstättenbetriebes).

2. Ausführung von Eignungsprüfungen und Ausbildung von Prüfungsleitern.

3. Ermittlung von Grundsätzen und Maßstäben für die Bewertung der Prüfungsergebnisse.

4. Überwachung der Prüfungsergebnisse.

5. Aufstellung von Bewährungskontrollen.

6. Ermittlung der Begriffe „Mindest"-, „Mittel"- und „Hoch"leistung in den verschiedenen Dienstzweigen.

7. Ausarbeitung von Vorschlägen für die praktische Ausbildung von Beamten und Arbeitern nach psychotechnischen Gesichtspunkten.

8. Aufstellung von Anleitungen für vorteilhafte Lern- und Ausbildungsverfahren.

9. Verfolgung der einschlägigen Veröffentlichungen sowie der Erfahrungen bei den Prüfstellen der Industrie, der wissenschaftlichen Anstalten und Behörden.

c) Die Anlernung.

1. Die Grundlagen der Anlernung.

Die wichtigsten Grundlagen der Anlernung bestehen in:

1. der Schaffung geeigneter Geräte, Betriebseinrichtungen, Druckschriften für fachliche Unterweisung, Karten, Anschauungstafeln und Bilder, Anschauungsstücke und Modelle, sowie in Statistiken und graphischen Darstellungen verschiedenster Art,

2. der systematischen Untersuchung der Arbeitsvorgänge sowohl für den einzelnen Arbeiter als auch für die Arbeiterkolonne bzw. für die Belegschaft mit dem Ziele der zweckmäßigsten Organisation der Arbeitsvorgänge,

3. sodann in der Anlernung verbunden mit eingehender Belehrung über Ursache und Wirkung der einzelnen Maßnahmen.

Es ist ohne weiteres einleuchtend und entspricht der Psychologie eines jeden Menschen, daß er eine Tätigkeit um so leichter lernt, je sicherer, besser und einfacher die hierbei zu verwendenden Geräte zu handhaben sind.

Die Betriebssicherheit einer Einrichtung verleiht dem anzulernenden Menschen sofort ein entsprechendes Sicherheitsgefühl, das das Anlernen wesentlich erleichtert. Ängstliche Leute werden selbst vergleichsweise einfache Arbeiten nicht oder nur unvollkommen erlernen, sobald die Handhabung der Geräte mit dauernden Gefahren verbunden ist, insbesondere wenn diese deutlich erkennbar sind. Ähnlich wirken auch solche Geräte und Betriebseinrichtungen, bei denen die Aufmerksamkeit des Arbeiters durch die Betriebsvorgänge dauernd von seinem eigentlichen Arbeitspunkt abgelenkt wird.

Maßgebend für eine gute Handhabung der Werkzeuge ist ferner die Beachtung der anatomisch-physiologischen Arbeitsbedingungen.

Die von Rubner eingeführten Untersuchungen der anatomisch-physiologischen Bedingungen der Arbeitsleistung erstrecken sich zunächst auf die verschiedene Arbeitsfähigkeit und Arbeitsmöglichkeit der einzelnen Körperteile. Das Ergebnis dieser Untersuchung ist maßgebend für die richtige Ausgestaltung der Werkzeuge. Die Annahme, daß die oftmals in Jahrhunderten und Jahrtausenden gesammelten Berufserfahrungen dahin gewirkt hätten, dem Hand-

---

[1] Gründungserlaß für die psychotechnische Versuchsstelle bei der Reichsbahndirektion Berlin. E. II. 27 16590 vom 18. 12. 1920.

werkszeuge allgemein eine den anatomisch-physiologischen Anforderungen entsprechende Form zu geben, ist unzutreffend. Dasselbe gilt auch für die Organisation der Arbeitsverrichtungen.

Es ist eine möglichste Vereinfachung und Mechanisierung bzw. Automatisierung der Arbeitsverfahren zu erstreben, wobei gegebenenfalls die Rhythmisierung mit herangezogen werden kann. Diese dadurch gewissermaßen genormten Arbeitsverfahren müssen den Ausführenden auf dem Wege des Anlernverfahrens gelehrt werden. Auch für den Bergbau werden sich gewisse Normen für die Arbeitsausführung schaffen lassen, wenn auch kaum Bewegungsnormen etwa im Sinne von Taylor-Gilbreth.

Die Anlernung der so normierten Arbeitsverrichtungen erfolgt am besten in besonderen Anlernschulen, Lehrlingswerkstätten usw. durch geeignete Lehrkräfte so lange, bis die Lernenden sich die richtige Arbeitsführung völlig angeeignet haben. Es können so am besten alle Fehler, die sich der Lernende angewöhnt hat, erkannt und ausgeschaltet werden. Vor allem ist Wert darauf zu legen, daß der Lehrer die genormten Arbeitsverrichtungen selbst völlig beherrscht und die Ausführung durch den Lernenden stets scharf überwacht. Hierin liegt der große und zugleich wertvolle Unterschied gegenüber dem Anlernen im Betriebe. Abgesehen davon, daß die Vorarbeiter und Gesellen, die im Betriebe arbeiten, in der Regel selbst die genormten Arbeitsverrichtungen nicht genügend kennen und beherrschen, so daß der Lernende bestenfalls nur die Arbeitsweise seines ihm zufällig zugesellten Vorarbeiters mit ihren Fehlern kennenlernt, hat der Vorarbeiter infolge der Betriebsanforderungen oft auch zu wenig Zeit und ist auch sonst meist nicht genügend befähigt, um den Lernenden sorgfältig auszubilden. Zur Ausbildung von Bergleuten wird man die Anlernschulen, d. h. Anlernbetriebe in der Grube selbst unterbringen müssen, um die Anzulernenden sowohl in ihrer Tätigkeit auszubilden, als auch mit den Betriebsgefahren und deren Bekämpfung bekannt zu machen[1].

Die technische Anlernung der Berufstätigkeit wird wesentlich unterstützt durch gründliches Berufswissen und allgemeines Verständnis für die an die Erzeugnisse zu stellenden Anforderungen. Zur Vermittlung der hierzu erforderlichen Kenntnisse dienen die Werks- und Fortbildungsschulen, die Berufsschulen und ähnliche Lehranstalten.

2. Die Ausbildung der Bergjungleute.

Auf die Ausbildung und Anlernung der angehenden Arbeiter ist in letzter Zeit nicht nur in der Maschinenindustrie, sondern auch gerade im Bergbau ein erhebliches Augenmerk gerichtet worden. Als Beispiel für die Anlernung und Erziehung der angehenden Bergleute sei im folgenden eine kurze Übersicht über das gesamte Ausbildungsgebiet für die Bergjungleute, wie es auf den Zechen der Vereinigten Stahlwerke durchgeführt wird, wiedergegeben[2]:

Das ganze Stoffgebiet gliedert sich in drei Teile:

1. die Lernschicht der Bergjungleute über Tage,
2. die Lernschicht der Bergjungleute unter Tage,
3. Turnen und Sport.

---

[1] Fickler: Lehrkameradschaften. Glückauf 1921, S. 1; ferner Schlattmann: Lehrkameradschaften II. Glückauf 1922, S. 37.

[2] Anleitung für die Lernschicht der Bergjungleute über und unter Tage auf den Zechen der Vereinigten Stahlwerke A. G., Abteilung Bergbau. Dortmund 1929. Ferner: Lehrplan und Stoffgebiete für die theoretische Ausbildung der Haueranwärter. Selbstverlag der Westfälischen Berggewerkschaftskasse zu Bochum 1927. Ferner: Senft: Der Aufbau der Berufsausbildung bei der Bergbaugruppe Hamborn der Vereinigten Stahlwerke A. G. Glückauf 1930, S. 693 u. 730.

α) **Die Lernschicht der Bergjungleute über Tage.** Die Lernschicht über Tage, die in der Hauptsache die 14- und 15jährigen Bergjungleute umfaßt, hat vor allem den Zweck, die angehenden Bergleute in das Gebiet der Arbeitsstättenkunde einzuführen mit dem Endziel, die Grundlagen der Behandlung und Instandsetzung der Gezähe und möglichst auch der im unterirdischen Betriebe benutzten Arbeitsmaschinen kennenzulernen. Die Unterweisung erfolgt durchwegs durch Anschauungsunterricht und praktische Tätigkeit, die an den einzelnen Betriebspunkten 2 bis 3 Monate währt.

Neben der Besprechung der in der Anlernwerkstätte fertiggestellten Gegenstände und der hierzu verwendeten Werkzeuge und Werkzeugmaschinen werden die gebrauchten Materialien besprochen, Preisberechnungen für die angefertigten Gegenstände ausgeführt und Skizzierübungen und praktische Übungen im Lehrstollen (z. B. das Verlegen von Rohren und Schienen, das Einbauen von Lutten usw.) vorgenommen. Hinzu kommen Besprechungen der im Grubenbetrieb gebräuchlichen Maschinen und Kraftquellen sowie Vorführungen der Arbeitsweise und der Auf- und Abrüstung dieser Maschinen.

Bei der Besprechung der Maschinen wird das Hauptgewicht auf den allgemeinen Aufbau, die Arbeitsweise, die Verwendung und die pflegliche Behandlung der dem Bergmann anvertrauten Maschinen gelegt. Dabei wird auf die bei der Verwendung der Maschinen möglichen Unfallgefahren und auf die Vorsichtsmaßregeln zwecks Verhütung dieser Unfälle hingewiesen.

Die praktische Ausbildung erfahren die Bergjungleute in den einzelnen Abteilungen der Anlernwerkstatt. Sie sollen dabei die Einrichtungen der Werkstätten und ihre Bedeutung für den Betrieb kennenlernen. Neben der Handhabung der Werkzeuge und der Werkzeugmaschinen in den einzelnen Abteilungen der Anlernwerkstatt werden die angehenden Bergleute in der Anfertigung bzw. Instandsetzung folgender Gegenstände unterwiesen, wobei die Aufzählung keinerlei Anspruch auf Vollständigkeit erhebt.

1. Schmiede: Klammerhaken, S-Haken, eiserne Fahrten, Seilklemmen, Aufhängevorrichtungen für Rohrleitungen und Kabel, Stapeltore, Kappschuhe, Rutschenketten, Beile, Bohrer, Spitzeisen usw.

2. Schlosserei: Instandsetzung von Bergwerksmaschinen wie Bohr- und Abbauhämmern, Häspeln, Rutschenmotoren, Pumpen, Schrämmaschinen, ferner von gebrauchten Rutschenbolzen, Laschen usw.

3. Dreherei: Weichenbolzen, Ventile, Hähne, Aufarbeitung von Schrauben, Bearbeitung von Lagerschalen usw.

4. Schreinerei: Gezähekisten, Verbandkästen, Ladestöcke, Fahrten, Schwellen, Quetschhölzer, Wettertüren usw.

5. Klempnerei: Eimer und Schaufeln, Staufferfettbüchsen, Ölkannen, Luttenkrümmer.

6. Elektrowerkstatt: Reinigungsarbeiten an Motoren, Schaltkästen, Kontakten, Hilfsarbeiten bei Installationen.

7. Baufach: Steinverbände (Läufer-, Binder-, Block- und Kreuzverband), Formen der Mauerung (Scheibenmauern und Gewölbe), Holzverbände, Verlängerungen (Verblattung, Zapfen usw.), Verstärkungen, Fachwerkswände.

Neben den Arbeiten in den Anlernwerkstätten werden die übrigen Betriebspunkte über Tage (Lesebänder, Wäsche, Hängebank, Lampenstube, Magazin, Kessel- und Maschinenhaus, Fördermaschine, Kokerei usw.) besichtigt und besprochen. Damit der angehende Bergmann einen Überblick über den gesamten Tagesbetrieb bekommt, werden die Jungen für kurze Zeit an den aufgezählten Betriebspunkten beschäftigt.

Von Zeit zu Zeit werden Grubenfahrten unternommen, um die Verwendung der in den Werkstätten angefertigten bzw. ausgebesserten Gegenstände an Ort und Stelle zu erläutern. Ebenso soll nach Möglichkeit die gemeinsame Besichtigung von technischen Anlagen, von Ausstellungen, Sammlungen, Museen usw. erfolgen. Der Unterricht erfolgt für beide Jahrgänge in 4 Wochenstunden.

β) **Die Lernschicht der Bergjungleute unter Tage.** Der Lehrplan für die Ausbildung der Bergjungleute unter Tage erstreckt sich über 5 Jahre. Das Arbeitsgebiet für die einzelnen Jahrgänge ist im nachstehenden in den Hauptpunkten kurz wiedergegeben.

3. Jahrgang (16jährige): Einführung in den Unterricht, Förderung, erdgeschichtliche Belehrungen, Fahrung, Einrichtungen für die Sicherheit im Bergbau, erste Hilfe bei Unfällen, Bewetterung.

4. Jahrgang (17jährige): Schlagwetter, Kohlenstaub, Grubenbrände, Grubenausbau, Aus- und Vorrichtung, Elektrizität im Bergbau, Aufgaben des Betriebsbeamten.

5. Jahrgang (18jährige): Gezähe und vor Ort gebrauchte Maschinen, die Bedeutung der Bodenerzeugnisse und Bodenschätze für Deutschland, der Versailler Vertrag, Sprengstoffe und Schießarbeit, Abbau.

Im 6. und 7. Jahrgang (19- und 20jährige) wird der Unterrichtsstoff des 3. bis 5. Jahrganges wiederholt und vertieft. Es wird dabei immer wieder auf die Vorteile der angewandten Arbeitsverfahren, auf die Unfallgefahren im Betriebe und die Unfallverhütungsmaßregeln, auf die Beachtung der bergpolizeilichen Vorschriften und auf die schonende Behandlung der Maschinen zur Vermeidung von Betriebsstörungen hingewiesen.

Der Unterricht im 3. bis 5. Jahrgang beträgt je eine Stunde in der Woche, im 6. und 7. Jahrgang je 2 Stunden im Monat.

Für die Erlernung der verschiedenen bergmännischen Tätigkeiten unter Tage ist dadurch Vorsorge getroffen, daß die Bergjungleute im Laufe der Ausbildungsjahre sämtliche vorkommende Arbeiten verrichten müssen. Jeder Lernende erhält eine Liste, in der die Art und die Dauer seiner abgelegten Einzeltätigkeiten vermerkt sind. Dabei wird die praktische Ausbildung unter Tage eingeteilt in die Lehrzeit als jugendlicher Bergmann (16- und 17jährige), Gedingeschlepper und Lehrhauer (18- bis 20jährige). Den Abschluß der gesamten praktischen Ausbildung bilden die Kurse für Haueranwärter in den Lehrrevieren, in denen je einem als besonders gut ausgebildeten und als tüchtig bekannten „Meisterhauer" zwei Lehrhauer zugeteilt werden. Als Bescheinigung für die erfolgreiche Ablegung der einzelnen vorgeschriebenen Lehrgänge erhalten die Bergleute nach Ablegung der jeweiligen Abschlußprüfung, die einen praktischen und theoretischen Teil umfaßt, Ausweise als Gedingeschlepper, Hauer und Ortsälteste, die in das Arbeitsbuch eingeklebt werden. Für die Ausbildung als Meisterhauer, Schießmeister, Wettermann, Lokomotivführer, Förderaufseher, Rangierer und Bedienungsmann des Fernsprech- und Meldewesens unter Tage werden besondere Kurse abgehalten. Ebenso werden für die Ausbildung von später Angelegten besondere Ausbildungskurse abgehalten. Falsch wäre es, als Meisterhauer ältere, wenn auch zuverlässige Zimmerhauer, die ihre frühere langjährige Hauertätigkeit ihres körperlichen Zustandes wegen nicht mehr ausüben können, einzustellen. Sie würden nicht mehr alle Arbeiten selbst in mustergültiger Weise vornehmen und damit die praktische Ausbildung genügend fördern können. Im Interesse des Unterrichtes soll den Lehrkameradschaften in einem geringen Grade der Anreiz, ihre Arbeit in der Hauptsache nach dem Gesichtspunkte der Erzielung eines hohen Lohnes einzurichten, genommen werden. Das Gedinge für die Lehrkameradschaften ganz fallen zu lassen, empfiehlt sich auch für den Beginn der Ausbildung nicht, da ein gewisser Arbeitsanreiz nach den vorliegenden

Erfahrungen fördernd auf die Intensität der Ausbildung wirken wird. Die mit Lehrkameradschaften zu belegenden Betriebspunkte sollen möglichst den normalen Verhältnissen der ganzen Grube entsprechen, wobei der zunehmenden Mechanisierung der Betriebe Rechnung zu tragen ist.

γ) **Turnen und Sport.** Während der gesamten Ausbildungszeit werden die Bergjungleute zur Stärkung ihrer Gesundheit und zwecks Förderung der Kraft und der Gewandtheit ihrer Körper zu Leibesübungen aller Art herangezogen. Diese erstrecken sich auf das Gebiet der Körperschulung und Gymnastik, auf Leichtathletik, Geräteturnen, Spiele aller Art, Schwimmen usw. und werden in der schichtfreien Zeit abgehalten. Durch diese Leibesübungen wird ein Ausgleich geschaffen gegenüber der einseitigen Berufsarbeit. Gleichzeitig werden Gemeinschaftsgeist und Zusammengehörigkeitsgefühl der Belegschaft geweckt.

IV. Die spezifische Leistung der Arbeiterschaft.
a) Arbeitsleistung und Bereitschaftsdienst.

Der Wirkungsgrad der Arbeitsleistung ist für Maschinen leicht und einwandfrei durch das Verhältnis der effektiven zur indizierten Leistung, d. h. der Arbeitsleistung zum Arbeitsaufwand bestimmt. Für die Beurteilung des Wirkungsgrades der menschlichen Arbeit ergeben sich jedoch ganz erhebliche Schwierigkeiten. Bei der menschlichen Arbeitsleistung handelt es sich um ein mehr oder weniger kompliziertes Zusammenwirken körperlicher, geistiger und vielfach zugleich maschineller oder tierischer Arbeit.

Soweit nur die rein menschliche Arbeit in Frage kommt, sind diejenigen Arbeiten, bei denen die körperliche Tätigkeit, also das Geschick, die Handfertigkeit usw. im Vordergrunde stehen, von den Arbeiten oder Arbeitsteilen zu unterscheiden, bei denen die geistige Tätigkeit überwiegt.

Das Hauen der Kohle ist eine vorwiegend körperliche Arbeit, bei der neben der Körperkraft, sogar vor derselben, das Geschick und die Handfertigkeit eine ausschlaggebende Rolle spielt. Das Setzen der Stempel erfordert neben der körperlichen Tätigkeit und dem Geschick besonders im brüchigen oder rolligen Gebirge große Aufmerksamkeit und Erfahrung, also zugleich eine stark geistige Tätigkeit, während z. B. die Beurteilung der Frage, ob in dem Bruche eines Braunkohlentiefbaues noch weiter gearbeitet werden kann, eine rein geistige Tätigkeit des Hauers ist.

Neben der eigentlichen körperlichen oder geistigen bzw. aus beiden Tätigkeiten zusammengesetzten Arbeitsleistung ist der Bereitschaftsdienst von erheblicher wirtschaftlicher Bedeutung. Unter Bereitschaftsdienst hat man diejenige Zeit zu verstehen, die der Arbeitnehmer arbeitsbereit im Betriebe verbringt, um für den Fall des Betriebserfordernisses sofort entsprechend eingreifen zu können. Wenn auch der Arbeitnehmer in dieser Zeit tatsächlich nicht arbeitet, so muß diese Zeit natürlich als Arbeitszeit bezahlt werden, einerseits, weil den Arbeitnehmer kein Verschulden trifft, wenn er in der Zeit nichts getan hat, und andererseits, weil diese Betriebsbereitschaft im Interesse des Betriebes liegt.

Der Ursache und Art nach kann die Betriebsbereitschaft sehr verschieden sein. Wenn die Bremser und Anschläger am Bremsschacht auf Wagen warten müssen, so liegt — wenn sie keine Nebenbeschäftigung haben — eine vollkommen untätige Betriebsbereitschaft vor. Mancher Aufsichtsdienst, wie z. B. die Wartung ununterbrochen laufender Maschinen, stellt eine mehr oder weniger gleichzeitige Zusammenfassung von geistiger Tätigkeit und Bereitschaftsdienst dar, zu denen sich gelegentlich auch eine mehr körperliche Tätigkeit hinzugesellt. Ob z. B. die Wartung einer unterirdischen Wasserhaltungsmaschine vorwiegend ein Bereitschaftsdienst oder eine geistige bzw. körperliche Tätigkeit ist, hängt u. a. wesentlich von der Betriebssicherheit der Maschinenanlage, sowie von der Gleichmäßigkeit und Reinheit der Zuflüsse ab.

Der Anteil der für Betriebsbereitschaft anzurechnenden Stunden wird besonders groß, wenn die Förderanlagen, insbesondere Bremsschächte, Bremsberge, Streckenförderungen usw. infolge stark zersplitterten Betriebes im einzelnen nicht voll ausgenutzt werden können. Es ist in solchen Fällen Sache der Betriebsorganisation, die Bereitschaftsstunden möglichst einzuschränken.

In den statistischen Zusammenstellungen bezeichnet man unter dem Begriff „Leistung der Belegschaft" nicht deren Arbeitsleistung in mkg pro Schicht und Kopf der Belegschaft, sondern das Ergebnis der Arbeitsleistung, z. B. im Bergbau die je Mann und Schicht geförderten Einheiten (hl, dz, t) Fördergut (Kohlen, Salze, Erze), also den Förderanteil.

Die Leistung, auch der Leistungsertrag genannt, ist von einer Reihe ineinander greifender, z. T. untereinander in Wechselwirkung stehender Faktoren abhängig, die einerseits von der Person des Arbeiters bzw. von der Gesamtheit der Belegschaft beeinflußt werden (persönliche Faktoren der Arbeitsleistung), und andererseits in Ursachen zu suchen sind, die von der Arbeitnehmerschaft völlig unabhängig sind, ihr also sachlich gegenübertreten (sachliche Faktoren der Arbeitsleistung).

Diese Leistung wird also von der Gesamtheit des Betriebes bedingt und soll deshalb hier Betriebsleistung genannt werden. Unter Beachtung dieser Einteilung ist die Betriebsleistung von den folgenden Faktoren abhängig[1]:

1. Leistungswilligkeit ⎱ 2. Leistungsfähigkeit ⎰	Leistungsaufwand oder persönliche Faktoren der Arbeitsleistung	⎱
3. Rechtliche Verhältnisse 4. Wirtschaftspolitische und bergbaupolitische Verhältnisse 5. Natürliche Verhältnisse 6. Betriebliche Verhältnisse	Leistungsmöglichkeit oder sachliche Faktoren der Arbeitsleistung	⎬ Leistungs- ertrag

Die persönlichen Faktoren der Arbeitsleistung werden in erster Linie bedingt durch die Charaktereignung, die geistige Eignung, die körperliche Eignung und die Ausbildung der betreffenden Personen. Die Charaktereignung beeinflußt sowohl den Leistungswillen als auch die Leistungsfähigkeit, während die geistige und körperliche Eignung sowie die Ausbildung nur für die Leistungsfähigkeit maßgebend sind.

Die persönlichen Faktoren sind ebenso wie die sachlichen Faktoren geeignet, den Wirkungsgrad zu beeinflussen. Die sachlichen Faktoren bewirken, daß Betriebsleistung und Arbeitsleistung durchaus nicht immer im gleichen Verhältnis zu- und abnehmen. Günstige Abbauverhältnisse lassen eine große Betriebsleistung vielfach noch bei vergleichsweise geringem Arbeitsaufwand erzielen, während ungünstige Verhältnisse trotz großen Arbeitsaufwandes nur geringe Leistungen zeitigen. Die Betriebsleistung kann daher nur unter gleichen Verhältnissen zum Maßstab des Arbeitsaufwandes herangezogen werden.

b) Untersuchung der für den Leistungsertrag in Frage kommenden Faktoren.

1. Persönliche Faktoren der Arbeitsleistung (Leistungsaufwand).

α) **Leistungswilligkeit.** Der Art nach kann sich die Leistungswilligkeit äußern entweder als bewußt auftretender Arbeitswillen oder als gefühlsmäßig wirkende

---

[1] Nach Herbig: Das Verhältnis des Lohnes zur Leistung unter besonderer Berücksichtigung des Bergbaues. Schmollers Jahrb. 1908, S. 621 bis 648.

Arbeitsfreudigkeit. Die Wirkung der Leistungswilligkeit kann einerseits in der Erhöhung bzw. möglichsten Anspannung des Arbeitsaufwandes und andererseits in dem Bestreben zur Verbesserung der Arbeitsverfahren bestehen. Beide Mittel bezwecken die Herbeiführung eines möglichst hohen Arbeitsergebnisses.

Die Leistungswilligkeit wird durch eine Reihe von Faktoren beeinflußt, die in der Arbeitnehmerschaft, der Art des Betriebes, der Arbeitgeberschaft und in politischen sowie gewerkschaftlichen Einflüssen zu suchen sind.

α_1) Löhnungspsychologie. Die Erfahrung hat gelehrt, daß Arbeiter mit geringen Lebensbedürfnissen durch ein hohes Schichtlohneinkommen leicht den Anreiz zum Einlegen von Feierschichten bekommen. In diesem Falle reizen auch hohe Gedingesätze zu Minderleistungen während der Schicht. Jedoch tritt diese Erscheinung mit zunehmender Spannkraft der Bedürfnisse mehr und mehr in den Hintergrund. Dafür tritt die Minderleistung dann vorwiegend bei zu niedrigem Gedinge ein, weil der Arbeiter auf diese Weise Zulagen und Ergänzungen erzwingen will. In diesem Zusammenhange tritt auch oft der Versuch zur Beamtenbestechung auf, der besonders dann mitunter von Erfolg begleitet ist, wenn auch die unteren Betriebsbeamten zu niedrige Einkommen haben[1].

Minderleistungen treten auch ein, wenn das Gedinge einen gewissen Mindestlohn sichert oder bei Überschreitung eines gewissen Lohneinkommens stets rücksichtslos abgebrochen wird. Im ersten Falle fällt für den Arbeiter mit geringen Lebensbedürfnissen der Anlaß zu guter Leistung weg. Im letzteren Falle schadet das Abbrechen des Gedinges nicht allein den Arbeitnehmern, sondern mehr noch den Arbeitgebern. Vor allem ist das Abbrechen in den Fällen schädlich, in denen die höheren Leistungen durch den größeren Fleiß, das größere Geschick und die besseren Arbeitsverfahren bzw. die bessere Arbeitsorganisation der betreffenden Kameradschaft bewirkt werden. Wird das Gedinge in solchen Fällen nicht abgebrochen, so wird damit der Kameradschaft ein Anreiz zur Verbesserung von Arbeitsverfahren usw. gegeben, so daß sie gegebenenfalls als Schrittmacher und Lehrmeister für die anderen Kameradschaften dienen kann. Es ist daher viel richtiger, nicht die Bewegungen der absoluten Lohnsätze, sondern mehr die Bewegungen der Löhne je Einheit Förderung (je Tonne Kohle usw.) zu vergleichen. Die Gedinge müssen möglichst stetig sein, also nur geringen Schwankungen unterworfen werden.

Ebenso ist auch die Erfahrungstatsache zu beachten, daß häufige Lohnverhandlungen und Gedingefestsetzungen die Leistung mindern. Es ist daher zweckmäßig, möglichst langdauernde Grundlagen für die Gedinge- und Lohnberechnung zu schaffen.

Gegebenenfalls empfiehlt es sich, Kameradschaften, die auffallend viel verdienen, vor solchen Betriebspunkten anzulegen, an denen weniger verdient wurde. Es zeigt sich dann sehr bald, ob die Kameradschaft höhere Leistungen aufweist. Das Verfahren ist besonders da am Platze, wo genaue Feststellungen der zu erwartenden Leistungen auf dem Wege der Zeitmessungen usw. nicht möglich sind.

Von Bedeutung ist ferner die Art der Gedingestellung als Entgelt für die persönliche Leistung des Arbeiters. Grundsätzlich sind Gedinge und Löhne so zu stellen und zu verrechnen, daß jedermann nur für seine Arbeit bezahlt wird, hier aber jede Nebenarbeit bezahlt erhält, auf deren Ausführung man irgendwie Wert legen muß, da diese sonst unweigerlich vernachlässigt wird (z. B. schlechter Versatz). Ferner sind Kameradschaftsgedinge insofern ungünstig, als faule Leute sich von den anderen „durchschleppen" lassen. Besonders bei großen Kameradschaften (Schüttelrutschenbau) liegt der Anreiz und die Möglichkeit

---

[1] Nieder: Arbeitsleistung der Saarbergleute, S. 23. 1909.

hierzu vor. In solchen Fällen kann man vielfach trotz gemeinsamen Gedinges eine Trennung in der Bezahlung dadurch herbeiführen, daß man die Belegschaft eines solchen Abbaues in Gruppen einteilt und jeder eine bestimmte Stoßlänge (Frontlänge) zur Bearbeitung gibt und diese verkürzt oder verlängert, wenn die betreffende Gruppe den Abbau nicht schnell genug oder zu schnell vorträgt. Die Löhne werden dann nach den Anteilen verteilt, die die einzelnen Arbeiter oder Arbeitergruppen von der Frontlänge des Abbaues bearbeiten.

Ein erheblicher Anreiz zur Steigerung der Berufs- und damit der Arbeitsfreudigkeit wird durch eine möglichst starke Differenzierung der Löhne für gelernte und ältere Arbeiter gegenüber ungelernten und jüngeren Arbeitern gegeben. Dieser Anreiz ist vor allem auch notwendig zur Sicherung des Nachwuchses an gelernten Arbeitern, der zur Aufrechterhaltung der wirtschaftlichen Stärke eines Volkes unbedingt erforderlich ist.

Einen außerordentlich starken psychologischen Einfluß auf den Leistungswillen hat der in den Jahren 1919 bis 1923 sich abspielende Währungsverfall gehabt. Derselbe machte jede Spartätigkeit wirkungslos, so daß der Antrieb zum Sparen und damit ein Hauptantrieb zur Mehrleistung wegfiel. Außerdem zwang der Währungsverfall zur dauernden Nachzahlung und verschleierte das Verhältnis zwischen Leistung und Lohnhöhe so stark, daß die Kaufkraft des verdienten Lohnes viel weniger von der Leistung als von den Währungsschwankungen und der gegenseitigen zeitlichen Lage dieser Schwankungen einerseits und der Lohnzahlungen bzw. Nachzahlungen andererseits abhing. Damit war dem Leistungswillen die wichtigste materielle Grundlage, die Aussicht auf eine bestimmte Kaufkraft des Lohnes, entzogen.

α_2) **Die Spannkraft der Bedürfnisse.** Die Spannkraft der Bedürfnisse wird grundlegend bedingt von den unumgänglich notwendigen Bedürfnissen der materiellen Lebenshaltung an Essen, Trinken, Kleidung und Wohnung. Der Maßstab hierfür ist der sog. Reallohn. Dazu kommen noch die Ausgaben für die Kranken-, Alters- und Invalidenfürsorge, die bei den besonderen Gefahren des Bergmannsberufes als unumgänglich notwendig angesehen werden müssen.

Erhöht wird die Spannkraft der Bedürfnisse durch die Tendenz zur Vergrößerung bzw. Wahrung der gesellschaftlichen Geltung. Wenn sich die Saarbrückener Bergleute als „Bergmann und hiesiger Bürger" in den Adressenkalender eintragen lassen[1] und darauf hinwirken, daß in den vorwiegend von Bergleuten bewohnten Ortschaften die Bürgermeisterstellen ehrenamtlich von Bergleuten besetzt werden, daß sie an dem bürgerlichen Vereinsleben erheblich teilnehmen, ihre Söhne „etwas werden lassen", so bedeutet das einerseits, daß sie ihre überlieferte, dem alten Handwerkerstande ebenbürtige gesellschaftliche Stellung wahren wollen, andererseits aber auch, daß die Spannkraft der Bedürfnisse entsprechend gehalten ist.

Innerhalb der berechtigten Grenzen liegt die Unterstützung dieses Strebens durchaus im Interesse des sozialen Friedens. Es wird sich dieses Streben in erster Linie da bemerkbar machen, wo ein alter Bergmannsstand mit Traditionen besteht. Herrscht der großstädtisch proletarische Typus vor, so tritt dieses Bestreben nur scheinbar zurück. Es ist vorhanden, aber ihm fehlt Ziel und Inhalt, weshalb es leicht auf falsche Bahnen gerät.

Die hohe Bedeutung der Spannkraft der Bedürfnisse als Ansporn der Arbeit ist in Amerika offenbar voll erkannt und richtig gewürdigt worden. In den amerikanischen Veröffentlichungen wird immer wieder betont, daß der Lebensstandard des Volkes nicht herabgesetzt werden dürfe. Nicht nur die Höhe der Löhne,

---

[1] **Nieder:** Die Arbeitsleistung der Saarbergleute, S. 20. Stuttgart-Berlin: Cotta'sche Buchhandlung 1909.

sondern auch die freundschaftlich-kameradschaftliche Art des Verkehrs der Arbeitgeber, Beamten und Arbeiter in und außerhalb des Dienstes trägt dieser Ansicht Rechnung. Die dadurch hervorgerufene geistige Einstellung der Arbeiterschaft hat wesentlich dazu beigetragen, daß die amerikanische Industrie trotz der hohen Löhne billig produziert.

Schließlich wird die Spannkraft der Bedürfnisse durch das Streben zur Stärkung der wirtschaftlichen Grundlage der Familie erhöht. Hierzu gehört das Streben zum Erwerb von Haus- und Grundeigentum. In Saarbrücken waren im Jahre 1905 etwa 39,2% der Belegschaft (einschließlich Jugendliche) Hauseigentümer. Die Erfahrung hat gelehrt, daß ein nicht allzu großer Grundbesitz, der eben für die Bedürfnisse der Familie an Getreide und Kartoffeln ausreicht, nur günstig auf die Arbeitsfreude und damit auf den Leistungswillen auch im Bergwerk wirkt. Zu großer Grundbesitz absorbiert die Arbeitskraft in einem solchen Maße, daß der betreffende Bergmann die Bergarbeit nur als Nebenberuf ansieht, worunter sowohl die Arbeitsfreudigkeit als auch der Betrieb leiden. Letzterer wird in diesen Fällen vor allem in der Bestell- und Erntezeit stark vernachlässigt. Es gibt Grubenanlagen, deren Belegschaft vorwiegend aus kleinbäuerlichen Kreisen stammt, die deshalb ihren Betrieb entsprechend einrichten müssen.

Die Leistungswilligkeit der Belegschaft kann man ferner durch verschiedene Maßnahmen erhöhen, aus denen die Arbeiter ersehen können, daß die Werksleitung bestrebt ist, ihnen die Arbeitsbedingungen zu erleichtern. So hat es die Belegschaft auf verschiedenen Werken dankbar empfunden, daß die Werksleitung es einrichtete, die Leute während der Schicht zur Frühstückspause bzw. unmittelbar nach der Schicht mit Milch zu versorgen. Für die Belegschaft über Tage wird es eine Annehmlichkeit sein, wenn ihr Gelegenheit geboten wird, während der Pausen, besonders während der Mittagspause, falls durchgearbeitet wird, das Essen nicht im Arbeitsraum, sondern in eigens dazu vorgesehenen freundlichen und hellen Speiseräumen einnehmen zu können. Werksspeisungen sollen sich nach Möglichkeit selbst tragen. Auch andere Einrichtungen, wie Werkssparkassen, Leihbibliotheken usw., werden geeignet sein, das Interesse der Belegschaft am Gedeihen des Werkes zu erhöhen.

α_3) **Berufskenntnis und Berufsstolz.** Berufskenntnis und Berufsstolz erwecken Verständnis und damit Freude an sachgemäßer Ausführung der Arbeit. Der einzelne Mann darf nicht das Gefühl haben, daß seine Arbeit eine geistig minderwertige sei, ein Gefühl, das vor allem auftritt, wenn der Arbeiter über die Arbeitsvorgänge, über die Ursachen und Wirkungen der zu treffenden Maßnahmen usw. vollständig unwissend bleibt.

Unzweifelhaft wird die Berufsfreudigkeit auch von der gesellschaftlichen Geltung beeinflußt. Es dürfte sicher zur Hebung der Berufsfreude beitragen, wenn auch für den Bergmann eine innungsgemäße Meisterprüfung ermöglicht würde, für die er sich die Vorkenntnisse im Anschluß an den Fortbildungsunterricht vor allem durch Selbststudium zu erwerben hat. Ob und in welchem Umfange Weiterbildungskurse möglich sind, hängt von den Verhältnissen der einzelnen Bergbaureviere ab. Die Meisterprüfung würde vor allem dann an Bedeutung gewinnen, wenn das Bestehen derselben seitens der Bergbehörden als Vorbedingungen für die Bestätigung verantwortlicher Arbeitsposten (Schießmeister, Sicherheitsmänner, Drittelführer) angesehen würde.

Der allgemeine Berufsstolz ist insofern von wesentlicher Bedeutung, als er in der Masse der Berufsangehörigen das Gefühl der Notwendigkeit guter Leistungen erweckt und damit auch eine entsprechende gegenseitige Beeinflussung begünstigt.

Die Freude an der Ausübung des Berufes und an der Vertiefung der Berufskenntnis wird entschieden gesteigert durch Prämien, die als Anreiz zur Fortentwicklung der Arbeitsverfahren und Arbeitsorganisation, für Vorschläge zur Betriebsverbesserung und dahin zielender Erfindungen vergeben werden. Zweckmäßig erfolgt die Verleihung und Bemessung der Prämien von Kommissionen, in denen die Arbeitgeber und Arbeitnehmer bzw. deren Organisationen paritätisch vertreten sind (z. B. um den Übergriffen einzelner vorgesetzter Stellen vorzubeugen, die aus irgendwelchen Gründen entweder den Erfinderruhm für sich in Anspruch nehmen oder die Sache unterdrücken wollen).

α_4) Betriebseinwirkungen. Große Betriebsgefahren, unangenehme Arbeiten, besonders auch solche bei unbequemer Stellung, mit unbequemem Handwerkszeug oder unangenehm rückwirkendem Werkzeug, schlechte Arbeitsorganisation usw. beeinträchtigen bewußt oder unbewußt die Arbeitsfreudigkeit und damit den Leistungswillen.

Insbesondere ist diese Beeinträchtigung oft nach größeren Unglücksfällen zu spüren.

Der sachliche Ablauf des Arbeitsverfahrens beeinflußt in geeigneten Fällen den Leistungswillen insofern, als er, besonders bei maschinellem Betrieb, vielfach das Arbeitstempo vorschreibt. Durch entsprechende Gedinge wird dieser Einfluß verstärkt. Das gilt namentlich für Werkzeugmaschinen, ferner für den maschinellen Bohrbetrieb beim Auffahren von Strecken, Querschlägen usw. Im Kalisalzbergbau muß z. B. der Hauer vor Streckenort erst seinen „Satz" an Bohrlöchern abbohren, ehe er schießt, um unnötige Aufstellungen der Bohrmaschinen zu vermeiden. Will er zur rechten Zeit (zum Frühstück oder zur Schicht) mit den Bohrarbeiten fertig werden, so ist damit das Arbeitstempo gegeben (Pensumsidee).

Von Bedeutung ist in manchen Fällen der rhythmische Verlauf der Arbeitsgänge, durch den der Leistungswillen unbewußt beeinflußt werden kann, indem der Arbeiter unbewußt seine Arbeit z. B. einem gleichartigen Tonrhythmus, der mitunter in der Maschine liegt, anzupassen sucht. Aus demselben Grunde kann ein Gegenrhythmus außerordentlich leistungshemmend wirken[1].

α_5) Berufsverantwortlichkeit. Von großer Bedeutung für den Leistungswillen ist das Verantwortungsgefühl, das daher mit allen Mitteln gesteigert werden muß. Aus psychologischen Gründen ist Vorsorge zu treffen, daß dem einzelnen nur die Verantwortung für diejenigen Vorgänge zugemutet wird, die er selbst im Verlaufe seiner Arbeit zu beeinflussen in der Lage ist, daß sich also die Verantwortung nur auf seine eigene Arbeit beschränkt. Das bezieht sich sowohl auf die dienstliche Verantwortung als auch auf die Art der Lohn- und Prämienberechnung. Die Zergliederung der gesamten Betriebsverantwortung und deren Verteilung an die einzelnen Belegschaftsmitglieder, Kameradschaften, Beamte usw. hat am besten so zu erfolgen, daß die Verantwortungs- und Interessensphären der nacheinanderfolgenden Betriebsglieder streng für sich abgeschlossen sind, möglichst in der Weise, daß eine gegenseitige Beaufsichtigung eintritt, und die Verantwortungs- und Interessensphären parallel nebeneinander arbeitender Betriebsglieder zwar auch für sich abgeschlossen, aber je nach der Lage des Falles, z. B. gegenüber den vor- und nachgeschalteten Betriebsgliedern, gleichgerichtet sind.

α_6) Einfluß der persönlichen Einstellung des Unternehmers zu den Angestellten und Arbeitern seines Betriebes. Das Verhältnis, in dem sich der Unternehmer zum Arbeitnehmer einstellt, die Art der Behandlung der Arbeitnehmer usw., wirkt natürlich auf Arbeitsfreudigkeit und Leistungswillen der letzteren ein. Es soll nicht verkannt werden, daß bei gesellschaftlichen Unternehmungen

---

[1] Sachsenberg: a. a. O.

(Gewerkschaften, Aktiengesellschaften usw.) der Konnex zwischen Unternehmer und Arbeitnehmer in der Regel verschwindet und an deren Stelle der Konnex der leitenden Angestellten mit den übrigen Arbeitnehmern tritt. Die leitenden Angestellten haben dann diesen Teil der Funktionen der Unternehmer zu erfüllen. Dunkmann weist in seinem Vortrag über den Kampf um die Seele des Arbeiters[1] darauf hin, daß der Kastengeist und der Glauben an die Hierarchie der Stände manchen deutschen Unternehmer und Beamten immer noch hindern, die menschlich richtige Fühlungnahme zum Arbeiter zu gewinnen. „Man fange in den Werkstätten der Arbeiter damit an, daß man den Arbeiter z. B. in der Anrede ehre, damit er auch außerhalb im ganzen Volke Ehre habe." Mit diesen wenigen Worten will Dunkmann das bezeichnen, was er als ein Grundübel des deutschen Volkes von heute ansieht und was den inneren Zusammenhang des Gesamtvolkes solange nicht aufkommen lassen wird, als es nicht bewußt und restlos ausgerottet wird. Auch der deutsche Unternehmer muß nach Dunkmann ebenso wie der anderer Völker in den Beamten und Arbeitern grundsätzlich seine Mitarbeiter sehen und nicht nur die Angelegenheit vom Standpunkte des Vorgesetzten zum Untergebenen betrachten. Durch solches Verhalten wird nicht nur das Vertrauen der Arbeiterschaft untergraben, sondern infolge der unausbleiblichen Verbitterung auch der Leistungswille, d. h. in diesem Falle die Arbeitsfreude vernichtet.

Es darf wohl als sicher angesehen werden, daß dieser Standpunkt, der an Stelle des mehr kameradschaftlich-führenden Verkehrstones nur den Befehlston setzt, sehr viel dazu beiträgt, den Klassenhaß zu erzeugen und zu verbreiten. Ebenso sicher aber ist es, daß die ihrer Verantwortung bewußten deutschen Unternehmer und leitenden Angestellten diesen falschen Standpunkt nicht einnehmen. Immerhin muß an dieser Stelle auf die Ursachen und Wirkungen hingewiesen werden, schon um dem jungen Ingenieur die Bedeutung dieser wichtigen Frage klarzulegen. Daß der von Dunkmann angeregte Verkehrston zwischen Unternehmern, Angestellten und Arbeitern ohne Schädigung der Arbeitsdisziplin durchführbar ist, zeigen die Verhältnisse in der amerikanischen Industrie. Allerdings ist wohl damit zu rechnen, daß eine Umstellung der Behandlung der Arbeiter in den einzelnen Betrieben nicht sofort eine Umstellung der Einstellung der Arbeiterschaft zum Unternehmer und Angestellten nach sich ziehen wird, weil diese Einstellung auch durch die politische Einwirkung der Arbeitergewerkschaften mit beeinflußt wird.

α_7) **Politischer und gewerkschaftlicher Einfluß.** Der gewerkschaftliche Einfluß ist insofern von Bedeutung, als gewerkschaftliche Erziehung und gewerkschaftliche Tradition das Verantwortungsgefühl des einzelnen Arbeitnehmers gegenüber der Allgemeinheit und damit den Leistungswillen zu stärken oder auch zu schwächen vermögen. Insbesondere wirken die allgemeinpolitischen und wirtschaftspolitischen Verhältnisse zwischen Arbeitgeber und Arbeitnehmer auf den Leistungswillen ein. Es kommt wesentlich darauf an, ob das Verhältnis zwischen Arbeitgeber und Arbeitnehmer freundlich, feindlich oder indifferent ist. Streikstimmung beeinträchtigt stets den Leistungswillen. Dasselbe gilt für Zeiten politischer Erregung. Die innere Ruhe der Arbeiterschaft wirkt also auf den Leistungswillen mehr oder weniger bewußt in erheblichem Umfange ein.

Insgesamt kann die politische und wirtschaftliche Stimmung und Lage die Arbeitnehmerschaft psychologisch vom „Ca'Canny-System"[2], der bewußten Verweigerung von Mehrleistungen auch bei vermindertem Arbeitsaufwand, zur sportlichen Freude an industriellen Hochleistungen, und vom vernunftgemäßen

---

[1] Dt. Bergwerks-Zg. Nr. 95 vom 24. 4. 1925.

[2] v. Reiswitz: Ca'Canny (Nur immer hübsch langsam). Ein Kapitel aus der modernen Gewerkschaftspolitik. Berlin: O. Elsner 1902.

solidarischen Hochhalten des Wertes ihrer Arbeitskraft bis zur stumpfen, interesselosen Ergebung in die Verhältnisse führen.

In diesem Zusammenhange sollen und können die Betriebsräte sowohl vermittelnd auf Ausgleich der Gegensätze als auch fördernd auf den Leistungswillen eingreifen. Inwieweit die Betriebsräte den gehegten Erwartungen entsprechen, muß die Zukunft lehren.

Auch die wirtschaftlichen Verhältnisse beeinflussen den Leistungswillen stark. Die Erfahrungen haben gelehrt, daß sich der Leistungswillen häufig steigert, wenn infolge schlechter Absatzverhältnisse Feierschichten eingelegt werden — ebenso wie eine Leistungssteigerung vor Festtagen, wie Weihnachten, meist festzustellen ist, während eine starke Nachfrage meist den Leistungswillen herabdrückt, weil man diese Zeiten in der Regel ausnützen will, um Lohnforderungen durchzudrücken.

Die öffentliche Meinung beeinflußt im Zusammenhange mit dem Streben der Arbeitnehmer auf gesellschaftliche Anerkennung den Leistungswillen derselben ebenso, wie ihr Streben, die Lohnhöhe ihren Bedürfnissen anzupassen.

Man wird jedoch der öffentlichen Meinung erst dann mit voller Berechtigung den ihr zukommenden Einfluß einräumen können, wenn für alle Volksangehörige die Notwendigkeit wirtschaftlichen Denkens erkannt ist, und die Volkserziehung ein allgemeines Verständnis für Technik und Wirtschaft erreicht hat. Jedermann muß die ihm auferlegten Pflichten in der Arbeitsgemeinschaft seines Volkes, die Wichtigkeit seiner Tätigkeit und der seiner Standesangehörigen für die gesamte Volkswirtschaft, damit aber auch seine Verantwortlichkeit dieser gegenüber klar erkennen.

β) **Leistungsfähigkeit.** β_1) Allgemeine persönliche Eignung. Zur Erzielung einer bestimmten Leistung kann der erforderliche körperliche Aufwand in mehr oder weniger großem Umfange durch das auf Handfertigkeit und Erfahrung beruhende Arbeitsverfahren bedingt werden. Sowohl Handfertigkeit als auch Erfahrung lassen sich erst nach langjähriger Tätigkeit erwerben. In der Regel ist die Möglichkeit zum Erwerb dieser Fähigkeiten an ein gewisses Lebensalter gebunden, das nicht allzusehr überschritten sein darf, weil im höheren Alter die erforderliche Anpassungsfähigkeit meist fehlt. Natürlich erreichen an sich ungeschickte Leute diese Fähigkeiten auch dann nicht im vollen Maße, wenn sie im jugendlicheren Alter den Beruf ergreifen.

Dieser Umstand hat für den Bergmannsberuf noch dadurch eine besondere Bedeutung, als er vergleichsweise hohe Anforderungen an die Körperkraft und die Handfertigkeit und Erfahrung der einzelnen Hauer stellt. Infolgedessen können Leute, die erst im höheren Alter Bergmann werden oder an sich ungeschickt sind, die normale Leistung in der Regel nur mit Hilfe eines entsprechend größeren körperlichen Arbeitsaufwandes erreichen. Sie erliegen dadurch den etwaigen gesundheitlichen Einwirkungen des Berufes vergleichsweise leichter.

Das Lebensalter wirkt naturgemäß erheblich auf die Leistungsfähigkeit der Arbeiter ein. Nach Nicolai[1] wurde bei der Reichsbahn festgestellt, daß im Durchschnitt, wenn man die Leistungsfähigkeit eines im 30. Lebensjahre stehenden Arbeiters mit 100% einsetzt, der folgende Rückgang mit zunehmendem Alter zu verzeichnen ist:

bis 35 Jahre auf 96%,	bis 55 Jahre auf 74%,
„ 45 „ „ 82%,	„ 60 „ „ 65%.
„ 50 „ „ 77%,	

Hierbei sind die größeren Erfahrungen des älteren Mannes nicht in Rechnung gestellt worden.

---

[1] Nicolai: a. a. O.

Der Beruf des Bergmannes erfordert sehr häufig die Fähigkeit, die Arbeiten unter den verschiedensten, stets wechselnden und meist nicht vorauszusehenden Bedingungen auszuführen. Der steten Gefahren wegen muß das Vermögen zur Aufmerksamkeit auch nach mehrstündiger schwerer Arbeit in genügendem Maße vorhanden sein. Auge und namentlich Gehör müssen gut sein, um die Anzeichen drohender Gefahren sicher zu erkennen. Ferner muß der Bergmann rasch und richtig auf Sinneswahrnehmungen reagieren. Diese Gesichtspunkte sind besonders bei der Prüfung der Berufseignung zu beachten.

Hieraus ergibt sich, daß die relative Arbeitsleistungsfähigkeit des einzelnen Arbeiters recht verschieden sein kann. Sie ist nicht allein abhängig von der körperlichen Kraft desselben, sondern auch von seiner Handfertigkeit, Erfahrung und Überlegung. Für die dauernde Erhaltung der Leistungsfähigkeit ist natürlich auch der Gesundheitszustand und die Lebenshaltung, wie z. B. die Ernährung usw. von ausschlaggebender Bedeutung. Die Berufs- und Wohnungshygiene, die Verwendung des Arbeiters nach Möglichkeit zu Arbeiten, die seiner besonderen Eignung entsprechen, in Zukunft vielleicht die Berufsberatung auf Grund psychologischer und gesundheitlicher Untersuchungen sind zweckentsprechende Mittel zur allgemeinen Förderung und Erhaltung einer guten Leistungsfähigkeit.

β_2) **Gelernte Arbeiter.** Die vorstehenden Darlegungen ergeben, daß die Leistungsfähigkeit des einzelnen Arbeiters am zweckmäßigsten erhöht wird, wenn er in einem Alter seinen Beruf ergreift, in dem er noch voll anpassungsfähig ist, und er systematisch in den Handfertigkeiten und Erfahrungen des Berufes unterrichtet wird. Gerade im Bergbau ist die Beschaffung eines berufstüchtigen Arbeiterstandes von erheblicher Bedeutung. Schlecht oder gar nicht ausgebildete Hauer verderben die einzelnen Ortsbetriebe (Abbaue und Strecken usw.), erhöhen die Druckwirkungen und die Gefahr des Zubruchegehens der Baue infolge unsachgemäßer Hereingewinnung und schlechten Ausbaues und damit also die Stein- und Kohlenfallgefahr. Daneben werden sie besonderen Gefahren, wie Schlagwettern, Wasser- und Schwimmsanddurchbrüchen usw. ratlos gegenüberstehen, dem Betriebe also ungewollt schweren Schaden bringen können.

β_3) **Angelernte Arbeiter.** Leute, die in einem höheren, aber noch nicht allzu hohen Alter den Bergmannsberuf ergreifen, können in der Regel nicht mehr allseitig ausgebildet werden. Dagegen kann es sich empfehlen, diese für bestimmte Spezialarbeiten anzulernen, in denen sie schließlich auch hervorragendes leisten können. Zu diesen Spezialarbeiten eignen sich am besten solche, die in größerem Umfange ausgeführt werden müssen, ohne eine vielseitige bergmännische Ausbildung zu erfordern. So können gegebenenfalls Leute mit dem Verlegen von Schüttelrutschen dauernd beschäftigt werden, ohne sich mit der Kohlengewinnung zu befassen. Der Nachteil der angelernten Leute liegt in ihrer einseitigen Verwendungsfähigkeit. Die Ausbildung dieser Leute muß immerhin so erfolgen, daß sie für die in Frage kommenden Hauptarbeiten und Hauptgefahren des Bergwerksbetriebes volles Verständnis haben.

In Maschinenbauwerkstätten werden angelernte Leute als Dreher usw. vielfach verwendet. Mit der Zunahme der Mechanisierung wächst die Zahl der angelernten Arbeiter, da der mechanisierte Betrieb weniger „voll ausgebildete" Leute nötig hat.

β_4) **Ungelernte Arbeiter.** Diese sind nur für Arbeiten verwendbar, zu deren Ausführung keine besonders eingehende Ausbildung erforderlich ist. Diesen Arbeitern sind also nur solche Beschäftigungen zu übertragen, die sich sofort anlernen lassen. Soweit der Grubenbetrieb in Frage kommt, dürfen ungelernten Arbeitern keine Tätigkeiten zugemutet werden, die erheblichere Gefahren für Menschen und Betrieb mit sich bringen können. Selbstverständlich müssen alle Leute, auch die ungelernten Leute, mit den allgemeinen Gefahren des betreffenden Betriebes bekannt gemacht werden, ehe sie zu Einfahrt zugelassen werden.

β_5) Arbeitswechsel. Der Arbeitswechsel erschwert das Einarbeiten des einzelnen Mannes in die meist recht verschiedenen Arbeitsbedingungen des betreffenden Bergwerkes. Immerhin soll nicht verkannt werden, daß ein in entsprechend langen Zeitabschnitten vorgenommener Arbeitswechsel dem jungen Bergmanne Gelegenheit zu seiner weiteren Ausbildung geben kann. Jedoch verhindert ein in zu kurzen Zeitabschnitten vorgenommener häufiger Wechsel die Möglichkeit, die Arbeiten so eingehend kennen und beherrschen zu lernen, daß für den betreffenden Mann Fortschritte in seiner Leistungsfähigkeit zu erzielen wären. Er bleibt im Gegenteil in dieser Hinsicht gegen seine seßhafteren Arbeitskameraden zurück. Es liegt daher im eigenen, wohlverstandenen Interesse der Arbeiterschaft, wenn sie selbst den Arbeitswechsel auf das richtige Maß einschränkt.

β_6) Schichtdauer. Ein wichtiger, auf die Arbeitsleistung einwirkender Faktor ist die Schichtdauer. Vom Gesichtspunkte der Interessen der Volksgemeinschaft soll einerseits die Arbeitskraft eines jeden Volksgenossen voll ausgenutzt werden, andererseits aber berücksichtigt werden, daß er auch zu seiner Erholung und evtl. Weiterbildung Zeit, Gelegenheit und Kraft haben muß.

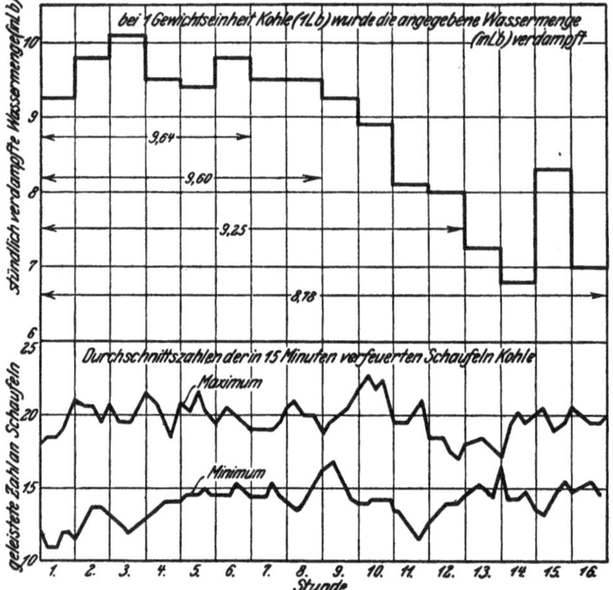

Abb. 7. Einwirkung der Ermüdung auf Leistung und Güte der Arbeit von Kesselheizern.

Die hiernach zu treffende Bemessung der täglichen Arbeitszeit wird für die verschiedenen Berufe natürlich verschieden ausfallen. Für den unterirdischen Bergwerksbetrieb ist die Höhe der Grubentemperatur und der Luftfeuchtigkeit ausschlaggebend für die Bemessung der Schichtdauer. Eine Verkürzung derselben findet außer in heißen, auch in nassen oder sonst gesundheitlich ungünstigen Betriebspunkten statt. Die Untersuchungen von Pollkow[1] lassen ein Nachlassen der Qualität der Arbeit eines Heizerpersonals deutlich erkennen, die hier vor allem in der exakten Beobachtung und Verteilung des Feuers zum Ausdruck kommt. Die Verdampfungsleistung der verfeuerten Kohle läßt mit zunehmender Ermüdung der Heizer deutlich nach (Abb. 7)[1].

β_7) Zusammensetzung der Belegschaft. Die Betriebsgefahren und die gesundheitlichen Einwirkungen des Betriebes beeinträchtigen ebenfalls die Leistungsfähigkeit des einzelnen Arbeiters. Ausschlaggebend wirken diese Einflüsse aber auch auf die Zusammensetzung der Belegschaft und damit auf deren Leistungsfähigkeit ein, weshalb deren Untersuchung im nachfolgenden erfolgen soll.

---

[1] Ludwig: Ermüdungserscheinungen und Unfallstatistik. Betrieb 1921, H. 12, S. 331.

Es ist ohne weiteres einleuchtend, daß die Leistungsfähigkeit der Belegschaft von ihrer Zusammensetzung, d. h. von der Verhältniszahl der gelernten, angelernten und ungelernten Arbeiter, sowie vom Durchschnittsalter und von der Stärke und der Art des Belegschaftswechsels abhängt. Ein starker Belegschaftswechsel vermindert die Zahl der in die örtlichen Verhältnisse gut eingearbeiteten Leute. Hierdurch wird die Leistungsfähigkeit vermindert und die Unfallgefahr gesteigert[1].

Jedoch ist nicht allein die Verhältniszahl des Belegschaftswechsels ausschlaggebend. Wichtiger ist vielfach die Feststellung, welche Teile der Belegschaft von dem Belegschaftswechsel betroffen werden. Der nachteilige Einfluß des Belegschaftswechsels ist um so empfindlicher, je mehr er sich auf den wichtigeren Teil der Belegschaft, die Hauer, erstreckt. Es empfiehlt sich daher oft, nach den Ursachen des Belegschaftswechsels zu forschen, um diese gegebenenfalls beseitigen zu können.

Ebenso wichtig ist auch die Art des Ersatzes der Mannschaften bei Belegschaftswechsel bzw. Belegschaftsergänzung oder -vermehrung. Es kommt wesentlich darauf an, aus welchen Berufskreisen, Volksklassen und vielfach aus welchen Volksstämmen der Ersatz kommt. Es kommt sowohl die körperliche als auch die geistige Eignung in Frage.

Der Ersatz aus Bergmannskreisen bringt keinen fühlbaren Nachteil, wenn die betreffenden Bergleute in ähnlich gearteten Betrieben gearbeitet haben. Jedoch kommt es nicht selten vor, daß Bergleute trotz niedrigerer Durchschnittslöhne wieder in die alten Grubenbezirke zurückkehren, weil es ihnen nicht gelingt, unter den ihnen neuen und fremdartigen Verhältnissen des anderen Reviers die Durchschnittslöhne oder überhaupt auskömmliche Löhne zu verdienen.

Bei bergfremdem Ersatz kommt es wesentlich darauf an, ob die Leute in ihrem bisherigen Beruf schwere Arbeit möglichst unter ungünstigen Betriebsbedingungen (Hitze, Staub usw.) gewohnt sind.

Von wesentlicher Bedeutung ist die Frage, ob der bergfremde Ersatz die Bergarbeit nur als Aushilfsarbeit betrachtet oder nicht. Im ersteren Falle bleiben diese Leute oft ohne inneren Zusammenhang zum Grubenbetriebe. Dieser Fall tritt vor allem dann ein, wenn die Leute einem vorübergehend brachliegenden Industriezweige entstammen.

Es liegt daher im Interesse der Bergindustrie, sich einen seßhaften Stamm guter Bergleute heranzuziehen, was wesentlich erleichtert wird, wenn die verheirateten Leute gut entlöhnt werden und die Ansiedlung begünstigt und durch Bereitstellung von Mitteln (Geld, Baumaterial usw.) unterstützt wird.

Die Entfernung des Wohnortes vom Arbeitsort wirkt naturgemäß insofern auf die Leistungsfähigkeit des einzelnen Arbeiters wie der ganzen Belegschaft ein, als lange Anmarschwege den Arbeitnehmer ermüden, ohne daß er in dieser Zeit produktive Leistungen schafft. Auf einigen mitteldeutschen Braunkohlenwerken ergaben sich nach Schultze[2] die folgenden Anfahrwege von der Wohnung bis zur Grube (s. Tabelle 10).

Von 8 km an benutzt ein Teil die Eisenbahn, über 10 km wird von fast allen die Bahn benutzt. In einem Falle kamen zu 16 km Bahnfahrt noch 6 km Marsch bzw. Radfahrt.

Obwohl die Leistung der Belegschaft sich aus den Leistungen der einzelnen Belegschaftsmitglieder ergibt, würde man sich doch einer Täuschung hin-

---

[1] Sargant Florence schätzt bei 100% Arbeiterwechsel je Jahr die hieraus entstehenden Verluste auf rd. 5% der gesamten Lohnsumme. Economies of Fatigue and Unrest, London 1924, S. 104.

[2] Schultze: Dissertation Freiberg, a. a. O.

geben, wollte man die Leistungsfähigkeit der Belegschaft gleich der Summe der Leistungsfähigkeiten der Belegschaftsmitglieder setzen. Die individuell verschiedene Art der Arbeitsausführung bewirkt z. B., daß der Hauer bei mehrschichtigem Betriebe seinen Arbeitsort meist nicht in dem ihm und seinem Arbeits-

Tabelle 10.
Anmarschwege der Arbeitnehmer von der Wohnung zur Grube auf einigen mitteldeutschen Braunkohlenwerken.

km	Zahl der Arbeiter	in %
bis 2	633	48,4
2 „ 3	311	23,7
3 „ 4	98	7,5
4 „ 5	65	5
5 „ 6	49	3,75
6 „ 7	50	3,85
7 „ 8	18	1,4
8 „ 9	41	3,15
9 „ 10	17	1,3
10 „ 15	16	1,22
15 „ 20	7	0,53
über 20	3	0,22

verfahren zusagenden Zustand vorfindet, ganz abgesehen von dem wohl selteneren Falle, daß einander wenig günstig gesinnte, in mehreren Schichten nacheinander vor dem gleichen Orte tätige Hauer auch gelegentlich Schikane treiben. Aus diesen Gründen sinkt z. B. die Leistung der Kohlenhauer bei mehrdritteligem Betriebe in der Regel.

Den Einfluß der mehrdritteligen Betriebe zeigt die nachstehende Tabelle 11[1]. In Saarbrücken betrug nach einem Durchschnitt von Betrieben in 20 verschiedenen Flözen die Leistung:

Tabelle 11. Einfluß des mehrdritteligen Betriebes auf die Leistung vor Ort.

	Leistung je Hauer u. Schicht	
	in einschichtigem Betrieb	in zweischichtigem Betrieb
Streckenbetrieb . . .	23,02 Ztr.	21,09 Ztr. = − 8,4%
Pfeilerabbau	27,42 „	25,31 „ = − 7,7%

2. Sachliche Faktoren der Arbeitsleistung (Leistungsmöglichkeit).

Die Leistungsmöglichkeit wird beeinflußt durch allgemeine und für den einzelnen örtlichen Betrieb wirksame Verhältnisse. Zu den allgemeinen Verhältnissen gehören:

α) die rechtlichen Verhältnisse,

β) die wirtschafts- und bergbaupolitischen Verhältnisse.

Zu den örtlich wirkenden Verhältnissen gehören:

γ) die natürlichen Verhältnisse und

δ) die betrieblichen Verhältnisse.

α) Die rechtlichen Verhältnisse. In mehr oder weniger großem Umfange kann die Leistungsmöglichkeit durch die Sozial- und Wirtschaftsgesetzgebung beeinflußt werden. Der Frauen- und Jugendschutz kann zu gewissen Zeiten den Arbeitermangel verschärfen. Er wird die Durchschnittsleistung meist steigern durch Ausschaltung oder Einschränkung der Zahl der minderwertigen Kräfte. Wird die Entlassung der Arbeiter erschwert, so muß bei sinkendem Absatz die Leistung der Belegschaftsmitglieder je Schicht entsprechend sinken. Von vorübergehendem, aber immerhin noch langdauerndem Einfluß ist auch die zwangsweise Beschäftigung Schwerkriegsverletzter[2], wenn es auch selbstverständlich ist, daß ihnen eine angemessene Beschäftigung gesichert sein muß. Von einschneidendster Bedeutung kann jedoch die Verkürzung der Schichtdauer werden, wie später noch eingehend nachgewiesen wird. Bei einer gesetzlichen Regelung der Schichtdauer sollte man Unterschiede machen zwischen Schwerarbeit bei ungünstigen Arbeitsbedingungen (heiße, feuchte Grubenluft), dem Durchschnittsarbeitsaufwand und der leichten, z. T. nur Bereitschaftsdienst umfassenden Arbeit.

Die Bergpolizeivorschriften werden in der Regel erschwerend in den Betrieb

---

[1] Nieder: a. a. O. S. 25.   [2] Gesetz vom 6. 4. 1920.

eingreifen. Hierhin gehören z. B. das Verbot der Schießarbeit in Fettkohleflözen, die Kürzung der Arbeitszeit bei zu heißer und zugleich feuchter Luft, die Einstellung der Betriebe bei Anwesenheit von mehr als 1% Schlagwetter in der Grubenluft usw.

Damit soll die Notwendigkeit dieser Verordnungen nicht etwa in Zweifel gezogen werden — solange die Gefahren sich nicht auf andere wirtschaftlichere Weise ebenso sicher vermeiden lassen —, nur die Tatsache ihrer Einwirkung auf die Leistungsmöglichkeit soll Erwähnung finden.

Insoweit als die Sicherheitsvorschriften (Bergpolizeivorschriften) das von dem Bergmann anzuwendende Arbeitsverfahren, besonders die einzelnen Handhabungen nicht merklich erschweren, haben sie die meiste Aussicht auf Befolgung. Haben sie dagegen solche Erschwernisse zur Folge, so werden sie aus Bequemlichkeitsgründen besonders von leichtsinnigen Personen sicher übertreten. Die Bergbehörden haben daher ebenso wie die Arbeitgeber und Arbeitnehmer allen Anlaß, die Technik so weit zu vervollkommnen, daß die Vermeidung der Betriebsgefahren bei gleichzeitiger Vereinfachung und Verbesserung der Arbeitsverfahren und der Arbeitsorganisation erfolgen kann.

β) **Die wirtschafts- und bergbaupolitischen Verhältnisse.** Die Absatzverhältnisse und die damit verbundene Ausnutzungsmöglichkeit der Betriebe beeinflussen in erheblichem Maße die Leistungsmöglichkeit, da z. B. bei sinkender Produktion die Betriebsleerlaufarbeit bleibt, also eine vergleichsweise Erhöhung der unproduktiven Arbeit eintritt, wodurch die Leistung je Belegschaftsmitglied und Schicht auch dann noch sinkt, wenn alle überflüssigen Arbeiter entlassen worden sind.

Außerdem zwingen die Absatzverhältnisse vielfach zu Änderungen der gesamten Betriebsdisposition. Bei ungleichmäßigem Absatz muß der Betrieb relativ ausgedehnt sein, um Konjunktursteigerungen folgen zu können. Dadurch wird aber das Betriebsergebnis und die Leistungsmöglichkeit für den durchschnittlichen, tatsächlichen Absatz verschlechtert.

Im einzelnen wird die Leistungsmöglichkeit noch stark durch die Wirkung fremder, mit dem eigenen Betrieb im Zusammenhang stehender Wirtschaftstätigkeit beeinflußt. Hierhin gehört die Eisenbahnwagengestellung, die oft in ungenügendem Maße erfolgt und dadurch die Förderung hindert oder zwingt, die Förderung zunächst auf Halde zu nehmen, wodurch unproduktive Mehrarbeit entsteht. In gleichem Sinne wirken für die Industrien — außer dem Kohlenbergbau — der Kohlenmangel, vielfach auch die mangelhafte Anfuhr von Rohprodukten usw.

γ) **Die natürlichen Verhältnisse.** Die besonderen Bedingungen des unterirdischen Bergbaubetriebes gehören zu den sachlichen Faktoren, die die Arbeitsleistung der Bergleute am umfassendsten und im allgemeinen auch am stärksten beeinflussen. Die wichtigsten hier in Betracht kommenden Einzelfaktoren sind die Wärme, die Grubenluft, das Licht, gegebenenfalls auch das Wasser und der Staub, vor allem aber die Gebirgs- und Abbauverhältnisse, wie Einfallen und Mächtigkeit der Lagerstätte, wodurch auch die Abmessungen der Grubenräume, wie die Streckenquerschnitte und die Gestalt und die Größe der Abbauhohlräume bedingt werden. Ein starker Wechsel der natürlichen Verhältnisse erschwert die Gedingestellung und verschleiert die Grenzen zwischen Leistungswillen und Leistungsmöglichkeit und verleitet infolgedessen je nach Veranlagung und psychischer Einstellung entweder zu Minderleistungen oder reizt die Intelligenz und Arbeitsfreudigkeit zur Überwindung der Schwierigkeiten. Gegenstand der folgenden Betrachtungen sollen die durch Wärme, Luft, Licht, Wasser und Staub hervorgerufenen Einwirkungen sein.

γ_1) Grubentemperatur. Der Einfluß der Grubenwärme, die bekanntlich mit der Teufe und bei stark oxydierenden Mineralien (Kohle) mit der Länge der Wetterwege zunimmt, ist darauf zurückzuführen, daß der Mensch bei angestrengt körperlicher Arbeit erhebliche Wärmemengen entwickelt, die abgeleitet werden müssen, damit keine gefährlichen Wärmestauungen im Körper entstehen. Diese können sonst zu den Erscheinungen der Hitzschläge führen. Der menschliche Organismus kann, wie die Untersuchungen von Richet und Langlois zeigen, bei größerer Körperwärme den durch die arbeitenden Muskeln erzeugten Toxinen offenbar weniger Widerstand leisten[1].

Nach den Untersuchungen des Commitee on the control of atmospheric conditions in hot and deep mines[2] entwickelt ein Mann bei schwerer Arbeit je Stunde etwa 250 kcal überschüssige Wärme. Da 1 kg verdunstenden Wassers $\sim$ 580 kcal verbraucht, so müßte ein angestrengt arbeitender Bergmann in 6,5 bis 7 Std. reiner Arbeitszeit rd. 3 kg Schweiß verdunsten. Nach Hunt[3] kann ein gesunder Körper in 1 Std. leicht 1 kg Schweiß absondern, falls er genügend Flüssigkeit aufnimmt. Der durchschnittliche Kaffeeverbrauch des Steinkohlenbergmannes in heißen Gruben in Höhe von etwa 2,5 bis 3 l je Schicht stimmt mit diesem Befund bemerkenswert gut überein. Es ist zu beachten, daß die Wärmeerzeugung des menschlichen Körpers größtenteils durch die Ausatmung abgegeben wird, so daß nur ein geringer Anteil in den Körper übertritt und durch die Haut an die Umgebung abgeleitet werden muß.

Der auf die Hautfläche austretende Schweiß hat die Aufgabe, den Wärmeüberschuß durch den Wärmeverbrauch bei der Verdunstung vom menschlichen Körper abzuführen. Allerdings kann die Kühlung des menschlichen Körpers auch durch Ableitung der Wärme an die umgebende Luft erfolgen, sofern diese kühl genug ist. In heißen Gruben ist eine solche Wärmeableitung unmöglich, wenn die Lufttemperatur gleich oder höher als die Bluttemperatur ist, mindestens aber unzureichend, wenn die Lufttemperatur nicht genügend unterhalb der Bluttemperatur liegt.

Die Vorstellung von der Wärmeableitung hatte die Bergbehörden veranlaßt, die normale Arbeitszeit nur für Betriebe zuzulassen, deren Trockentemperatur nicht über 28° C beträgt. Die Erkenntnis, daß das feuchte Schleuderthermometer eine um so niedrigere Temperatur anzeigt, je trockener die Luft ist, führte vielfach dazu, diese Temperatur, den sog. Naßwärmegrad der Luft, als Maßstab für die Bemessung der zulässigen Arbeitszeit in Vorschlag zu bringen, also etwa die verkürzte Arbeitszeit erst oberhalb eines Naßwärmegrades von 28° C vorzuschreiben. Erscheinen dem einen die Anforderungen der Bergbehörden zu hoch, so ist der letzte Vorschlag in der Regel nicht ausreichend.

Geht man nämlich von der Tatsache aus, daß die im Körper des Menschen sich entwickelnde Wärme abgeführt werden muß, so ist leicht einzusehen, daß nicht die Temperatur, sondern die Kühlwirkung der Luft ausschlaggebend ist. Die Einheitsgröße der Kühlwirkung ist die Kühlstärke (KS), die der Wärmeentziehung von 1 cal je cm² Oberfläche und je Sekunde entspricht.

Die Messung der Kühlstärke eines Luftstromes erfolgt durch das Katathermometer. Dieses besteht aus einem Alkoholthermometer mit großer Flüssigkeitskugel, das die Temperaturen zwischen 35 bis 38° C mit besonderer Genauigkeit anzeigt. Die Meßröhre endet oberhalb 38° C in einer Hohlkugel, da Ablesungen hier nicht mehr nötig sind. Man erwärmt das Thermometer, bis die Flüssigkeit in die obere Kugel steigt, setzt es dann dem Luftstrom aus und stellt die Zeit der Abkühlung von 38 bis 35° C genau fest.

---

[1] Giese: Handwörterbuch der Arbeitswissenschaft, S. 1974. Halle a. S.: Marhold 1928.

[2] Winkhaus: Die Bekämpfung hoher Temperaturen in tiefen Steinkohlengruben. Glückauf Jg. 58, S. 614. 1922; ferner: Trans. Inst. of Min. Eng. 1919/20, S. 233.

[3] Winkhaus: a. a. O.; ferner: J. of Hyg. 1913, S. 479.

Ist Z = Zeit der Abkühlung von 38 bis 35° C,

c = Beiwert des Gerätes,

k = Kühlstärke des Luftstromes,

t = Trockentemperatur der Luft,

so ist

$$k = \frac{c}{Z}.$$

Den Beiwert c kann man zur Eichung des Gerätes ermitteln, indem man es in ruhender Luft abkühlen läßt. Es ist dann:

$$c = 0,27 \cdot (36,5 - t) \cdot Z.$$

Die Kühlstärke der Luft ist bei trocknen Hautflächen geringer als bei feuchten. Sie wird ferner bedingt durch die Trockentemperatur der Luft, die Luftfeuchtigkeit und die Geschwindigkeit der Luft an der zu kühlenden Fläche.

Nach den Untersuchungen der National Physical. Laboratory[1] beträgt die Kühlstärke für die menschliche Haut:

1. bei trockener menschlicher Haut:

a) bei ruhender Luft:

$$k_{tr} = 0,27 \cdot (36,5 - t),$$

b) bei Luftgeschwindigkeit unter 1 m:

$$k_{tr} = \left(0,13 + 0,47 \sqrt{v}\right) \cdot (36,5 - t),$$

c) bei Luftgeschwindigkeit über 1 m:

$$k_{tr} = \left(0,2 + 0,4 \sqrt{v}\right) \cdot (36,5 - t);$$

2. bei feuchter menschlicher Haut (schweißbedeckt):

a) bei Luftgeschwindigkeit unter 1 m:

$$k_n = \left(0,35 + 0,85 \sqrt[3]{v}\right) \cdot (36,5 - t_n),$$

b) bei Luftgeschwindigkeit über 1 m:

$$k_n = \left(0,1 + 1,1 \sqrt[3]{v}\right) \cdot (36,5 - t_n).$$

Hierbei sind:

k_{tr} = Kühlwirkung bei trockner Haut

k_n = Kühlwirkung bei feuchter Haut,

t = Trockentemperatur,

t_n = Naßwärmegrad.

Höherer Barometerdruck erhöht die Kühlleistung nach der Gleichung:

$$k_2 = k_1 \cdot 0,5 \left(1 + \sqrt{\frac{p_1}{p_2}}\right).$$

Hierbei sind:

k_1 = Kühlleistung bei 760 mm Q.-S.,

k_2 = Kühlleistung bei höherem Druck,

p_1 und p_2 = die zugehörigen Drücke.

Das entspricht einem Anwachsen der Kühlleistung von 1% bei einer Druckzunahme von 4%. Für die Praxis kann diese Berichtigung vernachlässigt werden.

Von Bedeutung ist jedoch, daß die oben angegebene Kühlleistung der Luft nur für nackte Haut gilt. Die leicht bekleideten menschlichen Körperflächen haben nur rd. 60% der normalen Wärmeabgabe des nackten Körpers.

Um den Wärmehaushalt im menschlichen Körper bei voller Hauerleistung richtig auszugleichen, muß die Kühlstärke des am Hauer vorbeistreichenden Wetterstromes mindestens 15 KS betragen, sie darf nicht über 30 KS ansteigen und ist bei 20 KS am günstigsten[2]. Winkhaus zieht daraus den wichtigen Schluß,

---

[1] Winkhaus: Gesamtwärme und Kühlleistung der Wetter in tiefen, heißen Gruben. Glückauf Jg. 59, S. 236. 1923; ferner Holman: Ventilation and working efficiency. Min. Mag. 1921, S. 305.

[2] Winkhaus: a. a. O., Glückauf 1923, S. 238; ferner Clifford: Scheme for working the City Deep Mine at a depth of 7000 feet. Inst. of Min. Met. Bull. 197.

daß eine Verkürzung der Arbeitszeit erst einzutreten braucht, wenn die Kühlstärke des Luftstromes unter 12 KS sinkt. Diese Schlußfolgerung ist von größter grundsätzlicher Bedeutung. Ganz abgesehen von der Frage, ob man die Grenze bei 12 KS oder etwas höher oder tiefer zu legen hat, geht sie von dem Gesichtspunkt aus, daß man nur für ausreichende Wärmeabfuhr zu sorgen hat.

Dadurch wird der Technik der Wetterführung mehr Bewegungsfreiheit gegeben, da die Grubentemperatur etwas vernachlässigt werden kann, solange die Kühlstärke ausreicht. Es ist von größter Bedeutung, daß die Wirkung hoher Lufttemperatur durch Herabsetzung der Luftfeuchtigkeit und durch Erhöhung der Luftgeschwindigkeit ausgeglichen werden kann. Insbesondere läßt sich die Kühlwirkung durch eine umlaufende Luftbewegung vor Ort ohne erhebliche Wettermengen steigern. In Abb. 8 wird dem Ort durch die Lutte a Frischluft

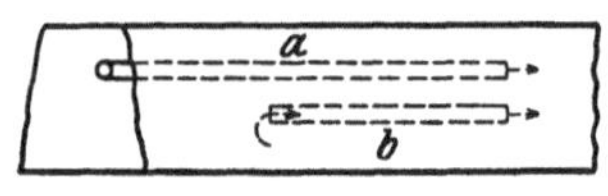

Abb. 8. Umlaufende Wetterbewegung vor Ort.

zugeführt. Durch die kurze Lutte b, in die ein Schlottergebläse oder eine ähnliche Vorkehrung eingebaut ist, wird eine größere Menge der Luft vor Ort in umlaufende Bewegung versetzt. Die Luftgeschwindigkeit kann also vor Ort und in dem betreffenden Streckenteil stark erhöht werden, während an Frischluft nur die von a zugeführte Menge hinzu- und eine entsprechende Menge aus dem umlaufenden Luftgemisch abfließt.

Nach Harrington[1] soll die Wettergeschwindigkeit am menschlichen Körper in trocknen, kühlen Gruben (unter 24° C) nicht weniger als 0,125 m/sec und an Arbeitsstellen mit mehr als 85% rel. Luftfeuchtigkeit rd. 0,5 m/sec betragen, in heißen, feuchten Gruben je nach den Umständen über 2,5 m/sec.

Zweifellos dürften die Maßnahmen zur Erhöhung der Kühlstärke durch Einführung der Umlaufbewetterung in den meisten Fällen am billigsten und wirksamsten sein. Daneben kommen als Mittel zur Kühlung der Gruben noch in Betracht: die Vermehrung der Grubenwetter und die unmittelbare, künstliche Abkühlung der Grubenwetter durch Kühleinrichtungen verschiedenster Art, auf die hier nicht weiter eingegangen werden soll.

Mit der Gefahr der Wärmestauungen sind jedoch die schädlichen Einwirkungen sehr hoher Grubentemperaturen noch nicht erschöpft. Die zweite Gefahrenquelle besteht darin, daß mit dem Schweiß erhebliche Salzmengen aus dem Körper abgeschieden werden, so daß ein Salzmangel im Körper entstehen kann, der gegebenenfalls das Auftreten schwerer Krampferscheinungen zur Folge hat. Die Krampferscheinung trat in tiefen Gruben bei Wettertemperaturen von 37 bis 39° C und Naßwärmegraden von 28,5 bis 30,5° C (50 bis 55% rel. Feuchtigkeit) vorwiegend gegen Ende der Schicht bei Arbeitern von schwächlichem Körperbau auf[2]. Die Untersuchungen der Krankheitszustände führten Haldane zu der Vermutung, daß die Krämpfe auf den außerordentlich hohen Verlust des Körpers an Chloriden infolge des Schwitzens zurückzuführen seien. Tatsächlich ergab eine von einem Kranken am Ende der Schicht genommene Urinprobe nicht den geringsten Niederschlag mit Silbernitrat. Der Urin war also frei von Chloriden, obwohl die natürliche Urinabscheidung in der 4½ stündigen Schicht nur 5 cm³ betragen hatte.

Es ist auffallend, daß Krampferscheinungen nur in heißen, trockenen Gruben festgestellt wurden, nicht aber in den außerordentlich feuchten Gruben von Cornwall, trotzdem dort Naßwärmegrade von 34° C beobachtet wurden. Da der Schweiß nur 0,2% Chloride enthält, gegenüber einem Gehalt von 0,44%

---

[1] Harrington: Ventilation in metal mines. Engg. Min. Journ. 1921, S. 735.

[2] Winkhaus: Gesundheitliche Einwirkungen hoher Wettertemperaturen. Glückauf Jg. 60, S. 130. 1924.

des Blutes, würde die Schweißabsonderung allein kaum zu einer gefährlichen Herabsetzung des Chloridgehaltes des Blutes führen, um so weniger, als der in tiefen, heißen Gruben arbeitende Bergmann nachweisbar erhöhte Mengen Salz in der Nahrung zu sich nimmt, wie aus der nachstehenden Zusammenstellung hervorgeht[1]:

Der Unterschied liegt darin, daß der Bergmann in heißen, feuchten Gruben nur den Bedarf an Getränken hat, der durch die Verminderung der Blutflüssigkeit bzw. durch die Abscheidung der Drüsen infolge der Schweißabsonderung bewirkt wird. In heißen, trocknen, insbesondere zugleich staubigen Gruben regt das durch die Austrocknung der Schleimhäute in Nase, Mund und Kehle hervorgerufene Durstgefühl zu einem übermäßigen Flüssigkeitsgenuß an. Da nach den Untersuchungen von Pembrey[2] bei harter körperlicher Arbeit die Nierentätigkeit eingeschränkt, bisweilen sogar vollständig eingestellt wird, so kann das überschüssige Wasser aus dem Blute nicht rechtzeitig ausgeschieden werden („Wasservergiftung" des Blutes). Eine durch Blutverdünnung hervorgerufene Herabsetzung des Chloridgehaltes der Blutflüssigkeit um nur 1 bis 2% kann schon schwerwiegende Folgen wie Krämpfe usw. zur Folge haben.

Tabelle 12.
Abhängigkeit des Salzgehaltes der Nahrung von der Temperatur vor Ort.

Temp. vor Ort °C	Salzgeh. der Nahrung g
37,0	16,9
31,5	16,8
26,0	16,3
20,0	12,1
18,5	11,3
15,0	10,9
13,0	12,8

Den soeben erwähnten Folgen eines starken Flüssigkeitsgenusses in heißen, trockenen Gruben beugt man vor, indem man dem Getränk je Liter etwa 2,6 g Chloridsalze zusetzt, die entsprechend dem Salzgehalt des Schweißes aus 6 Teilen NaCl und 4 Teilen KCl bestehen. Ein solches Getränk ist nach den Feststellungen bei schwerer Arbeit an heißen Betriebspunkten wohlschmeckend, während es von denselben Leuten über Tage abgelehnt wird. Berücksichtigt man, daß der Salzbedarf während der Schicht auftritt und die Hauptmahlzeiten außerhalb der Schichtzeit eingenommen werden, so ist einzusehen, daß der Genuß salzhaltigen Trinkwassers in der Grube zweckmäßiger ist, als der Genuß stark gesalzener Speisen über Tage.

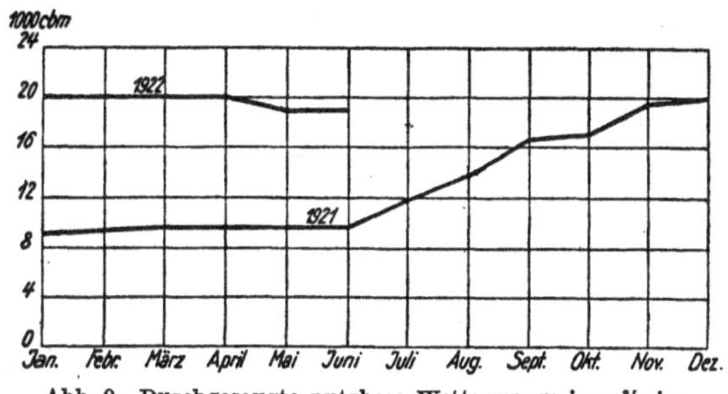

Abb. 9. Durchgesaugte nutzbare Wettermenge in m³/min.

In Deutschland kommen heiße, sehr trockene Gruben mit 55% relativer Feuchtigkeit kaum im Steinkohlenbergbau vor, während in trockenen Kalisalzgruben genügend Salz und vor allem Salzstaub vorhanden ist, um dem Salzmangel vorzubeugen.

Welche Bedeutung die Kühlung der Grubenwetter bzw. die bessere Ableitung der Wärmeüberschüsse aus dem menschlichen Körper für die Leistungsfähigkeit der Belegschaft hat, beweisen die sorgfältigen Untersuchungen, die Bergassessor Stapff auf Zeche Radbod durchgeführt hat. Die von ihm veröffentlichten[3] in Abb. 9 bis 12 dargestellten Leistungskurven bedürfen keiner weiteren Erläuterung.

---

[1] Winkhaus: a. a. O. S. 129.   [2] Winkhaus: a. a. O. S. 131.
[3] Stapff: Ergebnisse der Wärmebekämpfung auf der Zeche Radbod. Glückauf Jg. 58, S. 894. 1922.

Die wirtschaftliche Bedeutung der Kühlung der Grubenwetter geht unter anderem daraus hervor, daß an Orten mit über 28° C nach den bestehenden Vorschriften mit verkürzter Arbeitszeit gearbeitet werden muß, während im übrigen die achtstündige Schichtzeit eingehalten wird. Das besagt, daß an Orten mit ununterbrochenem Betriebe, wie z. B. in Pumpenkammern, Räumen für Kompressoranlagen unter Tage usw., die häufig wegen der Wärmeabgabe der laufenden Maschinen und wegen ihrer Lage abseits vom Hauptwetterstrom höhere Temperaturen aufweisen, statt in drei Dritteln mit vier Schichten gefahren werden muß. Es dürfte hier lohnend sein, festzustellen, wie hoch die Temperaturen an verschiedenen Stellen der betreffenden Räume sind und wie lange sich die Arbeiter während der Schicht an den Orten niederer bzw. höherer Temperaturen

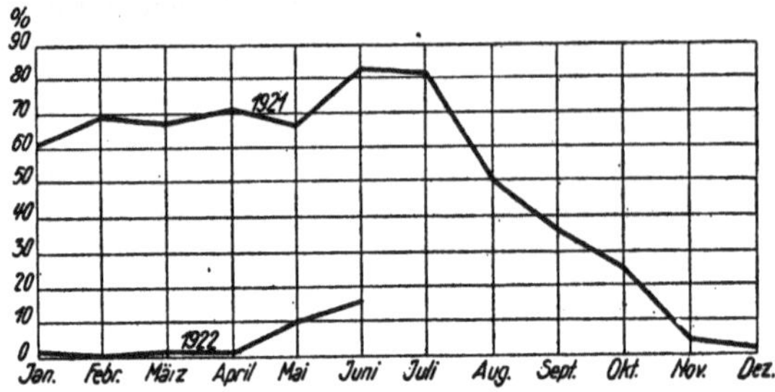

Abb. 10. Verhältniszahl der in verkürzter Schicht arbeitenden Kohlenhauer.

aufhalten. Denn die behördlichen Vorschriften besagen, daß die Schichtverkürzung dann einzutreten hat, wenn die Arbeiten dauernd unter einer höheren Temperatur als 28° ausgeführt werden müssen.

Dohmen[1] schlägt deshalb die Vornahme genauer Temperaturmessungen an bestimmten, über den ganzen Raum verteilten Punkten vor. Die Messungen werden zu verschiedenen Tageszeiten und in verschiedenen Höhenlagen (Kniehöhe, Kopfhöhe) durchgeführt, um für jeden Punkt einen einwandfreien Durchschnittstemperaturwert zu erhalten. Die Ergebnisse werden in einer maßstäblichen Skizze eingetragen und durch Interpolation die Isothermen für den betreffenden Raum gebildet. Durch Planimetrieren erhält man dann die Inhalte F_1 und F_2 der durch die Isotherme von 28° gebildeten beiden Flächen des Raumes, deren Temperatur über bzw. unter 28° liegt. Durch genaue Zeitmessungen in mehreren Schichten wird dann festgestellt, wie lange sich der Arbeiter während der Schichtzeit jeweils innerhalb der Fläche F_1 bzw. F_2 aufhält. Bedeuten noch

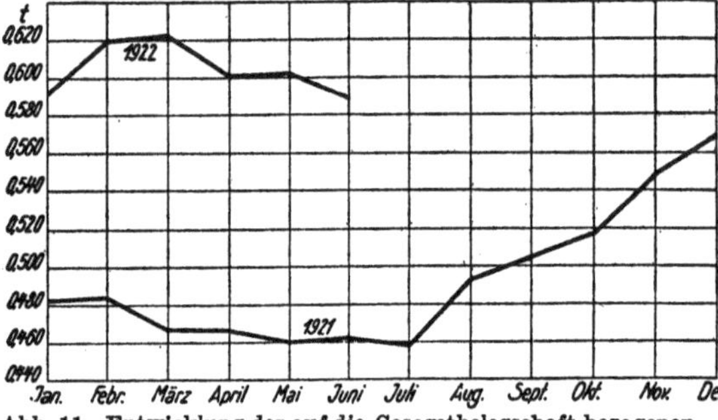

Abb. 11. Entwicklung der auf die Gesamtbelegschaft bezogenen Schichtleistung.

T_1 = Zeit, die der Arbeiter innerhalb des Raumes F_1 (über 28°) verbringt,

T_2 = Zeit, die der Arbeiter innerhalb des Raumes F_2 (unter 28°) verbringt,

dann gibt die Formel $\dfrac{F_1 \cdot T_1}{F_2 \cdot T_2} \gtreqless 1$ an, ob eine Schichtverkürzung vorzunehmen ist oder nicht. Eine einmalige Temperaturmessung an einer Stelle des Raumes ohne Berücksichtigung des Aufenthaltes der Arbeiter besagt hinsichtlich der Arbeitsverhältnisse in dem betreffenden Raume nichts.

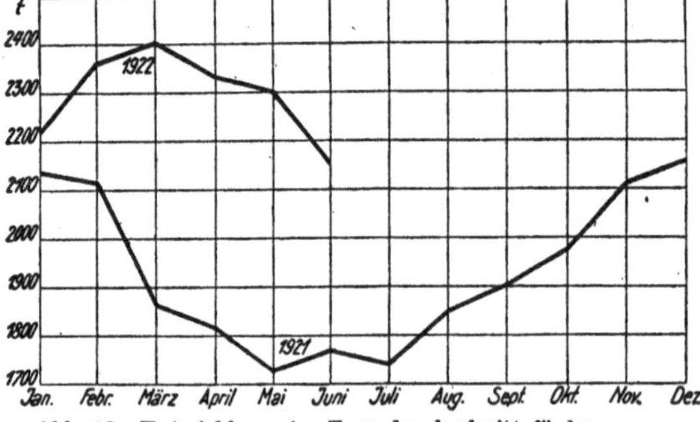

Abb. 12. Entwicklung der Tagesdurchschnittsförderung.

γ_2) **Sauerstoffgehalt und schädliche Bestandteile der Grubenwetter.** Der Sauerstoffgehalt der Luft ist ebenfalls für die Leistungsfähigkeit der Belegschaft von erheblicher Bedeutung. Das gilt besonders für den Braunkohlen-

---

[1] Dohmen: Die Schichtverkürzung an heißen Betriebspunkten unter Tage. Glückauf 1930, Nr. 10, S. 332.

bruchbau ohne Sonderbewetterung. Hier treten „matte" Wetter häufig auf, die eine Leistungsminderung von 30% und darüber bewirken können. Allerdings wirken hier in der Regel Sauerstoffmangel und zu hoher Kohlensäuregehalt zusammen.

Je nach dem physiologischen Energieaufwand beträgt der Luftbedarf zur Atmung eines Menschen etwa 4,9 bis 84 l/min[1]. Das entspricht einem Sauerstoffverbrauch bzw. einer Kohlensäureausscheidung von 0,19 bis 3,3 l/min.

Der in der Ausatmungsluft vorhandene Sauerstoffteildruck beträgt für den ruhenden Menschen etwa 110 mm Hg; das sind 14,4% O_2 errechnet für 760 mm Hg Luftdruck.

Nach den im Draegerwerk angestellten Untersuchungen kann man mit dem folgenden Luftbedarf rechnen[2]:

Tabelle 13. Abhängigkeit der Luftmenge von der Arbeitsleistung.

Arbeit	Atemzüge/min n	Lungenfüllung je Atmung l	Luftmenge l/min	CO_2-Abgabe l/min	Luftmengen bei n Atemzügen bezogen auf Luftmenge bei 14 Atemzügen
Liegen	14	0,35	4,9	0,15	1,00
Sitzen	18	0,4	7,2	0,21	1,46
Marsch, 85 Schritt/min	20	0,75	15,00	0,45	3,06
Marsch, 125 Schritt/min	23	1,4	32,00	0,70	6,53
Laufschritt, 165 Schritt/min	24	1,7	41,00	1,3	8,40
Laufschritt, 220 Schritt/min	40	2,05	82,00	2,4	16,70
Treppenlaufen, 111 Stufen/28 sec . .	40	2,6	84,00	3,2	17,08

Der bei der Ausatmung vorhandene Sauerstoffteildruck kann errechnet werden nach der Formel:

$$0 = \frac{a-b}{c-d} = \frac{l \cdot \dfrac{m}{n} \cdot 0,209 - l \cdot \dfrac{k}{n} - d \cdot 0,209}{l \cdot \dfrac{m}{n} - d},$$

wobei bedeuten:

a = den eingeatmeten Sauerstoff minus O_2-Verbrauch je Atemzug,
m = minutlich eingeatmete Luftmenge bei 14 Atemzügen,
k = minutlich ausgeatmete Kohlensäuremenge bei 14 Atemzügen = 0,19 l,
n = Anzahl der Atemzüge/min,
l = Multiplikationsfaktor, der angibt, wievielmal die bei n Atemzügen eingeatmete Luftmenge größer als m ist,
b = den O_2-Gehalt des schädlichen Raumes der Lunge,
c = Einatmungsluftmenge je Atemzug,
d = Inhalt des „schädlichen Raumes" der Bronchien und sonstigen Luftwege = 0,14 l (angenommen),
0,209 = Sauerstoff-Druckanteil in der atmosphärischen Luft.

Beim angestrengt arbeitenden Menschen beträgt sonach der Sauerstoffteildruck 128 mm Hg, berechnet unter Berücksichtigung eines 17fachen Luftbedarfes je Minute bei 40 Atemzügen, gegenüber dem Bedarf des ruhenden Menschen bei 14 Atemzügen. Es wird dann der Sauerstoffteildruck:

$$0 = \frac{17 \cdot \dfrac{4,9}{40} \cdot 0,209 - 17 \cdot \dfrac{0,19}{40} - 0,14 \cdot 0,209}{17 \cdot \dfrac{4,9}{40} - 0,14} = 0,168 \,.$$

---

[1] Stelzner: Die interessante Zahl 17. Draeger-Hefte 1928, Nr. 138.
[2] Stelzner: Sauerstoffbedarf und Arbeitsleistung. Draeger-Hefte 1926, Nr. 113.

Die ausgeatmete Luft enthält also rd. 17% O_2. Es ergibt sich sonach für den Arbeiter in der Grube die folgende Luftzusammensetzung:

Der geringste zulässige Sauerstoffteildruck der Ausatmungsluft, bei dem eben noch das Leben erhalten bleibt, sofern keinerlei körperliche Anstrengung nötig ist, beträgt etwa 42 mm Hg. Da in der Lunge stets ein Kohlensäureteildruck von ~ 35 mm Hg, ein Wasserdampfteildruck von 47 mm Hg und in fabrikatorisch hergestelltem, reinem Sauerstoff noch ein Restteildruck für Stickstoff von ~ 4 mm Hg vorhanden ist, so muß auch bei Anwendung von reinem Sauerstoff der Minimaldruck für

Tabelle 14.
Zusammensetzung der Einatmungs- und Ausatmungsluft.

	Einatmungsluft %	Ausatmungsluft %
Stickstoff	79	79
Sauerstoff	21	17
Kohlensäure . . .	(0,04)	4

den ruhenden Menschen insgesamt 128 mm Hg betragen. Unter Einrechnung derselben Teildrücke für CO_2, H_2O und N_2 in der Ausatmungsluft muß der Gesamtdruck des reinen Sauerstoffes für den stark arbeitenden Menschen insgesamt 214 mm Hg betragen, da die Teildrücke (bei schlechtem Luftwechsel) für diese Gase noch einmal hinzugerechnet werden müssen.

Bei normal zusammengesetzter Luft und normalem Gesamtdruck derselben hat die Ausatmungsluft des arbeitenden Menschen etwa 17% O_2-Gehalt. Unter 17% O_2-Gehalt tritt Atemnot ein und unter etwa 12 bis 14% O_2 Erstickungsgefahr. Rüböllampen erlöschen schon oberhalb etwa 14% O_2-Gehalt, während Karbidlampen noch bei weniger als 12 bis 14% O_2-Gehalt brennen. Letztere können also nicht gut vor matten Wettern warnen.

Die Leistungsfähigkeit und das Wohlbefinden der Belegschaft wird auch durch den CO_2-Gehalt der Grubenwetter oft stark beeinflußt.

Je nach der auftretenden Menge ist die Wirkung der Kohlensäure verschieden, wie die folgende Zusammenstellung zeigt[1]:

1 bis 2% CO_2 sind auch nach jahrelanger Einwirkung unschädlich.

2 bis 3% CO_2 vermögen auch bei tagelangem Einatmen nicht sonderlich erschwerend zu wirken.

2 bis 7% CO_2 regen das sog. Atmungszentrum im Gehirn an. Diese anspornende Wirkung wird zur Wiederbelebung nach Unglücksfällen, Narkosen usw. benutzt, indem man dem Sauerstoff in den Sauerstoffapparaten etwas CO_2 zusetzt.

5 bis 7% CO_2: lungenschwache und erkältete Personen leiden stark.

7 bis 10% CO_2 lähmen den Menschen. Er verliert bei 10% CO_2 meist schon das Bewußtsein. Nur sehr willensstarke Menschen können sich bei 10% CO_2 noch aufrecht erhalten und retten.

30% CO_2: Es fängt die beißende Wirkung des Gases auf die Augen an unerträglich zu werden, so daß Rettungsarbeiten usw. in CO_2-Gasen nur mit Helmatmungsapparaten ausgeführt werden sollten.

50 und mehr % CO_2: Der Tod tritt schlagartig mit Krämpfen und einer darauf beruhenden Schließung der Atemwege ein.

Die Reizwirkung reiner CO_2-Gase auf die Haut hat sehr starke Wärmestauungen, Kopfdruck und große Müdigkeit der Glieder zur Folge. Rettungsmannschaften dürfen daher in reinen oder hochprozentigen CO_2-Gasen nicht länger als 45 min arbeiten. Es kommt hinzu, daß auch die Hautatmung in solchen Gasgemischen stark beeinflußt wird. Da die Verfallzeit an den Tod in CO_2-Gasen nur 10 min dauert, muß das Rettungswesen in CO_2-gefährlichen Gruben besonders gut organisiert sein.

Schlagwetter wirken auf den menschlichen Körper nicht unmittelbar ein. Bei stärkerem CH_4-Gehalt kann höchstens der Sauerstoffgehalt der Grubenluft

---

[1] Kindermann: Die Bekämpfung der Kohlensäuregefahr in Niederschlesien. Z. Oberschles. Berg-, Hüttenm.-V., Kattowitz 1928, H. 1 u. 2.

unter das für die Atmung erforderliche Mindestmaß sinken. Die gelegentlich vorkommenden giftigen Gase sind mitunter auch von Bedeutung. Die Wirkungen dieser Gase treten meist schon bei starker Verdünnung auf.

Eine Luft mit 0,1% CO kann das Blut des darin atmenden Menschen schon innerhalb 2 bis 3 Std. zur Hälfte mit CO sättigen, so daß Ohnmachten eintreten. Bei 0,2% CO tritt dieser Zustand schon nach 1 bis 1,5 Std. und bei 0,4 bis 0,5% CO bereits nach ½ Std. ein.

Die Gefahr des CO ist darin begründet, daß seine Affinität zum Hämoglobin etwa 300mal größer ist als die des Sauerstoffs. Infolgedessen können die durch CO beeinflußten roten Blutkörper den Geweben des Körpers keinen Sauerstoff mehr zuführen. Bei einer Sättigung von 25 bis 30% der roten Blutkörper mit CO treten Herzklopfen, Kopfschmerzen und Schwäche in den Beinen ein, bei 50% Sättigung Ohnmacht und bei 79% Sättigung der Tod. Die Verunglückten sehen frisch aus. Das Blut hat eine charakteristische blaurote (rosarote) Färbung. Die Wiedergenesung erfolgt um so langsamer, je stärker die Sättigung des Blutes mit CO war. Es können bei schwerer Vergiftung monatelang dauernde starke Nacherkrankungen eintreten. Die Verunglückten sind möglichst schnell an frische Luft zu bringen, warm einzuhüllen (evtl. Wärmflaschen) und von beengenden Kleidungsstücken zu befreien. Künstliche Atmung (Sauerstoff mit bis 5% CO_2 zur Reizung des Atmungszentrums) ist anzuwenden.

Schwefelwasserstoff H_2S wirkt bereits bei 0,1% in kurzer Zeit tödlich. Ein Liter Wasser absorbiert bei 15° C 3,23 l Gas, also bei höheren Drücken entsprechend größere Gasmengen; durch Aufrühren und bei Druckentlastung (Anzapfen alter Grubenbaue!) entweicht es zum großen Teile wieder. Auf die Augen (Bindehaut) üben H_2S und Wasser mit H_2S eine starke Reizwirkung aus (böse Augen). Diese Erkrankung hört auf, wenn die Erkrankten einige Tage an frischer Luft (über Tage) beschäftigt werden. Kräftige Bewetterung ist unter Tage das beste Vorbeugungsmittel.

Gegen Vergiftungen durch CO und H_2S sollen Lobelinkuren sehr gut helfen. Die Zwickauer Bergschüler werden in der Ausführung von Lobelineinspritzungen ausgebildet und erhalten ein Zeugnis über diese Ausbildung.

Sande aus den Zyanlaugereien der Goldbergwerke (Witwatersrand) enthalten Blausäure, die gefährlich werden kann, wenn diese Sande als Versatzmaterial verwendet werden. Durch Zusatz von $CaCl_2$ oder $KMnO_4$-Lösungen kann der Gehalt der Sande bis auf 0,0025% KCy vermindert werden. Der Rest scheint adsorbtiv festgehalten zu werden. Das zum Einspülen der Sande verwendete Wasser zeigte nach der Abseigerung keine Spur von Zyan. Ebenso wurde in der Grubenluft keine Spur von Blausäure mehr gefunden[1].

Besonders gefährlich ist das in den Sprengstoffnachschwaden oft auftretende Stickoxyd. Die Gefahr ist um so größer, als der Bergmann die Vergiftung oft erst nach der Schicht merkt, wenn es zu spät ist. Die Stickoxydgase greifen die Schleimhäute der Atmungswege und der Lunge an. Die Folgen sind heftige Lungenentzündungen, die zum Teil in einigen Tagen zum Tode und im Falle einer Verheilung oft zu asthmatischen Zuständen durch Verhärtung der Schleimhäute der Atmungswege und Bronchien führen.

γ_3) Grubenbeleuchtung. Bis in die Neuzeit hinein ist die Beleuchtung der Grubenbaue eine sehr mäßige gewesen. Erst die Einführung der Azetylenlampen hat in schlagwetterfreien Gruben eine Verbesserung gebracht. Immerhin sind die Meinungen darüber, ob eine wirklich wirksame Beleuchtung der Grubenbaue auch einen wirtschaftlichen Erfolg durch entsprechende Leistungserhöhung mit sich bringen wird, noch sehr geteilt. Ein Nachweis, in welchem Umfange dort eine wirksame Beleuchtung leistungserhöhend und unfallvermindernd wirkt, läßt sich leider noch nicht sicher erbringen, da das Beobachtungsmaterial noch nicht

---

[1] Rainer: Moderne Bergbautechnik in den Randminen (Transvaal). Z. öst. Berg-Hüttenwes. Jg. 60, S. 401. 1912.

ausreicht. Die Versuche, die auf der Wenceslaus-Grube, Mölke N. S., zu diesem Zwecke durchgeführt worden sind, scheinen allerdings für die Einführung einer besseren Abbaubeleuchtung zu sprechen. Es dürfte daher zweckmäßig sein, an dieser Stelle die wichtigsten Grundsätze der Beleuchtungstechnik, soweit sie für den Bergbau in Frage kommen, zusammenzustellen.

Die Abhängigkeit der Unfallzahl von der Tageshelligkeit bei Arbeiten über Tage zeigt Abb. 13[1]. Sie läßt deutlich eine Abnahme der Unfallziffer in den Monaten mit großer Tageslänge, also auch größerer Tageshelligkeit, erkennen.

Nach Erhebungen, die in den Vereinigten Staaten von Nordamerika veranstaltet wurden, stellten die befragten Firmen fest, daß infolge besserer Beleuchtung

in 80% der Fälle eine Zunahme der Erzeugung,
„ 71% „ „ „ Abnahme des Bruches,
„ 60% „ „ „ Unfallverringerung und
„ 51% „ „ „ straffere Zucht und Ordnung im Betriebe

herbeigeführt wurde. Bekanntlich werden die Füllörter bei unterirdischem Lokomotivbetriebe, ferner auch Streckenabzweigungen, in denen Weichen liegen, in Maschinenräumen usw. First, Stöße und evtl. auch die Sohle geweißt, um eine bessere, den Betrieb erleichternde Beleuchtung zu erhalten. Die Helligkeit eines Raumes, die für das Sehvermögen maßgebend ist, hängt nicht nur von der Beleuchtung, sondern auch von der Reflexion der beleuchteten Flächen ab. Da nun die Reflexion der Kohle außerordentlich gering ist — sie beträgt nur einige wenige Prozent — ist zur Erzielung desselben Helligkeitseindruckes wie in Räumen mit gut reflektierenden Flächen ein Vielfaches von der Beleuchtungsstärke in hellen Räumen

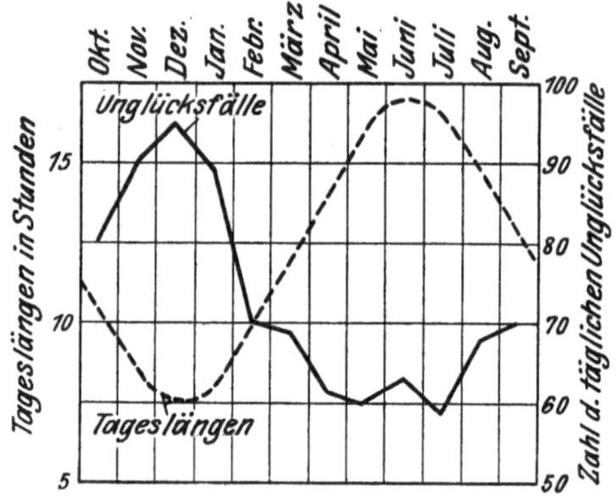

Abb. 13. Abhängigkeit der Zahl der Unglücksfälle von der Tageslänge (nach Gaertner).

erforderlich. Damit ist bereits durch die Erfahrung bestätigt, daß eine gute Beleuchtung im Bergbau notwendig ist. Ferner darf wohl als sicher angenommen werden, daß die Stein- und Kohlenfallgefahr im unterirdischen Bergbaubetriebe durch unzureichende Beleuchtung erhöht wird. Mit zunehmender Mechanisierung des Abbaubetriebes (Schüttelrutschen, Abbauhämmer, Schrämmaschinen usw.) wächst der Lärm, so daß der Bergmann die Warngeräusche im Ausbauholz und im Hangenden nicht mehr gut zu hören vermag. Auch aus diesem Grunde ist es zweckmäßig, als Ersatz für das behinderte Gehör die Beleuchtung zu verbessern. Naturgemäß wird man zur Verminderung der Betriebsgefahren auf ein möglichst geräuschloses Arbeiten der Betriebsmaschinen trotzdem stets hinwirken müssen.

Eine im Steinkohlenbergbau bekannte, sehr unangenehme Augenerkrankung, das sogenannte Augenzittern (Nystagmus), wird zum Teil auf unzureichende Beleuchtung zurückgeführt. Auch daraus geht hervor, daß im Bergbaubetriebe eine möglichst gute Beleuchtung zu erstreben ist.

---

[1] Gaertner: Licht vor Ort. Elektr. i. Bergbau 1928, H. 1, S. 6; ferner Gaertner-Schneider: Die Beleuchtung als Mittel zur Rationalisierung im Steinkohlenbergbau. Elektr. i. Bergbau 1929, H. 12.

Die Grundgrößen der Lichttechnik sind:

1. Die Lichtmenge $= Q = \Phi \cdot T =$ die von einer Lichtquelle in einer bestimmten Zeit abgegebene strahlende Energie. Die Einheit der Lichtmenge ist die „Lumenstunde" (Lmh). Die Zeit T wird dabei in Stunden gemessen.

2. Der Lichtstrom $= \Phi = Q : T =$ die in der Zeiteinheit abgegebene Lichtmenge. Die Einheit des Lichtstromes ist das „Lumen" (Lm), das ist die Lichtmenge, die durch eine Hefnerkerze (1 HK) auf 1 m² Fläche, die senkrecht zu den Lichtstrahlen 1 m vom Licht entfernt ist, ausgestrahlt wird, also gleich derjenigen Lichtmenge, die nötig ist, um 1 m² Fläche mit einem „Lux" zu beleuchten, wobei die Entfernung der Lichtquelle gleichgültig ist.

3. Die Lichtstärke $= J = \dfrac{\Phi}{\omega} =$ die Lichtmenge, die ein leuchtender Körper in der Zeiteinheit innerhalb eines bestimmten Raumwinkels ω ausstrahlt. Die Einheit der Lichtstärke ist die „Hefnerkerze" (1 HK) $=$ die Lichtstärke der 40 mm hohen Flamme der Amylazetatlampe in horizontaler Richtung. Die Standard- oder Internationale Kerze $= 1,11$ HK.

4. Die Beleuchtungsstärke $= E = \dfrac{\Phi}{F} =$ die Dichte des auf eine Fläche fallenden Lichtstromes. $(E = \dfrac{J}{r^2} =$ Entfernungsgesetz.) Die Einheit der Beleuchtungsstärke ist das „Lux", d. i. die Lichtdichte der von einer HK in 1 m Entfernung senkrecht bestrahlten Fläche $= 1$ Lm je 1 m² Fläche.

5. Die Leuchtdichte (Helligkeit) $= c = \dfrac{J}{f} =$ die je cm² Fläche (der Lichtquelle) in senkrechter Richtung ausgestrahlte Lichtstärke (J), gleichgültig, ob die Fläche selbst leuchtet oder Licht reflektiert $(f =$ Fläche der Lichtquelle). Die Einheit der Leuchtdichte ist das „Stilb", d. i. die Ausstrahlung von 1 HK je 1 cm² leuchtender Fläche in senkrechter Richtung zu dieser Fläche. Weitere Einheiten der Leuchtdichte sind:

1 Lambert $= 0,353$ HK/cm²,
1 Millilambert $= 0,000353$ HK/cm².

6. Die Belichtung $= B = E \cdot T =$ Beleuchtungsstärke·Wirkungszeit. Diese Größe ist für die Photographie und Chemie besonders wichtig.

Die Lichtgeschwindigkeit im leeren Raum beträgt ungefähr 300000 km/sec. Die Wellenlänge des Lichtes beträgt 380 (violettes Licht) bis 790 (rotes Licht) Millionstel mm. Die entsprechenden Schwingungszahlen sind für violettes Licht 790 Billionen, für rotes Licht 380 Billionen Schwingungen.

Bei 75 bis 100% Lichtreflexion erscheint die Fläche weiß (farbig), bei 10 bis 75% dunkel bis hellgrau und bei weniger als 10% schwarz.

Das Licht ist bei 1800 bis 2000° C vorwiegend gelb, wobei es bei 1875° C bereits doppelt so stark ist als bei 1800° C. Daher wendet man zur besseren Lichtausbeute zweckmäßig hohe Temperaturen an und als Folge davon in der Beleuchtungstechnik Stoffe mit hohem Schmelzpunkt, wie Wolfram usw. Bei 5000 bis 6000° C (Sonne) ist die Ausstrahlung von rotem und blauem Licht fast gleich, bei 10000° C wird fast nur noch blaues Licht ausgestrahlt.

Für die Beurteilung der Beleuchtung kommen in Frage: Lichteinfallswinkel, Lichtrichtung, Strahlungsverteilung, Flächenhelle, Spiegelreflexe, Lichtfarbe bzw. Farbe und Intensität des rückstrahlenden Lichtes (Beleuchtung mit ultraviolettem Licht — Quarzlampe usw.).

Die Beleuchtungsstärke ist zu messen:

1. bei Verkehrsbeleuchtung auf der Horizontalebene rund 1 m über dem Fußboden,

2. bei Arbeitsbeleuchtung ebenso oder auf der Arbeitsfläche.

Die mittlere Beleuchtung ist aus einer genügenden Anzahl gleichmäßig über die Fläche verteilter Messungen zu ermitteln. Die Beleuchtung muß räumlich möglichst gleichmäßig verteilt sein. Sie darf nicht blenden. Die Leuchtdichte der Lichtquelle darf daher, besonders bei größeren Lichtstärken, nicht stärker als 0,75 HK/cm² sein (Benzinlampe $= 1$ HK/cm² und Klarglasosramnitratlampen $= 1500$ HK/cm²). Bei Raumbeleuchtungen dürfen Leuchtdichten bis zu 5 HK/cm² benutzt werden, wenn der Winkel des Sehstrahles mit der Verbindungslinie Auge—Lichtquelle bis etwa 30° beträgt und nicht unter diesen herabsinkt. Bei steilerem Winkel sind auch höhere Leuchtdichten zulässig, jedoch nicht im Abbauraum, wo infolge enger Raumverhältnisse die Beleuchtung stets der Arbeitsplatzbeleuchtung entsprechen soll. Bei der menschlichen Tätigkeit wird die Aufmerksamkeit durch den Willen beeinflußt. Erlahmt die Willenskraft infolge physischer oder psychischer Ermüdung, so wird die Aufmerksamkeit sofort von den auf sie einwirkenden stärksten Reizen beeinflußt und von der Arbeit bzw. Gefahrenquelle abgelenkt. Die Blendung kann in solchen Fällen nicht nur eine Verringerung bzw. kurz dauernde Aufhebung der Sehkraft bewirken, sondern auch eine völlige Unaufmerksamkeit gegenüber der Umwelt.

Wo Blendung vermieden werden muß, wird die Leuchtdichte der Lampen z. B. durch Streuglasglocken so verringert, daß sie an der Glockenoberfläche, die das Licht möglichst gleichmäßig verteilt, es gewissermaßen also als erweiterte Lichtquelle (die eigentliche Lichtquelle ist nicht mehr zu sehen) weitergibt (diffuses Licht), nur rund 0,75 bis 1 HK beträgt. Sehr gut bewährt haben sich als Lichtzerstreuer die Opal- und Klarglasglocken mit einem Opalring in Augenhöhe, der die Lichtstrahlen ungehindert nach der Firste und Sohle hindurchläßt und doch die Blendung vermeidet.

Je nach dem Verwendungszweck benutzt man direkte, halb oder ganz indirekte Beleuchtung.

Für den Grubenbetrieb kommt vorwiegend die direkte Beleuchtung in Frage.

Tabelle 15.

Beleuchtungsstärken bei Verwendung tragbarer Grubenlampen zu verschiedenen Schichtzeiten.

	Beleuchtungsstärken in 1 m Entfernung		
	Schichtbeginn Lux	Schichtende Lux	Im Mittel Lux
Benzinsicherheitslampe . .	0,9	0,5	0,7
Tragbare elektr. Lampe. .	1,5	0,9	1,2

Die direkte Beleuchtung — Freistrahler (Klarglas) und diffuse Beleuchtung — kann als Tiefstrahler, die das Licht vorwiegend nach unten werfen, oder als Breitstrahler, die das Licht vorwiegend seitlich werfen, wirken. Die Anordnung der Glühdrähte der Lampen ist dabei wichtig. Im Abbau werden die Glühdrähte der Lampen in einer senkrechten Ebene angeordnet, die parallel zum Abbaustoß stehen soll, um die Lichtverteilung möglichst elliptisch, mit der langen Achse parallel zum Arbeitsstoß zu gestalten. Eventuell verwendet man Lampen mit kleinen langgestreckten Reflektoren.

Eine gleichmäßige räumliche Verteilung der Beleuchtungsstärke ist notwendig, weil man bei Helligkeitsunterschieden von mehr als etwa 1 : 10 bis 1 : 15 in den dunkleren Teilen des Raumes nichts mehr sieht, so daß man den Überblick über den ganzen Raum verliert, besonders wenn sich der Helligkeitswechsel mehrere Male wiederholt (Straßenlaternen mit zu großen Abständen).

Auch zeitlich muß die Beleuchtungsstärke gleichmäßig sein, um das Anpassungsvermögen (Adaptionsvermögen) der Augen nicht zu überlasten. Plötzliche Helligkeitsschwankungen (Flackern) des Lichtes verursachen oft starke Augenschmerzen und die Gefahr der Netzhautentzündung. Nach den Versuchen von Kuhn[1] sollen dunkle Gegenstände, die in Abständen von 10 bis 20 cm bei einer Fließarbeit folgen, auf einem dunklen Bande liegen.

Die Arbeitsstelle soll hell genug beleuchtet sein. Nach Giese[2] sind erforderlich:
10 bis 30 Lux bei groben Arbeiten (Großmontage, Schmiede),
40 „ 60 „ bei mittelgroben Arbeiten (Dreherei, Schlosserei, Tischlerei, Kernmacherei usw.),
60 „ 90 „ bei Feinarbeit (Büro, Feinmechaniker, Weberei für Buntmuster usw.),
„ 250 „ bei Feinstarbeit (Zeichnen, Näharbeit, Gravieren, Uhrmachern).

---

[1] Kuhn: Die Beleuchtung laufender Bänder. Z. V. d. I. 1928, S. 458.
[2] Giese: Psychotechnik, S. 84ff. Breslau: Jedermanns Bücherei, Verlag F. Hirt 1928.

Bei Tageslicht muß man die Lichtstärke für mittelgrobe, feine und feinste Arbeit um den fünffachen Betrag erhöhen, da stärkere Belastungen der Augen durch die Tageslichteinflüsse vorliegen. Im unterirdischen Grubenbetriebe soll die Beleuchtung der dunklen Arbeitsflächen (Kohle) etwa 15 bis 30 Lux betragen. Nach Kuhn liegt die günstigste Flächenhelle bei etwa 0,0024 HK/cm². Die gebräuchlichen Grubenlampen ergeben, in 1 m Entfernung gemessen, danach unzulängliche Beleuchtungsstärken, wie vorstehende Tabelle 15 zeigt.

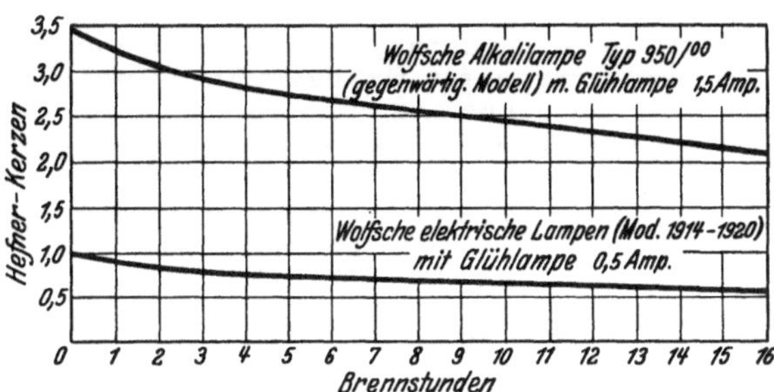

Abb. 14. Vergleich der Lichtstärken von der Alkalilampe 950/⁰⁰ (gegenwärtiges Modell) und den elektrischen Lampen von 1914 bis 1920 (nach einer Zeichnung der Firma Friemann & Wolf, Zwickau).

Die Abb. 14 bis 18 zeigen die Lichtstärke (Abb. 14 und 15), die Beleuchtungsstärke (Abb. 16) und die Anordnung von elektrischer Abbaubeleuchtung[1] (Abb. 17 und 18).

Den Einfluß der Flächenhelligkeit auf die Genauigkeit der Arbeit wies Kuhn nach, indem er Versuchspersonen ein mit Teilstrichen versehenes, mit

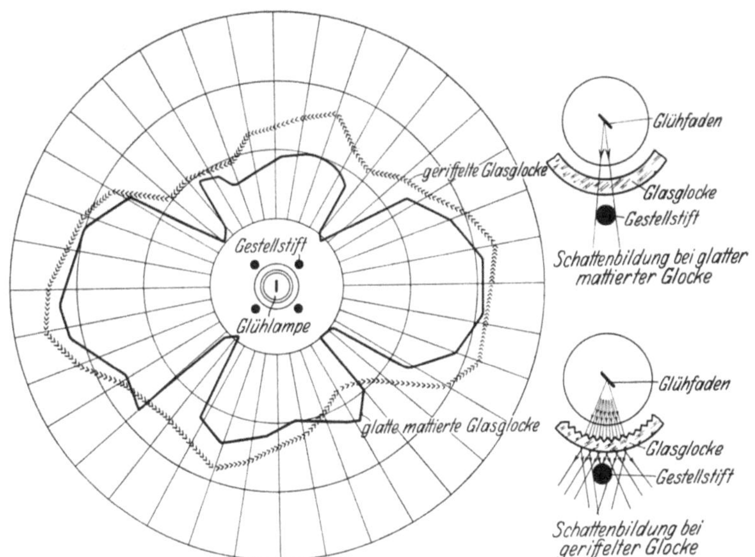

Abb. 15. Lichtstärkenunterschied mit der Alkalilampe 950/⁰⁰ bei Verwendung von Glühlampen 2,6 Volt × 1,5 Amp. und mattierter und geriffelter Glasglocke (nach einer Zeichnung der Firma Friemann & Wolf, Zwickau).

1 m/min Geschwindigkeit laufendes Papierband bei verschiedener Beleuchtungsstärke lochen ließ. Die Löcher sollten die ungleich voneinander entfernten (Abstand 13 bis 23 mm) Teilstriche treffen. Die Genauigkeit der Lochung ließ bei einer Beleuchtungsstärke von weniger als 60 Lux nach und erreichte bei 40 Lux schon 30% Fehler.

---

[1] Manygel: Die elektrische Abbaubeleuchtung und ihre Wirtschaftlichkeit. Elektr. i. Bergbau 1928, S. 29.

Gaertner[1] gibt die Beleuchtungsstärken der tragbaren Grubenlampen, die in ungefähr ½ m Entfernung vom Arbeitsstoß an der Zimmerung aufgehängt waren, folgendermaßen an:

Tabelle 16. Beleuchtungsstärken bei Verwendung tragbarer Grubenlampen (nach Gaertner und Schneider).

	Akkumulatorlampe Lux	Benzinlampe Lux
Am Stoß oben	1,0	0,6
Am Stoß in halber Höhe. .	0,4	0,3
Am Stoß unten	0,2	(0,1)

Die unterste Grenze des Tagessehens liegt bei einer Helligkeit (Leuchtdichte) von rd. $^1/_{10}$ „Lux auf Weiß". Unter 1 „Lux auf Weiß" versteht man die Leuchtdichte, die durch die Beleuchtung einer vollständig weißen Fläche mit einem Lux erzielt wird[2].

Die Lichtadsorption der Steinkohle schätzte man früher gleich der von schwarzem Samt, d. h. es werden nur 0,7 bis 1% der auffallenden Lichtstrahlen zurückgestrahlt.

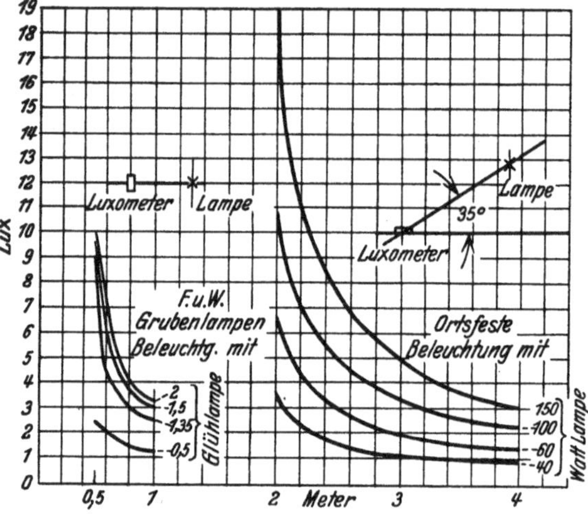

Abb. 16. Vergleichende Lichtmessungen in Lux zwischen Wolfs Alkalilampen und ortsfester Beleuchtung mit verschiedenen Glühlampen (nach einer Zeichnung der Firma Friemann & Wolf, Zwickau).

Versuche, die auf der Wenceslaus-Grube in einem 120 m langen Abbau (dem „Lichtpfeiler") in der Weise durchgeführt wurden, daß alle 4 m eine Lampe von 150 W (= 250 HK) angebracht wurde, ergaben jedoch eine Rückstrahlung von 1 bis 2%. Die im Lichtpfeiler mit Opalglasglocken ausgerüsteten Nitralampen ergaben folgende Beleuchtungsstärken (Tabelle 17).

Die Glanzkohlenstreifen strahlen einen großen Teil des Lichtes spiegelnd zurück. Ebenso wirken auch das helle Grubenholz und die hellfarbigen Versatzberge erhöhend auf die Raumbeleuchtung.

Die Beleuchtungsstärken aus der angegebenen Tabelle 17 erscheinen für die Abbaubeleuchtung genügend hoch zu sein. Da aber für das Sehvermögen die

Tabelle 17. Beleuchtungsstärken im „Lichtpfeiler" bei ortsfester Beleuchtung (Nitralampen mit Opalglasglocken).

		Lux
Horizontalbeleuchtung	am Boden: unter der Lampe	rd. 25
	zwischen 2 Lampen	„ 23
Horizontalbeleuchtung	an der Decke: in der Nähe der Lampen	„ 20
	zwischen 2 Lampen	„ 2,5
Vertikalbeleuchtung	am Kohlenstoß: oben in der Nähe der Lampen	„ 32
	zwischen 2 Lampen	„ 10
	unten in der Nähe der Lampen	„ 24
	zwischen 2 Lampen	„ 20

Leuchtdichte der beleuchteten Flächen maßgebend ist, wurde diese vor Ort untersucht und es ergaben sich dafür folgende Werte (Tabelle 18):

[1] Gaertner-Schneider: a. a. O. 1929, S. 222.

[2] 1 „Lux auf Weiß" stellt das $\frac{1}{\pi} \cdot 10^{-4}$fache der Lichtdichteneinheit 1 Stilb dar.

Tabelle 18. Leuchtdichte im „Lichtpfeiler" bei ortsfester Beleuchtung.

Boden (Kohle und Berge)	rd. 0,3 Lux auf Weiß
Glanzkohle am Boden	„ 1,7 „ „ „
Kohle am Stoß	„ 0,2 „ „ „
Stempel in der Nähe der Lampen	„ 1 bis 2,8 Lux auf Weiß
Stempel zwischen den Lampen	„ 0,43 Lux auf Weiß
Decke, Verzug	„ 16 „ „ „
Decke, Schalholz in der Nähe der Lampen	„ 2,7 „ „ „
Decke zwischen 2 Lampen	„ 0,22 „ „ „

Die Leuchtdichte der einzelnen Lampen gibt folgende Tabelle 19 an:

Tabelle 19. Leuchtdichte verschiedener Lampen.

Leuchtdichte der nackten Akkumulatorlampe	rd. 19,5 Mill. Lux a. Weiß
Leuchtdichte der 150-W-Nitralampe	„ 22,5 „ „ „ „
Leuchtdichte der Grubenleuchte mit 150-W-Nitralampe und Opalglocke.	„ 11500 „ „ „ „

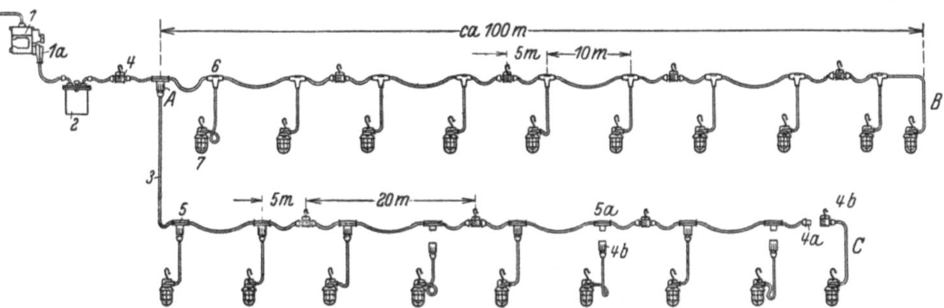

Abb. 17.   Anordnung der ortsfesten, elektrischen Abbaubeleuchtung.
1 Sicherungsschalter mit Steckdose,   *1a* Stecker,   *2* Transformator,   *3* Gummischlauchleitung,
4 Kupplungssteckvorrichtungen,   *4a* Kupplungssteckdose,   *4b* Kupplungsstecker,   *5* Abzweig-
steckvorrichtungen,   *5a* Abzweigsteckdosen.

Diese Zahlen beweisen, daß die Leuchtdichten am Boden und Kohlenstoß
nur knapp über der Mindestleuchtdichte von $^1/_{10}$ „Lux auf Weiß" liegen. Während man für die Kohlen mit einer Reflexion von 1 bis 2% rechnen kann, beträgt
die Reflexion für Holz etwa 10% und mehr, je nach dem Verschmutzungsgrade.
Im Vergleich zu den Beleuchtungsstärken der neuen Abbaubeleuchtung betragen
die Beleuchtungsstärken bei Beleuchtung mit tragbaren Grubenlampen nur
$^1/_{50}$ bis $^1/_{100}$.

Die Beleuchtungsstärke der Arbeitsstellen soll ferner aus dem Grunde 10 Lux
möglichst übersteigen, weil man unterhalb 10 Lux kaum noch Farben erkennen
(„Zäpfchensehen"), sondern nur noch Helligkeitsunterschiede wahrnehmen
(„Stäbchensehen") kann, wobei die weitgeöffneten Pupillen nur unscharfe
Bilder vermitteln. Die lichtempfindliche Netzhaut des menschlichen Auges setzt
sich aus den farbenempfindlichen Zäpfchen und den hell-dunkelempfindlichen,
aber farbenblinden Stäbchen zusammen. Während die erstgenannten hauptsächlich bei Tageshelligkeit in Tätigkeit treten, sind diese in der Dämmerung bzw.
bei schlechter Beleuchtung in Wirksamkeit. Den ungefähren Tätigkeitsbereich
der Zäpfchen und Stäbchen in Abhängigkeit von der Leuchtdichte gibt Abb. 19
an. Die beiden genannten Netzhautelemente sind nun nicht gleichmäßig über die
gesamte Netzhaut verteilt. Während die Zäpfchen in der Hauptsache in der
Mitte der Netzhaut, also der Stelle des deutlichen Sehens, ihren Sitz haben,
nehmen die Stäbchen nach dem Umfange immer mehr an Zahl zu, eine Tatsache,
die das unscharfe Sehen bei geringen Beleuchtungsstärken erklärlich macht.

Die Einführung einer genügend starken Abbaubeleuchtung ermöglicht aber nicht nur eine Annäherung des Sehvermögens in der Grube an das bei Tageslichtverhältnissen durch die Herbeiführung des Zapfensehens, sie bewirkt vielmehr auch eine geringere Blendung als die Beleuchtung mit dem relativ lichtschwachen Grubengeleucht. Die Blendung, die auf einer Überreizung der Netzhaut durch die zu hohe Leuchtdichte eines bestimmten Punktes des Sehfeldes gegenüber der Leuchtdichte der übrigen Punkte dieses Feldes (Adaptationsleuchtdichte) beruht, hängt außerdem von der Lage des hell leuchtenden Punktes im Sehfeld (Entfernung, Blickrichtung) und von seiner räumlichen Ausdehnung ab. Es kann also sehr wohl vorkommen, daß eine relativ schwache Lichtquelle, die in einer dunklen Umgebung liegt, blendet, während eine starke Lichtquelle in einem genügend hellen Raum nicht störend empfunden wird. Während bei einer Leuchtdichte von 0,01 „Lux auf Weiß" der eben noch empfindbare Kontrast bei Blendungsfreiheit 1 : 1,1 (= 10%) beträgt, ist der wahrzunehmende Kontrast bei einer Blendung mit einer Lichtquelle von 40 HK Lichtstärke in Richtung zum Auge 1 : 11 (= 1000%) (Tabelle 20).

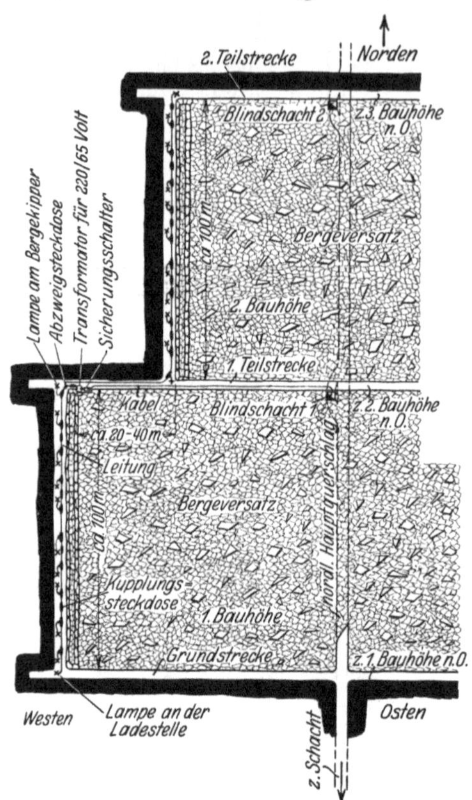

Abb. 18. Anordnung der ortsfesten, elektrischen Abbaubeleuchtung, Flözgrundriß.

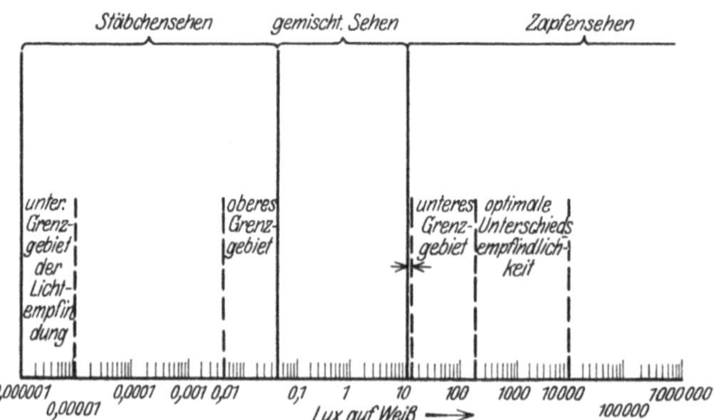

Abb. 19. Tätigkeitsbereich der Stäbchen und Zapfen der Netzhaut in Abhängigkeit von der Leuchtdichte (nach Gaertner u. Schneider).

Abb. 20 gibt an, innerhalb welcher Grenzen die Leuchtdichte einer Lichtquelle bei gegebener Adaptationsleuchtdichte sich bewegen kann, ohne vom Auge störend empfunden zu werden.

Auf die Vorzüge einer räumlich gleichbleibenden Verteilung der Beleuchtungsstärke ist bereits oben hingewiesen worden. Um vor Ort eine derartig günstige Verteilung zu erzielen, ist es notwendig, den Abstand der einzelnen Leuchten untereinander im Verhältnis zur Pfeilerhöhe abzustimmen. Nach Gaertner und Schneider[1] liegt dieser günstigste Leuchtenabstand bei etwa dem 2- bis 3fachen Betrage der Pfeilerhöhe.

Die Gewöhnung des Auges von der Tageshelle an die Dunkelheit der Grubenbaue dauert etwa 30 min. Jedoch ist das Auge erst nach 50 min auf die höchste Empfindlichkeit für die Erkennung der Helligkeitsunterschiede eingestellt. Jede starke Lichtquelle, an der der Bergmann auf seinem Wege in der Grube vorbei kommt, verlängert diesen Vorgang, da sich das Auge etwa 50- bis 60mal schneller auf hell wie auf dunkel einstellt.

Tabelle 20. Abhängigkeit der Blendung von der Leuchtdichte.

Adaptations-Leuchtdichte Lux a. Weiß	Empfindbarer Kontrast	
	ohne Blendung	mit Blendung von 40 HK
0,01	1:1,1	1:11
0,1	1:1,05	1:2
1,0	1:1,04	1:1,1
10,0	1:1,02	1:1,03

Eine Steigerung der Beleuchtungsstärke selbst von 5000 auf 10000 Lux (Tageshelle) bewirkt noch eine erhebliche Verbesserung der menschlichen Sehfähigkeit

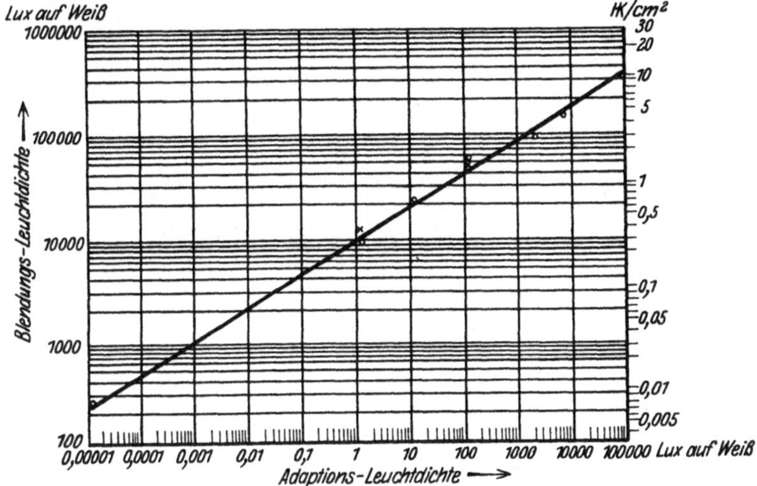

Abb. 20. Grenze der erträglichen Leuchtdichte bei gegebener Adaptationsleuchtdichte (nach Gaertner u. Schneider).

und eine Verringerung der Ermüdungsgeschwindigkeit. Die Abhängigkeit der Tageshelle von den Jahres- und Tageszeiten ist aus der Abb. 21 zu erkennen.

Dunkelheit wirkt ermüdend und niederdrückend, Helligkeit dagegen ermunternd und befreiend. Die Dunkelheit der Grubenbaue kann daher wohl namentlich in dem Neuling Furchtempfinden erwecken, das nervöse Leute zur sofortigen Aufgabe der eben begonnenen Arbeit veranlassen kann. Andererseits ist vielfach mit gutem Erfolg der Ermüdung der Zuhörer bei längeren Abendvorträgen durch Verstärkung der Beleuchtung entgegengewirkt worden. Auch die Farbe des Lichtes muß vielleicht berücksichtigt werden. Es scheint, als ob gelb und rot einschläfernd, blau aber ermunternd wirkt. Die nachstehende Tabelle 21 gibt eine Zusammenstellung der Farbenzusammensetzung einiger Lichtquellen.

---

[1] Gaertner u. Schneider: a. a. O. S. 226.

Aus den vorstehenden Ausführungen geht hervor, daß Grubenbaue mit hellen Stoß-, Firsten- und Sohlenflächen, also mit guter Rückstrahlung, mit verhältnismäßig kleinen Lampen beleuchtet werden können. Sind die Räume außerdem hoch und ohne Stempelausbau, so können starke Lampen angewandt werden, die so hoch hängen, daß sie nicht blenden und das Licht gut verteilen. Solche

Tabelle 21.
Farbenzusammensetzung einiger Lichtquellen.

	rot %	grün %	blau %
Tageslicht	33	33	33
Benzingrubenlampe	70	20	10
Alkalilampe nach der Aufladung . .	63	24	13
Alkalilampe nach 8 Std. Gebrauch .	63,5	24	12,5
Bleilampe nach Aufladung	62,5	24,5	13
Bleilampe nach 8 Std. Gebrauch . .	64	23,5	12,5

Verhältnisse finden sich oft im Kalisalz- und Erzbergbau. Im Stein- und Braunkohlenbergbau sind die Grubenräume in der Regel niedrig und eng, durch Stempel unterbrochen, schwarz, so daß die Lampen etwa in Augenhöhe hängen müssen, also leicht blenden, wobei zugleich viel Schattenstreifen entstehen und das Licht schlecht reflektiert wird. Immerhin läßt es sich wohl erreichen, daß man bei zweckmäßiger Beleuchtung von einer Stelle einen ganzen Schüttelrutschenbetrieb von 100 bis 150 m Länge gut übersehen kann, daß sich die Bergestreifen im Stoß und die Bergestücke im Haufwerk scharf in ihrer Farbe von der Kohle abheben. Der bei guter Beleuchtung erzielte Überblick erleichtert die Ordnung im Betriebe, die Überwachung und Handhabung der Maschinen sowie des Grubenausbaues und erhöht damit die Stetigkeit und Sicherheit des Betriebes.

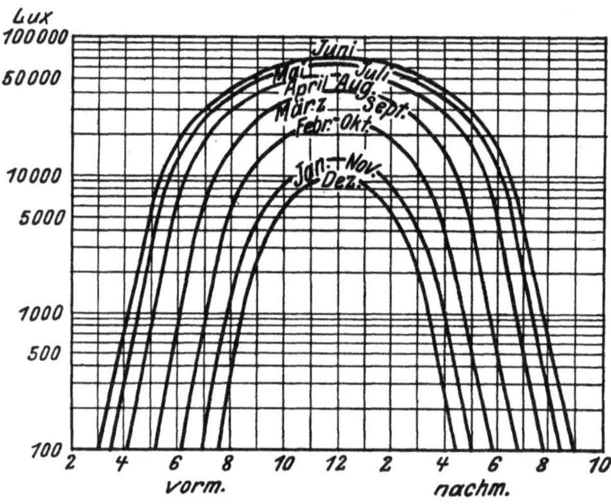

Abb. 21. Kennlinien der Tageshelligkeit in den verschiedenen Monaten (nach Gaertner).

Nach den Beobachtungen auf der Wenceslaus-Grube betrug die Leistungssteigerung nach Einführung der neuen Abbaubeleuchtung rd. 25 %. Daneben verringerte sich der Bergegehalt des Fördergutes von 9,5 auf 4,5 %. Die Beleuchtungskosten je Tonne erhöhten sich nach Einführung der neuen Beleuchtung von 4,8 Pf./t auf rd. 10 Pf./t.

Die Zahl der schweren Unfälle verringerte sich von 0,72 auf 0,083 bezogen auf 10 000 Schichten, die Zahl der leichten Unfälle hingegen erhöhte sich infolge gesteigerter Arbeitsintensität (höhere Belegung des Ortes) von 0,64 auf 1,1.

Die elektrische ortsfeste Grubenbeleuchtung dürfte den im Abbau zu stellenden Anforderungen wohl am besten entsprechen, da sie die Erstellung beliebig starker Lichtquellen ermöglicht, keine nennenswerte Erwärmung bewirkt (eine Wärmeeinheit je HK), geruchlos ist, weder Sauerstoff verbraucht noch schädliche Gase entwickelt, wenig Wartung erfordert und bei guter Ausführung der Kabel, Anschlüsse und Sicherungen auch als relativ gefahrlos bezeichnet werden kann.

Die Benzin- und Azetylenlampen sind auf alle Fälle schlagwettergefährlicher.

In diesem Zusammenhange sollen auch die Untersuchungen erwähnt werden, die der Verein zur Überwachung der Kraftwirtschaft der Ruhrzechen über den Einfluß der Beleuchtungsstärke auf Schnelligkeit und Güte der Bergeauslesung angestellt hat[1]. Zu diesem Zwecke wurden die Zeiten bestimmt, die eine Anzahl Klaubejungen zum Auslesen von 25 kg Bergen von 50 und 80 mm Korngröße aus 201,7 kg reiner Gasflammförderkohle bis 70 mm Korngröße brauchten, wobei neun verschiedene Beleuchtungsstärken von 0,064 bis 175 Lux angewendet wurden. Die Farbe des Lichtes blieb dabei unberücksichtigt. Die mittlere Auslesezeit bei den verschiedenen Beleuchtungsstärken gibt Tabelle 22 an:

Tabelle 22. Mittlere Auslesezeit von 25 kg Schieferbergen aus 201,7 kg Kohle bei verschiedenen Beleuchtungsstärken.

Beleuchtungsstärke (Lux)	0,064	0,27	0,55	1,37	3,27	7,05	29,7	71,7	175
Mittl. Auslesezeit . .(sec)	1067	876	810	651	568	488	481	436	412

Die Abb. 22 und 23 geben die Ergebnisse graphisch wieder. Aus den Untersuchungen geht hervor, daß die Abhängigkeit der Lesezeit von der Beleuchtungsstärke bis zu 10 Lux sehr erheblich ist, eine weitere Erhöhung dieser aber nur noch einen geringen Einfluß auf die Leistung beim Auslesen hat. Es ist indes als sicher anzunehmen, daß eine weitere Steigerung der Beleuchtungsstärke über den Wert von 10 Lux eine geringere Ermüdungsgeschwindigkeit und damit eine Erhöhung der Dauerleistung zur Folge hat.

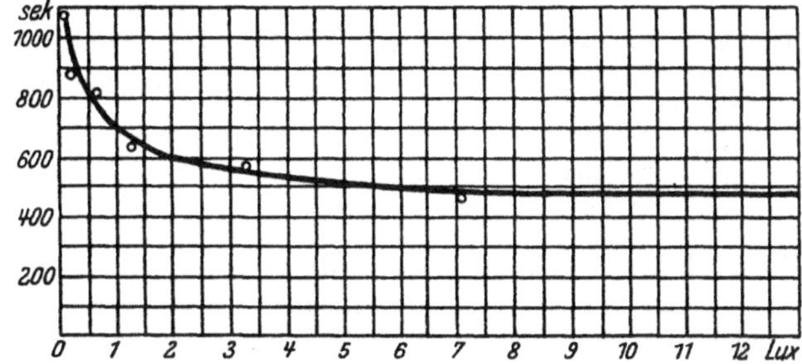

Abb. 22. Abhängigkeit der Zeit für das Auslesen von 25 kg Bergen aus 201,7 kg Kohle von der Beleuchtungsstärke (nach Körfer).

Tabelle 23 gibt die auf Grund der gefundenen Werte ermittelten Mengen der in 1 min bei den verschiedenen Beleuchtungsstärken ausgelesenen Berge wieder.

Tabelle 23. Die je min bei den verschiedenen Beleuchtungsstärken ausgelesenen Bergemengen.

Beleuchtungsstärke (Lux)		0,064	0,27	0,55	1,37	3,27	7,05	29,7	71,7	175
In 1 min ausgelesene Berge	in kg	1,405	1,71	1,85	2,31	2,64	3,07	3,12	3,44	3,64
	in %	5,62	6,84	7,40	9,24	10,57	12,28	12,48	13,75	14,55

Das stark ultraviolette Licht der Quarzlampen gibt bekanntlich auf einer Reihe von Körpern eigenartige, stark leuchtende, z. T. phosphoreszierende Lichtreflexe. Diese Eigenschaft wird u. a. in den Aufbereitungen ausgenutzt, um den in diesem Licht stark grünlich-golden leuchtenden Kupferkies von dem sich deutlich durch seine matteren, graugefärbten Lichtreflexe unterscheidenden Schwefelkies auszuhalten. Mit fortschreitender Erkenntnis der Wirkungen der Lichtarten wird sich auch deren Verwendung im Arbeitsbetrieb steigern.

γ_4) Grubenwasser. Das den Grubenbauen zusitzende Wasser kann die

---

[1] Körfer: Güte und Schnelligkeit der Bergeauslesung in Abhängigkeit von der Beleuchtungsstärke. Glückauf 1930, S. 508.

Arbeitsleistung der Belegschaft wesentlich beeinflussen. Es kommt wesentlich darauf an, wo und in welcher Art das Wasser in die Grubenbaue eintritt. Wasser, das an Stellen, an denen nicht gearbeitet wird, eintritt, verursacht die reinen Wasserhebungs- und Ableitungskosten, sofern es nicht Quellungserscheinungen, Lösungen und sonstige Gefügelockerungen im Gebirge hervorruft. Das vor Ort eintretende Wasser setzt die Leistung der Bergleute durch die unmittelbare Belästigung, besonders wenn es ätzende Lösungen (H_2S, Salze usw.) enthält, sowie durch die eintretende Schlüpfrigkeit des Gezähes, des Ausbaues, der Sohle, Stöße und First wesentlich herab. Außerdem wird sowohl hierdurch als auch durch die oft mit der Befeuchtung eintretende Gefügelockerung des Gebirges die Stein- und Kohlenfallgefahr sowie die Absturzgefahr erhöht. Wasser, das namentlich aus den Firsten steil gestellter Abbaue in Regenform austritt, kann durch die bewirkte Leistungsminderung viel größere, buchmäßig nicht unmittelbar erfaßbare Mehrkosten des Betriebes verursachen, als die reinen Wasserhebungskosten einschließlich Ableitung betragen. In vielen Fällen macht sich die rechtzeitige, systematische Abzapfung der Grundwasserhorizonte schon durch die Erzielung normaler Leistungen bezahlt, besonders wenn durch den Abbau das Wasser auf alle Fälle angezapft wird.

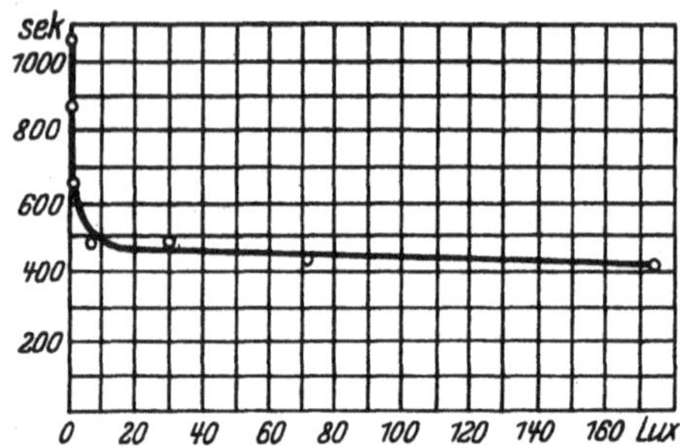

Abb. 23. Abhängigkeit der Auslesezeit von der Beleuchtungsstärke (nach Körfer).

γ_5) Staub. Endlich kann auch der in der Grube aufgewirbelte Staub eine wesentliche Herabsetzung der Leistungsfähigkeit der Belegschaft herbeiführen. Es wurde bereits darauf hingewiesen, daß in heißen Gruben eine trockene, staubige Luft das Durstgefühl unerträglich steigert und zu übermäßigem Flüssigkeitsgenuß anreizt, wodurch infolge „Wasservergiftung des Blutes" Krampfanfälle eintreten. Daneben kann scharfkantiger, splitteriger Staub (Schlackenstaub, Glasstaub, Staub aus gemahlenem Quarz usw.) Verletzungen in den Lungengefäßen herbeiführen, die bei dauernder Einwirkung Lungenerkrankungen (Tuberkulose) begünstigen und dadurch die Leistung des einzelnen hiervon betroffenen Bergmannes allmählich mehr und mehr herabsetzen. In Gesteinsbetrieben ist daher die Staubabsaugung vielfach erforderlich.

Kohlenstaub ist in dieser Hinsicht fast ungefährlich. Immerhin wird es sich in heißen, trockenen Gruben empfehlen, entweder auf eine Vermeidung oder auf eine Absaugung des Kohlenstaubes Bedacht zu nehmen.

Ebenso ist Kalk- und Gipsstaub wenig gefährlich. Staub aus Kalziumhydrat reizt zwar die Atmungswege vorübergehend, ist jedoch infolge seiner Tendenz, in Flüssigkeiten zu koagulieren, zu grob, um in die feinen Bronchien einzudringen, so daß es nicht zu ernsten Störungen kommt.

Besonders gefährlich ist hingegen der Staub aus freier Kieselsäure (Quarz, Feuerstein, Hornstein, Bestandteile von Gneis, Granit, Porphyr, Quarztrachyt usw.). Kieselsaure Salze (Silikate) sind dagegen von viel weniger schädlicher Wirkung, jedoch ist eine schädliche Wirkung bei Staub aus harten, unlöslichen Gesteinen nicht ganz ausgeschlossen. Eingehende Untersuchungen über diese Gefahren sind seit 1862 in England, seinen Dominions und in den anglo-amerikanischen Ländern durchgeführt worden[1].

---

[1] Teleky: Bericht über die Ergebnisse der Staubuntersuchungen in England, seinen Dominions und Amerika. Z. Arbeit u. Gesdh. 1928, H. 7.

Die giftige Wirkung des Quarzstaubes beschränkt sich auf den feinsten Staub von ungefähr 1 bis 12 μ Durchmesser, da nur solche Korngrößen in die feinsten Bronchien gelangen können. Vor allem ist der Staub von ½ bis 2 μ Durchmesser schädlich.

Straßenstaub und der beim Bohrbetrieb entstehende Staub enthält bis 60%, Staub, der bei Gesteinssprengungen entsteht, bis 99,85% schädlichen Feinstaub von ½ bis 2 μ. Dieser Staub hat also nur die Größe gewöhnlicher Bakterien und ist daher für das bloße Auge nicht sichtbar.

Der schädliche Staub kann entweder durch das Bronchialsekret gelöst werden, oder er wird durch das Flimmerepithel entfernt. Schließlich kann er durch Phagozyten (Freßzellen) aufgenommen und mit diesen durch das Flimmerepithel entfernt oder in die Lunge selbst eingeführt werden, um dort liegen zu bleiben, oder er kann mit dem Lymphstrom abgeführt werden.

In der Lunge sind die Quarzstaubablagerungen gegebenenfalls im Röntgenbild sichtbar. Sie verursachen eine der Tuberkulose ähnliche Knötchenbildung (Silikose). Die von Silikose befallenen Leute sind gegen Tuberkulose wenig widerstandsfähig. Neben der Giftwirkung der Kieselsäure tritt infolge der hierdurch verursachten Lungenfibrose eine Erhöhung des Blutdruckes ein und in dessen Folge Herz-, Gefäß- und Nierenerkrankungen, die oft als chronische Nierenentzündung angesehen werden.

Kennzeichen und Symptome einfacher Silikosis sind:
1. bei mittlerer Schwere des Falles: verringerte Ausdehnungsfähigkeit des Brustkorbes, ähnlich wie bei einer alten oder kürzlich überstandenen trockenen Brustfellentzündung;
2. bei vorgeschrittenem Stadium: Hauptsymptom: Kurzatmigkeit, fast nur Zwerchfellatmung. Das Atmen ist verkürzt, fast stoßweise mit scharfer Einatmung und verlängerter Ausatmung. Der Brustkorb ist starr und eingezogen, besonders im oberen Teil, und wie in Stellung teilweiser Atmung fixiert. Die Schultern sind gekrümmt, die Lippen bläulich, der Puls ist beschleunigt. Eine Erweiterung der rechten Herzhälfte kann nachgewiesen werden. Es tritt häufig, besonders morgens, ein typischer Reizhusten auf. Tiefatmung verursacht oft Husten.
3. Tuberkulose als Komplikation der Silikosis (Phthisis). Tritt Tuberkulose zur Silikose, so ist der plötzliche und schnell fortschreitende Verfall des Kranken charakteristisch. Die Tuberkulose tritt mit großer Sicherheit ein, wenn ein bestimmtes Stadium der Silikose überschritten ist.

Eine infolge Silikose schon erworbene Lungenfibrosis (Lungengeschwulst) bleibt bestehen, auch wenn später der Kranke jahrelang in frischer Luft beschäftigt wird. Bei Rückkehr zu Bergbaubetrieben usw., wo Quarzstaub auftritt, kann innerhalb weniger Monate aktive Tuberkulose eintreten. Solche Leute sollten daher grundsätzlich von allen Betrieben, in denen Quarzstaub auftritt, ausgeschlossen werden.

Die Gefahrengröße der Silikose bzw. der Siliko-Tuberkulose zeigen die folgenden Tabellen 24 und 25:

Tabelle 24. Nach Collis[1] betrug in den Jahren 1922/23 die Phthisesterblichkeit je 1000 Mann.

Alter	15	20	25	35	45	55	65 u. darüber
			Jahre				
Kohlenbergarbeiter	0,54	1,81	0,84	1,02	1,31	1,43	1,02
Blei- und Zinnbergarbeiter	0,20	2,31	3,24	9,24	10,44	13,72	8,24

An Silikosis einschließlich Siliko-Tuberkulose erkrankten von Arbeitern, die nur in Broken-Hill gearbeitet hatten[2]:

[1] Collis: J. industr. Hyg. 1925.
[2] Further Report of the technical Commission of inquiry. Sidney 1922.

Tabelle 25.

Beschäftigungsdauer . . . . Jahre	0—10	10—20	20—30	üb. 30
Prozentzahl der Erkrankten der betreffenden Altersklasse	1,0	5,5	15,4	12,8

In Südafrika sind zur Bekämpfung der Silikose folgende Vorschriften erlassen worden:

1. Verbot des Maschinenbohrens ohne Wasserzuführung in der Achse des Bohrers.

2. Verbot des Sprengens während der Schicht. (Es solll nur einmal in 24 Std. und nur am Ende der Schicht geschossen werden.)

3. Verbot, an einer Stelle zu arbeiten, wo Staub oder Dämpfe schon den unbewaffneten Sinnen erkennbar sind.

4. Zuführung von frischer Luft und von Wasser zum Niederschlagen des Staubes an allen Arbeitsplätzen.

5. Quarzgesteine sind möglichst durch Brechen zu zerkleinern. Das gebrochene (zerkleinerte) Material ist nur gut befeuchtet zu transportieren.

Mavrogordato hält fein zerstäubtes Wasser für einen guten Infektionsträger; er schlägt deshalb trockene Entstaubung der Luft (Cotrell) und Schutzimpfung vor[1].

Methoden zur Staubbestimmung sind im J. industr. Hyg. 1923/24, S. 19 und 62 von Drinker, Philip, Thomson, Robert, Fitchet, S. M. (Atmospheric Particulate Matters ...) veröffentlicht worden. Hiernach sind gebräuchlich:

1. Absetzen lassen: für meteorologische Zwecke gut, da Sammlung durch längere Zeit hindurch möglich;

2. Zählen: von Coulier 1875 angegeben. Durch plötzliche Druckerniedrigung der Luft wird der vorhandene Wasserdampf kondensiert und auf Staub niedergeschlagen, der nun Nebel bildet. Aitkins hat hierzu 1887 das Koniskop geschaffen;

3. Filtrieren, z. B. Absaugen der Luft durch Filtrierpapier;

4. Waschen;

5. elektrische Fällung nach Cotrell.

d) **Betriebliche Verhältnisse.** δ_1) Einfluß der Betriebseinrichtungen und der Betriebsorganisation auf die Zahl der produktiven und unproduktiven Arbeiter. Die für den Betrieb zu treffenden Maßnahmen werden grundlegend durch die Tatsache beeinflußt, daß nur der Hauer, der die verwertbaren Mineralien hereingewinnt, als produktiver Arbeiter im engeren Sinne des Wortes anzusehen ist. Daraus geht die Notwendigkeit hervor, den gesamten Betrieb so zu gestalten, daß die nicht unmittelbar produktiven Arbeiter ohne Schädigung der produktiven möglichst eingeschränkt werden können. Je höher der Prozentsatz der Hauer in der Belegschaft und je höher die durchschnittliche Leistungsfähigkeit des Hauers selbst ist, desto günstiger arbeitet die Belegschaft, d. h. desto größer ist die tatsächliche durchschnittliche Leistungsfähigkeit derselben. Setzt man H = Prozentzahl der Hauer (Kohlenhauer, Erzhauer) in der Belegschaft (also ausschließlich Gesteinshauer, Zimmerhauer, Bergeversetzer usw.), K = durchschnittliche Leistung des Hauers je Schicht, L = durchschnittliche Leistung der Belegschaft je Mann und Schicht, so ist $\dfrac{H}{100} \cdot K = L$.

Bei dieser Rechnung geben die Werte von H und K einen genaueren Einblick in den Betriebszustand des Werkes als der Endwert L.

Das Zahlenverhältnis der produktiven zu den nicht unmittelbar produktiven Arbeitern wird durch die vorhandenen oder geschaffenen Betriebsverhältnisse wesentlich bedingt.

---

[1] Publ. S. afric. Inst. med. Res. Nr. XIX. Johannisburg 1926.

So erfordert die Beseitigung der für den Betrieb und seine Belegschaft bestehenden Betriebsgefahren stete Umsicht und Wachsamkeit. Die Gefahren bedingen Vorsichtsmaßregeln bei der Arbeit und somit eine entsprechende Ausgestaltung der Betriebseinrichtungen, wodurch die nicht produktive Arbeit und die Anzahl der nicht produktiven Arbeiter (Schießmeister, Sicherheitsmänner usw.) erhöht wird.

Die Art der Aus- und Vorrichtung und des Abbaues bringt vielfach eine Betriebszersplitterung (Stoßbau) oder Betriebskonzentration (Pfeilerbau, Strebbau, Schüttelrutschenbau) mit sich. In welchem Umfange hierdurch die Leistungsmöglichkeit beeinflußt werden kann, zeigt der Bericht der preußischen Stein- und Kohlenfallkommission[1]. Auf der Steinkohlengrube Dudweiler sank um die Mitte der 1880er Jahre infolge des Überganges vom Pfeilerbau zum Stoßbau die tägliche Förderung von 2400 t auf 1400 t. Die Zahl der Reparaturhauer stieg dabei auf 450 Mann. Um die Mitte der 1890er Jahre stieg infolge des Überganges zum Strebbau die Tagesförderung auf 3000 t, während die Zahl der Reparaturhauer auf 280 Mann vermindert werden konnte.

Durch Wahl geeigneter Abbauverfahren kann der Gebirgsdruck zur Gewinnung der Mineralien besser ausgenützt und gleichzeitig die schädliche Wirkung desselben auf die Grubenbaue vermindert werden, wodurch die Leistungsfähigkeit des Hauers steigt und das Maß unproduktiver Arbeit (Streckenunterhaltung usw.) gleichzeitig sinkt.

Die Größe des Betriebes ist oftmals für die Leistungsfähigkeit einer Belegschaft von erheblicher Bedeutung. In größeren Betrieben bzw. Betriebsabschnitten finden gewisse Hilfsarbeiter erst ihre volle Beschäftigung. So erfordert z. B. ein Bremsschacht, der während des Betriebes stets betriebsbereit sein muß, unbekümmert um die hier durchgehende Förderung, eine bestimmte Mindestzahl an Bedienungsmannschaften (Bremser, Anschläger), die bei schwachem Betriebe vorwiegend Bereitschaftsdienst haben und nur bei entsprechend starkem Betriebe die ganze Schichtzeit hindurch beschäftigt werden. Je zersplitterter ein Betrieb ist, desto größer wird die Zahl der Hilfsarbeiter, die nicht voll beschäftigt werden können. Es gelingt nicht immer, diese Hilfsarbeiter während der Bereitschaftszeit mit nutzbringenden Nebenarbeiten zu beschäftigen, ohne die Haupttätigkeit zu stören. Vielfach ist dazu eine schwierige und daher praktisch schwer durchführbare bis undurchführbare Arbeitsorganisation erforderlich.

In diesem Zusammenhang kann der Einschichtenbetrieb mitunter ein gutes Aushilfsmittel sein. Durch die Vereinigung der Förderung auf eine Schicht werden die Fördereinrichtungen und deren Bedienungsmannschaften besser ausgenützt, sofern sich die Förderung auf die für einen mehrschichtigen Betrieb vorgesehenen Einrichtungen konzentrieren läßt. Diese Maßnahme eignet sich für solche Betriebe, die in den Grubenbauen größere Mengen förderfähiger Minern vorrätig haben (Kalifirsten, Erzrollen usw.).

Durch die zunehmende Verwendung maschineller Einrichtungen wird der Grubenbetrieb mehr und mehr mechanisiert, wodurch zweifellos den Bergleuten die Arbeit erheblich erleichtert werden kann.

Ebenso können in einer bestehenden Bergwerksanlage an sich längst bekannte Betriebseinrichtungen eine Vereinfachung des Betriebes und damit eine Erhöhung der Leistungsmöglichkeit der Belegschaft bewirken. So kann die Förderung in einem Bergwerke durch Anlage eines Blindschachtes abgekürzt werden usw. Es handelt sich also darum, nach Möglichkeit alle unproduktiven Arbeiten und mittelbar produktiven durch zweckmäßigere Betriebseinrichtungen zu vermindern und dadurch die Arbeitsleistung zu erhöhen.

---

[1] Bericht der Stein- und Kohlenfallkommission 1901 bis 1903, S. 237/38. Mittler & Sohn.

δ_2) **Lebensalter, Unfälle und Erkrankungen der Belegschaft.**
Die genannten Einflüsse machen sich nicht nur geltend durch den Ausfall der Arbeitsleistung des einzelnen verunglückten oder erkrankten Arbeiters, sondern in ihrer Gesamtheit auch durch den Abfall der Leistungsfähigkeit der einzelnen Arbeiterkategorien usw. der Belegschaft. In dieser Hinsicht ist es von Bedeutung, festzustellen, welche Teile der Belegschaft (Hauer, Schlepper usw.) von bestimmten Unfällen oder Erkrankungen besonders betroffen werden, wobei die sogenannten Berufserkrankungen besonders zu beachten sind (z. B. Augenzittern, Wurmkrankheit usw.). Im Zusammenhange mit dem hierdurch bewirkten endgültigen Ausscheiden der einzelnen Belegschaftsmitglieder aus der Berufstätigkeit steht die Alterszusammensetzung der Belegschaft sowie deren durchschnittlicher Gesundheitszustand, wodurch ebenfalls die mittlere Leistungsfähigkeit derselben stark beeinflußt wird. Von Wichtigkeit zur Beurteilung dieser Fragen ist also eine Berufsstatistik, die Aufklärung über die Unfälle, Krankheiten, mittlere Lebensdauer usw. gibt.

Über die Verteilung der Belegschaft nach Altersklassen gibt für das Deutsche Reich auf Grund der Zusammenstellungen des Reichsknappschaftsvereins für das Jahr 1928 die Abb. 24 Auskunft. Das Durchschnittsalter der Arbeiter betrug 32,66 Jahre, das der Angestellten 38,82 Jahre.

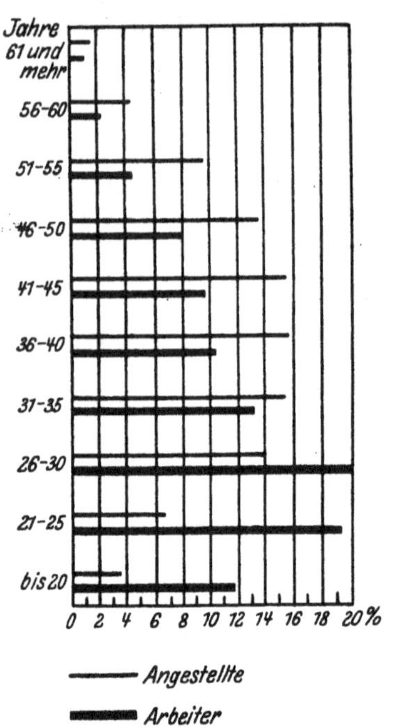

Abb. 24. Verteilung der Belegschaft nach Altersklassen (Glückauf 1930, S. 443).

Beim allgemeinen Knappschaftsverein zu Bochum ergab sich folgende Krankheitsstatistik (Tabelle 26).

Hierbei mag bemerkt werden, daß im Jahre 1914 für Preußen die Durchschnittsdauer der von Knappschaftsvereinen durch Versicherung gedeckten Krankheitsfälle 18,6 Tage betrug.

Von besonderer Bedeutung ist hinsichtlich der Gefährlichkeit des Berufes eine genaue Unfallstatistik geordnet nach den Ursachen der Unfälle. Die Aufschlüsse, die die Statistik über Zahl und Verteilung der Unfälle gibt, läßt wichtige Rückschlüsse zu auf die Rückwirkung von Unfallverhütungsvorschriften, verbesserte Arbeitsverfahren und Abbaumethoden, auf die Gefährlichkeit der Betriebe und zeigt, welchen Betriebszweigen man in dieser Hinsicht seine besondere Aufmerksamkeit zuzuwenden hat.

Tabelle 26. **Krankheitsstatistik je 1000 Mitglieder des Allgemeinen Knappschaftsvereins Bochum.**

Jahr	Zahl der Krankheitsfälle	Durchschnittliche Dauer der Krankheitsfälle Tage
1912	644	15,3
1913	607	13,9
1914	643	16,8
1915	594	12,6

In erheblichem Umfange dürften die sogenannten Unfallverhütungsbilder dazu beitragen, die Unfallziffern herabzudrücken. Diese Bilder zeigen dem Arbeiter anschauliche Beispiele über die Entstehung der meisten Verunglückungen und die Maßnahmen zu deren Verhütung. Sie sollen also in erster Linie psychologisch wirken und den Arbeiter und Betriebsbeamten zur Vorsicht anhalten[1].

Statistische Erhebungen lassen erkennen, in welchem Umfange einerseits in gefährlichen Betrieben die Unfallziffer durch scharfe Vorschriften und Überwachung herabgedrückt werden kann, und in welchem Umfange sie andererseits, namentlich in weniger gefährlichen Betrieben, durch Lässigkeit und Leichtsinn verhältnismäßig ansteigt.

Ein treffendes Beispiel liefert der Vergleich der tödlichen Unfälle bei der behördlich erlaubten Seilfahrt, der den Steinkohlenbergbau Mährens und Österreich-Schlesiens, den gesamten österreichischen Steinkohlenbergbau, den Steinkohlenbergbau Niederschlesiens und den gesamten Steinkohlenbergbau Preußens in den Jahren 1890 bis 1905 einschließlich umfaßt[2].

Tabelle 27. Tödliche Unfälle bei der Seilfahrt.

	Mähren u. Schlesien	Österr. Steinkohlenbergbau	Niederschlesien	Preuß. Steinkohlenbergbau
Belegschaftssumme 1890 bis 1905 (Summe der Jahresbelegschaft)	558642	953863	337738	5332750
Tödliche Unfälle bei der Seilfahrt im ganzen	25	35	1	209
auf 10000 Mann	0,447	0,367	0,03	0,392

Während durchschnittlich in diesen 16 Jahren beim österreichischen und preußischen Steinkohlenbergbau die Zahlen der tödlichen Unglücksfälle einander etwa gleich waren, betrug sie in Niederschlesien je 10000 Mann nur 10% der sonstigen Ziffern. Dieses außerordentlich günstige Ergebnis ist zweifellos dem Umstande zuzuschreiben, daß in Niederschlesien die Belegschaft aus einem alteingesessenen, gut disziplinierten Bergmannsstande besteht.

Eine besondere Aufmerksamkeit hat man auch den Ermüdungserscheinungen der Arbeiter als Ursachen der Vermehrung der Betriebsunfälle zuzuwenden.

Die Ermüdung wirkt sowohl auf die Leistungsfähigkeit der Arbeiter hinsichtlich der Quantität und Qualität der Arbeit als auch hinsichtlich der Aufmerksamkeit und Überlegung. Jedoch haben Untersuchungen, die im Elektromotorenwerk der Siemens-Schuckert-Werke ausgeführt wurden, noch keine Beobachtungen ergeben, durch die die Ansicht, daß bei der bisherigen Arbeitszeit eine Übermüdung eintritt, bestätigt wird. Die aus 58 Millionen Arbeitsstunden gewonnenen Durchschnittszahlen ergeben die meisten Unfälle am Montag und Dienstag, dann folgen Donnerstag und Freitag, hierauf Mittwoch und Sonnabend, während der Sonntag die geringste Unfallziffer aufweist (s. Abb. 25)[3]. Die hohe Unfallziffer am Dienstag ist wohl in erster Linie auf die erhöhte Arbeitstätigkeit zurückzuführen.

Die durchschnittlichen stündlichen Schwankungen der Unfallziffern lassen einen Zusammenhang zwischen Unfall und Ermüdung als wahrscheinlich vermuten (Abb. 26)[3]. Dies gilt auch innerhalb gewisser Grenzen für die stündlichen Schwankungen der Unfallziffern der einzelnen Wochentage[3] (s. Abb. 27)[3]. Jedenfalls bedarf die Frage noch eingehender Untersuchungen.

Auch beim Bergbau verhalten sich die Schwankungen der Unfallziffern etwa ähnlich. Sie schwanken immerhin von Jahr zu Jahr so stark, daß sich auch hier

---

[1] Pothmann: Unfallverhütungsbilder und Kohlenbergbau. Braunkohle Jg. XXIV, S. 711. 1925/26.

[2] Z. Berg-, Hütten-, Sal.-Wes. Abhandl. 1908, S. 250.

[3] Ludwig: Ermüdungserscheinungen und Unfallstatistik. Betrieb 1921, S. 331.

noch keine sicheren Schlüsse ziehen lassen. Im Freistaat Sachsen betrugen die tödlichen Unfälle je 1000 Mann der Belegschaft:

Tabelle 28. Tödliche Unfälle je 1000 Mann
Belegschaft im Freistaat Sachsen.

	1912	1913	1914	1915
Beim Steinkohlenbergbau	1,291	1,239	1,150	1,778
„ Braunkohlenbergbau	2,010	2,119	3,361	2,904
„ Erzbergbau	1,360	0,769	1,048	—
Im Durchschnitt	1,433	1,399	1,573	1,945

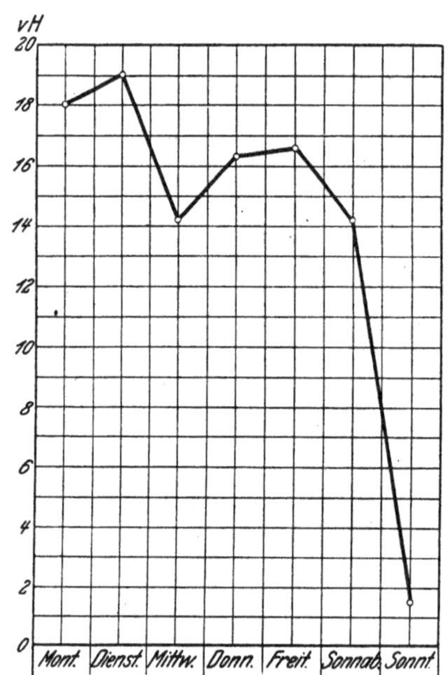

Abb. 25. Häufigkeit der Unfälle an verschiedenen Wochentagen im Elektromotorenwerk der SSW, Durchschnittswerte aus 58 Millionen Arbeitsstunden.

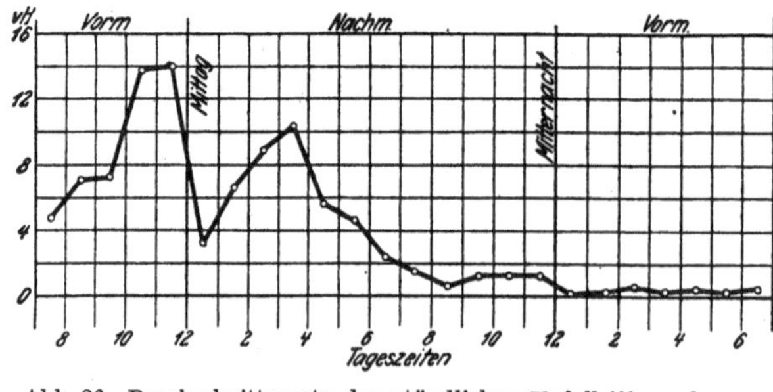

Abb. 26. Durchschnittswerte der stündlichen Unfallziffern, bezogen auf den Tag (Werte aus 58 Millionen Arbeitsstunden, geleistet im Elektromotorenwerk der SSW).

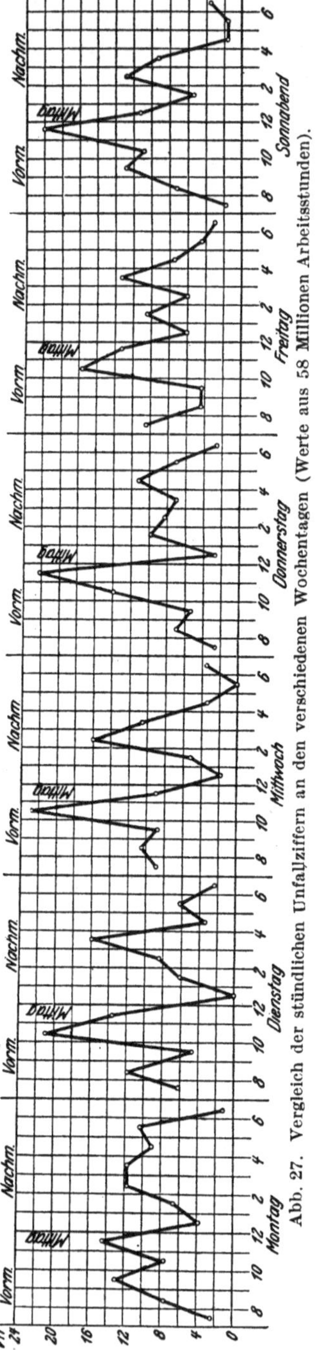

Abb. 27. Vergleich der stündlichen Unfallziffern an den verschiedenen Wochentagen (Werte aus 58 Millionen Arbeitsstunden).

Die Verteilung der tödlichen Unfälle in den Jahren 1913 bis 1915 auf die einzelnen Wochentage gibt die nachstehende Tabelle an:

Tabelle 29.
Verteilung der tödlichen Unfälle auf die einzelnen Wochentage.

Wochentag	1913		1914		1915		Durchschnitt
	Zahl	%	Zahl	%	Zahl	%	%
Montag	10	20,4	4	7,9	13	25,5	17,9
Dienstag	7	14,3	11	21,6	8	15,7	17,2
Mittwoch	7	14,3	9	17,7	7	13,7	15,3
Donnerstag	4	8,2	9	17,6	3	5,9	10,6
Freitag	7	14,3	9	17,6	9	17,6	16,5
Sonnabend	10	20,4	7	13,7	7	13,7	15,9
Sonntag.	4	8,1	2	3,9	4	7,9	6,6
	49	100	51	100	51	100	100

Die gesamten Unfallziffern geben die Grundlagen zur Einteilung der Bergwerke nach Gefahrenklassen, auf Grund deren die Höhe der von den Unternehmern zu zahlenden Beiträge für die Unfallberufsgenossenschaften bemessen wird. Die Gefahrenziffern sind für das Jahr 1927 für Sektion I (Bonn) in folgenden Beträgen festgestellt worden (s. Formular 6).

Die wirtschaftliche Bedeutung der Unfallgefahr geht u. a. aus der von Matthias[1] angegebenen Feststellung hervor, daß im deutschen Bergbau für jeden entschädigungspflichtigen, nicht tödlichen Unfall im Durchschnitt ein Kapital von 6000 ℳ und für jeden tödlichen Unfall ein Kapital von 15000 ℳ aufzubringen ist. Es kann also die Unfallverhütung als ein wichtiges Mittel zur Ersparung nicht werbender Ausgaben bezeichnet werden.

Die Abb. 28 u. 29[2] geben ein Bild über den Eintritt der Todes- und Pensionierungsfälle der technischen Grubenbeamten Westfalens etwa aus den Jahren 1890 bis 1905 und zum Vergleich die entsprechenden Verhältnisse bei den ständigen Knappschaftsmitgliedern, dem Eisenbahnpersonal usw. Man sieht, daß die Pensionierungsfälle bei den technischen Grubenbeamten etwa vom 39. Lebensjahr an wesentlich schneller ansteigen als beim Eisenbahnzugpersonal und mit denen der Eisenbahnlokomotivführer etwa gleich anwachsen. Die ständigen Mitglieder scheiden von Anfang an in stärkerem Maße durch Pensionierung aus. Die Todesfälle sind bei den technischen Grubenbeamten sehr schwankend, liegen aber bis zum 62. Lebensjahre tiefer als bei den Eisenbahnlokomotivführern, die die höchsten Abgänge durch Tod aufweisen.

Durch den Ausbau der öffentlich-rechtlichen Arbeiter- und Angestelltenversicherung, der Wöchnerinnenunterstützung (Abnahme der Säuglingssterblichkeit!) durch die Besserung der Lebenshaltung und der allgemeinen Wohlfahrtspflege, insbesondere der sanitären Maßnahmen, und durch die Fortschritte der medizinischen Wissenschaft hat sich die Sterblichkeit im deutschen Volke seit 1875 stark vermindert, wie die nachfolgenden Zahlen über die Sterbefälle je 1000 Einwohner einschließlich Todgeburten zeigen.

1875 = 29,3	1885 = 27,2	1895 = 23,4	1905 = 20,8	1912 = 16,4
1880 = 27,5	1890 = 25,6	1900 = 23,2	1910 = 17,1	1913 = 15,8

Diese Sterblichkeitsabnahme ist bei der Beurteilung der graphischen Darstellung (Abb. 28 u. 29) zu berücksichtigen. Die Sterblichkeit war in der Kriegs- und Nachkriegszeit erheblich größer. Die Zustände werden jetzt erst wieder besser.

---

[1] Matthias: Neue Ansichten über die Unfallverhütung im Ruhrbergbau. Dt. Bergwerks-Zt. 1929, Nr. 302, S. 10. Nach Nieß (Köglers Taschenbuch S. 570, 2. Aufl.) belastet jeder tödliche Betriebsunfall die Knappschaftsberufsgenossenschaft im Durchschnitt mit über 20000 ℳ.

[2] Pietsch, Großlichterfelde: Gutachten erstattet im Auftrage des Vereins für die bergbaulichen Interessen in Essen.

Formular 6. Einteilung der Betriebe nach Gefahrenklassen und Gefahrenziffern sowie Umlagebeiträge für die Unfallberufsgenossenschaften.

<table>
<tr><th rowspan="2"></th><th rowspan="2"></th><th colspan="2">Betriebe, bei denen kein eigentlicher Bergbau stattfindet</th><th colspan="2">Betriebe mit geringerer als der normalen Gefahr</th><th colspan="2">Betriebe mit normaler Gefahr</th><th colspan="2">Betriebe mit höherer als der normalen Gefahr</th><th>Betriebe, die ausschließl. im Schachtabteufen bestehen</th></tr>
<tr></tr>
<tr><td rowspan="3">Steinkohlenbergbau</td><td>Gefahrenklasse . .</td><td colspan="2">A 1</td><td colspan="2">A 2</td><td colspan="2">A 3</td><td colspan="2">A 4</td><td>A 5</td></tr>
<tr><td>Gefahrenziffer. . .</td><td colspan="2">9</td><td colspan="2">17</td><td colspan="2">21</td><td colspan="2">26</td><td>27</td></tr>
<tr><td>Umlagebeitrag in ℳ[1] . . . . . .</td><td colspan="2">1,52</td><td colspan="2">2,86</td><td colspan="2">3,54</td><td colspan="2">—</td><td>4,55</td></tr>
<tr><td rowspan="4">Braunkohlenbergbau</td><td></td><td colspan="2">Naßpreßsteinfabrik, Mineralöl-, Paraffinfabrik, Schwelereien</td><td colspan="2">Braunkohlenwerke und Abraumbetriebe</td><td colspan="2">Betriebe, die ausschließl. im Schachtabteufen bestehen</td><td colspan="2">Brikettfabriken</td><td></td></tr>
<tr><td>Gefahrenklasse . .</td><td colspan="2">B 1</td><td colspan="2">B 2</td><td colspan="2">B 3</td><td colspan="2">B 4</td><td>—</td></tr>
<tr><td>Gefahrenziffer. . .</td><td colspan="2">7</td><td colspan="2">12</td><td colspan="2">27</td><td colspan="2">11</td><td>—</td></tr>
<tr><td>Umlagebeitrag i. ℳ</td><td colspan="2">1,18</td><td colspan="2">2,02</td><td colspan="2">—</td><td colspan="2">1,85</td><td>—</td></tr>
<tr><td rowspan="4">Erzbergbau und Metallhütten</td><td></td><td colspan="2">Metallhütten und Eisenhütten</td><td colspan="2">Schlesische Blei- und Zinkerzbergwerke</td><td colspan="2">Kupferschieferbergwerke</td><td colspan="2">Erzbergwerke aller Art mit Ausnahme von 2, 3, 5</td><td>Betriebe, die ausschließl. im Schachtabteufen bestehen</td></tr>
<tr><td>Gefahrenklasse . .</td><td colspan="2">C 1</td><td colspan="2">C 2</td><td colspan="2">C 3</td><td colspan="2">C 4</td><td>C 5</td></tr>
<tr><td>Gefahrenziffer. . .</td><td colspan="2">9</td><td colspan="2">—</td><td colspan="2">—</td><td colspan="2">18</td><td>—</td></tr>
<tr><td>Umlagebeitrag i. ℳ</td><td colspan="2">1,52</td><td colspan="2">—</td><td colspan="2">—</td><td colspan="2">3,03</td><td>—</td></tr>
<tr><td rowspan="4">Salzbergbau und Salinen</td><td></td><td colspan="2">Chlorkaliumfabrik und ähnliche</td><td colspan="2">Salinen und Solbergwerke</td><td colspan="2">Steinsalz- und Kalibergwerke</td><td colspan="2">Betriebe, die ausschließl. im Schachtabteufen bestehen</td><td></td></tr>
<tr><td>Gefahrenklasse . .</td><td colspan="2">D 1</td><td colspan="2">D 2</td><td colspan="2">D 3</td><td colspan="2">D 4</td><td>—</td></tr>
<tr><td>Gefahrenziffer. . .</td><td colspan="2">—</td><td colspan="2">7</td><td colspan="2">18</td><td colspan="2">27</td><td>—</td></tr>
<tr><td>Umlagebeitrag i. ℳ</td><td colspan="2">—</td><td colspan="2">1,18</td><td colspan="2">3,03</td><td colspan="2">4,55</td><td>—</td></tr>
<tr><td rowspan="4">Andere Mineralgewinnung</td><td></td><td>Landwirtschaftl. Nebenbetriebe, Wasserwerke, Warenhäuser</td><td>Gips, Alabaster, Antimon, Porzellanerde usw.</td><td>Ziegeleien</td><td>Asphalt u. Erdöl</td><td>Tuffstein</td><td>Sand, Kies, Ton, Lehm, Marmor, Kalkstein usw.</td><td>Fluß-spat, Schwerspat, Dachschiefer</td><td>Basalt</td><td>Betriebe aller Art, die ausschließlich im Schachtabteufen bestehen</td></tr>
<tr><td>Gefahrenklasse . .</td><td>E 1</td><td>E 2</td><td>E 3</td><td>E 4</td><td>E 5</td><td>E 6</td><td>E 7</td><td>E 8</td><td>E 9</td></tr>
<tr><td>Gefahrenziffer. . .</td><td>5</td><td>6</td><td>9</td><td>8</td><td>11</td><td>24</td><td>27</td><td>29</td><td>—</td></tr>
<tr><td>Umlagebeitrag i. ℳ</td><td>0,84</td><td>1,01</td><td>1,52</td><td>1,35</td><td>1,85</td><td>4,04</td><td>4,55</td><td>4,89</td><td>—</td></tr>
</table>

[1] Der Umlagebeitrag ist jeweils auf 100 ℳ Lohnsumme bei den einzelnen Gefahrenklassen bezogen. (Gültig 1927 für Sektion I, Bonn.)

Die Beurteilung der Betriebssicherheit hat im Laufe der Entwicklung eine erhebliche Wandlung erfahren. Anfangs standen die humanitären Gesichtspunkte im Vordergrunde der Betrachtungen, die sehr bald ergänzt wurden durch die Berücksichtigung der unmittelbar mit der Verunglückung von Arbeitern und Angestellten verbundenen Kosten an Krankengeld und Renten. Neuerdings macht sich die Erkenntnis mehr und mehr geltend, daß jeder Betriebsunfall

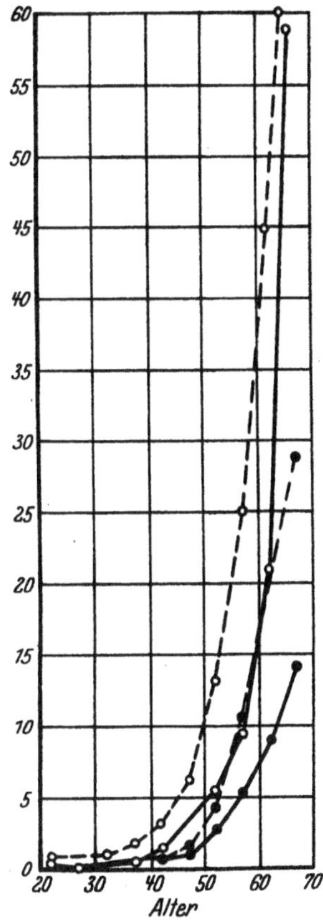

Abb. 28. Zahl der Personen, die von 100 Personen des betreffenden Standes und Lebensalters im Laufe eines Jahres durch Pensionierung aus dem Dienst ausscheiden.

Abb. 29. Zahl der Personen, die von 100 Personen des betreffenden Standes und Lebensalters im Laufe eines Jahres durch Tod aus dem Dienst ausscheiden.

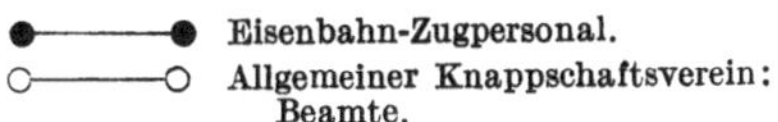
Eisenbahn-Zugpersonal.
Allgemeiner Knappschaftsverein: Beamte.

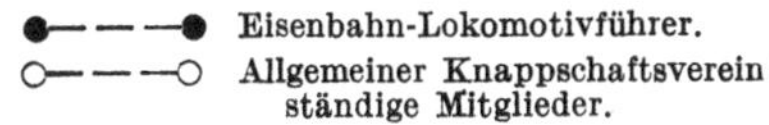
Eisenbahn-Lokomotivführer.
Allgemeiner Knappschaftsverein: ständige Mitglieder.

neben dem eventuellen Personenschaden einen mehr oder weniger umfangreichen wirtschaftlichen Schaden mit sich bringt. Gorter[1] weist darauf hin, daß Heinrich (ass. superintendent inspection and engineering division of Travelers Insurance Comp.) auf Grund von 75000 untersuchten Betriebsunfällen zu dem Schluß gekommen ist, daß jedem Unfall, der zu einem Arbeitsversäumnis des Betroffenen führt, 29 Unfälle ohne Arbeitsversäumnis gegenüberstehen, die eine Wundbehandlung nötig machen, und 300 Betriebsunfälle, die niemand weiter

---

[1] Gorter: Betriebssicherheit und moderne Betriebsführung. Z. Arbeitsschutz 1930, H. 7, S. III, 145. Gorter unterscheidet vier Perioden der Geschichte der Sicherheitstechnik: Die Periode der Enqueten, des Arbeitsgesetzes, die finanzielle Periode und die Rationalisierungsperiode. Hiervon kann man die beiden ersten als humanitäre Perioden bezeichnen.

treffen (near-accidents). Nach den ebenfalls von Gorter erwähnten Mitteilungen von der holländischen Schiffbaugesellschaft „de Schelde" stehen hier einem Unfall, welcher eine Unterstützung für den Betroffenen zur Folge hatte, 48 Unfälle gegenüber, die nur eine Behandlung im Verbandszimmer nach sich zogen. Die „near-accidents" wurden hier nicht festgestellt, doch kann nach Gorter damit gerechnet werden, daß die Angaben von Heinrich auch hier grundsätzlich zutreffen.

Es ist zu beachten, daß jeder Betriebsunfall eine Störung im Gang des Betriebes hervorruft, gleichgültig ob Personen zu Schaden kommen oder nicht. Infolge ihrer großen Zahl sind daher auch die near-accidents von großer wirtschaftlicher Bedeutung. Die moderne Betriebsführung arbeitet daher bewußt auf Vermeidung aller Ursachen hin, welche einen Betriebsunfall irgendwelcher Art nach sich ziehen können. In dieser Hinsicht bedarf die Rationalisierung der Betriebe verbunden mit der Mechanisierung des Transportes, der Einführung von Spezialmaschinen usw. einer besonderen Erhöhung der Betriebssicherheit (Einzelantrieb durch Elektromotore, Vervollkommnung der Schutzvorrichtungen, gute Beleuchtung, Heizung, Staubabsaugung usw.), da durch Betriebsunfälle sofort der Gruppenverband des Betriebes unterbrochen wird. Die Nachteile sind namentlich bei Fließarbeit usw. viel größer als früher bei dem mehr auf sich gestellten Arbeiter.

Aus diesem Grunde können sich auch oft moderne Arbeitsmethoden, die am Anfang ihrer Anwendung erhöhte Betriebsgefahren mit sich bringen, erst durchsetzen, wenn diese Gefahren beseitigt sind. Die Unfallverhütung und die moderne Betriebsführung müssen daher im wohlverstandenen eigenen Interesse mehr und mehr zusammengehen, da mit der Zunahme der Betriebsverbundenheit und Größe der Betriebsabteilungen neben der humanitären auch die wirtschaftliche Bedeutung der Unfallverhütung zunimmt.

C. Die Organisation der Arbeit.

I. Die systematischen Betriebsuntersuchungen.

Der Zweck einer systematischen Betriebsuntersuchung besteht in der Erhöhung der Wirtschaftlichkeit eines Betriebes. In diesem weitesten Sinne des Wortes wird sich die Untersuchung nicht allein auf die Leistungsfähigkeit des Betriebes hinsichtlich der Menge, Güte und Herstellungskosten der Erzeugnisse, sondern auch mit der systematischen Untersuchung des Verkaufes, d. h. des Marktes zu beschäftigen haben. Dieser ist entweder vom Betriebe durch die Güte und Billigkeit der Erzeugnisse dahin zu beeinflussen, letztere aufzunehmen, oder er veranlaßt seinerseits den Betrieb, die Güte und Billigkeit der Erzeugnisse zu steigern, die Herstellung anderer Erzeugnisse aufzunehmen usw.

Soweit es sich um die Erzeugung handelt, besteht sonach der Zweck der systematischen Betriebsuntersuchung darin, bei Einsatz eines möglichst geringen Aufwandes an Arbeitskraft und an Betriebs- und sonstigen Kosten aller Art eine Höchstleistung zu erzielen. Hierzu ist eine völlige Klarstellung der Elemente der Arbeits- und Betriebsvorgänge, sowie der Elemente der Kostenbildung erforderlich. Das Fehlen einer dieser drei Grundlagen kann leicht zu falschen Schlußfolgerungen führen.

Ferner besteht der Zweck der systematischen Betriebsuntersuchung in der Aufdeckung verborgener Mängel der Betriebsanlagen, sowie der Arbeits- und Betriebsorganisation.

Von besonderer Bedeutung ist ferner der Umstand, daß die systematische Betriebsuntersuchung den leitenden Stellen die Betriebseinzelheiten viel klarer zur Kenntnis bringen kann als irgendeine andere Art der Berichterstattung. Sie bewirkt daher eine Verschiebung der intensiven Überwachungsmöglichkeit nach den höheren Stellen. Je klarer aber die Betriebsleitung die Betriebseinzelheiten übersehen kann, um so leichter wird es ihr, weitere Verbesserungen des Betriebes in der Betriebsuntersuchung durchzuführen, um so schärfer wird sie sowohl die Leistungen der Arbeiter als auch der Betriebsbeamten überwachen können. Dieser klare Einblick erstreckt sich dann nicht nur auf die Elemente der Betriebsvorgänge, sondern auch auf die Elemente der Kostenbildung. Dadurch muß das nicht gerade seltene „Sparen am unrechten Ort“ bzw. die „Steckenpferdwirtschaft“ beim Einsparen gewisser Betriebsmaterialien, Bedienungsmannschaften usw., bei richtiger Anwendung der Untersuchungsergebnisse nunmehr wirtschaftlich gefunden, systematischen, von Fall zu Fall auf sicheren Rechnungsgrundlagen aufgebauten Erwägungen Platz machen.

Die Untersuchungsergebnisse sollen nicht allein dem augenblicklich laufenden Betriebe dienen. Sie sollen zugleich die Unterlagen schaffen für die weitere Entwicklung und Verbesserung der Arbeits- und Betriebsorganisation der vorhandenen Anlagen, sowie der technischen Hilfsmittel, also der gesamten Technik.

Sinngemäß soll die Betriebsuntersuchung alle erforderlichen Unterlagen für den Bau von Neuanlagen liefern, da die Art des Neubaues nicht nur von der

Technik, sondern in erheblichem Umfange von der Betriebsorganisation abhängig gemacht werden sollte. Es ist falsch, die Betriebsorganisation erst nach dem Bau auf Grund einer nicht vorher sorgfältig durchdachten Anordnung der Anlage auszugestalten. Es ist eine systematische Organisation der Betriebsanlagen in den meisten Fällen Vorbedingung für eine gute und einfache, sicher und billig arbeitende Organisation des Betriebes.

Auf Grund der Untersuchungsergebnisse des Betriebes sollen nach Möglichkeit die einmaligen und stets die häufig wiederkehrenden Arbeitsgänge v o r der Ausführung durch geeignete Organe durchdacht und — evtl. nach Taylor — durch schriftliche Vorschriften festgelegt werden, so daß bei entsprechender Ableitung nach diesen Vorschriften die Leistungen mit dem geringstmöglichen Aufwand an Zeit und Arbeit bei einem Optimum der Güte der Erzeugnisse erreicht werden können.

In dieser Hinsicht bedeutet also die systematische Betriebsuntersuchung eine weitere Arbeitsteilung, indem sie die vorbereitende Denkarbeit von der mechanischen Ausführungsarbeit stärker als bisher trennt und dadurch eine intensivere Durchführung beider Arbeiten ermöglicht. So weist Boest[1] darauf hin, daß in der Maschinenindustrie um das Jahr 1900 als gute Regel die Verhältniszahl von einem Angestellten auf zehn Arbeiter galt, während es heute häufig als Zeichen guter Organisation gilt, wenn auf zehn körperlich Arbeitende vier bis fünf geistige Helfer entfallen. In diesem Maße sind dann auch die Aufstiegsmöglichkeiten gewachsen.

Naturgemäß muß stets der wirtschaftliche Erfolg auf seiten der neuen Organisation stehen, wenn diese lebensfähig bleiben will. Es ist daher sehr zu beachten, daß die systematische Arbeitsuntersuchung und Arbeitsverrichtung durch Zeitmessungen wesentlich an Bedeutung gewinnen kann, während die Anlernung der Arbeiter unwichtiger wird, wenn die Arbeitsteilung so weit durchgeführt wird, daß die von dem einzelnen Arbeiter auszuführenden Arbeiten in wenigen Griffen und Bewegungen bestehen, die sich aus der Art der Arbeit mehr oder weniger von selbst ergeben, und das Arbeitstempo durch den Gang der Maschinen usw. vorgeschrieben ist. Dies ist z. B. bei der Arbeit am Fordschen Arbeitsbande der Fall[2] und dürfte vorwiegend da Bedeutung haben, wo sich die Fließarbeit etwa nach Fordschem Muster durchführen läßt. Hier wird für den einzelnen Arbeiter häufig ein guter Arbeitsrhythmus wichtiger sein als das Anlernverfahren.

In vielen Fällen handelt es sich darum, die Güte der Erzeugnisse zu steigern. Die systematische Betriebsuntersuchung hat dann die Aufgabe, die Einwirkungen der angewandten Betriebsverfahren auf die in Frage kommenden Vorgänge physikalischer oder chemischer Natur festzustellen und die Verfahren unter Anlehnung an die Ergebnisse wissenschaftlicher Forschungen so zu entwickeln, daß alle ungünstigen Vorgänge ausgeschaltet, die günstigen zur Mitwirkung herangezogen werden. Naturgemäß wird die Untersuchung gleichzeitig stets das Ziel im Auge behalten müssen, den Arbeitsgang zu vereinfachen und zu verbilligen. Die „direkten Verfahren", die eine erhebliche Verkürzung und damit Verbilligung des Erzeugungsganges herbeiführen können, sind hier besonders zu beachten. Allerdings ist die Einführung neuer, im Großbetriebe noch nicht erprobter Verfahren wegen des damit einzugehenden Risikos nur bei entsprechend guter Finanzlage des Unternehmens ratsam.

Die systematische Betriebsuntersuchung erfordert zu ihrer Auswertung eine

---

[1] Boest: Mechanisierte Industriearbeit, S. 20. Berlin: Julius Springer 1925.
[2] Hultzsch: Arbeitsstudien bei Ford, S. 56. Dresden: Köhler 1926.

entsprechend aufgebaute Betriebsstatistik. Soll diese ihren Zweck erfüllen, so muß sie von sachverständiger Seite völlig tendenzfrei aufgestellt werden. Voraussetzung hierfür ist die Aufnahme der Betriebsuntersuchung durch technisch gebildete, betriebserfahrene Beamte, die jedoch selbst nicht vom augenblicklichen Betriebserfolg abhängig sein dürfen und deshalb zweckmäßig selbst keine Betriebsanordnungen zu treffen haben, also dem Betriebe völlig neutral gegenüberstehen. Anderenfalls wird stets die Gefahr bestehen, daß diese Beamte etwaige Fehler, die sie selbst durch ihre Anordnungen in den Betrieb hineingebracht haben, zu verschleiern suchen.

Inhalt der Statistik dürfen nicht nur die normalen Betriebsvorgänge sein. Ebenso wichtig ist die Störungsstatistik, da diese am besten Aufschluß über etwaige Mängel des Betriebes geben kann. Es ist hier von Bedeutung, festzustellen, ob die Mängel und Störungen auf Konstruktionsfehler, auf unsachgemäße Anordnung (Organisation) der Anlagen, auf schlechte Betriebs- und Arbeitsorganisation oder auf die Abnutzung der Anlage zurückzuführen sind.

Die Auswertung der Betriebsstatistik wird sich sowohl auf die Entwicklungsmöglichkeiten der Leistungen als auch der Kosten zu erstrecken haben. Es ist z. B. festzustellen, ob durch Maßnahmen zur Hebung der Leistung die Kosten im gleichen Teilbetrieb (oder Arbeitsgang) oder nur innerhalb der Gesamtorganisation sinken. Es kann z. B. auch der Fall eintreten, daß durch Verbesserung der Arbeitsorganisation eine Erhöhung der Leistung ohne Erniedrigung der reinen Betriebskosten eintritt. Dennoch kann der Gesamtbetrieb billiger arbeiten infolge der Verminderung der anteiligen Amortisations- und sonstigen Geschäftsunkosten, beim Bergbau infolge des schnelleren und konzentrierteren Abbaues durch Verminderung des für die Vorrichtung erforderlichen Betriebskapitals usw. Vielfach wird es auch darauf ankommen, ob ein erhöhter Absatz auch ohne Preiserniedrigung möglich ist.

Um alle diese Ziele zu erreichen, bedarf es zunächst der Feststellung der Grundforderungen, die erfüllt sein müssen, um einen günstigen Betrieb durchführen zu können, und der gründlichen, sorgfältigen Untersuchung, inwieweit der vorliegende Betrieb diese Forderungen erfüllt. Die Wege der Untersuchung sind eingehend zu klären und auf ihre Zweckmäßigkeit zu prüfen (Analyse). Endlich sind die Maßnahmen zur Auswertung der Untersuchungsergebnisse zu besprechen, sofern sie sich nicht aus den Untersuchungen von selbst ergeben (Synthese).

Die Grundforderungen, die ein guter Betrieb erfüllen muß, bestehen in:

1. der Auslese, Anlernung und Anpassung der Arbeiter und Beamten für die ihrer Befähigung am besten entsprechenden Arbeitsplätze, sowie in der Gleichrichtung der Interessen der Arbeitgeber und Arbeitnehmer auf die Erhöhung der Arbeitsleistung und Erniedrigung der Erzeugungskosten sowie der Einhaltung der Leistungen, z. B. durch ein entsprechendes Lohn- und Prämienverfahren usw.,

2. Anwendung der zweckmäßigsten Arbeitsausführung durch den einzelnen Arbeiter sowie durch die Maschine (Organisation der Arbeit),

3. zweckmäßigster Zusammenfassung und Anordnung dieser Arbeitsausführungen zur besten Durchführung des Betriebes (Organisation des Betriebes),

4. Anwendung der geeignetsten Hilfsmittel, Roh- und Hilfsstoffe, sowie der zweckmäßigsten Betriebseinrichtungen und günstigsten Anordnung derselben (Organisation der Anlage),

5. Einhaltung der Betriebsstetigkeit und der guten Ausnützung der Anlage durch die Maßnahmen der Verwaltung (gleichartige Rohstoffe und Hilfsmittel, gleichmäßiger Vertrieb der Erzeugnisse, rechtzeitige Bereitstellung des Betriebskapitals usw.) (Organisation der Verwaltung).

Die Untersuchungen sind zu zergliedern:
1. nach dem Ort der Untersuchungen in:
a) Betriebsstudien,
b) Bürostudien,
c) Laboratoriumsstudien;
2. nach der Art der Untersuchung in:
a) Zeitstudien als Bewegungs-, Leistungs- oder Betriebszeitstudien:
α) am Arbeiter:
dem einzelnen, der Arbeitergruppe, der Belegschaft bei ein- oder mehrschichtigem Betriebe,
β) an der Maschine,
γ) in der Kombination Arbeiter—Maschine—Betrieb;
b) Studien des Arbeitsrhythmus und dessen psychologischen Rückwirkungen auf den Arbeiter;
c) Wirkungsstudien:
α) Wirkungen auf die Rohstoffe,
β) Wirkungen auf die Betriebsmaterialien, -geräte und -anlagen,
γ) Wirkungen auf die Güte des Erzeugnisses;
d) Kostenstudien;
e) Organisationsstudien:
α) Zusammenwirken der Einzelheiten in bezug auf die Leistung,
β) Zusammenwirken der Einzelheiten in bezug auf die Gestehungskosten und auf den Verkaufswert.

Die Maßnahmen zur endgültigen Auswertung der Untersuchungsergebnisse bestehen in der entsprechenden Änderung der Organisation der Arbeit, des Betriebes, der Anlagen sowie der Verwaltung.

Hiernach läßt sich das folgende Schema für die Durchführung der Rationalisierung eines Betriebes aufstellen (s. Formular 7).

Es geht hieraus hervor, daß die systematische Betriebsuntersuchung letzten Endes sich nicht auf die allgemeine oder technische Organisation des Werkes zu beschränken hat, etwa um den zwangläufigen Betrieb zu regeln und zu entwickeln, sondern auch die Ausbildung der Fabrikations- oder Gewinnungsverfahren mit allen Hilfsmaßnahmen, die zur Steigerung der Qualität der Erzeugnisse durchzuführenden wissenschaftlichen Forschungen, ferner die kaufmännische Verwaltung usw. in den Kreis ihrer Betrachtungen zu ziehen hat. In allen Fällen wird ihr Hauptzweck in der dauernden Verbesserung der Erkenntnisse über die Betriebsvorgänge und damit in der Schaffung der Grundlagen zur systematischen Entwicklung der Organisation des Betriebes und seiner Anlagen bestehen. Zweckmäßig werden die Untersuchungen zunächst in der einfachsten Weise durchgeführt. Auf Grund der hierbei gewonnenen Erkenntnisse können die Verfahren allmählich weiter entwickelt werden, um genauere Untersuchungsergebnisse zu erhalten, die rückwirkend wieder zur Verbesserung des Betriebes verwendet werden können.

Aus diesem Grunde sollen auch hier zunächst die Zeitstudien besprochen werden, da sich im Betriebe die anderen Maßnahmen hierauf aufbauen lassen.

II. Zeitstudien.

a) Allgemeine Einteilung der Zeitstudien.

Je nach der Art der Arbeit und je nach dem Zweck der Untersuchungen werden die Zeitstudien so durchgeführt, daß sie mehr oder weniger in die Einzel-

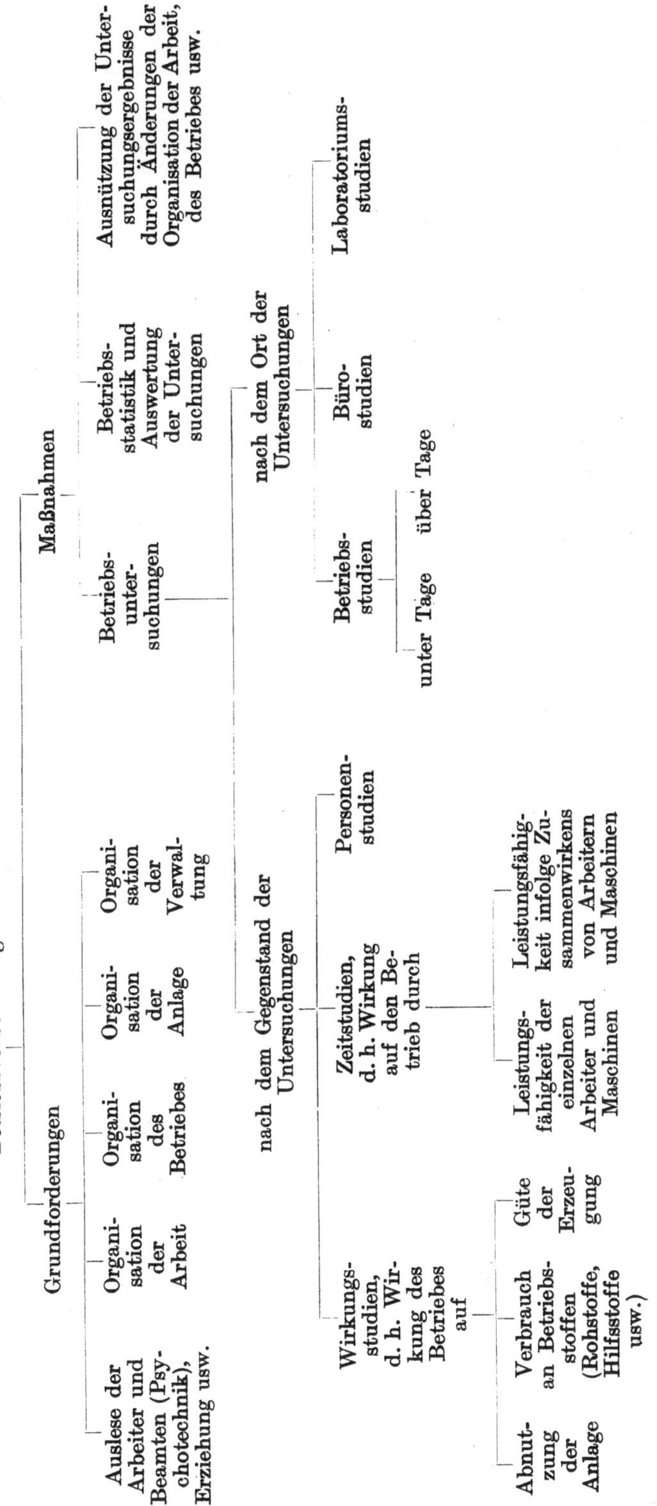

Formular 7. Stammbaum für die Durchführung einer Betriebsrationalisierung.

heiten der Arbeitsausführung eindringen. Die Arbeitsausführung wird zur Durchführung von Zeitstudien zweckmäßig folgendermaßen unterteilt:

Unterteilung	Beispiele
1. Bewegungselement	die einzelnen Bewegungen bei der Arbeit
2. Arbeitselement	Festkeilen eines Stempels, die einzelnen „Handgriffe"
3. Teilarbeiten (einzelner Arbeitsvorgang)	Bohren, Hacken, Schrämen, Stempelsetzen usw.
4. Arbeitsgang	Kohlengewinnung

Taylor hat wohl zum ersten Male die Analyse der einzelnen Arbeitsverrichtungen eines Arbeiters auf Grund von Bewegungsstudien durchgeführt und darnach Vorschriften zur Vereinfachung, Typisierung und Normalisierung dieser Arbeiten herausgegeben.

Die wichtigsten Grundlagen der Taylorschen Untersuchungen sind die Zeitmessungen und die Kritik der Einzelbewegung. Ihr Zweck ist die Vereinfachung umständlicher und Vermeidung überflüssiger Bewegungen bei günstigster Bewegungsfolge und Bewegungskombination.

Die Bewegungsstudien setzen stets eine genügende Gleichmäßigkeit, d. h. regelmäßige Wiederholung derselben Bewegungsvorgänge bei der Arbeit voraus. Nur bei Erfüllung dieser Bedingung kann mit Hilfe des Zeitstudienverfahrens eine Typisierung und Normalisierung der Handfertigkeit bzw. der Arbeitsbewegungen durchgeführt werden. Daher versagt diese Art der Zeitstudien sehr häufig im Bergbau. Wohl lassen sich für gewisse Arbeiten, wie z. B. für das Einschaufeln von Fördergut usw. in günstigen Fällen, für die im Bergbau u. a. der Einfluß der Raumverhältnisse maßgebend ist, bestimmte Normen aufstellen, auf die Barnitzke[1] und Gold[2] bereits hingewiesen haben. Mit fortschreitender Technik der Beobachtung kann man vielleicht später auch Bewegungsstudien im Bergbau mit Erfolg durchführen. Jedoch ist hierbei die zu erzielende Zeitersparnis wesentlich geringer als die durch Leistungs- und Betriebszeitstudien zur Zeit noch erreichbare, so daß diese Studien für den Bergbau zunächst die wichtigeren sind.

Wenn sonach auch zuzugeben ist, daß im Bergbau Bewegungsstudien und die darauf aufzubauenden Maßnahmen zur Zeit keine wesentliche Bedeutung erlangen werden, so lassen sich doch die Leistungsstudien, die in der Feststellung der durchschnittlichen Dauer der einzelnen Arbeitselemente und ihrer Aufeinanderfolge bestehen (Großbewegungsstudien nach Merrick-Michel), häufiger durchführen, als es zunächst scheint.

Die Anwendbarkeit des Zeitstudienverfahrens für Arbeitsleistungen hängt nicht von der Gleichförmigkeit der einzelnen Arbeitsausführungen, sondern in ihrer Gesamtheit von der Gleichmäßigkeit bzw. dem von der Zeit abhängigen Maße der Arbeitsleistungen (Produktionsleistungen) und dem von der Zeit abhängigen Verlauf sonstiger Betriebsvorgänge ab, die für das wirtschaftliche Ergebnis des Betriebes von Einfluß sind. Es handelt sich daher vielfach um Durchschnittszahlen aus Reihenuntersuchungen, die den nachfolgenden Betrachtungen mit genügender Genauigkeit als Grundlage dienen können.

Die hierbei erhaltenen Durchschnittszahlen können bei richtiger, sorgfältiger Ermittlung sehr brauchbare Unterlagen für eine Beurteilung der Arbeitsausführung und für die Gedingeberechnung ergeben. Auch läßt sich eine Kritik der

---

[1] Barnitzke: Das Anlernen von Bergarbeitern. Glückauf 1921, S. 194.
[2] Gold: Rationelle Betriebsführung im Braunkohlentiefbau mit Hilfe von Zeitstudien. Dissertation Freiberg 1928.

Arbeitselemente, der Reihenfolge ihrer Anwendung usw. durchführen, mit dem Endziel, umständliche Arbeitsvorgänge durch bessere zu ersetzen, eine die Leistung steigernde, günstigere Reihenfolge der einzelnen Arbeitsvorgänge oder Arbeitselemente vorzusehen, gegebenenfalls ein Arbeitselement aus einem Arbeitsvorgang herauszunehmen und einem anderen zuzuteilen u. a. m.

Um Normen bei Leistungsstudien erhalten zu können, müssen die einzelnen Arbeitsvorgänge (Teilarbeiten) eines ganzen Arbeitsganges für sich untersucht werden, bei der Kohlengewinnung z. B. die Arbeit des Hackens, Bohrens, Schrämens usw., wobei auch die Art des angewandten Gezähes bzw. der angewandten Hilfsmaschinen festzustellen und bei der Auswertung zu berücksichtigen ist.

Taylor schlägt vor, die Ergebnisse dieser Untersuchungen in Arbeitsunterweisungskarten zusammenzufassen, die dem Arbeiter eine genaue Anweisung geben sollen, wie er seine Arbeit am zweckmäßigsten ausführen kann. Wie weit man bei diesen Unterweisungen in die Einzelheiten der Teilarbeit (Handgriffe und Einzelbewegungen) gehen soll, hängt von dem einzelnen Fall ab.

Je mehr es gelingt, durch Zeitstudien aller Art die Leistungsfähigkeit im einzelnen zu bestimmen, um so genauer, insbesondere um so gerechter lassen sich die Gedinge- und Akkordsätze bestimmen und um so richtiger lassen sich die an die einzelnen Arbeiter oder Arbeiterkategorien einer Kameradschaft (Arbeitergruppe) oder einer ganzen Belegschaft zu stellenden Anforderungen beurteilen bzw. verteilen (vgl. Abschnitt C V).

Schon der größeren Gerechtigkeit wegen, mit der das Gedinge gestellt oder die Arbeit verteilt werden kann, sollte man auch da, wo man durch Bewegungs- oder Leistungsstudien nicht den ganzen Umfang der Arbeitsleistung klarstellen kann, wenigstens diejenigen Teilarbeiten einer Untersuchung unterziehen, die einer solchen zugänglich sind. Der Kreis der lediglich zu schätzenden Teilarbeiten wird dadurch entsprechend eingeengt und die Genauigkeit, mit der das Gedinge für die gesamte Arbeitsleistung gestellt werden kann, entsprechend erhöht. Von diesem äußerst wichtigen Gesichtspunkte aus betrachtet hat auch die Bewegungs- und vor allem die Leistungsstudie je nach Lage des Falles für den Bergbau eine erhebliche Bedeutung.

Die dritte Art der Zeitstudien hat den Zweck, die Zusammenhänge hintereinander oder parallel geschalteter Arbeitsgänge ganzer Betriebsabschnitte und je nach Lage des Falles auch des ganzen Betriebes zu untersuchen (Betriebszeitstudien). Als Beispiel sei auf die Zusammenhänge der Gewinnung und Handförderung innerhalb eines Strebbaufeldes oder der Förderung von der Abbaustrecke bis zur Hängebank verwiesen. Hier müssen zugleich die betriebsorganisatorischen Zusammenhänge, das Ausmaß der Nebenwirkungen des Betriebes (Gebirgsdruck, Gebirgstemperatur usw.), sowie die räumliche und konstruktive Anordnung der Anlagen entsprechend berücksichtigt werden. Es wird in vielen Fällen auch im Bergbau gelingen, durch entsprechende Zeitstudien Schwächen und Stärken der Disposition der Anlagen und des Betriebes festzustellen und zu klären.

Man kann sonach drei Arten von Zeitstudien unterscheiden: die Bewegungszeitstudien, die Leistungszeitstudien und die Betriebszeitstudien, wobei die ersten beiden Arten, die den gleichen Vorgang untersuchen und sich nur dem Grade nach unterscheiden, in dem sie durchgeführt werden, auch unter dem Begriff der Arbeitszeitstudien zusammengefaßt werden können. In den meisten Fällen werden die Zeitmessungen zweckmäßig so durchgeführt werden müssen, daß die eine konstante Zeit verbrauchenden Einzelvorgänge (Teilarbeiten) von denen getrennt werden, die eine variable Zeit verbrauchen, um Grundlagen für streng rechnerisch erfaßbare Schlußfolgerungen zu gewinnen, die namentlich für den Bergbau besonders fruchtbar sein können. Es ist wohl kein Zufall, daß die ersten im Bergbau angewandten Zeitstudien die Zerlegung der für die Wagenförderung aufgewandten Zeit in die konstante Füllzeit und die mit der Förderlänge wachsende Fahrzeit vorsahen.

Da Arbeitsmaschinen stets eine gewisse Gleichförmigkeit der Arbeitsausführung voraussetzen, so sind auch sie in der Regel den Zeitstudien zugänglich, und zwar um so mehr, je mehr sie die Arbeitsleistung des Arbeiters übernehmen.

Hinsichtlich des Betriebes ist zu untersuchen, ob die Leistungsfähigkeit der Maschine innerhalb der einzelnen aufeinanderfolgenden und voneinander abhängigen Arbeitsverrichtungen stets einander gleich bleibt, so daß die Arbeitsleistung der vorhergehenden Arbeitsverrichtungen von den nachfolgenden stets glatt übernommen und weiter geleitet werden kann. Es muß z. B. die Entleerungsvorrichtung des Fülltrichters eines Eimerbaggers stets das oben von den Eimern zugeführte Bodenmaterial an die untenstehenden Wagenzüge weitergeben können, damit der Fülltrichter nicht infolge mangelhafter Konstruktion der Entleerungsvorrichtung überläuft und dadurch Stauungen und Minderleistungen veranlaßt.

Desgleichen muß die Aufnahmefähigkeit der Kippe der Leistungsfähigkeit des Bagger- und Fahrbetriebes und die Aufnahmefähigkeit des Wagenzuges je lfdm Zuglänge der normalen, vollen Baggerleistung je lfdm Strossenlänge entsprechen, damit der Betrieb sich glatt bei vollster und gleichmäßiger Ausnutzung aller Betriebsteile abwickeln kann.

Die Zeitstudien haben also nicht allein den Zweck, eine analytische Untersuchung der sich abspielenden Betriebsvorgänge durchzuführen, sondern daneben auch das bedeutungsvolle Ziel, die Unterlagen zu der Synthese eines besseren Arbeits- oder Betriebsverfahrens und damit auch die Unterlagen zur Entwicklung geeigneterer Betriebsanlagen zu schaffen. Hierzu müssen die Arbeits- und Betriebsvorgänge entsprechend klassifiziert und die Ursachen und Wirkungen der einzelnen Vorgänge untersucht werden. Man erhält damit genauere Unterlagen als aus den normalen Betriebsberichten, auch wenn sich letztere auf jahrelange Zeiträume erstrecken. Die Ursache liegt darin, daß die normalen Betriebsberichte nur genaue Auskunft über den Betriebserfolg geben, aber nicht über den Betriebsverlauf. Sie lassen also nicht klar erkennen, wie sich der Betrieb in seinen Einzelheiten abspielt, wo er verbesserungsfähig ist, wo die Ursachen der Betriebsstörungen und Betriebshinderungen liegen, wenn diese nicht durch den Zustand des Betriebsmaterials, sondern durch organisatorische Mängel, Übermüdung des Personals usw. hervorgerufen werden. Zu berücksichtigen ist hierbei, daß etwaige Fehler der Betriebsbeamten in den Berichten meist nicht klar zum Ausdruck kommen, namentlich wenn der Beamte selbst den Bericht einzureichen hat.

Eine einwandfreie Bestimmung der Leistungsfähigkeit des Betriebes und eine gute, auf einwandfreier Betriebsuntersuchung sich stützende Leitung des Betriebes ist von großer Bedeutung, da es eine bekannte Tatsache ist, daß aus psychologischen Gründen eine langdauernde Leistungsunfähigkeit des Betriebes auch dann die meisten Arbeiter zur Zurückhaltung der Leistungen reizt, wenn die Ursachen der Hemmungen beseitigt sind.

Bei der Beurteilung aller Maßnahmen zur Rationalisierung menschlicher Arbeit durch Zeitmessungen und deren Auswertung hat man zu berücksichtigen, daß die irrationale Arbeitsweise der allgemeinen menschlichen Veranlagung viel mehr entspricht als die rationale, so daß, wie Poppelreuter[1] anführt, die

---

[1] Poppelreuter: Arbeitspsychologische Leitsätze für den Zeitnehmer. München-Berlin: R. Oldenbourg 1929.

Rationalisierung der menschlichen Arbeit in der „planmäßigen Überwindung der in der Natur des Menschen liegenden irrationellen Faktoren zur Herbeiführung eines höheren Wirkungsgrades" liegt. Mit Recht weist Poppelreuter u. a. auf die mehr oder weniger oft von der Arbeit abschweifenden Gedanken des geistigen Arbeiters, auf die durch den Gemeinschaftstrieb bedingte gegenseitige Ablenkung der innerhalb einer Arbeitergruppe gemeinsam tätigen Leute, sowie auf die Tatsache hin, daß der Mensch selten geneigt ist, die Lösung von Lebensnotwendigkeiten systematisch über den augenblicklichen Bedarf hinaus durchzuführen, um etwaigen späteren Eventualschwierigkeiten vorzubeugen. Es werden z. B. viele Handwerker das lose Werkzeugheft durch kurzes Hineinklopfen immer wieder befestigen und durch diese häufigen, wenn auch im einzelnen Falle kurzen Störungen, ihre Leistungen herabsetzen anstatt für bessere Befestigung des Heftes zu sorgen. Ebenso sind die gewohnheitsgemäß eingebürgerten Arbeitsbewegungen keineswegs immer die zweckmäßigsten. Das gilt sowohl für die Körperhaltung und Körperbewegung und die damit verbundene Belastungsverteilung auf Rumpf und Glieder, als auch für das Arbeitstempo usw. Ebenso besteht nach Poppelreuter die Tendenz, eine Aufgabe auszuführen, ohne sich über die Art der Arbeit und ihre Ausführung genauere Gedanken zu machen. Das gilt auch für die Betriebsleitungen, die z. B. vielfach neuere Arbeitsverfahren mit irgendwelchen unbewiesenen Behauptungen ablehnen, ohne sie zu erproben. Es kommt hinzu, daß die ständig im Betriebe befindlichen Aufsichtsbeamten oft „betriebsblind" sind, da die Tendenz besteht, die Einzelvorgänge um so mehr zu ignorieren, je gewohnheitsmäßiger sie verlaufen.

In diesem Zusammenhange ist es von Bedeutung, daß aus psychologischen Gründen in der Regel kleine Zeiten über- und große Zeiten unterschätzt werden. Die Zeitmessung ist also nötig, ihre Genauigkeitsangabe soll aber nicht über das nötige oder etwa mögliche Maß hinausgehen. Hierbei kommt es wesentlich auf die Beobachtungsfähigkeit des Beobachters an. Schwierig ist besonders die richtige Auffassung von Betriebs- und Arbeitszusammenhängen. Schon Taylor hat deshalb die genaue, modellmäßige Nachahmung der Vorgänge durch den Beobachter empfohlen. Erschwert wird die Auswertung der Zeitmessung außerdem durch die Variationsbreite zwischen Best- und Schlechtleistungen, die grundsätzlich mit der Kompliziertheit einer bestimmten Arbeit zunimmt. Die Kombination von Schnelligkeit und Korrektheit einer Arbeit gelingt vergleichsweise nur sehr wenigen Personen. Die Sorgfalt der Arbeitsausführung muß bei Überschreitung einer bestimmten Arbeitsgeschwindigkeit erheblich nachlassen, die bei den einzelnen Menschen erheblich schwankt. Poppelreuter schlägt deshalb vor, ähnlich den Ermüdungszuschlägen in geeigneten Fällen auch Präzisionszuschläge in Rechnung zu stellen. Nach ihm ist in diesen Fällen die „adäquate" Arbeitsweise festzustellen, d. h. die Arbeitsweise, bei der sich ein Maximum an Schnelligkeit mit dem gerade erforderlichen Präzisionsgrad verbindet.

Für die Beurteilung der Leistungsfähigkeit eines Arbeiters ist ferner von Wichtigkeit, daß normale Ermüdung von Erschöpfung nicht mit Sicherheit unterschieden werden kann. Die infolge der Ermüdung eintretenden Arbeitspausen werden bei normalem Verlauf mit zunehmender Ermüdung häufiger und länger. Dabei überwiegt zunächst stark die Verlängerung. Die Pausenzunahme bildet (nach Poppelreuter) zuerst ungefähr eine arithmetische Reihe, die Zunahme wird allmählich geringer. Bei der Beurteilung der Leistungsfähigkeit sind diese Pausen mit zu berücksichtigen.

Durch zu starke Arbeitsbelastung (z. B. zu große Lasten usw.) werden Leistungsfähigkeit und Arbeitspräzision stark herabgesetzt.

b) Die Ausführung der Zeitstudien.

Die Ausführung von Zeitstudien kann erfolgen:
1. objektiv, durch schreibende Registrierapparate usw.,
2. subjektiv, durch Beobachter mit Stoppuhr usw.

1. Die objektive Beobachtung.

Die objektive Beobachtung hat den Vorteil, daß die Zeitmessungen bei geeigneten Apparaten[1] zuverlässiger sind, als bei einer Feststellung durch Leute,
da Unregelmäßigkeiten des Apparates leichter als solche erkannt werden können,
falls die Apparate häufig genug nachgeprüft werden. Außerdem werden die
Beobachter erspart. Ferner wirken sichtbar schreibende Apparate auf den Arbeiter psychologisch in der Weise ein, daß er sich bemüht, die vorgeschriebenen
Leistungen zu erreichen, da er jedes Nachlassen der Leistung sofort erkennen
kann. Die Apparate wirken also oft als Schrittmacher. Infolgedessen empfehlen
sich solche Apparate nur da, wo entweder der Betrieb ungefährlich ist, oder wo
gleichzeitig gefahrbringende Betriebsvorgänge rechtzeitig und deutlich erkennbar sind oder gemacht werden. Die erforderlichen Apparate sind je nach den
Arbeitsvorgängen außerordentlich verschieden und müssen gegebenenfalls diesen
angepaßt werden. Es sei nur hingewiesen auf die Registrierapparate an Fördermaschinen, die neben den Zeitmessungen auch Messungen der Beschleunigung
und Verzögerung, Geschwindigkeit usw. angeben.

2. Die subjektive Beobachtung.

Sie hat den Vorteil, daß etwaige Fehler und Unregelmäßigkeiten des Betriebes
sofort als solche erkannt und vermerkt werden können, wodurch die Auswertung
der Beobachtung erleichtert wird.

Der Beobachter muß den Betrieb so genau kennen, daß er in der Lage ist,
in die Betriebseinzelheiten einzudringen. Gleichzeitig muß er in der Lage sein,
die auf Zeit, Wegelängen usw. bezogenen, von ihm festgestellten Leistungen
(Teil- und Griffleistungen) richtig zu unterteilen und daraus mathematischrechnerisch fehlerfreie Grundlagen für die weitere Auswertung zu schaffen. Die
Unterteilung der Arbeitsvorgänge in die Arbeitselemente (Teilarbeiten, Bewegungselemente usw.) soll der Beobachter nur soweit treiben, als es für die
Untersuchungen nötig ist, bzw. soweit er sie mit genügender Genauigkeit durchführen kann. Eine weitere Teilung wäre zwecklos. Für die Art der Beobachtung
wird es stets von Bedeutung sein, ob in erster Linie die Menge und Billigkeit
der Leistung, wie etwa bei der Gewinnung von Kohlen, oder die Güte und Sorgfalt der Leistung, wie beim Grubenausbau, bei der Gewinnung sehr wertvoller
Erze usw. in Frage kommen.

Bei Aufnahme der Beobachtung selbst hat der Beobachter darauf zu achten,
daß die Betriebseinrichtung in Ordnung, die notwendigen Gezähe bzw. Werkzeuge usw. in einwandfreier Beschaffenheit vorhanden und in greifbarer Nähe
sind. Die so gekennzeichneten Arbeitsbedingungen müssen während der Dauer
der Beobachtung bestehen bleiben, sofern die Arbeit selbst nicht bestimmte
Änderungen bedingt. Der Beobachter muß sich überzeugen, daß die Arbeitsbedingungen auch im normalen Betriebe eingehalten werden können. Hierbei
aufgedeckte Mängel und Fehler der Organisation oder der Einrichtungen müssen
sofort nachhaltig abgestellt werden, wenn dies ohne grundlegende Änderung
des Betriebes möglich ist. Es empfiehlt sich, in den Arbeitsunterweisungskarten

---

[1] Fraenkel-Eckenberg: Neue Hilfsmittel bei Zeitaufnahmen und Betriebsüberwachung. Z. V. d. I. 1929, S. 1591; Masch.-B.-Zg. 1928, H. 18, 22, 24; 1929, H. 3.

diese Mängel zu bemerken, damit dauernd auf deren Vermeidung geachtet werden kann. Fehler und Mängel, deren Abstellung nicht ohne weiteres möglich ist, sind ebenfalls zu vermerken. Es ist dann eine spätere Aufgabe des Überwachungsbüros, festzustellen, ob sich deren Abstellung lohnt.

Bei der Beobachtung selbst soll der Beobachter nur diejenigen Vorgänge feststellen und eintragen, die in Beziehung zur eigentlichen Arbeit stehen, um das Ergebnis übersichtlich zu gestalten und ohne unnötige Schwierigkeiten auswerten zu können.

Das zur Beobachtung von Arbeitsvorgängen und anderen schnell verlaufenden Vorgängen zu verwendende Formular, der Beobachtungsbogen, liegt zweckmäßig auf einer festen Unterlage, die so groß ist, daß sie mit dem linken Arm bequem gehalten werden kann (nach Michel[1]). An der oberen Kante besitzt die Unterlage eine Vorrichtung zur Aufnahme einer Taschen- oder Stoppuhr. Letztere kann mit den Fingern der linken Hand ein- und ausgeschaltet werden. Der Beobachter stellt sich zweckmäßig so auf, daß die zu beobachtende Arbeit, die Uhr, der Beobachtungsbogen und das Auge des Beobachters in eine gerade Linie fallen. Für die Beobachtung genügen Stoppuhren von ½ bis 1 sec Ablesung. Uhren mit genauerer Einteilung täuschen nur eine größere Genauigkeit vor, als tatsächlich selbst unter günstigen Verhältnissen erreichbar ist.

Im Bergbaubetriebe genügt eine Feststellung der einzelnen Zeiten (Teilarbeitszeiten usw.) mit einer Genauigkeit von 5 sec in der Regel. Nur bei bestimmten, kurzdauernden Arbeiten wird man eine Ablesegenauigkeit von 1 sec erstreben. Größere Genauigkeiten sind für Leistungsstudien, insbesondere im Bergbaubetriebe, zwecklos und haben nur für Bewegungsstudien Bedeutung.

Beim Arbeiten mit der Stoppuhr sind Uhren mit zwei übereinanderliegenden, synchron laufenden Zeigern in Gebrauch, von denen der eine Zeiger unabhängig vom anderen angehalten werden kann. Zur Ablesung dient der angehaltene Zeiger. Sobald die Ablesung erfolgt ist, springt dieser Zeiger durch einen Druck auf den betreffenden Knopf zum anderen vor und läuft mit ihm bis zur nächsten Ablesung weiter. Man kann auf diese Weise sofort die Dauer der einzelnen Teilarbeiten durch Ermittlung der Zeitdifferenzen der einzelnen Ablesungen feststellen. Die Ermittlung der Differenzzeiten ist jedoch schwierig, da man entweder sofort rechnen oder den Zeiger nach jeder Ablesung auf den Nullpunkt zurückspringen lassen muß. Ablesefehler lassen sich außerdem schlecht feststellen. Trägt man nur Fortschrittzeiten ein, so verteilen sich die Ablesefehler gleichmäßig über die einzelnen Ablesungen. Große Fehler können nicht entstehen. Außerdem genügt zum Ablesen eine einfache Taschenuhr. Für den Bergbau sind daher die Zeiteintragungen nach Fortschrittzeiten in der Regel zweckmäßiger.

Vor der eigentlichen Zeitmessung hat der Beobachter festzustellen, aus welchen Teilarbeiten, Handgriffen usw. der Arbeitsgang der Reihe nach besteht, und muß diese in der zeitlichen Reihenfolge in den Beobachtungsbogen eintragen. Für jede Teilarbeit usw. sieht er zweckmäßig eine besondere Zeile, und hier eine Kolonne für die zu messenden und einzutragenden Teilzeiten vor (s. S. 182).

Bei den Beobachtungen ist besonders darauf zu achten, ob die Faktoren, die die Arbeitsleistung beeinflussen, der Kontrolle und der Einwirkung des Arbeiters unterliegen oder nicht. Der letztere Fall wird häufig an vollautomatisch oder zum Teil auch an halbautomatisch arbeitenden Maschinen eintreten, die vielfach dem Arbeiter das Tempo der Arbeit vorschreiben. In solchen Fällen treten mitunter die persönlichen Eigenschaften des Arbeiters mehr oder weniger stark zurück.

---

[1] Michel: Wie macht man Zeitstudien? Berlin: VDI-Verlag 1920.

Beispiel für Wagenförderung.

Wageninhalt = 0,7 t, Leergewicht = 0,6 t, Rollenlagerradsätze μ = 0,005, Ansteigen der Bahn 1 : 300

		min	sec
1.	Fahrt des Schleppers mit dem Wagen vom Füllort zur Platte (Entfernung = 75 m)	1	
2.	Drehen auf der Platte		15
3.	Fahrt zum Arbeitsort (Entfernung = 150 m)	2	
4.	Zeit zum Auswechseln des vollen gegen den leeren Wagen, Vorbereitung bis zur Aufnahme der Einschaufelarbeit (Lampe anhängen, Wagen feststellen usw.)		30
5.	Einschaufeln (Zahl der Schaufelbewegungen = ...)	7	
6.	Wie 4		30
7.	Fahrt vom Arbeitsort zur Platte (Entfernung = 150 m)	2	
8.	Drehen des Wagens auf der Platte		15
9.	Fahrt zum Füllort (Entfernung = 75 m)	1	
10.	Zeit zum Auswechseln des vollen gegen den leeren Förderwagen	2	
		15 min	90 sec
	in Sa.	16,5 min	

Der für eine Arbeit verbrauchte Zeitaufwand unterliegt stets gewissen Schwankungen, weshalb man in der Regel eine Zeitmessung mehrmals wiederholen muß, um gute Durchschnittswerte zu gewinnen. Da nur die fehlerfrei aufgenommenen Beobachtungszeiten für die spätere Auswertung verwendet werden können, so müssen alle Beobachtungen, die fehlerhaft aufgenommen wurden oder bei denen der Verlauf der Arbeit bzw. Teilarbeit (Handgriff) irgendwelchen Störungen unterlag, eine entsprechende Bemerkung erhalten. Beobachtungen, die stark aus dem Rahmen der mittleren Beobachtungsschwankungen herausfallen, können auch ohne besondere Bemerkungen als unrichtig ausgeschaltet werden, da es sich dann in der Regel nur um nicht erkannte Beobachtungsfehler handelt. Michel schlägt vor, alle Extrawerte, die 25% unter oder 30% über dem Durchschnitt liegen, zu streichen. Schaltet man die Störungszeiten für die Berechnung aus, was sich für die Untersuchung von Arbeitsvorgängen zum Zwecke ihrer Verbesserung stets empfiehlt, so kann man die Grenzen in vielen Fällen noch enger ziehen.

Die Frage der Störungen wird in dem Abschnitt C II c noch eingehend behandelt.

Bei allen Beobachtungen hat der Beobachter natürlich auch festzustellen, ob und inwieweit die Forderungen der Psychotechnik, der anatomisch-physiologischen Arbeitsbedingungen usw. berücksichtigt sind.

Bei den Beobachtungen sind zunächst die Tätigkeiten der Arbeiter und der Maschinen sowie die Wirkungen des Betriebes auf die Betriebsmaterialien usw. für sich getrennt zu untersuchen. Hierbei ist festzustellen, ob diese Leistungen bzw. Wirkungen stets in einer bestimmten (konstanten) oder in einer veränderlichen Zeit erfolgen. Im letzteren Falle sind die Ursachen der Veränderlichkeit und der etwa vorhandene gesetzmäßige Zusammenhang zwischen Ursache und Veränderlichkeit festzustellen. Eine ausreichende Klärung der einzelnen Betriebsvorgänge ist notwendig, um richtige Schlußfolgerungen für das Zusammenarbeiten der hinter- oder nebeneinander geschalteten Betriebsteile ziehen zu können.

Bei den Arbeitszeitstudien erfolgt, wie bereits erwähnt, die Messung des Zeitaufwandes für die einzelnen Elemente der Arbeitsausführung, sei es eine Bewegungsstudie oder eine Leistungsstudie. Es ist nun klar, daß einzelne Bewegungs- oder Leistungselemente sich bei verschiedenartigen Arbeiten in gleicher Weise wiederholen können. Beispielsweise kann dieselbe Spannsäule für die Befestigung einer Stoßbohrmaschine oder einer Eisenbeißschen Schrämmaschine aufgestellt werden. Das Aufstellen der Spannsäule erfordert in beiden Fällen den gleichen Zeit- und Arbeitsaufwand. Die Ergebnisse der Zeitmessungen solcher gleichartiger Arbeitselemente können also für verschiedene Arten von Arbeiten benutzt werden, in denen diese Arbeitselemente vorkommen. Außerdem gibt der Vergleich solcher, an verschiedenen Stellen ausgeführter Messungen vielfach wichtige Fingerzeige für die zur Ausführung des Arbeitselementes erforderliche Mindest- und Normalzeit.

Sobald der Arbeiter, der die zu messende Versuchsarbeit ausführt, längere Zeit ununterbrochen tätig gewesen ist, werden die Beobachtungen wiederholt, um festzustellen, in welchem Umfange die Ermüdung durch die gleichzeitig einsetzende Arbeitsübung ausgeglichen wird, bzw. welche Zuschläge zu den einzelnen Zeiten hinzugerechnet werden müssen, um zuverlässige Zahlenangaben zu erhalten. Hierbei ist zugleich festzustellen, ob der Arbeiter stets eine gleichartige — relativ am stärksten ermüdende — Arbeit durchzuführen hat, oder ob ein häufigerer Wechsel in der Art der Arbeitsbewegung eintritt, und besonders, ob dieser Wechsel mit einer längeren oder kürzeren, evtl. durch die Art der Arbeit oder des Betriebes bedingten, aber immerhin zur Erholung dienenden Pause verknüpft ist.

Bei der Beurteilung dieser Pausen ist jedoch stets zu beachten, daß sich durch Zeitmessungen nicht feststellen läßt, ob ein Arbeiter geistige Arbeit in Gestalt von Überlegungen für seine künftige Arbeit und deren Ausführung leistet, und inwieweit er mit etwaigen Überlegungen eine Pause verbindet. Je weiter eine Arbeitsausführung bis ins einzelne vorgeschrieben ist, oder je einfacher sie ist, um so weniger Zeit braucht der Arbeiter mit Überlegungen über die Arbeitsausführung zu verlieren, um so geringer wird vor allem auch die Gefahr, daß er seine Arbeit infolge mangelnden Verständnisses falsch und unzweckmäßig ausführt.

Für die Arbeits- bzw. Leistungszeitstudien sind hiernach in der Hauptsache die folgenden Gesichtspunkte von der die Studien durchführenden Person zu beachten:

1. Vorstudium des gesamten Betriebes, um Art und Zweck desselben kennenzulernen,

2. Wahl geeigneter Personen für die Ausführung der zu untersuchenden Arbeits- und Betriebsvorgänge,

3. genaue Prüfung und Festlegung des Betriebszustandes, bei dem die Untersuchung durchgeführt wird,

4. Feststellung und Angabe von Mängeln und Fehlern, liegend

a) in der Person des ausführenden Arbeiters (unnötige Handgriffe usw.),

b) in der Betriebsorganisation oder -einrichtung,

c) Angabe, ob die Mängel vermeidbar ohne wesentliche Änderung des Betriebes, oder

d) ob eine Änderung der Einrichtung oder der Organisation hierzu nötig ist.

In allen Fällen sind evtl. entsprechende Vorschläge zu machen.

5. Angabe aller Faktoren, die die Arbeitsleistung beeinflussen:

a) ob der Kontrolle oder Einwirkung der Arbeiter unterliegend oder nicht, wie Instandhaltung, Ordnung, Materialgüte des Rohstoffes und der Hilfsstoffe, die Betriebsorganisation, Temperatur, Licht, Luft usw.

b) ob Arbeitstempo vorschreibend oder nicht,

c) ob unvermeidliche Verzögerungen oder Unterbrechungen vorliegen, wer sie verschuldet,

d) welche Dienststelle für die dauernde Betriebsbereitschaft und Bereithaltung aller Werkzeuge, Maschinen und sonstiger Vorrichtungen verantwortlich ist,

6. Zerlegung der zu untersuchenden Vorgänge in Einzelvorgänge, und zwar je nach dem Untersuchungszweck:

a) in Arbeitsvorgänge bzw. Betriebsvorgänge,

b) Feststellung, ob diese konstant oder gesetzmäßig oder unregelmäßig veränderlich, gegebenenfalls ob und wie diese drei Vorgänge zusammenwirken (z. B. bei der Handförderung),

c) Eintragung der Teilarbeiten bzw. Arbeitselemente möglichst in der Reihenfolge der Ausführung.

7. Bestimmung der Zeitdauer jedes Einzelvorganges entweder nach Differenzzeiten (Stoppuhr) oder nach Fortschrittszeiten (gewöhnliche Taschenuhr).

8. Welche Teilarbeiten bzw. Arbeitselemente werden auch in anderen Betrieben bzw. Betriebsvorgängen angewandt? Wo? Mit welchem Zeitaufwand? Unter welchen Arbeitsbedingungen? Schlußfolgerung durch Vergleich.

9. Wie oft findet ein Wechsel in der Ausführung der Arbeiten bzw. Teilarbeiten statt? Kann der Wechsel durch bessere Organisation der Zahl und Dauer nach eingeschränkt werden? In welchem Umfange ist ein Wechsel der Arbeit im Hinblick auf die Ermüdung des Arbeiters erwünscht?

10. Beobachtung der Ermüdung und Ermittlung der notwendigen Ruhepausen.

11. Bestimmung der gegenseitigen Verhältnisse:

a) der vermeidbaren Zeitvergeudung zur Gesamtarbeitszeit,

b) der tatsächlichen Arbeitszeit zur Gesamtarbeitszeit.

12. Darnach Festlegung der zu erreichenden Gesamtarbeitszeit sowie der Höchstleistungstabellen unter Berücksichtigung des Zeitaufwandes für die notwendigen und für die vom Arbeiter nicht beeinflußbaren Arbeitsunterbrechungen, Ermüdungszugaben usw.

13. Die auftretenden Pausen sind ihrer Art nach festzustellen, ob sie

a) durch deutlich erkennbare Pausen oder durch schleppenden Arbeitsgang wirksam werden,

b) ständig wiederkehren infolge des Wesens und der Organisation der Arbeit bzw. des betreffenden Betriebsvorganges, wie Arbeitswechsel, Überlegung über die weitere Arbeitsausführung,

c) ständig wiederkehren durch Einwirkung der angeschlossenen — vor- oder nachgeschalteten — Betriebsteile bzw. der Kraft-, Licht- usw. Zentralen, aus denselben Gründen wie bei b), oder

d) ständig wiederkehren infolge mangelhafter oder unvollkommener Anlage- bzw. Arbeits- und Betriebsorganisation, wie z. B. überflüssige Nebenarbeiten,

e) unregelmäßig auftreten durch Betriebsstörungen aller Art im eigenen bzw. im angeschlossenen Betriebsteil, also Pausen infolge des Anlagezustandes (schadhafte Anlage), infolge unfachgemäßer oder unachtsamer, lässiger und dadurch mangelhafter Bedienung oder infolge sonstiger Störung der Betriebsdisposition,

f) unregelmäßig auftreten durch Betriebsstörungen wie bei e) in der Kraft-, Licht- usw. Zentrale,

g) unregelmäßig auftreten infolge sonstiger äußerer Einwirkungen (Blitzschlag, Überschwemmungen usw.), oder ob es sich handelt um

h) Ruhe- und Erholungspausen, die nicht zur reinen Arbeitszeit gehören. Die Dauer und Verteilung derselben ist zu beachten. Es ist festzustellen, ob diese stets zu bestimmter Zeit eingehalten werden und ob Pausen, die infolge der unter a) bis c) genannten Ursachen entstehen, bei einer gewissen Mindestdauer der einzelnen Pause (etwa 10 oder 15 Minuten) auf die Ruhepausen angerechnet werden.

Bei allen Störungspausen, also insbesondere den unregelmäßig auftretenden ist ferner unter Beachtung der Belastung des Betriebes zu prüfen, ob die Leistungsverluste wieder durch erhöhte Leistung eingebracht werden können.

Die unter 13. a) bis d) aufgeführten Pausen lassen sich hinsichtlich ihrer Bewertung für die Erholung der Arbeiter einteilen in:

14. Ruhepausen, zu denen evtl. alle Pausen gehören, die eine gewisse Mindestzeit überschreiten, etwa mindestens 10 oder 15 Minuten dauern, innerhalb deren auch keine angespannte Aufmerksamkeit des Arbeiters (also abgesehen von der Beobachtung der Wiederaufnahme des Betriebes) erforderlich ist,

15. Arbeitsbereitschaftszeiten, in denen entweder die dauernde Beaufsichtigung eines Betriebes erforderlich ist, ohne den Beaufsichtigenden selbst zu einer unmittelbaren Tätigkeit zu zwingen (Pumpenwärter), oder die Betriebspausen außer den gesetzlich vorgeschriebenen Erholungspausen, sofern diese nicht infolge ihrer Dauer gemäß Punkt 13 als Ruhepausen auf die gesetzlichen Pausen angerechnet werden können.

16. Sehr wichtig für den Erfolg der Zeitmessung ist es, wenn der Zeitmesser sich bemüht, der Psyche des Arbeiters Rechnung zu tragen. Er muß mit ,,ruhiger, zurückhaltender" Freundlichkeit an den Arbeiter herantreten[1] und darf ihn weder durch hochmütiges Verhalten verletzen, noch durch übermäßige Freundlichkeit mißtrauisch machen. Auch soll er nicht durch Tadel usw. auf den Arbeiter einzuwirken versuchen. Seine Aufgabe besteht lediglich in der möglichst objektiven Feststellung der Tatsachen. Er soll vor allem die allgemeinen, gesetzmäßigen Zusammenhänge der tatsächlichen Betriebsvorgänge zu klären versuchen und muß sich schon aus diesem Grunde vor der Überschätzung der Zeitstudien hüten, die nicht ,,das" Mittel, sondern nur ein Mittel zur Herbeiführung der Erkenntnis darstellen.

3. Beispiele für Zeitmessungen (Formulare usw.).

Als Beispiele von Beobachtungsbögen diene je ein Bogen mit Zeitmessungen und sonstigen Eintragungen über einen Bruchbetrieb und einen Bruchstreckenbetrieb eines Braunkohlenbergwerkes[2] (s. Formular 8 und 9). Die zum Verständnis der Arbeit wichtigen Angaben sind am Kopfe des betreffenden Blattes zusammengestellt. Gegebenenfalls empfiehlt es sich z. B. für den Vergleich der Leistungen in Brucharbeiten verschiedener Abmessungen bzw. für Steinkohlenbergwerke, auf denen verschiedene Flöze mittels verschiedener Abbaumethoden abgebaut werden, Skizzen auf der Blattrückseite anzufertigen oder auf einem besonderen Blatt beizulegen, die die Art und Abmessungen des Ausbaues usw. kenntlich machen.

In allen Fällen werden mit der Uhr nur Fortschrittszeiten gemessen und daraus die Differenzzeiten, d. h. die für jede Teilarbeit verbrauchten Zeiten, errechnet.

Am Fuße des Blattes sind in der ,,Zusammenstellung" die ausgewerteten Ergebnisse der Zeitmessungen eingetragen.

Im Bruchbetrieb führt der Häuer seine Arbeiten ohne Mithilfe des Fördermannes allein aus. Es bleibt ihm daneben noch Zeit, gelegentlich beim Füllen und Wegfördern der Wagen tätig zu sein.

Die Hauerarbeiten, wie Hacken, Holzbeschaffung, Verbauen und Kohlengewinnung sind auf dem Bogen (Formular 8) links zusammengestellt. Die Zeiten für das Stellen der einzelnen Stempel werden für sich mit roter Schrift eingetragen, unten sind die Gesamtsummen angegeben.

---

[1] Poppelreuter: Arbeitspsychologische Leitsätze für den Zeitnehmer. Z. Arbeitsschulung 1929, H. 1, S. 20.

[2] Jaschke: Angewandte Zeitstudie im Braunkohlenbergbau. Braunkohle Jg. XXV, S. 511. 1926/27.

Formular 8. Formular für Zeitmessungen in einem Bruch.

Werk   Förderlänge   Art der Arbeit und Bauhöhe
Flügel   Steigungsverhältnisse   Stand der Arbeit bei Schichtbeginn
Name des Häuers   Förderwageninhalt in hl   Stand der Arbeit bei Schichtende
Name des Förder-   Eigengewicht des Wagens   Wiedergewonnenes und wiederverwendungsfähiges Holz.
manns   in kg   Stempel, Kappen, Schwarten
Wochentag: Art der Lagerausbildung   Grundfläche der Esse m^2; mittl. Breite der Schlitze   m;
                                                       Höhe der Esse   m;   mittl. Tiefe der Schlitze   m.

Hacken		Holzbeschaffung	Verbauen		Kohlengewinnung	Fahrt mit leeren Wagen vom Anschlagspunkt bis		Ankunft im Bruch	Gesamtabwesenheit	Wagen-Nr.	Herbeiholen des leeren Wagens von der Ausweiche	Beginn des Füllens	Füllzeit			Fahren des vollen Wagens bis Anhängepunkt		Anhängen und Einwechseln	evtl. Pausen	Verschiedene Arbeiten		Bemerkungen
Esse	Schlitz		Stempel u. Kappe	Schwarten		Ausweiche	Bruch						Häuer	Schlepper	Summe	Häuer	Schlepper			Häuer	Schlepper	

Zusammenstellung.

Fördergeschwindigkeit   m/sec (unter Einrechnung des Zeitverlustes beim Plattendrehen)

Zurückgelegte Wegelänge   km (tatsächliche Länge ohne Zuschlag für Plattendrehen)

Förderzeit   pro Wagen   sec
Füllzeit   „   „   „ (einschließlich Anstecken der Marke usw.)
Anhängen u. Einwechseln   „   „   „
Kohlengewinnung   „   „   „
Beschaffg. d. Verbaumater.   „   „   „
Zimmern   „   „   „ pro Stempel sec
Nebenarbeiten   „   „   „
Störungen   „   „   „
Gesamter Zeitbedarf pro Wagen   Arbeitersec = Zeitsec
    „   „   „ t   „   =   „

	in % der Gesamtschichtzeit	
	Häuer	Schlepper
An- u. Ausfahrzeit u. Frühstück		
Reine Gewinnungsarbeiten . .		
Nebenarbeiten		
Störungen		

Formular 9. Formular für Zeitmessungen in einer Bruchstrecke.

Werk   Förderlänge m   Art der Arbeit
Flügel   Steigungsverhältnisse   Stand der Arbeit bei Schichtbegin
Name des Häuers   Förderwageninhalt in hl   Stand der Arbeit bei Schichtende
Name des Fördermannes   Eigengewicht des Wagens in kg   Kappenlänge m   Türstocklänge m
Wochentag: Art der Lager   Feldlänge m

Holzbeschaffung	Verbauen								Kohlengewinnung	Fahrt mit leerem Wagen vom Anschlagspunkt bis		Ankunft vor Ort	Gesamtabwesenheit	Wagen-Nr.	Herbeiholen des leeren Wagens von d. Ausweiche	Beginn des Füllens	Füllzeit			Fahren des vollen Wagens bis zum Anhängepunkt		Anhängen u. Einwechseln	Pausen	Verschiedene Arbeiten		Bemerkungen
	Anstecken	Vortreiben	Verzugeinbau	Ortpfahl setzen	Spreiz.u.Bremse setzen	Türstöcke	Kappe	Hilfsholz stellen		Ausweiche	Bruch						Häuer	Schlepper	Summe	Häuer	Schlepper			Häuer	Schlepper	

Zusammenstellung.

Fördergeschwindigkeit   m/sec
Zurückgelegte Weglänge   km
Förderzeit pro Wagen   Arbeitersec
Füllzeit   „   „   „
Anhängen und Einwechseln   pro Wagen   Arbeitersec
Kohlengewinnung   „   „   „
Beschaffung d. Verbaumaterials   „   „   „
Zimmern   „   „   „ pro Feld   sec
Nebenarbeiten (Schienenlegen usw.) „   „   „
Störungen   „   „   „
Gesamter Zeitbedarf pro Wagen   Arbeitersec = Zeitsec
  „   „   „ t   „ = „

	in % der Gesamtschichtzeit	
	Häuer	Schlepper
An- u. Ausfahrzeit u. Frühstück		
Reine Gewinnungsarbeiten. . .		
Nebenarbeiten		
Störungen.		

Rechts von den Hauerarbeiten sind die Förderarbeiten zusammengestellt. Da der Hauer hier gelegentlich mithilft, sind gesonderte Spalten für Hauer und Schlepper vorgesehen, um die von jedem verbrauchte Zeit getrennt eintragen zu können. Der Hinweis „Hauer" fehlt in der Spalte „Herbeiholen des leeren Wagens von der Ausweiche", weshalb hier ausdrücklich darauf hingewiesen werden möge, daß der Wagen nur dann von der Ausweiche geholt wird, wenn der Hauer mit seinen sonstigen Arbeiten so steht, daß er bei der Förderung mithelfen kann, aber der Fördermann noch nicht mit seinem leeren Wagen zurückgekommen ist. Dann holt der Hauer den Wechselwagen heran.

Ganz rechts sind Spalten für Pausen, verschiedene Arbeiten und Bemerkungen vorgesehen. Unter „Bemerkungen" werden die Ursachen der Pausen und die Arten der verschiedenen Arbeiten angegeben.

Der für die Zeitmessungen im Bruchstreckenbetrieb bestimmte Bogen (Formular 9) ist grundsätzlich ebenso eingeteilt, wie der für die Zeitmessungen im Bruchbetrieb bestimmte Bogen, nur ist die Unterteilung der Hauerarbeiten der anderen Arbeit entsprechend durchgeführt. Da sich der Fördermann im Bruchstreckenbetrieb möglichst mit als Hilfshauer betätigen soll, für ihn aber keine besonderen Spalten vorgesehen sind, so werden die Zeiten der Hilfeleistung des Fördermannes bei den Hauerarbeiten in roter Farbe eingetragen und auch unten für sich addiert. Die Eintragung der Förderarbeiten geschieht in derselben Weise wie beim Bruchbetrieb. Das Gleislegen und -säubern, die Herstellung von Röschen usw. werden unter „verschiedene Arbeiten" der Zeit nach, unter „Bemerkungen" der Art nach angegeben. Wird eine Strecke mit ganzer Türstockzimmerung, einschließlich Grundsohle, ausgebaut, so müßte im Abschnitt „Verbauen" noch eine Spalte für Einbau der Grundsohlen vorgesehen werden.

Diese Formulare sind nur brauchbar, wenn die Zahl der verschiedenartigen, getrennt zu ermittelnden Teilarbeiten vor Aufnahme der Untersuchungen genau ermittelt und nicht zu groß ist, damit das zur Aufnahme benutzte Formular nicht zu groß und unübersichtlich wird. Ist diese Zahl zu groß, so kann man auch wohl die Teilarbeiten durch je einen Buchstaben als Symbol bezeichnen, hinter die man die Zeitzahlen setzt (Formular 10).

Formular 10. Formular für Zeitmessungen **ohne** Angabe der Teilarbeiten und **ohne** Zeitvordruck.

a = Bolzen- und Schwartentransport
b = Bolzen stellen
s = Schwarten verschlagen   } Vorarbeit zum Spülversatz
d = Drahtziehen
l = Leinwand (Versatzleinen) verschlagen

Arbeit	Zeit	Bemerkungen	Arbeit	Zeit	Bemerkungen
a	6^{00} — $6^{13.25}$				
b	$6^{13.25}$ — $7^{20.15}$				
s	$7^{20.15}$ — $8^{05.40}$				
b	$8^{05.40}$ — $8^{15.20}$				
s	$8^{15.20}$ — $9^{10.35}$				
	usw.				
l	$9^{40.45}$ — $10^{06\ 10}$				

Eine weitere Erleichterung der Schreibarbeit während der Beobachtung kann bei beiden Arten von Formularen noch dadurch erzielt werden, daß die Minuten- oder sonstige Zeiteinteilung vorgedruckt wird (Formular 11 und 12). Sind im

Formular 11. Formular für Zeitmessungen **mit** Angabe der Zeit und der Teilarbeiten im Vordruck.

Bolzen- und Schwarten-transport	Bolzen stellen	Schwarten verschlagen	Draht ziehen	Leinwand verschlagen	Bemerkung
6^{00}					
6^{01}					
6^{02}					
6^{03}					
6^{04}					
6^{05}					
6^{06}					
6^{07}					
6^{08}					
6^{09}					
6^{10}					
6^{11}					
6^{12}					
6^{13} 25	25				
6^{14}					
6^{15}					
6^{16}					
6^{17}					
6^{18}					
6^{19}					
usw.					

Formular 12. Formular für Zeitmessungen **mit** Zeitvordruck und Eintrag der Teilarbeiten durch Buchstabensymbole.

Arbeit	Bemerkungen	Arbeit	Bemerkungen	Arbeit	Bemerkungen
6^{00} a		8^{00}			
6^{01}		8^{01}			
6^{02}		8^{02}			
6^{03}		8^{03}			
6^{04}		8^{04}			
6^{05}		$8^{05.40}$ b			
6^{06}		8^{06}			
6^{07}		8^{07}			
usw.		usw.			
6^{12}					
$6^{13.25}$ b					
6^{14}					
6^{15}					
6^{16}					
usw.					
7^{18}					
7^{19}					
$7^{20.15}$ s					
7^{21}					
usw.					
7^{55}					
7^{56}					
7^{57}					
7^{58}					
7^{59}					

a = Bolzen- und Schwartentransport
b = Bolzen stellen
s = Schwarten verschlagen.

190 Die Organisation der Arbeit.

Vordruck Zeit und Teilarbeiten angegeben (Formular 11), so braucht der Beobachter die Dauer der einzelnen Arbeiten nur durch Striche oder Punkte anzugeben, an deren Anfang bei Formularen, die nur Zeitvordrucke enthalten, die Buchstabensymbole und an deren Ende die Sekundenangaben gesetzt werden (Formular 12).

Für die gleichzeitige Beobachtung mehrerer Arbeiter bzw. Arbeiter- oder Betriebsgruppen haben sich die Vordrucke gemäß Formular 13 sehr gut bewährt, da sie sehr übersichtliche Eintragungen bei geringen Abmessungen des Formularbogens ermöglichen und zugleich eine gute Beurteilung der angewandten Arbeits- und Betriebsorganisation in bezug auf die Zusammenarbeit der einzelnen Arbeiter bzw. Gruppen gestatten.

Formular 13. Formular für Zeitmessungen mit Angabe der Zeit und der Arbeiter bzw. der Arbeiter- und Betriebsgruppen im Vordruck. Eintrag der Arbeiten durch Buchstabensymbole.

Name des Arbeiters od. Bezeichnung d. Arbeiter- bzw. Betriebsgruppe	Zeit (min)															Bemerkung
	1	2	3	4	5	6	7	8	9	10	11	12	13	14	15	
A	a	f				$l\frac{3}{4}$				f				a	f	
B	P	f				$l\frac{3}{4}$				f				P	f	
C	P	f				$l\frac{3}{4}$				f				P	f	
D	P	f				$l\frac{3}{4}$				f				P	f	
A																
B																
C																
D																

Als Erläuterung zu Formular 13 sei folgendes bemerkt:

In der Regel werden die Vordrucke der beiden ersten Viertelstunden einer Beobachtungsstunde auf der linken Seite des aufgeschlagenen Beobachtungsbuches und die beiden letzten auf der rechten Seite vorgesehen.

Halbe oder Viertelminuten werden durch entsprechenden Zusatz angedeutet. Im Beispiel fahren (f) die Mannschaften 4¼ Minute von der zweiten Minute bis einschließlich zum ersten Viertel der sechsten Minute. Zum Laden (l) sind 3¾ Minuten nötig. Engere Zeiteinteilungen lassen sich natürlich auch durchführen.

Es ist ferner angenommen, daß die Arbeit des Anschlagens (a) aus lokalen Gründen jedesmal nur von einem Mann ausgeführt werden kann, und die anderen Leute in der Zeit Arbeitspausen (P) haben. Aus dem regelmäßigen Zusammentreffen der Pausen P mit bestimmten Arbeitsvorgängen (hier a = Anschlagen) kann unschwer aus den Beobachtungsbögen geschlossen werden, daß diese Pausen durch den betreffenden Arbeitsvorgang erzwungen sind. Es liegt dann nahe, den Versuch zu machen, die Arbeitsorganisation so zu treffen, daß diese Pausen wegfallen.

Den Stundenblättern ist ein Blatt vorzuheften, das — gegebenenfalls unter Beifügung von Skizzen usw. — die zu beobachtende Arbeit genau beschreibt, sowie Arbeitspunkte und Art der Arbeit angibt.

c) Die rechnerische Auswertung der Zeitstudien.

1. Die Verwertung der Ergebnisse der Zeitstudien.

Bei der rechnerischen Auswertung von Zeitstudien für eine Arbeit, bei der mehrere Leute gleichzeitig beschäftigt werden, muß die Zeitdauer der Arbeit

(Zeitminuten) von der tatsächlich geleisteten Arbeitszeit (Arbeitsminuten) unterschieden werden. Werden an einem zehn Minuten dauernden Arbeitsvorgang vier Mann beschäftigt, so erfordert der Vorgang zehn Zeitminuten und 40 Arbeitsminuten.

Die Verwendung der Ergebnisse der Zeitmessungen ist je nach dem Zweck der Auswertung der Zeitstudien verschieden.

Bei Arbeitszeitstudien, die zur weiteren Fortentwicklung und Verbesserung der Arbeitsverfahren dienen sollen, sind die Pausen, soweit sie nicht im Wesen der Arbeit selbst begründet sind, wie z. B. die Erholungspausen und die Wechselpausen zwischen der Beendigung eines Arbeitsganges und der Aufnahme des nächsten, von der Berechnung grundsätzlich auszuschalten. Das gilt z. B. für Betriebspausen, Störungspausen usw. Man erhält sodann als Ergebnis die theoretische maximale Leistungsmöglichkeit, gegebenenfalls unter Berücksichtigung der aus den Untersuchungen festgestellten Verbesserungsmöglichkeiten (Vereinfachung des Arbeitsverfahrens, zweckmäßigere Anordnung der Teilarbeiten usw.).

Betriebszeitstudien, die der Verbesserung des Betriebes dienen sollen, setzen die Kenntnis der maximalen Leistungsmöglichkeit bei den einzelnen, für den Betrieb in Frage kommenden Arbeitsgängen voraus, und sollen die Verzögerungen ermitteln, die die Ausführung dieser Arbeitsgänge durch den Betrieb erleidet. Der Zweck dieser Studien besteht also darin, die Ursachen dieser Verzögerungen kennenzulernen und Mittel zu deren Beseitigung zu finden.

Endlich haben die Zeitstudien noch den Zweck, die tatsächliche Leistungsfähigkeit auf Grund des derzeitigen Zustandes der Arbeitsorganisation und des Betriebes festzustellen, um darnach z. B. Gedinge festzusetzen. In diesem Falle wird der Arbeitszeitaufwand einschließlich der Pausen ermittelt.

Die Zeitstudien selbst müssen bei ihrer Aufnahme naturgemäß sowohl die Dauer der Arbeitsgänge, nach ihren Teilarbeiten getrennt, als auch die Dauer der einzelnen Pausen, getrennt nach ihren Ursachen, erfassen. Bei der Auswertung wird man die für den betreffenden Zweck erforderlichen Zeitermittlungen zusammenstellen und die anderen gegebenenfalls ausscheiden.

Nicht immer treten jedoch Pausen und Störungen als solche klar und meßbar hervor. Oft bewirken sie nur einen schleppenden Arbeitsgang. Wertvoll kann in Fällen dauernder Verschleppung für die Beurteilung des Maßes derselben der Vergleich mit gleichartigen, in anderen Betrieben usw. durchgeführten Teilarbeiten bzw. Arbeitsgängen sein, wobei natürlich zu beachten ist, ob dieselben Arbeitsbedingungen vorliegen oder sich übertragen lassen.

Treten die Verzögerungen nur gelegentlich auf, so kann man aus den Differenzen der einzelnen Zeiten mit den Bestzeiten auch ohne Vergleich mit Fremdbetrieben auf das Maß der Verschleppung schließen.

Besondere Schwierigkeiten für die Aufnahme wie für die Auswertung der Zeitmessungen liegen in der Gruppenarbeit. Im Bergbau arbeiten sehr häufig mindestens zwei Mann zusammen. Die Beobachtung der Leistung zweier zusammenarbeitender Leute bietet keine Schwierigkeiten, wenn beide entweder vollkommen parallel arbeiten, so daß man zuverlässig annehmen kann, daß jeder zu 50% am Arbeitserfolg beteiligt ist, oder wenn beide vollkommen hintereinander arbeiten, wobei der erste die Vorarbeiten und der andere die Fertigarbeiten erledigt und beide gleich stark beschäftigt sind. In allen Fällen ist vorausgesetzt, daß jeder der gemeinsam vor Ort zusammenarbeitenden Leute die ihm zugewiesenen Teilarbeiten allein ausführt.

Schwierig wird aber die Leistungsuntersuchung, wenn der zweite Mann dem ersten bei der Arbeit mehr oder weniger mithilft. Vor allem ist die Beurteilung erschwert, ob und wie lange der zweite Mann zum Gelingen der Gesamtarbeit beiträgt, oder etwa infolge der Arbeitsorganisation nichts tut bzw. nichts tun kann. Es ist vor allem oft schwer, festzustellen, ob Handreichungen usw. überhaupt durch den zweiten Mann ausgeführt werden müssen oder durch den ersten mit übernommen werden können bzw. überhaupt überflüssig sind, und daher auf jeden Fall für die Beurteilung der Arbeitsorganisation als Pausen zu bewerten sind. Die Feststellung der sich vielfach überschneidenden Pausen der einzelnen Arbeiter ist oft sehr schwer.

In dem mehr oder weniger großen Zeitaufwand für solche Handreichungen, wie z. B. das Halten von Rohren, Stempeln usw. beim Einbau zeigt sich häufig die mehr oder weniger gute Organisation der Zusammenarbeit, das Geschick und der Fleiß der Arbeiter usw. Außerdem werden die Wirkungen einer schleppenden Arbeitsausführung beim Zusammenarbeiten mehrerer Leute besonders stark fühlbar.

Man wird daher bei der Ermittlung der Dauer einer bestimmten Teilarbeit bzw. eines Arbeitsganges in den verschiedenen Einzelfällen auch nach Abzug aller Pausen stets mehr oder weniger starke Differenzen erhalten können. Die Streuung der einzelnen Messungen gibt dann ein gutes Bild für die mehr oder weniger straff und gut durchgeführte Arbeits- bzw. Betriebsorganisation.

Rechnerisch erfolgt die Ermittlung dieser Streuungen am einfachsten so, daß man zunächst feststellt, in wie vielen von den beobachteten Einzelfällen der Arbeitsgang (Teilarbeit) innerhalb eines bestimmten Zeitintervalles durchgeführt wurde, wobei für Arbeitszeitstudien nur die im Wesen der Arbeit begründeten Pausen und Verzögerungen mit berücksichtigt werden, bei Betriebszeitstudien auch die sonstigen Pausen usw. Sodann ermittelt man, welchem Prozentanteil der beobachteten Gesamtfälle die innerhalb dieses Zeitintervalles durchgeführte Zahl der Arbeitsgänge entspricht.

Die Beobachtungsmethode lehnt sich an die Methode der Großzahlforschung an. Zur Aufstellung der Häufigkeitskurven reichen in der Regel etwa 100 bis 200 Beobachtungen aus. Im Anschluß an Daeves[1] wird hier auf die rechnerische Behandlung der Großzahlen zum Zwecke der Auswertung verzichtet, da man in den meisten Fällen mit einem Vergleich der Häufigkeitskurven, etwa durch Übereinanderzeichnen, weiter kommt, als durch rechnerische Bestimmung der Kennziffern. Hinzu kommt, daß wohl die Form, nicht immer aber die Kennwerte die Ursachen der Abweichungen erkennen lassen. Denselben Vorteil hat auch die Häufigkeitskurve gegenüber den normalen Betriebskurven. Werden nur gleichartige Vorgänge gemessen und als Kollektiv zusammengefaßt, so entsteht die von Gauß erstmalig für Fehlerabweichungen berechnete glockenförmige Kurvenform. Die symmetrische oder asymmetrische Form, die Streuung (Breite der Glocke), sowie die Regelmäßigkeit der Form (Auftreten von einem Maximum oder mehreren Maxima) sind für die Beurteilung der Betriebsvorgänge von größter Bedeutung. Der Vorteil dieses Verfahrens besteht außerdem darin, daß sich auch die Meßfehler ausgleichen. Allerdings wird dabei die Streuung der Kurven größer, was sich ungünstig auf die Beurteilung des zu untersuchenden Vorganges auswirken kann.

Das Verhältnis des Zeitbedarfes des einzelnen Falles zur Mindestdauer oder Normaldauer eines Arbeitsganges ergibt sich aus der Gegenüberstellung der Zahlen ohne weiteres.

---

[1] Giese: Handwörterbuch der Arbeitswissenschaft, S. 2305. Halle: C. Marhold 1928.

Setzt man:

P = Prozentanteil der Fälle eines bestimmten Zeitbedarfes zur Gesamtzahl der Fälle,
S = Zeitbedarf (sec) jedes dieser Fälle,
S_g = Großzeitbedarf (in sec) eines Arbeitsganges,
S_{min} = Mindestzeitbedarf eines Arbeitsganges,
S_{norm} = Normalzeitbedarf eines Arbeitsganges,
A = Zeitanteil der Fälle eines Zeitbedarfes an der gesamten Schicht bzw. reinen Arbeitszeit,
Index a bis ... m = die verschiedenen der Rechnung dienenden Zeitintervalle,

so ist:

$$A = \frac{P \cdot S \cdot 100}{\Sigma (P \cdot S)_{a\,bis\,m}}.$$

Aus der graphischen Auftragung des Zeitaufwandes für das Wenden eines Hundes ohne Einweiser ergibt sich, wenn man für den einzelnen Zeitbedarf stets das Mittel des betreffenden Zeitintervalles rechnet (s. Abb. 30a):

	$P \cdot S =$	A in % der reinen Arbeitszeit je Schicht	
1	30 · 9,5 = 285,—	$\frac{285 \cdot 100}{1297,5}$ = 22,0	
2	25 ·10,5 = 262,5	20,2	} 42,2% für S_{norm}
3	5 ·11,5 = 57,5	4,4	
4	10 ·12,5 = 125,—	9,7	
5	5 ·13,5 = 67,5	5,2	
6	5 ·15,5 = 77,5	6,0	} 57,8% für S_g
7	2,5·17,5 = 43,75	3,4	
8	2,5·18,5 = 46,25	3,5	
9	5 ·21,5 = 107,5	8,3	
10	10 ·22,5 = 225,—	17,3	
	$\Sigma (P \cdot S)_{1-10}$ = 1297,5	100,— %	

In 57,8% der gesamten reinen Arbeitszeit wird darnach die Arbeit unter mehr oder weniger großen Störungen ausgeführt.

Von besonderer Wichtigkeit ist die Streuung der einzelnen Großzeiten. Im vorliegenden Beispiel kann man die relativen Anhäufungen der Großzeiten um 21 bis 23 sec dahin deuten, daß alle Wagen, die beim Aufschieben von der Platte auf das Gleis mit allen vier Rädern entgleisen, einen Zeitaufwand von 21 bis 23 sec erforderten, während in den anderen Fällen die Zeitdauer je nach der Art der Schwierigkeit zwischen 12 bis 21 sec schwankte. Bei anderen Betriebsvorgängen sind ebenfalls mit Störungen bestimmter Art meist bestimmte Zeitverluste verbunden, so daß oft Anhäufungen von Großzeiten an verschiedenen Zeitpunkten erfolgen, wobei jede Anhäufung einer bestimmten Störungsursache entspricht. Bei der Auswertung der Zeitmessungen ist die Beachtung dieser Anhäufungen von Großzeiten namentlich für Betriebsuntersuchungen von größter Wichtigkeit, da sie oft zugleich den Weg zur Abhilfe ergeben.

Je nach der Art der Zeituntersuchungen bzw. der zu untersuchenden Vorgänge bemißt man die einzelnen Zeitintervalle auf je eine oder mehrere Sekunden oder Minuten.

Aus den graphischen Darstellungen (Abb. 30) lassen sich sofort erkennen:

die Minderzeit = die kürzeste Zeit, in der die Arbeit betriebsmäßig verrichtet wird,

die Normalzeit = die Zeit, in der die Arbeit verrichtet wird, unter Einwirkung der mehr oder weniger regelmäßig auftretenden, in erster Linie auf kleinere Mängel des Betriebszustandes und der Betriebsorganisation zurückzuführende Hemmungen, die Großzeiten = der durch größere, mehr oder weniger außergewöhnliche, in erster Linie auf Mängel der Betriebsorganisation und des Betriebszustandes zurückzuführende Störungen bewirkte Zeitbedarf.

Der Ausdruck „Minderzeit" ist an Stelle des Wortes „Mindestzeit" gewählt worden, weil es sich um alle die Arbeitsgänge handelt, die innerhalb eines bestimmten Zeitintervalles, im Beispiel (s. Abb. 30) in der Zeit von 6 bis 7 sec bzw. 9 bis 10 sec ausgeführt wurden.

2. Beispiele für die Auswertung von Zeitmessungen.

α) Zeitaufwand für das Wenden eines Hundes auf der Platte. Ein Arbeitsgang ist betriebsmäßig um so besser, je näher Minder-, Normal- und Großzeiten beieinander liegen, je geringer der Zeitumfang der einzelnen Zeiten ist, und je größer der prozentuale Anteil der Minderzeiten, je kleiner dagegen der prozentuale Anteil der Großzeiten ist. Nach Möglichkeit ist der Betrieb so zu verbessern, daß die Minderzeiten zugleich Normalzeiten werden und die Großzeiten wegfallen.

In dieser Hinsicht kommen die in Abb. 30b dargestellten Zeitaufwände für das Wenden eines Hundes auf einer Drehplatte mit Einweisern den zu verlangenden günstigsten Betriebsbedingungen schon ziemlich nahe, ohne sie indes ganz zu erreichen. In der Minderzeit von 6 bis 7 sec werden die Wagen in etwa 10% der beobachteten Fälle gedreht, während in 60% der Fälle ein Zeitbedarf von 7 bis 8 sec erforderlich ist. Diese Zeitspanne kann wohl als Normalzeit gelten. Durch kleinere Hemmnisse, die wohl in erster Linie auf das geringere Geschick der Fahrer, in gewissem Umfange wohl auch auf kleinere Mängel einzelner Hunde zurückzuführen sind, wird der Zeitbedarf in 20% der Fälle auf 8 bis 9 sec und in 5% der Fälle auf 9 bis 10 sec erhöht. Größere Erschwernisse, die in erster Linie auf Mängel einzelner Hunde und nur in geringerem Maße auf Unvorsichtigkeit der Fahrer zurückzuführen sind, verursachen in 5% der Fälle einen Zeitbedarf von 14 bis 16 sec.

Die überwiegende Mehrzahl der Fälle, und zwar 95% der Fälle, spielt sich in der Zeit von 6 bis 10 sec, also innerhalb einer geringen Zeitspanne ab. Hiervon entfallen 80% der Gesamtfälle auf die Zeit von 7 bis 9 sec. Die Forderung, daß Normal- und Minderzeiten nahe zusammenrücken und insgesamt nur eine sehr geringe Zeitspanne umfassen, und daß Großzeiten nur für einen geringen Teil

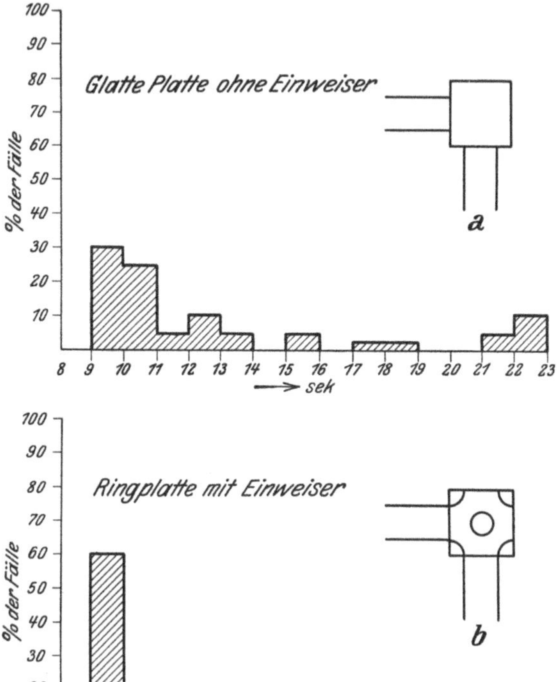

Abb. 30. Zeitaufwand für das Wenden eines Hundes auf einer Platte.
a ohne Einweiser, *b* mit Einweiser.

der Fälle erforderlich sind und kein allzu großes absolutes Zeitmaß erfordern, ist also erfüllt. Der Betriebsvorgang kann als gut bezeichnet werden.

Anders liegen die Verhältnisse im Fall *a*. Günstig erscheint der Umstand, daß in der Minderzeit schon ein großer Teil der Fälle, nämlich 30%, erledigt wird. Vergleicht man jedoch die Minderzeiten der Fälle *a* und *b* miteinander, so sieht man, daß die Minderzeit im Fall *a* bereits um 3 sec länger ist als im Fall *b*.

Die unvollständigere Einrichtung läßt die Einwirkung der Geschicklichkeit und kleinerer Mängel der Radsätze viel schärfer hervortreten. Infolgedessen umfaßt die als Minder- und Normalzeit anzusprechende Zeit von 9 bis 11 sec insgesamt nur 55% der beobachteten Fälle gegen 70% der Minder- und Normalzeit von 6 bis 8 sec im Fall *b*. Die durch

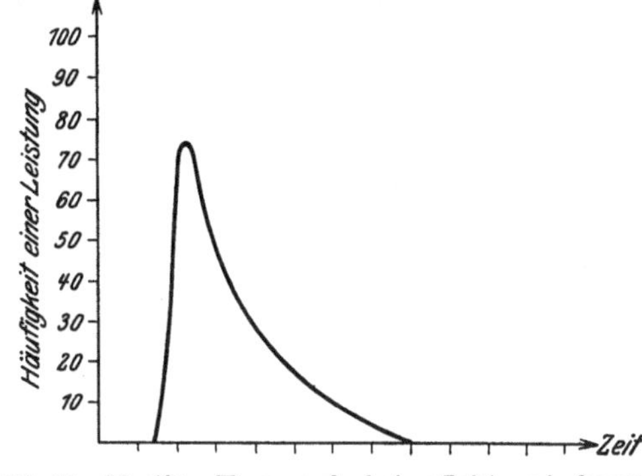

Abb. 31. Günstiger Kurvenverlauf einer Leistung in bezug auf den absoluten Zeitaufwand.

kleinere Hemmungen verursachte Streuung der Zeitaufwendungen erstreckt sich im Fall *a* auf die Zeit von 9 bis 14 sec und umfaßt innerhalb 5 sec 75% der beobachteten Fälle, während sich im Fall *b* innerhalb 4 sec bereits 95%

der beobachteten Fälle abspielen. Die übrigen Arbeitsgänge verstreuen sich im Fall *a* ziemlich gleichmäßig über den ganzen Zeitraum von 11 bis 23 sec. Es ergibt sich daraus ein sehr ungünstiges Bild der betrieblichen Verhältnisse.

Die vorstehende Betriebsuntersuchung betraf einen einzelnen Arbeitsgang, dessen Dauer nur durch den Zustand und die Art des Arbeitsgerätes, aber nicht durch die Organisation des Betriebes beeinflußt wird. Es handelt sich um eine reine Arbeitszeitstudie. Die Folgerungen aus dieser Studie ergeben sich von selbst. Es ist ohne weiteres einleuchtend, daß eine Ringplatte mit Einweisern das Wagendrehen sicherer ermöglicht als eine glatte Platte ohne Einweiser. Nicht immer sind natürlich die Ergebnisse

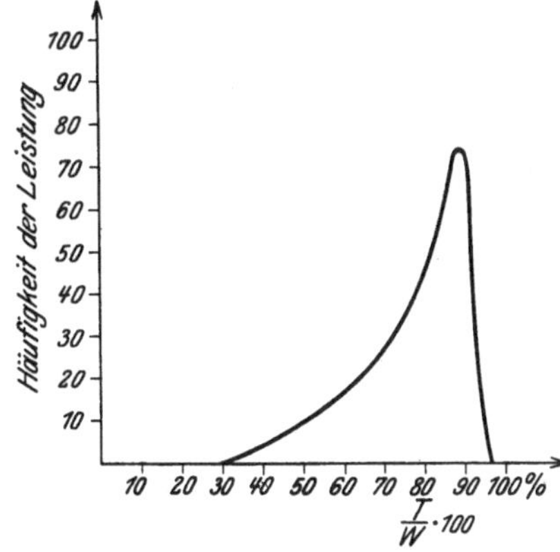

Abb. 32. Günstiger Kurvenverlauf einer Leistung in bezug auf das Verhältnis $\frac{\text{theoretische Arbeitszeit}}{\text{tatsächliche Arbeitszeit}}$.

so klar vorauszusehen wie in dem vorliegenden einfachen Falle.

Für den Bergwerksbetrieb ist namentlich bei einfacheren Arbeitsgängen die Untersuchung ihres Zusammenhanges mit dem Betriebe mitunter wichtiger als die Untersuchung der einzelnen Arbeitsgänge selbst, womit die Wichtigkeit der Untersuchung der Arbeitsgänge nicht in Frage gestellt werden soll. Für die hier in Frage kommenden Betriebszeitstudien ist es vor allem notwendig, die Ursachen der einzelnen Pausen genau zu vermerken, da sich nur dann zielbewußte, richtige Maßnahmen zur Verbesserung des Betriebes treffen lassen. In manchen Fällen zeigt sich eine Anhäufung von Störungen innerhalb eines bestimmten Zeitintervalles. In der Regel handelt es sich dann auch um eine bestimmte Störungsursache, die im Durchschnitt stets Störungen von gleichem Ausmaße herbeiführt. Man kann aus dem prozentualen Anteil und der Störungsdauer unschwer

13*

die Einwirkung der einzelnen Störungsursachen auf die Leistungsfähigkeit des
Betriebes erkennen und gewinnt so einen Maßstab dafür, ob und in welchem Umfange die Störungsursachen zu beseitigen sind.

Es ergibt sich aus den Ausführungen, daß diese Untersuchungen in gewisser
Hinsicht nach den Grundsätzen der Großzahlforschung durchgeführt werden.

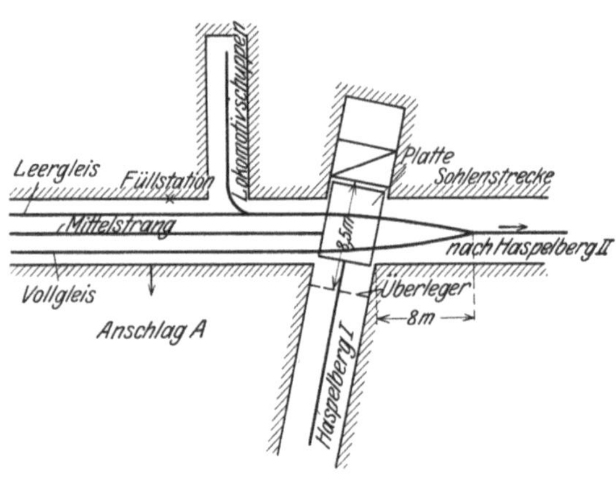

Abb. 33. Skizze Anschlag *A*.

Von der Großzahlforschung
unterscheidet sich die Auswertung der Arbeits- und
Betriebszeitstudien grundsätzlich dadurch, daß nicht nur
ein homogener Vorgang als
Kollektiv gemessen wird, wie
etwa das Drehen auf der
Platte nebst Aufschieben des
Wagens auf das anschließende
Gleis, sondern auch die hin
und wieder vorkommenden
Störungen, wie im vorliegenden Beispiel das Entgleisen
des Wagens. Die dadurch entstehende Inhomogenität
der Häufigkeitskurve ist

neben der Streuung für die Beurteilung der Arbeits- oder Betriebsorganisation von größter Bedeutung. Bilden sich mehrere Maxima in der Häufigkeitskurve heraus, so deutet dies auf das Nebeneinanderwirken verschiedener Ur-

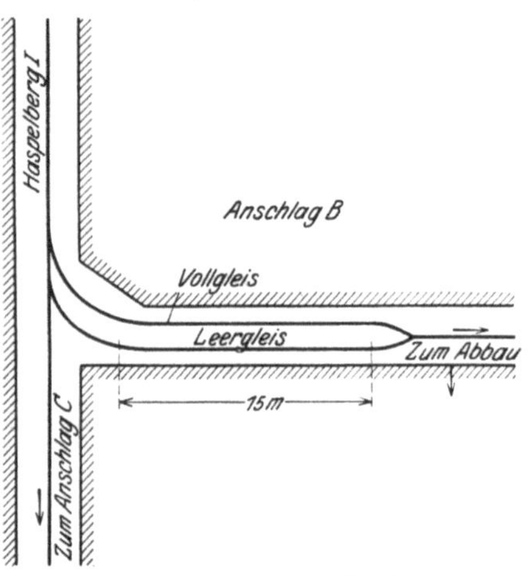

Abb. 34. Skizze Anschlag *B*.

sachen. Ebenso ist die Form der Kurve
unter Berücksichtigung des gewählten
Kollektivs und der Klasse für die Beurteilung von Wichtigkeit. Bringt man z. B.
die Häufigkeit einer Leistung (als Kollektiv) zur aufgewandten Zeit (Klasse)
in Beziehung, so muß die asymmetrische
Kurve möglichst linksseitig und schmal
sein, d. h. der linke ansteigende Ast der
Kurve muß steiler als der rechte bei geringer Streuung (schmale Form) sein.
Außerdem muß der linke Ast möglichst
nahe am Zeitnullpunkt liegen (Abb. 31).
Will man dagegen den Gütegrad einer
Arbeitsorganisation an der Häufigkeit
der Leistungen in bezug auf das Ver-
hältnis der $\dfrac{\text{theoretischen Arbeitszeit} \cdot 100}{\text{wirkliche Arbeitszeit}}$

messen, so muß die Kurve rechtsseitig und schmal sein und das Maximum
bzw. der Medianwert möglichst mit 100% zusammenfallen (Abb. 32).

Diese Betriebszeitstudien können für die Organisation des Betriebes von
größter Bedeutung werden, weshalb nachstehend als Beispiel die Untersuchung
eines Haspelbetriebes eingehend behandelt werden soll.

β) **Zeitmessungen an einem Haspelberg**[1]. Der beobachtete eintrümige Haspelberg *I* zweigt als Fallort mit etwa 10% Einfallen von der Sohlenstrecke ab,
die die Verbindung mit der zum Schachte führenden Hauptbahnstrecke herstellt.

---

[1] Kallenbach: Diplomarbeit. Freiberg i. Sa. 1926.

Außer dem oberen, am Kopfe des Haspelberges befindlichen Anschlagspunkte *A* (s. Abb. 33), von dem die beladenen Kohlenwagen zur Sohlenstrecke abgezogen werden, sind noch zwei Anschlagspunkte vorhanden, die die Verbindung mit den Abbaustrecken herstellen, von denen der Anschlagspunkt *B* (s. Abb. 34) etwa 88 m und der Anschlagspunkt *C* (s. Abb. 35) etwa 147 m (im Einfallen des Haspelberges gemessen) unter dem obersten Anschlagspunkte liegen.

Der obere Anschlag *A* besitzt eine Länge von 8,5 m zwischen Haspel und Überleger (Barriere, s. Abb. 33). Da die Lokomotivförderung den Anschlag durchfahren muß, um zum Fallort *II* zu gelangen, sind Rillenplatten eingelegt. Der Haspel ist in einer besonderen Kammer untergebracht.

Die leeren Wagen werden aus dem Mittelstrang der Bahnhofsanlage der Sohlenstrecke entnommen und die abgeschlagenen, vollen Wagen werden in das Vollgleis des Bahnhofes eingeschoben. Beschäftigt sind am Anschlag ein Haspler und zwei Förderleute.

Am Anschlag *B* (s. Abb. 34) ist das Voll- und Leergleis durch je eine Weiche mit dem Gleis des Fallortes verbunden. Die Aufstellänge des Anschlagpunktes für volle und leere Wagen beträgt 15 m. Der Abbau des Ortes *B* ist nur schwach belegt und liefert nur 20 bis 25 Wagen je Schicht. Der Anschlagspunkt ist in sehr gutem Zustande.

Am Anschlagspunkt *C* (s. Abb. 35), aus dem der Hauptteil der Förderung kommt, ist in das Gleis des Fallortes eine Platte eingelegt worden, auf der ein Einlenkstab angebracht ist, der nach Bedarf die Wagen in den Anschlagspunkt lenkt. Die Abb. 35 zeigt die Stellung des Stabes für die Förderung zum Anschlag, und

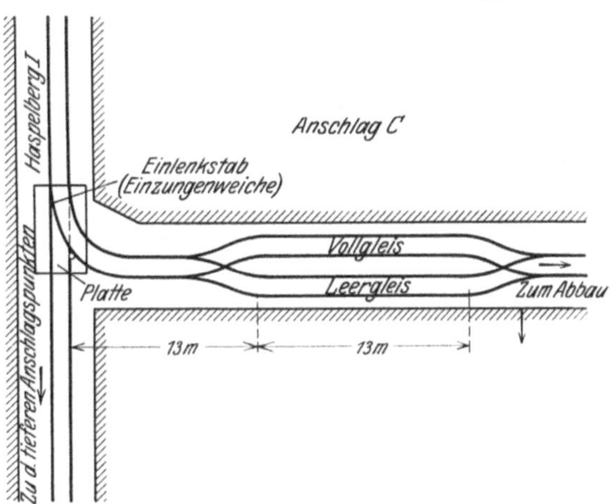

Abb. 35. Skizze Anschlag *C*.

gestrichelt die Stellung für gelegentliche Förderung nach tieferen Anschlagspunkten.

In den nachstehenden Tabellen 30 bis 32 sind die Ergebnisse der Zeitmessungen zusammengestellt worden, die am Haspelberg durchgeführt wurden. Der Einfachheit halber sind nur die Mittelwerte sowie die höchsten und niedrigsten Werte angegeben. In der Besprechung ist gelegentlich auf die am häufigsten vorkommenden Werte hingewiesen worden, sobald solche augenfällig in Erscheinung treten.

Die Förderung wird mit fünf Wagen je Zug durchgeführt. Sehr häufig werden drei leere Kohlenwagen und zwei Holzwagen am Anschlagspunkte *A* angeschlagen und eingehängt. Mehr als zwei Holzwagen sollen mit einem Zuge nicht gefördert werden, weil sonst die Betriebsunsicherheit bedenklich wächst.

Für die in der Tabelle 30 enthaltenen Angaben gelten die nachstehenden Erläuterungen. Die Angaben der Spalten 2 bis 8 sind durch Zeitmessungen am Anschlagspunkte *A* ermittelt worden.

Spalte 2: Die Zeiten für das Anschlagen gelten von dem Augenblicke an, in dem die Wagen zum Anschlagen in Bewegung gesetzt werden, bis sie fertig zum Einhängen am Anschlag stehen.

Tabelle 30. Zeitmessungen am
Länge des Haspelberges bis Anschlag $C = 147$ m.   Länge der Einfahrt:

1	Am oberen Anschlag A festgestellt						
	2	3	4	5	6	7	8
	Anschlagen	Hängen einschl. Einlaufen des Zuges in die Weiche zum Anschlag unten	Aufholen einschl. Herausziehen (Auslaufen) d. Zuges aus dem unteren Anschlag	Abschlagen	Theoretische Gesamtzeit	Praktische Gesamtzeit	Pausen
Mittelwerte	79,2	180,2	243,9	73,2	576,5	828,9	252,4
Höchster Wert	220	360	321	105	1540	2040	1500
Niedrigster Wert	40	120	155 (1215)	45	432	480	16
niedrigster : höchster Wert .	1 : 5,5	1 : 3	1 : 2	1 : 2,3	1 : 3,6	1 : 4,3	1 : 94
In der Nähe des Mittelwertes oder eines bestimmten Wertes liegen . . . % der beobachteten Fälle	56% zwischen 50 u. 90 sec	Zeiten streuen stark	85% um 200 sec	75% Nähe Mittelwert	Zeiten streuen stark	Zeiten streuen stark	Zeiten streuen stark
Daher Gleichmäßigkeit. . .	mittel bis schlecht	schlecht	sehr gleichmäßig	gut	schlecht	schlecht	schlecht
Mittl. Fahrgeschwindigkeit .							

Bei 405 min je Schicht reiner Arbeitszeit erhält man:

$$\text{Zahl der Züge je Schicht} = \frac{405 \cdot 60}{828,9} = \sim 30.$$

Spalte 3: Die Zeiten für das Einhängen gelten von der Anfahrt des Haspels bis zu dem Zeitpunkte, an dem der Haspler das zum Abschlagen am unteren Anschlagspunkte erforderliche Hängeseil gegeben hat und der Haspel keine Umdrehung mehr macht.

Spalte 4: Das Aufholen rechnet vom Umlaufsbeginn des Haspels bis zum Stillstand der Wagen im oberen Anschlagsort, also einschließlich dem Herausziehen (Auslaufen) der Wagen aus dem unteren Anschlagsort in den Berg.

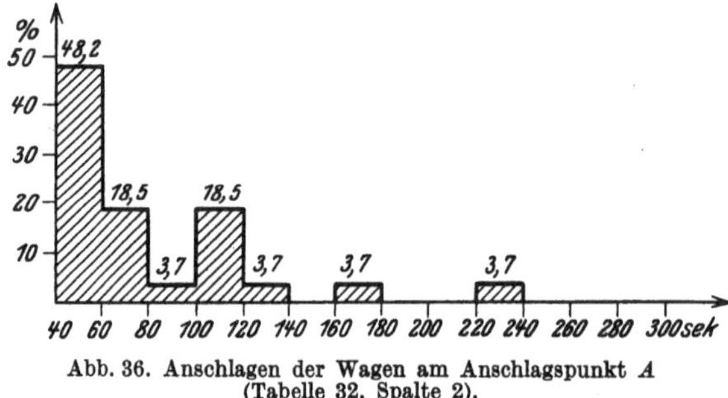

Abb. 36. Anschlagen der Wagen am Anschlagspunkt A
(Tabelle 32, Spalte 2).

Spalte 5: Das Abschlagen ist gerechnet von Beginn des Loskuppelns bis zu dem Augenblick, in dem der letzte Wagen den auf dem Anschlag liegenden Plattenbelag verlassen hat.

Spalte 6 gibt die Summe der Werte der Spalten 2 bis 5 an.

Spalte 7 enthält die tatsächlich gemessenen Gesamtzeiten und

Spalte 8 gibt als Differenz zwischen den Werten der Spalten 6 und 7 die entstandenen Pausen an.

ᵀagenbremshaspelberg (Fallort) *I*.

nschlag *C* von Weichenzungenspitze im Berg bis Aufstellungsgleis im Anschlag = 13 m.

Am unteren Anschlag *C* festgestellt							Rechnerisch ermittelt	
9	10	11	12	13	14	15	16	17
inlaufen Zuges aus m Berg in en unteren Anschlag Weglänge 13 m	Abschlagen	Anschlagen	Auslaufen = Herausziehen des Zuges aus dem unteren Anschlag in den Berg	Theoretische Gesamtzeit	Praktische Gesamtzeit	Pausen	Hängen ohne Einlaufen = 180,2 − 64,3	Aufholen ohne Auslaufen = 243,9 − 84,5
64,3	6,4	6,5	84,5	161,7	170,6	8,9	115,9	159,4
125	8	9	151	288	303	10	—	—
42	5	5	48	101	108	5	—	—
1 : 3	1 : 1,6	1 : 1,8	1 : 3,15	1 : 2,8	1 : 2,8	1 : 2	—	—
)% zwischen 42 ι. 66 sec	streuen gleichmäßig	streuen gleichmäßig	70% zwischen 64 bis 82 sec, 80% zwischen 48 bis 82 sec	60% zwischen 120 b. 140 sec, 80% zwischen 101 b. 145 sec	60% zwischen 130 b. 155 sec, 80% zwischen 108 b. 170 sec	streuen	—	—
gut bis mittel	gut	gut	gut	mittel bis gut	mittel bis gut	mittel	$\frac{147}{115,9} = 1{,}27$	$\frac{147}{159,4} = 0{,}92$ m/sec

Mögliche Wagenzahl je Schicht = 30·5 = 150.
atsächlich erreichte Spitzenleistung/Schicht = 180 Wagen.

Spalte 9 gibt den Zeitaufwand an vom Einlaufen des ersten Wagens auf die im Berge liegende Platte am Anschlag *C* bis zum Stillstand der Wagen in der Weiche (Aufstellungsgleis) des Anschlages *C*.

Spalte 10 enthält die Zeiten für das Abschlagen der leeren Wagen bzw. Holzwagen vom Seil und für das Abkuppeln.

Spalte 11 enthält die Zeiten für das Anschlagen der Wagen an das Seil und für das Zusammenkuppeln.

Spalte 12 enthält die Zeit vom Beginn des Aufholens bis zu dem Augenblick, an dem der letzte Wagen die im Berge am Anschlagspunkte *C* liegende Platte verlassen hat.

Spalte 13 enthält die Summe der Werte der Spalten 9 bis 12.

Spalte 14 enthält die ermittelten tatsächlich verbrauchten Gesamtzeiten.

Spalte 15 gibt als Differenz der Werte der Spalten 13 und 14 die am (unteren) Anschlag *C* in der Zeit vom Einlaufen des leeren bis zum Auslaufen des vollen Zuges auftretenden Pausen an.

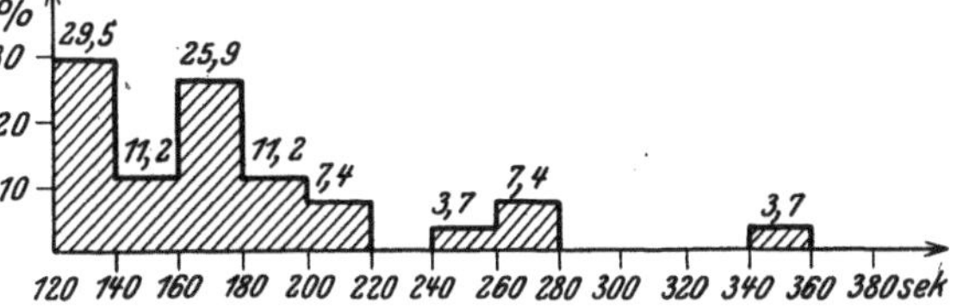

Abb. 37. Einhängen einschließlich Einlaufen des Zuges in die Weiche bei *C* (Tabelle 32, Spalte 3).

Spalte 16 gibt als Differenz der Werte der Spalten 3 und 9 die tatsächliche Fahrzeit im Bremsberg während des Einhängens an.

Spalte 17 gibt sinngemäß als Differenz der Werte der Spalten 4 und 12 die tatsächliche Fahrzeit während des Aufholens an.

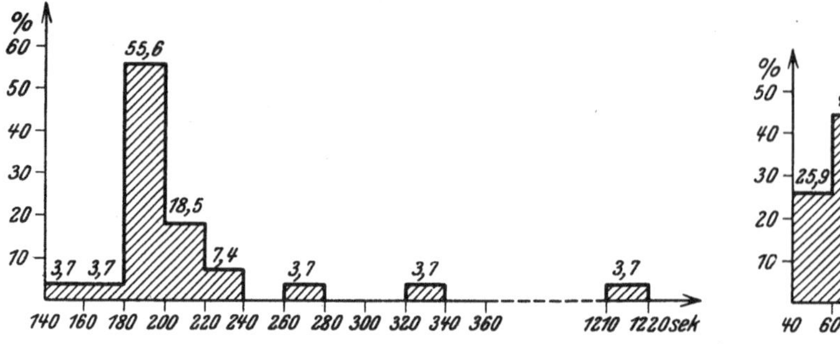

Abb. 38. Aufholen einschließlich Herausziehen des Zuges aus Anschlag *C* (Tabelle 32, Spalte 4).

Abb. 39. Abschlagen der Wagen bei *A* (Tabelle 32, Spalte 5).

In Tabelle 31 sind die wichtigeren Betriebsergebnisse zusammengestellt.

Von wesentlicher Bedeutung für die Beurteilung des Betriebszustandes und der Betriebsorganisation ist die in Tabelle 32 errechnete und in den Abb. 36 bis 49 graphisch dargestellte prozentuale Streuung des Zeitbedarfes der Betriebs-

Tabelle 31. Zusammenstellung der aus Tabelle 30 erhaltenen wichtigeren Betriebsergebnisse.

Betriebsvorgang	Bezugs-einheit	Betriebs-werte	vgl. Tab. 30 Spalte	Zeile
1. Mittlere Gesamtzeit je Treiben	sec	828,9	7	1
2. Mögliche Förderung für 1.	Wagen/Schicht	150,—	7	8
3. Beste Gesamtzeit je Treiben	sec	480,—	7	3
4. Mögliche Förderung für 3.	Wagen/Schicht	255,—	—	—
5. Tatsächliche Förderung	Wagen/Schicht	128,—	—	—
6. Tatsächliche Förderung in % von 2.. . .	%	85,5	—	—
7. Tatsächliche Förderung in % von 4.. . .	%	50,2	—	—
8. Mittl. Pausen je Zug am Anschlag *A* . .	sec	252,4	8	1
9. Mittl. Pausen je Zug in % von 1.. . . .	%	30,6	—	—
10. Mittl. Pausen je Zug am Anschlag *C*. . .	sec	8,9	15	1
11. Mittl. Pausen je Zug am Anschlag *C* in % von 8.	%	3,7	—	—
12. Mittl. Pausen je Zug am Anschlag *C* in % von 1.	%	1,07	—	—
13. Ausgenützte Förderzeit	min	390,—	—	—
14. Ausgenützte Förderzeit in % der reinen Arbeitszeit (= Betriebszeitfaktor)	%	96,—	—	—
15. Mittl. Fördergeschwindigkeit beim Hängen	m/sec	1,27	16	7
16. Mittl. Fördergeschwindigkeit beim Aufholen	m/sec	0,92	17	7

vorgänge nach den Zeitmessungsergebnissen. Aus diesen Ermittlungen lassen sich am besten die etwaigen Mängel der Betriebsorganisation und des Betriebs-zustandes einer bestimmten Betriebseinrichtung erkennen.

Aus den graphischen Darstellungen lassen sich sofort feststellen die **Minder-zeit**, in der betriebsmäßig die Leistung verrichtet wird, die **Normalzeiten**, die sich durch die mehr oder weniger regelmäßig auftretenden, auf die Betriebs-organisation zurückzuführenden Hemmungen ergeben, und endlich die durch

größere, mehr oder weniger außergewöhnliche Störungen und Hemmungen auftretenden größeren Zeitaufwendungen (Großzeiten).

Im einzelnen ergibt sich für den vorliegenden Fall aus den Zeitmessungen
der folgende Betriebszustand (vgl. hierzu Tabelle 30 bis 32 und Abb. 36 bis 49).

Die in Spalte 2 ermittelten hohen Schwankungen des Zeitaufwandes für das
Anschlagen — die Grenzwerte verhalten sich wie 1 : 5,5 — sind darin zu suchen,
daß nicht nur leere Grubenwagen eingehängt werden, sondern auch das zum
Abbau notwendige Holz auf besonderen Holztransportwagen zugeführt werden

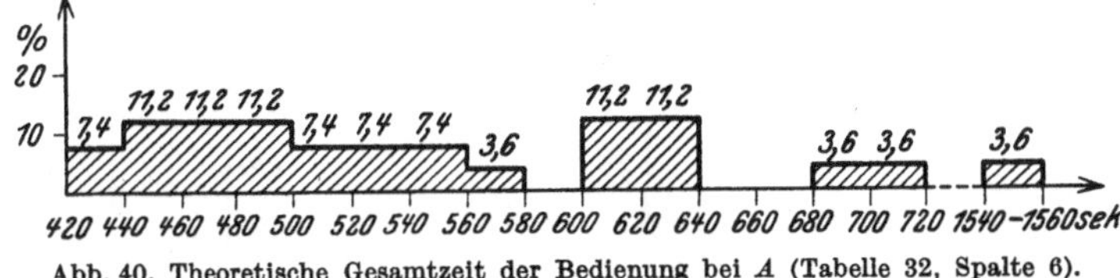

Abb. 40. Theoretische Gesamtzeit der Bedienung bei *A* (Tabelle 32, Spalte 6).

muß. Zum Einhängen von fünf leeren Grubenwagen reicht der Platz auf dem
Anschlag aus. Wird Holz eingehängt, so werden in der Regel drei leere Grubenwagen zunächst so weit in den Berg eingehängt, daß die Barrierestange (Überleger) zwischen den letzten und vorletzten Wagen eingelegt werden kann, so

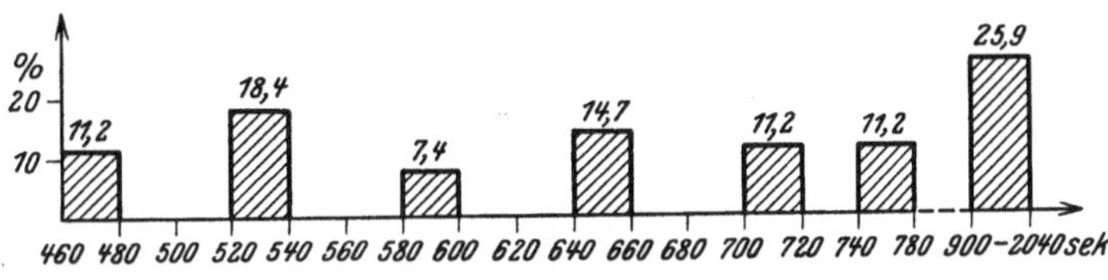

Abb. 41. Praktische Gesamtzeit der Bedienung bei *A* (Tabelle 32, Spalte 7).

daß die Wagen vom Seil abgeschlagen, die Holzwagen auf die Plattform des
Anschlages geschoben, mit den leeren Wagen gekuppelt und an das Seil angeschlagen werden können. Dadurch entstehen die großen Verzögerungen.

Häufige Störungen werden ferner dadurch verursacht, daß die schwere Preß-
luftlokomotive über den Plattenbelag fahren muß, um zum Haspelberg *II* zu

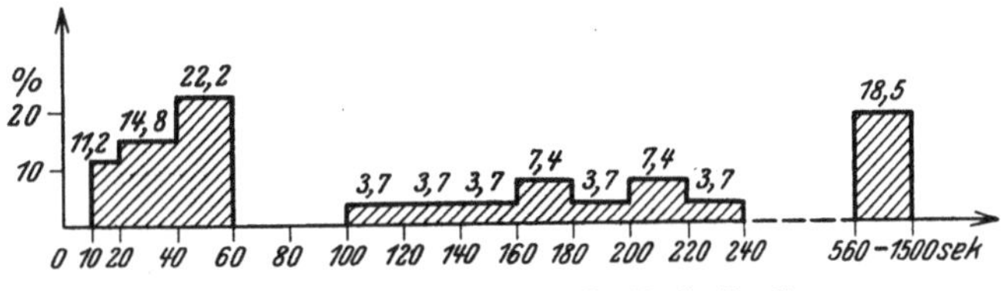

Abb. 42. Pausen bei *A* (Tabelle 32, Spalte 8).

gelangen. Die Platten werden dadurch oft verbogen, so daß namentlich die
Holzwagen leicht entgleisen und nur schwer zu drehen sind.

Es wäre zweckmäßig, die Haspelkammer weiter ins Liegende zurückzuver-
legen, und den Anschlag, querschlägig gemessen, so lang auszuführen, daß zwei
Holzwagen und drei leere Wagen auf dem Anschlag Platz finden. Ferner ist der
Balkenrahmen des Plattenbelages zu verstärken. Unter den Platten sind an den
Rillen zur Verstärkung entsprechende Profileisen anzubringen. Letztere müssen
das Lokomotivgewicht tragen können, ohne sich durchzubiegen.

Die in Spalte 3 beim Einhängen ermittelten Zeitschwankungen, die bis 1 : 3
betragen, sind darauf zurückzuführen, daß mit Holzwagen sehr vorsichtig ge-

fahren werden muß, da die Beschaffenheit und die Behandlung der Holztransportwagen zu wünschen übrigläßt, ferner bei schneller Fahrt leicht Holz vom
Transportwagen abrutscht und der Querschnitt der beladenen Holztransport-

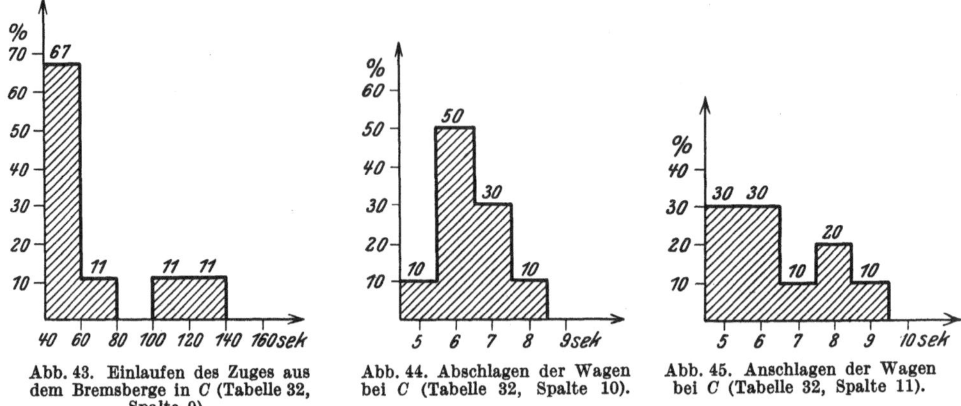

Abb. 43. Einlaufen des Zuges aus dem Bremsberge in C (Tabelle 32, Spalte 9).

Abb. 44. Abschlagen der Wagen bei C (Tabelle 32, Spalte 10).

Abb. 45. Anschlagen der Wagen bei C (Tabelle 32, Spalte 11).

wagen größer ist als der Grubenwagen, so daß sie leichter an engen Stellen des
Haspelberges zu Störungen Anlaß geben können.

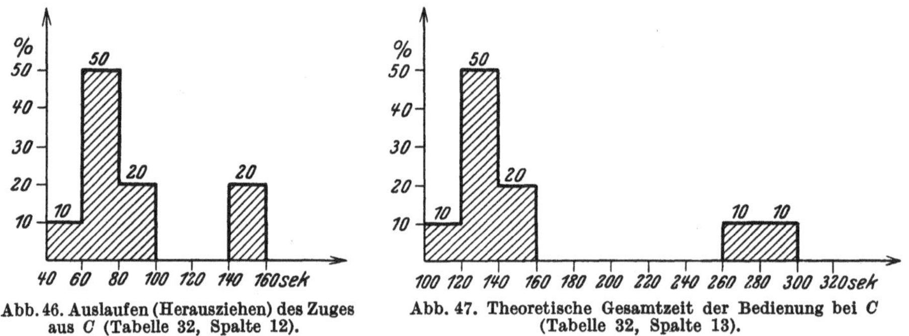

Abb. 46. Auslaufen (Herausziehen) des Zuges aus C (Tabelle 32, Spalte 12).

Abb. 47. Theoretische Gesamtzeit der Bedienung bei C (Tabelle 32, Spalte 13).

Beim Einfahren des Zuges in die Weiche am Anschlag C entgleisen die Wagen
nicht selten.

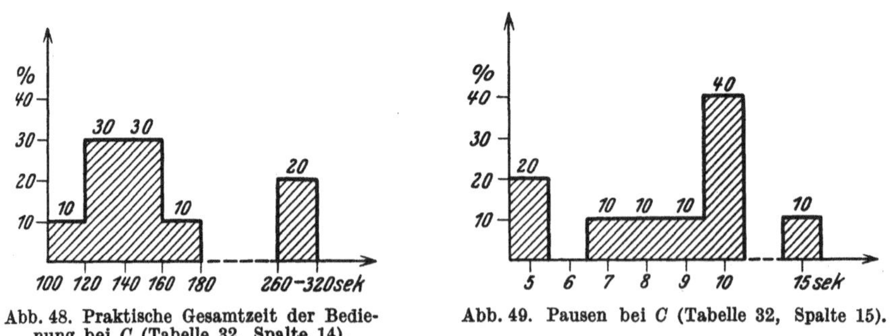

Abb. 48. Praktische Gesamtzeit der Bedienung bei C (Tabelle 32, Spalte 14).

Abb. 49. Pausen bei C (Tabelle 32, Spalte 15).

Pausen entstehen mitunter durch Wagenmangel am Anschlag C. Für gleichmäßige Förderung aus dem Abbau ist also zu sorgen.

Natürlich ist die Geschicklichkeit des Hasplers und der Anschläger, sowie
der Zustand der Bahn und der Weichen von ausschlaggebender Bedeutung.

Die in Spalte 4 beim Aufholen ermittelten Zeitschwankungen sind geringer.

Die einzelnen Zeiten streuen nicht sehr. Die vollen Kohlenwagen und leeren Holzwagen fahren sicherer. Außerdem fahren die Wagen im Anschlag C nicht gegen die Weichenzungenspitze, so daß Betriebsstörungen nicht so häufig eintreten. Jedoch liegt die Normalzeit (180 bis 200 sec) stark hinter der Minderzeit (140 bis 160 sec).

Die in Spalte 5 angegebenen Zeiten für das Abschlagen zeigen keine großen Verschiedenheiten, da ein Zug mit drei vollen Kohlenwagen und zwei leeren Holztransportwagen nicht länger ist als ein Zug mit fünf Grubenwagen, also auf dem Anschlag A Platz findet. Besondere Betriebserschwerungen, wie beim Anschlagen, treten hier durch die Holztransportwagen nicht ein.

Tabelle 32. Absolute und prozentuale Streuung des Zeitbedarfes der Betriebsvorgänge nach den Zeitmessungsergebnissen am Wagenbremshaspelberg I. Die Kolonnen (Spalten) sind nach Tabelle 30 angegeben[1].

Zeitdauer in sec	Spalte 2 Zahl der Fälle		Spalte 5 Zahl der Fälle		Spalte 8 Zahl der Fälle		Spalte 9 Zahl d. Fälle		Spalte 12 Zahl der Fälle	
	absol.	in %	absol.	in %	absolut	in %	abs.	in %	absol.	in %
40— 60	13	48,2	7	25,9	10—20 = 3	11,2	6	67	1	10
					21—40 = 4	14,8				
					41—60 = 6	22,2				
61— 80	5	18,5	12	44,9	—	—	1	11	5	50
81—100	1	3,7	7	25,9	—	—	—	—	2	20
101—120	5	18,5	1	3,7	1	3,7	1	11	—	—
121—140	1	3,7	Sa. 27	100,0	1	3,7	1	11	—	—
141—160	—	—			1	3,7	Sa. 9	100	2	20
161—180	1	3,7			2	7,4			Sa. 10	100,0
181—200	—	—			1	3,7				
201—220	—	—			2	7,4				
221—240	1	3,7			1	3,7				
	Sa. 27	100,0			565 = 1	3,7				
					820 = 1	3,7				
					928 = 1	3,7				
					967 = 1	3,7				
					1500 = 1	3,7				
					Sa. 27	100,0				

(Klammer Spalte 8: 565, 820, 928, 967, 1500 = 18,5)

Zeitdauer in sec	Spalte 3 Zahl der Fälle		Spalte 4 Zahl der Fälle		Spalte 13 Zahl der Fälle		Zeitdauer in sec	Spalte 10 Zahl der Fälle		Spalte 11 Zahl der Fälle		Spalte 15 Zahl der Fälle	
	absolut	in %	absolut	in %	absolut	in %		abs.	in %	abs.	in %	abs.	in %
100—120	—	—	—	—	1	10	5	1	10	3	30	2	20
121—140	8	29,5	—	—	5	50	6	5	50	3	30	—	—
141—160	3	11,2	1	3,7	2	20	7	3	30	1	10	1	10
161—180	7	25,9	1	3,7	—	—	8	1	10	2	20	1	10
181—200	3	11,2	15	55,6	—	—	9	—	—	1	10	1	10
201—220	2	7,4	5	18,5	—	—	10	—	—	—	—	4	40
221—240	—	—	2	7,4	—	—	15	—	—	—	—	1	10
241—260	1	3,7	—	—	—	—		10	100	10	100	10	100
261—280	2	7,4	1	3,7	1	10							
281—300	—	—	—	—	1	10							
301—320	—	—	—	—	—	—							
321—340	—	—	1	3,7	—	—							
341—360	1	3,7	—	—	Sa. 10	100							
	Sa. 27	100,0	1215 = 1	3,7									
			Sa. 27	100,0									

Fortsetzung von Tabelle 32 auf Seite 204

[1] Der Platzersparnis halber sind hier die Arbeitsvorgänge nebeneinander gebracht, die etwa gleichen Zeitbedarf einschließlich der Streuungen haben (Spalte 2, Spalte 5 usw.).

Fortsetzung von Tabelle 32.

Zeitdauer in sec	Spalte 6		Spalte 7		Zeitdauer in sec	Spalte 14	
	Zahl der Fälle		Zahl der Fälle			Zahl der Fälle	
	absolut	in %	absolut			absolut	in %
				in %			
420—440	2	7,4	—	—	100—120	1	10
441—460	3	11,2	—	—	121—140	3	30
461—480	3	11,2	3	11,2	141—160	3	30
481—500	3	11,2	—	—	161—180	1	10
501—520	2	7,4	—	—	275	1	10
521—540	2	7,4	5	18,4	303	1	10
541—560	2	7,4	—	—			
561—580	1	3,6	—	—		Sa. 10	100
581—600	—	—	2	7,4			
601—620	3	11,2	—	—			
621—640	3	11,2	—	—			
641—660	—	—	4	14,7			
661—680	—	—	—	—			
681—700	1	3,6	—	—			
701—720	1	3,6	3	11,2			
721—740	—	—	—	—			
741—760	—	—	—	—			
761—780	—	—	3	11,2			
1540	1	3,6	900 = 1	3,7			
	Sa. 27	100,0	1020 = 1	3,7			
			1380 = 1	3,7			
			1440 = 2	7,4			
			1680 = 1	3,7			
			2040 = 1	3,7			
			Sa. 27	100,0			
			900 ÷ 2040 = 7 = 25,9 %				

Rechnet man mit durchschnittlich 75 sec Abschlagszeit für fünf Wagen, so wird ein Wagen in 15 sec losgekuppelt, gedreht und vom Anschlagspunkt A auf das Vollgleis geschoben.

Die Werte der Spalten 6 bis 8 weisen eine starke Unregelmäßigkeit der einzelnen Zeiten auf. Die Schwankungen betragen für die praktische Gesamtzeit (Spalte 7) 1 : 4,3 und sind für die Beurteilung des Betriebes und Betriebszustandes der Fördereinrichtung von ausschlaggebender Bedeutung. Abgesehen von den bereits erwähnten Ursachen werden die großen Pausen (Spalte 8) in erster Linie durch die Lokomotivförderung am oberen Anschlagspunkt A bewirkt. Neben der Durchfahrt der Lokomotivzüge durch den Anschlagspunkt A zum Haspelberg II wirkt der Rangierbetrieb auf dem an den Anschlagspunkt A sich anschließenden Sammelbahnhof störend ein.

Die Pausen und sonstigen Verzögerungen entstehen also in erster Linie durch das Fehlen voller bzw. leerer Wagen, durch die Lokomotivförderung und den damit verbundenen Rangierbetrieb sowie durch das Holzeinhängen. Außerdem ist die Konstruktion der Platten und Weichen an den Anschlägen von erheblicher Bedeutung.

Soll eine stärkere Förderung erreicht werden, so muß der Sammelbahnhof so ausgebaut werden, daß der Rangierbetrieb nicht mehr auf die Arbeiten am Anschlagspunkt einwirkt. Ferner müßte für die Lokomotivbahn zum Haspelberg II ein Umbruch geschaffen werden.

Nach den Feststellungen (Spalte 7) wurden in der Schicht rd. 30 Züge zu je fünf Wagen geleistet. Die bisher erreichte Spitzenleistung beträgt 36 Züge. Durch Vornahme der bereits erwähnten Maßnahmen läßt sich die Leistungsfähigkeit erheblich steigern.

Der Betrieb des Haspelberges ist bisher nur nach den Zeitmessungen beurteilt worden, die am Anschlagspunkt A durchgeführt wurden. Die Messungen am Anschlagspunkt C haben das folgende Ergebnis:

Gemäß Spalte 9 betragen die Zeitschwankungen beim Einlaufen des Zuges in den Anschlag C rd. 1 : 3, liegen aber zu 80% in der Nähe des Mittels. Die größeren Zeitaufwendungen wurden durch Betriebsstörungen infolge Entgleisens leerer Wagen auf der Einlaufplatte am Anschlag C hervorgerufen. Da diese Betriebsstörung bei jedem fünften Zug eintritt, so zeigt sich, daß die Einlaufplatte mit Einlenkstab (Abb. 35) den Anforderungen nicht genügt. Normale Weichenkonstruktionen gewährleisten nach den im Anschlagspunkte B gemachten Erfahrungen eine wesentlich höhere Betriebssicherheit.

Die Zeitmessungen nach Spalte 12 zeigen die größere Betriebssicherheit beim Auslaufen, weil hierbei die Wagen nicht gegen die Weichenzungenspitze fahren, worauf schon bei Besprechung der Ergebnisse von Spalte 4 hingewiesen wurde. Allerdings ist auch die Fahrgeschwindigkeit während des Auslaufens sehr gering. Während die leeren Wagen durchschnittlich mit 0,20 m/sec einlaufen — bei einer Weglänge des Einlaufstückes von 13 m ergibt sich $\frac{13}{64,3} = 0{,}20$ m/sec —, laufen die vollen Wagen nur mit 0,15 m/sec aus.

Die Ergebnisse der Spalten 10, 11 und 13 bis 15 geben zu Erörterungen keinen Anlaß, da die absoluten Zeitdifferenzen zu gering sind.

Die Länge des Haspelberges vom Anschlagspunkt A zum Anschlagspunkt C beträgt 147 m. Danach beträgt die mittlere Fahrgeschwindigkeit beim Einhängen, da nach Spalte 16 die reine Fahrzeit 115,9 sec beträgt, $\frac{147}{115,9} = 1{,}27$ m/sec. Die maximal erreichte Geschwindigkeit beträgt rd. 2,6 m/sec. Bei 26% der Züge wird eine Geschwindigkeit von 2,0 bis 2,6 m/sec erreicht. Diese Förderleistung ist nur bei guter Bahn möglich, wobei der Haspler die Bahn genau kennen muß.

Beim Aufholen wird nur eine mittlere Geschwindigkeit von $\frac{147}{159,4} = 0{,}92$ m/sec erreicht. Schaltet man den nur einmal infolge einer in Ursache und Dauer ungewöhnlichen Störung vorkommenden Wert von 1215 sec aus, so beträgt der Mittelwert für das Aufholen nur 206,5 — 84,5 = 122 sec und die durchschnittliche Geschwindigkeit $\frac{147}{122} = 1{,}20$ m/sec.

Die normalen Geschwindigkeiten werden für das Einhängen zu etwa 1,50 bis 2,00 m/sec und für das Aufholen zu etwa 1,50 m/sec angenommen. Die ermittelten Geschwindigkeiten können also als mittel bis gut angesprochen werden.

Die Ermittlung der Förderung aus den anderen Anschlagspunkten geschieht in der bereits erwähnten Weise, so daß hier von einer näheren Untersuchung abgesehen werden kann, um so mehr, als der weitaus größte Teil der Förderung des Haspelberges I aus dem Anschlagspunkt C stammt.

III. Die psychologischen Grundlagen der Organisation der Arbeit.

a) Hebung der Arbeitsfreudigkeit.

Die psychologischen Einflüsse aller Art, die auf den einzelnen Arbeiter und die Arbeitermassen einwirken, sind für die richtige Organisation der Arbeit von größter Bedeutung.

In erster Linie gehören hierzu alle diejenigen Maßnahmen, die die Arbeit erleichtern. Eine gute, psychotechnische Anlernung, die Verwendung physiologischanatomisch einwandfreier Werkzeuge und Arbeitsmethoden erhöhen nicht nur die Leistungsmöglichkeit, sondern damit auch die Arbeitsfreude. Ebenso wird die Arbeitsfreude wesentlich gesteigert durch die Ausführung einer wechselvollen, geistig anregenden Arbeit oder einer gut rhythmisierten Teilarbeit bzw. einer völlig mechanisierten Arbeit, die die Gedanken des Arbeiters frei macht für eine Tätigkeit höherer Art (Beaufsichtigung der Maschinen) oder für sonstige Tätigkeit. Ganz wesentlich wird das Interesse des Arbeiters gesteigert, wenn er das Ergebnis seiner Arbeit im vollen Umfange kennt und den Wert derselben einschätzen lernt. Dieses psychologische Moment ist namentlich da zu beachten, wo der einzelne Arbeiter nicht das fertige Erzeugnis, sondern nur Teile hierzu herstellt. Der einzelne Arbeiter muß den Wert seiner Teilarbeit am ganzen Werke erkennen, um das Gefühl des Stolzes auf die geleistete Arbeit und damit auch Arbeitsfreude bei ihm zu erzeugen. Aus dieser Erkenntnis heraus werden die Arbeiter in modernen Betrieben durch die Werkszeitung und bei der Ausbildung über die Erzeugnisse des Werkes und die Wichtigkeit der Einzelteile der Erzeugnisse aufgeklärt.

b) Die Pensumsidee.

Die psychologische Wirkung des Arbeitserfolges macht sich auch in der Würdigung der zu erreichenden Leistung bemerkbar und zeitigt hier den Leistungsgedanken oder die sog. Pensumsidee. Unter Pensumsidee versteht man die klare Vorstellung des einzelnen Mannes über die von ihm, seinen Mitarbeitern oder den einzelnen Arbeiterkolonnen zu erreichende Leistung innerhalb eines bestimmten Zeitabschnittes, und zwar in der Regel je Schicht.

Die zu erreichende Leistung muß also klar, leicht erkennbar und übersehbar sein, wenn sie als Grundlage einer Pensumsidee dienen soll. Es ist daher wichtig, die Arbeiten stets so zu organisieren, daß innerhalb eines bestimmten Zeitabschnittes ein ganz bestimmter, äußerlich leicht erkennbarer Arbeitsabschnitt geleistet wird bzw. geleistet werden kann. Auch bei größeren, länger dauernden Arbeitsaufgaben, wie z. B. im General- oder Prämiengedinge vergebenen Querschlags- oder Gewinnungsarbeiten, ist es zweckmäßig, das tägliche Pensum klar und eindeutig festzulegen, damit der Arbeiter genau über den Umfang der von ihm zu erreichenden Tagesleistung im klaren ist.

Diese genaue Umgrenzung der Arbeitsaufgabe erleichtert dem einzelnen Arbeiter nicht nur die Kontrolle über den jeweiligen Stand seiner eigenen Leistung während der Schicht, sondern auch die über den jeweiligen Stand der Leistung seiner Mitarbeiter. Diese Kenntnis wirkt unwillkürlich anspornend für den Fall, daß die Leistung innerhalb eines Schichtabschnittes zurückgeblieben sein sollte.

Von größter Bedeutung ist in dieser Hinsicht die gewohnheitsmäßige Leistung. Diese kann hoch, wird meist aber normal, mitunter auch sehr niedrig sein. Immer wird rein psychologisch das Bestreben erkennbar sein, die gewohnheitsmäßige Leistung zu erreichen, sie jedenfalls kaum zu überschreiten. Es ist daher außerordentlich wichtig, die normal erreichbare Leistung durch sorgfältige Zeitmessungen und Überwachungen festzustellen, damit nicht etwa niedrige Leistungen gewohnheitsmäßig werden, die man auf Grund der Pensumsidee beibehält.

Die aus der Pensumsidee herauswachsende gegenseitige Überwachungsmöglichkeit muß bei der Arbeitsteilung sowie bei der Unterteilung der Kameradschaften entsprechend beachtet werden. Die Arbeitsteilung ist möglichst so durchzuführen, daß eine vollkommene Loslösung der einzelnen Teilarbeiten voneinander erreicht wird. Die selbständig nebeneinander durchzuführenden Teilarbeiten werden jede für sich von besonderen Leuten nach besonderen Gedinge- oder sonstigen Lohnsätzen ausgeführt. Die reinliche Trennung der auszuführenden

Teilarbeiten ist namentlich da von günstiger Bedeutung, wo die Leistung der einen Gruppe von der Leistungsmenge oder Leistungsgüte der anderen Arbeitergruppe beeinflußt wird, weil sich nur auf diesem Wege die Verantwortlichkeit der einzelnen Gruppen klar erkennen läßt.

Die Verantwortlichkeit des einzelnen Mannes einer Kameradschaft, d. h. einer Kolonne, in der alle Leute die gleichen Teilarbeiten ausführen, läßt sich an Hand der Pensumsidee am einfachsten dadurch feststellen, daß man diese Kameradschaft in einzelne Untergruppen teilt, die einen leicht übersehbaren Anteil der gesamten Teilarbeit auszuführen haben. Beispielsweise kann man in einem Schüttelrutschenstreb die am Stoß arbeitenden Kohlenhauer in kleine Gruppen einteilen, die so groß sind, daß sie schwerere Arbeiten, die ein Mann allein nicht ausführen kann, gemeinsam durchführen können, die aber andererseits so klein sind, daß jeder einzelne Mann der Gruppe jeden anderen Gruppenangehörigen leicht überwachen kann. Die Gruppe wird außerdem für einen bestimmten Stoßabschnitt verantwortlich gemacht.

Die durch die Pensumsidee ermöglichte gegenseitige Überwachung ist zugleich eine notwendige Folge des Arbeitsegoismus. Derselbe besteht darin, daß ein Arbeiter nie oder doch nur selten die — wenn auch nur angenommene — Minderleistung des anderen durch Mehrleistung ausgleichen will, wenn man von gewissen Ausnahmefällen absieht, wie das gelegentliche Eintreten für einen erkrankten Kameraden, für einen schwächlichen Verwandten usw. Jedenfalls ist dieses Eintreten so gut wie ausgeschlossen, wenn der Verdacht oder gar die Sicherheit besteht, daß die Minderleistung auf Faulheit oder Böswilligkeit beruht.

So gut der Arbeitsegoismus bei richtiger Organisation der Arbeit zur gegenseitigen Überwachung der Leistung führen kann, so schädlich ist er aber auch bei falscher Arbeitsorganisation. In Abschnitt C V wird diese Erscheinung an Beispielen eingehend untersucht.

c) Arbeitstäuschung und Arbeitsunlust.

Noch unangenehmer als die zuletzt erwähnten Folgen des Arbeitsegoismus, die nur bei schlechter Arbeitsorganisation auftreten, sind die Folgen der stets bewußt ausgeführten Arbeitstäuschungen, die am stärksten bei schlechter oder schwer durchführbarer Beaufsichtigung der Arbeit in Erscheinung treten. Sie bestehen in der Regel in der Vortäuschung nicht geleisteter Arbeit. Hierzu gehört das schlechte Laden von Wagen, das Bauen von Steigerhäuschen im Versatz, die Zeitvergeudung oder das schleppende Arbeiten bei langen, schwer übersehbaren Antransporten, bei häufigem Arbeitswechsel und dementsprechend häufigen Wechselpausen und bei Betriebsstörungen.

In allen Fällen sind also die Ursachen der Arbeitstäuschungen schlechte Aufsicht oder schlechte Aufsichtsmöglichkeit, beschwerliche Arbeitsverrichtungen, schlechte Arbeits- und Betriebsorganisation und schlechter Betriebszustand.

Im Bergbau ist die schlechte Aufsichtsmöglichkeit vor allem in den zersplitterten Betrieben gegeben. Die Entwicklung der Abbaumethoden zu Konzentrationsbetrieben ist also auch unter diesem Gesichtspunkte eine Notwendigkeit. Beschwerliche Arbeitsvorgänge ersetzt man am besten durch Mechanisierung der Arbeit. Bei mechanischem Versatz, insbesondere bei mechanischem Trockenversatz erhält man stets und ohne Mühe eine gute Versatzvollständigkeit. Das Offenhalten von kleineren Hohlräumen würde hier mitunter Mühe machen. Aus dem Schüttelrutschenbetriebe erhält man meist volle Wagen. Bei der Arbeits- und Betriebsorganisation ist darauf zu achten, daß möglichst wenig Arbeitsunterbrechungen entstehen und vor allem kein Platzwechsel der Leute erforderlich ist.

Naturgemäß können Arbeitstäuschungen auch den Zweck haben, das verlangte Arbeitspensum vorzutäuschen. Wenn sich derartige Täuschungsversuche häufen, so ist zu untersuchen, ob das verlangte Pensum normal erreichbar ist. Vielfach ist die Täuschung darauf zurückzuführen, daß die Leistung selten oder nie erreichbar ist.

Arbeitstäuschungen zeigen in der Regel das Vorhandensein von Arbeitsunlust. Sieht man von den außerhalb des Betriebes liegenden Ursachen der Arbeitsfreude bzw. Arbeitsunlust ab, so erkennt man leicht, daß im Betriebe der Arbeitsunlust dieselben Ursachen zugrunde liegen wie der Arbeitstäuschung. Neben den betrieblichen Ursachen und der Betriebsaufsicht spielt natürlich auch die richtige Behandlung der Arbeiterschaft durch die Verwaltung, die Lohnpolitik usw. eine erhebliche Rolle. Insbesondere steht auch die Art der Gedingebildung mit der Organisation der Arbeit in engen Wechselbeziehungen. Eine richtige Gedingezergliederung kann den Erfolg einer Arbeitsorganisation wesentlich begünstigen. Auch hier sind in erster Linie die psychologischen Rückwirkungen nicht allein auf die Arbeitsfreudigkeit, sondern auch in bezug auf die Pensumsidee, die gegenseitige Überwachung, den Arbeitsegoismus und die Arbeitstäuschung zu beachten.

IV. Die Organisation der Einzelarbeit.

a) Die Einteilung der Einzelarbeiten.

Grundlegend für die Organisation der Einzelarbeit sind die Arbeitsbedingungen, nach denen die Arbeit auszuführen ist. Mit der Maßgabe, daß alle denkbaren Übergänge von der einen Stufe zu anderen möglich und mehr oder weniger auch vorhanden sind, läßt sich die Ausführung der Einzelarbeit etwa in die folgenden Gruppen einteilen:

A. Arbeiten, die aus wenigen, einfachen Handgriffen bestehen, die sich

1. bei völlig gleichbleibenden Arbeitsbedingungen stets in derselben Reihenfolge wiederholen,

a) mit einem Arbeitstempo, das dem Arbeiter durch den Gang des Betriebes, der Maschine usw. mehr oder weniger vorgeschrieben ist (Walzwerksarbeit, Arbeit an Stanzmaschinen, Arbeit am Fordband),

b) mit einem vom Arbeiter allein abhängigen Arbeitstempo (Gesenkschmieden von Hand, Nägelschmieden im Gesenk);

2. Arbeiten wie A., jedoch mit mehr oder weniger wechselnden Arbeitsbedingungen (Schaufelarbeit);

3. Arbeiten wie A., jedoch mit unregelmäßiger Reihenfolge der Handgriffe und Teilarbeiten (Aufräumungsarbeiten).

B. Arbeiten, die aus einer größeren Anzahl mehr oder weniger komplizierter Handgriffe oder Teilarbeiten bestehen, die sich

1. in gleicher Reihenfolge wiederholen

a) bei gleichbleibenden Arbeitsbedingungen mit vorgeschriebenem oder beliebigem Arbeitstempo (Gleislegen),

b) mit wechselnden Arbeitsbedingungen (Auszimmern);

2. Arbeiten wie B., jedoch mit unregelmäßig wechselnder Reihenfolge der einzelnen Handgriffe bzw. Teilarbeiten

a) bei gleichbleibenden Arbeitsbedingungen (Rangierbetrieb auf einem Zechenbahnhofe),

b) bei wechselnden Arbeitsbedingungen (Hauerarbeit vor einem Kohlengewinnungspunkt).

b) Leistungssteigerung (Intensivierung) durch Erhöhung der Arbeitsgeschwindigkeit.

Das Ziel der Organisation der Arbeit kann eine Intensivierung — Leistungssteigerung —, besser aber eine Rationalisierung, also Wirtschaftlichkeitssteigerung sein, wobei zu beachten ist, daß ein durch erhöhte Leistung ermöglichter stärkerer Absatz auch dann gewinnbringender sein kann, wenn der Gewinn am einzelnen Stück geringer wird.

Durch Arbeitszeitverlängerung läßt sich eine Leistungssteigerung nur innerhalb eng beschränkter Grenzen herbeiführen, da die tägliche Arbeitszeit infolge der Ermüdung der Arbeiter nicht über ein bestimmtes Maß hinaus festgelegt werden darf, und diese Zeit auch durch die sozialen Verhältnisse mehr oder weniger bestimmt wird. Dagegen läßt sich eine Leistungssteigerung im allgemeinen sicherer durch Erhöhung der Arbeitsgeschwindigkeit mit Hilfe der Arbeitsteilung, Normalisierung, Typisierung, Mechanisierung und Automatisierung erreichen. Die Steigerungsmöglichkeiten sind hier unvergleichlich größer, soweit die Technik in Frage kommt. Allerdings setzt dieses Verfahren eine Massenherstellung voraus, um den Bedingungen der Wirtschaftlichkeit zu genügen, sobald die Erhöhung der Arbeitsgeschwindigkeit nur durch teure Anlagen erreichbar ist.

Größere maschinelle Anlagen sind daher im Grubenbetriebe nur da angebracht, wo es sich um die Gewinnung und Förderung großer Massen handelt. Sie setzen also eine möglichst weitgehende Konzentration der Gewinnungsbetriebe voraus, in denen größere Arbeiterkolonnen tätig sind. Die Arbeitsorganisation von Kolonnen (größeren Kameradschaften) wird in Abschnitt C V besprochen.

Wichtig sind jedoch sowohl für die Kolonnenarbeit als auch für die Einzelarbeit alle die kleineren, vielfach kostenlosen Mittel, durch welche die Arbeitsgeschwindigkeit erhöht werden kann. Die wichtigsten hierbei in Betracht kommenden Gesichtspunkte sind:

1. Die normale, gleichmäßige Tätigkeit des Arbeiters, sei es an der Maschine oder bei Handfertigungen, soll nicht durch Neben- oder Hilfsarbeiten unterbrochen werden. Gegebenenfalls ist eine entsprechende Arbeitsteilung vorzunehmen.

2. Zwischentransporte vom Lager zum Arbeitsplatz und von Arbeitsplatz zu Arbeitsplatz sind möglichst zu kürzen, evtl. zu mechanisieren (Fließarbeit!) oder so zu organisieren, daß die Zeitverluste und Kosten möglichst gering werden. Dies kann erreicht werden:

a) durch Arbeitsteilung — Übertragung der Transportarbeiten an billigere, ungelernte Arbeitskräfte,

b) durch Anlegung von Zwischenlagern in der Nähe der Arbeitspunkte (Steigerreviere usw.) möglichst am Fahrweg zum Arbeitspunkt,

c) durch Regelung des Ordnungsdienstes für die Zuführung, Ablagerung und Fortschaffung der Werkzeuge (Gezähe), des Materials, der Arbeitsstücke bzw. Erzeugnisse.

Beispiel. Montagefächer oder Montagebretter, auf denen die Einzelteile in der Reihenfolge der Verwendung angeordnet sind, so daß bei Bedarf dieselben Teile in der Reihe mehrere Male hintereinander auftreten können.

3. Die unter Punkt 1. und 2. erwähnten Arbeitsvorbereitungen weisen wiederholt auf die Vorteile der Arbeitsteilung hin. Die Arbeitsteilung hat nach folgenden Gesichtspunkten zu geschehen:

a) Teilung der Arbeitsvorgänge in solche, die zu ihrer Ausführung gelernter oder angelernter Arbeiter bedürfen, oder für die ungelernte Arbeiter genügen, und in

b) Arbeiten, die zu ihrer Ausführung vorwiegend Geschick und Erfahrung bei geringerer körperlicher Anstrengung, oder vorwiegend Kraft und Ausdauer bedürfen, und in solche, die sowohl Geschick und Erfahrung als auch Kraft und Ausdauer erfordern, um darnach den richtigen Mann an die richtige Stelle zu bringen. Es können vielfach auf diese Weise ältere, erfahrene Arbeiter noch hochwertige Arbeit leisten.

c) Die Arbeitsteilung soll ermöglichen, daß der hochwertige Arbeiter sich vor allem auf die Materialbearbeitung bzw. Materialgewinnung konzentrieren kann und möglichst wenig mit der Materialbewegung belastet wird.

4. Bei der Durchführung der Arbeitsgänge und Teilarbeiten sind sowohl deren anatomisch-physiologischen, als auch psychologischen Wirkungen zu beachten. Hierzu gehören auch der Arbeitsrhythmus, die Ablösung sehr schwerer Arbeiten bzw. Teilarbeiten (Hacken sehr harter Kohlen) durch leichtere Arbeiten (Wegfüllarbeit usw.) im rechtzeitigen Wechsel, die Einwirkung der Gefahren der Arbeit, die Betriebseinrichtungen, Licht, Sauberkeit, Ordnung, Bewetterung usw. Der Einfluß dieser äußeren Einwirkungen darf nicht unterschätzt werden. So sank die Hauerleistung vor Ort in einem Meuselwitzer Braunkohlentiefbau infolge matter Wetter von normal 28 Wagen je Schicht auf 25 Wagen[1].

Aus den Zeitmessungen ergeben sich weiter als Vorarbeiten:

5. Bei Arbeiten, die in verschiedener Weise durchgeführt werden, die Auswahl des unter Berücksichtigung von Leistung, Lohn, Material, Kosten und Güte wirtschaftlichsten Verfahrens;

6. entbehrliche Teilarbeiten werden ausgemerzt;

7. Teilarbeiten, die an anderer Stelle zweckmäßiger und billiger durchgeführt werden, sind dorthin zu verweisen, z. B. wird das Zurichten des Grubenholzes (Ausblatten, Auskehlen usw.) maschinell auf dem Holzplatz zweckmäßiger ausgeführt werden, als von Hand unter Tage.

8. Die zweckmäßigste Anordnung und Kombination der einzelnen Teilarbeiten ist anzuwenden. Die Bedeutung hierfür geht u. a. daraus hervor[2], daß ein ganz bestimmter Ausbau in einem Abbauorte von einem Hauer H gewohnheitsmäßig in durchschnittlich 27 min 43 sec fertiggestellt wurde, während ein anderer Hauer W, der vor demselben Ort in der anderen Schicht arbeitete, hierzu durchschnittlich 70 min 39 sec brauchte. Die längere Arbeitsdauer des Hauers W war darauf zurückzuführen, daß er stets einen schräggestellten Hilfsstempel brauchte, um das als Kappe dienende Schalholz vorläufig festzumachen. Hierauf legte er das Fußholz, nahm Maß für die Stempel und fügte diese ein. Der Hauer H legte zuerst das Fußholz, drückte die Kappe mit der Schulter gegen das Hangende, um Maß für die Stempellänge zu nehmen, und fügte in gleicher Weise — indem er die Kappe mit der Schulter gegen das Hangende andrückte — den Stempel ein. Nachdem der Beobachter den Hauer W über die Arbeitsweise seines Arbeitskameraden aufgeklärt hatte, konnte dieser den Ausbau sofort in 44 min 48 sec, also mit einer Zeitverkürzung von 25 min 51 sec herstellen. Es ist anzunehmen, daß sich der Zeitbedarf noch weiter verkürzen wird, sobald der Hauer W auf die ihm bis dahin unbekannte Arbeitsweise besser eingeübt ist.

9. Es ist Klarheit über das gelegentliche Zusammenarbeiten von zwei oder mehreren Leuten zu schaffen. Die Organisation der dauernden Zusammenarbeit wird in Abschnitt C V erörtert. Bei den gelegentlichen, gewohnheitsmäßig geleisteten Hilfsarbeiten ist zu untersuchen, wie groß die Pausen (Arbeitsunterbrechungen, Wartepausen usw.) infolge der Hilfeleistung sowohl bei dem helfenden

---

[1] Schultze: a. a. O. S. 70.   [2] Walther, a. a. O. Dissertation Freiberg.

als auch bei dem unterstützten Arbeiter werden. Die unter Einrechnung der Pausen sich ergebende Gesamtzeit ist oft länger als die Zeit, die ein Mann allein zur Ausführung derselben Arbeit braucht. Es ist daher festzustellen, mit welcher Mindestzahl von Leuten die Arbeit betriebssicher durchgeführt werden kann, und welche Dauer sie dann — im einzelnen — bei dieser und einer größeren Anzahl von Leuten erfordert. Die Leutezahl, bei der die gesamten Arbeitsstunden, einschließlich der Wartepausen usw., am geringsten werden, ist die günstigste. Naturgemäß kann vielfach die Zahl und Länge der Pausen durch eine bessere Organisation des Zusammenarbeitens erheblich verkürzt werden.

In vielen Fällen werden an den einzelnen Arbeitspunkten bestimmte Spezialarbeiter, wie z. B. die Schießmeister, zwar in jeder Schicht ein- oder mehrmals, stets aber nur auf kurze Zeit gebraucht. Lassen sich die Zeitenfolgen, an denen diese Spezialarbeiter an den einzelnen Punkten tätig sein sollen, nicht mit unbedingter Sicherheit einhalten, so entstehen in der Regel erhebliche Zeitverluste, von denen dann meist eine größere Anzahl von Arbeitspunkten betroffen wird. Bei der Arbeits- und Betriebsorganisation ist daher zu erstreben:

a) entweder der Wegfall von Einrichtungen, die nur zeitweise Spezialarbeiter erfordern,

b) oder die Ausdehnung des Einzelbetriebes (Kameradschaft, Schüttelrutschenabbau größeren Stiles), so daß Spezialarbeiter (Schießmeister, Maschinenschlosser) dauernd vor Ort beschäftigt werden können.

10. Bei der Übernahme der Arbeit von einem Arbeiter durch einen anderen ist streng darauf zu sehen, daß stets ein bestimmter Arbeitszustand vorliegt. Dies versteht sich für die Übernahme von Fertigungsstücken in Maschinenfabriken bei Reihenarbeiten usw. von selbst, da sonst eine geordnete, systematische Fertigungsarbeit unmöglich wäre. Im Bergbau ist ebenfalls darauf zu halten, daß vor Ort bei mehrschichtigem Betriebe stets ein bestimmter, in sich abgeschlossener Arbeitsabschnitt von der jeweiligen Schichtbelegschaft erledigt wird (Pensumsidee), da sonst ein Leistungsabfall eintritt.

11. Die Pensumsidee ist auch für die Bemessung der innerhalb der einzelnen Schichtabschnitte (z. B. Schichtbeginn bis Frühstückspause) zu leistenden Arbeit von Bedeutung. Auch hier ist es wichtig, die Arbeit so zu organisieren, daß deutlich erkennbare Leistungsabschnitte erreicht werden können. Im Salzbergbau wird z. B. meist innerhalb jeder halben Schicht von den Hauern eine bestimmte Anzahl von Bohrlöchern von bestimmter Tiefe gebohrt, besetzt und abgetan. Der geringe Sprengstoffmehrverbrauch kommt gegenüber dem Zeitgewinn nicht in Betracht, der sich durch das systematische Ansetzen und Bohren der Löcher erreichen läßt.

12. Bei kompliziert zusammengesetzten Arbeitsgängen mit unregelmäßig wechselnder Reihenfolge der Teilarbeiten ist darauf hinzuwirken, daß eine zu große Zahl der Arbeitswechsel (s. Punkt 4) durch geschicktes Zusammenlegen der einzelnen Teilarbeiten, evtl. unter Übertragung der einzelnen Teilarbeiten an verschiedene Personen, vermieden wird. Dadurch lassen sich die sonst unvermeidlichen Wechselpausenzeiten ersparen und für die eigentliche Arbeitsleistung verwenden. So stellte Erler[1] fest, daß die Arbeit der Kohlenhäuer, die aus den Teilarbeiten der Kohlengewinnung, der Wegfüllarbeit, des Ausbauens und des Versetzens besteht, in der Schicht 60- bis 90mal unter diesen Teilarbeiten in regelloser Reihenfolge wechselt. Abb. 50 zeigt eine Arbeitsfeststellung mit geringerer Wechselzahl (etwa 30).

---

[1] Erler: Zeitstudien auf der Betriebsabteilung Ölsnitz der Gewerkschaft Gottes Segen zu Lugau S. 36. Dissertation Freiberg 1928.

14*

13. In vielen Fällen läßt sich die Arbeitsleistung durch eine entsprechende Vorbereitung steigern und verbilligen. Eine wesentliche Arbeitsbeschleunigung ließ sich z. B. beim Vorstrecken der Gleise in einem Abraumbetrieb dadurch erzielen, daß man an den Schienen die Stellen, unter denen die Schwellen anzuordnen waren, bereits auf dem Stapelplatz durch rote Ölfarbenstriche markierte, was bei zweckentsprechender Stapelung schnell durchzuführen war. Die Schienen wurden dann zunächst seitlich auf der Bettung vorgestreckt, und zwar so, daß sie in ihrer Längsrichtung richtig lagen. Die roten Marken gaben dann gleich den richtigen Platz für die Lage der Schwellen an, so daß das zeitraubende Einmessen und Einrücken der letzteren wegfallen konnte, wodurch wesentlich Zeit erspart wurde.

Auf anderen Braunkohlentagebauen werden die Schienen mit den Schwellen feldbahnähnlich zu einzelnen Gleislängen verbunden, die am Montageplatz auf

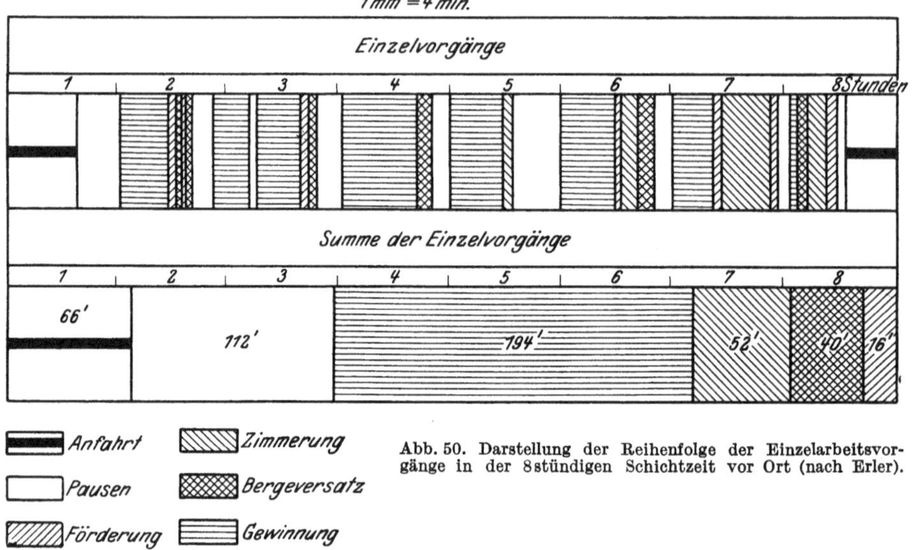

Abb. 50. Darstellung der Reihenfolge der Einzelarbeitsvorgänge in der 8stündigen Schichtzeit vor Ort (nach Erler).

den Transportwagen mittels fahrbaren Drehkran verladen und am Arbeitsplatz von diesem wieder aus dem Transportwagen entnommen und sogleich vorgestreckt werden.

Die systematische Arbeitsvorbereitung hat also den Zweck, die etwa auftretenden Schwierigkeiten zu vermeiden oder zu beseitigen, was in der Regel leichter und gewinnbringender ist, als sie zu überwinden.

14. Bei Arbeitsgängen, zu denen Arbeitsmaschinen benutzt werden, die für jeden Arbeitsgang neu aufgestellt (Säulenbohrmaschinen) oder vorgerichtet (Drehbänke) werden müssen, ist Vorsorge zu treffen, daß innerhalb eines Arbeitsganges möglichst große Gesamtleistungen erreicht werden können, um die mit dem Umbau der Maschinen verbundenen Wechselpausen möglichst abzukürzen. Man bohrt deshalb beim Streckenbetrieb im Salzbergbau von einer Säulenaufstellung der Bohrmaschine möglichst einen ganzen „Satz" von Bohrlöchern. Bei der Fertigung von Schrauben usw. aus der Stange legt man in die automatische Drehbank möglichst lange Stangen ein. Im Schüttelrutschenabbau macht sich ebenfalls das Streben nach langen Abbaustößen geltend. Dasselbe gilt für den Abbau mit Schrämmaschinen. Rechnerisch gilt die Über-

legung, daß die Gesamtarbeitszeit bedingt wird durch die reine Arbeitszeit (Laufzeit) und durch die Zurüstzeit nebst Wechselpausen. Nimmt man an, daß die Maschinenleistung mit der reinen Arbeitszeit (Laufzeit) im gleichen Sinne wächst, und die Summe einer Zurüstzeit nebst Wechselpausen stets konstant bleibt, setzt man ferner die Maschinenleistung je min reiner Arbeitszeit gleich a, die reine Arbeitszeit (Laufzeit) gleich t und die Summe von Zurüstzeit nebst Wechselpausen gleich z, so ist die Leistung der Maschine je min Betriebszeit gleich $\dfrac{a \cdot t}{z + t}$. Da z konstant ist, wird der Bruch um so größer, je größer t wird. Andererseits ergibt sich die Zweckmäßigkeit, z möglichst abzukürzen.

15. Die anzuwendenden Arbeitsverfahren können durch Änderung der Betriebsdisposition oder der Anlagen wesentlich geändert werden. Diese Notwendigkeit kann sowohl durch Änderung der Disposition oder der Anlage des eigenen Betriebsteils als auch der angeschlossenen Betriebsteile eintreten. So wird der Baggerbetrieb beeinflußt, wenn an Stelle eines Einfachschütters ein Doppelschütter und ebenfalls, wenn an Stelle einer Kettenbahn eine zugweise Abförderung der gewonnenen Massen tritt.

V. Die Organisation der Kolonnenarbeit.
a) Die Arbeitsteilung in der Kolonnenarbeit.

Die verschiedenartige Beeinflussung der Leistung, die durch das Zusammenarbeiten einer größeren Anzahl von Leuten einer Kolonne bzw. Kameradschaft zu beobachten ist, beruht in erster Linie auf der Organisation der Arbeit und des Betriebes, sowie auf psychologischen Einwirkungen.

Der wesentliche Unterschied zwischen der Arbeitsausführung durch einen einzelnen Mann gegenüber der durch eine Kolonne besteht für letztere in der Möglichkeit einer je nach der Sachlage mehr oder weniger weitgehenden Arbeitsteilung.

Wird der erforderliche Zeitaufwand für die einzelnen Teilarbeiten durch Zeitmessungen festgestellt, so läßt sich die theoretische Leistungsfähigkeit der Kameradschaft ermitteln. Diese Ermittlung erfolgt durch Addition der für die einzelnen Teilarbeiten in Ansatz zu bringenden Durchschnittszeiten unter Berücksichtigung der reinen Arbeitszeit je Schicht und der Kolonnenstärke.

Bei dieser Ermittlung der theoretischen Leistungsfähigkeit sind jedoch Wechsel- und Wartepausen, die sich aus der Organisation der Arbeit und des Betriebes ergeben, nicht berücksichtigt worden. Es wird natürlich nicht möglich, zum Teil auch nicht einmal immer zweckmäßig sein, die von den Mitgliedern der Kameradschaft zu leistenden Teilarbeiten pausenlos neben- und hintereinander zu schalten.

Bei schwerer körperlicher Arbeit ist ein gewisser Wechsel in den auszuführenden Teilarbeiten für die Leistungsfähigkeit des einzelnen Mannes günstig, wenn bei jedem Wechsel andere Muskelpartien zur Arbeit gebraucht werden (Wechsel zwischen Füllarbeit und Wagenstoßen).

Je nach der Art der Arbeit sind Pausen zwischen der Ausführung der einzelnen Arbeitsabschnitte oft unvermeidlich, wie z. B. beim Bahnbau zwischen dem Verlegen einiger Gleislängen, dem Materialnachschub und dem erneuten Verlegen.

Endlich ist es mitunter unmöglich, die einzelnen Teilarbeiten in der Kolonne so zu verteilen, daß alle Mitglieder derselben zu jeder Zeit gleich stark belastet sind.

Die praktisch erreichbare Leistung bleibt also hinter der theoretischen infolge der eintretenden Zeitverluste zurück. Es ist der Zweck einer guten Arbeitsorganisation, die praktische Höchstleistung der theoretischen soweit als möglich

zu nähern, wobei man das Verhältnis $\frac{\text{praktische Leistung}}{\text{theoretische Leistung}}$ als den Wirkungsgrad der Organisation der Kolonnenarbeit bezeichnen kann.

Zur Vermeidung bzw. Einschränkung der Wechsel- und Wartepausen wird
der gesamte Arbeitsgang nach Maßgabe der zweckmäßigsten Zergliederung in
Teilarbeiten zerlegt, wie z. B. in das Bohren und Sprengen, Hacken, Schrämen,
Wegfüllen, Versetzen, Verzimmern usw. Die Zusammenfassung erfolgt dann so,
daß die organisch zweckmäßig zusammen auszuführenden Teilarbeiten von bestimmten Leuten der Kolonne bzw. Kameradschaft, je nach Lage des Falles
auch in bestimmten Schichten, fertiggestellt werden.

Ein wichtiger Vorteil dieser Arbeitsteilung innerhalb der Kolonne liegt in
der dadurch gegebenen Möglichkeit, auch ältere, für schwere Arbeiten nicht mehr
geeignete Bergleute vollwertig mit solchen Arbeiten beschäftigen zu können,
deren Ausführung in erster Linie gute handwerksmäßige Ausbildung, Geschick
und Erfahrung verlangt, wie z. B. der Ausbau, das Verlegen der Schüttelrutschen usw.

Die Arbeitsteilung gestattet überhaupt in den einzelnen Schichtenbeleg-
schaften zur Ausführung der einzelnen Teilarbeiten diejenigen Arbeiter zusammenzufassen, die sich für die betreffenden Teilarbeiten besonders eignen.
Die Arbeiter können sich dann in den ihnen zugewiesenen Spezialarbeiten besonders gut dadurch vervollkommnen, daß sie ausschließlich mit diesen Arbeiten
betraut werden. Außerdem spielen sich die einzelnen Arbeiten besser aufeinander ein.

Die individuelle Berücksichtigung der einzelnen Arbeiter ist sonach sowohl
für die zweckmäßigste Zusammenstellung der Arbeiter zu Kolonnen und Ko-
lonnengruppen als auch für die Organisation der Kolonnenarbeit von erheblicher
Bedeutung. Die Leistung der Kolonne ist hiervon wesentlich abhängig. So stellte
Walther[1] fest, daß vor ein und demselben Ort der kräftigere Hauer S. persönlich
eine größere Arbeitsleistung in der Schicht aufzuweisen hatte, als der ältere und
erfahrene Hauer H., der ersterem jedoch in der Ausbauarbeit stark überlegen war.
Infolge seiner größeren Geschicklichkeit konnte der Hauer H. den Ausbau fast
ohne fremde Hilfe fertigstellen. Er brauchte daher seinen Lehrhauer nur während 2,5% der reinen Arbeitszeit zur Hilfeleistung, während der Hauer S. seinen
Lehrhauer auf 12,6% dieser Zeit zum Ausbau mit heranzog. Infolgedessen konnte
der Lehrhauer des H. 8,9% der reinen Arbeitszeit zur Kohlengewinnung verwenden, während dem Lehrhauer des S. hierfür keine Zeit zur Verfügung stand.
Die bessere Gesamtorganisation der Arbeit durch den Hauer H. bewirkte, daß
sein Lehrhauer 41,5% der Schichtzeit zum Abtransport der Kohlen verwenden
konnte, der Lehrhauer des S. dagegen nur 21,7%. Die Schichtleistung des
Hauers H. mit seinem Lehrhauer betrug 3,96 m³ Kohle, die des Hauers S. mit
seinem Lehrhauer nur 3,30 m³ Kohle trotz größerer körperlicher Anstrengung
des S. Die Lehrhauer waren an sich gleich leistungsfähig. Dieses Beispiel zeigt die
Wichtigkeit der guten handwerksmäßigen Ausbildung der Hauer für die Durchführung einer guten Arbeitsorganisation und der darauf beruhenden zweckmäßigen Zusammenarbeit der Leute in den Kameradschaften.

Es ist klar, daß in kleinen Kameradschaften mit der Veranlagung des evtl.
allein vorhandenen Hauers gerechnet werden muß und die Leistung der einzelnen
Kameradschaft hiervon abhängig wird. In größeren Kolonnen läßt sich dagegen
die Arbeit besser unterteilen und je nach der besonderen Veranlagung dem einzelnen Arbeiter übertragen, so daß dadurch die Gesamtleistung ohne stärkere
Belastung des einzelnen erhöht wird.

---

[1] Walther: a. a. O.

Die Betriebsmaßnahmen sind so zu treffen, daß ständige Wiederholungen kurzer Pausen für eine größere Anzahl der Belegschaft vermindert werden, wenn sich die hierbei zu erledigenden Arbeiten vorbereitend durch einen oder wenige Arbeiter erledigen lassen, wie z. B. Vorbereitung der Materialausgabe, die natürlich rechtzeitige Bestellung erfordert.

b) Die Pensumsidee bei der Kolonnenarbeit.

Durch die Arbeitsteilung wird ferner der gesamte Arbeitsprozeß übersichtlicher. Die zu erwartende Leistung wird der Zeitbeobachtung wesentlich zugänglicher, so daß sich durch sorgfältige Zeitmessungen in sehr großem Umfange für einen bestimmten Arbeitspunkt zuverlässige Durchschnittsangaben über die Leistungsfähigkeit gewinnen lassen. Die objektive Pensumsfeststellung wird daher mit zunehmender Arbeitsteilung zuverlässiger.

Die sichere objektive Pensumsfeststellung wirkt zugleich fördernd auf die psychologische Pensumsidee. Es ist ganz selbstverständlich, daß der einzelne Arbeiter sich um so leichter eine Vorstellung über den Umfang seiner jeweiligen Arbeitsleistung und über die bis zum Schluß der Schicht noch zu erledigende Leistung machen kann, je einfacher sich die Arbeit aufbaut. Solange ein Hauer allein vor Ort arbeitet, überblickt er den Stand seiner Arbeit auch dann, wenn sie sich aus mehreren verschiedenartigen Leistungen, etwa denen der Kohlengewinnung, des Ausbaues und des Versatzes zusammensetzt, da er seine Leistung vollkommen zuverlässig nach der Menge der von ihm gewonnenen Kohlen berechnen kann. Innerhalb einer Kolonne übersieht er kaum die Gesamtleistung und noch weniger den von ihm geleisteten oder richtiger den von ihm zu erwartenden Anteil, wenn die einzelnen Leute mehr oder weniger wahllos alle vorkommenden Arbeiten ausführen, und es den einzelnen Leuten überlassen bleibt, sich in regellosen Anteilsverhältnissen an der Kohlengewinnung, an der Versatzarbeit usw. zu beteiligen.

Hier kann eine auf sorgfältiger Zeitmessung aufgebaute Arbeitsteilung wesentliche Abhilfe schaffen. Da hierdurch je nach dem Umfange der Arbeitsteilung dem einzelnen Manne oder einer kleineren Gruppe von Leuten eine bestimmte, in ihrem jeweiligen Umfange und Stande leicht übersehbare Teilarbeit übertragen wird, so kann jeder Mann die von dem einzelnen zu erledigende Arbeit leicht übersehen, d. h. sowohl er als auch seine Arbeitskollegen können das dem einzelnen zugewiesene bzw. von ihm in dem Verlauf der Schicht noch zu erledigende Arbeitspensum zutreffend beurteilen. Es wird also eine Selbstkontrolle und eine Kontrolle durch die Arbeitskollegen mit zunehmender Arbeitsteilung ermöglicht, die psychologisch in der Regel die Wirkung hat, daß der einzelne Arbeiter das vorgesehene und gewohnheitsgemäß erreichte Arbeitspensum auch dann noch sicher erfüllt, wenn gelegentliche, nicht übermäßig große Schwierigkeiten auftreten.

Diese psychologische Rückwirkung ist so wichtig, daß man bei schichtenweiser Verteilung der Arbeit mit größter Sorgfalt dafür sorgen muß, daß die den einzelnen Schichten zugeteilten Teilarbeiten auch innerhalb der Schichtzeit erledigt werden.

Der streng schichtenmäßig durchgeführte Arbeitswechsel ermöglicht ferner eine bessere gleichmäßige Anordnung der übrigen hier mit eingreifenden Betriebseinrichtungen, sowie der Gestellung bzw. auch der Zurichtung der Betriebsmittel und der Hilfsstoffe.

In welchem Umfange eine Zergliederung der Arbeit möglich ist, hängt von der Art derselben und in vielen Fällen auch von den Gebirgsverhältnissen ab.

Im Braunkohlentiefbau muß Kohlengewinnung und Förderung Hand in Hand gehen, um die Arbeiten ungestört durchführen zu können. Dasselbe gilt sinngemäß für alle ähnlichen Arbeiten in lockeren, rolligen Gebirgsschichten. Jedoch wirkt die Art des Zusammenarbeitens der Leute oft wesentlich auf die Leistungsfähigkeit ein. Bleibt der Hauer stets im Bruch tätig, so daß er neben der Hereingewinnung der Kohlen und der Herstellung des Ausbaues nach Maßgabe der ihm noch zur Verfügung stehenden Zeit beim Füllen der Wagen hilft, so ist die Gesamtleistung meist wesentlich höher als bei der Arbeitsteilung, bei der sowohl der Hauer als auch der Schlepper selbst ihre Kohlen hacken, wegfüllen und wegfördern. Während im ersteren Falle der Hauer ohne häufige Wechselpausen dafür sorgen kann, daß das hereingewonnene Kohlenhaufwerk jederzeit groß genug ist, um es störungsfrei wegfüllen zu können, muß im anderen Falle jeder einzelne Mann häufig zwischen Wegfüll- und Gewinnungsarbeit wechseln, um wieder genügend Kohlen zu haben. Man beobachtet dann in der Regel, daß der Mann beim Wegfüllen zunächst die letzten Kohlenreste mit der Schaufel zusammenkratzt, um sie noch wegzufüllen, ehe er wieder zur Hacke greift. Rein psychologisch läßt sich dies Verhalten dadurch erklären, daß die meisten Leute aus — hier allerdings falsch angebrachtem — Arbeitsegoismus für „den anderen" keine Kohlen hacken wollen. Jeder will „für sich" arbeiten. Durch Zeitmessungen ist festgestellt worden, daß die Füllzeit eines Wagens in extremen Fällen schlechter Zusammenarbeit wesentlich verlängert werden kann. Während die Füllzeit für einen 6 hl-Wagen bei einer in der zuerstgenannten Art durchgeführten Arbeitsteilung durchschnittlich 160 bis 180 sec betrug, überstieg sie bei schlechter Zusammenarbeit infolge des steten Mangels an hereingewonnener Kohle 350 sec, wobei die Zeiten für die Hereingewinnung der Kohle nicht mit zur Füllzeit gerechnet wurden. Trotz der längeren Füllzeit kann die Gesamtleistung der Kameradschaft bei der zweiten Art der Arbeitsorganisation dann höher werden, wenn die Hackarbeit infolge der sehr großen Härte und Festigkeit der Kohle so große Anforderungen an die Körperkräfte des Arbeiters stellt, daß ein häufigerer Wechsel mit den leichteren Wegfüll- und Förderarbeiten notwendig wird.

In anderen Fällen haben die Erfahrungen gelehrt, daß psychologische Hemmnisse, die die Arbeitsleistung herabsetzen, sehr häufig bei der Kolonnenarbeit eintreten, sobald das in der Schicht zu leistende Pensum nicht durch sinnfällige Arbeitsabschnitte gekennzeichnet ist. So gibt Nieder[1] an, daß nach einem Durchschnitt von 20 verschiedenen Flözen, auf denen während eines Jahres Abbaustreckenbetrieb und Pfeilerabbau stattfand, nebenstehende Hauerschichtleistungen erzielt wurden.

	Leistungen in t bei:	
	einschichtig. Betrieb	zweischicht. Betrieb
Abbaustreckenbetrieb . .	1,151	1,0545
Pfeilerabbau	1,371	1,2655

Der Leistungsrückgang ist hier vorwiegend auf das mangelhafte Hand-in-Hand-Arbeiten der vor Ort in verschiedenen Schichten arbeitenden Hauer zurückzuführen. In der Regel handelt es sich — wie auch beim Braunkohlentiefbau — darum, daß die Hauer der einen Schicht die Kohle soweit als möglich gewinnen, ohne das Ort vorschriftsmäßig zu verbauen, so daß die Hauer der folgenden Schicht diesen Mangel erst beheben müssen, ehe sie an die Kohlengewinnung gehen können. Dadurch geht dann für die Förderung kostbare Zeit uneinbringlich verloren. Es ist also notwendig, das Arbeitspensum so zu stellen, daß stets

---

[1] Nieder: a. a. O. S. 25.

der Ausbau am Schluß der Schicht vorschriftsmäßig erledigt ist. Sollte das Pensum infolge einer außergewöhnlichen Schwierigkeit nicht erreicht werden, so empfiehlt es sich, die Arbeit während des nächsten Baudrittels sofort so herrichten zu lassen, daß das Arbeitspensum wieder in der gewohnten Weise bei normalem Gange erledigt werden kann.

Es darf nicht verkannt werden, daß bei pensumsmäßiger Arbeitszuteilung je Schicht für die unvermeidlichen Zwischenfälle in den Abbauräumen eine gewisse Zeit eingesetzt werden muß. Anderenfalls müssen die durch Zufälligkeiten usw. unerledigt gebliebenen Arbeiten entweder in Überstunden oder von der nächsten Schicht nachgeholt werden. In beiden Fällen kann der Organisationsplan erst nach Ausführung dieser Mehrarbeit wieder eingehalten werden. Es müssen also Betriebsreserven bereitgehalten werden. Wendet man die Grundsätze der Fließarbeit an, die hier sinngemäß insofern eine Umkehrung erfahren muß, als die zu gewinnende Lagerstätte unbeweglich ist, so daß Mensch und Maschine an der Bearbeitungsfront entlang geführt werden müssen, so können Arbeitsverfahren entwickelt werden, bei denen Gewinnung, Förderung, Versatz und Ausbau gleichzeitig am gleichen Punkte unter weitgehender Arbeitsteilung erfolgen. Der Vorschlag von Meyer[1] zur Durchführung eines „fließenden" Abbaues mit aufwärts arbeitender Schrämmaschine ist ein typisches Beispiel hierfür.

Während im lockeren Gebirge bei den jetzigen Arbeitsverfahren keine zeitliche Trennung der einzelnen Arbeitsfolgen im Abbau erfolgt, findet z. B. beim Schüttelrutschenbau im Steinkohlenbergbau häufig eine weitgehende Gliederung der in den einzelnen Schichten auszuführenden Arbeiten statt, etwa in der Weise, daß in der einen Schicht Kohlen gewonnen und weggefördert werden, während die zweite Schicht dem Ausbau und dem Verlegen der Schüttelrutsche und die dritte Schicht dem Versatz dient. Voraussetzung für diese Arbeitsteilung ist ein einigermaßen gutes Gebirge, vor allem ein sorgfältiger Ausbau und Versatz. Durch eine straffe Organisation der Arbeit hat man im westfälischen Steinkohlenbergbau schon aus einem Schüttelrutschenbetrieb durchschnittliche Tagesleistungen von rd. 700 Wagen Kohle erreicht. Bei breiteren Abbauräumen, wie sie in günstigem Gebirge möglich sind, kann man gegebenenfalls mehrere Teilarbeiten gleichzeitig ausführen, ohne daß gegenseitige Störungen zu befürchten sind. Jedoch muß die Verteilung der einzelnen Teilarbeiten auf die einzelnen Belegschaftsmitglieder möglichst streng durchgeführt werden. Es empfiehlt sich häufig, diese Trennung auch auf die Stellung der Gedinge auszudehnen.

Beim Schachtabteufen findet in der Regel eine Einteilung in Bohrschichten, Wegfüll- und Ausbauschichten statt.

Im Kalisalzbergbau liegt meist eine fast vollständige Trennung der Gewinnungsarbeit von der Förderarbeit vor, die nur dann an gleicher Stelle erfolgt, wenn ein Freihalten des Arbeitsraumes für die Hauer nötig ist. Sonst erfolgt die Förderung möglichst geschlossen und unter Anwendung maschineller Hilfsmittel (Schüttelrutschen, Lademaschinen) aus solchen Abbauen, in denen während der ganzen Zeit der Förderung keine Gewinnungsarbeiten mehr umgehen. Die Organisation des Betriebes kann sich dadurch den Anforderungen einer konzentrierten Gewinnung und Förderung weitgehend anpassen, um so mehr als weiträumige Abbaue zur Verfügung stehen.

---

[1] Meyer: Fließarbeit beim Abbau flacher Flöze unter Verwendung von Schrämmaschinen. Glückauf 1929, S. 661.

c) Grundsätze für die Organisation der Kolonnenarbeit.

Die wichtigsten Grundsätze, die man bei der Organisation der Kolonnenarbeit zu beachten hat, sind nach den Ausführungen die folgenden:

1. Vermeidung der überflüssigen Wechselpausen durch zweckmäßige Arbeitsteilung,

2. objektive Feststellung des zu erwartenden Arbeitspensums für die einzelnen Belegschaftsmitglieder und Untergruppen,

3. sorgfältige Beachtung der psychologischen Pensumsidee,

4. Vermeidung der sachlichen und psychologischen Hemmnisse durch ein gutes Zusammenspiel der einzelnen Belegschaftsmitglieder einer Kolonne,

5. Unterstützung der Wirkungen der Arbeitsteilung je nach Lage des Falles durch getrennte Gedinge,

6. Verteilung der Teilarbeiten an die einzelnen Arbeiter je nach den Anforderungen derselben an die Kraft, das Geschick, die Erfahrung, die Sorgfalt und Zuverlässigkeit des Mannes,

7. Durchführung einer zweckmäßigen Arbeitsvorbereitung und rechtzeitigen Bereitstellung der Betriebsmittel.

Die Organisationsstudien haben sich daher u. a. auch auf die Feststellung des völligen oder teilweisen Leerlaufes der einzelnen Betriebsteile, auf die Frage der Mechanisierung des Betriebes usw. zu erstrecken. In den Abschnitten D und F werden diese Fragen eingehend behandelt.

Die für die Organisationsstudien einer Kolonnenarbeit erforderlichen Zeitmessungen werden am besten in der Weise durchgeführt, daß man zunächst eine allgemeine Untersuchung der einzelnen Arbeiten anstellt und darauf aufbauend die Grundlagen für die Beurteilung der Zusammenhänge schafft. Es empfiehlt sich darnach etwa folgendes Verfahren:

1. Untersuchung der einzelnen Arbeitsverrichtungen zunächst ohne Rücksicht auf den Zusammenhang mit den anderen Arbeiten, z. B. Feststellung der Zeiten für die Herstellung eines bestimmten Grubenausbaues, für die Hereingewinnung von 1 t Kohlen mit dem Abbauhammer oder anderem Gezähe usw.,

a) bei Ausführung durch einen Mann,

b) bei gemeinsamer Ausführung durch zwei oder mehrere Leute. Welche Leutezahl ist für die Ausführung einer bestimmten Arbeit am günstigsten? Beispielsweise wird ein bestimmter Ausbau von einem Mann in 60 min, von zwei Mann in 25 min und von drei Mann in 22 min hergestellt. Es ist dann die Zusammenarbeit von zwei Mann $(2 \cdot 25 = 50 \text{ min})$ am günstigsten, falls beide Leute auch sonst voll beschäftigt werden können, ohne daß erhebliche unproduktive Laufzeiten dadurch entstehen, daß der Hilfsmann seinen Arbeitsort dauernd wechseln muß.

2. Untersuchung des Zeitaufwandes einer Kolonnenarbeit.

a) Feststellung der theoretischen Leistung.

b) Vorarbeit: Verteilung bzw. Zuteilung bestimmter Arbeitsgänge bzw. Teilarbeiten auf bestimmte Schichten, z. B. Kohlengewinnung — Bergeversatz — Ausbau und Verlegen der Schüttelrutsche.

c) Feststellung der für jede Schicht erforderlichen Arbeiterzahl, des Materialbedarfs (Wagenverkehr) usw.

d) Beobachtung der Belastung der einzelnen Arbeiter, der einzelnen Arbeitsstellen sowie des ganzen Schichtbetriebes zwecks Entlastung der Überbelasteten und Belastung der Unterbelasteten, z. B. Erhöhung der Leistungsfähigkeit überbelasteter Betriebsstellen durch vermehrte Einstellung von Arbeitern oder Verbesserung bzw. Verstärkung der Einrichtungen.

e) Feststellung der praktischen Leistung bzw. des Wirkungsgrades der Arbeitsorganisation.

3. Untersuchung des zeitlichen Zusammenhanges der Leistung einer Kolonne bzw. eines Betriebsabschnittes mit den vor- und nachgeschalteten Betriebsabschnitten.

a) Vergleich der Leistungsfähigkeit des vor- und nachgeschalteten Betriebsabschnittes mit dem zu untersuchenden.

b) Prüfung zwecks Ausgleichs der Leistungsfähigkeit durch Verstärkung des schwächsten Abschnittes oder Einschaltung von parallelen Betrieben je nach Betriebssicherheit, Anlage- und Betriebskosten.

VI. Die Fließarbeit.

a) Die technischen Voraussetzungen für die Fließarbeit.

Lassen sich die wesentlichen Arbeiten eines Betriebes so unterteilen, daß die Teilarbeiten in gleichen Zeitabschnitten hintereinander ausgeführt werden können, so ist die Vorausssetzung für die Fließarbeit gegeben. Die Fließarbeit bedingt meist eine so weit gesteigerte Arbeitsteilung, daß viel mehr ungelernte Arbeiter verwendet werden können, als in sonstigen Fabrikbetrieben (bei der Reihenherstellung usw.) oder gar in Handwerksbetrieben. Ferner setzt der Fließbetrieb meist eine stärkere Mechanisierung sowohl bei den Arbeitsverrichtungen als auch bei den Fördermitteln und eine genaue Leistungsübereinstimmung der hintereinander bzw. parallel geschalteten Arbeitsvorgänge voraus. Daraus folgt, daß die Fließarbeit in gewisser Hinsicht eine Massenherstellung zur Voraussetzung hat. Es ist jedoch zu beachten, daß die Herstellung einfacher, mit nur wenigen Arbeitsvorgängen herstellbarer Erzeugnisse nicht Gegenstand einer Fließarbeit in betriebsorganisatorischer Hinsicht werden kann. Die Erzeugung einer großen Anzahl von Nägeln je Tag bleibt immer eine Reihenherstellung, während die Anfertigung von 20 bis 30 Kraftwagen je Tag in Fließarbeit erfolgen kann.

Sind die Voraussetzungen zur Fließarbeit[1] gegeben, so besteht zwischen:

n = Erzeugungsmenge je Zeiteinheit (etwa je min),
Z = Zeiteinheit (in min),
t = Zeitdauer je Teilarbeit in min = Arbeitstakt

die Beziehung:

$$t = \frac{Z}{n}.$$

Rechnet man beispielsweise mit täglich 10 Arbeitsstunden und jährlich 300 Arbeitstagen und entspricht n der Jahresproduktion, so würde sonach

$$t = \frac{10 \cdot 300 \cdot 60}{n}$$

sein.

Die Fließarbeit setzt eine weitgehende Kombination der genau gegeneinander abzustimmenden Organisation der Arbeit (Arbeitsteilung usw.) mit der Organisation der Anlage (Band, Anordnung und Durchbildung der Arbeitsmaschinen usw.), sowie mit der Organisation des Betriebes (örtliche Verteilung und Zufuhr von Einzelteilen, Armaturen usw.) voraus.

b) Die Bedingungen für die Wirtschaftlichkeit der Fließarbeit.

Die Wirtschaftlichkeit des Fließbetriebes hängt ab u. a. von der

1. Einrichtung der Anlagen,

---

[1] Kienzle: Fließarbeit, eine neue Form der Betriebstechnik. Z. V. d. I. 1927, S. 309.

2. Einwirkung auf die Konstruktion der Erzeugnisse,
3. Anpassungsfähigkeit der Fließarbeit an Betriebsbedingungen und Absatzverhältnisse und von dem
4. Kapitalbedarf.

1. Die Einrichtung der Anlagen.

Die Einrichtung für die Fließarbeit kann namentlich beim Zusammenbau häufig mit sehr einfachen und billigen Mitteln erreicht werden, so daß sich die Einrichtung auch dann lohnt, wenn sie nur verhältnismäßig kurze Zeit benutzt wird. In manchen Fällen genügen fahrbare Gestelle, auf denen der Zusammenbau erfolgt, die gegebenenfalls auch ohne streng einzuhaltenden Arbeitstakt verwendbar sind. Jedoch ist die Einhaltung des Arbeitstaktes (Pensumsidee) zur Einhaltung guter Leistungen unerläßlich.

Die Gestaltung der Fabrik muß bei Anwendung eines umfassenden Fließbetriebes den besonderen Anforderungen angepaßt sein, da, wie bereits erwähnt, eine genaue Leistungsübereinstimmung der hintereinander und je nach der Sachlage auch der parallel geschalteten Betriebsteile erreicht werden muß. Mit jeder Vervollkommnung des Fließbetriebes oder Änderung des Fabrikationsprogrammes ergeben sich für den Konstrukteur der Anlage neue Aufgaben für den Aufbau und die Aneinanderschaltung des Maschinenparkes, der Fördermittel und der sonst nötigen Anlageteile. Da der Aufbau auf lange Zeit hinaus die Grundlage der Arbeitsweise in wesentlich höherem Maße wie etwa bei der Reihenanfertigung gibt, so muß die Anlage für eine Fließarbeit viel gründlicher durchdacht werden. Sollten Änderungen nötig werden, so hat die Einpassung derselben unter Rücksicht auf die unverändert bleibenden Teile der Fließarbeitsanlage zu erfolgen.

In sehr vielen Fällen wird es zweckmäßig, auch wirtschaftlich notwendig sein, die Anlage zur Fließarbeit konstruktiv so durchzubilden, daß bei Bedarf das Arbeitsprogramm geändert werden kann, d. h. andere Erzeugnisse hergestellt werden können. Dieser Wechsel läßt sich beim Zusammenbau noch am leichtesten vollziehen. Am einfachsten ist dann die Kombination der Fließarbeit beim Zusammenbau mit der Reihenherstellung der Einzelteile in den vorangehenden Betriebsabschnitten. In welchem Umfange die Fließarbeit in Betriebsabschnitten bei Änderung des Arbeitsprogrammes beibehalten werden kann, läßt sich nur von Fall zu Fall entscheiden. In vielen Fällen wird es sich darum handeln, daß die konstruktive Durchbildung der Halbfabrikate (Armaturen usw.) eine Änderung der Erzeugnisse ohne wesentliche Änderung der Fabrikeinrichtung gestattet.

In manchen Fällen beschränkt sich die Fließarbeit mehr oder weniger auf den Zusammenbau. Die Herstellung der einzelnen Teile erfolgt je nach der Art derselben, d. h. je nach der Organisationsfähigkeit der Herstellungsweise entweder auch im Fließbetrieb oder in der Reihenfertigung, Chargenbetrieb usw. Die Reihenfertigung ist z. B. da nötig, wo die Anfertigung der betreffenden Teile wesentlich schneller vor sich geht, als sie im Fließbetrieb verarbeitet werden können. Es ist daher auch der Fall denkbar, daß z. B. Reihenfertigung und Fließbetrieb mehrfach wechselnd aufeinander folgen. In den Reihenfertigungsabteilungen werden dann jeweils bestimmte Mengen von Einzelteilen oder Halbfabrikaten hergestellt und auf Zwischenlager genommen. Die Abteilung kann dann je nach Bedarf stillgesetzt oder auf andere Arbeit umgestellt werden, während die Vorräte aus dem Zwischenlager gleichmäßig dem Fließbetrieb zugeführt werden. Der Übergang von einer Steinkohlenwäsche zum Kokereibetrieb zeigt den Wechsel eines vorangehenden Fließbetriebes in einen Chargenbetrieb.

2. Die Einwirkung auf die Konstruktion der Erzeugnisse.

Bei der Herstellung von Maschinen, Fahrzeugen usw. werden im Fließbetrieb nur eine oder wenige Typen herausgebracht. Die Fabrikation bleibt außerdem längere Zeit bei diesen Typen im Gegensatz zur Einzel- und auch zur Reihenfertigung, wo öfters ein Wechsel eintritt bzw. eintreten kann. Es ist sonach weniger zu konstruieren. Die Konstruktionen müssen jedoch gründlicher durchgearbeitet werden, da sie die Entwicklungsmöglichkeiten weitgehend berücksichtigen müssen, um nicht vorzeitig zu veralten, sondern um der etwaigen Entwicklung ohne grundlegende Änderungen angepaßt werden zu können. Die bei anderen Arbeitsverfahren häufig in den Zeichnungen vorkommende Bemerkung: „bei Zusammenbau anpassen" muß bei der Fließarbeit vermieden werden. Gerade hierdurch erwachsen dem Konstrukteur manche Schwierigkeiten, von deren restloser Lösung oft der wirtschaftliche Erfolg der Fließarbeit abhängt. Solche Schwierigkeiten entstehen z. B., wenn Maschinenteile unter bestimmten Winkeln miteinander verbunden werden müssen (Vielnutwellen statt einfacher Keilnut usw.). Grundsätzlich müssen die Einzelteile so genau bearbeitet werden (Toleranzen!), daß der Austauschbau in jeder Beziehung durchführbar ist.

Die im Betriebe gewonnenen Erfahrungen sind naturgemäß zur Weiterentwicklung der Konstruktion zu verwerten. Es kann sich hierbei sowohl um kleine Verbesserungen, die die Type an sich nicht ändern, sondern nur die Fließarbeit weiter vereinfachen, als auch um Vorarbeiten für zukünftige Typen handeln. Bei den Änderungen der ersten Art ist darauf zu sehen, daß die Austauschbarkeit der verbesserten Teile gegen ältere möglich ist.

3. Die Anpassungsfähigkeit der Fließarbeit an Betriebsbedingungen und Absatzverhältnisse.

Es wurde bereits bei der Besprechung der Einrichtung der Anlage darauf hingewiesen, daß diese häufig konstruktiv so durchgebildet sein muß, daß bei Bedarf das Arbeitsprogramm geändert werden kann. Ebenso wurde dort die Rückwirkung auf die konstruktive Durchbildung der Halbfabrikate usw. erwähnt. Die Fließarbeit kann in solchen Fällen wie eine Reihenerzeugung organisiert werden.

Handelt es sich nur um geringfügige Unterschiede bei den einzelnen Erzeugnissen, so ist es zweckmäßig, die Grundkonstruktion so durchzubilden, daß die Differenzierung erst in einem möglichst späten Stadium des Zusammenbaues eintritt.

Die Leistung einer Einrichtung zur Fließarbeit kann in der Regel stark verändert werden. Die Leistungsfähigkeit wird man normalerweise zu etwa 75 bis 85% ausnutzen, um Spielraum nach oben und unten zu haben. Geringere Schwankungen von etwa 10 bis 15% der Normalleistung kann man durch Verlangsamung und Beschleunigung des Bandes herbeiführen. Eine weitere Leistungsänderung läßt sich durch Vermehrung bzw. Verminderung der am Bande tätigen Arbeiter bewirken. Von wesentlicher Bedeutung für die wirtschaftliche Einwirkung ist die Art, wie sich die Ausführung der Teilarbeiten (Arbeitstakt) organisieren läßt. Nicht zuletzt ist hier die konstruktive Durchführung der Einzelteile von ausschlaggebender Bedeutung. Am einfachsten ist die Maßnahme, etwa jeden zweiten Mann wegzunehmen, die Bandgeschwindigkeit auf die Hälfte herabzusetzen und von jedem Arbeiter zwei aufeinanderfolgende Arbeitsgänge auszuführen zu lassen. Die Leistung wird damit auf die Hälfte herabgesetzt. Arbeitszeitverkürzungen werden am besten in der Weise durchgeführt, daß man den Betrieb an den Arbeitstagen voll durchführt und ihn an einem Tage oder an mehreren Tagen in der Woche stillsetzt, um gleichzeitig auch die allgemeinen Unkosten, Verwaltungsarbeit usw. herabsetzen zu können.

4. Kapitalbedarf.

Der Haupteinfluß der Fließarbeit liegt in der höheren Leistungsfähigkeit der Anlage, die durch deren bessere Ausnutzung bewirkt wird, besonders da sie auf besserer Arbeitsorganisation beruht. Die Anlagekosten können dadurch relativ erniedrigt werden, wobei allerdings zu beachten ist, daß bei komplizierten Arbeitsvorgängen auch teurere Einrichtungen nötig sind, die auf längere Zeit voll ausgenutzt werden müssen, wenn die anteiligen Anlagekosten herabgesetzt werden sollen.

Ein weiterer Einfluß der Fließarbeit auf die Kosten liegt in dem ihr eigentümlichen Arbeitsverfahren, durch das der Verbrauch an Roh- und Hilfsstoffen gleichmäßig gestaltet wird. Bei reinem Fließbetrieb sind auch keine Vorräte an Halbfabrikaten nötig. Die Roh- und Hilfsstoffe sowie die werdenden Fabrikate durchwandern bei der Verarbeitung den Betrieb auf dem schnellsten und kürzesten Wege. Daraus ergibt sich eine entsprechende Verminderung des Bedarfs an Betriebskapital, da die Material- und Halbfabrikatvorräte einschließlich der gerade in Bearbeitung befindlichen, nebst den darauf liegenden Löhnen und sonstigen Unkosten auf ein Minimum herabgesetzt werden können.

Die Kapitalanspannung durch das Fertiglager wird in erster Linie von der Verkaufsorganisation, den Absatzverhältnissen usw. bedingt, solange der Betrieb voll belastet läuft. Zweckmäßig ist der Betrieb auf Grund eines genauen Studiums der Konjunkturverhältnisse zu leiten, damit zu große Fertiglager vermieden werden.

D. Die Organisation des Betriebes.

I. Betriebsfaktoren.

a) Zusammenstellung der Einzelfaktoren der Belastung einer Anlage.

Der Betrieb einer Anlage kann nur wirtschaftlich durchgeführt werden, wenn die einzelnen Anlageteile den an sie zu stellenden Anforderungen entsprechen. Sind die Anlagen bzw. einzelnen Anlageteile zu groß, so werden die Anlagekosten unnütz hoch und damit die Kosten für Verzinsung und Abschreibung. Außerdem wird der Betrieb teuer, da die Einrichtungen nicht mit der wirtschaftlich günstigsten Belastung arbeiten. Umgekehrt sind die zu kleinen Anlagen bzw. Anlageteile überlastet und arbeiten daher schlecht und teuer. Es kommt also darauf an, daß nicht nur die Gesamtanlage, sondern auch die einzelnen Teile derselben der Belastung entsprechend bemessen sind. Für die Bemessung der Anlagen kommt sowohl deren zeitliche als auch deren mechanisch-technische Belastung in Betracht. In dem folgenden Schema (Formular 14) sind die der weiteren Betrachtung zugrunde gelegten Einzelfaktoren der zeitlichen und mechanisch-technischen Belastung zusammengestellt.

b) Die Faktoren der zeitlichen Belastung.

Die Gesamtzeit[1] umfaßt in der Regel ein Jahr. Legt man der Betrachtung und Berechnung kürzere Zeitabschnitte zugrunde (Monat, Woche, Tag, Schicht), so gelangt man leicht zu Fehlschlüssen über die zu erwartende Leistung. In der Regel werden die Stunden, seltener die Minuten der Gesamtzeit in Rechnung gezogen, wobei man das Jahr am zweckmäßigsten unverkürzt zu $365 \cdot 24 = 8760$ Std. ansetzt. Mitunter werden die gesetzlichen Sonn- und Feiertage abgezogen und das Jahr zu $300 \cdot 24 = 7200$ Std. gerechnet. Die Anzahl der Stunden von der Gesamtzeit, in denen die Betriebsbelegschaft zur produktiven Arbeit bestellt ist, ergibt die in der Gesamtzeit verfügbare Betriebszeit. Bei sechstägigem Betrieb in der Woche mit 2 Schichten zu je 8 Std. würde z. B. die Gesamtzeit der Woche $7 \cdot 24 = 168$ Std. und die Betriebszeit $6 \cdot 2 \cdot 8 = 96$ Std. betragen. Die Differenz zwischen Gesamtzeit und Betriebszeit entspricht der Leerzeit, in der der Betrieb — abgesehen vielleicht von kleineren Reparaturen usw. — ruht. Sonntags- und Nachtschichten fallen nicht unter die Betriebszeit, falls der Betrieb in diesen Zeiten ruht, ebensowenig Streik-, Feier- und Reparatur- bzw. Instandsetzungsschichten. Das ist namentlich da zu beachten, wo für einzelne Anlageteile besonders viel Reparatur- bzw. Instandsetzungsschichten vorgesehen werden müssen (z. B. Baggerbetrieb).

Die Betriebszeit ist gleich der Summe der in der Gesamtzeit verfahrenen Schichtzeiten. Es ist falsch und irreführend, als Betriebszeit nur die Summe der Schichtzeiten vermindert um die gesetzlichen, Wechsel- und Störungspausen in Rechnung zu setzen, weil die Anlage in der gesamten Schichtenzeit für den

---

[1] **Rummel:** Erhöhung der Wirtschaftlichkeit in den technischen Betrieben der Großindustrie. Berichte der Fachausschüsse des Vereins deutscher Eisenhüttenleute.

Formular 14. Einzelfaktoren der zeitlichen und mechanisch-technischen Belastung einer Anlage.

Grundzeiten	Nebenzeiten	Größenordnung	Bezeichnung	Setzt sich zusammen aus:
Betriebszeiten:				
Gesamtzeit	Leerzeit	$=1$	G_z	$= G_b + G_l$
		<1	G_l	
Betriebszeit		<1	G_b	$= \Sigma Z = n \cdot Z$
Schichtzeit		$=1$	Z	$= \dfrac{1}{n} \cdot G_b = Z_s + Z_a + Z_w + Z_v,$ wobei $n =$ Anzahl der während G_z verfahrenen Schichten bedeutet
Reine Arbeitszeit . . .	Verlustzeit	<1	Z_v	$= Z_s + Z_a + Z_w = Z - Z_v$ $= B_z \cdot Z$
		<1	Z_a	
	Wechsel- (Zurüst-, Abrüst-) Zeiten			
Laufzeit		<1	Z_w	$= Z_s + Z_a = Z_a - Z_w = Z - Z_v - Z_w$
		<1	Z_l	
Sollzeit	Überzeit	<1	Z_a	
		<1	Z_s	
Belastung:				
Zeitbelastung = Zeitfaktor		$\lessgtr 1^1$	B_z	$= \dfrac{Z_a}{Z}$
mechanisch-technische Belastung = Leistungsfaktor		$\lessgtr 1^1$	B_m	$= \dfrac{\text{tatsächliche Leistung}}{\text{Nennleistung}}$
Belastungsschwankung: zeitliche		$\lessgtr 1^1$	U_a	
mechanisch-technische .		$\lessgtr 1^1$	U_m	
Ausnutzungsfaktor . .			A	$= B_z \cdot B_m$ (unter evtl. Berücksichtigung der Belastungsschwankungen)

[1] Die Zahlen schwanken von 0 bis > 1.

Betrieb zur Verfügung steht und die Wirkung der Pausen durch die Betriebsorganisation weitgehend beeinflußt werden kann.

Die um die Verlustzeit (gesetzliche und Störungspausen) verminderte Schichtzeit ergibt die reine Arbeitszeit. Zu den Verlustzeiten gehören im Grubenbetriebe auch die Zeiten für die Ein- und Ausfahrt der Belegschaft, gerechnet für den Weg von der Hängebank bis vor Ort und zurück. Die gesetzlichen Pausen ergeben sich aus den gesetzlichen Bestimmungen. Da sie nur für die Beschäftigungsdauer der Arbeiter und Angestellten Bedeutung haben, so läßt sich deren Einwirkung auf den Betrieb in manchen Fällen durch zeitliche Verschiebung der für die Bedienungsmannschaften vorgesehenen Pausen vermeiden. Hierbei ist vorausgesetzt, daß die Einrichtungen vorübergehend auch bei geringerer Bedienung einwandfrei arbeiten. Für einzelne wichtigere Betriebsteile können auch Reservemannschaften aus anderen Betriebsteilen entnommen werden.

Aus der reinen Arbeitszeit, d. h. der Zeit, in der der Betrieb und die Belegschaft tatsächlich arbeitsbereit sind, ergibt sich nach Abzug der Wechselzeiten die Laufzeit, in der der Betrieb tatsächlich produzierend läuft. Die Wechselzeiten, die beim Arbeitsbeginn und -ende, sowie beim Arbeitswechsel auftreten und z. B. beim Einlegen neuer Arbeitsstücke in die Bearbeitungsmaschinen nötig werden, bestehen aus den Zurüst- und Abrüstzeiten (z. B. für Schmieren, in Ordnung bringen usw.) und ferner aus den Anlauf- und Stillsetz- oder Auslaufzeiten, z. B. für das Verspülen und Nachspülen mit Klarwasser in Spülversatzanlagen. Während der Wechselzeiten wird also wohl im Betriebe gearbeitet, z. B. der Betrieb für die Produktion vorgerichtet, es wird aber nicht produziert.

Ermittelt man durch Zeitmessungen die Zeit, die erforderlich ist, um die bei normaler Belastung während der Produktionszeit erreichbare Leistung zu erzielen, so erhält man die Sollzeit. Unter normaler Belastung ist die Belastung zu verstehen, bei der sich der beste mechanisch-technische Wirkungsgrad ergibt. In der Regel braucht man zur Produktion derselben Menge eine größere Zeit, die Laufzeit. Die Differenz zwischen Laufzeit und Sollzeit ergibt die Überzeit.

Nach ihrer Bedeutung für den Produktionsprozeß kann man Sollzeit, Laufzeit, reine Arbeitszeit, Schichtzeit, Betriebszeit und Gesamtzeit als Grundzeiten ansehen, die für die Produktion in Frage kommen, während Überzeit, Wechselzeit, Verlustzeit und Leerzeit für den Produktionsprozeß nicht in Frage kommen und daher als die in ihren Wirkungen möglichst einzuschränkenden Nebenzeiten bezeichnet werden können. Schon der von Rummel[1] geprägte Ausdruck „Tüchtigkeitsfaktor" deutet darauf hin, daß die Überzeit durch Aufmerksamkeit und Fleiß des Arbeiters sowie durch gute Arbeits- und Betriebsorganisation usw. herabgesetzt werden kann, wodurch sich auch die normale Laufzeit entsprechend vermindert bzw. die spez. Laufzeitleistung sich entsprechend erhöht.

Es ist einleuchtend, daß die durchschnittliche zeitliche Benutzung einer Anlage bis zur Nichtbenutzung herabsinken und auch etwas über die normale Zeit ansteigen kann, z. B. durch Verteilung der gesetzlichen Pausen der Bedienungsmannschaften auf verschiedene Zeiten. Theoretisch entspricht die denkbar höchste zeitliche Benutzung der Gesamtzeit. Die durchschnittliche zeitliche Benutzung kann rechnerisch durch den Zeitfaktor ausgedrückt werden, wobei man entweder die Schichtzeit oder auch die Gesamtzeit gleich 1 setzt, d. h. in den Nenner des Faktors einsetzt, während die reine Arbeitszeit des betreffenden Zeitabschnittes in den Zähler kommt.

c) Die Faktoren der mechanisch-technischen Belastung.

Es ist bisher stillschweigend vorausgesetzt worden, daß die Leistung der Anlage in der Zeiteinheit der normalen (Nennleistung) entspricht, daß also z. B. in der Sollzeit auch die Solleistung erreicht wird. Durch erhöhte Anstrengung bzw. durch eine erhöhte mechanisch-technische Belastung der Anlage und Bedienung läßt sich natürlich auch eine Mehrleistung erreichen. Je nach der Anstrengung können also die durchschnittlichen Leistungen der Anlage in einer bestimmten Laufzeit höher oder geringer als die normalen sein. Setzt man letztere gleich 1,

[1] Rummel: a. a. O.

so kann der mechanisch-technische Belastungsfaktor oder Leistungsfaktor einen Wert von $\lessgtr 1$ haben. Jedoch ist die Mehrbelastung stets an eine maximale Grenze gebunden.

Bei einem bestimmten Betriebszustand kann man die zeitlichen und mechanisch-technischen Belastungsfaktoren als konstant ansehen. Wenn auch die Belastungsfaktoren für alle Teile eines Betriebes möglichst hoch und möglichst gleichmäßig sein sollen, so läßt sich doch diese Forderung infolge der mehr oder weniger unvermeidlichen Belastungsschwankungen nicht immer erfüllen. Der endgültige Ausnützungsfaktor wird um so niedriger werden, je größer die Belastungsschwankungen sind. Die Ursachen der Belastungsschwankungen werden im Abschnitt D VI besprochen.

Die Faktoren der Belastungsschwankungen werden ebenfalls in Beziehung zu den normalen Belastungsfaktoren gesetzt. Für die Berechnung der Größe der Anlage bzw. der Anlageteile wird man die stärkste mechanisch-technische Belastung insoweit zugrunde legen, als diese noch erreichbar sein muß. Je nach der Art der Schwankungen und der Dauer der Spitzenbelastungen bzw. Mindestbelastungen und hinsichtlich der Rückwirkung auf den Wirkungsgrad, die Betriebskosten usw. wird man die Größe und Unterteilung der Anlage so wählen, daß man ein Optimum des mechanisch-technischen Wirkungsgrades enthält.

Die jeweilige Leistung der Anlage kann errechnet werden, wenn man setzt:

N = normale Leistung (Nennleistung) je Stunde reiner Arbeitszeit,
a = Anteil der reinen Arbeitszeit je Schicht,
Z = Schichtzeit in Stunden,
Z_a = normale reine Arbeitszeit in Stunden je Schicht,
S_n = normale Schichtleistung,
S = jeweilige Schichtleistung,
B_m = mechanisch-technische Belastung,
B_z = Zeitbelastung,

so ergibt sich:

$$S_n = Z_a \cdot N = a \cdot Z \cdot N$$

$$S = B_m \cdot B_z \cdot Z \cdot N \, .$$

II. Die Multiplikationsgesetze der Betriebsorganisation.

Die im Abschnitt D I gefundene Leistungsgleichung $S = B_m \cdot B_z \cdot Z \cdot N$ zeigt, daß die Schichtleistung von den variablen Werten B_m und B_z beeinflußt werden kann, sofern man die Schichtdauer als konstant ansieht. Diese einfache Zu- und Abnahme der Leistung kommt in Frage, solange es sich nur um einen einzigen Arbeitsvorgang handelt und nicht mehrere selbständige Arbeits- und sonstige Vorgänge (z. B. Gebirgsdruck im Abbau) nebeneinander auf den Betrieb einwirken. Im letzteren Falle kommt eine Leistungsänderung zustande, die je nach der Kombination der zusammenwirkenden Faktoren außerordentlich verschieden sein kann. Die rechnerische Ermittlung dieser Leistungsänderungen ist von diesen Faktoren abhängig, so daß die Grundlagen der Rechnungen nur von Fall zu Fall aufgestellt werden können. Es können daher hier nur einige Beispiele angegeben werden. Selbstverständlich sind hierbei die durch die Veränderung der Betriebsorganisation und Betriebseinrichtung verursachten Rückwirkungen auf die Empfindlichkeit bzw. Betriebssicherheit entsprechend zu berücksichtigen, da hierdurch Betrieb und Betriebskosten wesentlich beeinflußt werden.

a) Die Berechnung der Leistungsfähigkeit eines Arbeiters bei der Bedienung mehrerer Arbeitsmaschinen.

Nimmt man z. B. an, daß an einer völlig automatisch arbeitenden Maschine die Zu- und Abrüstarbeit nicht ermüdend ist, so daß die körperliche Belastung der Bedienungsmannschaft in den Hintergrund tritt, während der Überwachungsdienst an Bedeutung gewinnt, so ist vielfach der Bedienungsmann bzw. eine Gruppe von Bedienungsmannschaften in der Lage, einen größeren Betriebsabschnitt, z. B. mehrere automatisch arbeitende Drehbänke, gleichzeitig zu bedienen. In solchen Fällen ist oft die betriebsorganisatorische Regelung ebenso wichtig wie die mechanisch-technische Belastung der einzelnen Maschine. Die maximale Zahl von Betriebsmaschinen, die ein Mann bzw. eine Gruppe bedienen kann, beträgt, wie eine einfache Überlegung ergibt:

$$M = \frac{\text{Laufzeit je Arbeitsgang}}{\text{Wechselpausenzeit je Arbeitsgang} \cdot (1 + K)} + 1 \, .$$

Hierbei soll unter Laufzeit je Arbeitsgang diejenige Zeit verstanden werden, die die Maschine zur Verarbeitung einer Beschickung, z. B. zur Verarbeitung einer Eisenstange zu Schrauben, benötigt. Unter Wechselzeit je Arbeitsgang versteht man also sinngemäß die Zeit, die die Bedienung braucht, um nach der Verarbeitung dieser Eisenstange wieder eine neue einzusetzen und die Maschine so weit vorzurichten, daß sie ihre Arbeit wieder voll aufnehmen kann. Um die zu erwartende Schichtleistung eines Bedienungsmannes bzw. einer Bedienungsgruppe rechnerisch ermitteln zu können, sollen bezeichnen:

M = Anzahl der von einem Mann bzw. einer Gruppe zu bedienenden Maschinen,
Q_m = Leistung der einzelnen Maschinen je min Laufzeit,
Q_s = Leistung der einzelnen Maschinen je Schicht = $Q_m \cdot Z_l$,
L_a = Leistung je Mann (Gruppe) und Schicht,
Z = Schichtzeit in min,
Z_v = Verlustzeit (Pausen, Störungen) je Schicht in min,
Z_a = reine Arbeitszeit je Schicht in min,
Z_w = Wechselzeit je Schicht in min = $o \cdot p \cdot Z$,
Z_l = Laufzeit je Schicht in min = $o \cdot r \cdot Z$,
Z_{wa} = Wechselzeit je Arbeitsgang in min = $p \cdot Z$,
Z_{la} = Laufzeit je Arbeitsgang in min = $r \cdot Z$,
p = Anteil der Wechselzeit je Arbeitsgang, bezogen auf die Schichtzeit,
r = Anteil der Laufzeit je Arbeitsgang, bezogen auf die Schichtzeit,
$1 + K$ = Zuschlagsfaktor zur Wechselzeit, wobei in der Regel $K = 0{,}1$ bis $0{,}2$ — bei schwerer Zu- und Abrüstung und kurzer Wechselzeit auch höher — ist,
o = Anzahl der Arbeitsgänge je Schicht und Maschine = $\dfrac{Z_a}{(r + p) \cdot Z} = \dfrac{Z_l}{r \cdot Z}$.

Es wird, wenn man annimmt, daß mit der Laufzeit je Arbeitsgang auch die Wechselzeit je Arbeitsgang im gleichen Verhältnis zu- und abnimmt:

$$M = \frac{\dfrac{Z_l}{o}}{\dfrac{Z_w}{o} \cdot (1 + K)} + 1 = \frac{Z_l}{Z_w \cdot (1 + K)} + 1 = \frac{Z_l}{(Z_a - Z_l) \cdot (1 + K)} + 1 \, , \qquad \text{(I)}$$

$$Q_s = Q_m \cdot Z_l \, , \qquad \text{(II)}$$

$$L_a = Q_m \cdot Z_l \cdot M = Q_m \cdot Z_l \cdot \left(\frac{Z_l}{Z_w \cdot (1 + K)} + 1 \right) . \qquad \text{(III)}$$

Nimmt man an, daß die Wechselzeit je Arbeitsgang konstant sei, und die Laufzeit je Arbeitsgang mit der Größe bzw. Länge des zu verarbeitenden Stückes, z. B. des Stabeisens, aus dem die Schrauben hergestellt werden, wächst, so rechnet man besser:

$$M = \frac{r \cdot Z}{p \cdot Z \cdot (1+K)} + 1 = \frac{r}{p \cdot (1+K)} + 1, \qquad \text{(IV)}$$

$$Q_s = Q_m \cdot Z_l = Q_m \cdot o \cdot r \cdot Z, \qquad \text{(V)}$$

$$L_a = Q_s \cdot M = Q_m \cdot o \cdot r \cdot Z \cdot \left(\frac{r}{p \cdot (1+K)} + 1\right). \qquad \text{(VI)}$$

Der Ausdruck $\dfrac{Z_l}{Z_w(1+K)}$ bzw. $\dfrac{r}{p \cdot (1+K)}$ ist stets auf die nächstniedrige ganze Zahl abzurunden, wenn sich keine ganze Zahl ergeben sollte.

Beispiele.

Es seien:

Q_m = 1 Schraube/Maschine/min Laufzeit im Falle (I) und (II),
Z = 8 Std. = 480 min im Falle (I) und (II),
Z_v = 1 ,, = 60 ,, ,, ,, (I) ,, (II),
Z_a = 7 ,, = 420 ,, ,, ,, (I) ,, (II),
Z_w = 1 ,, = 60 ,, ,, ,, (I) ,, 35 min im Falle (II),
Z_l = 6 ,, = 360 ,, ,, ,, (I) ,, 385 ,, ,, ,, (II),
p = $\frac{1}{80}$ von Z im Falle (I) und $\frac{1}{80}$ von Z im Falle (II), also
Z_{wa} = 6 min im Falle (I) und 6 min im Falle (II),
r = $\frac{6}{80}$ von Z im Falle (I) und $\frac{11}{80}$ von Z im Falle (II), also
Z_{la} = 36 min im Falle (I) und 66 min im Falle (II),

$$o \;=\; \frac{420}{\frac{7}{80} \cdot 480} = 10 \text{ im Falle (I) und } \frac{420}{\frac{12}{80} \cdot 480} = 5{,}83 \text{ im Falle (II).}$$

Dann werden, wenn Laufzeit und Wechselzeit je Arbeitsgang im gleichen Verhältnis zu- und abnehmen und gemäß Fall (I) sich Wechselzeit zur Laufzeit je Arbeitsgang wie 1 : 6 verhalten,

$$M = \frac{360}{60 \cdot (1+0{,}1)} + 1 = 6 \text{ Maschinen durch 1 Mann zu bedienen,}$$

$$Q_s = 1 \cdot 360 = 360 \text{ Schrauben je Schicht und Maschine,}$$

$$L_a = 360 \cdot 6 = 2160 \text{ Schrauben je Mann und Schicht.}$$

Nimmt man die Wechselzeit konstant und die Laufzeit als verschieden an, so wird, wenn $p = \frac{1}{80}$ von Z und $r = \frac{6}{80}$ von Z sind,

$$M = \frac{6}{80 \cdot \frac{1}{80}(1+0{,}1)} + 1 = \frac{6}{1{,}1} + 1 = 6 \quad \text{und} \quad o = \frac{420}{\frac{7}{80} \cdot 480} = 10,$$

$$Q_s = 1 \cdot 10 \cdot \frac{6}{80} \cdot 480 = 360,$$

$$L_a = 360 \cdot 6 = 2160.$$

Ist dagegen $p = \frac{1}{80}$ von Z und $r = \frac{11}{80}$ von Z, so wird

$$M = \frac{11 \cdot 80}{80 \cdot 1(1+0{,}1)} + 1 = 11 \quad \text{und} \quad o = \frac{420}{\frac{12}{80} \cdot 480} = 5{,}83,$$

$$Q_s = 1 \cdot 5{,}83 \cdot \frac{11}{80} \cdot 480 = 385 \text{ Schrauben je Maschine und Schicht,}$$

$$L_a = 385 \cdot 11 = 4235 \text{ Schrauben je Mann (Gruppe) und Schicht.}$$

Außerdem verschieben sich die Zeiten für Z_w und Z_l. Es wird

$$Z_w = 5{,}83 \cdot \frac{1}{80} \cdot 480 = 35 \text{ min,}$$

$$Z_l = 5{,}83 \cdot \frac{11}{80} \cdot 480 = 385 \text{ min.}$$

Aus der Gleichung (I) geht ganz allgemein hervor, daß ein Mann um so mehr Maschinen gleichzeitig bedienen kann, je größer das Verhältnis $\dfrac{Z_l}{Z_w}$ ist. Da die Wechselzeiten, z. B. die Zeit zum Einlegen neuer Eisenstangen in die Drehbank, auch bei zunehmender Größe bzw. Länge der einzulegenden Stücke, ziemlich konstant bleibt, so folgt daraus, wie auch Gleichung (IV) ergibt, daß die Zahl der von einem Mann gleichzeitig zu bedienenden Maschinen in erster Linie mit zunehmender Laufzeit je Arbeitsgang wächst. In den Beispielen steigt die Zahl der gleichzeitig zu bedienenden Maschinen von 6 auf 11. Es ist klar, daß diese Zahl nicht über einen gewissen Betrag steigen darf, der je nach Lage des Falles verschieden ist. Während gleichzeitig die Zahl der Arbeitsgänge je Maschine und Schicht von 10 auf 5,83 abnimmt, steigt die Laufzeit jeder Maschine, also die eigentliche Produktionszeit derselben von 360 min auf 385 min und damit die Leistung je Schicht von 360 Schrauben auf 385 Schrauben, wobei die Erzeugung je min Laufzeit dieselbe bleibt. Die Leistung des Mannes steigt von 2160 Schrauben auf 4235 Schrauben je Schicht. Von den 420 min reiner Arbeitszeit ist der Arbeiter im ersten Falle $6 \cdot 60 = 360$ min und im zweiten Falle $11 \cdot 35 = 385$ min mit der Wechselarbeit beschäftigt. Das Beispiel zeigt, wie wichtig die richtig zusammenfassende Organisation des Betriebes für den wirtschaftlichen Erfolg desselben ist.

b) Die Bedeutung der Multiplikationsgesetze für den Bergbau.

Während es sich in den oben angeführten Beispielen um das an sich selbständige Arbeiten mehrerer Arbeitsmaschinen unter einer gemeinsamen Bedienung und um die Leistungsfähigkeit dieser Bedienung handelt, wird im Bergbau die Arbeitsleistung der Bergleute oft durch die Wirkung des Gebirgsdruckes beeinflußt. Aus beiden Arbeitswirkungen ergibt sich dann die Gesamtleistung der Belegschaft. Besonders deutlich zeigt dies die Untersuchung über den Einfluß der Stundenleistung und reinen Arbeitszeit auf die zahlenmäßige Zusammensetzung der Belegschaft im Bergbau. Bei gleicher Förderung ist unter der Voraussetzung gleichbleibender Arbeitsbedingungen die Zahl der für die Gewinnung und Förderung notwendigen Leute umgekehrt proportional zu ihrer Arbeitsleistung, während die Zahl der Reparaturhauer usw. im umgekehrt quadratischen Verhältnis wächst, sofern die Arbeitsleistung dieser Leute im gleichen Verhältnis zu- und abnimmt, wie die Arbeitsleistung der an der Gewinnung und Förderung tätigen Leute (vgl. Abschnitt E I b).

Eine andere einfache Überlegung zeigt ähnliche Zusammenhänge. Nimmt man an, daß die tägliche Fördermenge aus einem Baufelde, etwa durch stärkere Belegung, verdoppelt werden kann, so sinkt die anteilige Streckenlänge dieses Baufeldes je Tonne Tagesförderung auf die Hälfte, da diese anteilige Länge dem Werte

$$\frac{\Sigma \text{ Streckenlänge des Baufeldes in m}}{\text{Tagesförderung in t}}$$

entspricht.

Da das Baufeld bei doppelter Förderung in der halben Zeit gegen früher abgebaut wird, so sinken in der Regel die Streckenunterhaltungskosten je Monat und Meter. Infolgedessen sinken die Streckenunterhaltungskosten je Tonne Tagesförderung meist um mehr als 50%. Die Verzinsung des für das Baufeld einzusetzenden Kapitals sinkt dagegen, soweit die reine Abbauzeit in Frage kommt, auf ¼ des früheren Betrages, da bei der doppelten Leistung je Baufeld bei gleicher Schachtförderung nur die Hälfte der Baufelder nötig ist, also nur die Hälfte des Kapitals für Baufelder, das in der halben Zeit umgesetzt wird. Der beschleunigte

Abbau macht naturgemäß eine entsprechend verstärkte Vorrichtung neuer Feldesteile notwendig. Auch hier wirkt sich bei gleichen Herstellungskosten die Beschleunigung der Vorrichtung in derselben Weise aus. Kann durch eine Vereinfachung der Vorrichtung sowohl an Zeit als auch an Anlagekapital für die Vorrichtung eines Baufeldes gespart werden, so ist die Gesamtersparnis entsprechend größer.

Einem besonderen Multiplikationsgesetz unterliegen auch die Fragen der zweckmäßigen Abmessung der Abbaufelder (vgl. Abschnitt E Ic).

Ebenso steigert sich der Wert eines Grubenfeldes außerordentlich durch Steigerung der Förderung, auch wenn Selbstkosten und Verkaufspreise, also der Gewinn je Tonne Förderung, unverändert bleiben, sofern überhaupt ein Gewinn erzielt wird. In Abschnitt H VIa wird rechnerisch nachgewiesen, daß der Wert eines Grubenfeldes unter den dort angenommenen Bedingungen bei der Verdreifachung der Förderung von rd. 268000 $\mathcal{M}$ auf 3360000 $\mathcal{M}$ steigt. Alle diese Fälle zeigen, daß die Multiplikationsgesetze der Betriebsorganisation ganz besonders wirksam sind bei der Zusammenfassung der Grubenbetriebe verbunden mit der Leistungssteigerung des einzelnen Betriebes. Hieraus ergibt sich die große wirtschaftliche Bedeutung dieser Maßnahme. Ferner ergibt sich aus den vorstehenden Betrachtungen, daß in allen Fällen, in denen gleichzeitig mehrere Arbeitsvorgänge ineinander greifen, das genaue Studium der in Frage kommenden Zusammenhänge wichtig ist, um die wirksamen Faktoren als solche genau festzustellen und damit einwandfreie Grundlagen für die zu treffenden Verbesserungsmaßnahmen zu schaffen.

III. Der Wirkungsgrad.

Die an eine Betriebsanlage zu stellenden Anforderungen erstrecken sich, soweit der Wirkungsgrad in Betracht kommt, auf das Zusammenwirken der thermodynamischen und mechanisch-technischen Wirkungsgrade mit dem betrieblichen Wirkungsgrad, d. h. mit den aus der Anlage erzielbaren Leistungen der Kraftwirtschaft einerseits und der Produktionswirtschaft andererseits. In allen Fällen ist der Wirkungsgrad nicht allein von der richtigen Anwendung der thermodynamischen und sonstigen physikalisch-chemischen Gesetze — je nach Lage des Falles — abhängig. Vielmehr sind auch der Belastungsgrad und die Belastungsschwankungen, in manchen Fällen auch die regelbare Betriebs- und Arbeitsorganisation, sowie Menge und Güte der Produkte von erheblicher Bedeutung.

a) Der thermodynamische und mechanisch-technische Wirkungsgrad.

Wenn sonach die Wärme- und Kraftanlagen nur einen Teil der für den Gesamterfolg in Frage kommenden Anlagen darstellen, so sind sie doch — namentlich für den Bergbau — in der Regel von erheblicher Bedeutung. Die Wärme- und Kraftanlagen sollen eine möglichst vollkommene Erzeugung und Ausnutzung der Wärme (Dampfkraft usw.) und der Arbeit (Maschinenleistung) sowohl jedes einzelnen Anlageteiles als auch der Gesamtanlage ergeben.

Einen Überblick über die durchschnittlich etwa erreichten Wirkungsgrade der einzelnen Wärmekraftanlagen gibt die Tabelle 33.

b) Der betriebliche Wirkungsgrad.

Die Wirtschaftlichkeit einer Maschine ist nicht allein von dem Verhältnis der effektiven zur indizierten Leistung abhängig. Viel häufiger sind die Anpassungsfähigkeit an die Betriebsbedingungen, die erreichbare Betriebs- und Arbeitsorganisation und die Betriebssicherheit für das wirtschaftliche Ergebnis, d. h.

Tabelle 33. Wärmewirkungsgrad einzeln betriebener[1] Kessel, Gaserzeuger und Kraftmaschinen bei betriebsmäßiger Belastung[2] (ungefähre Zahlen[3]) bei Verwendung hochwertiger Brennstoffe*).

Wärmewirkungsgrade	Kessel oder Gaserzeuger[4] in %	Kraftmaschinen ohne Kessel oder Gaserzeuger[5] in %	Kraftmaschinen mit Kessel oder Gaserzeuger[5] in %
1. Mit Kohle gefeuerter Kessel mit Überhitzer und Wasservorwärmer	70—80		
2. Mit Gas gefeuerter Kessel bei reinem, kaltem Gas von gleichmäßigem Druck ausschließlich Gaserzeuger	75—85		
3. Abstichgaserzeuger mit Koks unter voller Ausnutzung der fühlbaren Wärme	82—89		
4. Mischgaserzeuger unter voller Ausnutzung der fühlbaren Wärme ohne Gewinnung von Nebenerzeugnissen	75—85		
5. Kaltgaserzeuger mit Teergewinnung ohne Ammoniakgewinnung	65—80		
6. Kaltgaserzeugung mit Teergewinnung mit hoher Ammoniakgewinnung	50—60		
7. Hochofen als Gaserzeuger betrachtet, ohne Berücksichtigung der fühlbaren Wärme	45—55		
8. Koksofen: Erzeugnisse: Kaltgas und Koks	75—80		
9. Gasanstalt: Erzeugnisse: Kaltgas, Koks, ohne Wassergasgewinnung	60—75		
10. Dampflokomotiven			3— 7
11. Kleine Auspuffmaschinen, Dampfscheren, -pressen bei ungleichem Betrieb			3— 6
12. Auspuffdampfmaschinen bei Vollast			7— 9
13. Kolbenmaschinen mit Kondensation			9—16
14. Dampfturbinen in Großkraftwerken			13—17
15. Großgasmaschinen		20—24	
16. Großgasmaschinen mit Abhitzekessel, deren Dampf in Turbinen arbeitet		23—28	
17. Großgasmaschinen mit Abhitzekessel und Kühlwasserverdampfung, deren Dampf in Turbinen ausgenutzt wird		25—31	
18. Großgasmaschinen mit Abhitzekessel ohne Kühlwasserverdampfung einschließlich Gaserzeuger ohne Teergewinnung			18—22
19. Großgasmaschinen wie 18 mit Teergewinnung			17—21
20. Großgasmaschinen mit Abhitzekessel ohne Kühlwasserverdampfung einschließlich Gaserzeuger mit Teer- und Ammoniakgewinnung			13—17
21. Großgasmaschinen mit Abhitzekessel und Kühlwasserverdampfung und Ausnutzung des Dampfes zu Heizzwecken			bis 55
22. Dampfmaschinen mit Ab- und Zwischendampfverwertung zu Heizzwecken			bis 70
23. Dieselmaschinen ohne Abhitze- und Kühlwasserverwertung		28—35	

---

[1] Anlagen, aus mehreren Einheiten bestehend, haben ungünstigeren Wirkungsgrad.

[2] Zwischen ¾ Last und Vollast bei ortsfesten Anlagen.

[3] Die Zahlen schwanken stark nach Art des Brennstoffes, der Betriebsweise und der Güte der Gesamtbetriebsführung.

[4] Es handelt sich um das prozentuale Verhältnis von:

$$\frac{\text{kcal des erzeugten wärmetechnischen Betriebsstoffes (z. B. Dampf, Gas, Halbkoks usw.)}}{\text{kcal des hierfür aufgewendeten wärmetechnischen Betriebsstoffes (z. B. Kohlen, Dampf usw.)}}$$

[5] Es handelt sich um das prozentuale Verhältnis von:

$$\frac{\text{an der Maschinenwelle erzeugten Nutzarbeit}}{\text{kcal des hierfür aufgewendeten wärmetechnischen Betriebsstoffes}}$$

* Techn. Blätter Jg. 1920, Nr. 49, S. 491.

für die Betriebskosten je Leistungseinheit und für die erreichbare Produktion
des Betriebes von wesentlich größerer Bedeutung als das Verhältnis der effektiven
zur indizierten Leistung. Für den Grubenbetrieb spielt außerdem vielfach der zur
Aufstellung bzw. zum Betriebe der Maschinen erforderliche Raumbedarf (Wasser-
haltungsmaschinen, Grubenlokomotiven) — besonders in druckhaftem oder
lockerem Gebirge — eine erhebliche Rolle. Der Raumbedarf der Grubenlokomotiven usw. ist oft maßgebend für die Höhe der Grubenunterhaltungskosten.
Die im unterirdischen Betriebe benutzten Maschinen müssen besonders bei ihrer
Verwendung im Abbau leicht und handlich sein und wenig Raum beanspruchen.
Größere Maschinen müssen so zerlegbar sein, daß der Transport der Einzelteile
durch die Grubenbaue keine Schwierigkeiten verursacht. Nur unter in dieser Hinsicht gleichwertigen Maschinen soll man die Auswahl nach dem rein technischen
Wirkungsgrad treffen, also etwa nach dem Dampf- und sonstigen Energiever-
brauch bezogen auf die Maschinenleistung.

In welchem Umfange das erzielbare Arbeitsverfahren über das Verhältnis der
effektiven zur indizierten Leistung hinaus auf das wirtschaftliche Ergebnis einwirkt, zeigt u. a. der nachstehende Vergleich der Kosten der Querschlagsbetriebe bei Herstellung der Sprengbohrlöcher von Hand, mittels der Säulenbohrmaschine und der Bohrhämmer (Tabelle 34)[1]. Obwohl die Säulenbohrmaschine
in bezug auf Luftverbrauch und Verschleiß günstiger arbeitet, ist das wirtschaftliche Ergebnis des Bohrhammers günstiger, weil der Hauer bei seiner Anwendung freier beweglich — nicht an die Bohrsäule gebunden — ist und infolgedessen seinen Sprengbohrlöchern die jeweils günstigste Lage und Richtung fast
in derselben Weise etwa geben kann wie beim Bohren mit dem Handfäustel.

Innerhalb von 5 Jahren wurden im Querschlagsbetriebe durchschnittlich
erreicht:

Tabelle 34. Gestehungskosten beim Querschlagsbetrieb bei Bohren von Hand,
mit Säulenbohrmaschine, mit Bohrhammer.

Arbeitsart	Leistung je Hauerschicht in cm	Gestehungskosten je lfdm in Kronen		
		Löhne	Sprengmittel	insgesamt
Handarbeit (Bohren mit dem Handfäustel) . .	14,7	41,16	11,12	52,28
Säulenbohrmaschinen.	48,9	42,39	36,89	79,28
Bohrhammer	43,1	20,75	15,54	36,29

Der Vergleich bezieht sich auf mittelhartes Gebirge. In sehr hartem Gebirge
dürfte die Säulenbohrmaschine in den meisten Fällen günstiger arbeiten, weil das
Gebirge „sich besser schießt", d. h. auch bei weniger günstiger Lage des Bohrloches noch gut abgesprengt wird, und weil wegen der größeren Härte die Gesamtleistung an Bohrlochtiefe gering ist, so daß die durchschnittlich stets etwa
den gleichen Zeitbedarf erfordernde Aufstellung der Bohrsäule auch weniger als
Zeitverlust wirksam wird, während andererseits der Unterschied in der Bohrleistung sich mehr zugunsten der Säulenbohrmaschine verschiebt.

Von der baulichen Anordnung der Arbeitsmaschinen usw. hängt oft die Durchführbarkeit der einzelnen Arbeitsverfahren und damit die Leistungsfähigkeit der
Anlage ab. So muß ein Eintorbagger während des Zugwechsels stillstehen, wenn
keine Rundfahrt vorgesehen ist. Daraus ergibt sich, daß nicht nur die Arbeitsweise und die theoretische Leistungsfähigkeit des maschinellen Teiles für sich,

---

[1] Montanistische Rundschau 1916, S. 550.

sondern auch die damit verbundenen Nebenarbeiten oft von ausschlaggebender Bedeutung sind.

Im Grubenbetriebe ist eine unmittelbare Einwirkung auf die Güte des Erzeugnisses, wenn man von etwaiger Klaubearbeit unter Tage absieht, in der Regel nicht möglich. Das Produkt muß so gewonnen werden, wie es ansteht. Wohl sind Maßnahmen gebräuchlich, die einer weiteren Verschlechterung des hereinzugewinnenden Grubenhaufwerkes vorbeugen sollen, wie reine Gewinnung, Vermeidung einer übermäßigen Zerkleinerung, sowie einer Vermengung mit Bergen usw. Die erzielbaren Arbeitsverfahren, die Güte der Erzeugnisse usw. sind also mitunter wichtiger als der erreichbare mechanisch-technische Wirkungsgrad einer Maschine oder Anlage.

IV. Vermeidung von Betriebsstörungen.

Die außerordentliche Bedeutung, die der Verlustzeitfaktor auf die Leistungsfähigkeit einer Anlage hat, begründet alle Maßnahmen zur Einschränkung desselben. Je nach der Art des Zeitverlustes werden die zu treffenden Maßnahmen verschieden sein.

Die Instandsetzungs- und Instandhaltungsfaktoren werden vorwiegend auf die konstruktive Ausführung der Anlagen einwirken, die Wechselpausenfaktoren auf Konstruktion und Betriebsorganisation, während die Wirkung des gesetzlichen Pausenfaktors vielfach durch rein betriebsorganisatorische Maßnahmen (z. B. ungleichzeitige Frühstückspausen) eingeschränkt werden kann.

Während sich die regelmäßigen Pausen durch planmäßige Vorarbeit in ihren Wirkungen ziemlich genau einschätzen lassen, so daß die Betriebsdispositionen danach getroffen werden können, sind die unregelmäßigen Pausen, die Störungspausen, in dieser Hinsicht meist außerordentlich unangenehm, so daß die Bekämpfung aller unvorhergesehenen Störungen von ganz besonderer Bedeutung ist.

Die Betriebsstörungen können eingeschränkt werden durch:

a) zweckmäßige Anordnung und möglichste Einfachheit der Betriebsanlage,

b) zweckmäßige Konstruktion der Betriebsteile bzw. Maschinenteile,

c) durch Einschaltung von Bunkern, Reserveanlagen oder Umgehungsanlagen,

d) Vorkehrungen gegen willkürliche oder unachtsame Herbeiführung von Störungen.

a) Die zweckmäßige Anordnung und möglichste Einfachheit der Betriebsanlage.

Da jeder Betriebsteil Störungen ausgesetzt ist, die von der Arbeitsweise, der konstruktiven Ausführung usw. dieses Teiles abhängig sind, ist einleuchtend, daß die Gesamtanlage um so mehr Störungen aller Art ausgesetzt ist, je größer die Zahl der hintereinander geschalteten Betriebsteile ist. Man wird daher zweckmäßig die Gesamtanlage so anordnen, daß möglichst viele der Zwischenbetriebe vermieden werden können. Das gilt vor allem für solche Betriebsteile, die den Störungen selbst stark ausgesetzt sind, oder durch die Art ihrer Arbeitsweisen Betriebsgefahren erzeugen oder verstärken. (Staubentwicklung in Braunkohlenbrikettfabriken durch Becherwerke.)

Je nach der Lage des einzelnen Falles wird man die Vereinfachung des Betriebsvorganges entweder nur durch Vermeidung besonderer Transporteinrichtungen oder durch Vereinfachung des ganzen Arbeitsverfahrens (z. B. der Fabrikation) zu erreichen suchen.

Den Wegfall besonderer Transporteinrichtungen erzielt man z. B. in den Aufbereitungen durch entsprechende Anordnung der einzelnen, hintereinander geschalteten Apparate in der Richtung von oben nach unten, so daß das zu verarbeitende Gut lediglich durch seine Schwerkraft (bzw. auch die des Spülstromes) von dem einen zum nachfolgenden Apparat gelangt. Die Hängebank wird zu diesem Zwecke in entsprechender Höhe über der Ackersohle (Rasenhängebank) angeordnet, sofern nicht der Schacht hoch am Berghange liegt und die Aufbereitung an diesem Hange das natürliche Gefälle ausnutzen kann.

Die in Braunkohlentagebauen neuerdings häufig angewandten Schrägaufzüge für Großraumförderung werden, wenn die Bunkeranlage am Tagebau errichtet werden kann, möglichst so vorgesehen, daß die Züge sogleich bis auf den Bunker gehoben werden, also eine nochmalige Einschaltung der Lokomotivförderung vermieden wird.

Die Vereinfachung soll also nicht nur Störungsursachen ausschalten, sondern zugleich die erforderliche Bedienung des Betriebes durch Ausschaltung unnützer Transporte und sonstiger vermeidbarer Arbeitsvorgänge vereinfachen und verbilligen.

Es gibt eine Reihe bergbaulicher Betriebe, die an bestimmten Betriebspunkten besonders große Gefahren bergen. Hierhin gehören z. B. die Abbaue und der ausziehende Wetterstrom von Schlagwettergruben, der Bohrturm von Erdölbohrungen usw. An solchen Stellen wird man z. B. alle Einrichtungen, die Funken oder Stichflammen usw. erzeugen können, wie elektrische Steuerschalter, Kollektoren, Schleifringe, Leitungen, Glühbirnen, Blitzschutzeinrichtungen entweder nur in geeigneten Sonderkonstruktionen oder gar nicht anbringen. Zu beachten wären im vorliegenden Falle u. a. die Leitsätze für die Ausführung von Schlagwetterschutzvorrichtungen an elektrischen Maschinen, Transformatoren und Apparaten, die der Verband deutscher Elektrotechniker herausgegeben hat.

Sinngemäß ist auch die Frage der Anwendung von Explosionsmotoren zu beantworten.

Die vorschriftsmäßige Lagerung von Sprengstoffen, Benzin und ähnlichen explosions- bzw. feuergefährlichen Stoffen dient ebenfalls zur Verhütung von Betriebsstörungen.

Die Anordnung der Betriebsanlagen ist für die Bekämpfung und Beseitigung von Betriebsstörungen oft von erheblicher Bedeutung. Unzugängliche und eng ineinander geschachtelte Anlagen erschweren die Beseitigung von Störungen, wie z. B. das Auswechseln von Maschinenteilen, die Feuerbekämpfung usw. In dieser Hinsicht sind untertage die Seil- und Kettenbahnen oft sehr unangenehm, da z. B. bei ausgebrochenen Grubenbränden die vielen in der Hauptstrecke bzw. im Hauptquerschlag stehenden, mit dem Seil bzw. der Kette verbundenen Wagen die Flucht der Leute, den freien Zugang zu den Grubenbauen und den Transport von Material zur Bekämpfung oder Beseitigung der Störung oft sehr schwierig gestalten.

b) Die zweckmäßige Konstruktion der Betriebsteile bzw. Maschinenteile.

Die Anordnung und konstruktive Durchführung der Betriebsteile bzw. Maschinenteile soll entweder die Einwirkungen der Störungsursachen auf den Betrieb vermindern, ihre Folgeerscheinungen verhüten oder die Störungsursache selbst beseitigen.

Aus diesem Grunde sind die Arbeitsteile und Einzelanlagen bei starker betriebsmäßiger Beanspruchung kräftig, gegebenenfalls aus einem für die Art der Beanspruchung geeigneten Sondermaterial herzustellen.

Je nach der Art des Betriebes kann die Beanspruchung der Betriebsteile

a) stark, aber gleichmäßig, oder

b) schwankend und mehr oder weniger stoßartig sein.

Im ersten Falle kommt eine Abnutzung der besonders beanspruchten Maschinenteile in Betracht. Diese Teile werden zweckmäßig auswechselbar in den Betriebsteil eingefügt. Hierhin gehören z. B. die auswechselbaren Walzenmäntel, Zahnkränze, Brechbacken der Steinbrecher usw.

Im zweiten Falle muß man mit einer gelegentlichen stoßweisen Überbelastung bestimmter Maschinen- oder Anlageteile rechnen, die einen Bruch oder sonstige Zerstörungen herbeiführen kann.

Je nach der Sachlage sucht man entweder den Eintritt einer Überbelastung zu verhindern (Regulatoren an Dampfmaschinen, Maxima- und Minimaausschalter usw.) oder die Folgeerscheinungen der eingetretenen Überbelastung zu verhüten (nachgiebige Kuppelungen, wie z. B. Friktionskuppelungen, nachgiebige Verlagerungen, wie Pendellager usw.), oder endlich die Folgeerscheinungen auf leicht auswechselbare Teile zu beschränken, indem man diese so schwach ausführt, daß sie nur der normalen Belastung eben gewachsen sind und daher den Betrieb unterbrechen, ohne daß die wichtigeren, schwer auswechselbaren oder teuren Betriebsteile in Mitleidenschaft gezogen werden (elektrische Sicherungen, Abreißbolzen an Walzwerken usw.).

Von Bedeutung sind vielfach auch solche Vorrichtungen, die bei einer Betriebsstörung den Betrieb wieder selbsttätig in Gang bringen. Das kann namentlich da geschehen, wo die Betriebsstörung weder eine Beschädigung der Einrichtung zur Ursache hat, noch eine solche bewirkt. So werden bei Grubenseil- und Kettenbahnen vielfach Eingleisungsvorrichtungen angewendet, die darin bestehen, daß man zwischen und neben den Schienen einen mit Schienenoberkante abschneidenden Bohlenbelag vorsieht, auf dem sowohl innerhalb wie außerhalb des Gestänges Zwangsschienen angebracht werden, die den entgleisten und von dem Seil bzw. der Kette weiter geschleppten Förderwagen wieder ordnungsgemäß auf das Gleis bringen.

In allen lebenswichtigen Betriebsteilen, wie Kesselanlage, Kraftzentrale, Förderanlage usw. werden zweckmäßig nur solche Regelvorrichtungen (z. B. Geschwindigkeitsregler, Dampftemperaturregler usw.) und sonstige Sicherheitsvorrichtungen eingebaut, durch deren Betätigung kaum oder doch kaum fühlbare Betriebsunterbrechungen oder gar Außerdienststellungen des Anlageteiles erforderlich sind.

In allen Fällen wird man durch die konstruktive Anordnung alle vermeidbaren Störungsursachen auch zu vermeiden suchen. In diesem Zusammenhange sei auf die Maßnahmen zur Vermeidung der Schwingungen in den Siebereianlagen usw. verwiesen. Die Entstaubung einer Steinkohlensieberei bewirkt eine Verminderung des Verschleißes der Lager, Apparate und Motore, also eine Verminderung der Betriebsstörungen, ganz abgesehen von der zugleich verbesserten Wirkung der Wäsche und geringeren Belästigung des Personals, sowie dem in manchen Fällen aus dem Verkauf des Staubes erzielten höheren Gewinn. Auch wenn letzterer allein nicht immer eine Rentabilität der Staubabsaugung ergibt, so sind doch oft die anderen Vorteile ausreichend, um den Einbau der Entstaubungsanlage zu rechtfertigen.

Die beim Braunkohlenbergbau häufig vorgenommenen Entwässerungsarbeiten werden in der Regel nur zur Vermeidung etwaiger Betriebsstörungen und der damit verbundenen Gefahren und Kosten durchgeführt. Die dadurch erreichte Gewinnung trockener Rohkohle ist meist nur als ein Nebenerfolg zu werten.

c) Bunker und Reserveanlagen, Anlagen zur Umgehung von Betriebsstörungen.

Die gleichmäßige Belastung und angemessene konstruktive Durchführung der einzelnen Betriebsteile hat den Zweck, Störungen und Produktionsausfälle nach Möglichkeit zu vermeiden. Immerhin lassen sich Störungen aller Art nicht vollständig vermeiden. Je nach der Art des Einzelbetriebes tritt vielfach der Fall ein, daß ein Einzelbetrieb irgendwelchen Störungen besonders stark ausgesetzt ist, wie z. B. in Braunkohlentagebaubetrieben die Abraumkippe bei tonigem Boden und nassem Wetter, wodurch die anschließenden Betriebsteile (hier der Fahr- und Baggerbetrieb) in Mitleidenschaft gezogen werden können.

Zu den wichtigsten technischen Einrichtungen und Maßnahmen, durch welche die Folgen derartiger Betriebsstörungen ausgeglichen werden können, gehören die Bunker (bzw. auch Lager von Halbfabrikaten usw.), die Betriebsreserve und die Anlagen zur Umgehung von Betriebsstörungen.

Bunker sind zweckmäßig so in die einzelnen Betriebsabschnitte einzuschalten, daß die Störungen des einen Abschnittes nicht auf den Betrieb des anschließenden Abschnittes übertragen werden. Schaltet man beispielsweise zwischen einem Löffelbagger und der Kettenbahn einen Bunker ein, so muß dessen Fassungsraum so bemessen werden, daß er die durch je eine Störung des Baggers und der Kettenbahn bewirkten Förderausfälle auszugleichen vermag. Die durchschnittliche mittlere oder die durchschnittliche längste Dauer der häufigeren Störungen des Baggers und der Kettenbahn sind als Rechnungsgrundlage für die Bemessung des Bunkers zu verwenden. Der Bunker ist im Betriebe möglichst so gefüllt zu halten, daß sein Inhalt dem durchschnittlichen Förderungsausfall entspricht, der durch eine Störung des Baggers, grundsätzlich also des dem Bunker vorgeschalteten Betriebsabschnittes, bewirkt wird, während der verfügbare leere Bunkerraum dem Rauminhalt des durch eine Kettenbahnstörung bewirkten Förderausfalls entsprechen muß, also dem Förderausfall, der durch den dem Bunker nachgeschalteten Betriebsabschnitt verursacht wird.

Dem Bunker gleich zu erachten sind bei Skipförderschächten mit geringer und sehr unregelmäßiger Zuförderung aus den Grubenbauen die Anlagen von größeren Schachtrollen im Füllort. In Erzwerken, wo diese Anlagen häufig angewandt werden, sieht man zweckmäßig mehrere Rollen im Füllort vor, wenn verschiedenartige Erze gefördert werden.

Ebenso können lange Aufstellgleise oder ausgedehnte Plattenböden zusammen mit der entsprechenden Anzahl von Förderwagen einen Ausgleich der Förderung bewirken. Hierbei ist zu beachten, daß die Abmessungen von Füllort und Hängebank in diesem Falle sehr groß werden müssen. Die Gleisanlagen erleichtern den Betrieb gegenüber dem Plattenbelag wesentlich, sofern der Verkehr genau geregelt ist, brauchen aber für die Aufstellung der Wagen eine größere Fläche, wie der Plattenbelag, auf dem die Wagen zur Not dicht nebeneinander gestellt werden können.

Auch die Pumpensümpfe sind als Bunker anzusehen, die eine Sicherung gegen zu schnelles Ersaufen bei etwaigem Versagen der Pumpenanlage bieten sollen und vielfach den Zweck haben, einen Ausgleich der Belastung der Kraftzentrale zu ermöglichen, indem man unter Ausnützung der Sümpfe die Pumpenanlage nur in den Zeiten betreibt, in denen der sonstige Betrieb ruht oder nur von geringem Umfange ist, z. B. zum Schichtwechsel und während der Nachtschicht.

Die Betriebsreserven bestehen in einer entsprechenden Verstärkung der Leistungsfähigkeit der Anlage bzw. der Anlageteile. Werden Bunker nicht vorgesehen, so ist die gesamte Anlage entsprechend zu verstärken. Ist nur ein Einzelteil der Anlage starken Störungen ausgesetzt, so braucht man nur diesen Teil allein entsprechend zu verstärken.

In geeigneten Fällen sieht man mehrere selbständige Teilanlagen des Betriebsteiles vor, die so zu bemessen sind, daß sie auch nach Ausfall eines Teiles der Teilanlagen noch die verlangte Leistung erreichen können.

Diese Reserven können entweder durch ganze Betriebabschnitte oder Hauptbetriebsmaschinen (z. B. Abraumbagger, Reservekippen) oder durch kleinere Betriebsmaschinen gebildet werden, die im Notfall beim Versagen der Maschinenzentrale besonders lebenswichtige Betriebs- und Maschinenteile in Betrieb halten. Es wird z. B. häufig die im normalen Betriebe von der Hauptdruckluftleitung gespeiste Druckluftbremse der Schachtfördermaschine zugleich an einen kleinen Sonderkompressor angeschlossen, dessen Antrieb möglichst unabhängig von allen Zentralen ist (z. B. Dieselmotor), um bei Störungen in der Maschinenzentrale den Betrieb der Fördermaschine weitgehendst zu sichern.

Als Umgehungsanlagen kann man u. a. zwei parallel geschaltete Betriebe bzw. Betriebsteile ansehen, die eine zwanglose Überleitung des gesamten Betriebes von der einen zur anderen Anlage oder Teilanlage gestatten.

Hierzu gehören u. a. die Dampfrohrringleitungen und ferner auch die Umgehungs- und Verbindungsgleise mit den dazugehörigen Weichenkreuzen, die z. B. bei Betriebsstörungen eines Wippers, einer Sortierung usw. das Umleiten der Förderwagen auf der Hängebank ermöglichen.

d) Vorkehrungen gegen willkürliche oder unachtsame Herbeiführung von Störungen.

Betriebsstörungen werden mitunter dadurch hervorgerufen, daß betriebswichtige und zugleich geldlich wertvolle Teile aus den im Betriebe befindlichen Maschinen usw. gestohlen werden. Es ist zweckmäßig, diese Teile (Kupfer, Bronze usw.) so anzubringen, daß sie nicht leicht entfernt werden können.

Bei elektrischen Fahrdraht-Lokomotivbahnen bringt man deshalb die kupfernen Verbinder zwischen den Schienen vielfach unter den Laschen an. Bei fester und guter Bahn kann man vielfach auch die Laschen anschweißen oder die Schienen zusammenschweißen.

Ebenso schützt man auch häufig die Beleuchtungskörper, namentlich in Füllörtern, sowie gegebenfalls Schalter, Sicherungen aller Art, Registrierapparate usw. gegen absichtliche oder unabsichtliche Beschädigungen durch geeignete Vorkehrungen.

Ferner kann auch die Formgestaltung der Geräte usw. in geeigneten Fällen so durchgeführt werden, daß die durch Brüche usw. verursachten Störungen möglichst geringen Umfang annehmen. So ist vorgeschlagen worden, Bohrmeißel dreiflüglig herzustellen, damit sie bei Gestängebrüchen nicht umkippen und so die Fangarbeit nicht erschweren.

V. Das Ausbringen der Verarbeitungsanlagen.

a) Die einheitlichen Bezeichnungen und Formeln in der Aufbereitungstechnik.

Für die Beurteilung der Verarbeitungsanlagen eines Bergwerkes, wie Aufbereitungen, Kokereien, Kalisalzfabriken usw. ist neben der Frage der zeitlichen und mechanisch-technischen Belastung bzw. Ausnutzung der Anlagen zugleich die Frage der Ausnutzung der zu verarbeitenden Rohstoffe neben den Verarbeitungskosten und der Werterhöhung des Verkaufsproduktes von größter wirtschaftlicher Bedeutung. Die Ausnutzung des Rohstoffes wird gekennzeichnet durch das **Ausbringen** bzw. durch die **Vergütung** desselben.

Unter **Ausbringen** versteht man das prozentuale Verhältnis der in einer bestimmten Menge Fertigprodukt (aufbereitetes Gut) enthaltenen Menge Reinstoff (Kupfer, Kohle usw.) zu der Reinstoffmenge, die in der zur Erzeugung des Fertigproduktes verarbeiteten Menge von Rohprodukt (Grubenhaufwerk) enthalten war.

Unter **Vergütung** versteht man vom technischen Standpunkte aus die gegenüber dem Rohprodukt herbeigeführte Erhöhung des prozentualen Anteils an Reinstoffen (Anreicherung) unter gleichzeitiger Berücksichtigung der Verminderung des prozentualen Anteils „schädlicher“, mit Strafabzügen behafteter Verunreinigungen. Vom wirtschaftlichen Standpunkt aus versteht man unter Vergütung die entsprechende Werterhöhung des Fertigproduktes einschließlich Verminderung etwaiger Strafabzüge.

Der Fachausschuß für Erzaufbereitung der Gesellschaft deutscher Metallhütten- und Bergleute[1] hat sich auf die nachstehenden Formeln und Bezeichnungen geeinigt, die bei wirtschaftlichen Betriebsrechnungen usw. möglichst benutzt werden sollen.

1. **Gewichte und Metallgehalte:**

	Gewicht in kg	Metallgehalt in %
Aufgabegut.	q_a	a
Konzentrat.	q_c	c
Zwischengut	q_z	z
Abgänge (Berge)	q_b	b
Metallgehalt des bergefreien Konzentrates (Reinerzes) gleich höchstmöglicher Metallgehalt. .		r

2. **Reinerzgehalte in %:**

$$\text{im Aufgabegut} \quad \frac{a}{r} \cdot 100 = a_r,$$

$$\text{im Konzentrat} \quad \frac{c}{r} \cdot 100 = c_r,$$

$$\text{in den Abgängen} \quad \frac{b}{r} \cdot 100 = b_r.$$

3. **Gewichtsausbringen in %:**

$$\text{tatsächliches } v = \frac{q_c}{q_a} \cdot 100 = \frac{a - b}{c - b} \cdot 100 .$$

Das tatsächliche Gewichtsausbringen v entspricht dem Verhältnis der Gewichte von Konzentrat q_c und dem Aufgabegut q_a in % ausgedrückt.

$$\text{vollständiges (ideales)} = v_{opt} = \frac{a}{r} \cdot 100 = a_r .$$

Das vollständige Ausbringen entspricht dem Prozentsatz der Menge des Aufgabegutes, den man erhält, wenn im Konzentrat alles reine Erz und keine Berge enthalten sind. Es ist daher v_{opt} gleich dem Reinerzgehalt im Aufgabegut.

4. **Konzentrations-(Einengungs-)Verhältnis:**

$$n = \frac{q_a}{q_c}\left(= \frac{c - b}{a - b} = \frac{100}{v} \right).$$

Das Konzentrationsverhältnis n besagt, wieviel Tonnen Aufgabegut notwendig sind, um 1 t Konzentrat zu erhalten.

---

[1] Einheitliche Bezeichnungen und Formeln für die rechnerische Erfassung der Erzaufbereitung mit Erläuterungen von Madel: Metall Erz 1928, S. 77.

5. **Anreicherungsverhältnis:**

$$i = \frac{c}{a}.$$

Das Anreicherungsverhältnis i ist das Verhältnis des Gehaltes des Konzentrates zu dem des Aufgabegutes.

6. **Metallausbringen in %:**

$$m = \frac{c \cdot q_c}{a \cdot q_a} \cdot 100 \left(= \frac{c \cdot (a - b)}{a \cdot (c - b)} \cdot 100 = \frac{c \cdot v}{a} = \frac{i}{n} \cdot 100 = i \cdot v \right).$$

Das Metallausbringen m ist das Verhältnis der Metallmenge des Konzentrates zu der des Aufgabegutes.

7. **Bergeausbringen im Konzentrat in % der Gesamtberge (Bergeverbleib im Konzentrat):**

$$w = \frac{(a - b)(r - c)}{(c - b)(r - a)} \cdot 100 = v \cdot \frac{r - c}{r - a} = \frac{(100 - c_r) \cdot v}{100 - a_r}.$$

Das Bergeausbringen (Bergeverbleib) w im Konzentrat entspricht dem prozentualen Verhältnis der Menge der im Konzentrat verbliebenen Berge, bezogen auf die im Aufgabegut enthalten gewesenen Berge.

8. **Trennungsgrad (Aufbereitungserfolg, Trennungsgüte) in %:**

$$\eta = m - w = m - v \cdot \frac{r - c}{r - a} = \text{Metallausbringen} - \text{Bergeverbleib},$$

oder

$$\eta = \frac{m - v}{100 - v_{opt}} \cdot 100 = \frac{\text{Metallausbringen} - \text{Gewichtsausbringen}}{\text{Bergegehalt im Aufgabegut}},$$

oder

$$\eta = \frac{(a - b) \cdot (c - a) \cdot r}{(r - a) \cdot (c - b) \cdot a} \cdot 100.$$

Der Trennungsgrad bezeichnet die Güte der Aufbereitung. Er ist gleich 100%, wenn alles Erz im Konzentrat und alle Berge in den Abgängen enthalten sind, also wenn $m = 100$ und $w = 0$ ist. Der Trennungsgrad entspricht der Differenz der beiden Werte m und w. Im obigen Falle würde $\eta = 100 - 0 = 100$. Andererseits wird $\eta = 0$, wenn $c = a$ ist (s. letzte Gleichung).

b) Die Waschkurven.

Henry[1] hat zur Untersuchung des Setzmaschinenbetriebes ein graphisches Verfahren in Vorschlag gebracht, das bei einfach zusammengesetzten Produkten (z. B. Kohle und Berge) die Ermittlung des Maximalausbringens bei bestimmter Vergütung (Anreicherung) ermöglichen soll. Es wird hierzu vorausgesetzt, daß bei der Untersuchung der Aufbereitungsfähigkeit das Aufgabegut, etwa eine Steinkohle, in einem Versuchssetzapparat durch einen Setzvorgang so gelagert werden kann, daß die Teilchen einer bestimmten Horizontalschicht alle den gleichen Aschengehalt (Bergegehalt) haben, wobei der Aschengehalt der tieferen Schichten — bei Steinkohlen — zunimmt.

In Abb. 51 ist die im Versuchssetzapparat umgelagerte (gesetzte) Kohlenmenge in 100 gleich hohe horizontale Schichten unterteilt gedacht, die auf der Ordinate, von oben nach unten zählend, abgetragen sind. Die Schichtenzahlen entsprechen zugleich, wie aus dem nachstehenden hervorgeht, dem jeweiligen Mengenausbringen. Auf der Abszisse ist der Aschengehalt angegeben. Kurve *I* gibt den Aschegehalt jeder einzelnen Horizontalschicht unmittelbar an. Kurve *II*

---

[1] **Henry:** Le lavage des charbons. Congres International des Mines. Section des Mines Bd. 2, S. 451. Lüttich 1905.

gibt für jeden Punkt den mittleren Aschengehalt aller über demselben liegenden Schichten an, die dem theoretischen Ausbringen bei diesem durchschnittlichen Aschengehalt entsprechen würden. Kurve *III* gibt den Aschengehalt aller unter dem betreffenden Kurvenpunkt liegenden Schichten an, d. h. der Mengen, die in diesem Falle als Waschberge abgehen würden. Das Verfahren ist späterhin noch erweitert und vervollkommnet worden[1]. An Stelle der Setzmaschine wird vielfach jetzt das Sink- und Schwimmverfahren angewandt.

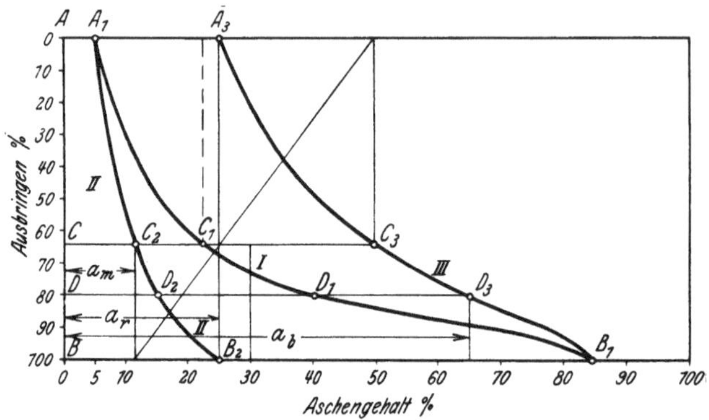

Abb. 51. Entwicklung der Aschengehaltkurven (nach Reinhardt).

Geht man von der Voraussetzung aus, daß der Einheitswert des Konzentrates mit zunehmendem Asche- bzw. Bergegehalt stark genug abnimmt, so wird der Erlös bei zu starker Anreicherung trotz hohen Einheitspreises infolge des geringen Mengenausbringens niedrig sein. Ebenso wird der Erlös bei einem zu großen Ausbringen niedrig sein, weil der Einheitspreis zu tief liegt. Aus dem Produkt von Mengenausbringen und Konzentratpreis läßt sich unter entsprechender Benutzung der Kurve *II* eine Linie konstruieren, die den jeweils bei verschiedenen Mengenausbringen erzielbaren Erlös angibt und die unter der obigen Voraussetzung ein Maximum durchschreiten muß. Zieht man hiervon die Aufbereitungskosten, sowie die Kosten für das Grubenhaufwerk ab, so läßt sich das Mengenausbringen finden, bei dem sich ein maximaler Gewinn erzielen läßt. Hierbei ist unter Konzentratpreis der Preis ab Grube zu verstehen.

VI. Die Abmessungen der einzelnen Anlageteile.

a) Die Ausnützungszahl der Anlage.

Die Abmessung der einzelnen Betriebsteile, Betriebsmaschinen usw. ist zweckmäßig so zu wählen, daß eine volle gleichmäßige Ausnutzung jedes einzelnen Teiles bei normalem Betriebe erreicht wird. Sind einzelne Betriebsteile unnötig, groß, so sind hier nicht allein unnötig große Kapitalien festgelegt, die unnötig hohe Beträge für Verzinsung und Amortisation kosten, sondern es arbeitet auch dieser Betriebsteil stets mit zu geringer Belastung und zu hohem Leerlauf und daher in der Regel unwirtschaftlich und teuer[2]. Das gilt sowohl für die einzelnen Arbeits- und Betriebsmaschinen (Gasmotor, Dampfmaschinen, Drehbänke usw.) als auch für ganze Betriebsabschnitte.

Demgemäß soll auch die ganze Anlage so bemessen sein, daß sie in den einzelnen Teilen möglichst gleichmäßig ausgenützt wird. Die Ausnützungszahl, d. h. das Verhältnis $\dfrac{\text{tatsächliche Leistung der Anlage}}{\text{mögliche Leistung der Anlage}}$, soll möglichst hoch sein, weil die auf die Erzeugungseinheit bezogenen Amortisations- und Verzinsungs-

---

[1] Reinhardt: Untersuchung der Feinkohlen und Regeln für ihre wirtschaftliche Aufbereitung. Glückauf 1926, S. 485 u. 521.

[2] Hilpmann: Ist es zweckmäßig, eine große Arbeitsmaschine überhaupt nicht oder mit kleinen Teilen, also unwirtschaftlich zu beschäftigen? Betrieb Jg. 3, S. 537. 1920—1921.

kosten der Anlage $\left(\dfrac{\text{Kosten}}{\text{Erzeugung}}\right)$ um so geringer werden, je größer der Nenner (die Erzeugung) ist.

Im Abschnitt D I ist bereits ausgeführt worden, daß die Ausnützungszahl einer Anlage durch zwei Hauptmomente beeinflußt wird, und zwar durch die Ausnutzung der für den Betrieb zur Verfügung stehenden Zeit und durch die Ausnutzung der von der Anlage je Zeiteinheit erreichbaren Leistung. Es ist sonach zu beachten:

a) die zeitliche Ausnützung (Zeitfaktor) einer Betriebsanlage, und

b) die mechanisch-technische Ausnützung derselben (Leistungsfaktor).

Beide werden beeinflußt durch die

c) Belastungsschwankungen, die sowohl zeitlicher als auch mechanisch-technischer Natur sein können und die Ungleichförmigkeit des Betriebes bedingen.

Zeitfaktor und Leistungsfaktor wirken in der Regel auf alle Anlageteile gleichmäßig ein, so daß dadurch keine verschiedenartige Belastung einzelner Anlageteile veranlaßt wird, wenn nicht aus betrieblichen Gründen eine verschiedene zeitliche Benutzung oder mechanische Anstrengung bedingt wird. So wird die zeitliche Belastung der Schrämmaschine eines Abbaues eine andere sein wie die der Schüttelrutsche desselben Betriebes. In größeren Betriebsanlagen laufen selten alle Betriebsmaschinen bzw. Arbeitsmaschinen gleichzeitig. In der Regel werden je nach den örtlichen Verhältnissen maximal nur etwa 50 bis 70% der vorhandenen Maschinen gleichzeitig betrieben. Dieser Verwendungsfaktor V ist für jeden Betrieb durch entsprechende Überwachung festzustellen. Durch Multiplikation des Kraftbedarfes K mit dem zugehörigen Verwendungsfaktor V erhält man den Anschlußwert der einzelnen Arbeitsmaschinen und durch Addition der Anschlußwerte die Grundlage A für die Bemessung der Kraftzentrale bzw. der Kesselanlage ($A = \Sigma V \cdot K$). Der Sicherheit halber wird man noch einen entsprechenden Zuschlag geben, um auch für den Fall gerüstet zu sein, daß vorübergehend ein außergewöhnlich großer Anteil von Betriebs- und Arbeitsmaschinen gleichzeitig betrieben wird.

Diese Überlegung gilt natürlich sinngemäß auch für die einander vor- bzw. nachgeschalteten Betriebsteile einer Anlage, die im allgemeinen so bemessen sein müssen, daß der nachgeschaltete Betrieb die vom vorgeschalteten Betrieb übertragene Leistung ohne Störung aufnehmen und weiterverarbeiten kann. Erfolgt die Leistung des einen Betriebsteiles stoßweise, die des anderen gleichförmig, so ist zwischen beiden ein Bunker, Zwischenlager usw. zum Ausgleich der verschiedenartigen Leistungsformen einzuschalten.

b) Die Einwirkungen der Belastungsschwankungen auf die Abmessungen der Betriebsteile.

Die Belastungsschwankungen können durch die Art des Betriebsverlaufes, durch Störungen, Instandsetzungsarbeiten, Absatzschwankungen usw. bedingt sein, und wirken je nach den besonderen Umständen verschieden auf die Wahl der Abmessungen der Anlage bzw. Anlageteile ein.

1. Störungspausen.

Hierbei stehen den regelmäßigen, durch die Art der Betriebsvorgänge bedingten Pausen die mehr oder weniger unregelmäßigen Störungspausen gegenüber, die durch den Zustand des Betriebes, die mehr oder weniger straffe bzw. zweckmäßige Ordnung der Betriebsorganisation und die mehr oder weniger umsichtige Überwachung und Bedienung der Anlagen bedingt werden.

Für die zu treffenden Maßnahmen ist die Häufigkeit der an sich im einzelnen unregelmäßig auftretenden Störungen insofern von Bedeutung, als man nach den Gesetzen der Großzahlwirkungen für solche unregelmäßige Störungen, die sich infolge der Ausdehnung des Betriebes oder der Eigenart der Störungsursachen häufig wiederholen, mit hinreichender Genauigkeit einen Durchschnittswert in die Rechnung einsetzen kann.

Da ein Teil der Störungen stets durch den Zustand der Anlagen mit bedingt wird, lassen sich die Instandhaltungszeiten nicht völlig von den reinen Störungszeiten trennen, weshalb hier beide unter dem Begriff der „Störungszeiten" zusammengefaßt werden sollen.

Bei den Störungspausen sind zu unterscheiden:

1. St_e = eigene Störungszeiten, d. h. Störungen, die durch den betreffenden Betriebsteil selbst verursacht wurden;
2. St_v = Störungszeiten, die durch den vorgeschalteten Betriebsteil verursacht wurden;
3. St_n = Störungszeiten, die durch den nachgeschalteten Betriebsteil verursacht wurden.

Die Störungen der vor- und nachgeschalteten Betriebsteile werden nur insoweit in Rechnung gestellt, als sie den zwischengeschalteten Betrieb, der untersucht werden soll, in Mitleidenschaft ziehen. Über die zur Abwendung der Störungen bzw. zur Verminderung der dadurch herbeigeführten Verluste zu treffenden Maßnahmen sind in Abschnitt D IV einige Angaben gemacht worden.

Von besonderer Bedeutung ist die Ermittlung der „uneinbringlichen" Störungszeiten, d. h. derjenigen Störungen, deren Folgen sich bei der vorgesehenen Ausnutzung der Anlagen oder Anlagenteile bzw. bei der Art der Absatzverhältnisse nicht mehr einholen lassen. Hierzu ist die Kenntnis der Durchschnittswerte der Störungspausen, wie sie sich aus einer genügend langen Beobachtungszeit ergeben haben, besonders wertvoll. Ebenso wichtig ist es, die Ursachen der Störungen statistisch zu erfassen, um danach zielbewußt die zweckmäßigsten Maßnahmen treffen zu können.

2. Pausen infolge Instandsetzungsarbeiten.

Hinsichtlich der Instandsetzungsarbeiten sind zu unterscheiden:

J_R = Zeit für Groß-Instandsetzungsarbeiten (Überholungen),

J_r = Zeit für laufende Kleinreparaturen = tägliche Instandhaltung.

Hieraus ergibt sich sinngemäß der

$$\text{Instandsetzungsfaktor} = \frac{\text{Instandsetzungszeit}}{\text{Gesamtzeit}} < 1$$

$$\text{Instandhaltungsfaktor} = \frac{\text{Instandhaltungszeit}}{\text{Schichtzeit}} < 1.$$

Unter Groß-Instandsetzung sind die programmäßig wiederkehrenden Instandsetzungsarbeiten (Überholungsarbeiten) zu verstehen, zu deren Durchführung die betreffende Maschine usw. aus dem Betriebe herausgezogen werden muß. Hierzu gehören vor allem die Einrichtungen, die im Betriebe besonders starken Beanspruchungen unterliegen, so daß einzelne Teile, wie z. B. Wellen, Zahnräder usw. infolge der Abnutzung erneuert oder doch in weitem Umfange instand gesetzt werden müssen. Diese Arbeiten dauern je nach Lage des Falles Wochen bis Monate, verkürzen die verfügbare Gesamtzeit (im engeren Sinne des Wortes) und beeinflussen dadurch die zu wählenden Betriebsreserven, die je nach Lage des Falles in der kräftigeren Ausgestaltung des betreffenden Betriebsteiles oder in der Parallelschaltung einer entsprechenden Zahl gleichartiger Betriebsteile bestehen können. Hierbei kann im ersten Falle die erforderliche Leistung in einer um die Instandsetzungszeit verkürzten Gesamtzeit erledigt werden, während im zweiten Falle die parallel geschaltete Reserveanlage während der Instandsetzungszeit der Betriebsanlage den Betrieb übernimmt.

Unter laufender Kleinreparatur (Instandhaltung) sind die Arbeiten

zu verstehen, die an den im Betriebe befindlichen und im Betriebe zu haltenden
Anlageteilen zur Aufrechterhaltung ihrer Betriebsfähigkeit je nach der Sachlage
während der Betriebszeit in den Pausen oder in der Leerzeit auszuführen sind.
Können die Arbeiten nicht in den Pausen oder in der Leerzeit durchgeführt
werden, so vergrößern sie die Verlustzeit entsprechend und sind dort einzusetzen.

Ein schleichender Betriebsgang ist vielfach nur auf dauernd wirkende Störungsursachen zurückzuführen, wie Reparaturbedürftigkeit, nicht übereinstimmende Leistungsfähigkeit der aufeinander folgenden Betriebsteile, schlechte
Arbeitsorganisation usw. In dem Umfange, in dem die Laufzeit bzw. die Betriebszeit durch Störungsursachen aller Art verkürzt wird, muß die Anlage zur
Aufrechterhaltung ihrer Leistungsfähigkeit vergrößert werden.

3. Absatzschwankungen.

Neben den Zeitverlusten durch Instandsetzungsarbeiten und sonstige Störungen sind die Belastungsschwankungen für die zu wählenden Abmessungen
der Anlagen von größter Bedeutung.

Unmittelbar werden die Belastungsschwankungen hervorgerufen durch Absatzschwankungen, die entweder unregelmäßiger oder mehr oder weniger
periodischer Natur sein können (Konjunktur- und Saisonschwankungen), oder
eine steigende oder fallende Hauptrichtlinie erkennen lassen (Absatzentwicklung). Die Untersuchung dieser Schwankungen ist in Abschnitt A III eingehender behandelt. Neben den Absatzschwankungen wird der Ungleichförmigkeitsgrad der Belastung durch den Betriebsverlauf und durch die Betriebsunsicherheit
aller Art bedingt.

Soweit die Belastungsschwankungen durch Absatzschwankungen hervorgerufen werden, wird die ganze Anlage gleichmäßig betroffen. Man baut dann
je nach Lage des Falles entweder die Anlage so stark aus, daß sie den größten
praktisch vorkommenden Nachfragen gerecht werden kann, wobei der Ausnutzungsfaktor allerdings nur in diesem Falle hoch ist, im Durchschnitt aber
mehr oder weniger tief steht, oder man errichtet eine der Durchschnittsnachfrage entsprechende Anlage, die bei Absatzmangel auf Lager arbeitet, um stets
voll beschäftigt zu werden. Je nachdem der im ersten Falle entstehende Mehrbedarf an Betriebskosten den im zweiten Falle entstehenden Mehrbedarf für
Verzinsung des größeren Betriebskapitals, für Lagerung, Versicherung, Wertverminderung der Erzeugnisse usw. unter- oder überschreitet, wird man den
einen oder den anderen Weg wählen. Bei einer im Laufe der Zeit voraussichtlich
steigenden Durchschnittsnachfrage wird die Anlage in der Regel zunächst über
den augenblicklichen Bedarf hinaus bemessen, weil man zweckmäßig die Entwicklung der Anlage der Nachfrageentwicklung etwas vorauseilen läßt.

Die Frage, ob die zum Ausgleich der Belastungsschwankungen erforderliche
Betriebsreserve zweckmäßig durch entsprechende Verstärkung einer Anlage oder
durch Bereitstellung parallel zu schaltender Reserveanlagen zu schaffen ist,
wird entschieden durch die Art der Betriebsgefahren, durch die Höhe des Anlagekapitals und durch den Umfang der Bedienung. Sind die Betriebsgefahren
derart, daß parallel zu schaltende Betriebsreserven bereit gehalten werden müssen,
um gegebenenfalls den Betrieb überhaupt aufrechterhalten zu können, so treten
die sonstigen wirtschaftlichen Erwägungen mehr oder weniger zurück. Im allgemeinen wird man von der Bereitstellung parallel schaltbarer Betriebsreserven
absehen, wenn diese sehr hohe Ausgaben für Anlage und Bedienung erfordern.
Eine Schachtförderanlage wird aus diesem Grunde in der Regel so stark ausgebaut,
daß sie die auftretenden Spitzenleistungen der Förderung — soweit sie nicht
durch Bunker, Ansammlung von Standwagen am Füllort usw. vergleichsweise

billig ausgeglichen werden können — glatt bewältigen kann. Eine unterirdische Wasserhaltungsanlage wird durch Unterteilung derselben in mehrere selbständig-arbeitende Maschinenaggregate nicht wesentlich verteuert, besonders im Hinblick auf das gesamte Anlagekapital. Ebenso wird auch die Bedienung kaum fühlbar teurer. Bei periodisch stark schwankenden Wasserzugängen erfolgt daher zweckmäßig eine Unterteilung der Wasserhaltung in mehrere unabhängig voneinander arbeitende Anlagen, so daß man durch entsprechend kombiniertes Zusammenarbeiten stets einen möglichst hohen Ausnützungsfaktor der betriebenen Maschinen erreicht.

Für die Bemessung der Gesamtstärke der Anlage bzw. der Anlageteile kommt nur die erforderliche Höchstleistung je Einheit Laufzeit in Betracht. Die Anlage soll in der Regel bei der normalen Belastung ihre besten mechanischen und betrieblichen Wirkungsgrade erreichen, jedoch soll die Güte der Erzeugnisse auch bei stärkster Anspannung des Betriebes nicht nachlassen.

c) Beispiel zur Berechnung der Abmessung eines Anlageteiles.

Als Beispiel sei die erforderliche „theoretische" Leistungsfähigkeit eines Baggerbetriebes errechnet, d. h. die theoretische jährliche Leistung, die sich ergeben würde, wenn der Bagger in der Gesamtzeit voll ausgenützt würde, um darnach die tatsächlich je Stunde Betriebszeit zu fordernde Leistung zu ermitteln.

Als Gesamtzeit sollen jährlich 300 Arbeitstage gerechnet werden, die insgesamt $300 \cdot 24 = 7200$ Std. umfassen.

Zur Ermittlung der tatsächlichen Ausnutzung der Gesamt- und Betriebszeit dienen die folgenden Angaben:

a) Von der Gesamtzeit sind abzusetzen:
1. 50 Tage für Überholen (Grundreparatur) sowie für Stillstände infolge des Winterfrostes,
2. 25 Tage für Umbauarbeiten,
3. 25 Tage für Betriebsreserve (Schaffung einer Abraumreserve),

i. Sa. 100 Tage.

Ferner soll der Bagger täglich nur innerhalb einer zwölfstündigen Schicht in Betrieb sein.

Sonach hat der Betriebszeitfaktor den Wert

$$\frac{200}{300} \cdot \frac{12}{24} = \frac{1}{3}.$$

An Betriebszeit steht zur Verfügung: $\frac{1}{3} \cdot 7200 = 2400$ Std.

b) Von der Betriebszeit sind an Pausen abzusetzen:

		in % der Betriebszeit	
1.	gesetzliche Pausen, täglich 2 Stunden	= 16,7	16,7
2. $St_e =$	Störungspausen im eigenen Betrieb:		
	regelmäßige: tägliche Instandhaltung	1,0	
	infolge Konstruktion als Eintorbagger	7,5	
	unregelmäßige: Baggerstörung	2,3	10,8
3. $St_v =$	Störungen durch den vorgeschalteten Betrieb:		
	regelmäßige	—	
	unregelmäßige: in der Kraftanlage	0,7	0,7
4. $St_n =$	Störungen durch den nachgeschalteten Betrieb:		
	regelmäßige: Zugverkehr	2,0	
	Organisation des Fahrbetriebes	11,5	
	unregelmäßige: Nichtaufnahmefähigkeit der Kippe[1]	12,0	
	sonstiger Aufenthalt	2,0	27,5
	Verlustzeit		55,7
	Verlustzeitfaktor	= 0,557	
	Laufzeitfaktor	= 1 − 0,557 = 0,443.	

---

[1] In einem Falle sogar 27%.

Der Laufzeitfaktor kann hier gleich dem Sollzeitfaktor gerechnet werden, weil die Überzeiten (Zu- und Abrüstzeiten) nicht besonders berücksichtigt, sondern in die Pausen des Zugverkehrs eingerechnet wurden.

c) **Zeitlicher Belastungsfaktor:**

Es wird angenommen, daß die Betriebszeit voll ausgenützt wird, da die entsprechenden Abzüge bereits gemacht wurden (für Winterstillstand, Umbau, Abraumreserve usw.).

Für die Lauf- und Sollzeit wird ein normaler zeitlicher Belastungsfaktor von 0,95 in Rechnung gesetzt.

Der zeitliche Ungleichförmigkeitsfaktor betrage 0,9, d. h. infolge des unregelmäßigen Betriebes wird die unter Berücksichtigung der normalen zeitlichen Belastung von 0,95 verfügbare Zeit zu 90% ausgenützt. Der tatsächliche zeitliche Ausnützungsfaktor beträgt sonach[1]:

$$0,333 \cdot 0,443 \cdot 0,95 \cdot 0,90 = 0,126 \text{ der Gesamtzeit.}$$

d) **Der mechanisch-technische Belastungsfaktor** wird bedingt durch die Leistungsfähigkeit des Baggers je lfdm Abraumstroße, das Schüttungsverhältnis der in den Eimer gelangenden Bodenmasse und das Fassungsvermögen des Abraumzuges je lfdm Zuglänge.

Bezogen auf die anstehenden Abraummassen muß die Baggerleistung im umgekehrten Verhältnis zum Schüttungsverhältnis stehen, da die Eimer bei voller Füllung um so weniger anstehende Massen aufnehmen, je größer deren Auflockerung ist. Es muß daher die Leistung auf die gelockerte, vom Eimer aufgenommene Bodenmasse bezogen werden, was den weiteren Rechnungsgang insofern vereinfacht, als dieselben Rechnungsgrundlagen auch für die Aufnahmefähigkeit der Abraumwagen und der Kippe in Betracht kommen. Zu beachten ist allerdings, daß unter günstigen Umständen die Schöpfleistung eines Eimers über sein Fassungsvermögen hinausgeht.

Zweckmäßig ist die Leistungsfähigkeit des Baggers an lockeren Massen je lfdm Abraumstrosse etwas größer zu bemessen als das Fassungsvermögen des Abraumzuges je lfdm Zuglänge, um die volle Beladung der Züge auch dann zu gewährleisten, wenn die Leistungsfähigkeit des Baggers etwa infolge ungünstiger Witterung oder infolge ungleichmäßiger Abnutzung der Schneiden bzw. Greifzähne (namentlich bei geführter Eimerkette) nachläßt. Der mittlere Leistungsfaktor sei deshalb zu 0,85 angenommen. Der Faktor der mechanisch-technischen Belastungsschwankungen sei zu 0,94 angenommen, so daß der mechanisch-technische Ausnutzungsfaktor $0,85 \cdot 0,94 \simeq 0,80$ beträgt.

Der **Gesamtausnutzungsfaktor** ist gleich dem Produkt aus dem zeitlichen und dem mechanisch-technischen Ausnutzungsfaktor, also gleich $0,126 \cdot 0,80$.

Die verlangte tatsächliche Jahresleistung des Baggers betrage 900 000 m³ geschütteten Boden. Dann muß die theoretische Jahresleistung desselben, bezogen auf 300 Arbeitstage zu 24 Std. = 7200 Gesamtstunden betragen:

$$\frac{900\,000}{0,126 \cdot 0,80} \simeq 9\,000\,000 \text{ m}^3 \text{ lockeren Boden,}$$

oder bei einer Schüttungszahl von 1,25

$$\frac{900\,000}{1,25} \simeq 7\,200\,000 \text{ m}^3 \text{ anstehenden Boden,}$$

---

[1] Es hängt ganz von der Art der Berechnung und vom einzelnen Falle ab, ob man das Produkt von Belastungs- und Ungleichförmigkeitsfaktor oder nur den kleineren der beiden Faktoren in die Rechnung einsetzt.

was einer Stundenleistung entspricht von:

$$\frac{9\,000\,000}{7200} \cong 1250 \text{ m}^3 \text{ losen Boden}$$

oder

$$\frac{1250}{1,25} \cong 1000 \text{ m}^3 \text{ anstehenden Boden.}$$

Der erforderliche Eimerinhalt der Bagger läßt sich errechnen, wenn

$S =$ Anzahl der Eimerschüttungen je min,
$E =$ Eimerinhalt in m³,
$T =$ verlangte Stundenleistung der Bagger in geschüttetem Boden

sind, nach der Gleichung

$$E \cdot S \cdot 60 = T.$$

Sind $S = 30$ und $T = 1250$ m³ (s. o.), so ist ein Eimerinhalt nötig von:

$$E = \frac{1250}{30 \cdot 60} = 0{,}695 \cong 0{,}700 \text{ m}^3.$$

Es sind also zwei Bagger mit 350 l Eimern oder ein Bagger mit 700 l Eimern notwendig.

Im vorstehenden Beispiel sind die Zeitfaktoren von besonders ungünstigem Einfluß. Das gilt insbesondere für die Zeitverluste infolge der ungünstigen Organisation des Fahrbetriebes, die durch die Baggerart hervorgerufen ist, sowie durch die Nichtaufnahmefähigkeit der Kippe. Lassen sich diese Verluste vermeiden, so können die Bagger entsprechend schwächer ausfallen. Es läßt sich in diesem Falle also lediglich durch gute Betriebsorganisation erheblich an Anlagekapital sparen.

E. Die Organisation des Bergbaubetriebes.

I. Die Organisation von Ausrichtung, Vorrichtung und Abbau.

a) Die maßgebenden Gesichtspunkte.

Die maßgebenden Richtlinien für die Aus- und Vorrichtung sowie für den Abbau werden in erster Linie bestimmt durch die Forderung nach Betriebssicherheit, Betriebskonzentration, Betriebsmechanisierung sowie auf Einfachheit und Übersichtlichkeit und vor allem Billigkeit des Betriebes.

1. Betriebssicherheit.

Neben den allgemeinen Vorschriften zur Verhütung der Steinfallgefahr, der Zündung von Schlagwettern und Kohlenstaub, sowie der Unglücksfälle bei der Gewinnung, Förderung, Fahrung usw. dient zur Erhaltung der Betriebssicherheit der Grubenbaue vor allem deren zweckmäßige Raumgestaltung. In zähem, festem Gebirge können Abbauhohlräume, Strecken und sonstige Grubenbaue von erheblichen Abmessungen unbeschadet ihrer Standsicherheit hergestellt werden, wie z. B. im Salzbergbau. In gebrächem Gebirge, wie es z. B. für den Steinkohlenbergbau meist kennzeichnend ist, lassen sich größere Abbauhohlräume nur bei langer, schmaler Form und relativ geringer Höhe (vom Liegenden zum Hangenden gemessen) herstellen. Insbesondere wird die zulässige Breite dieser Hohlräume durch die Gebirgsbeschaffenheit stark beeinflußt. Abgesehen von den Querschlägen und den in ausgesucht festeren Schichten aufgefahrenen Richtstrecken sind auch die betriebsmäßig erreichbaren Streckenquerschnitte der Abbau- und Grundstrecken usw. oft sehr gering. Diese Raumgestaltung ist für die Möglichkeit und die Art der Mechanisierung des Grubenbetriebes, wie sogleich noch ausgeführt wird, von ausschlaggebender Bedeutung.

Es ist ferner zu beachten, daß bei Schlagwetter- und Kohlenstaubexplosionen, bei Kohlensäureausbrüchen usw. die Gasmengen nach der Richtung des geringsten Widerstandes zu entweichen suchen. Es ist daher zweckmäßig, den Wegen des ausziehenden Wetterstromes möglichst weite Querschnitte zu geben, um das Vordringen der Gase gegen die normale Wetterstromrichtung einzuschränken.

Den Gas- und Wasserausbrüchen kann man durch Vorbohren und systematische Entgasung bzw. Entwässerung in den meisten Fällen beikommen. Um nicht unvermutet wasserführende Schichten anzufahren und um das Wasser von den Grubenbauen fernzuhalten, wendet man bei den Aus- und Vorrichtungsarbeiten nach Bedarf auch Untersuchungsbohrungen an. Abb. 52 und 53 zeigen die Darstellung solcher Untersuchungsbohrungen, die in einem Steinkohlenbergwerk zur Feststellung der Entfernung des Deckgebirges von der Wettersohle, sowie zur Feststellung von Störungen usw. durchgeführt wurden. Diese Art der Darstellung eignet sich sehr gut zur Sammlung in einer Kartothek.

Beim Abbau von Sicherheitspfeilern, die unter den zu schützen den Gebäuden vorgesehen waren, sind die hierfür geltenden Erfahrungsregeln der Abbautechnik anzuwenden, die hier im einzelnen nicht zu erörtern sind. Es gehören hierzu: Beginn des Abbaues unter dem zu schützenden Gebäude, schneller, allseitiger, gleichmäßiger Verhieb, dichter, gleichmäßiger Versatz usw. Bei Schachtsicherheitspfeilern baut man nach den auf Zeche Consolidation[1] gemachten guten Erfahrungen am besten in dem vom Schachte noch nicht durchteuften Teile ab, läßt also den Abbau dem Abteufen

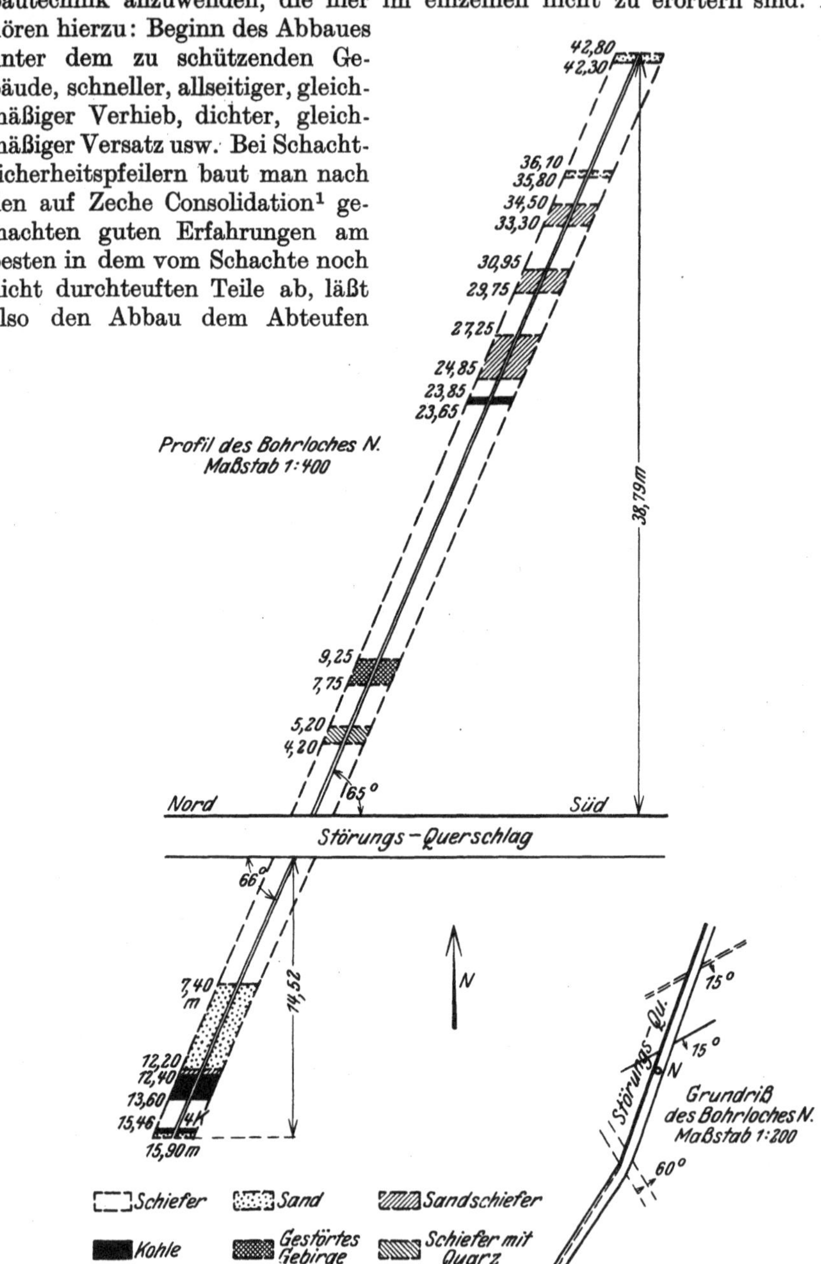

Abb. 52. Untersuchungsbohrung im Steinkohlenbergbau.

in Gestalt eines reinen Unterwerksbaues vorauseilen. Dadurch wird erreicht, daß sich das später zu durchteufende Gebirge fest auf den Versatz auflegt und

---

[1] Meuß: Der Abbau der Schachtsicherheitspfeiler auf der Zeche „Consolidation". Glückauf Jg. 51, S. 262. 1915.

genügend zur Ruhe gekommen ist, wenn die betreffenden Flöze vom Schachte durchteuft werden. Es wird dadurch die Betriebssicherheit des Schachtes erhöht und die Leistungsfähigkeit seiner Förderanlage entsprechend besser gewahrt.

In Rücksicht auf die zukünftige Entwicklung des Grubengebäudes wird man die Grubenbaue, insbesondere den Abbau, so anordnen, daß etwaige Reservefelder zugänglich bleiben, auch wenn sie zur Zeit noch nicht erworben sind, was beim Grundeigentümerbergbau oft der Fall ist, damit im späteren Bedarfsfalle die Strecken usw. nicht durch den alten Mann zu treiben sind, wodurch nicht nur die Kosten in wirtschaftlich sehr unangenehm fühlbarer Weise erhöht werden können, sondern auch die Betriebssicherheit leidet.

2. Betriebskonzentration.

Das Streben nach höchster Förderleistung aus möglichst wenig ausgedehntem Grubengebäude ist begründet durch den entsprechend geringeren Bedarf an Anlagekapital und den damit zusammenhängenden Amortisations- und Verzinsungskosten, sowie aus den infolge geringerer Ausdehnung und kürzerer Gebrauchsdauer sich ergebenden niedrigeren Bedienungs- und Unterhaltungskosten.

Umfang und Art der Ausrichtung, wie Sohlenbildung usw., werden in erster Linie durch die Lagerungsverhältnisse bedingt.

Liegt nur ein Flöz bei söhliger Lagerung vor, so

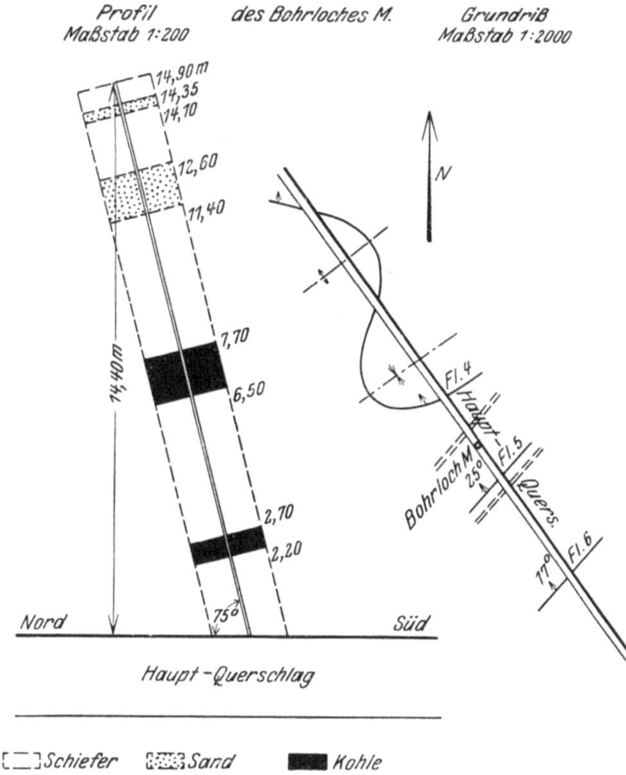

Abb. 53. Untersuchungsbohrung im Steinkohlenbergbau.

wird die Sohle zweckmäßig im Flöz selbst angelegt. Gesteinsarbeiten werden bis auf den für den Streckenquerschnitt etwa erforderlichen Nachriß vermieden. Die Herstellung und Unterhaltung der Sohlenstrecken wird bei Anwendung geeigneter Abbauverfahren in der Regel vergleichsweise billig. Liegt das Flöz wellig, so können die Strecken dem Flöz ohne seitliche Abweichungen, also durch Anschmiegung in der senkrechten Ebene folgen, sofern die anzuwendenden Fördermittel die dann unvermeidlichen Niveauschwankungen anstandslos überwinden können (Bandförderung) und die Spezialwasserhaltungen keine Schwierigkeiten machen.

Liegen mehrere Flöze gruppenweise zusammen, so legt man die Sohle evtl. im untersten Flöz an.

Ist das Flöz bzw. das unterste Flöz der Flözgruppe druckhaft, bzw. sind Flöz oder Flözgruppe stark wellig gelagert, so legt man die Sohle in Gestalt eines

Streckennetzes im Liegenden an und löst das Flöz bzw. die Flözgruppe durch Aufbruchschächte. In diesem Falle entstehen naturgemäß wesentlich höhere Kosten für die Sohlenherstellung. Der Abstand der Sohlenstrecken und Blindschächte im Gestein richtet sich einerseits nach ihren Herstellungs- und Unterhaltungskosten und andererseits nach den Kosten für die Zuförderung aus dem Abbau zu den Blindschächten und aus den Unterhaltungskosten der Abbaustrecken unter Berücksichtigung der Abbaugeschwindigkeit.

Bei steilerer Lagerung erfolgt die Sohlenbildung je nach den örtlichen Verhältnissen durch Querschläge und Richtstrecken in Verbindung mit Bremsbergen oder Blindschächten zur Lösung der einzelnen Flöze bzw. Flözgruppen. Der Sohlenabstand hängt vom Einfallen und der Lagerungsdichte der Flöze ab. Die Verbreitung der Flöze innerhalb der einzelnen Sohlenabschnitte bestimmt die Ausdehnung des Netzes von Querschlägen, Richtstrecken usw. Für die Abstände derselben gelten dieselben Bedingungen wie bei söhliger Lagerung. Im Ruhrbezirk beträgt der Sohlenabstand bei flachem bis mittlerem Einfallen etwa 30 bis 50 m und steigt bei steilem Einfallen auf etwa 70 bis 100 m.

Eine wesentliche Verminderung der Anlagekosten für die einzelnen Bausohlen und der damit zusammenhängenden Gesteinsarbeiten (Querschläge, Richtstrecken usw.) läßt sich meist durch Vergrößerung des Sohlenabstandes unter Anwendung eines planmäßigen Unterwerksbaues erreichen. Der planmäßige Unterwerksbau, der nur fördertechnisch als solcher aufzufassen ist, erhält Durchhieb von der unteren Sohle her, so daß Wetterführung und Wasserhaltung in der üblichen Weise gelöst sind. Die Förderkosten werden bei Versatzbau, bei welchem dem Aufholen der Produkte (Kohlen) in den Bremshaspelschächten bzw. Bremsbergen das Einhängen der Berge gegenübersteht, besonders bei elektrischem Betrieb nur unwesentlich beeinflußt. Auch bei Wegfall der Bergeförderung ergeben sich noch erhebliche Vorteile zugunsten des planmäßigen Unterwerksbaues infolge der Ersparnis an Verzinsung, Amortisation und Unterhaltungskosten.

Bei steiler Lagerung und größerem Flözabstand (Magerkohle) kann die Erhöhung des Sohlenabstandes bei Anwendung des planmäßigen Unterwerksbaues etwa 200 bis 250 m betragen, wobei in üblicher Weise Teilsohlen mit je etwa 60 bis 80 m Abstand vorgesehen werden, um den Abbau hinreichend konzentrieren zu können. In der Fettkohlenpartie hat die Vergrößerung des Sohlenabstandes evtl. den Nachteil, daß im Falle von Schlagwetter-Kohlenstaubexplosionen die Rettungsmaßnahmen erschwert werden.

Im Abbau selbst läßt sich eine Verminderung der Anlagekosten am besten durch Anwendung von Abbaumethoden erreichen, die einen möglichst geringen Streckenbedarf haben und eine weitgehende Konzentration der Gewinnung auf einem Abbauraum gestatten, dessen Form und Größe im Falle von Gebirgs- und Abbaudruckwirkungen so zu wählen ist, daß die im Abbau zur Gewinnung und Förderung zu verwendenden Maschinen und Einrichtungen voll ausgenutzt werden können, daß aber andererseits die Bauhafthaltung des Abbauraumes durch seine Größenabmessung nicht unnötig erschwert und verteuert wird.

Nach Schaefer[1] entfielen auf einer westfälischen Fettkohlenzeche in einem Bauabschnitt, in dem eine Flözgruppe von 8 Flözen abgebaut wurde, von den auf 150 m streichenden Verhieb entfallenden Reparaturhauerschichten bis zum Verhieb von 100 m streichender Länge nur durchschnittlich 35%. Je nach den Abbaumethoden und dem Schichtenaufbau unmittelbar über und unter dem Flöz sowie der Flözbeschaffenheit steigt die Druckwirkung erfahrungsgemäß mit zu-

---

[1] Schaefer: Einfluß der Betriebsgestaltung unter Tage auf die Selbstkosten von Steinkohlengruben, im besonderen bei steiler Lagerung. Glückauf Jg. 64, S. 493 u. 531. 1928.

nehmender Abbaulänge oder sie läßt mitunter nach einmaligem Umbau der Strecken zunächst nach, um später wieder zu steigen. Bei schwachen, flach gelagerten Flözen läßt der Druck oft merklich nach, sobald das Hangende sich fest auf den Versatz aufgelegt hat. Im allgemeinen nimmt die Druckwirkung in den Abbaustrecken mit deren Gebrauchsdauer zu. Hieraus geht hervor, daß die Streckenunterhaltungskosten bei bestimmter streichender Länge des Bauabschnittes durch Steigerung der Verhiebsgeschwindigkeit gesenkt werden können und bei geringer Verhiebsgeschwindigkeit durch Kürzung der streichenden Länge. Da mit Rücksicht auf die Abteilungsquerschläge, Stapelschächte und sonstige Gesteinsarbeiten die Anlagekosten der Aus- und Vorrichtung einer Sohle etwa umgekehrt zur streichenden Länge der Bauabteilungen wachsen und da die Betriebskosten eines mechanisierten Betriebes bis zur vollen Ausnutzung der hier verwendeten Maschinen sinken und die Mechanisierung, wie noch auszuführen ist, in der Regel um so billiger arbeiten kann, je größer seine Leistungsfähigkeit ist, so werden größere Verhiebsgeschwindigkeiten sowie auch größere streichende Baulängen in mechanisierten Betrieben aus wirtschaftlichen Gründen meist vorteilhafter sein.

Der zum Zweck der Förderkonzentration bei den älteren Abbaumethoden oft angewandte gleichzeitige mehr oder weniger gemeinsame Abbau mehrerer nahe beieinander liegender Flöze von einem Stapelschacht aus hat häufig erhebliche Druckwirkungen in den Abbaustrecken zur Folge. Außerdem wird die Regelung und die Ausnützung des Abbaudruckes erschwert, oft unmöglich. Es ist daher der Abbau je eines Flözes mit stark mechanisiertem und konzentriertem Betriebe in der Regel wirtschaftlicher. Ein solcher Abbau ist auch bei steiler Lagerung gut möglich, wenn entsprechende Abbaumethoden (Bühnenbau usw.) durchgeführt werden.

3. Betriebsmechanisierung.

α) **Die Bedeutung der Großleistungsmaschinen.** Kleinmaschinen, die als Maschinengezähe gehandhabt werden, d. h. von dem Arbeiter bei der Verwendung getragen oder gehalten werden müssen, wie Abbauhämmer usw., können die Leistungen nur unwesentlich steigern. Nur eine weitgehende Mechanisierung und Automatisierung der Arbeitsvorgänge, bei der das Personal die Maschinen nur zu führen bzw. zu überwachen hat, ermöglicht Großleistungen, da diese nicht mehr von der Körperkraft des Bedienungspersonals, sondern von den Möglichkeiten der Maschinenkonstruktion abhängen. Da im allgemeinen das Bedienungspersonal mit Zunahme der Größe und Leistungsfähigkeit der Maschineneinheiten an Zahl oft nur wenig zu erhöhen ist, vielfach sogar eine weitere Automatisierung einzelner Arbeitsvorgänge erst dann wirtschaftlich lohnend wird und hier zur Verminderung des Personals führt, und da ferner die je Leistungseinheit anteiligen Anlage-, Unterhaltungs- und Reparaturkosten bei voller Ausnutzung der Maschinen größerer Einheiten meist niedriger sind, hat sich in mechanisierten Betrieben die Tendenz zur Verwendung von großen, leistungsfähigen Einheiten immer stärker bemerklich gemacht. Die Großraumwagen, Großbagger, Großabsetzer, Förderbrücken, Großkokereien usw. sind typische Beispiele dieser Entwicklung.

Die Verwendung von Großleistungsmaschinen zur Gewinnung und Förderung im Bergbau führt zwangläufig zu einer Konzentration der Arbeits- und Betriebsvorgänge an diesen Maschinen, wenn diejenige Einfachheit der Konstruktion erreicht werden soll, die zur Sicherung möglichst niedriger Anlage- und Betriebskosten erforderlich ist. Hieraus ergibt sich u. a. die Notwendigkeit der Zusammenfassung der Gewinnung und Verladung auf einen möglichst engen Raum.

Kleinmaschinen (Abbauhämmer usw.) werden daher nur da dauernd den Vorzug verdienen, wo die Raum- oder Abbauverhältnisse nicht die Anwendung von Großmaschinen ermöglichen. Der Arbeitsbetrieb (Gewinnung) ist hier über den Arbeitsstoß verstreut (dezentralisiert).

Die Tendenz zur Entwicklung der Großleistungsmaschinen, insbesondere der Versuch, teure Betriebsvorgänge auszuschalten, hat vielfach zu Arbeitsverfahren geführt, deren Einrichtungen oft so teuer sind, daß sich deren Verwendung erst bei großen bzw. sehr großen Leistungen lohnen kann. Das gilt in der Regel für Förderbrücken, die in einzelnen Fällen mehr als 30000 m³ Abraum täglich bewegen müssen, wenn ihre Verwendung einen sicheren wirtschaftlichen Vorteil gegenüber der Anwendung älterer Verfahren mit sich bringen soll.

β) Die Beziehungen zwischen Leistungshöhe und Mechanisierung. Die Mechanisierung und Automatisierung des Bergwerksbetriebes wird in erster Linie beeinflußt durch ihren auf die Massengewinnung und -bewegung gerichteten Zweck. Es kommen ferner in Frage alle Maßnahmen, die zur Sicherung der Leistungsfähigkeit und des Betriebes getroffen werden müssen, ferner die Einflüsse, die sich aus dem Verhältnis von verfügbarem Raum zur Leistung ergeben, sowie endlich die konstruktiven Maßnahmen, durch die die gute Ausnützbarkeit der Anlagen gesichert werden sollen.

Die zur Mechanisierung bzw. Automatisierung des Bergwerksbetriebes dienenden Maschinen haben daher mindestens den folgenden Bedingungen zu genügen:

1. Zur Sicherung des Betriebes:

a) Einfachheit und Übersichtlichkeit der konstruktiven Anordnung,

b) Widerstandsfähigkeit der Konstruktion gegen die zu erwartenden Beanspruchungen, Schutz der beweglichen bzw. betriebswichtigen Teile gegen Abnutzung oder sonstige übermäßige Beanspruchung, Vermeidung übermäßiger Belastung der Auflagen, wie Boden, Widerlager usw.,

c) einfache, schnell durchführbare Auswechselbarkeit der einzelnen Teile, besonders der betriebswichtigen,

d) Unfallverhütungsvorrichtungen, Schlagwettersicherheit usw. Hierzu gehört auch besonders in unterirdischen Betrieben die Verwendung von Treibmitteln, die nicht ihrerseits Gefahren für den Betrieb und die Belegschaft zur Folge haben können (z. B. Kohlenoxyd bei Explosionsmotoren),

e) Überlastungsfähigkeit, weitgehende Regulierbarkeit, insbesondere bei plötzlichen starken Belastungsschwankungen, in manchen Fällen auch Gleichmäßigkeit des Ganges.

2. Zur Ausnützung der Anlagen:

a) zweckmäßige Abstimmung der Leistungsfähigkeit der in einer Arbeitsfolge zusammenarbeitenden Maschinen und Einrichtungen,

b) Vorkehrungen zur Erzielung möglichst kurzer Zu- und Abrüstzeiten,

c) Maßnahmen zur Erzielung geringen Bedienungsbedarfes.

3. Zur Berücksichtigung der räumlichen Verhältnisse:

a) Platzbedarf der Maschine für Aufstellung und Betrieb,

b) Platzbedarf der Bedienung,

c) Anwendung von Abbau- und sonstigen Betriebsmethoden, die eine möglichst lange, ununterbrochene Laufzeit der einzelnen Maschinen gestatten, z. B. langer Abbaustoß für Schrämmaschinen.

Die zur Sicherung des Betriebes aufgeführten Forderungen sind vorwiegend konstruktiver Natur, auf deren Einzelheiten hier nicht eingegangen werden kann. Jedoch soll noch ausdrücklich wiederholt werden, daß die Einfachheit und Übersichtlichkeit der konstruktiven Anordnung, die einfache, schnell durchführbare

Auswechselbarkeit der einzelnen Teile, sowie der Schutz der betriebswichtigen Teile durch Sicherungen eine sorgfältige und zweckmäßige Bedienung wesentlich erleichtern und daher auch indirekt die Sicherheit des Betriebes erhöhen.

Eine gute Ausnützung der Anlage kann nur erreicht werden, wenn die Leistungsfähigkeit der aufeinander angewiesenen Einrichtungen gegenseitig gut angepaßt sind. Im Tagebau kann der Bagger nicht voll ausgenutzt werden, wenn der Fahrbetrieb oder der Kippenbetrieb nicht leistungsfähig genug sind. Störungen können schon eintreten, wenn die Leistung des Baggers und die Aufnahmefähigkeit des Zuges je lfdm nicht miteinander übereinstimmen.

Dasselbe gilt sinngemäß im Steinkohlenbergbau, für das Verhältnis von Kohlengewinnung zur Abförderung, zum Versatz, zum Ausbau sowie zum Umbau der Einrichtungen mit fortschreitendem Abbau. Da sich diese Vorgänge im eng umgrenzten Abbauraume abspielen müssen und die Sicherung des Betriebes einen entsprechenden Ausbau und Versatz erfordert, so wird die Mechanisierung des Umbaues der Gewinnungs- und Transporteinrichtungen in erster Linie von der Entwicklung des Ausbaues abhängen. Die verschiedenen Versuche, einen „wandernden Grubenausbau" einzuführen, haben bisher anscheinend noch keinen völlig befriedigenden Erfolg gezeitigt.

Bekanntlich müssen die Zu- und Abrüstzeiten der Einrichtungen möglichst kurz sein, um einen guten zeitlichen Ausnützungsfaktor zu erreichen. Die mechanisierte Verlegbarkeit, die Zu- und Abrüstung wird daher um so wichtiger, je leistungsfähiger und schwerer die Maschinen werden und je häufiger eine Ortsverlegung derselben in Frage kommt. In unterirdischen Grubenbetrieben gewinnt die Mechanisierung des Transportes besonders da an Bedeutung, wo enge Raumabmessungen und schwierige Transportverhältnisse hinderlich sind. Allgemein kommt es nicht allein darauf an, den Transport selbst zu ermöglichen bzw. zu erleichtern, sondern vor allem auch die hierzu etwa erforderlichen Vor- und Nebenarbeiten weitgehend einschränken zu können. Die Verwendung von Raupenbändern als Transportmittel gewinnt namentlich für die schweren Tagebaumaschinen dadurch eine zunehmende Bedeutung, daß die dauernden, erheblichen Betriebskosten für das Verlegen, Rücken und Ausrichten der Gleise wegfallen. Dazu kommt die nicht unerhebliche Ersparnis an Anlagekapital für die Beschaffung des Gleismaterials und die größere Anpassungsfähigkeit des Raupenbandbetriebes an welligen Untergrund.

Die Ausnützungsmöglichkeit automatisierter bzw. mechanisierter Einrichtungen wächst in der Regel mit der Größenzunahme der Einheiten. So ist z. B. die Betätigung der automatischen Entleerungsvorrichtungen der modernen Großraumwagen hinsichtlich des Zeit- und Kraftaufwandes der Bedienung unabhängig vom Wageninhalt. Die anteiligen Kosten der Bedienung stehen also etwa im umgekehrt linearen Verhältnis zum Wageninhalt.

Die Entwicklung großer Maschinen- und Geräteeinheiten ist in Tagebauen in der Regel nicht durch Beengtheit des Raumes gehemmt. Das ist aber in unterirdischen Bergbaubetrieben leider der Fall. Allerdings ist der Unterschied der in festem und zähem Gebirge, wie z. B. im Salzbergbau, gebräuchlichen Abmessungen der Grubenbaue zu den im gebrächen Gebirge möglichen Abmessungen sehr erheblich für die konstruktive Durchbildung und Größe der maschinellen Einrichtungen. Besonders ist die durch die Lagerstättenmächtigkeit, Gebirgsbeschaffenheit und Abbaumethoden bedingte Form, Größe und Anordnung der Räume der Grubenbaue ausschlaggebend für die konstruktive Durchführung der hier zu verwendenden Maschinen und mechanisierten Arbeitsverfahren. Für den Steinkohlenbergbau ist im allgemeinen die schmale, langgestreckte Form der Grubenbaue typisch. Das gilt in der Regel auch für den offen stehenden, dem

Abbau dienenden Hohlraum. Da außerdem die Flözmächtigkeit meist gering ist, so können Gewinnungs- und Abförderungsmaschinen größerer Leistungsfähigkeit mit Vorteil nur bei entsprechend langem Abbaustoß angewendet werden. Die Mechanisierung setzt also zwangsläufig die Konzentration der Abbaubetriebe zu Großabbaubetrieben voraus, die ihrerseits wieder eine gut durchgebildete Organisation der Kolonnenarbeit bedingt.

Maßgebend für die Abmessungen der Maschinen und Geräte sind sonach die Durchlaßprofile für den Transport durch die Grubenbaue und am Arbeitsstoß sowie der Raumbedarf für die Bewegungen der Geräte bei der Arbeit. Zum Zwecke des Transportes sieht die Konstruktion oft eine Zerlegbarkeit des Gerätes in schnell lösbare und zusammensetzbare Einzelteile von entsprechenden Abmessungen vor. Sofern die verschiedenen Antriebsarten (z. B. Preßluft, Elektrizität) auch einen verschiedenen Raumbedarf der Gewinnungsmaschinen im Gefolge haben, dürfte letzterer für die Wahl des Antriebes in vielen Fällen entscheidend sein.

In halbmechanisierten Betrieben ist die Leistungsfähigkeit einer Maschineneinheit sehr oft von dem Platzbedarf der die Maschine beschickenden oder ihre Leistung abnehmenden Bedienung abhängig, besonders wenn die Beschickung oder die Abgabe an einem Punkte erfolgt. So würde es unmöglich sein, am Aufgabeende eines Förderbrücken- oder Absetzerbandes von sehr großer Leistungsfähigkeit so viel Leute anzustellen, wie notwendig wären, um dieses Band in vollem Betriebe durch Schaufelarbeit stets genügend zu beladen, während Schaufelräder oder Eimerbagger usw. diese Leistung an dem eng umgrenzten Punkte anstandslos leisten. Die durch die Mechanisierung bewirkte Konzentration der Arbeitsvorgänge auf eng umgrenzten Raum schließt sonach bei größeren Leistungen von Gewinnungs-, Abförderungsmaschinen usw. die Zwischenschaltung menschlicher Kräfte innerhalb eines Arbeitsganges aus, erzwingt also bei gewollter Leistungssteigerung einer Einheit deren zunehmende Mechanisierung bzw. Automatisierung. Im unterirdischen Grubenbetriebe kann die Beengtheit des Raumes mitunter schon bei geringeren Leistungen der Maschine die Anstellung einer ausreichenden Leutezahl zur Ausführung einer in der Kette eines Arbeitsganges liegenden Teilarbeit ausschließen. Eine Leistungssteigerung kann erst dann gelingen, wenn auch diese Teilarbeit mechanisiert bzw. automatisiert ist.

γ) **Vergleich der Anwendbarkeit verschiedener Maschinentypen für einen bestimmten Zweck** (z. B. Förderung unter Tage). Die besondere Eigenart der einzelnen, für einen bestimmten Zweck verwendbaren Maschinentypen ist bei dem Vergleich dieser Typen zu berücksichtigen. Will man z. B. Bandförderung, Rutschenförderung und Lokomotivförderung als Zubringerförderung in Grundstrecken bzw. in flachen, vom Abbau zur Richtstrecke usw. führenden Strecken miteinander vergleichen, so sind die folgenden Fragen zu berücksichtigen:

a) Förderleistung:

Die Rutschenhöchstleistung beträgt in söhligen Strecken etwa 500 t/Schicht. Transportbänder ermöglichen ohne Schwierigkeit höhere Leistungen. Die Leistungsfähigkeit der Lokomotivförderung ist stark von dem Querschnitt der Strecke und von der Förderlänge abhängig.

b) Förderlängen:

sind für Transportbänder und Rutschen insofern belanglos, weil sie durch Hintereinanderschaltung der Fördereinrichtung leicht überwunden werden können. In eingleisigen Strecken nimmt die Leistungsfähigkeit der Lokomotivförderung bald stark ab.

c) Umkehrbarkeit der Förderung:

bei Bandförderung (Gummiband) evtl. möglich, ebenso bei Lokomotivförderung, aber nicht bei Rutschenförderung.

d) Aufwärtsförderung:

Bandförderung gut geeignet. Rutschenförderung leistet bei mehr als 5 bis 6⁰ kaum noch eine nennbare Förderung, ebenso versagt die Lokomotivförderung.

e) Eignung für wellige Lagerung und kleine Verwurfshöhen:

Bandförderung ist gut geeignet, Rutschen- und Lokomotivförderung meist nicht oder kaum verwendbar.

f) Streckenquerschnittsbedarf:

bei Band- und Rutschenförderung gering, bei Lokomotivförderung groß, besonders wenn zwei Gleise nötig werden. Damit erwachsen bei der Lokomotivförderung oft größere Auffahrungskosten, die den Anlagekosten, und größere Unterhaltungskosten, die den Betriebskosten der Lokomotivförderung bei dem Vergleich mit der Band- und Rutschenförderung gegebenenfalls gesondert anzurechnen sind.

g) Zugänglichkeit der Grubenbaue:

ist bei Lokomotivförderung am besten. Sie kann bei Bedarf auch am schnellsten Hilfsmaterialien usw. vor Ort bringen.

4. Einfachheit und Übersichtlichkeit des Betriebes.

Eine der wichtigsten Voraussetzungen für die Leistungsfähigkeit und Sicherheit eines Betriebes ist die Einfachheit der Arbeitsvorgänge und die Übersichtlichkeit des gesamten Betriebes. Zusammengehörende Arbeitsvorgänge sind daher bei der Mechanisierung möglichst in einen Arbeitsgang zusammenzufassen.

Das gilt bei dem Gewinnungsvorgang für die Zusammenfassung der Vorgänge von der Lockerung und Loslösung der Massen bis zur Verladung in die zum Abtransport vom Gewinnungsort dienende Fördereinrichtung. Bei der Abbaggerung der Kohle in Braunkohlentagebauen durch Eimerbagger usw. wirkt daher das evtl. erforderliche Aushalten von Tonschichten usw. sehr störend, verteuernd und leistungsmindernd. Das Verfahren wird nötigenfalls nur angewandt wegen der wirtschaftlichen Undurchführbarkeit des Abscheidens von Ton usw. aus Braunkohlen durch Aufbereitungsanlagen. Auch im Steinkohlenbergbau wird in vielen Fällen die Gewinnung der Kohlen vom Abbaustoß und Verladung in die Abbauförderung durch einen Arbeitsgang den getrennten, durch besondere Maschinen usw. auszuführenden Arbeitsgängen (Schrämen, Hereingewinnen, Verladen) vorzuziehen sein, falls zweckmäßige konstruktive Lösungen für die Arbeitsmaschinen gefunden werden. Es ist in solchen Fällen festzustellen, ob die Mehrkosten für die nachträgliche Aufbereitung der unrein geförderten Kohlen und für den Rücktransport der hierbei gewonnenen Berge in die Grube bzw. zur Halde höher oder niedriger sind als die Mehrkosten für die getrennte Gewinnung und das Aushalten eines größeren Teiles der Berge unter Tage. Bei regelmäßigen, schichtenartig auftretenden Bergeeinlagerungen wird man oft die Vorrichtungen und Arbeitsverfahren zur getrennten Gewinnung der Kohlen und Berge so vereinfachen können, daß dieses Verfahren vorteilhafter wird.

Auch die Fördereinrichtungen müssen eine möglichste Einfachheit der Arbeitsvorgänge ermöglichen. Aus diesem Grunde ist die Rundförderung, an Umschlagspunkten mindestens die Gleichstromförderung anzustreben. Soll der Umschlag des Fördergutes (Umfüllen) mechanisiert werden, so ist die Einrichtung namentlich auch in den Abbaufeldern so zu treffen, daß die Umschlagspunkte längere Zeit am gleichen Ort bleiben können (s. Abschnitt E VIII b). Bei der Aus- und Vorrichtung ist u. a. zu berücksichtigen, daß

1. die Schachtfüllörter möglichst gradlinig mit dem Füllortbahnhof der betreffenden Sohle verbunden sind,

2. die Strecken und Querschläge möglichst gradlinig und mit zweckmäßigem Gefälle aufgefahren sind, um hohe Fördergeschwindigkeiten anwenden zu können, und

3. an den Kreuzungen die Strecken durch Bögen verbunden sind, wenn anders kein Weichenbetrieb möglich ist, um die sonst entstehenden Zeitverluste auf Platten und Kehrscheiben zu vermeiden, und gegebenenfalls der Lokomotivbetrieb durchgeführt werden kann.

Durch die Vereinfachung der Betriebsvorgänge und die Herausbildung von Großabbaubetrieben wird naturgemäß auch die Übersichtlichkeit des Betriebes verbessert und damit auch deren Überwachung vereinfacht. Die Trennung der vorbereitenden und ausführenden Tätigkeit wird schärfer, womit die Bedeutung der nicht unmittelbar den Betrieb führenden Betriebsüberwachungsbüros wächst.

b) Die allgemeinen Beziehungen zwischen der Ausdehnung der Grubenbaue und der Leistung.

Der Zweck der Grubenbaue besteht darin, die Lagerstätte so zugänglich zu machen, daß der Abbau derselben und die Abförderung der dabei gewonnenen bzw. auch zu versetzenden Massen in der zweckmäßigsten Weise erfolgen kann. Aus dieser Bestimmung der Grubenbaue folgt, daß man die Organisation der Grubenbaue als Untertagesanlage nur in Verbindung mit der Wahl und der Organisation der Abbaumethoden zweckentsprechend durchführen kann.

Für die durch die Grubenbaue geschaffenen Hohlräume eines Steinkohlenbergwerkes gibt die Tabelle 35 einen ungefähren Vergleichsmaßstab[1].

Tabelle 35. Vergleich hinsichtlich der Gesamthöhlräume, Förderlängen usw. zwischen einem Schacht von 100 m und 1000 m Teufe.

| | 100 m Teufe | | | 1000 m Teufe | | |
| | absolute Zahlen | | Schacht-anteil in % | absolute Zahlen | | Schacht-anteil in % |
	Strecken-netz	Schacht		Strecken-netz	Schacht	
Gesamthohlräume in m³ ohne Abbauräume . . .	250 000	920[1]	0,35	375 000[2]	33 200[3]	8,1
Durchschnittl. Förderlänge in m.	1000	100	9,1	1000	1000	50,—
Druckluftleitungen in m .	25 000	100	0,4	25 000	1000	3,85
Mittl. Arbeitsaufwand für die Förderung i. Mill. mkg	50	165	76,8	50	1650	97,1
Druckluftleitungskosten i.M	1 600 000	18 000[4]	1,1	1 600 000	250 000	13,5

[1] 3,5 m ⌀. [2] Größere Querschnitte wegen des stärkeren Gebirgsdruckes.
[3] 6,5 m ⌀. [4] Geringerer Rohrdurchmesser als bei 1000 m.

Diese Zahlen zeigen, daß auch bei tiefen Schachtanlagen der Rauminhalt des Streckennetzes und der Abbauhohlräume gegenüber dem Schachtraum bei weitem überwiegt. Es kommt hinzu, daß die Schachtteufe und damit mehr oder weniger auch der Schachtraum durch die Lagerungsverhältnisse unter gleichzeitiger Berücksichtigung der zu leistenden Förderung gegeben ist.

Ebenso wird die Ausdehnung der Ausrichtungsbaue in erster Linie durch die Lagerungsverhältnisse und von der zu leistenden Fördermenge beeinflußt. Dagegen besteht vielfach die Möglichkeit, die Länge des Streckennetzes der Vorrichtung und der Abbauräume durch entsprechende Maßnahmen, insbesondere auch durch die Wahl der verschiedenen Abbauverfahren erheblich zu beein-

[1] Herbst: Die maschinelle Gewinnung und Förderung im Steinkohlenbergbau unter Tage. Z. V. d. I. Jg. 66, S. 619. 1922.

flussen. Es ist einleuchtend, daß die dadurch bedingten Abbauverhältnisse von erheblicher Bedeutung sind. Aus den durch die Wahl der Aus- und Vorrichtung und der Abbauart, der Intensität des Abbaues und der Betriebskonzentration, sowie den durch die Art der Bauhafthaltung geschaffenen Verhältnissen ergeben sich eine Anzahl wichtiger Beziehungen, die nachstehend zusammengestellt und erörtert werden sollen, um daraus Folgerungen für die allgemeine Organisation der Grubenbaue zu ziehen.

Von wesentlicher Bedeutung nicht allein für den Umfang der Grubenbaue, sondern auch für die Beurteilung der Abbaumethoden und für die Art der Betriebsorganisation ist:

1. der Streckenbedarf,
2. der Bedarf an Abbauorten und die Leistung je Abbauort,
3. der Bedarf an lfdm Abbaustoß und Leistung je lfdm Abbaustoß,
4. der Bedarf an geschlossenen Abbaubetrieben (Strebflügel, Bremsbergfelder),
5. der Bedarf an Material,
6. der Bedarf an maschinellen Einrichtungen,
7. der Bedarf an Belegschaft und die Belegschaftsleistung.

Die Angabe absoluter Zahlengrößen über den Bedarf gibt nur unklare Vergleichsmöglichkeiten. Will man den Bergwerksbetrieb und dessen Anlagen in seinen Einzelheiten richtig beurteilen, so muß der Bedarf auf eine Reihe von Grundlagen bezogen werden, deren Verhältniszahlen je nach dem Ziel der Untersuchungen in mehr oder weniger großem Umfange ermittelt und nebeneinander gestellt werden müssen. Für den Streckenbedarf sind z. B. die folgenden Beziehungen wichtig.

A. Spezifischer Streckenbedarf eines Schachtfeldes:

a) bezogen auf das Schachtfeld

$$\frac{\text{Gesamtlänge der Strecken, Querschläge, Bremsberge usw.}}{\text{Fläche des Schachtfeldes in 1000 m}^2},$$

b) bezogen auf die Jahresförderung

$$\frac{\text{Gesamtlänge der Strecken, Querschläge usw.}}{\text{Jahresförderung in t}},$$

c) bezogen auf die Zahl der Abbauorte

$$\frac{\text{Gesamtlänge der Strecken, Querschläge usw.}}{\text{Anzahl der Abbauorte im Schachtfelde}},$$

d) bezogen auf die Gesamtlänge der Abbaustöße

$$\frac{\text{Gesamtlänge der Strecken, Querschläge usw.}}{\text{Gesamtlänge der Abbaustöße im Schachtfeld in m}},$$

e) bezogen auf die Anzahl geschlossener Abbaubetriebe (Strebflügel usw.)

$$\frac{\text{Gesamtlänge der Strecken, Querschläge usw.}}{\text{Anzahl der Abbaubetriebe im Schachtfeld}},$$

f) bezogen auf den aufgeschlossenen Vorrat anstehender, gewinnbarer Minern

$$\frac{\text{Gesamtlänge der Strecken, Querschläge usw.}}{\text{Vorrat an aufgeschlossenen Minern in t}}.$$

Unter Gesamtlänge der Strecken, Querschläge, Bremsberge usw. ist die Gesamtlänge alle Grubenbaue einschließlich der Vorrichtungsbaue, also nur mit Ausnahme der Schächte und der beim Abbau in Angriff genommenen Abbaustöße zu verstehen. Bei einem streichenden Strebbau mit schwebendem, stoßbauartigem Verhieb würden unter Strecken usw. sonach nicht nur die streichenden Strebstrecken, sondern vor Ort auch die schwebenden, zur Bergezufuhr und Kohlenabfuhr dienenden, gegen den anstehenden Kohlenstoß ausgesparten Strekken zu rechnen sein. Nur die tatsächlich bei der Kohlengewinnung im Abbau angegriffene Stoßlänge ist Abbaustoß.

Dieselben Beziehungen lassen sich auch für eine Bausohle, für geschlossene Abbaubetriebe, wie für ein Steigerrevier, ein Bremsbergfeld, sowie auch für den in einem Flöze in sich abgeschlossen umgehenden Abbau (Abbauflügel usw.) ermitteln.

Ebenso lassen sich die unter a) bis f) angegebenen Beziehungen sinngemäß für die unter 2. bis 7. angegebenen Größen feststellen, also der spezifische Bedarf an Abbauorten usw. Von besonderer Bedeutung ist hiervon der spezifische Bedarf an Belegschaft (Belegschaftsdichte).

Wichtig sind ferner alle die Beziehungen, durch welche die Leistungen der verschiedenen Einheitsgrundlagen ermittelt werden. Es gehören hierhin:

B. die spezifischen Leistungen eines Schachtfeldes:

a) spezifische Schachtfeldleistung

$$\frac{\text{Tonnenleistung je Schicht}}{\text{Schachtfeldfläche in 1000 m}^2},$$

b) spezifische Abbauortleistung

$$\frac{\text{Tonnenleistung je Schicht}}{\text{Anzahl der Abbauorte im Schachtfelde}},$$

c) spezifische Abbaustoßleistung

$$\frac{\text{Tonnenleistung je Schicht}}{\text{Gesamtlänge der Abbaustöße in m}},$$

d) spezifische Abbaubetriebsleistung

$$\frac{\text{Tonnenleistung je Schicht}}{\text{Anzahl der Bauflügel bzw. Bremsbergfelder}},$$

e) spezifische Belegschaftsleistung

$$\frac{\text{Tonnenleistung je Schicht}}{\text{Gesamtbelegschaft unter Tage je Schicht}},$$

f) spezifische Hauerleistung

$$\frac{\text{Tonnenleistung je Schicht}}{\text{Hauerbelegschaft je Schicht}}.$$

Wie bei A lassen sich auch hier die Beziehungen für eine Bausohle, ein Steigerrevier, ein Bremsbergfeld usw. ermitteln. Für die Belegschaftsleistung kommt neben der Gesamtbelegschaft unter Tage je nach dem Zweck der Untersuchung auch die Leistung entsprechender Belegschaftsteile, wie Hauerleistung, Belegschaftsleistung eines Bauflügels usw. in Betracht. Ebenso kann die Bezugsleistung je Tag, Monat oder Jahr in Frage kommen.

Für die unter a) und d) genannten spezifischen Schachtfeld- und Abbaubetriebsleistungen ist ferner das Verhältnis der aus dem Abbau stammenden Förderung zur Gesamtförderung bzw. der aus der Aus- und Vorrichtung und bei Reparaturarbeiten gewonnenen Fördermenge (Kohle, Erz) von erheblicher Wichtigkeit. Es ergibt sich daraus die Beziehung der

$$\text{spezifischen Abbauleistung} = \frac{\text{Fördermenge aus dem Abbau in t}}{\text{gesamte Fördermenge in t}}.$$

Geht man von einer bestimmten Hauerleistung je Mann und Schicht aus, so wird durch die spezifische Leistung je lfdm Abbaustoß die Intensität des Abbaues an der betreffenden Stelle ausgedrückt. Die spezifische Leistung je Abbauort bzw. je Abbaubetrieb gibt zunächst nur einen Anhaltspunkt für die Mannschaftskonzentration. Bei einer bestimmten Mannschaftszahl kann jedoch ein Abbauort bzw. ein Abbaubetrieb eine sehr verschiedene Ausdehnung hinsichtlich der in Angriff genommenen Abbaustoßlänge haben. Erst die zusammenfassende Angabe der spezifischen Leistung des Abbaupunktes (Abbauort, Abbaubetrieb) und des von diesem umschlossenen Abbaustoßes gibt eine genauere, vergleichsfähige Unterlage für die Beurteilung der Betriebskonzentration.

Aus der spezifischen Leistung je lfdm Abbaustoß kann man bei Kenntnis der Mächtigkeit der Lagerstätte Rückschlüsse auf die Geschwindigkeit des Baufortschrittes ziehen, während die spezifische Leistung des Abbaupunktes Aufschluß über die hier insgesamt zu bewegenden Massen gibt. Beide Angaben sind notwendig als Grundlage für die Organisation des durchzuführenden Abbaubetriebes.

Die Kenntnis bzw. Festlegung der zu erzielenden Abbaugeschwindigkeit, d. h. des Vorrückens des Abbaustoßes je Tag ist außerdem häufig für die zweckmäßige Ausnützung des durch den Abbau ausgelösten Gebirgsdruckes von erheblicher Bedeutung.

Ebenso wichtig sind auch die Unterhaltungskosten der Strecken je Monat (oder Tag) und Meter. In Betracht kommen sowohl die Abbaustrecken als auch Bremsberge, Überhauen, Blindschächte, Grund-, Teilsohlen-, Wetterstrecken, Querschläge usw.

Solange sich die Ablagerungsverhältnisse nicht wesentlich ändern und die Methoden der Aus- und Vorrichtung sowie des Abbaues unverändert bleiben, können die Streckenlängen und ebenso die mittleren Streckenunterhaltungskosten je lfdm und Monat für eine Grube als annähernd gleichbleibend angesehen werden. Je größer die Anlage ist, die der Betrachtung zugrunde gelegt wird, um so stärker tritt der Ausgleich nach dem Gesetz der großen Zahlen hervor.

Wichtiger ist jedoch die Untersuchung der Streckenunterhaltungskosten für das einzelne Baufeld. Sie ergibt Anhaltspunkte für die unter sonst gleichartigen Verhältnissen in einem anderen — etwa dem benachbarten — Baufelde zu erwartenden Kosten. Bei gleichzeitiger Berücksichtigung der Kosten für Förderung, Druckluftbetrieb usw. lassen sich Unterlagen schaffen für die zweckmäßig erscheinende Bemessung des neu vorzurichtenden Baufeldes. Allgemein betragen die Streckenunterhaltungskosten S je Tonne Baufeldförderung

$$S = \frac{\Sigma \text{ Streckenunterhaltungskosten des Baufeldes in } M}{\Sigma \text{ Baufeldförderung in t}} .$$

Die Summe der Streckenunterhaltungskosten ist abhängig von der Gebrauchszeit der Strecken in Monaten und von der Streckenlänge, sofern man je Monat und Meter eine bestimmte Durchschnittshöhe der Unterhaltungskosten in Rechnung setzen kann. Es sind dann die Streckenunterhaltungskosten gleich dem Produkt aus Gebrauchszeit (in Monaten) mal mittlere Streckenlänge des Baufeldes mal Streckenunterhaltungskosten je Monat und Meter.

Für einen Strebbau oder einen Schüttelrutschenbau kann man annehmen, daß die Abbaustrecken, die mit fortschreitendem Abbau ausgespart werden, beim Abbau bis zur Feldgrenze im Durchschnitt nur die Hälfte der Abbauzeit zu unterhalten sind, da nur der jeweils vorderste Streckenteil die ganze Abbauzeit hindurch bauhaft zu halten ist, während der hintere Streckenteil sehr bald mit dem ganzen Baufelde abgeworfen wird. Daraus ergeben sich als anteilige Streckenunterhaltungskosten S je Tonne Förderung

$$S = \frac{\text{Abbauzeit} \times \Sigma \text{ Streckenlänge} \times \text{mittl. Unterhaltungskosten je Monatsmeter-Strecke}}{2 \times \text{gewinnbarer Vorrat}} .$$

Es beträgt nun die

$$\text{Abbauzeit in Monaten} = \frac{\text{gewinnbarer Vorrat}}{\text{monatliche Förderung}} ,$$

woraus folgt

$$S = \frac{\varSigma\,\text{Streckenlänge} \times \text{mittl. Unterhaltungskosten je Monatsmeter}}{\text{doppelte monatliche Förderung}}.$$

Hierbei ist unter $\varSigma$ Streckenlänge diejenige zu verstehen, die sich bei vollständig abgebautem Felde ergeben würde.

Aus dieser Überlegung ergibt sich, daß die anteiligen Streckenunterhaltungskosten je Tonne Förderung um so geringer werden, je geringer die spezifische Streckenlänge des Baufeldes und je größer die Abbaugeschwindigkeit im Baufelde ist, wenn man die mittleren Unterhaltungskosten je Monat und Meter Strecke als gleichbleibend ansieht. Im allgemeinen kann man annehmen, daß die Streckenunterhaltungskosten je Monat und Meter bei geringerer Abbauzeit, also kürzerer Gebrauchsdauer niedriger werden.

Die Bedeutung der Einwirkung der verschiedenen Abbaumethoden auf den Bedarf an Strecken und sonstigen Grubenbauen geht aus der folgenden Tatsache hervor.

Auf einer rheinisch-westfälischen Zeche wurde ein Flöz mittels streichenden Strebbaues in Angriff genommen. Von der Sohlenstrecke wurden in etwa 120 m Abstand Bremsberge aufgefahren und von diesen aus in je 10 m flacher Entfernung streichende Abbaustrecken angesetzt. Die flache Länge der Bremsberge betrug etwa je 120 m zwischen den Sohlen bzw. Teilsohlen. Der Abbau wurde 1909 wegen Unrentabilität eingestellt. Im Jahre 1915 wurde der Abbau in Gestalt des Schüttelrutschenabbaues wieder aufgenommen. Von den einzelnen Abteilungsquerschlägen wurden Stapelschächte in rd. 160 m querschlägiger Entfernung hochgebrochen, und von diesen aus streichende Teilsohlenstrecken aufgefahren, die als Kipp- und Ladestrecken (Bergezufuhr- und Kohlenabfuhrstrecken) dienten. Man konnte durch insgesamt drei Rutschenbetriebe eine bedeutend größere Feldbreite in Angriff nehmen. Während man in den Jahren 1907 bis 1909 für die Abförderung der Kohlen ungefähr 2000 m Bremsberg und 13000 m Abbaustrecken aufzufahren und zu unterhalten hatte, mußten für dieselbe Kohlenmenge in den Jahren 1924 bis 1925 nur 2000 m Förderstrecken und zwei Stapelschächte von insgesamt 75 m aufgefahren und unterhalten werden.

Im vorliegenden Falle ist die Verminderung des spezifischen Streckenbedarfes durch Anwendung einer anderen Abbaumethode — des Schüttelrutschenbaues an Stelle des Strebbaues — herbeigeführt worden. Es ist dadurch zunächst der

$$\text{spezifische Streckenbedarf des Baufeldes} = \frac{\text{Gesamtlänge der Strecken}}{\text{Baufeldfläche}} \text{ entsprechend}$$

niedriger geworden.

Maßgebend für die Höhe der Streckenunterhaltungskosten je Tonne Förderung ist aber neben der spezifischen Streckenlänge des Baufeldes auch die Abbaugeschwindigkeit, die gleichbedeutend ist mit der spezifischen Leistung je Abbauort bzw. je lfdm Abbaustoß. Letztere wächst im großen und ganzen mit der Belegschaftsdichte je Abbauort bzw. je lfdm Abbaustoß.

Es ist hier zu beachten, daß für den wirtschaftlichen Erfolg des Bergwerksbetriebes neben der Leistung je Mann und Schicht, selbst wenn die Hauerleistung unverändert bleibt, auch die Leistung je lfdm Abbaustoß von ausschlaggebender Bedeutung ist. Bei starkem Gebirgsdruck ist letztere mitunter wichtiger als erstere.

Nimmt man beispielsweise an, daß sich in einem Strebflügel die Zahl der Hauer verdoppeln läßt, ohne daß die Hauerleistung je Mann und Schicht darunter leidet, so ergeben sich folgende Vorteile: Es ist nur die Hälfte der Abbaubetriebe in Abbau zu halten, da jeder Flügel gegen früher die doppelte Förderung bringt. Damit sinkt der spezifische Streckenbedarf des Baufeldes bezogen auf die Jahresförderung auf die Hälfte, wodurch im gleichen Maße auch das für die Vorrichtung dieser Abbaubetriebe festgelegte Betriebskapital sinkt, also abgesehen von den Kosten der Ausrichtung (Richtstrecken, z. T. Grundstrecken usw.), die teilweise nach anderen Gesichtspunkten zu beurteilen sind. Die einzelnen Bauflügel werden infolge der doppelten Förderleistung gegen früher in der halben Zeit verhauen. Die Kosten je Tonne Förderung für Verzinsung des festgelegten Betriebskapitals sowie für Unterhaltung der Strecken, Bremsberge usw. sinken damit auf ¼ des früheren Betrages, wenn man voraussetzt, daß die Streckenunterhaltungskosten je Monat und Meter unverändert bleiben. Grundsätzlich ergibt sich hieraus, daß die anteiligen Streckenunterhaltungskosten und die Verzinsungskosten für das bei der Vorrichtung des Abbaubetriebes festgelegte Betriebskapital etwa im umgekehrt quadratischen Verhältnis zu der spezifischen Leistung dieses Betriebes wachsen. Da erfahrungsgemäß die Streckenunterhaltungskosten je lfdm und Monat mit zunehmender Gebrauchsdauer meist höher werden, so ist das reziproke Verhältnis oft noch stärker, d. h. mit sinkender spezifischer Leistung des Betriebes wachsen die Streckenunterhaltungskosten je Tonne Förderung meist stärker als im quadratischen Verhältnis zur Leistungsabnahme.

Dazu kommen Ersparnisse an Bedienungsmannschaften usw. durch die gleichzeitige Konzentration des Betriebes.

Voraussetzung für die Konzentration des Betriebes sind einfache Abbaumethoden, d. h. solche Methoden, die lange gradlinige Abbaufronten bei geringstem spezifischen Streckenbedarf ergeben, die bekanntlich auch für die Ausnützung der Abbaudruckwirkungen am günstigsten sind. Daraus ergibt sich auch die Notwendigkeit einfacher Vorrichtungen. Bei der Wahl der Länge der Abbaufronten ist die jeweils von den Gebirgsverhältnissen abhängige Empfindlichkeit des Betriebes entsprechend zu berücksichtigen[1].

Die Zweckmäßigkeit einfacher, schnell fertigzustellender Vorrichtungen ergibt sich auch aus den Betrachtungen über den Betriebs-Zeitplan. Nach dem Zeitplan muß die Zahl der gleichzeitig in Betrieb zu haltenden Vorrichtungsbetriebe zur Zahl der Abbaubetriebe sich verhalten wie die mittlere Dauer der Vorrichtungsbetriebe zur Dauer der zugehörigen Abbaubetriebe, zu deren Ersatz die Vorrichtungen dienen sollen. Je einfacher und schneller die Vorrichtungen durchführbar werden, um so geringer wird der Bedarf an Betriebskapital zur Durchführung der Vorrichtungen und damit auch der Zinsendienst. Es darf nicht übersehen werden, daß schließlich der Zinsendienst eines Baufeldes einerseits von der Höhe der Vorrichtungskosten und andererseits von der Zeit zwischen dem Beginn der Vorrichtung und der Beendigung des Abbaues bestimmt werden.

In Abschnitt E II ist auf Abb. 54 ein Abbau dargestellt, dessen erste Vorrichtung einen Zeitaufwand von 5 Monaten erforderte. Durch ununterbrochene Fortführung des Abbaues aus einem Bauflügel in den benachbarten (Aufrollen des ganzen Flözabschnittes der betreffenden Sohle) läßt sich die Vorrichtung der anschließenden Baufelder (hier Baufeld *B*) durch je einen Querschlag in der Bausohle — beim Abbau der obersten Sohle noch eines Querschlages in der Wettersohle — erledigen, die nur je einen Monat Herstellungszeit erfordern.

Daraus ergibt sich die grundsätzliche Bedeutung der gleichzeitigen Inangriffnahme mehrerer Flöze mit dem Ziele der Vereinfachung der Vorrichtung in den einzelnen Flözen, da die Vorrichtungen innerhalb eines Flözes und einer Bausohle um so umfangreicher werden müssen, je größer die Anzahl der hier

---

[1] Jericho: Untersuchungen über die Empfindlichkeit der Abbaugroßbetriebe in flacher Lagerung unter besonderer Berücksichtigung der Bergversatzwirtschaft. Glückauf 1930, S. 1317.

gleichzeitig einzurichtenden Baufelder ist. Voraussetzung ist natürlich auch die Anwendung von Abbaumethoden, die ein Aufrollen des Flözstreifens gestatten (Firstenbau, Strebbau, Schüttelrutschenbau, Schrägbau usw.). Eine Grenze findet das Aufrollen natürlich an tektonischen Störungen (Verwerfungen usw.), sofern dieselben so stark sind, daß sie nicht mehr vom Abbau überschritten werden können. Die dadurch gebildeten natürlichen Baufelder werden zweckmäßig hinsichtlich des gesamten Abbauplanes als selbständige Flöze angesehen.

Eine weitere Vereinfachung kann bei nahe zusammenliegenden Flözen (Flözgruppen) durch eine mehr oder weniger gemeinsam durchgeführte Vorrichtung derselben erreicht werden, wobei nach Lage des einzelnen Falles zu entscheiden ist, in welchem Umfange die Vereinfachung wirtschaftlich durchgeführt werden kann.

Soll die Vorrichtung nur in einem Flöze durchgeführt werden, und ist das Flöz durch tektonische Störungen nicht in einzelne Baufelder zerteilt, so legt man bei streichend geführten Abbaumethoden zweckmäßig mehrere Abbaubetriebe in mehreren Sohlen bzw. Teilsohlen übereinander an, um sich die Möglichkeit des Aufrollens und damit die Möglichkeit einfacher Vorrichtungsbetriebe bei einer größeren Zahl von Abbaubetrieben zu schaffen. Es ist hierbei zu beachten, daß die Ausrichtungsbetriebe wie Blindschächte, Querschläge usw. schon mit Rücksicht auf die Förderung in bestimmten Abständen hergestellt werden müssen.

Sollen mehrere streichende Abbaue auf derselben Sohle bzw. Teilsohle innerhalb eines ungestörten Flözteiles vorgesehen werden, so empfiehlt es sich, die einzelnen Abbaubetriebe im Streichen so weit auseinander anzuordnen, daß von jedem Betrieb aus noch mehrere Baufelder durch Aufrollen in Abbau genommen werden können, um die in den Vorrichtungen festzulegenden Kosten möglichst niedrig halten zu können.

Aus den Darlegungen ergeben sich für die bei der Vorrichtung und dem Abbau zu befolgenden Grundsätze die nachstehenden Richtlinien:

1. Es sind einfach gestaltete Abbaumethoden mit möglichst gradlinigem, längerem Abbaustoß und geringem spezifischen Streckenbedarf anzuwenden, die eine hohe Förderleistung und damit die Ausnützung leistungsfähiger Abbauförder- und mechanischer Versatzmaschinen ermöglichen.

2. Die Vorrichtung muß einfach und schnell herstellbar sein, mindestens für die aufzurollenden, an das erste Baufeld sich anschließenden Baufelder. Der spezifische Streckenbedarf muß also auch hier möglichst gering sein.

3. Um möglichst einfache Vorrichtungen zu erhalten, ist der Abbau so zu führen, daß die einzelnen Baufelder eines Flözes möglichst ununterbrochen nacheinander aufgerollt werden können, sofern die Tektonik es zuläßt. Um eine genügende Anzahl gleichzeitig in Angriff zu nehmender Abbaubetriebe in solchen Fällen zu erhalten, sind entweder mehrere Flöze oder innerhalb eines Flözes mehrere Sohlen bzw. Teilsohlen gleichzeitig in Betrieb zu nehmen.

4. Es sind möglichst hohe Abbaugeschwindigkeiten zu erstreben.

5. Ebenso ist eine möglichst stark zusammenfassende Betriebskonzentration vorzusehen.

Die unter 1. bis 5. genannten Richtlinien setzen ferner voraus:

6. Die Bereithaltung und Anwendung entsprechender Maschinen und sonstiger Vorkehrungen für die Gewinnung und Abförderung der Minern, sowie zur Zuförderung und zum Versatz der Berge.

7. Die Schaffung geeigneter Ausrichtungsbetriebe (Richtstrecken, Querschläge, Blindschächte) zur Durchführung des erforderlichen Förderverkehrs.

8. Eine zweckmäßige Organisation der Arbeitsvorgänge im Baufelde.

Durch die unter 1. und 2. genannten Maßnahmen ergibt sich eine hohe spezifische Abbauortleistung, sowie die Wirtschaftlichkeit mechanischer Trockenversatzverfahren und durch die unter 4. und 5. genannten Maßnahmen eine hohe spezifische Abbaustoßleistung, sowie eine hohe spezifische Abbaubetriebsleistung.

Die Vorteile dieses Verfahrens sind ganz erheblich. Sie bestehen in:

1. vergleichsweise geringem Zeitbedarf für die Herstellung der Vorrichtungen,
2. vergleichsweise geringer Zahl der erforderlichen Vorrichtungsbetriebe und
3. vergleichsweise geringen Vorrichtungskosten,
4. schnellem Verhieb der einzelnen Baufelder,
5. geringen Verzinsungskosten für das in den Vorrichtungs- und Abbaubetrieben festgelegte Kapital,
6. geringen anteiligen Unterhaltungskosten,
7. großen Fördermengen aus einer geringen Anzahl von Betrieben,
8. geringen Bedienungs- und Förderkosten,
9. vereinfachter und übersichtlicher Aufsicht,
10. guter und einfacher Bewetterung,
11. guter und einfacher Preßluft- bzw. Kraftwirtschaft im Grubenbetriebe,
12. der Möglichkeit einer schlagartig schnellen Steigerung der Förderleistung.

Die im vorstehenden besprochenen Punkte seien im folgenden durch einige Beispiele erläutert.

1. Auf einer westfälischen Zeche hat man in einem Schüttelrutschenbetriebe eine tägliche Durchschnittsleistung von mehr als 600 Wagen Kohlen zu je 0,65 t innerhalb einer Betriebszeit von rd. einem Jahre erzielt. Rechnet man nur mit einer Durchschnittsleistung von 500 Wagen je Tag und mit einer Durchschnittsleistung in einem Stoßortbetrieb von 20 Wagen je Abbauort und Tag, so ergibt sich ein Verhältnis von 25 : 1. Es kann also die Zahl der Abbaupunkte entsprechend herabgesetzt werden. Wenn auch zuzugeben ist, daß stets einige Stoßbaubetriebe in einem Bremsbergbetrieb zusammengefaßt werden können, so ergibt sich doch eine ganz wesentliche Vereinfachung des Grubengebäudes durch die Konzentration des Abbaues.

2. Auf einer rechts-rheinischen Zeche, deren Schächte Mitte der neunziger Jahre des vorigen Jahrhunderts abgeteuft wurden, die daher um 1900 noch in der Entwicklung stand, betrug die in Benutzung befindliche Streckenlänge (Gesteins-, Sohlen- und Teilstrecken unter Tage) je Tonne Tagesförderung im Jahre 1900 rd. 20 m. Der Streckenanteil sank bis 1905 infolge der Steigerung des Abbaues auf etwa 15 m. Mit zunehmender Entfernung der Abbaue vom Schachte stieg die anteilige Streckenlänge in den Jahren 1910 bis 1914 auf etwa 25 bis 27 m je Tonne Tagesförderung, um in den Jahren 1915/16, infolge der Verminderung der Förderung und der Leistung der Belegschaft auf 40 m je Tonne Tagesförderung anzuwachsen. Auch in den Jahren 1918 bis 1921 betrug der Streckenanteil etwa 33 bis 34 m je Tonne Tagesförderung, da die Leistung der Leute gegenüber der Vorkriegszeit wesentlich geringer war, so daß für die gleiche Förderung eine entsprechend höhere Anzahl von Betriebspunkten erforderlich war. Es folgte der allmähliche Übergang zum Abbau mit langen, stark belegten Abbaustößen. Der Streckenanteil fiel bereits im Jahre 1925 auf rd. 17 m je Tonne Tagesförderung und dürfte mit der weiteren Entwicklung der neueren Abbaumethoden noch um einige Meter fallen. Dabei handelt es sich um eine Zeche mit z. T. gestörter Lagerung der Flöze.

Der Gesamteffekt der Zeche, der vor dem Kriege etwa 1 bis 1,10 t/Mann und Schicht betrug, sank während des Krieges auf rd. 0,70 t und im Jahre 1923 sogar auf rd. 0,37 t, um im Jahre 1925 dank der neueren Betriebsmaßnahmen und der Belegschaft auf über 1,20 t zu steigen.

3. Leistungsfähigkeit und Kosten des Abbaues werden u. a. stark von der Art des Vortriebes der (unteren) Ladestrecke beeinflußt. Der Vortrieb der (oberen) Kippstrecke beeinflußt den Abbaufortschritt in der Regel nicht ungünstig, weil die hier gewonnenen Kohlen unmittelbar der Rutsche zugeführt werden können und ebenso die aus dem Bahnbruch stammenden Berge dem Versatz. Da die Kohlen aus der Kippstrecke in der Regel durch die am Kohlenstoß liegende Rutsche gemeinsam mit den hier gewonnenen Kohlen abgefördert werden, ist eine Trennung der Kohlengedinge zudem meist undurchführbar. Das Kohlengedinge der Kippstrecke ist daher mit dem des Abbaues oft gemeinsam. Es wird nur für Bahnbruch, Streckenausbau usw. ein entsprechender Zuschlag bezahlt.

Bei der Ladestrecke werden dagegen die hier gewonnenen Kohlen gesondert verladen, so daß auch ein gesondertes Gedinge gezahlt werden kann. Die Berge müssen entweder an Ort und Stelle im Damm versetzt werden, wozu die Strecke entsprechend breit aufzufahren ist, oder sie müssen abgefördert und an anderer Stelle versetzt werden.

Im Streckenbetriebe selbst wird die Kohlengewinnung um so billiger, je breiter sie aufgefahren wird. Hinzu kommt die billigere Unterbringung der Berge an Ort und Stelle. Diese einfach feststellbare Tatsache verleitet vielfach zu der Ansicht, das Breitauffahren der Ladestrecke für vorteilhafter zu halten. Das ist jedoch nicht immer der Fall. Einerseits ist der Streckenfortschritt beim Breitauffahren wesentlich geringer. Es tritt nicht selten der Fall ein, daß er geringer als der erreichbare Abbaufortschritt ist. Dadurch entsteht eine Verteuerung des gesamten Abbaubetriebes, die durch die Ersparnisse des Streckenbetriebes nicht ausgeglichen wird.

Es kommt hinzu, daß die „Ersparnis" des breiteren Streckenbetriebes sich mitunter in das Gegenteil verkehrt, wenn man die Kosten auf die gesamte gewonnene Kohle bezieht. Es ist hierbei zu beachten, daß die Gewinnungskosten der Kohlen aus dem Abbau einschließlich Verladung in den Grubenwagen stets billiger ist als die Gewinnungskosten der Kohlen aus dem Ladestreckenbetriebe, gleichgültig, ob die Strecke schmal oder breit aufgefahren wird. Im ersteren Falle sind die Kohlengewinnungskosten der Streckenkohlen zwar höher als im zweiten Falle, es handelt sich aber auch um eine geringere Menge. Allerdings muß berücksichtigt werden, daß im ersteren Falle die Berge aus dem Bahnbruch der Strecke abgefördert werden müssen. Die Kosten für die Abförderung dieser Berge bis zum nächsten Zuteilungsort für Versatzberge (z. B. Fußpunkt eines Haspelschachtes) sollen mit auf die Gewinnungskosten der in der engeren Ladestrecke gewonnenen Kohlen angerechnet werden. Unter Gewinnungskosten sind hier nur die Gedinge für die in die Grubenwagen verladenen Kohlen einschließlich der Kosten für Ausbau, Versatz, Gezähe usw. aber ohne Reparaturkosten und ohne die Kosten der Abförderung der Kohle aus dem Baufeld zu verstehen. Hierzu kommen, wie oben erwähnt, bei den engeren Ladestrecken die anteiligen Kosten für die Abförderung der Berge aus dem Bahnbruch. Es ergeben sich dann die folgenden rechnerischen Beziehungen, wenn bezeichnet werden durch:

L = gesamte flache Bauhöhe des Abbaubetriebes einschließlich Kipp- und Ladestrecke,
S_1 = flache Breite der schmalen Ladestrecke, gemessen von Unter- zu Oberstoß der Kohle,
S_2 = flache Breite der breiten Ladestrecke, gemessen wie S_1,
a = Kohlenkosten je Tonne bei der Gewinnung aus dem Abbau,
b_1 = Kohlenkosten je Tonne bei der Gewinnung aus der schmalen Ladestrecke,
b_2 = Kohlenkosten je Tonne bei der Gewinnung aus der breiten Ladestrecke.

Da sich die anfallenden Kohlenmengen wie die zugehörigen flachen Bauhöhen bzw. flachen Streckenbreiten verhalten, so ergeben sich als Durchschnittskosten für die im Baufelde insgesamt gewonnenen Kohlen bei Anwendung der schmalen Ladestrecke:

$$K_1 = \frac{(L - S_1) \cdot a + S_1 \cdot b_1}{L},$$

und bei Anwendung der breiten Ladestrecke:

$$K_2 = \frac{(L - S_2) \cdot a + S_2 \cdot b_2}{L}.$$

Erst der Vergleich von K_1 zu K_2 gibt Klarheit darüber, ob der Betrieb der breiten oder flachen Strecke günstiger ist. Hierbei muß stets vorausgesetzt werden, daß der Betrieb der breiteren Strecke den Streckenfortschritt entweder gar nicht oder doch wenigstens nicht unter den des Abbaufortschrittes verlangsamt, da im letzteren Falle der Betrag für a infolge der geringeren Leistungen steigen müßte, wodurch auch entsprechend die Kosten K_2 steigen.

Nimmt man beispielsweise L zu 80 und 120 m an, sowie $S_1 = 3$ m, $S_2 = 9$ m, $a = 5\,\mathscr{M}$, $b_1 = 8\,\mathscr{M}$ und $b_2 = 7\,\mathscr{M}$, so erhält man

bei $L = 80$ m

$$K_1 = \frac{(80 - 3) \cdot 5 + 3 \cdot 8}{80} = 5,11\,\mathscr{M}/\mathrm{t},$$

$$K_2 = \frac{(80 - 9) \cdot 5 + 9 \cdot 7}{80} = 5,225\,\mathscr{M}/\mathrm{t},$$

bei $L = 120$ m

$$K_1 = \frac{(120 - 3) \cdot 5 + 3 \cdot 8}{120} = 5,075\,\mathscr{M}/\mathrm{t},$$

$$K_2 = \frac{(120 - 9) \cdot 5 + 9 \cdot 7}{120} = 5,15\,\mathscr{M}/\mathrm{t}.$$

Trotzdem also die Kohle aus der engeren Ladestrecke um $1\,\mathscr{M}/\mathrm{t}$ teurer gewonnen wird als aus der weiteren Ladestrecke, so werden doch die gesamten Durchschnittskosten bei Anwendung der engeren Strecke geringer. Hierbei ist vorausgesetzt, daß die Reparaturkosten der engeren Strecke nicht höher als die der weiteren, zu beiden Seiten im Versatz stehenden Ladestrecke werden. Das trifft bei einem Einfallen von mehr als 8 bis 10^0 in der Regel zu.

Ein Nachteil des genau organisierten Abbaues soll hier nicht vergessen werden, da er gegebenenfalls zu entsprechenden Maßnahmen zwingt. Die Organisation eines Schüttelrutschenbetriebes ist in der Regel so durchgeführt, daß alle drei Schichten eines Tages in bestimmter Reihenfolge mit den Arbeiten der Gewinnung und Förderung, dem Ausbau und Umbau der Schüttelrutschen und dem Versatz voll ausgefüllt sind. Damit entfällt die Möglichkeit, in diesen Betrieben bei vorübergehender Fördersteigerung Überstunden oder gar Überschichten zu verfahren. Es muß also entweder der Versuch gemacht werden, die Organisation des Schüttelrutschenbetriebes so durchzuführen, daß ein vollständiger Arbeitsgang in einer oder höchstens in zwei Schichten erledigt werden kann, oder es muß eine Anzahl von zum Abbau fertigen Reservebetrieben bereit gehalten werden. In gewissem Umfange empfiehlt sich die Bereithaltung von Reservebetrieben, schon um bei etwaigen, in einzelnen Abbaufeldern auftretenden Betriebsstörungen die Gesamtförderung möglichst aufrechterhalten zu können.

Die vorstehend angegebenen Beispiele beziehen sich auf den Steinkohlenbergbau. Naturgemäß gelten die Grundsätze für alle Bergbauzweige, wenn auch die Durchführung den besonderen Verhältnissen angepaßt werden muß.

Man wird diese Grundsätze namentlich in den Fällen zu beachten haben, wo es sich darum handelt, Abbaumethoden, die als unzweckmäßig erkannt worden sind, durch neue zu ersetzen. Das gilt zur Zeit beispielsweise für den deutschen Braunkohlentiefbau, bei dem man bestrebt ist, den Bruchbau durch andere Abbauverfahren zu ersetzen.

Gewiß sind die Kosten der Vorrichtung im Braunkohlentiefbau vergleichsweise gering, da hierbei viel Kohlen gewonnen werden. Um die in Rechnung zu setzenden Kosten der Vorrichtung zu erhalten, muß man von den Gesamtkosten der Vorrichtung diejenigen Kosten abziehen, welche die dabei gewonnenen Kohlen im Abbau verursacht haben würden. Das gilt natürlich allgemein, tritt aber beim Braunkohlenbergbau besonders stark hervor, weil die bei der Vorrichtung gewonnenen Kohlenmengen vergleichsweise groß und die Kosten vergleichsweise niedrig sind, so daß die Vorrichtungskosten des Braunkohlentiefbaues in seiner jetzigen Gestalt gegenüber dem Steinkohlenbergbau stark zurücktreten. Jedoch ist die Leistungsfähigkeit des jetzigen Braunkohlen-Bruchverfahrens zu gering.

Im Kalisalzbergbau wird das Aufrollen des Abbaues in einer dem Sonderfall angepaßten Weise schon vielfach durchgeführt. Bei steiler Lagerung z. B. wird in den Kalifirsten möglichst nur in der tiefsten Bausohle Einbruch geschossen, um die darüber anstehenden Salzmassen zwischen den im Einfallen angeordneten Pfeilern durch Firstendrücken billiger hereingewinnen zu können.

Je unregelmäßiger die Lagerstätten werden, sei es infolge zahlreicher nahe beieinander liegender starker tektonischer Störungen, sei es infolge der Genesis der Lagerstätte usw., um so weniger lassen sich die allgemeinen Grundsätze der Aus- und Vorrichtung und des Abbaues durchführen, da die örtlichen Verhältnisse dauernd Abänderungen in mehr oder weniger großem Umfange erzwingen. Naturgemäß muß dann ein solcher Betrieb stets wesentlich teurer arbeiten. Es empfiehlt sich in solchen Fällen, die Lagerstätten in möglichst großem Umfange vor Beginn der Vorrichtungsarbeiten zu untersuchen, um feststellen zu können, in welchem Umfange die Richtlinien einer systematischen Vorrichtung und eines darauf sich gründenden Abbaues durchgeführt werden können.

c) Die Berechnung der zweckmäßigen Abmessungen von Abbaufeldern.

Die in Bergwerken üblichen Abmessungen der Aus- und Vorrichtung beruhen zur Zeit überwiegend auf Gewohnheit und sind nur zum Teil durch Erfahrungen und Versuche modifiziert worden. Aus diesem Grunde erklärt es sich vor allem, daß häufig auf benachbarten Werken, bei denen im allgemeinen dieselben Abbaubedingungen vorherrschen, durchaus verschiedene Abmessungen (z. B. für die Entfernungen der Bremsberge und -schächte, der einzelnen Abbaustrecken usw.) üblich sind. In der richtigen, von der Höhe der Förder-, Abbau- und Unterhaltungskosten usw. abhängigen Bemessung der einzelnen Längen liegt die Vorbedingung zur Erzielung möglichst niedriger Selbstkosten. Jedoch ist hierzu eine feste Norm erforderlich, nach der man die aus der Erfahrung gewonnenen Zahlen rechnerisch zur Ermittlung derjenigen Abmessungen im Grubengebäude verwerten kann, bei denen voraussichtlich die Gesamtgestehungskosten ein Minimum erreichen müssen.

Eine solche Norm zu geben, soll im nachstehenden versucht werden. Sie beruht darauf, die gesamten Selbstkosten (Gewinnungskosten) in einzelne Faktoren und Summanden so zu zerlegen, wie diese mit den Abmessungen eines Abbaufeldes (z. B. Bremsbergfeldes, Pfeilers) im Streichen und Fallen des Flözes in Beziehungen stehen, und sodann nach den für Maxima- und Minimaaufgaben geltenden Regeln Formeln für diejenigen Größen beider Abmessungen — im Streichen und im Fallen — zu finden, bei denen, wie verlangt, ein Minimum der

Gesamtgestehungskosten zu erwarten ist. Die richtige Zergliederung der Kosten in konstante und variable Größen, welche die Aufstellung von Formeln für die Berechnung des Minimums dieser Kosten mit Hilfe der Differentialrechnung gestatten, ist von größter Wichtigkeit und man wird nicht umhin können, überall da, wo man sich dieser Rechnungsart bedienen kann und will, die Gedingestellung wie die buchmäßige Eintragung der Selbstkosten nach diesen Gesichtspunkten durchzuführen, um die dann erzielten Betriebszahlen ohne weitere Umrechnung in die erhaltenen Formeln einsetzen zu können. Es wird an verschiedenen Stellen dieses Buches wiederholt darauf hingewiesen, daß diese Gliederung in konstante und variable Faktoren für die richtige, gerechte Bemessung des Gedinges sowie für die zweckmäßigste Organisation der Arbeit und des Betriebes eine der wichtigsten Grundlagen ist.

Es soll hier nur die (streichende) Flügellänge eines Bremsbergfeldes, und zwar nur unter Beachtung der Förderkosten, also ohne Berücksichtigung der Gewinnungs- und Unterhaltungskosten, berechnet werden. Es ist ohne weiteres einleuchtend, daß für die Förderkosten eines Bremsbergfeldes maßgebend sind die Kosten für die Herstellung des Bremsberges sowie für die Bremsbergförderung einerseits und die Kosten für die Handförderung andererseits, und zwar in der Weise, daß bei sehr kleinen Bremsbergfeldern (mit sehr kurzer Flügellänge) die Handförderkosten gering, dagegen die pro Fördereinheit anteiligen Bremsbergkosten hoch sind, während bei großer Flügellänge des Bremsbergfeldes das umgekehrte eintritt. Durch Addition dieser Kosten mit dem Anteil für Bremser und Anschlägerlöhne wird man für jede beliebige Flügellänge eines Bremsbergfeldes — vorausgesetzt, daß man bestimmte, mit der Förderlänge in Beziehung stehende Gedingesätze für die Handförderung hat und die Kosten der Herstellung des Bremsberges kennt—die jeweiligen Förderkosten berechnen können. Es kommt nun darauf an, diejenige Flügellänge zu finden, bei der diese Summe ein Minimum wird.

Um hierfür eine möglichst einfache Formel finden zu können, muß man das Gedinge der Handförderung noch einer eingehenderen Betrachtung und Zerlegung unterziehen.

Die Förderarbeitszeit ist zu zerlegen in eine konstante Zeit, die zum Füllen, und eine mit der Förderlänge veränderliche Zeit, die zum Fahren des Wagens verwendet wird.

Zur „Füllzeit" kommen noch alle jene kleinen Pausen für kleinere Arbeitsverrichtungen, die sich bei jedem Wagen regelmäßig wiederholen, wie z. B. das Ein- und Auswechseln der vollen und leeren Wagen, ferner die Zeit für gewisse Verrichtungen und Pausen, die pro Schicht im allgemeinen eine gewisse Durchschnittsgröße erreichen und als solche auf die konstante Füllzeit zu verteilen sind. Hierher gehören vor allem das Warten auf leere Wagen und gewisse Schwierigkeiten, die infolge mangelhafter Bahn oder zu enger Strecken bei starkem Druck entstehen. Die konstante „Füllzeit" wird in der zu bildenden Formel gleich a gesetzt.

Zum Fahren des Wagens ist eine mit der Förderlänge veränderliche Zeit erforderlich. Da man die Geschwindigkeit eines Schleppers pro min $= f$ als konstant (etwa $= 75$ m/min) annehmen kann und der Schlepper den Förderweg zweimal zurücklegen muß, so beträgt die zum Fahren eines Förderwagens erforderliche Zeit bei x m Förderlänge $\dfrac{2 \cdot x}{f}$ $\left(\text{oder auch } \dfrac{2 \cdot x}{75}, \text{ wenn } f = 75 \text{ m/min}\right)$.

Bei manchen Gedingefestsetzungen, so namentlich im Kohlenbergbau, kommt noch eine bestimmte Zeit b hinzu, in der der Schlepper in jeder Schicht dem Hauer zu helfen hat. Diese Zeit, die gewöhnlich stillschweigend mit in das Förderwagengedinge eingerechnet wird, ist bei der vorliegenden Rechnung zuvor auszumerzen.

Setzt man nun den in einer Minute reiner Arbeitszeit (Füllzeit und Fahrzeit) vom Schlepper zu verdienenden Lohn gleich g, so erhält man die jeweilige Höhe des Förderwagengedinges bei x m Förderlänge zu

$$\left(a + \frac{2 \cdot x}{f}\right) \cdot g = a \cdot g + \frac{2 \cdot x}{f} \cdot g. \tag{I}$$

Dies gilt sinngemäß auch für Baggerzüge usw.

Nach dieser Formel werden die einzelnen Gedinge für die verschiedenen Förderlängen berechnet. Man legt den Schichtlohn zugrunde, den der Schlepper im Gedinge durchschnittlich verdienen soll, dividiert ihn durch die Anzahl der Minuten reiner Gesamtarbeitszeit und erhält so den Betrag für g. Die Größen a und f müssen zu diesem Zweck bereits vorher erfahrungsgemäß festgestellt werden. Das Gedinge ergibt sich sodann für jede Förderlänge aus obiger Formel.

Sehr einfach kann man auch aus dem bestehenden Fördergedinge eines Bergwerkes, so wie es durch langjährige Erfahrung festgestellt worden ist, die Größen g = Lohn pro Minute reiner Arbeitszeit und a = Füllzeit berechnen, wenn f = Fahrgeschwindigkeit bestimmt ist. Als Beispiel ist nachstehend das Fördergedinge eines Kalibergwerkes wiedergegeben unter Berücksichtigung von Vorkriegsverhältnissen.

Das Gedinge beträgt:

bis 150 m Streckenlänge = 19 Pfg.			bis 600 m Streckenlänge = 31 Pfg.	
„ 300 m „ = 23 „			„ 750 m „ = 35 „	
„ 450 m „ = 27 „				

Die Fahrgeschwindigkeit der Schlepper wird zu $f = 75$ m/min durchschnittlich angenommen.

Es beträgt sonach das Gedinge für 300 m:

$$a \cdot g + \frac{2 \cdot 300}{75} \cdot g = a \cdot g + 8\,g = 23 \text{ Pfg.}$$

und für 150 m:

$$a \cdot g + \frac{2 \cdot 150}{75} \cdot g = a \cdot g + 4\,g = 19 \text{ Pfg.}$$

Durch Subtraktion ergibt sich: $4\,g = 4$ Pfg.

$$g = 1 \quad \text{„} \quad = 0{,}01\,\mathscr{M}.$$

Der Schlepper verdient also $0{,}01\,\mathscr{M}$ pro Minute Arbeitszeit. Hiernach ergibt sich für a z. B. bei 150 m

$$a \cdot g + 4\,g = 19 \quad \text{und} \quad a = 15.$$

Die Füllzeit beträgt einschließlich der kleinen Pausen 15 min/Wagen. Das Gedinge für die übrigen Förderlängen ist darnach zu berechnen, wie folgt:

$$\text{bei 450 m Streckenlänge } 15 \cdot 1 + \frac{2 \cdot 450}{75} \cdot 1 = 15 + 12 = 27 \text{ Pfg.,}$$

$$\text{bei 600 m Streckenlänge } 15 \cdot 1 + \frac{2 \cdot 600}{75} \cdot 1 = 15 + 16 = 31 \text{ Pfg.,}$$

$$\text{bei 750 m Streckenlänge } 15 \cdot 1 + \frac{2 \cdot 750}{75} \cdot 1 = 15 + 20 = 35 \text{ Pfg.}$$

Die Schlepper verdienten etwa 4,20 bis 4,50 $\mathscr{M}$/Schicht bei einer reinen Arbeitszeit einschließlich der kleinen regelmäßig wiederkehrenden Pausen von 7 bis 7½ Std. pro Schicht.

Durch genaue Beobachtung im einzelnen Falle kann man auf diese Weise, verbunden mit dem rechnungsmäßigen Vergleich, sehr viel leichter kontrollieren, ob das Gedinge richtig gestellt ist.

Etwas schwieriger gestaltet sich die Berechnung, wenn der Schlepper kein Wagengedinge, sondern das auf Braunkohlenwerken mehrfach übliche „Doberichgedinge" hat, d. h. wenn er bei bestimmten Förderlängen eine bestimmte Wagenzahl zu leisten hat, um dann einen bestimmten feststehenden Schichtlohn zu erhalten. Man berechnet dann aus dem Gedinge die Größen a und g, indem man in der Formel die für je zwei verschiedene Förderlängen verlangte Wagenzahl einsetzt und dann, da gleicher Schichtlohn verdient werden soll, beide Werte einander gleich setzt. Die allgemeine Formel hierfür lautet:

$$a \cdot g \cdot n + \frac{2 \cdot x}{f} \cdot g \cdot n = \text{Schichtlohn},\qquad\text{(II)}$$

wobei n die für x m Streckenlänge verlangte Wagenzahl ist. Bei zwei verschiedenen Streckenlängen erhält man sonach

$$a \cdot g \cdot n_1 + \frac{2 \cdot x_1}{f} \cdot g \cdot n_1 = a \cdot g \cdot n_2 + \frac{2 \cdot x_2}{f} \cdot n_2 = \text{Schichtlohn};$$

hieraus ergibt sich:

$$a \cdot n_1 + \frac{2 \cdot x_1}{f} \cdot n_1 = a \cdot n_2 + \frac{2 \cdot x_2}{f} \cdot n_2 ,$$

$$a \cdot (n_1 - n_2) = \frac{2}{f} \cdot (x_2 \cdot n_2 - x_1 \cdot n_1) ,$$

$$a = \frac{2 \cdot (x_2 \cdot n_2 - x_1 \cdot n_1)}{f \cdot (n_1 - n_2)} .$$

Nimmt man nun $f = 75$ m/min an, so läßt sich a ohne weiteres berechnen.

Müssen die Schlepper den Häuern beim Ausbau usw. helfen, so sind die in gleichen Zeiten verlangten Förderleistungen miteinander zu vergleichen.

Die soeben gefundene Formel für die Berechnung des Handfördergedinges kann nun mit zur Aufstellung einer Formel benutzt werden, nach der man diejenige streichende Erstreckung x eines ein- oder zweiflügeligen Bremsbergfeldes berechnen kann, bei der die Gesamtförderkosten ein Minimum erreichen.

Die Gesamtförderkosten eines solchen Feldes setzen sich pro Wagen Förderung zusammen aus:

1. den Handförderkosten,

2. dem auf einen Wagen Förderung entfallenden Anteil der Herstellungskosten für den Bremsberg nebst den dazu gehörigen Fördereinrichtungen und

3. dem auf einen Wagen Förderung entfallenden Anteil an Bedienungslöhnen (Bremser, Anschläger).

Während die unter 3. angeführten Kosten bei einer bestimmten Förderung stets konstant bleiben, ganz unabhängig von der Gestaltung des Bremsbergfeldes, sind die Kosten unter 1. und 2. — ein bestimmter Sohlenabstand vorausgesetzt — wie schon bemerkt, von der Flügellänge des betreffenden Feldes abhängig.

Um die unter 2. angeführten Kosten für die Herstellung des Bremsberges zu erhalten, dividiert man die gesamten Kosten dieser Fördereinrichtung durch die Anzahl der Wagen Fördergut, die man aus dem Felde gewinnen kann.

Es sollen hierbei folgende Bezeichnungen verwendet werden:

$m =$ Flözmächtigkeit,

$l =$ flache Höhe des von der Fördereinrichtung gelösten Flözstreifens,

$c =$ gewinnbare Masse der Mineralien in % nach Abzug der Abbauverluste (als Koeffizient),

$\gamma =$ Schüttungsverhältnis (als Koeffizient),

$J =$ Förderwageninhalt in m³,

$K =$ Kosten der Fördereinrichtung (Bremsschacht),

$x =$ zu berechnende Flügellänge.

Die gesamte gewinnbare Fördermenge beträgt $m \cdot l \cdot c \cdot \gamma \cdot x$ m³ oder, in Förderwagen umgerechnet,

$$\frac{m \cdot l \cdot c \cdot \gamma \cdot x}{J}.$$

Die Anteilkosten an der Fördereinrichtung betragen dann pro Wagen Förderung:

$$\frac{K \cdot J}{m \cdot l \cdot c \cdot \gamma \cdot x}.$$

Die Kosten für die Handförderung sind aus der Formel

$$a \cdot g + \frac{2 \cdot x}{f} \cdot g$$

zu berechnen. Es ist jedoch zu beachten, daß die durchschnittlichen Handförderlängen betragen:

1. bei einflügeligem Felde $\dfrac{x}{2}$

$$\left(\text{daher die Handförderkosten durchschnittlich} = a \cdot g + \frac{2 \cdot \dfrac{x}{2}}{f} \cdot g \right)$$

und 2. bei zweiflügeligem Felde $= \dfrac{x}{4}$

$$\left(\text{daher die Handförderkosten durchschnittlich} = a \cdot g + \frac{2 \cdot \dfrac{x}{4}}{f} \cdot g \right)^{1}.$$

Setzt man nun den unter 3. erwähnten Anteil an Bedienungslöhnen gleich L, so ergeben sich nachstehende Gesamtförderkosten:

1. bei einflügeligem Felde:

$$y = a \cdot g + \frac{2 \cdot \dfrac{x}{2}}{f} \cdot g + \frac{K \cdot J}{m \cdot l \cdot c \cdot \gamma \cdot x} + L$$

und 2. bei zweiflügeligem Felde:

$$y = a \cdot g + \frac{2 \cdot \dfrac{x}{4}}{f} \cdot g + \frac{K \cdot J}{m \cdot l \cdot c \cdot \gamma \cdot x} + L.$$

In beiden Fällen ergibt sich y als eine Funktion von x ($y = f(x)$); man kann also nach den für Maxima und Minima geltenden Regeln durch Differentiation diejenige Größe von x erhalten, bei der y, d. h. die Gesamtförderkosten pro Wagen, ein Minimum wird.

Durch Differentiation erhält man:

1. bei einflügeligem Felde:

$$y = a \cdot g + \frac{2 \cdot \dfrac{x}{2}}{f} \cdot g + \frac{K \cdot J}{m \cdot l \cdot c \cdot \gamma \cdot x} + L,$$

$$\frac{dy}{dx} = 0 + \frac{g}{f} - \frac{K \cdot J}{m \cdot l \cdot c \cdot \gamma \cdot x^2} + 0,$$

$$\frac{d^2 y}{dx^2} = + \frac{2 \cdot K \cdot J}{m \cdot l \cdot c \cdot \gamma \cdot x^3}.$$

---

[1] Die gesamte Fördermasse eines Pfeilers kann man sich gewissermaßen im Schwerpunkt der betreffenden Förderwege vereinigt denken.

Der positive zweite Differentialquotient beweist, daß man das Minimum für y erhält, wenn man den ersten Differentialquotient gleich Null setzt. Es ist dann:

$$\frac{dy}{dx} = \frac{g}{f} - \frac{K \cdot J}{m \cdot l \cdot c \cdot \gamma \cdot x^2} = 0,$$

woraus folgt:

$$x = \sqrt{\frac{K \cdot J \cdot f}{m \cdot l \cdot c \cdot \gamma \cdot g}}. \tag{III}$$

2. bei zweiflügeligem Felde:

$$y = a \cdot g + \frac{2 \cdot \frac{x}{4}}{f} \cdot g + \frac{K \cdot J}{m \cdot l \cdot c \cdot \gamma \cdot x} + L,$$

$$\frac{dy}{dx} = 0 + \frac{g}{2 \cdot f} - \frac{K \cdot J}{m \cdot l \cdot c \cdot \gamma \cdot x^2} + 0 = 0,$$

$$\frac{d^2 y}{dx^2} = + \frac{2 \cdot K \cdot J}{m \cdot l \cdot c \cdot \gamma \cdot x^3}.$$

Die Vorbedingungen für das Minimum sind hier ebenfalls gegeben und es folgt aus dem gleich Null gesetzten ersten Differentialquotienten:

$$x = \sqrt{\frac{2 \cdot K \cdot J \cdot f}{m \cdot l \cdot c \cdot \gamma \cdot g}}. \tag{IV}$$

Setzt man nun zur Berechnung eines zweiflügeligen Bremsbergfeldes für die Buchstaben die entsprechenden Zahlenwerte ein, so wie sie sich teils aus der vorhergehenden Berechnung (des Handfördergedinges) und teils aus der Erfahrung (Bremsbergkosten, Mächtigkeit, flache Länge, Schüttungsverhältnis usw.)[1] ergeben haben, und zwar für:

$K =$ Kosten des Bremsberges . . . . $= 17\,000\ \mathcal{M}$,
$J =$ Förderwageninhalt . . . . $= \quad 0{,}7\ \mathrm{m}^3$,
$f =$ Fahrgeschwindigkeit des Schleppers . . . . $= \quad 75\ \mathrm{m/min}$,
$m =$ Flözmächtigkeit (Durchschnitt) . . . . $= \quad 25\ \mathrm{m}$,
$l =$ flache Länge des vom Bremsberg erschlossenen Flözteiles $= \quad 100\ \mathrm{m}$,
$c =$ Abbaukonstante . . . . $= \quad 0{,}78$
$\gamma =$ Schüttungskonstante . . . . $= \quad 1{,}33$
$g =$ Lohn des Schleppers pro min Arbeitszeit . . . . $= \quad 0{,}01\ \mathcal{M}$,

so wird:

$$x = \sqrt{\frac{2 \cdot 17\,000 \cdot 0{,}7 \cdot 75}{25 \cdot 100 \cdot 0{,}78 \cdot 1{,}33 \cdot 0{,}01}} \cong 262{,}0\ \mathrm{m}.$$

Aus den Formeln (III) und (IV) sieht man zunächst, daß die gesamte streichende Flügellänge eines zweiflügeligen Feldes gegenüber dem eines einflügeligen Feldes bei sonst gleichen Verhältnissen — und abgesehen von den Unterhaltungs- und Gewinnungskosten — um den Faktor $\sqrt{2}$ größer sein muß.

Ferner ist aus der Formel ersichtlich, daß nur diejenigen Kosten für die Berechnung des Minimums in Betracht kommen, die pro Wagen Förderung mit der Flügellänge x in direkter oder reziproker Beziehung stehen, während alle konstanten Größen belanglos sind. Im einzelnen Rechnungsfalle verfolgt man zweckmäßig den Verlauf der Kostenkurve. Überschreitungen der dem Kostenminimum entsprechenden Abmessungen wirken meist weniger als gleiche Unterschreitungen. Das ist für die Einpassung der Baufeldgröße in die

---

[1] Kosten in einem Kalisalzbergwerk in der Vorkriegszeit.

Schachtfeldabmessung wichtig, in welcher die erstere ganzzahlig aufgehen muß. Man wird die Größe wählen, bei der die Kosten dem Kostenminimum am nächsten kommen.

Es kommt für die obigen Berechnungen nur darauf an, alle konstanten Kosten von den von x irgendwie abhängigen Kosten zu trennen, die Kosten zu addieren, und sodann nach den für Maxima- und Minima-Aufgaben geltenden Regeln die Größe x zu berechnen[1].

II. Betriebszeitplan.

a) Die Notwendigkeit und die Gesichtspunkte für die Aufstellung eines Betriebszeitplanes.

Von grundlegender Bedeutung für die Sicherung der zu leistenden Förderung ist neben der Errichtung der erforderlichen maschinellen und sonstigen Anlagen für die Förderung und Verarbeitung der Produkte die sorgfältige Ausarbeitung eines Zeitplanes der Betriebsentwicklung der Aus- und Vorrichtung und des Abbaues. Dieser Zeitplan muß von einer bestimmten Förderentwicklung einerseits und von den in den einzelnen Baufeldern anstehenden Vorräten andererseits ausgehen, um feststellen zu können, auf welche Zeit die im Abbau befindlichen Vorräte ausreichen und zu welcher Zeit bzw. in welchem Umfange die Aus- und Vorrichtung neuer Feldesteile durchzuführen ist.

Die beabsichtigte Förderentwicklung setzt ein bestimmtes Förderprogramm voraus, dessen Einhaltung abhängig ist von der wirtschaftlichen Entwicklung und dessen Durchführbarkeit von den geologischen Verhältnissen der Lagerstätte und der Finanzlage des Werkes bestimmt wird.

Die wirtschaftliche Entwicklung läßt sich um so schwerer übersehen, je länger die in der Zukunft liegende Zeitspanne ist, für die der Zeitplan vorgesehen werden soll. Es kann jederzeit durch die wirtschaftliche Entwicklung eine Steigerung oder Minderung des Förderprogrammes wünschenswert oder notwendig werden. In solchen Fällen muß der Zeitplan entsprechend geändert werden.

Die genaue Kenntnis der Ablagerungsverhältnisse ist eine unerläßliche Vorbedingung für die Aufstellung eines Zeitplanes. Mindestens muß die Lagerstätte in dem für die Dauer des Zeitplanes erforderlichen Umfange genau bekannt sein. Hierbei ist zu beachten, daß die Sicherheit, richtig zu disponieren, mit der Kenntnis der Lagerstätte zunimmt.

Die Zeitdauer, in der ein einzelner Bauabschnitt abgebaut werden kann, ist ferner abhängig von der Entwicklung der Abbautechnik und der hiermit verbundenen Vollständigkeit und Konzentration des Abbaues. Insbesondere die Konzentration des Abbaues (Schüttelrutschenabbau im Steinkohlenbergbau) kann eine wesentliche Verminderung der Anzahl der gleichzeitig in Abbau zu nehmenden Feldesteile bei entsprechender Erhöhung der Intensität des Verhiebes derselben ermöglichen. Hierdurch wird der Zeitplan nicht nur in bezug auf die Zahl der im Abbau befindlichen Feldesteile und deren Abbaudauer, sondern auch in bezug auf den Umfang und die Art der Aus- und Vorrichtungsarbeiten entsprechend beeinflußt.

Aus diesen Überlegungen geht hervor, daß es in der Regel zwecklos ist, einen Zeitplan auf einen sehr langen Zeitabschnitt bis ins einzelne auszuarbeiten. Es soll damit nicht gesagt sein, daß es überhaupt zwecklos ist, einen Zeitplan auf

---

[1] **Kegel:** Die Bedeutung der Abmessungen von Abbaufeldern. Glückauf Jg. 40, S. 1449. 1904.

längere Zeiten vorzusehen. Beispielsweise kann es im Braunkohlenbergbau sehr wohl notwendig sein, in großen Zügen festzulegen, welche Abraummengen bewältigt sein müssen, wenn bestimmte Kohlenmengen abgebaut sind, der Abbau also bis zu einer bestimmten Linie vorgerückt ist. Im Zusammenhang damit steht natürlich auch die Festlegung der Drehpunkte und Schwenkrichtungen, also die Art des Verhiebes in großen Zügen. Notwendig ist diese Feststellung, um den Tagebau stets leistungsfähig zu halten, insbesondere das Festfahren infolge mangelhafter Freilegung von Kohlen zu vermeiden und einen möglichst gleichmäßigen Abraumbetrieb zu erreichen, ohne die Anlagekosten durch plötzliche Verstärkung der Abraumeinrichtungen (Bagger, Transportmaterial) wesentlich erhöhen zu müssen. Besonders bei starken Schwankungen der Mächtigkeiten von Kohlenflöz und Deckgebirge bzw. Zwischenmittel, also allgemein bei unregelmäßigen Ablagerungsverhältnissen können langsichtige Zeitpläne sehr nützlich sein.

Andererseits darf die Zeitspanne, für die man zweckmäßig den Zeitplan aufstellt, nicht zu kurz sein, um die Kontinuität der Förderung zu sichern. In der Regel soll der Zeitplan eine solche Zeitspanne umfassen, ebenso soll darnach jederzeit so viel Grubenfeld zum Abbau vorgerichtet sein, daß bei etwaigen Änderungen der Betriebsdisposition, z. B. bei notwendig werdender Erhöhung der Förderung, genügend Zeit zu einer entsprechenden Änderung der Aus- und Vorrichtungsbetriebe bleibt.

Daraus folgt zugleich, daß der Zeitplan nicht erst kurz vor dem Zeitpunkte seines Ablaufes erneuert, sondern in wesentlich kürzeren Zeitabschnitten ergänzt und dadurch stets für eine bestimmte mittlere Zeitdauer auf dem laufenden erhalten werden muß. Das ist besonders bei unregelmäßigen Lagerungs- oder Absatzverhältnissen wichtig. Es empfiehlt sich daher, den Zeitplan spätestens mit Ablauf eines jeden Betriebsjahres durch entsprechende Ergänzung wieder auf seine Geltungsdauer zu bringen. Diese abschnittsweise Ergänzung des Zeitplanes ist außerdem notwendig, um den im Zeitplan vorgesehenen Verlauf des Betriebes mit dem tatsächlichen Stande der Grubenbaue bei Abschluß der einzelnen Zeitabschnitte in Übereinstimmung zu bringen.

Die Untersuchungsarbeiten, wie Bohrungen, Untersuchungsquerschläge, -strecken usw., müssen stets in solcher Ausdehnung durchgeführt werden, daß sie rechtzeitig die zur Ausarbeitung des Zeitplanes für die Aus- und Vorrichtung und den Abbau erforderliche Kenntnis der Ablagerungsverhältnisse ermöglichen. Sie müssen also in solchen Bauabschnitten umgehen, die erst nach Ablauf des Zeitplanes in Angriff genommen werden sollen. Für die Untersuchungsarbeiten ist sonach gegebenenfalls auch ein Zeitplan aufzustellen.

Daraus folgt, daß der Zeitplan in gewisser Hinsicht aus dem Groben ins Feine zu arbeiten hat. Im ersten Falle sieht der Plan meist eine große Zeitspanne vor, ist aber für den tatsächlichen Betriebsverlauf nur wenig verbindlich, während die Geltungsdauer des Planes in der Regel um so geringer, die Verbindlichkeit für den Betrieb um so größer wird, je eingehender er die Betriebseinzelheiten regelt. Allerdings gilt die „Verbindlichkeit" nur soweit, als die Betriebs- und Absatzverhältnisse den im Plane vorgesehenen Bedingungen entsprechen. Außerdem wird man größere Abbauleistungen zweckmäßig nie verhindern, sondern den Zeitplan darnach abändern, um die Weiterentwicklung der Abbautechnik nicht durch formalistische Maßnahmen zu stören.

Zu den Betriebszeitplänen der ersten Art gehören z. B. die Einteilung eines Steinkohlenbergwerkes in Sohlen mit der überschlägigen Ermittlung des Kohleninhaltes und damit die überschlägige Ermittlung der Lebensdauer der einzelnen Sohlen.

Zu den Betriebszeitplänen der zweiten Art gehören die Zeitpläne für die Aus- und Vorrichtung und den Abbau der einzelnen Baufelder, Bauabteilungen usw. Die Zeitpläne für die Untersuchung der Ablagerungsverhältnisse der von den Sohlen aufgeschlossenen Flöze nehmen in dieser Hinsicht eine mittlere Stellung ein.

b) Die Grundlagen für die Aufstellung von Betriebszeitplänen.

Die Durchführung der Betriebszeitpläne kann auf rechnerischer Grundlage sowohl zahlenmäßig als auch graphisch erfolgen.

1. Zahlenmäßige Grundlagen.

Die rechnerische Grundlage ist für den Zeitplan der Aus- und Vorrichtung gegeben durch die Längen der Querschläge, Strecken, Überhauen, Bremsberge usw., die nacheinander bis zum Beginn des Abbaues hergestellt werden müssen, und durch den täglich erreichbaren Fortschritt bei der Herstellung dieser Grubenbaue. Bei Grubenbauen einer Aus- und Vorrichtung, die gleichzeitig hergestellt werden können, kommen für die Ermittlung der Gesamtdauer nur diejenigen Baue bzw. diejenige Reihenfolge von Grubenbauen in Betracht, die den Beginn des Abbaues am weitesten hinausschieben. Natürlich müssen auch die anderen Grubenbaue so in den Plan eingearbeitet werden, daß ihre rechtzeitige Fertigstellung planmäßig vorgesehen wird. Es ist also stets eine genügende Zeitreserve einzurechnen.

Die in der Aus- und Vorrichtung planmäßig zu gewinnenden Produkte (Kohlen, Erze) sind auf das Fördersoll und somit auf die aus den Abbauen zu leistenden Mengen entsprechend in Anrechnung zu bringen.

Der Betriebszeitplan für den Abbau geht von den im einzelnen Baufelde enthaltenen bzw. noch anstehenden Mengen bauwürdiger Minern und der täglichen Förderleistung aus. Sind z. B.

T = die für den Abbau benötigte Zeit in Tagen,
K = in dem Baufeld (Abbauscheibe, Bremsbergfeld usw.) anstehende oder noch anstehende Minern (Kohle, Erz) in m³,
sp = spezifisches Gewicht derselben,
R = Koeffizient der Abbauvollständigkeit (= 1 — Koeffizient der Abbauverluste),
M = Anzahl der im Baufeld je Schicht beschäftigten Arbeiter,
L = Leistung der Belegschaft je Mann und Schicht in Tonnen,
S = Anzahl der Schichten je Tag,

so wird, falls die Schichten gleichmäßig belegt sind:

$$T = \frac{K \cdot sp \cdot R}{M \cdot L \cdot S}.$$

Im Plan muß die Zeitdauer der Aus- und Vorrichtung eines Baufeldes vollkommen durchgerechnet werden. Ebenso muß mindestens die Zeit der Aus- und Vorrichtung für das nach Verhieb des Feldes in Angriff zu nehmende Ersatzfeld durchgerechnet sein, um festzustellen, zu welchem Zeitpunkte die Aus- und Vorrichtung spätestens zu beginnen ist. Sind noch bestimmte Zeiten vor Beginn des Abbaues etwa für die Entgasung oder Entwässerung des Gebirges usw. erforderlich, so sind diese entsprechend zu berücksichtigen. Die Gesamtzahl der in Abbau zu nehmenden Felder und der Aus- und Vorrichtungen ergibt sich aus der verlangten gesamten Förderleistung und den Einzelleistungen.

Es wird zweckmäßig sein, die Anordnungen so zu treffen, daß der Beginn des Abbaues der einzelnen Felder bzw. Ersatzfelder nicht auf einen Zeitpunkt fällt, um starken Förderschwankungen vorzubeugen. Sehr zweckmäßig ist es auch, für die einzelnen Baufelder festzustellen, wie die Förderung einsetzt, in welchem Zeitraum sie die normale Leistung erreicht und in welcher Weise die Förderleistung bei eintretender Erschöpfung des Feldes nachläßt.

Im nachstehenden Beispiel soll nur ein einzelnes Baufeld erfaßt werden. In diesem Idealbeispiel sollen durch Buchstabenindex bestimmte Grubenbaue bezeichnet werden, die sich nach diesem Index auf der Grubenrißskizze, welche die geplante Entwicklung des Baufeldes darstellt, wieder finden lassen. Es wären hiernach erforderlich (Abb. 54) für die Aus- und Vorrichtung ein Querschlag a, eine Grundstrecke b, von der der Durchhieb[1] c zur Wettersohle abzweigt. Es soll der Einfachheit halber angenommen werden, daß der Abbau von dem Durchhieb aus unmittelbar beginnen kann. Im Betriebszeitplan müssen dann folgende Angaben enthalten sein:

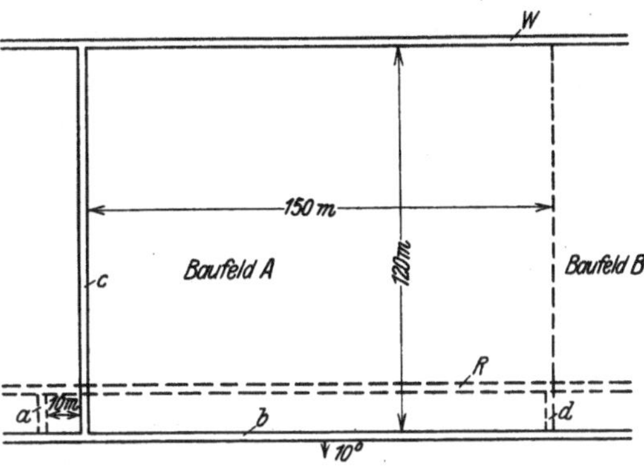

Abb. 54. Skizze für die Aufstellung eines Betriebszeitplanes.
W Wetterstrecke (vorhanden), *R* Gesteinsrichtstrecke, *b* Grundstrecke in der Bausohle, *a* erster Querschlag, *d* zweiter Querschlag, *c* Durchhieb im Flöz zwischen Bau- und Wettersohle.

streichende Länge des Baufeldes	(angenommen 150	m),
flache Bauhöhe „ „	(„ 120	m),
mittlere Flözmächtigkeit im Baufeld	(„ 1	m),
spez. Gewicht der Kohle	(„ 1,2	),
Abbauvollständigkeitszahl	(„ 0,9	).

Es ergibt sich ein gewinnbarer Kohleninhalt von:
$$150 \cdot 120 \cdot 1 \cdot 0{,}9 = 16\,200 \text{ m}^3 \text{ bzw. } 16\,200 \cdot 1{,}2 = 19\,400 \text{ t.}$$

1. Aus- und Vorrichtung:

Anzahl der täglich belegten Schichten = 2.

Der Durchhieb c werde 10 m seitlich vom Querschlag a angesetzt. Die streichende Strecke b muß zu dem Zwecke mindestens 15 m aufgefahren sein. Die Streichstrecke soll dem Abbau stets um 15 m voraus sein, um den Förderbetrieb genügend steigern zu können und gegenseitige Beeinträchtigungen zwischen Förderung und Streckenvortrieb zu vermeiden. Es ergibt sich dann der folgende Zeitvoranschlag (Tabelle 36):

Tabelle 36. Zahlenmäßiger Zeitvoranschlag für ein Baufeld.

	Insgesamt	Bis Beginn des Abbaues erforderlich	Tägl. Fortschritt	Gesamtdauer bis Beendigung der Arbeit	Für die Dauer der Vorrichtung bzw. zur Aufnahme des Abbaues an zu rechnen	Bemerkung
	m	m	m	Tage	Tage	
Querschlag a	30	30	1	30	30	
Streichende Strecke b	150	15	1,5	100	10	Es sind nur 15 m nötig bis Beginn d. Durchhiebes
Durchhieb c.	120	120	1,5	80	80	

für Einrichtung des Betriebes . . . . i. Sa. 120 Tage
Unvorhergesehenes . . . . 10 „
130 Tage = 5 Mon.

Geförderte Kohlenmenge aus der Strecke täglich 3 t, insges. 300 t
„ „ „ dem Durchhieb „ 9 t, „ 720 t
1020 t

---

[1] Es ist hier belanglos, ob dieser Durchhieb als Breitaufhauen, Parallelbetrieb usw. aufgefahren wird.

18*

2. Abbau.

Abbauvorrat $19400 - 1020 = 18380$ t.

Tägliche Förderleistung, vorgesehen 200 t.

$$\text{Abbaudauer} = \frac{18380}{200} = \text{rd. 92 Tage} = 3\tfrac{1}{2}\ \text{Monate.}$$

Es müßten also, wenn die gesamte Vorrichtung für jedes einzelne Baufeld erforderlich sein sollte, für je vier in Abbau befindliche Baufelder mindestens fünf Baufelder in Vorrichtung begriffen sein.

3. Aus- und Vorrichtung des Ersatzfeldes.

Es wird hier angenommen, daß der Abbau ununterbrochen vom Felde A in das Feld B durchgeführt wird und daß der Querschlag d nur hergestellt wird, um die streichende Strecke zwischen a und d nicht mehr bauhaft halten zu müssen. In diesem Falle besteht die Aus- und Vorrichtung nur in der Herstellung des Querschlages d. Die Richtstrecke von a nach d werde mit einem täglichen Fortschritt von durchschnittlich 1,50 m aufgefahren. Sie wird 170 m lang.

Es ergibt sich dann der folgende Betriebszeitplan.

Tabelle 37. Betriebszeitplan für ein Baufeld.

	1	2	3	4	5	6	7	8	9	
					lfd. Monate					
Querschlag a:										
vorgesehen	*30*[1] 30									
erreicht	*25* 25	*30* 5								
Streich. Strecke b:										
vorgesehen		*30* 30								
erreicht		*25* 25	*30* 5							
Durchhieb c:										
vorgesehen		*7,5* 7,5	*40,0* 32,5	*72,5* 32,5	*104,0* 32,5	*120,0* 15				
erreicht		— —	*35,0* 35	*69,0* 34	*105,0* 36	*120,0* 15				
Abbau A:										
vorgesehen						*1400* 1400	*10400* 9000	*19400* 9000		einschl. Breite d. Querschläge u. 15 m streich. Strecke hinter d
erreicht						*1000* 1000	*10200* 9200	*19200* 9000	*19400* 200	
Richtstrecke v. a—d:										
vorgesehen	*22,5* 22,5	*60,0* 37,5	*97,5* 37,5	*135,0* 37,5	*172,5* 37,5					
erreicht	*22,5* 22,5	*60,5* 38,0	*97,5* 37,0	*135,0* 37,5	*172,5* 37,5					
Querschlag d:										
vorgesehen							*15* 15	*30* 15		
erreicht							*15* 15	*30* 15		
Abbau B:										
vorgesehen									*10000* 10000	
erreicht									*10000* 10000	

[1] Die *Kursiv*-Zahlen geben die zu erwartenden bzw. erreichten Gesamtleistungen, die geradstehenden Zahlen die entsprechenden Monatsleistungen an. Man muß also die geradstehende Zahl des folgenden Monats zur Kursivzahl des vorhergehenden Monats addieren, um die Kursivzahl des folgenden Monats zu erhalten.

Es ist hier angenommen, daß der Querschlag *a* längere Zeit zur Herstellung brauchte, als vorgesehen wurde. Der Zeitverlust wurde bei der Herstellung des Durchhiebes *c* wieder eingeholt. Querschlag *d* wurde so zeitig begonnen, daß noch genügend Zeit zum Verlegen der Fördereinrichtungen usw. blieb. Die Richtstrecke hatte schon vor Beginn des Abbaues den Punkt *d* zu erreichen.

2. Graphische Grundlagen.

Für die Zusammenfassung der Betriebszeitpläne eines ganzen Grubenbetriebes ist der graphische Plan übersichtlicher. Abb. 55 u. 56 zeigen solche Pläne.

Abb. 55 zeigt einen graphischen Plan für ein Braunkohlentiefbauwerk. Auf der Abszisse ist der Zeitbedarf in Jahren und auf der Ordinate die Zahl der im Betriebe befindlichen Arbeiten eingetragen.

Für die Berechnung der Vorrichtungszeiten wurden die aus den Betriebsergebnissen erhaltenen Zahlen benutzt. Es wurde mit folgenden Leistungen gerechnet:

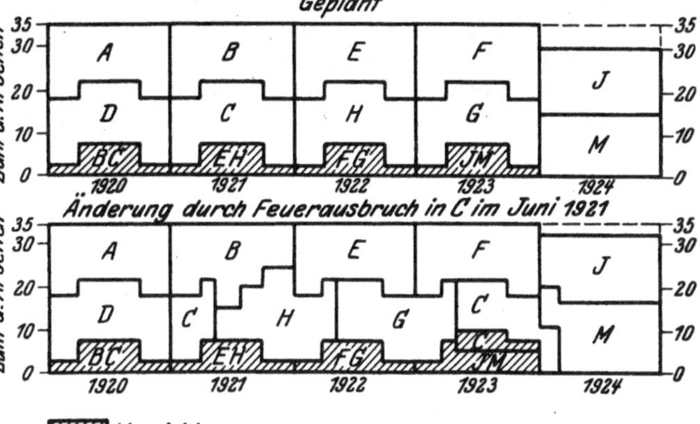

Abb. 55. Graphischer Betriebszeitplan für ein Braunkohlentiefbauwerk und Änderung dieses Planes durch Grubenbrand.

Doppelstrecke bei 2 Mann Belegschaft je Schicht. . . . . 2,75 m,
einfache Strecke bei 1 Mann Belegschaft je Schicht . . . 2 m,
„   „   „ 2 „   „   „   „   . . . 3,5 m.

Da die Leistung aus den Pfeilerstrecken der Bruchleistung im vorliegenden Falle fast gleichkommt (24 gegen 26 Wagen, also 92,5%) und die Zahl der Pfeilerstrecken der späteren Zahl der Brucharbeiten entspricht, wird für die Vorrichtungszeit nur das Auffahren der Hauptvorrichtungsstrecken berücksichtigt. Bei der Darstellung der Abbau- und Vorrichtungszeiten wurde hier angenommen, um das Bild möglichst einfach zu gestalten, daß ein Feldesteil mit voller Belegschaft von Anfang bis zu Ende abgebaut wird, also einschließlich Auffahren der Pfeilerstrecken. Tatsächlich werden die Pfeilerstrecken in der Regel dem Fortschritt der Hauptvorrichtungsstrecken entsprechend angesetzt, so daß die volle Zahl der Arbeiten des betreffenden Feldesteils erst nach und nach erreicht wird und bildlich sich am Anfang und am Ende der Abbauzeiten treppenförmige Linien in der Form ergeben müßten, daß die Leistung aus dem Felde zu Beginn des Abbaues allmählich zunimmt, um bei Beendigung des Abbaues schon infolge der schachbrettartigen Anordnung der Abbaulinien ebenso allmählich abzunehmen.

Das Bergwerksfeld ist in die einzelnen Abbaufelder *A* bis *M* eingeteilt. Zu Beginn des Jahres 1920 stehen die Felder *A* und *D* in Abbau, die Felder *B* und *C* in Vorrichtung. Die Vorrichtung wird in der Mitte des Jahres so beschleunigt, daß sie vor Verhieb der Felder *A* und *D* mit Sicherheit beendet ist. Bei dieser grundsätzlichen Darstellung ist es belanglos, ob der Abbau der Felder *A* und *D*

	Januar	Februar	März	April	Mai	Juni	Juli	August	September
Querschlag a									
vorgesehen	1 — — 31								
erreicht	1	5							
streichende Strecke b									
vorgesehen		1 — 28							
erreicht		5	7						
Durchhieb c									
vorgesehen			28			15			
erreicht			4			17			
Abbau A									
vorgesehen						19		31	
erreicht						23			2
Richtstrecke a–d									
vorgesehen	10				30				
erreicht	10				31				
Querschlag d									
vorgesehen							15	15	
erreicht							15	15	
Abbau B									
vorgesehen									1 — 30
erreicht									3 — 30

Abb. 56. Graphischer Betriebszeitplan.

in je einem Jahre oder in kürzerer oder längerer Zeit durchgeführt werden soll bzw. kann.

Es ist nun angenommen, daß beim Abbau des Feldesteiles *C* Feuer ausgebrochen ist, so daß der Abbau vorläufig eingestellt wurde und erst nach einer Reihe von Jahren wieder aufgenommen werden konnte. Die daraus sich ergebende Verschiebung zeigt der geänderte Zeitplan.

Eine einfachere graphische Darstellung ergibt sich, wenn man in den durch Tabelle 37 dargestellten Betriebsplan an Stelle der Zahlen Linien einträgt, wobei an Stelle der Zahlen gestrichelte und ausgezogene Linien gezogen werden (Abb. 56). Durch Angabe des entsprechend markierten und angegebenen Datums wird der Unterschied zwischen Soll- und Iststand kenntlich gemacht.

III. Die Organisation des Abbaues in schwachen und mittelstarken Flözen unter besonderer Berücksichtigung des Steinkohlenbergbaues.

a) Allgemeine Gesichtspunkte.

Die für die Organisation des Abbaues in schwachen und mittelstarken Steinkohlenflözen zu lösenden Probleme haben für die Bergtechnik auf absehbare Zeit zweifellos die größte technische und wirtschaftliche Bedeutung, soweit es sich um den unterirdischen Abbau handelt. Die Ursache ist einerseits darin zu suchen, daß die Mehrzahl der Steinkohlenflöze zu der oben gekennzeichneten Klasse gehört, und daß die hier auftretenden Schwierigkeiten in der Regel typisch sind für den Abbau schwacher und mittelstarker Flöze und sonstiger plattiger Lagerstätten.

Die moderne Entwicklung des Steinkohlenbergbaues zeigt deutlich das Bestreben, bei geringen Anlagekapital- und Betriebskosten möglichst hohe Leistungen zu erzielen. Man sucht dieses Ziel durch möglichste Betriebskonzentration zu erreichen, wie sich aus den von Wedding[1] mitgeteilten und hierunter wiederholten Zahlen ergibt.

Tabelle 38. Auswirkung der Betriebszusammenfassung im Flözbetrieb bei flacher Lagerung auf einer in der oberen Gasflammkohlengruppe bauenden westfälischen Zeche.

	1925	1929	Zu- oder Abnahme 1929 geg. 1925 i. %
Zahl der Abbaubetriebspunkte	38	6	− 84
Mittlere flache Bauhöhe je Abbaubetriebspunkt in m . .	60	203	+ 238
Mittlerer Abbaufortschritt je Abbaubetriebspunkt in m .	0,50	0,75	+ 50
Arbeitstägliche Förderung je Abbaubetriebspunkt in t .	33,50	176,—	+ 425
Betriebskosten je t Förderung (nur Flözbetrieb) in $\mathcal{M}$.	6,86	5,51	− 20
Mittlere Flözmächtigkeit in m	1,03	1,12	

Tabelle 39. Auswirkung der Betriebszusammenfassung durch Schrägfrontbau im Flözbetrieb bei steiler Lagerung auf einer in der Fettkohlengruppe bauenden westfälischen Zeche.

	1928	1929	Zu- oder Abnahme 1929 geg. 1928 i. %
Zahl der Abbaubetriebspunkte	50	21	− 58
Mittlere flache Bauhöhe je Abbaubetriebspunkt in m . .	27	90	+ 233
Mittlerer Abbaufortschritt je Abbaubetriebspunkt in m .	0,35	0,77	+ 120
Arbeitstägliche Förderung je Abbaubetriebspunkt in t .	22,00	75,00	+ 240
Betriebskosten je t (nur Flözbetrieb) in $\mathcal{M}$	4,38	3,49	− 20
Zahl der Abbaustrecken	96	32	− 67
Länge dieser Abbaustrecken in m.	20160,00	6720,00	− 66
Anzahl der Vorrichtungsbetriebspunkte	18	6	− 67
Länge des zugehörigen Vorrichtungsstreckennetzes in m.	1750,00	650,00	− 63
Länge des zugehörigen Ausrichtungsstreckennetzes in m.	3730,00	2490,00	− 33
Mittlere Flözmächtigkeit in m	1,20	1,20	

Hiernach ist die Zahl der Abbaubetriebspunkte auf den Zechen, die eine Betriebskonzentration erstreben, in vergleichsweise kurzer Zeit stark herabgesetzt worden. Die mittlere flache Bauhöhe der einzelnen Abbaubetriebspunkte ist in den Beispielen um rd. 235% vergrößert worden. Kennzeichnend für die Betriebskonzentration bei flacher Lagerung ist besonders die Tatsache, daß die arbeitstägliche Förderung je Abbaubetriebspunkt fast doppelt so stark gewachsen ist als deren mittlere flache Bauhöhe. Bei den für steile Lagerung angegebenen Zahlen scheint es sich nicht ausschließlich um Schrägbau mit gleichzeitigem, streichendem Verhieb der gesamten Schrägfront, sondern teilweise auch um einen streifenweise fallend geführten Verhieb zu handeln, da der Vergrößerung der flachen Bauhöhe um 233% und des mittleren Abbaufortschrittes um 120%

---

[1] Wedding: Die Abbauverfahren und die Entwicklung der Betriebszusammenfassung im Ruhrkohlenbergbau. Glückauf 1929, S. 1333 u. 1365.

nur die vergleichsweise zu geringe Vermehrung der arbeitstäglichen Förderung je Abbaubetriebspunkt um 240% gegenübersteht. Bemerkenswert ist hier der Nachweis der vereinfachten Aus- und Vorrichtung, der aus dem verminderten Bedarf an Abbau- sowie an Aus- und Vorrichtungsstrecken hervorgeht.

Die Wichtigkeit der für flache oder für steile Lagerung verwendbaren Abbaumethoden für die Gesamterzeugung ergibt sich aus dem gegenseitigen Mengenverhältnis der einzelnen Lagerungsgruppen. Für das Ruhrrevier gelten nach Wedding[1] etwa folgende Zahlen:

Tabelle 40. Anteil der Lagerungsgruppen, nach dem Flözeinfallen gemessen, an der Förderung im Ruhrgebiet.

Einfallen der Lagerungsgruppen ^{0}	Anteil an der Gesamtförderung %	Zahl der gesamten Abbaubetriebspunkte %	Anteil innerhalb der Lagerungsgruppe			
			Betriebspunkte		Förderung	
			Abbau %	Vorrichtung %	Abbau %	Vorrichtung %
0— 5	17,1	8,9	71	29	93,2	6,8
5—25	39,9	24,7	72	28	93,4	6,6
25—35	9,3	11,9	83	17	94,3	5,7
35—55	18,4	27,6	84	16	94,9	5,1
55—90	15,3	26,9	86	14	95,4	4,6

Aus diesen Zahlen geht hervor, daß die Abbaue mit flacher Lagerung (bis 25° Einfallen) allein 57% der Förderung bei 33,6% der Gesamtzahl der Abbaubetriebspunkte umfassen. Die Abbaue dieser Lagerungsgruppen haben also die größten Durchschnittsleistungen je Abbaubetriebspunkt. Die Zahl der Vorrichtungsbetriebspunkte ist vergleichsweise groß, jedoch ist der Förderungsanteil aus diesen Vorrichtungsbetrieben nicht wesentlich höher als bei den steileren Lagerungsgruppen. Die Vorrichtungsbetriebe haben bei flacher Lagerung im einzelnen also geringeren Umfang als bei steiler Lagerung, so daß ein annähernder Ausgleich der Kohlenförderung erfolgt.

Für die zur Wahrung der Betriebssicherheit erforderlichen Maßnahmen ist die Eigenart des Hangenden von besonderer Bedeutung. Besteht das Hangende aus Schieferton, so biegt es sich schon sogleich am Kohlenstoß mehr oder weniger stark durch. Infolge der Durchbiegung entstehen oft unmittelbar an der Stoßkante und parallel zu ihr Risse, auf denen sich das Schichtenmaterial etwas verschoben hat und die eine Schwächung des Gesteinszusammenhanges herbeiführen. Diese Schwächung wird sich naturgemäß um so mehr auswirken, je länger der Abbaustoß unverändert an einer Stelle steht und je mehr die Richtung des Abbaustoßes mit der Richtung der Schlechten übereinstimmt. Besonders gefährlich ist das sprunghafte Vorschreiten der festen Abbaukante, das bei einem Schrämmaschinenbetrieb dann eintritt, wenn die Schrämarbeit in einer Schicht und die Hereingewinnungs- und Abförderungsarbeit in den nachfolgenden Schichten erledigt werden. Es ist daher Vorsorge zu treffen, daß der Abbau möglichst gleichmäßig und schnell vorangetragen wird, und daß der Abbaustoß die Schlechten unter einem mindestens nicht zu spitzen Winkel schneidet. Um die parallel zur Stoßrichtung entstehende Schalen- und Schollenbildung durch den Abbau gut abfangen zu können, werden die Schalhölzer im Abbau zweckmäßig senkrecht zum Stoß verlegt, da diese dann die anfangs kaum merklichen, aber schon in geringer Entfernung vom Stoß oft stark klaffenden Knicklinien im Hangenden überschneiden, so daß der Ausbau die Schollen gut abfangen kann. Parallel zur Stoßrichtung verlegte Schalhölzer müssen in solchen Fällen

---

[1] Wedding: a. a. O.

eine Beschleunigung der Auflösung des Schichtenzusammenhanges herbeiführen, namentlich wenn die Schalhölzer nicht genau unter den Längsschwerlinien der Schollen liegen und die Stempel nicht genügend schräg stehen,

um den mit der Senkung verbundenen Seitenschub des Hangenden zum alten Mann aufzunehmen. Das gilt vor allem bei Mächtigkeiten von etwa 1 m und darüber, weil mit wachsender Flözmächtigkeit sowohl Senkungsmaß als auch Senkungsgeschwindigkeit wachsen.

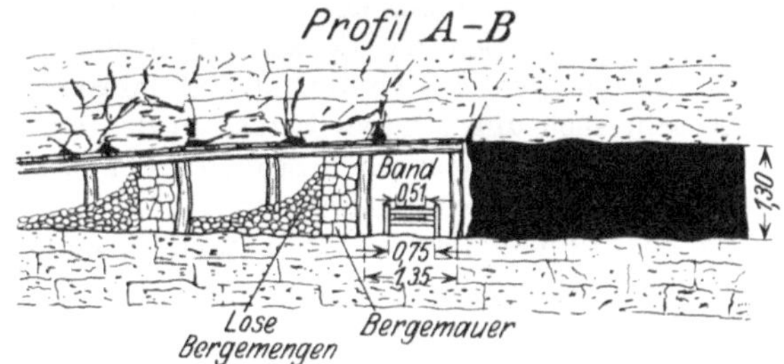

Hieraus geht hervor, daß alle Maßnahmen getroffen werden müssen, um die Absenkungsgeschwindigkeit und das Absenkungsmaß des Hangenden innerhalb des zum Betriebe offen zu haltenden und zu benutzenden Abbauraumes möglichst einzuschränken. Es ist aus diesem Grunde falsch, im Abbau selbst angespitzte Stempel zu verwenden und ebenso einen Versatz, der erst nach völliger Zusammenpressung, also erst in größerer Entfernung vom Stoße, eine nennenswerte Tragkraft besitzt. Während der gleichmäßig dicht eingebrachte Versatz zweifellos den Vorteil hat, die Senkungswirkungen über Tage zu mildern und die Senkungsdauer einzuschränken, hat eine aus guten stückigen Bergen möglichst nahe und parallel dem Abbaustoße hergestellte Bergemauer den wesentlichen Vorteil, die Senkungsgeschwindigkeit des Hangenden am Abbaustoß und damit auch die Schollenbildung über dem Abbauhohlraum wirksam eindämmen zu können. Auf der Zeche Winterslag[1] wurde mit bestem Erfolg

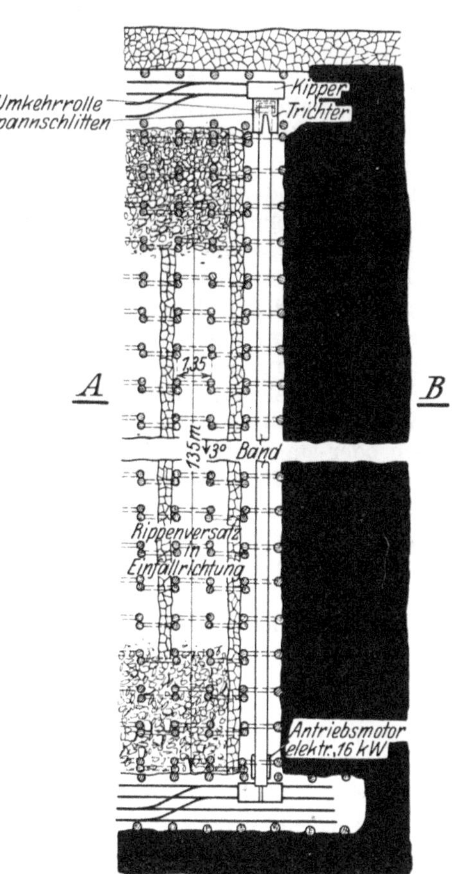

Abb. 57. Ortsbetrieb mit Rippenversatz und Förderbandanlage auf Zeche Winterslag.

an Stelle des Vollversatzes in jedem zweiten Felde eine 30 bis 40 cm starke Bergemauer aus guten, stückigen, in Streckenbetrieben usw. gewonnenen Bergen hergestellt, hinter der die beim Abbau fallenden Berge untergebracht wurden. An der unteren und oberen Strecke wurde ein 4 bis 5 m breiter Vollversatzstreifen zur

---

[1] Nach Mitteilung des Herrn Bergwerksdirektor Dr. Ing. e. h. Bentrop, Hamborn.

Streckensicherung eingebracht (s. Abb. 57). An Stelle der Bergemauern sind gegebenenfalls auch Holzpfeiler zu verwenden, wenn man das Hangende im alten Mann zu Bruch gehen lassen will. Es ist nach den bereits oben gemachten Ausführungen zweckmäßig, auf den zwischen den einzelnen Holzpfeilern vorgesehenen Stempeln die Schalhölzer in der Streichrichtung zu verlegen.

Die Senkungsgeschwindigkeit und das Senkungsmaß des Hangenden kann sehr wirksam auch durch nahes Beihalten des Versatzstoßes vermindert werden. So traten auf einer rheinischen Zeche im Schüttelrutschenbetriebe eines Flözes sehr häufig Verbrüche ein, solange der Abbauraum je nach dem Stande der Arbeiten zwei oder drei Feldbreiten offen stand. Nachdem man durch entsprechende Änderung der Arbeitsorganisation erreichte, daß die Breite des offen stehenden Abbauraumes zwei Feld nie überschritt, traten keine Brüche mehr ein. Durch diese Maßnahmen hatte man nicht nur den Versatzstoß um ein Feld näher an den Kohlenstoß herangezogen, sondern man brachte auch erheblich mehr Bergemengen unter, weil das Hangende sich im zweiten Felde nicht so stark gesenkt hatte wie im dritten Felde, so daß der zum Versatz verfügbare Hohlraum entsprechend größer war. Es wurde also nicht allein die Stützweite zwischen Kohlen- und Versatzstoß, sondern auch das endgültige Absenkungsmaß des Hangenden vermindert, was eine entsprechend verminderte Festigkeitsbeanspruchung des Hangenden bedeutete.

Bei festem Hangenden, das am Kohlenstoß keine wesentliche Zermürbung durch Druck und Knickung erfährt, können angespitzte, leichtere Stempel verwendet werden. Auch ist die Lage der Schalhölzer von geringerer Bedeutung. Immerhin bleibt die streichende Lage derselben bei streichendem Verhieb am zweckmäßigsten. Ein festes Hangendes senkt sich wesentlich langsamer, legt sich also erst in größerer Entfernung vom Kohlenstoß fest auf den Versatz auf. Oft werden die Biegungsbeanspruchungen dann so groß, daß das Gebirge in gewissen Abständen mehr oder weniger schlagartig am Kohlenstoße durchbricht. Es ist dann zweifellos zweckmäßig, den Abbauraum gegen den alten Mann durch Bergemauern oder starken Ausbau (Holzpfeiler) abzutrennen und dahinter die unmittelbar über dem Flöz anstehenden festen Hangendschichten, wenn möglich bis an darüber liegende, plastischere Schichten, planmäßig zum Niederbrechen bzw. Abbrechen zu bringen.

Im allgemeinen läßt sich also sagen, daß die Beanspruchung des Hangenden zunimmt:

1. mit der Mächtigkeit des Flözes,
2. mit der Verlangsamung des Abbaufortschrittes, besonders wenn dieser sprunghaft erfolgt,
3. mit der Unvollständigkeit des Versatzes, besonders bei festerem Hangenden,
4. mit der Breite des offenen Abbauraumes,
5. bei gebrächem Hangenden mit der Nachgiebigkeit der Unterstützung desselben im offenen Abbauraum (angespitzte Stempel) und am Versatzrande (Fehlen von Bergemauern oder Holzkasten),
6. bei festem Hangenden mit Zunahme des frei über dem alten Mann überhangenden Hangenden (Abschließen des Abbauraumes gegen den alten Mann durch Holzkasten, zwangsweises Niederbrechen der festen Hangendschichten über dem alten Mann).

Die flache Höhe des Abbaustoßes von Abbauen mit mechanisierter Abbauförderung (Schüttelrutschen, Transportbänder) beträgt in den Lagergruppen von 0 bis 25° in der Regel 60 bis 200 m. Jedoch sind auch Stöße von mehr als 200 m flacher Höhe in Betrieb genommen worden. Eine flache Bauhöhe von 100 m dürfte zur Zeit etwa dem Durchschnitt entsprechen. Bei größerer flacher Bauhöhe werden zweckmäßig in Abständen von etwa 50 m streichende Fluchtstrecken im Versatz des alten Mannes ausgespart, die z. T. auch zur Aufstellung der Schüttelrutschenmotoren dienen. Diese Strecken münden in eine im alten Mann ausgesparte, flache Strecke und brauchen keine Schienengleise, da sie nicht zur Förderung benutzt werden. Streckenquerschnitt und Ausbau sind nur so zu halten, daß die Strecken als Notausgänge benutzt werden können (s. Abb. 58).

Bei der Organisation des Abbaues ist jedoch neben der Rückwirkung der Maßnahmen auf das abzubauende Flöz auch die Rückwirkung auf die später oder gleichzeitig zu bauenden, benachbarten Flöze in Betracht zu ziehen. Haben die Zwischenmittel keine sehr große Mächtigkeit und ist infolge ihrer Gebirgsbeschaffenheit mit einer tiefgreifenden Zermürbung derselben zu rechnen, wenn infolge von Bergemauern, festen Stempeln, offenen Strecken usw. eine ungleichmäßige Druckbelastung derselben eintritt, so sind alle Maßnahmen im Interesse des späteren Abbaues der benachbarten Flöze zu vermeiden, durch die eine solche ungleichmäßige Druckbelastung bewirkt werden kann. Wenn daher nicht der ganze Versatz gemauert wird (trokkene Mauerung usw.), so sind Bergemauern überhaupt zu verwerfen. Der Versatz ist stets möglichst gleichmäßig einzubringen. Die Stempel sind entweder zu rauben oder so anzuhauen, daß sie im Versatz keinen besonderen Druckwiderstand leisten. Alle festen Stützen, wie Holzpfeiler, Stempel usw., die ein zu schnelles Absinken des Hangenden unmittelbar am Abbaustoß verhindern sollen, sind dem Voranschreiten des Abbaues entsprechend zu verlegen. Auch das Offenhalten von Strecken im alten Mann kann schädlich wirken und vor allem die Anwendung der Abbaumethoden mit teilweisem Versatz. Es sind daher bei feldwärts vorschreitenden Abbaumethoden sehr tragfeste, aber mit dem Abbau zu verlegende Stützen im Abbauhohlraum (Holzpfeiler, starke, ungespitzte Stempel usw.) und gleichmäßiger, dichter Versatz anzuwenden. Günstig dürfte oft der heimwärts gerichtete Abbau sein, dessen Vorrichtungs-, Förder- und Wetterstrecken alle in der Kohle stehen. Auch bei diesem sind im Abbauhohlraume tragfeste Stützen anzuwenden, die mit dem Abbau verlegt werden. Es kann hier Selbstversatz angewandt werden, wenn das Hangende einigermaßen gleichmäßig hereinbricht, bzw. zu gleichmäßigem Nachbruch evtl. durch Schießarbeit gebracht wird. Hierbei können die in den alten Mann zurückgeworfenen Bergemittel sehr gut als Ausgleichspolster dienen, die den Druck der hereinbrechenden Massen gleichmäßiger auf das Liegende verteilen.

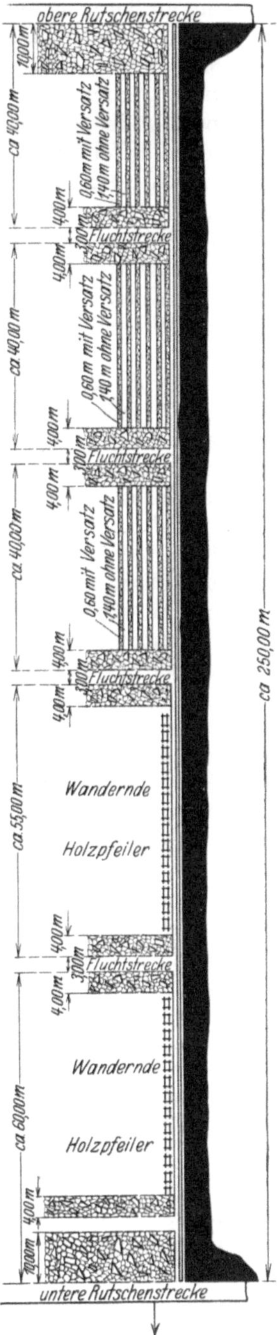

Abb. 58. Ortsbetrieb von 250 m flacher Bauhöhe mit Rippenversatz und wandernden Holzpfeilern und Fluchtstrecken.

Es darf ferner nicht verkannt werden, daß die Einbringung eines gleichmäßigen, feinkörnigen Versatzes den Senkungsvorgang im abgebauten Felde, also in größerer Entfernung von dem Abbaustoß, abkürzt und dadurch den Abbau der benachbarten, tiefer liegenden Flöze entsprechend früher ermöglicht.

Obwohl im deutschen Steinkohlenbergbau, sofern Versatzbaumethoden angewendet werden, der Abbau mit feldwärts gerichtetem Abbaufortschritt unter Aussparung der Förder- und Wetterstrecken im Versatz des alten Mannes wohl allgemein üblich ist, und daher als die zweckmäßigste erscheinen möchte, so dürfte sich doch ein umfassender Versuch mit Abbaumethoden empfehlen, bei denen die Vorrichtung der Flöze bis zur Abbaugrenze und sodann der Abbau von der Baugrenze rückwärts erfolgen könnte. Da sich in diesem Falle Vorrichtung und Abbau nicht mehr gegenseitig so stark beeinflussen, wie das gleichzeitig mit dem Abbau erfolgende Auffahren der Lade- und Kippstrecken bei den jetzigen Abbaumethoden (Schüttelrutschenbau), so kann das Streckenauffahren ungestört stärker mechanisiert werden. Durch die vorangehende Vorrichtung wird, wie dies vom Pfeilerrückbau her bekannt ist, das Verhalten der Lagerstätte (Festigkeit, Mächtigkeit, Tektonik, Gasgehalt usw.) vor Beginn des Abbaues weitgehend klargestellt, so daß man für den Abbau die erforderlichen Maßnahmen mit größerer Zielsicherheit treffen kann. Der Abbaufortschritt ist nicht mehr von der Schnelligkeit der Streckenauffahrung bzw. Streckennachführung abhängig und bei Anwendung des Selbstversatzes auch nicht von der Nachführung des (Fremd-)Versatzes. Es wird sich daher sehr häufig eine wesentlich größere Abbaugeschwindigkeit erzielen lassen. Endlich werden in der Regel niedrigere Streckenunterhaltungskosten entstehen. Andererseits ist zu beachten, daß Fluchtstrecken nicht mehr in der einfachen Weise vorgesehen werden können wie bei dem feldwärts gerichteten Abbau durch Aussparung im Versatz des alten Mannes. Das Auffahren von Fluchtstrecken würde auch bei einer Aufrollung des Abbaues mit rückwärts schreitender Abbaufront voraussetzen, daß von den Abteilungsquerschlägen aus für jede Bauabteilung eine vollständige Vorrichtung mit Wetterdurchhieb hergestellt wird, da sonst keine Flucht möglich wäre. Will man die Fluchtstrecken vermeiden, so muß dem Ausbau, namentlich dem Holzpfeilerbau, eine besondere Aufmerksamkeit gewidmet werden. Der Abbauhohlraum ist möglichst schmal zu halten, um die Bruchgefahr herabzusetzen. In diesem Fall ist vor Beginn des Abbaues an der Feldesgrenze nur die Herstellung des Durchhiebes und der Grundstrecken bis zu den Abteilungsquerschlägen der letzten Bauabteilung nötig. Die Grundstrecken müssen dann rechtzeitig bis zur jeweils vorletzten Bauabteilung verlängert werden. Neue Wetterdurchhiebe im Flöz können erspart werden, wenn andere Verbindung zur höheren Sohle (Hochbohrlöcher, Blindschächte usw.) zur Verfügung stehen. Hierdurch wird die Vorrichtung wesentlich vereinfacht, verbilligt und beschleunigt.

Im Gegensatz zum Abbau ist in den im alten Mann ausgesparten Abbaustrecken die Verwendung angespitzter Stempel zum Ausbau (Türstockausbau usw.) in der Regel vorteilhaft, weil sie bei regelmäßigem Nachspitzen das Herabsenken des Hangenden ertragen können, ohne zu brechen. Bei quellendem Stoß sind die Stempel durch rechtzeitiges Freihacken vor dem Zerbrechen durch Seitendruck zu bewahren. Ferner ist es bei flacher Lagerung und gebrächem Hangenden zweckmäßig, auch am unteren Stoße der unteren Abbau- bzw. Sohlenstrecke einen genügend breiten Versatzstreifen mitzunehmen, um ein Abbrechen des Hangenden unmittelbar über der Streckenfirste zu vermeiden. Es empfiehlt sich überhaupt grundsätzlich nicht, Strecken unmittelbar an solchen Kohlenstößen auszusparen, die längere Zeit unverändert stehen bleiben. Bei flachem und mittlerem Einfallen empfiehlt es sich mitunter, die Streckenfirsten gewölbeartig in den hangenden Schichten auszubrechen[1].

---

[1] Lüthgen: Stempellose Abbaustrecken. Glückauf 1929, S. 393.

Bei stark konzentrierten Abbaubetrieben müssen sowohl die Sohlenstrecken als auch der Abbauraum genügenden Querschnitt erhalten, um sowohl einer kräftigen Bewetterung als auch einer starken Förderung Durchlaß zu gewähren. Auf einigen Werken rechnet man in Schüttelrutschenbetrieben mit Wettermengen bis zu 6 bis 10 m³/min und Mann bezogen auf die stärkste Schicht.

Der Forderung nach einer einfach gestalteten Abbaumethode mit möglichst gradlinigem, langem Abbaustoß und geringem spezifischen Streckenbedarf, die eine hohe Förderleistung und damit eine gute Ausnutzung leistungsfähiger Abbaufördereinrichtungen, mechanischer Gewinnungs- und Versatzmaschinen usw. ermöglicht, entspricht der Langstoßbau. Die bei flacher Lagerung angewandte Abbaumethode ist in der Regel dem streichenden Strebbau mit breitem Blick und hohem Stoße (großer flacher Bauhöhe) ähnlich. Sie unterscheidet sich grundlegend von letzterem dadurch, daß die Kohle am Abbaustoß entlang durch Schüttelrutschen oder Transportbänder zur unteren Sohlenstrecke gefördert werden, so daß die Herstellung und Unterhaltung besonderer, zur Förderung eingerichteter Abbaustrecken und Bremsberge überflüssig wird. Das hindert natürlich nicht, nach Bedarf Blindörter zur Versatzgewinnung oder Fluchtstrecken vorzusehen.

Maßgebend wird die Gesamtorganisation des Abbaubetriebes sowohl bei flacher wie bei steiler Lagerung durch die Art der Gewinnung beeinflußt. Die Gewinnung kann entweder frontal, d. h. gleichzeitig auf der ganzen Linie der Abbaufront, oder abschälend erfolgen, indem der Abbaustoß streifenweise durch einen am Stoß entlang geführten Gewinnungsvorgang abgebaut wird. Dieser Abbau wird von Meyer „Fließender Abbau" genannt[1].

In allen Fällen ist die angewandte Betriebsmechanisierung auf ihre Sicherheit, Einfachheit und Übersichtlichkeit sowohl hinsichtlich ihrer Konstruktion als auch hinsichtlich ihrer Rückwirkung auf die Betriebsorganisation zu prüfen. Am besten wird die Rückwirkung auf die Betriebsorganisation geprüft durch die erforderliche Zahl der Arbeitskräfte. Es kommt hierbei nicht allein auf die Gesamtzahl der erforderlichen Arbeiter an, sondern auch auf die für die einzelnen Betriebsvorgänge, wie etwa für die Gewinnung, Abförderung, den Versatz usw. nötige Leutezahl. Es ist dann unschwer zu erkennen, welcher Betriebsvorgang besonders eine Verbesserung nötig hat, soweit es sich um die Vereinfachung desselben handelt. Die wirtschaftlichen Vorteile des Langstoßbaues gegenüber dem

Tabelle 40a. Belastung je Tonne Kohle bei verschiedenen flachen Bauhöhen.

	Rutschenort a 70 m Höhe ℳ/t	Rutschenort b 210 m Höhe ℳ/t
Auffahren des Durchhiebes zur höheren Teilstrecke . . .	0,10	0,10
Auffahren der Abbaustrecken	0,75	0,26
Unterhaltung der Abbaustrecken	0,43	0,12
Abbaustreckenförderung	0,29	0,14
Schrämbetrieb	0,28	0,22
Rutschenbetrieb	0,08	0,20
Rutschenverlegen	0,12	0,12
Abbauholz	0,92	0,92
Bergeversatz	0,84	0,84
Abbaubeleuchtung (stationär)	0,10	0,10
Umbauten in den Strecken	1,44	0,35
Hauerlöhne	1,62	1,51
	6,97	4,88

[1] Meyer: Fließarbeit beim Abbau flacher Flöze unter Verwendung von Schrämmaschinen. Glückauf 1929, S. 661.

Abbau mit verhältnismäßig geringen flachen Höhen zeigt vorstehende vergleichende Übersicht, die auf einer Steinkohlenzeche errechnet wurde. Die Flözmächtigkeit betrug ungefähr 1,8 m, die flache Abbauhöhe 70 m bzw. 210 m. Die Belastung je Tonne Kohle betrug jeweils bis zum Blindschacht. (s. Tab. 40a).

b) Abbauorganisation bei flacher Lagerung.

Bei frontaler Gewinnung ergibt sich eine Dreiteilung der Arbeitsfolgen als zweckmäßig etwa in der Weise, daß in der ersten Schicht die Kohle hereingewonnen und abgefördert wird, in der zweiten Schicht bei breiterem Abbauraum der Ausbau und Versatz eingebracht wird, und in der dritten Schicht der Rutschen- oder Bandumbau und die Fertigstellung des Abbaues erfolgt. Bei sehr schmalem Abbauraum wird zweckmäßig nach der Hereingewinnung der Kohle zunächst die Rutsche (das Förderband) umgebaut und zuletzt der Versatz eingebracht (bei maximal zwei Feld Breite stets, bei maximal drei Feld Breite der Regel nach). Bei dreidritteliger Belegung eines Betriebspunktes muß also täglich der Abbau um einen bestimmten Abschnitt, etwa $\sim$ 1 bis 2 m Streifenbreite, vorwärtsschreiten und es muß innerhalb dieses Abschnittes in jeder Schicht die den einzelnen Schichten zugeteilte Arbeit fertiggestellt werden (Pensumsidee), wenn die Betriebsorganisation nicht umgeworfen werden soll. Das Arbeitspensum muß infolgedessen so bemessen werden, daß man für die unvermeidlichen Zwischenfälle eine gewisse Zeit einrechnet, wodurch das Pensum entsprechend eingeschränkt wird. Die durch größere Störungen usw. unerledigt gebliebenen Arbeiten müssen in Überstunden oder von den nächsten Schichten wieder nachgeholt werden, um den Organisationsplan wieder einhalten zu können. Das Verfahren leidet also an einer gewissen Starrheit.

Die frontale Gewinnung ist zur Durchführung einer Betriebskonzentration notwendig, wenn die Gewinnung der Kohlen durch die Keilhaue oder durch Kleinmaschinen (Abbauhämmer) erfolgt, die Leistung des Betriebspunktes also in erster Linie von der Zahl der mit der Hereingewinnung der Kohle beschäftigten Hauer abhängt. Den Vorzug wird dieses Verfahren vor allem da verdienen, wo Großmaschinen zur Hereingewinnung mehr oder weniger unbrauchbar sind, wie bei stark welliger Lagerung, unreiner Kohle, besonders wenn sich die Bergemittel über die ganze Flözmächtigkeit verteilen, sowie bei sehr gut gehenden Kohlen, die sehr hohe Hackleistungen ermöglichen. Im letzteren Falle ist das Verhältnis der Leistung des einzelnen Hauers und der dadurch entstehenden Kosten zur Leistung der Großmaschine und der durch Betrieb und Bedienung derselben, sowohl während der Gewinnung als auch während der Zu- und Abrüstzeit entstehenden Kosten für die Wahl des Verfahrens von ausschlaggebender Bedeutung.

Die von einem westfälischen Steinkohlenbergwerke durchgeführte Organisation eines Rutschenbetriebes mit frontaler Gewinnung der Kohle in einem Flöz von 1,10 m Mächtigkeit und 200 bis 220 m flacher Bauhöhe bei einem täglichen Baufortschritt von 1,50 m ergibt sich aus dem folgenden Plan:

Frühschicht: Kohlengewinnung:

1	Mann	Rutschenaufseher,
36	,,	Kohlenhauer,
5	,,	Bedienung der Förderung,
2	,,	Bergkippen herstellen,
4	,,	Herstellung der Maschinenörter,
1	,,	Holztransport,
49	Mann.	

Leistung: rund 680 bis 700 Wagen Kohle zu je 0,65 t = 440 bis 455 t.
Kohlengewinnung durch Abbauhämmer.
Hackenleistung je Mann und Schicht $\frac{440}{36}$ = 12 bis 12,5 t.

Mittagschicht: Versatzschicht:

   1 Mann Rutschenaufseher,
  15 „ Versetzer,
   6 „ Kipper,
   1 „ Blindortversatz,
  23 Mann.

Leistung: 270 Wagen Berge.

Nachtschicht: Umbauschicht:

   1 Mann Bohrhauer für zwei Maschinenörter,
   1 „ Schlosser,
   1 „ Rutschenaufseher,
   9 „ Umleger,
  12 Mann.

Leistung: Schichtanfang (1,5 Stunden) 35 Wagen Berge versetzen, sodann Umlegen der Schüttelrutsche.

Rechnet man die zwei Mann, die in der Frühschicht die Bergekippe herstellen, zu den Versatzmannschaften, so verteilt sich die Belegschaft auf:

   36 Kohlenhauer . . . . . . = 42,86%
   25 Bergeversatzmannschaften = 29,76%
   23 Sonstige . . . . = 27,38%
i. Sa. 84 Mann　　　　　 = 100,00%.

Revier-Gesamtleistung je Mann und Schicht im Rutschenbetrieb $\frac{440}{84} = 5{,}25$ t.

Der Vollständigkeit halber sei noch darauf hingewiesen, daß die beiden Sohlenstreckenbetriebe, die zu dem oben erwähnten Schüttelrutschenbetriebe gehören (die Bergezufuhr- oder Kippstrecke und die Kohlenabfuhr- oder Ladestrecke), in allen drei Schichten mit je drei Mann belegt sind (insgesamt also 18 Mann). Der Vortrieb beträgt in jeder Strecke rund 1,55 bis 1,75 m, wobei täglich 7 bis 8 Wagen Kohlen zu je 0,65 t aus jedem Streckenbetriebe gefördert werden.

Die Zeche zählt in ihrer Gesamtbelegschaft rund 53% Produktive, 30% Unproduktive unter Tage und 17% Unproduktive über Tage. Die Zahl der Unproduktiven über Tage ist vergleichsweise hoch, sie beträgt im allgemeinen 11 bis 12%. Zu den Unproduktiven unter Tage gehören etwa 7% Gesteinsarbeiter und 13% Reparaturhauer und sonstige Instandsetzungsarbeiter, sowie 10% für Förderung, Wasserhaltung, Wetterführung und sonstige Nebenarbeiten. Zu den Produktiven zählen alle in einem Abbaubetriebe beschäftigten Arbeiter außer den Reparaturhauern. Im vorliegenden Falle würden also unter den 53% Produktiven nur etwa $0{,}43 \cdot 53 = 23\%$ ausschließlich mit der Kohlengewinnung beschäftigte Hauer enthalten sein, wenn man den Streckenbetrieb außer acht läßt, weil hier die Arbeitsverteilung nicht klar festzustellen war. Immerhin zeigen diese Zahlen, wie wichtig ist es, die Anzahl der im Versatz, bei der Förderung, beim Umlegen der Rutsche und bei sonstigen Nebenarbeiten tätigen Leute durch Mechanisierung bzw. Automatisierung und durch entsprechende Vereinfachung der Betriebsorganisation zu vermindern.

Für die Organisation eines „fließenden" Abbaues gibt Meyer[1] zwei Beispiele an. Bei Verwendung einer aufwärts arbeitenden Kettenschrämmaschine, deren Marschgeschwindigkeit anfangs etwa 10 m/Std. betrug, wobei mit Unterbrechung, d. h. nur „nach Bedarf" geschrämt wurde, folgten unmittelbar hinter der zu Berg fahrenden Maschine (Abb. 59) drei Lader und zwei Verbauer schräg gestaffelt derart, daß die Verbauer als letzte einen Abstand von etwa 4 bis 5 m von der Schrämkette hatten. Es konnte so der von der Maschine unterschrämte und von der Ladegruppe freigelegte Streifen des Hangenden binnen einer halben

---

[1] Meyer: a. a. O.

Stunde endgültig verbaut werden. Die Lader hatten immer die gleiche Arbeit. Die Maschine schnitt den Schram in der Oberbank des Flözes dicht oberhalb des hier eingelagerten Bergemittels. Der erste Lader schaufelte die abgesunkene und dabei gelockerte Kohle der Oberbank in die Rutsche und entfernte den Nachfall. Der zweite Lader deckte das Bergemittel ab und der letzte holte die Unterbank herein, wobei ihm zeitweise der eine Verbauer half. Gleichzeitig und in demselben Schrittmaß wurde der Bergeversatz eingebracht, wobei man den oberen Teil der Rutsche zur Bergezufuhr benutzte. Zu diesem Zweck wurde in angemessenem Abstande vor der Schrämmaschine ein Auswerfer an der Rutsche angebracht.

Im vorliegenden Falle hatte diese Arbeitsmethode zweifellos den wesentlichen Vorteil, daß der Abbauraum nie breiter als zwei Feld wurde. Hierdurch wurde das Hangende sofort gesichert, ohne daß länger freiliegende, unverbaute Flächen entstanden, die gerade bei frontaler Gewinnung und schwierigem Hangenden den Anlaß zur Verstärkung der Knickungen und damit zur Schollenbildung im Hangenden geben können namentlich, wenn die Schrämarbeit in einer Schicht erfolgt und die frontale Hereingewinnung der unterschrämten Kohle in der nächsten Schicht. Hierauf und auf die bald einsetzende Steigerung der Arbeitsgeschwindigkeit ist in erster Linie die festgestellte Besserung des Gebirgsverhaltens zurückzuführen.

Die Leistungsfähigkeit dieser Arbeitsorganisation ist in erster Linie durch die Leistungsfähigkeit der maschinellen Einrichtungen sowie durch den Grad der Automatisierung der Arbeitsvorgänge bedingt. Es leuchtet ohne weiteres ein, daß sich im vorliegenden Falle die Leistung des Betriebspunktes auf die hier als Großmaschine arbeitende Gewinnungs- und Versatzeinrichtung konzentrieren muß. Infolge des Platzmangels kann beispielsweise die Zahl der Lader nicht beliebig mit der Leistungssteigerung der Maschinen vergrößert werden, schon weil die der Unterstützung beraubte Hangendfläche ein die Betriebssicherheit gefährdendes Maß annehmen würde. Daraus folgt notgedrungen der Zwang, mit der Leistungssteigerung des einzelnen Maschinenaggregates eine entsprechende Ausdehnung der Automatisierung der zur Gewinnung, Verladung und Sicherung der Abbauräume erforderlichen Arbeitsvorgänge vorzunehmen. Bei günstigem Hangenden würde sich ein Mittelweg zur stärkeren Betriebskonzentration dadurch finden lassen, daß man zwei Schüttelrutschen (Transportbänder) nebeneinander vorsieht und an dem genügend langen Abbaustoß gleichzeitig mehrere Maschinen in entsprechenden Abständen arbeiten läßt. Es ergäbe sich dann ein Mittelding zwischen frontaler und fließender Gewinnung.

Ein wesentlicher Vorteil der fließenden Gewinnung ist der, daß der Arbeitsvorgang in jeder Schicht derselbe ist. Etwaige Störungen der einen Schicht übertragen sich also nicht zwangläufig auf die Arbeitsorganisation der folgenden Schichten. Infolgedessen braucht man bei der organisatorischen Bemessung des Schichtenpensums auf gegenseitige Abhängigkeiten keine Rücksichten zu nehmen.

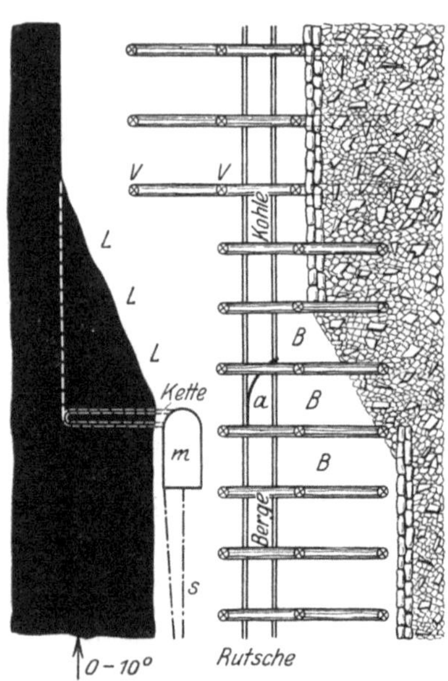

Abb. 59. „Fließender" Abbau mit aufwärts arbeitender Schrämmaschine (nach Meyer). *a* Austrag der Rutsche, *m* Maschine mit Führer, *s* Zugseil, *B* Bergeversetzer, *L* Lader, *V* Verbauer.

Die Förderung der Kohlen und insbesondere der Berge geht in allen Schichten gleichmäßig vor sich, wodurch auch die Organisation der Förderung vereinfacht wird. Endlich erfordert der wöchentliche Schichtwechsel keine Umstellung der Strebarbeit, weil die Kameradschaften immer gleichartig zusammengesetzt sind.

Abb. 60. Abbauschiff (nach einer Zeichnung der Firma „Bergbau" Ges. für betriebstechnische Neuerungen m. b. H. zu Dortmund).

Aus diesen Darlegungen geht hervor, daß die Automatisierung oder mindestens eine wesentliche Vereinfachung der einzelnen Arbeitsvorgänge eine unumgängliche Vorbedingung für die Leistungssteigerung der einzelnen Maschinenaggregate bei fließender Gewinnung ist. Sie ist natürlich auch wesentlich für die Leistungssteigerung bei frontaler Gewinnung, mag diese nun durch Leistungssteigerung der Kleinmaschinen (Abbauhämmer usw.) oder durch dichtere Belegung der Abbaufront erfolgen.

Zu diesem Zweck ist eine schnell und leicht, ohne schwere körperliche Anstrengung der Leute durchführbare Verlegbarkeit aller Einrichtungen zu erstreben. Auf die Verwendung von Raupenbändern wurde schon hingewiesen. An deren Stelle können auch bei geringeren Gewichten Gleitschlitten treten (Abbauschiffe), Abb. 60. Die Einrichtungen müssen die Ortsveränderung nach allen Richtungen erleichtern, wenn sie ihren Zweck voll erfüllen sollen, da nicht nur eine Bewegung der Maschinen längs des Abbaustoßes, sondern beim Umsetzen in das nächste Baufeld eine solche quer zur Front in Frage kommt. Gerade

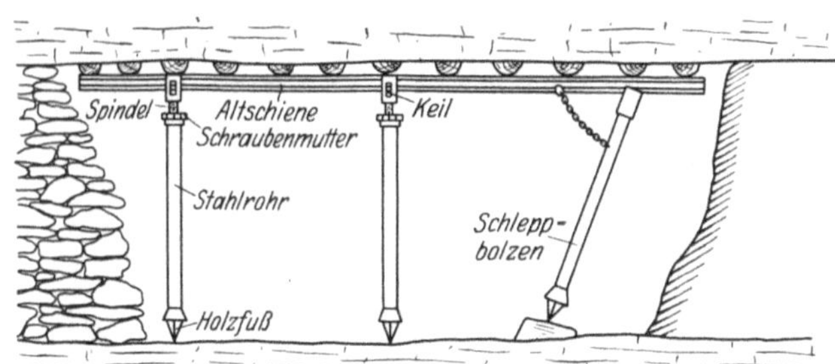

Abb. 61. Wandernder Grubenausbau nach Reinhard.

diese Bewegung ist oft wegen der Zu- und Abrüstzeiten von wesentlicher Bedeutung.

Die mit dem Abbaufortschritt erforderliche seitliche Verlegung der Gewinnungs- und Versatzeinrichtungen, insbesondere der Rutschen bzw. Transportbänder, erfährt durch den Ausbau erhebliche Schwierigkeiten. Eine Verschiebung der Rutsche (Band) im ganzen setzt eine umständliche Sicherung des normalen Ausbaues voraus. Diese gegenseitige Abhängigkeit des Ausbaues von der notwendigen Beweglichkeit der Abbaufördereinrichtung legt den Gedanken der konstruktiven Durchbildung eines wandernden Grubenausbaues nahe. Bemerkenswerte Anregungen hat Reinhard mit dem von ihm vorgeschlagenen Ausbau (Abb. 61) gegeben, der ein dauerndes Vorschieben sowohl des Ausbaues als auch der unzerlegten Schüttelrutsche ermöglichen sollte. Das wesentliche Merkmal dieses Ausbaues bestand außer in dem nachgiebigen Holzfuß darin,

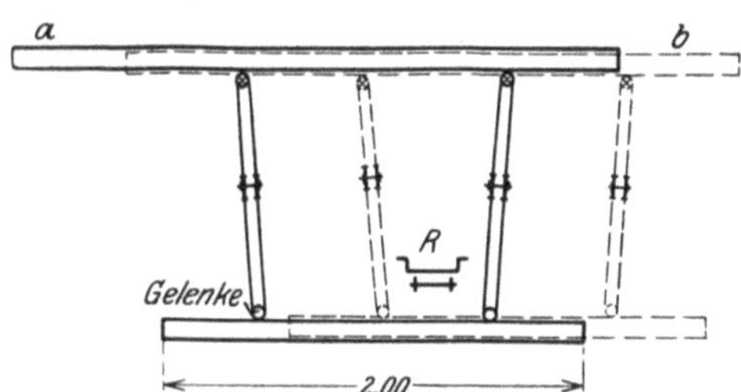

Abb. 62. Wandernder Grubenausbau in Form gelenkiger Rahmen (Stempel nachgiebig, etwa Konstruktion Schwarz).

daß der Stempelkopf aus einem U-Eisen bestand, dessen Wangen höher als die eingelegte Altschiene war. Letztere mußte also durch einen untergelegten Keil gegen das Hangende angetrieben werden. Sie konnte also nach Wegnahme der Keile bei feststehendem Stempel zum Abbaustoße vorgeschoben werden. Der mittlere Stempel wurde erst gesetzt, nachdem die Rutsche zum Abbaustoß gerückt war. Der am Versatzstoß stehende Stempel konnte dann weggenommen werden. Andere Vorschläge sehen gelenkige Rahmen vor, bei denen die beiden Stempel durch Gelenke mit einer Schwelle und einem Schalholz verbunden sind. Die Stempelentfernung ist oben größer als unten. Die Stempel sind zweiteilig. Es stehen stets zwei Rahmen unmittelbar nebeneinander. Durch Lösen der zweiteiligen Stempel läßt sich der Rahmen senken, so daß er zum Arbeitsstoß im ganzen vorgeschoben werden kann (Abb. 62).

Eine befriedigende Lösung der Aufgabe ist bisher noch nicht gefunden. Das Verlegen der Rutsche (Transportband) im Abbau durch Auseinandernehmen und Wiederzusammensetzen ist zur Zeit noch gebräuchlich. Bei Schüttelrutschen verwendet man mitunter Antriebsmotore mit Schlagseil und Winkelhebel, deren Seil auf einer Schwingtrommel liegt, so daß der Motor nur etwa aller 15 bis 25 m verlegt zu werden braucht. Will man in einem längeren Rutschenbetrieb mehrere solche Antriebe hintereinander schalten, so müssen die Motore in besonderen Blindstrecken (Maschinenörter) stehen, wodurch die Mechanisierung des Bergeversatzes mitunter behindert wird.

Die Mechanisierung des Bergeversatzes ist ebenfalls noch nicht restlos gelöst. Ohne auf die technischen Einzelheiten der verschiedenen bisher versuchten Verfahren einzugehen, erscheint es selbstverständlich, daß die mechanischen Versatzeinrichtungen nach Art der Großmaschinen den gesamten Versatz mit allen Nebenarbeiten auf sich, also auf einen Punkt konzentrieren müssen. Es wird schwer halten, auf mechanisch-automatischem Wege feste Bergemauern zu ziehen, weshalb man beim mechanischen Versatz auf den erheblichen Vorteil der Bergemauern, die Erzeugung einer Stützlinie von erheblicher Tragfähigkeit in nächster Nähe des Abbaustoßes, wird verzichten müssen. Infolgedessen wird der mechanisierte Versatz trotz aller Dichtigkeit bei größerer Flözmächtigkeit und sehr gebrächem Hangenden nicht alle Schwierigkeiten der Gebirgsdruckwirkungen so gut beseitigen können wie ein, wenn auch unvollständiger, d. h. streifenweise eingebrachter Versatz aus Bergemauern oder wie die Anwendung von Holzpfeilern.

Die rechtzeitige Nachführung der Bergemauern scheitert bei längerem Abbaustoß mitunter an der Unmöglichkeit der Zufuhr geeigneter Bergestücken. Holzpfeiler lassen sich bei genügend starker Belegschaft gleichzeitig auf der ganzen Front (d. h. etwa abwechselnd die gerad- und ungeradzahligen Pfeiler) verlegen. Es kommt wesentlich auf die leichte Lösbarkeit und Verlegbarkeit derselben an. Brosky[1] schlägt eichene Holzkasten vor, deren Konstruktion aus Abb. 63 ersichtlich

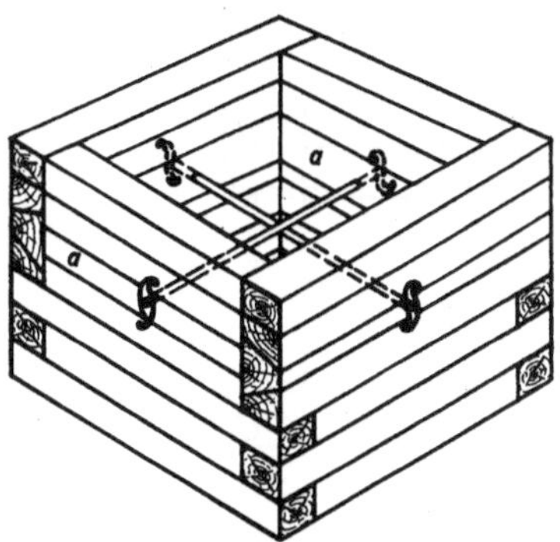

Abb. 63. Wandernde Holzkasten mit Schlüsselblöcken nach Brosky.

ist. Die Keilflächen haben eine Neigung von 1,5 : 12 und werden anfangs mit Graphit geschmiert. Die sogenannten Schlüssel- oder Keilblöcke (a in Abb. 63) sind an zwei gegenüberliegenden Seiten kürzer und werden gewissermaßen von den beiden längeren eingeschlossen. Um den Kasten zum Einsinken zu bringen, werden die Schrauben des kürzeren Schlüsselblockes etwas gelöst, wozu angeblich in der Regel die Horizontaldrehung der Laschen (½ Umdrehung) genügen soll, und die Blöcke in den Kasten hineingestoßen. Dann wird eine der Langseiten eingeschlagen. Die Teile können von zwei Mann nach dem nächsten Platz getragen und angeblich in 12 min wieder zusammengesetzt werden. Ganz ähnlich wirken auch die Wanderholzpfeiler von O'Poole, die aus einem festen Eichenholzrahmengestell bestehen, welche einen Eisenkasten tragen, dessen obere Fläche dachförmig mit einer Neigung der beiden Dachflächen von etwa 30⁰ gestaltet ist. Hierauf liegen zwei entsprechend abgeschrägte Balken, die durch Ketten zusammengehalten werden, die mit einer in dem Eichenkasten angebrachten Spannvorrichtung verbunden sind. Durch Nachlassen der Spannvorrichtung können die mit der Kette verbundenen Balken abwärts gleiten, wodurch der Pfeiler gelöst wird und im ganzen verschoben werden kann. Bei beiden Holzpfeilern tritt infolge der Absenkung des Hangenden eine entsprechende Ver-

---

[1] Brosky: Longface in a Kentucky Mine. Coal Age 1928, Februar.

schiebung der Teile an den Schrägflächen ein. Für geringe Flözmächtigkeiten sind Holzpfeiler zweckmäßig, die aus eichenen Vierkanthölzern nach Abb. 64 zusammengenagelt sind[1]. Diese Pfeiler können nach Wegschlagen der unter dem Hangenden angetriebenen Keile im ganzen zum vorrückenden Stoß nachgezogen werden. Nach anderen Vorschlägen werden die aus Eichenholzschwellen bestehenden Holzpfeiler auf ein Bett von Kohlen- oder Schramklein aufgebaut[2], das vor der Verlegung des Pfeilers weggeschrämt wird.

Die Einbringung von Handversatz kann man am einfachsten beschleunigen und sichern, indem man in entsprechenden Abständen Blindorte zur Bergegewinnung nachführt. Für die Abstände ist in erster Linie die Wurfweite oder die sonstige Transporteinrichtung maßgebend, sofern der Querschnitt dieser Örter und damit auch die hier anfallende Bergemenge nicht noch durch andere Verwendungszwecke bestimmt wird (Maschinenörter, Fluchtstrecken). Eine gegenseitige Unterstützung von Blindortversatz und mechanischem Versatz ist kaum möglich, sofern die Blindorte bei streichendem Verhieb des Abbaues streichend nachgeführt werden. Der Blindortversatz wird vorwiegend in Flözen bis zu $\sim$ 0,60 bis 0,70 m Mächtigkeit verwandt.

Für die Fördereinrichtungen im Abbau gelten ebenfalls die Forderungen nach Betriebssicherheit, Leistungsfähigkeit, leichter Verlegbarkeit und namentlich bei großen Leistungen auch nach weitgehender Automatisierung aller Arbeitsvorgänge. In Frage kommen als Fördereinrichtungen vor allem Schüttelrutschen und Transportbänder. Bei Anwendung von Großgewinnungsmaschinen (fließende Gewinnung) wird die automatische Beladung notwendig, wenn größere Leistungen erzielt werden sollen. Dasselbe gilt auch für den Bergeversatz, wenn sehr große Mengen von einer Stelle der Rutsche aus eingebracht werden müssen.

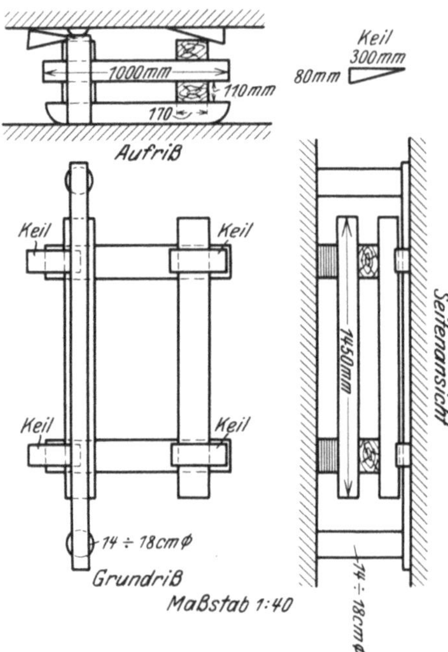

Abb. 64. Holzpfeiler aus Vierkanthölzern in schwachen Flözen.

Im Schüttelrutschenbetrieb hat es sich als zweckmäßig herausgestellt, auf je 100 m Rutschenlänge einen Antriebsmotor vorzusehen. Die Antriebsmotore müssen kräftig sein, da neben der eigentlichen Arbeitsleistung in der Regel noch die bremsende Wirkung des in mehr oder weniger großen Mengen an den Rutschen liegenden Kohlenkleins usw. zu überwinden ist. Man wählt deshalb den Motor meist 25 bis 50% stärker, als es nach den Ergebnissen des Versuchsstandes nötig erscheint.

Die Rollenstühle der Rollenrutschen legt man, besonders bei schlechtem Liegenden, zweckmäßig auf eichene oder eiserne Rahmen, die miteinander durch Rundeisen verbunden werden, die unten gabelförmig auseinander gebogen sind. Durch ein unten angebrachtes Spannschloß werden die oben an einem Stempel angehängten Rahmen festgelegt.

[1] Mitteilung von Herrn Bergwerksdirektor Dr.-Ing. e. h. Bentrop, Hamborn.
[2] Gaertner: Abbau mit Selbstversatz. Glückauf 1929, S. 697 u. 731.

Die unteren Rutschen sind bei mehr als 100 m Abbaustoßlänge in der Regel breiter, da die abzufördernde Kohlenmenge im Betriebe nach unten zunimmt. Dient dieselbe Rutsche auch zur Bergezufuhr, so wendet man durchweg das größere Rutschenprofil an. Bei einem Einfallen bis zu 10^0 versieht man die Rutschen am unteren Ende zweckmäßig mit Gegenzugzylindern (Spannzylinder, Spannfedern).

Für wellige Lagerung und ansteigende Förderung ist die Bandförderung der Schüttelrutsche überlegen. Bei Bergetransport verwendet man Stahlgliederbänder. Die Bandgeschwindigkeit beträgt etwa 0,6 bis 0,9 m/sec. Die in Abbaustrecken eingebauten Bänder sind meist so eingerichtet, daß sie entsprechend dem Abbaufortschritt um je etwa 1,5 bis 2,0 m verlängert werden können.

In den unteren streichenden Sohlenstrecken wird der Kohlentransport oft durch Bänder zu dem im Querschlag befindlichen Umschlagspunkt befördert. Vielfach werden Gummibänder verwandt. Diese Bänder haben zweckmäßig eine obere Gummidecke von mindestens 10 mm Stärke. Die einzelnen Gummibänder sind mindestens 20 m lang und können um je etwa 5 m verlängert werden bis zu einer Gesamtlänge von etwa 150 bis 250 m. Die Fördergeschwindigkeit der Gummibänder beträgt etwa 2 m/sec.

Die Abförderung vom Abbau ist im Abschnitt E VIII behandelt.

Die Leistung eines Baues ist abhängig von der Länge des Abbaustoßes, der Flözmächtigkeit und dem täglichen Abbaufortschritt.

Bezeichnet:

m = Flözmächtigkeit in m,
l = Länge des Abbaustoßes in m,
b = täglicher Abbaufortschritt in m,
sp = spez. Gewicht der Kohle,
T = Tagesleistung des Abbaues in t Kohle,
K = Kohlenhauerleistung in t/Mann und Schicht,
Z_t = erforderliche Zahl der Kohlenhauer je Tag,
Z_s = erforderliche Zahl der Kohlenhauer je Schicht,
o = die einem Kohlenhauer zugeteilte Abbaustoßlänge,
S = Zahl der Kohlenförderschichten je Tag,

so wird:

$$T = m \cdot l \cdot b \cdot sp,$$

$$Z_t = \frac{T}{K} \quad \text{und} \quad Z_s = \frac{T}{K \cdot S},$$

$$o = \frac{l}{Z_s} = \frac{l \cdot K \cdot S}{T} = \frac{K \cdot S}{m \cdot b \cdot sp}.$$

Für ein Flöz von 1 m Mächtigkeit, gutem Hangenden und Liegenden, das eine Hauerleistung von rd. 10 t/Mann u. Schicht ermöglicht, würde ein Schüttelrutschenbetrieb von 250 m Stoßlänge etwa folgende Zahlen ergeben. Es seien:

$$m = 1,0 \, \text{m},$$

$$l = 250,0 \, \text{m},$$

$$b = 1,50,$$

$$sp = 1,25,$$

$$K = 10,0 \, \text{t},$$

so werden:

$$T = 1 \cdot 250 \cdot 1,50 \cdot 1,25 = 468,75 \cong 470 \, \text{t Kohle},$$

$$Z_t = \frac{470}{10} = 47 \, \text{Kohlenhauer},$$

$$o = \frac{250}{47} = 5,3 \, \text{m}.$$

Nimmt man an, daß der Anteil der Kohlenhauer an der Abbaubelegschaft rd. 43%, der Bergeversatzmannschaften rd. 30% und der Sonstigen 27% beträgt, so ergibt sich die folgende Belegschaft im Abbau:

$$
\begin{array}{ll}
47 \text{ Kohlenhauer} \dots\dots\dots &= 43\% \\
33 \text{ Bergeversatzmannschaften} &= 30\% \\
\underline{29 \text{ Sonstige} \dots\dots\dots} &= 27\% \\
109 \text{ Mann.}
\end{array}
$$

Hierzu würden noch rd. 18 Mann für den Vortrieb der Kohlenabfuhr- und Bergezufuhrstrecke und der Bedarf an Reparaturhauern kommen.

Neben den Langstoßbauen mit mechanisierter Abbauförderung treten Streb- und Stoßbau bei flachgelagerten Flözen mehr und mehr an Bedeutung zurück. Zwar hat der Strebbau sowohl mit breitem Blick als auch mit abgesetzten Stößen gegenüber dem Langstoßbau den Vorteil größerer Betriebselastizität auch bei frontaler Gewinnung der Kohle, weil die einzelnen Strebstöße voneinander unabhängig sind, da sie durch die Strebstrecken unmittelbare Förderverbindung zum Bremsberg haben. Jedoch erfordert der größere Streckenbedarf einschließlich Bremsberg mehr Herstellungs- und Unterhaltungskosten, sowie der dezentralisierte Förderbetrieb mehr Bedienung. Diesen Mehrkosten stehen in der Hauptsache nur die Mehrkosten für Betrieb, Verlegung und Unterhaltung der Abbaufördereinrichtung beim Langstoßbau gegenüber. Immerhin gestattet der Strebbau noch die Anlage eines einigermaßen geschlossenen Abbaubetriebes. Bei abgesetzten Stößen werden die Strecken in flach gelagerten Flözen meist in der Mitte des Strebstoßes angeordnet, so daß über diesen Strecken ein vergleichsweise gesundes Hangendes ansteht.

Der Stoßbau bedingt eine noch weiter gehende Dezentralisierung des Betriebes, weil hierbei die einzelnen Abbaubetriebe nicht in einer zusammenhängenden Folge angeordnet werden können wie die Stöße beim Strebbau. Die einzelnen Betriebe sind stärker zerstreut, so daß der Streckenbedarf noch größer und die Förderung noch umständlicher als beim Strebbau wird. Der Stoßbau wird in der Regel nur bei sehr gebrächem Gebirge angewandt. Bei seiner Anwendung ist jedoch zu beachten, daß die Zerrüttung des Hangenden am Abbaustoß durch nahes Beihalten des Versatzes und durch beschleunigten Abbau in vielen Fällen so eingeschränkt werden kann, daß der Langstoßbau günstiger als der Stoßbau wirkt.

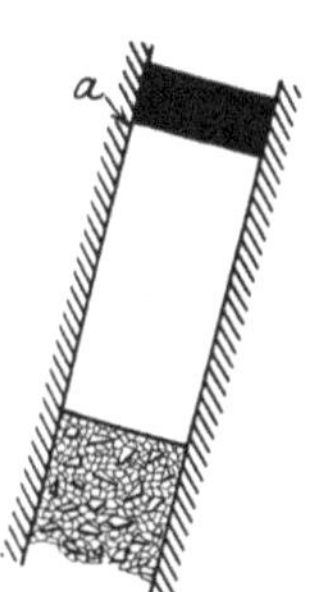

Abb. 65. Kohlengewinnung bei steiler Lagerung mit nach aufwärts gerichtetem Verhieb.

c) Abbauorganisation bei steiler Lagerung.

Erst in neuerer Zeit sind Abbaumethoden[1] ausgearbeitet worden, die die Bearbeitung eines hohen Abbaustoßes in seiner ganzen Länge unter tunlichster Vermeidung der Stein- und Kohlenfallgefahr ermöglichen sollen. Diese Gefahren sind für die Ausgestaltung des Gewinnungsvorganges bei steiler Lagerung besonders ausschlaggebend. Neben der durch die Steilheit der Lagerung verstärkten Absturzgefahr entstehen erhebliche Gefahren dann, wenn die Gewinnung der Kohlen aufwärts erfolgen soll, oder wenn bei absatzweisem, streichendem Verhieb eine mehr oder weniger große Kohlenstoßfläche oberhalb des arbeitenden Hauers nicht oder nicht endgültig verbaut ist. Bricht der Kohlenstoß aus oder brechen Steinblöcke (bei a in Abb. 65) aus dem Hangenden herein, so ist namentlich die Gefahr schwerer Kopf- und Rumpfverletzungen sehr groß. Diese Er-

---

[1] Benthaus: Zusammenfassung der Abbaubetriebe in steil gelagerten Flözen. Glückauf 1927, S. 965.

fahrung hat mehr und mehr dazu geführt, bei steiler Lagerung einen diagonal abwärts geführten streifenweisen Verhieb anzuwenden. Bei dem in Abb. 66 dargestellten Verhieb kann der Abbauraum über dem arbeitenden Hauer stets verbaut sein, so daß er gegen Stein- und Kohlenfall von oben her gesichert ist. Brechen bei dem abwärts gerichteten Verhiebe Steine oder Kohlen aus den gerade in Angriff befindlichen und daher unverbauten Flächen aus, so können gegebenenfalls in der Regel nur leichtere Fußverletzungen erfolgen.

Das Verfahren hat den wesentlichen Nachteil, daß die tatsächlich zur Verfügung stehende Abbaustoßlänge b nur sehr gering sein kann, wenn die Breite des offen zu haltenden Abbaustoßes nicht gefahrdrohend werden soll, und daher in keinem angemessenen Verhältnis zur flachen Bauhöhe des Abbaues steht. Die Leistungen je Betriebspunkt sind gering, der Abbau ist dezentralisiert, so daß die spezifischen Streckenlängen und damit die Unterhaltungsarbeiten stark zunehmen. Ebenso wird die Bedienung umständlich, der Betrieb also teuer.

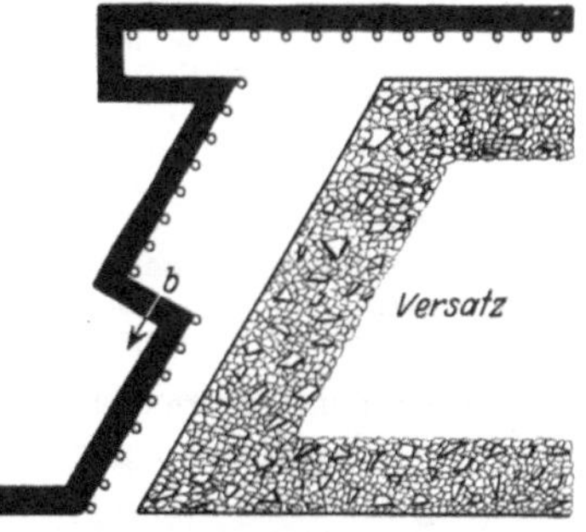

Abb. 66. Kohlengewinnung bei steiler Lagerung mit diagonal abwärts geführtem Verhieb.

Eine konzentrierte, „fließende" Gewinnung durch Abbaugroßmaschinen dürfte nur in günstigsten Fällen möglich sein. Sie wird im allgemeinen wegen der erhöhten Stein- und Kohlenfallgefahr deshalb ausgeschlossen sein, weil hier wesentlich größere, unverbaute Flächen offen stehen müssen als bei der Gewinnung von Hand oder mit Abbauhämmern. In der Regel wird nur die frontale Gewinnung unter Verwendung von Keilhauen, Abbauhämmern usw. anwendbar sein, bei der naturgemäß die aus den Erfahrungen sich ergebenden Folgerungen betrachtet werden müssen. Der Verhieb wird also meist streifenweise diagonal schräg abwärts erfolgen müssen, wobei die Versatzböschung entsprechend abgesetzt oder gerade durchgeführt werden kann.

Der Schrägbau ist grundsätzlich so durchzuführen, daß möglichst schmale, langgestreckte Abbauräume — wie etwa beim Langstoßbau — entstehen, um die Bruchgefahr zu vermeiden. Gleichzeitig entsteht bei steiler Lagerung, abgesetztem Stoß und streichendem bzw. diagonal abwärts geführtem Verhieb die Möglichkeit einer weitgehenden Sicherung der First- und Seitenstöße vor Ort durch Vortreibezimmerung, so daß die Stein- und Kohlenfallgefahr vermieden werden kann.

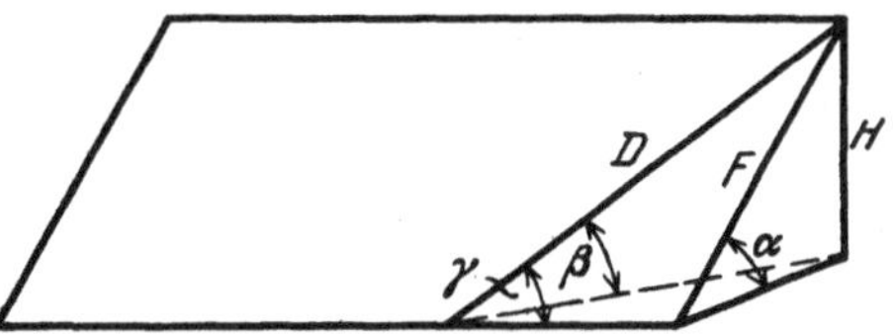

Abb. 67. Skizze zur Berechnung der Neigung der Diagonalen einer schiefen Ebene.

Gekennzeichnet ist der Schrägbau durch die diagonale Stellung des Abbauraumes mit im ganzen einander parallelem Verlauf von Kohlenstoß und Versatz. Die Versatzböschung muß entweder so flach liegen, daß die darauf fallenden Berge oder Kohlen liegen bleiben, also die unterhalb arbeitenden Hauer nicht gefährden, oder es müssen die einzelnen Angriffspunkte durch Schutzbühnen voneinander getrennt sein (Bühnenbau). Die Neigung der Diagonalen D einer schiefen Ebene ist bekanntlich bestimmt durch das Verhältnis $\sin \beta = \sin \alpha \cdot \sin \gamma$, wobei $\sphericalangle \alpha$ der Einfallswinkel der schiefen Ebene, $\sphericalangle \beta$ der Neigungswinkel der Diagonalen und $\sphericalangle \gamma$ der Winkel zwischen der Diagonalen und der Streichlinie der schiefen Ebene sind (Abb. 67).

Bei steilerem Einfallen ist die Tragfähigkeit des Versatzes in unmittelbarer Nähe des Kohlenstoßes nicht von der Bedeutung wie bei flachem Einfallen, da das Hangende nach unten vorwiegend Stützdruckkräfte aufzunehmen hat und

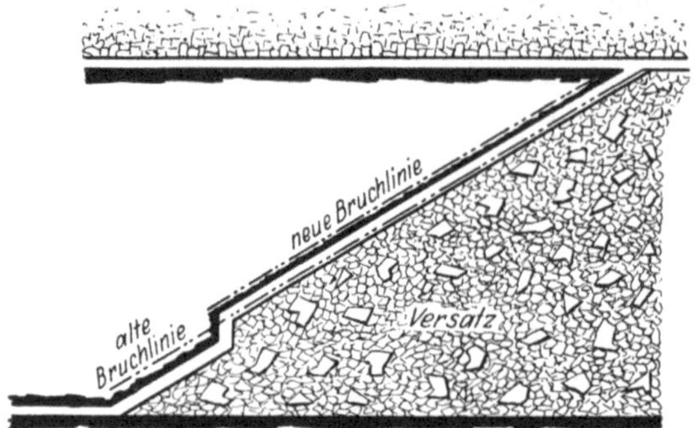

Abb. 68. Abreißen des Hangenden am Kohlenstoß bei steiler Lagerung und diagonalem Verhieb.

Biegungsbeanspruchungen am Unterstoße des Abbauhohlraumes stark zurücktreten. Infolgedessen erübrigt sich hier die Verwendung von Bergemauern oder Holzkasten zur Abstützung des Hangenden. Folgt die Versatzböschung der natürlichen Schüttungsböschung, so ist das Einbringen des Versatzes sehr bequem. Es genügt das Verkippen von der oberen Strecke her.

Dagegen treten am diagonalen Kohlenstoß im Hangenden starke Zugbeanspruchungen auf, denen das Gestein bekanntlich nur sehr geringen Widerstand entgegensetzen kann (rd. 1/80 bis 1/60 der Druckfestigkeit). Das Hangende reißt daher sehr häufig an der Linie eines längere Zeit unverändert stehen bleibenden Kohlenstoßes durch (s. Abb. 68). Diese Gefahr wird bei eng belegtem Kohlenstoß und möglichst frontal vorgetragener Gewinnung noch am besten bekämpft (Abb. 69). Aus den vorstehenden Überlegungen ergibt sich, daß die etwa vorhandene Stein- und Kohlenfallgefahr durch

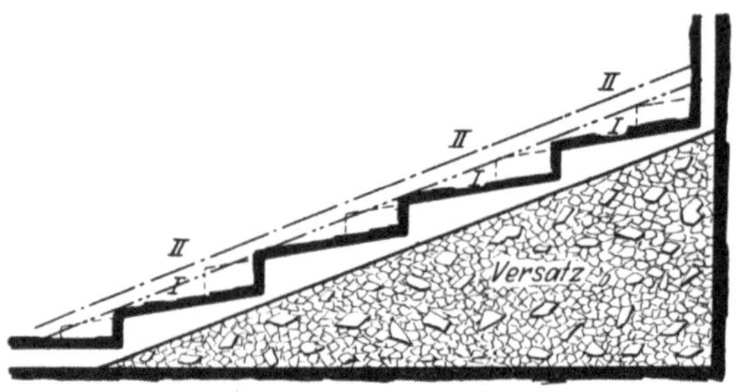

Abb. 69. Vermeidung des Abreißens des Hangenden am Kohlenstoß bei steiler Lagerung durch eng belegte, abgesetzte Kohlenstöße und frontale, streifenweise Gewinnung.

streifenweisen Verhieb und die Durchbruchsgefahr des Hangenden durch Anordnung der Verhiebe in kurz hintereinander folgenden Absätzen zu bekämpfen ist.

Die ungünstigen Zugwirkungen sind bei sehr flach gestelltem Kohlenstoß bzw. Abbauraum bekanntlich am stärksten. Allerdings sind die unteren Arbeitspunkte,

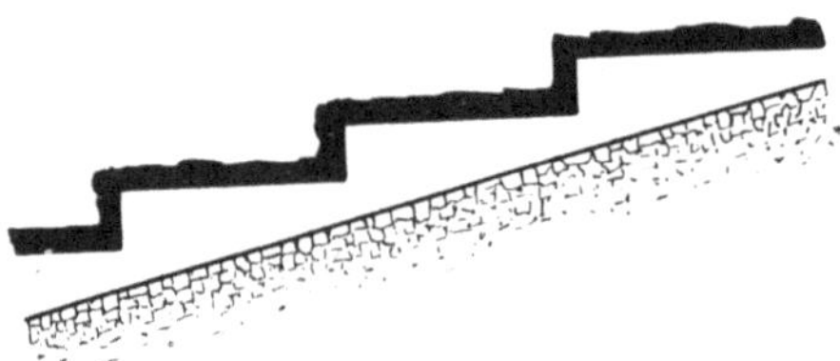

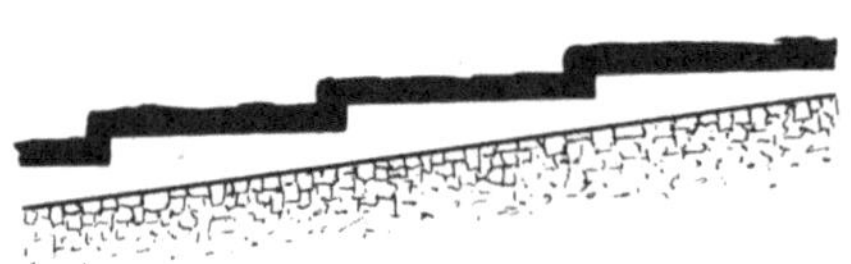

Abb. 70. Schüttelrutschenbau in steilen Flözen, Neigung 1:4.

Abb. 71. Schüttelrutschenbau in steilen Flözen, Neigung 1:8.

wie bereits erwähnt, durch Stein- und Kohlenfall der oberen Arbeitspunkte nicht bedroht. Die Abförderung der Kohlen und die Bergezufuhr muß durch Schüttelrutschen oder Transportbänder erfolgen, wenn die Neigung der Versatzböschung etwa 25° nicht übersteigt. Eine solche Bauweise dürfte jedoch nur bei gutem Hangenden und sehr fester Kohle durchführbar sein. Sie würde eine kräftige Gefügelockerung der Kohle am Kohlenstoß herbeiführen (Abb. 70 und 71).

Soll bei absatzweisem Verhieb die Versatzböschung gradlinig gehalten werden, so müssen die einzelnen Verhiebstreifen mehr oder weniger spitzwinklig zur Versatzböschung verlaufen. Die Breite des Abbauraumes unterliegt also beständigen Schwankungen (Abb. 72), die bei sehr gebrächem Hangenden gegebenenfalls zu Schwierigkeiten führen kann, besonders wenn die einzelnen Absätze vergleichsweise lang und breit sind. Die gerade Versatzböschung verursacht beim Einbringen des Versatzes keine Schwierigkeiten, weshalb man sie in normalen Fällen beibehalten wird.

Bei sehr gebrächem Hangenden kann man mit abgesetzter Versatzböschung vorgehen (Abb. 73), wodurch der Abbauraum an allen Stellen möglichst schmal gehalten werden kann. Bringt man den Versatz an den einzelnen Absätzen in Streifen von je einem Feld horizontaler Breite ein, so braucht der Absatz im Versatz nie mehr als vier Feld hinter dem zugehörigen Kohlenangriffspunkt zurückbleiben (Angriffspunkt *III* in Abb. 73a). Die freigelegte Fläche beträgt am Angriffspunkt nie mehr als 4×4 Feld und kann bei ungünstigerem Hangenden durch Herabsetzung der Breite (flachen Höhe) der einzelnen Absätze um ein Feld bis auf 3×4 Feld verringert werden.

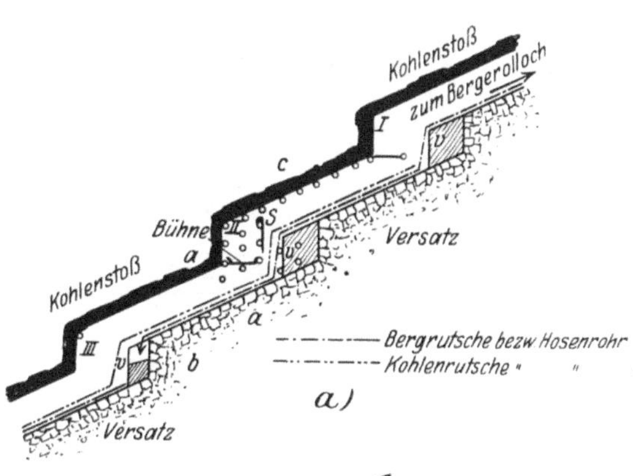

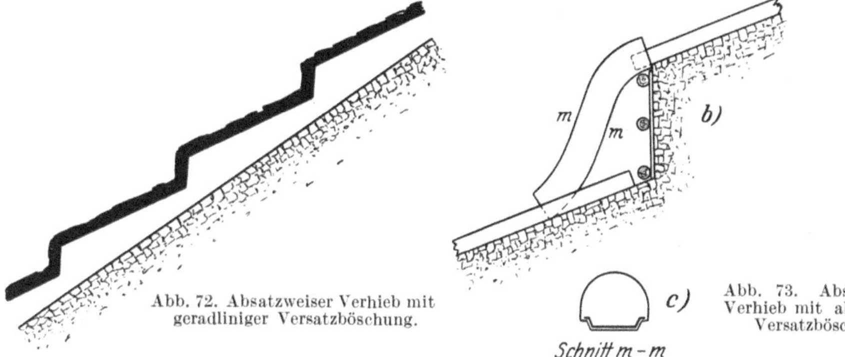

Abb. 72. Absatzweiser Verhieb mit geradliniger Versatzböschung.

Abb. 73. Absatzweiser Verhieb mit abgesetzter Versatzböschung.

Der Kohlenhauer steht zweckmäßig auf einer Bühne und hängt evtl. hinter sich ein Schutzbrett *S* an den Ausbau (Angriffspunkt *II* in Abb. 73a), um Schutz gegen die etwa von den oberen Angriffspunkten herabspringenden Steine und Kohlen zu erhalten. Für die Förderung (Kohlenabfuhr bzw. Bergezufuhr) werden zur Überbrückung der Absätze zweckmäßig Hosenrohre (*m* in Abb. 73b u. c) verwandt, die die Verbindung zwischen den einzelnen Rutschen herstellen. Es liegt in der Natur dieses Betriebes, daß sich für ihn festliegende Rutschen am besten eignen.

Will man die bei flacher Neigung des Abbauraumes besonders stark auftretende Gefügelockerung des Kohlenstoßes und des Hangenden am Kohlenstoß mildern, so muß der Stoß steiler gestellt werden. Zum Schutz der unteren Betriebspunkte gegen Stein- und Kohlenfall von den oberen Betriebspunkten muß der Bühnenbau angewandt werden, der auf den Zechen Hannibal und Hannover vorbildlich entwickelt wurde[1]. Bei dieser Abbaumethode wird über jedem Stoßabschnitt, der einem Hauer zugeteilt ist, eine etwa rechtwinklig zum Kohlenstoß angeordnete Schutzbühne angebracht (Abb. 74 u. 75). Sie führt zu der über der Versatzböschung liegenden, aus Bohlen dachziegelartig zusammen-

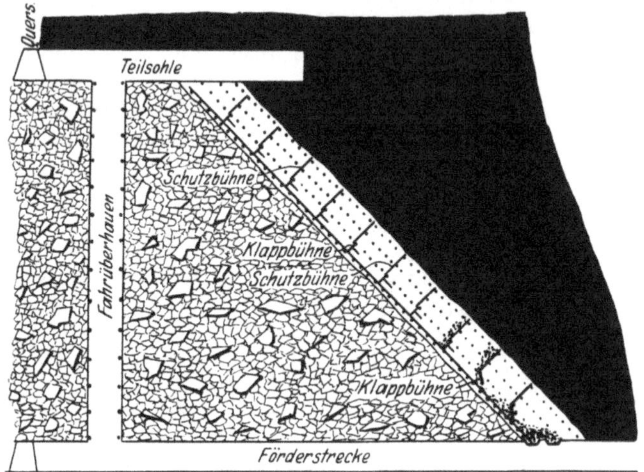

Abb. 74. Bühnenbau mit geradem Stoß (durchgeführte Abbaufront von 90 m Länge, flache Bauhöhe 75 m); nach Benthaus.

gesetzten Kohlenrutsche und ist hier am unteren Teile mit einer Klappe (Klappenbühne) versehen, durch die bei Bedarf die Kohlen nach unten abgelassen werden können. Der einzelne Hauer arbeitet oberhalb der von ihm instand zu haltenden

Abb. 75. Bühnenbau.

Schutzbühne und wird durch die Bühne des oberhalb von ihm arbeitenden Hauers geschützt. Er hat also nur seine eigene Arbeitsstelle zu beobachten. Das oberste Feld eines jeden Stoßabschnittes muß gut verbaut sein, um ein Ausbrechen dieses Stoßes zu verhüten, besonders wenn der unterste Teil des nächsthöheren Stoßabschnittes in Angriff genommen wird.

---

[1] Benthaus: a. a. O.

Die Kohlen gelangen unten in Vorratsbunker, aus denen sie in Förderwagen oder auf Transportbänder abgezogen werden können.

Der Bühnenbau kann sowohl mit abgesetzten Stößen (Abb. 76) als auch mit geradem Stoß (Abb. 74) geführt werden, da der Stoß steil genug gestellt werden kann, um übermäßige Gefügelockerungen zu vermeiden. Bei diagonal abfallendem Verhieb der einzelnen Streifen lassen sich durch Verwendung schwerer Abbauhämmer erhebliche Leistungen erzielen.

Der Ausbau erfolgt zweckmäßig in der in Abb. 77 dargestellten Weise. Bei Bedarf ist natürlich das Liegende ebenfalls entsprechend zu sichern. Die rechtwinklig zum Kohlenstoß angeordneten Unterzüge werden mitunter verblattet, damit der Verband der im freien Abbauraume befindlichen Unterzüge (Kappen) mit den im Versatz steckenden gewahrt bleibt. Auf diese Weise ist

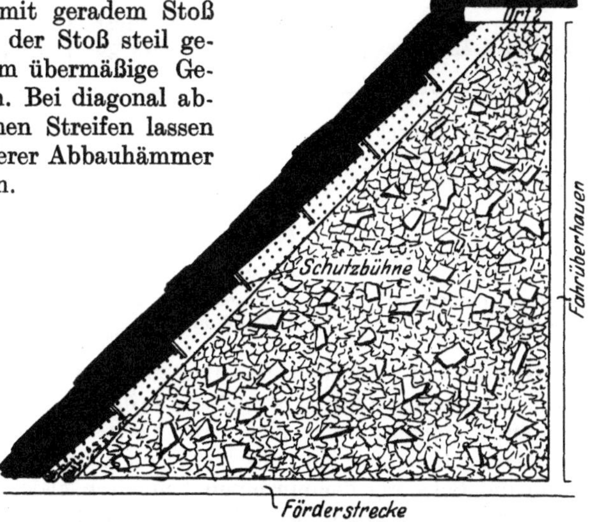

Abb. 76. Bühnenbau mit abgesetzten Stößen (Einfallen = 78°); nach Benthaus.

es mitunter möglich, bei günstigem Hangenden einen Teil der Stempel in dem Maße wieder zu gewinnen, wie der Versatz hochwächst, soweit es sich um einen Abbau mit gerader Versatzböschung handelt.

Der Bühnenbau zeichnet sich bei Anwendung von über der Versatzböschung eingebauten Kohlenrutschen durch die Möglichkeit günstiger einfacher Organisation aus. Auch bei frontaler Gewinnung kann in gleicher Schicht Kohlengewinnung einschließlich Ausbau und Versatz durchgeführt werden. Da das Umlegen der Schutzbühnen und Kohlenrutschen einfach und schnell vor sich gehen kann, müssen auch hierfür keine besonderen Schichten angesetzt werden. Es ergeben sich hieraus für den Bühnenbau in Flözen ohne Bergemittel auch bei frontaler Gewinnung hinsichtlich der Organisation alle die Vorzüge, die beim Langstoßbau in sehr flachen Flözen nach Meyer durch die „fließende"

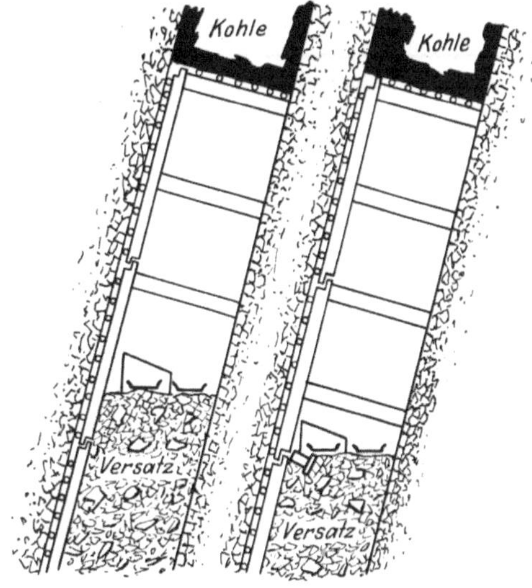

Abb. 77. Ausbau vor Ort in steiler Lagerung.

Gewinnung erreicht werden können. Infolge dieser Vorzüge läßt sich die Organisation des Betriebes auch weitgehend den örtlichen Verhältnissen anpassen. Dies zeigt das nachstehende Organisationsschema eines Bühnenbaues, der auf einem steil gelagerten, etwa 1,20 m mächtigen Flöz mit starkem Bergemittel durchgeführt wurde (Tabelle 41).

Tabelle 41. Organisationsschema eines Bühnenbaubetriebes in einem durch ein Bergemittel verunreinigten Flöze.

Schicht			Schichtleistung		Belegung				Leistung
Morgen	Mittag	Nacht	Gewonn. Kohlenwagen	Zugef. Bergewagen	Morgen	Mittag	Nacht	i. Sa. Tag	je Mann u. Schicht t
1. Tag: Oberbank hereingewinnen	Bergemittel abdecken u. versetzen	—	95 Wagen Oberbankkohle	—	14 Hauer 2 Lehrhauer	8 Mann	—	24	3,86
2. Tag: Unterbank hereingewinnen u. verbauen	fehlenden Bergeversatz einbringen	—	65 Wagen Unterbankkohle	70 Wagen Berge					

Nur die Notwendigkeit, das Bergemittel vor der Hereingewinnung der Unterbank abzudecken und zu versetzen, bringt hier eine verschiedene Belegung der einzelnen Schichten mit sich. Am zweiten Tage könnte der fehlende Bergeversatz auch in der Morgenschicht mit eingebracht werden. In reinen Flözen kann die Belegung der einzelnen Schichten gleichmäßig erfolgen. So betrug in einem Schrägbau mit 46 m flacher Bauhöhe (Einfallen $\sim$ 50°) die Gesamtbelegung 18 Mann je Tag, die rd. 85 t Kohlen täglich bei einem Abbaufortschritt von 1 m leistete. Es waren beschäftigt (Tabelle 42):

Tabelle 42. Belegschaftsverteilung in einem Bühnenbaubetrieb bei reinem Flöz.

	Schicht		
	Morgen	Mittag	Nacht
Hauer am Kohlenstoß	3	3	2
Lehrhauer	1	1	—
Bergetransport und Versatz . .	2	2	—
Rutschen umlegen und decken .	—	—	1
Vortrieb des oberen Ortes . . .	1	1	1

Der Bergetransport und Versatz erfolgt in der Morgen- und Mittagschicht gleichzeitig mit der Kohlengewinnung. Zum Umlegen der Rutschen genügt eine Arbeitsschicht.

Die älteren Abbaumethoden haben gegenüber dem Schrägbau dieselben Nachteile wie bei flacher Lagerung gegenüber dem Langstoßbau. Hierzu kommt noch als wesentlicher Nachteil die Tatsache, daß an den unter dem festen Kohlenstoß entlang geführten Strecken das Hangende infolge der Zerrungswirkungen meist stark zerrissen wird (Abb. 78), so daß diese Strecken stark unter Druck leiden und der in Mitleidenschaft gezogene Teil des Kohlenstoßes bei seiner späteren Gewinnung große Stein- und Kohlenfallgefahren mit sich bringt. Das gilt sowohl für den Stoßbau als auch für den Strebbau, falls die einzelnen Strebstöße in größeren Abständen (15 bis 20 m und darüber) aufeinanderfolgen.

Der in günstigen Gebirgsverhältnissen mitunter angewandte Abbau mit stoßartigem, schwebendem Verhieb hat den Nachteil der starken Betriebsdezentralisation, da der in Angriff stehende Abbaustoß im Vergleich zur flachen Bauhöhe stets nur eine geringe Länge haben darf, wenn die Gefügelockerung des eigentlichen Abbaustoßes nicht gefahrdrohend werden soll (Abb. 79).

d) Die Vorteile der neueren Abbauverfahren.

Gegen den Abbau mit stark belegten, langen Arbeitsstößen sowohl bei flacher als auch bei steiler Lagerung wird häufig der Einwand erhoben, daß eine größere Betriebsstörung sogleich einen erheblichen Förderausfall zur Folge hat. Dem kann entgegengehalten werden, daß bei guter Instandhaltung der Grubenbaue und Betriebseinrichtungen, insbesondere der Motore, sowie bei rechtzeitiger Nachführung eines dichten Versatzes, also bei Einhaltung schmaler Abbauhohlräume, verbunden mit sorgfältigem Ausbau größere Störungen nur selten auftreten.

Dies zeigt sich auch in der Verminderung der Unfälle durch Stein- und Kohlenfall. So entfielen auf drei westfälischen Schachtanlagen auf einen Verletzten[1] (siehe Tabelle 43).

Infolge der strafferen Arbeitsorganisation, die jedem Manne eine bestimmte Arbeit zuweist, für die er verantwortlich ist, und infolge

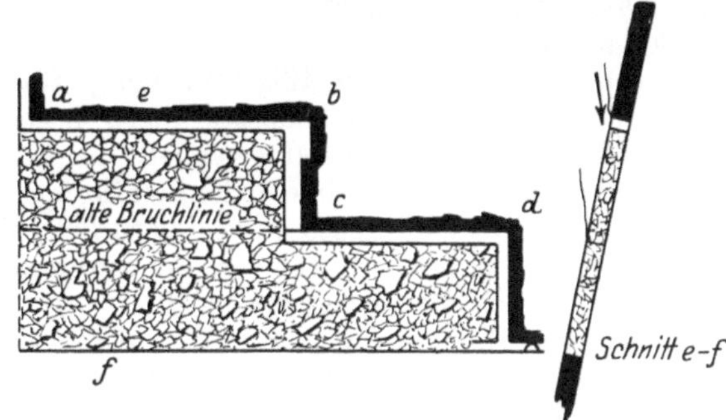

Abb. 78. Ungünstige Gebirgsdruckwirkungen bei den älteren Abbaumethoden mit stark abgesetzten Stößen (Stoßbau, Strebbau) in steilen Flözen.

der durch die Betriebskonzentration ermöglichten intensiveren Aufsicht werden die Arbeiten sorgfältiger und zweckmäßiger ausgeführt, wodurch die Betriebssicherheit steigt.

Eine intensivere Aufsicht ist die unbedingte Voraussetzung für den möglichst störungsfreien, guten Betriebsverlauf bei Abbauen mit langen, stark belegten Abbaustößen. Es ist deshalb stets zweckmäßig, einen größeren Schüttelrutschen- oder Schrägbau als selbständiges Steigerrevier zu behandeln und in jedem Falle dafür zu sorgen, daß solche Abbaue ständig unter Aufsicht bleiben.

Ein weiterer, wichtiger Vorzug des konzentrierten Abbaubetriebes besteht in

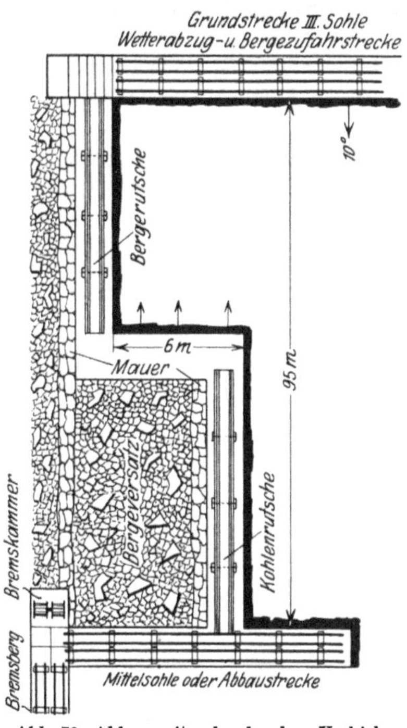

Abb. 79. Abbau mit schwebendem Verhieb.

Tabelle 43. Verminderung der Unfälle nach Einführung des Schrägfrontbaues gegenüber dem Strebbau.

Im Jahre	Schrägfrontbau (Abbaustöße von 80 bis 100 m flacher Höhe) t	Strebbau (Abbaustöße von 25 m flacher Höhe) t
1926	7000	3500
1927	6580	3890
1928	7103	4324

der Möglichkeit, Spezialarbeiter, wie Rohrschlosser, Monteure usw. dauernd in erreichbarer Nähe evtl. auch als Rutschenmeister oder in ähnlichen Stellungen

---

[1] Nach Mitteilung von Herrn Bergassessor Dr. Benthaus, Bochum; auch nach Hochstrate: Abbaufördereinrichtungen auf den staatlichen Steinkohlenbergwerken bei Saarbrücken. Z. Berg-, Hütten-, Sal.-Wes. 1911, S. 405, ist die Zahl der schweren Unglücke durch Stein- und Kohlenfall nach Einführung des Schüttelrutschenabbaues in Saarbrücken erheblich zurückgegangen.

zu beschäftigen. Dasselbe gilt gegebenenfalls bei Schießbetrieb für den Schießmeister. Es können dadurch die mehr oder weniger großen Zeitverluste, die bei zerstreuten Einzelbetrieben für die einzelnen Kameradschaften durch das Warten auf diese Spezialarbeiter in der Regel entstehen, wesentlich eingeschränkt werden.

Immerhin wird es zweckmäßig sein, einige Reservebetriebe bereit zu halten, um den Folgen größerer Betriebsstörungen begegnen zu können. Solche Reservebetriebe sind hervorragend geeignet, die Förderung in Zeiten steigenden Absatzes schnell zu steigern, ohne in der Zeit ihrer Stillegung zuviel Unterhaltungskosten zu erfordern. Vorausgesetzt wird natürlich, daß der offen bleibende Abbauraum höchstens 2 m breit ist, gut verbaut wird und am Versatzstoß durch Bergemauern oder Holzkasten gesichert wird.

In Abschnitt E I b wurde bereits darauf hingewiesen, daß durch Einführung eines Langstoßbaues mit Schüttelrutschen der Bedarf eines Baufeldes an Grubenbauen bei gleicher Förderleistung von 2000 m Bremsberg und 13000 m Abbaustrecken auf 75 m Stapelschacht und 2000 m Abbaustrecken eingeschränkt werden konnte.

Auf einer rheinischen Steinkohlenzeche betrug nach deren Angaben bei einer Tagesförderung von ~ 5000 t der Bedarf an Strecken etwa 125 km bei 304 Betriebspunkten einschließlich Gesteinsbetriebe. Durch weitgehende Einführung des Schüttelrutschenbaues gelang es bei einer Tagesförderung von 4500 t im Jahre 1925 den Streckenbedarf auf 75 km und die Zahl der Betriebspunkte auf 165 herabzusetzen. Man beabsichtigte bei einer Tagesförderung von ~ 5000 t etwa 70% der Förderung aus hohen Schüttelrutschenstößen zu gewinnen. Der Rest sollte auf die infolge der gestörten Flözverhältnisse umfangreiche Aus- und Vorrichtung und auf die Abbaue in gestörter Lagerung entfallen. Auch bei steiler Lagerung läßt sich durch Einführung des stark belegten Schrägbaues eine Verminderung der Zahl der Betriebspunkte erzielen. So sank die Zahl der Betriebspunkte auf drei Zechen einer größeren Bergwerksgesellschaft in 9 Monaten

Tabelle 44. Anlage- und Betriebskosten für die maschinellen Einrichtungen eines dezentralisierten und eines konzentrierten Steinkohlenbetriebes.

	Dezentralisierte Betriebsorganisation mit 18 bis 20 Betriebspunkten zu je 300 Wagen Kohle täglich		Konzentrierte Betriebsorganisation mit 9 bis 10 Betriebspunkten zu je 600 Wagen Kohle täglich	
	reiner Preßluftbetrieb	gemischter elektrischer und Preßluftbetrieb	reiner Preßluftbetrieb	gemischter elektrischer und Preßluftbetrieb
Anlagekosten:				
Arbeits- und Gewinnungsmaschinen.	450000	950000	290000	600000
Leitungsnetz	370000	410000	280000	220000
Druckluft- bzw. Stromerzeugungsanlagen	960000	436000	960000	436000
Gesamtanlagekosten	1780000	1796000	1530000	1256000
Betriebskosten:				
Jährliche Energiekosten:				
Druckluft	470000	140000	470000	140000
Elektrizität	—	50000	—	50000
Tilgung, Verzinsung, Ersatzteile ~ 22%	400000	400000	338000	275000
Jährliche Betriebskosten	870000	590000	808000	465000

nach Einführung des Schrägbaues auf Zeche C von 114 auf 61, auf Zeche H von 104 auf 82 und auf Zeche A von 54 auf 45.

Diese Verminderung des Grubengebäudes bedeutet natürlich eine Verminderung der Streckenunterhaltungskosten sowie eine Vereinfachung des Gewinnungs- und Förderbetriebes, sowie der Wetterführung. Bohnhoff[1] gibt die Anlage- und Betriebskosten für die maschinellen Einrichtungen eines dezentralisierten bzw. konzentrierten Steinkohlenbetriebes an (Tabelle 44).

Außerdem ist hiermit eine wesentliche Verminderung des Bedienungspersonals für die Fördereinrichtungen, an Reparaturhauern usw. verbunden. Die Leute können nutzbringender zur Steigerung der Förderung herangezogen werden. Die wesentliche Bedeutung des Abbaues mit langen, stark belegten Abbaustößen liegt also nicht allein in der besseren Leistung des einzelnen Abbaubetriebes, sondern auch darüber hinaus in der wesentlich besseren Gestaltung des gesamten unterirdischen Grubenbetriebes.

IV. Die Gewinnbarkeit.
a) Einteilung der Gewinnungsarbeiten.

Die Gewinnbarkeit der anstehenden Massen wird bestimmt:

1. unmittelbar durch deren Beschaffenheit, wie z. B. Härte, Festigkeit, Elastizität,

2. mittelbar durch die Einflüsse des Gebirgsdruckes, die Art der Gewinnungsarbeiten, die Mächtigkeit der Lagerstätten bzw. Abmessung der Abbauhohlräume, das Einfallen usw.

Die Gewinnungsarbeiten lassen sich unterteilen in:

1. vorbereitende Arbeiten, wie Schrämarbeit, Meißnersches Stoßtränkverfahren, Feuersetzen[2] usw.,

2. eigentliche Gewinnungsarbeiten wie

a) Wegfüllarbeit bei rolligem und lockerem Gebirge,

b) Hackarbeit mit der Keilhaue, dem Abbauhammer usw.,

c) Hereintreibearbeit zum Teil z. B. mit den hydraulischen Keilen, der Sprengpumpe usw.,

d) Sprengarbeit,

e) Feuersetzen,

3. Nacharbeiten, wie Hereintreibe- und Beräumungsarbeit, Wegfüllarbeit hereingewonnener fester Massen.

Die Gewinnbarkeit ist von ausschlaggebender Bedeutung für die Leistungsfähigkeit der Belegschaft. Ihre richtige Beurteilung ist daher nicht nur für die Stellung der Gedinge, sondern auch für die zweckmäßige Ausgestaltung der Abbaubetriebe von größter Wichtigkeit. Leider wird die Beurteilung durch das Zusammenwirken der verschiedensten mittelbaren Einflüsse mit den unmittelbaren Eigenschaften der Gewinnbarkeit in der Praxis außerordentlich erschwert. Um Grundlagen für eine vergleichende Beurteilung der Gewinnbarkeit zu erhalten, müssen die mittelbaren Einflüsse zunächst ausgeschaltet werden. Eine völlige Ausschaltung ist schon deshalb nicht möglich, weil die verschiedenen Arten der Gewinnung je nach der Beschaffenheit des Gesteins keine miteinander vergleichbare Ergebnisse erzielen lassen. Es ist daher notwendig, entweder nur die Ergebnisse der Hackarbeit miteinander zu vergleichen oder die der Schießarbeit usw.

---

[1] Bohnhoff: Die Bedeutung der fortschreitenden Mechanisierung und Konzentration der Betriebe für die untertägige Elektrifizierung der Steinkohlenbergwerke. Elektr. i. Bergbau 1928, S. 20.

[2] Stočes: Anwendung der Feuermethode im modernen Bergbau. Zürich: Speidel & Wurzel 1927.

b) Die die Gewinnung beeinflussenden Faktoren.

1. Hackarbeit.

Die Hackarbeit kann in weichem bis mittelfestem Gestein als die zweckmäßigste Gewinnungsarbeit für die vergleichende Bestimmung der Gewinnbarkeit angesehen werden, da diese oder doch ähnliche Arbeitsmethoden (Abbauhämmer) hier besonders viel angewandt werden.

Die besonders bei der Hackarbeit erzielbaren Leistungen haben zu einer groben Einteilung der Festigkeitsgrade der Gesteine in rolliges, zähes, gebräches, festes und sehr festes Gestein geführt, die aber keine zahlenmäßig erfaßbaren Bewertungen der Gewinnbarkeit sind.

Gold[1] hat im mitteldeutschen und im nordwestböhmischen Braunkohlenrevier die Hackzeiten je Tonne Kohlen festgestellt, die beim Auffahren von Strecken von 1,8 bis 2 m Höhe und 1,5 m mittlerer Breite im ungestörten Gebirge außerhalb der Abbaudruckwirkung erforderlich waren. Für den Vergleich ist es notwendig, daß dieselben Streckenquerschnitte beibehalten werden, weil

Tabelle 45. Hackzeit je t Kohlen in sec im Streckenbetrieb im
ungestörten Gebirge außerhalb der Abbaudruckwirkungen.

Gewinn-barkeits-klasse	Streckenabmessung		Revier
	1,8 bis 2 m Höhe 1,5 m mittl. Breite	1,8 bis 2 m Höhe 2 m mittl. Breite	
	Hackzeit in sec		
I	bis 700	bis rd. 550	mitteldt.
II	700—1400	600—1150	Revier
III	1400—2100	1250—1750	Lausitz
IV	2100—2800	1900—2400	
V	2800—3500		
VI	3500—4200		
VII	4200—4900		
VIII	4900—5600		Böhmen
IX	5600—6300		
X	6300—7000		
XI	7000—7700		
XII	7700—8400		

die Hackleistungen unter sonst gleichen Verhältnissen in breiteren Strecken steigen.

Die Hackzeiten sind zu einer Einteilung der Kohlen nach ihrer Gewinnbarkeit benutzt worden, wobei die einzelnen Gewinnbarkeitsklassen je ein Intervall von 700 sec Hackzeit umfassen.

Die böhmischen Braunkohlen gehören vorwiegend den Klassen V bis VIII an. Es kommen aber auch Hackzeiten bis zu 9000 sec vor. Wichtig ist die Tatsache, daß die Hackzeit in breiteren Strecken infolge Abnahme der Gebirgsspannung fühlbar fällt.

Schultze[2] stellte im Meuselwitzer Revier folgende Hackzeiten für Streckenbetriebe und für den Schurrenbetrieb eines Tagebaues fest:

1. Streckenbetrieb:
   rollige Kohle, leicht spaltbar und trocken . . je $t \sim 270$ sec
   etwas festere, trockene, erdige Kohle . . . . . ,, $t \sim 320$—530 sec
   feste Bankkohle . . . . ,, $t \sim 770$ sec
2. erdige Tagebaukohle aus der Schurre . . . . ,, t bis 330 sec

---

[1] Gold: Rationelle Betriebsführung im Braunkohlentiefbau. Diss. Freiberg 1928.
[2] Schultze: Beiträge zum Prämien- und Gedingewesen im Braunkohlenbergbau. Diss. Freiberg 1926.

Bei den Leistungen im Streckenbetriebe ist zu beachten, daß es sich um Strecken von mehr als 1,5 m mittlerer Breite handelt und der Abbaudruck nicht ganz ausgeschlossen ist.

Bei dem etwaigen Vergleich der Hackleistung mit der Leistung mechanischer Gewinnungsmaschinen muß beachtet werden, daß die Ermüdung der Hauer in harter, fester Kohle offenbar stärker zunimmt als in milderer Kohle. Dies zeigte sich bei der Untersuchung der mittleren Zeiten für das Wegfüllen der hereingewonnenen Massen durch den Hauer selbst.

Die Versuche wurden unter gleichen Bedingungen der Schaufelarbeit (Schippsohle, Schaufelart, Wagenhöhe und Wagenentfernung) durchgeführt. Sie zeigen

Tabelle 46. Zunahme der Ermüdung der Hauer durch die Hackarbeit in festerer Kohle gemessen an der längeren Schaufelzeit je t Kohle.

		Arbeitsleistung des Hauers	
Nr.		Hackzeit je t in sec	Schaufelarbeit je t in sec
1	Böhmische Braunkohlen . .	6000	700
2	Lausitzer ,, . .	2100	630
3	,, ,, . .	930	580

deutlich den Zusammenhang der Ermüdung und der Hackarbeit in mehr oder weniger festem Gestein. Die Versuche unter 2 und 3 wurden in derselben Grube von der gleichen Belegschaft vor (2) und nach (3) Einführung der Schießarbeit durchgeführt. Durch die Schießarbeit wurde die Kohle in der Hauptsache nur angeschreckt und mußte mit der Keilhaue hereingewonnen werden.

Bei der mechanisierten Hereingewinnung (Abbauhämmer) wird das Moment der Ermüdung vielleicht etwas zurücktreten, so daß die Zunahme der Hereingewinnungszeiten gegenüber Klasse I bei den härteren Klassen (X bis XII) verhältnismäßig geringer sein wird als bei den mittelsten Klassen (III bis V).

Die vorliegenden Ausführungen lassen erkennen, daß man durch die Hackarbeit einen Wertmesser für die Gewinnbarkeit der anstehenden Gebirgsmassen erhalten kann, der allerdings nur für die Gewinnung durch Hackarbeit und ähnliche Arbeitsmethoden gilt. Deutlich ist eine Verschiebung der Leistung mit der Veränderung der Angriffsflächen zu erkennen. Naturgemäß setzen die Versuche die Auswahl gleich kräftiger und geschickter Arbeiter voraus, falls es nicht gelingen sollte, stets dieselben Arbeiter zu den Versuchen heranzuziehen.

2. Schießarbeit.

Für andere Gewinnungsmethoden gelten dieselben Richtlinien. Eine Klassifizierung der Gesteine nach ihrer Gewinnbarkeit durch Schießarbeit kann sich immer nur auf eine bestimmte Bohrmaschine und auf einen bestimmten Sprengstoff beziehen und setzt ebenfalls die Ausschaltung der Mitwirkung von Nebeneinflüssen (Gebirgs- und Abbaudruck usw.) voraus. Außerdem ist die beabsichtigte Sprengwirkung ausschlaggebend. Es ist ein wesentlicher Unterschied, ob die Massen nur gelockert, oder ob sie aus dem Verband herausgelöst und mehr oder weniger kräftig abgeschleudert werden sollen. Im ersten Falle ist der Sprengstoffverbrauch sowie der Anfall von Grus (Feinkohle usw.) und Staub wesentlich geringer.

Die Leistung der Bohrmaschinen wird beeinflußt durch die Bohrgeschwindigkeit und durch die für Zu- und Abrüstung erforderliche Zeit. Die Bohrgeschwindigkeit einer Maschine ist innerhalb der für Sprengbohrlöcher üblichen Tiefen von der Gesteinsfestigkeit und dem Bohrlochsdurchmesser abhängig. Von einer gewissen Tiefe an zeigt sich eine mit zunehmender Tiefe abnehmende Bohrgeschwindigkeit. Bezeichnen:

F = Querschnitt des Bohrloches in cm²,
V = Bohrfortschritt in cm je min reiner Bohrzeit,
A = anteilige Kosten für den Betrieb und Unterhaltung der Bohrmaschine einschließlich Abschreibung und Bedienungslohn,
L = die spezifische Leistungsziffer der Maschine,
K = die spezifische Kostenziffer derselben,

so sind:

$$L = F \cdot V \quad \text{und} \quad K = \frac{A}{V \cdot F}.$$

Der Einfluß der für das Aufstellen und Wegnehmen der Bohrmaschine erforderlichen Zeit auf die gesamte Bohrzeit wird dadurch wesentlich beeinflußt, daß einerseits die Aufstellungszeit je nach den örtlichen Verhältnissen sehr verschieden sein kann, und daß je nach den örtlichen Verhältnissen von einer Maschinenaufstellung aus eine verschiedene Anzahl von Sprengbohrlöchern mit verschiedener Tiefe hergestellt werden kann.

Will man möglichst weitgehend vergleichsfähige Zahlen für den Einfluß der Zu- und Abrüstzeit zu den sonstigen Eigenschaften der Maschine erhalten, so ist es zweckmäßig, die in einer Strecke normaler Höhe entstehende Zu- und Abrüstzeit mit der Bohrzeit dieser Maschine für 1 m Bohrloch von 40 mm $\varnothing$ in Quarz zu vergleichen. Es kann natürlich auch ein anderes Vergleichssystem gewählt werden. Den Einfluß von Bohrgeschwindigkeit, Zu- und Abrüstzeit und der Möglichkeit des Abbohrens mehrerer Bohrlöcher von einer Aufstellung aus zeigen die nachstehend wiedergegebenen Ergebnisse von Zeitmessungen, die in einem Kalisalzbergwerk durchgeführt wurden. In einer Steinsalzfirst wurde mit einer elektrischen Bohrmaschine der Siemens-Schuckertwerke aus dem Jahre 1921 im Durchschnitt von 2 Wochen eine Bohrleistung von 515 mm/min reiner Bohrzeit und von 217 mm/min gesamter Bohrzeit erzielt. Es verhielten sich $\frac{\text{reine Bohrzeit}}{\text{gesamte Bohrzeit}} = \frac{1}{2{,}37}$. Von einer Aufstellung aus konnte meist nur je 1 Bohrloch abgebohrt werden. Beim Kali-Einbruchschießen erzielte man eine Bohrleistung von 950 mm/min reiner Bohrzeit bzw. 528 mm/min gesamter Bohrzeit. Es verhielten sich also $\frac{\text{reine Bohrzeit}}{\text{gesamte Bohrzeit}} = \frac{1}{1{,}8}$. Die mittlere Bohrlochtiefe war nicht angegeben. Es ist wohl anzunehmen, daß die Firstenbohrlöcher tiefer waren. Trotz der größeren Bohrlochlänge und trotz der geringeren Bohrgeschwindigkeit, die in der Steinsalzfirst eine relative Verlängerung der reinen Bohrzeit bedingen, ist diese relativ kleiner als im Kalisalzeinbruch, weil hier von einer Maschinenaufstellung aus mehrere Bohrlöcher abgebohrt werden können und die Zu- und Abrüstzeiten im einzelnen Falle kürzer sind.

In der nachstehenden Tabelle ist der Bedarf an Sprengstoffen und Bohrlochlängen je m³ anstehendes Gestein bei verschiedenen Grubenbauen und verschiedener Gebirgsbeschaffenheit wiedergegeben (Tabelle 47).

Wie besonders aus Spalte 17 und 18 ersichtlich ist, schwankt der Sprengstoffverbrauch je nach den Verhältnissen in sehr weiten Grenzen.

Die Verwendung von Sprengstoffen ist in Steinkohlenflözen vielfach verboten. Hier kann gegebenenfalls das Schießen mit flüssiger Kohlensäure von Bedeutung werden. Die mit Kohlensäure gefüllten und durch Stahlplättchen verschlossenen Gebrauchsbomben werden durch Heizelemente der Zündpatrone zur Wirkung gebracht. Die Wirkung ist mehr abschiebend, weniger werfend, so daß der Stück-

anfall groß ist und die Massen nicht fortgeschleudert werden. Das Verfahren ist
sehr schlagwettersicher, aber umständlich und daher wahrscheinlich meist zu teuer.

Bekannt ist die Tatsache, daß die Wirkung der Schüsse in geringmächtigen
Flözen vergleichsweise gering ist. Recht deutlich ist die Einwirkung der Querschnittsverhältnisse bei der Schießarbeit im Kali- und Steinsalzbergbau. Bei der
Herstellung des meist etwa 2 m hohen „Einbruches" werden je Meter Bohrlochlänge nur Bruchteile der Mengen hereingewonnen, die beim Nachdrücken der
Firste je Meter Bohrloch bei gleichem Sprengstoffverbrauch hereingewonnen
werden. Da das Salzgebirge sich in dem Winkel zwischen Firste und Stößen in
größerer Spannung befindet als in der Mitte der First, so haben die „Stoßschüsse"
auch eine geringere Wirkung als die Firstenschüsse, so daß von der Breite und
Länge der Hohlräume die Gewinnbarkeit des Salzgebirges bei Anwendung der
Schießarbeit stark beeinflußt wird, eine Tatsache, die vielfach zur rechnerischen
Ermittlung der Gedinge benutzt worden ist.

Die zuletzt erwähnten Schwankungen der Schießleistung sind auf die mittelbaren Einflüsse von Nebenwirkungen zurückzuführen, die mit der Beschaffenheit
des Gebirges selbst nicht zusammenhängen und im vorliegenden Falle nur durch
die Abmessungen des Hohlraumes herbeigeführt wurden, da Abbaudruckwirkungen bei dem im Salzbergbau üblichen Kammerbau normalerweise nicht in
Frage kommen.

Diese Nebenwirkungen beeinflussen die verschiedenen Gewinnungsmethoden
in durchaus verschiedenartiger Weise. Darauf ist es wohl zurückzuführen, daß
nach den Ergebnissen eingehender Versuche im Zwickauer Steinkohlenrevier
trotz der ohne Zweifel hohen Abbauhammerleistungen in mächtigen Flözen bei
Anwendung der leicht handlichen elektrischen oder Druckluft-Drehbohrmaschinen die Schießarbeit in bezug auf Leistung und Wirtschaftlichkeit überlegen
war. Bei Mächtigkeit unter ~ 2 m war die Gewinnung mit Hilfe von Abbauhämmern leistungsfähiger und wirtschaftlicher.

3. Der Zusammenhang zwischen Gewinnbarkeit und Abmessungen der Abbauhohlräume.

Der Zusammenhang zwischen der Gewinnbarkeit der Massen und den Abmessungen der Abbauhohlräume besteht offenbar auch in Abbauen, bei denen
das Hangende herabgesenkt wird, bei denen also Abbaudruckwirkungen neben
den sonstigen Wirkungen eine erhebliche mittelbare Rolle spielen. Dies zeigte
sich aus den Betriebsergebnissen einer westdeutschen Steinkohlenzeche. Auf
dieser Zeche wurden u. a. Fettkohlenflöze abgebaut, deren Mächtigkeiten im
einzelnen zwischen rd. 0,5 bis 1,5 m betrugen. In den flach liegenden Fettkohlenflözen wurde durchweg Schüttelrutschenabbau getrieben, der in reinen
Flözen in gleicher Art, mit gleichen Gewinnungsmaschinen usw. durchgeführt
wurde. Hatten die Flöze bei reiner Kohle gutes Hangendes und Liegendes, so
waren die Betriebsverhältnisse der Abbaue bis auf die etwa abweichende Flözmächtigkeit dieselben. In allen hier in Frage kommenden Flözen — namentlich
den Flözen A, C und D (Abb. 80) — betrug der Anteil der Kohlenhauer zur Gesamtbelegschaft des Schüttelrutschenbetriebes, unbekümmert um die Flözmächtigkeit zwischen 42 bis 44%, im Mittel etwa 43%. Der Versatz wurde von
Hand eingebracht. Den Flözen von mehr als 0,5 m Mächtigkeit wurden fremde
Berge zugeführt. In dem Flöz D von 0,5 m Mächtigkeit wurden Berge durch
Blindortbetriebe gewonnen. Der Anteil an Bergeversatzpersonal blieb in beiden
Fällen gleich, da den Schießhauern der Blindortbetriebe die Mannschaften zur
Bergeanfuhr und zum Bergekippen gegenüberstanden. Die nachstehend angegebenen Leistungen je Schicht und Mann der Gesamtbelegschaft eines Schüttel-

Tabelle 47. Bedarf an Sprengstoffen und Bohrlochlängen je m³ anstehendes Gestein bei verschiedenen Grubenbauen und verschiedener Gebirgsbeschaffenheit.

	Art des Grubenbaues	Querschnitt m²	Bohrlochlänge in m	Sprengstoff Art	Bedarf in Schiefer kg	Bedarf in Sandstein kg	Bemerkungen
1	Einspuriger Querschlag	4	—	gelatinöser Wettersprengstoff	1,3—1,6	2,0—2,2	Steinkohlengebirge
2	Einspuriger Querschlag	4	—	Ammonsalpeter-Wettersprengstoff	1,8	2,1	
3	Einspuriger Querschlag	4	—	Dynamit	1,8	2,26	
4	Zweispuriger Querschlag	6—7,5	—	gelatinöser Wettersprengstoff	1,3—1,6	1,6—2,3	
5	Zweispuriger Querschlag	6—7,5	—	Dynamit	1,3	—	
6	Zweispuriger Querschlag	6—7,5	—	Ammongelatine I.	—	1,7	
7	Dreispuriger Querschlag	mehr als 8	—	gelatinöser Wettersprengstoff	1,3—1,62	1,6	
8	Dreispuriger Querschlag	mehr als 8	—	Dynamit	1,02—1,3	1,32—1,6	
9	Einspuriger Querschlag	4,4	4	Dynamit	1,82	2,27	
10	Eineinhalbspuriger Querschlag	5,98	4,2—4,6	Dynamit	1,51	1,84	
11	Zweispuriger Querschlag	6,71	4 —4,4	Dynamit	1,49	1,79	
12	Zweispurige Richtstrecke	6,71	4 —4,4	Dynamit	1,64	1,93	
13	Zweispuriger Querschlag	6,75	—	Dynamit	2,34		harter Sandstein
14	Einspuriger Querschlag	4	—	Dynamit	1,78		Schieferton u. Sandschiefer
15	Einspuriger Querschlag	4	4,3	Dynamit	1,62		Schieferton
16	Dreispuriger Querschlag	11,5—9,4	3—3,8	Dynamit 5.	0,843—1,160		Tonschiefer mit Einlagerung von Konglomeraten u. Sandsteinbänken
17	Querschlag	11,25	—	gelatinöser Wettersprengstoff	0,45		Schiefer, ungewöhnlich günstige Verhältnisse
18	Querschlag	11	—	Dynamit	4,35		Sandstein, sehr ungünstige Verhältnisse
19	Nachreißen des Nebengesteins (Bahnbruch)	—	—	gelatinöser Wettersprengstoff	(0,1)—0,2	0,35—(0,7)	
20	Kohlengewinnung	—	—	gelatinöser Wettersprengstoff	0,02—0,03		zum Abdrücken geschrämter Kohle
21	Kohlengewinnung	—	—	gelatinöser Wettersprengstoff	0,25		feste, verspannte Kohle
22	Streckenvortrieb	10	—	Chloratit III	4,8		anhydritische Salze
23	Abbau (Firste)	—	—	Chloratit III	0,5—1,22		Kalisalze[1]
24	Streckenvortrieb	3	6	Dynamit	2,60		Grauwacke

25	Streckenvortrieb	6	4,2	Dynamit.	1,80		Grauwacke
26	Blindschacht.	12,6	~ 2,8	Dynamit.	0,841		Rotliegendes, Schieferton
27	Blindschacht.	12,6	~ 2,5	Nobelit A	1,073		Sandiger Schiefer mit Kohlen-schmitzen
28	Blindschacht.	10	3,2—3,6	Dynamit.	1,1	1,3	
29	Doppeltrümiger Aufbruch . . .	7,68	3,5—3,8	Dynamit.	1,43	1,68	
30	Doppeltrümiges Gesenk . . .	7,68	3,7—4	Dynamit.	1,56	1,82	Steinkohlengebirge
31	Eintrümiger Aufbruch	5,5	4	Dynamit.	1,82	2,18	
32	Schachtabteufen	8 m ∅	—	Dynamit.	0,767		Mergel
33	Schachtabteufen	8 m ∅	—	Dynamit.	0,68		Sandstein und Schiefer
34	Schachtabteufen	6 m ∅	1,5	Ammongelatine.	0,648		Kalkstein und Buntsandstein
35	Schachtabteufen	6 m ∅	2	Dynamit I	0,545		Schieferton und Sandstein
36	Schachtabteufen	6 m ∅	1,7	Wetterlignosit B . . .	0,333		Kohle
37	Schachtabteufen	6,5 m ∅	—	gelatinöser Wettersprengstoff .	1,5		Sandstein und Schiefer
38	Schachtabteufen	4,5 m ∅	—	gelatinöser Wettersprengstoff .	1,6		Sandstein und Schiefer
39	Stollenbau	2,9-3,5 m²	—	Dynamit.	3—4,75		Gneis
40	Stollenbau	3	—	Ammongelatine.	1,5—2,16		Triaskalk
41	Stollenbau	3,4	—	Dynamit, Ammongelatine . . .	5,54		Gneisgranit, mit wenig Glimmer
42	Stollenbau	3,5	—	Ammongelatine.	3,42		Dolomit
43	Stollenbau	3,8	—	Ammongelatine.	1,70		Tonschiefer und Grauwacke
44	Stollenbau	3,6—4	—	Dynamit.	1,25		Dolomitischer Kalk

[1] Bei 9,6 m² Streckenquerschnitt beträgt der Sprengstoffverbrauch (Chloratit III): Im Hartsalz 1,8 bis 2 kg/m³, im Steinsalz 1,65 bis 2 kg/m³, im Carnallit 1,1 bis 1,16 kg/m³. Bei der Steinsalzgewinnung beträgt der Sprengstoffverbrauch (Chloratit III): Flache Firste 0,4 kg/m³, hohe Firste 0,25 kg/m³.

rutschenbetriebes — außer den Betrieben der beiden Sohlenstrecken — wurden von der Zechenverwaltung ermittelt. Die Umrechnung auf die Kohlenhauerleistung und die graphische Darstellung der Leistungen erfolgte später. Es ergaben sich die folgenden Beziehungen[1] (s. Tabelle 48).

Die Leistungen in den Flözen mit gutem Hangenden und Liegenden liegen, wie Abb. 80 zeigt, auf einer geraden Linie, die der allgemeinen Gleichung

$$k = a + b \cdot m$$

entspricht, wobei

k = Leistung je Mann und Schicht,
a = ein konstanter Summand,
b = ein konstanter Faktor,
m = Flözmächtigkeit in m

sind. Die Kohlenhauerleistung entspricht im vorliegenden Beispiel für Fettkohle beim Schüttelrutschenbetrieb, Handversatz und Wagenförderung bis zum Abbau etwa der Gleichung

$$k = 1 + 9,5 \cdot m.$$

Die Leistung nimmt sonach bei gutem Nebengestein, reiner Kohle und gleichen Abbaumethoden gradlinig mit der Flözmächtigkeit zu.

Da die Ergebnisse auf einer Zeche gewonnen wurden, ist wohl die Vermutung berechtigt, daß die organisatorischen Bedingungen des Betriebes in allen Fällen

[1] S. auch Stegemann: Die Bauwürdigkeit der Steinkohlenflöze. Glückauf 1929, S. 38. Stegemann führt hier wörtlich aus: Die Leistungen verhalten sich also etwa wie die Mächtigkeiten, die Gewinnungskosten umgekehrt.

Tabelle 48. Leistungen im Schüttelrutschenbetriebe je Mann und Schicht bei verschiedenen Flözmächtigkeiten.

Flöz	Beschaffenheit des		Berge-mittel	Flöz-mächtigkeit	Leistungen im Schüttelrutschenbetriebe je Mann und Schicht	
	Hangenden	Liegenden		m	der Gesamt-belegschaft t	der Kohlen-hauer t
A	gut	gut	fehlt	1,10—1,5	∼ 5,0	11,5—12,0
B	mäßig	,,	,,	0,85	∼ 3,5	8,1— 8,5
C	gut	,,	,,	0,75	∼ 3,5	8,1— 8,5
D	,,	,,	,,	0,50	∼ 2,5	5,8— 6,0
E	,,	schlecht quellend	,,	0,70	∼ 2,4	∼5,5

grundsätzlich dieselben waren und ebenso die Beurteilung der Gebirgsverhältnisse nach denselben Vergleichsmaßstäben erfolgte. Für diese Zeche bedeuten die auf der Linie liegenden Leistungen die bei der gegebenen Arbeits- und Betriebsorganisation erreichbaren maximalen Leistungen. Für die Beurteilung ungünstiger Gebirgsverhältnisse können diese Zahlen von erheblicher Bedeutung werden.

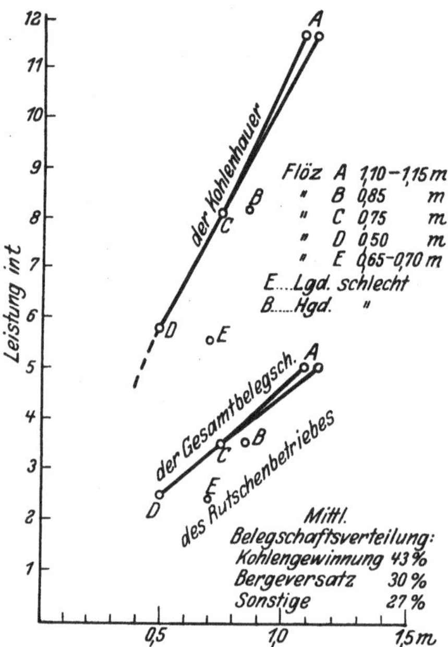

Abb. 80. Leistungen im Schüttelrutschenbetriebe je Mann und Schicht in Abhängigkeit von der Flözmächtigkeit.

Natürlich haben die obigen Zahlen keinen Anspruch auf allgemeine Gültigkeit, da die Leistungen durch die Art der Gewinnungsmethoden, durch die mehr oder weniger gute Ausnützung des Gebirgsdruckes, durch die Organisation des Betriebes usw. stark beeinflußt werden können. So war beispielsweise ein Zusammenhang von Flözmächtigkeit und Leistung bei verschiedenen Werken einer größeren Gesellschaft nicht mehr erkennbar. Allerdings fehlten auch die Angaben über die Beschaffenheit von Flöz und Nebengestein. Die grundsätzliche Bedeutung dieser Feststellung bleibt jedoch bei Einhaltung der vorgesehenen Bedingungen — gleiche Betriebsorganisation im weitesten Sinne des Wortes — anscheinend auf alle Fälle bestehen mit der Einschränkung, daß die gradlinige Abhängigkeit der Leistung von der Flözmächtigkeit nur so lange zutreffen kann, als noch einigermaßen gleichbleibende Betriebsbedingungen möglich sind. Sinkt z. B. die Flözmächtigkeit unter 0,4 m, so muß die Leistung vergleichsweise stärker abfallen, weil die Hauer Nebengestein mitnehmen müssen, um Platz für ihre Arbeit zu schaffen. Ebenso steigen die Schwierigkeiten im Steinkohlenbergbau bei Flözmächtigkeiten von mehr als 1,5 bis 2 m stärker an durch die schnell wachsende Umständlichkeit des Ausbaues und Versatzes sowie durch den sehr stark zunehmenden Abbaudruck.

Ähnlich liegen die Verhältnisse im Braunkohlenbergbau. So wurde im mitteldeutschen Braunkohlenbergbau festgestellt, daß die Leistungen im Braunkohlenbruchbau bei einer Bauhöhe von 2 m ebenso hoch oder auch etwas höher als bei einer Bauhöhe von rd. 2,5 m sind. Die Leistung steigt dann bis etwa 4 m Bauhöhe stark an, um bei Bauhöhen von mehr als 5 m wieder zu fallen. Die Gründe sind darin zu suchen, daß der Hauer bei einer Bauhöhe von 2,5 m den Streckenausbau des vom Bruch überdeckten Streckenteiles durch den längeren Stempelausbau ersetzen muß, ohne über den Strecken nennenswerte Kohlenmengen zu erhalten, die dem Arbeitsaufwand entsprechen. Das tritt erst bei größeren Bauhöhen ein. In Brüchen von mehr als 4 m Bauhöhe wird der Ausbau schwierig und wirkt leistungsmindernd.

4. Die Einwirkung des Gebirgsdruckes (Abbaudruckes) auf die Gewinnbarkeit.

Bekannt ist die Mitwirkung des Gebirgsdruckes (Abbaudruckes) auf die Gewinnbarkeit. Im Zusammenhange hiermit sind Gestalt, Abmessung und Lage der Abbaufront sowie Richtung des Abbaufortschrittes von erheblicher Bedeutung.

Das infolge des Abbaues herabsinkende Hangende biegt sich infolge seiner Festigkeit nicht nur um die vordere Abbaukante herum, sondern preßt das Flöz auf eine mehr oder weniger große Tiefe zusammen. Ist das Flöz einigermaßen fest und ist die Druckwirkung nicht zu weit über den Abbaustoß hinweggeschritten, so entstehen im Flöz parallel zum Abbaustoß Druckspalten, deren Neigung um so steiler wird, je härter und fester das unmittelbare Hangende ist, je geringer also die Durchbiegung desselben und je stärker der Druck ist. Jedoch wird die Neigung der Druckspalten auch wesentlich durch die Festigkeit des Flözes bedingt. Je härter und spröder das Flöz und das Hangende sind, um so stärker paßt sich die Neigung der Druckschlechten (Druckschieferung) den Druckrichtungen an. Bei stark elastischem

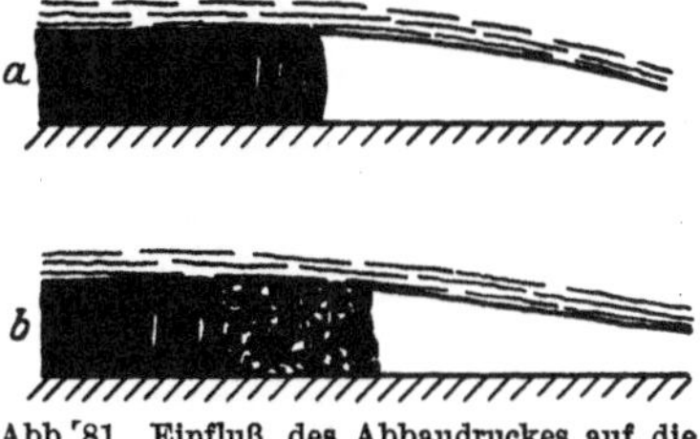

Abb. 81. Einfluß des Abbaudruckes auf die Gewinnbarkeit.

Flözmaterial (Kohle) treten vorwiegend Druckspalten auf, die etwa senkrecht zur Flözebene stehen.

Die durch den Druck abgelösten Schalen werden infolge der über den Abbaustoß hinausgreifenden Senkung des Hangenden (Abb. 81 a) angedrückt, geraten dadurch in Spannung, so daß ihre Gewinnung erleichtert wird. Wirkt jedoch der Druck zu weit über die Abbaukanten hinweg und führt er gleichzeitig zu einer überstarken Senkung des Hangenden an der Abbaukante (Abb. 81 b), so werden die vorderen Schalen zerdrückt und ineinander gepreßt. Elastisches, sehr festes Material wird dadurch schwer gewinnbar (pelzig). Sprödes Material neigt zum Auslaufen. Neben der Beschaffenheit des Flözmaterials ist die Flözmächtigkeit von Einfluß auf die etwaige Neigung zum Auslaufen.

Treten in einem an sich für die Druckwirkungen günstigen, also festen Flöz weiche, plastische Bergemittel oder Liegend- bzw. Hangendpacken auf, so werden diese weichen Massen durch den Hangenddruck am Abbaustoße herausgequetscht. Solange noch weiche Einlagen vorhanden sind, ist gegebenenfalls Schrämarbeit anzuwenden[1]. Haben die Bergemittel etwa dieselbe Druckfestigkeit wie das eigentliche Flöz, so sind sie der Entstehung einer die Gewinnung erleichternden Druckschieferung günstig.

Sehr deutlich ist der Zusammenhang von Druck und Gewinnbarkeit im

---

[1] Langecker: Die Nutzbarmachung des Gebirgsdruckes für die Kohlengewinnung. Glückauf 1928, S. 1412.

Mansfelder Kupferschieferbergbau zu erkennen. Gillitzer[1] berichtet, daß bei geringem „Anhydritdruck" die Neigung der Druckschlechten flach ist und mit zunehmendem Druck steigt. Das Einfallen der Druckschlechten ist immer gegen den Abbaustoß gerichtet. Bei flacher Neigung der Schlechten, etwa 25 bis 30⁰, hat man Strebhackarbeit mit Schinderdach (Abb. 82,*1*), bei 45⁰ Neigung eine Strebhackarbeit mit Schrämen, aber Hereinschießen der Unter- und Oberberge (Abb. 82,*2*), bei etwa 60⁰ Neigung eine Strebhackarbeit mit Schrämen und Hereinschlagen der Unterberge, aber Hereinschießen der Oberberge (Abb. 82,*3*). Endlich hat man bei etwa 90⁰ Neigung der Schlechten eine Strebhackarbeit mit Klopfebergen (Abb. 82,*4*).

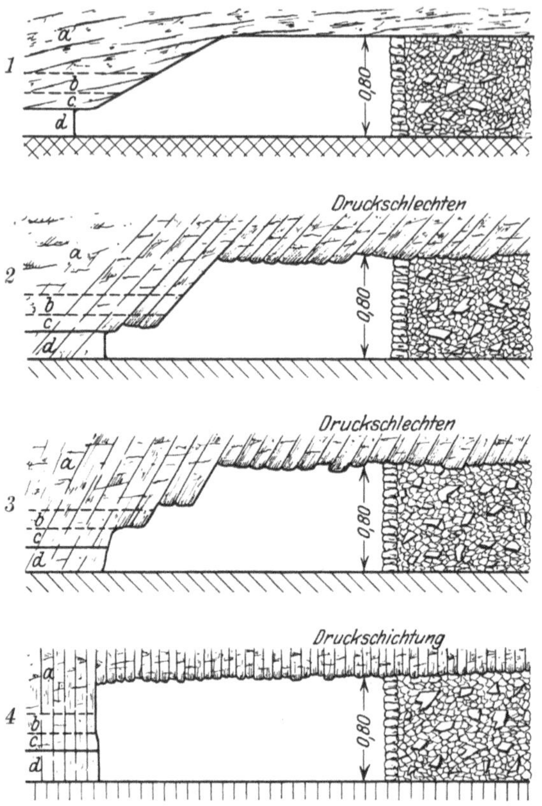

Bei dem hier in Frage kommenden harten, wenig elastischen Gestein handelt es sich um eine ausgesprochene Druckschieferung. Von Interesse ist die Beobachtung, daß sich die harten Schieferplatten des oberen Flözteiles unter der Wirkung des Druckes in die darunter liegende grobe und feine Lette mitunter einpressen und hier zu wulstartigen Gebilden, den „Druckriegeln" Veranlassung geben.

In Flözen von mittlerem und steilerem Einfallen wird bei schwebendem Verhieb der Stoß nicht nur gedrückt, sondern — größere streichende Stoßlänge vorausgesetzt — durch die Zerrbewegung des Hangenden vom anstehenden Flözteil abgezogen, sofern das Hangende genügende Schmiegsamkeit hat (Steinkohlengebirge, besonders Ton- und Sandschiefer). Dadurch wird die Gewinnung fester Kohle in der Regel wesentlich erleichtert, andererseits das Auslaufen lockerer Kohle befördert. Bei abfallendem Verhieb wirkt die Bewegung des Hangenden entgegengesetzt. Er eignet sich daher meist nur für milde, zum Auslaufen neigende Kohle und wird bei geringem Einfallen angewandt. Für den streichenden Verhieb gelten im allgemeinen dieselben Verhältnisse wie für den Verhieb bei söhliger Lagerung, da die Scherwirkungen auch bei langen Abbaustößen meist noch unbedeutend sind. Bei steiler Lagerung nimmt natürlich die Druckwirkung des Hangenden etwas ab, so daß es zweckmäßig werden kann, durch entsprechende Schrägstellung des

Abb. 82. Die Druckprofile des Mansfelder Kupferschieferbergbaues (nach Gillitzer).

1 Strebhackarbeit mit Schinderdach, *2* Strebhackarbeit, Schrämen, aber Hereinschießen der Unter- und Oberberge, *3* Strebhackarbeit, Schrämen und Hereinschlagen der Unterberge, Oberberge müssen hereingeschossen werden, *4* Strebhackarbeit mit Klopfebergen.
a Fäule, *b* Dachklotz, *c* schwarze und graue Berge, *d* Flöz.

---

[1] Gillitzer: Das Wesen des Gebirgsdruckes. Glückauf 1928, S. 977.

Abbaustoßes Zerrungswirkungen mit zur Erleichterung der Gewinnung heranzuziehen. Übermäßige Scher- und namentlich Zerrwirkungen erhöhen die Steinfallgefahr.

In sehr hartem Gebirge begünstigen auch bei geringem Einfallen die Zerrwirkungen des Hangenden die Gewinnbarkeit nur wenig, wie die Erfahrungen im Mansfelder Bergbau zeigen, weil ein solches Gebirge am oberen Stoße eines größeren Baufeldes zu leicht abreißt. Der abwärts gerichtete (fallende) Verhieb hat sich infolgedessen hier als der günstigste gezeigt.

Da die Absenkung des Hangenden (z. B. im Steinkohlengebirge) von den Formänderungswiderständen und der Biegungsbeanspruchung bestimmt wird, so kann sie für einen gegebenen Fall als konstant angenommen werden. Die Druckwirkung auf die Abbaukante schreitet mit dieser Geschwindigkeit in der Richtung zum unverhauenen Flözteil vor, so daß der Abbau mit derselben Geschwindigkeit voranschreiten muß, wenn am Abbaustoß derselbe Druckzustand erhalten bleiben soll. Bleibt der Abbaustoß stehen, so schreitet die Druckwirkung mit abnehmender Geschwindigkeit in das Flöz vor, um in einer gewissen Entfernung hinter dem Abbau völlig zur Ruhe zu kommen. Daraus ist der Schluß zu ziehen, daß bei langsamerem Abbau auch der Druck entsprechend langsamer vorschreitet, aber um so tiefer in das Flöz eingreift. Die Druckwirkung nach Abb. 81a erzielt man sonach nur bei entsprechend schnellem Verhieb, während sich der Fall nach Abb. 81b bei langsamem Abbau oder bei ruhendem Stoß ergibt.

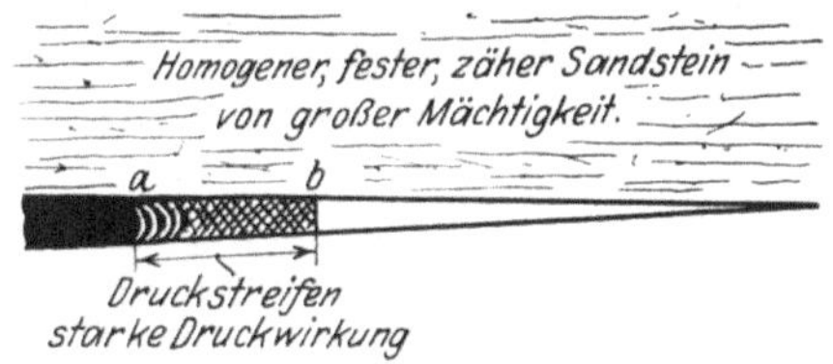

Abb. 83. Druckwirkung bei mächtigem Sandsteinhangenden.

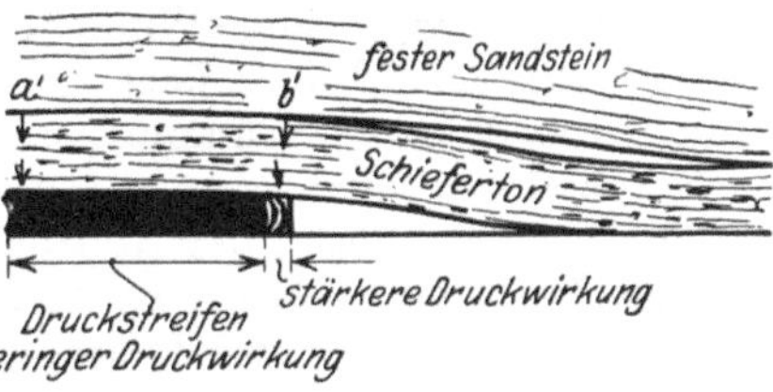

Abb. 84. Druckwirkung bei Zwischenlagerung von Schieferton zwischen Kohle und mächtigem Sandsteinhangenden.

Ebenso ist auch die Beschaffenheit der unteren Schichten des Hangenden für die Art und Tiefenwirkung des Druckes von erheblicher Bedeutung. Besteht das unmittelbare Hangende aus einer sehr mächtigen, festen und massigen Sandsteinschicht, so wird sie sich infolge des großen Biegungswiderstandes langsam senken, so daß die darüber liegenden Schichten gleichzeitig mitkommen. Der Hangenddruck wird groß, greift infolge der geringen Durchbiegung weit in das Flöz über und wirkt vorwiegend senkrecht zur Flözebene (Abb. 83). Besteht dagegen das unmittelbare Hangende aus einem weichen, sehr biegsamen Schichtenkomplex, über dem erst die mächtige, feste Sandsteinbank folgt, so senkt sich der untere Teil des Hangenden schnell auf den Versatz. Der von diesem Teil auf die Abbaukante ausgeübte Druck ist gering, greift nicht weit über und ist von oben schräg gegen den Abbaustoß gerichtet. Gleichwohl kann bei mächtigeren Steinkohlenflözen durch Zerrungswirkungen oder gleichzeitiges plastisches Ausquetschen dieser Schichten eine schräg abwärts zum Abbau gerichtete Bewegung entstehen, die die Gewinnung erleichtert (Abb. 84). Der Druck der nachfolgenden Sandsteinbank greift auf der weichen Zwischenlage weiter über, verteilt sich also auf eine um so größere Flözfläche, je mächtiger das Zwischenmittel ist, und wird dadurch entsprechend unwirksamer.

Die Durchbiegung des Hangenden und damit die Druckwirkung halten möglichst gerade oder flach gebogene Linien ein, die sich den Ecken der Baufelder mit mehr oder weniger gekrümmten Bögen anschmiegen. Die hintere —

nicht ganz scharf zu bestimmende — Begrenzungslinie des Druckstreifens wird
Drucklinie genannt. Durch ihre Lage zum Abbaustoß wird die Tiefenwirkung
des Druckes gekennzeichnet. Sehr lehrreich ist die von Gillitzer[1] nach der
Natur aufgenommene Darstellung der Druckwirkung im Mansfelder Kupfer-
schieferflöz (Abb. 85). Da in sehr festen Gesteinen die Anschmiegung der Drucklinie besonders gering ist und das Fehlen des Druckes in Baufeldecken besonders
unangenehm wirkt, wendet man im Mansfelder Bergbau vorwiegend runde
Abbaulinien an. Bei großen Abbauflächen läßt man zur Druckmilderung in den

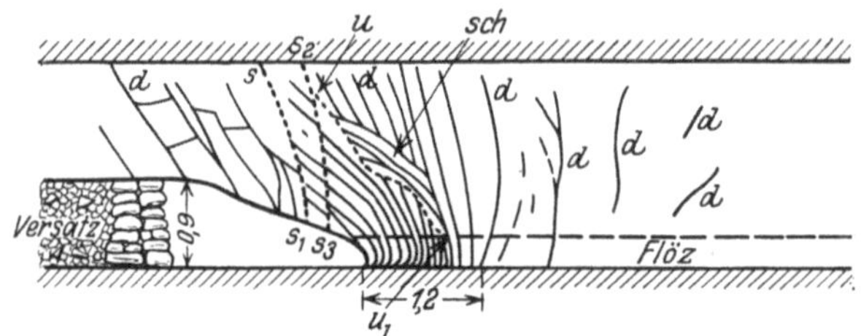
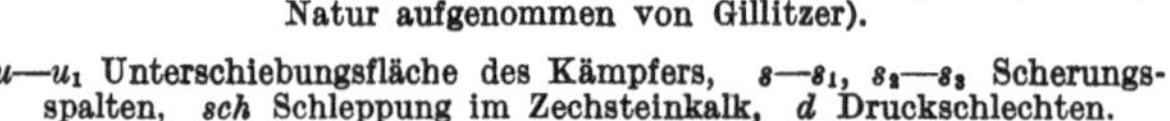

Abb. 85. Druckwirkung im Mansfelder Kupferschieferbergbau (nach der
Natur aufgenommen von Gillitzer).

u—u_1 Unterschiebungsfläche des Kämpfers, s—s_1, s_2—s_3 Scherungs-
spalten, sch Schleppung im Zechsteinkalk, d Druckschlechten.

Abb. 86. Bogenförmige Führung
der Abbaulinie im Mansfelder
Kupferschieferbergbau.

Abbaufronten bogenförmige Winkel einspringen, auf denen sich der Druck sammelt. Die einzelnen Frontstücke können dann entsprechend schärfer gekrümmt
werden (Abb. 86). Die Krümmung muß noch so flach sein, daß sich die Drucklinie anschmiegen kann.

Durch kleinere Bögen der Abbaulinie setzt die Drucklinie ziemlich gradlinig
hindurch. Bei einer Stoßstellung nach Abb. 87 würde bei b ein normaler Druck
herrschen, bei b_2 würde der Druck vor dem Abbaustoß liegen, so daß im Flöz
selbst noch kein Druck herrscht. Die Gewinnung
ist hier erschwert. Bei b_1 liegt die Drucklinie zu
weit hinter dem Abbaustoß. Das Flöz ist hier in
der Regel zu stark zerdrückt. Es ist also stets darauf zu achten, daß kurze, scharfe Krümmungen und
Wendungen des Abbaustoßes vermieden werden.

Abb. 87. Verlauf der Drucklinie bei kleineren Bogen in der Abbaulinie (Mansfeld).
a—a Drucklinie.

Für den Steinkohlenbergbau ist im Vergleich zum Mansfelder Kupferschieferbergbau die größere Flözmächtigkeit sowie die geringere Festigkeit, aber größere
Elastizität und Biegungsfähigkeit des Steinkohlengebirges zu beachten. Es lassen
sich daher Abbaumethoden mit breitem Blick bei guter Ausnutzung des Gebirgsdruckes durchführen.

Der Absenkungsbetrag und die damit verbundene Druckwirkung kann in
mächtigeren Flözen durch sorgfältigen Versatz eingeschränkt werden. Bei geringer
Mächtigkeit und bei schnell sinkendem Hangenden kann die Druckwirkung so
gering werden, daß man zur Verstärkung derselben den Abbau unvollständig
versetzt oder den Versatz bei gutem Hangenden in größerer Entfernung vom
Abbaustoß nachfolgen läßt (7 bis 15 m), wodurch die hier unterzubringende Ver-
satzmenge infolge der Absenkung des Hangenden vermindert wird. Bei der
weicheren Gebirgsbeschaffenheit des Steinkohlengebirges schmiegen sich die
Drucklinien dem Abbaustoß zwar besser an, gehen aber bei kurz abgesetzten
Stößen (Abb. 81,1) noch ziemlich gradlinig hinter dem Stoß hindurch. Bei weit
gegeneinander abgesetzten Stößen mit streichendem Verhieb (Abb. 81,2)[2] ent-

---

[1] Gillitzer: a. a. O.   [2] S. auch Langecker: a. a. O.

stehen an dem längere Zeit unverändert bleibenden streichenden Stoß Zerrwirkungen, die sich mit den schräg durchsetzenden Druckwirkungen kreuzen.
Dadurch werden nicht nur die Unterhaltungskosten der hier ausgesparten Streb-
strecke sowie die Stein- und Kohlenfallgefahr erhöht, es wird auch die Gewinnung
des unteren Teiles eines jeden Kohlenstoßes erschwert, da die Kohle stark zerdrückt ist und zum Auslaufen neigt.

Es ist selbstverständlich, daß die durch den Abbaudruck hervorgerufene
Gefügelockerung des Flözes von
ursprünglich vorhandenen
Gefügelockerungen (tektonische
Spalten, Schlechten usw.) beeinflußt werden kann. Wenn
auch die Wirkungen des Abbaudruckes bei langen Abbaustößen
meist bestimmend hervortreten,
so empfiehlt es sich namentlich
bei kurzen Abbaufronten in der
Regel doch, diese spitzwinklig zum Verlauf vorhandener
Schlechten zu stellen.

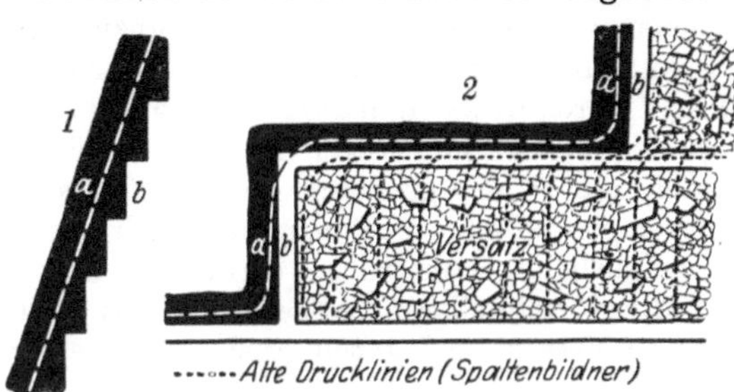

Abb. 88. Verlauf der Drucklinie im Abbaustoß beim Steinkohlenbergbau.
1 bei kurz abgesetzten Stößen, *2* bei weit gegeneinander abgesetzten Stößen. *a* Drucklinie, *b* Abbaustoß.

Steinkohlenflöze von mehr als 2 m Mächtigkeit sind bei längeren gradlinig
oder in durchgehenden Bogen zusammenhängenden Abbaufronten den natürlichen Nebenwirkungen gegenüber besonders empfindlich. Dies gilt bei weniger
festem Hangenden namentlich für den parallel zum Einfallen gestellten Abbaustoß bei streifenweisem, schwebendem Verhieb. Das Hangende folgt den Scher-
beanspruchungen in solchen Fällen vergleichsweise stark. Die Rückwirkung besteht dann auch in verhältnismäßig flacher Lagerung in der Ablösung großer
Kohlenblöcke, die bei ihrem Hereinbrechen nicht nur die Belegschaft unmittelbar gefährden, sondern auch den Ausbau zer-
stören und dadurch leicht Zusammenbrüche
der Abbauhohlräume bewirken können, wie
die Erfahrungen in Zwickau zeigen.

Außer diesen natürlichen Nebenwirkungen
des Abbaues, die die Gefügebeschaffenheit
und damit die Gewinnbarkeit des anstehenden Gesteins selbst beeinflussen, sind die verschiedenen Arten der Gewinnungsarbeiten sowie die Neben- und Sicherungsarbeiten unter
besonderer Berücksichtigung der Maßnahmen
zur Minderung der Betriebsgefahren für die
bei der Gewinnung durchschnittlich je Schicht
erzielbare Leistung von ausschlaggebender Bedeutung.

In steil abfallenden Flözen führt der abfallende Verhieb zur besseren Sicherung der

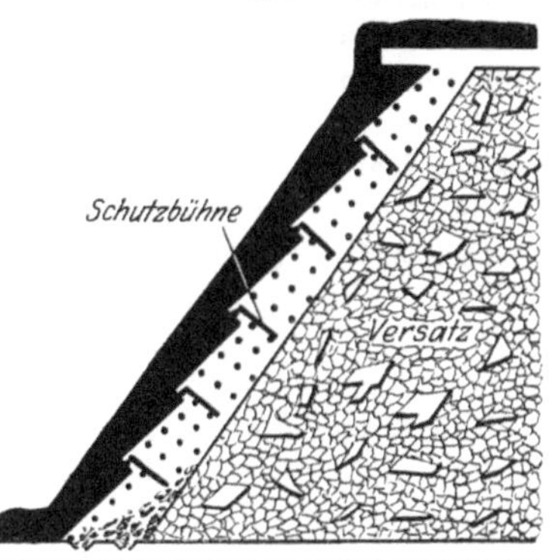

Abb. 89. Diagonal fallender Verhieb bei
steiler Lagerung zur Verminderung der Unfallgefahr.

Arbeiter gegen Stein- und Kohlenfall, da bei einiger Vorsicht und sorgfältigem Abbau höchstens die Füße und Unterschenkel gefährdet sind, während
der schwebende Verhieb in erster Linie Kopf und Oberkörper in Gefahr bringt.
Ferner ist bei abfallendem Verhieb der Ausbau bequemer und leichter einzubringen; schwere, leistungsfähige Abbauhämmer sind anwendbar, ohne den
Mann wesentlich zu ermüden und ihn starken Rückstoßwirkungen auszusetzen.
Infolgedessen ist der abfallende bzw. diagonal abfallende Verhieb bei steiler La-

gerung stets vorzuziehen. Das gilt auch, wenn die Abbaufront diagonal gestellt ist[1] (Abb. 89). In diesem Fall müssen zur Verhütung eines Ausbrechens oder Auslaufens des Stoßes die Kohlenstöße der Abbaufront — außer der Verhiebsfläche — dicht genug verzogen werden.

Bei größerer Mächtigkeit und steilerem Einfallen verursacht der Ausbau und für den Fall einer steil stehenden Abbaufront auch die Befestigung des Versatzes erhebliche Schwierigkeiten und mindern dadurch die Leistung. Handelt es sich in solchen Fällen um sehr gebräches, unzuverlässiges Gebirge, so kann die Bildung kürzerer Abbaufronten geboten erscheinen. Es ist jedoch zu beachten, daß man durch diese Maßnahmen das hangende Gebirge stets stärker zerklüftet, als es beim Abbau mit langen Fronten der Fall sein würde, und daß der Vorteil allenfalls nur in der größeren Sicherheit des entsprechend kleinen Abbauhohlraumes gegen plötzlichen Zusammenbruch liegt. In sehr vielen Fällen lassen sich aber gefährliche Gebirgsdruckwirkungen unter Beibehaltung längerer Abbaustöße durch schnelleren Abbaufortschritt sowie dichteren und näher nachgeführten Versatz und guten Ausbau vermeiden.

5. Die zweckmäßigste Wahl der Gewinnungsmaschinen.

Zur Erhöhung der Gewinnbarkeit dienen neben der zweckmäßigen Ausnutzung des Gebirgs- bzw. Abbaudruckes vor allem die vorbereitenden Gewinnungsarbeiten. Die wichtigsten derselben sind das Einbruchschießen, das Schrämen und Schlitzen.

Das Einbruchschießen ist als Vorbereitungsarbeit zur eigentlichen Gewinnung durch Schießarbeit anzusehen. Der Einbruch soll die zur guten Wirksamkeit der nachfolgenden Sprengschüsse notwendigen Flächen freilegen. Am sinnfälligsten tritt die Bedeutung des Einbruchschießens als Vorbereitung zur nachfolgenden Gewinnung bei der Herstellung der Einbrüche in Stein- und Kalisalzfirsten hervor.

Das Schrämen und Schlitzen kann als Vorbereitungsarbeit sowohl bei der Schießarbeit als auch bei der Keilhauen-, Abbauhammer- und Hereintreibearbeit dienen. Es werden hierdurch geeignete Flächen zur Erhöhung der Schußwirkung freigelegt, außerdem wird der Zusammenhang des durchschrämten oder durchschlitzten Lagerstättenteiles mit dem umgebenden Gebirge gelockert, der unterschrämte Teil wird der Wirkung der Schwerkraft ausgesetzt, so daß sowohl Keilhaue, Abbauhämmer als auch Treibkeile usw. besser wirken können.

In langen, parallel zum Einfallen stehenden Abbaufronten wendet man häufig Schrämmaschinen (besonders Ketten- und Stangenschrämmaschinen) an, um die Gewinnbarkeit der Kohle zu erhöhen. Der mit diesem Schrämbetrieb verbundene Arbeits- und Zeitaufwand dürfte es in vielen Fällen vorteilhafter erscheinen lassen, die zur leichteren Gewinnbarkeit fester und sehr fester Kohlen erforderliche Gefügelockerung durch Diagonalstellung des Abbaustoßes unter völligem Verzicht auf die Schrämarbeit zu erreichen. Dieser Grundsatz ist für die Organisation der Abbaubetriebe, besonders im Steinkohlenbergbau, von außerordentlicher Bedeutung, weil einerseits die sonst zur Gefügelockerung erforderliche Arbeitsleistung des Schrämens und Schlitzens erspart und vor allem die hierzu erforderliche Zeit nutzbringender für die eigentlichen Gewinnungsarbeiten verwendet werden kann, so daß sich bei richtiger Ausnutzung des Gebirgsdruckes eine wesentlich größere Leistung erzielen läßt. Eine Änderung dieser Sachlage würde grundsätzlich erst dann gegeben sein, wenn an Stelle der Schrämmaschinen

---

[1] Benthaus: Zusammenfassung der Abbaubetriebe in steil gelagerten Flözen. Glückauf 1927, S. 965.

solche Maschinen treten, die die Gewinnung und Verladung der Kohlen (in die Schüttelrutsche) in einen Arbeitsgang übernehmen.

Schrämmaschinen werden daher nur in Streckenbetrieben, beim Abbau mit kurzen Abbaufronten, an denen sich der Abbaudruck nicht voll entwickeln kann, und bei der Eröffnung neuer Abbaue mit langer Abbaufront, solange sich der Abbaudruck noch nicht ausreichend entfaltet hat, eine größere Bedeutung haben.

Der Schrämmaschinenbetrieb erfordert eine gradlinige Anordnung der Stempel parallel zu dem ebenfalls gradlinig zu haltenden Abbaustoß. Sonst wird die Maschine ungleichmäßig geführt, so daß die Schramtiefe wechselt oder einzelne nach dem Stoß stark vorspringende Stempel umgedrückt werden. Die Leistung wird dadurch beeinträchtigt. Infolgedessen ist der Schrämmaschinenbetrieb da stark behindert, wo der systematische Ausbau bis unmittelbar an den Kohlenstoß nachgeführt werden muß.

Bei reiner Kohle wird der Schram am besten unmittelbar über dem Liegenden angeordnet. In Flözen mit Bergemitteln wird, wenn letzteres schrämbar und nicht wesentlich stärker als die Schramdicke ist, der Schram in das Mittel gelegt. Bei mächtigerem Mittel schrämt man zweckmäßig dicht über demselben, gewinnt zunächst die Oberbank herein, deckt das Bergemittel ab und baut zuletzt die Unterbank. Man gewinnt auf diese Weise die Kohle am reinsten.

Die Werkzeuge müssen scharf sein und sind daher rechtzeitig auszuwechseln. Stumpfe Meißel erzeugen einen unruhigen Gang der Maschine, erhöhen ihren Verschleiß (erhöhte Abnutzung der Lager, Bolzen usw.) und vermindern die Leistung. Innerhalb der durch Konstruktion und Material der Maschine gebotenen Grenze wird deren Leistungsfähigkeit durch stärkeres Andrücken des Werkzeuges an die Schramschneidefläche erhöht. Das Schramklein ist möglichst sofort aus dem Schram zu entfernen, um die Hereingewinnung der unterschrämten Massen zu erleichtern.

Im großen und ganzen tritt die Schrämmaschine gegen den Abbauhammer zurück, dessen Bedeutung in dem Maße zunehmen wird, wie es gelingt, den Abbaudruck zur Erhöhung der Gewinnbarkeit der Kohlen auszunützen. Die zunehmende Bedeutung der maschinellen Gewinnung besonders unter Anwendung der Abbauhämmer geht aus der nachstehenden Tabelle 49 hervor[1]:

Tabelle 49. Die Entwicklung der maschinellen Kohlengewinnung im rheinisch-westfälischen Industriegebiet.

| Jahr | Anteil der Kohlengewinnung des rheinisch-westfälischen Industrialreviers durch | | | |
	Hand- und Schießarbeit %	Schrämmaschinenarbeit %	Abbauhammerarbeit %	insgesamt durch Maschinenarbeit %
1913	97,8			2,2
1925	52,0	11,5	36,5	48,0
1926	32,6	10,9	56,5	67,4

Die starke Zunahme der Maschinenarbeit setzt sowohl eine Verbesserung der Maschinenkonstruktion als auch, soweit die Abbauhämmer in Frage kommen,

---

[1] Wedding: Der Stand der maschinenmäßigen Kohlengewinnung im Ruhrbezirk in den Jahren 1925 und 1926. Glückauf 1927, S. 1124.

eine bessere Ausnutzung des Abbaudruckes voraus. Hierüber gibt die Tabelle 50 einigen Aufschluß[1]:

Tabelle 50. Zahl der Kohlengewinnungsmaschinen im Ruhrbergbau in den Jahren 1913, 1925 und 1926 und deren Leistungen in den Jahren 1925 und 1926.

| | Anzahl der Maschinen im Jahre | | | Gewonnene bzw. geförderte Kohlenmenge je Maschine | | | |
| | | | | 1925 | | 1926 | |
	1913	1925	1926	jährl. t	tägl. t	jährl. t	tägl. t
Abbauhämmer	230	38847	47345	921	3,07	1400	4,66
Großschrämmaschinen.	15	698	683	9373	31,24	9151	30,50
Kohlenschneider	—	386	317	3179	10,60	5156	17,19
Säulenschrämmaschinen	256	953	784	1625	5,42	1378	4,59
Schüttelrutschenmotoren	1914	8114	7824	5375	17,92	7059	23,53

Diese Tabelle zeigt, daß die Zahl der Abbauhämmer gegen 1913 um das 205fache gewachsen ist, während die Zahl der Großschrämmaschinen nur um das 45fache, der Säulenschrämmaschinen um das 3fache und der Schüttelrutschenmotoren um das 4fache zunahm. Leider sind die Maschinenleistungen aus dem Jahre 1913 nicht veröffentlicht. Gegen 1925 sind die Leistungen der Großschrämmaschinen und Säulenschrämmaschinen etwa gleich geblieben. Gestiegen sind die Leistungen der Kohlenschneider infolge Anwendung längerer Schrämstangen und ferner die Leistungen der Abbauhämmer um rd. 52% und der Schüttelrutschenmotoren um rd. 31,3%. Die erhöhte Leistung der Schüttelrutschenmotoren ist zum Teil die Folge einer erhöhten Abbaugeschwindigkeit, vorwiegend aber die Folge der Anwendung längerer Abbaustöße, d.h. der besseren Ausnützung des Abbaudruckes. Hiermit hängt auch zum großen Teil die erhöhte Leistung der Abbauhämmer zusammen, die allerdings auch auf die Anwendung schwerer Konstruktionen zurückzuführen sein dürfte.

Wichtiger ist die Tatsache, daß die Leistung der Maschinen, bezogen auf den Kraftverbrauch, bis zu gewissen Grenzen steigt, je stärker das Werkzeug gegen die Kohle angedrückt wird. So stieg bei einem Versuche[2] durch stärkeres Andrücken der Schrämketten der Energieverbrauch um 82%, die Schrämleistung aber um 570%. Grundsätzlich gilt für alle Gewinnungsmaschinen, einschließlich Bohrmaschinen, daß ihre Leistung, bezogen auf den Kraftverbrauch, um so größer wird, je grobkörniger das Gut hereingewonnen wird. Wichtig sind daher alle Vorkehrungen, die das vom anstehenden Gestein abgetrennte Gut sofort aus dem Arbeitsbereich des Werkzeuges entfernen, um die leistungsmindernde Zerkleinerungsarbeit zu ersparen. So sind die größeren Leistungen der Gesteinshauer beim „Obserbohren" (Bohren ansteigender Bohrlöcher) von Hand nicht nur auf das leichtere Ausschwingen des Fäustels, sondern vor allem darauf zurückzuführen, daß der Bohrgrieß vom Bohrlochsort sofort herunterrollt, also nicht zu Bohrmehl zerkleinert wird.

Die Abtrennung möglichst grobstückigen Gutes (Schrämklein, Bohrgrieß, auch Fördergut usw.) stellt natürlich in der Regel entsprechend hohe Anforderungen an Material und Konstruktion des Schrämwerkzeuges und seines Antriebes.

Gegenüber dem Schrämbetrieb hat die Kohlengewinnung mittels Abbauhämmern noch den Vorteil, daß die Gewinnung während der ganzen Schicht er-

---

[1] Wedding: a. a. O.

[2] Versuche und Verbesserungen im polnisch-oberschlesischen Kohlenbergbau. Z. Oberschles. Berg-, Hüttenm.-V., S. 491. Kattowitz 1927.

folgen kann, und zwar gegebenenfalls täglich in mehreren Schichten vor einem Ort, was beim maschinellen Schrämbetrieb oft nicht möglich ist. Ferner wird die Abbaustoßlänge durch die Anwendung des Abbauhammers nicht beeinflußt. Beim Schrämbetrieb ist die mögliche Länge des Abbaustoßes von der Leistungsfähigkeit der Schrämmaschine abhängig. Die Schrämmaschine kann nur an geraden Abbaustößen verwendet werden, der Abbauhammer sowohl an geraden als auch an abgesetzten Stößen. Im letzteren Falle ist in Polnisch-Oberschlesien für die Arbeit bei flachem Einfallen eine Organisation vorgeschlagen worden[1], bei der jeder Hauer seinen Streifen von der unteren Strecke beginnt und bis zur oberen vortreibt. Sobald er seinen Streifen bis zur oberen Strecke verhauen hat, beginnt er unten einen neuen. Die einzelnen Hauer folgen sich in einem Abstand von ~ 4 bis 6 m (Abb. 90). Die Lage der Rutsche würde die Stempelreihen spitz-winklig durchkreuzen, wenn man den Ausbau parallel zu dem Streifenverhieb setzt. Die Anordnung der Stempel-reihen parallel zur Rutsche ist schwierig durchzuführen. Hierin liegt zweifellos eine Schwäche des sonst beacht-lichen Vorschlages.

c) Zusammenfassung.

Aus diesen Feststellungen geht hervor, daß man in flach gelagerten Flözen geringer bis mittlerer Mächtigkeit den Abbaustoß bei sehr fester Kohle streichend mit schwe-bendem Abbaufortschritt, bei fester Kohle diagonal mit diagonal schwebendem Abbaufortschritt und bei mittel-fester bis mäßig fester Kohle parallel zum Einfallen mit streichendem Abbaufortschritt stellen wird. Die Kohlenfallgefahr ist gering, solange die Flözmächtigkeit 2 m nicht übersteigt, also keine erhebliche Gefahr durch Kohlenfall aus dem oberen Stoßteil, am Hangenden, droht, da die auf das Liegende fallenden Kohlen bei dem gedach-ten Einfallen liegen bleiben. Der Abbaustoß ist in der Hauptrichtung meist gerade. Nur bei söhliger oder an-nähernd söhliger Lagerung kann der Abbaustoß auch flach gebogen sein. Im übrigen kann der Abbaustoß grad-linig bzw. glatt gebogen oder kurz absetzend sein.

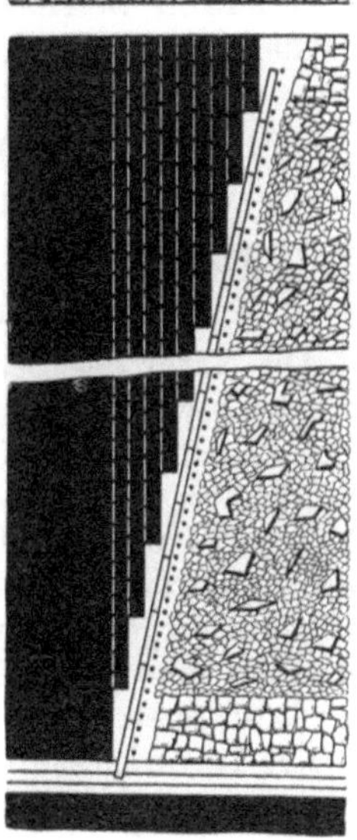

Abb. 90. Steinkohlengewin-nung durch streifenweisen, schwebenden Verhieb mit kurz abgesetzten Abbau-stößen.

Bei mäßiger Flözneigung bietet der parallel zum Einfallen gestellte Abbaustoß keine erhöhte Kohlenfall-gefahr, solange die Kohlen noch nicht auf dem Liegenden abrollen. Wohl aber tritt diese Gefahr bei diagonal oder streichend gestelltem Abbaustoß mit schwebendem Abbaufortschritt sehr bald ein. Die hier zu treffen-den Maßnahmen sind grundsätzlich dieselben wie bei steilerer Lagerung.

In Flözen mit stärkerem Einfallen ist die Kohlenfallgefahr bei grad-linigen Abbaufronten sowohl bei streichendem als auch besonders bei schweben-dem Verhieb vorhanden. Bei mäßig fester bis mittelfester Kohle stellt man den Kohlenstoß parallel zum Einfallen und schützt die tiefer liegenden Angriffs-punkte gegen Stein- und Kohlenfall von oben durch Schutzbühnen.

Ist man wegen der Festigkeit des Flözes gezwungen, eine stärkere Gefüge-lockerung des Abbaustoßes herbeizuführen, so stellt man den Abbaustoß diagonal mit diagonal schwebendem Abbaufortschritt. Der Abbaustoß wird um so flacher gestellt, je fester die Kohle ist. Bei steilerer Stellung des Abbaustoßes arbeitet

---

[1] Blitek: Versuche und Verbesserungen im polnisch-oberschlesischen Bergwerksbetriebe. Z. Oberschles. Berg-, Hüttenm.-V., S. 625. Kattowitz 1925.

man ebenfalls mit Schutzbühnen[1] (Abb. 74). Muß bei sehr fester Kohle der Abbaustoß und demzufolge auch die Oberfläche der Versatzböschung so flach angeordnet werden, daß die Kohlen oder Berge auf der Versatzböschung liegen bleiben, so können die Schutzbühnen wegfallen.

Der schwebende Verhieb ist bei mittlerem und steilerem Einfallen stets sehr gefährlich. Die Gefahr umgeht man am besten, indem man den Abbaustoß in kurze Absätze unterteilt und parallel zum Einfallen mit streichender Verhieb- bzw. diagonal mit fallender Verhiebrichtung[1] (Abb. 89) Angriffsflächen von 1 bis 2 m flacher Höhe bzw. Breite vorsieht. Durch sachgemäße Vortreibezimmerung ist der Arbeiter dann in der Lage, sich gegen Stein- und Kohlenfall zu sichern, soweit sein Angriffspunkt in Frage kommt.

Endlich ist die gesamte Betriebsorganisation für die Leistung bei der Hereingewinnung von größter Bedeutung. Hemmungen in der Abförderung der Kohlen und im Nachbringen des Versatzes usw. hindern auch die Gewinnungsarbeiten, besonders in Betrieben mit langen Abbaufronten, die hier vorwiegend in Betracht kommen.

V. Die gegenseitige Einwirkung der Leistungen bei gemeinsamer Gewinnung und Handförderung.

a) Der Einfluß der Einzelfaktoren der Arbeitsleistung auf die Lohnkosten und auf die Gesamtleistung der Belegschaft.

Die Natur des Bergbaubetriebes bzw. die Abhängigkeit des Grubenbetriebes von den jeweiligen Lagerstättenverhältnissen bringt es mit sich, daß sich einheitliche Regeln über die Organisation des Betriebes, wie es etwa beim Fabrikbetriebe möglich ist, nicht aufstellen lassen. Man wird sich häufig darauf beschränken müssen, zu prüfen, ob auf anderen, unter ähnlichen Verhältnissen arbeitenden Gruben getroffene, als vorteilhaft erkannte Maßnahmen im eigenen Betriebe nutzbringend eingeführt werden können. Die nachfolgenden Abschnitte behandeln an Hand von Beispielen die zweckmäßige Organisation verschiedener Arbeiten im Grubenbetriebe.

Die Lohnkosten je Einheit Förderung sind abhängig von der Lohnhöhe des einzelnen Mannes, der Hauerleistung und dem Verhältnis der Hauerschichten zu den Schichten der übrigen Belegschaft.

Setzt man:

y = Lohnanteil der Selbstkosten je t des Grubenbetriebes (absoluter Betrag),

Sch = Gesamtschichten unter Tage,

M = ein konstanter Durchschnittslohn, etwa 5 $\mathscr{M}$/Schicht,

$M_s = u \cdot M$ = Durchschnittslohn der Unproduktiven; $u \gtreqless 1$,

$M_k = k \cdot M$ = Durchschnittsschichtlohn der Kohlenhauer; $k \lesseqgtr 1$,

L_k = Durchschnittsleistung der Kohlenhauer je Schicht und Mann in t Kohlen,

$x = b \cdot Sch$ = Anzahl der Kohlenhauerschichten; $b \leq 1$,

so wird

$$y = \frac{k \cdot M}{L_k} + \frac{(Sch - b \cdot Sch) \cdot u \cdot M}{L_k \cdot b \cdot Sch},$$

$$y = \frac{M}{L_k} \cdot \left(k + \frac{u \cdot (1 - b)}{b} \right).$$

Hieraus folgt:

1. Je größer b, um so kleiner $\dfrac{u \cdot (1 - b)}{b}$ und damit der gesamte Lohnbetrag. Es ist $\dfrac{u \cdot (1 - b)}{b} = 0$, wenn $b = 1$ ist. Mit abnehmendem b nehmen die Differenz-

---

[1] Benthaus: a. a. O.

beträge der Gesamtlöhne je Einheit von b in verstärktem Maße zu (Tabelle 51a).

Tabelle 51. Abhängigkeit der Lohnkosten je Einheit Förderung von der Lohnhöhe des einzelnen Mannes, der Hauerleistung und dem Verhältnis der Hauerschichten zu den Schichten der übrigen Belegschaft[1].

Tabelle 51a.
$M_k = 7{,}20$ M; $M_s = 5{,}{-}$ M; $L_k = 2$ t
Kohlenverkaufspreis 20,50 M/t

Kohlenhauer in % b	Lohnanteil in ℳ/t y	Differenzbeträge absolut in ℳ/t	Differenzbeträge in % des Verkaufspreises	bezogen auf 30% Kohlenhauer Sa. absolut in ℳ/t	bezogen auf 30% Kohlenhauer Sa. % des Verkaufspreises
30	9,43				
		}2,08	10,2	2,08	10,2
40	7,35				
		}1,25	6,1	3,33	16,3
50	6,10				
		}0,83	4,1	4,16	20,4
60	5,27				
		}0,60	2,9	4,76	23,3
70	4,67				
		}0,44	2,1	5,20	25,4
80	4,23				
		}0,35	1,7	5,55	27,1
90	3,88				

Tabelle 51b.
$M_k = 7{,}70$ ℳ; $M_s = 5{,}{-}$ ℳ; $L_k = 2$ t
Kohlenverkaufspreis 20,50 M/t

Kohlenhauer in % b	Lohnanteil in ℳ/t y	Differenzbeträge absolut in ℳ/t	Differenzbeträge in % des Verkaufspreises	bezogen auf 30% Kohlenhauer Sa. absolut in ℳ/t	bezogen auf 30% Kohlenhauer Sa. % des Verkaufspreises
30	9,68				
		}2,08	10,2	2,08	10,2
40	7,60				
		}1,25	6,1	3,33	16,3
50	6,35				
		}0,83	4,1	4,16	20,4
60	5,52				
		}0,60	2,9	4,76	23,3
70	4,92				
		}0,44	2,1	5,20	25,4
80	4,48				
		}0,35	1,7	5,55	27,1
90	4,13				

Tabelle 51c.
$M_k = 7{,}20$ ℳ; $M_s = 4{,}{-}$ ℳ; $L_k = 2$ t
Kohlenverkaufspreis 20,50 ℳ/t

Kohlenhauer in % b	Lohnanteil in ℳ/t y	Differenzbeträge absolut in ℳ/t	Differenzbeträge in % des Verkaufspreises	bezogen auf 30% Kohlenhauer Sa. absolut in ℳ/t	bezogen auf 30% Kohlenhauer Sa. % des Verkaufspreises
30	8,27				
		}1,67	8,1	1,67	8,1
40	6,60				
		}1,00	4,9	2,67	13,0
50	5,60				
		}0,70	3,5	3,37	16,5
60	4,90				
		}0,44	2,1	3,81	18,6
70	4,46				
		}0,36	1,8	4,17	20,4
80	4,10				
		}0,28	1,4	4,45	21,8
90	3,82				

Tabelle 51d.
$M_k = 7{,}20$ ℳ; $M_s = 6{,}{-}$ ℳ; $L_k = 2$ t
Kohlenverkaufspreis 20,50 ℳ/t

Kohlenhauer in % b	Lohnanteil in ℳ/t y	Differenzbeträge absolut in ℳ/t	Differenzbeträge in % des Verkaufspreises	bezogen auf 30% Kohlenhauer Sa. absolut in ℳ/t	bezogen auf 30% Kohlenhauer Sa. % des Verkaufspreises
30	10,60				
		}2,50	12,2	2,50	12,2
40	8,10				
		}1,50	7,3	4,00	19,5
50	6,60				
		}1,00	4,9	5,00	24,4
60	5,60				
		}0,71	3,5	5,71	27,9
70	4,89				
		}0,54	2,6	6,25	30,5
80	4,35				
		}0,42	2,0	6,67	32,5
90	3,93				

Tabelle 51e.
$M_k = 7{,}20$ ℳ; $M_s = 5{,}{-}$ ℳ; $L_k = 3$ t
Kohlenverkaufspreis 20,50 ℳ/t

Kohlenhauer in % b	Lohnanteil in ℳ/t y	Differenzbeträge absolut in ℳ/t	Differenzbeträge in % des Verkaufspreises	bezogen auf 30% Kohlenhauer Sa. absolut in ℳ/t	bezogen auf 30% Kohlenhauer Sa. % des Verkaufspreises
30	6,29				
		}1,39	6,8	1,39	6,8
40	4,90				
		}0,84	4,1	2,23	10,9
50	4,06				
		}0,55	2,6	2,78	13,5
60	3,51				
		}0,40	2,0	3,18	15,5
70	3,11				
		}0,30	1,5	3,48	17,0
80	2,81				
		}0,23	1,1	3,71	18,1
90	2,58				

Tabelle 51f.
$M_k = 7{,}20$ ℳ; $M_s = 5{,}{-}$ ℳ; $L_k = 2{,}5$ t
Kohlenverkaufspreis 20,50 ℳ/t

Kohlenhauer in % b	Lohnanteil in ℳ/t y	Differenzbeträge absolut in ℳ/t	Differenzbeträge in % des Verkaufspreises	bezogen auf 30% Kohlenhauer Sa. absolut in ℳ/t	bezogen auf 30% Kohlenhauer Sa. % des Verkaufspreises
30	7,56				
		}1,67	8,1	1,67	8,1
40	5,89				
		}1,00	4,9	2,67	13,0
50	4,89				
		}0,67	3,3	3,34	16,3
60	4,22				
		}0,47	2,3	3,81	18,6
70	3,75				
		}0,36	1,8	4,17	20,4
80	3,39				
		}0,28	1,4	4,45	21,8
90	3,11				

Tabelle 51g.
$M_k = 7{,}20$ ℳ; $M_s = 5{,}{-}$ ℳ; $L_k = 1{,}5$ t
Kohlenverkaufspreis 20,50 ℳ/t

Kohlenhauer in % b	Lohnanteil in ℳ/t y	Differenzbeträge absolut in ℳ/t	Differenzbeträge in % des Verkaufspreises	bezogen auf 30% Kohlenhauer Sa. absolut in ℳ/t	bezogen auf 30% Kohlenhauer Sa. % des Verkaufspreises
30	12,58				
		}2,78	13,6	2,78	13,6
40	9,80				
		}1,66	8,1	4,44	21,7
50	8,14				
		}1,11	5,4	5,55	27,1
60	7,03				
		}0,80	3,9	6,35	31,0
70	6,23				
		}0,59	2,9	6,94	33,9
80	5,64				
		}0,47	2,3	7,41	36,2
90	5,17				

Tabelle 51h.
$M_k = 7{,}20$ ℳ; $M_s = 5{,}{-}$ ℳ; $L_k = 1$ t
Kohlenverkaufspreis 20,50 ℳ/t

Kohlenhauer in % b	Lohnanteil in ℳ/t y	Differenzbeträge absolut in ℳ/t	Differenzbeträge in % des Verkaufspreises	bezogen auf 30% Kohlenhauer Sa. absolut in ℳ/t	bezogen auf 30% Kohlenhauer Sa. % des Verkaufspreises
30	18,87				
		}4,17	20,3	4,17	20,3
40	14,70				
		}2,50	12,2	6,67	32,5
50	12,20				
		}1,67	8,1	8,34	40,6
60	10,53				
		}1,19	5,8	9,53	46,4
70	9,34				
		}0,89	4,4	10,42	50,8
80	8,45				
		}0,69	3,4	11,11	54,2
90	7,76				

[1] **Schaefer**: Beitrag zur Kenntnis der Organisation der untertägigen Betriebsanlagen im Steinkohlenbergbau, besonders bei steiler Lagerung. Dissertation Freiberg 1927.

2. Durch k, d. h. durch die Kohlenhauerlöhne werden die durch b bewirkten Differenzbeträge nicht verändert (Tabelle 51 b).

3. Je höher dagegen u, d. h. die Löhne der Unproduktiven, um so höher werden die Differenzbeträge, da u mit $\frac{(1-b)}{b}$ multipliziert wird (Tabelle 51 c und d).

4. Je geringer L_k, um so größer werden die Lohnanteilkosten, und zwar im unmittelbar umgekehrt proportionalen Verhältnis (Tabelle 51 e bis h).

Die Preisschwankungen werden also vor allem durch die Kohlenhauerleistung einerseits und durch die Lohnhöhe und den Belegschaftsanteil der nicht produktiven Arbeiter andererseits beeinflußt[1]. Die Maßnahmen zur Steigerung der Kohlenhauerleistung sollen an dieser Stelle nicht weiter untersucht werden. Es bleiben sonach noch die Faktoren zu untersuchen, die den Belegschaftsanteil der nicht produktiven Arbeiter beeinflussen.

Vor einem Arbeitsorte von bestimmter Abmessung kann nur eine bestimmte Höchstzahl von Leuten beschäftigt werden, wenn die Leistungen des einzelnen Mannes nicht sinken sollen. Diese Höchstzahl ist in der Regel für die Bemessung der Kameradschaftsstärken maßgebend. Je kleiner die Anzahl der vor dem einzelnen Gewinnungspunkte unterzubringenden Hauer ist, um so größer wird bei einer bestimmten Tagesförderung der Schachtanlage die Zahl der Betriebspunkte und damit meist auch die Zahl der zu bedienenden Fördereinrichtungen, womit ein Anwachsen der Zahl der Bedienungsmannschaften, also nicht produktiver Arbeiter, fast durchweg verbunden ist. Hinzu kommt die große Gesamtlänge der zu unterhaltenden Strecken usw. Die Leistung der Gesamtbelegschaft wird dadurch entsprechend vermindert. Die Bedeutung der Betriebskonzentration geht auch aus dieser Betrachtung hervor.

Die Leistung der Belegschaft sinkt naturgemäß auch bei Verminderung der Leistung des einzelnen Mannes und damit des einzelnen Betriebspunktes. Zur Aufrechterhaltung der Tagesförderung muß, wenn keine Arbeitsschicht mehr zur Verfügung steht, die Zahl der Betriebspunkte und im Zusammenhange damit diejenige der Bremsberge, Blindschächte und sonstigen Fördereinrichtungen, die Größe des Grubengebäudes usw. zunehmen. Damit wächst auch der Bedarf zur Bedienung und Unterhaltung dieser Erweiterungsanlagen, wodurch ein weiterer Anlaß zur Verminderung der Gesamtleistung der Belegschaft gegeben ist. Von wesentlicher Bedeutung ist hierbei der Umstand, daß der Leutebedarf durch den Umfang der Gewinnungs- und Förderanlagen anders beeinflußt wird als durch die mit dem Umfange des Baufeldes bedingten Unterhaltungsarbeiten.

Der Mannschaftsbedarf, wie er sich bei den Gewinnungs- und Förderarbeiten infolge der Veränderung der Schichtdauer und Stundenleistung ergibt, steht in unmittelbarer gegenseitiger Beziehung zu diesen Faktoren, sofern man voraussetzt, daß die Änderungen jeden einzelnen Arbeiter gleichmäßig betreffen.

Bei verminderter Leistung der Hauer müßte man natürlich die Zahl der Betriebspunkte so stark vermehren, daß die der Leistungsminderung des einzelnen Hauers entsprechende größere Anzahl von Hauern angelegt werden kann, um die ursprüngliche Förderung aufrechterhalten zu können. Hierbei ist angenommen, daß die einzelnen Betriebspunkte so stark belegt sind, daß eine stärkere Belegung derselben ohne gegenseitige Behinderung der Arbeiter unmöglich ist.

Die Vermehrung der Betriebspunkte läßt sich in der Regel nur durch Anlegung neuer Bremsbergfelder bzw. sonstiger Abbaufelder ermöglichen. Bei den nachfolgenden Rechnungen ist der Einfachheit und Klarheit halber angenommen

---

[1] S. auch Winkler: Formelmäßige Entwicklung und graphische Darstellung der Beziehungen zwischen Leistung einerseits und dem Verhältnis des Haueranteils zur sonstigen Belegschaft andererseits. Braunkohlenarchiv H. 13, S. 59.

worden, daß die allgemeinen Abbauverhältnisse der neuen Baufelder denen der alten durchschnittlich gleich sind.

Die Einwirkung veränderter Arbeitsbedingungen der Hauer auf die sie selbst betreffenden Teilergebnisse des Betriebes lassen sich folgendermaßen rechnerisch ermitteln:

Bezeichnet man mit:

$A =$ Zahl der Arbeiter eines Baufeldes (Hauer, Schlepper), die mit der Gewinnung geradlinig ansteigt, bei längerer Schichtdauer je Schicht,

$a =$ Zahl der Arbeiter eines Baufeldes (Hauer, Schlepper), die mit der Gewinnung geradlinig ansteigt, bei kürzerer Schichtdauer je Schicht,

$B =$ reine Arbeitszeit bei längerer Schichtdauer je Tag,

$b =$ reine Arbeitszeit bei kürzerer Schichtdauer je Tag,

$C =$ höhere Arbeitsstundenleistung eines Arbeiters[1],

$c =$ geringere Arbeitsstundenleistung eines Arbeiters,

$D =$ Unterschied der Belegschaftsstärke, die zwecks Erzielung gleicher Förderung zum Ausgleich der veränderten Arbeitsbedingungen (reine Arbeitszeit, Stundenleistung) nötig ist,

$e =$ Anzahl der vor Ort (in einem Betriebspunkte) zu beschäftigenden Hauer,

$f =$ Anzahl der Betriebspunkte eines Baufeldes,

$\alpha =$ prozentualer Anteil, um den die Baufelder vermehrt bzw. vermindert werden müssen, um die bisherige Förderung aufrechtzuerhalten

$$= \left[\frac{B \cdot C}{b \cdot c} - 1\right] \cdot 100 \quad \text{bzw.} \quad = \left[1 - \frac{b \cdot c}{B \cdot C}\right] \cdot 100,$$

so ist unter der Annahme, daß mit der Schichtverkürzung eine Arbeitsleistungsminderung verbunden sei, und die als Ergebnisleistung der Belegschaft anzusehende Förderleistung der Anlage unverändert bleiben soll:

$$A \cdot B \cdot C = a \cdot b \cdot c = \text{Förderleistung des Baufeldes in t/Schicht,}$$

woraus folgt:

$$A = \frac{a \cdot b \cdot c}{B \cdot C} \quad \text{und} \quad a = \frac{A \cdot B \cdot C}{b \cdot c}. \tag{I}$$

Daraus ergibt sich:

1. die zulässige Verminderung der zu beschäftigenden Hauer, Schlepper usw. bei Einführung einer längeren Schichtzeit unter gleichzeitiger Erhöhung der Stundenleistung:

$$D_1 = a - A = a - \frac{a \cdot b \cdot c}{B \cdot C} = a \cdot \frac{(B \cdot C - b \cdot c)}{B \cdot C}. \tag{IIa}$$

2. Sinngemäß beträgt die erforderliche Vermehrung der Zahl der zu beschäftigenden Hauer und Schlepper bei Einführung einer kürzeren Schichtdauer unter gleichzeitiger Verminderung der Stundenleistung:

$$D_2 = A - a = \frac{A \cdot B \cdot C}{b \cdot c} - A = A \cdot \frac{(B \cdot C - b \cdot c)}{b \cdot c}. \tag{IIb}$$

3. Die Veränderung der Anzahl der zu beschäftigenden Hauer usw. bei Einführung längerer Arbeitszeit und verminderter Stundenleistung, wobei $A \cdot B \cdot c = a \cdot b \cdot C$, also $A = \frac{a \cdot b \cdot C}{B \cdot c}$ und $a = \frac{A \cdot B \cdot c}{b \cdot C}$ ist:

$$D_3 = a - A = a - \frac{a \cdot b \cdot C}{B \cdot c} = a \cdot \frac{(B \cdot c - b \cdot C)}{B \cdot c}. \tag{III}$$

4. Die Veränderung der Anzahl der zu beschäftigenden Hauer usw. beträgt bei Einführung kürzerer Arbeitszeit und vermehrter Stundenleistung, da im Fall 3. und 4. $A \cdot B \cdot c = a \cdot b \cdot C$ sein muß:

$$D_4 = a - A = \frac{A \cdot B \cdot c}{b \cdot C} - A = A \cdot \frac{(B \cdot c - b \cdot C)}{b \cdot C}. \tag{IV}$$

---

[1] Arbeitsstundenleistung = stündlicher Arbeitsaufwand.

Es ist einleuchtend, daß bei Annahme gleicher Werte der Einzelfaktoren auch $D_1 = D_2$ sein muß.

Im deutschen Bergbau war in den Jahren 1919 bis 1923 neben der Verkürzung der Arbeitszeit im allgemeinen zugleich eine Verminderung der Stundenleistung der Belegschaft eingetreten. Die letztere ist auf die Nachwirkungen des Krieges, wie schlechte Ernährung, Heranziehung ungeübter und erst im höheren Alter angelernter Arbeiter usw. zurückzuführen. Im nachfolgenden soll daher den Ausführungen nur der (Fall IIb) zugrunde gelegt werden. Es ist jedoch leicht, auch die anderen drei Fälle sinngemäß abzuleiten. Die zu ziehenden Schlußfolgerungen bleiben stets grundsätzlich dieselben.

Neben der Erhöhung der Anzahl der zu beschäftigenden Hauer und Schlepper ist mit der Verkürzung der Schichtdauer und Verminderung der Stundenleistung eine Vermehrung der Baufelder nötig, wenn man die gleiche Förderleistung der Anlage beibehalten will.

Es muß offenbar sein:

$$B \cdot C \cdot e \cdot f = b \cdot c \cdot e \cdot \left(1 + \frac{\alpha}{100}\right) \cdot f,$$

woraus sich ergibt:

$$\frac{\alpha}{100} = \frac{B \cdot C}{b \cdot c} - 1. \tag{V}$$

Während die Gesamtleistung, die von den Hauern und den in der Förderung eines Baufeldes beschäftigten Leuten zu bewältigen ist, ganz von deren Belieben bzw. von den Anordnungen der Betriebsleitung, also ausschließlich vom menschlichen Willen abhängig gemacht werden kann, ist die für die Bauhafthaltung des betreffenden Baufeldes und für die sonstige Erhaltung seiner Betriebseinrichtungen erforderliche Arbeitsleistung nicht vom menschlichen Willen, sondern in erster Linie von den Gebirgs- und Druckverhältnissen abhängig. Es ist klar, daß die Gebirgsdruckwirkungen usw. auch durch geeignete Maßnahmen, wie z. B. verbesserte Abbau- und Ausbaumethoden, vermindert werden können. Im Beispiel sollen jedoch gleiche Gebirgs- und Abbauverhältnisse angenommen werden. Es steht frei, stets die Anwendung zweckmäßigster Abbaumethoden von Anfang an vorauszusetzen. Es ist daher auch anzunehmen, daß die Gebirgsdruckwirkungen im Durchschnitt nur von den ebenfalls als gleichbleibend angenommenen Gebirgsverhältnissen abhängen. Infolgedessen muß in der Zeiteinheit zur Bauhafthaltung eines jeden Baufeldes eine bestimmte Arbeit geleistet werden, zu deren Bewältigung bei verkürzter Schichtdauer und verminderter Stundenleistung eine entsprechend höhere Anzahl von Reparaturhauern für jedes Baufeld erforderlich ist. Da bei gleichzeitiger Leistungsminderung der an der Gewinnung der nutzbaren Minerale tätigen Hauer (z. B. Kohlenhauer) eine Vermehrung der Baufelder nötig ist, so macht sich zu deren Unterhaltung eine weitere Vermehrung an Reparaturhauern erforderlich, wobei auch hier die vorausgesetzte verminderte Stundenleistung zu berücksichtigen ist. Diese Überlegung zeigt, daß eine Vermehrung der Zahl der Reparaturhauer bei einer Verkürzung der Schichtdauer und Verminderung der Stundenleistung der Kohlenhauer auch schon dann erforderlich wäre, wenn die Reparaturhauer ihre alte längere Schichtzeit und höhere Stundenleistung beibehalten würden, weil die Ausdehnung der zu unterhaltenden Grubenbaue infolge der verminderten Leistung der Kohlenhauer zunimmt.

Dasselbe gilt sinngemäß auch für die Unterhaltung der Betriebsmittel, d. h. der Gleise, Rohrleitungen, Maschinen (Bohrhämmer usw.), sowie für alle Arbeiten, deren Umfang in erster Linie von der Ausdehnung der Grubenbaue abhängig ist wie z. B. die Wetterführung. Auch die Wasserhaltung verursacht bisweilen einen mit der Ausdehnung der Grubenbaue ziemlich gradlinig zunehmenden Arbeitsaufwand. Das gilt namentlich für manche Braunkohlen-Tiefbaugruben.

Ferner ist zu bedenken, daß die je Monat und lfdm Strecken usw. aufzuwendenden Unterhaltungsarbeiten in der Regel mit Zunahme der Gebrauchsdauer anwachsen, weil einerseits die Gebirgsdruckwirkung nach und nach zunimmt, und andererseits sich die Beschaffenheit des Ausbaumaterials (Grubenholz) allmählich verschlechtert. Dieser Umstand ist in den nachfolgenden Rechnungen noch nicht berücksichtigt worden. Es sind gleichbleibende Durchschnittsaufwendungen an Arbeitsleistung und Material je Monat und Meter Grubenbau angenommen worden. Es wäre jedoch leicht, den Faktor noch entsprechend einzusetzen, sobald man die Zunahme der in der Zeiteinheit auf die Einheit von Grubenbauen — mit zunehmendem Alter derselben — aufzuwendenden Unterhaltungsarbeiten zahlenmäßig kennt.

Bezeichnet man mit:

o = Anteil der Belegschaft eines Baufeldes für Unterhaltung, Rohrlegen, Wetterführung usw. bei höherer Arbeitsleistung der Belegschaft in % der mit der Gewinnung beschäftigten Hauer und Schlepper,

nimmt man ferner an, daß das Verhältnis der Verkürzung der Schichtdauer und der Verminderung der Stundenleistung dieser Arbeiter gleich demjenigen der an der Gewinnung beschäftigten Hauer (Kohlenhauer) ist, bezeichnet dann

v = Belegschaftsstärke der mit den Unterhaltungsarbeiten und den mit der Ausdehnung der Grubenbaue wachsenden Betriebsarbeiten (Wetterführung usw.) beschäftigten Arbeiter,

so gelten folgende Beziehungen:

Bei der ursprünglichen längeren Schichtdauer und höheren Arbeitsleistung waren zur Unterhaltung der Grubenbaue und Einrichtungen des Baufeldes, zur Bewältigung der sonstigen, innerhalb desselben erforderlichen Betriebsarbeiten (z. B. Wetterführung) erforderlich:

$$v_1 = \frac{o}{100} \cdot f \cdot e. \tag{VI}$$

Hierbei ist $e \cdot f = A$.

Unter Berücksichtigung der verkürzten Schichtdauer und der verminderten Stundenleistung sind für das Baufeld erforderlich:

$$v_2 = \frac{o}{100} \cdot f \cdot e \cdot \frac{B \cdot C}{b \cdot c}. \tag{VII}$$

Da gleichzeitig zur Aufrechterhaltung der Förderung die Anzahl der Baufelder erhöht werden muß, so beträgt die für die gleiche Förderleistung erforderliche Zahl der mit den Unterhaltungsarbeiten beschäftigten Leute

$$v = \frac{o}{100} \cdot f \cdot e \cdot \frac{B}{b} \cdot \frac{C}{c} \cdot \left(1 + \frac{\alpha}{100}\right)$$

oder nach (V)

$$v = \frac{o}{100} \cdot f \cdot e \cdot \frac{B}{b} \cdot \frac{C}{c} \cdot \left[1 + \left(\frac{B \cdot C}{b \cdot c} - 1\right)\right],$$

$$v = \frac{o}{100} \cdot f \cdot e \cdot \frac{B^2 \cdot C^2}{b^2 \cdot c^2}. \tag{VIII}$$

Daraus ergibt sich die außerordentlich wichtige Tatsache, daß bei sonst gleichen Gebirgs- und Abbauverhältnissen und bei gleicher Förderleistung der Anlage der zur Unterhaltung der Gruben- und sonstigen Betriebsanlagen, wie der Wetterführung und sonstigen mit der Ausdehnung der Grube wachsenden Betriebsarbeiten, beschäftigte Teil der Belegschaft im umgekehrt quadratischen Verhältnis zur Schichtdauer und Stundenleistung wächst.

Hierbei ist unter Schichtdauer die tägliche reine Arbeitszeit zu verstehen, in der nutzbare Mineralien gewonnen werden, d. h. die täglich verfahrenen Förderschichten. Im Steinkohlenbergbau Westfalens würden beispielsweise hierzu im allgemeinen nur die Früh- und Mittagsschicht zu rechnen sein.

Diese Feststellungen zeigen zugleich, welche außerordentliche Bedeutung für die Wettbewerbsfähigkeit der Bergbauindustrie bzw. für die Höhe der Selbstkosten die Entwicklung der Arbeitsverfahren und der Abbaumethoden hat. Es kommt wesentlich darauf an, die Leistungsfähigkeit des einzelnen Arbeiters ohne Erhöhung seines Arbeitsaufwandes durch verbesserte Arbeitsverfahren zu erhöhen und eine möglichst starke Konzentration der Abbaubetriebe unter Vermeidung aller nicht unmittelbar zur Gewinnung erforderlichen Grubenbaue durch Einführung verbesserter Abbaumethoden zu bewirken. Was den letzteren Gesichtspunkt betrifft, so sei nur auf den Vergleich zwischen dem gewöhnlichen streichenden Strebbau mit breitem Blick und einem Schüttelrutschenabbau hingewiesen, der bei genügender Bergezufuhr an Grubenbauen außer dem Abbaustoß nur die untere Förderstrecke, die zugleich zur Wetterführung dient und die obere Wetterabführungsstrecke erfordert. Ebenso geht aus dieser Untersuchung die große Bedeutung der Kühlung heißer Grubenanlagen hervor, weil hierdurch sowohl eine Verlängerung der reinen Arbeitszeit, als auch eine Erhöhung der Arbeitsleistung der einzelnen Belegschaftsmitglieder ohne starke Belastung derselben, d. h. bei gleichem Arbeitsaufwand, erreicht werden kann.

Ferner ergibt sich aus der Betrachtung unwiderleglich, daß mit der Verkürzung der Schichtzeit auch dann eine Verminderung der Ergebnisleistung der Gesamtbelegschaft je Stunde und Kopf verbunden ist, wenn der einzelne Arbeiter für sich dieselbe Stundenleistung erzielt wie zuvor, weil die Zahl der unproduktiven Arbeiter im umgekehrt quadratischen Verhältnis zur Schichtverkürzung wächst.

Die Vergrößerung der Grubenanlage (Vermehrung der Baufelder usw.) erfolgt in demselben Maße wie die Vermehrung der mit der Gewinnung beschäftigten Hauer (Kohlenhauer), also im vorliegenden Falle nach Formel (II). In demselben Maße wächst etwa auch der Materialbedarf für die Unterhaltung der Grubenbaue. Wenn auch der Bedarf an Schienen, Bohrhämmern usw. infolge der geringeren Benutzung etwas weniger anwächst, so ist der Bedarf an Grubenholz, da bei langsamerem Abbau die Gebirgsdruckwirkungen meist stärker einsetzen, sicher höher, so daß man mindestens mit demselben Anwachsen des Materialbedarfes für die Unterhaltung des Betriebes rechnen muß, wie der Umfang desselben zunehmen muß, um die ursprüngliche Förderung aufrechterhalten zu können.

Um das Anwachsen der Anlage- und Unterhaltungskosten ermitteln zu können, muß man neben den Lohnkosten auch die Materialpreise und Materialmengen entsprechend einsetzen.

Aus den unter (I) bis (VIII) entwickelten Formeln würde sich beispielsweise der folgende Arbeiterbedarf für die Gewinnung (außer Förderung) und die Grubenunterhaltung für ein Baufeld eines Steinkohlenbergwerkes ergeben, unter der Annahme, daß:

$A = 80$ Mann je Baufeld,

$a = $ zu errechnen,

$B = $ täglich $2 \cdot 7 = 14$ Std. bei Annahme zweier Förderschichten (achtstündige Schicht),

$b = $ täglich $2 \cdot 6 = 12$ Std. bei Annahme zweier Förderschichten (siebenstündige Schicht),

$C = 0{,}3$ t Kohle je Arbeitsstunde,

$c = 0{,}25$ t Kohle je Arbeitsstunde,

$e = 5$ Hauer je Betriebspunkt (Abbauort),

$f = 16$ Betriebspunkte im Baufelde (zweiflüglig gedacht),

$o = 20\%$,

seien, wobei ausdrücklich bemerkt sei, daß diese Zahlen absichtlich nicht einem bestimmten praktischen Beispiel entnommen sind. Es ergibt sich dann:

nach Formel (I) $A \cdot B \cdot C = 336\,$t täglich

$$a = \frac{A \cdot B \cdot C}{b \cdot c} = \frac{80 \cdot 14 \cdot 0,3}{12 \cdot 0,25} = 112 \text{ Hauer je Schicht,}$$

nach Formel (II)

$$D_2 = A \cdot \frac{(B \cdot C - b \cdot c)}{b \cdot c} = 80 \cdot \frac{14 \cdot 0,3 - 12 \cdot 0,25}{12 \cdot 0,25} = 112 - 80$$

$$= 32 \text{ Kohlenhauer Belegschaftsvermehrung,}$$

nach Formel (V)

$$\frac{\alpha}{100} = \frac{B \cdot C}{b \cdot c} - 1 = \frac{14 \cdot 0,3}{12 \cdot 0,25} - 1 = 0,4 = 40\,\%,$$

nach Formel (VI)

$$v_1 = \frac{o}{100} \cdot f \cdot e = 0,20 \cdot 16 \cdot 5 = 16 \text{ Reparaturhauer usw. je Schicht,}$$

nach Formel (VII)

$$v = \frac{o}{100} \cdot f \cdot e \cdot \frac{B^2 \cdot C^2}{b^2 \cdot c^2}$$

$$= 0,2 \cdot 16 \cdot 5 \cdot \frac{14^2 \cdot 0,3^2}{12^2 \cdot 0,25^2} \cong 32 \text{ Reparaturhauer je Schicht.}$$

Während in dem angenommenen Beispiel die Zahl der Kohlenhauer auf das 1,40fache des ursprünglichen Bestandes infolge der angenommenen Schichtverkürzung und der Leistungsminderung gestiegen ist, mußte die Zahl der Reparaturhauer usw. auf das 2fache erhöht werden.

Man könnte gegenüber den vorstehenden Formeln und den darauf ausgeführten Rechnungen den Einwand erheben, daß sie von der Voraussetzung ausgehen, daß die allgemeinen Gebirgsdruck- und Abbauverhältnisse in den zur Erhaltung der Förderung ausgeführten Erweiterungsanlagen dieselben seien wie in den ursprünglichen, enger begrenzten Grubenbauen. Soweit es sich um die Verhältnisse der einzelnen Baufelder handelt, dürfte diese Voraussetzung nicht immer zutreffen. Immerhin ergeben die Rechnungen auch in diesen Einzelfällen wichtige Anhaltspunkte für die Einwirkung von Schichtdauer und Stundenleistung auf die Verteilung und Veränderung der Lohn- und sonstigen Selbstkosten. Die grundsätzlichen Erwägungen, die sich an die Rechnungen knüpfen, behalten ihre volle Gültigkeit.

Sobald man die Verhältnisse einer größeren Zeche oder eines ganzen Bergbaureviers, etwa des rheinisch-westfälischen, in Betracht zieht, erhalten auch die Rechnungen eine absolute Gültigkeit, da ein Ausgleich der Rechnungsgrundlagen nach den allgemeinen Gesetzen der Wahrscheinlichkeitsrechnung in dem Sinne stattfindet, daß man eine Beständigkeit der allgemeinen Gebirgsdruck- und sonstigen Abbauverhältnisse des Reviers annehmen kann. Das gilt zugleich für die Durchschnittsschichtzeit, die Durchschnittsstundenleistung und die Durchschnittslohngrundlagen der gesamten Belegschaft.

Die nachstehende, der Arbeit von Bornitz[1] entnommene graphische Darstellung zeigt den Vergleich der tatsächlichen Beziehungen der Arbeitsleistung, Schichtdauer usw. auf das Anwachsen der „inproduktiven Arbeiter" — gemeint ist der mit dem Umfang des Betriebes zunehmende Anteil der nicht unmittelbar

---

[1] Bornitz: Der Einfluß von Arbeitsdauer, Arbeitsstundenertrag und Schichtzahl auf die Wirtschaftlichkeit der untertägigen Betriebe im Steinkohlen-, Braunkohlen- und Kalibergbau. Braunkohlenarchiv 1923, H. 5/6.

produktiv tätigen Belegschaft — zu dem rechnerisch zu erwartenden Anwachsen dieses Belegschaftsteiles.

In Abb. 91 sind die Verschiebungen angegeben, die eine westfälische Zeche betreffen. Während im Jahre 1914 die tatsächliche Zahl der inproduktiven Arbeiter gegenüber der errechneten um 7,9% zurückbleibt, weil man zunächst die Unterhaltungsarbeiten einschränkte, um trotz der infolge des Heeresdienstes verminderten Belegschaft die Kohlenförderung halten zu können, übersteigt in den Jahren 1915 bis 1918 die tatsächliche Zahl der inproduktiven Arbeiter die errechnete Zahl, weil die Unterhaltung der Grubenbaue wieder nachgeholt und auf dem laufenden erhalten werden mußte und die Leistung der Leute infolge des beginnenden Nahrungsmangels, der Einstellung von meist ungeübten Kriegsgefangenen und der Unmöglichkeit, die Betriebseinrichtungen in dem friedensmäßigen guten Zustand zu erhalten, erheblich nachlassen mußte.

In den Jahren 1919 und 1920 strebt mit langsamer Wiederkehr normaler Abbau- und geordneter Arbeiterverhältnisse die Anzahl der tatsächlichen inproduktiven Arbeiter der errechneten Zahl wieder zu.

Für den Kalibergbau konnte diese Gesetzmäßigkeit nicht nachgewiesen werden, weil hier die Zahl der Reparaturhauer belanglos ist und für den Betrieb vielmehr die Anzahl der für den Gewinnungs- und Förderbetrieb — außer den Hauern — erforderlichen Hilfskräfte wie Klauber, Bremser und sonstige Bedienung der Fördereinrichtungen von Bedeutung ist.

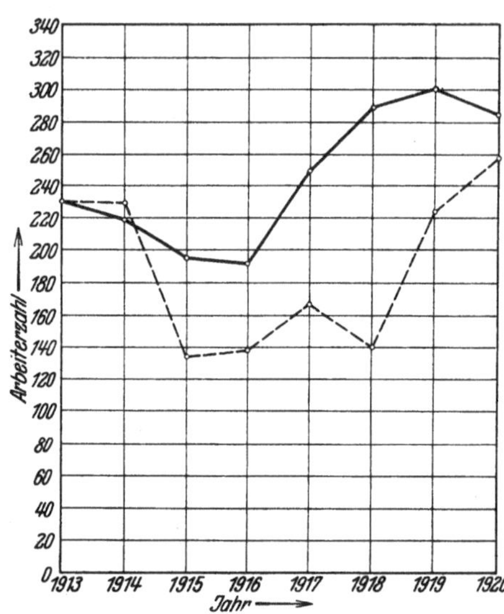

Abb. 91. Tatsächliche und rechnerisch ermittelte Anzahl der inproduktiven Arbeiter auf einer westfälischen Zeche.

——— Tatsächliche Anzahl.   — — — Rechnerisch ermittelte Anzahl.

Es geht daraus hervor, daß die Einwirkungen, die z. B. durch Zusammenlegung eines mehrschichtigen Bergwerksbetriebes in einen einschichtigen Betrieb erfolgen müssen, ganz verschiedenartig ausfallen werden, je nachdem die Unterhaltung der Grubenbaue und der Betriebsanlagen gegenüber der Bedienung der Anlagen stärker vor- oder zurücktritt. Während im ersteren Falle, also bei Bergwerksbetrieben in druckhaftem Gebirge, die Einrichtung eines mindestens zweischichtigen Betriebes vorteilhaft sein kann, um dadurch den Umfang der Abbaubetriebe und damit deren Unterhaltungsarbeiten möglichst einzuschränken, wird es bei einem Bergwerksbetriebe in druckfreiem oder wenig druckhaftem Gebirge (Kalisalzbergbau) in erster Linie darauf ankommen, die zur Bedienung der Betriebsanlagen erforderlichen Mannschaften ausreichend zu beschäftigen und den bei schwachen Betrieben vorherrschenden Bereitschaftsdienst zu vermeiden. Das geschieht am besten durch möglichste Zusammenlegung des Betriebes in einer Schicht, sofern man nicht noch weiter geht und durch Stillegung mehrerer Anlagen eine im Betrieb gehaltene so stark belastet, daß die hier vorhandenen Einrichtungen auch bei Mehrschichtenbetrieb voll ausgenutzt werden. Es gehört dieser Fall nicht in den Kreis der oben angestellten Untersuchung, soll aber hier wenigstens angedeutet werden, um die Einwirkungen der Fusionierungen usw. hier nicht zu übersehen.

In einem Bergwerksbetriebe, der in mäßig druckhaftem Gebirge umgeht, dessen Abbau- und Förderbetriebe infolge der Lagerungsverhältnisse oder infolge der angewandten Abbaumethoden usw. stark zersplittert sind, kann sonach der Fall eintreten, daß die bei einem zweischichtigen Betriebe bei gleicher Tagesförderung durch geringere Ausdehnung der Grubenbaue erzielten Ersparnisse in der Unterhaltung der Anlage gerade ausgeglichen werden durch die höheren Kosten für die Bedienung der Betriebsanlagen. Es würde in diesem Falle von wesentlicher Bedeutung sein, festzustellen, ob es z. B. gelingt, den Abbau und damit auch die erforderlichen Fördereinrichtungen zu konzentrieren, um dann zu untersuchen, wie die Frage der Schichtenzahl am zweckmäßigsten zu lösen ist.

Hierbei ist zu beachten, daß die Leistung vor Ort bei mehrschichtigem Betriebe häufig geringer ist als bei einschichtigem (s. Abschnitt C V).

Es lassen sich sonach die nachstehenden Schlußfolgerungen ziehen:

1. Die Hauerleistung ist in druckhaftem Gebirge neben der Möglichkeit der Konzentration des Gewinnungsbetriebes (z. B. Schüttelrutschenbetrieb) für die Gewinnungskosten von grundlegender primärer Bedeutung. Je höher die Hauerleistung ist, um so geringer wird in bezug auf die Gesamtförderung die erforderliche Ausdehnung der Grubenbaue und damit der Kostenanteil für Anlage und Unterhaltung derselben.

2. Bei druckfreiem oder wenig druckhaftem Gebirge ist die zeitliche Konzentration des Betriebes (evtl. Einschichtenbetrieb) anzuwenden, da die Kosten für die Bauhafthaltung der Grubenbaue gering sind, so daß die räumliche Ausdehnung des Grubengebäudes von geringer Einwirkung auf die Gesamtkosten ist und sich vorwiegend in der Verzinsung und Amortisation bemerklich macht. Natürlich handelt es sich um Fälle, bei denen die vorhandenen Fördereinrichtungen die Konzentration der Förderung auf eine Schicht ermöglichen, wie dies häufig beim Kalisalzbergbau der Fall ist. Es wird hier nur die Konzentration innerhalb des einzelnen Betriebes, nicht etwa die Möglichkeit der Zusammenfassung mehrerer Betriebe (Schachtanlagen), evtl. unter Stillegung der überflüssig werdenden, betrachtet. ·

Bei sehr druckhaftem Gebirge ist für den Bergwerksbetrieb die räumliche Konzentration der Betriebe verbunden mit der zeitlichen Beschleunigung des Abbaufortschrittes, also der Mehrschichtenbetrieb, anzustreben.

Bei Gebirge von mittlerer Druckhaftigkeit können unter Umständen beide Wege völlig gleichwertig sein, so daß die Entscheidung nur nach sorgfältiger Prüfung des vorliegenden Einzelfalles getroffen werden kann.

b) Die Abhängigkeit zwischen Hauer- und Schlepperzahl.

Nicht selten kommen im Bergbau die Fälle vor, in denen die vorwiegend mit dem Wegfüllen und Wegfördern beschäftigten Leute zweckmäßig mit den Hauern des betreffenden Ortes Hand in Hand arbeiten. Es ist das nicht überall der Fall. In Oberschlesien weigert sich häufig der Hauer, einen vor Ort stehenden Wagen zu füllen und erlaubt es andererseits nicht, daß der „Fördermann" auch Hauerarbeiten mit verrichtet. Wenn auch dieses Verhalten aus einem übertriebenen Standesbewußtsein verständlich ist, so wird zweifellos die Leistungsfähigkeit einer aus Hauer und Schlepper (Fördermann) bestehenden Kameradschaft hierdurch stark herabgesetzt. In den übrigen deutschen Bergbaubezirken liegen die Verhältnisse hinsichtlich der Hand-in-Hand-Arbeiten in dieser Hinsicht günstiger. In vielen Bezirken (Rheinland-Westfalen, mitteldeutscher Braunkohlentiefbau usw.) kommt dieses Verhältnis in der Regel auch äußerlich dadurch zum Ausdruck, daß die mit der Förderung und der Hilfeleistung für den Hauer beauftragten Personen als „Lehrhauer" bezeichnet werden.

Geht man von einem bestimmten Gewinnungsbetrieb aus, etwa von einem Streckenbetrieb in einem Braunkohlenflöz, so ist klar, daß der Hauer zur Hereingewinnung einer bestimmten Kohlenmenge einschließlich der dazu erforderlichen Nebenarbeiten stets eine bestimmte Zeit braucht, während die zum Abschleppen erforderliche Zeit mit der Entfernung des Arbeitsortes vom Anschlagspunkte zu- und abnimmt. Nur bei einer bestimmten Entfernung wird die Leistungsfähigkeit des Hauers gleich der des Schleppers sein. Bei geringerer Entfernung wird die Leistungsfähigkeit des Schleppers, bei größerer die des Hauers nicht voll ausgenutzt.

Setzt man:

T = reine Arbeitszeit je Schicht,

H = Arbeitszeit des Hauers (Gewinnung, Ausbau und sonstige Nebenarbeiten) je Wagen Förderung,

a = Füllzeit einschließlich sonstiger konstanter Arbeits- und Dienstbereitschaftszeiten je Wagen Förderung für den Schlepper (Lehrhauer),

f = Entfernung vom Arbeitspunkt zum Anschlagspunkt,

v = mittlere Fahrgeschwindigkeit für den vollen und leeren Wagen,

z = Anzahl der von einem Schlepper gleichzeitig abzuschlagenden Wagen,

$F = a + \dfrac{2 \cdot f}{z \cdot v} = \sum$ Füll- und Fahrzeit je Wagen Förderung,

s = Anzahl der Lehrhauer (Schlepper),

n = Anzahl der Hauer,

h_n = Arbeitszeit je Schicht, die dem Hauer nach Hereingewinnung der vom Schlepper abzufahrenden Massen noch zur Gewinnung der von ihm selbst auch abzuschleppenden Massen zur Verfügung steht,

h_s = die im umgekehrten Falle sinngemäß dem Schlepper (Lehrhauer) zur Hereingewinnung von Massen zur Verfügung stehende Zeit,

m_n = die Zeit zum Abschleppen der in der Zeit h_n gewonnenen Massen,

m_s = die entsprechende Zeit für die in der Zeit h_s gewonnenen Massen,

L_n = Leistungen in Wagenzahl, die der Hauer je Schicht außer den für die Lehrhauer zu gewinnenden Massen noch gewinnen und abschleppen kann,

L_s = Leistungen in Wagen Förderung, die der Lehrhauer im umgekehrten Falle außer den vom Hauer zu gewinnenden Mengen noch gewinnen und abschleppen kann,

ferner

$$\frac{H}{F} = \frac{H}{a + \dfrac{2 \cdot f}{z \cdot v}} = x \tag{I}$$

und sinngemäß

$$\frac{h}{m} = x, \tag{I a}$$

so beträgt die Schichtleistung eines Hauers, der nur bei der Gewinnung arbeitet, in Wagen gleich $\dfrac{T}{H}$ und die Schlepperleistung je Schicht gleich $\dfrac{T}{F}$. Daraus folgt, daß für den Fall, in dem innerhalb einer Kameradschaft die Summe der Hauerleistungen je Schicht gleich der Summe der Schlepperleistungen je Schicht sein soll, die Gleichung bestehen muß

$$n \cdot \frac{T}{H} = s \cdot \frac{T}{F}, \tag{II}$$

woraus sich ergibt, daß in diesem Falle auch die Gleichung

$$\frac{n}{s} = \frac{H}{F} = x$$

bestehen muß.

Hieraus ergeben sich alle Beziehungen für die einander zugehörige Anzahl von Hauern und Lehrhauern zu den Arbeitszeiten.

Diese Bedingungen sind jedoch im Betriebe nur selten erfüllt, da die Mannschaftszahlen stets ganze Zahlen sein müssen. Es besteht somit meist die Ungleichung

$$n \cdot \frac{T}{H} \gtrless s \cdot \frac{T}{F}, \tag{III}$$

wobei

$$x = \frac{H}{F} \lessgtr \frac{n}{s}$$

wird.

Angenommen, es sei

$$n \cdot \frac{T}{H} > s \cdot \frac{T}{F} \quad \text{also} \quad \frac{n}{s} > x,$$

so bedeutet dies, daß die n Hauer zwar je Schicht $n \cdot \dfrac{T}{H}$ Wagen leisten könnten, daß ihnen aber von den Schleppern nur $s \cdot \dfrac{T}{F}$ Wagen abgenommen werden. Für die Leistung brauchen die n Hauer je Schicht eine Zeit von $s \cdot \dfrac{T}{F} \cdot H$ oder je Hauer $\dfrac{s}{n} \cdot \dfrac{H}{F} \cdot T = x \cdot \dfrac{s}{n} \cdot T$.

Es hat also jeder Hauer je Schicht eine freie Zeit von

$$T - x \cdot \frac{s}{n} \cdot T = T \cdot \left(1 - x \cdot \frac{s}{n}\right).$$

Diese Zeit steht dem Hauer zur Gewinnung und Förderung weiterer Mengen zur Verfügung. Es ist danach

$$T \cdot \left(1 - x \cdot \frac{s}{n}\right) = h_n + m_n. \tag{IV}$$

Wird $\dfrac{n}{s} = x$, also $\dfrac{s}{n} = \dfrac{1}{x}$, so wird der Wert obiger Gleichung gleich Null, d. h. es tritt der durch Gleichung (II) gekennzeichnete Fall ein.

Aus den Gleichungen (Ia) und (IV) ergibt sich:

$$T \cdot \left(1 - x \cdot \frac{s}{n}\right) = x \cdot m_n + m_n = m_n \cdot (1 + x) = h_n + \frac{h_n}{x}$$

$$= h_n \cdot \left(1 + \frac{1}{x}\right) = h_n \cdot \frac{(1 + x)}{x}.$$

Hieraus folgt:

$$m_n = \frac{1}{1 + x} \cdot T \cdot \left(1 - x \cdot \frac{s}{n}\right), \tag{V}$$

$$h_n = \frac{x}{1 + x} \cdot T \cdot \left(1 - x \cdot \frac{s}{n}\right). \tag{VI}$$

Die Leistungen, die jeder Hauer noch außer den Mengen, die er für die Lehrhauer (Schlepper) gewinnen muß, durch Gewinnung und Förderung erzielen kann, sind gleich

$$L_n = \frac{h_n}{H} = \frac{m_n}{F} = \frac{x}{(1 + x)} \cdot \frac{T}{H} \cdot \left(1 - x \cdot \frac{s}{n}\right) = \frac{1}{(1 + x)} \cdot \frac{T}{F} \cdot \left(1 - x \cdot \frac{s}{n}\right). \tag{VII}$$

Liegt der Fall vor, daß

$$n \cdot \frac{T}{H} < s \cdot \frac{T}{F} \quad \text{also} \quad \frac{n}{s} < x,$$

$$H > \frac{n}{s} \cdot F,$$

so können die n Hauer je Schicht nicht soviel leisten, als ihnen von den s Schleppern abgenommen werden kann. Für die Leistungen der n Hauer brauchen die

s Schlepper je Schicht nur eine Zeit von

$$n \cdot \frac{T}{H} \cdot F \quad \text{oder je Schlepper} \quad \frac{n \cdot F \cdot T}{s \cdot H} = \frac{n}{x \cdot s} \cdot T.$$

Es hat also jeder Schlepper (Lehrhauer) je Schicht eine freie Zeit von $T - \frac{n}{x \cdot s} \cdot T = T \cdot \left(1 - \frac{n}{x \cdot s}\right)$ zur Verfügung für die Gewinnung und Förderung weiterer Mengen. Es ist danach

$$T \cdot \left(1 - \frac{n}{x \cdot s}\right) = h_s + m_s. \tag{VIII}$$

Wird $\frac{n}{s} = x$, so wird der Wert der Gleichung (VIII), ebenso wie derjenige der Gleichung (IV), gleich Null, d. h. es tritt der durch Gleichung (II) gekennzeichnete Fall ein.

Aus den Gleichungen (Ia) und (VIII) ergibt sich:

$$T \cdot \left(1 - \frac{n}{x \cdot s}\right) = m_s \cdot (1 + x) = h_s \cdot \left(\frac{1 + x}{x}\right).$$

Hieraus folgt:

$$m_s = \frac{1}{1 + x} \cdot T \cdot \left(1 - \frac{n}{x \cdot s}\right), \tag{IX}$$

$$h_s = \frac{x}{1 + x} \cdot T \cdot \left(1 - \frac{n}{x \cdot s}\right) = \frac{T}{(1 + x)} \cdot \left(x - \frac{n}{s}\right). \tag{X}$$

Die Leistungen, die jeder Lehrhauer (Schlepper) darnach noch außer den von den Hauern gewonnenen Mengen gewinnen und abschlagen kann, betragen:

$$L_s = \frac{h_s}{H} = \frac{m_s}{F} = \frac{x}{(1 + x)} \cdot \frac{T}{H} \cdot \left(1 - \frac{n}{x \cdot s}\right) = \frac{1}{(1 + x)} \cdot \frac{T}{F} \cdot \left(1 - \frac{n}{x \cdot s}\right). \tag{XI}$$

Im allgemeinen wird die zulässige Zahl der Hauer durch die Ortsverhältnisse bedingt sein. Beispielsweise wird man beim Auffahren einer einspurigen Strecke im Braunkohlenbergbau nur einen Hauer anlegen können, bei einer sog. Doppelstrecke etwa zwei Hauer. Die zweckmäßige Anzahl der Lehrhauer (Schlepper) ist darnach je nach Lage des Falles, d. h. je nach der Gewinnbarkeit der Kohle einerseits und je nach den Entfernungen und sonstigen Förderverhältnissen andererseits zu bestimmen.

Soweit die Betriebsverhältnisse Bewegungsfreiheit in der Bemessung der Zahl der Hauer und Lehrhauer gestatten, wird es zweckmäßig sein, die Anzahl beider Arbeiterkategorien so zu bestimmen, daß die Gleichung

$$n \cdot \frac{T}{H} = s \cdot \frac{T}{F} \quad \text{bzw.} \quad n = s \cdot \frac{H}{F}$$

möglichst erreicht wird. Da die Zahlen n und s stets ganze Zahlen sein müssen, so wird die letzte Gleichung lauten müssen:

$$n \pm (\text{Null bis } 1) = s \cdot \frac{H}{F},$$

wenn man erreichen will, daß jede Arbeiterkategorie möglichst mit den eigenen Arbeiten voll beschäftigt wird. Es ist zu beachten, daß der Wechsel in der Arbeit bei größeren Differenzen zwischen n und s meist nicht in der Weise stattfinden kann, daß diejenige Arbeiterkategorie, die gegenüber der anderen einen Überschuß an Zeit zur Verfügung hat, den ersten Teil der Schicht glatt durcharbeiten und nur im letzten Teil der Schicht zur Arbeit der anderen Arbeiterkategorie übergehen kann. Dieser Fall ist z. B. bei den Beziehungen zwischen Hauern und

Schleppern nur denkbar, wenn den Hauern eine Überschußzeit zur Verfügung steht, und wenn zugleich die Betriebsverhältnisse eine Aufstapelung bzw. Bunkerung entsprechender Fördermassen gestatten.

c) Die Organisation des Schachtabteufens von Hand.

1. Abteufen in weichem bzw. lockerem Gebirge.

Die Einzelleistungen der Hauer lassen sich beim Schachtabteufen von Hand in weichem, seifigem oder lockerem, rolligem Gebirge nicht klar festlegen[1]. Es sind daher bis jetzt nur Zahlen bekannt, die die Gewinnung, das Wegfüllen in den Kübel und den Ausbau umfassen, da diese Arbeiten meist derart Hand in Hand gehen müssen — der Ausbau muß z. B. bei feinkörnigen, wasserführenden Sanden der Gewinnung durch das mitunter notwendige Abtreiben der Pfähle fast zentimeterweise folgen —, daß eine Zerlegung der Arbeitsvorgänge und deren Verteilung auf die einzelnen Schichten untunlich ist. Zudem sind die Leistungen in schwierigem Gebirge außerordentlich schwankend. Man kann etwa mit folgenden Durchschnittszahlen rechnen, wobei in allen Fällen ein Platzbedarf je Hauer von rd. 2,3 bis 2,5 m² Schachtsohle vorausgesetzt wird, und die Leistung sich auf Gewinnung, Wegfüllung in den Kübel, normalen Holzausbau und Nebenarbeiten bezieht. Spez. Gewicht = 1,8; Schüttung: Ton = 1,5 und Sand = 1,2.

Tabelle 52. Hauerleistungen beim Abteufen im weichen Gebirge.

Gebirgsart	Hauerleistung je Stunde		
	anstehendes Gestein m³/Std.	lose Massen m³/Std.	t/Std.
Seifiger Ton	0,155	0,230	0,278—0,28
Trockner Sand.	0,25—0,27	0,30—0,325	0,450—0,485
Geröll, sehr grober Kies[2]	0,10—0,11	0,12—0,132	0,18 —0,20

Bei komplizierterem Ausbau (Wandruten usw.), sowie bei stärkerem Wasserzugang sinkt die Leistung entsprechend.

Die Senkung der Leistung ist hierbei nicht nur von der zusitzenden Wassermenge, sondern — bei feinkörnigen und seifigen Gebirgen — vielfach in erster Linie von der Standfähigkeit des Gebirges abhängig.

2. Abteufen in festem Gebirge.

Im festen Gestein ist eine zeitliche Zerlegung der einzelnen Teilarbeiten, wie Gewinnung, Förderung und Ausbau durchführbar und wird im Interesse der besseren Arbeits- und Betriebsorganisation auch in der Regel durchgeführt. Oft wird die Bohr- und Schießarbeit, die Wegfüllarbeit und der Ausbau in besonderen Schichten durchgeführt.

α) **Bohr- und Schießarbeit.** Die Belegschaftsstärke auf der Sohle läßt sich errechnen, indem man davon ausgeht, daß jeder Hauer im Schacht eine Fläche von rd. 2,25 bis 2,50 (bis 3) m² bearbeiten soll. Mindestens die Hälfte der Hauer einer Schicht wird mit Bohrhämmern ausgerüstet. Hierzu kommt die gleiche Zahl der Maschinen für Reserve und Reparatur. Am besten geeignet sind für das Durchteufen mittelfester Gesteine (Steinkohlengebirge, Dyas, Trias usw. sowie gefrorene Tertiärschichten) Bohrhämmer von 18 bis 20 (bis 25) kg Gewicht. Es genügt hier fast durchweg eine Bohrhammertype. Ein Bohrhammer von

---

[1] Estor: Vorkostenberechnung von Teufarbeiten. Techn. Blätter 1926, Nr. 13/14.
[2] Bei geringem Wasserzugang.

18 bis 20 kg Gewicht verbraucht etwa 1,3 bis 1,4 m³/min angesaugte Luft, auf 8 at gepreßt.

Die Leistung der Bohrhämmer hängt, gute Instandhaltung und genügenden Luftdruck vorausgesetzt, wesentlich von der Beschaffenheit des zu durchbohrenden Gesteins ab. Die Leistungen je min reiner Bohrzeit betragen etwa:

Tabelle 53. Bohrhammerleistungen beim Abteufen in verschiedenem Gestein: Luftdruck 5 bis 6 atü, Bohrloch-∅ 36 bis 45 mm.

Gesteinscharakter	Gestein	Leistung[1]	Bemerkungen
Sehr harte Gesteine	Granit	4—8	
	Gneis	(5—) 8—10	
	Basalt.	10—12	
	Quarzit	8—12	
	Porphyr	10—12	
Harte bis mittelharte Gesteine	Granit	12—15	
	Phyllitschiefer . .	16	
	Grauwacke . . .	15—18	
	Kalkstein	16—20 (—30)	hart (bis mittelhart)
	Anhydrit	15—20 (—40)	schwankend je nach Verunreinigungen
	Sandstein	18—22	hart
Mittelhart bis mild	Sandstein	25—30	mittelhart
	Tonschiefer . . .	30—40 (—60)	mittelhart (bis mild)
	Minette	30—40	
	Hartsalz.	36—50	
	Karnallit	54—65	und mehr, je nach Beimengungen
	Sylvin	30—55	
	Steinsalz	54—65	
	Kohle.	40—60	und mehr

Die Bohrlochtiefe beträgt bei milderen Schichten etwa 3 bis 4 m und bei härteren Schichten etwa 1,5 bis 2 m. Ein Bohrloch ist je 0,7 bis 0,9 m² Aushubfläche des Schachtes bei mittelfestem Gestein erforderlich. Die Bohrlöcher werden nach einem bestimmten Schema in mehreren konzentrischen Kreisen angeordnet. Für einen Schacht von 6 m ∅, gemessen am Schachtgebirgsstoß, wählt man in mittelfestem Gestein oft die folgende Anordnung der Bohrlöcher:
Die Zündung der Schüsse

Tabelle 54. Anordnung der Bohrlöcher beim Schachtabteufen.

	Bohrkreisdurchmesser		Anzahl der Bohrlöcher
	oben m	unten m	
Einbruchlöcher (Innenkranz) .	2,70	0,90	4
Mittellöcher (Mittelkranz) . .	4,20	3,50	12
Stoßlöcher (Außenkranz) . . .	6,00	6,00	18
i. Sa. Bohrlöcher			34

erfolgt meist elektrisch. An Sprengstoffen kann man rechnen:

in gefrorenem Tertiär usw. . . . . . je m³ 0,65 kg Ammongelatine,
im Steinkohlengebirge . . . . . . je m³ 0,50 bis 0,55 kg Dynamit I,
im Steinkohlenflöz . . . . je m³ 0,33 kg Wetterlignosit.

Die Sprengstoffmenge wählt man lieber etwas knapp als zu reichlich, damit das Fördergut großstückig anfällt und nicht zu hoch geschleudert wird. Hierdurch wird die Beschädigung der Einbauten besser vermieden. Das grobstückigere Fördergut läßt sich zudem schneller in die Kübel verladen. Zum Zerkleinern zu großer Brocken haben sich schwere Abbauhämmer von etwa 25 kg und höherem

---

[1] Leistung in cm/min.

Gewicht (Betonbrecher) ausgezeichnet bewährt. Zwei solche Abbauhämmer, hiervon einer als Reserve, genügen für einen Schacht.

Die Mindestzahl der Bohrhämmer, die notwendig ist, um die Bohrarbeit in einer Schicht zu erledigen, läßt sich errechnen, wenn man einsetzt für:

b = Anzahl der Bohrlöcher je m^2 Schachtsohle (Aushubfläche),
B = Gesamtzahl der erforderlichen Bohrlöcher je Satz,
s = durchschnittliche Tiefe der Bohrlöcher in m,
S = Gesamtlänge der je Satz erforderlichen Bohrlöcher in m,
T = reine Arbeitszeit je Schicht in Stunden,
m = Anteil der mittleren reinen Bohrzeit an der reinen Arbeitszeit je Schicht,
n = Anzahl der erforderlichen Bohrhämmer,
o = Bohrleistung des Bohrhammers je Stunde reiner Bohrzeit in m,
D = Schachtdurchmesser (des Gebirgsaushubes).

Es ist dann:

$$B = \frac{D^2 \cdot \pi}{4} \cdot b,$$

$$S = B \cdot s = \frac{D^2 \cdot \pi}{4} \cdot b \cdot s,$$

$$n = \frac{S}{o \cdot m \cdot T} = \frac{D^2 \cdot \pi \cdot b \cdot s}{4 \cdot o \cdot m \cdot T}.$$

β) **Kübelförderung.** Die Abteufkübel haben in der Regel einen zulässigen Füllinhalt von rd. 0,5 bis 0,6 m^3, falls sie den bekannten bergpolizeilichen Vorschriften entsprechend gefüllt werden, nach denen sie nur etwa eine Handbreit unterhalb des oberen Randes gefüllt sein dürfen.

Für die Kübelförderung kann man maximal etwa folgende Zeitaufwendungen rechnen:

$$$$

sec

α = Anheben des Kübels von der Sohle, Reinigen des Bodens, Ausschwingen . 20 bis 30
β = Stürzen des Kübels über Tage . . . . 50 „ 80
γ = Aufsetzen des niedergehenden Kübels auf der Schachtsohle einschließlich
    Einschwenken . . . . 10 „ 15
δ = Abschlagen des Seils vom Kübel . . . . 5 „ 10
ε = Anschlagen des Seils an den Kübel . . . . 5 „ 10

Von Bedeutung wird vor allem bei größerer Teufe das Arbeiten mit Wechselkübel auf der Schachtsohle, damit die Füllarbeit während der Förderung nicht unterbrochen werden muß.

Bezeichnen:

C = Schachtteufe in m,
v = mittlere Fördergeschwindigkeit in m/sec,
E = Dauer eines Förderzuges,

so kann man bei Wechselkübel günstigstenfalls rechnen:

$$E = \alpha + \gamma + \delta + \varepsilon + \frac{C}{v}.$$

Hierbei ist angenommen, daß das Stürzen des Kübels über Tage in der Zeit ausgeführt werden kann, in der auf der Schachtsohle der ankommende Kübel auf die Füllstelle eingeschwenkt, vom Seil abgeschlagen, der andere Kübel angeschlagen, angehoben, am Boden außen gereinigt und so ausgeschwungen wird, daß er nicht mehr pendelt.

Zum Füllen steht dann je Kübel bestenfalls auch die Zeit E zur Verfügung. Während des An- und Abschlagens kommen natürlich die hiermit beschäftigten Leute nicht für die Füllarbeit in Betracht.

Die maximale Förderleistung beträgt sonach:

$$F = \frac{T}{E} = \frac{T}{\alpha + \gamma + \delta + \varepsilon + \dfrac{C}{v}}.$$

Dauert die Füllzeit oder das Stürzen des Kübels länger als E, so ist die jeweils längste Zeit für die Förderleistung maßgebend.

γ) **Wegfüllarbeit in den Kübel.** Die bei der Wegfüllarbeit erzielbare Leistung wird in erster Linie durch die Höhe des Wasserstandes über der Schachtsohle bedingt. Naturgemäß wirkt die von oben kommende Nässe auf den Arbeiter und dessen Leistungsfähigkeit ungünstig ein ebenso wie die Tatsache, daß nasses Gezähe und nasse Berge infolge ihrer Schlüpfrigkeit die Arbeitsausführung ungünstig beeinflussen. Die Leistungen beim Wegfüllen sinken ferner in nassen Schächten besonders stark, wenn die Wasser- und Lufttemperatur im Schacht unter etwa 18^0 sinkt. Bei geringeren Wasserzugängen wird es in der Regel möglich sein, den Wasserstand im „Sumpfloch" allein zu halten, so daß die zu bearbeitende Schachtsohle, d. h. die lockeren Berge, wasserfrei liegen. Für die Wegfüllarbeit genügt es hierzu vollständig, wenn der Wasserstand etwa 0,10 m unter der jeweiligen Oberfläche des Bergehaufwerkes gehalten werden kann. Das Sumpfloch wird deshalb meist entsprechend tiefer ausgeschossen und bei der Wegfüllarbeit entsprechend tief ausgehoben.

Der Sumpf soll die Schwankungen zwischen Zulauf und Wasserhebung ausgleichen können. Dazu muß der Inhalt des Sumpfes J in einem bestimmten Verhältnis zum mittleren Wasserzugang Z stehen, wobei das Verhältnis $\dfrac{J}{Z}$ um so größer sein muß, je größer die Schwankungen von J oder Z sind, und je stärker die Pumpenleistungen schwanken, insbesondere je öfter die Pumpen aussetzen, z. B. infolge von Verstopfungen durch Ansaugung von Schlamm, Holzspänen usw. Je nach den verschiedenen Verhältnissen wählt man das Verhältnis von $\dfrac{J}{Z}$ zweckmäßig zwischen etwa 2 bis 5. Rechnet man, daß der zweckmäßige Sumpfinhalt je m^3/min Zufluß etwa $3\ m^3$ betragen soll, so ersieht man, daß schon bei $1\ m^3$/min Wasserzugang kein ausreichender Inhalt für das Sumpfloch erreicht werden kann, wenn die hereingeschossenen Berge ziemlich weggefördert sind.

Bei größeren Wassermengen läßt sich praktisch kein ausreichender Raum im Sumpfloch mehr schaffen. Man muß vielmehr den gesamten unteren Schachtraum mit heranziehen bzw. es ist unvermeidlich, daß die Wasser bei den Schwankungen des Wasserstandes mehr oder weniger stark über das Bergehaufwerk ansteigen.

Setzt man

$J =$ Inhalt des Sumpfloches $= 1$ bis $2\ m^3$,
$Z =$ Wasserzulauf in m^3/min,
$a =$ mittlere Höhe des Wasserstandes über der Schachtsohle (bzw. über der Oberfläche des Bergehaufwerkes),
$u \geqq 1 =$ Faktor für Z zur Berücksichtigung der Ungleichförmigkeit des Wasserzuganges bzw. der Pumpenleistung,
$D =$ Schachtdurchmesser am Gebirgsstoß,

so muß sein

$$u \cdot Z = \frac{D^2 \cdot \pi}{4} \cdot a + J,$$

$$a = \frac{4 \cdot (u \cdot Z - J)}{D^2 \cdot \pi}.$$

Hieraus ergibt sich, daß bei einem bestimmten Wasserzulauf die Höhe a und damit die Beeinträchtigung der Arbeitsleistung mit zunehmendem Schachtdurchmesser erheblich abnimmt. Man kann etwa mit der in nachstehender Tabelle 55 angegebenen mittleren Höhe des Wasserstandes a rechnen, wenn $J = 1\,\mathrm{m}^3$ ist und als Faktoren für die Schwankungen von Wasserzulauf und Wasserhebung die Größen 1, 1,5, 2 und 3 eingesetzt werden.

Tabelle 55. Mittlere Höhe des Wasserstandes über dem Bergehaufwerk in Abhängigkeit vom Wasserzulauf und Schachtdurchmesser.

$$a = \frac{4 \cdot (u \cdot Z - J)}{D^2 \cdot \pi}, \quad u = 1,\ 1{,}5,\ 2,\ 3 \text{ und } J = 1\,\mathrm{m}^3.$$

	Schacht-⌀ in m	$Z = $ Wasserzulauf in m³/min								Bemerkungen
		1	2	3	4	5	6	7	8	
1	3	0	0,142	0,283	0,424	0,566	0,708	0,850	0,991	$u = 1$
	4	0	0,079	0,159	0,239	0,318	0,400	0,477	0,557	
	5	0	0,051	0,102	0,153	0,204	0,254	0,309	0,356	
	6	0	0,035	0,071	0,106	0,141	0,177	0,212	0,248	
	7	0	0,026	0,052	0,078	0,104	0,130	0,156	0,182	
	8	0	0,020	0,040	0,060	0,080	0,099	0,120	0,139	
2	3	0,071	0,284	0,496	0,710	0,922	1,135	1,348	1,561	$u = 1{,}5$
	4	0,040	0,159	0,278	0,397	0,517	0,636	0,755	0,875	
	5	0,025	0,102	0,178	0,254	0,331	0,407	0,484	0,560	
	6	0,018	0,071	0,124	0,177	0,230	0,283	0,336	0,389	
	7	0,013	0,052	0,091	0,130	0,169	0,208	0,247	0,286	
	8	0,010	0,040	0,070	0,100	0,129	0,159	0,189	0,219	
3	3	0,142	0,424	0,708	0,991	1,273	1,556	1,840	2,123	$u = 2$
	4	0,079	0,239	0,400	0,557	0,717	0,876	1,034	1,193	
	5	0,051	0,153	0,254	0,356	0,458	0,561	0,663	0,764	
	6	0,035	0,106	0,177	0,248	0,318	0,389	0,460	0,530	
	7	0,026	0,078	0,130	0,182	0,234	0,286	0,338	0,390	
	8	0,020	0,060	0,099	0,139	0,179	0,219	0,259	0,298	
4	3	0,283	0,708	1,132	1,556	1,981	2,405	2,892	3,253	$u = 3$
	4	0,159	0,399	0,636	0,876	1,114	1,355	1,594	1,830	
	5	0,102	0,254	0,407	0,561	0,712	0,867	1,016	1,171	
	6	0,071	0,177	0,283	0,389	0,496	0,602	0,708	0,813	
	7	0,052	0,130	0,208	0,286	0,364	0,442	0,520	0,598	
	8	0,040	0,099	0,159	0,219	0,279	0,339	0,398	0,458	

Solange der Wasserstand nicht höher als 25 bis 30 cm über dem Fördergut steht, wird die Leistung beim Füllen nur sehr wenig beeinträchtigt. Bei höherem Wasserstand nimmt die Leistung sehr stark ab und sinkt bei 50 bis 60 cm Höhe je nach der Armlänge auf Null. Bei einem höheren Wasserstande ist die Leistungsfähigkeit so gering, daß das Abteufen von Hand völlig unwirtschaftlich wird. Maßgebend für die Leistung ist einmal die Reichweite der Arme zum Ergreifen von Stücken (rd. 50 bis 60 cm) und der Winkel, mit dem das Schaufelbrett aus dem Wasserspiegel heraustaucht. Je steiler dieser Winkel ist, um so mehr Massen rutschen beim Passieren des Wasserspiegels von der Schaufel.

Die Vorbedingung hoher Fülleistungen beim Schachtabteufen ist das Vorhandensein grobstückigen Fördergutes. Deshalb ist bei der Schießarbeit das genaue Ansetzen der Sprengbohrlöcher und die nicht zu reichliche Bemessung der Sprengstoffmenge von größter Bedeutung.

Beim Füllen lockerer Sande mit der Schaufel sowie von Stücken mit den Händen erzielt man eine Leistung an geschütteten Mengen von $\sim 2\,\mathrm{m}^3/\mathrm{Mann}$ und Stunde. Diese Leistung wird kaum beim Wegfüllen großer Gesteinsstücke bis 1 m³ Größe vermindert, soweit mittelfestes Gebirge (Karbon und jüngere Schichten) in Frage kommt. In diesem Falle kann mit Hilfe schwerer Abbauhämmer die Zerkleinerung in handliche Stücke sehr schnell erfolgen.

Beim Wegfüllen harter, kleinstückiger, von Feinkorn durchsetzter Massen, wie grober Kies, Kalkstein, Schieferton, Sandstein, muß jedem Füller ein Mann beigegeben werden, der mit der Keilhaue die losgesprengten Massen auflockert. Hierbei liefern ein Füller mit seinem Hilfsmann stündlich etwa 1,5 m³ lockere Massen. Die Leistung sinkt bei hartem Sandstein bis auf etwa 1,2 m³. Es beträgt also die Fülleistung an geschütteten Massen etwa 0,6 bis 0,75 m³/Mann/Std. Hiernach ergibt sich die Fülleistung bei verschiedenen Gebirgsarten und verschiedenem Wasserstand aus der Abb. 92. Je nach dem Stückreichtum schwankt die Leistung zwischen den Linien a und b bzw. c beim Abteufen in festem Gebirge.

d) **Der Wasserhaltungsbetrieb.** Von ganz erheblicher Bedeutung für die Leistungsfähigkeit beim Schachtabteufen von Hand ist die Organisation des Wasserhaltungsbetriebes. Es kommt wesentlich darauf an, einerseits die Zeit zwischen der Außerbetriebsetzung und Inbetriebnahme der Pumpen beim Schießen abzukürzen und die maximale Leistungsfähigkeit der Pumpen möglichst hoch über dem jeweiligen Wasserzulauf des Schachtes vorzusehen.

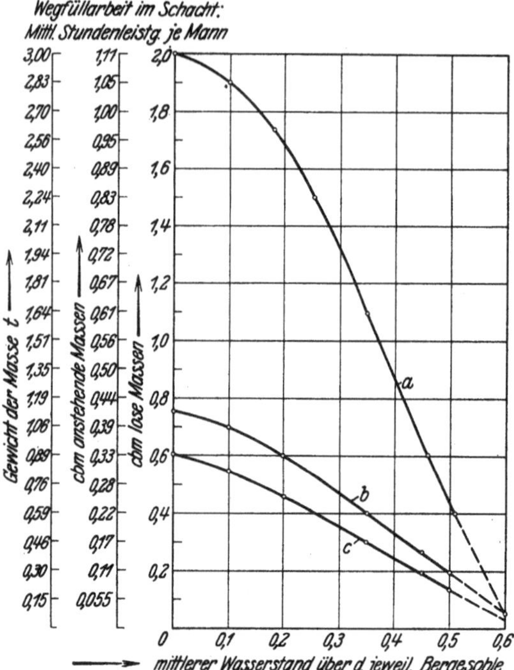

Abb. 92. Ungefähre mittlere Leistungen bei der Füllarbeit beim Schachtabteufen in Abhängigkeit von Stückgröße und Wasserstand.

Spez. Gewicht rd. 2,7.   Schüttungskoeff. 1,6—1,8.
a Leistung bei lockeren Sanden (Schaufel) und bei Stücken (von Hand), b Leistung bei kleinstückigen, nicht zu harten Massen, c Leistung bei kleinstückigen, sehr harten Massen (harter Sandstein usw.), b und c Wegfüllen mit Hacke und Schaufel. Je nach der Stückgröße schwankt die Fülleistung zwischen a und b bzw. c.

Nimmt man an, daß der Wasserspiegel im Schachtsumpf vor Beginn des Schießens etwa bis auf die Schachtsohle heruntergezogen war und bezeichnet man mit:

Z = Wasserzulauf in m³/min,
P = Pumpenleistung (maximale) in m³/min,
A = Zeit zwischen der Außerbetriebsetzung der Pumpe vor und der Inbetriebsetzung nach dem Schießen in min,
M = Wasserzulaufmenge in der Zeit A in m³,
D = Schachtdurchmesser in m,
h = Wasseranstieg im Schachte während der Zeit A in m,
l = zulässige Wasserhöhe über der Schachtsohle, bei der die Arbeit wieder aufgenommen wird, in m,
V = aus dem Schacht zu hebende Wassermenge zwecks Sümpfung des Wasserspiegels von h auf l außer dem während der Sümpfung erfolgenden Zulauf in m³,
t = Sümpfungszeit in min,

so ergibt sich

$$A \cdot Z = \frac{D^2 \cdot \pi}{4} \cdot h = M \quad \text{und} \quad h = \frac{4 \cdot A \cdot Z}{D^2 \cdot \pi}, \tag{I}$$

$$V = \frac{D^2 \cdot \pi}{4} \cdot (h - l), \tag{II}$$

$$t \cdot (P - Z) = V = \frac{D^2 \cdot \pi}{4} \cdot (h - l) , \qquad\qquad \text{(III)}$$

$$t = \frac{D^2 \cdot \pi}{4} \cdot \frac{h - l}{P - Z} ,$$

$A + t =$ Gesamtzeit, während der die Wegfüllarbeit

unterbrochen ist . $\qquad\qquad$ (IV)

Aus der Gleichung (I) ergibt sich ohne weiteres die Bedeutung der Abkürzung der Zeit A.

Ebenso ergibt sich aus Gleichung (III) die Bedeutung des Verhältnisses von P zu Z. Ist $P = Z$, so muß $t = \infty$ sein.

Bei mit Dampf betriebenen Senkpumpen, deren Steigerohr- und Dampfleitungen fest am Schachtstoß verlagert seien, kann man für A etwa rechnen:

min

Abschrauben von Steigerohr und Dampfleitung usw., Aufholen   5
Zünden der Schüsse, Wartezeit 10
Einhängen und Anschließen der Pumpe 5
$\overline{\hspace{4cm} A = 20}$

Nimmt man an, es seien: $D = 7$ m; $Z = 5$ m³/min; $P = 6$ m³/min und $l = 1$ m, so wird:

$$M = A \cdot Z = 20 \cdot 5 = 100 \text{ m}^3 ,$$

$$h = \frac{4 \cdot A \cdot Z}{D^2 \cdot \pi} = \frac{4 \cdot 100}{49 \cdot 3{,}14} = 2{,}6 \text{ m} ,$$

$$V = \frac{D^2 \cdot \pi}{4} \cdot (h - l) = 38{,}5 \cdot 1{,}6 = 61{,}5 \text{ m}^3 ,$$

$$t = \frac{D^2 \cdot \pi}{4} \cdot \frac{h - l}{P - Z} = 38{,}5 \cdot \frac{1{,}6}{1} = 61{,}5 \text{ min} ,$$

$$A + t = 81{,}5 \text{ min} .$$

Die Zeit von A läßt sich wesentlich abkürzen, wenn die Pumpe mit Steigerohr und Kraftzufuhr am Kabel hängend aufgeholt und eingehängt werden kann, was sich besonders gut bei elektrisch betriebenen Kreiselpumpen durchführen läßt, weil das elektrische Kabel so eingebaut werden kann, daß es das Tragkabelseil nicht wesentlich belastet und weil die Steigeleitung relativ leicht wird. Das Abschrauben und Anschließen der Pumpe fällt dann weg. Ferner kann die Pumpe unmittelbar nach dem Schießen eingehängt und in Betrieb gesetzt werden. Es sei dann A nur 10 min.

Ebenso kann die Zeit t wesentlich verkürzt werden, wenn man P gegen Z entsprechend heraufsetzt. Nimmt man an, daß $P = 9$ m³/min beträgt, so würde t in dem zuerst angenommenen Falle ($A = 20$ min) nur

$$t = \frac{D^2 \cdot \pi}{4} \cdot \frac{(h - l)}{P - Z} = 38{,}5 \cdot \frac{1{,}6}{4} = 15{,}40 \text{ min}$$

und $A + t = 35{,}4$ min betragen.

Im zweiten Falle ($A = 10$ min) ergibt sich

$$M = A \cdot Z = 10 \cdot 5 = 50 \text{ m}^3 ,$$

$$h = \frac{4 \cdot A \cdot Z}{D^2 \cdot \pi} = 1{,}3 \text{ m} ,$$

$$V = \frac{D^2 \cdot \pi}{4} \cdot (h - l) = 38{,}5 \cdot 0{,}3 = 11{,}55 \text{ m}^3 ,$$

$$t = \frac{D^2 \cdot \pi}{4} \cdot \frac{h - l}{P - Z} = 38{,}5 \cdot \frac{0{,}3}{4} = 2{,}88 \text{ min} ,$$

$$A + t = 12{,}88 = \text{rd. } 13 \text{ min} .$$

Es folgt aus dieser Überlegung, daß in erster Linie die Zeit A möglichst herabgesetzt werden muß, weil dadurch die Zeit t bei gleichem P und Z stark verkürzt wird. Aus den Gleichungen (I) und (III) erhält man für verschiedene Werte von A und P bei sonst gleichen Betriebsbedingungen, wenn $A_1 = x \cdot A$ und $P_1 = y \cdot P$ ist, das Verhältnis

$$\frac{t_1}{t} = \frac{D^2 \frac{\pi}{4} \cdot \dfrac{\dfrac{4 \cdot x \cdot A \cdot Z}{D^2 \cdot \pi} - l}{y \cdot P - Z}}{D^2 \frac{\pi}{4} \cdot \dfrac{\dfrac{4 \cdot A \cdot Z}{D^2 \cdot \pi} - l}{P - Z}} = \frac{(4 \cdot x \cdot A \cdot Z - l \cdot D^2 \cdot \pi) \cdot (P - Z)}{(4 \cdot A \cdot Z - l \cdot D^2 \cdot \pi) \cdot (y \cdot P - Z)} \cdot$$

ε) Beispiel für die Organisation und die Leistungen beim Schachtabteufen von Hand. Auf Grund der vorstehenden Überlegungen kann man den Mannschaftsbedarf, das erforderliche Gerät und die Leistungen berechnen. In dem nachfolgenden Beispiel ist eine Teufe von 300 m und ein Wasserzufluß von 1, 4 und 7 m³/min angenommen.

Es ist je ein Schacht von 5 m und 7 m Durchmesser vorausgesetzt, gemessen am Schachtgebirgsstoße. Die Schachtfläche beträgt sonach 19,6 m² bzw. 38,5 m² und unter Berücksichtigung von rd. 10% Ausbruch 21 m² bzw. 43 m². Der Gebirgsausbruch beträgt je lfdm Schacht bei 1,8 Schüttung für den:

$$\begin{array}{llllllll}
5\ \text{m Schacht} & = 21\ \text{m}^3\ \text{anst.} & = 37{,}8\ \text{m}^3\ \text{loses Gestein} & = \text{rd.} & 57\ \text{t} \\
7\ \text{m} \quad,, & = 43\ \text{m}^3 \quad,, & = 77{,}5\ \text{m}^3 \quad,, \quad,, & = ,, & 116\ \text{t.}
\end{array}$$

An Hauern sind je Schicht anzulegen im 5 m Schacht rd. $\dfrac{21}{2,5} = 8$ Mann und im 7 m Schacht rd. $\dfrac{43}{2,5} = 17$ Mann. Es seien vier Schichten zu je 6 Stunden mit Ablösung vor Ort vorgesehen, wobei je Schicht mit einer reinen Arbeitszeit von 5,7 Std. gerechnet werden möge. Ein Abteufbohrhammer möge je Stunde reiner Bohrzeit rd. 12 m Bohrloch ($= 20$ cm/min), also je Schicht bei 3,5 Std. reiner Bohrzeit rd. 42 m Bohrloch leisten. Die Schießarbeit sei so geleitet, daß im Mittel 60% Stücken fallen, die von Hand in die Kübel geladen werden können, während der Rest nach Lockerung durch die Hacke mit der Schaufel weggeladen werden muß. Es ergibt sich dann im trockenen Schacht eine Durchschnittsleistung von $\dfrac{0,6 \cdot 2,0 + 0,4 \cdot 0,7}{1} = 1,5$ m³/Mann/Std. Unter der Voraussetzung, daß 85% der reinen Arbeitszeit, also 4,85 Std. für die Wegfüllarbeit verfügbar seien, ergibt sich eine Schichtleistung je Mann von rd. 7,3 m³ loser Massen. Diese Leistung sinkt bei 0,5 m Wasserstand etwa auf ein Fünftel. Der Faktor zur Berücksichtigung der Ungleichförmigkeit der Wasserzugänge bzw. der Pumpenleistung soll in allen Fällen $u = 2$ gerechnet werden. Der Wasserhaltungsbetrieb sei so eingerichtet, daß die Zeit zwischen der Außerbetriebsetzung vor und der Inbetriebsetzung nach dem Schießen in allen Fällen 10 min betrage. Die maximale Pumpenleistung liege in jedem Falle um 100 % über dem angenommenen Wasserzugang.

I. Leistungen in dem Schacht von 5 m Durchmesser.

a) Bei 1 m³ Wasserzufluß.

Der Wasserstand drückt die Fülleistung nicht. Es können 8 Mann die je lfdm Schacht anfallenden losen Massen von 38 m³ in $\dfrac{38}{8 \cdot 1,5} = 3,2$ Std. leisten. Je Schicht kann also ein Sprengaushub von $\dfrac{\text{Füllzeit je Schicht}}{\text{Füllzeit je m}} = \dfrac{4,85}{3,20} = 1,5$ m weggefüllt werden, in zwei Schichten 3 m.

An Bohrlöchern sind, wenn man je 0,7 m² ein Bohrloch rechnet, $21 : 0,7 = 30$ Bohrlöcher von je rd. 3 m Teufe, insgesamt also $30 \cdot 3 = 90$ lfdm Bohrloch erforderlich. Es sind demnach $90 : 42 \cong 3$ Abteufbohrhämmer nötig, um die Bohrlöcher in einer Schicht niederzubringen. Neben den drei hierbei beschäftigten Bohrhauern arbeiten in der gleichen Schicht 8 Hauer, die den vorläufigen Ausbau von 2 Feld zu je 1,5 m einbringen, die Pumpenlager einbauen usw.

Der Pumpenbetrieb läßt sich unschwer so durchführen, daß hierdurch keine nennenswerten Pausen entstehen.

Die Kübelförderung erfordert bei 300 m Teufe und 3 m/sec mittlerer Geschwindigkeit rd. 100 sec, so daß die Förderung eines Kübels in 150 sec erfolgen kann. Es können also stündlich 24 Kübel oder rd. 135 Kübel je Schicht gefördert werden. Bei einem Fassungsraum von 0,6 m³ entspricht das einer Leistung von 81 m³ loser Massen. Die bei einem Sprengaushub von 3 m je Schicht anfallenden losen Massen von insgesamt 114 m³ können also von der Förderungseinrichtung in 2 Schichten leicht bewältigt werden.

Auf 63 m³ anstehendes Gestein (3 m Aushub) entfallen folgende Hauerschichten:

1 Bohr- und Ausbauschicht. . . . 11 Hauer $+$ 1 Pumpenwärter
2 Wegfüllschichten. 16   ,, $+ 2$,,
————————————————————————
30 Schichten.

Je m³ anstehendes Gestein, das hereingewonnen und gefördert wird, müssen $\dfrac{1 \cdot 60 \cdot 6 \cdot 3}{63} = 17{,}2$ m³ Wasser gehoben werden. Es entfallen auf den m³ Gebirgsaushub $\dfrac{30}{63} \cong 0{,}48$ Schichten.

b) Bei 4 m³ Wasserzufluß.

Der Wasserstand über der Bergesohle beträgt $\sim 0{,}36$ m. Die Wegfülleistung würde auf $0{,}6 \cdot 1{,}03 + 0{,}4 \cdot 0{,}35 = 0{,}76$ m³ lose Massen je Mann und Stunde $= 0{,}42$ m³ anstehender Masse sinken. Bei 4,85 Stunden reiner Wegfüllzeit beträgt die Leistung der 8 Hauer in der Schicht $0{,}76 \cdot 8 \cdot 4{,}85 = 29{,}5$ m³ loses Gebirge oder rd. 16,4 m³ anstehendes Gebirge. Zum Wegfüllen der hereingeschossenen Massen je 1,5 m Teufe sind demnach $\dfrac{32}{16{,}4} \cong 2$ Schichten erforderlich. In 4 Schichten können demnach die Berge von ~ 3 m Aushub weggefüllt werden.

Für die Bohrschicht ergeben sich bei rd. 3 m Bohrlochtiefe $30 \cdot 3 = 90$ m Bohrlochteufe, wofür $\dfrac{90}{42} \cong 3$ Abteufbohrhämmer bzw. Bohrhauer in der Bohrschicht erforderlich sind. Der Ausbau wird gleichzeitig in der Bohrschicht von 8 Mann ausgeführt. Die in einem Arbeitsturnus anfallenden Massen betragen $38 \cdot 3 = 114$ m³ loses bzw. $21 \cdot 3 = 63$ m³ anstehendes Gestein.

Zu ihrer Gewinnung sind folgende Schichten zu verfahren:

1 Bohr- und Ausbauschicht. . . . 11 Hauer $+$ 1 Pumpenwärter
4 Wegfüllschichten. 32   ,, $+ 4$,,
————————————————————————
48 Schichten.

Je m³ anstehendes Gestein müssen $\dfrac{4 \cdot 60 \cdot 6 \cdot 5}{63} = 114$ m³ Wasser gehoben werden.

Die Zahl der Arbeitsschichten je m³ Gebirgsaushub beträgt $\dfrac{48}{63} = 0{,}76$.

c) Bei 7 m³ Wasserzufluß.

Der Wasserstand über der Bergesohle beträgt hier 0,66 m. Die Wegfülleistung vermindert sich dementsprechend auf $0{,}6 \cdot 0{,}04 + 0{,}4 \cdot 0{,}03 = 0{,}036$ m³ loses Gebirge je Mann und Stunde oder 0,02 m³ festes Gebirge. Die Wegfülleistung in der Schicht beträgt dann $0{,}036 \cdot 8 \cdot 4{,}85 = 1{,}4\ \mathrm{m}^3$ loses oder $0{,}78\ \mathrm{m}^3$ festes Gestein. Bei 3 m Abbohrtiefe müssen also $63 : 0{,}78 = 81$ Wegfüllschichten verfahren werden, um die durch eine Bohrschicht gewonnenen Massen abzufördern. Für den Ausbau, der in der Bohrschicht vollzogen wird, seien wiederum 8 Mann vorgesehen.

Die gesamten verfahrenen Arbeitsschichten betragen dann:

$$
\begin{array}{lll}
\text{1 Bohr- und Ausbauschicht} \ldots . & \text{11 Hauer} + & \text{1 Pumpenwärter} \\
\text{81 Wegfüllschichten je 8 Mann} \ldots & \underline{648 \quad\text{,,}\quad + } & \underline{81 \qquad \text{,,}} \\
& 741 & \text{Schichten.}
\end{array}
$$

Die je m^3 Gestein zu hebenden Wassermengen betragen $\dfrac{7 \cdot 60 \cdot 6 \cdot 82}{63} = 3280\ \mathrm{m}^3$.

Die Zahl der Arbeitsschichten je m^3 anstehendes Gestein beträgt $741 : 63 = 11{,}8$.

II. Leistungen in dem Schacht von 7 m Durchmesser.

Die Bohrlochteufe betrage in allen Fällen 2,5 m.

Bei einem Schachtquerschnitt von $43\ \mathrm{m}^2$ und $0{,}7\ \mathrm{m}^2$ Fläche für ein Bohrloch sind insgesamt $43 : 0{,}7 = 62$ Bohrlöcher zu $62 \cdot 2{,}5 = 155$ m gesamter Bohrlochtiefe nötig. Die Zahl der erforderlichen Abbohrhämmer beträgt dann $\dfrac{155}{42} = 4$ oder 8 Bohrhämmer in der halben Schicht.

Die zu fördernden Gebirgsmassen belaufen sich auf $43 \cdot 2{,}5 = 107\ \mathrm{m}^3$ festes bzw. $194\ \mathrm{m}^3$ loses Gestein. Angenommen sei wieder, daß 60% der anfallenden Massen von Hand in den Kübel geladen werden können, während der Rest nach Auflockerung mit der Hacke durch Schaufelarbeit gewonnen wird.

a) Bei $1\ \mathrm{m}^3$ Wasserzufluß.

Der Wasserstand über der Bergesohle beträgt rd. 0,03 m und ist praktisch belanglos für die Wegfüllarbeit. Die durchschnittliche Wegfülleistung beträgt alsdann $1{,}5\ \mathrm{m}^3$ loses Gestein je Mann und Stunde. Da in der Schicht 17 Mann wegfüllen können, ergibt sich eine Wegfülleistung von $17 \cdot 4{,}85 \cdot 1{,}5 = 124\ \mathrm{m}^3$ loses Gestein. Die gesamte wegzufüllende Masse beträgt $77{,}5 \cdot 2{,}5 = 194\ \mathrm{m}^3$. Die restlichen $70\ \mathrm{m}^3$ müssen also in einer zweiten Wegfüllschicht gefördert werden. Die hierzu nötige Wegfüllzeit beträgt $\dfrac{70}{1{,}5 \cdot 17} = 2{,}75$ Std. Nach dem Wegfüllen bleiben der Belegschaft dieser 2. Schicht noch über 3 Std. Zeit zum Bohren sowie zum Ausbau des Schachtes. Hierbei bohren 8 Mann mit 8 Bohrhämmern, so daß 9 Mann für den Ausbau zur Verfügung stehen.

In einem Arbeitsgang werden also folgende Schichten verfahren:

$$
\begin{array}{lll}
\text{1 Bohr- und Ausbauschicht.} \ldots . & \text{17 Hauer} + & \text{1 Pumpenwärter} \\
\text{1 Wegfüllschicht.} \ldots\ldots\ldots . & \underline{17 \quad\text{,,}\quad +} & \underline{1 \qquad\text{,,}} \\
& 36 & \text{Schichten.}
\end{array}
$$

Auf $1\ \mathrm{m}^3$ anstehendes Gestein entfallen $\dfrac{1 \cdot 60 \cdot 12}{107} = 6{,}75\ \mathrm{m}^3$ zu hebende Wasser und $\dfrac{36}{107} = 0{,}34$ Schichten.

Bei 135 Förderspielen je Schicht bekommt man unter der Annahme, daß mit Kübeln zu $1\ \mathrm{m}^3$ Inhalt gefördert wird, eine Förderleistung von $1{,}5 \cdot 135 \cdot 1{,}0 = 205\ \mathrm{m}^3$ losen Bodens.

Die bei einem Gebirgsaushub von 2,5 m anfallenden losen Massen von $194\ \mathrm{m}^3$ können also durch die vorgesehene Förderung weggeschaft werden.

b) Bei $4\ \mathrm{m}^3$ Wasserzufluß.

Für diesen Fall gelten folgende Zahlen:

$$
\begin{array}{lll}
\text{Wasserstand über Bergesohle} \ldots\ldots\ldots\ldots . & & 0{,}18\ \mathrm{m} \\
\text{Wegfülleistung je Mann und Std.} = 0{,}6 \cdot 1{,}75 + 0{,}4 \cdot 0{,}60 = & & 1{,}3\ \ \mathrm{m}^3 \\
\text{Wegfülleistung je Schicht (17 Mann)} = 1{,}3 \cdot 17 \cdot 4{,}85 & & = 107{,}0\ \ \mathrm{m}^3
\end{array}
$$

Zahl der Schichten:

    1 Bohr- und Ausbauschicht. . . . 17 Hauer + 1 Pumpenwärter
    2 Wegfüllschichten. . . . . 34 „   + 2   „
                                      ____
                                      54 Schichten

Je m³ anstehendes Gestein zu fördernde Wassermenge $\dfrac{4 \cdot 60 \cdot 18}{107} = 40{,}5$ m³.

Je m³ anstehendes Gestein verfahrene Schichten $\dfrac{54}{107} \cong 0{,}5$.

c) Bei 7 m³ Wasserzufluß.

    Wasserstand über Bergesohle . . . . 0,34 m
    Wegfülleistung je Mann und Std. $= 0{,}6 \cdot 1{,}1 + 0{,}4 \cdot 0{,}35 =$ 0,8 m³
    Wegfülleistung je Schicht (17 Mann) $= 0{,}8 \cdot 17 \cdot 4{,}85$ $=$ 67,0 m³

Zahl der Schichten:

    1 Bohr- und Ausbauschicht. . . . 17 Hauer + 1 Pumpenwärter
    3 Wegfüllschichten. . . . . 51 „   + 3   „
                                      ____
                                      72 Schichten

Je m³ anstehendes Gestein zu fördernde Wassermenge $\dfrac{7 \cdot 60 \cdot 24}{107} = 95$ m³.

Je m³ anstehendes Gestein verfahrene Schichten $\dfrac{72}{107} \cong 0{,}68$.

III. Gegenüberstellung.

Tabelle 56. Gegenüberstellung der verfahrenen Schichten beim Schachtabteufen bei verschiedenem Schachtdurchmesser und Wasserzufluß

	Schacht 5 m ⌀			Schacht 7 m ⌀		
	Wasserzufluß in m³/h			Wasserzufluß in m³/h		
Je lfdm Schacht	1	4	7	1	4	7
	Schichten der Belegschaft			Schichten der Belegschaft		
Zeit zur Wegfüllarbeit	0,67	1,33	27,0	0,6	0,8	1,2
Zeit zur Bohr- und Ausbauarbeit	0,33	0,33	0,33	0,2	0,4	0,4
Je m³ anstehendes Gestein						
Gehobene Wassermenge m³	17,2	114,0	3280	6,75	40,5	95
Verfahrene Schichten	0,48	0,76	11,8	0,34	0,5	0,68

VI. Die Organisation von Braunkohlentagebauen.

a) Vorbereitungsarbeiten für Tagebauaufschlüsse.

Die wichtigste Vorbereitungsarbeit für die Eröffnung eines Braunkohlentagebaues ist die systematische Abbohrung des Feldes. Zweckmäßig werden hierzu die Bohrlöcher in je etwa 50 m Entfernung voneinander an den Endpunkten eines quadratischen oder — seltener angewandt — eines gleichseitig dreieckigen Netzes angesetzt. An Stellen stärkerer Unregelmäßigkeiten wird das Bohrlochnetz entsprechend verdichtet, um dieselben möglichst so genau festzustellen, daß sie für den späteren Betrieb keine Überraschungen mehr bringen. Es empfiehlt sich, das Bohrnetz an das Landesvermessungsnetz anzuschließen. Der Zweck der Bohrungen besteht in der Feststellung des geologischen Aufbaues (Mächtigkeit und Zusammensetzung des Deckgebirges, des Flözes einschl. Zwischenmitteln und des Liegenden), und der Wasserführung (Feststellung des oberen Grundwasserspiegels, Neigung desselben, Grundwasserstromrichtung, der höher

gelegenen Grundwasserlinsen, der unteren Grundwasserhorizonte, deren Druck-
höhe und Fließrichtungen, der Durchlässigkeit und des Porenvolumens der
wasserführenden Gebirgsschichten usw.). Ergänzt werden die hydrogeologischen
Untersuchungen durch Feststellung der in Frage kommenden Fanggebiete und
der hier im Durchschnitt jährlich einsickernden Wassermengen. In Hinsicht auf
die im späteren Betriebe zu erwartenden, über das Baufeld hinausgreifenden Ent-
wässerungsvorgänge ist die Lage des Grundwasserspiegels im Umkreise von
etwa 3 bis 5 km um das Abbaufeld herum durch Stapelbohrlöcher und Beobachtung der Brunnenwasserstände zu ermitteln. Die Beschaffenheit der Brunnen-
wässer ist schon vor Beginn des Abbaues festzustellen. Der Verlauf alter, mit
Flußschotter usw. ausgefüllter Flußrinnen ist möglichst genau zu verfolgen, da
sie in manchen Fällen als starke Wasserbringer dienen. Es empfiehlt sich oft,
den Abbau, mindestens aber den Einschnitt so zu strecken, daß man diesen
Rinnen nicht zu nahe kommt. Offene Bäche und Flüsse, die durch den Abbau
angeschnitten würden, sind rechtzeitig und weit genug zu verlegen. Teiche sind
rechtzeitig leer zu pumpen. Etwaigen Überschwemmungsgefahren aus höher gelegenen Gebieten ist durch Anlegen von Abzugsgräben und etwaigen Hoch-
wassergefahren durch Schutzdämme vorzubeugen. Zur näheren Untersuchung
können gegebenenfalls Versuchsschächte, z. B. befahrbare Bohrschächte nach
Zänsler, niedergebracht werden.

Die Auswertung der Bohrungen und sonstigen Untersuchungen erfolgt in
Bohrkarten, Profilkarten, Höhenschichtlinienkarten, Mächtigkeitskarten, Mo-
dellen usw. Die Bohrkarten geben die genaue Lage der Bohrlöcher, meist auch
deren Teufen, die Höhenstufen der Rasensohle und der Grenzflächen der durch-
bohrten Schichten an. Die Profilkarten erleichtern die zweckmäßige Wahl der
Baggersohlen sehr. Die Höhenschichtlinien der Tagesoberfläche, des Grundwasserspiegels, des Hangenden und Liegenden usw. sind wichtig zur Beurteilung
der zu treffenden Entwässerungsmaßnahmen, der zu erwartenden Standfestigkeit der Kippen und der danach zu treffenden Wahl der Abbau- und Kippen-
frontlinie. Die Mächtigkeitskarten erleichtern den Überblick über die Verteilung
der absoluten und relativen Mächtigkeiten von Deckgebirge und Kohlenflöz im
Felde.

b) Die Wahl des Einschnittpunktes.

Für die Wahl des Einschnittpunktes sind maßgebend:

1. Verhältnis von Decke zu Kohle, das möglichst günstig, also klein sein soll.

2. Die absolute Mächtigkeit des Deckgebirges im Hinblick auf die hierdurch
bedingten Einschnittskosten, die möglichst niedrig sein sollen.

3. Beschaffenheit des Deckgebirges (Ton oder Sand) und deren Rückwirkung
auf die Einschnittskosten.

4. Die Grundwasserverhältnisse und deren Rückwirkung auf die Einschnittskosten.

5. Die Beschaffenheit des Kohlenflözes, insbesondere das Auftreten von
Zwischenmitteln. Der Einschnitt soll möglichst da erfolgen, wo das Kohlenflöz
rein ist, da das Abräumen der Zwischenmittel so lange besonders erschwert ist,
als sie nicht in den bereits abgebauten Tagebauteil zurückgeworfen werden können.

6. Die etwaige Möglichkeit der Erschließung von einem markscheidenden
offenen Tagebau aus.

7. Der Transport des aus dem Einschnitt zu entfernenden Abraums, unter
Berücksichtigung seiner Unterbringung in Hochkippen (auf der Tagesoberfläche
möglichst in kohlefreien Gebieten) oder in alten offenen Tagebauen.

8. Die Lage der Brikettfabrik bzw. Verladestation.

9. Die Tagessituation, insbesondere die Lage von Ortschaften, Eisenbahnen usw.

10. Die Rücksicht auf die spätere Entwicklung des Tagebaues. Es kommen hier besonders in Betracht:

a) Die zu erstrebende Möglichkeit, das Feld in einem Zug abbauen zu können, ohne daß Neueinschnitte erforderlich werden.

b) Durch die sich im Betrieb stets ändernde Lage und Gestalt der Abraum-, Kohlen- und Kippenfronten soll eine Behinderung des Betriebes nicht herbeigeführt werden. Der Betrieb muß so zu führen sein, daß stets die kürzesten Förderwege möglich sind, daß also z. B. durch die Ausdehnung der Kippe keine Umwege für die Kohlenförderungen nötig werden. Das Durchschneiden der Kippenfläche durch die Kohlenausfahrt erschwert den Kippenbetrieb. Die Aussparung einer entsprechend auszubauenden Kohlenausfahrtstrecke in der Kippe ist nur ratsam, wenn Kippenbewegungen (z. B. Abgleitungen) voraussichtlich ausgeschlossen sind (söhliges Liegendes, sandige, gut durchlässige Abraummassen). Es folgt daraus, daß die Kohlenausfahrt möglichst am Schwenkpunkte des Tagebaues anzulegen ist.

c) Die Lage des Einschnittes ist so zu wählen, daß Verhiebsrichtungen, die nach Lage der geologischen und hydrologischen Verhältnisse zu Betriebsschwierigkeiten führen würden, vermieden werden können.

c) Allgemeine Betriebsdisposition.

Für die allgemeine Betriebsdisposition ist die Tatsache von Bedeutung, daß die Dispositionsmöglichkeiten für den Abraum-, Kohlengewinnungs- und Kippenbetrieb um so freier werden, je weiter diese einzelnen Betriebe auseinanderrücken, d. h. je weiter der Abraum dem Kohlenstoß voran ist und je ausgedehnter der offene Tagebau ist. Die Verhiebsrichtungen von Abraum und Kohle, sowie die Baggerfronten werden in diesen Fällen in zunehmendem Maße voneinander unabhängig, was besonders bei schwierigeren Lagerungsverhältnissen von Bedeutung werden kann (Bewegungsfreiheit). Dasselbe gilt sinngemäß auch für die Fronten übereinander angeordneter Abraum-, Kohlen- und Kippenstrossen. Es kommt z. B. nicht selten vor, daß die oberste Abraumstrosse zweckmäßig einen anderen Schwenkpunkt und eine andere Verhiebsrichtung erhält als die tieferen.

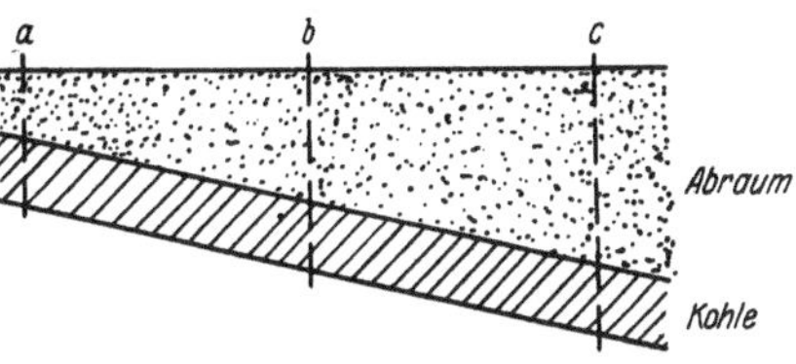

Abb. 93. Wahl des Einschnittes bei flach einfallendem Flöz (zunehmende Deckgebirgsmächtigkeit).

Für das gegenseitige Verhältnis der Anlagengrößen von Abraum- und Kippenbetrieb zum Kohlengewinnungsbetrieb ist grundsätzlich das Mächtigkeitsverhältnis von Deckgebirge zu Kohle maßgebend. Jedoch können im einzelnen die etwaigen Schwankungen der Mächtigkeitsverhältnisse für das Verhältnis der Anlagegrößen und für die allgemeine Betriebsdisposition von ausschlaggebender Bedeutung sein. Herrscht z. B. in einem Felde mit ebenem, aber geneigt liegendem Flöz (Abb. 93)

bei a das Verhältnis $D/K = 1/1$,

bei b das Verhältnis $D/K = 2/1$,

bei c das Verhältnis $D/K = 3/1$,

und im Durchschnitt das Verhältnis $D/K = 2/1$,

so könnte der Betrieb z. B. die folgenden zwei Ausführungsformen erhalten.

1. Der Einschnitt wird in allen Fällen bei a hergestellt. Der Abraumbetrieb braucht, in Kubikmeter gemessen, anfangs nur der Tonnenleistung der Kohlengewinnung zu entsprechen. Rückt der Abraum dem Kohlenstoß immer nur

wenig voran, so muß die Abraumleistung bei gleicher Förderleistung verdoppelt werden, wenn der Abbau an Punkt *b* herankommt, und schließlich bei *c* verdreifacht sein.

2. Wählt man die Abraumleistung in Kubikmeter von Anfang an gleich der doppelten Tonnenleistung der Kohlengewinnung, so eilt der Abraum dem Kohlenabbau zunächst stark voran, wird aber von ihm bei *c* wieder eingeholt.

Hat das Feld im Durchschnitt ein Verhältnis von $D/K = 1/1$, liegt aber bei *b* eine umfangreiche, breite und langgestreckte Auswaschung vor, so ergibt die einfache Überlegung, daß der Abraumbetrieb entweder plötzlich wesentlich, und doch nur vorübergehend verstärkt werden muß, wenn der Abbau an *b* herankommt. Will man durch rechtzeitige Verstärkung des Abraumbetriebes mit einer mäßigeren Anlagevergrößerung des Abraumbetriebes durchkommen, so ergibt sich ohne weiteres, daß diese Vergrößerung um so geringer bemessen werden kann, je früher sie vor dem Erreichen der Auswaschung in den Betrieb eingreift. Im vorliegenden Falle würde der Einschnitt daher zweckmäßiger bei *c* als bei *a* liegen (Abb. 94).

Es ergibt sich daraus, daß das Baggerprogramm zweckmäßig auf eine größere Anzahl von Jahren bzw. auf eine größere Verhiebsfläche zu berechnen ist, besonders bei wechselnden Mächtigkeitsverhältnissen, um das „Festfahren" des Betriebes zu verhüten, was unvermeidlich sein würde, wenn beispielsweise die etwa plötzlich sich als notwendig erweisende Verstärkung des Abraumbetriebes nicht mehr rechtzeitig durchgeführt werden kann. Bei gleichbleibender Flözmächtigkeit wird man daher stets den Einschnitt an die Stelle verlegen, wo das

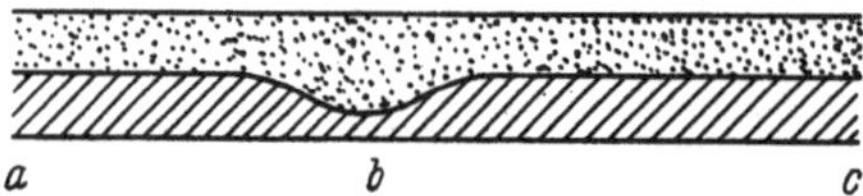

a					b					c

Abb. 94. Wahl des Einschnittes bei durch Auswaschung gestörtem Flöz.

Verhältnis D/K am kleinsten ist. Die Anlage für den Abraumbetrieb kann dann je nach den durch Verzinsung, Amortisation usw. gegebenen Bedingungen entweder dem jeweiligen oder dem mittleren Verhältnis von D/K angepaßt werden. Beim Beginn des Abbaues am ungünstigsten Verhältnis von D/K muß der Abraumbetrieb sehr groß sein, um die verlangte Kohlenförderung überhaupt zu ermöglichen. Mit dem Fortschreiten des Abbaues in die Gebiete günstigerer Deckgebirgsverhältnisse wird die Abraumanlage zu groß. Hinzu kommt, daß in diesem Falle auch die höchsten Kosten für den Einschnitt festgelegt werden müssen, wodurch das Anlagekapital weiterhin erhöht wird. Haben bei unregelmäßigen Ablagerungen die Gebietsteile mit den günstigsten Verhältnissen von D/K wesentlich größere absolute Mächtigkeiten als die Gebiete mit den ungünstigeren Verhältnissen von D/K, so kann das Minimum der Anlagekosten für den Einschnitt und den Abraumbetrieb von zweckmäßiger Größe erreichbar sein, wenn der Einschnitt an einer Stelle zwischen dem Gebiete des günstigsten Verhältnisses von D/K und dem Gebiete der geringsten absoluten Deckgebirgsmächtigkeit liegt.

Bei der Wahl der Verhiebsrichtung ist die Erfahrung von Bedeutung, daß die Baggergleise von Eimerkettenbaggern im Abräumbetriebe Gefälle von mehr als etwa $^1/_{80}$ bis $^1/_{70}$ nicht überschreiten dürfen, um den Baggerfahrantrieb nicht zu stark zu belasten[1], und daß scharfe Krümmungen der Baggerfront infolge der Steifheit der Gleise und der großen Baulänge der Bagger ausgeschlossen sind. Starken Krümmungen und sehr welligen Lagerungen kann das Baggergleis nicht folgen. In dieser Hinsicht sind die Löffelbagger und die auf Raupen fahrenden

---

[1] Im Kohlenbetrieb sind für einportalige Schwenkbagger Steigungen bis zu $^1/_{60}$ zulässig. Beim Wechsel des Standortes von einer Baggersohle zur anderen kann man leer und unter Anwendung der nötigen Vorsichtsmaßnahmen Steigungen bis $^1/_{50}$, bei leichteren Baggern auch bis $^1/_{40}$ in Berg- oder Talfahrt überwinden.

Eimerkettenbagger sehr viel anpassungsfähiger, was für manche Betriebsverhältnisse ausschlaggebend ist.

Grundsätzlich ist ein plötzlicher Wechsel der Verhiebsrichtung zu vermeiden, sobald hiermit umfangreichere Arbeiten zum Umlegen der Gleisanlagen, das Herstellen neuer Ausfahrten für die Abraum- bzw. Kohlenförderung usw. erforderlich werden. Die hiermit verbundenen Arbeiten sind bisweilen teurer als etwa der Abbruch und Wiederaufbau ganzer Dörfer, die vor der Abbaufront liegen. Aus dem gleichen Grunde ist häufig die Verlegung von Straßen und Eisenbahnen zu empfehlen, um so mehr, als hier sonst neue Einschnittarbeiten erforderlich werden.

Die Rücksicht auf die Kosten zum Verlegen der Gleisanlagen führte dazu, in der Regel das Aufschwenken des Abraum- und Kohlenstoßes und ebenso der Kippenfront um je einen mehr oder weniger fest liegenden Schwenkpunkt dem sogenannten Parallelbetrieb vorzuziehen, da letzterer fortwährend betriebsstörende Arbeiten zum Einfügen bzw. Herausnehmen von Gleisstücken an den Umlenkpunkten zur Abraumstrosse bzw. Kippenstrosse nötig macht, damit die Bagger- und Kippengleise, die dem Betriebsfortschritt entsprechend zu sich parallel ver-

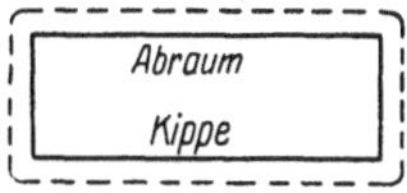

Abb. 95. Rundfahrt bei Parallelbetrieb.

legt werden müssen, an das seitlich des Tagebaus liegende Verbindungsgleis angeschlossen werden können. Der Parallelbetrieb bietet in der Regel die beste Möglichkeit einer Rundfahrt (Abb. 95), die wegen der erreichbaren dichteren Zugfolge und dem damit verbundenen Zeitgewinn besonders da vorteilhaft ist, wo der vorhandene Lokomotiv- und Wagenpark die Verwendung genügend leistungsfähiger Züge nicht gestattet. In Schwenkbetrieben (Abb. 96) werden bei schräg stehender Front je nach Lage des Falles die Kurven am Schwenkpunkt oder am schwenkenden Flügel zu eng. Im ersteren Falle kann man sich durch Auszugweichen helfen, deren Verwendung im anderen Falle wegen der notwendigen dauernden Verlegung zu umständlich wird. Die Rundfahrt ist im letzteren Falle kaum durchführbar.

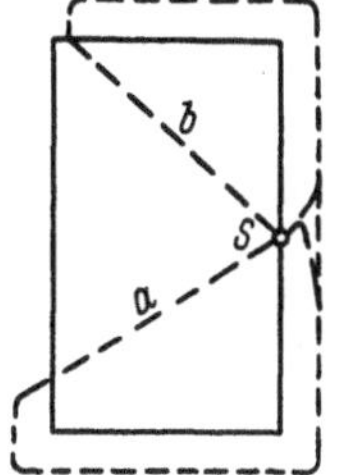

Abb. 96. Schwenkbetrieb mit Auszugweiche.

Die Verhiebsrichtung wird beeinflußt durch die Gestalt und Größe des Grubenfeldes, der Tagessituation einschließlich Lage der Brikettfabrik, der Oberflächenform der Tagesoberfläche, des Hangenden und Liegenden sowohl des Flözes als auch gegebenenfalls von Tonschichten, sowie durch die Erfordernisse der Entwässerung und der Förderung.

Von der Größe und Gestalt des Feldes, sowie von der Lage der Verladestation bzw. Brikettfabrik sind die Strossenlängen und die Lagen etwaiger Schwenkpunkte abhängig, solange nicht durch die Lagerungsverhältnisse noch weitere Komplikationen hineingetragen werden. Will man den Abbau durch Aufschwenken der Strossen durchführen, so wird man der Einfachheit der Betriebsanordnung halber zunächst versuchen, das Feld von einem Schwenkpunkt aus abzubauen, was ohne weiteres möglich erscheint, wenn keine einspringenden Ecken im Felde vorhanden sind. Werden die Strossen hierbei sehr lang, so lassen sich bei mangelnder Rundfahrt größere Leistungen nur durch Anwendung von Doppelschütterbaggern, Doppelfahrgleisen und Großraumförderung erzielen. In einigen Fällen hat man bei Doppelfahrgleisen und leichteren Zügen die Ausweichstellen durch Einbau von Kletterweichen näher an den Bagger herangerückt, um eine dichtere Zugfolge zu erreichen. Jedoch bleibt dies immer nur ein Notbehelf. Große Strossenlängen legen ein erhebliches Anlagekapital für die

Baggergleise fest. Werden durch die äußersten Strossenlängen nur verhältnismäßig geringe Abraum- bzw. Kohlenmengen erfaßt, so ist es oft zweckmäßiger, die Strosse (a in Abb. 97) zu unterteilen, an geeigneter Stelle (S_1) einen Hilfsschwenkpunkt anzuordnen, und je nach den örtlichen Verhältnissen den hinteren, oder wie im Beispiel, den vorderen Teil des Kohlenfeldes zuerst in Angriff zu nehmen. In diesem Beispiel kann die Ausfahrt für Abraum und Kohle beibehalten werden. Müssen diese auch verlegt werden, so wird der Umbau nicht nur wesentlich teurer, er setzt dann in der Regel auch eine größere Bewegungsfreiheit des Betriebes voraus, d. h. der offene Tagebauraum muß groß genug sein und es muß eine ausreichende Kohlenmenge frei gelegt sein.

Von der Oberflächenform der Tagesoberfläche kann man sich in den meisten Fällen durch Wegnahme des oberen Abraums im Hochschnitt unabhängig machen. Die Baggersohlen sind so anzulegen, daß man bei dem vorhandenen Baggermaterial das Deckgebirge und das Flöz mit möglichst wenig Schnitten gewinnen kann. Bei unregelmäßiger Lagerung ergibt sich dadurch mitunter die

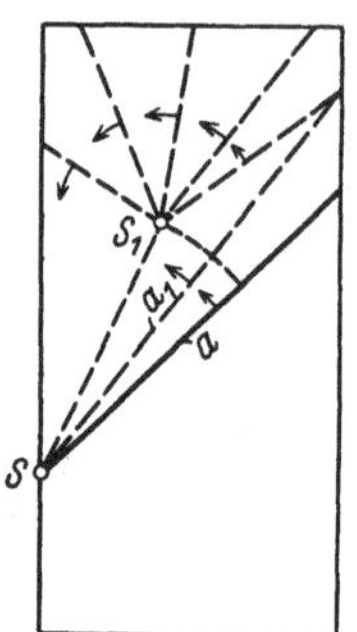

Abb. 97. Unterteillung zu langer Strossen durch Hilfsschwenkpunkte.

Notwendigkeit, die Baggersohlen und Ausfahrten je nach den örtlichen Verhältnissen mit fortschreitendem Abbau zu heben oder zu senken. Mitunter macht sich hierbei eine oft verschiedenartige Verlegung der Schwenkpunkte sowie Verkürzung oder Verlängerung der einzelnen Strossen erforderlich, was wiederum genügende Bewegungsfreiheit (s. o.) voraussetzt. Nach Möglichkeit soll man vermeiden, mit dem Baggerplanum unmittelbar Tonschichten zu berühren oder anzuschneiden, da Ton, besonders bei nasser Witterung, keine tragfähige Auflage für die Baggergleise bietet und daher in der Regel eine Aufschüttung von Sand oder Kies erfordert.

Liegen Abraum- bzw. Kohlen- oder Kippenfront etwa parallel zum Streichen, so kann der Abraum zum Abgleiten in den Tagebau neigen, wenn Tonschichten eingelagert sind, die stark zum offenen Tagebau einfallen. Dasselbe gilt sinngemäß für den Kohlenstoß oder für die Kippe, wenn das Liegende tonig ist und zum offenen Tagebau hin genügend Einfallen hat. Es ist in solchen Fällen meist notwendig, die Verhiebsrichtungen mehr parallel zum Einfallen zu halten. Daraus ergeben sich für den Betrieb besonders folgenschwere Komplikationen dann, wenn infolge starker Mächtigkeitsschwankungen Liegendes und Hangendes des Flözes, sowie die Tonoberfläche an einer Stelle (übereinander) starkes Einfallen nach verschiedenen Richtungen haben. Die Richtungen von Kippenfront und Kohlenstoß müssen dann oft stark voneinander abweichen, was nur bei entsprechender Bewegungsfreiheit durchführbar ist.

Der Abbaufortschritt in Richtung des Einfallens hat bei Parallelstellung des Kohlenstoßes zum Streichen noch den Nachteil, daß sich das Wasser stets unmittelbar vor der Kohlenböschung ansammelt.

Mit Rücksicht auf die Förderung sind spitze Winkel zwischen der Richtung der Strossen (Abraum, Kohle, Kippe) und derjenigen der Ausfahrt zu vermeiden, besonders in den unterhalb der Tagesoberfläche gelegenen Baggersohlen, weil sonst bei der Beengtheit des Platzes zu geringe Kurvenradien bei großen Kurvenwinkeln angewandt werden müssen, wodurch die Leistungsfähigkeit und Betriebssicherheit des Zugbetriebes stark leidet.

Der Einfluß der Lagerungsverhältnisse auf die Wahl des Baggersohlenniveaus wurde bereits erwähnt. Von Bedeutung ist ferner die erreichbare Schnittiefe bzw. Schnitthöhe der Tief- bzw. Hochbagger. Im Abraum sind Schnittiefen von etwa 10 bis 20 m am gebräuchlichsten, doch werden Schnittiefen bis zu 30 bis 40 m

angewandt bzw. geplant. Im Hochschnitt wendet man selten Höhen über etwa
15 m an und wird kaum über 20 bis 25 m hinausgehen. Je größer die Schnitt-
tiefen bzw. Schnitthöhen sind, um so geringer kann gegebenenfalls die Zahl der
Baggersohlen sein, um so stärker kann man also den Betrieb konzentrieren. Es
werden deshalb neuerdings solche
Anordnungen mehr und mehr
erstrebt.

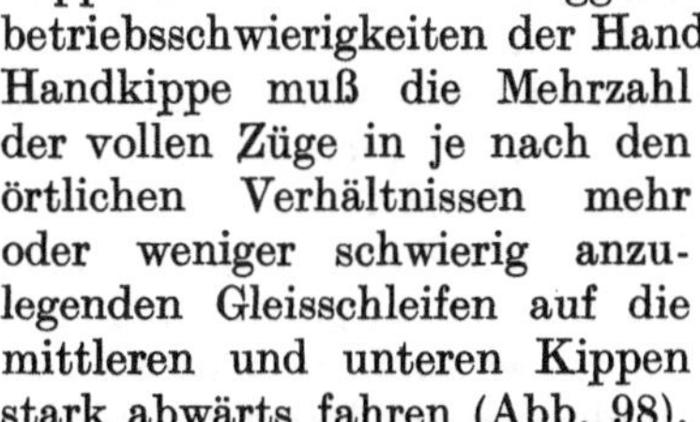

Abb. 98. Gleisanlagen bei Handkippe.

Unterstützt wird diese Be-
strebung durch die Entwicklung
der Absetzapparate, welche eine
weitgehende Angleichung der
Kippensohlen an die Baggersohlen gestatten, wodurch die großen Fahr-
betriebsschwierigkeiten der Handkippen ausgeschaltet werden können. Bei der

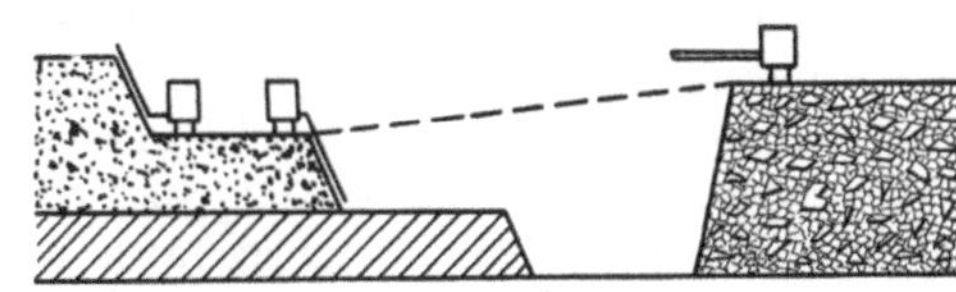

Handkippe muß die Mehrzahl
der vollen Züge in je nach den
örtlichen Verhältnissen mehr
oder weniger schwierig anzu-
legenden Gleisschleifen auf die
mittleren und unteren Kippen
stark abwärts fahren (Abb. 98).

Abb. 99. Ungünstige Anordnung der Gleisanlagen bei der
Abraumgewinnung von einer Sohle aus.

Die Leerzüge haben entsprechend
starke Steigungen zu überwinden. Infolgedessen kann die einzelne Lokomotive
nur vergleichsweise wenig Wagen bewegen, wenn die an sich hier schon wenig
befriedigende Betriebssicherheit
nicht zu stark gemindert werden
soll. Die einzelnen Kippen sind
wenig aufnahmefähig. Der Betrieb wird dadurch umständlich,

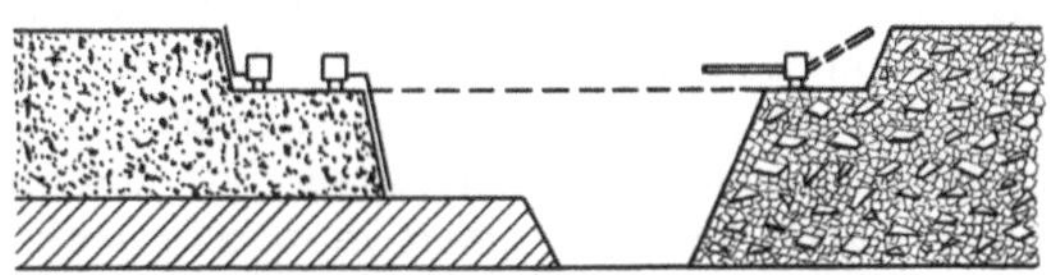

teuer und wenig leistungsfähig.
Durch die Verminderung der
Bagger- und Kippensohlen läßt

Abb. 100. Günstige Anordnung der Gleisanlagen bei Anwendung
einer Hochkippe (Schwenkabsetzer).

sich also eine entsprechende Verminderung der Zahl der Bagger-, Absetzer- und
Fahrgeräte erzielen.

Die Anlage solcher Kippen mit nur einer Kippstrosse ist des Fahrbetriebes
wegen nicht immer günstig, ins-
besondere wenn die Mächtigkeit
des Abraumes zur Anlage mehrerer   übereinander   liegender
Baggersohlen zwingt. Läßt sich
die Abraumgewinnung auf einer
Baggersohle vereinigen, die dann
mit Hoch- und Tiefbagger aus-

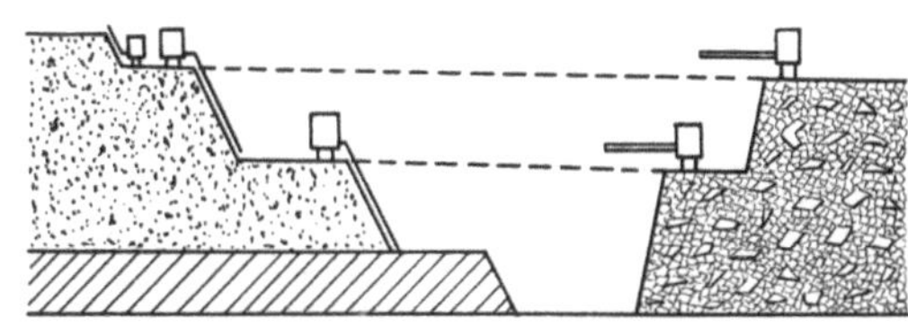

gerüstet ist, so muß in vielen
Fällen der beladene Abraumzug

Abb. 101. Anordnung der Baggersohlen und Gleisanlagen bei
Anwendung mehrerer Tiefabsetzer.

aufwärtsfahren (Abb. 99), falls keine Hochkippe angelegt werden kann (Abb. 100).
Die Anlage einer Hoch- und Tiefkippe setzt einen Hoch- und Tiefabsetzer (in
der Regel als Schwenkabsetzer in einem Apparat vereint) voraus. Andernfalls
ordnet man besser mehrere Baggersohlen mit den dazu gehörigen Kippen an
(Abb. 101).

Die für die Wahl der gegenseitigen Lage von Bagger- und Kippensohlen anzustellenden Untersuchungen erübrigen sich beim Betrieb mit Kabelbaggern,
Kabelkränen und Förderbrücken. Die beiden ersteren sind jedoch nur für kleinere

bis mittlere Leistungen geeignet. Bei der Förderbrücke muß abgewartet werden, ob sich wesentlich größere Deckgebirgsmächtigkeiten als etwa 40 m, insbesondere bei großen Kohlenmächtigkeiten, ohne zu umfangreiche teure Konstruktionen überwinden lassen, oder ob dann andere Verfahren wirtschaftlicher werden.

d) Vergleich der Geräte.

Zur maschinellen Gewinnung des Abraums bzw. der Kohle werden fast ausschließlich Eimerkettenbagger, Löffelbagger, und in der Kohle außerdem noch Kratzbagger verwendet.

Die Eimerbagger haben mit Zunahme der Schnittiefen bzw. -höhen und mit der Erhöhung der Baggerleistung eine entsprechende Vergrößerung der Abmessungen erhalten. Die ersten Bagger waren mit Eimern von 75 bis 150 l Inhalt ausgerüstet. Der normale Lübecker B-Bagger hatte Eimer von 250 l, der Buckauer Doppelschütter D 500 solche von 500 l Inhalt, während heute schon Bagger mit 800 l Eimerinhalt in Betrieb sind. Die Jahresleistung eines Baggers ist von 0,5 bis 1 Mill. m³ vor dem Kriege auf zur Zeit etwa 2 bis 3 Mill. m³ und darüber gestiegen.

Betriebsorganisatorisch wichtig sind die Unterschiede zwischen Einfach- und Doppelschütter, starrem Baggergehäuse und Schwenkgehäuse, gerader und geknickter Eimerleiter, Gleisbagger und Raupenbagger. Der Einfachschütter kann die Züge nur auf einem Gleis beladen, so daß bei fehlender Rundfahrt erhebliche Pausen während des Zugwechsels unvermeidlich sind, die mit zunehmender Strossenlänge empfindlicher werden. Bei Doppelschüttern lassen sich Betriebspausen vermeiden, wenn die Füllzeit eines Zuges mindestens gleich der Ausfahrtzeit eines vollen Zuges vom Bagger zur Ausweichstelle zuzüglich der Einfahrtzeit eines leeren Zuges von der Ausweiche zum Bagger ist. Der Schwenkbagger hat gegenüber dem Bagger mit starrem Gehäuse den Vorteil, schnell und ohne wesentlichen Umbau zu erfordern, als Tief- und als Hochbagger arbeiten zu können. Infolge seiner Schwenkbarkeit kann er ferner die Ecken im Tief- und Hochschnitt mit herausgewinnen, so daß sich hier keine Sonderarbeiten nötig machen, wie dies bei starrem Baggergehäuse der Fall ist. Durch Knickung der Eimerleiter (unter Einfügung von Gelenken) ist man in der Lage, bestimmte Schichten wie Zwischenmittel usw. für sich zu gewinnen. Die Gleisbagger erfordern für die Baggergleise namentlich bei größeren Strossenlängen erhebliche zusätzliche Anlage- und Betriebskosten. Infolge ihrer Steifheit erfordern sie ferner sehr ebenflächige Baggersohlen, deren Anstieg oder Gefälle in der Längsrichtung der Gleise nicht über 1 : 80 betragen soll. Etwaige Kurven müssen große Radien haben. Andererseits haben die Baggergleise den Vorteil, daß sie eine feste und betriebssichere Unterlage bieten, die allerdings bei weichen, quelligen Böden, wie z. B. bei Ton, einer Unterschüttung mit Kies bedarf. Die Raupenbagger können sich unebenen Baggersohlen sehr gut anpassen. Sie sind außerdem sehr wendig, so daß leichtere Raupenbagger hervorragend für Spezialarbeiten aller Art geeignet sind. Größere Raupenbagger haben sich im Kohlengewinnungsbetrieb sehr gut bewährt. Wieweit es gelingt, die Raupenantriebe und -gelenke gegen die schleifende Wirkung des Sandes im Abraumbetrieb zu sichern, bleibt noch abzuwarten.

Der Löffelbagger, sowohl der auf kurzen Gleisstummeln stehende als auch der Raupenlöffelbagger, zeichnet sich durch große Wendigkeit und Anpassungsfähigkeit an unebene Baggersohlen aus. Er wird daher zu Spezialaufgaben, insbesondere bei unregelmäßigen Lagerungsverhältnissen, bevorzugt. Erst neuerdings macht ihm der Raupeneimerbagger auf diesem Gebiete Konkurrenz.

Die Kratzbagger werden ausschließlich als Hochbagger zur Kohlengewinnung verwendet. Sie können Stoßhöhen bis etwa 35 bis 40 m — senkrecht gemessen — bearbeiten. Größere Höhen dürften unschwer zu erreichen sein.

Im Fahrbetrieb unterscheidet man die im Handbetrieb verwendeten Wagen von rd. 0,5 bis 1 m³ Inhalt, die beim Lokomotivbetrieb gebräuchlichen älteren Wagen von rd. 2 m³ und später 4 bis 5,3 m³ Inhalt und die jetzt bevorzugten Großraumwagen von mehr als 10 m³, in der Regel etwa mit 16 m³ Inhalt (Abraum) bzw. bis 25 bis 28 t = 35 bis 40 m³ (Kohle). Während noch die 5,3-m³-Wagen auf ungefederten Achsen liefen und die Gleisanlagen nur in besonderen Notfällen ein schwaches Kiesbett erhielten, werden bei den modernen Fahrbetrieben in der Regel für Bau und Betrieb die Reichsbahnnormalien durchgeführt, wenn auch die 900-mm-Spurweite beibehalten wird, um engere Kurven fahren zu können.

Die Großraumwagen ermöglichen mit ihren mechanisierten Entleerungsvorrichtungen nicht nur eine Ersparnis an Bedienung. Mit einem Vorgang werden größere Massen entleert bzw. abgekippt, so daß die Kippzeit je Kubikmeter Wageninhalt sinkt und an einer Kippstelle bzw. Entleerungsstelle in der Zeiteinheit größere Mengen abgekippt werden können als bei kleinen Wagen. Es steigt also auch die Leistungsfähigkeit der Kippstelle.

Mit der Zunahme der Wagengröße steigt auch der Fassungsraum je lfdm Zuglänge, so daß die Aufnahmefähigkeit der Züge mit der bei größerer Schnitttiefe erfolgenden Zunahme der je lfdm Baggerweg gewonnenen Abraummassen in Übereinstimmung gebracht werden kann.

Durch die Anwendung der Großraumzüge können daher sowohl die Leistungen der Bagger als auch die Aufnahmeleistungen der Kippstellen bzw. Bunker bezogen auf die Zeiteinheit erhöht werden. Es kann zugleich die Zahl der Züge relativ niedrig gehalten werden, wodurch nicht nur an Bedienung gespart wird, sondern in manchen Fällen bei großen Leistungen erst die glatte Durchführung eines einigermaßen fahrplanmäßig geregelten Betriebes ermöglicht wird.

Die durch den Betriebsfortschritt erforderliche seitliche Verschiebung der Gleise auf den Abraum-, Kohlen- und Kippenstrossen wird heute fast ausschließlich durch Gleisrückmaschinen bewirkt.

Handkippen dürfen der Böschungsrutschungen wegen nicht höher als etwa 5 bis 7 m angelegt werden. Bei Anwendung von Kippenräumern (Kippenpflüge) kann man die Höhe von Sand- und Kieskippen auf etwa 15 bis 20 m bemessen. Abraumförderer (Absetzer) gestatten je nach ihrer Konstruktion die Anlage noch größerer Kippenhöhen. Die Absetzer können gewissermaßen als die Umkehrung der Bagger angesehen werden. Sie nehmen das aus dem Abraumwagen entleerte Schüttgut in irgendeiner Weise auf und transportieren es über die obere Böschungskante mit einer Transportvorrichtung, die durch einen maximal bis etwa 50 bis 60 m langen Ausleger geführt wird. Sehr zweckmäßig haben sich die Schwenkabsetzer erwiesen, die von einem Absetzergleis aus die Auslegung einer Tief- und Hochkippe ermöglichen. Wegen der mangelhaften Standfestigkeit der Kippen wendet man nur selten Kipphöhen von mehr als etwa 40 m an.

Mit dem Fahrbetrieb kann man unter Verwendung von Hand-, Pflug- oder Absetzerkippen ziemlich ebene Kippflächen bei einem bestimmten Niveau erhalten, was namentlich bei vergleichsweise großen Kohlenmächtigkeiten von Bedeutung ist, wenn man Wert darauf legt, möglichst große Kippflächen herzustellen, die mit Sicherheit über den nach Beendigung des Bergbaues zu erwartenden Grundwasserspiegel herausragen, also bebauungsfähig bleiben. Der Förderbrückenbetrieb gibt diese Vorteile nicht, gestaltet aber den Betrieb in der Regel viel einfacher und billiger. Jedoch müssen die Lagerungs- und Gebirgsverhältnisse so günstig sein, daß Bewegungsvorgänge in den Kippen, welche die Brücke gefährden könnten, nicht zu erwarten sind. Haben die Tagebaue erhebliche Tiefen, so daß die Stützen entsprechende Höhen und die Brücken und Ausleger schon wegen der Böschungen und Bermen erhebliche Längen erhalten müssen, so entstehen dem Konstrukteur außerdem erhebliche Schwierigkeiten durch die Gefahren der Bodenpressungen und des Winddruckes. Der Bodendruck der Schwellen soll auf geschüttetem Boden nicht über 0,8 bis 1,4 kg/cm² und auf gewachsenem Boden nicht über 2,5 kg/cm² betragen. Um bei wechselnden Winddrücken und wechselndem Gefälle der Gleise gleiche Fahrgeschwindigkeiten zu erhalten, verwendet man Gleichstrommotore mit Leonhard-Schaltung. Bei Winddrücken von mehr als 30 kg/cm² (rd. 22 m/sec Luftgeschwindigkeit) wird der Brückenbetrieb selbsttätig eingestellt.

Die Kabelbagger und Kabelkrane zeichnen sich betriebsorganisatorisch dadurch aus, daß man mit ihnen verhältnismäßig einfach große Spannweiten (etwa 350 m) überwinden kann. Die Kabelbagger können außerdem bis zu etwa 50 m Aushubtiefe wahlweise zur Abraum- und zur Kohlengewinnung herangezogen werden, so daß sie als Universalgerät dienen können, was für mittlere und kleinere Gruben von wirtschaftlichem Vorteil sein kann. Die Kübel können durch Anschläge an den Tragkabeln oder durch andere geeignete Vorrichtungen an beliebiger Stelle zur Entleerung gebracht werden. Man kann dadurch den Kippen fast beliebig flache Böschungsneigungen geben und infolgedessen die Gefahren und Betriebsschwierigkeiten, die mit Böschungsrutschungen, Böschungsfußausbrüchen, Liegendaufpressungen usw. verbunden sind, weitgehend vermeiden. Da infolge der großen Spannweiten Türme und Gegentürme bei Bedarf größere seitliche Verschwenkungen zu den Kippen- bzw. Abraumfronten ausführen können, kann die Kippenoberfläche wesentlich ebener gehalten werden, als bei Förderbrücken. Der Nachteil der Kabelbagger und Kabelkrane ist der Wegfall des kontinuierlich umlaufenden Betriebes. Infolgedessen eignen sich diese Geräte bisher nur für kleinere und mittlere Leistungen. Es bleibt ferner abzuwarten, wie sich die Haltbarkeit der Tragkabel, Zugseile und des Kübelgeläufes bei schwerer Dauerbelastung gestalten wird.

e) Spülkippen.

Die bisher noch nicht erwähnten Spülkippen haben zweifellos den Vorteil, daß die Kippstelle lange Zeit an einem Orte unverändert stehen bleiben kann, besonders wenn feinkörniges Material verspült wird, und daß große Kippenleistungen möglich sind, weil die Kippmassen sehr schnell durch das Wasser aus der Kippstelle entfernt werden. Jedoch lagern sich tonige und feinkörnige tonigsandige Massen nicht fest ab. Sie weichen vielmehr durch das Wasser mehr und mehr auf und bilden dann oft eine breiige Masse, die ständig das Abgehen der Kippe herbeiführen kann. Eine solche Kippe kann im Falle eines Abgehens außerordentlich starke Wirkungen haben. Ferner erfordert die Spülkippe, falls sie in einem in Betrieb befindlichen Tagebau angelegt werden soll, wegen der sehr geringen Böschungsneigung, ferner wegen der Spülwässer und Rutschgefahren einen sehr ausgedehnten offenen Tagebauraum und weitgehende Sicherungsmaßnahmen durch Dämme usw. In einem in Betrieb befindlichen Tagebau kann man daher Spülkippen nur bei sehr gut wasserdurchlässigen, genügend grobsandigen und tonfreien Massen anwenden. Da solches Material nur selten ausschließlich zur Verfügung steht, so bleiben die Spülkippen in der Regel auf verlassene Tagebaue beschränkt, wo sie sich durch hohe und billige Leistung bei vergleichsweise geringem Anlagekapitalbedarf auszeichnen.

Stehen nur geringe scharfkörnige Sand- oder Kiesmengen zur Verfügung, so kann man niedrige Vorkippen durch Einspülen der vom Absetzer über die Böschung gestürzten Sandmassen anlegen. Die Spülleitungen werden hierbei in entsprechender Höhe über dem Böschungsfuß angelegt und vor dem Nachkippen der tonigen Massen entsprechend vorgerückt. Die eingespülten Sandmassen lagern sich sofort sehr fest und können wirksam das Abgehen der Hauptkippen hindern. Da die Breite dieser Vorkippen infolge der geringen Spülhöhe nicht allzu groß werden kann, müssen sie je nach dem Vorrücken der Hauptkippe rechtzeitig weiter vorgetrieben werden.

Infolge ihrer dichten Lagerung ergeben eingespülte, tonfreie, scharfkörnige Sand- und Kiesmassen sofort einen sehr tragfähigen guten Baugrund, was in manchen Fällen sehr wichtig sein kann.

VII. Die Organisation der Erdölgewinnung.

a) Die Entwicklung der Erdölgewinnung.

Das Erdöl tritt an vielen Stellen aus seiner Lagerstätte in der Regel bei gleichzeitigem Wasseraustritt zutage. Gewöhnlich waren diese Erdölquellen die erste Veranlassung zur Erdölgewinnung. Die Verfolgung der Ölspuren durch Nachgrabungen zeigte in der Regel, daß der Ölzufluß meist schon in geringer Tiefe zunahm, und führte bald zu einem bergmännischen Brunnenbetrieb. Die Schächte hatten anfangs Teufen von etwa 10 bis 15 m und mußten bald in größere Teufen vorrücken. Die Förderung des Öles geschah durch Handhaspel. Die Beleuchtung der Schachtsohle erfolgte der Schlagwettergefahr wegen durch Spiegel, die über dem Schacht aufgehängt und aus genügender Entfernung von der Seite her durch Scheinwerfer beleuchtet wurden. Bei größeren Teufen, die einen guten Ausbau des Schachtes und eine ausgezeichnete Wetterführung verlangten, wurde der Betrieb zu teuer und beschränkte sich auf die Erdwachsgewinnung (Boryslaw).

Seitdem der Colonel E. L. Drake am 27. August 1859 bei Titusville in Nordamerika mit einer Erdölbohrung fündig wurde, die täglich 400 Gallonen Erdöl brachte, wurde die Erdölgewinnung mit Hilfe von Bohrlöchern gebräuchlich. Die Vorteile des Bohrbetriebes sind seine Billigkeit, Schnelligkeit und Erreichbarkeit großer Teufen auch bei ungünstigen Gebirgsverhältnissen und hohen Gasdrücken. Der Bohrbetrieb gab daher auch den wichtigsten Anstoß zur Entwicklung einer Großindustrie zur Gewinnung und Verwertung des Erdöls. Die Nachteile des Bohrbetriebes beruhen einerseits in der schwereren Erkennbarkeit der Gestaltung der Lagerstätte und in der Unmöglichkeit, mit Hilfe der Bohrlöcher das kapillar in den Lagerstätten gebundene Erdöl zu gewinnen. Beide Ursachen führen mehr oder weniger große Abbauverluste herbei, die je nach der Lage des Falles etwa zwischen 30 bis 80% und darüber betragen.

Infolgedessen hat man in einigen Erdöllagern mit geringem Gasdruck, also vorwiegend in für Bohrlöcher mehr oder weniger erschöpften Gebieten, unterirdische Grubenbetriebe zur Aufsuchung und Gewinnung von Erdöllagerstätten eingerichtet. Diese Betriebe ermöglichen eine fast restlose Gewinnung des in der Lagerstätte enthaltenen Erdöles. Soweit die Erdöllager vorwiegend aus losen Gebirgsmassen (tertiären Sanden usw.) bestehen, wird das Vordringen in größere Teufen die Überwindung erheblicher technischer Schwierigkeiten zur Voraussetzung haben. Der Erdölbergbau befindet sich noch in den ersten Entwicklungsstadien.

b) Die Erdölgewinnung durch Bohrlöcher.

1. Bohrlochabstand und Wirkungsradius.

Die weitaus größte Erdölmenge wird durch Bohrlöcher gewonnen. Zur Ausbeutung eines Erdölfeldes ordnet man die ersten Bohrlöcher an der Feldesgrenze entlang an, um das Feld vor der Wirkung der Dränage seitens der in den angrenzenden Feldern angesetzten Bohrungen möglichst zu schützen. Der Abstand der Bohrlöcher von der Grenze beträgt je nach der Durchlässigkeit der erdölführenden Schichten etwa 40 bis 90 m, wobei die Abstände der Bohrlöcher untereinander den doppelten Betrag erhalten. Gewöhnlich setzt man die Bohrlöcher den Bohrungen des Nachbarfeldes gegenüber an. Gegebenenfalls werden die ersten Bohrungen auch unmittelbar an den Feldesgrenzen niedergebracht, besonders bei kleineren Feldern, obwohl diese Maßnahme vom technischen Standpunkte aus unwirtschaftlicher ist. Jedoch wird dadurch dem Abfluß von Öl in die Bohrlöcher der Nachbarfelder besser vorgebeugt und eher der Zufluß aus dem Nachbarfeld begünstigt, so daß dieses Verfahren dann eine gewisse Berechtigung hat, wenn gegenseitige Vereinbarungen über die an der Grenze zu treffenden Gewinnungsmaßnahmen fehlen. Es ist hierbei zu beachten, daß nicht nur die Abstände der Bohrlöcher von den Grenzen, sondern auch der Zeitpunkt des Fündigwerdens und der Ausbeutung der Bohrungen sowie das Auftreten rinnen- oder schlauchförmiger, gut durchlässiger Einlagerungen in der Erdöllagerstätte von ausschlaggebender Bedeutung für das etwaige Übergreifen der Dränagewirkung auf die Nachbarfelder ist.

Die Einflußzone eines Bohrloches ist bei horizontaler Lagerung der erdölführenden Schicht in bezug auf das nicht kapillar gebundene Öl theoretisch unbegrenzt. Praktisch liegt aber eine Begrenzung insofern vor, als einerseits in der Regel eine gegenseitige Beeinflussung benachbarter Bohrlöcher stattfindet und andererseits die mehr oder weniger große Dickflüssigkeit des Öles seine Zuwanderung aus größerer Entfernung erschwert und ferner mit zunehmender Entfernung in der Regel auch die Möglichkeit der Abwanderung nach anderen Stellen zunimmt.

Das Wirkungsgebiet eines Bohrloches wird durch die Wirkungszonen der Nachbarbohrungen abgegrenzt. Unter Wirkungsradius versteht man die größte Entfernung der Wirkungszone eines Bohrloches. Nimmt man an, daß die Wirkungszone bei gleichmäßiger Durchlässigkeit der horizontalen Erdölschicht bis auf den halben Bohrlochsabstand sowie bis auf den Schwerpunkt der von benachbarten Bohrungen umschlossenen Fläche reicht, so ergibt sich, wenn

$$B = \text{Bohrlochsabstand,}$$
$$W = \text{größter Wirkungsradius}$$

bedeuten, bei quadratischer Anordnung der Bohrlöcher: $W = \dfrac{B}{\sqrt{2}} = 0{,}71 \cdot B$ oder $B = 1{,}41 \cdot W$ und bei Anordnung der Bohrlöcher in den Eckpunkten gleichseitiger Dreiecke: $W = \dfrac{B}{\sqrt{3}} = 0{,}58 \cdot B$ oder $B = 1{,}73 \cdot W$. Der Wirkungsradius ist also bei dreieckiger Anordnung der Bohrlöcher in bezug auf den Bohrlochsabstand kürzer und daher günstiger als bei quadratischer Anordnung mit gleichem Bohrlochsabstand, zumal die Form des Wirkungsgebietes bei der Dreieckanordnung abgerundeter ist. Es muß natürlich beachtet werden, daß bei dreieckiger Anordnung auch eine entsprechend größere Anzahl von Bohrlöchern auf einer bestimmten Fläche niederzubringen sind.

Mit der Abnahme des Wirkungsgebietes eines Bohrloches nimmt unter sonst gleichen Verhältnissen auch der Durchschnittsertrag desselben ab. Jedoch nimmt die Gesamtausbeute aus einem bestimmten Felde zu, da infolge der dichteren Bohrlochsanordnung die Dränage wirksamer wird. Infolgedessen wird sowohl die Ausbeutung des Erdöllagers begünstigt, als auch der etwaigen Abwanderung des Öles in die Nachbarfelder besser vorgebeugt. In den Erdölfeldern von Bartlesville, Oklahoma[1], hat man im Verlauf von 9 Jahren die Feststellung gemacht, daß man aus einer bestimmten Feldesgröße bei einem Bohrlochsabstand von 70 bis 90 m ungefähr 67% der Erdölmenge erzielte wie bei gleich großer Fläche und einem Bohrlochsabstand von 40 bis 60 m. Es ist eine Frage der Kalkulation, ob die Mehrausbeute an Öl die Niederbringung einer größeren Anzahl von Bohrlöchern rechtfertigt.

2. Die je Quadratmeter Feldfläche zu erwartende Erdölmenge.

Die Menge des durchschnittlich je Quadratmeter Feldesfläche zu erwartenden Öles in Kubikmeter läßt sich näherungsweise errechnen aus der Mächtigkeit der erdölführenden Schichten in Meter multipliziert mit dem Koeffizienten der Porosität, der Sättigung und des Gewinnungsgrades. Hierbei muß vorausgesetzt werden, daß man durch die Ergebnisse einiger Tiefbohrungen genügende Anhaltspunkte über die Porosität und Sättigung sowie über den Gewinnungsgrad erhält. Die Porosität eines Sandes entspricht dem Verhältnis des Inhaltes der Zwischenräume zwischen den einzelnen Sandkörnern zum Rauminhalt des betreffenden Sandkörpers. Die Sättigung entspricht dem Verhältnis des mit Öl erfüllten zu dem gesamten Zwischenraum der Sandkörner, wobei der nicht mit Öl erfüllte Raum in der Regel mit Wasser oder Gas erfüllt ist.

Der Porositätsfaktor schwankt je nach der Kornanordnung, der Ausfüllung der Zwischenräume durch Tone usw., sowie bei festen Gesteinen je nach Art der Spalten, der kavernösen und sonstigen Hohlräume

bei Sand . . . . . . von 6,0 bis 45,0%	bei Dolomit. . . . . von 3,0 bis 10,0%
„ Konglomerat. . . „ 3,0 „ 37,0%	„ Mergel . . . . . „ 6,0 „ 48,0%.
„ Sandstein . . . . „ 0,5 „ 27,0%	

Der Sättigungsgrad schwankt zwischen etwa 10 bis 90%. Er ist bei weitporigen, sowie stärker gefalteten Schichten, bei höherem Gasgehalt und geringer Viskosität des Öles in der Regel hoch und hängt natürlich in erster Linie von der anteiligen Wassermenge ab, die zugleich in der erdölführenden Schicht enthalten ist. Im allgemeinen beträgt der Sättigungsgrad über 50%.

Der Gewinnungsgrad hängt vorwiegend von der Art der Lagerstätte, von der Viskosität des Öles und von der etwaigen Mitwirkung der Gase ab. Aus offenen Spalten kann das Öl meist fast restlos gewonnen werden. Der Gewinnungsgrad schwankt hier zwischen etwa 80 bis fast 100%. Ungünstig beeinflußt wird der Gewinnungsgrad durch Kleinporigkeit und horizontale Lagerung der Schicht, geringen Gehalt des Öles an freiem und gelöstem Gas sowie durch hohe Viskosität des Öles. Der Gewinnungsgrad beträgt in solchen Fällen 5 bis 10% und darunter. Er steigt bei großporigen, steil gelagerten Schichten, hohem Gasgehalt und geringer Viskosität des Öles auf etwa 30 bis 50% und darüber. Im großen und ganzen dürfte der Gewinnungsgrad in Sanden und Sandsteinen normaler Korngrößen selten über 25% steigen. In ihrer Wirkung wird die Viskosität des Öles offenbar von seinem Gasgehalt beeinflußt. Je geringer der Gasgehalt ist, um so geringer ist auch die treibende Kraft, die das Öl zum Bohrloch drängt. Es ist deshalb zweckmäßig, bei ausgedehnten Erdölfeldern, die nicht in ihrer ganzen Ausdehnung sofort voll in Betrieb genommen werden können, auf einem kleineren Abschnitt zunächst intensive Gewinnung zu betreiben und von hier aus nach Bedarf weiter fortzuschreiten. Wollte man über das ganze Feld Bohrungen in großen Abständen verteilen, so würde man den Gasdruck im ganzen Felde herabsetzen. Damit würde aber auch die treibende Kraft für die Versorgung der späteren Ersatzbohrungen mit Öl und somit der Gewinnungsgrad sinken. Es ist

---

[1] Campodonico: Die Ausbeutung neuer Erdölzonen (nach einer Übersetzung von Margulies). Z. Bohrtechnik, Erdölbergbau u. Geologie 1929, S. 224.

selbstverständlich, daß die Öllieferung der einzelnen Bohrlöcher eines Feldes je nach den örtlichen Verhältnissen mehr oder weniger starken Schwankungen unterliegt.

3. Die Öllieferung eines Erdölgebietes bzw. eines Bohrloches.

Die Produktivität eines Gebietes kann man erfahrungsgemäß nach bestimmten Anzeichen abschätzen, die in der Tabelle 57 enthalten sind[1].

Tabelle 57. Kennzeichen der Produktivität eines Erdölgebietes bzw. Bohrloches.

Kennzeichen	Tendenz zur Abnahme d. Produktivität	Mittlere Tagesproduktion	Tendenz in der Gesamtproduktion	Anfangsproduktion
Sehr tiefe Brunnen	schnell	klein	groß	groß
Weniger tiefe Brunnen	langsam	groß	klein	klein
Hoher Flüssigkeitsdruck	schnell	klein	groß	groß
Niedriger Flüssigkeitsdruck	langsam	groß	klein	klein
Hoher Gasgehalt	„	„	groß	groß
Niedriger Gasgehalt	schnell	klein	klein	klein
Große Anfangsproduktion	„	„	groß	groß
Kleine Anfangsproduktion	langsam	groß	klein	klein
Geringe Bohrlochsabstände	schnell	klein	„ [1]	„
Große Bohrlochsabstände	langsam	groß	groß[2]	groß
Mächtige Erdölschicht	„	„	„	„
Wenig mächtige Erdölschicht	schnell	klein	klein	klein
Große Poren	„	„	groß	groß
Kleine Poren	langsam	groß	klein	klein
Leichtes Öl	schnell	klein	groß	groß
Schweres Öl	langsam	groß	klein	klein
Wasserhaltiges Öl	schnell	klein	„ [3]	„
Trockenes Öl	langsam	groß	groß	groß
Geeignete Förderung	„	„	„	„
Ungeeignete Förderung	schnell	klein	klein	klein

[1] klein je Bohrloch, groß je Flächeneinheit Ölfeld.
[2] groß je Bohrloch, klein je Flächeneinheit Ölfeld.
[3] manchmal begünstigt das Wasser die Gesamtgewinnung.

Die Ölmenge, die aus einem Erdölgebiet gewonnen werden kann, wird außer von den allgemeinen geologischen Verhältnissen noch wesentlich bestimmt durch das mehr oder weniger systematische Zusammenarbeiten der einzelnen dort arbeitenden Erdölunternehmungen. Werden die Bohrungen ohne einheitlichen Plan auf den über das ganze Gebiet mehr oder weniger verstreuten Besitzungen niedergebracht und wird vor allem gleichzeitig ein Wettbohren (competitive drilling) veranstaltet, um möglichst viel Öl auf Kosten der unterliegenden Parteien zu gewinnen, so wird der Gasdruck im Gebiet vorzeitig gesenkt und damit auch die Kraft vernichtet, die das Öl den Bohrlöchern zuführt. Die gesamte, aus dem Gebiet gewinnbare Ölmenge nimmt entsprechend ab. Außerdem können die kapitalschwachen Einzelunternehmer das Gas mit dem darin enthaltenen Benzin usw. meist nicht verwerten, so daß es nutzlos in die Luft übertritt. Der Board of Directors of the American Petroleum Institute[2] tritt deshalb gemäß seiner Entschließung vom 11. Februar 1929 dafür ein, durch gesetzliche Vorschriften zu erzwingen, daß

[1] Beal u. Lewis: Some principles governing the production of oil well. Bureau of Mines, Bull. 1921, Nr. 194.
[2] Mautner, Amsterdam: „Unitization der Ölfelder", Petroleum 1930, S. 1169.

1. das Erdgas nicht unnötig verschwendet werden soll,

2. Bohr- und Gewinnungsmethoden, die zu Verlusten von Gas und Öl unter Tage führen können, zu verbieten sind,

3. die Aufschließung eines Erdölgebietes und die Gewinnung des Öles und Gases planmäßig erfolgen soll (unitization) mit dem Ziel, durch Zusammenfassung aller der an der Ausbeutung eines Ölfeldes Interessierten die rationellste Ausbeutung des Feldes zu erreichen durch Vermeidung des Wettbohrens (competitive drilling), Schonung der Ölreserven durch planmäßige Regelung der Produktion (conservation), Maßnahmen zur Erhaltung bzw. Wiederherstellung des Gasdruckes (repressuring) z. B. durch Verschließen der Bohrlöcher usw. Gegebenenfalls sind Zwangsgenossenschaften (compulsory cooperative development and operation of oil pools) zu gründen.

In der Regel nimmt die Produktion eines Erdölbohrloches in einem konstanten Verhältnis ab, so daß sich die mittlere Tagesproduktion eines Bohrloches asymptotisch mit zunehmender Förderdauer dem Werte Null nähert. Die Feststellung der Durchschnitte kann allerdings erst nach längerer Beobachtung erfolgen. Durch Drosselung der Ölförderung läßt sich nach den bisherigen Erfahrungen in der amerikanischen Erdölindustrie eine Vermehrung des endgültigen Ölausbringens günstig gelegener Bohrlöcher erzielen[1].

Die regelmäßige, allmähliche Abnahme der täglichen Öllieferung eines Bohrloches beruht auf dem Nachlassen des Gasdruckes in der Umgebung des Bohrloches und ferner auf dem Ausfließen des dem Bohrloch zugänglichen Öles. Daneben kommen noch andere Ursachen in Betracht, die eine mehr oder weniger unregelmäßige Leistungsminderung bewirken, wie z. B. die Verschmandung des Bohrloches, die Verstopfung der Gesteinsporen durch Anlagerung von Paraffinschuppen usw. Im ersten Falle muß das Bohrloch durch Entfernung des Schmandes mittels des Schmandlöffels gereinigt werden. Im zweiten Falle, der bei paraffinhaltigen Ölen nicht selten eintritt, wird die Sohle des zuvor gut gereinigten Bohrloches durch Einleiten von Dampf oder durch eingehängte elektrische Heizkörper erhitzt, um das in der Umgebung befindliche Paraffin einzuschmelzen. Versuche, das Paraffin durch Benzin aufzulösen, sind meist erfolglos. Durch diese Maßnahmen wird die Leistung der Bohrlöcher wieder etwas gesteigert, so daß praktisch die Leistungskurven der Bohrlöcher in der Regel keine regelmäßige Abnahme zeigen. Der Verlauf der Kurve wird wesentlich durch die Art der Ölförderung, sowie durch die Häufigkeit der Reinigung bzw. Instandhaltung (Heizen usw.) der Bohrlöcher beeinflußt. Bei zu gewaltsamer Steigerung der Ölförderung, z. B. durch Schöpfen bzw. Kolben von der Sohle, werden oft feinkörnige Ölsande usw. in das Bohrloch hineingezogen, verschmanden dieses und vermindern dadurch den Ölnachfluß. Kennzeichnend hierfür ist das starke Nachlassen der Öllieferung nach jeder Reinigung.

Die durch Verschmandung, Paraffinabscheidung usw. verursachte Zurückdämmung des Ölausflusses ist vor allem dadurch nachteilig, daß bis zur Wiederherstellung des Bohrloches erhebliche Ölmengen zu den benachbarten Bohrlöchern, also gegebenenfalls zu den Nachbarfeldern, abfließen können. Es ist also für möglichst dauernde Reinhaltung der Bohrlöcher Sorge zu tragen.

Den Einfluß der konstanten allmählichen Abnahme der Bohrlochsleistung zeigt Abb. 102. Man sieht ohne weiteres, daß das Bohrloch *A* trotz großer Anfangsproduktion infolge des hohen Faktors der konstanten Produktionsabnahme wesentlich weniger Öl liefert als das Bohrloch *b*, das zwar eine geringere Anfangsproduktion, dafür aber auch einen wesentlich geringeren Faktor der konstanten Produktionsabnahme hat.

---

[1] Prockat: Erdöltagung in Tulsa. V. d. I.-Nachr. 1930, Nr. 49, S. 3.

Es kommt nicht selten vor, daß beim Niederbringen von Erdölbohrungen absichtlich oder unabsichtlich Erdölhorizonte überbohrt werden. Beim späteren Rohrziehen aus der erschöpften und deshalb aufzugebenden Bohrung ergibt sich dann mitunter eine erneute Ölproduktion aus den überbohrten Horizonten. Es ist daher angebracht, das Verhalten des Bohrloches bei diesen Arbeiten genau zu überwachen.

Besteht der Erdölhorizont aus festen Mergeln, Sandsteinen usw., so kommt es vor, daß das Bohrloch beim Durchteufen des Horizontes keine Verbindung mit den erdölführenden Hohlräumen (Spalten usw.) bekommt und daher kein Öl liefert. Durch Torpedieren des Bohrloches innerhalb des Erdölhorizontes kann diese Verbindung gewaltsam geschaffen werden. Das Bohrloch ist nach der Torpedierung möglichst sofort zu reinigen, ehe die Ölförderung systematisch aufgenommen wird. In weicheren Schichten, tonigen Sanden usw. ist die Torpedierung stets von zweifelhaftem Erfolg. Es können die hindernden Gebirgsmassen durch die Torpedierung gelockert und herausgeschleudert werden, besonders wenn sie sich unmittelbar am Bohrloch befinden, wodurch der Ölaustritt erleichtert wird, es können aber auch die weiter entfernt liegenden, z. B. tonig-sandigen Massen durch den Explosionsdruck zusammengepreßt werden und die vorhandenen Zugangskanäle verschließen.

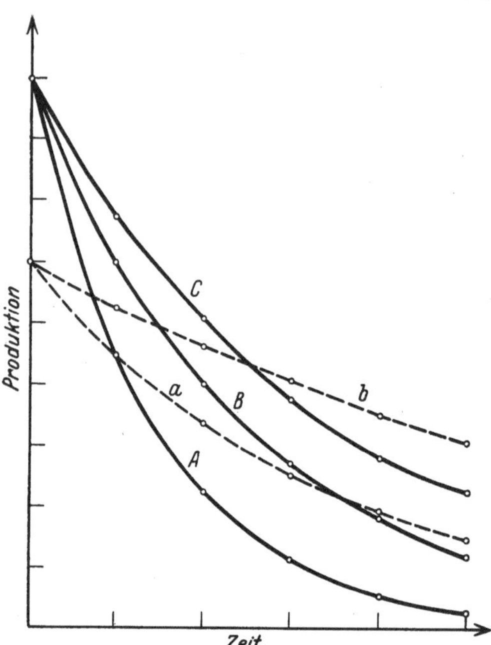

Abb. 102. Produktionsabnahme von Bohrlöchern und Ergiebigkeit der Bohrlöcher.

I. Bei hoher Anfangsproduktion.
   A Abnahme in der Zeiteinheit um ½.
   B ,, ,, ,,   ,,   ,, ⅓.
   C ,, ,, ,,   ,,   ,, ¼.

II. Bei geringer Anfangsproduktion.
   a Abnahme in der Zeiteinheit um ¼.
   b ,, ,, ,,   ,,   ,, ⅛.

4. Die Verwässerung von Bohrlöchern und der Wasserabschluß.

Von erheblicher Bedeutung für die Öllieferung eines Bohrloches ist in vielen Fällen die mehr oder weniger starke Einwirkung der über oder unter den Erdölschichten anstehenden Grundwasserhorizonte. Wird durch eine schlecht abgedichtete Bohrung eine Verbindung zwischen der Erdölschicht und dem darüber (oder darunter) liegenden Grundwasserhorizont geschaffen und ist der Wasserdruck größer als der Druck, unter dem das Öl in der Ölschicht steht, so kann das Wasser an diesem Bohrloch in die Erdölschicht eindringen. Liegt der seltene Fall vor, daß das Erdöllager im übrigen allseitig abgeschlossen ist, und kann das Öl in solchen Fällen zurückweichen, z. B. in ein höher gelegenes, als Gasreservoir dienendes Hohlraumsystem, so wird dieser Vorgang solange stattfinden, bis Druckausgleich erfolgt. Die Größe des Rückdrängungsradius ist dann von Fall zu Fall verschieden. Sind mehrere Bohrungen auf die Lagerstätte niedergebracht, so dringt das Wasser mit entsprechenden Mengen (von Überdruck, Durchflußwiderstand usw. abhängig) in die Lagerstätte ein und kann gegebenenfalls auch die benachbarten Bohrungen in mehr oder weniger großem Umkreis erreichen.

Die Wirkung der Verwässerung ist sehr verschieden. Sie macht das undichte Bohrloch besonders bei engporösem Gestein für die Öllieferung unbrauchbar. Bei sehr weitporösem Gestein ist es möglich, daß das Wasser wegen seines höheren spezifischen Gewichtes in die Tiefe sinkt und doch mehr oder weniger geringe Ölmengen mit dem Wasser in das Bohrloch gelangen.

Da die Netzbarkeit eines mit Öl erfüllt gewesenen Sandes für Wasser stets geringer bleibt als für Öl, so kann das Öl vergleichsweise leicht wieder in den Überschwemmungsbereich zurückfließen, wenn der Abschluß des Bohrloches gegen den Grundwasserhorizont hergestellt und das in die Erdölschicht eingedrungene Wasser sodann herausgepumpt wird.

Ist der Erdöldruck größer als der Wasserdruck des kommunizierenden Grundwasserhorizontes, so bleibt zwar das undichte Bohrloch ölliefernd, es treten aber mehr oder weniger erhebliche Ölmengen in den Grundwasserhorizont über und gehen dadurch der Gewinnung verloren.

Es ist daher stets für einen richtigen, sorgfältig hergestellten Wasserabschluß zu sorgen. Liegen mehrere Grundwasserhorizonte nacheinander über dem Erdölhorizont und sind die einzelnen Grundwasserhorizonte durch genügend mächtige, wasserundurchlässige Schichten getrennt, so empfiehlt es sich meist, jeden Grundwasserhorizont für sich abzusperren. Da in einem Erdölfelde eine größere Anzahl von Bohrlöchern nebeneinander niedergebracht werden, so empfiehlt es sich, die Wasserabschlußmaßnahmen nach einem gemeinsamen, sorgfältig ausgearbeiteten Plan vorzunehmen. Liegt z. B. über der Ölschicht in dem sonst undurchlässigen Hangenden zunächst eine durchlässige, aber trockene Schicht und weiter oberhalb eine wasserführende Schicht, so kann zwischen dieser und der Ölschicht durch die Bohrlöcher eine Verbindung geschaffen werden, wenn der Wasserabschluß in dem einen Bohrloch unmittelbar unter der wasserführenden und im anderen Bohrloch erst unter der trockenen, aber wasserdurchlässigen Schicht durchgeführt wird. Da infolge der Wasserabschlüsse für die Fortsetzung der Bohrung stets engere Rohrtouren verwandt werden müssen, ist die Bohrung mit großem Anfangsdurchmesser zu beginnen.

Vor dem Weiterbohren sind die ausgeführten Wasserabschlußarbeiten auf ihre Dichtigkeit zu prüfen. Im Betriebe ist zum Zwecke der Aufrechterhaltung des guten Wasserabschlusses sofort für den Ersatz schadhaft gewordener Rohre oder Wasserabschlüsse zu sorgen. Von der Lage des Falles wird die Wahl der zu treffenden Maßnahmen abhängen. Einen undicht gewordenen Wasserabschluß kann man mitunter durch Einpressen von Zement abdichten. In anderen Fällen muß an tieferer Stelle ein neuer Wasserabschluß mit Hilfe einer engeren, dichten Rohrtour hergestellt werden.

In den Erdölschichten ist neben dem Öl und Gas in der Regel auch Wasser enthalten, wobei sich das Wasser entsprechend seinem höheren spezifischen Gewicht in den unteren Teilen des Schichtkomplexes angesammelt hat. Bei sehr flacher bis horizontaler Lagerung und größerer Mächtigkeit der erdölführenden Schicht empfiehlt es sich daher meist nicht, mit der Bohrung die ganze Schichtenmächtigkeit zu durchteufen. Hat man unter dem Öl Wasser angetroffen, so ist die Bohrung einzustellen, und gegebenenfalls der unter den Wasserspiegel hinabreichende Teil zunächst zu verfüllen. Nähert sich das Bohrloch der Erschöpfung, so kann man in manchen Fällen durch scharfes Wegpumpen des Wassers und das damit verbundene trichterförmige Absinken des Wasserspiegels Öl aus der weiteren Umgebung an das Bohrloch heranziehen.

Bei stark gefalteter, mehr oder weniger wellenförmiger Lagerung befindet sich das Wasser in den Mulden, während Öl und Gas sich in den Sätteln angesammelt haben. Je nach dem Anteilverhältnis zwischen Wasser und Öl steht der die Grenze zwischen Wasser und Öl bildende Wasserspiegel mehr oder weniger hoch über dem Muldentiefsten. Ist ein Bohrloch so angesetzt, daß es die Erdölschicht unterhalb des Wasserspiegels antrifft, so kann es doch gelingen, nach mehr oder weniger langem, kräftigem Wegpumpen des Wassers durch entsprechendes Absenken des Wasserspiegels reines Öl zutage zu fördern. Die dicht über dem ursprünglichen bzw. abgesenkten Wasserspiegel stehenden Bohrungen haben bei welliger Lagerung oft die größte Ergiebigkeit.

5. Die Bekämpfung von Eruptionen.

Zweckmäßig wendet man schwere, dünnflüssige Spülungen an, die dem Gasdruck hohen Gegendruck entgegensetzen und einzelne Gasblasen schnell nach oben entweichen lassen. Gut bewährt haben sich die Schwerspat- und Hämatitspülungen, die bei sachgemäßer Herstellung ein spezifisches Gewicht von über 2,00 haben und dadurch auch gleichzeitig die Standsicherheit der Bohrlochswandungen erhöhen. Tonspülungen, die bei einem spezifisches Gewicht von 1,2 bis 1,4 sehr dickflüssig sind, halten die eindringenden Gasblasen fest, so daß ihr an sich schon niedriges spezifisches Gewicht durch die Auflockerung sehr bald so stark verringert wird, daß die Spülung herausgeschleudert wird.

Gut bewährt haben sich in vielen Fällen auch die Abfangvorrichtungen (z. B. Blovoutpreventer und Stofingbox).

6. Die Bewertung eines Erdölfeldes.

Aus den vorstehenden Ausführungen ergibt sich, daß zur Entschließung über die zu treffenden Maßnahmen die Kenntnis

α) des Grubenfeldes (Erdölgerechtsame),

β) der Bohrbetriebe,

γ) der fündigen Bohrlöcher nebst der von diesen noch zu erwartenden Produktion,

δ) der verlassenen Bohrlöcher (sowohl der erschöpften als auch der vorzeitig aufgegebenen)

notwendig ist.

Zu α) Neben der Rechtsgrundlage sind vor allem die geologisch-bergtechnischen Verhältnisse des Grubenfeldes zu prüfen. Rein geologisch teilt man zweckmäßig den Felderbesitz in drei Wertklassen ein, von denen

Klasse I das erschlossene, sicher Öl führende Gebiet,

Klasse II das nicht erschlossene, aber wahrscheinlich Öl führende Gebiet, z. B. das unmittelbare an Gebiete der Klasse I im Streichen anschließende Gebiet, und

Klasse III das möglicherweise Öl führende Gebiet, ferner das Schutzgebiet und das sonstige wertlosere Gebiet umfaßt.

Zur Klasse I ist nur das Gebiet zu rechnen, auf dem bereits fündige Bohrungen niedergebracht sind, wobei die hier bereits getätigte Ölentnahme entsprechend zu berücksichtigen ist, sowie in engen Grenzen auch das Nachbargebiet. Sofern bei Antiklinalen die Fortsetzung der Öllinie nicht schon durch nur mäßig entfernt liegende Bohrungen nachgewiesen ist, soll man in der Regel das Gebiet der Klasse I nicht mehr als 150 bis 200 m über die letzte Bohrung in Richtung der Öllinie (Sattellinie) hinaus erstrecken. Das übrige Gebiet innerhalb der Öllinie zählt zur Klasse II und außerhalb derselben zu Klasse III. Bei söhliger, flachwelliger oder schollenhafter Ablagerung ist die Unterteilung gemäß den gegebenen geologischen Verhältnissen zu modifizieren.

Bereits ausgebeutete Feldesteile haben keinen Wert. Ebenso ist der Wert für Feldesteile, die durch Verwässerung oder teilweise Erschöpfung in ihrem zukünftigen Ertrag beeinträchtigt sind, entsprechend niedriger einzusetzen. Auch sind kleinere Feldesteile, die durch ihre ungünstige Form und Lage (isolierte Lage innerhalb fremder Felder) stets mit Ölentziehung durch die benachbarten Konkurrenzunternehmen bedroht sind, entsprechend niedriger zu bewerten.

Die zur Klasse II gehörenden Feldesteile erfordern wegen der oft unübersichtlichen und daher häufig Überraschungen mit sich bringenden geologischen Verhältnisse die Übernahme eines erheblicheren Risikos als die der Klasse I. Immerhin ist es ratsam, möglichst viel Feldesteile der Klasse II aufzukaufen.

Feldesteile der Klasse III sind in der Regel ein an sich mehr oder weniger wertloser Besitz, wenn man von der Verwendbarkeit für Landwirtschaft, Häuserbau usw. absieht. Es ist natürlich nicht zu verkennen, daß je nach den Ergebnissen der fortschreitenden Aufschlußarbeiten auch seitens der Nachbarwerke der Nachweis von Ölvorkommen in Gebieten erbracht werden kann, die bisher zur Klasse III gerechnet wurden und damit zur Klasse I oder II aufrücken. Man sucht daher möglichst viel Gelände der Klasse III mit zu erwerben, das die Gebiete der Klassen I und II so umrahmt, daß eine nachteilige Einwirkung benachbarter Konkurrenz auf die eigenen, mit Sicherheit als erdölführend erkannten Gebiete ausgeschlossen erscheint oder doch erschwert wird.

Für die Gebiete der Klasse II bringt man, wenn überhaupt, höchstens etwa ⅓ des Ölvorrates je Flächeneinheit in Anrechnung, den man nach den Ergebnissen der geologischen Untersuchungen unter Berücksichtigung der vorliegenden Erfahrungen für die Gebiete der Klasse I je Flächeneinheit zu erwarten berechtigt ist.

Zu β) Sofern bei Übernahme eines Ölfeldes bereits Bohrbetriebe im Gange sind, muß man zunächst feststellen, auf welchem Klassengebiete sie angesetzt sind.

Allgemein muß man von den angesetzten Bohrbetrieben einen bestimmten Prozentsatz für verunglückte Bohrungen in Ansatz bringen. Die Höhe dieses Prozentsatzes hängt von den Schwierigkeiten ab, die durch die geologischen Verhältnisse, die angewandten Bohrverfahren, sowie durch die Zuverlässigkeit des Bohrpersonals bedingt sind. Man kann durchschnittlich etwa 5 bis 15% für verunglückte Bohrungen rechnen.

Außerdem ist für Fehlbohrungen, d. h. für nicht fündig werdende Bohrungen, ein bestimmter Prozentsatz in Abzug zu bringen, der in seiner Bemessung von der Kenntnis der geologisch-tektonischen Verhältnisse des betreffenden Lagerstättenteiles abhängig ist.

Für Gebiete der Klasse I rechnet man zweckmäßig außer den verunglückten noch 5 bis 15% für Fehlbohrungen. Für Gebiete der Klasse II rechnet man für Fehlbohrungen etwa 35 bis 50%, so daß hier je nach der geologischen Kenntnis der Lagerstätte und je nach den technischen Schwierigkeiten des Bohrens insgesamt mit 40 bis 65% Verlustbohrungen zu rechnen ist. In Wirklichkeit werden bei schrittweisem Vorgehen aus dem Gebiete der Klasse I die Fehlbohrungen mitunter geringer sein; gleichzeitig wird dabei auch die Grenze der tatsächlichen Ausdehnung des Ölvorkommens fortschreitend festgestellt, wobei mehr oder weniger große Teile der Klasse II entweder in das Gebiet der Klase I oder in das der Klasse III zu überschreiben sind.

Zu γ) Bei bereits fündigen, fördernden Bohrlöchern ist festzustellen, welche Ölmengen sie bereits geliefert haben, um unter Vergleich mit der Durchschnittsölmenge, die die Bohrlöcher erfahrungsgemäß in dem Gebiet liefern, einen Anhaltspunkt dafür zu gewinnen, welche Ölmengen noch aus den Bohrlöchern zu erwarten sind. Hierbei sind namentlich der Charakter der Lagerstätte, wie Mächtigkeit, Porosität, Sättigungsgrad und Gewinnungsgrad (vgl. auch Tabelle 57), sowie der Faktor der konstanten Produktionsabnahme entsprechend in Rechnung zu ziehen.

Zu δ) Die verlassenen, erschöpften, vorzeitig aufgegebenen oder nicht fündig gewordenen Bohrlöcher sind namentlich daraufhin zu prüfen, ob sie eine Gefährdung des Erdölhorizontes durch Wassereinbrüche bewirken können. Die erschöpften, sowie die nicht ölfündig gewordenen Bohrlöcher, die gleichwohl den Ölhorizont erreicht haben, sind gegen diesen Horizont durch Ausfüllung und Abdichtung mit Ton, Zement usw. dicht abzuschließen. Bei den vorzeitig aufgegebenen Bohrungen ist zu prüfen, ob sie bereits in gefahrdrohende Nähe der Ölhorizonte herunter gekommen sind und ob sich aus diesem Grunde eine vorsorgliche wasserdichte Verfüllung der Bohrlöcher als notwendig erweist.

Aus der mittleren Liefermenge[1] und Lieferdauer der einzelnen Bohrlöcher, sowie aus der geforderten Gesamtproduktion läßt sich die Anzahl der Bohrlöcher errechnen, die jährlich fündig werden müssen, um die gewollte Ölproduktion zu sichern. Aus der mittleren Teufe der vorzeitig verunglückenden Bohrungen, dem Prozentanteil dieser und der Fehlbohrungen, sowie der zur Fündigkeit erforderlichen Teufe läßt sich unschwer feststellen, wieviel Meter Bohrungen je Meter fündigen Bohrloches im Durchschnitt hergestellt werden müssen. Unter Berücksichtigung der mittleren Bohrleistungen läßt sich danach die Größe des Bohrparkes, der Werkstatt, des Inventars (Behälter, Rohrleitungen, Pumpen usw.), sowie die Zahl der erforderlichen Bedienung einschließlich Aufsicht usw. bestimmen.

7. Auswahl des Bohrverfahrens und Verrohrungsplan.

Die zur Niederbringung der Bohrlöcher anzuwendenden Bohrverfahren sind in erster Linie nach der Gebirgsbeschaffenheit zu bestimmen. Daneben kommt natürlich gegebenenfalls auch der vorhandene Bohrpark und die Ausbildung der Bohrbelegschaft in Frage. In lockeren, weichen Gebirgsmassen hat sich das Rotaryverfahren gut bewährt. Bei Wechsellagerung mit festeren Schichten kommt die Kombination dieses Verfahrens mit dem Schnellschlagbohren in Frage. Letzteres ist bei mittelfestem und das Freifallbohren bei festem Gestein zweckmäßig. Das Seilbohren eignet sich für mittelfestes und festes Gestein. Für Teufen von mehr als 1000 m ist das Seilschlagbohren dem Rotarybohren meist überlegen, weil letzteres durch die starken, unvermeidlichen Richtungsänderungen größere Durchmesserdifferenzen für zwei aufeinanderfolgende Rohrkolonnen erfordert, also bei gleichem Enddurchmesser größere Anfangsdurchmesser bedingt.

Um eine genügende Ölförderung zu sichern, darf der Enddurchmesser des Bohrloches nicht zu gering sein. Die Notwendigkeit des Abschlusses der höheren Grundwasserhorizonte, sowie die Unmöglichkeit, eine Rohrtour in beliebige Teufen unter Überwindung der Gebirgsreibung absenken zu können, zwingt zu einer teleskopartigen Verrohrung. Mit Rücksicht auf ihre Festigkeit ergeben sich für die einzelnen Rohrdurchmesser bestimmte Endteufen, bis zu welchen sie abgesenkt werden dürfen. Berücksichtigt man gleichzeitig die Tiefenlage der wasserundurchlässigen Liegendschichten der zu durchbohrenden Grundwasserhorizonte, an denen Wasserabschlußmaßnahmen getroffen werden müssen, so läßt sich hiernach ein Verrohrungsplan des herzustellenden Bohrloches entwerfen, der mancherorts von einer Kommission geprüft wird, der außer der Bergbehörde auch Vertreter der Nachbarfelder angehören. Aus dem gewollten Enddurchmesser und der Zahl der in Frage kommenden Rohrtouren ergibt sich

---

[1] Die mittlere Ergiebigkeit der Bohrungen beträgt in den rumänischen Gebieten von Grose rd. 20 000 t, von Moreni rd. 25 000 t und von Draeder rd. 32 000 t je Bohrloch.

unschwer der für die erste Rohrtour zu wählende Anfangsdurchmesser des Bohrloches. Es empfiehlt sich in der Regel, mit einem größeren als dem rechnerisch ermittelten Anfangsdurchmesser zu beginnen, um bei einem unvorhergesehenen, vorzeitigen Festsitzen einiger Rohrtouren nicht einen allzu engen Enddurchmesser zu erhalten.

Nachstehend ist ein solcher Verrohrungsplan wiedergegeben (Tabelle 57 b):

Tabelle 57a. Zulässige Verrohrungstiefe[1] nach „Creditul Minier[2].

1	2	3	4	5	6	7	8	9	10	11	12
Bezeichnung der Rohre		äußerer ∅	Wandstärke	äußerer kritischer Druck, dem die Rohre noch widerstehen		ungefähre Verrohrungstiefe in m, berechnet mit dem Sicherheitskoeffizienten 1,75 (widerstandsfähig 100% der Rohre)					
						spezifisches Gewicht der Spültrübe					
∅ in Zoll	Gewicht in kg/m	mm	mm	geschweißt at	gezogen at	1,0		1,2		1,5	
						geschweißt	gezogen	geschweißt	gezogen	geschweißt	gezogen
18	99,4	457	9	26,9	30,5	153	174	128	145	102	116
18	131,6	457	12	63	72	360	410	300	340	240	270
16	88	406	9	38	43,6	217	249	180	208	145	166
16	116,6	406	12	—	99	415[1]	556	346[1]	465	276[1]	372
14	76,8	355	9	57,5	65	329	372	274	310	219	248
14	101,4	355	12	—	136	535[1]	776	435[1]	646	355[1]	515
12	62,1	305	8,5	—	84	—	480	—	400	—	320
12	79,7	305	11	—	156	—	890	—	740	—	590
10	48,5	254	8	—	116,5	—	665	—	555	—	444
10	60,1	254	10	—	185	—	1055	—	880	—	700
$8^1/_2$	38,5	216	7,5	—	143	—	815	—	680	—	545
$8^1/_2$	48,4	216	9,5	—	225	—	1280	—	1070	—	856
$8^1/_2$	56,1	216	11	—	281	—	1605	—	1340	—	1070
7	27,5	178	6,5	—	159	—	910	—	758	—	606
7	35,5	178	8,5	—	257	—	1460	—	1240	—	975
7	42	178	10	—	333	—	1900	—	1580	—	1270
$5^1/_2$	19,8	140	6	—	216	—	1230	—	1050	—	824
5	17,9	127	6	—	254	—	1450	—	1200	—	960
4	14,3	102	6	—	355	—	2020	—	1680	—	1350

[1] Die Tiefen für die geschweißten doppelten Rohrkolonnen 16″ und 14″ wurden aus der Tabelle A. C. M. Nr. 1140 entnommen, da sie mit den untenstehenden Formeln für die gezogenen Rohre nicht berechnet werden konnten.

[2] Die Berechnungen dieser Tabelle sind nach den Formeln „Stewart" ausgeführt:

$$\text{I.} \quad P = 8800\,\frac{s}{D} - 161, \text{ wenn } \frac{s}{D} > 0,027 \text{ und}$$

$$\text{II.} \quad P = 4000000 \left(\frac{s}{D}\right)^3 \text{ für die gezogenen Rohre,}$$

$$P = 3530000 \left(\frac{s}{D}\right)^3 \text{ für die geschweißten Rohre,} \qquad \text{wenn } \frac{s}{D} < 0,027,$$

wobei

$P =$ der kritische äußere Druck in at,
$s =$ Wandstärke der Rohre,
$D =$ äußerer Durchmesser der Rohre.

Angenommen, es seien für ein 900 m tiefes Bohrloch in Tiefen von 250 m, 345 m, 495 m, 650 m und 900 m Wasserabschlüsse bzw. Abschlüsse für Ölhorizonte herzustellen. Nimmt man als engsten Durchmesser 7″ an, so ergeben

Tabelle 57b. Verrohrungsplan aufgestellt nach Tab. 57a (spez. Gewicht der Spültrübe: 1,5; gezogene Rohre).

Rohrkolonne	Schwächere Wandung Teufe	Stärkere Wandung Teufe	Stärkste Wandung Teufe
16″	0 bis 160	160 bis 250	—
14″	0 „ 240	240 „ 345	—
12″	0 „ 320	320 „ 495	—
10″	0 „ 440	440 „ 650	—
7″	0 „ 600	600 „ 900	—

sich folgende Rohrkolonnen, in der Reihenfolge von außen nach innen, falls man mit späterer Vertiefung des Bohrloches rechnet.

c) Die bergmännische Erdölgewinnung.

Die Feststellung, daß bei der Gewinnung des Erdöles durch Bohrlöcher meist etwa 75 bis 90% des Öles in der Lagerstätte zurückbleiben, gab namentlich in den Feldern, in denen die Bohrungen keinen oder nur mehr sehr geringen Ertrag brachten, Veranlassung, eine möglichst restlose Gewinnung des Öles durch bergmännische Maßnahmen herbeizuführen.

Der bergmännische Betrieb ermöglicht eine genauere Untersuchung und Verfolgung der Lagerstätten als ein besonderes bei größeren Teufen nicht eben sehr dicht anzuordnendes Netz von Bohrungen. Beispielsweise lassen sich durch den bergmännischen Betrieb Spezialmulden, linsenförmige oder schlauchförmige, für sich mehr oder weniger abgeschlossene Lagerstätten mit größerer Sicherheit feststellen und verfolgen als bei den immerhin meist 40 bis 100 m voneinander entfernten Bohrungen. Ferner sind solche Teile der Lagerstätte, die kein Öl an Bohrungen abgegeben haben, durchaus nicht immer ölfrei. Sehr oft handelt es sich nur um lokale Ablagerungen sehr feinkörnigen Materials, die infolge ihres in der Regel großen Porenvolumens sogar sehr erhebliche Ölmengen enthalten, diese aber durch die starken Kapillarwirkungen so fest binden, daß sie nicht auslaufen können. Neben der Kornfeinheit ist die Viskosität, der Gehalt an Paraffin und der mehr oder weniger fehlende Gasgehalt von Bedeutung für das Zurückbleiben des Öles.

Der Erdölbergbau setzt einen geringen Gasdruck in den Erdölschichten bzw. eine entsprechende Entgasung derselben voraus, wie sie z. B. in Gebieten stattgefunden hat, die durch Bohrungen ausgebeutet sind. In Feldern, die durch Erdölbohrungen mehr oder weniger ausgebeutet worden sind, ist ein wasserdichter Abschluß auch der verlassenen Bohrungen erforderlich. Die sonst zu erwartenden Wassereinbrüche stellen die Wirtschaftlichkeit des Betriebes in Frage und können erhebliche, bei größeren Tiefen unüberwindliche technische Schwierigkeiten hervorrufen.

Bei sehr stark tektonisch gestörter Lagerung kann der bergmännische Betrieb zu teuer und daher unwirtschaftlich werden. Dasselbe gilt für hohen Gebirgsdruck, Gas- und Öldruck sowie für die Gefahr von Wasserdurchbrüchen aus benachbarten Grundwasserhorizonten. Des Gebirgsdruckes wegen geht man zur Zeit kaum über Teufen von 300 bis 400 m hinab, sofern es sich um lockere (tertiäre) Sande und Tone handelt. Bei hohem Gas- und Öldruck führt die systematische Entspannung (s. u. Anwendung des indirekten Verfahrens) am besten zum Ziele. Die Herstellung von Grubenbauen in Schichten mit hohem Gas- und Öldruck birgt auch bei Anwendung der bekannten Treibschildverfahren oder Vorbohrverfahren erhebliche Risiken in sich. Dieses Verfahren sollte nur da angewandt werden, wo das indirekte Verfahren nicht anwendbar erscheint. Liegen Grundwasserhorizonte in gefahrdrohender Nähe der Erdölschichten, so sind entweder die Grundwasserhorizonte systematisch zu entwässern oder es sind Abbauverfahren anzuwenden, durch die die trennenden, wasserundurchlässigen Schichten nicht zerrissen werden können.

Der Feuersgefahr wegen sind Tagesanlagen, Schacht, Füllörter und gegebenenfalls auch die Hauptstrecken möglichst feuersicher herzustellen.

An bergmännischen Maßnahmen zur Gewinnung des Erdöles kommen zur Zeit in Frage:

1. Auffahren eines Streckennetzes im Nebengestein und Anzapfung der Lagerstätte durch Bohrlöcher (indirekte Methode).

2. Auffahren eines Streckennetzes in der Lagerstätte (Sickermethode).

3. Auffahren eines Streckennetzes in der Lagerstätte sowie Anbohren des Kerns der hierdurch gebildeten Pfeiler von einem im Nebengestein hergestellten Streckennetz (Kombinationsmethode).

4. Abbau der Lagerstätte und Auswaschen der gewonnenen ölhaltigen Gebirgsmassen durch Dampf, Heißwasser, Benzin usw.

Die indirekte Methode hat den Vorteil, daß die Strecken mit wesentlich größerer Sicherheit in dem undurchlässigen Nebengestein (Hangendes oder Liegendes) aufgefahren werden können. Die Schlagwettergefahr ist wesentlich geringer als bei den anderen Verfahren. Die beim Anbohren der Lagerstätte aus dieser austretenden Gase können durch geeignete Vorkehrungen mit dem Öl aufgefangen und nutzbar gemacht werden. Der Ölaustritt kann beschleunigt und verstärkt werden, indem man in bestimmte Bohrlochsreihen Druckwasser, Druckluft, Dampf usw. einleitet, wobei nicht übersehen werden darf, daß dieses Verfahren auch eine Quelle weiterer Verluste werden kann, da man kein Mittel hat, den Weg zu bestimmen, den die eingeleiteten Wasser- oder Gasmengen in der Lagerstätte einschlagen.

Ist die Mächtigkeit des Nebengesteins so gering, daß beim Auffahren des Streckennetzes vorzeitige Durchbrüche aus der Öllagerstätte oder aus dem benachbarten Grundwasserhorizont zu befürchten sind, so empfiehlt es sich, den benachbarten Grundwasserhorizont systematisch zu entwässern und das Streckennetz hier aufzufahren.

Durch die indirekte Methode werden vergleichsweise nur geringe Ölmengen gewonnen. Jedoch eignet sie sich vorzüglich zur weitgehenden Entgasung und Entspannung der Erdölschichten, d. h. zur Abführung der etwa noch in diesen Schichten enthaltenen Gas- und nicht kapillar gebundenen Wasser- und z. T. auch Ölmengen. Sie kann in schwierigeren Fällen daher als gute Vorbereitungsmaßnahme für die spätere Durchführung der Sickermethode und des Abbaues angesehen werden.

Bei der Sickermethode werden zweckmäßig Strecken an der Markscheide entlang aufgefahren, um den Übertritt von Öl in die Nachbargebiete möglichst zu verhindern. Das Feld selbst wird durch Strecken, die in gewissen Abständen im Streichen und Fallen aufgefahren werden, in einzelne Pfeiler zerlegt. Die Strecken werden unmittelbar am Liegenden der Lagerstätte aufgefahren, um Ölverluste möglichst zu vermeiden. Durch die Sickerstrecken werden wesentlich größere Austrittsflächen geschaffen, als durch Bohrlöcher, so daß die Dränagewirkung erheblich stärker ist. Infolgedessen sickern hier noch erhebliche Mengen ab, wenn Bohrlöcher bereits keinen nennenswerten Ertrag mehr liefern, und zwar um so mehr, je dichter das Streckennetz ist. Das aus den Streckenstößen austretende Öl wird in Geflutern den nächstliegenden Pumpensümpfen zugeleitet, aus denen es zutage gefördert wird. Sehr zweckmäßig verwendet man in vielen Fällen alte, verrohrte Bohrlöcher als Steigeleitungen, weil hierdurch die Gefluterführung vereinfacht werden kann und das zu den Hauptsammelstellen führende Rohrleitungsnetz über Tage schon vorhanden ist.

Die mit Hilfe der Sickerstrecken noch gewinnbaren Ölmengen werden durch die Viskosität des Öles, den Durchflußwiderstand des Gesteins, den Streckenabstand usw. bestimmt. Lagerstätten, aus denen etwa 15 bis 20% des vorhandenen Ölvorrates in die Bohrungen abgeflossen sind, liefern etwa weitere 35 bis 40% des ursprünglichen Ölvorrates durch die Sickerstrecken ab. Der Rest wird von der Lagerstätte kapillar festgehalten und kann nur durch Abbau der Lagerstätte und Auswaschen der gewonnenen Massen bis auf geringe Verlustmengen gewonnen werden.

Der Abbau wird bei mächtigeren Lagerstätten in horizontalen Scheiben durchgeführt, die in der Reihenfolge von oben nach unten auch dann abzubauen sind, wenn Versatzbaumethoden angewandt werden, da sonst das Öl aus den oberen, noch nicht abgebauten Teilen nach unten in den Versatz eindringen würde. Der Bergversatz ist zweckmäßig trocken-mechanisch einzubringen. Gegebenenfalls ist die Sohle der Abbaue vor dem Einbringen des Versatzes mit Bohlen zu belegen, wodurch für den nächsttieferen Abbau ein festes Dach geschaffen wird. Die im einzelnen anzuwendende Abbaumethode richtet sich nach den gegebenen Abbauverhältnissen. In tertiären Ölsanden wird man vielfach Abbaumethoden anwenden müssen, die denen des Braunkohlentiefbaues ähnlich sind, sofern das Hangende und Liegende vergleichsweise plastisch sind.

Besondere Schwierigkeiten bereitet im unterirdischen Erdölbergbau die Gasgefahr. Die Gase und Öldämpfe sind teils leichter, teils schwerer als Luft, so daß überall, sowohl unter der First als auch auf der Sohle Ansammlungen explosibler Gasgemische möglich sind. Die Reaktionsfähigkeit der hier auftretenden Gase ist wesentlich größer als die des CH_4, so daß die Davylampen durchschlagen. Die auftretenden ätherischen Dämpfe usw. verursachen z. B. schon bei einer Anreicherung von nur 0,5% rauschartige Erscheinungen und Bewußtlosigkeit. Es ist daher eine sehr starke Bewetterung nötig. Man kann mit einem Luftbedarf von mindestens 6 bis 8 m³/Mann/min rechnen.

VIII. Die Organisation der Förderung und Fahrung.

a) Allgemeine Gesichtspunkte für die Förderung.

1. Einfluß der Betriebskonzentration auf die Förderung.

Die Grubenförderung hat den Zweck, die an den Gewinnungspunkten gewonnenen Minern zur Hängebank zu schaffen. Daneben sollen Versatzberge und die erforderlichen Betriebsstoffe (Grubenholz, Schienen, Rohre, Bohrgeräte usw.) den Bestimmungsorten zugeführt werden. Die Förderung soll einfach, leistungsfähig, betriebssicher und billig sein und eine rechtzeitige, ausreichende Versorgung der einzelnen Betriebspunkte mit Wagen gewährleisten, um die Leistungsfähigkeit der Belegschaft voll ausnutzen zu können.

Die Organisation der Förderung ist wesentlich abhängig von der Zahl der Gewinnungspunkte, ihrer Entfernung vom Schachte, ihrer Verteilung im Grubenfelde und der Art der Verbindung mit dem Schachte. Je geringer die Zahl der Gewinnungspunkte und ihre Entfernung vom Schachte ist, je näher dieselben im Grubenfelde zusammen liegen, und je einfacher die Verbindung mit dem Schachte ist, um so einfacher ist die Organisation der Förderung durchzuführen. Hieraus ergeben sich als grundlegende Folgerung eine weitgehende Konzentration der Abbaue sowie Abbaumethoden, bei denen die Förderung im Abbau bis auf die Sohlenstrecke durchgeführt wird (Schüttelrutschen usw.), so daß Zwischenförderungen auf Ortsstrecken, möglichst auch auf Teilsohlen, Bremsbergen, Blindschächten usw. sowie Umladungen usw. vermieden werden können. Dadurch wird der Wagenumlauf beschleunigt, die Zahl der erforderlichen Standwagen verringert, so daß der Wagenpark kleiner gehalten werden kann. Die Anlagekosten der gesamten Förderung und damit die Kosten für Verzinsung und Abschreibung werden ebenfalls geringer. Ebenso kann durch die Vereinfachung der Fördervorgänge die Bedienung vermindert werden, besonders wenn man die an bestimmter Stelle sich regelmäßig und oft wiederholenden Vorgänge automatisiert, mindestens weitgehend mechanisiert, was gegebenenfalls auch für unvermeidliche Zwischenförderungen gilt.

2. Einrichtung der Füllörter und Strecken.

Um möglichst einfache und leicht zu bedienende Fördervorgänge zu erhalten, sind z. B. die Schachtfüllörter mit Durchschiebeförderung für die am besten hintereinander im Gestell befindlichen Förderwagen auszurüsten. Die Durchschiebevorrichtung soll in der Längsrichtung der gradlinig anzuschließenden Hauptrichtstrecken oder -querschläge liegen. Die Länge des Füllortbahnhofes soll mindestens etwa 2 Lokomotivzügen (einschließlich Lokomotiven) entsprechen und wird bei stark schwankender Förderung größer, um einen Ausgleichsvorrat für die Schachtförderung zu erhalten. Für die Berechnung der Bahnhoflänge kann man den Lokomotivzug zu 40 bis 60 Wagen von je 1,50 bis 1,70 m Länge — einschließlich Kuppelung — annehmen. Hierzu kommen am Füllort für den Standpunkt des Anschlägers einschließlich Schwenkbühne ~ 4 m, für die Wagenhaltevorrichtung ~ 3 m und für die Verteilungsweichen und Verteilungsgleise ~ 15 m. Die Verteilungsweichen können automatisiert werden, so daß sie nur für besondere Zwecke eine Bedienung brauchen, sonst aber die Wagen gleichmäßig auf die Fördertrüme verteilen. Für die Rangierbahnhöfe am Füllort und in den Baufeldern gelten sinngemäß die für den Zechenbahnhof (s. Abschnitt F III c) gegebenen Regeln, die sich um so leichter durchführen lassen, als es sich hier nur um das Zusammenstellen der leeren bzw. vollen Wagenzüge handelt und ein Ordnen für bestimmte Fahrrichtungen nicht in Betracht kommt. Nur die Holz- und Materialwagen müssen gesondert mit den zu den betreffenden Bauabteilungen fahrenden Zügen vereinigt werden.

Rangierbahnhof und Verbindungsstrecken (Umbrüche usw.) müssen besonders bei starker Förderung außerhalb des Schachtsicherheitspfeilers angelegt werden, um ohne Schwächung desselben genügend Platz schaffen zu können.

Die Hauptförderstrecken (Richtstrecken, Querschläge) sind genau gradlinig aufzufahren, die Abzweigungen sind der Fahrtrichtung entsprechend mit nicht zu geringen Krümmungsradien zu krümmen, um eine schnelle Förderbewegung zu ermöglichen.

Die Fördereinrichtungen müssen widerstandsfähig gegen rauhe Behandlung und leistungsfähig sein. Große Fördereinheiten, wie z. B. Großraumwagen ermöglichen große Leistungen bei vergleichsweise geringer Bedienung, sofern die Füll- und Entleerungsvorgänge zweckmäßig mechanisiert (oder automatisiert) sind, setzen aber eine weitgehende Konzentrierung der Förderung bzw. der Zubringerförderung auf einem Sammelbahnhof voraus. Auch bei Kleinwagen sind die Vorgänge an den Belade- und Umfüllstellen möglichst weitgehend zu mechanisieren unter Anwendung der Rundfahrt oder mindestens der Gleichstrombewegung (s. Abschnitt E VIII b). Das gilt besonders bei starker Leistung und geringer Förderlänge, wie z. B. oft für die Zubringerförderung aus dem Abbau zum Querschlag (Sammelbahnhof), weil hierbei sonst die erforderliche Bedienung sehr stark wächst. Auf gleichem Gleise hin und her gehender Pendelverkehr ist zu vermeiden, wenn er wirtschaftlich durch Rundfahrt, gegebenenfalls auch durch Transportbänder oder andere ununterbrochen arbeitende Fördereinrichtungen von ausreichender Leistungsfähigkeit ersetzt werden kann, die eine mechanisierte Überführung des Fördergutes von einer Fördereinrichtung zur folgenden gestatten.

Um die Schwankungen einer stoßweisen Förderung aufnehmen zu können, sind auf den Hängebänken, Füllörtern und sonstigen Anschlagspunkten sowie auf den Bahnhöfen die erforderliche Anzahl Standwagen bereitzustellen.

3. Betriebssicherheit und Instandhaltung der Fördereinrichtungen.

Die Betriebssicherheit der Förderung wird gewährleistet durch kräftige zweckmäßige Konstruktion, sorgfältige Verlagerung usw. Namentlich ist bei weicher Streckensohle darauf zu achten, daß der Wasserspiegel in der Wasserseige mindestens 5 cm unter der Unterfläche der Schwellen liegt. Die Bereithaltung von Eingleisungsvorrichtungen und aller Vorkehrungen, durch die die Folgen etwaiger Betriebsstörungen schnell beseitigt werden können, ist empfehlenswert.

Organisatorisch wird die Betriebssicherheit erhöht durch Anwendung eines guten Signalwesens, das an den Schächten und Bremsbergen sowie an den Bahnhöfen, Abzweigungen und Ausweichen der Lokomotivförderung[1] sehr wichtig ist. Von Bedeutung sind auch die sowohl zum Schutz der Mannschaften als auch der Betriebseinrichtungen dienenden Sicherungen an den Anschlagspunkten der Schächte und Bremsberge, die Fangvorrichtungen an den Fördergestellen in Schächten und Gestellbremsbergen und an den Wagen in Wagenbremsbergen, sowie die Reserven an Fördereinrichtungen, Umgehungsbahnen und sonstiger Einrichtungen zur wahlweisen Koppelung parallel schaltbarer Förderungen (s. Abschnitt D IV c, F III).

In Stapelschächten kann die Betriebssicherheit durch Einrichtung von Doppelförderanlagen erhöht werden. Die Stapel erhalten zu diesem Zwecke 2 Fördertrümer, 2 Gegengewichtstrümer und 1 Fahrtrum, sowie 2 voneinander unabhängige Fördereinrichtungen (Haspel, Seile, Gestell und Gegengewicht). Die Leistungsfähigkeit des Stapels wird wesentlich erhöht und der Betrieb einigermaßen auch dann gesichert, wenn eine Fördereinrichtung aus irgendeinem Grunde ausfällt. Bei Stapeln, die der Abbauwirkung ausgesetzt werden, empfehlen sich Gestelle mit mehr als einem Tragboden deshalb nicht, weil diese Schächte oft starke seitliche Verschiebungen erleiden, so daß sich höhere Gestelle besonders leicht festklemmen.

Die Selbstkosten der Produktion werden wesentlich durch die mehr oder weniger gute Füllung und Entleerung der Förderwagen sowie durch die Reinheit der Förderung beeinflußt (s. Abschnitt E VIII c 2). Neigen die Fördermassen zum Anbacken, so trägt die mechanische Förderwagenreinigung gegebenenfalls stark dazu bei, eine wesentliche Verteuerung der Förderung zu vermeiden. Schätzt man für ein Werk die Kosten je Tonne für Förderung und für das Hauergedinge (ohne Ausbau usw.) zu 2 ℳ und nimmt man an, daß durchschnittlich 5% der Förderung im Förderwagen hängen bleibt, so werden je 1 Mill. t Förderleistung 50000 t umsonst hin- und hergefördert und der Belegschaft als hereingewonnenes Gut bezahlt, obwohl diese Menge nicht hereingewonnen wurde. Der Verlust würde unter der vorstehenden Annahme je 1 Mill. t Förderung 100000 ℳ betragen.

Eine weitere wichtige Organisationsaufgabe besteht in der rechtzeitigen und ausreichenden Wagengestellung für die einzelnen Betriebspunkte, um die Leistungsfähigkeit der Belegschaft voll ausnutzen zu können. Hierzu sind den einzelnen Betriebspunkten je nach Bedarf Wechselwagen zur Verfügung zu stellen. Gegebenenfalls sind die Anschlagspunkte der Örterbremsberge durch Hilfsanschläger zu bedienen (s. Abschnitt E VIII c 4), um die Wartepausen der Lehrhauer abzukürzen. Ebenso muß die Verlegung der Abbaufördereinrichtungen (Schüttelrutschen usw.) so organisiert werden, daß die Belegschaft in den Gewinnungs- und Förderschichten hierdurch nicht beeinträchtigt wird. Die Einrichtungen müssen also leicht verlegbar sein.

Nach Möglichkeit sind die Fördereinrichtungen so vorzusehen, daß sie bei Unglücksfällen oder Betriebsstörungen die erforderlichen Rettungs- bzw. Hilfsmaßnahmen nicht behindern.

---

[1] **Wimmelmann**: Neuzeitliches Stellwerk- und Signalwesen im Grubenbetriebe der Zeche Augusta-Viktoria. Glückauf 1926, S. 593.

Besondere Beachtung verdient — namentlich bei mächtigeren Flözen des erforderlichen Langholzes wegen — die Holz- und Materialzufuhr. Die Fördereinrichtungen vom Schachte bis zum Abbaufelde sollen nach Möglichkeit einen Antransport ohne Umladung zulassen, was bei längerem Grubenholz oft Schwierigkeiten verursacht. Ist das Holz länger als der Boden der Fördergestelle, so daß hier das Holz „gestellt" werden muß, so wird die Holzförderung im Schacht (auch Bremsschacht oder Bremsberg), sofern es sich um größere Mengen handelt, zweckmäßig entweder zu bestimmter Zeit (Nachtschicht) oder, falls vorhanden, durch einen besonderen Schacht bewerkstelligt. Sehr vorteilhaft sind in solchen Fällen auch die besonderen Holzhängevorrichtungen[1]. In den Gruben sind die Blindschächte hinderlich, wenn ihre Abmessungen nicht die Hintereinanderstellung zweier Förderwagen auf den Gestellen zuläßt. Sind im Abbau Transportbandförderungen eingerichtet, so erfordert die Holzzufuhr oft besondere Lösungen je nach Lage des Falles.

4. Förderstammbäume und graphische Fahrpläne.

Die Organisation und Überwachung des Förderbetriebes geschieht am besten mit Hilfe von Förderstammbäumen bzw. graphischen oder tabellarischen Fahrplänen.

Der Förderstammbaum soll ähnlich wie der Wetterstammbaum ein Bild über die Verzweigung der Förderung vom Schachtfüllort in die einzelnen Baufelder geben. Die Belastung (Fahrgeschwindigkeit, Wagenzahl je Zug, Zugzahl je Schicht oder Zug- bzw. Wagenabstand usw.) der einzelnen Teil- und Zweigstrecken, die mittlere Dauer des Aufenthaltes der Wagen an den einzelnen Stationen, insbesondere beim Übergang von einer Fördereinrichtung zur anderen, sowie die mittlere Zahl der hier stehenden Wagen (Standwagen) und endlich die Anzahl der erforderlichen Bedienungsmannschaften sind an den betr. Stellen anzugeben. Um einen Vergleichsmaßstab zu erhalten, empfiehlt es sich, zugleich Angaben über die Standwagenzahl sowie über die Zahl der Bedienungsmannschaften je 100 Wagen Schichtförderung zu machen.

Es ist zweckmäßig, neben einem Übersichtsplan über die gesamte Förderung, der meist nur die tatsächliche Förderleistung der einzelnen Teil- und Zweigstrecken anzugeben vermag, noch Sonderpläne über die einzelnen Förderwege anzulegen, die die genauen Angaben aller wissenswerten Einzelheiten umfassen. Der in Abb. 103[2] angegebene Sonderplan enthält allerdings nur Angaben über Förderlängen und Förderzeiten, so daß man nur durch die Neigung der Linien auch die Fördergeschwindigkeiten erkennen kann (je flacher die Linien, um so größer sind die Geschwindigkeiten). Der Plan zeigt deutlich, wie außerordentlich ungünstig sich die Hintereinanderschaltung mehrerer Fördereinrichtungen in einem Fördergang auswirkt. In dieser Hinsicht ist die „Idealkurve nach Ausrichtung des Vereinigten Haupt- und Vertrauensflözes" besonders lehrreich. Die Förderzeit eines Wagens vom Schacht zum Abbau sinkt von maximal etwa 47 Minuten auf rund 18 Minuten durch die Vereinfachung der Fördervorgänge, die die neue Ausrichtung im Gefolge hat.

Aus diesen Plänen lassen sich also alle Unterlagen von der fördertechnischen Seite her entnehmen, die zur Prüfung der Frage nötig sind, ob und in welchem Umfange zur Vereinfachung der Förderung eine Änderung der Aus- und Vorrichtung und der angewandten Abbaumethoden am Platze ist (s. Abschnitt C II c 2 β).

---

[1] Walter: Das Holzeinhängen im Bergbau. Techn. Blätter 1927, Nr. 25.
[2] Erler: Zeitstudien auf der Betriebsabteilung Oelsnitz der Gewerkschaft „Gottes Segen" in Lugau. Dissertation Freiberg 1928.

Die Aufstellung eines verbindlichen Fahrplanes für die Förderung aus den einzelnen Revieren bzw. Baufeldern setzt eine auf genauer Zeitmessung beruhende Feststellung der Gewinnung und der tatsächlichen Gestellung leerer Wagen voraus, wie Tabelle 58 zeigt.

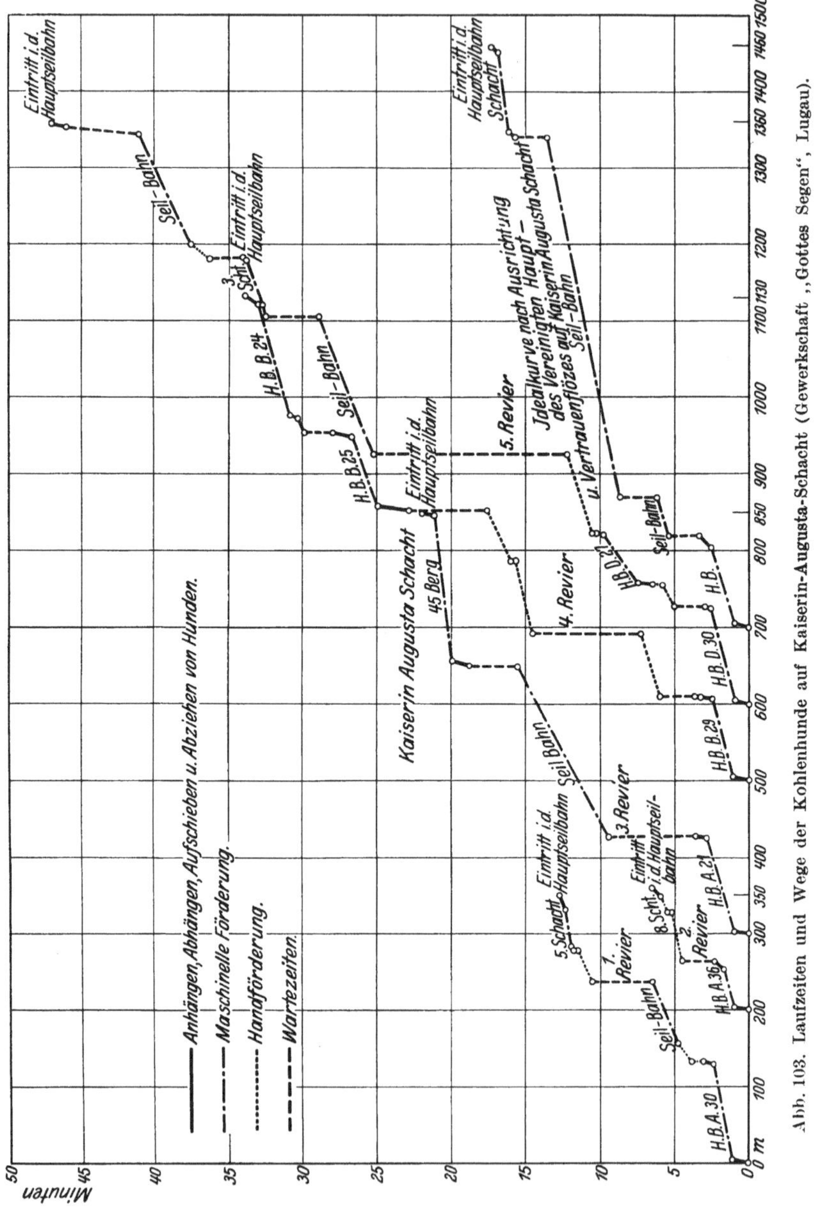

Abb. 103. Laufzeiten und Wege der Kohlenhunde auf Kaiserin-Augusta-Schacht (Gewerkschaft „Gottes Segen“, Lugau).

Aus der Beobachtung zweier Schichten lassen sich natürlich noch keine sicheren Schlüsse ziehen. Jedoch lassen sich bei längerer Überwachung, die am einfachsten durch entsprechende Aufschreibungen seitens der Tafelführer an den Stationen erfolgt, falls diese gewissenhaft genug arbeiten, sehr bald Unterlagen schaffen über die Förderschwankungen in den einzelnen Schichtstunden. Es ist

Tabelle 58. Förderschwankungen in einer Revierseilbahn.

Zeit	1. Schicht				2. Schicht			
	leere Wagen		volle Wagen		leere Wagen		volle Wagen	
	0—30′	31′—60′	0—30′	31′—60′	0—30′	31′—60′	0—30′	31′—60′
6— 7	—	—	—	—	—	—	—	—
7— 8	—	—	—	—	18	17	16	18
8— 9	14	11	14	12	6	23	7	23
9—10	23	22	23	21	11	14	19	10
10—11	14	26	22	15	8	25	13	14
11—12	9	24	18	27	13	12	16	16
12— 1	30	26	35	17	23	26	20	24
1— 2	28	25	26	28	17	21	11	15
Summe:	252		258		234		222	

Mittel: Leerwagen: 243   Vollwagen: 240

dann noch die Frage zu klären, in welchem Maße sich die Schwankungen durch geeignete Betriebsmaßnahmen vermeiden lassen, um darnach den Fahrplan aufzustellen.

Auf einigen westdeutschen Zechen sind bei Lokomotivförderung mit sehr gutem Erfolg Fahrpläne aufgestellt worden, die im Betriebe relativ gut eingehalten werden.

b) Fördervorgänge an den Be- und Entladestellen im Grubenbetrieb.

1. Grundsätze für die Be- und Entladung.

Die Leistungsfähigkeit der Förderung mit Förderwagen wird stark beeinflußt durch die Einrichtung der Stellen, an denen sie gefüllt bzw. entleert werden, oder an denen ein Umschlag des Fördergutes aus der einen Fördereinrichtung in die andere erfolgt. Die hier in Frage kommenden Grundsätze sollen zunächst an einigen Beispielen erläutert werden.

1. Die Wipperanlagen machen entweder eine rückläufige Bewegung des Förderwagens nötig (Abb. 104a) oder ermöglichen das Durchschieben desselben (Abb. 104b) und damit die Rundfahrt. Für die Bedienung der Wipperanlagen kommen dann die folgenden Arbeitsvorgänge und ungefähren Zeitaufwendungen in Betracht (Tabelle 59).

Tabelle 59. Zeitaufwand an Wipperanlagen.

Erforderliche Arbeiten	Wipperanlage	
	a sec	b sec
Aufschieben des Wagens auf den Wipper	4	4
Kippen des Wagens	15	15
Abziehen des Wagens vom Wipper . .	4	—
Zweimaliges Durchfahren der Weiche C	20	—
	43	19

Tabelle 60. Bedienungszeiten an Ladestellen beim Schüttelrutschenbetrieb.

Erforderliche Arbeiten	Fall a sec	Fall b sec
Beladen	20	20
Durchstoßen	—	2
Abfahrt zum Vollgleis durch die Weiche	10	—
Anfahrt vom Leergleis durch die Weiche	10	—
Mittlere Wartezeit	5	5
	45	27
Stundenleistung in Wagen	80 Wagen	133 Wag.

2. In einem Schüttelrutschenabbau sei die Ladestelle der Schüttelrutsche so angeordnet, daß sie im Rückstoßbereich der Weiche W liegt (Abb. 105a) oder

daß sie nicht im Rückstoßbereich liegt (Abb. 105b). Es ergeben sich dann etwa die vorstehenden Bedienungszeiten und Leistungsfähigkeiten (Tabelle 60).

Im vorstehenden Beispiel *b* wurde angenommen, daß die Durchfahrt durch die Weiche (einschließlich Rückstoß) nicht länger dauert wie der Arbeitsgang (Beladung des Wagens) an der Rutsche. Andernfalls kann man sich im Falle *b* gut durch zugweises Durchfahren der Weiche W helfen, wobei die Länge des Rückstoßes der erforderlichen Zuglänge entsprechen muß. Die Rutsche kann dann ununterbrochen in Betrieb bleiben (Abb. 105c).

3. Bei einem Abraumbetrieb nach Abb. 106 muß der von der Kippe kommende Zug an der Weiche W_1 den vom Bagger B kommenden vollen Zug erwarten. Der Baggerbetrieb muß ruhen bis der Zugwechsel stattgefunden hat, der sich hier zwischen Bagger und Weiche als Rückstoßbewegung vollzieht.

4. Bei der Einrichtung nach Abb. 107 wird dieser Zeitverlust durch Verwendung eines Doppelgleises und einer verlegbaren Kletterweiche W_2 vermieden. Die Voll- und Leerzüge können unter dem Bagger ihre Bewegungsrichtung beibehalten, so daß der Zugverkehr hier im Gleichstrom erfolgt. Der Baggerbetrieb kann bei genügender Zugdichte ununterbrochen geführt werden.

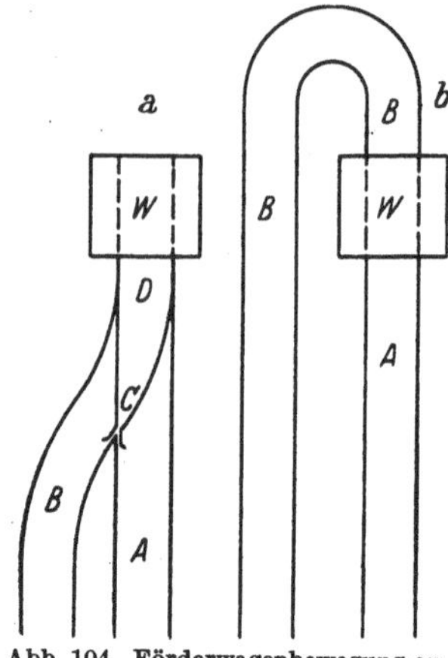

Abb. 104. Förderwagenbewegung an Wipperanlagen.

5. Ein ununterbrochener Baggerbetrieb wird bei genügender Zugdichte auch durch Anlegung einer Rundfahrt nach Abb. 108 ermöglicht. Der leere Zug fährt von der Anfahrseite 4_n unter den Bagger B, wird dort beladen und fährt zur

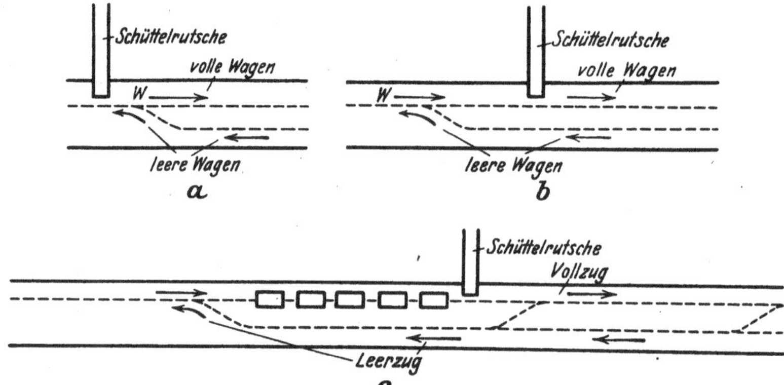

Abb. 105. Anordnung der Ladestelle beim Schüttelrutschenabbau.

Abfahrseite F und von dort zur Kippe. Hier wird er entleert, um dann wieder zur Anfahrseite 4_n zu fahren usw. Eine gegenseitige Behinderung der Züge findet also bei ordnungsgemäßem Betriebe nicht statt.

6. Die Verwendung einer Kletterweiche (s. Abb. 107) erschwert den Betrieb, weil sie jedesmal verlegt werden muß, wenn der Bagger den Strossenteil bearbeiten soll, an dem diese Weiche jeweils liegt. Außerdem kann die Kletterweiche nicht mehr vorteilhaft verwendet werden, wenn der Bagger am schwenkenden Flügel arbeitet, weil dann in der Regel hinter dem Bagger nicht mehr genügend Platz für Weiche und Rückstoß vorhanden ist. Die Anlage einer Rundfahrt ist nur unter günstigen Verhältnissen möglich. Die Schwierigkeiten kann

man umgehen durch Anwendung der Doppelschütter. Der Bagger (Abb. 109) belädt abwechselnd den Zug auf Gleis a und Gleis b. Der rechtzeitige Zugwechsel

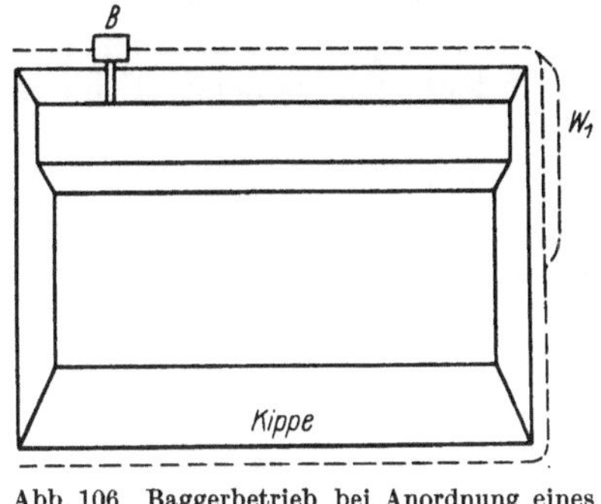

Abb. 106. Baggerbetrieb bei Anordnung eines Gleises.

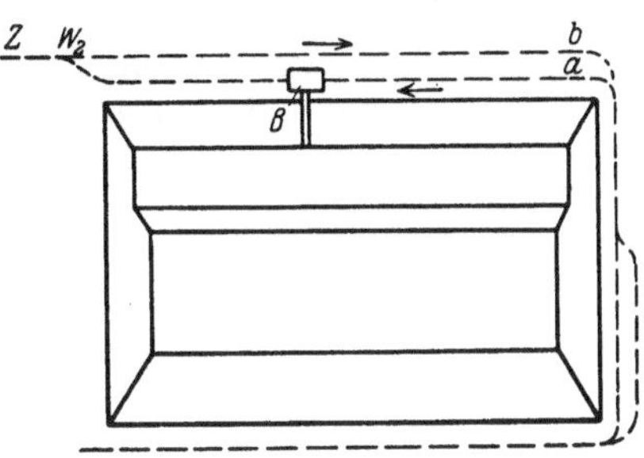

Abb. 107. Baggerbetrieb bei Anordnung eines Doppelgleises und einer Kletterweiche.

für die Aufrechterhaltung eines ununterbrochenen Baggerbetriebes kann dadurch herbeigeführt werden, daß man den einzelnen Zug so groß bemißt, daß die

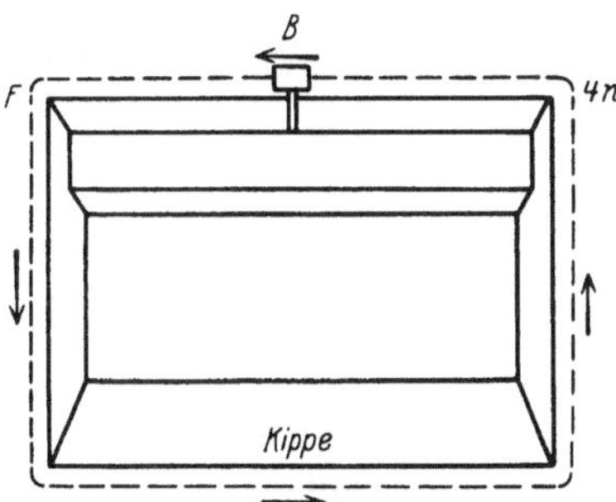

Abb. 108. Baggerbetrieb bei Anordnung einer Rundfahrt.

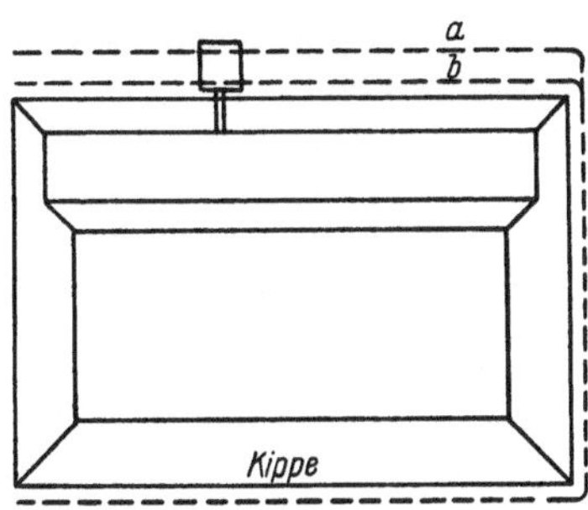

Abb. 109. Baggerbetrieb bei Anwendung von Doppelschüttern.

Dauer der Zugbeladung auf dem einen Gleise der Dauer des Zugwechsels auf dem anderen Gleise entspricht.

7. Durch Parallelschaltung kann ferner in Verbindung mit der Gleichstrombewegung die nachteilige Wirkung solcher Betriebsteile aufgehoben werden, deren Bedienungsdauer größer ist als der Zeitabstand, in dem die einzelnen Wagen oder Züge der Förderung folgen. Bekannt ist z. B. die Parallelschaltung einer größeren Anzahl von Wippern (nebst zugehöriger Siebereien usw.) auf der Hängebank bei starker Förderung.

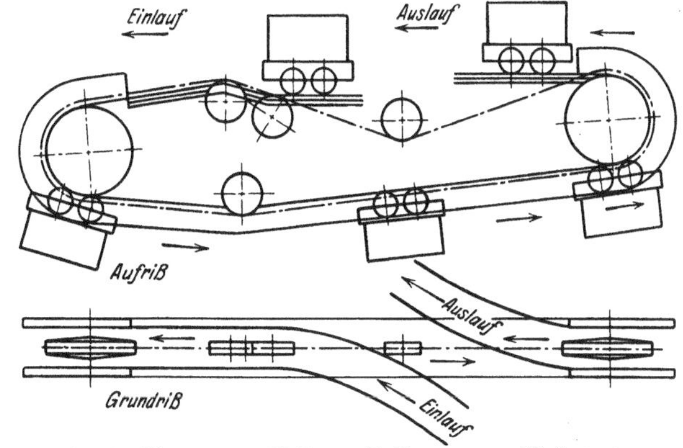

Abb. 110. Hasencleverschleife zur Entleerung von Förderwagen.

8. Ist die Leistungsfähigkeit der zu entleerenden (Bunker) oder zu beschickenden Betriebsteile (Sieberei usw.) groß genug, so entsteht die Leistungs-

minderung oft durch den Entleerungs- oder Füllvorgang. Letztere läßt sich in der Regel durch Belade- und Entladeeinrichtungen vermeiden, die die Bewegung des Fördergefäßes nicht unterbrechen. Bekannt sind die mechanischen Beladevorrichtungen unter den Bagger-Schüttrümpfen, z. B. System Buckauer Maschinen-Fabrik, sowie die zur Entladung der Förderwagen dienende Schleife von Hasenclever (Abb. 110).

9. Es lassen sich auch Vorkehrungen schaffen, durch die eine größere Anzahl von Wagen gleichzeitig entleert werden kann (z. B. lange Wipper zur Aufnahme mehrerer Wagen hintereinander). Drehkuppelungen, die am Wagen in Höhe der Drehachse des Seitenwippers angebracht sind, ermöglichen die Entleerung der einzelnen Wagen, ohne sie vom Zug abkoppeln zu müssen.

10. Bei sehr leistungsfähigen Beschickungs- und Entleerungsvorrichtungen macht oft die rechtzeitige Zuführung der Wagen Schwierigkeit. Eine einfache Lösung dieser Aufgabe läßt sich z. B. durch Einbau eines Rangierseiles erreichen, das an der Ladestelle durch einen Fußhebel in und außer Betrieb gesetzt werden kann und ganze Wagenzüge in dem Maße durch die Ladestelle hindurchzieht, wie die Beladung der Wagen vor sich geht. Andere Ausführungsweisen bestehen darin, die Gefälleverhältnisse der Gleise so anzuordnen, daß die Wagen selbsttätig zur und von der Ladestelle laufen und die entstandenen Niveaudifferenzen durch pneumatische Wagenstoßvorrichtungen (Aufschiebevorrichtungen) usw. überwunden werden.

Daraus ergeben sich für die Be- und Entladung von Wagen und Wagenzügen bei starker Förderung die folgenden Grundsätze:

1. Nach Möglichkeit ist eine — mechanisierte — Rundfahrt anzustreben (Abb. 104b und 108).

2. Läßt sich die Rückstoßbewegung nicht vermeiden, so kann deren leistungsstörende Wirkung vermieden werden:

a) durch Anordnung der Be- und Entladestellen außerhalb des Rückstoßbereiches, so daß an diesen Stellen Gleichstrombewegung stattfindet (Abb. 105b und 107).

b) durch Parallelschaltung der Arbeitsstellen mit wahlweiser Beschickung derselben (Abb. 109).

Sind die Be- und Entladeeinrichtungen nicht leistungsfähig genug, so läßt sich deren hindernde Wirkung vermeiden:

3. durch Parallelschaltung mehrerer Einrichtungen, am besten in Verbindung mit Rund- oder Gleichstromförderung (Fall 7) und wahlweiser Koppelung.

Die Leistung der Be- und Entladeeinrichtungen läßt sich steigern durch Vorkehrungen, die:

4. die Bewegung der Förderwagen nicht unterbrechen (Abb. 110), oder

5. gleichzeitig eine größere Anzahl von Wagen entleeren (Fall 9), wobei stets Rund- oder mindestens Gleichstromförderung erforderlich ist.

6. Bei leistungsfähigen Be- und Entladevorrichtungen ist gegebenenfalls die Zubringung der Wagen so zu mechanisieren, daß sie ununterbrochen erfolgen kann (Fall 10).

7. Alle mechanisierten und automatisierten Einrichtungen für die Beschickung, die Entleerung und den Verkehr gewinnen mit dem Inhalt der Fördergefäße (Förderwagen, Eisenbahnwagen, Abraumwagen usw.) an wirtschaftlicher Bedeutung, da die anteilige Bedienung in der Regel etwa im umgekehrten Verhältnis zum Gefäßinhalt wächst.

Selbstverständlich wird jede Einrichtung um so billiger arbeiten, je besser sie ausgenutzt wird.

2. Die Organisation der Umschlagplätze.

Die vorstehenden Ausführungen lassen erkennen, daß die Leistungsfähigkeit eines Umschlagpunktes gehoben wird, wenn die hier verwandte Betriebseinrichtung räumlich richtig angeordnet und selbst leistungsfähig ausgebaut ist. Die Mechanisierung des Betriebes an den Umschlagspunkten ist bei starker Förderung im Grubenbetriebe von erheblicher Bedeutung. Sie erfordert mehr oder weniger kostspielige Einrichtungen, deren Einbau und Verlegung an einen anderen Ort mehr oder weniger kostspielig und zeitraubend ist.

Aus dem stetigen Vorwärtsschreiten des Abbaues, insbesondere des Kohlenbergbaues, ergibt sich daher für die Einrichtung weitgehend mechanisierter Umschlagplätze die Aufgabe, die Abbauförderung so zu organisieren, daß die Umschlagplätze längere Zeit unverändert stehen bleiben können.

Der Lösung dieser Aufgabe kommt in der Regel der Umstand zugute, daß der Umschlag des Fördergutes aus einem kontinuierlich arbeitenden in ein zweites, ebenfalls kontinuierlich arbeitendes Fördermittel bei richtiger Anordnung völlig automatisch vor sich gehen kann. Eine am Kohlenstoß liegende Schüttelrutsche S (s. Abb. 111) kann das Fördergut völlig automatisch auf eine in der Sohlenstrecke liegende Schüttelrutsche T bzw. auf ein dort befindliches Transportband aufgeben. Das zweite Fördermittel

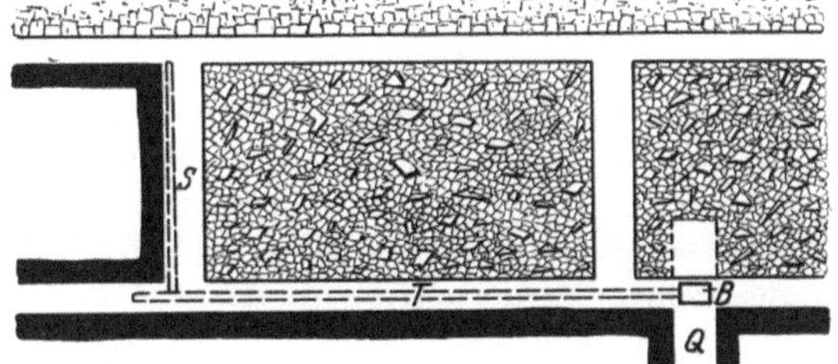

Abb. 111. Hintereinanderschaltung einer Abbauschüttelrutsche und eines Förderbandes in der Sohlenstrecke.

muß natürlich leistungsfähig genug sein, um die aufgegebene Fördermenge bewältigen zu können. Das Transportmittel der Sohlenstrecke (Transportband) endet z. B. an der Einmündungsstelle B der Strecke in den zugehörigen Abteilungsquerschlag Q, die als Festpunkt für den Umschlag des Fördergutes (der Kohlen) in den Förderwagen bis zum völligen Verhieb der betreffenden Abteilung beibehalten werden kann.

Im Steinkohlenbergbau ist beim Schüttelrutschenabbau die Entleerung der Bergewagen in die Bergerutsche in der Regel mechanisiert. Es stehen hierzu Kippvorrichtungen zur Verfügung, die mit jeder Verlegung der zugehörigen Rutschen ebenfalls verlegt werden müssen, womit erhebliche Kosten und gegebenenfalls auch Zeitverluste verbunden sind. Um diese Verluste möglichst einzuschränken, müssen die Kippvorrichtungen leicht und einfach konstruiert sein. Bei größerem Gebirgsdruck kann man nur eingleisige Bergezufuhrstrecken aufrechterhalten, so daß die Kippvorrichtung im Bereich der Rückstoßbewegung liegen muß. Die verlegbare Bergekippvorrichtung ist daher nicht sehr leistungsfähig. Um in kurzer Zeit erhebliche Bergemengen unterbringen zu können, eine Aufgabe, deren Bedeutung mit zunehmender Mechanisierung des Versatzes wächst, ist ein feststehender, zu weitgehender Mechanisierung geeigneter Umschlagspunkt für Berge vorzusehen. Soll Berge- und Kohlenförderung auf einer Sohle erfolgen, so kann man z. B. nach Abb. 112 die Berge in der unteren streichenden Strecke — evtl. kann hier der Querschlag einmünden — durch einen feststehenden, leistungsfähigen Wipper (Doppelwipper) auf das Transportband B_1 aufgeben, das in einer schwebenden, im Versatz ausgesparten Strecke liegt und die Berge zur oberen Sohle bzw. zur oberen streichenden Strecke hinauffördert. Hier werden die Berge einem zweiten Transportband (oder Schüttelrutsche) B_2 zugeführt, von dem sie in die Versatzrutsche B_3 gelangen.

Sowohl bei der Kohlenabfuhr als auch bei der Bergezufuhr folgt man dem Abbaufortschritt durch entsprechende Verlängerung (bzw. Verkürzung beim Heimwärtsbau) der in den streichenden Strecken eingebauten Transportmittel, was sich in der Umbauschicht leicht bewerkstelligen läßt.

Ein besonderer Vorteil der Transportbänder liegt darin, daß sie ohne Mehrbedienung bei entsprechenden örtlichen Verhältnissen die Förderung aus mehreren Abbauen aufnehmen können. Ebenso können mehrere Transportbänder — evtl. unter Anwendung von Verbindungsbändern — einen gemeinsamen Umschlagspunkt beschicken. In beiden Fällen wird die Bedienung sehr vereinfacht, jedoch muß der Umschlagspunkt entsprechend leistungsfähig sein.

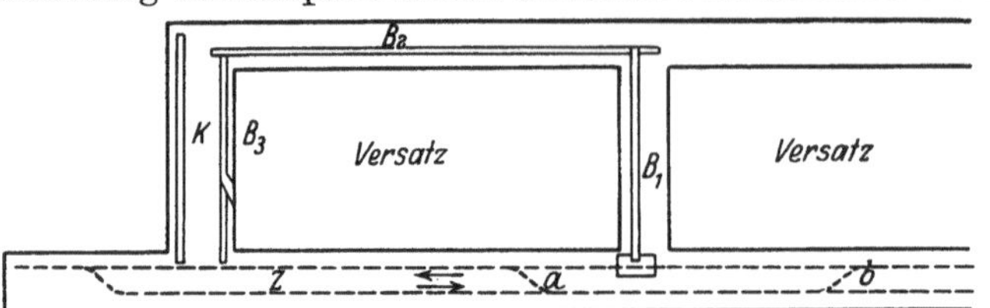

Abb. 112. Organisation der Bergezufuhr bei feststehendem Umschlagspunkt in der Grundstrecke.
B_1 Bergetransportband, B_2 Bergetransportband (oder Bergerutsche), B_3 Bergerutsche, K Kohlenrutsche, Z Zugaufstellung in der Sohlenstrecke, a und b Weichen.

In manchen Fällen kann die Betriebseinrichtung des feststehenden Umschlagspunktes durch entsprechende Verlängerung oder Erweiterung dem Abbaufortschritt angepaßt werden. Auf einem Kalisalzbergwerk ist beispielsweise ein automatischer Förderbetrieb in der Art durchgeführt worden, daß stets vier benachbarte Abbaukammern („Firsten") zusammengefaßt wurden. Das Einfallen war etwa 50°. In den einzelnen, durch die „Firstenstöße" gebildeten Teilsohlen werden in bekannter Weise streichende Strecken aufgefahren, die durch Querschläge mit dem in der Mitte der Gruppe von je vier Abbaukammern angeordneten Rolloch verbunden werden. Die Förderung geschieht auf hintereinander geschalteten Schüttelrutschen aus den Abbaukammern unmittelbar in das Rolloch, aus dem die Salze unten auf der Hauptfördersohle in die Förderwagen abgezogen werden (Abb. 113).

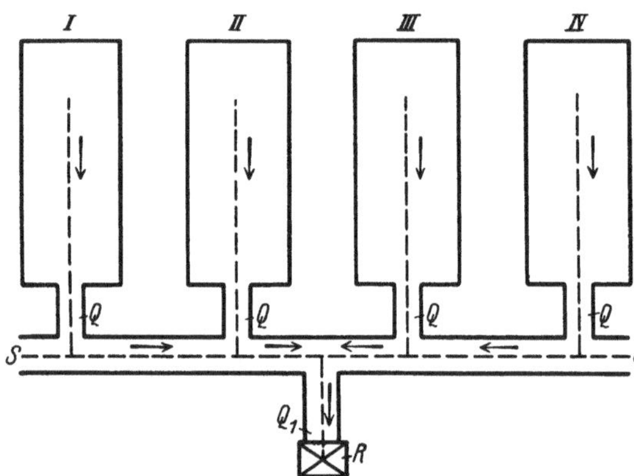

Abb. 113. Konzentrierte Abbauförderung im Kalisalzbergbau mit feststehendem Umschlagspunkt.
I—IV Abbaufirsten, Q Querschlag zwischen First und streichender Strecke, S Streichende Strecke, Q_1 Querschlag zwischen streichender Strecke und Rolloch, R Rolloch.
— — ⟶ — — Schüttelrutschen mit Angabe der Förderrichtung.

Die Beladung der Rutschen und die Bedienung des Abzuges des Rollloches erfordert in Anbetracht der leichten Arbeitsbedingungen sehr wenig Leute.

Der Salzbergbau zeichnet sich in der hier üblichen Form dadurch aus, daß in den Abbaukammern zu Beginn der Förderung sehr erhebliche Salzmengen vorrätig sind, die die Anlage sowohl der Schüttelrutschen als auch des fest an seinen Ort gebundenen Rollloches wirtschaftlich vorteilhaft machen, obwohl die Anlage des Rollloches mit nicht unerheblichen Kosten verbunden ist. Betrachtet man das Aufwärtsschreiten des Abbaues einer Gruppe mit den höheren Firstenstößen, so sieht man, daß der Umschlagspunkt der Salze aus dem Rolloch in den Förderwagen an ein und demselben Punkte bleibt. Das Rolloch wird nur nach oben entsprechend verlängert.

Die vorstehenden Beispiele der Festlegung des Umschlagspunktes im Baufelde setzen durchweg die Anwendung einer ortsfesten Fördereinrichtung wie Schüttelrutsche oder Transportband voraus. Die Frage, bis zu welchem Umfange die Mechanisierung des Förderbetriebes im Abbaufelde wirtschaftlich durchführbar ist, läßt sich nur von Fall zu Fall durch genaue Gegenüberstellung der zu erwartenden Kosten je Tonne Förderung feststellen. Nach den Erfahrungen auf Zeche Rheinpreußen[1] dürfte die Bandförderung erst bei mindestens 200 t Tagesförderung lohnend werden. In flach abfallenden und ansteigenden Strecken ist die Bandförderung der Förderung am Seil wirtschaftlich wohl stets überlegen. Insbesondere bei Unterwerksbauten kann das Transportband erheblich zur Vereinfachung des Förderbetriebes insbesondere bei großen Leistungen beitragen. Auch in den streichenden Strecken wird die Verwendung der Transportbänder mit zunehmender Lohnhöhe der Schlepper und zunehmender Fördermenge vorteilhafter, um so mehr, als zugleich erhebliche Ersparnisse dadurch erzielt werden können, daß man mit wesentlich geringeren Streckenquerschnitten auskommen kann. Der hohe Beschaffungspreis der Transportbänder läßt bei größeren Förderlängen in den Grundsohlenstrecken der Abbaue vielfach die Verwendung kleiner Zubringerlokomotiven (Abbaulokomotiven) vorteilhaft erscheinen[2]. Die Anforderungen an den Streckenquerschnitt sind in diesem Falle größer, wobei zu beachten ist, daß bei Schüttelrutschenabbau die Zahl der bauhaft zu haltenden Strecken gering ist, so daß die Bedeutung ihrer Unterhaltungskosten entsprechend zurücktritt. Der Umschlagspunkt für die Beladung der Förderwagen wandert bei der Abbaulokomotivförderung mit dem Abbau, muß also meist täglich verlegt werden. Ferner setzt die Zubringerlokomotive bei größeren Längen zweigleisige Strecken mit Weichen voraus, da sonst die Leistung fällt. Bei Förderlängen unter 50 bis 100 m ist die Arbeit des An- und Abkuppelns der Wagen für zugweise Förderung nicht mehr lohnend. Der beste Gesamtwirkungsgrad der Zubringerlokomotiven liegt bei Entfernungen von etwa 200 bis 400 m. Ein wesentlicher Vorteil der Lokomotivförderung liegt darin, daß die Förderkosten mit zunehmender Förderlänge wesentlich weniger steigen als bei der Hand- oder Pferdeförderung. Bei entsprechender Belastung steigen auch die Gesamtkosten der Transportbandförderung mit zunehmender Förderlänge weniger stark an, wohl aber steigen die Anlagekosten stark. Bei schnell fortschreitendem Abbau und geringer Gebirgsdruckwirkung kann die streichende Baulänge der Abbaue durch Anwendung von Zubringerlokomotiven wesentlich erhöht werden. Auf einer westfälischen Zeche hat man in solchen Fällen schon streichende Baulängen bis zu 700 m angewandt. Die damit verbundene Ersparnis an Gesteinsbetrieben (Abteilungsquerschläge, Blindschächte, sowie Bremsberge) usw. muß bei der Ermittlung des wirtschaftlichen Ergebnisses natürlich auch berücksichtigt werden.

Die Verlegung des Umschlagspunktes bei der Kohlen- und Bergeförderung in die Abteilungsquerschläge hat für die zukünftige Entwicklungsmöglichkeit des Förderbetriebes ferner die Bedeutung, daß die Wagenförderung nur noch in den Gesteinsstrecken und Querschlägen umgeht. Deren Querschnitte können ohne wesentliche Unkosten so gehalten werden, daß Großraumförderwagen von 4 bis 6 t Inhalt verwandt werden können. Dadurch läßt sich eine weitere wesentliche Vereinfachung des Streckenförderbetriebes und der Füllortbedienung er-

---

[1] Ostertag: Streckenförderung mit Förderbändern auf der Schachtanlage Rheinpreußen IV. Glückauf 1928, S. 152.

[2] Reins: Die Bedeutung der Abbaulokomotive beim Abbau steil einfallender Flöze. Glückauf 1927, S. 1145.

zielen, so daß die Zahl der in der Förderung nötigen Leute wesentlich herabgesetzt werden kann. Allerdings ist die Großraumförderung vielfach nur in Verbindung mit der Gefäßförderung anwendbar, sobald die Schachtquerschnitte nicht für die in Frage kommenden Abmessungen der Großraumförderwagen geeignet sind. In welchem Umfange die Gefäßförderung für die Steinkohlenförderung brauchbar wird, muß die Zukunft lehren (s. Abschnitt E VIII e 2).

Der Umbau einer bestehenden Förderung mit normalen Grubenwagen und Gestellförderung in Großraum- und Gefäßförderung dürfte nur in Ausnahmefällen wirtschaftlich zu rechtfertigen sein. Es wird sich in der Regel bei Neuanlagen um die Frage der Wahl der verschiedenen Systeme handeln.

Die vorstehenden Ausführungen lassen sich in folgende Leitsätze zusammenfassen:

1. Das stete Vorwärtsschreiten eines unterirdischen Abbaubetriebes mit sehr großer Förderleistung läßt die Anlage ortsfester Umschlagspunkte für die Produkten- und Bergeförderung vorteilhaft erscheinen. Die Umschlagspunkte sind zweckmäßig an einer vom Abbau nicht mehr in gegenseitige Mitleidenschaft gezogenen Stelle (Einmündung in den Abteilungsquerschlag usw.) vorzusehen. Die Verbindung mit dem Abbau erfolgt auf völlig mechanisiertem Wege mittels ortsfester Fördereinrichtungen (Transportbänder usw.).

2. Diese Fördereinrichtung ist bei genügend flacher Lagerung besonders für Unterwerksbaue sehr vorteilhaft.

3. In geeigneten Fällen, wie z. B. beim Kalisalzbergbau mit steilerem Einfallen, kann die Umschlagseinrichtung (Rolloch) durch allmähliche Verlängerung dem Abbau soweit folgen, daß sie von der Zubringerförderung aus dem Abbau unmittelbar beschickt werden kann.

4. Die Verlegung des Umschlagspunktes an die Abteilungsquerschläge ermöglicht in unterirdischen Bergwerksbetrieben gegebenenfalls die Anwendung von Großraumförderwagen von etwa 4 bis 6 t Inhalt und damit eine wesentliche Vereinfachung des Förderbetriebes auf den Hauptsohlen, sofern die Querschnitte der Querschläge und Richtstrecken ohne wesentliche Unkosten für Herstellung und Unterhaltung genügend bemessen werden können. Die Großraumförderung wird in der Regel am Schachte die Gefäßförderung erfordern.

Sind die Fördergestelle im Schacht und die Wipper für zwei Förderwagen voreinander eingerichtet, so können Großraumwagen von der Länge zweier Förderwagen verwendet werden, die bei gleicher Kastenbreite aber größerer Kastenhöhe einen entsprechend größeren Inhalt haben.

5. Bei den sonst unbeschränkten Platzverhältnissen des Tagebaues lassen sich fahrbare Beschickungs- und Umschlagseinrichtungen (Bunker usw.) von größter Leistungsfähigkeit einstellen. Das kann in entsprechendem Umfange auch in weiträumigen Grubengebäuden (z. B. Kalibergbau) gelegentlich der Fall sein.

6. In unterirdischen Betrieben kommt namentlich für größere streichende Baulängen der Abbaue auch die Anwendung von Zubringerlokomotiven in Betracht. Hierbei wandert der Umschlagspunkt für die Beladung der Förderwagen (bzw. Entladung der Bergewagen) mit dem Abbau. Er ist also bei schnellem Abbaufortschritt (Abbau wenig mächtiger Flöze) nicht ganz so leistungsfähig zu gestalten wie ein ortsfester Umschlagspunkt. Außerdem sind in der Regel größere Querschnitte für die Sohlenstrecken der Abbaue notwendig.

c) Die Handförderung.

Die Arbeit der Handförderung setzt sich aus den folgenden Teilarbeiten zusammen: Füllarbeit, Förderarbeit, gegebenenfalls das An- und Abschlagen der

Wagen am Anschlagspunkte, das Einsetzen derselben vor Ort, das Durchfahren von Weichen, Drehen der Wagen auf Platten usw. Bei den vorliegenden Betrachtungen soll davon abgesehen werden, daß der Schlepper mitunter auch andere Arbeiten (z. B. Hauer- und Zimmerarbeiten) ausführt.

1. **Rechnerische Ermittlung der Leistung der Handförderung.** Um die bei der Handförderung zu erwartende Leistung zu berechnen, setzt man:

f = Zeit zum Einfüllen je Tonne Förderung und sonstige hiermit durchschnittlich verbundene Zeitaufwendungen (Ausruhen usw.), jedoch ausschließlich des Zeitaufwandes für Nebenarbeiten, wie Stückenzerkleinerung usw.,

w_1 = mittlerer Zeitaufwand je Wagen vor Ort (Herumgehen um den Wagen, Festlegen desselben usw.) und an den Anschlägen (Aufschieben und Abziehen bzw. An- und Abschlagen des Wagens),

w_2 = Zeitaufwand für Plattendrehen auf der Strecke je Wagen, in min,

w_3 = sonstige Zeitaufwendungen (Stückenzerkleinerung, Betriebspausen und sonstige Wartezeiten im Durchschnitt je Wagen),

w = $w_1 + w_2 + w_3$,

a_w = $f \cdot i + w$ = Summe der konstanten Zeitaufwendungen je Wagen in min,

m = Zahl der auf einer Fahrt vom Schlepper oder der Lokomotive usw. bewegten Wagen,

i = Wageninhalt in Tonnen (bei zugweiser Förderung evtl. je 10 t),

s = einfache Förderlänge in m,

v = Fahrt-(Förderwagen-)geschwindigkeit in m/min (Mittel der Fahrgeschwindigkeit mit dem leeren und dem vollen Wagen),

Z_w = erforderliche Zeit je Wagen Förderung in min = $Z_t \cdot i$,

Z_t = erforderliche Zeit je Tonne Förderung in min = $\dfrac{Z_w}{i}$,

T = gesamte reine Arbeitszeit in min,

L_w = Wagenleistung je Schicht = $\dfrac{T}{Z_w} = \dfrac{T}{f \cdot i + w + \dfrac{2 \cdot s}{m \cdot v}}$,

L_t = Tonnenleistung je Schicht = $\dfrac{T}{Z_t} = \dfrac{T}{f + \dfrac{w}{i} + \dfrac{2 \cdot s}{m \cdot v \cdot i}}$,

g = Schlepperverdienst in Mark je min (gesamter) reiner Arbeitszeit = $\dfrac{G}{T}$,

G = normaler Schleppergedingelohn je Schicht,

G_w = Gedinge in Mark je Wagen Förderung = $Z_w \cdot g$

$$G_w = Z_w \cdot g = \frac{G \cdot \left(f \cdot i + w + \dfrac{2 \cdot s}{m \cdot v}\right)}{T} = \frac{G}{L_w},$$

G_t = Gedinge in Mark je Tonne Förderung

$$G_t = Z_t \cdot g = \frac{G}{L_t} = \frac{G \cdot \left(f + \dfrac{w}{i} + \dfrac{2 \cdot s}{m \cdot v \cdot i}\right)}{T}.$$

Es ist dann:

$$a_t = f + \frac{w}{i} = \text{gesamte konstante Zeit je Tonne Förderung,}$$

$$a_w = f \cdot i + w = \text{gesamte konstante Zeit je Wagen Förderung,}$$

was allerdings nur für eine bestimmte Wagengattung und für sonst gleichartige Arbeitsverhältnisse sicher zutrifft.

Es ergeben sich dann die folgenden Förderzeiten:

1. bei Fahrten mit je einem Wagen:

<table>
<tr><td>je Wagen</td><td>je Tonne</td></tr>
</table>

$$Z_w = f \cdot i + w + \frac{2 \cdot s}{v} \qquad\qquad Z_t = \frac{Z_w}{i} = f + \frac{w}{i} + \frac{2 \cdot s}{v \cdot i}$$

$$= a_w + \frac{2 \cdot s}{v}, \qquad\qquad\qquad\qquad = \frac{a_w}{i} + \frac{2 \cdot s}{v \cdot i}.$$

2. bei Fahrten mit m Wagen:

$$Z_{w_m} = m \cdot (f \cdot i + w) + \frac{2 \cdot s}{v}$$

oder je Wagen

$$Z_w = f \cdot i + w + \frac{2 \cdot s}{m \cdot v}$$

$$= a_w + \frac{2 \cdot s}{m \cdot v},$$

je Tonne

$$Z_t = f + \frac{w}{i} + \frac{2 \cdot s}{m \cdot v \cdot i}$$

$$= \frac{a_w}{i} + \frac{2 \cdot s}{m \cdot v \cdot i}.$$

Die Leistung je Schicht beträgt:
3. bei Fahrt mit einem Wagen:

$$L_w = \frac{T}{Z_w} = \frac{T}{f \cdot i + w + \frac{2 \cdot s}{v}},$$

$$L_t = \frac{T}{f + \frac{w}{i} + \frac{2 \cdot s}{v \cdot i}}.$$

4. bei Fahrt mit m Wagen:

$$L_w = \frac{T}{f \cdot i + w + \frac{2 \cdot s}{m \cdot v}},$$

$$L_t = \frac{T}{f + \frac{w}{i} + \frac{2 \cdot s}{m \cdot v \cdot i}}.$$

Um die Förderwagen- bzw. Tonnengedinge zu erhalten, sind die Gleichungen 1 bzw. 2 mit g auf beiden Seiten zu multiplizieren. Soll hierbei auch die Gewinnung berücksichtigt werden, so ist unter 1 neben der Einfüllzeit auch die Zeit zur Hereingewinnung je Tonne einschließlich der anteiligen Zeit für Ausbau der Grubenbaue einzurechnen.

In den allgemeinen Gleichungen 2 werden die reinen Fahrzeiten durch die Brüche $\frac{2 \cdot s}{m \cdot v}$ bzw. $\frac{2 \cdot s}{m \cdot v \cdot i}$ je Wagen bzw. je Tonne ausgedrückt.

Die reinen Fahrzeiten lassen sich danach graphisch als gerade Linien darstellen. Die Neigungen der Linien sind gegeben durch das Verhältnis $\mathrm{tg}\,\beta = \frac{\text{Fahrzeit}}{\text{Entfernung}}$. Danach ist bezogen auf die Förderung je Wagen:

$$\mathrm{tg}\,\beta = \frac{\frac{2 \cdot s}{m \cdot v}}{2 \cdot s} = \frac{1}{m \cdot v}.$$

Bezogen auf die Förderung je Tonne:

$$\mathrm{tg}\,\beta = \frac{\frac{2 \cdot s}{m \cdot v \cdot i}}{2 \cdot s} = \frac{1}{m \cdot v \cdot i}.$$

In der folgenden Tabelle 61 ist das Wagengedinge errechnet worden unter der Annahme einer reinen Arbeitszeit von 6 bzw. 5 Stunden und in beiden Fällen eines Schichtlohnes von 7,20 $\mathcal{M}$. Es wird also $g = \frac{7,20}{6 \cdot 60} = 0,02$ $\mathcal{M}$ je min reiner Arbeitszeit bei 6 Stunden und $g = \frac{7,20}{5 \cdot 60} = 0,024$ $\mathcal{M}$ je min reiner Arbeitszeit bei 5 Stunden. Es sind Förderwagen von 0,625 t und 0,755 t miteinander verglichen. Die Fahrgeschwindigkeit ist zu 50 m/min bzw. zu 75 m/min angenommen worden. Die konstante Füll- und Wartezeit a_w ist ermittelt bei Schaufelarbeit zu 14 min bei 0,625 t und 15 min bei 0,755 t, das „Füllen aus dem Rolloch" zu 10 min bzw. 5 min bei beiden Wageninhalten.

Tabelle 61. Wagengedinge und Tonnengedinge bei der Handförderung unter verschiedenen Bedingungen.

s in m	$v = 50$ m/min				$v = 75$ m/min			
	$J = 0{,}625$ t		$J = 0{,}755$ t		$J = 0{,}625$ t		$J = 0{,}755$ t	
	für Wagen $\mathscr{M}$	pro t $\mathscr{M}$	für Wagen $\mathscr{M}$	pro t $\mathscr{M}$	für Wagen $\mathscr{M}$	pro t $\mathscr{M}$	für Wagen $\mathscr{M}$	pro t $\mathscr{M}$

1. Reine Arbeitszeit = 6 Std., Schichtlohn = 7,20 $\mathscr{M}$ und $g = 0{,}02\ \mathscr{M}$.

α) Schaufelarbeit: $a_w = 14$ min für $J = 0{,}625$ t und 15 min für $J = 0{,}755$ t.

s	für Wagen	pro t	für Wagen	pro t	für Wagen	pro t	für Wagen	pro t
75	0,34	0,545	0,36	0,477	0,32	0,512	0,34	0,451
150	0,40	0,640	0,42	0,557	0,36	0,576	0,38	0,504
225	0,46	0,737	0,48	0,635	0,40	0,640	0,42	0,557
300	0,52	0,833	0,54	0,716	0,44	0,704	0,46	0,610

β) Füllen aus dem Rolloch: $a_w = 10$ min für beide Wageninhalte: $a_w \cdot g = 0{,}20\ \mathscr{M}$.

s	für Wagen	pro t	für Wagen	pro t	für Wagen	pro t	für Wagen	pro t
75	0,26	0,416	0,26	0,344	0,24	0,384	0,24	0,318
150	0,32	0,512	0,32	0,424	0,28	0,448	0,28	0,371
225	0,38	0,609	0,38	0,504	0,32	0,512	0,32	0,424
300	0,44	0,704	0,44	0,583	0,36	0,576	0,36	0,477

γ) Füllen aus dem Rolloch: $a_w = 5$ min für beide Wageninhalte: $a_w \cdot g = 0{,}10\ \mathscr{M}$.

s	für Wagen	pro t	für Wagen	pro t	für Wagen	pro t	für Wagen	pro t
75	0,16	0,256	0,16	0,212	0,14	0,224	0,14	0,1855
150	0,22	0,352	0,22	0,2915	0,18	0,288	0,18	0,239
225	0,28	0,448	0,28	0,371	0,22	0,352	0,22	0,2915
300	0,34	0,545	0,34	0,451	0,26	0,416	0,26	0,344

2. Reine Arbeitszeit = 5 Std., Schichtlohn = 7,20 $\mathscr{M}$ und $g = 0{,}024\ \mathscr{M}$.

α) Schaufelarbeit: $a_w = 14$ min für $J = 0{,}625$ t und 15 min für $J = 0{,}755$ t.

s	für Wagen	pro t	für Wagen	pro t	für Wagen	pro t	für Wagen	pro t
75	0,408	0,644	0,432	0,572	0,384	0,614	0,408	0,541
150	0,480	0,768	0,504	0,668	0,432	0,691	0,456	0,604
225	0,552	0,884	0,576	0,762	0,480	0,768	0,504	0,668
300	0,624	0,999	0,648	0,859	0,528	0,844	0,552	0,732

β) Füllen aus dem Rolloch: $a_w = 10$ min für beide Wageninhalte.

s	für Wagen	pro t	für Wagen	pro t	für Wagen	pro t	für Wagen	pro t
75	0,312	0,499	0,312	0,412	0,288	0,460	0,288	0,381
150	0,384	0,614	0,384	0,508	0,336	0,537	0,336	0,445
225	0,456	0,730	0,456	0,604	0,384	0,614	0,384	0,508
300	0,528	0,844	0,528	0,699	0,432	0,691	0,432	0,572

γ) Füllen aus dem Rolloch: $a_w = 5$ min für beide Wageninhalte.

s	für Wagen	pro t	für Wagen	pro t	für Wagen	pro t	für Wagen	pro t
75	0,192	0,307	0,192	0,254	0,168	0,268	0,168	0,222
150	0,264	0,422	0,264	0,349	0,216	0,345	0,216	0,286
225	0,336	0,537	0,336	0,445	0,264	0,422	0,264	0,349
300	0,408	0,654	0,408	0,541	0,312	0,499	0,312	0,412

Die Rechnungsergebnisse zeigen, daß für die Leistung und Kosten der Handförderung die folgenden Betriebseinzelheiten von Wichtigkeit sind:

die Füllarbeit,
die Förderarbeit (Wagenstoßen),
die Fahrgeschwindigkeit,
der Wageninhalt,
das Durchfahren von Weichen und Platten, sonstige Zeitaufwendungen.

2. Die Füllarbeit.

Die Füllarbeit erfolgt von Hand in der Regel mit Hilfe der Schaufel, seltener mittels Kratze und Trog. Daneben entwickelt sich im Bergbau mehr und mehr die teilweise oder völlig mechanisierte Füllarbeit.

Die Füllarbeit von Hand wird beeinflußt

α) von der Bewegungsfreiheit des Schippers, wie Querschnitt der Grubenbaue (Mächtigkeit, Einfallen der Lagerstätte usw.),

β) von der Schaufel bzw. Kratze und Trog,

γ) von der Schaufelsohle,

δ) von der Größe des Haufwerkes,

ε) von der Art des Haufwerkes (Korngröße, spez. Gewicht und Härte der Massen usw.),

ζ) von der Abmessung der Wagen, insbesondere Wagenhöhe bzw. Schipphöhe und dem Wagenabstand bzw. Wurfweite,

η) von der Vollständigkeit und Reinheit der Füllung.

α) **Die Bewegungsfreiheit des Schippers.** Die Behinderung der Bewegungsfreiheit wird im unterirdischen Bergwerksbetrieb durch die Weite der Grubenbaue und die durch Einfallen und Mächtigkeit der Lagerstätte vielfach bedingten Querschnittsformen derselben hervorgerufen. Sie ist je nach den örtlichen Verhältnissen verschieden und kann nur von Fall zu Fall ermittelt und in Rechnung gesetzt werden.

Die Einwirkung der durch die Raumverhältnisse der Grubenbaue bedingten Bewegungsfreiheit auf die Leistung bei der Schaufelarbeit hat Gold[1] für den Streckenbetrieb im Braunkohlenbergbau festgestellt. Es ergeben sich die nebenstehenden Leistungen.

Die Füllzeit steigt unter 1,3 m Streckenbreite bei einer Schaufel von 0,8 m Stiellänge infolge des Raummangels stark an. Dasselbe gilt für das zweimännische Schaufeln im Schutzfelde der Abbaue, deren lichte Breite 1,2 bis 1,5 m beträgt.

Tabelle 62. Einwirkung der Raumverhältnisse auf die Leistungen bei der Schaufelarbeit im Braunkohlentiefbau (Streckenbetrieb).

Strecken-breite m	Füllzeit je 6 hl (420 kg) sec	je t sec
1,30	222	510
1,70	216	500
2,20	212	490

β) **Die Schaufel.** In Frage kommt: Länge des Schaufelstieles, sowie Form, Größe und Gewicht des Schaufelblattes.

Bei ungehinderter Bewegungsfreiheit ist ein deutlicher Zusammenhang zwischen Stiellänge der Schaufel, Wagenhöhe und Leistung zu erkennen, wie die nebenstehende Tabelle 63 zeigt[2].

Durchweg wurde mit einer Stiellänge der Schaufel von 110 cm die höchste Leistung erzielt. Außerdem fällt die Leistung bei jeder Stiellänge mit zunehmender Ladehöhe.

Das Schaufelblatt ist bei hartem, stückigem und spez. schwerem Material herzförmig vorn zugespitzt und leicht gewölbt, bei spez. leichtem Material und kleinem Korn bzw. guter Schippsohle eben mit breiter, gerader Vorderkante und seitlicher Aufbörtelung (Ballastschaufel). In der Regel ist das Gesamtgewicht von Schaufel und Schaufelfüllung etwa gleichbleibend, so daß das Schaufelblatt und damit sein Fassungsvermögen um so größer werden kann, je geringer das spez. Gewicht des Haufwerkes und je leichter das Schaufelblatt ist. Bei spez. leichterem, weichem Haufwerk (Kohlen)

Tabelle 63. Zusammenhang zwischen Schipperleistung, Stiellänge der Schaufel und Wagenhöhe.

Lade-höhe in cm	Stiellänge der Schaufel in cm			
	80	100	110	130
	in 20 min verladene Gewichtsmenge			
	kg	kg	kg	kg
60	1600	1800	1830	1750
80	1450	1680	1720	1620
100	1200	1450	1520	1350
120	880	1220	1300	1100
140	500	900	1000	680

---

[1] Gold: Rationelle Betriebsführung im Braunkohlentiefbau mit Hilfe von Zeitstudien. Dissertation. Freiberg 1928.

[2] Schulte: Psychotechnische Untersuchungen im Kalksteinbruch. Berlin 1925.

hat man daher erfolgversprechende Versuche mit Hartaluminiumschaufeln angestellt, deren Ergebnisse die nachstehende Tabelle zeigt[1].

Tabelle 64. Abhängigkeit der Schaufelzeiten vom Material des Schaufelblattes.

Schaufelmaterial	Arbeiter	Wagenhöhe	Wageninhalt	Schaufelgewicht	Stiellänge	Schaufelspiele je Wagen	Gewicht einer Schaufelfüllung	Gewicht von Schaufel und Füllung	Schaufelzeit je Wagen	Schaufelzeit je t	Unterschied der Schaufelzeit je t	Zeit je Schaufelspiel
		cm	kg	kg	m		kg	kg	sec	sec	sec	sec
Stahl. . . .	A	104	450	2,75	1,2	66	6,82	9,57	230	511		3,48
Aluminium .	A	104	450	2,16	1,2	60	7,5	9,66	205	454	— 56	3,41
Stahl. . . .	B	104	450	2,75	1,2	67	6,72	9,47	259	576		3,86
Aluminium .	B	104	450	2,16	1,2	61	7,38	9,54	231	513	— 63	3,79

Die Hartaluminiumschaufel kostete 5,60 ℳ. Sie hatte einen Altwert von 1,60 ℳ und eine Lebensdauer von 25 Schichten. Die Grenze der Wirtschaftlichkeit ergab sich bei einer Lebensdauer von 22 Schichten.

Für Kratze und Trog ergeben sich ähnliche Zusammenhänge. Diese Füllart ist vergleichsweise selten und wird namentlich bei engen, niedrigen Grubenräumen angewandt.

γ) **Die Schaufelsohle.** Sie erleichtert das Einstoßen der Schaufel unter die Massen des Haufwerkes. Ist die natürliche Sohle (das Liegende oder die Streckensohle usw.) nicht glatt genug, so werden Bleche oder Bohlen (Schwarten) zum Auskleiden der Sohle verwandt. Da das Vortreiben von Schwarten (6 bis 10 Stück auf der Sohle) je 40 cm etwa 80 sec, von drei Blechen, von denen eines zwischen und zwei außen neben den Schienen liegen, etwa 50 sec und das Vortreiben eines Bleches nur 20 sec dauert (nach Gold), so ist die Anwendung größerer Blechtafeln als Schippsohlen am vorteilhaftesten.

Bei glatter Sohle kann die Schaufelarbeit rhythmisch durchgeführt werden, wodurch die Leistungsfähigkeit erleichtert wird (s. Abschnitt B II). Dasselbe gilt auch für kleinkörniges Haufwerk von geringem spezifischem Gewicht.

δ) **Die Größe des Haufwerkes.** Die Füllarbeit wird wesentlich erschwert, wenn die Menge des Haufwerkes zu gering oder zu stark verstreut ist, weil die Schaufeln nicht gut gefüllt werden können und viel Zeit auf das Zusammenkratzen der Massen verbraucht wird.

ε) **Die Art des Haufwerkes.** Am besten läßt sich ein spez. leichtes, kleinkörniges Haufwerk wegfüllen, da es dem Einstoßen der Schaufel den geringsten Widerstand entgegensetzt. Sehr grobstückiges Haufwerk von hohem spezifischem Gewicht und großer Festigkeit des Materials verzögert die Wegfüllarbeit durch den Wechsel zwischen der Füllarbeit und der erforderlichen Zerkleinerungsarbeit und ferner durch den Wechsel zwischen der Schaufelarbeit und dem Wegfüllen der größeren Stücke von Hand, sofern sie in den Wagen gehoben werden können. Besteht das Haufwerk nur aus solchen Stücken, die ohne Zerkleinerung von Hand verladen werden können, so sind die besten Leistungen zu erzielen.

ζ) **Abmessungen der Wagen und Wagenabstand.** Der Wageninhalt ist innerhalb eines Fassungsvermögens bis zu etwa 1 t bedeutungslos, sofern Wagenhöhe und Wagenabstand unverändert bleiben. Gold stellte durch Zeitmessungen die nebenstehenden mittleren Füllzeiten je Hektoliter Braunkohle fest.

Tabelle 65. Mittlere Füllzeiten je hl (je t) Braunkohle in Abhängigkeit vom Wageninhalt.

Wageninhalt hl	Füllzeit je hl sec	je t sec
5	39	546
6	39,6	554
7	40	560
8	38,2	532
9	39,3	550

---

[1] Gold: a. a. O.

Soweit bei 7- bis 9-hl-Wagen eine stärkere Zunahme der Füllzeiten zu verzeichnen war, dürfte sie zumeist auf unzureichende Haufwerkvorräte zurückzuführen sein.

Es darf natürlich nicht verkannt werden, daß beim Füllen von Großraumwagen durch Schaufeln voraussichtlich eine Verlängerung der spezifischen Füllzeiten eintreten würde. Jedoch werden Großraumwagen in der Regel mechanisch gefüllt.

Durch die Wagenhöhe wird innerhalb der Grenzen von 1 bis 1,5 m bei einer Zunahme der Wagenhöhe um je 10 cm die Füllzeit je Tonne beim Wegfüllen von Braunkohlen um je etwa 30 bis 50 sec verlängert. Nach den Messungen von Gold (Tabelle 66) betrug die Füllzeit bei einem Wagenabstand von etwa 1,5 m und einer Wagenhöhe von 1,02 m 595 sec je Tonne und stieg bei gleichem Abstand und einer Wagenhöhe von 1,55 m auf etwa 840 sec. Die Zwischenwerte gruppieren sich um eine annähernd gerade Linie. Bei Verwendung von Ballastschaufeln mit kurzem Stiel (nebst Quergriff am Stielende) wirkt sich die Höhe ungünstiger aus als bei langem Stiel. Man verwendet daher bei hohen Förderwagen (120 bis 150 cm) stets Schaufeln mit langem Stiel.

Tabelle 66. Durchschnittliche Schippzeiten bei verschiedenen Wagenhöhen.

Nr.	Grube	Wagen-höhe	Wagen-inhalt	Schippzeit je Wagen	je t	Schippen-gewicht	Stiel-länge
		cm	kg	sec	sec	kg	m
1	A III	102	420	250	595	3,3	0,8
2	K III	104	450	240	530	2,7	1,2[1]
3	C	110	450	280	620	3,3	0,8
4	F	110	570	360	630	2,9	1,2
5	A II	115	420	270	640	3,3	0,8
6	K	120	590	390	660	2,9	1,2
7	H	120	690	460	685	2,9	1,2
8	K	125	750	480	640	2,9	1,2
9	F	125	740	520	700	2,9	1,2
10	H	130	790	630	840	2,9	1,2

[1] Die verhältnismäßig niedrige Schippzeit ist zu erklären:
   a) die Kohle wird teilweise aus dem Haufen geschaufelt, also nicht auf die ganze Höhe (104 cm) gehoben;
   b) kleinbrüchige Kohle.

Ein Wagenabstand von etwa 1,20 bis 1,70 m ist für die Füllarbeit am günstigsten (Abb. 114).

Bei einer Wagenhöhe von etwa 1 bis 1,10 m und einem Wagenabstand bis zu 1,70 m beträgt die Füllzeit etwa 40 sec je Hektoliter Braunkohle (560 sec/t). Die Füllzeit steigt bei einem Wagenabstand von 2,70 m auf rund 45 sec/hl (630 sec/t) und bei einem Abstand von etwa 3 bis 3,20 m auf rd. 53 bis 55 sec/hl (730 bis 780 sec/t). Es verlohnt sich daher — namentlich für Streckenbetriebe — in der Regel das Einlegen von Viertel- und Halbschienen oder sonstiger ausziehbarer Vorkehrungen zum Verlängern des Bahngleises usw., um den Förderwagen möglichst nahe an die Füllstelle heranbringen zu können.

Auch im Steinkohlenbergbau gelten grundsätzlich dieselben Beziehungen der Leistung bei der Füllarbeit zur Bewegungsfreiheit des Schippers, zur Schippsohle, Art des Haufwerkes, Wagen- bzw. Füllhöhe, Wurfweite usw. Infolge der Vielgestaltigkeit ergeben sich hier gegenüber dem Braunkohlenbergbau praktisch größere Differenzen. Für das Beladen der Schüttelrutschen im Abbau kann man eine mittlere Füllzeit von $\sim$ 1000 sec/t (rd. 18 min/t) und für das Beladen der Förderwagen von 1,10 bis 1,20 m Höhe und normalem Abstand eine mittlere Füllzeit von 1440 sec/t (= 24 min/t) annehmen. Die Füllzeiten sind durchschnittlich infolge des ungünstig verteilten Haufwerkes und der engen Raumverhältnisse größer als beim Braunkohlenbergbau.

η) **Die teilweise mechanisierte Wegfüllarbeit.** In allen Fällen wird die Füllzeit durch die Körperkraft und Ausdauer des betreffenden Schleppers wesentlich beeinflußt. Daraus folgt, daß die Füllzeit auch durch Arbeitsmethoden vermindert werden kann, durch die die Körperkraft des Schleppers geschont wird. Die Leistungsfähigkeit des Schleppers wird wesentlich erhöht, wenn er nicht jede Schaufelladung „aus dem Kreuze heben" muß, d. h. wenn er nicht gezwungen ist, sich bei jeder Schaufelladung aufzurichten. Das wird erreicht, wenn der Schlepper die Massen auf ein niedriges Transportband usw. werfen kann.

Im Kalibergbau werden vielfach Schüttelrutschen in abgedeckte Gräben verlegt, die unter dem Haufwerk offen gehalten werden. Die Massen des Haufwerkes können dann von den Wegfüllern z. T. unmittelbar in die Rutschen abgerollt werden, wodurch die Leistungsfähigkeit der Leute wesentlich gesteigert wird.

Zur völligen Mechanisierung der Wagenbeladung sind besonders in den amerikanischen Steinkohlenbetrieben Lademaschinen verschiedener Konstruktion versucht bzw. in Gebrauch genommen worden. Die Maschinen müssen sich den gegebenen Abmessungen der Grubenbaue und den Betriebsbedingungen anpassen können, ohne an Leistungsfähigkeit und an Beweglichkeit zu verlieren.

Im deutschen Kalibergbau hat sich zur Beladung der Wagen sowohl für die Wegförderung der Massen aus den Firsten als auch aus Streckenbetrieben der Schrapperlader sehr gut bewährt. Er dürfte auch im Steinkohlenbergbau für die Querschlagsbetriebe usw. sehr gute Dienste leisten. Der Schrapperbetrieb ist zusammenhängend in Abschnitt E VIII d 2 γ behandelt. Es wird hierauf verwiesen.

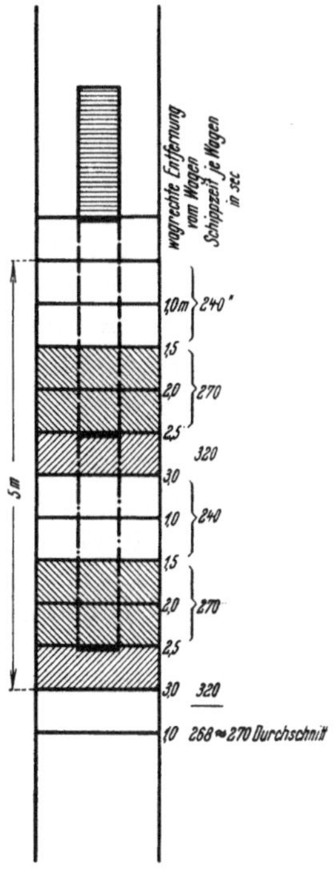

Abb. 114. Durchschnittliche Schippzeit je Wagen bei gleicher Wagenhöhe ($\sim$ 100 cm, je Wagen 420 kg) und verschiedener Wurfweite (nach Gold).

Im deutschen Steinkohlenbergbau werden Lademaschinen im allgemeinen keine große wirtschaftliche Bedeutung erlangen können, solange die vor Ort liegenden bzw. von einer Aufstellung der Lademaschine erreichbaren Haufwerkmassen nicht wesentlich mehr als etwa 8 bis 10 t betragen. Anderenfalls geht für den Ortswechsel, Ab- und Zurüstung zuviel Zeit verloren. Die Frage, ob beim Langstoßbau Gewinnungsmaschinen, die während der Fahrt zugleich die Kohlen aufnehmen und in die Schüttelrutschen verladen können, brauchbar durchkonstruiert werden können, ist noch offen. Für die Ausnutzung der Lademaschine beim Streckenvortrieb in eingleisigen Strecken ist eine gute Organisation bei entsprechender Einrichtung ausschlaggebend. Benutzt man eine Lademaschine mit Verladeband in solcher Höhe und Länge, daß mehrere Wagen (= n Wagen) darunter aufgestellt werden können, so kann der Ladebetrieb auch in eingleisigen Strecken ununterbrochen durchgeführt werden, bis 2^n-1 Wagen beladen sind[1].

---

[1] Douglas-Corner: Mining Congress Journal 1930, S. 28.

Sind z. B. drei Wagen unterzustellen, so wird zunächst der am Bandende stehende Wagen 1 beladen und gegen einen Wagen 4 ausgetauscht, während 2 beladen wird. 2 wird von dem anfahrenden Wagen 4 wieder unter den Ausleger geschoben, so daß nun 4 beladen werden kann. Sodann werden 2 und 4 gegen 5 und 6 ausgetauscht, während 3 beladen wird. Dann wird 3 zurückgestoßen und 6 beladen. 6 wird gegen 7 ausgetauscht, während 5 beladen wird. Sodann wird 7 beladen, so daß die Lademaschine erst stillgesetzt werden muß, wenn 3, 5 und 7 gegen die neuen Wagen 1, 2 und 3 ausgetauscht werden. Die Zahl der notwendigen Stillsetzungspausen der Lademaschine wird um so geringer, ihr Ausnutzungsgrad also um so größer, je länger der Ausleger und damit je größer die Zahl der unterzustellenden Standwagen ist, da die Zahl der in einem Arbeitsgang zu beladenden Wagen nach der Formel $2^n - 1$ wächst. Während also bei einer Bandlänge gleich drei Wagenlängen 7 Wagen ohne Stillsetzung der Maschine beladen werden können, erhöht sich die Zahl der ohne Stillsetzung zu beladenden Wagen bei 5 gleichzeitig unterzuschiebenden Wagen auf 31.

ϑ) **Vollständigkeit und Reinheit der Füllung.** Bemerkenswert ist die fast allgemein wiederkehrende Tatsache, daß die von Hand gefüllten Wagen bei Wagengedinge weniger voll geladen werden als bei Massengedinge. Ebenso werden die mechanisch gefüllten Grubenwagen in der Regel besser gefüllt als die von Hand gefüllten. Diese Tatsache findet ihre einfache psychologische Erklärung einerseits in dem je nach der Gedingeart verschiedenartigen Interesse und andererseits bei der mechanischen Füllung darin, daß die Mannschaften um so weniger mit dem An- und Abtransport der Wagen belastet werden, je voller der einzelne Wagen gefüllt wird. Meist liegt hier auch Massengedinge vor.

Außer durch unzureichendes Füllen entstehen Förderverluste durch das Füllen von Wagen, deren Inhalt durch Verbeulung der Kastenwände oder durch Ansatz von feuchtem Kohlen- oder Bergeklein vermindert wird. Die letzte Ursache kann für einen Grubenbetrieb von erheblicher Bedeutung werden, da unter gegebenen Vorbedingungen alle Wagen von der dadurch hervorgerufenen Inhaltsverminderung betroffen werden. Die Betriebsverwaltungen haben daher auf gute Füllung und Sauberhaltung der Wagen (Förderwagenreiniger) zu achten, sowie verbeulte Förderwagenkasten zur Reparatur aus dem Betriebe zu ziehen, da der Förderverlust, der auf diese Ursachen zurückzuführen ist, mitunter mehr als 5% der Förderung betragen kann[1]. Für diese Menge sind gegebenenfalls nicht nur die Gedingekosten umsonst gezahlt, es sind auch die Fördereinrichtungen entsprechend schlechter ausgenutzt worden.

Die am Schachtfüllort bzw. auf der Hängebank zu erwartende Füllung der Wagen kann durch die Einwirkung der Fördervorgänge beeinflußt werden. Hagemann teilt darnach drei Beladeklassen ein:

Klasse I: Gewöhnliche Verhältnisse (hohe Strecken, Bockberge, Stapel, Wagenbremsberge unter 10° Einfallen).

Klasse II: Hohe Wagenbremsberge mit einem Einfallen über 10°.

Klasse III: Niedrige Strecken und niedrige Wagenbremsberge.

In den beiden letzten Fällen ist eine gewisse, im Einzelfalle festzustellende Minderladung meist unvermeidlich.

Neben der Unterbeladung ist auch die unreine Förderung von erheblicher Bedeutung, da sie einerseits eine entsprechende Verminderung der Kohlenmenge bzw. Erzmenge usw. bedeutet und andererseits die Aufbereitung verteuert. Die unreine Förderung ist teils auf die Unachtsamkeit der Belegschaft, teils auf die mangelhafte Beleuchtung zurückzuführen, die z. B. in den Steinkohlengruben

---

[1] Hagemann: Wer den Pfennig nicht ehrt, ist des Talers nicht wert. Wege und Ziele der deutschen Brennstoffwirtschaft, S. 47 (Preisausschreiben der Dt. Bergwerks-Zg. 1922).

bei Verwendung der gewöhnlichen tragbaren Lampen so gering ist, daß die Farben nicht erkennbar sind und nur Helligkeitsunterschiede gemacht werden können. Außerdem ist der Verwachsungsgrad der Berge von erheblicher Bedeutung. Hagemann stellte fest, daß im Durchschnitt jeder auf der Hängebank der Zeche Alstaden umgeworfene und ausgelesene Wagen die nebenstehenden Bergemengen enthielt.

Die Reinheitszahlen können als Grundlage für die Beurteilung der zu erwartenden Reinheit der Förderung aus den einzelnen Betrieben dienen.

Tabelle 67. Bergemengen in Kohlenförderwagen aus verschiedenen Flözen.

Herkunft	Bergegehalt kg	Reinheitszahl
Wagen aus Flöz Finefrau.	15	1,0
,, ,, ,, Girondelle	36	2,4
,, ,, ,, Geitling	21	1,4
,, ,, ,, ,, II	15	1,0
,, ,, ,, Kreftenscheer II . .	33	2,2
,, ,, ,, Sarnsbank	32	2,1

Die zu treffenden Maßnahmen der Betriebsleitung sind darauf abzustellen, daß

1. die (durchschnittliche) Rohladung je Förderwagen nicht unter ein bestimmtes Maß sinkt, und

2. der Bergegehalt einen bestimmten Betrag nicht übersteigt, oder um beides zugleich zu erfassen, daß

3. der (durchschnittliche) Reingehalt je Förderwagen nicht unter ein bestimmtes Maß sinkt.

Je nach der Lage des einzelnen Falles können die Maßnahmen unter anderem bestehen in der Stellung geeigneter Gedinge (Massengedinge), Einführung mechanischer Wagenbeladung, Einführung guter Abbaubeleuchtung, Wegfall der Schießarbeit, evtl. auch des Schrämmaschinenbetriebes, in der bankweisen Hereingewinnung der Kohlen und Bergemittel.

Die Kontrolle erfolgt am schnellsten durch Verwiegen des Wagens unter Beachtung der Wagenfüllung, sofern die Differenzen der spez. Gewichte der Berge und Reinprodukte groß genug sind. Normal gefüllte Kohlenwagen von auffallend hohem Gewicht deuten sofort darauf hin, daß erhebliche Bergemengen im Wagen enthalten sind.

3. Die Förderarbeit.

Ausschlaggebend für die Leistung bei der Förderarbeit ist neben der Entfernung die Fahrgeschwindigkeit und der Zeitverlust, der durch das Drehen der Wagen auf Platten und durch das Durchfahren von Weichen entsteht.

Die Fahrentfernung ist von der Gesamtorganisation der Aus- und Vorrichtung und des Abbaues abhängig und daher hier nicht weiter zu untersuchen.

α) **Die Fahrgeschwindigkeit.** Die Fahrgeschwindigkeit eines Schleppers von durchschnittlicher Leistungsfähigkeit wird unter sonst normalen Arbeitsverhält-

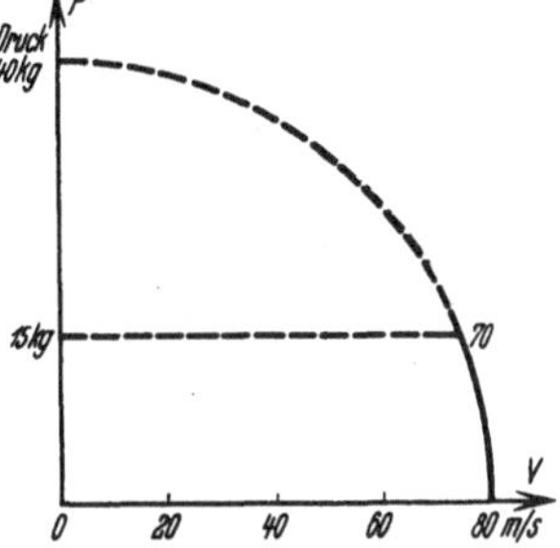

Abb. 115. Abnahme der Förderwagengeschwindigkeit bei größerer aufzuwendender Schubkraft des Schleppers.

P der vom Schlepper beim Wagenstoßen auszuübende Druck, *V* erreichte mittlere Förderwagengeschwindigkeit.

nissen bedingt von der für die Bewegung des Förderwagens notwendigen Schubkraft. Aus den bisherigen Erfahrungen kann man schließen, daß die Fahrgeschwindigkeit unterhalb eines Fahrwiderstandes, der einer Schubkraft von 10 bis 15 kg entspricht, ziemlich gleich bleibt und etwa 75 bis 85 m/min beträgt. Bei Überschreitung dieses Fahrwiderstandes nimmt die Fahrgeschwindigkeit schnell ab (Abb. 115). Neben dem Fahrwiderstand wirken Körperkraft und Geschicklichkeit des Schleppers sowie der Zustand des Laufganges auf die Fahrgeschwindigkeit erheblich ein. Der Laufgang soll in der Mitte des Gleises liegen. Er darf nicht zu weich oder bei festem Untergrund zu glatt oder zu schmierigschlammig (schlüpfrig) sein, da dann der Schlepper nicht gut gegen den Boden anstemmen kann. Zweckmäßig ist es, auf die Laufbohlen in nicht zu großen Abständen Knaggen aufzunageln. Ferner soll der Schlepper nicht schräg seitlich gegen den Wagen andrücken, weil dadurch der Fahrwiderstand erhöht wird.

Schon in den 70er oder 80er Jahren des vorigen Jahrhunderts wird die normale Fahrgeschwindigkeit mit Förderwagen zu 1,25 m/sec gleich 75 m je min angegeben[1]. In einer größeren Anzahl von Tiefbauen des mitteldeutschen Braunkohlenreviers hat Schultze[2] festgestellt, daß die mittlere Fahrgeschwindigkeit je nach dem Betriebszustand der Strecken und Förderwagen zwischen rund 45 m bis 90 m je min schwankte. Diese Feststellung zeigt mit überraschender Deutlichkeit die Einwirkung des Fahrwiderstandes auf die Fahrgeschwindigkeit.

Der Fahrwiderstand wird beeinflußt von dem Gleiszustand, dem Wagengeläuf und dem Wagengewicht.

Schlecht gelegte und verschmutzte Gleise (Anhäufung von Kohlenklein usw.) erhöhen den Fahrwiderstand bzw. vermindern die Fahrgeschwindigkeit erheblich. Vorteilhaft sind schwere Schienenprofile, Verlaschung der Schienen, Anwendung von Unterlegplatten und Verschraubung, gute Verlagerung der Schwellen, bei quellender Sohle Einbau von Langschwellen (unter den Querschwellen), Einhaltung der richtigen Spurweite besonders in den Kurven, dauernde Überwachung des Gleiszustandes. Die Schienenbefestigung muß einfach, fest und unverschiebbar sein. Die einzelnen Teile derselben müssen so geschützt liegen, daß bei Entgleisungen keine Beschädigung oder Lockerung derselben eintritt.

Schlechtes Wagengeläuf, wie unrunde Räder, verbogene Achsen, schlechte Schmierung erhöhen den Fahrwiderstand erheblich. Gefederte Achslager haben sich zum Schutze der Radkränze und Achsen bzw. Achslager besonders für Abraum- und sonstige Großraumwagen gut bewährt. Auswechselbare Radkränze haben sich an einigen Stellen ebenfalls als brauchbar erwiesen.

Tabelle 68.
Reibungsbeiwerte für Grubenwagenlager.

Für Gleitlager	0,012 bis 0,022
„ Rollenlager	0,008 „ 0,012
„ Kugellager	0,004 „ 0,008
„ Präzisionskugellager	0,002 „ 0,004

Der Reibungsbeiwert des Geläufes wird bei ordnungsgemäßem Zustand desselben von der Lagerkonstruktion bestimmt. Nebenstehend der Reibungsbeiwert nach Schilling[3].

Voigt[4] hat durch Vergleichsversuche auf den Gruben der Eintracht A. G. und auf einer Grube der Ilse A. G. festgestellt, daß sich bei sorgfältig hergestellten Gleitlagern der Fahrwiderstand außerordentlich erniedrigen läßt, besonders wenn die auf einer Achse sitzenden Lager starr miteinander verbunden sind. Ebenso sinkt der Fahrwiderstand mit zunehmendem Raddurchmesser.

β) Der Wageninhalt. Die Bedeutung des Fahrwiderstandes ist für die Förderleistung sehr erheblich. Bei einer Steigung von 1 : 300 und einem Schubkraftaufwand von 10 kg würde ein Mann einen Wagen von 1300 kg Leergewicht aufwärts und eine Gesamtlast von 5900 kg abwärts fahren können, wenn die Achslager einen Reibungswiderstand von $\mu = 0,005$ haben. Steigt der Reibungs-

---

[1] Bergbaukunde Eisleben.   [2] Schultze: a. a. O.
[3] Schilling: Präzisionsrollenlager für Grubenwagen. Techn. Blätter Jg. 1925, S. 210.
[4] Voigt: Wirtschaftlicher Vergleich zwischen Gleit- und Rollenlagern. Braunkohle 1928, S. 1161.

widerstand auf $\mu = 0{,}025$, so würde er nur 350 kg aufwärts und nicht ganz 460 kg insgesamt abwärts fahren können.

Man ist im unterirdischen Grubenbetriebe kaum unter einen Wageninhalt von rd. 350 kg und nur selten über einen Wageninhalt von rd. 1 t hinausgegangen.

Nimmt man an, daß in den beiden nachstehenden Beispielen das Wagenleergewicht gleich dem gewichtsmäßigen Fassungsvermögen der Wagen ist, und setzt man:

Wageninhalt i	350 kg	1000 kg
Achslagerreibung μ	0,025	0,005
Förderentfernung s	150 m	150 m
Fahrgeschwindigkeit v	40 m/min	75 m/min
Wartezeit je Wagen W	2 min	2 min
Füllzeit je Tonne f	16 min	16 min
reine Arbeitszeit je Schicht T	360 min	360 min,

so würde sich nach der Gleichung

$$L_t = \frac{T}{f + \dfrac{w}{i} + \dfrac{2 \cdot s}{m \cdot v \cdot i}}$$

für den Wagen von 350 kg Inhalt eine theoretische Schichtleistung von 8,35 t und für den Wagen von 1 t Inhalt eine solche von 16,4 t ergeben. Auch für den Fall, daß man für den Wagen von 350 kg Inhalt bessere Achslager und damit ebenfalls eine Fahrgeschwindigkeit von 75 m/min vorsieht, ergibt sich nur eine Schichtleistung von 10,90 t.

Die letzte Rechnung zeigt, wie wichtig bei der Handförderung die Anwendung großer Wageninhalte ist, die nur in Verbindung mit gutem Laufgang, guten Lagern, Rädern und Gleisanlagen möglich ist. Allerdings darf ein Nachteil nicht verschwiegen werden, der mit der Anwendung leicht laufender Wagen großen Fassungsvermögens verbunden ist. Es ist die schon bei vergleichsweise geringer Steigung vorliegende Gefahr des Abgehens der Wagen. Namentlich der abwärts fahrende, volle Wagen übt oft schon bei einem Gefälle, das nur wenig über das dem Reibungswiderstand μ entsprechende hinausgeht, eine so große Zugkraft aus, daß diese vom Schlepper nur mit Mühe überwunden werden kann. Bekanntlich hat man u. a. auch im Abraumbetriebe bei der Einführung von Rollenlagerradsätzen hier und da die Erfahrung gemacht, daß die abwärts fahrenden Lastzüge zunächst erst einmal durchgingen, weil nicht genügend Bremsen vorgesehen waren. Bei der Handförderung muß berücksichtigt werden, daß der Schlepper aus anatomisch-physiologischen Gründen einen Wagen leichter mit einer bestimmten Kraft aufwärts schiebt als abwärts fahrend zurückhält. Etwaige Bremsen sollen kein Unrundwerden der Räder bewirken. Das Einstecken von Bremsknüppeln in die Radspeichen ist deshalb zu verwerfen.

Die Wagengröße findet für die Handförderung eine Begrenzung außer durch die Bewegungswiderstände noch dadurch, daß ein entgleister Wagen zum Einheben in das Gleis nicht mehr als höchstens zwei Mann erfordern soll (Eingleisungsvorrichtungen).

Aus den vorstehenden Ausführungen ergibt sich allgemein die Forderung, daß die Fahrwiderstände durch die zu treffenden Einrichtungen (Achslager, Radsätze, Gleisanlagen) möglichst niedrig zu halten sind. Geht man weiter von der Erwägung aus, daß der Schlepper bei starkem Bahngefälle zwar den vollen Wagen leicht bergab, dafür aber den leeren Wagen nur mit großem Kraftaufwand bergan schieben kann, während der erforderliche Kraftaufwand bei sehr kleinem Gefälle für den vollen Wagen bergab sehr groß und für den leeren

Wagen bergan gering wird, so ergibt sich, daß das Maximum der Leistungsfähigkeit des Schleppers bei einem bestimmten Fahrwiderstand μ erreicht wird, wenn das Bahngefälle so gewählt wird, daß der leere Wagen bergan denselben Kraftaufwand erfordert wie der volle Wagen für die Fahrt bergab. Hiernach wird die erzielbare Leistung um so größer, je geringer der Fahrwiderstand und somit auch die Neigung der Bahn wird. Auch für die Lokomotivförderung ergibt sich sinngemäß dasselbe, sofern es sich um die Ausnutzung der Leistungsfähigkeit der Lokomotiven handelt. Jedoch ist der gesamte Arbeitsaufwand der Lokomotiven am geringsten, wenn das Bahngefälle so gewählt wird, daß der volle Zug eben ohne Kraftaufwand bergab fahren kann, wie Herbst nachweist[1].

Maßgebend für die Wahl des Bahngefälles ist vielfach die Tatsache, daß nicht dauernd nach der einen Richtung nur beladene und nach der anderen Richtung nur leere Wagen befördert werden. Feldwärts werden Berge-, Holz- und Materialwagen und schachtwärts leere Holzgestellwagen usw. gefördert. Insbesondere wird die Frage, ob der Abbau viel Fremdberge braucht oder genügend eigene Berge zur Verfügung hat, für die Wahl des Bahngefälles der hier in Betracht kommenden Strecken wichtig sein.

γ) **Durchfahren von Weichen, Platten und Wettertüren.** Die Fahrtdauer wird durch das gegebenenfalls erforderliche Durchfahren von Weichen und Drehen der Wagen auf Platten erhöht. Bei gut gelegten Weichen ist der Zeitverlust kaum meßbar, sobald der Schlepper seine Bahn einigermaßen kennt. Dagegen erfordert das Drehen der Wagen auf Platten einen erheblichen Zeitaufwand. Er ist bei Kranzplatten noch am niedrigsten[2] (s. Tab. 69).

Tabelle 69. Zeitaufwand für das Drehen der Wagen auf der Kranzplatte.

Wageninhalt	Zeitaufwand sec
Leere Wagen . .	12
Kohlenwagen . .	28
Bergewagen . . .	32

Bei schlecht gelegten, z. B. „hängenden", glatten Platten steigt der Zeitaufwand auf 50 bis 55 sec und darüber.

Ein Aufenthalt entsteht ebenfalls in eingleisigen Strecken an einseitig aufschlagenden Wettertüren, der je Wagen für die Hin- und Rückfahrt mit rd. 20 bis 25 sec angesetzt werden kann, da der Wagenstößer nur einmal ohne Aufenthalt durchfahren, in der entgegengesetzten Fahrtrichtung aber vor der Tür halten, um den Wagen herumgehen und die Tür öffnen muß, um weiter fahren zu können, falls keine automatische Vorrichtung zum Öffnen der Tür durch den heranfahrenden Wagen vorhanden ist. Je nach der Lage des Falles kann man durch entsprechende Umordnung der Bewetterungseinrichtungen die Störung der Förderung vermeiden.

Ist z. B. im Braunkohlenbruchbau eine Sonderbewetterung der Abbaue vorgesehen, so läßt sich die in der Pfeilerstrecke vorhandene, störende Wettertür a durch Wettertüren b nebst Wetterbrücken c in der Fahrstrecke ersetzen (siehe Abb. 116). Der frische Wetterstrom fließt durch die Fahrstrecke und die dort eingebauten Wetterbrücken ins Feld. Aus ihm werden durch Sonderventilatoren die zur Bewetterung der einzelnen Abbaue erforderlichen Teilmengen entnommen und durch Lutten d dem betreffenden Abbau zugeführt. Die verbrauchten Wetter strömen durch die Pfeilerstrecken der Hauptstrecke zu, in der sie geschlossen abgeleitet werden. Bei dieser Anordnung ist auf dem Wege vom Abbau zur Hauptstrecke (zur Kettenbahn usw.) keine hindernde Wettertür vorhanden.

---

[1] Herbst: Über das theoretisch richtige Gefälle in Förderstrecken. Bergbau 1929, S. 229.
[2] Walther: a. a. O.

4. Sonstige Zeitaufwendungen bei der Förderarbeit.

Die bei der Förderarbeit entstehenden Arbeitspausen sind oft durch die Organisation der Arbeit bedingt und sind in der Regel als Bereitschaftsdienst anzusehen. Hierzu gehört das Warten auf leere Wagen an den Anschlagspunkten der Bremsberge bzw. Bremsschächte. Der dadurch bedingte Zeitverlust kann namentlich in den Örteranschlagspunkten der Baufelder vergleichsweise recht erheblich werden, so daß es oft geboten erscheint, Hilfsanschläger einzustellen, die an mehreren dieser Anschlagspunkte das An- und Abschlagen der Wagen erledigen und dafür sorgen, daß die ankommenden Schlepper (Lehrhauer) stets am Anschlagspunkt genügend leere Wagen vorfinden. Nimmt man an, daß dem Schlepper je Wagen r Minuten Warte- und Bedienungszeit im Durchschnitt erspart werden, so ergibt sich, wenn

$G_A = $ Schichtlohn des Anschlägers einschließlich Soziallast usw.,

$g\ \ =$ Minutenschichtlohn der Schlepper (Lehrhauer),

$r\ \ =$ die je Wagen Förderung durch den Anschläger für den Schlepper ersparte Warte- und Bedienungszeit,

$M =$ die Anzahl der vom Anschläger je Schicht zu bedienenden Wagen

ist, $\qquad G_A = r \cdot g \cdot M,$

sofern der Anschläger aus den Ersparnissen für das Wagengedinge eben bezahlt werden soll. Es muß also

$$M > \frac{G_A}{r \cdot g}$$

sein, wenn sich die Einstellung eines Anschlägers rechnungsmäßig verlohnen soll. Jedoch dürfte die Einstellung eines Hilfsanschlägers schon früher ge-

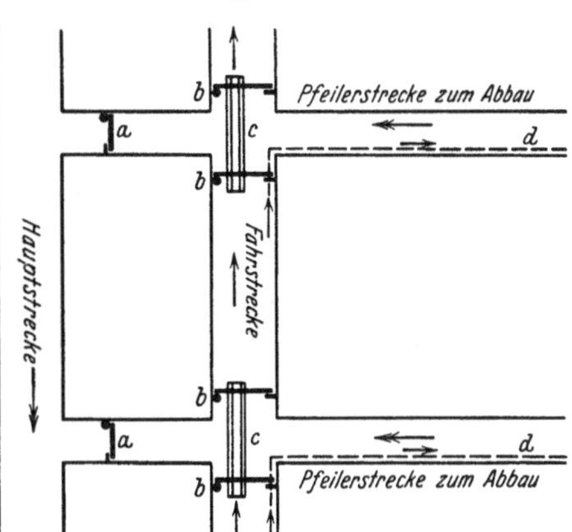

Abb. 116. Wetterführung im Braunkohlenbruchbau unter Wegfall der Wettertüren in den Förderstrecken. *a* Wettertür in der Pfeilerstrecke (fällt weg), *b* Wettertür in der Fahrstrecke, *c* Wetterbrücke in der Fahrstrecke, *d* Wetterlutten für Sonderbewetterung der Abbaue, ⟶ Richtung der frischen Wetter, ⟶⟶ Richtung der verbrauchten Wetter.

rechtfertigt sein, weil durch sein Eingreifen in der Regel die Gesamtleistung von Hauer und Schlepper infolge der vermiedenen Zeitverluste steigt. Bei Örterbremsbergen beträgt die mittlere Bedienungs- und Wartezeit der Schlepper je Wagen in der Regel über vier Minuten. Je nach der Lage des Falles ist festzusetzen, wieviel übereinanderliegende Anschlagpunkte von einem Hilfsanschläger unter Bereitstellung der erforderlichen Wechselwagen zu bedienen sind.

d) Die mechanische Förderung.

Die mechanische Förderung kann eine ortsfeste (Schüttelrutsche, Transportband, Becherwerk usw.) oder eine bewegliche sein (Wagenförderung mit Seil, Kette oder Lokomotive, Gestellförderung, Gefäßförderung).

1. Ortsfeste Fördereinrichtungen (Rutschen, Bänder, Becherwerke).

Bei den ortsfesten Fördereinrichtungen sind alle Fördervorgänge leicht mechanisierbar, da nicht nur der eigentliche Bewegungsvorgang, sondern auch die Be- und Entladung kontinuierlich durchgeführt werden können. Auf den amerikanischen Steinkohlengruben wird daher die mechanische Beladung der mechanischen Abbauförderungen vielfach angewandt. Infolge ihrer geringen Bauhöhe ist auch deren Beladung von Hand vergleichsweise leicht, da der

Schlepper nicht jede Schaufelladung „aus dem Kreuz" heben muß. Er wird also weniger angestrengt und ist daher leistungsfähiger. Die stündliche Schaufelleistung auf Rutschen beträgt im Steinkohlenbergbau rd. 3,5 bis 4 t/Mann.

Die kontinuierliche Be- und Entladungsmöglichkeit der ortsfesten Fördereinrichtungen macht in den Abbauen gute, leistungsfähige Arbeitsorganisationen auch bei großen Längen der Abbaufronten durchführbar um so mehr, als die Be- und Entladung auf der ganzen Länge der Schüttelrutschen oder der Transportbänder vorgenommen werden kann. Sie haben daher in hohem Maße zur Einführung der konzentrierten Abbaumethoden bei flacher Lagerung beigetragen. Die Einrichtungen zeichnen sich durch ihren geringen Querschnittsbedarf und — bei richtiger Anwendung — durch vergleichsweise hohe Leistungen aus. Die Umkehrbarkeit der Bewegungsrichtung der Transportbänder ist in manchen Fällen sehr wertvoll.

Die Schüttelrutschen eignen sich vorwiegend für die Abwärtsförderung bei einer Neigung von $\sim$ 8 bis 30^0. Bei geringerer Neigung, horizontaler oder gar ansteigender Förderung sind Transportbänder weitaus leistungsfähiger. Die Leistungsfähigkeit der Schüttelrutschen und Transportbänder wird bei der mechanisierten Abbauförderung nur selten voll ausgenutzt. Auf einem Steinkohlenbergwerk betrug nach den Feststellungen aus Zeitmessungen die mittlere Leistungsfähigkeit einer Schüttelrutsche 30 bis 40 m³/Std. Für die Beladung eines Förderwagens von 0,8 m³ Inhalt wurden an der Rutsche beobachtet:

ein Zeitminimum . . . von 1′ 12″
„ Zeitmaximum . . . „ 14′ 41″
„ Zeitdurchschnitt . . „ 4′ 00″

Die tatsächliche Leistung der Rutsche betrug also nur rd. 12 m³/Std.

Beim Abbau mit langen Fronten läßt sich durch geschickte Arbeitsorganisation eine sehr gleichmäßige Belastung und damit eine hohe Leistung der Rutschen bzw. Transportbänder erreichen. Die Abbaufördereinrichtung muß leicht verlegbar sein, damit sie auch einem schnell vorschreitenden Abbau nachfolgen kann. Durch Einbau ortsfester Fördereinrichtungen in den Grundstrecken der Abbaue kann in Verbindung mit der ortsfesten Abbauförderung die Förderung der Massen bis zu einem festen Umschlagspunkte automatisiert werden, wodurch bei entsprechend starker Förderung erheblich an Bedienungsmannschaften gespart wird (s. Abschnitt E VIII b). In dieser Ersparnis, sowie in der Ersparnis infolge Wegfalls der Herstellungs- und Unterhaltungskosten der Bremsberge und Abbauortstrecken liegt gegebenenfalls die Überlegenheit der ortsfesten Förderung innerhalb der einzelnen Baufelder. Da jedoch die ortsfesten Förderanlagen in bezug auf Anschaffungs- und Energiekosten der Bremsbergförderung und, soweit der Kostenanteil in Frage kommt, der Seilbahn- und Lokomotivförderung meist unterlegen sind, macht sich die Überlegenheit der ortsfesten Anlagen erst bei großen Förderleistungen je Schicht bemerklich. In bezug auf Anlagekosten ist die Rutschenförderung günstiger als die Bandförderung, letztere ist dafür anpassungsfähiger.

Es folgt hieraus, daß die Frage, in welchem Umfange ortsfeste Fördereinrichtungen an Stelle beweglicher zu verwenden sind, — stets unter Voraussetzung genügender Fördermengen — in erster Linie abhängig ist von der durch die jeweilige Situation gegebenen Verwendbarkeit und dem hierdurch bedingten Bedarf an Grubenbauen, Bedienung usw. So ist die Bandförderung besonders vorteilhaft[1]:

---

[1] Folkerts-Bechtold: Anwendungsmöglichkeiten und Wirtschaftlichkeit der Bandförderung im Steinkohlenbergbau. Glückauf 1930, S. 81 u. 125.

1. beim Abbau und Versatz flach-wellig gelagerter, im ganzen etwa söhliger Flöze;

2. in Abbaustrecken (Lade- bzw. Kippstrecken), die nicht mit der Hauptfördersohle in gleicher Höhe liegen und mit ihr durch Rollöcher, Rutschen, geneigte Bänder usw. verbunden sind. Die Wagen bleiben auf der Hauptsohle. Die Förderung kann bis zur Beladung der Wagen automatisiert werden. Das gilt sowohl für Baue oberhalb als auch unterhalb der Sohle (Unterwerksbau), sowie in Mulden und auf Sätteln. Hierbei wird das Sammelband für die Kohlenabfuhr bzw. das Zuführungsband für die Bergezufuhr auf der söhligen oder geneigten Mulden- bzw. Sattellinie verlegt. Namentlich bei geneigten Mulden- bzw. Sattellinien kann dann an Bedienung erheblich gespart werden;

3. beim Abbau eines Flözes, das durch eine mehr oder weniger streichend verlaufende Störung (Überschiebung oder Sprung) zerrissen ist, kann man den Schüttelrutschenbau mit streichendem Verhieb ohne übermäßige Behinderung anwenden, indem man längs der Störung im oberen Flözteil ein Kohlensammelband und im unteren ein Bergezufuhrband vorsieht;

4. zum beschleunigten Niederbringen von Abhauen bei einem Einfallen bis zu etwa 20° besonders bei geringer Flözmächtigkeit, die die Verwendung von Förderwagen vor Ort ohne Nachriß im Abhauen nicht zuläßt.

5. Ein Ersatz der Hauptstreckenförderung durch Bänder ist, soweit es sich um für Lokomotivförderung oder Seil- bzw. Kettenbahn geeignete Förderstrecken handelt, wegen der nicht einzusparenden hohen Amortisations-, Verzinsungs-, Instandhaltungs- und Energiekosten unwirtschaftlich.

2. Bewegliche Fördereinrichtungen.

Die beweglichen Fördereinrichtungen führen entweder pendelnde (hin- und hergehende) oder Umlaufbewegungen (Rundfahrt usw.) aus. Die pendelnde Bewegung ist z. B. auf eingleisigen Strecken erforderlich. Die Leistungsfähigkeit einer Pendelförderung ist vergleichsweise gering. Sollen mehrere Wagen bzw. Züge eine eingleisige Strecke gleichzeitig befahren, so müssen in genügenden Abständen Ausweichen vorgesehen werden. Durch das gegenseitige Warten an den Ausweichen sind Zeitverluste nicht zu vermeiden. Außerdem wird die Betriebssicherheit — besonders bei Lokomotivförderung — herabgesetzt. Da die Umlaufförderung in organisatorischer Hinsicht vorteilhafter und daher leistungsfähiger ist, wird sie in der Regel überall angewandt, wo die räumlichen und betrieblichen Verhältnisse es erlauben.

Abgesehen von einigen Fällen der Schachtförderung mit Kübeln und Gefäßen wird im Grubenbetriebe die bewegliche Förderung fast ausschließlich mit Hilfe von Förderwagen durchgeführt. Von der gelegentlich angewandten Karrenförderung usw. soll hier abgesehen werden, da sie nicht mechanisiert wird. Für die mechanische Förderung der Grubenwagen kommen vorwiegend die Seil- und Kettenbahnen sowie die Lokomotivförderung in Betracht.

a) Seil- und Kettenbahnen. Die Seil- und Kettenbahnen mit ununterbrochenem Betrieb sind Rundfahrtbetriebe, ermöglichen also vergleichsweise große Leistungen. Jedoch ist der Betrieb dadurch stark beeinträchtigt, daß die Wagen einzeln oder doch nur in kleinen Wagenzügen und zwar in möglichst gleichen Abständen an- und abgeschlagen werden müssen, um die Betriebssicherheit nicht zu beeinträchtigen. Die Anschläger müssen daher dauernd an den Anschlagsbzw. Endpunkten bleiben und können in der Regel auch bei schwachem Betriebe nicht gleichzeitig mit anderen Arbeiten beschäftigt werden. Infolgedessen lassen sich die Bedienungskosten nur verbilligen durch Steigerung der Förderleistung und deren Konzentration möglichst auf einen Anschlagspunkt. In stark dezentralisierten Betrieben werden die Seil- und Kettenbahnen daher unwirtschaftlich. Der kontinuierliche Betrieb an den Anschlagspunkten erfordert zwar nur wenig Standwagen zum Ausgleich der Förderschwankungen, dafür ist infolge der geringen Fahrgeschwindigkeiten namentlich bei größeren Förderlängen der Bedarf an Wagen unter dem Seil bzw. unter der Kette sehr groß, so daß der Gesamtbedarf ein erheblicher bleibt. Die Fahrgeschwindigkeit soll für Seilbahnen bei guter Gleislage nicht über 1 bis 1,25 m/sec steigen und kann bei aufliegender Kette ~ 1,5 bis 2 m/sec, bei sehr guter, gradliniger Bahn auch 3 bis 4 m/sec betragen. In allen Fällen beeinträchtigen krumme Strecken und quellende Sohlen die Betriebssicherheit, bei Kettenbahnen auch das Durchfahren von Kurven. Dafür ist aber die allgemeine Betriebssicherheit der Kettenbahn auf gerader Strecke größer als die der Seilbahn. Die Seilbahn ist daher nur in nicht ganz geraden Strecken und Querschlägen und bei einer größeren Anzahl von Kurven (mehr als zwei bis drei), sowie bei mehreren Abzweigungen vorteilhafter. Gegenüber der Lokomotivförderung haben die Seil- und Kettenbahnen den Vorteil, daß sie Höhenunterschiede leichter (Kettenbahnen bis etwa 1 : 8) zu überwinden vermögen. Sie können sich daher einer flach-welligen Lagerung leicht anpassen, so daß seitliche Streckenkrümmungen zwecks Einhaltung des Spezialstreichens nicht nötig werden. Hiervon wird z. B. im englischen Bergbau oft Gebrauch gemacht. Außerdem ermöglichen sie bei Abwärtsförderung der beladenen Wagen einen automotorischen Betrieb[1]. Seile und Ketten haben den Nachteil, daß sie durch Reißen jederzeit zu längeren Betriebsstörungen Anlaß geben können, die sich, insbesondere wenn der Bruch auf ansteigender Strecke erfolgt, katastrophal auswirken können. Für die Kettenbahn kann jedes einzelne Kettenglied die Ursache einer Betriebsstillegung werden. Auf einem der größten deutschen Braunkohlentagebaue, auf dem die gewonnene Kohle durch vier Kettenbahnen zur Brikettfabrik gefördert wurde, ergaben genaue und eingehende, über mehr als fünf Jahre angestellte Beobachtungen der Bahnstillstände, daß durchschnittlich jede Bahn am Tage während 3,2 Std. (= rd. 1 Std. je achtstündiger Schicht) infolge von Störungen stillstand. Das macht im Jahre bei 300 Arbeitstagen und 12,8 Std. täglichem Gesamtstillstand der 4 Bahnen rd. 3840 Std. aus, was bei einer Leistung je Bahn und Stunde von ~ 135 t einem Förderausfall von mehr als 0,5 Mill. t entspricht. Die Zahl der Stillstände einer Bahn infolge der Störungen betrug durchschnittlich 37 je Tag = ~ 12 je Schicht. Die mittlere Dauer eines Stillstandes errechnet sich daraus zu rd. 5 min. Dabei gab es Monate, in denen der durchschnittliche Stillstand einer Bahn je Tag bis zu 9 Std. betrug. Nach Einführung der Großraumförderung sank die Zahl der Stillstände auf ein praktisch bedeutungsloses Maß. Gleichzeitig mit der Ausschaltung der Betriebsstörungen infolge des Kettenbahnbetriebes durch die Einführung der Großraumförderung ergab sich die wesentliche Herabsetzung der Unfallziffer im Tagebaubetrieb um rd. 70% (s. Tabelle 70).

Tabelle 70. Herabsetzung der Unfallziffer durch Einführung der Großraumförderung an Stelle der Kettenbahnförderung im Tagebau.

| Jahr | Jährl. Förderung in Mill. t | Grubenbelegschaft Mann | Zahl der Unfälle | | 1 Unfall entfällt auf … t Förderung |
			im Jahr	in % der Belegschaft	
1925	3,9	292	46	15	85000
1929	5,0	141	14	9	356000

[1] Nach Kiesel: Die automotorische Bremsbergförderung auf Hohenzollernschacht bei Beuthen (Glückauf 1914, S. 1269) haben automotorische Bremsberge die vierfache Leistungsfähigkeit von Pendelbremsbergen.

Hierzu ist noch zu bemerken, daß die weitaus meisten Unfälle an der Zentralstation für die Kettenbahnen entstanden, wo sämtliche Wagen zusammenliefen und von dort aus gleichmäßig auf die vorhandenen 4 Kettenbahnen der schiefen Ebene verteilt wurden.

Der Nachteil der Seil- und Kettenbahnen gegenüber der Lokomotivförderung besteht im Tiefbau außer in ihrer schlechten Verwendbarkeit für dezentralisierten Betrieb sowie in ihrer geringen Geschwindigkeit und deren Folgen u. a. darin, daß sie die Anwendung von Großraumwagen nicht ermöglichen, daß sie bei Betriebsstörungen, Grubenbränden usw. die Strecken sperren und das schnelle bzw. rechtzeitige Heranschaffen von Hilfe, Material usw. oft unmöglich machen. Der Betrieb ist im allgemeinen teurer und weniger elastisch, so daß sich Betriebsschwankungen schlecht ausgleichen lassen.

Der Wagenbedarf außer den Standwagen sowie die Leistungsfähigkeit einer Seil-. bzw. Kettenbahn ergibt sich aus folgenden Beziehungen. Ist:

a = Wagenabstand in m,
v = Seil- bzw. Kettengeschwindigkeit in m/sec,
s = Länge der Seil- bzw. Kettenbahn (einfach gemessen),
L = Leistung der Seil- bzw. Kettenbahn je Stunde in Anzahl Wagen,
W = Zahl der unter dem Seil bzw. der Kette befindlichen Wagen,

so ist

$$L = \frac{v \cdot 60 \cdot 60}{a},$$

$$W = \frac{2 \cdot s}{a}.$$

β) **Lokomotivförderung.** Die Seil- und Kettenbahnen werden in den deutschen Steinkohlengrubenbetrieben mehr und mehr durch die Lokomotivförderung verdrängt. Nur an Hängebänken, Füllörtern, Anschlägen usw. erfreut sich die unterlaufende Kette als Zubringerförderung, namentlich zur gleichzeitigen Überwindung von Niveaudifferenzen, größerer Beliebtheit.

Die Lokomotivförderung ermöglicht große Geschwindigkeiten, erfordert daher wenig Wagen im Umlauf, infolge ihres stoßweißen Betriebes aber vergleichsweise viel Standwagen an den Bahnhöfen. Da die Lokomotiven, abgesehen von den Fahrdrahtlokomotiven, jede Strecke befahren können, sofern deren Querschnitt ausreicht und die Gleisanlage stark genug ist, besitzt die Lokomotivförderung eine sehr große Anpassungsfähigkeit an die Betriebsverhältnisse. Sie kann z. B. die Zubringerförderung aus den Abbauen zu den Hauptförderstrecken übernehmen, wodurch die Förderung wesentlich zu vereinfachen ist. Hierbei ist die Förderung zweckmäßig so zu organisieren, daß die Förderung aus den Abbauen auf möglichst wenig Sammelbahnhöfe konzentriert wird, um den Bedarf an Bedienung, Standwagen usw. möglichst zu verringern. Im Hinblick auf die meist engeren Querschnitte der Abbaustrecken und auf die geringere Wagenzahl der den Abbauen zuzuführenden Züge erhalten die Zubringerlokomotiven meist kleinere Abmessungen. Bei der Lokomotivförderung kann die Zufuhr von Berge- und Materialwagen an die einzelnen Reviere zwangsläufiger erfolgen als bei der Seil- und Kettenbahn mit mehreren Anschlagspunkten, bei denen die Entnahme der einzelnen Wagen sehr von der Umsicht bzw. dem Gutdünken der Anschläger abhängig ist. Die Lokomotivförderung erfordert einen stärkeren Oberbau, dafür ist ihre Betriebssicherheit durchschnittlich größer als bei der Seil- bzw. der Kettenbahn. Krümmungen und Abzweigungen sind ebenfalls leicht zu überwinden. Der Lokomotivführer bemerkt in der Regel das Entgleisen von Wagen seines Zuges sofort und kann diese Störung durch transportable Eingleisungsvorrichtungen schnell beheben, sofern es sich um Kleinwagen (0,5 bis 1 t Inhalt) handelt. Die Sicherheit des Betriebes erfordert ein gutes Signalwesen an den Bahnhöfen sowie Streckenkreuzungen und Abzweigungen. Zweckmäßig ist ferner die Aufstellung eines festen Fahrplanes, der bei guter Betriebsorganisation in der Regel ziemlich genau eingehalten werden kann. Infolge der großen Elastizität des Lokomotivbetriebes gegen Belastungsschwankungen läßt sich bei guter Betriebsüberwachung (telephonische Verbindung des Bahnhofes am Schachtfüllort mit den Sammel- und Endbahnhöfen) die Verteilung der Züge an die einzelnen Punkte den jeweiligen Betriebsanforderungen entsprechend stets gut anpassen. Sehr übersichtlich sind graphische Fahrpläne, bei denen gleichzeitig Ausweichen, Kreuzungen usw. deutlich sichtbar gemacht werden können.

Zur rechnerischen Ermittlung der Leistungsfähigkeit einer Zugförderung, z. B. eines Abraumzuges für einen Eimerbaggerbetrieb usw. kann man die folgenden Rechnungsgrundlagen anwenden. Bezeichnen für Baggerzüge:

f = Zeit zum Füllen des Zuges durch den Bagger in min je t oder m³,

W_z = mittlere Wartezeit eines Zuges, d. h. Wartezeiten, in denen der Zug weder geladen, noch entladen, noch gefahren wird, in min,

K = Kippzeit bzw. Entladungszeit je Wagen in min. Es wird hierbei als hinreichend genau angenommen, daß bei größeren Abraum(Kohlen)wagen — über ~ 3 m³ Inhalt — die Kippzeit vorwiegend von der Wagenkonstruktion und nur unwesentlich vom Inhalt abhängt,

m = Wagenzahl je Zug,

i = Wageninhalt in t oder m³,

s = Förderlänge (größte oder mindestens Durchschnittsentfernung vom Bagger zur Kippe bzw. Entladestelle),

v = mittlere Fahrgeschwindigkeit in m/min (Mittel von Voll- und Leerzug),

Z_z = erforderliche Zeit je Zug,

Z_t = erforderliche Zeit je t oder m³ $= \dfrac{Z_z}{m \cdot i}$,

T = reine Arbeitszeit je Schicht in min,

L_z = Zahl der Zugfahrten eines Lokomotivzuges je Schicht $= \dfrac{T}{Z_z}$,

L_t = Tonnen(oder Kubikmeter)leistung je Schicht $= \dfrac{T}{Z_t}$,

so ergeben sich

1. die Förderzeiten:

$$Z_z = f \cdot m \cdot i + K \cdot m + W_z + \frac{2 \cdot s}{v}$$

je Zug, und

$$Z_t = f + \frac{K}{i} + \frac{W_z}{m \cdot i} + \frac{2 \cdot s}{m \cdot i \cdot v} \quad \text{je t bzw. m³,}$$

2. die Leistungen je Schicht:

$$L_z = \frac{T}{f \cdot m \cdot i + K \cdot m + W_z + \dfrac{2 \cdot s}{v}}$$

in Zügen, und

$$L_t = \frac{T}{f + \dfrac{K}{i} + \dfrac{W_z}{m \cdot i} + \dfrac{2 \cdot s}{m \cdot i \cdot v}} \quad \text{in t bzw. m³.}$$

Sinngemäß lassen sich die Beziehungen auch für den normalen Betrieb der Lokomotivförderung in der Grube errechnen, wobei an Stelle von f und K

a = Zeit zum Abgeben des Leerzuges, Zusammensetzen und Rangieren bzw. Abnehmen des Vollzuges auf dem Sammelbahnhof,

b = entsprechende Zeit zum Abgeben des Vollzuges und Abnehmen des Leerzuges am Bahnhof des Schachtfüllortes

treten. Es sind dann:

1. die Förderzeiten:

$$Z_z = a + b + W_z + \frac{2 \cdot s}{v}$$

je Zug,

$$Z_t = \frac{a + b + W_z + \dfrac{2 \cdot s}{v}}{m \cdot i} \quad \text{je t bzw. m}^3,$$

2. und die Leistungen:

$$L_z = \frac{T}{a + b + W_z + \dfrac{2 \cdot s}{v}}$$

in Zügen, sowie

$$L_t = \frac{T \cdot m \cdot i}{a + b + W_z + \dfrac{2 \cdot s}{v}} \quad \text{in t bzw. m}^3.$$

Dieselben Gleichungen gelten grundsätzlich auch für die Förderung durch Pferde. Die Zeiten a und b sind stark von der Organisation der Arbeit sowie von den örtlichen Verhältnissen abhängig. Man kann rechnen:

15 bis 20 sec für das An- und Abkuppeln je Grubenwagen,
 3 „   4 min reine Verschiebezeit je Zug auf den Endstationen bei der Lokomotivförderung,
 1 „   für das Umspannen eines Pferdes vom vollen zum leeren Zug und umgekehrt.

Die Gesamtwartezeit ist u. a. davon abhängig, ob der Lokomotiv- bzw. Pferdeführer die einzelnen Wagen selbst an- und abkoppeln muß, und in welchem Umfange er zum Rangierdienst herangezogen wird. Die hohen Verzinsungs- und Amortisationskosten der Lokomotiven zwingen zu möglichster Abkürzung der Zeiten a und b. Bei einem Vergleich der einzelnen Förderarten sollte man die Amortisations- und Verzinsungskosten sowie die Löhne auf die gesamte reine Arbeitszeit beziehen und nur die Material- und Reparaturkosten ausschließlich auf die reine Fahrzeit. Für die Höhe der Amortisations- und Verzinsungskosten bezogen auf die reine Arbeitszeit ist sonach der Umstand von ausschlaggebender Bedeutung, ob die Anlage täglich nur in einer Schicht oder in mehreren Schichten benutzt wird. Von Bedeutung ist ferner, ob die zeitliche sowie die mechanische Ausnützung der Anlage voll oder nur teilweise ist.

Wenn auch für den Vergleich verschiedener Fördermethoden der Kostenaufwand je t/km Förderung herangezogen werden kann, so darf doch nie übersehen werden, daß für den Vergleich verschiedener Aus- und Vorrichtungen nur die Förderkosten je Tonne Förderung in Betracht kommen.

Als **Fördergeschwindigkeit** kann man rechnen:

rd. 70 bis 80 m/min bei Pferdeförderung,
 „ 180 „ 240   „   „ Grubenlokomotivförderung in den Hauptstrecken,
 „ 120 „ 180   „   „ Abbaulokomotivförderung.

Als **Zugleistung** kann man rechnen:

rd.   8 Wagen mit 0,7 t Nutzlast bei Pferdeförderung,
 „ 5 bis 6   „   „ 0,7 t   „   „ Ponyförderung,
 „ 15 „ 60   „   „ 0,7 t   „   „ Lokomotivförderung

je nach Zugkraft der Grubenlokomotive.

Bei dem Vergleich zwischen den Leistungen der Pferde- oder Handförderung mit mechanischer Förderung muß man von gleich gutem Zustand der Bahn usw. ausgehen. Die hohen Geschwindigkeiten der Lokomotivförderung zwingen zu sorgfältiger Erhaltung eines guten Bahnzustandes, während die geringeren Geschwindigkeiten der Pferde- und Handförderung und die hier im einzelnen Falle weniger auffallenden Folgen von Betriebsstörungen mitunter zu einer Vernachlässigung der Erhaltung des Bahnzustandes verleiten. Die sodann unter verschiedenen Betriebsbedingungen erhaltenen Leistungen können nicht als Vergleichsgrundlage für Leistungsfähigkeit und Betriebskosten dienen.

Die mittleren Förderlängen in den Baufeldern betragen zur Zeit im Steinkohlenbergbau

bei steiler Lagerung ~ 150 m Abbaustrecken und ~ 100 m Querschlag $= \sim 250$ m,
bei flacher Lagerung ~ 300 bis 350 m,
bei Einstreckenbetrieb bis zu 700 m.

Die Leistungsfähigkeit einer Lokomotivförderung nimmt bei ansteigender Förderung sehr stark ab. Sie beträgt bei einer Steigung von $1:60$ nur noch etwa $\frac{1}{3}$ und bei $1:50$ etwa $\frac{1}{4}$ der Leistung auf horizontaler Bahn und bei normalen Rollreibungswiderständen von etwa 0,012 bis 0,020. Auf nassen, schlüpfrigen Schienen (Regen, Schnee, Eis, schmieriger Ton usw.) nimmt die Leistungsfähigkeit stärker ab als auf trockenen Schienen. Dampf- und Preßluftlokomotiven sind gegen diese Einflüsse wegen ihres stoßweisen Antriebes wesentlich empfindlicher als elektrisch angetriebene. Herbst[1] weist darauf hin, daß der gesamte Arbeitsaufwand einer Lokomotivförderung, bei der die vollen Wagen talwärts gezogen werden, ein Minimum wird, wenn das Gefälle so stark ist, daß der volle Zug eben selbsttätig talwärts zu laufen beginnt. Sollen hier die Lokomotiven die gleiche Förderleistung bewältigen, so müssen sie schwerer und stärker gebaut werden, damit sie die entsprechende Zahl leerer Wagen bei diesem stärkeren Ansteigen heraufziehen können. Den geringeren Kraftkosten stehen also größere Anschaffungskosten für Lokomotiven, Gleisbau und Wagenkuppelungen gegenüber. Eine einfache Überlegung zeigt, daß sich bei einem gegebenen Lokomotivpark die maximale Förderleistung ergibt, wenn die erforderliche Zugkraft für beide Zugrichtungen einander gleich ist, sofern die vollen Wagen talwärts gezogen werden müssen. Unter dieser Voraussetzung wird auch die Leistungsfähigkeit einer Lokomotive von bestimmter Zugkraft mit abnehmenden Rollreibungswiderständen und entsprechend geringerem Bahnanstieg zunehmen.

Die mittleren Betriebskosten der Grubenlokomotiven je Nutz-t/km ergeben sich aus der Tabelle 71[2].

Tabelle 71. Betriebskosten von Grubenlokomotiven.

Lokomotivart	Gesamtkosten je Nutz-t/km (Kohle-Berge-Material) Verzinsung und Tilgung		Löhne		Materialkosten		Energiekosten (Strom, Benzol usw.)	Verschiedenes	Energieverbrauch je Nutz-t/km
	mit	ohne	Zugmannschaft u. Aufseher	Schlosser	Schmier- und Putzmittel	Ersatzteile			
Fahrdraht-lokomotive. . .Pf.	12,2	9,2	4,6	1,5	0,2	1,5	1,2	0,2	kWh:0,31
Akkumulator-lokomotive. . . „	17,7	13,4	4,6	1,5	0,2	5,8	1,2	0,1	kWh:0,34
Druckluft-lokomotive. . . „	15,1	12,4	4,6	1,5	0,2	1,8	4,1	0,2	—
Benzollokomotive „	16,6	14,1	4,6	1,5	0,2	2,2	5,5	0,1	1 Benzol:0,14
Fahrdraht . . . %	—	100	66,3		18,5		13,0	2,2	
Akkumulator . . %	—	100	45,5		44,8		9,0	0,7	
Druckluft. . . . %	—	100	49,2		16,1		33,1	1,6	
Benzol . . . . . %	—	100	43,3		17,0		39,0	0,7	

prozentuale Verteilung ohne Berücksichtigung des Zinsendienstes.

---

[1] Herbst: a. a. O.

[2] Ullmann: Die Betriebskosten der verschiedenen Arten von Grubenlokomotivförderungen im Ruhrkohlenbergbau. Glückauf 1926, S. 1103.

Für die mittleren Betriebskosten je Schicht gibt die folgende Zusammenstellung einen gewissen Anhaltspunkt[1]:

1. Pferdeförderung:

	Pony	Pferd
Miete und Futterkosten (Monat)	110,— $\mathscr{M}$	130,— $\mathscr{M}$
Hufbeschlag (Monat)	5,— ,,	5,— ,,
Löhne für Stallknecht (anteilig je Pferd und Monat)	22,50 ,,	22,50 ,,
Summe für 25 Schichten je Monat	137,50 $\mathscr{M}$	157,50 $\mathscr{M}$
Summe je Schicht	5,50 ,,	6,30 ,,
Schichtlohn für Pferdeführer	5,40 ,,	5,40 ,,
Kosten je Pferdeschicht	10,90 $\mathscr{M}$	11,70 $\mathscr{M}$

2. Troll-Förderung:

20% Abschreibung und 10% Zinsen für 8450 $\mathscr{M}$ (Troll-Lokomotive)	210,— $\mathscr{M}$
Anteil an der Abschreibung und Verzinsung einer kleinen Hochdruckkompressoranlage nebst Rohrleitungen bei 20 Troll-Lokomotiven je Lokomotive . . .	45,— ,,
Schlosserlöhne je Lokomotive	30,— ,,
Kompressorwärter (Löhne) je Lokomotive	16,— ,,
Kompressorschlosser (Löhne) je Lokomotive	7,— ,,
50 Lokomotivführerschichten zu 5,40 $\mathscr{M}$	270,— ,,
Ersatzteile, Putz- und Schmiermittel je Lokomotive	87,— ,,
Desgl. für Kompressoranlage (640 $\mathscr{M}$ für 20 Lokomotiven) je Lokomotive . .	32,— ,,
Preßluftkosten (angenommen 4 $\mathscr{M}$/Schicht) für 50 Lokomotivschichten	200,— ,,
Summe für 50 Schichten im Monat	897,— $\mathscr{M}$
Kosten für 1 Lokomotivschicht	17,95 ,,

3. Akkumulator-Lokomotiv-Förderung:

20% Abschreibung und 10% Verzinsung für 15500 $\mathscr{M}$ (1 Akkumulator-Lokomotive)	400,— $\mathscr{M}$
Ersatzteile, Putz- und Schmiermittel	78,— ,,
Schlosserlöhne einschließlich Laden der Akkumulatoren	138,— ,,
Stromkosten	24,— ,,
50 Lokomotivführerschichten	270,— ,,
Summe für 50 Schichten im Monat	910,— $\mathscr{M}$
Kosten für eine Lokomotivschicht	18,20 ,,

4. Schlepperhaspelförderung (4 Haspel):

50% Abschreibung und 10% Zinsen für 2360 $\mathscr{M}$ (4 Haspel)	118,— $\mathscr{M}$
Seilverschleiß, 10 $\mathscr{M}$ je Haspel und Monat	40,— ,,
Preßluftkosten (45000 m³ zu 0,0034 $\mathscr{M}$/m³) und Ölverbrauch	153,— ,,
100 Haspelwärterschichten zu je 5,40 $\mathscr{M}$	540,— ,,
Summe für 100 Haspelschichten	851,— $\mathscr{M}$
Kosten für eine Haspelschicht	8,51 ,,

5. Bandförderung:

50% Abschreibung und 10% Verzinsung für 38000 $\mathscr{M}$ (= 250 m Band je Meter 152 $\mathscr{M}$)	1270,— $\mathscr{M}$
Ersatzteile einschließlich Putz- und Schmiermittel	95,— ,,
Schlosserlöhne	50,— ,,
Preßluftkosten bei 400 t Förderung in 2 Schichten	368,— ,,
50 Schichten Motorbedienung	365,— ,,
Summe für 50 Bandförderschichten	2148,— $\mathscr{M}$
Kosten für 1 Schicht	43,— ,,

Die in der vorstehenden Übersicht erhaltenen Zahlen geben keinesfalls einen Vergleich für die Wirtschaftlichkeit der einzelnen Fördermittel. Sie geben lediglich die Betriebskosten je Schicht an (für die einzelnen Fördermittel). Erst im Zusammenhang mit der Leistungsmöglichkeit der Fördermittel und mit der je

---

[1] Jahns: Wirtschaftlichkeit der Förderung mit Pferden, Abbaulokomotiven, Förderbändern und Schlepperhaspeln in Abbaustrecken bei steiler und bei flacher Lagerung. Glückauf 1929, S. 1792. Folkerts-Bechtold: a. a. O.

nach dem Stande der Betriebszusammenfassung tatsächlich abzufördernden Leistung lassen sich die vergleichsweisen Förderkosten je Einheit Fördergut ermitteln. Die angestellten Überlegungen weisen auf die Wichtigkeit der Zerlegung der Kosten in fixe, d. h. von der Förderleistung unabhängige Kosten (Abschreibung, Verzinsung, Löhne) und veränderliche, mit der Förderleistung wachsende Kosten (Kraftverbrauch, Ersatzteile, Materialien usw.) hin. Die Frage der Überlegenheit des einen oder anderen Fördermittels ist deshalb von Fall zu Fall zu untersuchen.

Die Kosten der gut ausgenutzten Lokomotivförderung sind nicht nur von der Art der Lokomotivförderung und von der mittleren Förderentfernung, sondern auch von der Leistungsfähigkeit der Lokomotiven und von der Wagengröße abhängig. Bei einem Wageninhalt von 0,6 bis 1 t rechnet man etwa 8 bis 12 Pfg. je t/km, bei Großraumförderung aber nur 2 bis 4 Pfg. je t/km. Die Fahrdrahtlokomotiven arbeiten vergleichsweise am billigsten (rd. 8 Pfg. je t/km bei einer mittleren Förderentfernung von 1 bis 1,5 km). Unter gleichen Verhältnissen betragen im unterirdischen Grubenbetriebe die Kosten bei Preßluftlokomotiven etwa das 1,1- bis 1,2fache und bei Akkumulator- sowie Brennstofflokomotiven etwa das 1,5- bis 1,6fache. Wegen der größeren Sicherheit gegen Schlagwetter- und Kohlenstaubgefahr werden in Steinkohlengruben neuerdings vorwiegend Preßluftlokomotiven verwendet.

Im Tagebaubetrieb ist die elektrische Fahrdrahtlokomotive in der Regel auch den Dampflokomotiven überlegen und zwar betrieblich wegen ihres besseren Arbeitens auf Steigungen und bei ungünstigen Gleisverhältnissen (Glätte, Nässe), und wirtschaftlich, je dichter der Verkehr, je billiger der elektrische Strom im Verhältnis zum Kohlenpreis, je stärker und zahlreicher die Steigungen, je höher die Löhne und je niedriger der Zinsfuß für die erheblich höheren Anlagekosten sind.

In Braunkohlentagebauen verursacht die vergleichsweise oft auftretende Notwendigkeit des Verlegens und des Wiederaufnehmens der Gleisanlagen mitunter erhebliche Kosten vor allem durch den starken Bedarf an Arbeitskräften. Am besten läßt man die einzelnen Gleislängen mit Schwellen usw. auf dem Lager fertig zusammenbauen und so auf Transportwagen verladen. Mit Hilfe eines auf dem Gleise fahrbaren Drehkranes werden die Gleislängen auf dem Bauplatz von dem hinter dem Kran fahrenden Wagen entnommen und vorgestreckt. Wird das Gleis eingezogen, so werden sinngemäß die einzelnen Gleislängen vom Kran aufgenommen und auf dem Wagen verladen. Das Personal hat also in der Hauptsache nur die Verlaschungen anzubringen bzw. zu entfernen und die Schwellen nach Bedarf zu unterstopfen. Erfolgt der Zusammenbau der Gleislängen erst auf dem Bauplatze, so ist es zweckmäßig, die Schienenstege auf dem Lager bereits mit roten Ölfarbenstrichen an den Stellen zu versehen, unter denen beim Zusammenbau die Schwellen angebracht werden sollen. Werden die Schienen dann neben dem Gleisraum so vorgestreckt, wie es in der Längsrichtung ihrer zukünftigen Lage entspricht, so können die Schwellen an Hand der roten Marken ohne weitere Messungen sofort auf den richtigen Abstand verlegt werden, wodurch die weiteren Arbeiten wesentlich vereinfacht sind.

γ) **Schrapperförderung.** Die Schrapperförderung[1] kann als eine mechanisierte Förderung durch Kratze und Trog angesehen werden, wobei die Kratze durch den mit Hilfe eines Haspels angetriebenen Schrapper ersetzt wird und an Stelle des Troges eine ansteigende Ladebrücke tritt, die am oberen Ende mit einem Entleerungstrichter ausgerüstet ist, durch den die vom Schrapper herantrans-

---

[1] Prockat: Schrappereinrichtungen für Unter- und Übertagebetriebe. Z. V. d. I. 1929, S. 1789.

portierten Haufwerkmassen zur eigentlichen Fördereinrichtung (Wagen, Transportband usw.) gelangen. Der Haspel ist mit Zugseil und Gegenseil versehen. Für das Gegenseil ist an geeigneter Stelle hinter dem Haufwerk eine Umlenkrolle angebracht, so daß der Schrapper sowohl zum Haspel als auch zurückgezogen werden kann. Die Ladebrücke ist in der Zugrichtung vor dem Haspel aufzustellen. Die Schrapper sind Kasten ohne Deckel und Boden und haben auch an der Zugseite zum Haspel keine Stirnwand. Die Rückwand ist zweckmäßig dachförmig (Schilderhausform des Schrappers), um den Widerstand beim Zurückziehen zu verringern. Ein unnötig tiefes Eingraben der Schrapper wird verhindert, indem am hinteren Ende ein bis zur Rückwand reichendes Deckelblech angebracht wird. Der Schrapper dient entweder nur zur Förderung loser Massen oder er kann auch gleichzeitig zur Gewinnung milder Gebirgsmassen (anstehende Braunkohle, Ton usw.) verwendet werden, wenn er an der Rückwand an Stelle der schaufelförmig gestellten geraden Schneide eine entsprechende Zahl pflugscharartig wirkender, kräftiger Zähne trägt.

Das Fassungsvermögen der Schrapper beträgt bis zu etwa 5 m³, der Füllungsgrad durchschnittlich 60%. Die mittlere Seilgeschwindigkeit des belasteten Haspels soll 1,5 m/sec namentlich bei hartstückigem Haufwerk nicht überschreiten. Bei höherer Geschwindigkeit springt der Schrapper meist über das Haufwerk hoch, wobei er das bereits gefaßte Gut wieder verliert. Beim Rückwege können höhere Geschwindigkeiten von etwa 3 m/sec angewandt werden.

Die Verwendbarkeit der Schrapper ist sehr vielseitig. Im Streckenbetriebe kann man Schrapperlader verwenden, bei denen Haspel und schräge Ladebrücke auf einem fahrbaren Gestell angeordnet sind. Wird Schießarbeit angewandt, so stehen die Lader etwa 30 bis 50 m vor dem Streckenort. Hierbei muß bei jedem Schießen die Seilumlenkrolle zuvor weggenommen und sodann vor Aufnahme der Förderung wieder am Streckenort befestigt werden. Der Schrapperlader steht auf dem Grubengleis und wird hier während des Betriebes durch vier Schienenzangen festgehalten.

Im Kalisalzbergbau hat sich der Schrapper sowohl zum Leerfördern als auch zum Wiederverfüllen der leergeförderten Firsten mit Bergeversatz sehr gut bewährt. Die folgenden Zahlen eines großen Kaliwerkkonzerns geben ein deutliches Bild hiervon: Mit der Einführung der Schrapperförderung wurde im Jahre 1928 begonnen. In der Mitte dieses Jahres waren auf den Konzernwerken bereits 120 Schrapper in Betrieb, Mitte 1929 sogar 253. Während Anfang 1928 nur 10% der Gesamtförderung geschrappt wurden, war diese Zahl Ende 1929 bereits auf 92% gestiegen. Die Zahl der Förderunfälle fiel von 740 im Jahre 1928 auf 625 im Jahre 1929 bei einer Steigerung der Gesamtförderung um 7%. Soll der Schrapper zum Wiederverfüllen dienen, so fällt die schräge Ladebrücke weg. Der Schrapper läßt beim Zurückgehen die beförderten Massen einfach liegen.

Diese Arbeitsweise macht den Schrapper auch gut geeignet zum Einbringen des Bergeversatzes im Steinkohlenbergbau. Das Gegenseil wird hier durch den frisch eingebrachten Versatz hindurchgeführt. Die Schrapper arbeiten hierbei belastet mit etwa 1,8 m/sec Geschwindigkeit und auf dem Rückwege mit etwa 2,8 bis 3 m/sec. Der belastete Schrapper wird mit möglichst großer Kraft (3 t Zugkraft) gegen den Versatz herangezogen, wodurch die Dichtigkeit des Versatzes wesentlich erhöht wird. Hieraus ergibt sich eine Erhöhung des Bedarfes an Versatzgut um etwa 25 bis 30%.

Für die Bedienung sind erforderlich ein Haspelführer, drei Kipper und zwei Mann im Streb zum Ziehen der Bergemauer und zum Rauben der Holzstempel. Die Leistung beträgt bei 10° Einfallen etwa 200 bis 220 Wagen und bei 30° Einfallen etwa 230 bis 250 Wagen zu je 0,75 t Inhalt je Schicht. Das Versetzen mittels

Schrapper stört die Kohlengewinnung und -abförderung nicht, so daß ein zwei-schichtiger Kohlengewinnungsbetrieb durchführbar wird. Hierdurch kann der Abbaufortschritt beschleunigt werden.

Im Braunkohlentagebaubetrieb eignet sich der Schräpper gut zum Nach-putzen der Flözoberfläche. Der fahrbare Haspel steht zu diesem Zwecke meist etwas hinter der oberen Böschungskante, während die Umlenkrolle des Gegen-seils auf einem fahrbaren Gestell verlagert ist (Gegenbock), das sich in ent-sprechender Entfernung vom Böschungsfuße befindet. Eine schräge Lade-brücke ist auch hier nicht erforderlich, da die auf der Flözoberfläche liegenden Massen vom Schrapper nur an den Böschungsfuß auf Greifweite des Tiefbaggers herangebracht werden müssen und hier liegen bleiben, bis der Bagger sie weg-fördert.

Der Nachputzschrapper arbeitet gegenüber dem Nachputz von Hand nament-lich bei tonigem Material recht vorteilhaft. Er kann sich den Unebenheiten der Flözoberfläche ziemlich gut anpassen.

Zur Gewinnung und Verladung von Braunkohle, Ton usw. läßt sich der Schrapper in Verbindung mit der Ladebrücke ebenfalls für kleinere Leistungen gut verwenden. Im übrigen läßt sich der Schrapper über Tage ähnlich wie in den Firsten der Kalisalzwerke zum Wegfördern von Massen aus Speichern und Halden, sowie zur Anlegung und Verbreiterung bzw. auch Erhöhung von Halden benutzen.

e) Die Schachtförderung.

1. Die Leistungsfähigkeit einer Schachtförderung.

Die Leistungsfähigkeit einer Schachtförderung wird bestimmt durch:

1. die Sollzeit je Treiben bei der Produktenförderung (Fördergeschwindig-keit);

2. die je Treiben geförderte Produktenmenge (Nutzlast je Treiben, Wagen-ladung und Wagenzahl je Gestell bei der Gestellförderung);

3. die für die Produktenförderung je Schicht nach Abzug des Bedarfes für die Seilfahrt und für die sonstige Schachtbenutzung noch verfügbare Zeit (Be-dienungsdauer je Treiben).

Die Sollzeit je Treiben setzt sich bei Gestellförderung zusammen aus der eigentlichen Treibezeit je Zug, der Zeit für den Wagenwechsel und den Umsetz-pausen. Die Zeitdauer des Wagenwechsels ist wesentlich davon abhängig, ob Durchschiebeförderung vorhanden ist, ob bzw. wie sie mechanisiert ist, und ob die Förderwagen im Gestell neben- oder hintereinander stehen. Die Anordnung der Wagen nebeneinander hindert, wenn die ablaufenden Wagen nacheinander eine Weiche zu durchfahren haben. Am Füllort wird die Bedienung wesentlich beschleunigt durch die Verwendung der Schwenkbühnen. Die Zahl der Umsetz-pausen hängt von dem Zahlenverhältnis der Bedienungsetagen am Füllort und an der Hängebank zur Zahl der Gestelletagen ab. Bei mechanisierter Durch-schiebeförderung und Anwendung von Schwenkbühnen am Füllort ist nur je eine Bedienungsetage an Füllort und Hängebank vorhanden.

Bei der Gefäßförderung tritt an Stelle des Wagenwechsels und des Umsetzens das Füllen bzw. Entleeren des Gefäßes (Skips).

Von der sonstigen Schachtbenutzung ist vor allem das Holzeinhängen wichtig. Der hierfür erforderliche Zeitaufwand kann wesentlich abgekürzt werden, wenn die Schachtförderung hierzu herangezogen werden soll, durch Verwendung langer Förderwagen, sofern die Flözmächtigkeit im Durchschnitt nicht über 1,30 bis 1,50 m hinausgeht, und durch Anordnung der Wagen hintereinander. Es können dann die Verzugsspitzen und die Stempel bis ∼ 1,40 m Länge im Förderwagen, also ohne jede Kürzung der Zeit für die Produktenförderung, eingehängt werden. Hölzer für Streckenausbau können ohne Umladung in Holzwagen eingehängt werden. Nur für Langholz ist dann das zeitraubende Aufstellen des Holzes nötig, falls nicht eine Paternosterförderung (nach Walter-Gleiwitz) vorgezogen wird, die bei größerem Bedarf an Langholz (großer Flözmächtigkeit) zweifellos eine wesentliche Entlastung der Schachtförderung bewirkt. Die Holzlängen können bei Gestellförderung sonach die Längen der Förderwagen und damit auch den zu wählenden Schachtdurchmesser bestimmend beeinflussen.

Zur Berechnung der Leistungsfähigkeit einer Schachtförderanlage mögen bezeichnen:

S = Sollzeit für ein Treiben bei der Produktenförderung einschließlich An- und Abschlagen sowie Umsetzen in sec,
t = Schachtteufe in m,
v = mittlere Fördergeschwindigkeit in m/sec,
a = Zeit zum An- und Abschlagen der Wagen einer Gestelletage in sec,
b = Anzahl der Gestelletagen,
d = Zeit für ein Umsetzen von Etage zu Etage in sec,
e = Zahl der Bedienungsetagen auf der Hängebank bzw. Fördersohle,
g = Wagenzahl je Gestelletage,
(w = Nutzlast je Wagen in t).

Dann wird:

$$S = \frac{t}{v} + \frac{b}{e} \cdot a + \left(\frac{b}{e} - 1\right) \cdot d.$$

Ist ferner:

m = Anzahl der möglichen Treiben je Stunde,
n = Anzahl der mit m Treiben zu fördernden Wagen,

so ist:

$$m = \frac{60 \cdot 60}{S} = \frac{3600}{S} \quad \text{und} \quad n = \frac{3600 \cdot b \cdot g}{S}.$$

Setzt man t = 450 m, v = 15 m/sec, a = 15″, b = 4, e = 4, d = vakat, g = 2, so wird

$$S = \frac{450}{15} + \frac{4}{4} \cdot 15 = 45'',$$

$$m = \frac{3600}{45} = 80 \text{ Treiben je Stunde und}$$

$$n = \frac{3600 \cdot 4 \cdot 2}{45} = 640 \text{ Wagen je Stunde.}$$

Hierbei ist vorausgesetzt, daß e in b gradzahlig aufgeht. Bleibt ein Rest, so erhöht sich der Wert von $\frac{b}{e}$ auf die nächsthöhere ganze Zahl. Ebenso ist bei den Umsetzpausen angenommen, daß etwaige Änderungen der Seillängen durch Schwenkbühnen ausgeglichen werden. Sonst kann sich die Zahl der Umsetzpausen um den Betrag $\frac{b}{e}$ erhöhen.

Grundsätzlich die gleichen Überlegungen gelten für das Einhängen von Holz und Materialien, sofern dadurch eine Unterbrechung bzw. Beeinträchtigung der Produktenförderung herbeigeführt wird. Eine Beeinträchtigung findet nicht statt, wenn die Materialien in Förderwagen eingehängt werden und letztere nach ihrer Entleerung bei der Produktenförderung Verwendung finden. Veranlaßt die Holz- oder Materialförderung je Zug einen anderen Zeitaufwand als die Produktenförderung, so ist dieser gesondert zu ermitteln.

Die Leistungsfähigkeit der Produktenförderung läßt sich folgendermaßen rechnerisch ermitteln, wenn

T = gesamte Schichtzeit,
Z_k = gesamte Seilfahrtzeit während der Schicht,
H = Zeit zum Einhängen von einem Gestell Holz (Langholz) einschließlich Ein- und Ausladen,
h = Anzahl der je Schicht einzuhängenden Gestelle Holz,
M = Zeit zum Einhängen von einem Gestell sonstiger Materialien einschließlich An- und Abschlagen (soweit eine Beeinträchtigung der Produktenförderung bewirkt wird),
m = Anzahl der je Schicht einzuhängenden Gestelle Materialien,
U = Zeit für Schachtuntersuchungen und evtl. Befahrung durch Schachthauer, Pumpenwärter usw., soweit sie notwendig ist,
P = gesetzliche Pausen,
R = verfügbare Restzeit,
S = Sollzeit für ein Gestell Produktenförderung,
s = Anzahl der je Schicht zu leistenden Gestelle Produktenförderung,
$F = s \cdot f$ = Schichtförderung in Anzahl Grubenwagen,
$b \cdot g = f$ = Anzahl der je Gestell zu befördernden Grubenwagen

ist, so wird

$$T = Z_k + h \cdot H + m \cdot M + U + P + R + s \cdot S,$$

woraus sich ergibt:

$$s = \frac{T - (Z_k + h \cdot H + m \cdot M + U + P + R)}{S},$$

$$F = f \cdot s = f \cdot \frac{T - (Z_k + h \cdot H + m \cdot M + U + P + R)}{S}.$$

Die Größe R kann theoretisch vom Werte Null bis zum vollen Zeitumfange der Schicht schwanken. Im letzteren Fall müßten alle anderen Werte für Material- und Produktenförderung, Seilfahrt usw. den Wert Null annehmen, d. h. die Förderung überhaupt stillstehen.

Lassen sich je nach den örtlichen Verhältnissen die Zeitverluste vermeiden, die durch Holz- und Materialtransport entstehen, so fallen die Produkte $h \cdot H$ und $m \cdot M$ weg. Bei gleicher Förderung würde dann der Betrag R entsprechend wachsen.

Der gesetzlichen Vorschriften wegen wird man stets für U einen entsprechenden Betrag einzusetzen haben. Dagegen läßt sich der Zeitverlust für P vermeiden, indem man z. B. während der für die Schachtbedienung vorgesehenen Pausen Reservemannschaften stellt. Für diesen Fall kann in den obigen Gleichungen der Wert P gestrichen werden.

In allen Fällen gibt R den Zeitbetrag an, der für die Produktenförderung noch verfügbar ist, wobei natürlich angenommen werden muß, daß die Zeitaufwendungen für Seilfahrt, Materialtransport usw. unverändert bleiben.

Es ergeben sich hieraus auch ohne weiteres Beziehungen für die Schachtbelastung.

Der Belastungsgrad des Schachtes kann einerseits beurteilt werden nach dem Verhältnis der tatsächlichen Produktenförderung zur möglichen Produktenförderung oder, was dasselbe ist, dem Verhältnis der für beide in Anrechnung zu bringenden Zeiten[1]. Andererseits kann der Belastungsgrad beurteilt werden nach dem Verhältnis der für die gesamte Schachtbenutzung (Seilfahrt, Material- und Produktenförderung) aufgewendeten Zeit zur gesamten Schichtzeit.

---

[1] Vgl. auch Franke: Der Begriff des Schachtwirkungsgrades in der Förderung. Glückauf 1926, S. 629.

Für den ersten Fall erhält man in Prozenten

$$B_p = \frac{\text{Zeit für die tatsächliche Produktenförderung} \cdot 100}{\text{Zeit für die mögliche Produktenförderung}}$$

$$= \frac{\text{Förderzeit} \cdot 100}{\text{Förderzeit} + \text{verfügbare Restzeit}},$$

$$B_p = \frac{[T - (Z_k + h \cdot H + m \cdot M + U + P + R)] \cdot 100}{T - (Z_k + h \cdot H + m \cdot M + U + P)}.$$

Auch hier fallen sinngemäß die Werte $h \cdot H$, $m \cdot M$ und P aus der Gleichung heraus, wenn die betreffenden Zeitverluste durch entsprechende Maßnahmen vermieden werden. Es würde also

$$B_p = \frac{[T - (Z_k + U + R)] \cdot 100}{T - (Z_k + U)},$$

wenn alle diese Zeitverluste in Fortfall kommen, und

$$B_p = \frac{[T - (Z_k + U + P + R)] \cdot 100}{T - (Z_k + U + P)},$$

wenn nur die Zeitverluste für Holz- und Materialtransporte wegfallen.

Diese Gleichungen zeigen an, wieviel Prozent der unter den gegebenen Verhältnissen möglichen Förderung der Schacht tatsächlich leistet.

Rechnet man:

$$T = 480 \text{ min}, \qquad Z_k = 30 \text{ min}, \qquad h \cdot H = 30 \text{ min}, \qquad m \cdot M = 20 \text{ min},$$

$$U = 10 \text{ min}, \qquad P = 30 \text{ min} \qquad \text{und} \qquad R = 60 \text{ min},$$

so wird

$$B_p = \frac{[480 - (30 + 30 + 20 + 10 + 30 + 60)] \cdot 100}{480 - (30 + 30 + 20 + 10 + 30)} = \frac{300 \cdot 100}{360} = 83\tfrac{1}{3}\%.$$

Die Förderung ließe sich also auf das $\dfrac{100}{83{,}33} = 1{,}2$fache steigern.

Die tatsächliche Produktenförderzeit $= s \cdot S$ beträgt nach diesem Beispiel 300 min. Rechnet man je Stunde eine Förderung von 640 Wagen, so ergibt sich eine Förderung von 3200 Wagen, die sich sonach auf $1{,}2 \cdot 3200 = 3840$ Wagen, also um 640 Wagen, d. i. gleich einer Stundenförderung, steigern läßt.

Lassen sich durch entsprechende Maßnahmen die Zeitverluste für $h \cdot H$, $m \cdot M$ und P vermeiden, so würde bei entsprechend gesteigerter Produktenförderzeit $s \cdot S = 380$ min der Wert von B_p durch die Gleichung ausgedrückt:

$$B_p = \frac{[480 - (30 + 10 + 60)] \cdot 100}{(480 - (30 + 10))} = 86{,}4 \%.$$

Die Förderung ließe sich dann noch um das $\dfrac{100}{86{,}4} = 1{,}15$fache steigern, wenn die verfügbare Restzeit ($R = 60$ min) voll ausgenützt werden könnte.

Natürlich ist zu beachten, daß bei einer Ausnutzung der verfügbaren Restzeit durch entsprechende Erhöhung der Förderung, unter der Voraussetzung gleichbleibender Betriebsverhältnisse in der Grube, auch die Belegschaft und der Materialverbrauch entsprechend wachsen würden. Von der Restzeit müßte man also einen entsprechenden Anteil für die Seilfahrt und evtl. auch für die Materialförderung usw. in Ansatz bringen, um eine genauere Zahl für die mögliche Leistungssteigerung zu erhalten, die dann entsprechend niedriger ausfällt. Für die Überschlagsrechnungen geben die obigen Gleichungen hinreichend genaue Werte.

Will man die Schachtbelastung nach dem Verhältnis der für die gesamte Schachtbenutzung (Seilfahrt, Material- und Produktenförderung usw.) aufgewandten Zeit zu der gesamten Schichtzeit in Prozenten feststellen, so gilt die Gleichung:

$$B_g = \frac{(Z_k + h \cdot H + m \cdot M + s \cdot S + U + P)}{T} \cdot 100,$$

$$B_g = \frac{\text{Zeit der Schachtbenutzung (für Seilfahrt, Produkt.- u. Mat.-Förderung)}}{\text{gesamte Schichtzeit}}.$$

Auch hier fallen sinngemäß die Werte $h \cdot H$, $m \cdot M$ und P aus der Gleichung heraus, wenn die betreffenden Zeitverluste durch entsprechende Maßnahmen vermieden werden, wobei R entsprechend zunimmt, falls die Förderung dieselbe bleibt. Es würde also beispielsweise

$$B_g = \frac{(Z_k + s \cdot S + U) \cdot 100}{T},$$

wenn alle eben genannten Zeitverluste in Fortfall kommen.

Unter Einsetzung der für B_p bereits eingesetzten Zahlenwerte der einzelnen Summanden wird:

$$B_g = \frac{(30 + 30 + 20 + 300 + 10 + 30) \cdot 100}{480} = \frac{420 \cdot 100}{480} = 87{,}5\,\% \,.$$

Für den Fall, daß die Zeitverluste $h \cdot H$, $m \cdot M$ und P vermieden werden, ergibt sich bei gleicher Produktenförderung

$$B_g = \frac{(30 + 300 + 10) \cdot 100}{480} = 70{,}8\,\% \,.$$

Diese gegenüber den Belastungsfaktoren der Produktenförderung erheblich höheren Prozentsätze der Gesamtbelastung geben nur Aufschluß über den Zeitanteil der Schicht, in dem der Schacht zu den verschiedenen Betriebszwecken gebraucht wird. Hier muß beachtet werden, daß die Zahl für B_p in Höhe von $83\frac{1}{3}\%$ sich auf die für die Produktenförderung einschließlich der Restzeit zur Verfügung stehende Zeit von 360 min bezieht, während sich der entsprechende Wert von B_g in Höhe von 87,5% auf die gesamte Schichtzeit von 480 min bezieht. Die Restzeiten R müssen also in beiden Fällen einander gleich sein und betragen $\dfrac{(100 - 83{,}33) \cdot 360}{100} = \dfrac{(100 - 87{,}5) \cdot 480}{100} = 60\,\text{min}.$

Durch die vorstehenden Rechnungsarten ist nur die absolute Leistungsfähigkeit der Schachtförderung ohne Rücksicht auf den Zusammenhang mit dem Betrieb erfaßt. Für die tatsächliche Belastung der Schachtfördereinrichtung bzw. für deren Bemessung kommen in Frage die zu verlangende **Jahresdurchschnittsleistung**, die **maximale Tagesleistung** und die **Spitzenleistung**. Für eine mitteldeutsche Tiefbaugrube verhielten sich diese drei Leistungen etwa wie 1 : 1,25 : 1,5.

Während die maximale Tagesleistung auf die durch Konjunktur und Jahreszeit bedingten Absatzschwankungen zurückzuführen ist, spiegelt die Spitzenleistung vor allen Dingen die Rückwirkung des der Schachtförderung vor- und nachgeschalteten Betriebes wieder.

Während der nachgeschaltete Tagesbetrieb durch geeignete Vorkehrungen, wie Bunker usw. meist so eingerichtet werden kann, daß durch ihn keine störenden Rückwirkungen auf die Schachtförderung verursacht werden (s. Abschnitt D III, IV c), lassen sich solche Rückwirkungen durch den vorgeschalteten Grubenbetrieb nicht immer vermeiden. Verursacht werden die Einwirkungen durch die Ungleichmäßigkeit des Zuflusses voller Wagen aus den Abbauen, welcher Umstand maßgebend ist für den **Ungleichförmigkeitsgrad der Schachtförderung**. Die Ungleichmäßigkeit des Wagenzuflusses aus den Abbauen ist in erster Linie von den jeweils im Abbaufelde zur Verfügung stehenden Vorräten hereingewonnener Mineralien abhängig. Sind stets große Vorräte vorhanden, so ist der Wagenverkehr während der Schicht sehr gleichmäßig. In Frage kommen hier in erster Linie Kalisalzbergwerke, zum Teil auch Erzbergwerke, sofern sie im Betriebe stets größere Erzvorräte in den Rollöchern haben. Zeitmessungen ergaben auf einer Reihe von Kalisalzbergwerken eine absolute Gleichmäßigkeit der Förderung während der Schicht.

Auf den Kalisalzbergwerken liegen die Verhältnisse insofern günstig, als die Förderung hier überhaupt nicht mehr mit der Gewinnung zusammenhängt, wenn man vom Streckenauffahren, dem Einbruchschießen und von gelegentlich notwendig werdenden Wegfüllarbeiten beim Hochbrechen der Firsten absieht. Die großen Vorräte der leer zu fördernden Firsten ermöglichen einen durchaus gleichmäßigen Förderbetrieb.

Auf den Minettebergwerken und anderen Bergwerken, in denen im Abbau große Weitungen hergestellt werden können, liegen die Förderverhältnisse ähnlich. Auf Gangerzbergwerken kann man bei gutem, druckfreiem Gebirge die Erzrollöcher als Bunker benutzen, die zum Ausgleich des Förderbetriebes dienen.

Sehr viel schwieriger liegen die Verhältnisse beim Steinkohlenbergbau. Die nachfolgenden Tabellen 72 bis 74 zeigen die Ungleichmäßigkeit der Schachtförderung zweier oberschlesischer Schächte (T-Schacht und A-Schacht) und einer westfälischen Schachtanlage (N-Schacht).

Tabelle 72. Schwankungen in der Förderung des T-Schachtes.

Förder-sohle	Vormittag			Nachmittag		
	Zeit	Schalen	Förderung W à 0,55 t	Zeit	Schalen	Förderung W à 0,55 t
	6 bis 7	29	116	2 bis 3	10	40
	7 „ 8	55	220	3 „ 4	11	44
	8 „ 9	52	208	4 „ 5	12	48
250 m	9 „ 10	64	256	5 „ 6	26	104
	10 „ 11	71	284	6 „ 7	43	172
	11 „ 12	70	280	7 „ 8	32	128
	12 „ 1	67	268	8 „ 9	41	164
	1 „ 2	70	280	9 „ 10	25	100
Sa.	6 bis 2	478	1912 Wagen	2 bis 10	200	800 Wagen

bei 7,5-Std.-Schicht je Std. im Mittel: 255 „ 107 „

Tabelle 73. Schwankungen in der Förderung des A-Schachtes.

Förder-sohle	Vormittag[1]			Nachmittag[1]		
	Zeit	Schalen	Förderung W à 0,55 t	Zeit	Schalen	Förderung W à 0,55 t
	6 bis 7	18	144	2 bis 3	9	36
	7 „ 8	28	224	3 „ 4	12	48
	8 „ 9	36	288	4 „ 5	29	116
375 m	9 „ 10	32	256	5 „ 6	29	116
	10 „ 11	35	280	6 „ 7	25	100
	11 „ 12	39	312	7 „ 8	36	144
	12 „ 1	35	280	8 „ 9	35	140
	1 „ 2	29	232	9 „ 10	31	124
Sa.	6 bis 2	252	2016 Wagen	2 bis 10	206	824 Wagen

bei 7,5-Std.-Schicht je Std. im Mittel: 269 „ 110 „

[1] Vormittag wird mit 4 Etagen zu je 2 Wagen gefördert.
Nachmittag „ „ 2 „ „ „ 2 „ „

Tabelle 74. Schwankungen in der Förderung des N-Schachtes.
Durchschnitt der Förderschwankungen eines Monats.

Zeit	Frühschicht								Mittagsschicht							
	6-7	7-8	8-9	9-10	10-11	11-12	12-1	1-2	2-3	3-4	4-5	5-6	6-7	7-8	8-9	9-10
Wagen zu 0,7 t . .	86	257	277	296	295	297	295	285	77	218	281	283	310	273	247	250
t	60	180	194	207	206	208	206	200	54	152	197	198	216	191	173	175

Bei einer reinen Produktenförderzeit von 7,5 Std. je Schicht (Tabelle 74) betrug also die mittlere Stundenleistung 195 t in der Frühschicht und 181 t in der Mittagsschicht. Man kann in den ersten zwei Stunden etwa 65 bis 70% und in der Mitte der Schichtzeit etwa 110 bis 125% der durchschnittlichen stündlichen Förderleistung annehmen. Mitunter sind die Schwankungen stärker. Die geringe Leistung der ersten Stunde ist nicht allein auf den Zeitverlust durch die Anfahrt zurückzuführen. Bei dezentralisierten Einzelbetrieben, bei denen die einzelnen Teilarbeiten nicht genau schichtmäßig verteilt sind, müssen in der ersten Stunde in der Regel noch Vorbereitungsarbeiten durchgeführt werden, die die Gewinnung von Kohlen erst in den späteren Schichtstunden ermöglichen. Namentlich bei Mehrschichtenbetrieben entstehen erhebliche Förderausfälle oft dadurch, daß die vorhergehende Schicht das Ort ausraubt, so daß die nachfolgende Schicht zunächst umfangreiche Ausbauarbeiten vorzunehmen hat, ehe sie an die Gewinnungsarbeiten herangehen kann[1]. Die Förderung der ersten Stunde beschränkt sich meist auf die von der vorhergehenden Schicht zurückgebliebenen Standwagen.

Die Einführung konzentrierter Abbaumethoden (Schüttelrutschenbau, Bühnenbau usw.) mit sorgfältig organisierter und genau eingehaltener Arbeitsverteilung auf die einzelnen Schichten ist daher eine wichtige Vorbedingung zur Erzielung einer gleichmäßigen Schachtförderung auf Steinkohlenwerken wenigstens bei geringer und mittlerer Mächtigkeit der Flöze, sobald die Anwendung von Rolllöchern als Bunker sei es wegen der flachen Lagerung, des großen Gebirgsdruckes, der Zerkleinerung der Kohle usw. untunlich ist. Die Förderung auf dem N-Schachte, die zum großen Anteil aus Schüttelrutschenbetrieben stammt, ist daher wesentlich gleichmäßiger als die Förderung des T-Schachtes, die ausschließlich dezentralisierten Gewinnungspunkten (Pfeilerrückbau) entstammt.

Die erforderliche Größe der Förderanlage wird durch eine während der einzelnen Schicht gleichmäßige Förderung nur wenig vermindert, da die größeren Schwankungen durch die Konjunktur bzw. Saison herbeigeführt werden. Man spart nur etwas ein durch die Verminderung der Differenz zwischen der maximalen Tagesleistung und der Spitzenleistung. Dagegen läßt sich durch Verminderung des Ungleichförmigkeitsgrades der Förderung die Zahl der erforderlichen Bedienungsmannschaften herabsetzen.

Bei teuren Schächten ist die Leistungsfähigkeit der Förderanlage besonders wichtig, weil sie maßgebend ist für die zulässige Größe der sonstigen Anlagen und damit für die gesamten Anlagekosten je Tonne Jahresförderung, die um so niedriger werden, je größer die Schachtförderleistung wird (s. Abschnitt G III c, d).

2. Gegenüberstellung von Gestell- und Gefäßförderung.

Mit Zunahme der Fördergeschwindigkeit wächst die Leistungsfähigkeit der Förderanlage, zugleich aber der Aufwand für die Schachterhaltung, da die Spur-

---

[1] Nieder: a. a. O.

latten, Einstriche usw. wesentlich zunehmenden Beanspruchungen ausgesetzt sind. Es sinkt also gleichzeitig die Betriebssicherheit. Man geht daher nicht über eine Fördergeschwindigkeit von etwa 30 m/sec hinaus und muß in vielen Fällen, besonders wenn sich Überzugswirkungen des Abbaues am Schacht bemerkbar machen, wesentlich darunter bleiben. In solchen Fällen ist mitunter eine geringere Fördergeschwindigkeit als 20 m/sec geboten.

Die Bedienungsdauer ist wesentlich abhängig von der Art der Mechanisierung sowie von der Art der Schachtförderung. Sie ist bei der Gestellförderung bezogen auf die Tonne Nutzlast stets größer als bei Gefäßförderung, sobald die Nutzlast so groß ist, daß mehrere Gestelletagen nacheinander bedient werden müssen. Es wird dabei davon ausgegangen, daß die Gestelle bei mechanischen Aufschiebevorrichtungen in der Regel von einer Füllort- bzw. Hängebanketage bedient werden. Während man für die Füllung eines Fördergefäßes (Skips usw.) und ebenso für die gleichzeitig erfolgende Entleerung je Tonne Nutzlast etwa 1,5 bis 2 sec rechnen kann, ist für die Bedienung und für das Umsetzen einer Gestelletage eine Zeit von etwa 10 bis 12 sec nötig, so daß man je Tonne Nutzlast etwa 8 bis 10 sec Bedienungszeit rechnen muß. Daraus ergibt sich, daß das Verhältnis der Arbeitsbereitschaftszeit zur tatsächlichen Treibezeit bei flotter Förderung für Gestellförderung ungünstiger als für Gefäßförderung ist, auch wenn man gleiche Fördergeschwindigkeiten voraussetzt.

Die Nutzlast je Treiben ist bei der Gefäßförderung infolge der geringeren toten Last größer als bei der Gestellförderung. Das Gefäßgewicht kann überschlägig nach den von Walter[1] angegebenen Formeln berechnet werden. Nach diesen ist:

$$q = (3 \cdot \sqrt{Q} - 2) \cdot 1{,}1 \ \text{ für Kippkübel,}$$

$$q = (3{,}2 \cdot \sqrt{Q} - 2) \cdot 1{,}1 \ \text{ für Bodenentleerer,}$$

wobei

$$q = \text{Eigengewicht der Kübel in Tonnen,}$$

$$Q = \text{Nutzlast in Tonnen}$$

ist. Die Formeln gelten nur für Kohle, da für Erze infolge ihres hohen spez. Gewichts die Kübel kleiner, also auch leichter ausfallen.

Es verhalten sich Nutzlast zur Totlast bei der Gestellförderung etwa wie 1 : 1,5 bis 1 : 2,5 und bei der Gefäßförderung etwa wie 1 : 0,6 bis 1 : 1,1.

Hieraus ergeben sich für die Gefäßförderung gegenüber der Gestellförderung die folgenden Vorteile:

1. Die größere Nutzlast je Treiben verbunden mit der geringeren Bedienungsdauer gestattet eine bestimmte Förderleistung je Zeiteinheit mit geringerer Fördergeschwindigkeit zu erreichen als mit der Gestellförderung. Das ist besonders für solche Schächte wichtig, die den Abbauwirkungen ausgesetzt sind. Ebenso wichtig ist diese Tatsache für Gestellförderungen, die mit ihrer maximalen Leistungsfähigkeit belastet sind, wenn weitere Fördersteigerungen nötig werden, weil dann bei Übergang zur Gefäßförderung mit derselben Maschine bei gleichen Fördergeschwindigkeiten größere Förderleistungen erzielt werden. Die Überbelastung läßt sich bei der Gestellförderung teilweise beseitigen, indem man unter Tage einen Teil der mit Kohle beladenen Förderwagen am Füllort anhebt und in einen Bunker entleert, aus dem die übrigen Wagen voll aufgefüllt werden. Diese Notmaßnahme ist gelegentlich auf einer Schachtanlage im Lugau-Ölsnitzer Revier getroffen worden und war vor allem infolge der schlechten Wagenfüllung geboten.

---

[1] Walter: Die Kübelförderung im Bergwerksbetriebe. Z. V. d. I. 1927, S. 696.

2. Die erforderliche Zahl der Bedienungsmannschaften ist um etwa 40 bis 50% geringer als bei der Gestellförderung, besonders wenn der Meß- und Füllvorgang bzw. der Entleerungsvorgang mechanisiert bzw. automatisiert ist.

3. Die Hängebank wird einfach und erfordert nur etwa ¼ des Platzbedarfes einer Hängebank für mechanisierten Förderwagenumlauf und Wippereinrichtung, da die Kohlen vom Gefäß durch einen kleinen Zwischenbunker unmittelbar auf ein Transportband aufgegeben werden, das zur Verladung bzw. Sieberei führt. Infolgedessen können auch Sieberei und Aufbereitung näher an den Schacht heranrücken.

Als Nachteile stehen gegenüber:

1. die erschwerte Prüfung der Wagen auf Füllung und Inhalt, da sie unter Tage entleert werden müssen.

2. Vermehrung des Abriebes durch häufigeres Umladen. Die Vermehrung des Feinkohlenfalles um etwa 2% bei der Fettkohle und um etwa 1% bei der Magerkohle kann nach Kogelheide[1] die Wirtschaftlichkeit der Gefäßförderung schon in Frage stellen. Der Einbau von Kohlenschonern[2] im Gefäß beeinträchtigt deren Ausnutzung und erhöht die Totlast. Die Gefäßförderung setzt daher die Gewinnung reiner Kohlen voraus, solange die sonst unvermeidlichen höheren Kosten und Verluste der Aufbereitung nicht durch die unmittelbaren und mittelbaren Vorteile der Gefäßförderung, wie Großraumförderung in der Grube, ausgeglichen werden. Nur da, wo durch die Art der untertägigen Förderung (Förderung durch Bunker, Rollöcher) schon eine starke Zerkleinerung der Kohle stattgefunden hat, tritt die gleiche Wirkung der Gefäßförderung an Bedeutung mehr oder weniger zurück.

3. Die Entleerung der Förderwagen im Füllort bewirkt eine durch den Wetterzug meist noch erheblich verstärkte Staubaufwirbelung.

Den Abrieb und damit auch die Staubbildung setzt man herab, indem man die Kohlen vom Wipper zunächst auf einen Rost aufgibt, der die Klarkohle auf ein darunter befindliches Förderband fallen läßt. Die Stücken werden dann vom Rost auf dieses Band ausgetragen, also durch das Klarkohlenbett geschont. In den Bunkern werden Gleitbleche (Kohlenschoner) eingebaut. Ferner wird Staubabsaugung angewendet.

4. Die schwer zu vermeidende Zerkleinerung setzt auch den Anfall an Stückkohlen, Grob- und Mittelkorn herab, wirkt sich also da ungünstig aus, wo der Absatz dieser Korngrößen von ausschlaggebender Bedeutung ist, so daß bei Gefäßförderung eine stärkere Heranziehung der Brikettierung erforderlich wird.

5. Die Förderung verschiedenartiger Produkte (Mager-, Fett- und Gaskohle bzw. Stein- und Kalisalze) mittels einer Gestellförderung erfordert komplizierte Beladeeinrichtungen an den Füllörtern.

6. Die Förderung von Personen, Maschinen, Materialien, Holz, Bergen usw. wird durch die Anwendung der Gefäßförderung erschwert. Für die Beförderung von Personen, Maschinen und Materialien sind meist neben der Gefäßförderung noch Gestellförderungen nötig. Sind hierzu besondere Schächte nötig, so können diese bei teuren Abteufkosten die Wirtschaftlichkeit der Gefäßförderung sehr in Frage stellen. Die etwaige Verlängerung der Seilfahrtdauer würde die Gefäßförderung dauernd belasten. Für die Beförderung von Holz und den meisten Materialien kann die Waltersche Holzfördervorrichtung dienen. Die Berge können durch Fallrohre von Tage her in Bunker abgeworfen werden, die oberhalb der

---

[1] Kogelheide: Die Skipförderung ... unter besonderer Berücksichtigung der Frage der durch sie veranlaßten Kohlenzerkleinerung. Fördertechn. 1927, S. 327.

[2] Roeren: Über den Aufbau und die Bemessung von Gefäßförderanlagen. Dissertation Berlin 1924 (Auszug in der Siemens-Zeitschrift 1924, Juli-August-Heft).

Sohlen eingerichtet werden und dauernd teilweise mit Bergen gefüllt erhalten werden müssen, um den Stoß der herabfallenden Berge von den Füllöffnungen usw. fernzuhalten.

7. Mit Rücksicht auf die große Seilentlastung beim Entleeren sind bei Gefäßförderungen insbesondere bei Kippkübeln zweckmäßig Trommelfördermaschinen anzuwenden, da bei Köpescheiben sonst das Seil leicht rutscht.

Um die Gefäße immer mit der gleichen Materialmenge zu füllen, werden zwischen Wipper und Füllschnauze in der Regel Meßvorrichtungen eingebaut.

Grundsätzlich unterscheiden sich Gestell- und Gefäßförderung auch durch die Art der Wagenzu- und -abfuhr. Während die Achse des Förderweges bei der Gestellförderung durch den Schacht geführt wird, liegt der Schacht bei der Gefäßförderung zweckmäßig neben der Fahrbewegung der Wagen. Das Füllort liegt hier also einseitig am Schacht. Die Hauptausdehnungsrichtung der Füllörter bei der Gestellförderung ist die horizontale, bei der Gefäßförderung infolge der Zwischenbunker die vertikale. Jedoch werden größere Bunker, die zum Ausgleich der Förderschwankungen dienen könnten, wegen des damit zusammenhängenden Abriebes neuerdings kaum noch angewandt und besser durch breite, intermittierend laufende Förderbänder ersetzt.

Die Entleerung der Förderwagen, die bei der Gestellförderung über Tage auf der Hängebank erfolgt, muß bei der Gefäßförderung im Füllort vor sich gehen. Hier entstehen bei Grubenwagen normaler Abmessungen gewisse Betriebs- und Bedienungsschwierigkeiten dadurch, daß die Platzverhältnisse im Füllort wesentlich beengter sind als auf der Hängebank. In mehreren nordamerikanischen Steinkohlengruben hat man die Förderwagen mit Drehkuppelungen versehen, damit die Wagenzüge beim Entleeren der Wagen in Kreiselwippern geschlossen bleiben können[1]. Das Ab- und Ankuppeln wird dadurch erspart.

Eine wirksamere Vereinfachung der Bedienung kann durch Verwendung von Großraumförderwagen erreicht werden (s. Abschnitt E VIII b 2). Sind diese nach Art der im Braunkohlentagebau verwandten Großraumwagen mit mechanischen, leicht zu betätigenden Entleerungsvorrichtungen versehen, so lassen sich in engem Raum mit einer geringen Zahl von Bedienungsmannschaften auf dem Füllort erhebliche Mengen bewältigen. Hinzu kommt, daß auch die Zahl der in der Sohlenförderung zu beschäftigenden Leute entsprechend vermindert werden kann.

f) Organisation der Fahrung.

1. Arbeitszeitverluste bei der Ein- und Ausfahrt (Schachtfahrung).

Der Arbeitszeitverlust, der durch die Ein- und Ausfahrt der Belegschaft entsteht, setzt sich zusammen aus der Ein- und Ausfahrtzeit im Tagesschacht und den Wegezeiten für den Hin- und Rückweg zwischen Schacht und Arbeitsstelle, sowie den Wartezeiten am Füllort und an den Stellen in der Grube, an denen sich Stauungen der Ein- und Ausfahrt aus betrieblichen Gründen ergeben, wie z. B. an Blindschächten. Dazu kommen noch die Zeitverluste, die sich durch absichtliche Verzögerung während der Einfahrt oder durch zu frühen Beginn der Ausfahrt ergeben.

Die Ein- und Ausfahrt in Schächten geschieht bei größerer Teufe durch Seilfahrt, bei geringer Teufe auf Fahrten. Das gilt in der Regel sowohl für Tagesschächte als auch für Blindschächte. Auf einem sächsischen Steinkohlenbergwerke wendet man in Blindschächten von mehr als 25 m Teufe Seilfahrt an. Auf den

---

[1] Funcke: Eindrücke einer bergmännischen Studienreise in den U. S. A. Glückauf 1926, S. 37.

deutschen Braunkohlentiefbaugruben fährt die Belegschaft vielfach in Tages-
schächten von mehr als 60 m Teufe heute noch auf Fahrten ein. Bei einer größeren
Belegschaft ist dieser Zustand sicher unwirtschaftlich.

α) **Fahren auf Fahrten.** Die Gesamtzeit, die eine Belegschaft zur Einfahrt auf
Fahrten braucht, beträgt nach **Köhler**[1]

$$Z = \frac{t}{s} + a \cdot (A - 1),\qquad\qquad\text{(I)}$$

worin bedeuten:

A = Arbeiterzahl,
t = Schachtteufe in m,
Z = Zeitaufwand in sec,
s = Fahrgeschwindigkeit in m/sec
　　bei der Einfahrt: s = 0,175 m/sec nach Schultze und
　　　　　　　0,238 „ 　„ Höfer,
　　bei der Ausfahrt: s = 0,130 m/sec nach Schultze und
　　　　　　　0,119 „ 　„ Höfer,
a = Zeit zwischen dem Einfahren zweier aufeinanderfolgender Leute in sec (rd. 7 sec).

Hiernach hat **Schultze**[2] die folgenden Ein- und Ausfahrtzeiten und Arbeits-
zeitverluste berechnet (Tabelle 75 bis 77):

Tabelle 75. Einfahrzeiten beim Fahren auf Fahrten.

Teufe	Einfahrzeit in sec bei								
	10	20	30	40	50	60	70	80	90
m	Mann								
20	180	250	320	390	460	530	600	670	740
30	238	308	378	448	518	588	658	728	798
40	297	367	437	507	577	647	717	787	857
50	355	425	495	565	635	705	775	845	915
60	413	483	553	623	693	763	833	903	973
70	472	542	612	682	752	822	892	962	1032
80	531	601	671	741	811	881	951	1021	1091
90	590	660	730	800	870	940	1010	1080	1150
100	649	719	789	859	929	999	1069	1139	1209

Bei gleichbleibender Teufe erhöht sich also die Einfahrzeit für je 10 Mann
um 70 sec, bei gleichbleibender Arbeiterzahl für je 10 m Teufe um 58 bis 59 sec.
Für die Ausfahrzeit ergibt sich in derselben Weise (Tabelle 76):

Tabelle 76. Ausfahrzeiten beim Fahren auf Fahrten.

Teufe	Ausfahrzeit in sec bei								
	10	20	30	40	50	60	70	80	90
m	Mann								
20	217	287	357	427	497	567	637	707	777
30	294	364	434	504	574	644	714	784	854
40	371	441	511	581	651	721	791	861	931
50	448	518	588	658	728	798	868	938	1008
60	525	595	665	735	805	875	945	1015	1085
70	602	672	742	812	882	952	1022	1092	1162
80	679	749	819	889	959	1029	1099	1169	1239
90	756	826	896	966	1036	1106	1176	1246	1316
100	833	903	973	1043	1113	1183	1253	1323	1393

---

[1] Köhler: Bergbaukunde, 5. Aufl., S. 481, 1900.　　　[2] Schultze: a. a. O.

Bei gleichbleibender Teufe erhöht sich also die gesamte Ausfahrzeit für je 10 Mann um 70 sec wie bei der Einfahrt, bei gleichbleibender Arbeiterzahl für je 10 m Teufe um 77 sec.

Da bei Schichtbeginn sämtliche Arbeiter zur Einfahrt fertig am Schacht stehen und bei Schichtende am Füllorte sich zur Ausfahrt versammeln, muß man fast die gesamte Ein- und Ausfahrzeit der Belegschaft als Verlust rechnen. Dieser Zeitverlust beträgt (Tabelle 77):

Tabelle 77.
Zeitverluste durch Schachtein- und -ausfahrt beim Fahren auf Fahrten.

Teufe	Zeitverlust in sec durch Schachtein- und -ausfahrt bei								
	10	20	30	40	50	60	70	80	90
m	Mann								
20	397	537	677	817	957	1097	1237	1377	1517
30	532	672	812	952	1092	1232	1372	1512	1652
40	668	808	948	1088	1228	1368	1508	1648	1788
50	803	943	1083	1223	1363	1503	1643	1783	1923
60	938	1078	1218	1358	1498	1638	1778	1918	2058
70	1074	1214	1354	1494	1634	1774	1914	2054	2194
80	1210	1350	1490	1630	1770	1910	2050	2190	2330
90	1346	1486	1626	1766	1906	2046	2186	2326	2466
100	1482	1622	1762	1902	2042	2182	2322	2462	2602

Es erhöht sich also die gesamte Fahrzeit für je 10 Mann um 140 sec und für je 10 m Teufe um 135 bis 136 sec.

β) **Seilfahrt.** In ähnlicher Weise läßt sich auch die Dauer der Seilfahrt berechnen nach der Gleichung:

$$Z_k = K \cdot \frac{t}{s_k} + a_k \cdot (K - 1) = \frac{A}{n} \cdot \frac{t}{s_k} + a_k \cdot \left(\frac{A}{n} - 1\right), \qquad \text{(II)}$$

wobei

Z_k = Zeitdauer der Seilfahrt in sec,
s_k = mittlere Seilfahrtgeschwindigkeit in m/sec,
A = Arbeiterzahl (je Schicht oder je Revier),
t = Schachtteufe in m,
n = Anzahl der in einem Fördergestell zu befördernden Mannschaften,
a_k = Zeit zwischen jedem Treiben bei der Seilfahrt in sec,
$K = \dfrac{A}{n}$ = Anzahl der Seilfahrtzüge

bedeuten.

Aus der Gleichung (I) geht hervor, daß stets ein ganz erheblicher Zeitverlust entstehen muß, wenn eine größere Anzahl von Leuten die Fahrten ein- und desselben Schachtes bzw. Blindschachtes zur Ein- und Ausfahrt benutzen müssen, besonders wenn diese Schächte eine erheblichere Teufe haben. Dasselbe gilt auch nach Gleichung (II) für die Seilfahrt.

Es ergibt sich ferner, daß sich bereits bei verhältnismäßig geringen Teufen die Einführung der Seilfahrt lohnen kann. Die Wirtschaftlichkeit läßt sich ermitteln durch Gegenüberstellung des Produktes aus der in Frage kommenden Belegschaftszahl mal der durchschnittlich (gegen Einfahrt auf Fahrten) ersparten Zeit in Stunden mal Durchschnittsleistung der Belegschaft je Stunde mal Verdienst je Tonne Förderung gegenüber den Jahreskosten für Seilfahrt. Dies gilt um so mehr, als sich bei größeren Teufen die Fahrgeschwindigkeit des Mannes zweifellos stark verringern wird.

Ebenso wird es schon bei vergleichsweise geringer Mannschaftszahl zweckmäßiger sein, die Seilfahrt nach den verschiedenen, in Betracht kommenden Sohlen durchzuführen. Jedoch ist in der Regel die Seilfahrt im Hauptschachte der Zeitersparnis halber und wegen der konzentrierten Beförderung der Mannschaften auf die Hauptsohle zu führen. Dafür sind die Blindschächte im Baufelde mit Seilfahrteinrichtungen zu versehen.

Aus der Gleichung (II) ergeben sich unschwer die Maßnahmen, die man zur Abkürzung der Seilfahrt zu treffen hat. Es kommt darauf an, die Werte $\frac{A}{n}$, $\frac{t}{s_k}$ und a_k möglichst niedrig zu halten. Der Wert $\frac{A}{n}$ nimmt für eine bestimmte Belegschaft A mit n, d. h. mit wachsender Anzahl der in einem Gestell zu befördernden Leute ab. Es werden heute schon Gestelle mit einer Aufnahmefähigkeit von mehr als 70 Leuten benutzt. Der Wert $\frac{t}{s_k}$ wird mit wachsender Seilfahrtgeschwindigkeit geringer. Jedoch ist die maximale Seilfahrtgeschwindigkeit je nach der Beschaffenheit der Anlage bergpolizeilich festgelegt. Die Zeit a_k wird herabgesetzt, indem man an Hängebank und Füllort vor und hinter den Gestellen Fahrbühnen vorsieht, so daß die etwa gleichzeitig ein- und ausfahrende Mannschaft zweier sich ablösender Schichten im Gleichstrom gleichzeitig sämtliche Etagen des Gestelles betreten bzw. verlassen kann.

Berücksichtigt man nun noch, daß die Mannschaften, die einen gemeinsamen Arbeitsort bzw. Anfahrtsweg haben, aus psychologischen Gründen dazu neigen, aufeinander zu warten, so läßt sich nach Gleichung (II) leicht der Zeitgewinn errechnen, der aus der revierweisen Ein- und Ausfahrt gegenüber der planlosen erzielbar ist. Wird darauf gehalten, daß die Mannschaft eines Reviers gemeinsam ein- und ausfährt, so ist bei der Berechnung der Seilfahrtzeit bzw. der Fahrzeit auf Fahrten usw. nur die Mannschaftszahl dieses Reviers einzusetzen. Sind die Mannschaftszahlen der einzelnen Reviere etwa gleich groß, so ist damit die Anfahrtszeit für die ganze Belegschaft entsprechend herabgesetzt.

Um welche Zeitbeträge es sich handeln kann, sei an einem Beispiel erläutert. Eine Belegschaft von 960 Mann je Schicht sei in 8 Reviere von je 120 Mann eingeteilt. Das Fördergestell soll in dem einen Fall je 30 Mann, im anderen je 60 Mann fassen. Die Schachtteufe sei stets 600 m. Die durchschnittliche Seilfahrtgeschwindigkeit betrage 6 m/sec. Die Wechselpausen zwischen den einzelnen Zügen betragen 30 sec.

Die Seilfahrtzeit für die ganze Belegschaft dauert bei einem Fördergestell von 30 Mann Aufnahmefähigkeit:

$$Z_k = \frac{960}{30} \cdot \frac{600}{6} + 30 \cdot \left(\frac{960}{60} - 1\right) = 4130 \,\text{sec} = 68'\,50'' = 1\,\text{Std.}\ 8'\,50''.$$

Bei einem Fördergestell von 60 Mann Aufnahmefähigkeit:

$$Z_k = \frac{960}{60} \cdot \frac{600}{6} + 30 \cdot \left(\frac{960}{60} - 1\right) = 2050 \,\text{sec} = 34'\,10''.$$

Bei revierweiser Anfahrt würde in Rechnung kommen:
bei einem Fördergestell von 30 Mann Aufnahmefähigkeit:

$$Z_k = \frac{120}{30} \cdot \frac{600}{6} + 30 \cdot \left(\frac{120}{30} - 1\right) = 490 \,\text{sec} = 8'\,10''$$

und bei einem Fördergestell von 60 Mann Aufnahmefähigkeit:

$$Z_k = \frac{120}{60} \cdot \frac{600}{6} + 30 \cdot \left(\frac{120}{60} - 1\right) = 3'\,50''.$$

2. Arbeitszeitverluste bei der Fahrung in der Grube.

α) Gehzeiten. An die Seilfahrt schließen sich bei der Einfahrt·die Gehwege ins Feld an. Auch hier sind aus den bereits genannten Gründen die mittleren Wartezeiten am Füllort bei revierweiser Einfahrt entsprechend gering. Die Gehwegzeiten hängen ab von den Entfernungen unter Tage und gegebenenfalls von den mehr oder weniger großen Hindernissen des Fahrweges, wie schlechter Weg, enger und niedriger Bau, im Wege stehende Grubenwagen usw. Im sächsischen Steinkohlenbergbau hat Erler[1] durch Zeitmessungen folgende Gehzeiten je 100 m ermittelt:

Tabelle 78. Gehzeiten unter Tage.

Bezeichnung des Fahrweges	Steigung	Durchschnittliche Gehzeit je 100 m		Mittelwertsbestimmung aus $a + b$
		a Hinweg	b Rückweg	
2 trümige Seilbahn mit Fahrtrum	söhlig	1′ 34″	1′ 15″	1′ 25″
2 trümige Seilbahn ohne Fahrtrum.	,,	1′ 36″	1′ 30″	1′ 33″
1 trümige Seilbahn ohne Fahrtrum.	,,	2′ 38″	2′ 20″	2′ 29″
Grundstrecke	,,	2′ 08″	1′ 19″	1′ 44″
Haspelberg ansteigend	12°	2′ 31″	—	2′ 31″
Haspelberg abfallend.	12°	1′ 46″	—	1′ 46″

Die Gehzeitbestimmungen wurden an Arbeitern mittleren Alters (30 bis 40 Jahre) durchgeführt. Auch war darauf Rücksicht genommen, daß häufig Gezähestücke (Beil, Sägen usw.) zu tragen waren. Jede Angabe der Gehzeiten auf dem Hin- und Rückwege ist als Durchschnitt aus je 10 Beobachtungen errechnet, so daß für die Mittelwertsbestimmungen je 20 Zeitmessungen vorlagen. Die Abstände, in denen sich die Leute beim Gehen folgen können, und die Zeitverluste, die dadurch entstehen, sind je nach den vorliegenden Verhältnissen sehr verschieden, und müssen daher von Fall zu Fall festgestellt werden. Es kommt wesentlich darauf an, ob und wieviel Leute nebeneinander gehen können.

Bei größerer Grubenausdehnung entsteht durch die Gehzeiten ein erheblicher Zeitverlust. Im Mittel kann man je 1000 m für den Hin- und Rückweg je 20 min rechnen. Es verlohnt sich daher sehr bald die revierweise Beförderung der Belegschaft auf der Sohle durch Lokomotivzüge. Man kann je 1000 m mit einer Zeitersparnis von je 10 min für Hin- und Rückweg, also mit einem Arbeitszeitgewinn von 20 min je 1000 m und Schicht rechnen. Außerdem werden die Mannschaften weniger ermüdet.

β) Fahrung in Lokomotivzügen. Von erheblicher Bedeutung für den durch die Ein- und Ausfahrt entstehenden Zeitverlust sind bei der Beförderung der Mannschaften unter Tage in Lokomotivzügen die Wartezeiten, die am Schachtfüllort zwischen dem Verlassen des Förderkorbes und dem Einsteigen in den Zug bzw. bis zur Abfahrt desselben und am Endpunkt der Zugfahrt zwischen dem Aussteigen und der Beförderung im Blindschacht entstehen. Es soll hier nur die Wartezeit am Schachtfüllort einschließlich der Seilfahrtzeit einer rechnerischen Betrachtung unterzogen werden. Die grundsätzlichen Folgerungen können dann entsprechend verallgemeinert werden. Bezeichnet:

Z_k = Zeitdauer der Seilfahrt in sec,
A = gesamte Arbeiterzahl je Schicht,
n = Zahl der je Fördergestell (Seilfahrtzug) einfahrenden Leute,

---

[1] Erler: a. a. O.

l = Zahl der auf einem Personenlokzug zu befördernden Leute,
l = $m \cdot n$, wobei m möglichst eine ganze Zahl sein soll,
m = Anzahl der Seilfahrtzüge je Lokzug,
$m \geqq 1$ und $l \geqq n$ und $p \leqq \dfrac{A}{n}$,
s_k = mittlere Seilfahrtgeschwindigkeit m/sec,
t = Teufe in m,
a_k = Zeit zwischen jedem Treiben bei der Seilfahrt in sec,
p = $\dfrac{A}{l}$ = $\dfrac{A}{m \cdot n}$ = gesamte Anzahl der erforderlichen Lokzugfahrten für die Belegschaft,
W = Wartezeit je Zug in sec,
W_s = Σ Wartezeit für alle Züge in sec,
W_b = Σ Wartezeit für die Belegschaft in sec,
Z = Zeit für den Gang vom Füllort zum Lokzug und Einsteigen in sec,
Q = Länge der Fahrstrecke, auf der die Personenzüge fahren in m,
v = mittlere Fahrgeschwindigkeit dieser Züge in m/sec,

so ist dann:

$$Z_k = K \cdot \frac{t}{s_k} + a_k \cdot (K - 1) = \frac{A}{n} \cdot \frac{t}{s_k} + a_k \cdot \left(\frac{A}{n} - 1\right), \tag{I}$$

$$W = m \cdot \frac{t}{s_k} + a_k \cdot (m - 1) + Z = \frac{A}{p \cdot n} \cdot \frac{t}{s_k} + a_k \left(\frac{A}{p \cdot n} - 1\right) + Z. \tag{II}$$

Hieraus ergibt sich die Wartezeit der gesamten Personenlokzüge:

$$W_s = \left[\frac{A}{p \cdot n} \cdot \frac{t}{s_k} + a_k \cdot \left(\frac{A}{p \cdot n} - 1\right) + Z\right] \cdot p, \tag{III}$$

da $p = \dfrac{A}{l}$ ist, folgt:

$$W_s = \left[\frac{A}{p \cdot n} \cdot \frac{t}{s_k} + a_k \left(\frac{A}{p \cdot n} - 1\right) + Z\right] \cdot \frac{A}{l}, \tag{IV}$$

$$W_s = \left[\frac{A^2}{n} \cdot \left\{\frac{t}{p \cdot s_k} + a_k \cdot \left(\frac{1}{p} - \frac{n}{A}\right)\right\} + Z \cdot A\right] \frac{1}{l} \tag{V}$$

$$= \left[\frac{A^2}{n} \cdot \left\{\frac{t}{p \cdot s_k} + \frac{a_k}{p}\right\} - A \left\{a_k - Z\right\}\right] \frac{1}{l}.$$

Da in einem Zuge l Leute sitzen, so beträgt die gesamte Wartezeit der Belegschaft

$$W_b = \frac{A^2}{n} \left\{\frac{t}{p \cdot s_k} + a_k \left(\frac{1}{p} - \frac{n}{A}\right)\right\} + Z \cdot A$$

$$= \frac{A^2}{p \cdot n} \cdot \left\{\frac{t}{s_k} + a_k \left(1 - \frac{n}{A} \cdot p\right)\right\} + Z \cdot A. \tag{VI}$$

Es ist hierbei die Zeit des Betretens des ersten Korbes nicht gerechnet.

Diese Gleichungen geben wichtige Fingerzeige für die Organisation der Mannschaftsförderung.

Um möglichst geringe Wartezeiten zu erhalten, müssen die Verhältnisse $\dfrac{A}{n}$, $\dfrac{A}{l} = \dfrac{A}{m \cdot n} = p$, sowie $\dfrac{l}{n} = m$ ganzzahlig und möglichst klein sein. Die Werte l und n sollen möglichst groß sein. Aus der Forderung, daß sowohl $\dfrac{l}{n}$ als auch $\dfrac{n}{l}$ möglichst klein sein sollen, ergibt sich, daß zweckmäßig $n = l$ ist, so daß $\dfrac{n}{l} = \dfrac{l}{n} = 1$ wird, d. h. die Wartezeit eines Zuges und damit der Belegschaft wird am geringsten, wenn die Mannschaftszahl eines Gestelles der Mannschaftszahl eines Zuges gleichkommt. Hieraus folgt wieder die bereits gewonnene Erkenntnis, das Fassungsvermögen eines Fördergestelles möglichst groß zu gestalten.

Die längste Wartezeit an dem Füllort des Hauptschachtes bzw. des Blindschachtes und damit die längste Fahrzeit tritt auf, wenn die gesamte Schichtmannschaft gleichzeitig in einem Personenzuge befördert wird. Das Minimum der Fahrzeit bei zugweiser Beförderung auf der Sohle liegt vor, wenn an dem Füllorte des Hauptschachtes bzw. des Blindschachtes keine Wartezeiten auftreten. Dazu müssen die Fahrabteilungen des Zuges und die Fahrgruppen der Haupt- und Blindschacht-Personenförderung einander gleich sein[1].

Aus den Gleichungen (V) und (VI) geht hervor, daß die Wartezeiten durch die Zahl der Arbeiter außerordentlich vergrößert werden, da teilweise das Quadrat der Arbeiterzahl in der Rechnung auftritt. Durch die revierweise Einfahrt wird auch in dieser Hinsicht der Zeitverlust wesentlich herabgedrückt.

Die Wartezeiten beim Übergang von der Seilfahrt im Hauptschacht zur Personenzugförderung unter Tage und von dieser zur Seilfahrt oder Fahrung in den Blindschächten usw. sind deshalb von besonderer Bedeutung, weil sie eine Stauung in der Ein- und Ausfahrt bedeuten, die die gesamte Belegschaft mehr oder weniger stark trifft und namentlich bei größerer Zahl der Gruben- bzw. Revierbelegschaft erhebliche Beträge erreichen können, besonders wenn sich die Vorgänge bei jeder Ein- und Ausfahrt mehrmals wiederholen. Es verlohnt sich daher, auch die Einrichtungen in den Blindschächten und Bremsbergen nach diesen Gesichtspunkten im einzelnen Falle nachzuprüfen.

Unnötige Wartezeiten werden vermieden, wenn sich die aus der Dauer eines Seilfahrtzuges und einer Seilfahrtpause bestehenden Fahrzeiten im Haupt- und Blindschacht zueinander verhalten wie die Stärke einer Hauptschachtfahrgruppe zu derjenigen einer Blindschachtfahrgruppe.

3. Die Folgerungen für die Fahrung.

Durch die Seilfahrt in den Blindschächten werden nicht nur die Wartepausen erheblich abgekürzt, sondern gleichzeitig die Mannschaften wesentlich weniger ermüdet.

Es ist zweckmäßig, die tatsächlichen An- und Ausfahrzeiten von der Hängebank bis zum Arbeitsort durch Zeitmessungen zu kontrollieren, um die Ursachen von Hemmnissen und Störungen, durch die diese Zeiten verlängert werden, feststellen und beseitigen zu können. Durch Aufstellung eines graphischen Anfahrplanes wird die Auswertung der Untersuchungen sehr erleichtert.

Die vorstehenden Untersuchungen ergeben, daß die Verkürzung des durch die Ein- und Ausfahrt der Belegschaften entstehenden Arbeitszeitverlustes am wirksamsten erreicht wird durch die revierweise Ein- und Ausfahrt, wobei auch die zu einer Kameradschaft gehörenden Leute gleichzeitig ein- und ausfahren sollen, ferner durch die Beförderung der Mannschaften auf den Hauptsohlen mittels Lokomotivzügen und schließlich durch Einrichtung der Seilfahrt in Blindschächten. Hierfür können neben den seigeren je nach der Lage des Falles gelegentlich auch flache Schächte und Haspelberge in Betracht kommen.

Die Durchführung der revierweisen Ein- und Ausfahrt erfordert eine gute Arbeitsdisziplin der Belegschaft, die man nur bei sorgfältigster Überwachung aufrechterhalten kann. Zweckmäßig werden Reviermarken als Ausweis für die Ein- und Ausfahrt benutzt, wobei den Mannschaften die genaue Zeit der Ein- und Ausfahrt des betreffenden Reviers bekanntzugeben ist. Auch die einzuhaltenden Schichtzeiten der Mannschaften werden hiernach festgesetzt.

Sollen bei der Beförderung der Mannschaften auf der Sohle mittels Lokomotivförderung gleichzeitig die aus- und einfahrenden Mannschaften befördert werden,

---

[1] Wolf: Dissertation. Freiberg 1930.

Kegel, Bergwirtschaft. 27

so steht der Lokomotivzug zweckmäßig rechtzeitig vor Ende der Schicht am Bahnhof desjenigen Reviers bereit, dessen Mannschaften zuerst ausfahren sollen. Derselbe Zug kann dann die zuerst einfahrenden Mannschaften zurückbringen. Um ein unnötiges Hin- und Herfahren der Züge zu vermeiden, gehören die zuerst einfahrenden Mannschaften der neuen Schicht dem Revier an, dessen Mannschaften der vorhergehenden Schicht so viel später ausfahren, als es der Hin- und Rückfahrt des Zuges einschließlich der Wartezeiten entspricht. Von den örtlichen Verhältnissen wird es abhängen, wieviel Lokomotivzüge gleichzeitig für die Mannschaftsförderung bereit gehalten werden müssen. Auf jeden Fall ist die Aufstellung und Einhaltung eines sorgfältig durchdachten Fahrplanes erforderlich.

F. Die Organisation der Tagesanlagen.

I. Die Gesichtspunkte für die Ausführung und Organisation der Betriebsanlagen.

a) Allgemeines.

Die Gesichtspunkte, die bei der Planung und Ausführung der Anlagen eine besondere Bedeutung haben, sind:

1. die Wirtschaftlichkeit der Anlage;
2. die Betriebssicherheit hinsichtlich des Betriebsverlaufes;
3. die Betriebsssicherheit hinsichtlich der Güte der Erzeugnisse;
4. die Betriebssicherheit hinsichtlich der Sicherheit der Bedienungsmannschaften;
5. die Anpassungsfähigkeit der Anlagen an die verschiedenen Arbeitsbedingungen sowie an die Entwicklung der Arbeitsverfahren und Betriebsorganisationen;
6. die Entwicklungsfähigkeit (Ausbaufähigkeit) der Anlage unter gleichzeitiger Berücksichtigung ihrer Lebensdauer.

Die Prüfung hat sowohl die Einzelmaschinen und Teilanlagen als auch die Gesamtanlage zu umfassen.

Die Punkte 1. bis 5. sind an anderen Stellen eingehend behandelt worden, weshalb hierauf verwiesen wird.

b) Die Entwicklungsfähigkeit (Ausbaufähigkeit) der Anlagen.

Der im Schachtfelde enthaltene Lagerstätteninhalt ist in erster Linie für die Lebensdauer und damit auch für den mehr oder weniger umfassenden Ausbau der Anlagen über und unter Tage entscheidend. Lassen sich von einer Anlage nur geringe Lagerstättenmengen gewinnen, so erhält sie mehr oder weniger den Charakter fliegender Anlagen, die nur mit den notwendigsten Einrichtungen ausgerüstet und in der einfachsten Weise ausgeführt werden. Charakteristisch hierfür sind eine Reihe von Braunkohlentiefbauanlagen in den östlichen Randrevieren der Niederlausitz, die in der Regel mit flachen, in der Lagerstätte hergestellten Schächten steil gelagerte Braunkohlenflöze vom Ausgehenden her aufschließen. Die Lebensdauer derselben beträgt vielfach nur etwa 10 bis 12 Jahre. In solchen Fällen findet häufig die Aufbereitung und Verladung der Kohlen bzw. Erze in Zentralanlagen statt, denen die Rohprodukte von den einzelnen Schächten zugeführt werden. Diese Zentralanlagen können entsprechend besser und für längere Gebrauchsdauer gebaut werden. Mit Zunahme der Lebensdauer eines Schachtfeldes verlohnen sich nicht nur dauerhaftere Anlagen, sondern auch solche Betriebseinrichtungen, die eine weitgehendere Verbesserung der Auswertung der Produkte, der Ausnutzung der Dampf- und Krafterzeugung usw. ermöglichen. Im Ruhrkohlenbergbau kann man durchschnittlich mit einer Lebensdauer der Schachtfelder von mehr als 100 Jahren rechnen.

Ganz abgesehen von der Lebensdauer sind die zur Ausrichtung unumgänglichen Kosten für den Zuschnitt der gesamten Anlage maßgebend. Sind bei geringen Teufen die Herstellungskosten der Schächte gering, so kann man auch mit billigen Tagesanlagen kleinere Lagerstätten wirtschaftlich abbauen. Der Einflözbergbau der nordamerikanischen Steinkohlenbergwerke verdankt diesem Umstande vielfach seine Lebensfähigkeit. Hohe Abteufkosten setzen zu ihrer Amortisation und Verzinsung größere Förderleistungen und damit teuere Anlagen und in Verbindung hiermit meist auch eine größere Lebensdauer bzw. eine größere Amortisationszeit voraus.

Von erheblicher Bedeutung ist noch die Frage der Entwicklungsfähigkeit (Ausbaufähigkeit) der Anlage. In manchen Fällen sind ältere Anlagen nicht nach den Gesichtspunkten gebaut, die auf eine möglichst billige Abwicklung des Betriebes hinzielen. Andererseits ergeben die Fortschritte der Technik zu ihrer Ausnutzung oft die Notwendigkeit einer anderen Anordnung, Ergänzung und Erneuerung der Betriebsglieder. Daraus ergibt sich, daß jeder Betrieb im Laufe der Zeit vervollkommnungsfähig bzw. -bedürftig ist. Jedoch sind oft erhebliche Schwierigkeiten zu überwinden und daneben noch eine Reihe von Gesichtspunkten zu beachten, wenn man den Betrieb in Rücksicht auf die Erhaltung der günstigsten Finanzlage des Unternehmens richtig weiter entwickeln will. Hierbei sind vor allem die nachfolgenden Gesichtspunkte zu beachten:

Durch die Verbesserung der Betriebseinrichtungen muß ein entsprechender wirtschaftlicher Erfolg zu erreichen sein.

Die Entwicklungstendenz des in Frage kommenden Betriebes der Technik muß untersucht und berücksichtigt werden. Ist ein gewisser Abschluß erreicht, so ist die Wahl der betreffenden Maschinentype usw. einfach. Ist dagegen die Entwicklung der Technik stetig oder gar sprunghaft im Fluß, so wird man möglichst diejenigen Maschinentypen zu wählen haben, die sich der Entwicklung unter entsprechender Berücksichtigung der Rückwirkung auf die Betriebs- und Arbeitsorganisation und auf das Arbeitsverfahren am zweckmäßigsten anpassen lassen. Ferner ist zu beachten, daß in vielen Fällen durch bestimmte Einrichtungen oder Vorkehrungen andere Einrichtungen erforderlich werden, wenn der beabsichtigte Erfolg erreicht werden soll. Es entstehen dann oft im Zusammenhang mit dem Bauprogramm weitere Aufwendungen, die anfangs nicht beabsichtigt waren. Beispielsweise erfordert ein Großbagger zur Ausnutzung seiner Leistungsfähigkeit gegebenenfalls die Beschaffung eines neuen Fahrparkes mit Großraumwagen und eines Absetzers von entsprechender Leistungsfähigkeit.

Daraus geht hervor, daß man bei der Disponierung der Anlage stets Rücksicht zu nehmen hat auf die Durchführbarkeit eines allmählichen organischen Umbaues und einer Vervollständigung oder Erweiterung dieser Anlage, ohne dadurch den Betrieb überhaupt oder in erheblichem Umfange stören zu müssen. Produktionsausfälle infolge der Umbau- und Erweiterungsbauten sind zu vermeiden. Auch nach erfolgtem Umbau muß die Möglichkeit eines in späterer Zeit durchzuführenden erneuten Umbaues stets gewahrt bleiben.

Vor Erweiterung der Anlage ist zunächst festzustellen, ob der Absatz der erhöhten Produktion gesichert ist.

c) Der Umbau älterer Anlagen.

Die Vervollkommnung einer älteren Industrieanlage ist naturgemäß stets von der Initiative und dem Wagemut der leitenden Persönlichkeiten des Unternehmens abhängig. Hier wirken vielfach äußere Umstände in erheblichem Umfange mit ein, wie die Politik von Außenseitern, die auf das Werk Einfluß haben und evtl. verhindern wollen, daß sich diese Betriebe zu einer wirksamen Konkurrenz gegenüber ihren eigenen Werken entwickeln. Nicht selten spielen auch die persönlichen Interessen von leitenden Beamten, von Geldgebern, ferner die Verträge mit Gründern, Lieferanten oder Abnehmern eine wichtige Rolle. Mitunter ist auch die Finanzlage des Werkes ausschlaggebend. Eine Neuanlage, die sich bei Barzahlung oder bei Beschaffung billigen Geldes gut rentiert, kann bei der Herstellung mit teurem Gelde (hohe Leihzinsen) zu einem Fehlschlag führen. Daraus ergibt sich, daß die Widerstände, die sich bei älteren Anlagen deren Vervollkommnung entgegenstellen, oft sehr groß sind und auf die verschiedenartigsten Ursachen zurückgeführt werden können (vgl. auch Abschnitt H VI b).

In solchen schwierigen Fällen wird man in der Regel darauf verzichten müssen, den Umbau bzw. die Modernisierung der Anlage bzw. Anlageteile mit einem Male durchzuführen. Es wird sich aber vielfach der Weg als gangbar erweisen, die Anlage allmählich auszubauen. Hierzu ist vor allem zu untersuchen:

1. Bei welchen Teilen der Anlage kann man durch Umbau mit dem geringsten Geldaufwand die Betriebskosten (einschließlich Verzinsung und Amortisation) am stärksten herunterdrücken?

2. Welche Anlageteile müssen auf alle Fälle erweitert oder umgebaut werden? Kann in diesen Teilen ein modernes, günstigeres Betriebssystem eingeführt werden? Beispielsweise wäre in diesem Falle die Frage zu lösen, ob in einer neu aus- und vorzurichtenden Sohle usw. der Einbau elektrisch betriebener Maschinen nebst Kabelleitungen an Stelle von Preßluft zu wählen ist.

3. Kann der Systemwechsel bei dem Ersatz verbrauchter Anlageteile bzw. Betriebsmaschinen allmählich durchgeführt werden? Zutreffendenfalls ist es zweckmäßig, eine Zeittafel der Ersatzerfordernisse aufzustellen und danach zu bestimmen, wann voraussichtlich die endgültige Umstellung des Betriebes bewirkt sein wird.

Auf diese Weise können Umbaupläne aufgestellt werden, die das Unternehmen finanziell weniger belasten und doch — wenn auch langsamer — zum gewollten Ziele führen.

Hinsichtlich der finanziellen Einwirkungen des Umbaues von Anlagen ist ferner zu beachten, daß bei sinkendem Geldwert, entsprechend steigenden Löhnen, die augenblicklichen Anlagekosten gegen die zukünftig steigenden Betriebskosten relativ immer mehr zurücktreten, so daß die Bedeutung einer etwa durch den Umbau bewirkten Ersparnis an Material und Betriebskosten entsprechend zunimmt. Der Umbau kann in solchen Fällen auch dann gerechtfertigt sein, wenn die Neuanlage in bezug auf das augenblickliche Verhältnis von Anlage- und reinen Betriebskosten zu teuer ist, d. h. keinen wesentlichen Mehrgewinn ergibt.

Bei Projekten, die hinsichtlich der Betriebs-, Amortisations- und Verzinsungskosten zur Zeit gleichwertig sind, wird man unter dem obigen Gesichtspunkte häufig das Projekt wählen, bei dem der Betrieb mit der geringsten Belegschaft durchführbar wird.

II. Die Planung (Das Bauprogramm).

Die Errichtung der Tagesanlagen setzt ein Bauprogramm voraus, das sowohl auf die gegebenen finanziellen als auch auf die technischen, für die Aufschlußarbeiten maßgebenden Verhältnisse Rücksicht zu nehmen hat.

a) Die Durchführung des Bauprogrammes bei günstigen Verhältnissen.

Sind die Aufschlußarbeiten (Schachtabteufen, Aus- und Vorrichtung) nach dem Stande der Technik auf dem gewählten Wege sicher und ohne Beschädigung

Tabelle 79. Verteilung der Anlagekosten für ein Steinkohlenbergwerk bei einer Bauzeit von 7 Jahren.

	Baujahre							zus.
	1	2	3	4	5	6	7	
	ℳ	ℳ	ℳ	ℳ	ℳ	ℳ	ℳ	ℳ
I. Erwerb des Bergwerkfeldes	10000000	—	—	—	—	—	—	10000000
II. Erwerb des Grundeigentums	1500000	—	—	—	—	—	—	1500000
III. Kosten der Doppelschachtanlage								
1. Abteufarbeit und Schachtausbau	—	1400000	1400000	1400000	1400000	1400000	—	7000000
2. Ausschießen von Füllörtern, Hauptförderstrecke	—	—	—	—	—	—	400000	400000
3. Krafterzeugungsanlage	400000	—	—	—	—	800000	800000	2000000
4. Förderanlage	—	—	—	—	—	—	2600000	2600000
5. Bewetterung, Wasserhaltungsanlagen	—	—	—	—	—	—	800000	800000
6. Separation und Kohlenwäsche	—	—	—	—	—	900000	900000	1800000
7. Kokerei	—	—	—	—	—	2250000	2250000	4500000
8. Ziegelei	—	—	—	—	—	100000	100000	200000
9. Anschlußbahn, Zechenbahnhof, Hafenanlage	300000	—	—	—	—	300000	600000	1200000
10. Sonstiges	—	—	—	300000	300000	200000	200000	1000000
11. Beamtenwohnung, Arbeiterkolonie	200000	300000	300000	400000	300000	300000	200000	2000000
	12400000	1700000	1700000	2100000	2000000	6250000	8850000	35000000

der Erdoberfläche und ähnliche Störungen durchführbar, so kann man an die Errichtung der Tagesanlagen sofort mit Beginn der Aufschlußarbeiten herangehen. Das Bauprogramm wird dann vorwiegend von den finanziellen Verhältnissen beeinflußt. Man wird zweckmäßig die Bauten so verteilen, daß die finanzielle Belastung während der einzelnen Baujahre möglichst gleich bleibt, bzw. der Möglichkeit und Zweckmäßigkeit der Geldbeschaffung entspricht. In den ersten Baujahren wird man zunächst außer den eigentlichen Abteufanlagen diejenigen Anlagen bzw. Anlageteile errichten, die zugleich für den Abteufbetrieb herangezogen werden können und später dem laufenden Betrieb dienen, während in den letzten Baujahren diejenigen Anlagen bzw. Anlageteile errichtet werden, die ausschließlich dem späteren Bergwerksbetriebe dienen. Auf alle Fälle soll die Errichtung der Tagesanlagen zur gleichen Zeit mit den Aufschlußarbeiten beendet sein. Sind die Tagesanlagen zu früh fertiggestellt, so entstehen ungünstige Zinsverluste infolge der unnötig früh festgelegten Baukapitalien. Werden sie zu spät fertig, so entsteht ein in der Regel vielfach stärkerer Ausfall an Betriebsgewinnen. Bei den Unsicherheiten, mit denen man beim Schachtabteufen stets zu rechnen hat, lassen sich die Zeitpunkte der Fertigstellung der Grubenanlagen nur selten genau voraussagen. Man wird jedoch während des Ganges der Arbeiten vielfach übersehen können, ob die Errichtung des letzten Teiles der Tagesanlagen beschleunigt werden muß oder zeitlich hinausgeschoben werden kann. Die Tabelle 79 stellt einen Bauplan für ein größeres Steinkohlenbergwerk im Ruhrbezirk mit etwa 3500 t Tagesleistung bzw. 1050000 t Jahresleistung dar.

Die Anlagekosten für eine rheinisch-westfälische Zeche von rd. 1000000 t Jahresförderung betragen bei geringer bis mittlerer Teufe ungefähr 35 ℳ/t, bei großer Teufe etwa 45 bis 50 ℳ/t bei doppelschichtiger Förderung. Bei Förderung in ·nur einer Schicht erhöhen sich die Anlagekosten bei gleichbleibender Jahresförderung auf etwa 70 bis 90 ℳ/t.

b) Die Durchführung des Bauprogrammes bei schwierigen Verhältnissen.

Stellen sich den Aufschlußarbeiten größere Schwierigkeiten entgegen, zu deren sicheren Überwindung zunächst billigere, aber unvollkommenere Verfahren angewandt· werden, so sind die Einrichtungen für die Aufschlußarbeiten so zu treffen, daß Platz zur Errichtung der Anlagen für Sonderverfahren bleibt, die sicher zum Ziele führen. Beispielsweise wird der Abteufförderturm so eingerichtet, daß er im Bedarfsfalle ohne weiteres die Einrichtung für das Abteufen nach dem Kind-Chaudron-Verfahren, dem Gefrierverfahren usw. aufnehmen kann.

Ist Grund zur Annahme vorhanden, daß die zu erwartenden Schwierigkeiten mit den bekannten Mitteln der Technik nicht sicher überwunden werden können, oder sind die finanziellen Mittel des Unternehmens gegebenenfalls für die Anwendung und Durchführung geeigneter Abteufverfahren nicht oder nur eben ausreichend, so sind zunächst nur die Einrichtungen für die Aufschlußarbeiten fertigzustellen, während man mit der Errichtung der endgültigen Tagesanlagen für den Bergwerksbetrieb erst beginnt, wenn die befürchteten Schwierigkeiten überwunden sind, oder sobald man sicher sein kann, sie zu überwinden.

Ebenso wird man bei noch nicht geklärten Lagerungsverhältnissen, falls Untersuchungsbohrungen usw. zu teuer werden oder nicht genügend sicheren Aufschluß schaffen (Gang mit Erzfällen), zweckmäßig erst umfangreiche Aufschlußarbeiten durchführen und hierzu über Tage zunächst eine kleinere, entsprechend billige Hilfsbetriebsanlage errichten. Die Anordnung derselben wird man möglichst so durchführen, daß sie ohne weiteres zur endgültig geplanten Tagesanlage erweitert werden kann, sobald die Aufschlußarbeiten entsprechende Ergebnisse gezeitigt haben.

Auf jeden Fall soll der Entwurf der endgültigen Tagesanlage in den wichtigsten Umrissen schon vor Beginn des Abteufens fertiggestellt sein, damit die Abteufeinrichtungen möglichst so angeordnet werden, daß sie den Aufbau der Betriebsanlage nicht hindern.

III. Die Ausführung der Tagesanlagen.
a) Bauliche Einrichtungen.

Die Hauptteile der Tagesanlagen eines Bergwerkes bestehen aus den Schachtförderanlagen, den Anlagen zur Krafterzeugung, Bewetterung und Wasserhaltung, zur Aufbereitung und sonstigen Weiterverarbeitung, dem Zechenbahnhof, den Werkstätten nebst Magazinen und Lagerplätzen und schließlich den Kauen und Verwaltungsgebäuden.

Die architektonische Ausführung der Gebäude muß sich den an dieselben zu stellenden technisch-wirtschaftlichen Anforderungen anpassen. Es wirkt außerordentlich unschön und für Menschen mit einigem technischen Verständnis oft abstoßend und lächerlich, wenn dieses einfache Gebot bei der architektonischen Ausgestaltung nicht beachtet wird.

Für die in Deutschland herrschenden klimatischen Verhältnisse spielt die Heizbarkeit der Räume eine erhebliche Rolle. Müssen die Räume geheizt werden, so ist die Art der Benutzung von erheblicher Bedeutung[1]. Räume, die dauernd benutzt und warmgehalten werden sollen, sind so zu bauen, daß eine ausreichende Wärmespeicherung in den Wänden stattfinden kann, namentlich wenn eine „stoßweise" Beheizung durchgeführt wird, wie dies z. B. bei manchen mit Kohlen zu beschickenden Öfen der Fall ist. Aus diesem Grunde sind die Wohn- und Verwaltungsgebäude, namentlich wenn deren Außenwände aus Maschinenziegeln, Kalksandstein und anderen, die Wärme gut leitenden Materialien bestehen, mit einem Außenbelag (Außenverblendung) zu versehen, der die Wärme schlecht leitet. Umgekehrt wird man die Räume, die nur zum gelegentlichen, kürzeren Aufenthalt dienen, wie Schulzimmer, Sitzungszimmer usw. mit einem Wärme isolierenden Innenbelag versehen und mit schnellwirkenden Heizungseinrichtungen (Gas- oder Dampfheizung, Fußbodenheizung) ausrüsten. Man rechnet zur Beheizung eines Raumes (Dampfheizung) bei ungefähr 35^0 C Temperaturgefälle einen Wärmeaufwand von ungefähr 40 kcal je Stunde und Kubikmeter Raum.

Die Einrichtung und die Anordnung der Anlage wird man zweckmäßig so treffen, daß der Ausbruch von Bränden[2] möglichst vermieden und etwaige Brände leicht bekämpft werden können. Hierzu gehört z. B. die ordnungsmäßige Beschaffenheit der Feuerungs- und Heizungsanlage, die Anbringung von Funkenfängern an den Schornsteinen, die Verwendung von Dampf, Heißluft oder Warmwasser zur Heizung und die Anordnung für sich geschlossener Treppenhäuser aus völlig feuersicherem Material. Mindestens sind eiserne Treppengerüste mit flammsicherem Material zu verwenden. Bei Anlagen, in denen starke Brände bzw. hohe Temperaturen entstehen können (Nebengewinnungsanlagen bei Kokereien, Mineralölfabriken, Sägewerke usw.) sind nackte Eisenkonstruktionen, Granit, Kalkstein, Marmor, Sandstein zu vermeiden. Türen und Fenster sind namentlich in Gebäuden bzw. Räumen mit erhöhter Feuersgefahr stets so anzuordnen, daß sie nach außen aufgehen. Die Türen werden nicht aus Eisen, sondern aus Holz mit beiderseitigem Weißblechbeschlag hergestellt. Besser wählt man feuerbeständige Türen. In Garagen und sonstigen Räumen, in denen feuergefährliche Gegenstände verwendet oder aufbewahrt werden, dürfen weder Öfen noch offenes Geleucht eingebaut werden. Als Geleucht sind hier elektrische Glühbirnen und Doppelbirnen mit schützendem Drahtgitter usw. oder Außenbeleuchtung zu verwenden. Es ist selbstverständlich, daß die Lagerung feuergefährlicher Flüssigkeiten, insbesondere von Benzin usw., in feuersicheren Einrichtungen zu erfolgen hat. Für Karbid sind getrennte Aufbewahrungsräume vorzusehen, keinesfalls ist Karbid mit Sauerstoff- und Wasserstoffflaschen, Öl oder sonstigen leicht brennbaren Stoffen zusammen zu lagern, da sonst beim Ablöschen von Bränden leicht eine Explosionsgefahr vorliegt. Für Räume, insbesondere Arbeitsräume, in denen feuergefährliche Gase oder Staubmassen (Kohlenstaub, Sägemehl usw.) entstehen können, sind funkenfreie Absaugevorrichtungen (Ventilationen) vorzusehen, die nicht in Schornsteine, Feuer- oder Rauchabzüge einmünden dürfen. Dachböden sollen nicht zur Lagerung feuergefährlicher Gegenstände, zur Unterbringung von Schreinereien usw. dienen. In Schreinereien, Sägewerken, Nebenproduktenanlagen usw. sind nur Kapselmotore aufzustellen. Schweißanlagen usw. sind in gesonderten feuersicheren Räumen und auf feuersicheren Unterlagen unterzubringen. Transformatoren sind so einzurichten, daß im Falle eines Brandes das Öl schnell und gefahrlos abgeleitet

---

[1] Nußbaum: Fernheizung. Dt. Bauwes.; Z. Verb. d. Architekten- u. Ingenieurvereine e. V. 1927, S. 97.

[2] Hohenstein: Feuerschutz und Feuerbekämpfung im Bergbau. Kompaß 1926, Nr. 5, S. 37.

werden kann. Die Transformatoren sind jeder für sich in feuersicheren Räumen unterzubringen.

Die Anordnung der Anlage ist so durchzuführen, daß die Wege für die Feuerwehr frei sind. Hydrantenpläne sind in allen Betriebsgebäuden auszuhängen. Gegebenenfalls sind tragbare Feuerlöschapparate an geeigneten Punkten anzubringen.

Von grundlegender Bedeutung für die Anordnung der Anlagen sind die Forderungen der Übersichtlichkeit, Entwicklungsfähigkeit, sowie der Einfachheit und Billigkeit des Betriebes.

Die Übersichtlichkeit wird am besten durch parallele Anordnung der Gebäude gewahrt, z. B. in der Weise, daß am Schacht bzw. zwischen den beiden Schächten die Verladeeinrichtung und Sieberei angeordnet ist, wobei die Verladeeinrichtung gegebenenfalls über den Zechenbahnhof hin vorspringt. Parallel zur Verbindungslinie der Schächte bzw. der durch den Schacht oder an dem Schacht vorbeiführenden Gebäudeachse der Sieberei wird oft die Aufbereitung usw. angeordnet. Auf der einen Seite dieser Linie liegt der Zechenbahnhof, während auf der anderen Seite die Fördermaschinengebäude, das Zentralmaschinenhaus und evtl. die Magazine und Werkstätten etwa in einer Linie angeordnet sind und hinter den Maschinengebäuden das Kesselhaus bzw. die Kesselhäuser. Die Anordnung der Kesselhäuser ist wesentlich von dem Dampf- und Platzbedarf der in den Maschinenhäusern untergebrachten Dampfmaschinen abhängig (siehe Abschnitt F IV).

Der Übersichtlichkeit dient auch die genaue, gewissermaßen militärisch ausgerichtete Anordnung gleichartiger Einzelteile einer Anlage. Der Vorzug dieser Anordnung liegt in der leichteren Erkennbarkeit von Fehlern und Mängeln der Anlage und deren Bedienung. Aus diesem Grunde empfiehlt es sich, in einer Batterie von Kesseln, Koksöfen usw. stets nur gleichartige Typen zusammenzustellen und die einzelnen Apparate genau nach einer bestimmten Richtung in gleicher Höhenlage anzuordnen.

Die Rohrleitungen, Kabel usw. werden besonders da, wo sie in größerer Zahl nebeneinander eingebaut sind, zweckmäßig in möglichst geraden, parallelen Linien angeordnet und je nach dem Verwendungszweck durch besonderen Farbanstrich gekennzeichnet. Es empfiehlt sich, Einheitsfarben zur Kennzeichnung von Rohrleitungen usw. zu verwenden, weil u. a. bei eintretenden Unglücksfällen fremde Rettungsmannschaften (Feuerwehren usw.) dadurch besser vor falschen Maßnahmen bewahrt werden.

In allen Fällen ist die Anordnung der Grubengebäude so zu treffen, daß die Entwicklungsfähigkeit der Anlage gesichert ist. Vor allem ist darauf zu achten, daß in der Längsachse der Gebäude nach einer oder nach beiden Richtungen Platz zu Erweiterungsbauten bleibt. Die Maschinenhallen usw. legt man zweckmäßig so breit an, daß gegebenenfalls kleinere Maschinenaggregate gegen größere ausgetauscht werden können. Turbinen und elektrische Generatoren lassen sich bekanntlich oft bei verhältnismäßig geringem Mehrbedarf an Platz zu großer Leistungsfähigkeit ausgestalten, so daß bei Erweiterungsbauten der Platzbedarf des Maschinenhauses gar nicht oder nur wenig wächst. Ganz ähnlich verhält es sich auch mit dem spezifischen Platzbedarf von Großleistungskesseln.

Diese Überlegungen gelten vielfach auch ganz sinngemäß für die Entwicklung von Aufbereitungs- und sonstigen Weiterverarbeitungsanlagen. Bei allen Bauten ist zu beachten, daß die Umbaumöglichkeiten bei Eisenbeton viel schwieriger sind als z. B. bei Mauerungen, Konstruktionen aus Eisenfachwerk usw. Die Rückwirkung der Anordnung der Betriebsanlagen auf die Einfachheit und Billigkeit des Betriebes ist von außerordentlicher Bedeutung. Die Übersichtlichkeit der Anordnung ist in der Regel eine der wichtigsten Vorbedingungen zur Erreichung dieses Zieles. In diesem Zusammenhange sind auch die Grundsätze der Normalisierung und Typisierung und der richtigen Abmessungen der Anlageteile, der Einfluß des Ausbringens, des Wirkungsgrades, der Wechselbeziehungen von Wirkungsgrad und Arbeitsverfahren und der Vorkehrungen zur Vermeidung von Betriebsstörungen von großer Wichtigkeit (s. Abschnitt D).

b) Die Tagesanlagen unter Berücksichtigung der Bewegungsfolge.

1. Allgemeine Grundsätze der Bewegungsfolge.

Um die Gesamtanordnung richtig und zweckmäßig treffen zu können, muß man zunächst ein genaues Programm der Bewegungsfolgen (Stammbäume) der einzelnen Betriebsvorgänge aufstellen, namentlich wenn sonst erhebliche Erhöhungen der Anlage- oder Betriebskosten oder große Leistungs- bzw. Güteverluste zu befürchten sind.

Die Bewegungsfolgen können offene oder rückläufig geschlossene, einfache oder verzweigte sein. Bei starker Rückwirkung auf die Kosten, die Leistungs- oder Güteverluste wird man die Anordnung der zugehörigen Anlageteile so treffen, daß die Wege möglichst kurz (Dampfleitungen) und gegebenenfalls möglichst einfach werden (Ausschaltung von Zwischentransporteinrichtungen in der Aufbereitung durch Ausnutzung von Gefälle und Schwerkraft). Bei geringer Rückwirkung wird die Platzfrage eine ausschlaggebende Rolle spielen. Man wird Anlageteile, die nicht unbedingt neben bzw. innerhalb der wichtigsten Anlageteile stehen müssen, so anordnen, daß sie die Anordnung und Entwicklungsmöglichkeit der letzteren nicht stören (z. B. Rückkühler).

Von dem letzten Falle abgesehen, wird man zu sorgen haben:

1. für möglichst kurze Wege,

2. für leichte, wenig kraftverbrauchende bzw. billig durchzuführende Zufuhr und Verteilung,

3. für möglichste Durchführung der Gleichstrombewegung in allen Förder- und Mineraltransportanlagen (Rundfahrt usw.) oder Anlage des Rückstoßes an solchen Stellen, daß an den wichtigsten Betriebspunkten (Umschlagspunkten) Gleichstrombewegung möglich ist,

4. für möglichste Durchführung der wahlweisen Koppelung und der Umgehungsanlagen, um die einzelnen, gleichen Betriebsvorgängen dienenden Teilanlagen beliebig aneinanderschalten oder umgehen zu können, um also Störungen, die in einer Teilanlage auftreten, nicht auf den Gesamtbetrieb einwirken zu lassen,

5. für Vermeidung von Substanzverlusten auf dem Transportweg (Rohrdichtung, Isolation elektrischer Leitung usw.),

6. für Vermeidung von Güteverlusten (Temperatur- und Spannungsverluste, Abrieb in den Aufbereitungsanlagen usw.),

7. für Vermeidung von Betriebsstörungen,

8. für richtige gegenseitige Abmessung der Anlagen bzw. Anlageteile.

9. Ferner ist die Rückwirkung der Verarbeitung von Produkten, Rohstoffen oder Hilfsstoffen auf die Arbeits- und Betriebsorganisation zu beachten.

2. Die Hauptklassen der Bewegungsfolgen im Bergwerksbetriebe.

Ein Bergwerksbetrieb läßt sich in der Regel in drei Hauptklassen von Bewegungsfolgen zergliedern, von denen jede eine mehr oder weniger große Anzahl von Bewegungsfolgen umfaßt. Es kommen in Frage:

α) Bewegungsfolgen der Produktion,

β) Bewegungsfolgen des Kraftmaschinenbetriebes,
γ) Bewegungsfolgen der Hilfsmaterialien.
Hierzu kommt noch
g) Bewegungsfolge der Mannschaftsanfahrt.

Die Bewegungsfolgen werden am besten in Form eines geschlossenen oder offenen Stammbaumes zusammengefaßt, je nachdem es sich um einen Kreislauf oder um eine offene Bewegungsfolge handelt. Der Stammbaum enthält graphisch oder in Zahlen alle Angaben, die zur Beurteilung der einzelnen Phasen der Bewegungsfolgen von Bedeutung sind.

Ferner ist festzustellen, wo sich die verschiedenen Bewegungsfolgen etwa kreuzen oder sonst beeinflussen, um einerseits die vorhandene Anlage beurteilen und andererseits Schwierigkeiten bei dem Entwurf einer Neuanlage oder Anlageänderung vermeiden bzw. beseitigen zu können.

Für ein Steinkohlenbergwerk (Fettkohle) würde etwa in Betracht kommen:

α) Bewegungsfolge der Produktion. 1. Kohle (offene, verzweigte Bewegungsfolge, daher Darstellung in Form eines Stammbaumes):

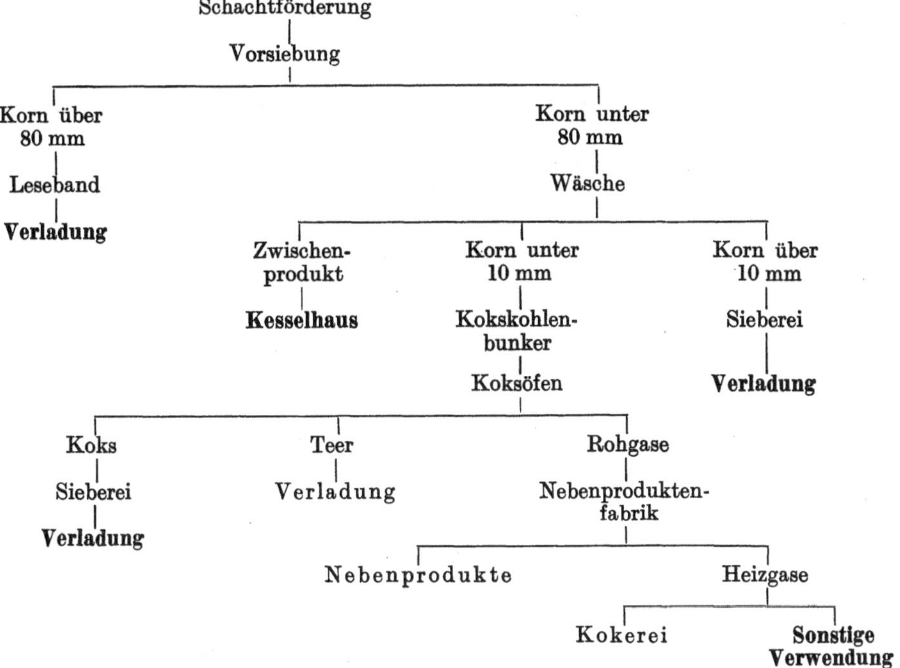

hierzu kommt u. a.

2. Kreislauf des Waschwassers nebst Ablauf und Ersatzbeschaffung,
3. Kreislauf der Förderwagen usw.

β) Bewegungsfolge des Kraftmaschinenbetriebes.
1. Bewegungsfolge von Feuerkohle-Asche,
2. Bewegungsfolge der Verbrennungsluft,
3. der Speisewasser-Dampf-Kreislauf (bei Kondensationsmaschinen),
4. der Kühlwasser-Kreislauf,
5. der Kreislauf des elektrischen Stromes,
6. der Kreislauf der Druckluft.

γ) Bewegungsfolge der Hilfsmaterialien.

1. Bewegungsfolge des Grubenholzes,

2. Bewegungsfolge der Gezähe (Werkzeuge) und Arbeitsmaschinen insbesondere für den Grubenbetrieb,

3. Bewegungsfolge der Verbrauchsmaterialien für den Reparaturbetrieb (Profileisen usw.),

4. Bewegungsfolgen der Verbrauchsmaterialien für den laufenden Betrieb (Schmieröle, Leuchtbenzin für Grubenlampen usw.).

3. Die Anpassung der Bewegungsfolgen an die örtlichen Verhältnisse.

Im vorstehenden ist nur eine Zusammenstellung der wichtigeren Bewegungsfolgen gegeben. Sie sind auch absichtlich nicht erschöpfend behandelt worden, da die Durchführung der einzelnen Bewegungsfolgen je nach den örtlichen Verhältnissen außerordentlich verschieden sein kann. Es genügt hier, darauf hinzuweisen, daß man bei der Projektierung einer Neuanlage bzw. dem Umbau einer bestehenden die wichtigeren Bewegungsfolgen in ihren Einzelheiten zu untersuchen hat, um darnach die Wege zu ermitteln, auf denen ein möglichst reibungsloses und zweckmäßiges Ineinandergreifen der einzelnen Betriebsvorgänge erreicht werden kann.

Bereits in Abschnitt D IV wurde auf die Wichtigkeit der „Umgehungsanlagen" hingewiesen, die eine zwanglose Überleitung des gesamten Betriebes von der einen zur anderen Anlage bzw. Teilanlage gestatten, um den Betrieb bei Eintritt einer Störung in einem Betriebsteil unter Einschaltung der Betriebsreserven durchführen zu können. Ebenso wurde in Abschnitt D VI auf die Bedeutung der Unterteilung der Maschinenanlage hingewiesen, die den Zweck hat, neben der Schaffung einer Betriebsreserve auch eine größere Elastizität der Betriebsanlage gegenüber von Belastungsschwankungen herbeizuführen.

Die im vorstehenden angestellten Überlegungen führen hinsichtlich der Anordnung der Betriebsanlagen zu dem Prinzip der wahlweisen Koppelung. Die Ausführung dieses Prinzipes besteht darin, daß mehrere gleichartige Teilanlagen eines Betriebes mit dem Gesamtbetrieb so geschaltet sind, daß jede Teilanlage beliebig in den Betrieb eingeschaltet werden kann, natürlich innerhalb des zugehörigen Betriebsvorganges. Hierzu gehört die Anwendung der Ringleitungen für Speisewasser-, Dampf-, Druckluft- und Elektroleitungen, die Möglichkeit der Überleitung des Betriebes von einer Teilanlage zu einer demselben Betriebsvorgang dienenden anderen Teilanlage usw. Z. B. wird man bei großen Turbinenkraftzentralen, die eine gruppenweise Anordnung mehrerer Kesselhäuser mit je einem zugehörigen Speisewasserhaus erhalten, Vorkehrungen treffen, daß jedes Speisewasserhaus die Speisung eines jeden Kesselhauses, im Notfalle vielleicht auch die Speisung aller Kesselhäuser übernehmen kann, und jedes Kesselhaus an jede Turbine geschaltet werden kann usw.

In den Maschinenhäusern wird zur Erleichterung etwaiger Reparatur-, Instandsetzungs- und Erweiterungs- bzw. Erneuerungsarbeiten ein Laufkran angebracht, der die ganze Länge und Breite des Maschinenhauses bestreichen kann. Die Laufschienen des Kranes werden gegebenenfalls auf besonders dafür aufgeführten Pfeilern verlagert. Etwaige Aufbauten der Maschinen sind nach Möglichkeit so anzuordnen, daß sie die Montage- und Demontagearbeiten nicht stören (z. B. seitliche Anordnung der Füllrümpfe auf den Preßköpfen der Braunkohlenbrikettpressen).

Im Boden des Maschinenhauses sind je nach der Größe desselben und je nach der Anordnung der Kondensationseinrichtungen ein oder mehrere genügend weite Montageöffnungen offen zu halten, um mit dem Kran den Lastenverkehr zum Kondensatorkeller bewirken zu können. Nach Möglichkeit ist ein Eisenbahngleis auf der Kellersohle in eines der Montagelöcher, und zwar meist in das am festen — d. h. bei Erweiterungsbauten als feststehend gedachten — Giebel befindliche, zu führen, um die schweren Maschinenteile ohne Schwierigkeit und Umladung an die Arbeitsstellen heranbringen zu können.

Bei einer Bewegungsfolge, die keine weiten und umständlichen Transportwege ohne Schaden verträgt, wie z. B. die Bewegungsfolge des Dampfes, sind die hierzu gehörenden Gebäude, wie etwa Kesselhaus, Zentralmaschinenhaus und Fördermaschinenhaus, möglichst nahe beieinander anzuordnen und durch geschlossene Übergänge zu verbinden, die nicht nur dem Verkehr des Aufsichts- und Bedienungspersonals, sondern auch zur Aufnahme von Einrichtungen zum Transport von Kraft (Dampfrohre, Elektroleitungen) oder von Material bzw. von Produkten (auf Transportbändern usw.) dienen. Dadurch sind diese Betriebseinrichtungen unter steter Kontrolle und jederzeit leicht zugänglich, ohne durch den auf dem Werksplatz vor sich gehenden Verkehr und Betrieb gehindert zu werden. Hierdurch wird die Überwachung und Durchführung des Betriebes wesentlich erleichtert.

4. Probenahmeeinrichtungen und Meßgeräte.

Von wesentlicher Bedeutung für die gute Überwachbarkeit der Anlage im Betriebe sind die Probenehmer und Meßgeräte, welche möglichst registrierend sein sollen. Sie sollen so konstruiert und angeordnet sein, daß sowohl die ausführenden als auch die überwachenden Personen (Ingenieure) von ihren ständigen Arbeitsplätzen aus die Angaben der Meßgeräte ablesen können (Fernschreiber).

Die Probenehmer sollen so schnelle unmittelbare Angaben ermöglichen, daß man noch rechtzeitig in den Betrieb eingreifen kann. Hierzu gehören die Probenehmer der Aufbereitungsanstalten, ferner die Meßinstrumente im Krafterzeugungsbetrieb, wie Apparate zur Bestimmung des Kohlenverbrauches (registrierende Bandwagen usw.), Thermometer, Manometer, Fernzugmesser, Kohlensäuremesser sowie Apparate zur selbsttätigen Regulierung der Rauchgasschieber. Ebenso sind die Dampfmesser und Meßvorrichtungen für das Speisewasser, den elektrischen Strom, die Druckluft usw. von Bedeutung.

Schließlich sind Kommandoeinrichtungen (Telephon, Signale usw.) vorzusehen, z. B. um den Betrieb der Dampferzeugung bei wechselnder Dampfentnahme rechtzeitig umstellen zu können.

Weit abgelegene Betriebe mit elektrischem Antrieb, die sonst keiner dauernden Wartung bedürfen, wie z. B. Ventilatoren auf abgelegenen Wetterschächten, werden zweckmäßig mit Fernschaltung und Fernschreibevorrichtungen ausgerüstet, damit deren Betrieb ohne Sonderbedienung von der Zentrale aus geleitet und überwacht werden kann.

In allen Gebäuden ist für genügend Lüftung und Licht zu sorgen. Die Lüftung bzw. Staub- und Gasabsaugung ist in den Räumen besonders wichtig, in denen gefährliche Gasgemische oder Staubmengen entstehen können.

c) Der Eisenbahnanschluß.

Der Eisenbahnanschluß besteht in der Regel aus:

a) dem Anschlußgleis von der Verkehrsbahn (Staatsbahn) zur Bergwerksanlage,

b) dem Zechenbahnhof für Rangierdienst und Verladung,

c) den Anschlußgleisen zu den Lagerräumen und -plätzen, zu den Kessel- und Maschinenhäusern und je nach Bedarf zu sonstigen Anlageteilen,

d) bei großen Werksanlagen wohl auch aus einem Ringgleis.

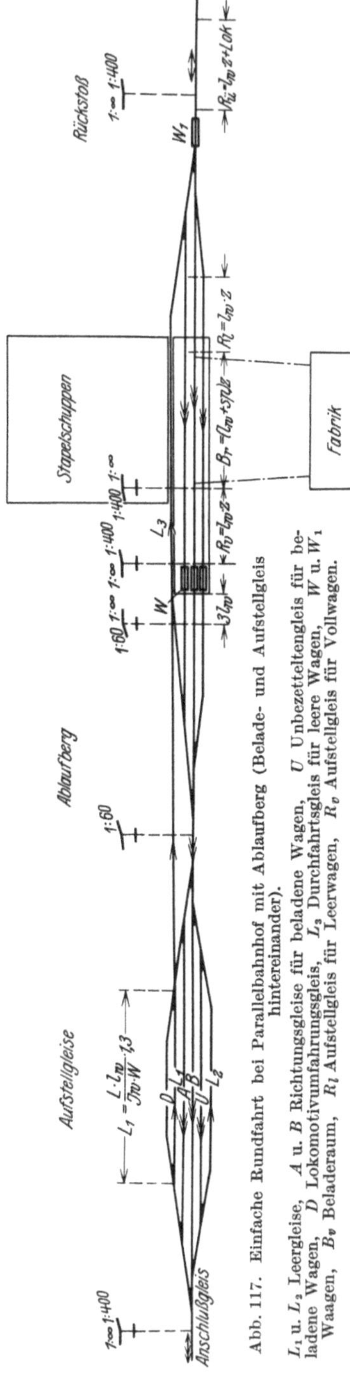

Abb. 117. Einfache Rundfahrt bei Parallelbahnhof mit Ablaufberg (Belade- und Aufstellgleis hintereinander).

L_1 u. L_2 Leergleise, A u. B Richtungsgleise für beladene Wagen, U Unbezetteltengleis für beladene Wagen, D Lokomotivumfahrungsgleis, L_3 Durchfahrtsgleis für leere Wagen, W u. W_1 Waagen, B_v Beladeraum, R_l Aufstellgleis für Leerwagen, R_v Aufstellgleis für Vollwagen.

Um die sonst erforderlichen, viel Platz beanspruchenden Kurven zu umgehen, wird man — insbesondere für die unter c) aufgeführten Anschlußgleise — häufig Drehscheiben anwenden, wenn es sich vorwiegend um geringen Verkehr handelt. Es ist jedenfalls anzustreben, daß alle anrollenden Güter ohne Umladung bis dicht an ihren Stand- bzw. Lagerort herangefahren werden können.

Der Zechenbahnhof wird in der Regel als **Parallelbahnhof** ausgebaut. In Braunkohlenbrikettfabriken findet man sehr häufig auch **Klauenbahnhöfe**, bei denen die einzelnen Verladegleise meist fingerförmig in die Stapelschuppen hineingreifen, wenn keine Zentralverladung vorgesehen ist. Der Zechenbahnhof besteht in jedem Falle aus einer Gruppe von Verladegleisen und den Rangiergleisen. Letztere sind notwendig, weil z. B. das verschiedene Fassungsvermögen der Wagen ein Ausrangieren nach Richtungen erfordert. In der Regel liegen die Rangiergleise parallel neben den Verladegleisen. Will man zur Vereinfachung des Rangierbetriebes einen Rangierbahnhof mit Ablaufberg einrichten, so werden Rangier- und Verladeabteilung am besten hintereinandergeschaltet. Issel[1] schlägt die nebenstehend beschriebene Anordnung (Abb. 117) eines solchen Bahnhofes vor, der in diesem Falle für ein Braunkohlenwerk bestimmt ist, sich aber anderen Anforderungen sinngemäß anpassen läßt.

Der vom Anschlußgleis kommende Leerzug läuft auf dem Gleis L_1 ein, dessen Länge durch die Beziehung $L_1 = \dfrac{L \cdot l_w}{J_w \cdot W}$ bestimmt ist, wobei

L = Tagesleistung in t,
l_w = mittlere Waggonlänge in m,
J_w = mittlerer Waggoninhalt in t,
W = Zahl der täglichen Zustellungen

ist. Zweckmäßig wird man hierzu einen Sicherheitszuschlag von 25 bis 30% wählen, um sich vor den Folgen unregelmäßiger Zustellung möglichst zu schützen. Es ist naturgemäß auch vorausgesetzt, daß alle Zustellungen während der Beladezeit und in gleichen Zeitabständen erfolgen.

Bei Bedarf zieht die Rangierlokomotive soviel Eisenbahnwagen, als gleichzeitig beladen werden sollen, durch das neben den Beladegleisen liegende Durchfahrtsgleis L_3

---

[1] Issel: Braunkohlen-Brikettverladeanlagen. Dissertation Freiberg. Halle: W. Knapp 1929.

in den Rückstoß $R_{\ddot{u}}$, wo sie über Waage W_1 leer verwogen werden, und verteilt sie dann auf die Reserveplätze für leere Wagen R_l. Die Länge der Reserveplätze entspricht dem Produkt $l_w \cdot z$, wobei

z = Anzahl der auf einmal beladenen Wagen

ist. Die gleiche Länge zuzüglich Stellraum für die Lokomotive und Waggonwaage muß auch der Rückstoß mindestens haben. Der Beladeraum B_r selbst ist $(l_w + sp) \cdot z$ Meter lang, wobei

sp = Verladespielraum

ist.

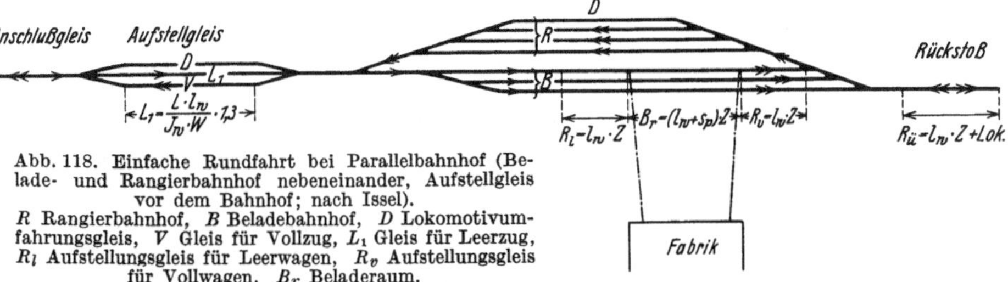

Abb. 118. Einfache Rundfahrt bei Parallelbahnhof (Belade- und Rangierbahnhof nebeneinander, Aufstellgleis vor dem Bahnhof; nach Issel).
R Rangierbahnhof, B Beladebahnhof, D Lokomotivumfahrungsgleis, V Gleis für Vollzug, L_1 Gleis für Leerzug, R_l Aufstellungsgleis für Leerwagen, R_v Aufstellungsgleis für Vollwagen, B_r Beladeraum.

Die beladenen Wagen werden dann auf den Reserveplatz für volle Wagen R_v gebracht, dessen Länge ebenfalls $l_w \cdot z$ ist. Von diesem werden die einzelnen Wagen zu den Waagen gebracht, von denen je eine am Ende des Reserveplatzes für volle Wagen auf jedem Beladegleis vorgesehen ist. Das Bezetteln und Bekalken erfolgt auf dem $2 \cdot l_w$ bis $3 \cdot l_w$ langen, noch horizontalen Gleisstück hinter der Waage. Sodann läuft der Eisenbahnwagen über eine Gefällstrecke von 100 bis 120 m Länge und 1 : 50 bis 1 : 60 Neigung (je nach der Lage zur vorherrschenden Windrichtung, in der die Weichenstraßen untergebracht sind) in die Richtungs-

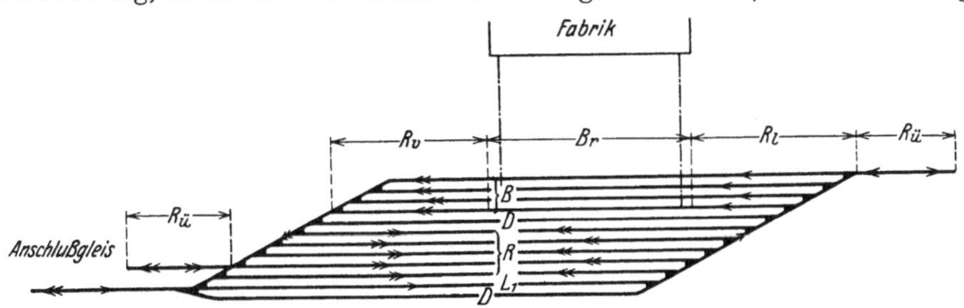

Abb. 119. Doppelte Rundfahrt bei Parallelbahnhof (Belade- und Rangierbahnhof und Aufstellgleis nebeneinander; nach Issel).
B Beladebahnhof, D Lokomotivumfahrungsgleis, R Rangierbahnhof, L_1 Aufstellgleis, $R_{\ddot{u}}$ Rückstoß. B_r Beladeraum, R_v Aufstellgleis für Vollwagen, R_l Aufstellgleis für Leerwagen.

gleise A und B (Zahl je nach Bedarf) oder das Unbezetteltengleis U ab. Deren Länge entspricht der Länge des Leergleises L_1. Infolgedessen ist die Aufnahmesicherheit der Richtungsgleise auch bei etwas ungleicher Wagenzustellung sehr groß. Zweckmäßig sieht man noch ein Leergleis L_2 im Rangierbahnhof vor, um auch hierfür eine größere Betriebssicherheit zu schaffen. Das Lokomotivumfahrgleis D ist in erster Linie für die Zubringerlokomotive erforderlich. Die ganze Aufstellungsgleisgruppe liegt zur Erleichterung der Vollzuganfahrt zweckmäßig im Gefälle 1 : 400 zum Anschlußgleis hin, das selbst möglichst horizontal liegt. Bei dieser Anordnung führt jeder Wagen als Rangierbewegung von der Einfahrt zum Zechenbahnhof bis zurück zur Ausfahrt nur eine geschlossene Rundfahrt aus. Eine einfache Rundfahrt läßt sich im Parallelbahnhof auch bei

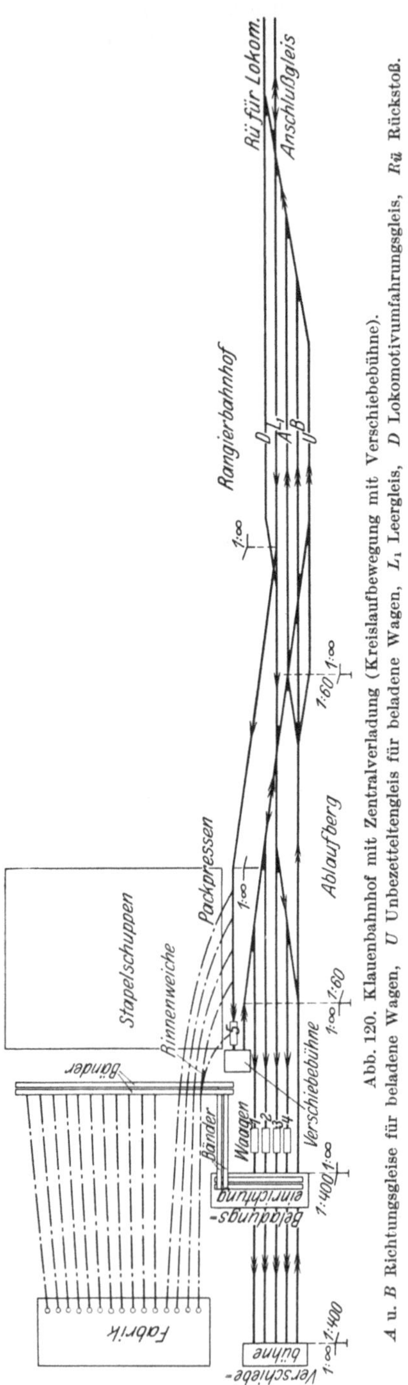

Abb. 120. Klauenbahnhof mit Zentralverladung (Kreislaufbewegung mit Verschiebebühne).

A u. B Richtungsgleise für beladene Wagen, U Unbezetteltengleis für beladene Wagen, L_1 Leergleis, D Lokomotivumfahrungsgleis, $R\ddot{u}$ Rückstoß.

nebeneinanderliegenden Lade- und Rangiergleisen durchführen (s. Abb. 118). Jedoch müssen dann die Aufstellungsgleise für Voll- und Leerzug und das Lokomotivumfahrungsgleis vor dem Bahnhof und nicht neben ihm liegen. Andernfalls ist eine Doppelrundfahrt nötig (Abb. 119). Die erste Anordnung wird man da wählen, wo entweder der Geländeverhältnisse halber oder in Rücksicht auf die Verladung (Aktionsradius der Braunkohlenbrikettpressen, s. Abschnitt F VII b 2) der Bahnhof möglichst schmal sein soll.

Bei Klauenbahnhöfen ist eine vollkommene Rundfahrt nicht möglich, wohl aber eine Kreislaufbewegung, sofern die Enden der Klauengleise durch eine Schiebebühne miteinander verbunden sind. Für eine zentralisierte Verladung ist die Lösung von Issel[1] nach den Vorbildern einiger rheinischer Braunkohlenwerke in Abb. 120 angegeben.

Der Vergleich zeigt, daß der Parallelbahnhof dem Klauenbahnhof betriebstechnisch überlegen ist. Naturgemäß sind Kombinationen beider Arten bei entsprechender Tagessituation auch gebräuchlich.

Die Beladung der Eisenbahnwagen kann wesentlich vereinfacht werden, wenn an jeder Beladestelle eine Gleiswaage vorgesehen wird, weil dann Leergewicht und Vollgewicht an einer Stelle ermittelt werden können. Außerdem kann die Gewichtszunahme während der Beladung dauernd geprüft werden, so daß bei richtiger Überwachung der Beladung die lästigen und zeitraubenden Gewichtsberichtigungen durch Zu- oder Abladen vermieden werden können. Diese Maßnahme würde jedoch bei stark dezentralisierter Verladung viel Gleiswaagen erfordern und eignet sich daher am besten für zentralisierte Verladung.

d) Der Förder- und Verladebetrieb.

1. Förderbetrieb.

Neben den vorstehenden allgemeineren Gesichtspunkten sind für die Bergwerksanlagen noch die besonderen maßgebend, die sich in erster Linie aus dem Förder- und Verladebetrieb ergeben. Von wesentlichster Bedeutung ist die Größe der Förderleistung für die Anordnung der Tagesanlagen. Für große Förderleistungen werden in

<hr>

[1] Issel: a. a. O.

der Regel Doppelschachtanlagen errichtet. Die hier beachteten bzw. zu beachtenden Grundsätze sollen im nachfolgenden näher untersucht werden. Es lassen sich darnach sinngemäß die Regeln auch für andere Schachtanlagen erkennen.

Da die künstliche Bewetterung fast ausschließlich durch saugend arbeitende Ventilatoren erfolgt, die am Mundloch des Ausziehschachtes wirken, so wird bei Doppelschachtanlagen der einziehende Schacht wegen der einfacheren Einrichtungen für die Hauptförderung verwandt. Der Ausziehschacht (Wetterschacht) übernimmt nur die Hilfsförderung und ist wichtig für die Kürzung der Seilfahrt und für die Übernahme des Holz- und Materialtransportes in die Grube, sofern für das Holzeinhängen nicht die mechanischen Holzeinhängevorrichtungen[1] verwandt werden.

Für die zweckmäßige Wahl des Schachtabstandes und der Anordnung der Verlade- und Aufbereitungsanlage sowie der Verladegleise sind neben der Größe der Förderung der Umfang der Mechanisierung des Förderwagenumlaufes auf der Hängebank sowie die Art der Fördermaschinen in erster Linie maßgebend.

Bei größerer Förderleistung wird man stets eine Durchschiebeförderung sowohl auf der Hängebank als auch auf dem Füllort vorsehen. Werden die Förderwagen auf der Hängebank von Hand bewegt, so ist der Platzbedarf der Hängebank auf der Einstoßseite des Schachtes gering (Abb. 121). Die eigentliche Hängebank (Einstoß- und Auslauf-

seite) ist waagerecht, während die Wipperbühne ein Gefälle zu den Wippern erhält, damit der volle Wagen zum Wipper mit derselben Kraft gefahren wird, wie der leere vom Wipper zurück. Die Neigung wird also von der Bauart der Förderwagen abhängen. Einstoß- und Auslaufseite sowie Wipperentfernung wird man

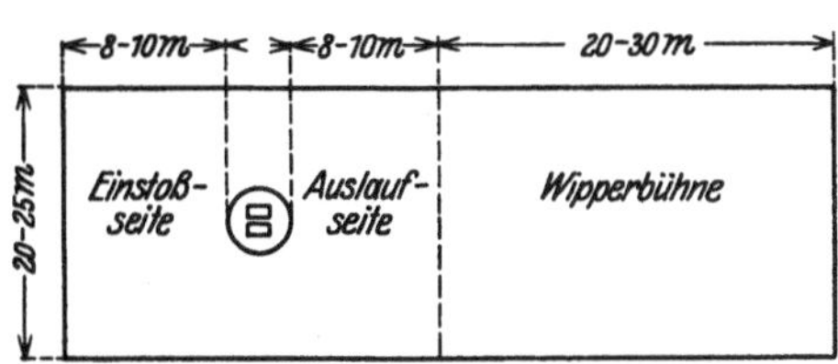

Abb. 121. Platzbedarf der Hängebank bei Bedienung von Hand.

der schnelleren Bedienung wegen möglichst kurz halten. Um zum Ausgleich der Förderbetriebsschwankungen einen Vorrat an Förderwagen unterbringen zu können, wird die Hängebank breit genug gehalten und mit Platten belegt. Die Länge der Hängebank beträgt auf der Einstoß- und Auslaufseite etwa je 8 bis 10 m, die Breite insgesamt etwa 20 bis 25 m. Die anschließende Wipperbühne wird etwa 20 bis 30 m lang, so daß die Wipperentfernung vom Schachte etwa 20 bis 25 m beträgt.

Bei mechanischem Wagenumlauf wird ebenfalls Durchschiebeförderung angewandt. Die vollen Wagen sollen auf der Hängebank bzw. Wipperbühne im Gefälle auf Gleisen abwärts zu den Wippern laufen, die leeren von da aus weiter zu einer möglichst stark ansteigenden Kettenbahn, die dieselben auf möglichst kurzer Strecke so weit anhebt, daß sie im Gefälle bis zur Einstoßseite des Schachtes an den Förderkorb heranlaufen können. Die zur Verteilung der Wagen auf die einzelnen Wipper erforderlichen Weichen, die eine wahlweise Koppelung ermöglichen sollen, sowie die Notwendigkeit eines angemessenen Aufstellungsplatzes für eine größere Anzahl Wagen setzen eine verhältnismäßig große Entfernung vom Schacht bis zum ersten Wipper voraus, die bei Doppelförderung und schräg hintereinander angeordneten Wippern etwa 40 bis 60 m beträgt. Die ebene Strecke der Gleise auf der Einstoßseite muß wenigstens so lang sein, daß die zu einer flotten Förderung erforderlichen Wagen hier stets bereit stehen können.

---

[1] Flöter: Die mechanische Holzeinhängevorrichtung der Boerschächte. Glückauf Jg. 62, S. 244. 1926.

An dieser Stelle wird die Plattenbelagoberfläche mit den Schienenköpfen ausgeglichen, damit man über die Gleise hinwegfahren und ohne Schwierigkeit Holz- und Materialwagen in die Gleise einsetzen kann. Die Auslaufseite erhält einschließlich Wipperbühne eine Länge von 75 bis 100 m, die Einstoßseite eine solche von etwa 30 m, sofern sich nicht noch ein Platz für Mannschaftszugang, Wagenreinigung usw. anschließt, der die Länge um etwa 5 bis 7 m vergrößert und zweckmäßig an der Einstoßseite vorgesehen wird, da von hier aus der Schacht am leichtesten zugänglich bleibt.

Neben der Art des Förderwagenumlaufes ist auch die Art der anzuwendenden Fördermaschinen von entscheidender Bedeutung für die Anordnung der Tagesanlagen. In Betracht kommen die Trommel-, Koepescheiben- und Turmfördermaschinen. Der Unterschied ist damit begründet, daß die Seilscheiben bei den Trommelmaschinen nebeneinander, bei den Koepescheibenmaschinen in einer Ebene schräg aufwärts hintereinander liegen und daß die Turmfördermaschine auf dem Förderturm in jeder Richtung verlagert werden kann.

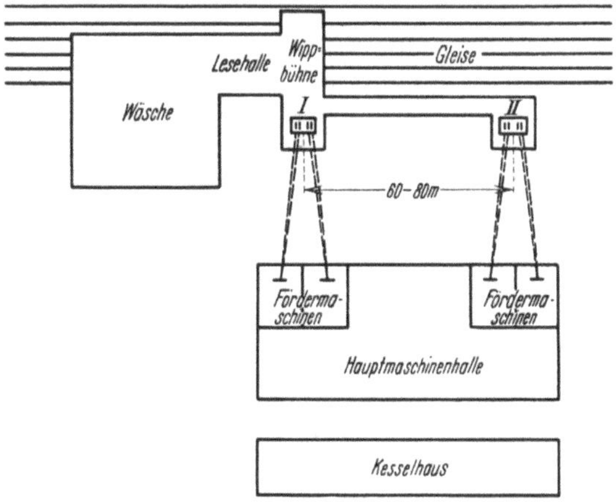

Abb. 122 zeigt eine Doppelschachtanlage[1] mit Trommelfördermaschinen in ihrer gewöhnlichen Anordnung. Die Verbindungslinie der beiden Schächte liegt parallel zu den Verladegleisen des Zechenbahnhofes. Die Wipperbühne mit der darunter liegenden Sieberei (Vorsiebung) und der daneben liegenden Lesehalle wird mit der Verladeeinrichtung für das ausgeklaubte Stückgut und evtl. für Rohfördergut über den Gleisen des Zechenbahnhofes vorgesehen. Die Wäsche (Aufbereitung) wird ebenfalls mit der Front parallel zu den Verladegleisen entweder zwischen beiden Schächten oder außerhalb derselben neben dem Hauptschacht (Einziehschacht) angeordnet, und zwar entweder unmittelbar neben dem Bahnhof oder über einen Teil der Gleise hinweg. Die Fördermaschinen liegen unmittelbar an der Zentralmaschinenhalle und hinter dieser das Kesselhaus, was in wärmewirtschaftlicher Hinsicht sehr günstig ist.

Abb. 122. Doppelschachtanlage mit 4 Förderungen und nebeneinanderliegenden Seilscheiben.

Die Fördergerüste sind meist als Einstrebengerüste für nebeneinanderliegende Seilscheiben gebaut. Infolgedessen ist die Lage der hinteren Giebelwand des Schachtgebäudes durch die Strebe begrenzt, sofern die Strebenpfosten nicht durch die Hängebank und das Dach des Schachtgebäudes hindurchgeführt werden. Hierdurch wird aber die Übersichtlichkeit und Einfachheit des Wagenumlaufes in Frage gestellt, weshalb diese Bauart nicht zu empfehlen ist. Auf alle Fälle wird der Platz auf der Einstoßseite des Schachtes bzw. der Hängebank beengt und für einen mechanischen Wagenumlauf wenig geeignet, wenn die Fördermaschinen in der Längsrichtung der Hängebank nebst anschließender Wipperbühne vorgesehen sind. Nur bei sehr breitbeinig gestellten Streben vergleichsweise hoher Fördergerüste kann dieser Nachteil umgangen werden.

---

[1] Hölzer: Richtlinien für den Entwurf der Tagesförderanlagen von Steinkohlenbergwerken. Glückauf Jg. 60, S. 1003. 1924.

Besser stellt man daher die Fördermaschinen rechtwinklig zu dieser Längsrichtung, wodurch man genügend Platz für den mechanischen Wagenumlauf sowohl am Schacht als auch an der Wipperbühne erhält. Hierbei ist es notwendig, die Seilscheiben übereinander zu verlegen. Für diese Anordnung sind die Koepemaschinen besonders geeignet. Bei Doppelförderung ordnet man die Fördermaschinen meist zu beiden Seiten des Schachtes an, um die Tragekonstruktion der Seilscheiben zu vereinfachen (Abb. 123 und 124). Diese Lage der Fördermaschinen ist wegen ihrer großen Abstände untereinander und der dadurch bedingten langen Dampfleitungen in wärmewirtschaftlicher Hinsicht ungünstig, wenn es sich um Dampfmaschinen handelt. Bei elektrischen Fördermaschinen würde auch dieser Einwand wegfallen. Als Nachteil könnte noch der Umstand gelten, daß die Schächte weit von den Bahngleisen entfernt liegen, so daß schwerere Maschinen usw., die in den Schacht eingehängt werden sollen, einen umständlicheren Antransport erfordern, wenn nicht Zuführungsgleise, etwa mit Anschluß an den Zechenbahnhof durch Drehscheiben, vorgesehen werden.

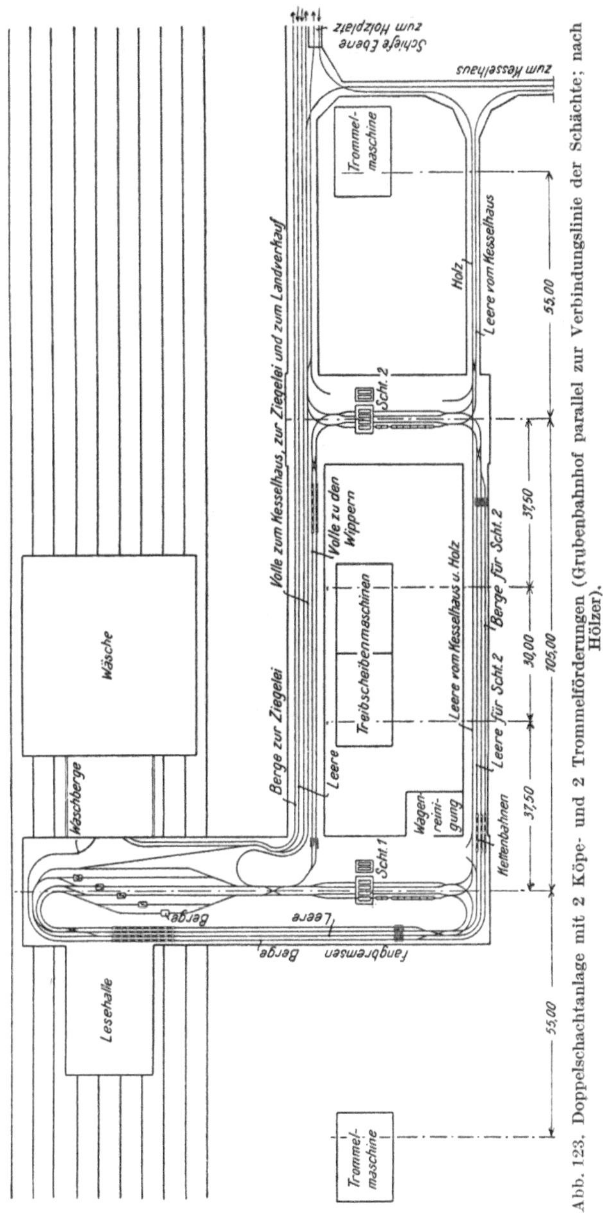

Abb. 123. Doppelschachtanlage mit 2 Köpe- und 2 Trommelförderungen (Grubenbahnhof parallel zur Verbindungslinie der Schächte; nach Hölzer).

Beachtenswert ist die Anordnung nach Abb. 123, weil hierdurch der Abstand der beiden Schächte auf mehr als 100 m erweitert wird, während bei den anderen Fällen ein Abstand von 50 bis 80 m genügt.

Bei Dampfantrieb ist auch eine schräge Anordnung zweier nebeneinander-

stehender Fördermaschinen zur Längsrichtung der Hängebank und Wipperbühne nach Abb. 125 und 126 möglich, um die volle Bewegungsfreiheit auf der
Hängebank für den mechanischen Wagenumlauf zu bewahren. Diese Anordnung
ermöglicht wieder eine räumliche Zusammenfassung des Dampfmaschinenbetrie-
bes und damit eine gute Dampfwirtschaft. Die Längsrichtung von Hängebank
und Wipperbühne kann sich bei dieser Anordnung sowohl parallel (Abb. 125)

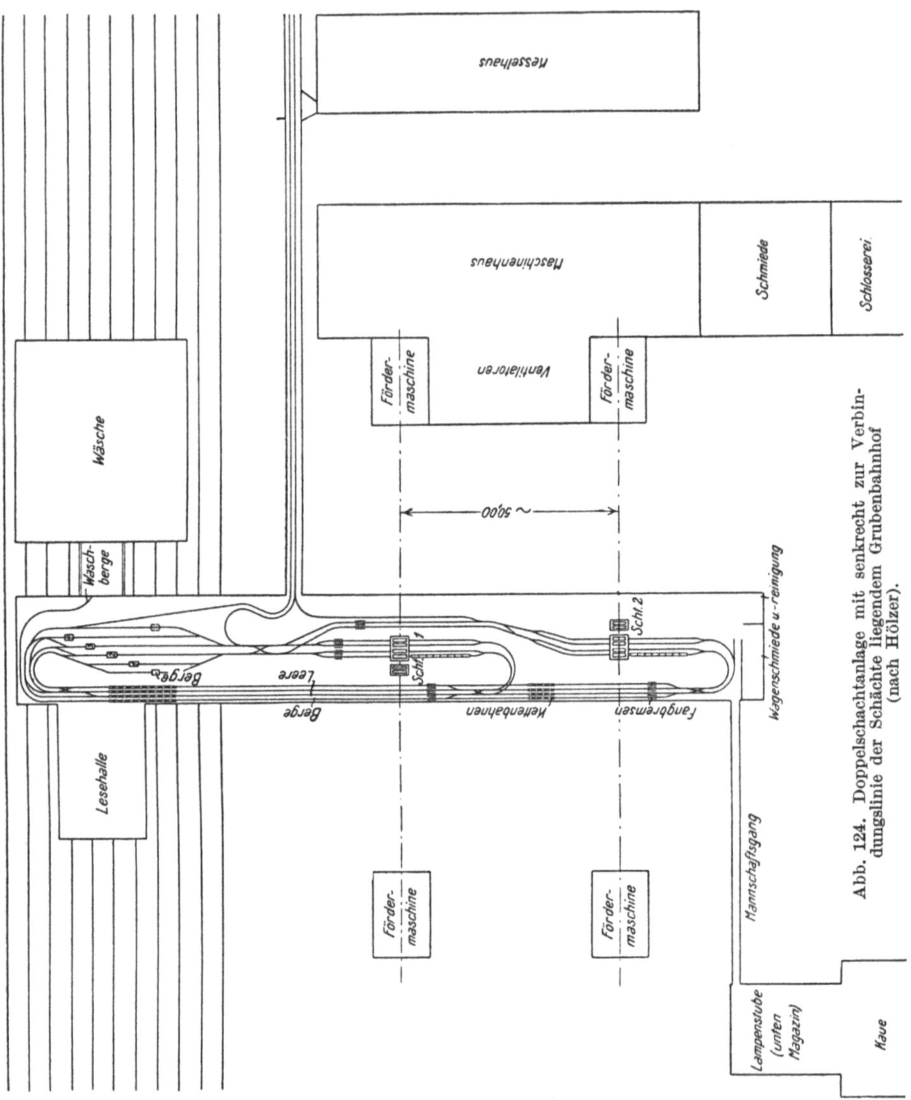

Abb. 124. Doppelschachtanlage mit senkrecht zur Verbindungslinie der Schächte liegendem Grubenbahnhof
(nach Hölzer).

als auch rechtwinklig zu den Gleisen des Zechenbahnhofes (Abb. 126) erstrecken,
während sie bei der Anordnung der Fördermaschinen zu beiden Seiten des Schachtes (Abb. 123 und 124) nur rechtwinklig zu den Verladegleisen liegen kann, wenn
man für den Zechenbahnhof die volle Entwicklungsfreiheit bewahren will. Man
müßte sonst die Fördermaschinen, so wie es in anderen Fällen mit der Aufbereitung geschehen ist, auf (Eisenbeton-) Pfeilern über den Gleisen verlagern.

Turmfördermaschinen werden für größere Leistungen fast stets mit elektrischem Antrieb gebaut. Die Lage von Kessel- und Maschinenhaus ist hier infolgedessen belanglos. Hängebank und Wipperbühne können die für mechanischen Wagenumlauf geeigneten Ausmaße erhalten. Die Längsachse der Hängebank und Wipperbühne kann sowohl rechtwinklig als auch parallel zu den Gleisen des Zechenbahnhofes angeordnet werden. Dieselbe Freiheit hat man auch bei Errichtung einer Doppelschachtanlage. Eine Einschränkung wird die Verwendbarkeit der Turmfördermaschinen da finden, wo die Schächte und damit auch die Fördertürme durch Gebirgsbewegungen infolge des Abbaues stärker in Mitleidenschaft gezogen werden können.

Die Anzahl der unter der Wipperbühne anzubringenden Vorklassierungen einschließlich der Verladeeinrichtungen für das verlesene Stückgut richtet sich

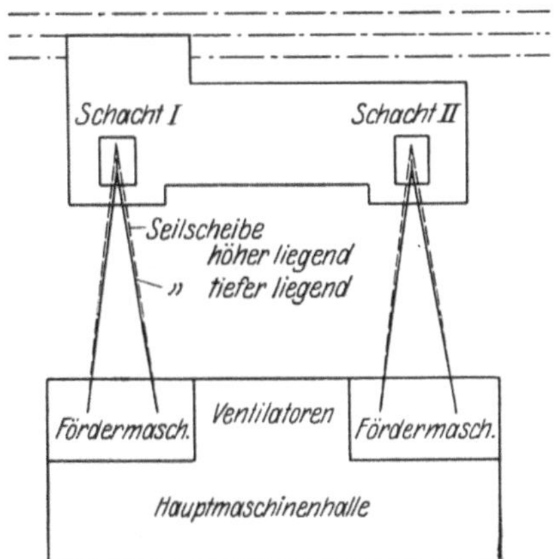

Abb. 125. Schräge Anordnung zweier nebeneinanderstehender Fördermaschinen (Wipperbühne parallel zum Bahnhof).

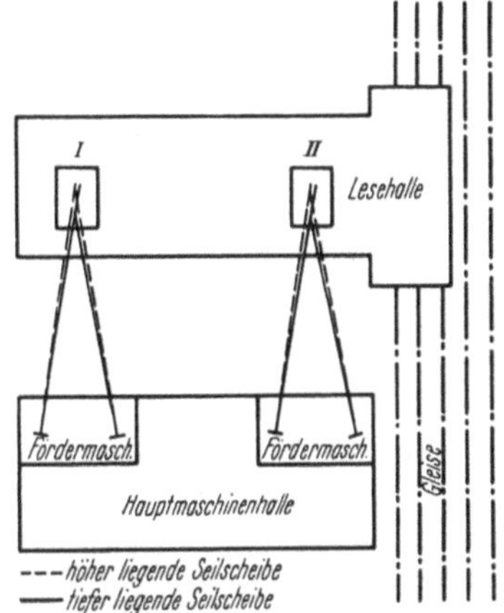

Abb. 126. Schräge Anordnung zweier nebeneinanderstehender Fördermaschinen (Wipperbühne senkrecht zum Bahnhof).

nach der Stärke der Förderung. Bei kleinerer und mittlerer Förderung sieht man 2 bis 3 gleiche Einheiten und bei einer Gesamtförderung von etwa 3000 bis 4000 t je Tag (zwei Förderschichten) in der Regel 4 Einheiten vor, von denen je eine zur Reserve dient. Die Leistungsfähigkeit der Einheit ist durch die des Wippers bedingt, der zweckmäßig nicht mehr als 4 Umläufe je Minute leistet. Bei Förderwagen von 0,7 t Inhalt leistet dann ein Wipper je Stunde reiner Arbeitszeit $4 \cdot 60 \cdot 0,7 = 168$ t, also in 6 Std. 1008 t, so daß zwei Wipper theoretisch für eine Tagesleistung von 4000 t reichen. Unter Berücksichtigung der Betriebsschwankungen werden daher 3 Einheiten nötig. Bei Anwendung der automatischen Wagenentleerung mit der Schleife von Hasenclever läßt sich der Betrieb stärker konzentrieren.

2. Verladeeinrichtungen.

Die Verladeeinrichtungen sollen einerseits eine einfache, wenig Bedienung erfordernde, betriebssichere Beladung von Eisenbahnwagen ermöglichen und andererseits umfangreiche Rangierbewegungen der leeren und der beladenen Wagen vermeiden. Die einfachste Verladung erfolgt aus Bunkern, die mindestens eine Eisenbahnwagenladung fassen müssen, weil dann die Beladung des Wagens in kürzester Zeit erfolgen kann und die Verladegleise schnell wieder frei werden. Nur in Fällen, wo die Beladung mit besonderer Sorgfalt geschehen muß (Packen von Briketts, Verladen von Stückkohlen), wird man die Produktion unter Umgehung der Bunker so, wie sie aus der Aufbereitung, Brikett-fabrik usw. kommt, direkt verladen. Die längere Dauer einer solchen Verladung sperrt natürlich das betreffende Gleis entsprechend längere Zeit, so daß gegebenenfalls eine größere Anzahl von Verladegleisen nötig wird, um die erforderliche Bewegungsfreiheit für den Rangierdienst zu erhalten.

Die Berücksichtigung des Rangierdienstes bei der Einrichtung der Verladung wird besonders notwendig, wenn verschiedenartige Produkte, wie verschiedene Erze und Salze, Koks und Steinkohle verschiedener Körnung zur Verladung gebracht werden müssen. Bei der Verladung aus Bunkern kann man auch dann noch mit wenig Verladegleisen auskommen (zentralisierte Beladung), da die Beladung der einzelnen Wagen schnell vonstatten geht und die Rangierbewegung kaum aufhält. Anderenfalls empfiehlt es sich, für jedes Produkt mindestens ein Verladegleis vorzusehen (dezentralisierte Beladung).

Bei der Verladung von Lagern, Stapeln und Halden bedient man sich heute meist mit Vorteil fahrbarer Transportbänder, des Entenschnabels und ähnlicher Einrichtungen.

e) Waschkauen.

Für die Waschkauen rechnet man je Mann bzw. je Kleideraufzug einen Platzbedarf des Auskleideraumes von 0,3 m² und für die Waschräume (Brauseräume) je Brause rd. 1,5 m². Die Anzahl der Brausen wird so bemessen, daß in der am stärksten belegten Schicht auf je etwa 9 bis 10 Mann eine Brause entfällt. Die Brausenzahl muß um so größer sein, je kürzer die relative Seilfahrtdauer ist.

Die Heizung des Auskleide- und Brauseraumes erfolgt am besten durch eine Umluftheizung mit Frischluftzuführung. Hierzu ist ein Ringkanal unter dem Auskleideraum vorzusehen, in dem die Rippenheizrohre verlagert werden. Vom Fußboden des Raumes führen Luftkanäle unter die Heizrohre, die hier erwärmte Luft steigt in Warmluftkanälen nach oben und strömt etwa in 2 m Höhe in den Raum wieder aus. Die Frischluft wird zweckmäßig durch eine besonders geheizte Frischluftkammer eingesogen und dem Ringkanal zugeführt. Die Frischluftmenge ist so bemessen, daß die Luft in den Auskleideräumen stündlich einmal erneuert wird.

Die Verbindung von der Waschkaue zum Schacht wird durch eine geschlossene Brücke hergestellt, um zu vermeiden, daß die Belegschaft auf dem Wege zum Schacht den Zechenplatz betreten muß. Es ist daher auch zweckmäßig, Steigerbüro, Lohnhalle, sowie Lampen- und Kleinmaterialausgabestellen so anzuordnen, daß sie an diesem Wege liegen (Bewegungsfolge der Mannschaftsanfahrt).

IV. Die Krafterzeugungsanlage.

Es ist anzustreben, die Krafterzeugungsanlagen zu zentralisieren. Die Anlage und deren Betrieb wird dadurch wesentlich vereinfacht. Die Zusammenlegung der Kessel- und Krafterzeugungsanlagen ermöglicht eine zentrale Regulierung des Kesselhausbetriebes und eine zentrale Messung und Verteilung der Kraftabgabe (elektrischer Strom, Druckluft usw.), wodurch in der Regel eine gleichmäßigere Belastung der Anlage ermöglicht wird als bei einer Zergliederung in mehrere selbständige Teilanlagen.

a) Die Leistungsfähigkeit der Anlage.

Die zu verlangende Leistungsfähigkeit der Kesselanlage ergibt sich aus[1]:

1. dem Dampfverbrauch der Kraftmaschinen einschließlich dem Mehrverbrauch infolge:

---

[1] Schreiber: Das Kraftwerk Fortuna II. Leipzig: W. de Gruyter & Co. 1925.

a) der höheren Kühlwassertemperatur in den Sommermonaten (für Kondensationsmaschinen),

b) des höheren Gegendruckes bei Anlagen mit Verwendung des Abdampfes zu Trocknungs- und Heizzwecken im Falle höherer Anforderung an die Trocknung bei gleichbleibendem Kraftbedarf (z. B. Trocknung von Rohbraunkohlen bei nasser Witterung),

c) sonstiger Belastungsschwankungen,

d) des natürlichen Verschleißes der Kraftmaschinen nach längerer Betriebszeit, sowie

2. dem Dampfverbrauch für Heizzwecke, soweit hierzu nicht Abdampf verwendet wird, und zwar:

a) gegebenenfalls zur Erzeugung von Zusatzspeisewasser in der Verdampferanlage,

b) in der Wasseraufbereitung (Wasserreinigung) sowohl des Zusatzspeisewassers als auch gegebenenfalls des Kühlwassers,

c) zur Raumheizung im Winter und aus

3. den Dampfverlusten in den Rohrleitungen.

b) Kessel und Kesselhäuser.

Für die Größe der Kesseleinheiten ist zu beachten, daß große Kessel einen geringeren Grundflächenbedarf des Kesselhauses, insbesondere eine geringere Baulänge bei nur unbedeutender Zunahme der Breite infolge der entsprechend geringeren Anzahl der notwendigen Kessel ermöglichen. Die geringere Kesselzahl erleichtert zugleich die Bedienung. Andererseits macht die Unterbringung und Beherrschung der mit der Heizfläche zunehmenden Rostfläche bei großen Kesseleinheiten vielfach Schwierigkeiten, namentlich bei geringwertigen Brennstoffen wie Rohbraunkohle. Es macht daher Schwierigkeiten, bei der Feuerung von Rohbraunkohlen auf gewöhnlichen Treppenrosten Kesseltypen von mehr als rd. 650 m² Heizfläche zu verwenden[1]. Mechanische Roste und insbesondere die Staubkohlenfeuerung lassen eine größere Kesselabmessung zu. Es sind schon Kessel mit Staubkohlenfeuerung von rd. 2000 m² Heizfläche in Betrieb genommen worden.

Die Anordnung der Kessel hat so zu erfolgen, daß sich

a) möglichst kurze Wege für die Dampf- und Wasserleitungen,

b) leichte Kohlenzufuhr und -verteilung,

c) leichte und gefahrlose Zugänglichkeit der Einzelteile der Anlage, insbesondere auch der Aschenkeller und der Fuchskanäle,

d) gute Übersicht insbesondere der für die Wartung und Bedienung wichtigen Teile ergeben (z. B. Schürerstände).

Bei sehr großen Turbineneinheiten in der Kraftzentrale empfiehlt sich aus den unter a) und b) genannten Gründen die Anordnung einzelner Kesselhausgruppen rechtwinklig zur Längsachse des Maschinenhauses, weil dann die kürzesten Verbindungswege entstehen. Zugleich wird die Kohlenzufuhr für die einzelnen Kesselhäuser namentlich bei der Bekohlung durch Transportbänder betriebssicherer, da die einzelnen Bänder kürzer werden und etwaige Störungen eines Bandes sich nicht auf den Betrieb der anderen Kesselhausgruppen auswirken. Ferner werden im Falle einer Kesselexplosion höchstens nur die Kessel des betreffenden Gruppenhauses außer Betrieb kommen, also auch diese Gefahr besser lokalisiert, wenn die einzelnen Kesselhäuser durch massive Wände und (etwa 18 bis 20 m) breite Höfe voneinander getrennt sind.

---

[1] Schreiber: a. a. O.

Das Kesselhaus besteht in der Regel bei großen Kesseleinheiten aus vier Stockwerken, und zwar dem Aschenkeller, dem Heizerflur, dem Bedienungsflur und dem Kohlenbunker. Bei mittleren und kleineren Kesselabmessungen werden Bedienungs- und Heizerflur zusammengefaßt. Der Aschenkeller soll zu ebener Erde liegen und nach allen Seiten durch große, befahrbare Bogenöffnungen freigelegt sein. Die Decke des Aschenkellers wird durch große, mit begehbaren Rosten überdeckte Öffnungen durchbrochen, damit hier vorgewärmte Frischluft bis zum Heizer- und Bedienungsstand und zur Feuerung aufsteigen kann. Oberhalb des Bedienungsflurs wird zweckmäßig ein Handlaufkran für eine Nutzlast von etwa 3 bis 5 t angeordnet, der den ganzen Flur bestreichen kann, um das Montieren und Abmontieren der Anlageteile auch im Betriebe zu erleichtern. Das Kesselhausdach ist mit Oberlichtfenstern und Entlüftungsschloten zu versehen.

Für den Bau und den Betrieb des Kesselhauses sind die zu erwartenden bzw. gegebenen Belastungsschwankungen von erheblicher Bedeutung. Die Belastungsschwankungen werden vor allem bewirkt durch die Witterungsverhältnisse, besonders da, wo erheblich Dampfmengen zur Raumbeheizung verwandt werden, ferner durch das An- und Abstellen der einzelnen Dampfverbraucher und bei ausschließlichem Tages- oder Nachtbetrieb durch die täglichen Betriebsunterbrechungen. Die Nachteile der Belastungsschwankungen sind wärmetechnischer, betriebstechnischer sowie wirtschaftlicher Art. Durch die Belastungsschwankungen entstehen Wärmeverluste bedingt durch die Abkühlungsverluste bei vorübergehender Stillegung oder Einschränkung des Kesselbetriebes sowie durch den geringeren Feuerungswirkungsgrad bei Änderung der Belastung. Je nach der Höhe, Schnelligkeit und Dauer der Belastungsschwankungen sowie nach der Art der Kessel und Feuerungen kann der hierdurch gegenüber gleichmäßiger Belastung hervorgerufene Mehrbedarf an Brennstoff etwa 3 bis 15% betragen.

Durch Überbelastung des Kessels wird der Feuchtigkeitsgehalt des Kesseldampfes erhöht, wodurch die Leistung der Überhitzer beeinträchtigt wird, da er zunächst den Dampf trocknen muß, ehe er ihn überhitzen kann. Die weiteren betriebstechnischen Folgen sind niedrigere Heißdampftemperaturen, wodurch der Wirkungsgrad der Dampfmaschinen verschlechtert wird und bei Turbinen der Feuchtigkeitsgehalt in den letzten Stufen unangenehm steigen kann. Schließlich wird durch schwankende Belastung auch das Mauerwerk der Kesselfeuerungen ungünstig beeinflußt.

Bei starken Belastungsschwankungen muß die Anlage bezogen auf ihre Durchschnittsleistung vergleichsweise groß und damit teuer werden, so daß auch vergleichsweise hohe Verzinsungs- und Amortisationskosten entstehen.

Die Nachteile der Belastungsschwankungen lassen sich einschränken:

a) durch die Entwicklung und Anwendung von Kessel- und Feuerungskonstruktionen, die sich den Belastungsschwankungen in möglichst kurzer Zeit und mit möglichst geringen Verlusten anzupassen vermögen,

b) durch Einbau von Dampfspeichern namentlich bei starken, aber kurz dauernden Schwankungen,

c) durch Vermeidung bzw. Verminderung der Belastungsschwankungen mit Hilfe geeigneter Maßnahmen der Betriebsorganisation.

Die Kessel erhalten zweckmäßig große Wasser- und Dampfräume bei möglichster Zergliederung der Wasserräume, damit sich die Dampferzeugung den Belastungsschwankungen möglichst anpassen kann und das mitgerissene Wasser im Dampfraum nachverdampft wird. Es darf deshalb auch die verdampfende Oberfläche im Dampfraum nicht zu klein sein, da der Wassergehalt des Dampfes etwa dieser verdampfenden Oberfläche umgekehrt proportional ist. Man rechnet etwa[1]:

a) je m² Heizfläche eine stündliche Dampferzeugung von normal· 25 bis 28 kg und maximal 32 bis 35 kg, bei Staubfeuerung höher,

b) je m² Verdampfungsfläche des Dampfraumes stündlich etwa 500 bis 700 kg Dampf, ·

c) $\dfrac{\text{Dampfraum in m}^3}{\text{stündl. Sattdampferzeugung in m}^3} = \dfrac{1}{80}$ bis $\dfrac{1}{100}$ normal,

$$\dfrac{1}{100} \text{ bis } \dfrac{1}{170} \text{ maximal,}$$

d) $\dfrac{\text{Dampfraum}}{\text{Wasserraum}} = \sim \dfrac{1}{1,5}$ bis $\dfrac{1}{3,5}$,

e) $\dfrac{\text{gesamter Kesselinhalt in m}^3}{\text{stündl. Sattdampferzeugung in m}^3} = \dfrac{1}{30}$ bis $\dfrac{1}{35}$ normal,

$$\dfrac{1}{35} \text{ bis } \dfrac{1}{45} \text{ maximal,}$$

f) $\dfrac{\text{Rostfläche}}{\text{Heizfläche}} = $ je nach dem Brennstoff etwa $\dfrac{1}{15}$ bis $\dfrac{1}{30}$.

Die Feuerungseinrichtungen richten sich nach dem verfügbaren Kohlenmaterial. Sie sollen

a) eine vollkommene Verbrennung der Kohlen ermöglichen,

b) bei feststehenden Planrosten und Treppenrosten eine gleichmäßige Beschickung von Hand ermöglichen, wodurch deren Tiefe begrenzt ist,

c) bei Treppenrosten ein gleichmäßiges Nachrutschen und bei mechanischen Rosten, zu denen auch die modernen Muldenroste gehören, einen gleichmäßigen Transport der Kohlen im Feuerraum bewirken, und zwar so, daß die Kohle weder zu früh, noch zu spät ausbrennt,

d) bei Staubkohlenfeuerungen eine Flammenberührung mit dem Mauerwerk vermeiden (Einblasegeschwindigkeit),

e) den Belastungsschwankungen weitgehendst folgen können.

Zur Überwindung stärkerer Belastungsschwankungen kann man in Feuerungen, auf denen Kesselkohlen in den verschiedenen Korngrößen verbrannt werden, Staubkohlenzusatzfeuerungen einbauen, die eine zeitweilige, aber schnelle und intensive Steigerung der Dampfkesselleistung ermöglichen, um so mehr als auch deren Inbetriebsetzung nur wenige Minuten Zeit in Anspruch nimmt.

Staubkohlenfeuerungen[2] haben den Vorteil der höheren Dauerwirkungsgrade (80 bis 85% und darüber), der Verwendbarkeit geringwertiger Kohlen, der Möglichkeit eines schnellen Wechsels der Kohlensorten ohne Änderung der Feuerung, schnelles Anheizen (Rücksicht auf Haltbarkeit der Mauer bei zu starken Temperatursprüngen) und leichte Regelung des Feuers innerhalb bestimmter Grenzen. Dazu kommt die höhere Leistung der Kessel bei ausreichendem Feuerungsraum, wobei Kessel- und Vorwärmer-Heizfläche kleiner, die Überhitzerfläche dagegen meist größer ausfallen. Der Betrieb ist rein mechanisch und infolge des Fehlens beweglicher Teile und eiserner, ungekühlter Teile im Feuerraum auch sicher zu gestalten. Die Schlackenbeseitigung aus dem Feuerraum ist bei entsprechender Kühlung durch Luft oder Kühlroste meist einfach

---

[1] Schreiber: a. a. O.

[2] Schulte: Was muß der Dampfkesselbesitzer von der Kohlenstaubfeuerung wissen? Z. bayer. Rev.-V. 1927, Nr. 4/5.

und mechanisch leicht lösbar. Wegen der hohen im Feuerraum auftretenden Temperaturen müssen hochfeuerfeste Steine zur Auskleidung desselben verwandt werden, falls der Raum nicht mit Kühlrohren ausgekleidet wird. Der Staub darf nicht zu lange in den Bunkern liegen wegen der Gefahr des Zusammenbackens, der Brückenbildung und der Bildung von Explosionsnestern. Überhaupt erfordert die Feuer- und Explosionsgefahr des Kohlenstaubes eine besondere Beachtung. Die Feuerräume der Staubkohlenfeuerungen leisten bei den für diese Feuerungsart recht gut geeigneten Wasserrohrkesseln etwa 100000 bis 200000 kcal/m³/h, im Mittel etwa 160000 kcal/m³/h. Bei Flammrohrkesseln, für die eine Vorfeuerung nötig ist, kann der Raum etwas kleiner gewählt werden, weil eine teilweise Verbrennung des Staubes innerhalb des Flammrohres nicht schadet. Die Leistung beträgt etwa 200000 bis 300000 kcal/m³/h. Flammrohrkessel sind jedoch für Staubkohlen wegen der starken Abstrahlungsverluste und der starken Beanspruchung des Steinmaterials weniger geeignet.

Von den Dampfspeichern[1] kommen die mit den Kesseln verbundenen Gleichdruckspeicher nur für geringere Schwankungen in Betracht, da ihre Überlastbarkeit kaum über 15 bis 25% hinausgeht. Die Ruthsspeicher sind sehr stark überlastbar und können hohe Dampfverbrauchsspitzen sofort aufnehmen. Da sie vom Kessel unabhängig sind, können sie in erheblichem Umfange als Reserve dienen. Auf dem Kraftwerk Charlottenburg[1] der Berliner Städtischen Elektrizitätswerke sind 16 stehende Ruthsspeicher von insgesamt 5000 m³ Rauminhalt aufgestellt, die 600000 kg Dampf aufnehmen können, der zur Zeit der Leistungsspitze 2 Ruthsturbinen — Bauart Siemens-Röder — von je 20000 kW Leistungsfähigkeit zugeführt wird. Hochelastische Feuerungen machen Dampfspeicher oft überflüssig.

Die Ausrüstung der Kessel soll hier nicht im einzelnen besprochen werden. Es sei darauf hingewiesen, daß Ablagerungen von Ruß und Asche in den Flammrohren bzw. auf den Kesseltrommeln und Siederohren den Kesselwirkungsgrad und seine Leistung herabsetzen, weshalb man zweckmäßig Rußbläser zur Reinigung verwendet, die durch entsprechende Öffnungen in das Mauerwerk eingeführt und von außen gehandhabt werden. Man verwendet zum Ausblasen am besten Druckluft, da beim Ausblasen mit Dampf die Gefahr besteht, daß die Asche sich anfeuchtet und verkrustet.

Die Anzeigevorrichtungen[2] der zur Überwachung des Betriebes erforderlichen Meßgeräte werden zweckmäßig auf einer Instrumententafel vereint, die so angebracht ist, daß sie vom Standort des Bedienungspersonals gesehen und abgelesen werden kann. Von Bedeutung sind ferner neben Überhitzer und Vorwärmer die Dampftemperaturregler, da zu hohe Dampftemperaturen die Turbinen und die sonstigen Kraftmaschinen gefährden können. Die Temperaturregelung muß jederzeit im Betriebe durchführbar sein.

Die Dampfmaschinen müssen unbeschadet der Betriebssicherheit durch ihre Konstruktion dem sparsamsten Dampfverbrauch Rechnung tragen. Um die

---

[1] Praetorius: Einfluß von Belastungsschwankungen auf den Kesselbetrieb. Vortrag gehalten im Bochum. Bez.-V. d. I. Techn. Mitt. Bochum. Bez.-V. d. I. 1930, S. 60.

[2] Bei größeren Kraftanlagen mit einem jährlichen Brennstoffbedarf von mehr als 150000 bis 175000 ℳ ist eine sehr eingehende Überwachung zweckmäßig. Sie hat sich zu erstrecken im Kesselhaus auf Brennstoffverbrauch, Verbrennungsrückstände, Zugverhältnisse, CO_2-Gehalt und Temperatur der Heiz- und Abgase, Wasserverbrauch, Speisewassertemperatur evtl. vor und hinter dem Ekonomiser, Speisewasserbeschaffenheit, Dampfleistung und Dampfzustand im Kesselhaus. An den Maschinen sind festzustellen: Leistung, Dampfverbrauch, Dampfzustand vor und hinter den Maschinen, Wirkung der Entöler. Ebenso ist sinngemäß der Dampfverbrauch der einzelnen Betriebsabteilungen unter Berücksichtigung des Dampfzustandes, der Zustand der Dampfrohrleitungen, Kondensatabscheider, Dampf- und Heißwasserheizungen usw. zu überwachen.

Wechselbeanspruchung der hin- und hergehenden Massen zu vermeiden, werden
Großkraftmaschinen als Dampfturbinen konstruiert.

Als Speisewasser kann ein nach den verschiedenen Verfahren gereinigtes
oder destilliertes Wasser verwendet werden. Obwohl die Verwendung destillierten Wassers zunächst sehr teuer erscheint, so weist doch Schreiber[1] nach,
daß die Verwendung destillierten Wassers weniger Wärmeverluste mit sich bringt
als die Verwendung des sog. „gereinigten" (permutierten usw.) Wassers, weil
bei Verwendung des letzteren die Kessel jeden Tag abgeschlämmt und einmal
in der Woche bis auf den niedrigsten Wasserstand entleert werden müssen, um keine allzu starke Laugenkonzentration im Kessel entstehen zu lassen. Zweifellos trägt die Verwendung destillierten Speisewassers dazu bei, die Betriebssicherheit der Dampfkesselanlagen wesentlich zu erhöhen.

c) Abwärmeausnutzung.

Von wesentlicher Bedeutung für den Ausbau der Dampfkraftanlagen sind die Möglichkeiten der Abwärmenutzung. In einer verlustfreien Dampfkessel- und -maschinenanlage würde man nach Fritzsche[2] aus einem Dampf von 350° C und 12 at abs. Eintrittsspannung und 0,1 at abs. Endspannung bestenfalls rd. 29% in mechanische Arbeit umwandeln können. Es kann, da es sich hier um den Idealfall handelt, kein noch so weit getriebener Fortschritt im Bau und Betrieb einen höheren

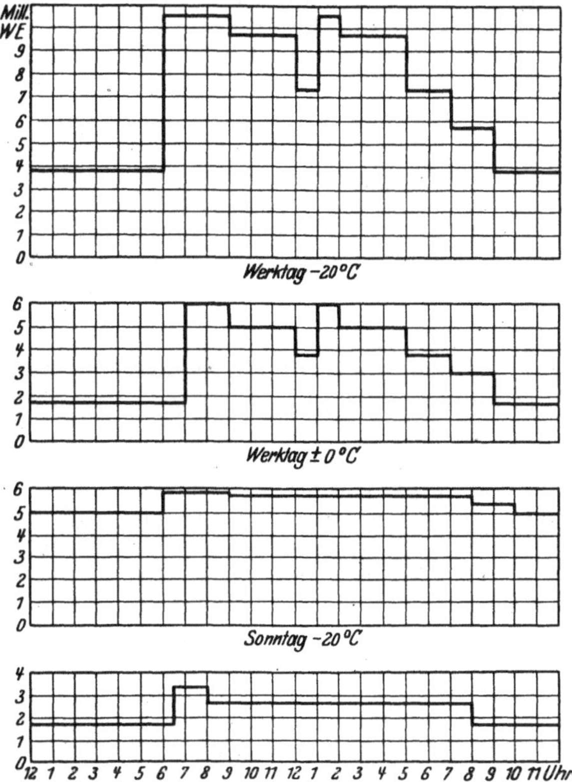

Abb. 127. Schwankungen in der Wärmeabgabe eines Fernheizwerkes
bei verschiedenen Tageszeiten und Temperaturen.

Wirkungsgrad für den vorliegenden Fall erzielen. Würde der Abdampf zur Herstellung von Warmwasser von 45° C verwendet, so würden im Idealfalle die
restlichen 71% Wärme im Warmwasser gewonnen werden.

Wenn auch praktisch die Gesamtausnutzung im letzteren Falle nur 80%
beträgt, wovon nur rd. 15% auf den Kraftmaschinenprozeß entfallen würden,
so sieht man doch daraus, wie abwegig es ist, unter Einsatz erheblicher Mittel
den Wirkungsgrad der Kraftmaschinen um einige Prozent zu verbessern, solange
noch die Nutzung der Abwärme offensteht, wobei allerdings der meist höhere
Geldwert der Kraftwärme zu beachten ist und ebenso die Frage, ob und in
welchem Umfange die Forderungen des Betriebes hinsichtlich der Krafterzeugung

---

[1] Schreiber: a. a. O.
[2] Fritzsche: Rede zum Rektoratswechsel an der Bergakademie Freiberg 1921. Jahrb.
Berg- u. Hüttenwes. in Sachsen. Jg. 1921.

mit der Möglichkeit der Abgabe von Abwärme in Einklang zu bringen sind. Als Beispiel seien die mittleren Schwankungen der Wärmeabgabe eines größeren westdeutschen Fernheizwerkes in der folgenden graphischen Darstellung wiedergegeben (Abb. 127)[1]. In welchem Umfange Abwärmespeicher für diese Zwecke genügen, ist von Fall zu Fall zu entscheiden.

Auch bei Explosionsmotoren ist die Frage der besten Wärmekraftausnutzung unter Beachtung der Abwärmewirtschaft von außerordentlicher Wichtigkeit. Die MAN gibt an, daß größere Explosionsmotoren (Gasmotoren) bei Vollast je Gas-PS/Std. aus der Wärmeverwertung der Auspuffgase unter geeigneten Dampfkesseln 0,9 kg Dampf von 12 atü und 300° C gewinnen lassen. Bei wechselnder Belastung der Anlage wird man danach noch immer mit rd. 0,7 kg Dampf je Gas-PS/Std. rechnen können.

Diese Ausführungen zeigen, daß die Abwärmewirtschaft von erheblicher Bedeutung sein kann und daher beim Entwurf der Betriebsanlage berücksichtigt werden muß. Dies ist besonders bei den Bergwerksanlagen der Fall. Hier können neben den Anlagen zur Ausnützung des Abdampfes der Maschinen zu Koch-, Heiz- und Trockenzwecken auch Anlagen zur Ausnützung der Abhitzegase oder der Gasüberschüsse von Kokereien usw. in Betracht kommen. Es muß daher auch die Einwirkung solcher Teilanlagen auf die Wärmewirtschaft der Gesamtanlage entsprechend berücksichtigt werden.

d) Die elektrische Zentrale.

In der Regel wird in den Zentralen ein Drehstrom von etwa 5000 bis 6000 Volt erzeugt. Mit diesem Strom werden Motore von mehr als 200 kW, mitunter auch bis zu 100 kW herab, betrieben. Die kleineren Motore werden mit Niederspannung von etwa 220/380 Volt betrieben, falls man nicht für die kleineren Motore ebenso wie für alle Motore mit oft aussetzendem oder in der Tourenzahl stark schwankendem und entsprechend zu regulierendem Betrieb besser Gleichstrom wählt.

Für die Bemessung der Stärke der elektrischen Zentrale ist der Anschlußwert der Stromverbraucher in Rechnung zu stellen. Der Anschlußwert wird in erster Linie nach dem Umfange der Benutzung der Elektromotore usw. bemessen. Man rechnet z. B. für den Betrieb der Kompressoren 100%, der Pumpen je nach der täglichen Laufzeit. Für Hebezeuge und Einzelantriebe der Werkzeugmaschinen rechnet man etwa 20 bis 30% und für Gruppenantriebe etwa 75% der Nennstärke der Motore. Für vorübergehende Überlastungen rechnet man einen Zuschlag von etwa 25% zu der durch Addition der Anschlußwerte sich ergebenden Gesamtbelastung und sieht je nach den örtlichen Verhältnissen eine angemessene Reserve vor.

Auf den meisten Bergwerken werden die Dynamomaschinen durch Dampfturbinen angetrieben, die sich den Betriebsschwankungen sehr elastisch anpassen können. Gasmotorantriebe haben den Nachteil sehr starker Schwankungen des spezifischen Gasverbrauches bei wechselnder Belastung. Ein Großgasmotor verbraucht je kWh bei voller Belastung etwa 3700 bis 3800 kcal. Der Verbrauch steigt bei ¾ Last auf etwa 4200 bis 4300 kcal, bei ½ Last auf 5300 bis 5400 kcal und bei ¼ Last auf rd. 8000 kcal. Ein weiterer Nachteil der Gasmotore besteht darin, daß sie über ihre Nennleistung nicht wesentlich belastet werden dürfen. Es empfiehlt sich, bei Gasmotorkraftzentralen die Spitzenbelastungen durch Dampfturbinen aufzunehmen. An den Gleichförmigkeitsgrad der Gasmotore müssen hohe Anforderungen gestellt werden. Anzapf- und Abdampfturbinen sind da anzuwenden, wo Niederdruckdampf für andere Zwecke gebraucht wird

---

[1] Nerger: Möglichkeiten und Vorteile der Kraft-Wärmekupplung in öffentlichen und industriellen Betrieben. Glückauf Jg. 60, S. 735. 1924.

(Anzapfturbine) oder zur Krafterzeugung zur Verfügung steht (Abdampfturbine).

Die Schaltanlagen müssen betriebssicher und übersichtlich sein und bei leichter Zugänglichkeit aller Teile eine bequeme und gefahrlose Bedienung ermöglichen. Ölschalter und Öltransformatoren sind so aufzustellen, daß bei etwaigen Ölbränden eine Verqualmung und Verrußung der Verteilungsanlage verhütet wird.

An Stelle einer Reserve empfiehlt sich in vielen Fällen der Anschluß an eine Überlandzentrale, von der bei eintretendem Bedarf der Strom bezogen werden kann. Besonders günstig kann diese Kuppelung werden, wenn sie eine Rücklieferung überschüssigen Stromes an das öffentliche Stromnetz zu annehmbaren Preisen ermöglicht.

V. Die Anordnung der Tagesanlagen für das Abteufen.

Bei der Anordnung der Tagesanlagen sind die nachstehenden Gesichtspunkte zu beachten:

a) bequeme Ab- und Zufuhr der beim Abteufen fallenden Berge sowie der hierbei zu verwendenden Materialien,

b) der Einfluß der etwa zu erwartenden Abteufschwierigkeiten auf die nacheinander anzuwendenden Verfahren und damit auf die etwa notwendig werdende weitere Umgestaltung der Tagesanlagen,

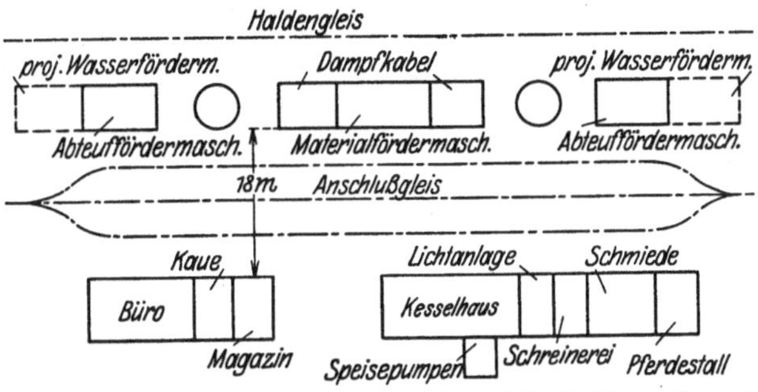

Abb. 128. Anordnung der Tagesanlagen beim Schachtabteufen (Doppelschachtanlage) von Hand.

c) das Auftreten etwaiger Erdbodenbeschädigungen in unmittelbarer Umgebung des Schachtes infolge der Vorgänge beim Abteufen (z. B. Senkungen und Tagesbrüche beim Senkschachtverfahren),

d) in manchen Fällen kann auch die Weiterverwendung der ganzen Anlage oder einzelner Teile derselben für den späteren Betrieb in Frage kommen.

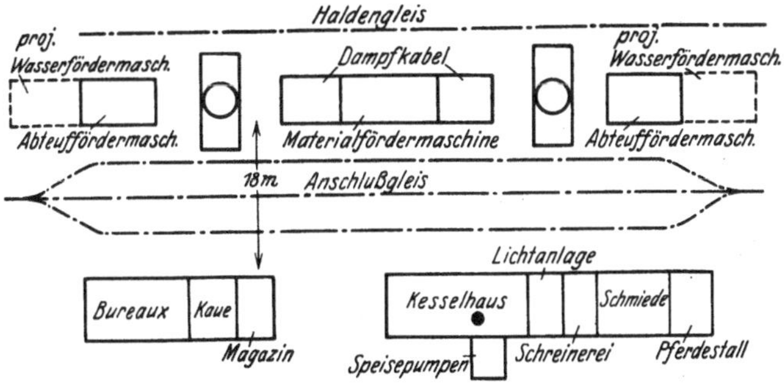

Falls das Abteufen nicht in unmittelbarer Nähe einer bestehenden Bergwerksanlage erfolgt, sind in der Regel

Abb. 129. Anordnung der Tagesanlagen beim Schachtabteufen (Doppelschachtanlage) nach dem Kind-Chaudron-Verfahren.

neben den eigentlichen Abteufanlagen, wie Schachtfördergerüst, Abteuffördermaschine usw., noch ein Kesselhaus, ein Maschinenhaus zur Erzeugung von Elektrizität und Druckluft, eine Schmiede, Werkstätten für Schlosser und Schreiner, Lagerräume, Waschkauen und Büros erforderlich.

Soll das Abteufen von Hand erfolgen und sind Beschädigungen der Erdoberfläche nicht zu erwarten, so ordnet man häufig die zum Berge- und Materialtransport erforderlichen Maschinen sowie die schweren Kabelmaschinen in einer Linie an, die bei Doppelschachtanlagen mit der Verbindungslinie beider Schächte zusammenfällt (Abb. 128).

Auf der einen Seite dieser Gebäudereihe liegt das Haldengleis, während auf der anderen der Zechenbahnhof liegt, der zweckmäßig aus einem mittleren Umfahrungsgleis und je einem Gleis für die Materialzu- und -abfuhr für die Schächte und für die auf der anderen Seite des Bahnhofes liegenden Betriebsgebäude (Magazin, Kesselhaus usw.) besteht.

Eine solche Anlage läßt sich leicht für die Anwendung des Kind-Chaudron-Verfahrens umbauen, wenn die Gleisabstände vom Schachte so gehalten sind, daß der querstehende Bohrturm Platz findet (Abb. 129).

Dasselbe gilt sinngemäß auch für die etwaige Anwendung der meisten anderen Abteufverfahren, wie z. B. für das Honigmann-Verfahren, für das Gefrierverfahren usw. Beim Gefrierverfahren müßte an den Schachtfördertürmen ein Anbau für die Tiefbohrgeräte und in der Nähe des Kesselhauses ein Anbau für die Gefriermaschinen vorgesehen werden. Nur beim Abteufen durch Schwimmsandschichten besonders von Hand oder nach

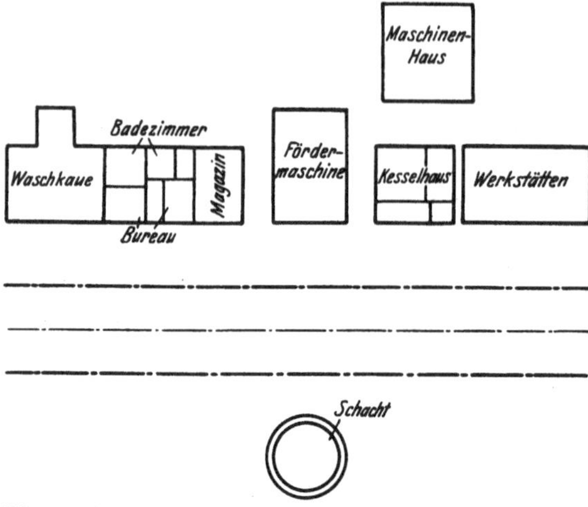

Abb. 130. Anordnung der Tagesanlagen beim Senkschachtverfahren.

dem Senkschachtverfahren empfiehlt es sich, die Tagesanlagen soweit als möglich vom Schachte abzurücken, um sie nicht durch seitlich des Schachtes etwa herausgehende Senkungen und Tagesbrüche, die infolge von Sohlendurchbrüchen usw. leicht eintreten können, zu gefährden. Dieser Erfahrung trägt der Lageplan Abb. 130 Rechnung[1].

Die Magazine, Werkstätten und Büros werden vielfach weiter vom Schachte entfernt errichtet, um später beim Bau der Betriebsanlagen nicht im Wege zu stehen.

Die Abteufanlagen sind in der Regel provisorische Anlagen, die nach der Beendigung des Abteufens meist vollständig entfernt werden. Die Maschinen, insbesondere die normalen Abteuffördermaschinen, sind für den späteren Betrieb sehr häufig zu schwach oder überhaupt nicht verwendbar. Verwendet man Fördermaschinen, die man für den späteren Betrieb benutzen will, so muß man bei der Platzwahl derselben den Plan der späteren Betriebsanlage berücksichtigen, wodurch die Planung der Abteufanlagen gegebenenfalls stark beeinflußt werden kann.

VI. Die Anordnung der Steinkohlentagesanlagen.

a) Die Bestandteile einer Anlage.

Die Anlage besteht in der Regel aus:

A. den Schächten, und zwar dem Hauptförderschacht und dem Wetterschacht;

---

[1] Die Entwicklung des Niederrheinisch-Westfälischen Steinkohlenbergbaues in der zweiten Hälfte des 19. Jahrhunderts, 3. Bd., S. 309. Berlin: Julius Springer.

B. den hierzu gehörigen Fördereinrichtungen, wie Schachtförderausrüstung (Förderturm, Hängebank, Verladeeinrichtung) und Schachtfördermaschinen sowie Förderwagen;

C. der Krafterzeugung, wie Dampfkesselanlage nebst Hilfsbetrieben (Speisepumpen, Wasserreinigung, Kohlezuführung, Dampfleitungen, Kesselhaus, Essen);

D. der Maschinenzentrale,
1. elektrische Krafterzeugung einschließlich Schaltanlage, Umformer usw.,
2. Drucklufterzeugung,
3. Grubenbewetterung,
4. Wasserhaltung,
5. Kondensationsanlage;

E. Aufbereitung nebst Sieberei;

F. Kokerei mit Nebenproduktenanlage (Ammoniak-, Benzolgewinnung usw.);

G. Magazine einschließlich Holzplatz;

H. Werkstätten einschließlich Grubenholzbearbeitung;

J. Bergetransporteinrichtung zur Halde;

K. Kauengebäude;

L. Verwaltungsgebäude.

Hierzu kommen gegebenenfalls noch Spülversatzanlage, Ziegelei, Beamtenwohnungen, Arbeiterkolonie.

b) Die gegenseitige Anordnung der einzelnen Anlageteile.

Die wichtigsten Bewegungsfolgen sind in Abschnitt F IIIb angegeben. Maßgebend für die Anordnung der Tagesanlagen sind neben den allgemeinen Gesichtspunkten der Wahrung zweckmäßigster Bewegungsfolgen vor allem die Bedürfnisse der Förderung, Veredelung und Verladung der Kohle bzw. Kohleprodukte. Außerdem sind von einschneidender Bedeutung die Vollständigkeit der Elektrifizierung der Betriebsanlagen sowie bei Kokskohlenzechen die Art der zu errichtenden Kokerei.

Für die Art der Aufbereitung ist die Beschaffenheit der Kohle und die Sonderheit der Absatzverhältnisse von erheblicher Bedeutung. Wird z. B. die Feinkohle nicht an Ort und Stelle verkokt oder brikettiert, so kann bei nasser Aufbereitung der hohe Wassergehalt der Feinkohle für größere Frachtentfernungen erhebliche Frachtunkosten bewirken, die gegebenenfalls die Wahl des Aufbereitungssystems beeinflussen können.

Eine vollständige Elektrifizierung der Anlage einschließlich der Fördermaschinen läßt eine völlige Abtrennung der Krafterzeugungsanlage von dem übrigen Betriebe zu. Nur bei Kokereianlagen mit Nebenproduktengewinnung ist es in diesem Falle zweckmäßig, die Anlage zur Gewinnung der Nebenprodukte in der Nähe der Zentrale unterzubringen, um stets genügend Dampf bzw. Abdampf für die Ammoniakgewinnung usw. bei möglichst niedrigen Abkühlungsverlusten zur Verfügung zu haben. Soll in solchen Fällen eine Kokerei mit Abhitzeöfen erbaut werden, so steht das Kesselhaus am besten hinter der Kokerei und das Zentralmaschinenhaus hinter der Nebenproduktenanlage.

Der hohe Dampfverbrauch der Dampffördermaschine bewirkt, daß grundsätzlich das Kesselhaus und damit auch das Zentralmaschinenhaus in ihre Nähe gesetzt werden. Daraus ergibt sich dann auch die Anordnung einer Abhitzekokerei von selbst wieder in der Nähe des Kesselhauses und damit neben der Aufbereitungsanlage, da die Kokerei aus Gründen der zweckmäßigen Koksverladung stets parallel zum Zechenbahnhof unmittelbar an diesem und mit der Koksausdrückseite zu ihm gerichtet liegen soll. Bei Kokereien mit Löschturm und Kokssieberei kann die Koksofenbatterie auch rechtwinklig zu den

Gleisen liegen, da die Verladung an einem Endpunkt der Batterie konzentriert wird.

Regenerativ- und Rekuperativöfen sowie Koksöfen mit Fremdgasbeheizung machen die Kokerei von der Anlage des Kesselhauses unabhängig, da auch für den Fall, daß das Gas zur Beheizung der Kessel dienen soll, keine erheblichen Verluste durch eine längere Gasrohrleitung bei guter Wartung zu befürchten sind. In solchen Fällen spielt lediglich die Frage der Kohlen- und Koksverladung sowie die Platzfrage eine Rolle.

Ist der Platz vergleichsweise kurz und dafür breit, so ordnet man die Kokerei oft gegenüber der Kohlenverlade- und Wäscheeinrichtung auf der anderen Seite des Zechenbahnhofes an. In diesem Falle wird zweckmäßig für die Nebenproduktenfabrik eine besondere kleine Dampferzeugungsanlage vorgesehen, wenn Dampffördermaschinen aufgestellt werden. Ist der Platz dagegen vergleichsweise lang, so ordnet man Wäsche, Kohlenverladung und Kokerei meist in einer Linie an derselben Zechenbahnhofseite an. Hier hat man besonders darauf zu achten, daß alle drei Anlagen späterhin erweiterungsfähig bleiben.

Muß die Bergeförderung (zur Halde) oder die Kohlenförderung (zur Kokerei) zur anderen Seite des Zechenbahnhofes führen, so ist für den Transport entweder eine Untertunnelung oder eine geschlossene Überbrückung des Bahnhofes vorzusehen. Niveaukreuzungen sind wegen der damit verbundenen Betriebsgefahr zu vermeiden. Im Tunnel bzw. auf der Brücke können bei Bedarf auch die Rohr- und Kabelleitungen untergebracht werden.

Die Koksverladung kann in der Regel auf einem Gleis erfolgen, da meist nur eine Sorte verladen wird, weshalb die in einer Reihe hintereinander stehenden Wagen beliebig beladen werden können. Es empfiehlt sich jedoch, für Koksgrus usw.

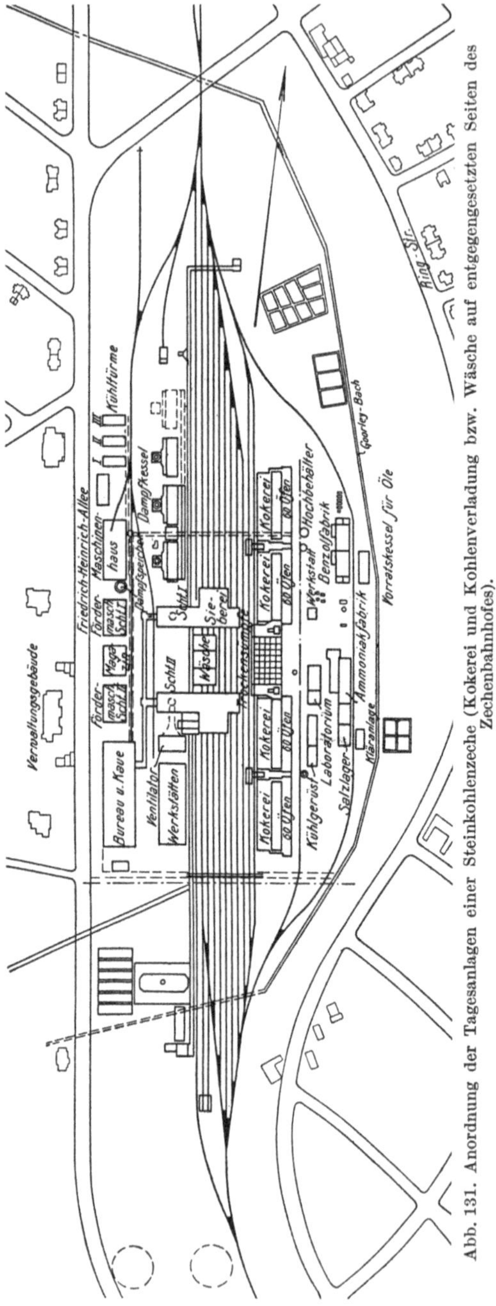

Abb. 131. Anordnung der Tagesanlagen einer Steinkohlenzeche (Kokerei und Kohlenverladung bzw. Wäsche auf entgegengesetzten Seiten des Zechenbahnhofes).

je einen besonderen Vorratsbehälter oder Ablageplatz mit einem mindestens
einer Wagenladung entsprechenden Fassungsvermögen vorzusehen, damit z. B.
beim Verladen des Gruses keine Schwierigkeiten dadurch entstehen können,
daß der im Verladegleis stehende Gruskokswagen nicht in derselben Zeit wie
die Hüttenkokswagen beladen werden kann und dadurch zu umständlichen
Rangierbewegungen zwingt.

Aus diesem Grunde sind auch bei der Kohleverladung für die einzelnen
Korngrößen Bunker oder sog. Verladetaschen von je etwa 30 t Inhalt vorzusehen,
wenn die Verladung auf einem Gleise erfolgen soll. Im anderen Falle muß man
für jede Kohlen- bzw. Kornsorte ein besonderes Verladegleis vorsehen, besonders
wenn der Anfall der einzelnen Sorten sehr verschieden ist. Hierdurch wird ein

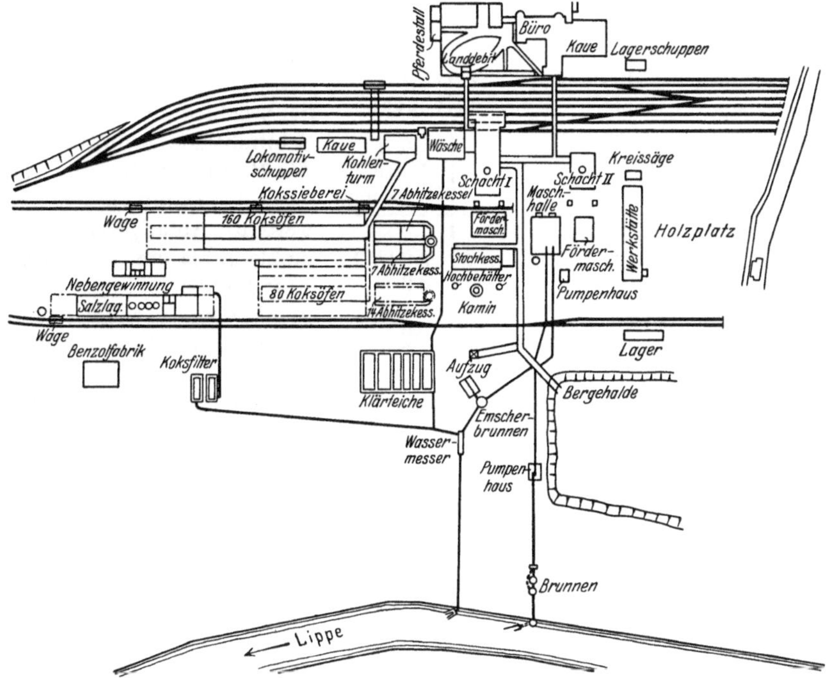

Abb. 132. Anordnung der Tagesanlagen einer Steinkohlenzeche (Kokerei, Wäsche, Schachtanlagen usw. auf
einer Seite des Zechenbahnhofes).

sehr ausgedehnter und vergleichsweise schlecht ausnutzbarer Zechenbahnhof
erforderlich, der zu sehr umfangreichen Rangierbewegungen zwingt.

Bei sehr starker Förderung kann man die Bunker so über den Gleisen anordnen, daß sie je nach Bedarf gleichzeitig die in zwei oder mehreren Gleisen
nebeneinander stehenden Wagen zu beladen vermögen.

Für die in der Regel vom Lesebande aus unmittelbar zu beschickenden
Stückkohlenwagen sowie für die Verladung von Förderkohle sind besondere
Verladegleise vorzusehen.

Die zum Landverkauf, für die Ziegelei oder für das Kesselhaus bestimmten
Kohlen schickt man — abgesehen von etwaigen für das Kesselhaus bestimmten,
besonders unreinen Kohlen — mit der übrigen Förderung durch die Sieberei
evtl. auch durch die Wäsche und läßt sie von hier aus durch Transportbänder
usw. an den Bestimmungsort gelangen. Dadurch wird sowohl der Wagenumlauf
auf der Hängebank und Wipperbühne als auch der Betrieb an den einzelnen

Verbrauchsstellen vereinfacht und es wird diesen Stellen ohne fühlbare Mehrkosten eine wertvollere Kohle zugeführt.

Abb. 131[1] und 132[2] zeigen einige nach den obigen Gesichtspunkten angefertigte Entwürfe von Tagesanlagen für Steinkohlenbergwerke.

c) Die Zusammenstellung des Kraftbedarfes eines Steinkohlenbergwerkes.

Im nachstehenden ist eine kurze Zusammenstellung des Energieverbrauches gegeben, wie er etwa für eine rheinisch-westfälische Zeche von 5000 bis 5500 t Tagesförderung in Frage kommt. Die Förderung erfolgt von 3 Sohlen aus etwa 450 bis 600 m Teufe durch 3 Dampffördermaschinen. Vorhanden sind vier vollständig elektrifizierte Wäschen, davon eine als Reserve, eine neuzeitlich, auf elektrischen Strom eingestellte Zentralwerkstatt, fahrbare Verlade- und Kraneinrichtungen für Kohlen- und Materialtransporte, Lagerhaldenbeschickung, Drehkran für Schiffsbeladung im Hafen usw. Als Brennstoff für die Erzeugung des Dampfes von 15 atü werden Abfallprodukte wie Kohlenschlamm, Koksgrus, Abfallkohlen, ungewaschene Feinkohlen usw. verwendet, die in einer besonderen Anlage gleichmäßig gemischt werden, ehe sie den Wanderrostfeuerungen der Steilrohrkessel zugeführt werden. Zum Ausgleich der Spitzenbelastung werden die Kessel zusätzlich noch mit Kohlenstaub geheizt. Zur Erzeugung der notwendigen elektrischen Energie (Aufbereitung, Wasserhaltung, Werkstätte, Beleuchtungszwecke usw.) dienen drei, teilweise mit Abdampf betriebene Turbodynamos von insgesamt 5500 kW, von denen jedoch nur 3800 kW benötigt werden. Wegen hoher Schlagwettergefahr ist die Anlage fast völlig auf Preßluftbetrieb eingestellt. Die wichtigsten sonstigen Betriebsdaten und Einrichtungen sind:

Tabelle 80. Energieverbrauch je t Nettoförderung bzw. je t Koks einer Steinkohlenzeche.

	Je t Nettoförderung
a) Zeche:	
1. Fördermaschinen	8,9 kWh
2. Wäschen	3,8 „
3. Kesselanlagen	2,4 „
4. Werkstätten	0,5 „
5. Kran- und Verladeanlagen	1,2 „
6. Sonstiger Verbrauch über Tage	1,7 „
7. Preßlufterzeugung	21,5 „
8. Elektrischer Lokomotivbetrieb	0,9 „
9. Druckluftlokomotivbetrieb	1,1 „
10. Wasserhaltung	3,1 „
11. Wetterwirtschaft	6,7 „
	51,8 kWh
b) Kokerei:	je t Koks
1. Energieverbrauch	16,3 kWh
2. Dampfverbrauch	0,37 t
3. Preßluftverbrauch	26,4 m³

Preßluftwirtschaft:
Erzeugung:
2 Turbokompressoren zu insgesamt 76 000 m³ a. L. je Stunde,
3 Kolbenkompressoren (als Reserve) zu insgesamt 30 000 m³ a. L. je Stunde.
Verbrauch:
für Bohr- und Abbauhämmer, Schrämmaschinen, Haspel, Rutschen, Sonderbewetterung usw. insgesamt 225 m³ a. L. je Tonne Förderung, davon 115 m³ je Tonne für Sonderbewetterung.

Förderung unter Tage:
Hauptstrecken: Elektrische Fahrdrahtlokomotiven und Preßluftlokomotiven.

---

[1] Büssing: Das Steinkohlenbergwerk Friedrich Heinrich in Lintfort. Glückauf 1914, S. 201.

[2] Schulte: Die Tagesanlagen des Steinkohlenbergwerkes Viktoria in Lünen. Glückauf 1914, S. 791.

Nebenstrecken: Preßluftzubringerlokomotiven (Hochdruckpreßlufterzeuger mit einer Leistung von 2400 m³ a. L. je Stunde, Druckluft von 200 atü).

Bewetterung:
Minutlich geförderte Menge verbrauchter Wetter ~ 15300 m³ bei 240 mm W.-S. -Depression. Methangehalt der Grubenwetter 0,12%.
Hauptventilatoren:
1. Maximale Wetterleistung von 12000 m³ je min.
2. „   „   „   6400 m³ je min.
Dazu vier kleinere Reserveventilatoren.

Wasserhaltung:
Minutlich geförderte Wassermenge aus 610 m Teufe 2,5 m³.
3 Kreiselpumpen mit elektrischem Antrieb zu je 5,0 m³/min,
1 Kreiselpumpe   „   „   „   „ „ 2,5 m³/min.

Kokerei:
5 Batterien mit 277 Öfen.
Tägliche Produktionsmöglichkeit 2300 t Koks.
Ammoniaktrocknung mit Dampf und Förderung mit Preßluft bis zur Verladung.

Der Selbstverbrauch der Zeche an Brennstoffen beträgt rd. 4,8% der Förderung bei einem Heizwert von 7600 kcal der Kohle. Der gesamte Energieverbrauch der Zeche und der Kokerei ist in vorstehender Tabelle 80 angegeben.

VII. Die Anordnung der Tagesanlagen eines Braunkohlenwerkes.

a) Die Bestandteile einer Anlage und die wichtigsten Bewegungsfolgen.

Die Anlage besteht in der Regel aus:
A. dem Förderschacht (-schächten) bzw. dem Tagebau,
B. den hierzu gehörigen Fördereinrichtungen (Schachtförderanlage, schiefe Ebene mit Kettenbahn, Großraumförderung, Vorbunker),
C. Krafterzeugungsanlage — Dampfkesselanlage und Zubehör,
D. der Maschinenzentrale, die in der Regel nur aus Anlagen zur elektrischen Krafterzeugung nebst Schalttafel, Transformatoren usw. besteht,
E. Sieberei (Naßdienst) und Rohkohlenverladung (Gleiswaage),
F. Brikettfabrik (Trocken- und Pressendienst),
G. Magazine einschließlich Holzplatz,
H. Werkstätten sowie Grubenholzbearbeitung (sofern Tiefbau),
J. Kauengebäude,
K. Verwaltungsgebäude.
Hierzu kommen gegebenenfalls noch Schwelerei mit Zubehör bzw. Bitumenfabrik, Naßpresse mit Zubehör, Ziegelei, Beamten- und Arbeiterwohnhäuser.
Die wichtigeren Bewegungsfolgen sind:
a) Bewegungsfolge der Produktion (Stammbaum von Naßdienst einschließlich Verladung, Brikettierung, evtl. Naßpresse und Schwelerei nebst Weiterverarbeitung),
b) Bewegungsfolgen des Kraftmaschinenbetriebes (s. Abschnitt F III b),
c) Bewegungsfolgen der Hilfsmaterialien (s. Abschnitt F III b).
Für die Anordnung der Tagesanlagen sind neben den allgemeinen Gesichtspunkten die Bedürfnisse der Kohlenförderung maßgebend, ferner die besonderen Anforderungen des Brikettierungsvorganges an die Vorbereitung der Kohle, der Dampfbedarf der Trockenapparate sowie die Brikettverladung und -stapelung.

Soweit die Kohlenförderung durch Grubenförderwagen erfolgt, kommen die allgemeinen Gesichtspunkte der Förderung über Tage in Betracht, auf die verwiesen wird. Bei der in Tagebaubetrieben vielfach in Anwendung stehenden Großraumförderung ist stets die Zwischenschaltung eines Bunkers mindestens zum Ausgleich der stoßweisen Kohlenzufuhr und ununterbrochenen Kohlenentnahme vorzusehen. Zweckmäßig erhalten die Bunker einen Fassungsraum, der einen ein- bis zweitägigen Bedarf der Brikettfabrik aufnehmen kann.

b) Die besonderen Gesichtspunkte für die Brikettierung.

1. Kohlenböden und Trockendienst.

Die Brikettierung verlangt schon für die Trockner die Zuführung einer gleichartigen Kohle von gleichbleibender Kornzusammensetzung, wobei das Korn zweckmäßig nicht über 8 mm ⌀ haben soll. Auf den meist über dem Trockendienst angeordneten Kohlenböden tritt stets eine starke Entmischung der sich dort anhäufenden zerkleinerten Brikettkohle ein, sobald das Haufwerk über den augenblicklichen Bedarf hinaus anwächst. Besonders unangenehm wirkt diese Entmischung da, wo der Kohlenboden eine horizontale Grundfläche hat, also die seitwärts liegenden Kohlen bei Bedarf herangeschaufelt werden müssen. Es ist daher meist zweckmäßig, die Kohlenböden trichterförmig zu gestalten, so daß die Kohle an allen Stellen stets gleichmäßig zu den Füllöffnungen der Trockner abrutscht, wenn auch dadurch der Inhalt der Böden verringert wird. Zum Ausgleich von Förderstörungen ist vor dem Naßdienst ein Bunker vorzuschalten.

Der hohe Dampfverbrauch der Trockner zwingt auch bei vollständiger Elektrifizierung der Anlage zur Anordnung des Kessel- und des Zentralmaschinenhauses in die Nähe des Trockendienstes. Damit ist die räumliche Verbundenheit der Krafterzeugungsanlage mit der Brikettfabrik stets gegeben.

2. Der Aktionsradius der Briketts.

Besondere Anforderungen an die Anordnung des Zechenbahnhofes und des Stapelschuppens werden durch die Schwierigkeiten der Brikettverladung gestellt.

Bekanntlich werden die aus der Presse austretenden Briketts von der Presse auf Rinnen bis zur Verladungsstelle vorgeschoben. Diese Rinnen können nicht beliebig lang gewählt werden. Bei langen, geraden Rinnen werden die Briketts nur bis zu einer bestimmten Entfernung vorgeschoben, dann wird der Gegendruck des Brikettstranges auf den Pressendruck so groß, daß in Pressennähe die Briketts zerdrückt werden[1]. „Der Strang rammelt." Die bei solchen Versuchen erreichbare Brikettstranglänge wächst mit der Festigkeit der Briketts, ist also in erster Linie von der Kohlenbeschaffenheit und von der Art der Brikettierung abhängig. Für die Projektierung einer Anlage ist der Versuch bis zur Erreichung eines guten Mittelwertes zu wiederholen. Mit Rücksicht auf Kurven, Wechsel der Kohlenbeschaffenheit und sonstige Widerstände rechnet man etwa 75% der mittleren maximalen Brikettstranglänge als Aktionsradius der Brikettverladung.

Die Briketts sollen je nach Bedarf auf den Rinnen sowohl zur Verladestelle als auch zu den Stapelschuppen bzw. Stapelplätzen vorgeschoben werden. Nimmt man an, daß die Stapelung im hinteren Teile des Stapelschuppens den weitesten Transport der Briketts auf den Rinnen bedingt, so ist die Lage dieses Schuppenteils durch die Größe des Aktionsradius bestimmt. In den Brikett-

---

[1] Issel: a. a. O.

strangweg muß auch der Kühlschrank eingeschaltet werden, wenn man gekühlte Briketts verladen bzw. stapeln will.

Der Aktionsradius schwankt zwischen etwa 50 bis 350 m und beträgt durchschnittlich

$$\begin{array}{ll}
\text{im Geiseltal} \dots\dots\dots\dots & \text{etwa } 170 \text{ m,} \\
\text{„ Rheinland} \dots\dots\dots\dots & \text{„ } 200 \text{ m,} \\
\text{in Borna-Meuselwitz} \dots\dots & \text{„ } 210 \text{ m,} \\
\text{„ der Niederlausitz} \dots\dots & \text{„ } 260 \text{ m.}
\end{array}$$

Der Aktionsradius des Brikettstranges ist abhängig von

α) der Festigkeit der Briketts,

β) den Reibungswiderständen der Rinnen,

γ) den Tourenzahlen der Pressen und den damit bedingten Beschleunigungsdrücken[1].

α) Die Brikettfestigkeit. Die Festigkeit der Briketts wird in der Hauptsache beeinflußt vom Format, der Kohlenbeschaffenheit und den Brikettierungsvorgängen.

Salonsteine, die im Verhältnis zur Oberfläche den größten Inhalt haben und daher schwer abkühlen, haben die größte Festigkeit. Sie werden übrigens allein gekühlt. Die Halbsteine können in einfachen Rinnen meist noch bis zur Normalverladung vorgebracht werden. Noch kleinere Formate würden infolge der durch die Einkerbungen stark herabgesetzten Festigkeit schon früher „rammeln", also in der Rinne zerdrückt werden, weshalb Fabrikanlagen, die viel Kleinformate absetzen, bei Anlegung eines Parallelbahnhofes die Verladung zweckmäßig zwischen Schuppen und Fabrik anordnen.

Die Festigkeit des Briketts ist beim Austritt aus dem Pressenmaul am geringsten. Je nach der Beschaffenheit der Kohle, der Sorgfalt der Trocknung und Brikettierung schwankt die Biegungsfestigkeit normaler Briketts aus mittelbzw. norddeutscher Kohle etwa zwischen 10 bis 20 kg/cm². Durch die Abkühlung nimmt die Festigkeit der Steine bereits bei dem Vorschub in der Rinne merklich zu, und zwar bei normalem Vorschub bis 60 m vom Pressenmaul um etwa 1%, bis 100 m um etwa 3,5% und bis 160 m um etwa 7,5% der ursprünglichen Festigkeit. Nach vierstündiger Auskühlung wird ein Maximum der Festigkeitszunahme mit etwa 25 bis 30% erreicht. Die Festigkeit nimmt sodann je nach den Einflüssen der Atmosphärilien wieder etwas ab, bleibt aber bei guter Auskühlung und zweckmäßiger Lagerung oberhalb der Anfangsfestigkeit. Wird die Abkühlung nicht gut durchgeführt, so tritt nachträglich eine Wiedererwärmung verbunden mit einer starken dauernden Festigkeitsabnahme ein.

Hieraus ergibt sich die Notwendigkeit einer möglichst intensiven Kühlung in den Rinnen. Die Rinnen müssen dazu so gebaut werden, daß sich in ihnen keine wärmeisolierenden Grusmassen ansammeln können und die Luft möglichst gut an die Briketts herantreten kann. Wollte man die Briketts zwecks Abkühlung bei normalem Betriebe etwa 4 Std. = 240 min in den Rinnen lassen, so müßte die Rinnenlänge bei einer Tourenzahl der Pressen von $n = 100$, einer Steinstärke von $\delta = 0,045$ m dem Produkte $100 \cdot 0,045 \cdot 240 = 1080$ m entsprechen. Diese Länge geht weit über jeden Aktionsradius hinaus, um so mehr als noch die Länge des Stapelschuppens meist für die Kühlung verloren geht. Ein geeignetes Mittel zur Erzielung großer Kühlrinnenlängen bildet der Kühlschrank, in dem je nach Bedarf etwa 2 bis 12 Rinnen neben- und übereinander angeordnet werden, deren Abstand nach Issel wenigstens 25 cm in waagerechter und 50 cm in senkrechter Richtung betragen soll, um der Luft zwischen den Rinnen guten

---

[1] **Hullen**: Die Bestimmung des Druckes und der Geschwindigkeit im Strang einer Brikettpresse. Braunkohle 1930, S. 1037.

Zutritt zu gewähren und bei etwaigem Rammeln der Briketts eingreifen zu können.

Die Länge des Kühlschrankes errechnet sich[1], wenn bei einem Parallelbahnhof der Stapelschuppen zwischen Verladung und Brikettfabrik liegt zu,

$$K = h - (l + m + s),$$

wobei

h = Aktionsradius,
l = Entfernung zwischen Presse und Kühlschrank,
m = Entfernung zwischen Kühlschrank und Stapelschuppen.
s = Länge des Stapelschuppens,
K = Länge des Kühlschrankes

ist.

Die gesamte Kühlrinnenlänge wird

$$r = K \cdot y + l + o,$$

wobei

y = Zahl der Kühlrinnen im Kühlschrank,
o = Entfernung vom Kühlschrank bis zur Verladung bzw. Stapelung

ist.

Die Kühlrinnenlängen betragen da, wo Kühlschränke eingebaut sind, meist zwischen 400 bis 900 m. Die größte Kühlrinnenlänge hat zur Zeit Grube Neurath mit 940 m. Soweit sich Wasserkühlung anwenden läßt, wird die erforderliche Kühlrinnenlänge wesentlich geringer werden.

β) **Die Reibungswiderstände der Rinnen.** Der Reibungswiderstand der Rinnen, durch den ebenfalls der Aktionsradius stark eingeschänkt wird, kann durch sorgfältige Konstruktion und Verlegung derselben vermindert werden. Die Rinnen werden aus Flach- und Winkeleisen hergestellt, die so anzuordnen sind, daß der sich bildende, wärmeisolierende und reibungsvermehrende Grus sofort nach unten durchfällt, sich also nicht in der Rinne ansammeln kann. Das Brikett muß nach allen Seiten Spiel haben, damit die Reibung gering wird und der Strang selbst in Kurven die günstigste Kurve bilden kann. An den Stößen (Verbindungen) sind alle Ecken und Kanten abzurunden, damit hier keine Widerstände und Steinzerstörungen eintreten. Gute Erfahrungen hat man namentlich in Kurven mit Rollenrinnen gemacht, die zwar die einseitige Beanspruchung der Steine in den Kurven nicht beseitigen, aber eine Schonung der Steine durch Verminderung des Gegendruckes herbeiführen.

Die Rinnenverlegung muß sorgfältig geschehen. Schlechte Stoßstellen (seitliche wie Niveauänderungen), Knicke und scharfe Kurven geben stets Veranlassung zur Grusbildung. Schädlich sind auch plötzliche Neigungsänderungen, die sich namentlich beim plötzlichen Übergang aus einem steileren Rinnenstück in ein flacheres durch das Auf- und Abschlagen des Brikettstranges bemerklich machen, das mitunter zu einem Ausbrechen der Briketts aus der Rinne Veranlassung gibt, wenn die Rinnen nicht sorgfältig abgedeckt sind. Die Abdeckung erfolgt am besten durch eiserne, luftdurchlässige Deckrinnen, die den oben erwähnten Anforderungen Rechnung zu tragen haben. In bezug auf die Folgen der Verlegung ist überall da Gefahr im Verzuge, wo die Rinnen provisorisch verlegt werden, wie z. B. beim Stapeln.

Eine wesentliche Beeinträchtigung der Steinfestigkeit und damit des Aktionsradius findet in scharfen Kurven statt, namentlich wenn diese gleichzeitig mit Steigungsänderungen der Rinnen verbunden sind, weil die Briketts in den Kurven nur einseitig und nicht auf der ganzen Schlagfläche gedrückt werden.

---

[1] Issel: a. a. O.

Da die Briketts beim Austritt aus dem Pressenmaul die geringste Widerstandsfähigkeit haben, so ist hier auch die Wirkung etwaiger Kurven am ungünstigsten.
Die Schwenkrinnen bzw. Hosenrinnen, die bei einfachen bzw. Doppelpressen
die Verbindung mit den Kühlschränken herstellen, wirken daher besonders
ungünstig, da hier der Brikettstrang gleich hintereinander zwei Kurven in Gestalt eines S zu durchlaufen hat und dabei meist noch die Höhenlage ändern
muß. Issel fand in einem aus 9 Rinnen bestehenden Kühlschrank von nachstehender Anordnung

$$1 \quad 2 \quad 3$$
$$4 \quad 5 \quad 6$$
$$7 \quad 8 \quad 9$$

die folgenden Änderungen der Brikettfestigkeit:
Der mittlere Strang 5 wies eine Druckfestigkeit von 100% auf. Dieselbe
sank in den Innenrinnen 2, 4, 6 und 8 auf 93,4% und in den Außenrinnen 1, 3, 7
und 9 sogar auf 82,2% (Mittel von je 6 Versuchen). Noch unangenehmer wirken
die Hosenrinnen von Doppelpressen, wenn an diese sich Kühlschränke anschließen.
Eine wesentliche Abhilfe schafft in dieser Hinsicht die Zwillingspresse. Während
die Pressenmäuler bei Doppelpressen unmittelbar nebeneinander liegen, liegen
sie bei den Buckauer Zwillingspressen 0,8 m und bei den Zeitzer Zwillingspressen
sogar 1,25 m auseinander und ermöglichen so die Beschickung großer Kühlschränke ebenso wie Einzelpressen. Die Zwillingspressen sind daher bei Umbauten
älterer Fabriken den Doppelpressen vorzuziehen.

γ) **Die Anwendung von Transportbändern.** Bei Anwendung von Transportbändern ist man von dem Aktionsradius völlig unabhängig. Die eisernen Geflechtbänder ermöglichen die beste Steinkühlung, da die Briketts lose geschüttet
auf dem Bande liegen bzw. mit einem bestimmten Zwischenraum, wenn das
Band schneller läuft als die Briketts aus der Presse vorgeschoben werden. Neuerdings erhalten jedoch der Kosten wegen das Plattenband und vor allem die
Gummi- und Balatabänder den Vorzug. Die Bandbreite richtet sich nach der
Belastung und der Geschwindigkeit. Vielfach nimmt ein Band die Produktion
von mehreren Pressen auf. Vorwiegend werden Bänder zur Verladung von Industriesteinen verwendet. Salonsteine können vom Bande nicht gepackt, sondern
nur geschüttet werden, weshalb deren Transport zur Verladung bisher nur im
Rheinland auf Bändern erfolgt.

Der Bandtransport eignet sich vor allem für die zentrale Verladung und
erfordert in diesem Falle nur wenig Bedienung.

Abb. 120 zeigt das System einer Anlage mit Klauenbahnhof sowie Zentralverladung auf Bändern.

Zum Abtransport von Bruch werden ebenfalls meist Transportbänder verwendet, die bei Rinnentransport mit Kühlschränken meist unterhalb der Schwenkrinnen liegen.

δ) **Die Anordnung von Rinnen, Kühlschränken und Stapelschuppen.** Die
Entfernung zwischen Presse und Kühlschrank beträgt etwa 15 m und weicht
auf den einzelnen Anlagen nur wenig von diesem Werte ab. Dagegen wird die
Entfernung zwischen Kühlschrank und Stapelschuppen sehr stark durch die
Art der Bahnhofsanlage beeinflußt. Bei Klauenbahnhöfen kann diese Entfernung auf etwa 5 m beschränkt werden. Bei Parallelbahnhöfen wird die zulässige
Länge der Stapelschuppen durch die Breite der Verladegleisanlagen beschränkt,
wobei es gleichgültig ist, ob der Stapelschuppen vor oder hinter den Verladegleisen liegt. Bei der Anwendung des Stapelschuppens zwischen Fabrik und Verladegleis müssen die Rinnen bereits beim Eintritt in die Schuppen so hoch
geführt werden können, daß die Briketts über den Stapel hinweg zur Verladung

gebracht werden. Da aus den Rinnen die Beladung der Eisenbahnwagen vorgenommen werden muß, ist die Stapelhöhe durch die zulässige Rinnenhöhe beschränkt. Um das Stapeln im Schuppen zu ermöglichen, müssen noch einige tiefer liegende Rinnen in die Schuppen geführt werden. Zweckmäßig ist es, beim Stapeln das Umlegen der Rinnen, insbesondere der Kühlschrankrinnen, zu vermeiden, um einer Verkürzung des Aktionsradius durch schlecht verlagerte Rinnen vorzubeugen. Man teilt daher den Kühlschrank vielfach in eine schräg aufwärts gehende Rinnengruppe für die Waggonverladung und eine tiefer liegende Gruppe für die Stapelung. Beide Gruppen werden sorgfältig und fest eingebaut.

Liegen die Gleise vor dem Stapelschuppen, so müssen die Rinnen schon vor den Gleisen bis zur profilfreien Höhe angestiegen sein, da sie über die Gleise hinweg zum Schuppen geführt werden müssen.

Bei kleinem Aktionsradius muß man sonach dem Klauenbahnhof trotz seiner Nachteile hinsichtlich des Rangierdienstes den Vorzug geben.

Bei mittlerem Aktionsradius kann man bei Anwendung des Parallelbahnhofes eine größere Stapelschuppenfläche erzielen, indem man die Rinnen stark fächerförmig auseinander zieht (Schmetterlingstyp). Man erhält dadurch bei mittlerer Länge des Schuppens eine erhebliche Breite. Natürlich müssen die Rinnen in solchen Fällen besonders sorgfältig mit gleichmäßiger Krümmung und fest verlagert werden. Die Krümmungen der Rinnen würde man erheblich einschränken können, wenn man bereits die Pressen in der Fabrik entsprechend fächerförmig anordnete. Diese Maßnahme läßt sich ohne erhebliche Kosten auch in manchen bestehenden Fabriken durch Umsetzen der Pressen erreichen. Es würden dann nur neue Maschinenfundamente nötig werden. Der Umbau brauchte an den in der Frontmitte stehenden Pressen nicht durchgeführt zu werden.

3. Die Stapelung der Briketts.

Die Stapelung der Briketts ist für die meisten Braunkohlenbrikettwerke von größter finanzieller Bedeutung. Jede Tonne Briketts kostet, wenn sie über den Stapel geht, mindestens ~ 25 Pfennig mehr, und wenn sie in den Eisenbahnwagen gepackt wird, mindestens ~ 45 Pfennig mehr. Die Größe des Stapels hängt von den Absatzschwankungen ab. Der Betrieb ist so zu leiten, daß die über den Stapel gehende Menge ein wirtschaftliches Minimum an Verlusten ergibt. Die Leistung der Fabrik[1] beträgt bei einheitlichen Pressen

$$L = Z\left(1440 - \frac{m}{t}\right) \cdot \frac{g \cdot n}{1000}\left(\frac{100 - x}{100}\right) \text{ Tonnen},$$

wobei
    $Z =$ Pressenzahl,
    $m =$ Einbauzeit einer Form (einschließlich Ausbau der alten) in min,
    $t \ =$ mittlere Laufzeit einer Form in Tagen,
    $g \ =$ Gewicht des Produktes in kg je Pressenumdrehung,
    $n \ =$ Pressendrehzahl/min,
    $x \ =$ Prozentfaktor für Groß- und Kleinreparatur
bedeuten.

Das Minimum läßt sich nur ermitteln, wenn man die Verzinsung des Anlagekapitals und die Fabrikationsgewinne in die Rechnung einschließt. Man muß dann die finanziellen Ergebnisse ermitteln einerseits für den Fall, daß die Fabrik das ganze Jahr über voll belastet läuft, wobei man die Differenz dieser Leistung und des mittleren tatsächlichen Absatzes durch den Stapel schickt, und andererseits für den Fall, daß man die Fabrikation dem jeweiligen Absatz anpaßt und auf die Stapelung verzichtet, wobei die Fabrikanlage bei gleicher Jahresleistung entsprechend größer sein muß.

---

[1] Richtlinien für die Festsetzung der Leistungsfähigkeit von Braunkohlen-Brikettfabriken. Aufgestellt vom Mitteldeutschen Braunkohlen-Syndikat Leipzig 1929.

In der Regel wird der erste Weg der zweckmäßigere sein. Für die Abmessung der Stapel ist die Tiefe bzw. Länge s aus dem Aktionsradius zu ermitteln, ebenso läßt sich die Breite b bei der Schmetterlingsanordnung aus dem Aktionsradius ermitteln, falls man die Briketts auf Stapel setzt. Für geschüttete Stapel gibt es bei Anwendung von Transportbändern keine Beschränkung.

Die Stapelhöhe wird beim Setzen durch die Arbeitsmethode bestimmt. Durch Zeitstudien ist ermittelt worden, daß die Leistung sowohl beim Setzen wie beim Wegnehmen aus einer Höhe von 0,3 bis 1,8 m etwa gleichmäßig gut ist, bei geringerer und größerer Höhe aber stark abnimmt. Je nachdem man in einem, in zwei oder drei Abschnitten übereinander packt, erhält man Stapelhöhen von 1,8 m, 3,6 m und 5,4 m, wobei zu beachten ist, daß man über 3,6 m möglichst nicht hinausgehen soll. Aus Aktionsradius, verfügbarer Stapellänge und Stapelhöhe ergibt sich sonach das Fassungsvermögen des in Frage kommenden Stapelplatzes[1].

c) Die Anordnung der Schwelereien und Naßpressen.

Die Schwelereien werden fast durchweg mit Rohkohle beschickt. Ihr Dampfverbrauch ist gering. Gasüberschüsse sind meist nicht vorhanden. Infolgedessen ist die Schwelerei nicht an die Nähe des Kesselhauses gebunden. Für die Anordnung derselben ist die Heranförderung der Kohle und die Abförderung, Löschung und Verladung des Grudekokses maßgebend.

Dasselbe gilt auch für die Bitumenfabrik, der jedoch vorgetrocknete Knorpelkohlen zur Extraktion zugeführt werden. Es ist also der Trockendienst entsprechend zu verstärken und eine Siebanlage für die getrocknete Kohle vorzusehen.

Für die Naßpressen sind ausgedehnte Trockenschuppen vorzusehen. Man kann mit einer mittleren Trockenzeit der Steine von etwa 3 Wochen rechnen. Hieraus läßt sich die erforderliche Ausdehnung der Trockenschuppen bestimmen.

Der Dampfbedarf der Naßpressen ist gering und erstreckt sich auf den Antrieb — abgesehen von elektrischem Antrieb — und auf die Heizung der Mundstücke der Pressen und der Gleittische der Abschneidevorrichtung. Infolgedessen sind auch für die Anordnung der Naßpressen in erster Linie der Antransport der Kohlen zu den Pressen, der feuchten Steine zu dem Trockenschuppen und der trockenen Steine zur Verladung maßgebend. In der Regel dienen die Trockenschuppen zugleich als Stapel.

d) Die Zusammenstellung des Kraftbedarfes eines Braunkohlenwerkes.

Für die einzelnen Arbeitsvorgänge im Braunkohlenbergbau (Tagebau und Brikettfabrik) kann man etwa folgenden Energieverbrauch annehmen:

1. Abraum:

Baggerung im leichten Boden		0,3	kWh/m³
„ „ mittelschweren Boden		0,4	„
„ „ schweren Boden	0,5 bis	0,8	„
Elektr. Lokomotivförderung (einfache Fahrt $\sim$ 1,5 bis 3 km) . .	0,3 „	0,7	„
„ „ je tkm (je nach Lokomotiv- und Wagenart auf gerader, ebener Strecke)	0,045 „	0,07	kWh/tkm
Absetzerbetrieb	0,1 „	0,45	kWh/m³
Abraumbetrieb insgesamt bei Lokomotivförderung	0,8 „	2,0	„
„ „ „ Förderbrückenbetrieb	0,45 „	1,0	„

2. Kohle (je Tonne Rohkohle):

Baggerung	0,3 bis	0,5	kWh/t
Elektr. Lokomotivförderung (auf gerader, ebener Strecke bei 1 bis 2 km einfacher Fahrt)	0,3 „	0,5	„

---

[1] **Schmid**, M.: Zur Frage des Einflusses der Stapelung auf die Selbstkosten der Mitteldeutschen Braunkohlen-Brikettindustrie. Dissertation Freiberg 1930.

Elektr. Lokomotivförderung je tkm (auf gerader, ebener Strecke je nach Lokomotiv- und Wagenart)	0,04 bis	0,06 kWh/tkm
Feuerlose Dampflokomotiven (∼ 1,5 km einfache Fahrt, ebene Strecke, Anfangsdampfdruck 15 atü, Enddruck 5 bis 6 atü) Dampfverbrauch		3 kg/t
Feuerlose Dampflokomotive, Dampfverbrauch		0,7 kg/tkm
Elektr. Zahnradförderung (Länge der schiefen Ebene 400 m, Steigung 1 : 12,5)		0,13 kWh/t
Kettenbahnförderung (1,5 bis 2 km)	0,6 bis	0,85 ,,
Adhäsionsbahnen: Dampflokomotiven (2 bis 3 km)	0,8 ,,	1,3 ,,
Elektr. Lokomotiven	0,5 ,,	0,8 ,,
Schrägaufzüge (je nach Steigung und Länge)	0,55 ,,	0,8 ,,
Gesamtbetrieb	0,8 ,,	1,5 ,,

3. Brikettfabrik (je Tonne Briketts):

Dampfpressen		28 kWh/t
Dampfspeisepumpen im Kesselhaus	1,0 bis	2,0 ,,
Sonstiger Gesamtverbrauch der außer Pressen und Speisepumpen elektrisch angetriebenen Fabrik	12 ,,	25 ,,
Gesamte Fabrik	40 ,,	55 ,,

Nach Schöne[1] kann man mit folgendem Energiebedarf für Abraum, Grube, Brikettfabrik und Nebenbetriebe je Tonne Briketts bei Dampfantrieb der Brikettpressen rechnen:

Mitteldeutschland . . . . 24 bis 28 kWh/t
Lausitz . . . . 33 ,, 37 ,,

Bei elektrisch betriebenen Pressen erhöhen sich die Zahlen um rd. 25 kWh/t.

VIII. Die Anordnung der Tagesanlagen eines Kalisalzbergwerkes.

a) Die Bestandteile einer Anlage.

Die Anlage besteht in der Regel aus:

A. den Schächten, und zwar dem Hauptförderschacht und dem Wetterschacht, wobei zu beachten ist, daß mitunter der zweite Schacht in größerer Entfernung steht und gegebenenfalls als Förderschacht einer anderen Tagesanlage dient;

B. den hierzu gehörigen Fördereinrichtungen, wie z. B. Schachtförderausrüstung (Förderturm, Hängebank, Verladeeinrichtung) und den Schachtfördermaschinen sowie Förderwagen;

C. der Krafterzeugung, wie Dampfkesselanlage nebst Hilfsbetrieben (Speisepumpen, Wasserreinigung, Kohlezuführung, Dampfleitungen usw.);

D. der Maschinenzentrale:

1. elektrische Krafterzeugung einschließlich Schaltanlage, Umformer usw.,
2. Grubenbewetterung,
3. Kondensationsanlage,
4. Wasserhaltung (bei gefährdeten Gruben);

E. Mühlenanlage;

F. Kalisalzfabrik;

G. Magazine;

H. Werkstätten;

J. Kauengebäude;

K. Verwaltungsgebäude.

---

[1] Schöne: Erzeugung von Überschußenergie in Braunkohlenbrikettfabriken bei Anwendung von Hochdruckdampf. Braunkohle 1930, S. 697.

Hierzu kommen gegebenenfalls noch Spülversatzanlagen, insbesondere zum Verspülen der Fabrikrückstände, sowie Beamtenwohnungen, Arbeiterkolonien usw.

b) Die Verarbeitung der Salze.

Das geförderte Rohsalz gelangt zunächst in die Mühlenanlage, abgesehen von der gelegentlichen Verladung von Steinsalzstücken, und von dort entweder sofort zum Versand oder in die Kalisalzfabrik. Zum direkten Versand gelangen gemahlene Fördersalze mit 12 bis 15% K_2O bzw. 18 bis 22% K_2O und 28 bis 32% K_2O. Der Kraftverbrauch der Rohsalzmühlen beträgt je 1000 dz etwa 1000 kWh, je nach dem Feinheitsgrad auch weniger[1].

Für die Entwicklung der Kalisalzfabriken[2] ist der Umstand von Bedeutung, daß die Verarbeitung der Sylvinite und Hartsalze wesentlich einfacher als die der Karnallite ist und mit einem einzigen Lösevorgang eine Ausbeute von 85 bis 90% KCl ermöglicht, die bei Karnallitwerken nur erreichbar ist, wenn die entstandene Mutterlauge eingedampft wird. Der hierzu erforderliche Wärmeaufwand ist jedoch sehr groß und daher sehr teuer. Die Sylvinit- und Hartsalzwerke haben zudem den Vorteil, ohne Abfallaugen zu arbeiten. Die Hartsalzwerke ermöglichen, ebenso wie die Karnallitwerke, infolge ihres Kieseritgehaltes die Herstellung von schwefelsaurer Kalimagnesia sowie von Bittersalz und Glaubersalz usw. Neben der teureren Verarbeitung ist die bei der Karnallitverarbeitung entstehende große Menge chlormagnesiumhaltiger Endlauge hinderlich, da für die Ableitung derselben in die Flüsse besondere Konzessionen nötig sind, durch die die obere Grenze der täglich zu verarbeitenden Mengen in der Regel auf 5000 bis 6000 dz, selten bis auf 10000 dz Karnallit je Fabrik festgelegt wird[3], während heute Sylvinit- und Hartsalzfabriken mit über 50000 dz Leistungsfähigkeit bestehen. Nach Küpper[4] kann man je 1000 dz Rohsalz von 60% Karnallit etwa 58,3 m³ Mutterlauge und 46,33 m³ Endlauge bzw. bei Aufarbeitung des künstlich entstandenen Karnallits der Mutterlauge etwa 49,58 m³ Endlauge rechnen.

Die höheren Verarbeitungskosten der Karnallitwerke sind neben der Umständlichkeit der Verfahren auch auf den höheren Rohsalzbedarf zurückzuführen. Während zur Erzeugung von 1 dz KCl etwa 12,5 dz Karnallit von 8% K_2O notwendig sind, genügen für die gleiche Erzeugungsmenge rd. 7 dz Sylvinit mit 14% K_2O.

Maßgebend für die Anordnung der Tagesanlagen ist der Wärmebedarf der Fabrik für die Lösevorgänge. Hierzu wird zweckmäßig der Abdampf der Kraftzentrale herangezogen. Zur Vorwärmung der Laugen ist Dampf von ∼ 0,5 atü und zum Lösen Dampf von höchstens 2,5 atü erforderlich. Bei günstiger Zusammensetzung der Rohsalze genügt auch ein geringerer Lösedampfdruck. Durch Vakuumapparate kann bis etwa 50% der in den Fertiglaugen enthaltenen Wärme auf die neu in den Prozeß eintretende Löselauge übertragen werden. Die Bedeutung einer sorgfältigen Kraft- und Abdampfwirtschaft ergibt sich aus der Tatsache, daß der Selbstkostenanteil für die Fertigfabrikate an Dampf und Strom etwa 25% beträgt.

Hieraus ergibt sich, daß Kesselhaus und Kraftzentrale räumlich an die Kalisalzfabrik anzugliedern sind. Gegebenenfalls sind die Schachtfördermaschinen

---

[1] Für grobe Vermahlung für Lösezwecke kann man unter Umständen auch mit nur 100 kWh auskommen.

[2] Baumert: Grundlagen und Aufbau der modernen Kali-Industrie. Internat. Bergwirtsch. Jg. 1, H. 5. 1925/26.

[3] Diese Schwierigkeiten fallen da fort, wo man die Endlauge in flüssigem oder durch Eindampfen bewirktem festem Zustande gut absetzen kann.

[4] Kali-Kalender 1926, S. 29.

usw. mit elektrischem Antrieb auszurüsten, um die Lage der Kalisalzfabrik nebst Krafterzeugung vom Schacht und der Mühlenanlage unabhängig zu machen.

Für die Anordnung der sonstigen Anlageteile wie Verladung, Magazine, Werkstätten gelten sinngemäß die bereits früher erwähnten Gesichtspunkte.

c) Dampf- und Energieverbrauch eines Kalisalzbergwerkes einschließlich Fabrik.

Der auf Dampf von $\sim$ 730 kcal bezogene Dampfverbrauch einer Chlorkaliumfabrik mit Nebenanlagen beträgt für Lösebetrieb und Verdampfung etwa 35 bis 50000 kg je 1000 dz Rohsalz[1]. Der Gesamtdampfverbrauch der Bergwerksanlage kann zu etwa 70000 bis 75000 kg je 1000 dz verarbeiteten Rohsalzes gerechnet werden. Im einzelnen ergibt sich etwa der folgende prozentuale Dampfverbrauch für ein Karnallitwerk:

	%		
1. Rangierbetrieb (feuerlose Lokomotiven)	0,18	bis	0,20
2. Speisepumpen	2,55	„	2,60
3. Kauengebäude	0,80	„	0,85
4. Laboratorium	0,85	„	0,90
5. Bromfabrik	3,80	„	3,90
6. Lösungsbetrieb (durch Frischdampf) in der Chlorkaliumfabrik	18,50	„	19,00
7. Verdampfung der Mutterlauge durch Frischdampf	38,00	„	42,00
8. Sulfatherstellung	19,00	„	21.00
9. Zentrale	27,00	„	33,00

Der Dampfverbrauch der Zentrale verteilt sich folgendermaßen (bezogen auf den gesamten Dampfverbrauch der Fabrik):

	%		
a) Kondensation in den Maschinen der Zentrale	0,60	bis	1,00
b) „ „ „ zur Fabrik führenden Abdampfleitungen und sonstige Verluste	1,00	„	1,50
c) Abdampf für die Wasserreinigung	8,00	„	8,50
d) „ zur Saline	4,00	„	5,00
e) „ „ Löselaugenvorwärmung	10,00	„	13,00
f) „ „ Vorwärmung der Mutterlauge für die Verdampfstation der Chlorkaliumfabrik	1,60	„	2,00
g) Abdampf zur Vorwärmung von Endlauge für die Bromerzeugung	1,90	„	2,10
	27,10	bis	33,10

Es ergibt sich je 1000 dz zu verarbeitendes Salz etwa folgender Dampfverbrauch:

	kg Dampf		
a) für Siedesalz	38000	bis	40000
b) für Rohsalz (Karnallit):			
α) Lösebetrieb:			
Vorwärmen der Löselauge durch Abdampf	8000	„	8500
Lösen durch Frischdampf	13000	„	14000
β) Verdampfungsbetrieb:			
Vorwärmen der Mutterlauge durch Abdampf	1200	„	1400
Verdampfen der Mutterlauge durch Frischdampf	29500	„	30000
Insgesamt je 1000 dz Rohsalz	51700	bis	53900
c) Bromherstellung je 1 kg Brom:			
Vorwärmen der Endlauge für Bromherstellung	22	„	44
Bromherstellung	45	„	48

---

[1] Auf einem Kaliwerk ergibt sich z. B. folgender Dampfverbrauch:
1. für das (vollkommene, heiße) Lösen . . . . 21,7 t Dampf je 1000 dz Rohsalz
2. „ „ Verdampfen . . . . 15,6 t „ „ 1000 „ „
                                      Zus. 37,3 t Dampf je 1000 dz Rohsalz.

Die in der Zentrale erzeugte elektrische Energie, etwa 13 500 bis 15 000 kWh je 1000 dz Rohsalz, findet folgende Verwendung:

	%		
Werksbeleuchtung über Tage	3,30	bis	3,50
Kesselhaus (Kohlentransport usw.)	0,20	,,	0,30
Werkstatt	0,80	,,	2,50
Pumpstation	1,00	,,	1,40
Saline	2,00	,,	2,40
Fördermaschine	28,00	,,	30,00
Rohsalzmühle	7,00	,,	7,50
Kalisalzfabrik	36,00	,.	38,00
Grube (Kraft und Beleuchtung)	11,00	,,	12,00
Sonstiges (Ventilator usw.)	4,00	,,	8,00

Den Energieverbrauch je Tonne Salz für die einzelnen Arbeitsvorgänge in der Grube kann man etwa folgendermaßen annehmen (für Südharz- und Werrawerke):

	kWh		
Aus- und Vorrichtung	0,25	bis	0,30
Gewinnung	1,30	,,	1,60
Förderung in der Grube	0,70	,,	0,80
Schachtförderung	2,70	,,	4,20
Wetterführung	0,90	,,	1,00

G. Betriebsüberwachung.

I. Allgemeine Grundlagen der Betriebsüberwachung.

a) Der Aufgabenkreis der Betriebsüberwachung.

Die Betriebsüberwachung hat den Zweck, einen möglichst günstigen wirtschaftlichen Erfolg des Betriebes herbeizuführen. Die Überwachung muß sich daher sowohl auf die Arbeitsvorbereitung und die Arbeitsausführung als auch auf die Betriebsabrechnung erstrecken und sowohl die Materialwirtschaft und die Lohnwirtschaft als auch die Unkostenwirtschaft und die Betriebswirtschaft umfassen. Es ergibt sich daraus für die Betriebsüberwachung das folgende Schema[1] (Tabelle 81):

Tabelle 81. Aufgabenkreis der Betriebsüberwachung.

	Betriebswirtschaft	Materialwirtschaft	Lohnwirtschaft	Unkostenwirtschaft
Arbeitsvorbereitung	Entwicklung der Arbeitsverfahren, Organisation der Betriebsanlage, Organisation des Betriebes, Arbeiterausbildung, Lehrlingswesen.	Materialauszug, Einkauf, Wareneingang, Warenprüfung.	Arbeiterannahme, Wahl des Lohnsystems.	Instandhaltungsdienst an den Geräten usw., Arbeitszeitermittlung, Maschinenbesetzung, Terminwesen, Schreibwerk.
Arbeitsausführung	Ausführung der Arbeitsverfahren, Ausführung der Betriebsanlage, Ausführung des Betriebes.	Materialabforderung, Materialausgabe, Lagerwesen, Materialtransport an den Arbeitsplatz.	Allgemeine Arbeitsdisziplin, Arbeitsübertragung, Arbeitsüberwachung.	Arbeitsverteilung, Terminüberwachung, Transportdienst, Auftragsverfolgung.
Betriebsabrechnung	Sammlung von Grundlagen zur Verbesserung der Maschinen, der Anordnung der Anlagen, sowie der Betriebs- und Arbeitsverfahren.	Materialbewertung, Rechnungsprüfung, Lagerbuchhaltung, Materialnachkalkulation.	Lohnverrechnung, Lohnauszahlung, Lohnaufteilung, Lohnkalkulation.	Unkostensammlung, Unkostenaufteilung, Unkostenzuschlagsberechnung.

Statistik, Erfolgsrechnung und deren Auswertung.

b) Die für die Art des Betriebes maßgebenden Produktionsfaktoren.

Maßgebend für die Art des Betriebes und damit auch für die Betriebsüberwachung sind die Größe des Unternehmens und die den Betrieb bedingenden

[1] Vgl. auch Brasch: Betriebsorganisation und Betriebsabrechnung. Berlin: VDI-Verlag 1928.

Produktionsfaktoren. Hierbei ist stets davon auszugehen, daß der gesamtwirtschaftliche Erfolg der einzelnen Betriebsuntersuchungen und -überwachungen größer sein soll als die dadurch erwachsenden Kosten. Es soll daher nicht nur die Auswertung der Untersuchung eine möglichst umfassende und zielbewußte sein, es muß auch der Gegenstand der Untersuchung eine solche rechtfertigen, wobei allerdings zu beachten ist, daß die Grenze, bis zu der die Ausdehnung von Untersuchungen wirtschaftlich ist, starken Schwankungen unterliegt und von den Marktverhältnissen, der Lohnhöhe, der Betriebsgröße usw. beeinflußt wird. Je größer z. B. der Betrieb ist, um so weitgehender kann in vielen Fällen die Arbeitsteilung getrieben werden. Die Aufgaben der Reparatur- und Instandsetzungswerkstätten usw. können erweitert werden. Es verlohnt sich daher in Großbetrieben vielfach, Betriebsvorgänge eingehend zu untersuchen, deren Verfolgung in kleineren Betrieben zu teuer und unlohnend sein würde.

Hellwig und Mäckbach[1] geben als Produktionsfaktoren an: Werkstoff, Arbeit und Produktionsmittel (Kapital). Zu diesen tritt für den Bergbau noch als vierter wichtiger Produktionsfaktor die Naturverbundenheit des Betriebes. Die Einwirkung dieser Produktionsfaktoren auf die Betriebskosten sind maßgebend für die Betriebsaufgaben und damit auch für die Betriebsstruktur und für die Art der Betriebsüberwachung.

1. Werkstoffbedingte Betriebe.

Werkstoffbedingte Betriebe zeichnen sich dadurch aus, daß entweder der Beschaffungspreis der Werkstoffe (Rohstoffe) den ausschlaggebenden Anteil der Herstellungskosten ausmacht (etwa um 50 % und darüber), oder daß die Beschaffenheit des Rohstoffes die Möglichkeit der weiteren Verarbeitung oder doch die Güte der Erzeugnisse wesentlich beeinflußt. An Stelle der Rohstoffe oder mit ihnen können auch die Materialien und Hilfsstoffe wirtschaftlich in den Vordergrund treten.

Ist der Beschaffungspreis der Rohstoffe bzw. der Materialien und Hilfsstoffe ausschlaggebend, so können vielfach Einkaufsverluste durch betriebliche Maßnahmen bei den Preisen für Fertigprodukte nicht so stark ausgeglichen werden, daß Gewinne zu erzielen sind. Die Bedeutung der Einkaufsstelle steigt dann mit dem Verhältnis der Einkaufssumme zum Umsatz. Handelt es sich um Rohstoffe mit wenigen, leicht erkennbaren Qualitätsunterschieden, die in großen Mengen auf dem Weltmarkt gehandelt und in erheblichen Mengen beschafft werden (Rohstoffe der Baumwollspinnereien, Kaffeeröstereien, Schokoladenfabriken, Getreidemühlen usw.), so erfolgt die Beschaffung nach rein kaufmännischen Gesichtspunkten. Sind die Qualitätsunterschiede zahlreich, schwer erkennbar und insbesondere für die Konstruktion, die Betriebsanforderung bei der Herstellung und bei der Verwendung von ausschlaggebender Bedeutung, so liegt der Einkauf zweckmäßig in der Hand sachverständiger Ingenieure, die in der Lage sind, gegebenenfalls auf Konstruktion und Verarbeitung in der Richtung einzuwirken, daß ohne Schädigung der Güte des Erzeugnisses billigere oder leichter beschaffbare oder aus sonstigen Gründen zweckmäßigere Rohstoffe verwendet werden (Maschinenfabriken, Reparaturwerkstätten usw.).

Für den Bergbau kommt die Beschaffung der Rohstoffe nicht in Betracht, wenn man von dem im Anlagekapital enthaltenen Kaufpreis des Grubenfeldes absieht, da das Bergwerkserzeugnis in der Lagerstätte des Bergwerkes ansteht, also nicht im einzelnen von außerhalb zu beschaffen ist. Immerhin mag darauf hingewiesen werden, daß die Schwierigkeiten des Bergwerksbetriebes die Kosten

---

[1] Hellwig-Mäckbach: Neue Wege wirtschaftlicher Betriebsführung. Berlin-Leipzig: W. de Gruyter & Co. 1928.

des Fördergutes und die Beschaffenheit des Fördergutes die Kosten der Veredelung in den Aufbereitungen, Hütten usw. bedingen. Die Kosten des Fertigproduktes sind also von diesen beiden Faktoren abhängig.

In Fällen, in denen die Preise der Fertigprodukte starken Konjunkturschwankungen unterliegen, kann der erzielbare Verkaufspreis für die Lebensfähigkeit des Unternehmens allein ausschlaggebend sein. Es handelt sich im Bergbau dann oft um eine Abart der werkstoffbedingten Unternehmungen, bei denen die Güte des Fördergutes und die damit verbundenen Gewinnungs- und Aufbereitungskosten einen finanziellen Gewinn nur bei entsprechend hohen Marktpreisen ermöglichen. Das trifft vor allem für den Erzbergbau, z. B. für den Abbau der ärmeren Zinnerze Boliviens usw., zu, da die Metallpreise viel stärker von den Konjunkturen des Weltmarktes abhängig sind als die Kohlenpreise.

2. Arbeitsbedingte Betriebe.

In arbeitsbedingten Betrieben ist der Arbeitskostenanteil (Gehälter, Löhne, Sozialversicherung) für die Höhe der Herstellungskosten maßgebend. Dies gilt insbesondere für den Steinkohlenbergbau, bei dem der Lohnanteil (einschließlich Gehälter und Sozialversicherung) zur Zeit mehr als 50% der Selbstkosten beträgt und auch nach. weitgehendster Mechanisierung voraussichtlich stets ein ausschlaggebender Faktor der Selbstkosten bleiben wird. Die Aufgaben der Betriebsüberwachung bestehen in solchen Betrieben vorwiegend in der Rationalisierung derselben durch zielbewußte Verfolgung und Verbesserung der Arbeits- und Betriebsorganisation, um hohe Leistungen bei niedrigsten Kosten zu erzielen. Die Bedeutung einer guten Arbeits- und Betriebsorganisation, durch die die nicht an der Gewinnung selbst beteiligten Arbeiter möglichst erspart werden, geht aus der in Abschnitt E I b gebrachten Überlegung hervor.

3. Kapitalbedingte Betriebe.

Die kapitalbedingten Betriebe sind je nach der Art der Kapitalbindung anlage- oder umsatzbedingte (betriebskapitalbedingte) Betriebe.

α) **Anlagekapitalbedingte Betriebe.** Die anlagebedingten Betriebe haben in der Regel den Zweck, die teure menschliche Arbeit durch billigere Maschinenarbeit zu ersetzen. Daneben handelt es sich vielfach auch darum, die Leistungen in dem erforderlichen Umfange zu regeln. Im ersteren Falle kommt es darauf an, ob die Arbeit oder das Kapital teurer wird. Den aus Lohn, sozialen Lasten usw. bestehenden Arbeitskosten stehen die durch Disagio bei der Begebung, dem Agio bei der Einlösung und den sonstigen Provisionen usw. erhöhten Ausgaben des Kapitals gegenüber. Es kommt also einerseits darauf an, wie die relative Lohnhöhe zum Geldwert steht und sich ändert. Ein steigender Lebensstandard der Arbeitnehmer wird also die Entwicklung anlagebedingter Betriebe begünstigen. Jedoch ist zu beachten, daß die Arbeitskosten durch gute Arbeits- und Betriebsorganisation trotz großer Lohnhöhe niedrige sein können und sinngemäß umgekehrt. Ferner wird die Wirkung durch die Entwicklung der Technik oft stark beeinflußt, und zwar unabhängig von dem Verhältnis der Lohnhöhe zum Geldwert. Die Entwicklung der Technik kann z. B. eine stärkere Produktionsverbilligung anlagebedingter Betriebe bewirken, als es in arbeitsbedingten Betrieben durch Senkung der Lohnhöhe und Verbesserung der Arbeits- und Betriebsorganisation möglich ist.

Die anlagebedingten Betriebe kommen im Bergbau seltener vor. Im westfälischen Steinkohlenbergbau[1] betragen die Abschreibungen etwa 10% der Selbstkosten.

---

[1] Schmalenbach: Gutachten über die gegenwärtige Lage des rheinisch-westfälischen Steinkohlenbergbaues. Berlin: Dt. Kohlen-Zg. 1928.

Es ist jedoch zu beachten, daß einige Teilanlagen als stark anlagebedingte Betriebe angesehen werden können. Das trifft zu z. B. für die Kokereien, sobald man den Wert des Kohleneinsatzes nicht in Betracht zieht. Man darf wohl hiervon bei der Beurteilung dieses Teilbetriebes absehen, da der Kohleneinsatz, von Ausnahmen abgesehen, nur von eigenen Betrieben bezogen wird. Es beanspruchen dann die Löhne etwa 25 bis 30%, die Materialien etwa 17 bis 20% und die Abschreibungen etwa 27 bis 39% der Selbstkosten. Berücksichtigt man ferner, daß die Anlagekosten der Kokereien sehr hoch sind und bei einer Jahresleistung von 1,25 Mill. t Koks etwa 17 $\mathcal{M}$/t, bei einer Jahresleistung von 200000 t Koks etwa 23 $\mathcal{M}$/t, im Durchschnitt also 19 bis 20 $\mathcal{M}$/t betragen, so ergibt sich daraus die Notwendigkeit für die Betriebsüberwachung und Betriebsleitung, eine möglichst starke Konzentrierung und hohe Ausnützung dieser Anlagen herbeizuführen.

Die Notwendigkeit möglichst hoher Ausnützung ist darauf zurückzuführen, daß die Größe der Anlage in der Regel auf eine Spitzenleistung zugeschnitten ist, die nur selten ausgenutzt werden kann. Infolgedessen ist der mittlere Nutzungsgrad der Anlage und mithin des darin festgelegten Anlagekapitals entsprechend niedriger. Nimmt man einen mittleren Nutzungsgrad von 60% an, so bedeutet dies, daß 40% des Kapitals nicht nutzbringend angelegt sind. Da die jährlichen Kosten für die Verzinsung und Abschreibung von der Höhe des Kapitals und weniger von der Produktionshöhe bestimmt werden, falls die Anlage nicht übermäßig durch den Betrieb abgenutzt wird, so erhöhen sich die anteiligen Kosten der Produktion für Verzinsung und Abschreibung auf rd. $\dfrac{100 \cdot 100}{60} \cong 167\%$ gegen den Normalbetrag bei steter voller Belastung. Daher ist auch die Möglichkeit einer gelegentlichen Ausnutzung guter Konjunkturen bei stark anlagekapitalbedingten Betrieben meist zu teuer erkauft. Die Stabilisierung der Konjunktur durch weitsichtige Syndikatspolitik usw. bedeutet die hier viel wertvollere Möglichkeit einer erhöhten Ausnutzung des Anlagekapitals.

Wenn sonach der Bergbaubetrieb im allgemeinen nicht vorwiegend anlagekapitalbedingt ist, so zwingt doch der durch die Naturbedingtheit des Bergbaues häufig bewirkte große absolute Anlagekapitalbedarf zu einer näheren Untersuchung desselben. Allgemein kann das Anlagekapital in bezug auf die Betriebsgröße der Anlagen fix, proportional, degressiv oder progressiv sein, wobei die Linie des Kapitalbedarfes gerade, gebogen, gebrochen, unmittelbar anschließend oder stark absetzend verlaufen kann. Die Anlagekosten einer Braunkohlenbrikettfabrik verlaufen mit steigender Normalleistung, soweit Trocken- und Pressendienst in Frage kommen, bei kleinen Anlagen zunächst degressiv, um sich mit zunehmender Pressenzahl dem proportionalen Verlauf zu nähern. Die Anlagekosten des Naßdienstes verlaufen, solange es sich nur um die Größenbemessung eines Aggregates handelt, das in der Regel den Kohlenbedarf einer Mehrzahl von Pressen vorbereitet, degressiv. Müssen jedoch mehrere Aggregate aufgestellt werden, so tritt mit der Aufstellung eines jeden neuen Aggregates ein entsprechender Sprung in der Linie der Anlagekosten ein. Sinngemäß gilt dieser Kostenverlauf auch für Aufbereitungen. Eine Steinkohlenaufbereitung von 75 bis 100 t Stundenleistung ist relativ teurer als eine solche von 125 bis 150 t Stundenleistung, die wiederum relativ teurer ist als eine solche von 200 t Stundenleistung usw.[1] Hierbei ist zu beachten, daß den maximalen Größen der einzelnen Aggregate meist gewisse Grenzen gesetzt sind, die konstruktiver oder betrieblicher bzw. be-

---

[1] Nach Mitteilung der Fa. Gröppel-Bochum kosten Steinkohlenaufbereitungen von 75 bis 100 t, 125 bis 150 t, 200 t und 300 t Stundenleistung bzw. etwa: 1 350 000 $\mathcal{M}$, 1 600 000 $\mathcal{M}$, 2 100 000 $\mathcal{M}$, 2 600 000 $\mathcal{M}$.

triebswirtschaftlicher Natur sein können. Bei starken Saisonschwankungen wird es zweckmäßig sein, die Aufbereitung in kleinere Aggregate aufzulösen, um den Leerlauf der Einrichtungen besser einschränken zu können. Soll aus diesem Grunde eine Gesamtleistung von 300 t/Std. durch drei Aufbereitungen von je 100 t Stundenleistung bewältigt werden, so ergeben sich demzufolge höhere Anlagekosten als bei einer Anlage von zwei Aufbereitungen mit je 150 t Stundenleistung. Die Kosten der Kraftmaschinen sind mit Zunahme der Betriebsgröße einer Einheit degressiv.

Daraus folgt, daß die Kosten von Anlagen, die aus großen Einheiten bestehen wie Aufbereitungen, Bagger, Absetzer usw. mit jeder Einheit sprunghaft steigen und mit der Zunahme der Größe einer Einheit degressiv. Anlagen, die aus kleineren Einheiten zusammengesetzt sind, wie Brikettfabriken (Trocken- und Preßdienst), Kokereien usw. haben zunächst degressiv und bei größerem Umfange proportional steigende Anlagekosten. Die Anlagen werden daher zweckmäßig aus einer größeren Zahl von Einheiten zusammengesetzt (Batteriesystem). Im allgemeinen haben die Anlagekosten der Tagesanlagen und der Grubenbetriebseinrichtungen (Förder- und Gewinnungsanlagen unter Tage) einen proportionalen bis degressiven Charakter.

Von besonderer Bedeutung sind die durch seine Naturbedingtheit bewirkten und daher für den Bergbau besonders kennzeichnenden fixen Anlagekosten, zu denen namentlich für den Tiefbaubetrieb die Schachtbaukosten und für den Tagebaubetrieb die Einschnittkosten gehören. Beide sind mit ihrer absoluten Höhe in erster Linie abhängig von der Mächtigkeit und der Beschaffenheit des Deckgebirges. Die hierdurch bewirkten Kosten sind z. B. für den Schachtbau entscheidender als etwa der zu wählende Schachtdurchmesser. Selbst wenn man die verschiedenen Schachtdurchmesser bei der Berechnung der Schachtbaukosten berücksichtigen wollte, so würden diese für einen bestimmten Fall bei größerer Teufe und erheblicheren Abteufschwierigkeiten einen so stark degressiven Charakter haben, daß man diese Kosten bei einem Voranschlag zum mindesten wegen der noch nicht überwundenen Risiken als annähernd fix ansehen kann. Jedenfalls liegen die den verschiedenen Schachtdurchmessern entsprechenden Differenzen der Abteufkosten weit unter den Schwankungen, die die zu überwindenden Schwierigkeiten in sich bergen können und die durch die zunehmende Teufe bedingt werden.

β) **Umsatzbedingte (betriebskapitalbedingte) Betriebe.** Die umsatz- bzw. betriebskapitalorientierten Betriebe bedürfen eines stockungslosen, gleichmäßigen und schnellen Umlaufes bzw. Durchganges der Produkte in der Gewinnung bzw. Erzeugung, der Veredelung und des Absatzes, um mit möglichst geringem Betriebskapital auskommen zu können. Anzustreben sind daher kurze Lagerzeiten und geringe Lagermengen der zu verarbeitenden Rohhaufwerke, schnelle, ungehinderte Verarbeitung, also kurze Fertigungszeiten in den Veredelungsanstalten (Aufbereitung, Kokerei usw.), sowie kurze Lagerungszeiten und geringe Lagermengen der Fertigprodukte möglichst nicht über die zur günstigsten Verladung erforderlichen Vorratsbunkermengen. In gleicher Richtung wirkt sich auch die Konzentration und Beschleunigung des Abbaues in den konzentrierten Abbaurevieren aus.

Anderenfalls entstehen hohe Zinskosten für das erhöhte Betriebskapital. Hierzu kommen höhere Lohnkosten für Gewinnung, Förderung, Lagerung, Verarbeitung und Verladung, da der Betrieb mit größeren, umständlich zu bewegenden Massen belastet ist. Bei Kohlen kommt oft noch eine Wertverminderung durch längere Lagerung hinzu, die sich u. a. im Ausbringen der Kokereien bemerkbar machen kann.

Die im Betriebe erforderlichen Mengen an Rohstoffen, Halb- und Fertig-
produkten und damit auch die Höhe der Betriebskapitalien sind in der Regel
bedingt durch die Art der Fertigung und der Abnahme.

Bei der Fertigung spielt namentlich der Trocknungsprozeß, der Ablauf
chemisch-physikalischer Vorgänge usw. für die Bergwerksprodukte eine ent-
scheidende Rolle. Es erfordert z. B. die vorwiegend übliche Herstellung lufttrockner
Naßpreßsteine die Lagerung einer etwa 3 bis 4 wöchentlichen Produktion in den
Trockenschuppen. Grundsätzlich ist also das für eine Produktion von 3 bis 4 Wochen erforderliche Kapital festgelegt. Dem steht die Braunkohlenbrikettfabrikation gegenüber, die zwar ein wesentlich höheres Anlagekapital erfordert, aber
bei entsprechendem Absatz das Fertigprodukt binnen höchstens 24 Std. nach
der Gewinnung der Rohkohle zur Verladung bringen kann. Hinzu kommt der
Vorteil der Unabhängigkeit von den anschließend zu besprechenden Saisoneinflüssen.

Werden die Naßpreßsteine an der freien Luft getrocknet, wie es meist üblich
ist, so kann diese Fabrikation nur in der frostfreien Jahreszeit durchgeführt
werden. Zu dem hohen Betriebskapital tritt dann noch der schlechte Nutzungsgrad des Anlagekapitals. Die Einrichtungen zur künstlichen, beschleunigten
Trocknung können diese Übelstände vermeiden. Dasselbe gilt sinngemäß auch
für die in der Kalisalzverarbeitung usw. angewandten Apparate, die den Ablauf
chemisch-physikalischer Vorgänge beschleunigen und vereinfachen. Durch zweckmäßige Entwicklung der Technik kann eine Herabsetzung der Fertigungsdauer
und damit eine Verminderung des Betriebskapitals ermöglicht werden. Naturgemäß soll dieser Vorteil nicht durch übermäßige Erhöhung des Anlagekapitals
oder der allgemeinen Fertigungskosten erkauft werden.

Von Bedeutung sind schließlich auch die außerhalb des Betriebes liegenden
Saisoneinflüsse, die aber bestimmend auf die Abnahme der Bergwerksprodukte
einwirken. So wirkt sich heute noch mancherorts die Zuckerrübenkampagne auf
die Betriebsdisposition kleiner Braunkohlentiefbaugruben in der Weise aus, daß
vor der Kampagne ausschließlich Aus- und Vorrichtungsbetriebe belegt werden
und während der Kampagne die Abbaubetriebe.

Allgemein gilt also die Folgerung, daß für kapitalbedingte Betriebe ein rascher
Kapitalumlauf, d. h. ein möglichst großer jährlicher Umsatz im Verhältnis zum
Anlagekapital, Betriebs- und Gesamtkapital erreicht werden soll. Dies gilt auch
in den Bergwerken namentlich für diejenigen Betriebsteile, die für sich als ka-
pitalorientiert anzusehen sind, auch wenn der Gesamtbetrieb vorwiegend arbeitsbedingt sein sollte. Immerhin ist es notwendig, sowohl die Organisation des Betriebes als auch der gesamten Anlage so zu treffen, daß die einzelnen Anlageteile
möglichst voll ausgenutzt werden können, da sich sonst nicht nur die Verzinsungs-
und Abschreibungskosten je Tonne, sondern auch die Lohnkosten für die vergleichsweise umfangreichere Bedienung der nicht voll ausgenutzten Betriebseinrichtungen erhöhen. Außerdem ist infolge der Größe der Anlagen der absolute
Kapitalbedarf für die Errichtung derselben so groß, daß sich eine genaue Durch-
prüfung der Planung stets lohnt.

4. Naturbedingte Betriebe.

Zu den naturbedingten Betrieben sind neben der Land- und Forstwirtschaft
in erster Linie die Bergwerksbetriebe zu rechnen. Während Land- und Forstwirtschaft vorwiegend von den klimatischen Verhältnissen des Landes und seiner
Bodenbeschaffenheit abhängig sind, handelt es sich für den Bergbau in erster
Linie um die geologischen und geologisch-tektonischen Verhältnisse. Der Standort, die Art des Bergbaues, die Entwicklungsfähigkeit des Betriebes und die bei

den Aufschlußarbeiten und dem Betriebe zu überwindenden Schwierigkeiten werden hierdurch ausschlaggebend beeinflußt. Die Naturbedingtheit bringt die für den Bergbau charakteristischen Unsicherheiten mit sich, die durch die Ungewißheit über das Verhalten der noch nicht aufgeschlossenen Lagerstättenteile gegeben sind und sich sowohl auf die zu treffenden Maßnahmen als auch auf die Wertbeurteilung erschwerend auswirken. Je nach der Lage des Falles kann u. a. hierdurch der Bedarf an Material und Arbeitsleistung für die Bauhafthaltung der Grubenbaue erhöht werden, wie bei druckhaftem Gebirge, es kann das erforderliche Anlagekapital erhöht werden, wie bei schwierigem Schachtabteufen, es können die Betriebs- und Anlagekosten erhöht werden, wie z. B. bei unregelmäßigem Verhalten der Lagerstätte infolge der hierdurch bedingten umfangreichen Aus- und Vorrichtung.

Zusammenfassend läßt sich also sagen, daß der Bergbau ein naturbedingter, in der Regel stark arbeitsorientierter Betrieb ist, bei dem die Material- und Hilfsstoffwirtschaft ebenfalls eine erhebliche Bedeutung hat. Eine Reihe von Teilbetrieben sind stark anlagekapitalbedingt. Infolge der in der Regel großen Einheiten und den damit zusammenhängenden großen Anlagekapitalien ist die möglichst weitgehende Ausnutzung der Anlagen von großer, mit zunehmender Mechanisierung wachsender Bedeutung auch bei den Unternehmungen, die in erster Linie arbeitsbedingt sind. Zu beachten ist ferner, daß mit zunehmender Mechanisierung neben dem Anlagekapital auch die Materialwirtschaft an Bedeutung wächst.

c) Der Zweck der Betriebsüberwachung.

Die Wichtigkeit der einzelnen Aufgaben der Betriebsüberwachung ergibt sich also aus der verschiedenartigen Abhängigkeit der betreffenden Betriebe von der Betriebsgröße und den Produktionsfaktoren. Damit soll nicht gesagt sein, daß die Überwachung eines Betriebsvorganges, der nicht im Vordergrunde des Interesses steht, völlig vernachlässigt werden soll. Es wurde bereits darauf hingewiesen, daß die Überwachung auch einen wirtschaftlichen Erfolg haben soll. Es folgt daraus, daß alle Überwachungen und Untersuchungen durchgeführt werden sollten, die einen wirtschaftlichen Erfolg versprechen, bzw. beibehalten werden sollen, wenn sie einen solchen Erfolg nachweislich bringen.

Der Zweck der Betriebsüberwachung besteht vornehmlich darin, die beste Ausnützung der vorhandenen Betriebsmittel und Betriebseinrichtungen zu sichern, um dauernd das bestmögliche finanzielle Ergebnis erzielen zu können. Es ist hierzu notwendig, sicher disponieren zu können. Die Betriebsüberwachung muß zu diesem Zweck der Oberleitung jederzeit klare Einsicht in die Betriebsvorgänge, deren Wirtschaftlichkeit und Zweckmäßigkeit geben, also nicht nur eine schnelle Ermittlung der Selbstkosten ermöglichen, sondern auch die Ursachen erkennen lassen, die die Höhe der Selbstkosten bedingen, und die Mittel kennzeichnen, durch die diese Höhe auf die Dauer im wirtschaftlich günstigen Sinne beeinflußt werden kann.

Ferner soll sie durch eingehendes Studium der Arbeits- und Betriebsvorgänge geeignete Grundlagen für die Arbeits- und Betriebsvorbereitung schaffen, um den bestehenden Betrieb möglichst leistungsfähig, d. h. gleichmäßig und störungsfrei sowie wirtschaftlich gestalten bzw. in diesem Zustande erhalten zu können. Ebenso soll sie Unterlagen beibringen für die weitere Entwicklung der Arbeits- und Betriebsverfahren, für die Verbesserung der Betriebseinrichtungen und gegebenenfalls für die Erweiterung der Anlagen. Die dazu nötigen Untersuchungen haben sich auf alle Einzelheiten zu erstrecken, und zwar auf Produkt, Arbeits- und Betriebsverhältnisse, Material, Lohn, Unkostenzuschläge usw., also auf

Güte und Menge der Erzeugung und deren Selbstkosten, wobei nicht nur die Feststellung des augenblicklichen Zustandes und deren Auswertung für den laufenden Betrieb, sondern auch die weitere planmäßige Entwicklung des Betriebes zu berücksichtigen ist.

Neben dieser unmittelbaren Einwirkung hat die Betriebsüberwachung auch den Zweck, das wirtschaftliche Ergebnis des Betriebes mittelbar zu heben durch Erziehung der Beamten und Arbeiter und vor allem des Nachwuchses derselben zur richtigen Führung des Betriebes und zweckmäßigen Verwendung der Betriebseinrichtungen.

d) Die Mittel der Betriebsüberwachung.

Um diese Ziele zu erreichen, ist nicht nur eine Anpassung der Überwachung an die besonderen Eigenschaften des Unternehmens, sondern auch eine straffe, möglichst in einer Hand liegende Organisation des Kontrollwesens erforderlich.

An Mitteln stehen hierzu der Betriebsüberwachung zur Verfügung:

1. die Untersuchung und Überwachung der Arbeits- und Betriebsvorgänge,
2. die Überwachung der Kraftwirtschaft,
3. die Überwachung der Materialwirtschaft, bei der Weiterverarbeitungsindustrie auch der Rohstoff- und Halbfabrikatwirtschaft, und ferner stets der Fertigerzeugnisse,
4. die Untersuchungslaboratorien, Prüfstellen und Versuchsbetriebe,
5. die Kostenaufstellungen,
6. die Statistiken,
7. die Terminkalender für alle regelmäßig wiederkehrenden Vorgänge, Prüfungen usw.

Die Untersuchungen können nach Koppenberg[1] durchgeführt werden als

a) Einzeluntersuchungen, unabhängig von der Zeit, abhängig vom Objekt,
b) Stichproben, unabhängig von Zeit und Objekt,
c) periodische Überwachungen, abhängig von der Zeit, unabhängig vom Objekt,
d) Dauerkontrollen, unabhängig von Zeit und Objekt.

Auf alle Fälle ist zu beachten, daß nicht gelegentliche Einzelprüfungen[2], sondern nur umfassende, systematische Prüfungen der gesamten Betriebs- und Verwaltungsvorgänge zum Ziele führen können, da nur rechnerisch erfaßbare Grundlagen die oft trügerischen gefühlsmäßigen Einschätzungen ersetzen können.

Die Untersuchung und Überwachung der Arbeits- und Betriebsvorgänge erfolgt einerseits durch Zeitmessungen und die darauf sich aufbauende Beurteilung der Arbeits- und Betriebsorganisation (s. Abschnitt C II). Andererseits hat sich die Überwachung auch auf die Sorgfalt der Arbeitsausführung und deren Folgeerscheinungen zu erstrecken.

Die Untersuchung des Bergwerksbetriebes wird daher auch das Ausbringen der Aufbereitungen und sonstigen Veredelungsanlagen, die Vollständigkeit des Abbaues und Versatzes usw. zu umfassen haben (s. Abschnitt D V, E).

Eine wichtige Ergänzung findet die Überwachung der Betriebsvorgänge durch die sorgfältige Verfolgung der Arbeiterverhältnisse (s. Abschnitt B III, IV).

Die Überwachung der Kraftwirtschaft hat den Zweck, die Krafterzeugung zu sichern und evtl. zu verbilligen. Hierzu dienen fortlaufende Leistungsmessungen seitens der Betriebs- oder Überwachungsbeamten. Die Untersuchungen sind an sich rein technischer Natur. Aufgabe der Überwachung ist es, die wirt-

---

[1] Koppenberg: Betriebskontrolle und Betriebsstatistik. Masch.-B.-Zg. 1929, H. 29.
[2] Schwemann: Planmäßige Überwachung von Bergbaubetrieben. Wirtsch. Nachr. a. d. Ruhrbezirk 1925, S. 573.

schaftlichen Rückwirkungen des durch die Leistungsmessungen klargestellten Betriebszustandes zu ermitteln und auf Grund dieser betriebswirtschaftlichen Erwägungen Entschließungen vorzubereiten (s. Abschnitt D, F).

Die Überwachung des Verbrauches einschließlich der Verwendung und Ausnützung der Materialien und Hilfsstoffe, bei Veredelungsbetrieben auch der Rohstoffe, Halberzeugnisse und Abgänge ist eine der wichtigsten Aufgaben (s. Abschnitt G VII e, IX).

Die Versuchslaboratorien sind vor allem in stark mechanisierten Betrieben von Bedeutung. Ihr Arbeitsfeld ist den jeweiligen Bedürfnissen anzupassen. Die Untersuchungen erstrecken sich vor allem auf die Feststellung der Beschaffenheit der Materialien, Hilfsstoffe, Geräte, Maschinen usw. und sind namentlich bei der Abnahme derselben durchzuführen.

Die Versuche für Betriebsverbesserungen sind oft von größter Bedeutung und werden meist gemeinsam von Betriebsüberwachung und Betriebsleitung durchgeführt. Von besonderer Bedeutung sind zur Zeit im Steinkohlenbergbau die Verbesserungsversuche in der Gewinnung, Förderung und Versatzwirtschaft.

Die Überwachung des Betriebes durch Kostenaufstellung, Betriebsstatistik und Terminverfolgung ist in den folgenden Kapiteln dieses Abschnittes näher ausgeführt.

Die Betriebsüberwachungsstelle ist zweckmäßig unabhängig von der Betriebsleitung zu halten und der Oberleitung unmittelbar zu unterstellen. Sie darf nichts im Betriebe anordnen, wohl soll sie das Recht haben, überall zu prüfen, Vorschläge zu machen und in Verbindung mit dem Betriebe Versuche sowohl zur Feststellung der Tatsachen als auch zur Beschaffung von Grundlagen für Verbesserungsvorschläge durchzuführen. Bei diesen Versuchen ist stets zu beachten, daß der Gesamtgewinn eines Unternehmens dem Produkt entspricht aus Gewinn je Produktionseinheit und den verkauften Produktionseinheiten. In vielen Fällen ist daher die erreichbare Produktionsmenge (Kohlenförderung) oder die Güte derselben (Aufbereitung) wichtiger als die Höhe der Selbstkosten. Aufgabe der Betriebsüberwachung ist es, bei Planungen diese betriebswirtschaftlichen neben den betriebstechnischen Fragen zu klären.

II. Die Angestellten als Organe der Betriebsüberwachung.

a) Die Gliederung der Arbeitnehmerschaft.

Die zunehmende Zergliederung und Spezialisierung der Wirtschaftsvorgänge und Arbeitsfunktionen bewirkte eine entsprechend weitgreifende Funktionsteilung, wobei sich eine Dreiteilung in der Arbeitnehmerschaft herausbildete, und zwar in:

1. die leitenden Angestellten,
2. die ausführenden Angestellten,
3. die Handwerker und Arbeiter.

Die leitenden Angestellten sind Arbeitnehmer mit stark hervortretenden Arbeitgeber- bzw. Unternehmerfunktionen. Sie müssen über eine durch klare Erkenntnis der Produktionsbedingungen der von ihnen geleiteten Anlagen, der Marktverhältnisse der Produktion und der sonstigen volkswirtschaftlichen Grundlagen gestützte Initiative verfügen. Sie haben entweder die selbständige, verantwortliche Leitung eines Unternehmens oder eines Teiles desselben, oder eine organisatorische, wissenschaftlich prüfende oder planmäßig entwerfende Tätigkeit. Sie sind sowohl für ihre eigene Arbeitsleistung als auch für die der ihnen untergebenen Angestellten und Arbeiter verantwortlich. Die Schicht der leitenden

Angestellten ist volkswirtschaftlich sehr wichtig. Alle Bestrebungen ihrer Nivellierung sind für die Fortentwicklung der betreffenden Industrie bzw. Wirtschaft gefährlich, weil dann leicht die Triebkräfte fehlen, die Technik, Industrie und Handel sytematisch zu vervollkommnen bestrebt sind. Infolge der Eigenart ihrer Tätigkeit läßt sich auch eine völlig gleichmäßige gesetzliche Behandlung der leitenden Angestellten mit den ausführenden Angestellten und Arbeitern nicht durchführen. So ist z. B. die Einführung einer maximalen Arbeitszeit für leitende Angestellte undurchführbar, weil eine geistig-selbständige Arbeitsleistung vielfach weder an eine offizielle Arbeitszeit, noch an einen Arbeitsraum gebunden ist, insbesondere wenn die zu lösende Aufgabe das Fühlen und Denken des betreffenden Angestellten stark beherrscht.

Es ist unmöglich, eine scharfe Trennung zwischen der Schicht der leitenden und der ausführend tätigen Angestellten zu machen. Es sind alle Übergänge von der Tätigkeit der leitenden Angestellten über die der ausführenden Angestellten zur Tätigkeit der Handwerker und Arbeiter möglich.

Die Tätigkeit des ausführenden Angestellten ist immer noch eine rein oder doch vorwiegend geistige. Jedoch ist sie nicht in erster Linie darauf gerichtet, neue schöpferische Ideen hervorzubringen, sondern die ihnen gegebenen Ideen in die Wirklichkeit umzusetzen. Das erfordert neben Sachkenntnis und Erfahrung große Pflichttreue und Gewissenhaftigkeit, ja oft Peinlichkeit in der Überwachung und Durchführung der Arbeiten. Dazu bedürfen auch die ausführenden Angestellten innerhalb ihres Arbeitsbereiches ein gewisses Maß von Selbständigkeit, das je nach der Art der Stellung natürlich verschieden ist und am treffendsten die größere Annäherung zu der des leitenden Angestellten oder des Handwerkers bzw. Arbeiters kennzeichnet.

Das Zahlenverhältnis zwischen Angestellten und Arbeitern gibt wichtige Anhaltspunkte für die Arbeits- und Arbeiterverhältnisse. Die Zahl der Angestellten wird vergleichsweise um so stärker, je stärker die Betriebe mechanisiert werden und je mehr geistige Vorbereitungsarbeit zur Steigerung der Leistungsfähigkeit der Betriebe aufgebracht wird. So beträgt in Fließarbeitsbetrieben und Konstruktionswerkstätten die Angestelltenzahl 10 bis 20% der Arbeiterzahl und steigt in einzelnen Fällen noch darüber hinaus. Für den Steinkohlenbergbau Westfalens kann man den Bedarf an Grubensteigern einschließlich Fahrhauern zu etwa 2 bis 2,5% der Belegschaft rechnen. Hierzu kommen noch die oberen und höheren technischen Grubenbeamten (Fahrsteiger, Betriebsführer, Betriebsinspektoren, Direktoren) und die sonstigen technischen Beamten für den Maschinen- und Aufbereitungsbetrieb über und unter Tage. Im Braunkohlentiefbau wird man die Zahl der Grubensteiger zu etwa 3 bis 3,5% der Belegschaft rechnen können, da die Betriebe meist klein sind. Im Tagebau ist die Zahl je nach dem Stande der Mechanisierung entsprechend größer.

b) Der Umfang der Betriebsüberwachung durch Betriebsbeamte im Bergbau.

1. Steiger.

Von den Revier- bzw. Abteilungssteigern wird verlangt, daß sie die vorliegenden Arbeiten zweckmäßig einteilen, dazu die Arbeiter richtig an die einzelnen Arbeitspunkte sowohl der Zahl als auch der besonderen Eignung nach verteilen. Sie haben für rechtzeitige Bereithaltung des Gezähes, des Ausbau- und sonstigen Betriebsmaterials und zugleich für sachgemäße Anwendung desselben zu sorgen. Demnach haben sie darauf hinzuwirken, daß die richtigen Arbeitsverfahren angewandt werden, die sie den Arbeitern gegebenenfalls zeigen müssen. Ebenso haben sie darauf zu achten, daß im Betriebe die bergpolizeilichen Sicherheitsvorschriften usw. eingehalten werden. Die Überwachung der pfleglichen Behandlung der Betriebsmaterialien, des Grubenausbaues und der sonstigen Betriebseinrichtungen zum Zwecke der Vermeidung größerer Reparaturen und Betriebsstörungen ist eine der wichtigsten Aufgaben des Reviersteigers. Hierzu gehört u. a. die Sorge für das rechtzeitige Stempelspitzen bei Ausbau mit solchen Stempeln, für guten, dichten Versatz, für Sauberhaltung und Instandhaltung der Gleise, insbesondere auch in den Abbaustrecken, Instandhaltung der Bremsberghaspel, Gewinnungsmaschinen usw.[1]. Die Ursachen der Reparaturbedürftigkeit sind statistisch festzustellen, um danach gegebenenfalls Gegenmaßnahmen treffen zu können (z. B. Vorbeugung zu starker Druckwirkungen durch Verbesserung des Versatzes, Änderung der Abbaugeschwindigkeit und des Ausbaues, wie Einführung nachgiebigen Ausbaues). Die wichtigste Aufgabe des Reviersteigers ist die Durchführung eines glatten, störungsfreien Förder- und Gewinnungsbetriebes. Er muß anstreben, die vorgeschriebene Förderung nach Menge (Fördersoll) und Güte zu erreichen und den Betrieb seines Reviers in jeder Hinsicht wirtschaftlich zu gestalten, wobei er sinngemäß auch die in „Organisation der Arbeit" und „des Betriebes" (s. Abschnitt C und D) angegebenen Gesichtspunkte zu beachten hat.

Um dieses Ziel zu erreichen, muß er die für sein Revier wichtigen Betriebszahlen kennen. Das bezieht sich auf die zahlenmäßigen Angaben über Gesamt- und Hauereffekt seines Reviers und der Grube, über den Verbrauch je Tonne an Holz und Betriebsmaterialien (letztere nach Hauptgattungen wie Schienen, Kleineisen usw.), die Kosten je Tonne für Holz, Material, Förderung und die Selbstkosten des Reviers und der Grube, sowie über den Fördersoll seines Reviers. Über den Stand des Gesamt- und Hauereffektes und der Revierförderleistung muß er sich laufend täglich unterrichtet halten. Ebenso muß er die Material-Einzelpreise und die Durchschnittslöhne der verschiedenen Arbeiterkategorien wissen.

Die Kosten, den Materialverbrauch und die Leistungen muß der Reviersteiger mit denen des Vormonates bzw. auch mit denen des gleichen Monats im Vorjahr vergleichen und feststellen, ob und weshalb sich gegebenenfalls einzelne Posten geändert haben. Im Monatsbericht muß er darüber unter Darlegung der Flözverhältnisse seines Reviers, besonderer Abweichungen der soeben abgebauten und der demnächst in Abbau zu nehmenden Feldesteile (Gebirgsstörungen usw.), Rechenschaft ablegen und angeben, welche Maßnahmen grundsätzlicher Art er darauf getroffen hat oder treffen will bzw. vorschlägt. Im Tagesbericht sind kurze Angaben über Gesamt- und Hauereffekt, Förderleistungen, Betriebsstörungen geordnet nach Ursachen (Preßluft-, Wagen-, Holzmangel, Brüche usw.), unter Mitteilung der Dauer und der getroffenen Maßnahmen zu machen. Die Berichte können beitragen zur Prüfung der Sorgfalt und Dispositionsfähigkeit des betreffenden Steigers.

Auf manchen Steinkohlenwerken werden die von den einzelnen Reviersteigern erzielten Leistungszahlen wie Förderung, Schichten, Gesamt- und Hauereffekt seines Reviers, Holzverbrauch je Tonne Förderung usw. graphisch aufgezeichnet. Die Tafeln, die zugleich die Angabe der als normal vorausgesetzten Sollzahlen enthalten, ermöglichen dem Steiger, sich sinnfälliger über den Stand seines Reviers zu orientieren, als es nur die Zahlen vermögen[2]. Außerdem sieht er die graphisch dargestellten Leistungen der anderen Reviere und kann danach

---

[1] Siehe Merkbuch am Schlusse dieses Abschnittes.

[2] Kieckebusch: Betriebswirtschaftliche Überwachung einer Steinkohlengrube. Glückauf 1929, S. 101.

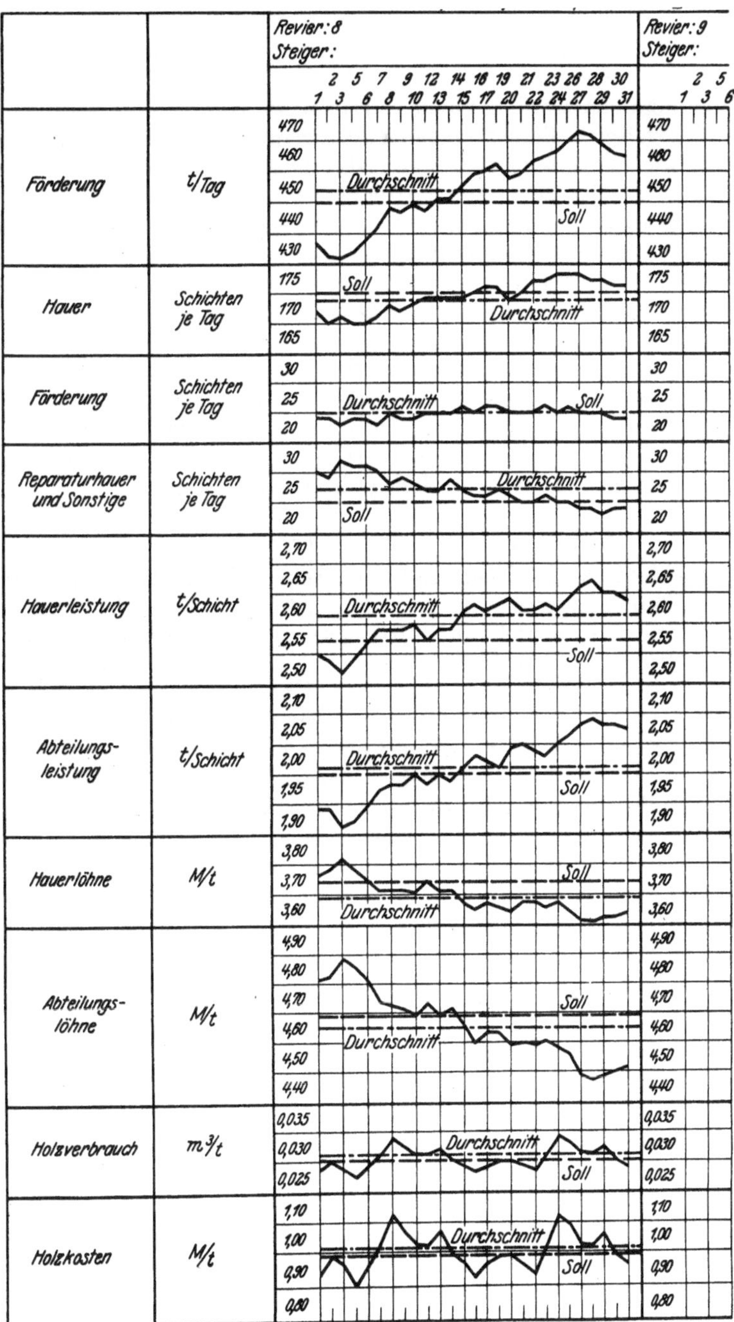

Abb. 133. Leistungstafel für ein Steigerrevier.

Hauerdurchschnittslohn 9,6 ℳ/Schicht, Durchschnittslohn für Schlepper und
Reparaturhauer 8,5 ℳ/Schicht, Holzpreis 1 m³ 33 ℳ.

schnell Vergleiche und Schlüsse ziehen. In Abb. 133 ist eine solche Leistungstafel
für ein Steigerrevier dargestellt.

Bei dieser umfangreichen Betriebstätigkeit soll er außerhalb des eigentlichen Grubendienstes nur mit den schriftlichen Arbeiten belastet werden, die so eng mit seinem technischen Betrieb verknüpft sind, daß sie nicht gut von einem anderen übernommen werden können. Das setzt voraus, daß die Grundlisten, auf denen die weiteren Berechnungen und Zusammenstellungen aufgebaut werden müssen, wie Schichtenzettel, Materialverbrauchslisten usw. so klar geführt werden, daß sich jeder darin zurechtfinden kann.

Den Reviersteigern stehen als aufsichtsführende Hilfskräfte die Hilfssteiger, Fahrhauer bzw. Aufseher, Rutschenführer usw. zur Seite. Zweckmäßig werden auch die niederen Aufsichtskräfte wie Rutschenführer usw. mehr als Beamte geführt. Vor allem dürfen sie nicht in das Gedinge der Kameradschaft eingerechnet werden. Einerseits müssen die Interessen des Rutschenführers usw. mehr auf den ganzen Betriebsabschnitt (Rutschenbetrieb einschließlich Gewinnung und Abförderung) gerichtet sein, was in der Art der Prämienberechnung zum Ausdruck kommen muß, andererseits verliert er an Ansehen und damit an Wirksamkeit, wenn er nach dem gleichen Gedinge — allenfalls mit einem bestimmten Aufschlag — bezahlt wird wie die Belegschaft des Betriebes.

2. Fahrsteiger und Betriebsführer.

Der Aufsichtsdienst der Fahrsteiger erstreckt sich auf die Überwachung der ihnen zugeteilten Steigerreviere, auf den Förderleistungseffekt der Fördereinrichtungen ihres Grubenfeldabschnittes (Seilbahn, Grubenlokomotiven usw.), die Instandhaltung der Ausrichtungsbaue und Reservevorrichtungen ihres Abschnittes und vielfach auch auf die besondere Überwachung des Grubenausbaues einschließlich Holzverbrauches sowohl des Abschnittes als auch der einzelnen Steigerreviere. Daneben wird ihnen meist noch die Verwaltung bzw. Überwachung besonderer Gebiete des Gesamtbetriebes übertragen wie die Beschaffung, Lagerung und Ausgabe der Sprengstoffe, die Wetterführung usw. Endlich vertreten sie je nach Lage des Falles den Betriebsführer.

Der Betriebsführer hat die Überwachung des gesamten Grubenbetriebes durchzuführen und den unmittelbaren Verkehr mit den Bergbehörden als verantwortlicher Leiter aufzunehmen. Er verfügt in der Regel über die Annahme und Entlassung der Arbeiter.

3. Maschinensteiger.

Die Betriebsbeamten des Maschinen- und Tagesbetriebes haben neben der Überwachung des laufenden Betriebes in regelmäßigen Zeitabschnitten (Terminkalender) eingehende Untersuchungen der einzelnen Betriebsmaschinen (Indizieren usw.) und Betriebseinrichtungen vorzunehmen und über den Befund, Art der Abstellung gefundener Mängel usw. zu berichten.

4. Betriebsüberwachungsingenieur.

Da die obere Betriebsleitung sich nicht allzusehr in die Überwachung vertiefen und darüber die Initiative zur Organisation verlieren darf, ist es oft zweckmäßig, ihr besondere Betriebsüberwachungsingenieure zur Verfügung zu stellen, die außerhalb der eigentlichen Betriebsführung stehen und alle Fragen grundsätzlicher Natur, auch solche von Betriebseinzelheiten, klären sollen. Ihr Aufgabenkreis bezieht sich auf die Entwicklung und Normierung der Arbeitsverfahren, Untersuchung der Gedingesysteme, auf die Verteilung der Arbeiter unter Berücksichtigung der Frage, ob und warum hochzubezahlende Leute mit Arbeiten beschäftigt werden, die ebensogut durch niedriger zu bezahlende geleistet werden können, auf die Prüfung der Wirtschaftlichkeit der vorhandenen Betriebseinrichtungen und des Ersatzes durch neue, auf die Prüfung der gleichmäßigen und vollen Ausnutzung der einzelnen Betriebsabschnitte und Betriebsmaschinen, insbesondere auch der Abbaufelder, auf die Prüfung der Einführung neuer Abbau-, Verarbeitungs- und Aufbereitungsmethoden usw.

5. Obere Betriebsleitung.

Die Tätigkeit der oberen Betriebsleitung ist allgemein schon durch die Angabe der Aufgaben der leitenden Angestellten skizziert. Es liegt ihr vor allem die Überwachung der Betriebe nach den großen, wichtigsten Gesichtspunkten ob. Sie soll sich dabei nicht in alle Einzelheiten verlieren und sich in letztere nur gelegentlich, z. B. zur Klärung bestimmter Vorgänge usw. vertiefen. Am besten erfolgt diese Klärung jedoch durch die Betriebsüberwachungsstelle. Die wichtigsten Aufgaben der oberen Betriebsleitung bestehen ferner in der rechtzeitigen Entwicklung des Unternehmens sowohl der Aus- und Vorrichtung als auch der Anlagen unter und über Tage evtl. unter Beobachtung der Konjunkturen, sowie in der Sorge für die finanzielle Entwicklung.

c) Terminkalender.

Die notwendige Sicherheit und Stetigkeit sowie die Wirtschaftlichkeit des Betriebes sind nur zu erreichen, wenn die von den Betriebsbeamten zu treffenden Maßnahmen immer rechtzeitig erfolgen und die Betriebskosten so schnell als möglich errechnet und dem Betriebe bekannt gegeben werden. Die Berechnungen und eine große Zahl der Betriebsmaßnahmen werden hierzu zweckmäßig in bestimmten Zeitabständen wiederholt. Zur Sicherung der rechtzeitigen Durchführung empfiehlt es sich, für die einzelnen Dienststellen Terminkalender anzulegen, nach denen die einzelnen Arbeiten fertig zu stellen und den vorgesetzten Dienststellen einzureichen sind. In Tabelle 82 ist ein Terminkalender für Fahrsteiger als Beispiel angegeben. Ein Terminkalender für die Holzwirtschaft ist in Abschnitt G VIIId 4 eingefügt.

Zum Zwecke der Sammlung der Betriebserfahrungen, der Erzielung einer gleichmäßigen und systematischen Ausführung der Materialwirtschaft und der Anweisung der Steiger und Hilfssteiger werden „Steigermerkbücher" angelegt, deren Inhalt im nachstehenden kurz wiedergegeben ist.

„Steigermerkbuch."

I. Materialwirtschaft:

Kein Material verschwenden!

Kein Material, auch kein Altholz in den Versatz packen!

Das Material zweckmäßig geordnet an der Verwendungsstelle lagern!

1. Materialbuch für Anfragen, Beschwerden über unpünktliche Anlieferung oder schlechtes Material sowie für Eintragungen des freiwerdenden Materials und der auszuraubenden Strecken liegt auf der Steigerstube aus! (Nur für Reviersteiger!)

2. Materialscheine sind nur vom Reviersteiger auszustellen!

3. Materialbestellung:

Voranschlag für den Neubedarf an sämtlichem Material bis zum 25. jeden Monats beim Materialienverwalter vorlegen! Unterschrift des Reviersteigers, zuständigen Fahrsteigers und des Betriebsführers.

4. Materialempfang:

Neues Material für Neuanlagen nur vom 1. bis 6. eines Monats empfangen.

Tabelle 82. Terminkalender für Fahrsteiger.

Lfd. Nr.	Bezeichnung der Listen	Fertigstellung bzw. Prüfung durch den zuständigen Fahrsteiger		dem Betriebsführer vorzulegen	Bemerkungen
		Datum	Name	Datum	
1	Seilprüfungsliste und Zählblätter Maschine I	jede Woche		15. jeden Monats	
2	Desgl. Maschine III.	„ „		15. „ „	
3	Desgl. Maschine IV.	„ „		15. „ „	
4	Seilprüfungsliste Bremsberge und Aufbrüche	„ „		8. „ „	
5	Seilprüfungsliste Gesenke und Abhauen. .	„ „		8. „ „	
6	Abgeworfene Grubenbaue	„ „		7. „ „	
7	Wassermessungsliste.	„ „		7. „ „	
8	Gesteinsstaubkosten.	jeden Monat		7. „ „	
9	Lampenliste	jede Woche		7. „ „	
10	Sonntagsruhe.	„ „		7. „ „	
11	Staubbücher	„ „		7. „ „	
12	Schießhauer und Schießmeister.	„ „		7. „ „	
13	Überschichtenliste.	täglich		Montags	
14	Wettermessungen	„		7. jeden Monats	
15	Wetteraufbrüche und Wetterstrecken, in denen keine Förderung umgeht	„		7. „ „	
16	Zündmaschinen.	„		7. „ „	
17	Bestand an T-Eisen, Rohren usw.	monatlich		3. „ „	
18	Monatsbericht des Grubenbetriebes	„		26. „ „	
19	Auffahrungsliste	wöchentlich		Dienstags	
20	Leistungsliste der einzelnen Reviere	täglich		nach Anforderung	
21	Liste Minusbericht	„		„ „	
22	Bericht der Morgen-, Mittag- und Nachtschicht.	„		„ „	
23	Tägliche Auffahrungslisten.	„		„ „	
24	Mindermaß und unreine Kohlen	wöchentlich		Montags	
25	Überwachungsliste der praktischen Ausbildung der Bergvorschüler und Bergschulanwärter.	monatlich		15. jeden Monats	
26	Sprengstoffaufstellung	„		nach Fertigstellung	
27	Gesamtselbstkostenberechnung	„		„ „	
28	Sollaufstellung	27. jed. Mon.		27. jeden Monats	
29	Urlaubsliste der Beamten	wöchentlich		wöchentlich	
30	Regelung der Strafen mit dem Betriebsrat	„		„	
31	Überwachung der Berglehrlinge und Prüfung der Kartothek.	täglich		8. jeden Monats	
32	Erforderliche Zeugnisse	„		nach Fertigstellung	

Materialwagen der Reviere, verschließbar, zum Transport des Kleinmaterials sind bis zum 1. eines Monats herauszuschicken! (1 Schlüssel Reviersteiger, 1 Schlüssel Magazin.)

Umtausch sämtlichen Materials gegen das alte!

Scheine mit Vermerk „Umtausch"! Unterschrift des Reviersteigers und zuständigen Fahrsteigers.

Neues Material für unvorhergesehene Fälle:

Scheine mit Vermerk „Neuanlage"! Unterschrift des Reviersteigers und Betriebsführers.

Material gegen Rückgabe, wenn erst das Neumaterial zur Stelle sein muß, ehe das alte ausgebaut werden kann. Scheine mit Vermerk „Rückgabe", Unterschrift des Reviersteigers und zuständigen Fahrsteigers.

Rohre, Schienen, Rutschen, Lutten usw. Zuteilung durch besonderen Beamten.

Freiwerdendes Material, auszuraubende Strecken sofort ins Materialbuch eintragen. (Art des Materials, Lagerort, Menge, Länge usw. angeben.)

Gezähe: Neues Gezähe verschreibt der Reviersteiger!

Umtauschgezähe kann auch der Hilfssteiger verschreiben!

N. B. Beim Umtausch das Gezähe vollständig zurückgeben!

Muster für Materialscheine.

<table>
<tr><td>

Kap. Nr. . . . . .   Rev. Nr. . . . . . .

Neuanlage

10 Rohre

  Zeche X, den . . . . . .

Rev.-Stgr.: . . . . . . Betr. Führer: . . .

</td><td>

Kap. Nr. . . . . . .   Rev. Nr. . . . . . .

Umtausch

10 Rutschenbolzen

  Zeche X, den . . . . . .

Rev.-Stgr.: . . . . . . Fahrsteiger: . . . . .

</td></tr>
</table>

Kap. Nr. . . . . . .   Rev. Nr. . . . . . .

Rückgabe

1 Ventil

  Zeche X, den . . . . . .

Rev.-Stgr.: . . . . . . Fahrsteiger: . . . . . .

Kapitel 1. Gesteinsarbeiten.	Kapitel 4.	Förderung und Bedienung.
„ 2. Kohlengewinnung.	„ 5.	Aufsicht.
„ 3. Instandhaltung und Nebenarbeiten.	„ 6.	Grubenholz und eiserne Kappen usw.

5. Lagerung des Materials:

An Sammelstellen auf jeder Sohle des Reviers nach Art, Größe und Durchmesser getrennt, trocken und gegen Stein- und Kohlenfall geschützt lagern; Schienen auf Holzunterlagen, Rohre auf Gestelle.

Rutschen: Rutschfläche einfetten!

Kleinmaterial im Reviermagazin lagern!

Bestandliste über Zu- und Abgang vom Schlosser zu führen!

Holz nie hinter Stempeln lagern!

6. Holzwirtschaft:

Passendes Holz zweckmäßig anwenden! Weiße Ringe! Holz wiedergewinnen!

Teckel sofort abladen und herausschicken!

Drahtseilkappen in Bremsbergen und Strecken!

II. Maschinen:

Maschinen geschützt und trocken aufstellen!

Maschinenkammern sauber halten!

Rutschenmotore: Oft und wenig schmieren!

Keinen Stempel auf den Motor!

Alle Reservemaschinen mit Wettertuch gut zudecken!

Maschinenbestandsberichte: am 15. jeden Monats beim Maschinenobersteiger abliefern! Einen Bericht dem Journal vorheften!

Abbau- und Bohrhämmer: Reviersteiger muß stets Belege haben, in wessen Hände seine Hämmer sind. Keine in Kisten lagern!

Maschinenbuch: für Beschwerden oder Maschinen- und Reparaturanforderungen liegt in der Steigerstube,

Bestellungen in den Werkstätten sind nur in den dort ausliegenden Bestellbüchern vom Reviersteiger einzutragen. Keine Zettel! (Nur für Reviersteiger!)

Bei Abgabe: Alle Zubehörteile von Maschinen, auch wenn sie nicht defekt sind, herausschicken!

Schienen, Rohre, Kappschienen usw. unter 2,4 m und über 3,4 m getrennt auf Teckel laden.

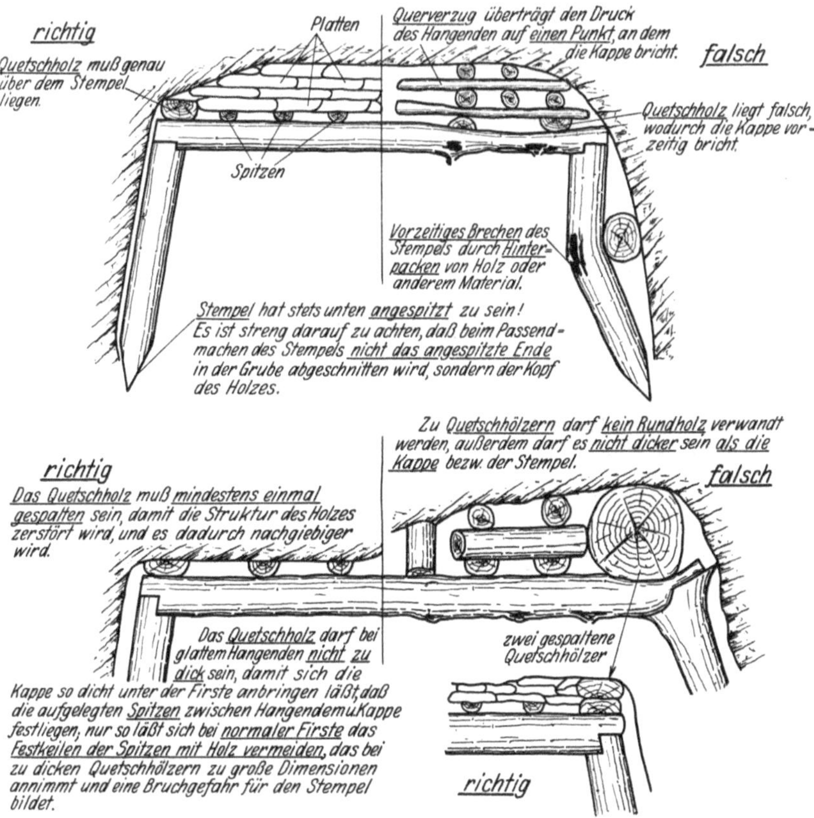

Abb. 134. Beispiel für Unterweisungsanlagen zu den Steigermerkbüchern.

Die Steigermerkbücher werden von Zeit zu Zeit — etwa monatlich — vom Fahrsteiger mit den ihm unterstehenden Beamten durchgearbeitet und besprochen und durch Unterschrift bestätigt. Den Steigermerkbüchern werden zweckmäßig Schaubilder zur sinnfälligen Unterweisung beigefügt (z. B. Abb. 134). Neu eingeführte Maschinen und Arbeitsmethoden, Verfügungen und sonstige Neuerungen aller Art können in Betriebskonferenzen, an denen sämtliche Beamte teilnehmen, erklärt und in Wechselrede besprochen werden. Ein derartiges Zusammenarbeiten dient dazu, die Beamten zum selbständigen Überlegen anzuregen und gegebenenfalls Unklarheiten zum Zwecke der störungslosen Einführung von Neuerungen zu vermeiden.

III. Betriebsselbstkosten.

a) Das Rechnungswesen im Bergbau.

Der Zweck des industriellen Rechnungswesens besteht in der Schaffung zahlenmäßiger Übersichten zur Klärung der Auswirkungen der im Betriebe den finanziellen Erfolg beeinflussenden Elemente. Beim Rechnungswesen hat man je nach seinem Zweck zu unterscheiden:

a) Wirtschaftsrechnung (Unterstützung der Wirtschaftsführung), Abrechnung (Rechnungslegen) und andererseits

b) Finanzrechnung (extern gerichtet), Geschäftsrechnung (extern gerichtet), Betriebsrechnung (intern gerichtet) auf Grund der Kalkulation und der Buchhaltung aufgestellt, Grundlage des Wirtschaftsplanes,

c) Zeitrechnungen (Budgetrechnung, Buchhaltung), Objektrechnungen (Vor- und Nachkalkulation), Relationsrechnungen (Spekulationsrechnung, Statistik).

Es läßt sich darnach das folgende Schema aufstellen:

Tabelle 83. Einteilung des industriellen Rechnungswesens.

Rechnungsart	Vorrechnung	Nachrechnung
I. Zeitrechnungen . . .	Wirtschaftsplan: a) Finanzplan, b) Geschäftsplan, c) Betriebsplan.	Buchhaltung: a) Finanzbuchhaltung, b) Geschäftsbuchhaltung, c) Werks- oder Betriebsbuchhaltung.
II. Objektrechnungen . .	Vorkalkulation: a) Finanzkalkulation, b) Geschäftskalkulation: Einkauf, Verkauf, c) Betriebskalkulation (Selbstkostenvorausberechnung), d) technische Kalkulation, Aufstellung der Sollleistungen, des Sollverbrauches usw.	Nachkalkulation: a) Erfolgsrechnung, b) Ein- und Verkauf (Kosten- und Ertragsrechnung), c) Selbstkostenermittlung, d) Feststellung der Istleistung, des Istverbrauches usw.
III. Relationsrechnungen .	Spekulationsrechnung	Statistik

Die Grundlage des gesamten kaufmännischen Rechnungswesens bildet die Geschäftsbuchhaltung mit ihren Hauptbuchkonten. Die Ergebnisse der Buchhaltung (Finanz-, Geschäfts- und Betriebsbuchhaltung) werden in der Bilanz als rechnerische Bestandsstatistik und in der Erfolgsrechnung als Bewegungsstatistik ausgewertet. Die Erfolgsrechnungen kann man für jeden Zweig der Buchhaltung getrennt durchführen. Da jedoch die Grenzen zwischen Geschäfts- und Betriebsbuchhaltung oft sehr flüssig sind, wird im Bergbau die Betriebs- mit der Geschäftserfolgsrechnung oft vereint. In diesem Falle wird dann meist eine besondere Betriebserfolgsrechnung mit der Kalkulation bzw. Selbstkostenrechnung durchgeführt und diese mit der Erfolgsrechnung der kaufmännischen Buchhaltung verglichen[1]. Bei der Beurteilung der aus den Erfolgsrechnungen zu ziehenden Schlüsse ist zu beachten, daß zur Zeit in der deutschen Kohlenbergbauindustrie durch Zwangssyndizierung und Reichskohlenrat die Beeinflussung der Kohlenpreisregulierung durch den Produzenten fast völlig

---

[1] Burgsmüller: Die Selbstkostenberechnung im Steinkohlenbergbau. Kaufmännische Diplomarbeit, Handelshochschule Nürnberg 1929.

ausgeschaltet ist. Damit tritt die Bedeutung der Selbstkostenermittlung und der daraus zu ziehenden Schlußfolgerungen stark in den Vordergrund.

Im Bergbau herrscht die Massenkalkulation in der Form der einfachen Divisionskalkulation vor. Die kaufmännische Kalkulation, die sogenannte Betriebskalkulation, ist von der technischen Kalkulation scharf zu unterscheiden. Die kaufmännische Nachkalkulation (Betriebsnachkalkulation) ist die Selbstkostenermittlung. Der Kostenumsatz (also die gesamten Selbstkosten), der Ertragsumsatz und der Gesamterfolg lassen sich auf die Einheit des Objektes, also etwa auf die Tonne geförderter Kohle, beziehen. Bei der technischen Kalkulation ist zu beachten, daß man wohl die Förderleistungen sowie den für diese Leistung notwendigen Verbrauch an Löhnen, Material usw. in den verschiedenartigsten Kennziffern für einen bestimmten Betriebsteil errechnen kann und damit auch den in diesem Betriebsteil erwachsenen Kostenanteil, z. B. die Revierselbstkosten je Tonne Kohle. Jedoch erfassen diese Kostenaufstellungen nur einen bestimmten Teil der gesamten Selbstkosten und lassen sich daher nicht in Beziehung zur Ertrags- oder Erfolgsrechnung setzen. Der Zweck der technischen Kalkulation besteht in erster Linie in der Schaffung von Grundlagen zur Betriebskontrolle im engeren Sinne, d. h. in Nachweisungen, die den technischen Ablauf der Betriebsvorgänge auf ihre Zweckmäßigkeit zu prüfen gestatten. Die technische Nachkalkulation hat also den Zweck, aus den Erkenntnissen der Vergangenheit Grundlagen für die Verbesserung des gegenwärtigen und künftigen Betriebes abzuleiten. Hierzu muß in der Regel eine Zerlegung der Kosten, Leistungen und Betriebsvorgänge nach Grundsätzen erfolgen, die mit denen der kaufmännischen Betriebskalkulation nichts mehr gemein haben. Jedoch soll die Zusammenfassung der Kostenrechnung der technischen Kalkulation so erfolgen, daß sie als Grundlage der kaufmännischen Betriebskalkulation dienen kann.

Die Spekulationsrechnung, die sich in der Regel nur mit Vorbehalt vergleichbarer externer und interner, meist erst in Zukunft zu erwartender Einflüsse als Rechnungsgrundlage bedient, ist im Bergbau eine ausgesprochene Gelegenheitsrechnung. Im Kohlenbergbau wird man sich ihrer bedienen, um die Zukunftsaussichten eines noch unbekannten bzw. noch nicht genügend aufgeschlossenen Bergwerkes oder Feldesteiles zu schätzen. Umgekehrt wird man im Erzbergbau bei stark schwankenden Weltmarktmetallpreisen die Zukunftsaussicht eines einigermaßen bekannten, aber nur bei entsprechenden Metallpreisen mit wirtschaftlichem Erfolg zu betreibenden Bergwerkes beurteilen. So hängt z. B. im bolivianischen Zinnerzbergbau die meist nur vorübergehend gedachte Wiederaufnahme des Betriebes bestimmter Bergwerke in erster Linie davon ab, wie man Dauer und Höhe einer Konjunkturwelle beurteilt.

Die Statistik soll mit Hilfe der Großzahlforschung wirtschaftliche und technisch-wirtschaftliche Zusammenhänge klären, die der Einzelfall nicht erkennen läßt. Sie dient der Buchhaltung (Inventur) und vor allem der Kalkulation, bei der sie innerhalb des bergbaulichen Rechnungswesens die größte Bedeutung hat, und zwar sowohl auf dem Gebiete der Betriebskalkulation (Selbstkostenrechnung) als auch der technischen Kalkulation (Soll- und Istleistung, Soll- und Istverbrauch usw.).

Für den Bergbau sind die wichtigsten Zweige des industriellen Rechnungswesens die Buchhaltung, die Selbstkostenberechnung (Betriebsnachkalkulation), die technische Nachkalkulation und die Statistik. Die Statistik ist in Abschnitt G IV näher erörtert. Die Buchhaltung scheidet hier als rein kaufmännische Tätigkeit aus. Über die technische Kalkulation finden sich Angaben bei der Besprechung der Betriebe und Betriebsvorgänge. Nachstehend soll die Selbstkostenberechnung kurz erörtert werden.

b) Allgemeine Bemerkungen über die Selbstkostenrechnung.

1. Die verschiedenen Kostenarten.

Die Kosten[1] entsprechen demjenigen Güterverzehr, der für die betreffende wirtschaftliche Leistung erforderlich ist (Produktionskosten im engeren Sinne).

Der Aufwand (neutraler Aufwand) umfaßt die Kosten, die zur Vorbereitung künftiger Geschäfte dienen und dem gegenwärtigen Betriebe angerechnet werden. Hierzu gehören auch übermäßige Abschreibungen.

Die Zusatzkosten sind solche tatsächlich für die wirtschaftliche Leistung aufgewandte Kosten, die den Selbstkosten nicht angerechnet wurden, aber ordnungsgemäß angerechnet werden müßten, wie z. B. die Differenz zu niedriger Abschreibungen gegen ordnungsgemäße, nicht eingesetzte Zinsen für Eigenkapital usw.

Nach ihrer Entstehung sind die Kosten entweder persönliche oder sachliche bzw. nach Lehmann[2] Kosten für stapelbare Güter (Verbrauchs- und Gebrauchsgüter) oder für nicht stapelbare Güter (persönliche Leistungen, Nutzung dauerhafter Güter), zu denen schließlich noch Mischkosten hinzutreten durch Außendienste oder Außenlasten wie Frachten, Reisekosten, Versicherungen usw.

Ebenso lassen sich nach ihrer Entstehung die Zeitkosten von den Mengenkosten unterscheiden, je nachdem die Höhe der Kosten von der Zeit oder der Erzeugungsmenge abhängig ist. Die ersteren sind vorwiegend fixe oder stark degressive Kosten, letztere proportionale, schwach degressive, zum Teil auch progressive Kosten.

In ihren Beziehungen zum Betriebe lassen sich die Kosten unterteilen in

direkte Kosten = unmittelbare Kosten = Einzelkosten oder kurz Kosten genannt, die im Betriebe selbst entstanden sind, und

indirekte Kosten = mittelbare Kosten = Gemeinkosten, auch Unkosten genannt, die nicht unmittelbar durch die Kostenstelle der Erzeugung entstanden sind, für die also besondere Kostenstellen einzurichten sind und die mittels eines besonderen Verteilungsschlüssels auf die Kostenstelle der Erzeugung umgelegt werden oder die auf die gesamte Förderung bezogen und dann den Selbstkosten der eigentlichen Förderung zugerechnet werden[3]. Zu den erstgenannten indirekten, nach einem Schlüssel zu verteilenden Kosten gehören die Energiekosten, Werkstattkosten usw., zu den letzten die sozialen Lasten, Bergschäden, kaufmännische und technische Verwaltungskosten, Steuern, Zinsen, Abschreibungen usw. Die Abschreibungen werden auch nach den anteiligen Anlagekosten verrechnet, soweit eine entsprechende Unterteilung möglich ist.

Es mag darauf hingewiesen werden, daß die direkten Kosten nicht etwa gleichbedeutend mit proportionalen Kosten sind. Die Gehälter der Betriebsbeamten sind fixe Kosten, die den betreffenden Betrieb unmittelbar belasten, also direkte Kosten.

Unter individuelle Selbstkosten, die als interne Betriebsselbstkosten im engeren Sinne anzusehen sind, versteht man die Produktionskosten, jedoch ausschließlich den durch die Finanzierungstätigkeit des Unternehmens verursachten Finanzkosten, wie Verzinsung, Unternehmerlohn, Abschreibungen usw.

Die objektiven Selbstkosten umfassen die Finanzkosten mit. Während die individuellen Selbstkosten für den Vergleich und die Überwachung der Betriebe

---

[1] Schmalenbach: Grundlagen der Selbstkostenberechnung und Preispolitik, 3. Aufl., S. 11. Leipzig: Gloeckner 1926.

[2] Lehmann: Die industrielle Kalkulation. Berlin: Spaeth & Linde 1925.

[3] Wesemann: Unkostenermittlung und Unkostenverrechnung im Bergbau. Selbstverlag 1930.

sehr gut brauchbar sind, eignen sie sich nicht als objektive Vergleichsgrundlage z. B. für Preisvereinbarungen usw. Hierzu sind die objektiven Selbstkosten geeignet.

Der Kostenumsatz entspricht den Kosten eines bestimmten Zeitabschnittes, eines ganzen Umsatzprozesses oder eines bestimmten Teiles desselben.

Die Objektkosten entsprechen den anteiligen Kosten einer Erzeugungseinheit.

Die technisch-günstigste Erzeugung hat den relativ geringsten Bedarf an technischem Aufwand (Wärme, Kraft, Material).

Die betrieblich-günstigste Erzeugung hat die relativ geringsten Erzeugungskosten.

Die wirtschaftlich-günstigste Erzeugung liefert die größten Gewinne.

Die drei Betriebsweisen decken sich nur selten. Beispielsweise hat die betrieblich-günstigste Erzeugung oft einen relativ höheren Bedarf an technischem Aufwand als die technisch-günstigste Erzeugung, bleibt aber hinsichtlich der erzielbaren Produktionsmenge so stark hinter der wirtschaftlich-günstigsten Erzeugung zurück, daß letzterer doch finanziell besser arbeitet.

Beispiel:
technisch-günstigste Dampfspannung: geringster Kohlenaufwand je nutzbarer W.-E.,
betrieblich-günstigste Dampfspannung: geringster Kostenaufwand je nutzbarer W.-E.,
wirtschaftlich-günstigste Dampfspannung: bei welcher der größte Gewinn aus der Anlage erzielt wird.

2. Das Wesen der Selbstkostenrechnung.

Die Ermittlung der Selbstkosten hat in dem Rechnungswesen der Betriebe schon seit langer Zeit eine erhebliche Rolle gespielt, und zwar in der Hauptsache, um den wirtschaftlichen Erfolg des Unternehmens feststellen zu können. Erst in neuerer Zeit haben diese Ermittlungen in zunehmendem Maße dazu geführt, den Betrieb sowohl von der kaufmännischen als auch von der technischen Seite her zur Senkung der Kosten in systematisch wissenschaftlicher Form zu beeinflussen.

Die Ermittlung der Betriebsselbstkosten ist ein Teil der Betriebsbuchführung, die die Lohnrechnung, die Materialrechnung, die Erfolgs- und die Selbstkostenrechnung umfaßt. Die Lohn- und die Materialrechnung beschränken sich auf die betreffenden Einzelheiten, während die Erfolgsrechnung und die Selbstkostenrechnung ein Bild über den ganzen Betrieb ergeben sollen. Die Erfolgsrechnung ist als eine betriebswirtschaftliche Zeitrechnung aufzufassen, die in der Regel entweder den wirtschaftlichen Erfolg des Geschäftsjahres oder als kurzfristige Erfolgsrechnung etwa den eines Monates nachweist. Streng zu unterscheiden ist die Jahreserfolgsrechnung des Betriebes von der Jahreserfolgs- und Bilanzrechnung des Unternehmens, die der kaufmännischen Buchführung angehört und sich von ersterer grundlegend durch die Erfassung der Schuldverhältnisse mit der Außenwelt, oft auch durch die besondere Art der Abschreibungen, Verrechnung von Rücklagen usw. unterscheidet. Die Selbstkostenrechnung bezieht sich auf die je Leistungseinheit entstandenen Kosten des Betriebes. Sie stellt also eine Stückrechnung dar, deren wesentlicher Vorzug darin besteht, daß sie unmittelbar verwendbare Vergleichswerte der für eine Leistung verbrauchten Güter ergibt.

In den folgenden Ausführungen sollen die Selbstkosten vom Standpunkte der Betriebstechnik und der sich darauf aufbauenden technischen Betriebsüberwachung behandelt werden. Die kaufmännische Seite dieses Gebietes soll nur insoweit kurz berührt werden, als es zur klaren Abgrenzung erforderlich erscheint.

Die Grenzen der Selbstkostenermittlung werden gegeben durch die Kosten der Ermittlung und die Möglichkeit ihrer Feststellung. Die Kosten der Selbstkostenermittlung müssen geringer sein als der durch Auswertung der Selbstkostenkenntnis erzielbare Betriebsgewinn. Die genaue Feststellung der anteiligen Selbstkosten wird unmöglich bei Kuppelprodukten[1], d. h. bei Produkten, die gleichzeitig aus einem Arbeits- oder Betriebsvorgang entstehen, wie z. B. bei der Gewinnung von Koks und den Nebenprodukten in der Kokerei. Man kann nur die Gesamtkosten dieser Betriebe ermitteln. Die Verteilung dieser Kosten auf die einzelnen Produkte ist mehr oder weniger willkürlich, etwa nach dem Werte der Produkte usw. Es treten also an Stelle der Selbstkosten für die einzelnen Produkte Kalkulationswerte, die aber sehr wohl als Grundlagen für die Selbstkostenrechnung bei einer weiteren Verarbeitung usw. dienen können.

Unter Selbstkosten ist der durch Erzeugung, Vertrieb und andere wirtschaftliche Leistungen verursachte Güterverbrauch zu verstehen. Es zählen also z. B. die Anlagekosten nicht zu den Betriebsselbstkosten, wohl aber die zur Verzinsung und Amortisation derselben aufgewandten Beträge. Kosten, die außerhalb des eigentlichen Betriebes entstehen, wie Beiträge für Verbände, für politische Zwecke usw. gehören nicht zu den Betriebsselbstkosten im engeren Sinne, belasten aber die Erzeugungskosten und sind ihnen in den allgemeinen Kosten anzurechnen, wobei im allgemeinen angenommen wird, daß sie den Interessen des Betriebes direkt oder indirekt dienen. Es ist klar, daß in Grenzfällen die Entscheidung, wie die Kosten zu verrechnen sind, mehr oder weniger willkürlich fallen muß.

Von Bedeutung ist die Tatsache, daß namentlich in den Jahreserfolgs- und Bilanzrechnungen die Kosten mitunter absichtlich unrichtig verrechnet sind, um die Ergebnisse aus irgendwelchen Gründen zu „frisieren“. Die Aufwendungen, die in der Erfolgsrechnung verbucht sind, können gegenüber den tatsächlichen Kosten zu hohe (übermäßige Abschreibungen, Verrechnung ganzer Neuanlagen auf den Betrieb usw.) oder zu niedrige (zu geringe Abschreibungen usw.) sein. Schmalenbach[2] bezeichnet den in der Ertragsrechnung gegenüber den tatsächlichen Kosten verrechneten Mehraufwand als „neutralen Aufwand“ und den Minderaufwand als „Zusatzkosten“. Daraus folgt, daß man von dem aus der Erfolgsrechnung sich ergebenden Gewinn den neutralen Aufwand hinzurechnen und die Zusatzkosten abziehen muß, um den wirklichen, aus den tatsächlichen Selbstkosten herzuleitenden Gewinn zu erhalten.

3. Die Beurteilung von Preisschwankungen in der Selbstkostenrechnung.

Bei der Beurteilung des Wertes der für die Erzeugung verbrauchten Güter führt der vielfach geübte Brauch, als Kosten die für diese Güter gezahlten Preise einzusetzen, oft zu falschen Ergebnissen. Je nach der Lagerdauer und den Preisschwankungen können z. B. für gleichartige auf Lager befindliche Materialien ganz verschiedene Preise gezahlt worden sein. Es muß daher ein Kalkulationswert eingesetzt werden, der in diesem Beispiel von der jeweiligen Preisentwicklung der Materialien bestimmt wird. Um eine ausreichende Stabilität in die Betriebsabrechnung zu bekommen, werden die Materialpreise usw. für bestimmte Abrechnungszeiten (etwa monatlich) festgesetzt. Die Löhne werden in ihrer tatsächlichen Höhe verrechnet.

Von der Entwicklung der Materialpreise einerseits und der Entwicklung der Preise für die Produkte bzw. der vom Material beeinflußten Betriebskosten anderer-

---

[1] Zu den Kuppelprodukten gehören die Abfallprodukte, die dem Haupterzeugnis stofflich gleich sind, und die Nebenprodukte, die stofflich andersartige Gebilde darstellen.

[2] Schmalenbach: Grundlagen der Selbstkostenrechnung und Preispolitik, 3. Aufl., S. 11. Leipzig: Gloeckner 1926.

seits hängt die Verwendung der Materialien ab. Bei steigenden Materialpreisen und sinkenden Preisen für die Produktion wird man in vielen Fällen billigere Materialien wählen, wenn dadurch die gesamten Selbstkosten erniedrigt werden können. Der durch die Schwankungen der Materialpreise usw. bedingte Gewinn oder Verlust wird nur in der Erfolgsrechnung (neutraler Aufwand — Zusatzkosten) nachgewiesen. Er gehört nicht zu den Betriebsselbstkosten.

4. Die Bezugseinheiten der Selbstkostenrechnung im Steinkohlenbergbau.

Die Berechnung der Selbstkosten erfolgt im Bergbau in der Regel je Tonne (im Kalibergbau je Doppelzentner) oder je Hektoliter Förderung. Hierbei muß man beim Steinkohlenbergbau unterscheiden:

Bruttoförderung[1] = Rohproduktenförderung unter Einschluß der Grubenfeuchtigkeit;

Nettoförderung = Bruttoförderung nach Abzug der Lese-, Wasch- und sonstigen Berge;

Reinförderung = Nettoförderung nach Abzug des Selbstverbrauches für Kesselhaus, Schmiede, Lokomotiven usw., soweit er für den Betrieb des Bergwerkes erforderlich ist;

verwertbare Förderung = Reinförderung einschließlich der handelsüblichen Feuchtigkeit, die durch die Aufbereitung (Wäsche) bedingt ist.

Hiernach gehören die Deputatkohlen und die in Werksziegeleien und in sonstigen, nicht dem Bergwerksbetriebe unmittelbar dienenden Nebenbetrieben verbrauchten Kohlen zur Reinförderung bzw. „verwertbaren" Förderung, auch wenn sie unentgeltlich abgegeben werden. Bei gleicher Reinförderung schwankt die Menge der verwertbaren Förderung je nach dem Anteil der Waschprodukte, insbesondere der Fein- bzw. Kokskohlensorten, an der Förderung. Der Selbstkostenberechnung ist daher zweckmäßig die Nettoförderung zugrunde zu legen. Für die Verrechnung in den Syndikaten gilt zweckmäßig die verwertbare Förderung.

Bei der Berechnung des Förderwageninhaltes ist ebenfalls sinngemäß zwischen Brutto- und Nettoinhalt zu unterscheiden.

Bei der Berechnung der Waschprodukte auf Reinförderung, für die der Wassergehalt bis auf die Grubenfeuchtigkeit abgestrichen wird, muß das Gesamtgewicht der Naßkohle berücksichtigt werden.

Als Grubenfeuchtigkeit kommen für den Ruhrbezirk etwa 2,5% in Frage. Gegebenenfalls ist sie fallweise festzustellen. Bezeichnet man mit

w = Wassergehalt der Waschprodukte in Anteilen,
g = Gutgewicht in Anteilen (3%),
f = Grubenfeuchtigkeit in Anteilen (2,5%),
V = verwertbare Menge der Waschkohle,
R = Reinkohlenmenge der Waschkohle,

so ergibt sich

$$R = \frac{V \cdot (1 - w) \cdot (1 + g)}{(1 - f)}.$$

Hiernach ergeben 15000 t gewaschene Feinkohlen (fakturiertes Gewicht) mit 12,5% wirklichem Nässegehalt und 3% Gutgewicht und 2,5% Grubenfeuchtigkeit

$$\frac{15000 \cdot (1 - 0,125) \cdot (1 + 0,03)}{1 - 0,025} = 13865 \text{ t}$$

Reinförderung mit 2,5% Grubenfeuchtigkeit.

---

[1] Friederichs: Richtlinien zur Ermittlung der Förderung im Ruhrbezirk. Glückauf 1929, S. 131.

Die „Statistische Kommission des Vereins für die bergbaulichen Interessen" in Essen hat sich inzwischen entschlossen[1], neben der Brutto- und Nettoförderung nur noch die verwertbare Förderung nachzuweisen, da diese durch das Syndikat verrechnet wird und die Reinförderung nur eine mehr oder minder theoretische Förderziffer darstellt. Für die Feststellung der Mengen gelten eine Reihe von Bestimmungen, von denen einige der wichtigeren hier im Auszug wiedergegeben werden.

Grundsätzlich sollen alle Mengenfeststellungen durch Verwiegen vorgenommen werden. Bei Versand auf dem Wasserwege kann die Gewichtsfeststellung nach der Eichung des Schiffes erfolgen. Werden die Mengen nicht gewogen, sondern nach dem Förderwageninhalt berechnet, so ist der Durchschnittsinhalt zu berechnen, der sich ergibt aus der Förderung des Vormonats dividiert durch die Zahl der in diesem Monat geförderten Wagen. Eine Ausnahme bildet die Deputatkohle und evtl. auch der Landabsatz, bei dem aus Zweckmäßigkeitsgründen stets das gleiche, hierfür als maßgebend unterstellte Gewicht voll angenommen werden soll, ohne Umrechnung auf etwaigen Preisnachlaß usw.

Bei Waschprodukten wird ein Gutgewicht zum Ausgleich für einen den üblichen Satz überschreitenden Wassergehalt in Rechnung gesetzt, das bei der Ermittlung der verwertbaren Förderung nicht mitgezählt werden darf.

Minderwertige Brennstoffe werden bei Verkauf mit dem vollen Gewicht berechnet, beim Eigenverbrauch mit den auf „Vollwert", d. h. den Heizwert einer normalen Förderkohle umgerechneten Mengen. Auf Halden lagernde minderwertige Brennstoffe werden erst in Rechnung gesetzt, wenn sie dem Verbrauch zugeführt werden.

Bei den ohne Verwiegung auf Lager gehenden Mengen kann auch die Feststellung nach Raumgewichten eintreten. Für die vom Lager gehenden Waschprodukte ist durch Analyse der wirkliche Wassergehalt festzustellen. Ergibt sich bei der Räumung des Lagers ein Haldenplus oder -minus, so soll der Unterschied bei der Förderung des jeweils in Frage kommenden Berichtsmonates verrechnet werden. Bei größeren Abweichungen ist eine Verteilung auf mehrere Monate möglichst innerhalb des Kalenderjahres vorzunehmen.

Die Vorschriften gelten sinngemäß für Kohle, Koks und Briketts.

Für die Berechnung des Koksausbringens gelten folgende Grundlagen. Sind:

a = normales Koksausbringen der Koksöfen in %,
x = Tiegelausbringen nach der Syndikatstiegelprobe in %,
n = Naßkoksmenge in t,
g = Gutgewicht in $^1/_{100}$%,
k = verwertbare Förderung in t,
t = trockene Kohlenmenge in t,
w = üblicher Wassergehalt der verwertbaren Kohle in $^1/_{100}$%,
b = tatsächlicher Wassergehalt des Naßkokses in $^1/_{100}$%,

so ist

$$a = 0{,}88 \cdot x + 12$$

die Erfahrungsformel für die Berechnung des zu erwartenden Koksausbringens auf Grund der Syndikatstiegelprobe. Sie ist anzuwenden, falls Kohleneinsatz und Koksausbringen nicht beide durch Verwiegen festgestellt werden. Die Umrechnung auf die einzusetzende verwertbare Kohle erfolgt nach der Formel $k = \dfrac{t}{1-w}$. Aus beiden Gleichungen ergibt sich zur unmittelbaren Berechnung

[1] Friedrichs: Richtlinien zur Ermittlung der Förderung im Ruhrrevier. Zweite, umgearbeitete Auflage. Essen: Verlag Glückauf 1930.

die Formel $k = \dfrac{100 \cdot t}{(0{,}88 \cdot x + 12) \cdot (1 - w)}$. Zur Umrechnung vom Koksversand bzw. von der Kokserzeugung auf die eingesetzte verwertbare Kohle dient die Formel:

$$k = n \cdot \frac{(1 - b) \cdot (1 + g) \cdot 100}{(0{,}88 \cdot x + 12) \cdot (1 - w)}.$$

Der Pechzusatz ist durch genaues Verwiegen bei der Brikettherstellung zu berücksichtigen. Der vom Syndikat satzungsgemäß für seine Absatzrechnung angewandte Satz von 92% Kohlengehalt der Briketts ist hier unzulässig.

5. Der Zweck der Selbstkostenrechnung.

Der Zweck der Selbstkostenrechnung besteht in der Beschaffung von Unterlagen zu einer angemessenen Preisgestaltung, zu einem Vergleich des Betriebes mit denen der Konkurrenzunternehmen, sowie zu einer sachgemäßen Einwirkung auf die Belastung und Durchführung des Betriebes.

Einen Einfluß auf die Preisgestaltung können einzelne Unternehmen in der Regel nur in günstigen Fällen der Fertigwarenindustrie gewinnen, besonders wenn es sich um Waren handelt, die in sehr verschiedenen Ausführungsarten angefertigt werden etwa nach dem individuellen Geschmack des Bestellers. Innerhalb mehr oder weniger weiter Grenzen können auch Monopolbetriebe die Preise für ihre Erzeugnisse bestimmen. Handelt es sich um große Objekte der Lieferung wie Großmaschinen, Aufbereitungsanlagen, Brücken usw., so hat die Selbstkostenrechnung vielfach den Zweck, von den eigenen auf die fremden Selbstkosten zu schließen, um daraus Folgerungen zu ziehen für die Schätzung des erzielbaren Preises. Hierzu ist es meist notwendig, die besonderen hierfür in Betracht kommenden Eigenheiten sowohl des eigenen Betriebes als auch der Konkurrenzbetriebe zu kennen und entsprechend bei der Abschätzung zu verwerten. Bei Massenartikeln, d. h. in den Fällen, in denen für die Waren ein Marktpreis besteht, kann der Preis in der Regel nicht durch die Höhe der Selbstkosten des einzelnen Betriebes bestimmt werden. Maßgebend sind hier der Gebrauchswert für die Käufer und das Verhältnis von Angebot zur Nachfrage. „Hierbei setzt sich bei freiem Markte der Preis auf den Gebrauchswert derjenigen Käuferschicht, deren Bedarf gerade noch befriedigt werden kann"[1]. Es schwankt also gegebenenfalls der Preis zwischen den höchsten Produktionskosten und dem niedrigsten Gebrauchswert (Grenzpaartheorie nach Schmalenbach), wobei sich der Preis in der Regel so gestaltet, daß bei den vorhandenen Angeboten und Nachfragen der größte Umsatz erzielt wird. Bei syndiziertem Markte gelten die vom Syndikat gegebenen Richtpreise, besonders wenn es sich um Verkaufssyndikate handelt.

Für die zuletzt genannten Industrien, die im einzelnen keinen oder nur einen unwesentlichen Einfluß auf die Preisbildung ihrer Erzeugnisse haben, hat die Selbstkostenrechnung in der Hauptsache den Zweck, den Betrieb so auszugestalten, daß die Selbstkosten genügend unter den Verkaufspreisen liegen. Betriebsabschnitte, die nicht voll belastet sind, und die bei voller, normaler Belastung eine Senkung der Selbstkosten erwarten lassen, sind möglichst voll zu belasten. Hierzu ist in den meisten Fällen eine entsprechende Organisation der Verkaufstätigkeit erforderlich, besonders wenn in den einzelnen Betriebsabteilungen verschiedenartige Waren erzeugt werden (die Abteilungen Kesselbau, Kolbenmaschinenbau, Turbinenbau usw. einer größeren Maschinenfabrik). Neben diese rein kaufmännische Tätigkeit tritt noch die rein technische der Verbesserung der Arbeits- und Betriebsverfahren.

---

[1] Schmalenbach: a. a. O. S. 41. Preistheorie der Wiener Schule.

c) Die Bedeutung der Selbstkostenrechnung im allgemeinen.

1. Einteilung der Selbstkosten in bezug auf den Beschäftigungsgrad.

Bekanntlich unterscheidet man bei den Kosten für eine bestimmte Betriebsdauer (Jahr, Monat usw.) unter Beachtung ihres Verhältnisses zum Beschäftigungsgrade[1]:

1. fixe Kosten = Kosten, die unverändert bleiben, gleichgültig wie hoch der Beschäftigungsgrad ist,

2. proportionale Kosten = Kosten, die proportional zum Beschäftigungsgrad steigen und fallen,

3. degressive Kosten = Kosten, die im geringeren als im proportionalen Maße zum Beschäftigungsgrad steigen und fallen, und

4. progressive Kosten = Kosten, die in höherem als dem proportionalen Maße zum Beschäftigungsgrad steigen und fallen.

In allen Fällen können je nach ihren Ursachen die Kosten fest oder veränderlich sein in bezug

    a) auf den Kapitalaufwand,

    b) auf die sonstigen Gemeinkosten,

    c) auf den Arbeitsvorgang.

Zu den fixen Kosten gehören im allgemeinen die Generalunkosten, wie die Verzinsung und Abschreibung der Anlagen, Grundstücke, Betriebs- und Verwaltungsgebäude, in der Regel auch Zinsen, Versicherungskosten (der Anlagen), Steuern und sonstige Abgaben (also die Handlungsunkosten) und schließlich in gewisser Hinsicht auch die Gehälter, da ein Beamtenabbau bei vorübergehend schlechter Geschäftslage (Saisonschwankungen usw.) meist unzweckmäßig ist.

Proportional zur Betriebsleistung sind in der Regel die Kosten für die Rohstoffe (Kohlen für die Kokereien und Brikettfabriken usw.) ferner die Frachtkosten, Provisionen, Reisespesen und z. B. bei der Braunkohlenbrikettindustrie auch die Kosten für Reklame, da es sich hier um die Ausnützung der Marktlage handelt, die in der Saisonruhe auch bei größter Werbearbeit nicht geändert werden kann. Die Werbearbeit ist hier bei eintretendem und vorhandenem Bedarf, insbesondere auch für die Gewinnung neuer Märkte erfahrungsgemäß am wirksamsten[2].

Die reinen Betriebskosten wie Löhne, Materialkosten usw. haben in der Regel bei geringerem Beschäftigungsgrad einen degressiven Charakter. Sie gehen mit zunehmendem Beschäftigungsgrad meist in proportionale und schließlich in progressive Kosten über.

In den Fällen 2 bis 4 können sich je nach den vorliegenden Verhältnissen die Kosten stetig gradlinig entwickeln oder in einer mehr oder weniger stetigen Kurve und schließlich abwechselnd sprunghaft und stetig. Die reinen Stücklöhne sind proportional und stetig, wenn die Gedinge je Leistungseinheit unverändert bleiben. Dasselbe gilt für reine Zeitlöhne unter der Voraussetzung gleichbleibender Leistungen in der Zeiteinheit. Gleichwohl haben die Löhne und Soziallasten eines Betriebes auch bei überwiegendem Zeitlohnsystem einen fixen Charakter, sobald der Beschäftigungsgrad des Betriebes ein gewisses Maß unterschreitet, da eine bestimmte Mindestbelegschaft zur Beaufsichtigung und Instandhaltung stets vorhanden sein muß. Bis zur vollen Ausnutzung dieser Mindestbelegschaft erhalten die Selbstkosten des Betriebes einen degressiven Charakter, um bei weiterer Be-

---

[1] Schmalenbach: Selbstkostenberechnung. Z. handelsw. Forschg. Jg. 13, S. 284.

[2] Schmid, M.: Zur Frage des Einflusses der Stapelung auf die Selbstkosten der Mitteldeutschen Braunkohlen-Brikettindustrie. Dissertation Freiberg 1930.

lastung des Betriebes in proportionale und gegebenenfalls bei übernormaler Belastung in progressive Kosten überzugehen, da im letzteren Falle durch eine übermäßige Besetzung des Betriebes mit Leuten zwar noch die Betriebsleistung etwas gesteigert wird, ohne aber die Belegschaft voll ausnutzen zu können.

Wird der Betrieb mit Hilfe großer Maschinen- bzw. Betriebseinheiten durchgeführt, so werden die Kosten bei Benutzung nur einer Einheit in der Regel bis annähernd zur vollen Belastung degressiv und zuletzt proportional verlaufen. Muß mit Zunahme der erforderlichen Leistung noch eine zweite Einheit in Betrieb genommen werden, so schnellen die Kosten zunächst sprunghaft in die Höhe, solange die zweite Einheit ungenügend belastet ist, um dann degressiv und schließlich wieder proportional, bei Überbelastung auch progressiv zu wachsen.

2. Die Bedeutung der fixen und veränderlichen Kosten für die Wirtschaftlichkeit eines Betriebes.

Die fixen und veränderlichen Kosten sind mitunter schwer, und soweit es sich um Betriebsvorgänge handelt, nur durch mathematisch und technisch hinreichend vorgebildete, erfahrene Betriebsfachleute voneinander zu trennen. Es bedarf dann meist einer über längere Zeit ausgedehnten Untersuchung (Zeitmessung usw.), um eine Entscheidung über die Zugehörigkeit der Kosten zu den einzelnen Kostenarten zu treffen.

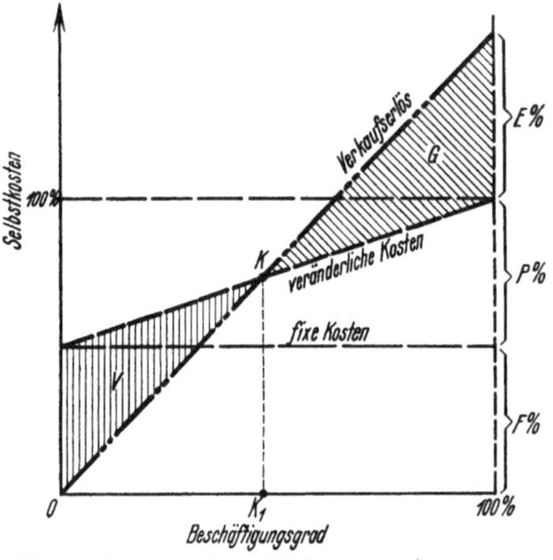

Abb. 135. Die Bedeutung der fixen und veränderlichen Kosten und des Beschäftigungsgrades für die Wirtschaftlichkeit eines Unternehmens.
V Verlust, *G* Gewinn.

Neben absolut fixen Kosten, deren Höhe sich durch den Umfang des Betriebes nicht ändert, treten auch Kosten mit einem bestimmten Minimum auf, deren Höhen als fixe Kosten anzusehen sind. Diese Kosten wachsen mit eintretendem Betriebe von diesem Mindestbetrag an degressiv, proportional oder progressiv.

Lehmann[1] unterscheidet sehr richtig zwischen exakt mathematischen und statistischen Rechnungsmethoden. Die statistischen Rechnungsmethoden sind für die kaufmännische Überwachung der Wirtschaftslage des Unternehmens in der Regel ausreichend. Allerdings führt die von Schmalenbach[2] angegebene Betrachtungsmethode zu einer Veränderlichkeit der sogenannten fixen Kosten des Unternehmens in dem Sinne, daß sie mit zunehmendem Beschäftigungsgrade abnehmen. Diese Betrachtungsweise ist vom kaufmännischen Standpunkte gesehen zur Beurteilung von Augenblicksbildern jedenfalls ausreichend und wegen der Schnelligkeit ihrer Auswertung auch zweckmäßig. Soll jedoch die Selbstkostenermittlung dazu beitragen, die Betriebstechnik zu beeinflussen und fortzuentwickeln, so ist eine mathematisch einwandfreie Trennung der fixen (unveränderlichen) und veränderlichen Kosten am zweckmäßigsten und meist erforderlich.

Die Bedeutung der fixen und veränderlichen Kosten für die Wirtschaftlichkeit eines Unternehmens wird ohne weiteres aus der Abb. 135 klar. In der

---

[1] Lehmann: Die Wirtschaftlichkeitsmessung des Betriebes. Z. Betriebswirtsch. Jg. III, S. 660. 1926.

[2] Schmalenbach: Grundlagen der Selbstkostenrechnung und Preispolitik, S. 29. Leipzig: A. Gloeckner 1926.

Abbildung ist der Beschäftigungsgrad eines Zeitabschnittes, etwa eines Jahres, von 0 bis 100% auf der Horizontalen und der Selbstkostenbetrag von 0 bis 100% auf der Senkrechten eingetragen. Die fixen Kosten des erwähnten Zeitabschnittes betragen $F\%$ der Gesamtausgabe bei voller Beschäftigung (100% Beschäftigungsgrad) und sind durch die Horizontale in Höhe von F angegeben. Die veränderlichen, hier stetig degressiv gedachten Kosten desselben Zeitabschnittes betragen bei einem Beschäftigungsgrad von 100% im vorliegenden Falle $P\%$ der gesamten Selbstkosten. Der Verkaufserlös übersteige bei einem Beschäftigungsgrad von 100% die Selbstkosten um $E\%$. Unter der hier angenommenen Voraussetzung, daß der Verkaufserlös proportional zu dem Absatz steigt und daß die Erzeugung stets glatten Absatz findet, ergibt sich, daß der Verkaufserlös erst bei einem Beschäftigungsgrad von $K_1\%$ den Selbstkosten gleich wird, daß also ein wirtschaftlicher Gewinn erst bei einem stärkeren Beschäftigungsgrade als $K_1\%$ möglich wird. Der Schnittpunkt der Linie des Verkaufserlöses mit der auf der Höhe der fixen Kosten aufgetragenen Linie der veränderlichen Selbstkosten ist also der kritische Punkt (Punkt K), der für das finanzielle Ergebnis des Unternehmens maßgebend ist. Es ist unschwer einzusehen, daß mit Zunahme der fixen Kosten bei sonst gleichem Anstieg der veränderlichen Kosten die gesamten Selbstkosten steigen, so daß der prozentuale Anteil der veränderlichen Kosten bei voller Beschäftigung fällt, trotzdem der absolute Betrag derselben unverändert bleibt. Bleibt auch der Verkaufserlös unverändert, so verschiebt sich der kritische Punkt nach rechts, d. h. die Spanne zwischen $K_1\%$ und 100% des Beschäftigungsgrades, innerhalb welcher allein der Betrieb finanziell günstig arbeiten kann, wird entsprechend kleiner. Damit nimmt aber dessen Empfindlichkeit gegenüber Absatzschwankungen entsprechend zu. Dasselbe tritt ein, wenn

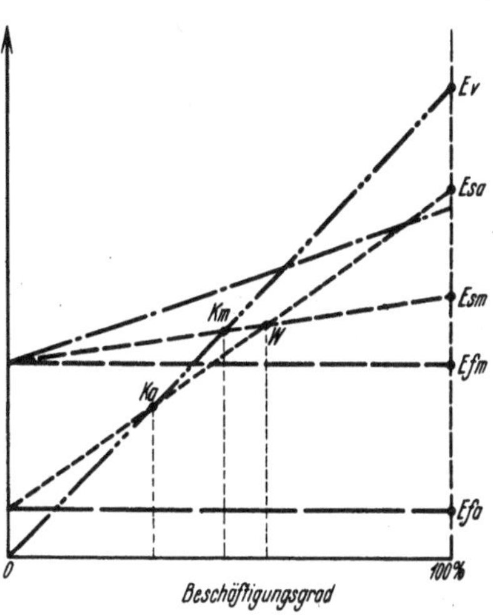

Abb. 136. Verkaufserlös, Selbstkosten und Beschäftigungsgrad bei arbeitsorientierten und kapitalorientierten (mechanisierten) Betrieben. (Die Anlagekosten des arbeitsorientierten Betriebes sind sehr niedrig im Vergleich zu denen des mechanisierten Betriebes.)

bei einem bestimmten Betrage der (jährlichen) fixen Ausgaben F der absolute Betrag der veränderlichen P zunimmt, d. h. je weniger degressiv die veränderlichen Ausgaben sind.

Für die weiteren Betrachtungen sollen grundsätzlich die Schnittpunkte der Linien der Gesamtkosten und des Verkaufserlöses kurz als K-Punkte = kritische Punkte bezeichnet werden. Die Endpunkte dieser Linien, die sich bei einem Beschäftigungsgrade von 100% ergeben, sollen als E-Punkte = Endpunkte, und die Schnittpunkte der Linien der Gesamtkosten zweier Anlagen gleicher Art, aber verschiedener Organisation der Anlagen und des Betriebes, also z. B. verschiedenen Grades der Mechanisierung, als W-Punkte = Wahlpunkte bezeichnet werden. Es bedeuten in den Abb. 136 und 137:

E_v = Endpunkt der Linie des Verkaufserlöses,
E_{sa} = Endpunkt der Linie der Gesamtselbstkosten des arbeitsorientierten Betriebes,
E_{sm} = Endpunkt der Linie der Gesamtselbstkosten des mechanisierten Betriebes,
E_{fm} = Endpunkt der Linie der festen Kosten des mechanisierten Betriebes,
E_{fa} = Endpunkt der Linie der festen Kosten des arbeitsorientierten Betriebes.

Die beiden Abb. 136 und 137 ergeben auf graphischem Wege über die Beziehungen der mechanisierten, kapitalorientierten Betriebe zu den arbeitsorientierten wichtige grundsätzliche Aufschlüsse. Es ist bei diesen Erörterungen für die Klärung der Fragen belanglos, daß die Linien der veränderlichen Kosten bzw. der Gesamtkosten nur gradlinig dargestellt sind. Die Figuren zeigen ohne weiteres, wie wichtig das Verhältnis der Anlagekosten sowie der Anstieg der Linien der veränderlichen bzw. der Gesamtkosten und des Verkaufserlöses für die Beurteilung der Wirtschaftlichkeit verschiedener Ausführungsarten eines Betriebes sind. Sind die Anlagekosten des arbeitsorientierten Betriebes sehr niedrig im Verhältnis zu denen des mechanisierten Betriebes (Abb. 136), so liegt der K_a-Punkt in allen den Fällen, in denen die horizontale E_{fm}-Linie (Fixkosten des mechanisierten Betriebes) nicht unter dem K_a-Punkt liegt, günstiger als der K_m-Punkt. Das bedeutet, daß der K_a-Punkt bei einem niedrigeren Beschäftigungsgrade als der K_m-Punkt liegt. Liegt die E_{fm}-Linie nur wenig unter dem K_a-Punkt, so kann der K_m-Punkt nur bei sehr flachem Verlauf der E_{sm}-Linie günstiger als der K_a-Punkt liegen.

Im Falle Abb. 136 liegt nun der W-Punkt hinter dem K_a- und K_m-Punkte, d. h. der Punkt, bei dem der mechanisierte Betrieb günstiger arbeitet als der arbeitsorientierte, liegt bei einem höheren Beschäftigungsgrade, als er den kritischen Punkten entspricht.

Es ist nun zweifellos falsch, bei der Wahl der Anlageart die Lage der Endpunkte zugrunde zu legen, da man nur ausnahmsweise mit einem 100%igen Beschäftigungsgrade rechnen kann. Ebenso falsch würde die alleinige Berücksichtigung der Lage der kritischen Punkte sein. Es muß zunächst der Wahlpunkt beachtet werden. Steigt z. B. in Abb. 136 der E_{sm}-Punkt dicht unter den E_{sa}-Punkt, so rücken sowohl der K_m-Punkt als auch der W-Punkt zu den Lagen höherer Beschäftigungsgrade. Es ist ohne weiteres ersichtlich, daß der W-Punkt schneller wandert als der K_m-Punkt (siehe strichpunktierte Linie). Im letzteren Falle würde der arbeitsorientierte Betrieb dem mechanisierten Betriebe unter allen Umständen vorzuziehen sein, da der hohe Beschäftigungsgrad, bei dem der mechanisierte Betrieb erst günstiger wird, nur in sehr wenigen Fällen erreicht werden kann. Auch in allen anderen der Abb. 136 entsprechenden Fällen kommt die Lage des W-Punktes zu der Höhe des mittleren Beschäftigungsgrades wesentlich in Betracht. Solange der mittlere Beschäftigungsgrad größer ist, als es der Lage des W-Punktes entspricht, ist der mechanisierte Betrieb vorzuziehen. Liegt der Beschäftigungsgrad tiefer, so ist der arbeitsorientierte Betrieb wirtschaftlicher, solange der K_a-Punkt nicht unterschritten wird.

Ist gemäß Abb. 137 der Kapitalbedarf des mechanisierten Betriebes nur wenig höher als der des arbeitsorientierten und ist die Linie der veränderlichen Kosten des mechanisierten Betriebes wesentlich flacher als die des arbeitsorientierten, so liegt der W-Punkt bei einem niedrigeren Beschäftigungsgrade als die beiden K-Punkte und ist daher für die wirtschaftlichen Betrachtungen bedeutungslos. Im Falle der Abb. 137 würde der mechanisierte Betrieb dem

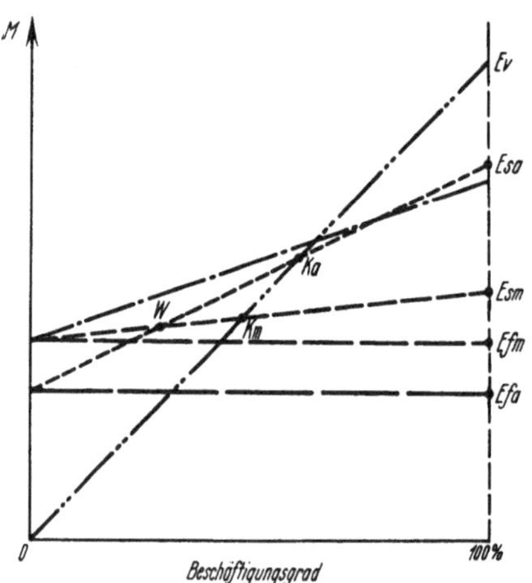

Abb. 137. Verkaufserlös, Selbstkosten und Beschäftigungsgrad bei arbeitsorientierten und mechanisierten Betrieben. (Die Anlagekosten des mechanisierten Betriebes sind nur wenig höher als die des arbeitsorientierten.)

arbeitsorientierten Betriebe stets wirtschaftlich überlegen bleiben. Es ist selbstverständlich, daß der mittlere Beschäftigungsgrad hier größer sein muß, als es der Lage des K_m-Punktes entspricht, wenn das Unternehmen überhaupt Gewinn bringen soll. Steigen die Kosten des mechanisierten Betriebes stark an, so kann der Schnittpunkt der Linie dieser Kosten mit der Linie des Verkaufserlöses oberhalb des K_a-Punktes liegen. Es soll angenommen werden, daß der E_{s_m}-Punkt noch unter dem E_{s_a}-Punkt liegt (strichpunktierte Linie). In diesem Falle liegt der W-Punkt wieder hinter den beiden K-Punkten, also bei höherem Beschäftigungsgrade. Es gelten dann sinngemäß die bei Abb. 136 angestellten Überlegungen.

Durch zweckmäßige Zusammenfassung des Betriebes kann man je nach Lage des Falles oft durch eine wenig umfangreiche Änderung der Anlagen eine erhebliche Verminderung der Gehälter, Löhne, Reparaturkosten und sonstigen laufenden, veränderlichen Betriebskosten erzielen, die die Mehrbelastung durch erhöhte Amortisations- und Verzinsungskosten auch bei geringer Belastung noch

überschreitet. Hierbei ist vor allem der starke Einfluß der Neigungsänderung der E_s-Linien (Linien der veränderlichen Kosten) bei bestimmten E_f-Linien (der fixen Kosten) auf die Lage der Wahlpunkte von Bedeutung. Für die Neigung der E_s-Linien sind die fallweise zu bestimmenden Multiplikationsgesetze der Betriebsorganisation (s. Abschnitt D) wichtig, weshalb hier ausdrücklich auf diese verwiesen wird. Bei der Beurteilung der wirtschaftlichen Bedeutung rechnerisch ermittelter E_s-Linien ist natürlich die Empfindlichkeit

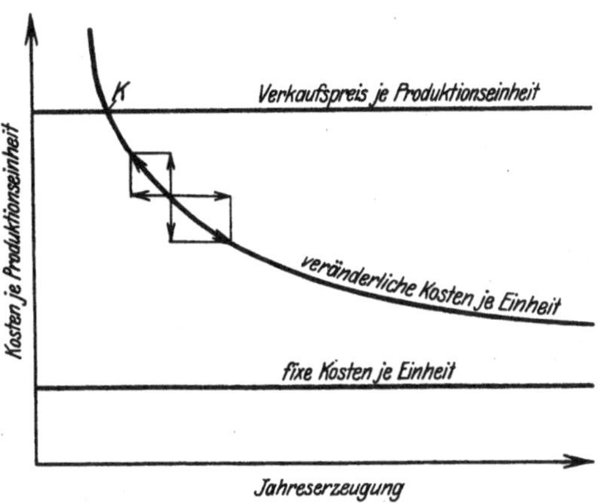

Abb. 138. Fixe und veränderliche Kosten je Produktionseinheit in Abhängigkeit von der Jahreserzeugung.

bzw. Betriebssicherheit der betreffenden Betriebsorganisation entsprechend zu berücksichtigen, da die tatsächlichen Betriebskosten hiervon stark beeinflußt werden.

Bezieht man die festen und veränderlichen Kosten nicht auf die Jahreserzeugung sondern auf die Produktionseinheit, so kehren sich die Kostenarten insofern um, als die festen Kosten der Jahreserzeugung zu den veränderlichen — reziproken — der Produktionseinheit und die proportionalen Kosten der Jahreserzeugung zu den festen Kosten der Produktionseinheit werden (Abb. 138). Diese Darstellungsweise zeigt deutlich, daß die Kosten je Produktionseinheit bei Verminderung einer gewissen Jahreserzeugung stärker steigen, als sie bei Erhöhung der Leistung unter sonst gleichen Erzeugungsbedingungen fallen würden. Die Steigerung der Erzeugungskosten je Produktionseinheit wird daher mit zunehmender Produktionseinschränkung immer erheblicher.

Bei den vorstehenden Untersuchungen ist stillschweigend angenommen worden, daß die Güte der Erzeugung des arbeitsorientierten oder des schlechter mechanisierten und des besser mechanisierten Betriebes einander gleich bleibt. Je nach den Verhältnissen kann der arbeitsorientierte oder schlechter mechanisierte Betrieb bessere oder auch durchweg schlechtere Erzeugnisse liefern als der besser mechanisierte Betrieb. Dementsprechend werden die Verkaufserlöse des arbeitsorientierten Betriebes höher oder niedriger sein als die des besser mechanisierten Betriebes. Die Höhe der fixen Kosten, der Anstieg der veränderlichen Kosten und des Verkaufserlöses sind, wie die nachstehenden Beispiele zeigen, hier von größter Bedeutung.

Nimmt man an, daß der besser mechanisierte Betrieb bessere Erzeugnisse liefert als der arbeitsorientierte, daß die fixen Kosten des besser mechanisierten Betriebes wesentlich höher als die des arbeitsorientierten sind, und die veränderlichen Kosten des arbeitsorientierten Betriebes am stärksten mit dem Beschäftigungsgrade ansteigen, so entsteht ein Wirtschaftsbild, wie es grundsätzlich durch die Abb. 139 dargestellt ist. Es ist hier von Bedeutung, daß K_a bei einem niedrigeren Beschäftigungsgrade eintritt als K_m und daß der Winkel α zwischen der Linie der Gesamtkosten und der des Verkaufserlöses des arbeitsorientierten Betriebes spitzer ist als der entsprechende Winkel α_1 des mechanisierten Betriebes. Der Schnittpunkt W_1 der beiden Linien der Gesamtkosten des arbeitsorientierten und des besser mechanisierten Betriebes kann jetzt nicht mehr als Wahlpunkt gelten, da der Jahresgewinn nicht mehr gleich ist. Der Beschäftigungsgrad W_2, bei dem der Jahresgewinn des arbeitsorientierten Betriebes gleich dem des besser mechanisierten Betriebes ist, läßt

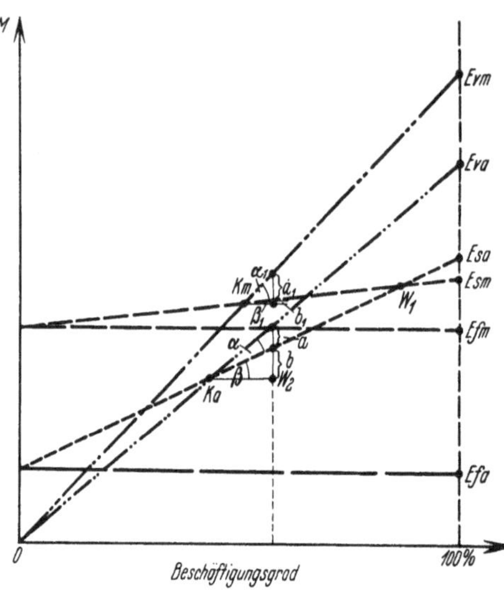

Abb. 139. Der mechanisierte Betrieb liefert bessere Erzeugnisse als der arbeitsorientierte. (Höhere Verkaufserlöse des mechanisierten Betriebes als des arbeitsorientierten.)

sich nach Abb. 139 folgendermaßen ermitteln. Bezeichnen K_a, K_m und W_2 die Beschäftigungsgrade in Anteilen von 100, so sind:

$$\frac{b}{W_2 - K_a} = \operatorname{tg} \beta \quad \text{und} \quad \frac{a + b}{W_2 - K_a} = \operatorname{tg}(\alpha + \beta),$$

also

$$a = [W_2 - K_a] \cdot [\operatorname{tg}(\alpha + \beta) - \operatorname{tg} \beta].$$

Sinngemäß ergibt sich, da $a = a_1$ sein soll:

$$[W_2 - K_a] \cdot [\operatorname{tg}(\alpha + \beta) - \operatorname{tg} \beta] = [W_2 - K_m] \cdot [\operatorname{tg}(\alpha_1 + \beta_1) - \operatorname{tg} \beta_1],$$

woraus folgt:

$$W_2 = \frac{K_a \cdot [\operatorname{tg}(\alpha + \beta) - \operatorname{tg} \beta] - K_m \cdot [\operatorname{tg}(\alpha_1 + \beta_1) - \operatorname{tg} \beta_1]}{\operatorname{tg}(\alpha + \beta) - \operatorname{tg} \beta - \operatorname{tg}(\alpha_1 + \beta_1) + \operatorname{tg} \beta_1}.$$

Für die Wahl der Anlage unter Berücksichtigung des Beschäftigungsgrades kommt nur der Punkt W_2 in Betracht. Ist im vorliegenden Falle der Beschäftigungsgrad durchschnittlich größer als W_2, so ist der besser mechanisierte Betrieb einträglicher, d. h. die jeweiligen Spannen zwischen Gesamtkosten und Verkaufserlös sind hier größer. Liegt der Beschäftigungsgrad zwischen K_a und W_2, so ist der arbeitsorientierte Betrieb günstiger. Ein Beschäftigungsgrad unter K_a ergibt unter allen Umständen Verlustbetriebe.

Erzeugt der besser mechanisierte Betrieb schlechtere Produkte als der arbeitsorientierte, und hat ersterer daher einen geringeren Verkaufserlös, so können sich Verhältnisse ergeben, we sie etwa durch Abb. 140 dargestellt sind. In diesem Falle wird der arbeitsorientierte Betrieb bei jedem K_a übersteigenden Beschäftigungsgrad höheren Gewinn als der mechanisierte Betrieb bringen, da K_a vor K_m liegt und der in Frage kommende Winkel α bei K_a größer als Winkel α_1 bei K_m ist. α_1 kann in dem vorliegenden Falle nur dann größer als α werden, wenn die veränderlichen Kosten E_{s_m} sehr wenig ansteigen und die Linie des Verkaufserlöses E_{v_m} nicht viel flacher als E_{v_a} geneigt ist.

Die vorstehenden Betrachtungen zeigen in allen Fällen eine Verringerung der Elastizität des Unternehmens und der Unternehmerdisposition, wenn der kritische Punkt im Bereiche der hohen Beschäftigungsgrade liegt. Dasselbe gilt für die Lage der Wahlpunkte hinsichtlich der Wirtschaftlichkeit der miteinander konkurrierenden Betriebe. In der Regel tritt die zunehmende Empfindlichkeit mit der relativen Zunahme des Anlagekapitals gegenüber dem Betriebskapital ein.

3. Feststellung des günstigsten Ausnutzungsgrades bei zwei verschiedenen Anlagen zwecks Wahl einer Anlage.

Die vorstehenden Ausführungen haben die Wichtigkeit der Beziehungen der fixen und veränderlichen Kosten und des Ausnutzungsgrades der Anlage für die zu erwartenden Betriebskosten dargelegt. Es ist daher von Bedeutung, denjenigen Ausnutzungsgrad festzustellen, bei dem zwei hinsichtlich der fixen und veränderlichen Kosten verschiedenartige Anlagen einander gleichartig werden, um rechnerisch den Wahlpunkt festzustellen zu können.

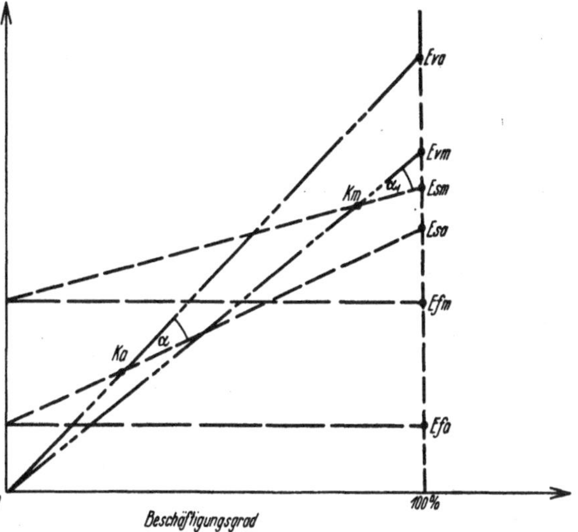

Abb. 140. Der mechanisierte Betrieb liefert schlechtere Erzeugnisse als der arbeitsorientierte. (Geringere Verkaufserlöse des mechanisierten Betriebes als des arbeitsorientierten.)

In dem folgenden Beispiel ist unterstellt, daß die Kosten für Kraftbedarf, Reparatur und Ersatzteile usw. gradlinig mit der Leistung wachsen. Bedeuten nun:

Z = Stundenzahl der Gesamtbetriebszeit je Jahr, auf die der Zeitfaktor bezogen ist,
F = Jahreskosten für Abschreibung und Verzinsung der Anlage,
E = Kosten für Reparatur, Ersatzteile und Rohstoffe je Stunde reiner Arbeitszeit bei normaler Belastung oder je Produktionseinheit (je t, je Stück usw.),
K = Kosten für Kraftbedarf $\left.\begin{array}{l} \\ \\ \end{array}\right\}$ wie bei E,
M = Kosten für Bedienung
B = sonstige Betriebskosten
A = Ausnutzungsfaktor,
J = jährliche Gesamtkosten,
L = Jahresleistung in Produktionseinheiten $= Z \cdot A \cdot l$,
l = Stundenleistung in Produktionseinheiten,
V = Verkaufspreis je Produktionseinheit,

so ergeben sich die jährlichen Gesamtkosten des Betriebes, wenn man von der durchschnittlichen Belastung (dem Ausnutzungsfaktor) der Anlage ausgeht, zu

$$J = F + (E + K + M + B) \cdot Z \cdot A \cdot l.$$

Ist die Wahl zwischen der Ausführungsform 1 und 2 der Anlage zu treffen, so ist zunächst derjenige Ausnützungsfaktor A zu suchen, bei dem die Gesamtkosten in beiden Fällen einander gleich würden. Es muß dann die Gleichung bestehen:

$$F_1 + (E_1 + K_1 + M_1 + B_1) \cdot Z \cdot A \cdot l$$
$$= F_2 + (E_2 + K_2 + M_2 + B_2) \cdot Z \cdot A \cdot l.$$

Hieraus folgt als Grenzwert für A:

$$A = \frac{F_1 - F_2}{Z \cdot l \cdot [(E_2 + K_2 + M_2 + B_2) - (E_1 + K_1 + M_1 + B_1)]}.$$

Bei einem bestimmten absoluten Zahlenwerte von F_1 und F_2 wird der Grenzwert für A um so kleiner, je größer die Differenz der allgemeinen Betriebskosten $E_2 + K_2 + M_2 + B_2$ gegen $E_1 + K_1 + M_1 + B_1$ wird, d. h. je billiger die allgemeinen Betriebskosten im Falle 1 gegenüber Fall 2 sind. Ferner ist die Stundenleistung und die verfügbare Stundenzahl der Gesamtzeit je Jahr (nach Abzug der Feiertage usw.) von Bedeutung.

Zu grundsätzlich denselben Ergebnissen gelangt man, wenn an Stelle des Ausnutzungsfaktors die Jahresleistung in die Rechnung eingesetzt wird. Es ist dann:

$$J = F + (E + K + M + B)\, L,$$

woraus folgt

$$F_1 + (E_1 + K_1 + M_1 + B_1) \cdot L = F_2 + (E_2 + K_2 + M_2 + B_2) \cdot L,$$

$$L = \frac{F_1 - F_2}{(E_2 + K_2 + M_2 + B_2) - (E_1 + K_1 + M_1 + B_1)}.$$

In den beiden vorstehenden Fällen ist von der Voraussetzung ausgegangen, daß nur die gesamten Selbstkosten in Frage kommen. Das ist z. B. bei der Wahl zwischen dem elektrischen Antrieb und dem Preßluftantrieb der unter Tage verwandten Bergwerksmaschinen der Fall[1]. Wird jedoch auch die Güte der Erzeugung durch die verschiedenen Ausführungsformen beeinflußt, so sind neben den verschiedenen Erzeugungskosten auch die verschiedenen Verkaufspreise zu berücksichtigen. Der Grenzfall liegt da, wo der Gewinn in beiden Fällen gleich ist, also wo

$$V_1 \cdot L - J_1 = V_2 \cdot L - J_2$$

wird. Es ist dann:

$$V_1 \cdot L - F_1 - (E_1 + K_1 + M_1 + B_1) \cdot L$$
$$= V_2 \cdot L - F_2 - (E_2 + K_2 + M_2 + B_2) \cdot L,$$

woraus folgt:

$$L = \frac{F_1 - F_2}{V_1 - V_2 + [(E_2 + K_2 + M_2 + B_2) - (E_1 + K_1 + M_1 + B_1)]}.$$

Bei einem bestimmten absoluten Zahlenwerte von F_1 und F_2 wird der Grenzwert für L um so kleiner, je größer die Differenz der Verkaufspreise je Produktionseinheit sowie die Differenz der allgemeinen Betriebskosten je Produktionseinheit werden. In allen Fällen ist die teurere Anlage vorzuziehen, wenn die Grenzwerte von A bzw. L im Betriebe überschritten werden, während die billigere Anlage dann den Vorzug verdient, wenn der Betrieb hinter den Grenzwerten zurückbleibt.

---

[1] Paßmann: Der Ausnutzungsfaktor der Bergwerksmaschinen unter besonderer Berücksichtigung ihrer Elektrifizierung. Z. Elektr. i. Bergbau 1928, S. 173.

d) Die Bedeutung der Anlage- und Betriebsselbstkostenrechnung im Bergbau.

1. Anlagekosten.

Nach diesen allgemeinen Überlegungen soll die besondere Natur der Anlage- und Betriebskosten des Bergbaues einer weiteren Untersuchung unterzogen werden.

In Abschnitt G I b 3, 4 wurde bereits auf die Wirkung der Naturbedingtheit des Bergbaubetriebes hingewiesen, die darin besteht, daß für den Bergbau oft fixe Anlagekosten erforderlich sind, die von der Größe der zu errichtenden Anlage so gut wie unabhängig sind. Das gilt sowohl für die Einschnittkosten im Tagebaubetrieb als auch für die Abteufkosten im Tiefbaubetrieb. Beide Kosten sind in erster Linie von der Deckgebirgsmächtigkeit und von der Zusammensetzung der abzuräumenden bzw. der zu durchteufenden Schichten abhängig. Die Höhe der fixen Anlagekosten bewirkt einen Grundstock der zukünftigen Kosten für Amortisation und Verzinsung, dessen anteilige Höhe sich nur durch entsprechende Bemessung der Betriebsgröße der Anlage herabdrükken läßt, wobei natürlich eine gute Ausnutzung der Anlage vorausgesetzt wird. Erreichen z. B. die fixen Anlagekosten nach Abb. 141 die Höhe der Linie $a - a_1$, so betragen die Amortisations- und Verzinsungskosten der fixen Anlagekosten bei der Betriebsgröße A etwa das Doppelte der Amortisations- und Verzinsungskosten des für den Tages- und Grubenbetrieb mit der Größe der Anlage wachsenden Kapitals, während beide Kosten im Falle $b - b_1$ einander gleich sind. Bei sehr hohen fixen Anlagekosten muß also die Leistungsfähigkeit der zu errichtenden Anlage entsprechend größer bemessen werden, wenn man die Rückwirkung der fixen Anlagekosten auf die zukünftigen Selbstkosten entsprechend herabdrücken will. Es ist also bei der Projektierung bzw. bei der Beurteilung von Bergwerksanlagen zu beachten, daß die Höhe des fixen Anlagekapitals u. a. ausschlaggebend ist für die Bemessung der Betriebsgröße, die zur Erzielung eines wirtschaftlich tragbaren Betriebes mindestens nötig ist.

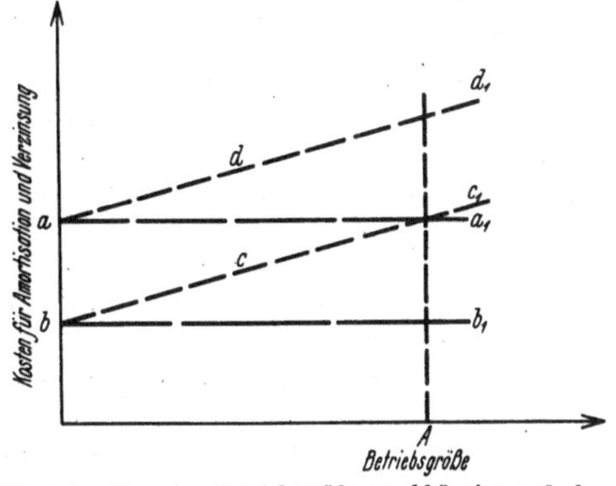

Abb. 141. Von der Betriebsgröße unabhängige und abhängige Anlagekosten.

$\left.\begin{array}{l} a—a_1 \\ b—b_1 \end{array}\right\}$ von der Betriebsgröße unabhängige fixe Anlagekosten,

$\left.\begin{array}{l} c—c_1 \\ d—d_1 \end{array}\right\}$ mit der Betriebsgröße wachsende Anlagekosten.

Hieraus erhellt unschwer die große Bedeutung des Mehrschichtenbetriebes und der Anwendung konzentrierter Abbaumethoden. Man kann im Ruhrrevier bei dem normalen zweischichtigen Förderbetriebe für Neuanlagen je Tonne Jahresförderung etwa 35 bis 50 ℳ Anlagekosten rechnen, die auf etwa 70 bis 90 ℳ bei einschichtigem Betriebe steigen würden. Wenn auch die Anlagekosten in anderen Bergbaurevieren bei geringeren Teufen und günstigeren Ablagerungsverhältnissen niedriger sind, so bleiben doch die grundsätzlichen Beziehungen dieselben. Aus einem Grubenbetriebe kann man bei sonst gleichen Verhältnissen eine bestimmte Jahresförderung bei dem Mehrschichtenbetriebe stets mit einer geringeren Zahl von Schächten und Förderanlagen und mit kleinerer Ausdehnung des Grubengebäudes erreichen als bei dem Einschichtenbetrieb.

Die von der Betriebsgröße abhängigen Anlagekosten haben an sich in der Regel einen zunächst degressiven Charakter, der sehr bald in einen proportionalen übergeht. Das liegt daran, daß auch bei den kleinsten Anlagen bestimmte Bauteile (Giebelwände!) und Nebenanlagen (Anschlußgleise usw.) in denselben Abmessungen vorhanden sein müssen wie bei den größeren Anlagen, und daher einen fixen Charakter haben. Besonders bei der Förderung aus großen Teufen ist die wirtschaftlich eben noch tragbare Mindestgröße der Anlage infolge der großen toten Lasten usw. schon sehr erheblich und damit auch der Beschaffungs-preis. Andererseits ist zu beachten, daß mit der Betriebsgröße in der Regel auch die Mechanisierung des Betriebes wirtschaftlicher wird, so daß tatsächlich die Anlagekosten in ihrer Wirkung mit zunehmender Größe der Anlage relativ stärker hervortreten. So gibt Schmid[1] die vorstehende Kostenverteilung für verschiedene Braunkohlenbrikettfabriken an (Tabelle 84).

Tabelle 84. Kostenverteilung bei Braunkohlenbrikettfabriken verschiedener Größe.

Brikettleistung im Jahre	30000 t %	140000 t %	430000 t %
Löhne (degressiv) .	62	55	48
Material (degressiv)	27	30	34
Unkosten (fix). . .	11	15	18

Es ist kennzeichnend, daß mit zunehmender Betriebsgröße nicht nur die fixen Unkosten, sondern infolge der stärkeren Mechanisierung auch die Material-kosten wachsen. Hiermit hängt auch die Tatsache zusammen, daß mit der Größe der Anlage deren Empfindlichkeit gegen Konjunkturschwankungen wächst. Im vorliegenden Falle liegt der kritische Punkt (vgl. Abb. 135) für die Anlage von 140000 t Jahresleistung bei etwa 40% der Normalleistung, während er für die Anlage von 430000 t Jahresleistung bei etwa 50% der Normalleistung liegt. Es ist daher notwendig, daß die Betriebsleitung die Zins- und Abschreibungsbeträge kennt, um die Kalkulation der Selbstkosten besonders bei schwankenden Betriebsbelastungen richtig durchführen zu können.

2. Betriebskosten.

Ebenso wie wir bei den Anlagekosten gesehen haben, daß diese für Bergwerksbetriebe sich meist aus fixen, von der Betriebsgröße unabhängigen, und aus veränderlichen, mit der Betriebsgröße in irgendeinem Verhältnis wachsenden Beträgen zusammensetzen, setzen sich die Betriebskosten eines Bergwerksbetriebes aus verschiedenartigen Beträgen zusammen, die zunächst einer gesonderten Untersuchung bedürfen. Auch hier sind fixe und veränderliche Kosten zu unterscheiden, und zwar:

α) im Hinblick auf die Betriebsgröße:

1. fixe Betriebskosten, unabhängig von der Betriebsgröße,

2. veränderliche, zumeist degressive Betriebskosten, bei gleichem Ausnutzungsgrade (Belastungsgrade) abhängig von der Betriebsgröße,

β) im Hinblick auf die Ausnützung eines bestimmten Betriebes:

1. fixe Betriebskosten im engeren Sinne des Wortes, zutreffend für eine bestimmte Betriebsgröße, jedoch unabhängig von deren Ausnützung (Belastung),

2. veränderliche Betriebskosten, zutreffend für eine bestimmte Betriebsgröße bei verschiedener Belastung derselben,

γ) veränderliche, außergewöhnliche, unregelmäßig auftretende Betriebskosten.

Zu α 1. Durch die Naturbedingtheit des Bergwerksbetriebes entstehen oft fixe Betriebskosten, die mehr oder weniger unabhängig von der Betriebsgröße und damit auch von der Belastung des Betriebes sind. Hierhin gehören in der Regel die Wasserhaltungskosten. Die einem Tagebau zuströmenden Wasser-

---

[1] Schmid, M.: a. a. O. Dissertation Freiberg 1930.

mengen sind bekanntlich von der Ausdehnung des Tagebaues ziemlich unabhängig, sobald eine gewisse, an sich nicht erhebliche Mindestausdehnung überschritten ist. Dasselbe gilt oft auch für den Tiefbau. Die Menge des durch den Bergbau angezapften Wassers ist weniger von der Ausdehnung der Grubenbaue als in erster Linie von dem hydrogeologischen Aufbau der durch die Baue angeschnittenen Gebirgsteile abhängig. Daran wird auch dadurch grundsätzlich nichts geändert, daß man gelegentlich Grubenteile, die besonders starke Wasserzugänge haben, abdämmt und aufgibt, um den Abbau auf den anderen, weniger Wasser führenden Grubenteilen fortzusetzen. Dadurch wird nicht notwendig die Förderleistung des Bergwerkes herabgesetzt, jedoch dessen Lebensdauer. Außerdem würde man den Wasserzulauf aus dem wasserführenden Grubenteil in der Regel nicht dadurch einschränken, daß man die Förderleistung aus diesem nur verringert. Es ist im Gegenteil bekannt, daß man die anteiligen Kosten der Wasserhaltung durch eine möglichste Steigerung der Förderung herabzudrücken sucht. Die Wasserhaltungskosten können sonach als fixe Kosten behandelt werden.

Die von der Betriebsgröße unabhängigen Betriebskosten haben dieselbe Wirkung wie die fixen, von der Betriebsgröße unabhängigen Anlagekosten, d. h. sie bedingen eine entsprechende Vergrößerung des Betriebes, wenn die Möglichkeit bestehen soll, die anteilige Wirkung dieser Kosten genügend herabzusetzen.

Zu α 2. Die Einwirkung der fixen, von der Betriebsgröße unabhängigen Anlage- und Betriebskosten nimmt, wie oben näher ausgeführt wurde, mit zunehmender Betriebsgröße ab, wenn man einen gleichen Beschäftigungsgrad der Anlagen voraussetzt. Daraus folgt, daß unter sonst gleichen Verhältnissen, d. h. bei gleichen Teufen und sonstigen gleichen Gebirgsverhältnissen sowie bei gleichem prozentualen Beschäftigungsgrade die größere Betriebsanlage billiger arbeiten muß, sofern nicht durch stärkere Mechanisierung der größeren Anlage eine entsprechende Verschiebung der Wirtschaftsgrundlage erfolgt.

Von außerordentlicher Bedeutung sind in dieser Hinsicht alle diejenigen Maßnahmen, die die Leistungsfähigkeit derjenigen Betriebsanlageteile beeinflußen, deren Anlagekosten man als mehr oder weniger unabhängig von der Betriebsgröße der sonstigen Anlage ansehen kann. Kann die Leistung tiefer Förderschächte durch Verbesserung der mechanischen Einrichtung wesentlich erhöht werden, so bedeutet dies, daß in der Regel bei vergleichsweise geringerer Erhöhung der Kosten für Schacht und Schachtausrüstung — im Vergleich zu den Kosten der sonstigen Anlagen über und unter Tage — letztere Anlagen wesentlich leistungsfähiger ausgebaut werden können. Dadurch können auch die anteiligen Kosten für Verzinsung und Amortisation tiefer Förderschachtanlagen gesenkt werden. Es folgt daraus, daß mit Zunahme der Teufe bzw. der Schachtbaukosten die Forderung nach erhöhter Leistungsfähigkeit der Schächte immer dringlicher wird.

In diesem Zusammenhange gewinnt die Frage, ob Gefäß- oder Gestellförderung anzuwenden ist, eine besondere Bedeutung. Man kann annehmen, daß man mit einer Gefäßförderung bei gleicher Nutzlast und annähernd gleichen Anlagekosten stets eine wesentlich größere Leistung als bei Gestellförderung erreicht. Für sehr tiefe Schächte ist aus den eben genannten Gründen sonach die Gefäßförderung die wirtschaftlich überlegene. Das größte Hindernis gegen die Einführung der Gefäßförderung besteht in der Verschlechterung der Kohlenqualität bzw. in den Mehrkosten für die Aufbereitung und gegebenenfalls in den hiermit verbundenen stärkeren Waschverlusten. Je stärker jedoch die Kohlengewinnung und -verladung unter Tage mechanisiert werden, je ungünstiger hierdurch die Qualität der Förderkohle beeinflußt wird, um so weniger tritt in dieser Hinsicht die Wirkung der Gefäßförderung hervor, da die Steinkohlenwäsche ohnehin stärker ausgebaut werden muß. Es handelt sich stets nur um die Frage der Differenz zwischen Verkaufspreis und Gestehungskosten.

Bei Einführung der Gefäßförderung muß die Frage der Seilfahrt, der Holz-, Berge- und Materialförderung entsprechend gelöst werden. Zur Holz- und Kleinmaterialförderung könnten die Walterschen Holzhängevorrichtungen dienen. Die Berge können durch Fallrohre in Bergerümpfe abgeworfen werden, die neben dem Schacht auf der Sohle vorzusehen sind. Diese Rümpfe werden stets teilweise gefüllt gehalten, um den Stoß der herabfallenden Berge abzufangen. Für die Seilfahrt können die Gefäße besondere Einrichtungen erhalten. Gegebenenfalls kann eine Reserve-Gestellförderung mit herangezogen werden.

Zu β 1. Es wurde bereits darauf hingewiesen, daß eine von den örtlichen Verhältnissen bestimmte Mindestbelegschaft zur Beaufsichtigung und Instandhaltung eines Betriebes stets vorhanden sein müsse. Die hierfür aufzuwendenden Lohnkosten gehören zu den fixen Kosten des Betriebes. Dasselbe gilt auch für den Verbrauch mancher Materialien. Für die Heizung eines Kessels wird man auch bei geringstem Betriebe, d. h. wenn er nur so heiß gehalten werden soll, daß er jederzeit schnell zur Dampferzeugung herangezogen werden kann, gewisse Mengen Kohlen verbrauchen, die den Strahlungs- und Abgaseverlusten entsprechen. In den Anheizperioden werden ebenfalls erhebliche Kohlenmengen verbraucht, ehe der Kessel Dampf liefern kann. Es ist also der relative Kohlenverbrauch je nach der Ausnützung des Kessels und je nach der Häufigkeit der Stilllegung und Inbetriebsetzung sehr verschieden.

Im allgemeinen erfordern die Zu- und Abrüstungen eines Betriebes Kosten an Löhnen und Material, die man als fixe Kosten anzusehen hat. Die Frage, welche Maßnahmen zu treffen sind, läßt sich nur unter gleichzeitiger Berücksichtigung der übrigen Betriebskosten beantworten.

Zu β 2. Mit zunehmender Ausnutzung der Mindestbelegschaft und der Betriebsanlage steigen die Betriebskosten in der Regel zunächst degressiv, um bei voller Belastung einen proportionalen und darüber hinaus einen progressiven Charakter anzunehmen, weil bei übermäßiger Belastung der Wirkungsgrad der Maschinen sinkt, das Material infolge übermäßiger Beanspruchung zu stark abgenutzt wird und die in Überzahl erforderliche Belegschaft sich zum Teil gegenseitig hindert, also nicht voll leistungsfähig ist.

Zu γ. Außergewöhnliche Betriebskosten entstehen — abgesehen von Störungsfolgen — vor allem durch Absatzschwierigkeiten. In diesem Zusammenhange ist die Kenntnis der Wirtschaftslage und der Wirtschaftsgepflogenheiten von großer Bedeutung für die zu treffenden Betriebsmaßnahmen. Überläßt z. B. der Großhandel auf dem Braunkohlenbrikettmarkte die ihm organisch obliegenden Lagerrisiken und Stapelhaltungen dem Produzenten, indem er nicht den Ausgleich zwischen der gleichmäßigen Produktion und dem schwankenden Verbrauch durch Stapelung an den Verbrauchsorten herbeiführt, so muß die Brikett-erzeugung entweder eingeschränkt oder am Erzeugungsort auf Zwischenstapel genommen werden, wobei diese Zwischenstapelung naturgemäß die Selbstkosten des Betriebes entsprechend erhöht. Die rein betriebliche Auswirkung der Absatzstockung zeigt sich dann in den Arbeiten im Stapel.

Eine längere Stillegung der Werke kommt nicht in Frage, solange mengenmäßig und zeitlich das Arbeiten auf Stapel nicht die Unrentabilität des Gesamtabschlusses verursacht. In diesem Zusammenhange kann die Naturbedingtheit des Bergbaues von wesentlicher Bedeutung werden. Während im Braunkohlentagebau durch die Stillegung keine nennenswerten Kosten entstehen außer etwa der Wasserhaltung und den Zinsverlusten und die Zeit gegebenenfalls nutzbringend zur Überholung der maschinellen Einrichtungen (Bagger, Absetzer usw.) angewandt werden kann, würden in der gleichen Zeit in einem druckhaften Steinkohlenbergbau neben den bereits eben erwähnten Kosten erhebliche Summen für die Bauhafthaltung des Grubengebäudes aufzubringen sein.

Von der Art des Betriebes hängt es ferner ab, ob eine Produktionseinschränkung durch Kurzarbeit, Feierschichten oder durch allgemeine Betriebseinschränkung am zweckmäßigsten zu bewirken ist.

In Kokereien, Braunkohlenbrikettfabriken, also in solchen Betrieben, die ihrer Natur nach mindestens auf Tage oder Wochen ununterbrochen durchgeführt werden müssen, ist Kurzarbeit nicht möglich. Betriebe, die für die Zu- und Abrüstung jedesmal hohe fixe Betriebskosten verursachen (lange Anfahrwege in der Grube, teure Anheizperioden usw.), werden durch Kurzarbeit sehr schnell unwirtschaftlich. Es ist hierbei zu beachten, daß für die Unter- oder Überschreitung des kritischen Punktes (Abb. 135) nicht nur der mechanische, sondern auch der zeitliche Belastungsgrad maßgebend sein kann.

In solchen Fällen ist es zweckmäßig, die Produktionseinschränkung durch Feierschichten zu bewirken, wenn es sich um Betriebsdispositionen kürzerer Dauer handelt. Die Feierschichten werden am besten im Anschluß an Sonn- und Feiertage angesetzt, um unnütze Zu- und Abrüstzeiten (Anheizen usw.) zu ersparen. Auch hier ist zu beachten, daß die Einlegung von Feierschichten in gewissen Betrieben (Kokereien usw.) untunlich ist.

Ist die Produktionseinschränkung auf längere Zeit erforderlich, so ist meist eine entsprechende Einschränkung des Betriebes am Platze. Hierbei ist zu beachten, daß die festen Anlagen (Tagesanlagen, maschinelle Anlagen des Grubenbetriebes usw.) unverändert bleiben, so daß deren Beschäftigungsgrad sinkt, also deren Selbstkosten je Produktionseinheit steigen. Dagegen läßt sich die Ausdehnung des Grubengebäudes in vielen Fällen vermindern und damit auch der Betrag zu seiner Bauhafthaltung, wenn auch in der Regel nicht ganz in dem Maße der Betriebseinschränkung. Berücksichtigt man, daß die Unterhaltungskosten eines Grubengebäudes bestimmter Ausdehnung bei bestimmten Gebirgs- und Abbauverhältnissen für einen bestimmten Zeitabschnitt annähernd als fixe Kosten angesehen werden können, so folgt hieraus, daß der Abbau möglichst intensiv durchgeführt werden muß, und daß Abbaureserven nur in dem Maße bereit gehalten werden sollen, als es zur Erhaltung der Leistungsfähigkeit des Grubenbetriebes und zur Ausnutzung etwaiger plötzlich eintretender Hochkonjunkturen erforderlich erscheint.

Die Tatsache, daß die maschinellen Anlagen bei normaler Belastung in der Regel vom Gesichtspunkte der Kraftwirtschaft, des Ausbringens usw. gesehen, also mechanisch-technisch, am günstigsten arbeiten und hierbei auch die geringsten anteiligen Lohn- und Materialkosten erfordern, läßt die Frage nach einer systematischen Unterteilung einer Betriebsanlage in mehrere, parallel arbeitende Aggregate auftauchen. Die Frage erübrigt sich da, wo es sich um kleine Betriebseinheiten handelt, wie Koksöfen, Pressen usw., die in entsprechend großer Zahl zu Batterien vereinigt werden. Bei großen Einheiten, wie Abraumbaggern, Aufbereitungen usw. ist die gegenseitige Einwirkung der durch Amortisation und Verzinsung bedingten fixen Anlagekosten, der durch die Mindestbedienung usw. bedingten fixen Betriebskosten und der veränderlichen Betriebskosten für die Unterteilung der Anlagen maßgebend. Einige Beispiele mögen dies erläutern, bei denen angenommen wird, daß die Anlage stets entweder aus einem Aggregat oder aus zwei parallel geschalteten besteht und die Gesamtleistungsfähigkeit in beiden Fällen gleich ist.

Nach Abb. 142 ist angenommen, daß die gesamten Anlagekosten und damit deren Kosten für Verzinsung und Amortisation A_1 und A_2 in beiden Fällen dieselben sind. Die fixen Betriebskosten (Linie B_1 und B_2) wachsen mit der Betriebsgröße der Aggregate und die veränderlichen Kosten a und b haben den gleichen gradlinigen, degressiven Charakter. In diesem Falle würde eine Unterteilung der Anlage in zwei Aggregate nur dann einen Zweck haben, wenn der Absatz auf längere Zeit unter die Hälfte des normalen sinkt. Nach der Tendenz des Kostendiagramms wäre eine Unterteilung der Anlage in drei oder vier gleiche Aggregate voraussichtlich vorteilhaft und daher zu untersuchen.

Die Abb. 142 zeigt ohne weiteres, daß sich die Verhältnisse sofort ändern werden, sobald die unterteilte Anlage um soviel teurer wird, daß der Mehraufwand an Verzinsung und Amortisation der Ersparnis an Bedienung ($B_1 - B_2$) entspricht, die im vorliegenden Beispiel bei halber Belastung des Betriebes erzielt würde, wenn nur eines der beiden Aggregate betrieben wird. Die gesamten Selbstkosten würden bis zur halben Belastung des Betriebes dieselben bleiben, gleichgültig, ob die Anlage aus einem oder zwei Aggregaten besteht. Bei mehr als halber Belastung würde die aus einem Aggregat bestehende Anlage billiger arbeiten. Die Anlage besteht in diesem Falle zweckmäßig aus einem Aggregat.

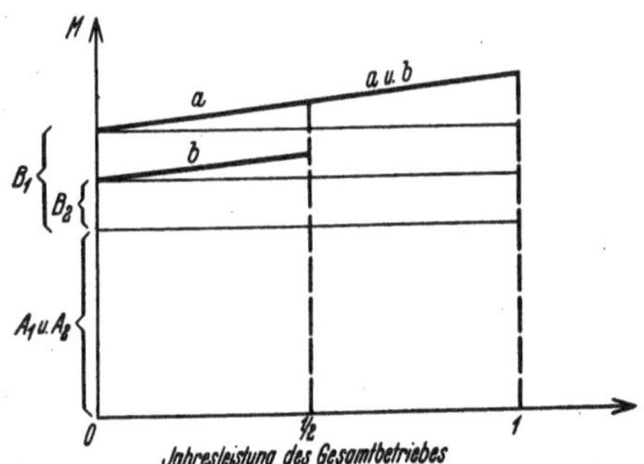

Abb. 142. Fixe Anlage- und Betriebskosten und veränderliche Betriebskosten bei einer aus einem großen Aggregat bzw. aus zwei kleineren Aggregaten bestehenden Anlage von gleicher Leistungsfähigkeit. A_1 Amortisations- und Verzinsungskosten bei einer aus 1 Aggregat bestehenden Anlage, A_2 Amortisations- und Verzinsungskosten bei einer aus 2 Aggregaten bestehenden Anlage, B_1 fixe Betriebskosten bei 1 Aggregat, B_2 fixe Betriebskosten je Aggregat bei 2 Aggregaten, a veränderliche Betriebskosten bei 1 Aggregat, b veränderliche Betriebskosten bei 2 Aggregaten je Aggregat.

Sinngemäß ist die Betrachtung auch für die Fälle durchzuführen, bei denen die fixen Betriebskosten wenig oder gar nicht von der Betriebsgröße bzw. von der Zahl der Aggregate abhängen, oder bei denen die veränderlichen Betriebskosten einen kurvenmäßigen Verlauf haben und etwa aus dem degressiven in den proportionalen und progressiven Charakter übergehen. Hierbei ist zu beachten, daß in der Regel die Kurvenkrümmung bei kleinen Aggregaten, bezogen auf zunehmende Jahresleistung, eine schärfere ist als bei großen Aggregaten.

Die Unterteilung der Betriebsselbstkosten in fixe und veränderliche ist nicht nur bei deren summarischer Beurteilung von Wichtigkeit. Für die Untersuchung und Beeinflussung des Betriebes ist die entsprechende Unterteilung der einzelnen Kosten bzw. der für einzelne Arbeitsvorgänge entsprechenden Kosten in fixe und veränderliche Kosten und damit auch die Unterteilung der Arbeitsvorgänge in konstante und variable Vorgänge oft noch wichtiger. Das Eindringen in diese Einzelheiten ermöglicht nicht nur eine klare Analyse des Betriebes, d. h. eine zahlenmäßige Klarstellung aller der Umstände, die den Ablauf des Betriebes beeinflussen, sondern, wie schon früher nachgewiesen wurde, zugleich eine Synthese des Betriebes[1] dadurch, daß die hierbei gewonnenen Werte, wie an einigen Beispielen gezeigt wird, zur Bestimmung der zweckmäßigsten Betriebsausführungen, Bauzeiten usw. verwandt werden können.

Allgemein läßt sich sagen, daß die Selbstkostenüberwachung wertvolle Grundlagen gibt sowohl für den zweckmäßigen Ausbau der Anlagen als auch für die richtige Durchführung des Betriebes. Während der Ausbau der Anlagen gewisser-

---

[1] Kegel: Die Berechnung der Abmessungen von Abbaufeldern. Glückauf 1904, S. 1449.

maßen die betriebsstrategischen, auf längere Sicht geltenden Grundlagen ergibt, hat die Betriebsführung mehr die betriebstaktischen Aufgaben des Augenblicks zu erfüllen. In allen Fällen ist das gegenseitige Verhalten der Kostenwirtschaft zum Beschäftigungsgrade der Anlage insbesondere im Hinblick auf die wirtschaftliche Empfindlichkeit, den kritischen Punkt, zu beachten, um ein stetes, finanziell günstiges Ergebnis des Unternehmens nach Möglichkeit zu sichern.

e) Die Ermittlung der Selbstkosten.

1. Die Grundlagen der Selbstkostenermittlung im Bergbau.

Die Ermittlung der Selbstkosten kann nach der Kostenart und nach dem Kostenort erfolgen. In allen Fällen können die Kosten je Zeiteinheit (Monat, Jahr) oder je Leistungseinheit (t, m^3 usw.) ermittelt werden. An Kostenarten unterscheidet man in der Regel die Lohnkosten, die sachlichen Kosten und die sonstigen Kosten. Wesemann[1] gibt für den Steinkohlenbergbau die folgende Einteilung an:

α) **Nach Kostenarten (Konten):**

I. Lohnkosten:

1. Kohlengewinnung.
2. Vorrichtung.
3. Ausrichtung.
4. Grubenunterhaltung.
5. Brems- und Schlepperförderung.
6. Pferde- und maschinelle Förderung.
7. Füllörter, Hängebank, Schächte und Bremsberge.

8. Maschinenbetrieb.
9. Tagesbetrieb.
10. Grubenwerkstättenbetrieb.
11. Zusammen.
12. Aufsichts- und Rechnungsbeamte.
13. Im ganzen.

II. Sachliche Kosten:

Materialien.

1. Metallische Materialien.
2. Beleuchtungs-, Spreng- und Zündmaterialien.
3. Seile, Treibriemen, Ketten.
4. Baumaterialien.

5. Liderungs- und Schmiermaterialien.
6. Gezähe, Werkzeuge und Geräte.
7. Elektrische Materialien.
8. Sonstige Materialien.
Summa Materialien.

9. Holz.
10. Pferdeschichten und Frachten.
11. Elektrischer Stromverbrauch.

12. Maschinenwerkstätten.
13. Bauverwaltung.
14. Kohlen zum Selbstverbrauch.

III. Sonstige Kosten:

1. Steuern.
2. Kassenbeiträge.
3. Berg-, Rauch- und sonstige Schäden.

4. Verschiedenes.
5. Generalunkosten.

Bei der Verrechnung der Materialien führt man zweckmäßig eine Trennung in Verbrauch und anteilige Verrechnung durch und damit auch eine Trennung nach

1. **Magazinmaterialien**, die rechnerisch vorwiegend sich als Verschleißkosten von Massengütern bemerklich machen,

2. **Betriebsrechnungen**, die vorwiegend Einzelausgaben für Instandhaltung und Ersatz umfassen, und

3. **Tilgungsraten** für Betriebsgegenstände und Instandsetzungsarbeiten, deren Nutzungsdauer weit über einen Monat hinausreicht.

Es soll dadurch verhindert werden, daß die unter Punkt 3. genannten Kosten in dem Ausgabemonat voll in den Selbstkosten verrechnet werden und dadurch ein unrichtiges Betriebsbild geben.

β) **Nach Kostenorten (Kapitel).** Die verschiedenen Kostenarten werden auch als Konten bezeichnet, denen als Kapitel die verschiedenen Kosten-

---

[1] Wesemann: Die planmäßige Bewirtschaftung der Betriebsstoffe im Steinkohlenbergbau. Dissertation Aachen 1927.

orte gegenüberstehen. Für den Steinkohlenbergbau kommt etwa die folgende Kapiteleinteilung in Frage:

I. Grubenbetrieb unter Tage:

Kapitel 1 = Ausrichtung.
  „ 2 = Flözbetrieb.
  „ 3 = Förderung.

Kapitel 4 = Wasserhaltung.
  „ 5 = Grubensicherheit.
  „ 6 = Aufsicht unter Tage.

II. Grubenbetrieb über Tage:

Kapitel 7 = Hängebank.
  „ 8 = Sieberei.
  „ 9 = Wäsche.
  „ 10 = Fördermaschinen.
  „ 11 = Ventilatoren.

Kapitel 12 = Betriebsgebäude einschließlich Lampenstube u. Waschkaue.
  „ 13 = Zechenplatz.
  „ 14 = Zechenbahn.
  „ 15 = Verschiedenes.
  „ 16 = Aufsicht über Tage.

III. Gemischtbetriebe:

Kapitel 17 = Kesselanlage.
  „ 18 = Elektrizität.
  „ 19 = Niederdruck- und Hochdruckluft und sonstige Energieerzeugung.
  „ 20 = Werkstätten.

Kapitel 20_1 = Schmiede, Schlosserei, Dreherei, Schweißerei.
  „ 20_2 = Schreinerei, Kreissäge.
  „ 20_3 = Elektrischer Betrieb.
  „ 20_4 = Sonstige Werkstätten, wie Sattlerei, Klempnerei, Dachdeckerei usw.

IV. Allgemeinkosten:

Kapitel 21 = Soziale Lasten.
  „ 22 = Markscheiderei, Bergschäden.
  „ 23 = Betriebsverwaltungskosten.
  „ 24 = Werksverwaltungskosten.

Kapitel 25 = Steuern und Abgaben des Betriebes.
  „ 26 = Betriebszinsen.
  „ 27 = Abschreibungen.
  „ 28 = Lagerkosten.

Hiervon werden die Kosten der unter III. genannten Gemischtbetriebe je nach ihrer Inanspruchnahme auf die Kostennachweise der unter I. und II. genannten Betriebe verteilt. Die Allgemeinkosten werden vorwiegend auf die Tonne Kohlenförderung bezogen, wobei gegebenenfalls die auf einzelne Betriebsabschnitte entfallenden Kosten für Abschreibungen und Zinsen schon dort verrechnet sind und hier nur die entsprechenden Beträge der Allgemeinanlagen (Verwaltungsgebäude usw.) eingesetzt werden.

Aus dieser Zusammenstellung geht hervor, daß in den Gesamtübersichten die Einteilung der Kosten für den unterirdischen Grubenbetrieb in der Regel nach Betriebsvorgängen, nicht nach Kostenorten erfolgt. Es ist jedoch zweckmäßig und notwendig, neben dieser Kostenaufstellung auch eine solche nach Steigerrevieren durchzuführen, wobei neben den Abbaurevieren die Arbeitsbereiche der Maschinensteiger, Fördersteiger usw. als Maschinenreviere, Förderreviere usw. für sich als Kostenorte abrechnen.

γ) **Nach der Kombination beider Systeme.** In der Regel werden die Zusammenstellungen entweder nach Kapiteln mit den hierzu gehörenden Konten durchgeführt, oder man stellt die Konten im ganzen zusammen, ohne auf die Kapitel Rücksicht zu nehmen. Die Bezeichnung der Konten und Kapitel erfolgt entweder durch (römische) Zahlen und Buchstaben mit anhängenden arabischen Zahlen oder nach dem sogenannten Dezimalsystem[1], das eine übersichtlichere und noch weitergehende Unterteilung des Stoffes gestattet. Hierbei können z. B. die ersten zwei Zahlen das Kapitel und die folgenden zwei oder drei Zahlen die Konten bezeichnen.

Fritzsche[1] gibt eine ähnliche Gliederung in einem Berichte an, den er im

---

[1] Fritzsche: Die Gliederung der Betriebsvorgänge im Untertagebetrieb von Steinkohlenzechen und ihre Anwendung in der Betriebsüberwachung (Betriebskostenaufstellung und Betriebsstatistik). Bericht 9 des Ausschusses für Betriebswirtschaft 1928.

Auftrage des vom Verein für die bergbaulichen Interessen zu Essen gebildeten Ausschusses für Betriebswirtschaft erstattet hat. Diese Gliederung dürfte eine weitgehende Verwendung finden und soll deshalb ebenfalls hier angegeben werden, obwohl sie sich nur auf den Untertagebetrieb beschränkt.

I. Ausrichtung:

    1. Auffahrung.   2. Unterhaltung.

II. Flözbetrieb:

    1. Vorrichtung.   3. Abbaustreckenförderung.
    2. Abbau.   4. Abbaustreckenunterhaltung.

III. Förderung:

    1. Brems- und Stapelförderung.   3. Schachtförderung.
    2. Hauptstreckenförderung.   4. Förderwagen.

IV. Wasserhaltung.

V. Grubensicherheit, Wetterwirtschaft und Geleucht.

VI. Aufsicht unter Tage.

Die Maschinenwirtschaft (Preßluft- und Elektrowirtschaft) unter Tage ist hier nicht gesondert berücksichtigt.

Als weitere Unterteilung wird vorgesehen.

I. Für die Ausrichtung:

1. Auffahrung:

    a) Schächte.   d) Stapel.
    b) Füllörter und Kammern.   e) Ortsquerschläge.
    c) Haupt- und Abteilungsquerschläge, Richtstrecken.

2. Unterhaltung:

    a) bis e) wie unter 1.

II. Für den Abbau:

    a) Abbaustreckenvortrieb.   d) Strebförderung.
    b) Abbauzurichtung.   e) Bergeversatz.
    c) Gewinnung.

An Kosten erscheinen hierbei:

    a) Löhne.   d) Sprengstoffe.
    b) Maschinenmieten.   e) Sonstige Materialien.
    c) Ausbau.   f) Materialien im Austauschwege.
       α) Holz.
       β) Eisen und sonstige Ausbaustoffe.

Hierbei ist zu beachten, daß die Kostengruppe f) Materialien im Austauschwege bei den Grubenbetriebskosten mit ± 0 aufgehen muß, da die Gutschrift in dem einen Revier als Lastschrift in dem anderen Revier erscheint. Bei den Revierselbstkosten kann dieser Betrag je nach der Menge der aufgenommenen zu den abgegebenen Materialien positiv oder negativ sein.

In den einzelnen Kapiteln kommen die folgenden Kosten in Betracht:

Kapitel I. Ausrichtung.

1. Auffahrung: Löhne der Gesteinshauer, Lehrhauer und Schlepper unter Trennung nach Gedinge- und Schichtlohn. Für die durch Unternehmer ausgeführten Arbeiten sind unter entsprechender Bezeichnung die Löhne im Steigeranschnitt und die Materialien im Materialverbrauchsheft zu verrechnen. Hinzu kommen Maschinenkosten, Sprengstoffe, Ausbau, Materialien.

2. Unterhaltung: Löhne der Schachthauer, Zimmerhauer, Maurer, Kosten für Holz, Eisen, Ziegelsteine, Beton, sonstige Materialien.

Kapitel II. Flözbetrieb.

Löhne der Kohlenhauer, Lehrhauer, Gedingeschlepper und sonstigen Schlepper, Kohlenlader, Kipper, Versetzer und Umsetzer, Zimmerleute in den Abbaustrecken und Ortsquerschlägen. Maschinenkosten, Ausbaumaterialien, Sprengmittel und sonstige Materialien, soweit sie für den Flözbetrieb in Betracht kommen.

Kapitel III. Förderung.

1. Brems- und Stapelförderung: Löhne der Bremser, Aufschieber, Abnehmer, Schlepper, Anknebler usw. Kosten für Maschinen und Materialien für den Betrieb und die Unterhaltung der Fördereinrichtungen.

2. Sohlenförderung: Löhne für Lokomotivführer, Schlosser, Elektriker, Rangierer, Telephonisten, Gleisarbeiter, Haspel- und Seilbahnwärter, Pferdeführer und Stallknechte. Kosten für die hier verwandten Maschinen und Materialien. Unter Materialien wird auch der Anteil der Kosten für die Pferdegestellung verrechnet.

3. Schachtförderung: Löhne für Anschläger, Aufschieber, Abnehmer, Abzieher, Maschinenwärter unter Tage, Löhne und Materialkosten für die Unterhaltung der Fördereinrichtungen einschließlich der Aufsetz- und Aufschiebevorrichtungen, der Anschlußbühnen usw.

4. Unterhaltung und Ergänzung des Förderwagenbestandes einschließlich Schmierung.

Kapitel IV. Wasserhaltung.

Löhne und Materialien für Betrieb und Unterhaltung der Wasserhaltungsanlagen unter Tage sowie der unmittelbar mit der Wasserhaltung zusammenhängenden sonstigen Anlagen.

Kapitel V. Grubensicherheit, Wetterwirtschaft, Geleucht.

Löhne für Wetterleute, Staubstreuer, Fahrschichten der Betriebsratsmitglieder, Löhne und Materialien für Betrieb und Unterhaltung der Gebläse unter Tage, für Herstellung und Unterhaltung der Wettertüren, -verschläge, -dämme, -düsen, Luttenstränge, soweit nicht ihre Verrechnung für ihre erste Anlage unter den Kapiteln I und IV zu erfolgen hat. Löhne und Materialkosten für die Bewirtschaftung der ortsfesten und tragbaren Beleuchtung.

Kapitel VI. Aufsicht unter Tage.

Gehälter der Aufsichtspersonen, wie Sprengstoffausgeber, Fahrhauer, Gruben- und Maschinensteiger, Wetter-, Fahr- und Obersteiger, Betriebsführer.

2. Die Bedeutung der richtigen Ermittlung der Selbstkosten im Bergbau.

a) **Die Zergliederung der Selbstkosten einer Anlage nach einzelnen Betriebsabschnitten.** Die richtige Ermittlung der Selbstkosten soll nicht nur den kaufmännisch verwertbaren Enderfolg des Betriebes klarstellen, sondern vor allem auch dazu beitragen, Fehler in den einzelnen Betriebsabschnitten aufzudecken und Wege zu deren Beseitigung anzugeben. Für den Ingenieur ist der Hinweis vielfach von Bedeutung, daß ein hoher Wirkungsgrad einer Anlage nicht immer eine gute Rentabilität sichert. Die technisch beste Anlage ist nicht immer die wirtschaftlich günstigste, wie schon die Untersuchungen über die Bedeutung der Betriebsselbstkosten zeigten. Um das Ziel einer möglichst hohen Rentabilität durch Betriebsverbesserungen zu erreichen, die durch die Selbstkostenermittlung angeregt werden sollen, muß letztere richtig aufgestellt sein. Andernfalls ergibt die Selbstkostenberechnung leicht ein Zerrbild, das in den meisten Fällen zu einer unrichtigen Beurteilung der Sachlage und zur Anordnung falscher Maßnahmen führt. Solche falsche Wirtschaftsrechnungen sind oft für den Techniker, sei es der Betriebsdirektor, der Betriebsführer oder Steiger, dann besonders gefährlich, wenn seine Tätigkeit nach dem Ergebnis dieser Rechnungen beurteilt wird. Die rein kaufmännischen Fragen, wie z. B. die richtige Trennung der Bestands- und Erfolgskonten, sollen hier unerörtert bleiben, obwohl sie im einzelnen Falle der technischen Betriebsleitung Schwierigkeiten hinsichtlich der richtigen Bewertung ihrer Tätigkeit bereiten können. Noch mehr gilt dies für die richtige Trennung der Betriebserfolgs- von den Konjunkturerfolgszahlen und besonders für die richtige Verteilung der Gemeinkosten (allgemeine Unkosten).

Zu ihrer richtigen Beurteilung muß die Betriebsabrechnung den einwandfreien Vergleich mit gleichartigen Betriebsvorgängen früherer Zeiten oder anderer Betriebe gestatten. Es soll nicht verkannt werden, daß der Selbstkostenvergleich im Bergbau besonders schwierig ist infolge der Verschiedenartigkeit der in Frage kommenden Betriebsbedingungen. Vorwiegend wird aber der Vergleich erschwert, ja unmöglich gemacht durch die mangelhafte Zergliederung der betreffenden

Selbstkosten nach ihren Ursachen. Das Kausalitätsprinzip muß aber die Selbst-
kostenaufstellung beherrschen, wenn sie Zahlenwerte ergeben soll, die einen
klaren Rückschluß auf die bei den Betriebsvorgängen etwa auftretenden Mängel
und Fehler ermöglichen sollen. So werden in der Regel die konstanten und variablen Faktoren der Einzelkosten nicht genügend voneinander getrennt.

Bei der Lokomotivförderung unter Tage entsteht z. B. je Zug von bestimmter
Wagenzahl in einem bestimmten Betriebe ein feststehender Kostenbetrag für
die Bedienung an den Endpunkten (Füllort, Bahnhof) durch den Rangierdienst,
das An- und Abkoppeln der Wagen usw. sowie ein veränderlicher Kostenbetrag
für den eigentlichen Fahrdienst, der proportional mit der Förderlänge wächst.
In der Abb. 143 sind die feststehenden Kosten für die Bedienung der Züge an
den Bahnhöfen durch den Betrag $O - B$ gekennzeichnet. Die veränderlichen
Fahrkosten wachsen entsprechend der Linie $B - F$ proportional mit der Förderlänge an. Werden nun beide Kostenarten addiert und die Summen auf die zugehörigen Förderlängen bezogen, so sinken scheinbar die tkm-Kosten mit zunehmender Förderlänge. Diese allerdings vorwiegend angewandte Berechnung
ist irreführend, da die festen Kosten faktisch
in keinerlei Beziehung zu den Förderlängen
stehen. Die Angabe der addierten Kosten
verhindert zudem die Beurteilung. Nur wenn
beide Kosten getrennt angegeben sind, kann
man klar sehen, wo gegebenenfalls der Fehler
des Betriebes steckt, d. h. ob der Bahnhofs-
dienst oder der Fahrdienst zu teuer arbeitet.

Um einen Selbstkostenvergleich verschiedener Förderarten richtig durchzuführen, müssen neben der Anlage und dem Betrieb der

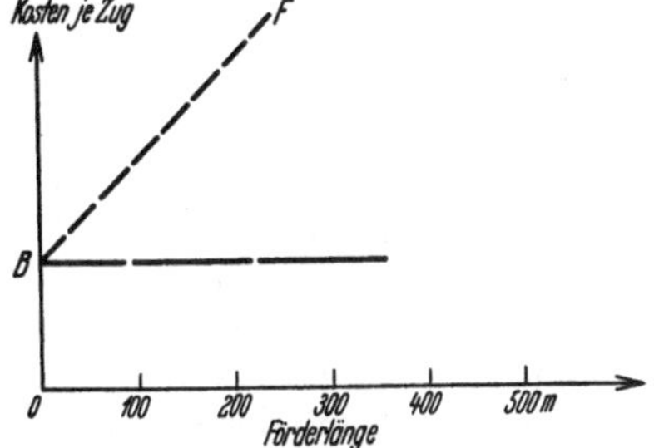

Abb. 143. Fixe und veränderliche Kosten je
Lokomotivzug in Abhängigkeit von der Förderlänge.

eigentlichen Fördervorrichtung auch alle die
Nebenkosten in Betracht gezogen werden,
die zur Durchführung des Betriebes dieser Vorrichtungen entstehen. Soll z. B.
eine Abbaulokomotivförderung mit einer Transportbandförderung verglichen werden, und erfordert die Abbaulokomotivförderung einen größeren Streckenquerschnitt wie das Transportband, so sind gegebenenfalls die durch den größeren
Streckenquerschnitt entstehenden Mehrkosten für die Auffahrung der Strecke zu
den Anlagekosten und die Mehrkosten für deren Unterhaltung zu den Betriebskosten der Abbaulokomotivförderung entsprechend hinzuzurechnen. Für die
Überwachung der Ausbaukosten ist der Vergleich des Sollverbrauches an Grubenholz gemäß Ausbau und Fortschritt der Grubenbaue mit dem tatsächlichen Verbrauch zweckmäßig, wobei die Menge des zurückgewonnenen, wieder verwendungsfähigen Holzes entsprechend zu berücksichtigen ist.

Erhebliche Schwierigkeiten können gegebenenfalls die verteilbaren Betriebs-
und Arbeitskosten bereiten, d. h. diejenigen Kosten, die sich auf die Erzeugung
oder Gewinnung mehrerer, durch einen gemeinsamen Betriebsvorgang erhaltener
Produkte bzw. Kuppel- oder Zwischenprodukte beziehen. In der Regel werden die
Kosten nach den Werten, seltener nach den Mengen der anteilig entfallenden Produkte verteilt. Diese Maßnahme ist vertretbar, solange es sich nur um einen Arbeitsgang handelt. Setzt sich aber ein Betriebsvorgang, wie z. B. eine Aufbereitung, aus einer Anzahl einander folgender Arbeitsvorgänge zusammen, so kann
die einfache Verteilung der Kosten innerhalb des gesamten Betriebsvorganges zu
einer falschen Beurteilung der Wirtschaftlichkeit der einzelnen Arbeitsgänge
führen. Es sei angenommen, daß in dem Erzarmen bzw. in den Bergen sich noch
geringe Erzmengen in feinster Verteilung befinden, deren Gewinnung bei ge-

nügender Zerkleinerung des Erzarmen technisch möglich ist. Dann ist klar, daß man keinen Nachweis der Rentabilität dieser Gewinnung erhält, wenn die gesamten Aufbereitungskosten auf die einzelnen Arbeitsvorgänge der Aufbereitung nach Maßgabe der ausgebrachten Erze verteilt würden. Es muß vielmehr jeder Arbeitsvorgang für sich abgerechnet werden. Im vorliegenden Falle kann der letzte Arbeitsgang für sich sehr wohl verlustbringend sein, auch wenn die Gesamtaufbereitung gewinnbringend abschneidet.

Zur Ermittlung der Wirtschaftlichkeit der einzelnen Arbeitsgänge beginnt man zweckmäßig mit der Berechnung des letzten Arbeitsganges[1]. Angenommen, ein Blei-Zinkerz werde in vier bis fünf Aufbereitungsstufen auf Korngrößen von etwa 15 mm bis herab auf 1,5 mm zerkleinert. Jede Korngröße wird einem Setzprozeß unterworfen, bei dem die Erzkonzentrate und die reinen Berge ausgeschieden werden. Die Mittelprodukte und je nach dem Verwachsungsgrade und dem Metallgehalt auch die erzarmen Berge werden auf die jeweils nächstkleinere Kornstufe zerkleinert, gesetzt usw. Beim Setzprozeß der letzten Stufe (1,5 mm) wird ein marktfähiges Blei- und Zinkerz, ein feines Mittelprodukt, das weiter auf Herden aufbereitet wird, und ein wertloses Bergematerial erhalten.

Die Differenz zwischen dem Marktwerte der Herdkonzentrate und den gesamten Betriebskosten der Herde ergibt einen Wert für die durch die weitere Aufbereitung der vorhergehenden Konzentrationsstufe gewonnenen Mittelprodukte. Die Arbeitskosten für diese Stufe werden dann von dem Marktwert der hierbei gewonnenen Produkte abgezogen und zu dieser Differenz wird der bereits berechnete Wert der feinen Mittelprodukte addiert. Der hierbei sich ergebende Nutzertrag muß befriedigend sein, wenn die vorletzte Stufe der Aufbereitung, d. i. die Zerkleinerung des Erzarmen und der Mittelprodukte auf 1,5 mm Korn, und der nachfolgende Setz- und Herdprozeß noch angewandt werden sollen. Sinngemäß rechnet man sodann den wirtschaftlichen Ertrag der anderen Aufbereitungsstufen durch.

Aus dieser Berechnungsart folgt, daß die weiter zu verarbeitenden Mittelprodukte bereits mit einem gewissen Wert belastet sind, um welchen die gleichzeitig gewonnenen Konzentrate entlastet sind. Wenn aber erzarme Waschabgänge als wertlos auf die Halde gestürzt worden sind, also die anderen Produkte allein mit den entstandenen Aufbereitungskosten belastet waren, und später ein gewinnbringender Weg für die Weiterverarbeitung der Abgänge gefunden wird, so kann man diese Haldenmassen als ein Nebenprodukt behandeln, auf dem außer den Zufuhr- und Verarbeitungskosten keine weiteren Unkosten liegen.

Allgemein ist also zu beachten, daß die Wirtschaftlichkeitsberechnungen der einzelnen Betriebsabschnitte als Teilprobleme aufzufassen sind, die individuell zu behandeln sind, ohne den Zusammenhang mit dem Ganzen zu verlieren. Beim Abbau kann z. B. die Nichtgewinnung ärmerer Erze, wenn sie z. B. dann als Berge ausgehalten werden müßten, besondere Unkosten verursachen, die gegebenenfalls von den Mehrkosten der Aufbereitung usw. in Abzug zu bringen sind, falls die armen Erze mit gebaut werden.

β) **Verteilung der Kosten für Aufschlußarbeiten und Neuanschaffungen auf Anlage- oder Betriebskapital.** Von außerordentlicher Bedeutung für die Beurteilung der Selbstkosten ist auch die Frage, in welchem Umfange die Kosten für Aufschlußarbeiten, für Erneuerung und Verstärkung des Maschinenparkes oder der mechanischen Betriebseinrichtungen usw. als Anlagekapitalserhöhung angesehen werden sollen. Man kann einerseits die Maßnahmen zur Aufrechterhaltung der Fördermenge als Betriebsmaßnahme ansehen und müßte dann alle Mittel,

---

[1] **Tillson:** Faktoren für die Kostenberechnung in Bergwerksbetrieben. Engg. Min. Journ. 1924, S. 463.

die zur Verstärkung der Förderung aufgebraucht werden, als Verstärkung des Anlagekapitals ansehen. Andererseits kann man aber auch alle Maßnahmen, die zur Aufrechterhaltung der Wirtschaftslage des Unternehmens (Sicherung des Gewinnes und des Zinsendienstes) getroffen wurden, als Betriebsmaßnahmen ansehen. Hinzu kommt, daß die Förderleistung infolge von Absatzschwankungen usw. in den einzelnen Monaten und Jahren ungleich ist, wodurch die Beurteilung erschwert wird. Das gilt sowohl da, wo starke Lagervorräte über oder unter Tage gewohnheitsgemäß gehalten werden, um Absatzschwankungen auszugleichen (volle Firsten der Kalisalzgruben), oder wo starke Vorbereitungen für den Abbau getroffen werden müssen, wie ausgedehnte Aus- und Vorrichtungsarbeiten in Tiefbauen bzw. Abraumarbeiten in Tagebauen, deren Ausdehnung teilweise auch durch die besonderen Lagerungs- oder Betriebsverhältnisse bedingt sein kann. Die Grenzlinien für Kapitaldienst, Reservefonds, Instandhaltung und Betrieb sind sonach infolge der menschlichen Fehler in der Abschätzung der gegenseitigen Einwirkung der in Frage kommenden Ursachen oft sehr schwankend.

3. Die Rechnungsgrundlagen für die Selbstkostenermittlung der Einzelbetriebe im Bergbau (z. B. Steigerreviere).

Für die Abrechnung der Einzelbetriebe im Bergbau (Steigerreviere, Bauflügel usw.) ist es zweckmäßig, einfache und klare Rechnungsgrundlagen zu schaffen. Die Formulare 15 und 16 geben eine einfache Übersicht über die durchschnittlichen Leistungen und Kosten in den einzelnen Betriebsmonaten für ein Steigerrevier.

Es empfiehlt sich, die einzelnen Abbaue nur mit den Anlagekosten zu belasten, die für den Betrieb derselben (Aus- und Vorrichtung, Betriebsausrüstung) aufgewandt werden. Die nicht unmittelbar durch den Betrieb des Reviers verursachten Kosten sind als mittelbare Kosten gesondert einzusetzen, um die Verantwortlichkeit des Reviersteigers, die sich nur auf die unmittelbaren Kosten und Leistungen beziehen kann, deutlich abzugrenzen. Aus den Nachweisungen muß neben Kostenort und Kostenart auch die Kostenursache möglichst genau zu ermitteln sein. Da in einer Steigerabteilung meist mehrere in der Ausrichtung, in der Vorrichtung und im Abbau stehende Betriebe zusammengefaßt sind, so lassen sich aus den Betriebskosten der Steigerabteilung die Kosten der einzelnen Betriebe nicht immer klar erkennen. Aus den Gründen, die eine getrennte Abrechnung der einzelnen Arbeitsgänge der Aufbereitung notwendig erscheinen lassen, dürfte auch eine getrennte Abrechnung der Einzelbetriebe eines Steigerreviers zweckmäßig sein. Wesentliche Mehrkosten für die Abrechnung können dadurch nicht entstehen, da der Steiger die Abrechnung für die einzelnen Betriebe ohnehin durchführen muß. Es kommt nur eine Abänderung der Vordrucke in dem Sinne in Frage, daß nicht die Kosten der Ausrichtung, der Vorrichtung und des Abbaues summarisch erscheinen, sondern jeder Betrieb, z. B. jeder Strebflügel, für sich abrechnet. Es empfiehlt sich wohl, neben den bestehenden Abrechnungen der Steigerreviere, wie sie von Kieckebusch[1] vorgeschlagen worden sind (Abb. 133), noch Karten für die Einzelbetriebe anzulegen, in die die monatlichen Betriebskosten usw. fortlaufend eingetragen werden. Die Köpfe solcher Karten sind in den Formularen 17a bis c angegeben[2]. Für jeden Abbaubetrieb sind zwei Karten nötig, und zwar eine Karte für die Vorrichtung und eine zweite Karte für den Abbau. Durch diese Zergliederung der Betriebskosten lassen sich

---

[1] Kieckebusch: Betriebswirtschaftliche Überwachung einer Steinkohlengrube. Vortrag, gehalten auf der zweiten Technischen Tagung des rheinisch-westfälischen Steinkohlenbergbaues, Essen, 24./25. Januar 1929; s. auch Glückauf 1929, S. 101.

[2] Siehe Tasche am Schluß des Buches.

Formular 15. Formular für Leistungs- und Kostenangaben für ein Steigerrevier.

Jahr 19.. Revier	Januar			Februar			usw.
Baufeld.							
Flöz							
Flözmächtigkeit/Einfallen	$\ldots$ m $\ldots$ ^{0}			$\ldots$ m $\ldots$ ^{0}			
Durchschnittliche Tagesförderung	$\ldots$ t			$\ldots$ t			
Gesamte Abbaustoßlänge	$\ldots$ m			$\ldots$ m			
Ausnutzung der Stoßlänge	$\ldots$ t/m			$\ldots$ t/m			
Stand d. Stoßes in d. Ladestrecke, Kippstrecke	$\ldots$ m, $\ldots$ m			$\ldots$ m, $\ldots$ m			

	tägliche Schichten	Leistung t/Schicht	Arbeitskost. $\mathcal{M}$/t	tägliche Schichten	Leistung t/Schicht	Arbeitskost. $\mathcal{M}$/t	usw.
Gewinnung							
Laden							
Versatz							
Umlegen							
Streckenvortrieb							
Streckenförderung							
Streckenunterhaltung							
Stapelbedienung und -unterhaltung							
Bemerkungen							

Formular 16.
Formular für Leistungs- und Kostenangaben für ein Steigerrevier.

Jahr 19.. Revier	Januar	Februar	usw.
Betriebe			
Flöz			
Förderung (+ Vorrichtung)	.... t	.... t	
Verfahrene Schichten (+ Vorrichtung)	.... Sch.	.... Sch.	
Zahl der Arbeitstage			
Durchschnittl. Tagesförderung	.... t	.... t	
„ tägliche Schichten	.... Sch.	.... Sch.	
„ Flözmächtigkeit, Einfallen...	.... m, ..°	....m, ..°	
„ m zu Felde			
Gesamte Abbaustoßlänge	.... m	.... m	
Ausnutzung der Stoßlänge	.... t/m	.... t/m	
Strebhauerleistung	.... t/Sch.	.... t/Sch.	
Hauerleistung	.... t/Sch.	.... t/Sch.	
Revierleistung	.... t/Sch.	.... t/Sch.	
Durchschnittl. Hauerlohn	.... $\mathscr{M}$	.... $\mathscr{M}$	
Revierarbeitskosten (+ Vorrichtung)	.... $\mathscr{M}$/t	.... $\mathscr{M}$/t	
Revierholzkosten	.... $\mathscr{M}$/t	.... $\mathscr{M}$/t	
Bemerkungen			

die Ursachen der Einzelkosten genauer nachprüfen, wenn die hierzu erforderlichen Betriebsangaben, wie z. B. mittlere Handförderlängen, Länge der bauhaft zu haltenden Strecken usw. im Kopf der Karten enthalten sind. Gegebenenfalls ist diese Kartothek auf Grund der vom Steiger zu beschaffenden Abrechnungsgrundlagen durch das Betriebsüberwachungsbureau anzufertigen. Diese Formulare haben ferner den Zweck, dem Reviersteiger die Höhe der unmittelbaren und mittelbaren Kosten je Tonne Förderung aus seinem Revier nachzuweisen und ihm zu zeigen, daß sein Revier richtig belastet ist. Dadurch soll die Möglichkeit genommen werden, die einzelnen Reviere nach Gutdünken zu belasten.

Um mehrere Gruben eines Konzerns bzw. eines Gebietes miteinander hinsichtlich ihrer Gestehungskosten vergleichen zu können, verwendet man zweckmäßig Formulare von der Art, wie sie in Formular 18 und 19 aufgestellt worden sind. Diese nach der Kostenart gegliederten Tabellen, von denen Formular 18 eine Steinkohlengrube und Formular 19 einen Braunkohlentagebau mit Brikettfabrik betrifft, enthalten zweckmäßig neben dem Kostenvergleich der einzelnen Gruben auch alle diejenigen Angaben über Belegschaftszahlen, Leistungen und technische Einzelheiten, die als Vergleichsunterlagen von Bedeutung sind. Es ist klar, daß sich

Formular 18. Kostenvergleich mehrerer Gruben eines Konzerns (Bergbaugebietes) für das Jahr .... (Tiefbau).

Lfd. Nr.	Kostenart	Grube A				Grube B				Grube C			
		Betrag insgesamt	Kosten je t			Betrag insgesamt	Kosten je t			Betrag insgesamt	Kosten je t		
		ℳ	ℳ	%		ℳ	ℳ	%		ℳ	ℳ	%	
	I. Löhne und Gehälter:												
1	Technische Beamte....												
2	Kaufmännische Beamte .												
3	Aufseher												
4	Aus- und Vorrichtung ..												
5	Gewinnung												
6	Bergeversatz												
7	Unterhaltung des Grubengebäudes												
8	Wasserhaltung......												
9	Wetterführung......												
10	Streckenförderung												
11	Füllort und Schachtförderung												
12	Hängebank												
13	Aufbereitung												
14	Verladung und Grubenbahnhof.......												
15	Kraftzentrale												
16	Werkstätten.......												
17	Holzplatz und Magazin .												
18	Sonstiges unter Tage ..												
19	Sonstiges über Tage ...												
20	Besondere Arbeiten (Unternehmer)........												
	Summe I												
	II. Material- und Energiekosten:												
21	Material für Reparaturen .												
22	Grubenholz												
23	Gleisanlagen												
24	Sprengstoffe........												
25	Gezähe												
26	Schmiermittel, Öle, Fette .												
27	Magazinmaterialien....												
28	Werkzeuge und Werkstätten												
29	Elektr. Strom												
30	Dampf												
31	Wasser												
32	Druckluft........												
33	Flüssige Brennstoffe ...												
34	Pferde												
35	Grubeneisenbahn......												
36	Wagenmiete und Wagenstandgeld												
37	Beanstandungen und Rabatt												
38	Grubengeleucht												
39	Versatzberge												
	Summe II												

Fortsetzung des Formulars 18 von S. 510.

Lfd. Nr.	Kostenart	Grube A			Grube B			Grube C		
		Betrag insgesamt	Kosten je t		Betrag insgesamt	Kosten je t		Betrag insgesamt	Kosten je t	
		$\mathcal{M}$	$\mathcal{M}$	%	$\mathcal{M}$	$\mathcal{M}$	%	$\mathcal{M}$	$\mathcal{M}$	%
	III. Feste Kosten:									
40	Abschreibungen für Grubenfeld									
41	Abschreibungen auf Grund und Boden									
42	Abschreibungen für Grubengebäude									
43	Abschreibungen für Maschinen und Anlagen .									
44	Abschreibungen für Betriebsgebäude									
45	Abschreibungen für Verwaltungsgebäude und Werkskolonie									
46	Zinsen									
47	Betriebserhaltungsrücklage									
48	Steuern.									
49	Tonnenabgabe									
50	Versicherungen (für Gebäude)									
51	Unfallunterstützungen . .									
52	Andere Ausgaben									
	Summe III									
	IV. Allgemeine Betriebsunkosten:									
53	Markscheiderei									
54	Grubensicherheit.									
55	Unfallhilfe und Rettungsstation									
56	Waschkaue									
57	Soziallasten									
58	Werkswohlfahrt									
59	Pensionsrücklagen									
60	Laboratorien									
61	Unterhaltung von Gebäuden									
62	Bergschäden.									
63	Rechtskosten									
64	Werbekosten									
65	Verschiedenes									
	Summe IV									
	V. Gesamte Unkosten:									
	I. Löhne und Gehälter .									
	II. Materialien und Energie									
	III. Feste Kosten									
	IV. Allgemeine Betriebsunkosten									
	Summe V									

Fortsetzung des Formulars 18 von S. 510.

	Allgemeine Vergleichsangaben für die Gruben:	Grube A %	Grube B %	Grube C %
1	Gesamtförderung der Grube im Jahre .... . . t			
2	Gesamtförderung der Grube bis dahin . . . . t			
3	Art der Gewinnung im Jahre .... t von Hand . . . . mit Abbauhämmern. . . . . mit Schrämmaschinen . . . . durch Schießarbeit . . . . durch sonstige Gewinnungsmethoden			
4	Durchschnittliche Monatsförderung . . . . . . t			
5	Durchschnittliche Soll-Förderung je Tag . . . t			
6	Durchschnittliche Ist-Förderung je Tag . . . . t			
7	Durchschnittliche Belegschaftszahl je Tag: Kohlenhauer. . . . . Reparaturhauer. . . . . Förderung . . . . Aus- und Vorrichtung. . . . . Wasserhaltung . . . . Versatz . . . . Handwerker . . . . Sonstige unter Tage . . . . Aufbereitung . . . . Kraftzentrale. . . . . Werkstätten . . . . Verladung und Grubenbahnhof. . . . . Holzplatz und Magazine. . . . . Sonstige über Tage . . . . Technische Beamte . . . . Kaufmännische Beamte . . . . Aufseher			
8	Gesamtbelegschaft je Tag			
9	Leistungen je verfahrene Schicht . . . . der Gesamtbelegschaft. . . . . t			
10	Desgl. ohne Angestellte und Aufseher je Schicht t			
11	Leistung der Gesamtbelegschaft unter Tage je Schicht . . . . t			
12	Leistung der Kohlenhauer allein . . . . t			
13	Energieverbrauch . . . . .kWh/t			
14	Vorgerichtete Vorräte[1] . . . . t			

die Unterteilung der einzelnen Konten je nach der gewünschten Genauigkeit
beliebig weit fortsetzen läßt. Ähnliche Vergleichsstatistiken lassen sich natürlich
auch hinsichtlich der Kostenorte (Kapitel) aufstellen und erfassen dann die
gesamten Kosten für die einzelnen Steigerreviere bzw. Betriebsabteilungen. Die

---

[1] Hierzu kommen evtl. noch Angaben über die Zahl der durch Krankheit, Urlaub usw.
verlorenen Schichten, Feierschichten, Angaben über die Zahl der tödlichen und entschädigungspflichtigen Unfälle je 1000 t Förderung, durchschnittlicher Schichtverdienst der einzelnen Arbeiterkategorien, Wert der wirtschaftlichen Beihilfe je Mann und Jahr, Kohlenverbrauch (Bruttoförderung, Nettoförderung usw., Absatz an Kokereien, Brikettfabriken
usw., Selbstverbrauch, Haldenbestand), Beschaffenheit der Kohlen, der Flöze usw.

Formular 19. **Kostenvergleich bei Tagebaugruben für das Jahr ....**

Lfd. Nr.	Kostenart	Grube A				Grube B			
		Verfahrene Schichten	Kosten insges. ℳ	Kosten je t Rohkohle bzw. Brikett ℳ	Kosten in %	Verfahrene Schichten	Kosten insges. ℳ	Kosten je t Rohkohle bzw. Brikett ℳ	Kosten in %
	I. Löhne und Gehälter.								
	a) Abraum.								
1	Baggerbetrieb								
2	Fahrbetrieb (Brückenbetrieb) . . .								
3	Gleisunterhaltung								
4	Kippe								
5	Handwerker								
6	Sonstige								
7	Beamte und Aufseher								
	Summe Abraum								
	b) Grube.								
8	Baggerbetrieb								
9	Kohlenförderung								
0	Gleisunterhaltung								
1	Wasserhaltung								
2	Entwässerungsstrecken								
3	Handwerker								
4	Sonstige								
5	Beamte und Aufseher								
	Summe Grube								
	c) Brikettfabrik.								
6	Wipperboden								
7	Bunkerbedienung								
8	Naßdienst								
9	Bandwärter								
0	Trocknerbedienung								
1	Presser								
2	Formeinleger								
3	Kühlhaus								
4	Schleiferei								
5	Brikettverladung								
6	Rohkohlenverladung								
7	Handwerker								
8	Sonstige								
9	Beamte und Aufseher								
	Summe Brikettfabrik								
	d) Krafterzeugung.								
0	Kesselhaus								
1	Aschefahrer								
2	Pumpenwärter								
3	Kraftzentrale								
4	Stromverteilung								
5	Handwerker								
6	Sonstige								
7	Beamte und Aufseher								
	Summe Krafterzeugung								
	e) Allgemeine Betriebe.								
8	Technisches Büro								
9	Kaufmännisches Büro								
0	Betriebsüberwachung								
1	Markscheiderei								
2	Bohrbetrieb								
3	Wohlfahrtseinrichtungen								
4	Werkstätten								
5	Magazine und Lager								
6	Maurer und Bauarbeiter								
7	Grubenbahnhof und Anschlußgleis								
8	Wächter, Boten, Aufwartung usw.								
9	Fremde Unternehmer								
0	Sonstige								
	Summe Allgemeine Betriebe								
	Summe I (1 bis 50)								
	Summe d. i. Jahr verfahr. Schichten								

Fortsetzung des Formulars 19 von S. 513.

Lfd. Nr.	Kostenart	Grube A			Grube B		
		Kosten insges. ℳ	Kosten je t Rohkohle bzw. Brikett ℳ	in %	Kosten insges. ℳ	Kosten je t Rohkohle bzw. Brikett ℳ	in %
	II. Energie- und Materialkosten.						
51	Energiekosten Abraum						
52	,, Grube						
53	,, Brikettfabrik						
54	,, Kraftzentrale						
55	,, Allgemeine Betriebe						
56	Holzverbrauch						
57	Gleisanlagen Abraum						
58	,, Grube						
59	Material für Reparaturen						
60	Schmiermittel, Öle, Fette						
61	Magazinmaterialien						
62	Kohlenverbrauch						
63	Beleuchtung						
64	Wagenmiete und -standgeld						
65	Bohrbetrieb						
66	Wasserhaltung (Rohrleitungen)						
67	Fremde Unternehmer						
68	Pferde und Lastwagen						
69	Bauarbeiten						
70	Werkzeuge und Werkzeugmaschinen						
71	Sonstige						
	Summe II (51 bis 71)						
	III. Feste Kosten.						
72	Abschreibungen für Grubenfeld						
73	,, ,, Grund und Boden						
74	,, ,, Maschinen und Anlagen						
75	,, ,, Gebäude und Kolonie						
76	Zinsen						
77	Betriebserhaltungsrücklage						
78	Steuern						
79	Tonnenabgabe						
80	Versicherungen						
81	Unfallunterstützungen						
82	Sonstige Abgaben						
	Summe III (72 bis 82)						
	IV. Allgemeine Betriebsunkosten.						
83	Markscheiderei						
84	Bergschäden						
85	Laboratorium						
86	Grubensicherheit						
87	Unfallhilfe und Werksfeuerwehr						
88	Waschkaue						
89	Soziallasten						
90	Pensionsrücklagen						
91	Werkswohlfahrt						
92	Rechtskosten						
93	Werbekosten						
94	Verschiedenes						
	Summe IV (83 bis 94)						
	V. Gesamte Unkosten.						
	I. Löhne und Gehälter						
	II. Energie und Materialien						
	III. Feste Kosten						
	IV. Allgemeine Betriebsunkosten						
	Summe V						

Fortsetzung des Formulars 19 von S. 513.

Allgemeine Vergleichsangaben für die Braunkohlentagebaue	Grube A	Grube B
I. Belegschaft.		
Durchschnittliche Belegschaftszahlen je Tag:		
a) Abraum.		
Baggerbedienung		
Fahrbetrieb (Brückenbetrieb)		
Gleisunterhaltung		
Kippe		
Handwerker		
Sonstige		
Beamte und Aufseher		
Summe Abraumbelegschaft		
b) Grube.		
Baggerbedienung		
Kohlenförderung		
Gleisunterhaltung		
Wasserhaltung		
Entwässerungsstrecken		
Handwerker		
Sonstige		
Beamte und Aufseher		
Summe Grubenbelegschaft		
c) Brikettfabrik.		
Wipperboden		
Bunkerbedienung		
Naßdienst		
Bandwärter		
Trocknerbedienung		
Presser		
Formeinleger		
Kühlhaus		
Schleiferei		
Brikettverladung		
Rohkohlenverladung		
Handwerker		
Sonstige		
Beamte und Aufseher		
Summe Belegschaft der Brikettfabrik		
d) Krafterzeugung.		
Kesselhaus		
Aschefahrer		
Pumpenwärter		
Kraftzentrale		
Stromverteilung		
Handwerker		
Sonstige		
Beamte und Aufseher		
Summe Belegschaft der Krafterzeugung		
e) Allgem. Betriebe (einschl. der Anteile der Hauptverwaltung usw.).		
Technisches Büro		
Kaufmännisches Büro		
Betriebsüberwachung		
Markscheiderei		
Bohrbetrieb		
Wohlfahrtseinrichtungen		
Werkstätten		
Magazin und Lager		
Maurer und Bauarbeiten		
Grubenbahnhof und Anschlußgleis		
Wächter, Boten, Aufwartung		
Fremde Unternehmer		
Sonstige		
Summe Belegschaft allgemeine Betriebe		
Gesamte durchschnittliche Tagesbelegschaft		

33*

Fortsetzung des Formulars 19 von S. 513.

Lfd.Nr.	Allgemeine Vergleichsangaben für die Braunkohlentagebaue	Grube A	Grube B
	II. Gewinnung.		
8	Zahl der Arbeitstage im Jahre		
9	Gesamtrohkohlenförderung der Grube im Jahre . . . . t		
10	,, ,, ,, bis dahin . . . . t		
11	Gesamte Briketterzeugung der Grube im Jahre . . . . t		
12	,, ,, ,, ,, bis dahin . . . . t		
13	,, Abraumgewinnung der Grube im Jahre . . . . m³		
14	,, ,, ,, ,, bis dahin . . . . m³		
15	Durchschnittliche Soll-Rohkohlenförderung je Tag im Jahre . . . . t		
16	,, Ist- ,, ,, ,, ,, ,, ... t		
17	,, Soll-Briketterzeugung je Tag im Jahre . . . . t		
18	,, Ist- ,, ,, ,, ,, ,, ... t		
19	,, Rohkohlenabsatz je Tag im Jahre . . . . t		
20	,, Soll-Abraumgewinnung je Tag im Jahre . . . . . . m³		
21	,, Ist- ,, ,, ,, ,, ,, ... m³		

		Grube A		Grube B	
		± gegenüber dem Konzern-Durchschnitt %		± gegenüber dem Konzern-Durchschnitt %	
	III. Leistungen.				
22	Durchschnittl. Leistung in t Rohkohle je verfahrene Schicht der gesamten Belegschaft (t/Schicht)				
23	Durchschnittl. Leistung in t Rohkohle je verfahrene Schicht der Grubenbelegschaft (t/Schicht)				
24	Durchschnittl. Leistung in t Brikett je verfahrene Schicht der gesamten Belegschaft (t/ Schicht)				
25	Durchschnittl. Leistung in t Brikett je verfahrene Schicht der Belegschaft der Brikettfabrik (t/Schicht)				
26	Durchschnittl. Rohkohlenversand je verfahrene Schicht der gesamten Belegschaft (t/Schicht)				
27	Durchschnittl. Abraumgewinnung je verfahrene Schicht der Gesamtbelegschaft (m³/Schicht)				
28	Durchschnittl. Abraumgewinnung je verfahrene Schicht der Abraumbelegschaft (m³/Schicht)				
	IV. Allgemeine Angaben.				
29	Jährlich gehobene Wassermenge . . . . m³				
30	Durchschnittl., minutlich gehobene Wassermenge m³/min				
31	,, je t Rohkohle gehob. Wassermenge . . m³/t				
32	,, Verhältnis Kohle zu Decke im Jahre				
33	,, Umrechnungsfaktor v. Rohkohle i. Briketts				
34	Mittl. Entfernung Rohkohlengewinnung—Entleerung über Tage . . . . km				
35	Art des Fördermittels in der Grube				
36	Höhenunterschied Kohlenbagger-Entleerung üb. Tage m				
37	Steigung des Fördermittels mit Angabe der Länge m				
38	Mittlere Förderweglänge für Abraummassen. . . . km				
39	Art des Fördermittels im Abraum				
40	Beschaffenheit des Deckgebirges (leicht, mittel, schwer)				
41	Art des Kippbetriebes.				
42	Kippenhöhe (in Absätzen). . . . . m				
43	Energieverbrauch je m³ Abraum . . . . kWh/m³				
44	,, ,, t Rohkohle einschl. Abraum. kWh/t				
45	Freigelegte Vorräte zu Ende des Jahres . . . . . . t				
46	,, ,, in % der letzten Jahresförderung				
47	Selbstkosten je m³ Abraum . . . . ℳ/m³				
48	,, ,, t Kohle einschließlich Abraum . . ℳ/t				
49	,, ,, t Brikett . . . . ℳ/t				
50	,, ,, kWh . . . . ℳ/kWh				

Kosten aus Hauptverwaltungen, Zentralwerkstätten und gemeinsamen Hilfsbetrieben wird man anteilig auf die einzelnen Betriebe umlegen bzw. auf besonderen Bögen den einzelnen Abteilungen aufrechnen.

4. Die Ermittlung der Tilgungszahlen für einige Bezugsgrößen.

Die Unkosten, die sich durch Verzinsung und Abschreibung des Anlagekapitals ergeben, werden — wie die sonstigen Kosten — je nach Lage des Falles entweder für ein Jahr, je Betriebsstunde, je Leistungseinheit (Tonne Förderung) usw. berechnet. Die genaue rechnerische Ermittlung nach den Regeln der Zinseszinsrechnung ist unnötig umständlich und vor allem zu scharf, d. h. sie täuscht eine größere Genauigkeit der rechnerischen Ergebnisse vor, als sie unter Berücksichtigung der im Betriebe zu erwartenden Schwankungen nötig und zutreffend sind. Außerdem errechnet man hierbei den für einen bestimmten Zinssatz denkbar niedrigsten Betrag. Der Unkostenbetrag wird höher, zugleich aber auch ein gewisser Ausgleich für das einzugehende Risiko geschaffen, wenn man die Unkosten nach der allgemeinen Gleichung $A = K \cdot \left(\dfrac{p}{100} + \dfrac{1}{L}\right)$ berechnet, wobei

$K =$ Anlagekapital in Mark für die Anlage bzw. den Anlagenteil,
$p =$ Zinsfuß,
$L =$ Lebensdauer der Anlage bzw. des Anlageteiles in Jahren,
$A =$ jährliche Unkosten für Verzinsung und Abschreibung

bedeuten.

Setzt man ferner:

$S =$ Zahl der täglichen Betriebsstunden,
$T =$ Zahl der Arbeitstage im Jahre (z. B. 300),
$F =$ Jahresleistung in t, m³ usw.,
$f =$ Stundenleistung in t, m³ usw.,
$a_s =$ Unkosten für Verzinsung und Abschreibung je Betriebsstunde,
$a_f =$ Unkosten für Verzinsung und Abschreibung je t Förderung,

so sind allgemein:

$$a_s = K \cdot \left(\frac{p}{100} + \frac{1}{L}\right) \cdot \frac{1}{T \cdot S},$$

$$a_f = \frac{K}{F} \cdot \left(\frac{p}{100} + \frac{1}{L}\right).$$

Die Ausdrücke $\left(\dfrac{p}{100} + \dfrac{1}{L}\right)$ bzw. $\left(\dfrac{p}{100} + \dfrac{1}{L}\right) \cdot \dfrac{1}{T \cdot S}$ bzw. $\dfrac{1}{F} \cdot \left(\dfrac{p}{100} + \dfrac{1}{L}\right)$ kann man als Tilgungszahlen T_i für das Jahr, die Betriebsstunde oder die Leistungseinheit bezeichnen. Mit dieser Zahl muß man das Anlagekapital multiplizieren, um die Unkosten für Zins und Abschreibung je Jahr, Betriebsstunde oder Tonne Förderung zu erhalten. Die Tabelle 85 gibt die Tilgungszahlen für das Jahr und die Betriebsstunde bei 300 Arbeitstagen und 24 Betriebsstunden je Tag an. Sind statt 24 Stunden täglich nur S_b-Stunden für den Betrieb zu rechnen, so läßt sich die Tilgungszahl errechnen nach der Gleichung

$$a_{s_b} = a_{s_{24}} \cdot \frac{24}{S_b},$$

wobei

$S_b =$ Anzahl der täglichen Betriebsstunden,
$a_{s_b} =$ Tilgungszahl bei 300 Arbeitstagen zu b Betriebsstunden ist.

Es würde die Tilgungszahl je Stunde bei 8 Betriebsstunden den dreifachen, bei 10 Betriebsstunden den 2,4fachen und bei 12 Betriebsstunden den doppelten Wert der für 24 Betriebsstunden geltenden Tilgungszahl erhalten.

Tabelle 85. Tilgungszahlen für Anschaffungskosten je 1000 $\mathscr{M}$: $a_s = 1000 \cdot \left(\dfrac{p}{100} + \dfrac{1}{L}\right) \cdot \dfrac{1}{T \cdot S}$.

L	$\dfrac{1}{L}$	Tilgungszahlen je Jahr $A = \left(\dfrac{p}{100} + \dfrac{1}{L}\right) \cdot 1000$ bei $p =$						Tilgungszahlen je Betriebsstunde $a_{s_{24}} = 1000 \left(\dfrac{p}{100} + \dfrac{1}{L}\right) \cdot \dfrac{1}{300 \cdot 24}$ bei $p =$						
Jahre		4%	6%	8%	10%	12%	14%	4%	6%	8%	10%	12%	14%	
1	1,0000	1040,0	1060,0	1080,0	1100,0	1120,0	1140,0	0,1443	0,1470	0,1500	0,1530	0,1555	0,1583	a_s = Tilgungszahl je Betriebsstunde
2	0,5000	540,0	560,0	580,0	600,0	620,0	640,0	0,0750	0,0778	0,0791	0,0833	0,0860	0,0888	
3	0,3333	373,3	393,3	413,3	433,3	453,3	473,3	0,0518	0,0546	0,0574	0,0600	0,0630	0,0657	p = Zinsfuß in %
4	0,2500	290,0	310,0	330,0	350,0	370,0	390,0	0,0403	0,0431	0,0458	0,0486	0,0514	0,0542	L = Lebensdauer der Anlage in Jahren
5	0,2000	240,0	260,0	280,0	300,0	320,0	340,0	0,0333	0,0361	0,0389	0,0417	0,0444	0,0472	
6	0,1666	206,6	226,6	246,6	266,6	286,6	306,6	0,0287	0,0315	0,0343	0,0370	0,0398	0,0426	
7	0,1482	182,8	202,8	222,8	242,8	262,8	282,8	0,0254	0,0282	0,0310	0,0337	0,0365	0,0392	T = Zahl der Arbeitstage im Jahr (300)
8	0,1250	165,0	185,0	205,0	225,0	245,0	265,0	0,0229	0,0257	0,0284	0,0312	0,0340	0,0368	
9	0,1111	151,1	171,1	191,1	211,1	231,1	251,1	0,0210	0,0238	0,0265	0,0293	0,0321	0,0349	S = Zahl der Arbeitsstunden am Tag (24).
10	0,1000	140,0	160,0	180,0	200,0	220,0	240,0	0,0194	0,0222	0,0250	0,0278	0,0306	0,0333	
11	0,0909	130,9	150,9	170,9	190,9	210,9	230,9	0,0182	0,0209	0,0237	0,0265	0,0293	0,0321	
12	0,0833	123,3	143,3	163,3	183,3	203,3	223,3	0,0171	0,0199	0,0227	0,0255	0,0282	0,0310	
13	0,0769	116,9	136,9	156,9	176,9	196,9	216,9	0,0162	0,0190	0,0218	0,0246	0,0273	0,0301	
14	0,0714	111,4	131,4	151,4	171,4	191,4	211,4	0,0155	0,0182	0,0210	0,0238	0,0266	0,0293	
15	0,0666	106,6	126,6	146,6	166,6	186,6	206,6	0,0148	0,0176	0,0203	0,0231	0,0259	0,0287	
16	0,0625	102,5	122,5	142,5	162,5	182,5	202,5	0,0142	0,0168	0,0198	0,0226	0,0253	0,0281	
17	0,0588	98,8	118,8	138,8	158,8	178,8	198,8	0,0137	0,0165	0,0192	0,0220	0,0248	0,0276	
18	0,0555	95,5	115,5	135,5	155,5	175,5	195,5	0,0133	0,0160	0,0188	0,0216	0,0244	0,0271	
19	0,0526	92,6	112,6	132,6	152,6	172,6	192,6	0,0129	0,0156	0,0184	0,0212	0,0240	0,0267	
20	0,0500	90,0	110,0	130,0	150,0	170,0	190,0	0,0125	0,0153	0,0180	0,0208	0,0236	0,0264	
22	0,0454	85,4	105,4	125,4	145,4	165,4	185,4	0,0119	0,0146	0,0174	0,0202	0,0230	0,0258	
24	0,0416	81,6	101,6	121,6	141,6	161,6	181,6	0,0113	0,0141	0,0169	0,0196	0,0224	0,0252	
26	0,0385	78,5	98,5	118,5	138,5	158,5	178,5	0,0109	0,0137	0,0164	0,0192	0,0220	0,0248	
30	0,0333	73,3	93,3	113,3	133,3	153,3	173,3	0,0102	0,0129	0,0157	0,0185	0,0213	0,0241	

Sinngemäß würde sich der Wert der Tilgungszahl a_s für die Betriebsstunde auch ändern, wenn an Stelle von 300 Arbeitstagen T_1 Tage gearbeitet würde, wobei $T_1 \gtreqless 300$ sein kann.

Geht man von den in der Tabelle angegebenen Tilgungszahlen für 300 Arbeitstage und 24 Betriebsstunden aus, so ergeben sich die Tilgungszahlen je Betriebsstunde allgemein nach der Gleichung

$$a_{s_b T} = a_{s_{24} \cdot 300} \cdot \frac{300}{T_1} \cdot \frac{24}{S_b}.$$

Falls man keine festumschriebene Angebote miteinander vergleichen kann, empfiehlt es sich, für Voranschläge an Stelle der schwer genau zu bestimmenden Stückpreise besser Einheitspreise für bestimmte Warengattungen einzusetzen. In besonderen Fällen sind in den aufzustellenden Unkostenformularen abweichende Preisfestsetzungen usw. zu begründen.

IV. Betriebsstatistik.

a) Wesen und Zweck der Betriebsstatistik.

Betriebsstatistik ist eine auf Massenbeobachtung beruhende, fortlaufende, zahlenmäßige oder graphische Aufzeichnung von gleichartigen, zahlenmäßig erfaßbaren Vorgängen und Ergebnissen eines Betriebes mit dem Zweck, durch Vergleich der gewonnenen Zahlen mit gleichartigen Zahlen eigener oder fremder Betriebe oder der Ergebnisse analytischer Betriebsuntersuchungen die den Betriebsverlauf beeinflussenden Ursachen und deren Wirkungen zu erkennen, um dadurch Richtlinien für eine möglichst günstige Weiterführung des Betriebes zu erhalten. Der Vergleich ist sonach für die Statistik von wesentlicher Bedeutung. Nicht mit Unrecht nennt man ihn vielfach die Seele der Statistik.

Die Statistik muß also eine schnell fertig zu stellende bzw. auf dem laufenden zu haltende, klar und einfach zu lesende Berichterstattung aller der Vorgänge umfassen, die den Betrieb mehr oder weniger entscheidend beeinflussen. Hiernach ist die Statistik auf die betriebswichtigen Vorgänge zu beschränken, um zu vermeiden, daß sie nur in einem Zahlenfriedhof endet. Jedoch ist zu beachten, daß jederzeit, wenn auch zunächst stichprobenartig, auch bisher unbearbeitete, scheinbar unwichtige Vorgänge untersucht werden sollen. Das gilt besonders für die statistische Untersuchung von Betriebsvorgängen, die recht oft einen bis dahin ungeahnten Einfluß einzelner, wenig beachteter Vorgänge auf das Wirtschaftsergebnis des Betriebes erweisen. So gelang es nach einer mündlichen Mitteilung des Direktors eines mitteldeutschen großen Braunkohlenunternehmens, die Förderung ohne Änderung der Schichtdauer, der Belegschaft und der technischen Einrichtungen lediglich durch die Verbesserung der Betriebsorganisation auf Grund einer seinerzeit neu eingeführten Störungsstatistik um rd. 20% steigern.

Von der auf fortlaufender, einen mehr oder weniger großen Zeitabschnitt umfassenden Registrierung beruhenden Betriebsstatistik ist grundsätzlich die auf einmaliger Erhebung zu einem bestimmten Zeitpunkt beruhende Zählung zu unterscheiden.

Die Betriebsstatistik beschränkt sich entweder auf die Vorgänge des eigenen Betriebes, um die Besonderheiten desselben aufzuklären (interne Statistik), oder sie wertet (als externe Statistik) solche Zahlen aus, die den gemeinsamen Bedürfnissen der gleichartigen Betriebe eines Gebietes dienen. Hierzu gehören die Verbandsstatistiken (z. B. der Syndikate, Bergbauvereine), welche die Interessenvertretung gegen Lieferanten, Abnehmer, Öffentlichkeit und sonstige Interessen der Mitglieder, wie z. B. die Ermittlung von Leistungszahlen des Gebietes,

Konjunkturzahlen usw. betreffen. Von Bedeutung sind für den Bergbau auch die staatlichen Montanstatistiken, gewisse Teile der Reichs- und Landesstatistiken, sowie die Montanstatistiken bedeutender Handelshäuser und Börsen.

Die interne Statistik kann sowohl den kaufmännischen als auch den technischen Belangen des Unternehmens dienen. Zu den kaufmännischen Statistiken gehören z. B. die Vermögensstatistik, die Gewinn- und Verluststatistik, die Kassen- und Finanzstatistik, die Verkaufsstatistik, die Unkostenstatistik. Zu den teils kaufmännischen, teils technischen Statistiken gehören die Beamten- und Gehaltsstatistik, die Arbeiter- und Lohnstatistik, die Materialstatistik, die Lagerstatistik, die Beschäftigungsstatistik, die Selbstkostenstatistik, die Fabrikationsstatistik. Rein technische Statistiken sind die Statistiken über die Abnutzung von Maschinen und Maschinenteilen, über die einzelnen Leistungsvorgänge an Arbeitsmaschinen in der Gewinnung, Förderung u. a.

In umsatzorientierten Betrieben ist die kaufmännische Statistik von ausschlaggebender Bedeutung. Auch soweit es sich um die teils kaufmännischen, teils technischen Statistiken handelt, haben sie hier vorwiegend kaufmännisches Interesse. Dagegen tritt in anlage- und in arbeitsorientierten Betrieben das technische Interesse an diesen Statistiken in den Vordergrund. Außerdem erlangen hier die rein technischen Statistiken eine entsprechend zunehmende Bedeutung. Diese verschiedenartige Bedeutung der Statistik ist für die zweckmäßige Organisation derselben in den verschiedenartigen Betrieben ausschlaggebend. Im Bergbau, der vorwiegend arbeits- und anlageorientiert ist, werden daher zweckmäßig die teils kaufmännischen und teils technischen Statistiken neben den rein technischen von technisch gebildeten Angestellten bearbeitet.

Das Material der Statistik kann entweder primär unmittelbar aus dem Betriebe gewonnen sein, oder sekundär aus der Buchhaltung, der Kalkulation usw. hervorgehen. Unmittelbar aus dem Betriebe werden vorwiegend die Zahlen der technischen Statistik, zum Teil auch der teils kaufmännischen und teils technischen Statistiken gewonnen. In der Regel erfolgt zweckmäßig die Ermittlung dieser Zahlen, soweit sie nicht aus den Betriebsberichten von selbst hervorgehen, durch das statistische Büro bzw. durch die mit ihm organisch verbundene systematische Betriebsüberwachung, um Zahlen zu erhalten, die unbeeinflußt von den augenblicklichen Interessen der Betriebsführung sind. Die Gewinnung der sekundär ermittelten Zahlen kann nicht allgemeine Aufgabe des statistischen Büros sein, sondern muß von den hierfür zuständigen Gliedern des Unternehmens in direktem Zusammenhange mit den festzustellenden Vorgängen und Ergebnissen erfolgen.

b) Die Technik der Statistik.

Für die Technik der Statistik ist von Bedeutung, daß nur solche Zahlen zusammengefaßt werden dürfen, die sich auf Gegenstände, Zustände oder Vorgänge beziehen, die in kausaler und begrifflicher Hinsicht gleichartig sind. Von der Lage des einzelnen Falles hängt es ab, ob und wie bei der Mittelbildung das „Gewicht" der einzelnen Beobachtungen berücksichtigt werden soll, und welche Beobachtungen gegebenenfalls von der Mittelbildung auszuscheiden sind. Die Anwendung der Wahrscheinlichkeitsrechnung und ähnlicher komplizierter Rechnungen ist in der Regel für Betriebsstatistiken nicht nötig. Wichtiger ist zumeist die Kenntnis und Klärung der technischen Zusammenhänge. Je genauer die kaufmännischen oder technischen Betriebsvorgänge statistisch erfaßbar sind, um so genauer wird auch deren finanzieller Einfluß zu ermitteln sein. Die Schwierigkeit einer in kausaler Hinsicht mathematisch-rechnerisch einwandfreien Gliederung der statistischen Untersuchung technischer Vorgänge führt oft zu einer falschen Beurteilung oder Vernachlässigung dieser Untersuchungen und hat offenbar im Bergbau deren Entwicklung stark gehindert. Die zweifellos zu Unrecht erfolgte Vernachlässigung ist wohl darauf zurückzuführen, daß mangels einer klaren rechnerischen Bearbeitung ihre finanzielle Rückwirkung zunächst nicht feststellbar ist.

Für die Aufstellung und spätere Auswertung der Statistik ist daher vielfach eine Erläuterung über die Art der Berechnung, bei der Sammlung von Höchstleistungszahlen (Arbeitsleistung, Haltbarkeit der Konstruktion usw.) auch über die Art der Auslese von größter Bedeutung.

Die Technik der Betriebsstatistik besteht sonach in der statistischen Beobachtung und Ermittlung der Grundlagen, der hierauf folgenden Zusammenfassung und Gruppierung, der rechnerischen Bearbeitung, sowie endlich aus den hieraus zu ziehenden Schlußfolgerungen. Die Gruppierung der gleichartigen Gegenstände, Vorgänge oder Zustände erfolgt nach einem veränderlichen Merkmal, das in bestimmte Klassen unterteilt ist, wobei die absolute oder relative Häufigkeit des statistischen Objektes zu den einzelnen Merkmalsklassen festgestellt wird. Ist das veränderliche Merkmal eine meßbare Größe (Zeit, Länge usw.), so ist die Maßeinheit und für die einzelnen Klassen das Klassenintervall (Klassengrenze), d. h. die Anzahl der in eine Zählgruppe zusammengefaßten Maßeinheiten, festzulegen. Letzteres wird vorwiegend von der Variationsbreite der gesamten Differenzen (Gesamtstreuung), daneben aber auch von der Variationsbreite der größten Häufigkeit (Häufigkeitsstreuung) bestimmt. Während die Gesamtstreuung (b in Abb. 144) durch die Beobachtung sofort eindeutig festgelegt wird, unterliegt die Bestimmung der Häufigkeitsstreuung (a in Abb. 144) mehr oder weniger der Beurteilung des Auswerters und setzt die für die Großzahlforschung[1] übliche Ordnung der Werte nach ihren Klassenmerkmalen voraus. Die Zahl der anzustellenden Beobachtungen muß um so größer sein, je größer die Variationsbreite der Gesamtstreuung und die der Häufigkeitswerte ist, wenn zuverlässige Werte erreicht werden sollen.

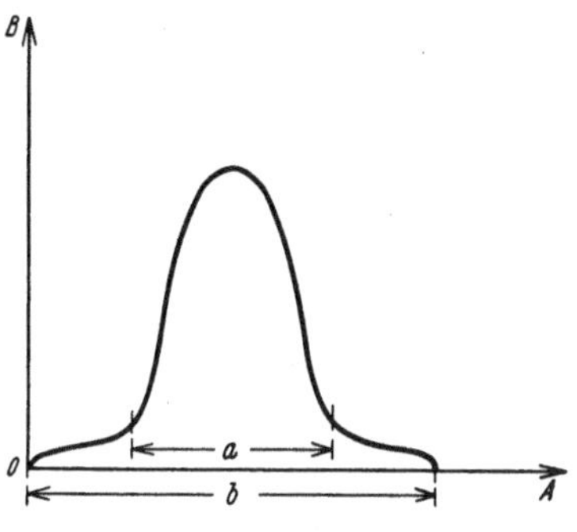

Abb. 144. Gesamtstreuung und Häufigkeitsstreuung.
O—B Maßstab der Häufigkeit, O—A Maßstab der Merkmalsklasse.

Die rechnerische Auswertung erfolgt durch Ermittlung der absoluten Zahlen, der Mittelwerte, der Verhältniszahlen, der Indexziffern usw.

Man unterscheidet an Mittelwerten: das einfache oder ungewogene arithmetische Mittel, das einfache geometrische Mittel, das gewogene arithmetische Mittel, das spezifische Mittel, das Gruppenmittel, ferner den Medianwert, den häufigsten Wert und den geschätzten Wert oder die Stichzahl.

Das einfache arithmetische Mittel erhält man durch Addition der Glieder und Division der Summe durch die Anzahl der Glieder. $M_1 = \dfrac{\Sigma x}{n}$.

Das einfache geometrische Mittel erhält man durch Multiplikation der Glieder und Radizierung des Produktes mit einem Wurzelexponenten, der der Gliederzahl gleich ist. $M_2 = \sqrt[n]{x_1 \cdot x_2 \cdots x_n}$.

Bei dem gewogenen arithmetischen Mittel werden die einzelnen Glieder vor ihrer Addition mit je einem durch die gegebenen Bedingungen bestimmten

---

[1] Czuber: Die statistischen Forschungsmethoden. Wien: Seidel & Sohn 1927. Becker-Plaut-Runge: Anwendung der mathematischen Statistik auf Probleme der Massenfabrikation. Berlin: Julius Springer 1927.

Faktor multipliziert. Bei Berechnung der Belastung des Betriebes durch die Materialien werden z. B. die Materialpreise mit dem zugehörigen Verbrauchsfaktor multipliziert: $M_3 = \dfrac{\Sigma\, x \cdot v}{n}$ bezogen auf die Stückzahl n der Materialien

oder $M_3 = \dfrac{\Sigma\, x \cdot v}{F}$ bezogen auf die Einheit der Betriebsleistung F.

Den spezifischen Mittelwert erhält man durch Ausscheidung der extremen, in der Regel durch andere Bedingungen gebildeten Werte.

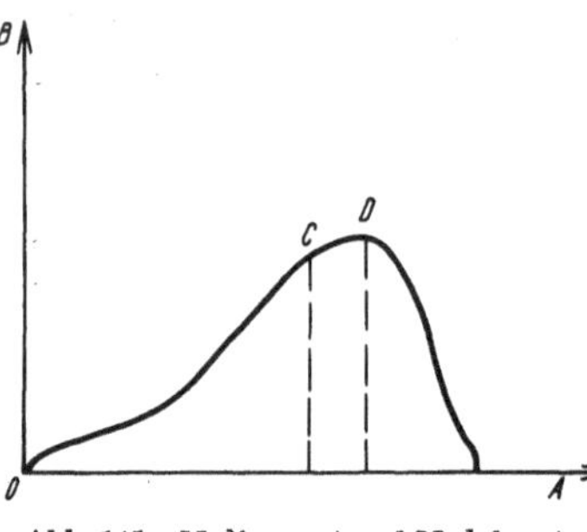
Abb. 145. Medianwert und Modalwert.
O—B Maßstab der Häufigkeit, O—A Maßstab der Merkmalsklasse.

Den Gruppenmittelwert bildet man bei Reihen, die ihrer Natur nach nicht homogen sind, z. B. Trennung des Durchschnittslohnes einer Belegschaft in die Durchschnittslöhne der einzelnen Arbeiterkategorien.

Der Median- oder Zentralwert C entspricht dem in der Mitte einer der Größe nach geordneten Reihe stehenden Wert (Abb. 145). Er bezeichnet graphisch den Fußpunkt der Ordinate, die die Fläche halbiert.

Der häufigste, dichteste oder Modalwert D bezeichnet im Schaubild den Höchstwert der Kurve, also den am häufigsten vorkommenden Wert (Abb. 145).

Die Variationsbreite oder Gesamtstreuung entspricht der Differenz zwischen dem kleinsten und größten Wert (b in Abb. 144).

Die mittlere quadratische Abweichung bzw. Streuung s ergibt sich als Quadratwurzel aus dem Durchschnitt der Quadrate der Abweichungen vom arithmetischen Mittel.

$$s = \sqrt{\sum \frac{(x - M)^2}{n - 1}} = \sqrt{\frac{(x_1 - M)^2 + (x_2 - M)^2 + \cdots + (x_n - M)^2}{n - 1}}$$

Der Variabilitätskoeffizient V bringt das prozentuale Verhältnis der mittleren quadratischen Abweichung s vom arithmetischen Mittel M zum Ausdruck. $V = \dfrac{100 \cdot s}{M}$.

Die Schiefe der Verteilung S entspricht dem Quotienten des Unterschiedes zwischen dem arithmetischen Mittel M und dem häufigsten Wert D durch die mittlere quadratische Abweichung s. Es ist: $S = \dfrac{M - D}{s}$.

Die Schiefe der Verteilung (Asymmetrie) kann für die Beurteilung untersuchter Betriebsvorgänge usw. wichtig sein. Beispielsweise wird bei Untersuchungen des Zeitbedarfes eine rechtsseitige Asymmetrie in der Regel auf das Vorherrschen von Bedingungen hindeuten, die den Betriebsinteressen abträglich sind. Bei der Bewertung der Werte ist wesentlich zu beachten, welche Ursachen den Verlauf der Dinge beeinflussen (der Betrieb, einzelne Maschinen, einzelne Leute, eine Mehrzahl von Leuten usw.).

Die Stichzahl entspricht einer Feststellung, die zu einem bestimmten vereinbarten Zeitpunkt, an bestimmter Stelle usw. getroffen wird, z. B. die Festsetzung des Kaufpreises gemäß der Börsennotierung eines bestimmten Tages.

Bei den Verhältniszahlen wird z. B. der Bedarf, Verbrauch oder die Leistung auf eine zugehörige Betriebsgrößeneinheit, wie Kopf der Belegschaft, Gewichtseinheit der Produktion, Leistungseinheit der Maschinen usw., sowie auf die zugehörige Zeit bezogen.

Die Indexziffern geben die zeitliche Veränderung irgendwelcher Größen an. Hierzu wird die statistische Größe eines bestimmten Zeitabschnittes $= 1$ (oder 100) gesetzt und das proportionale Verhältnis gleichartiger statistischer Größen anderer Zeitabschnitte hierzu festgestellt.

Bei der Aufstellung und der mathematischen Auswertung von statistisch zusammenfaßbaren Untersuchungsergebnissen muß man hinsichtlich der Zahl der zu verlangenden Beobachtungen, ebenso wie auch hinsichtlich der Zusammenstellung der Beobachtungen in vielen Fällen äußerste Vorsicht walten lassen. Die Bedeutung der mathematischen Behandlung tritt mitunter gegenüber der Bedeutung der aus dem Linienverlauf zu ziehenden Rückschlüsse auf den Betrieb wesentlich zurück. Der mathematische Ausgleich kann sogar zu falschen Folgerungen für den Betrieb führen, wenn der Zusammenhang zwischen Linienverlauf und Betrieb nicht im einzelnen gewürdigt wurde. Ebenso kann eine Großzahl von Untersuchungen scheinbar gleichartiger Körper, wie etwa der Kohle eines Flözes, zu falschen Resultaten hinsichtlich ihrer Brikettiereignung führen. Es ist hier mitunter besser, kleinere Proben mit großer Sorgfalt zu untersuchen, selbst auf die Gefahr hin, daß sich Proben mit genau denselben Eigenschaften an anderen Stellen desselben Flözes nur schwer wieder finden lassen. Man muß dann auf eigentliche Großzahlforschungen eines Körpers von genau gleicher Eigenschaft verzichten und eine Reihe von Kleinzahlforschungen, die im einzelnen mit möglichst großer Sorgfalt durchzuführen sind, nebeneinander stellen, um richtige Folgerungen für den Betrieb ziehen zu können.

Die Angaben können in Büchern oder Kartotheken, zahlenmäßig oder graphisch erfolgen. Je nach Lage des Falles können auch besondere Darstellungen zweckmäßiger sein wie Stammbäume, grundrißliche Darstellungen, z. B. der Verteilung der Wetterführung oder Förderung mit Angabe des zugehörigen Leistungssolls, Stab- und Flächendiagramm usw.

c) Die Einteilung der Betriebsstatistik.

Die Betriebsstatistik kann bestehen[1]:

1. aus der Zusammenfassung von Zahlen, die denselben Teilvorgang betreffen;

2. aus der Zusammenfassung von mehreren, gemäß Punkt 1 erhaltenen Zahlenreihen von Teilvorgängen, die zu einem Gesamtvorgang gehören;

3. aus der Zusammenfassung von mehreren, gemäß Punkt 2 erhaltenen Zahlenreihen, die zwar verschiedenen Inhalts sind, aber als Teile eines Betriebsvorganges oder Betriebsabschnittes zusammengehören und zur restlosen Klärung der mehr oder weniger günstigen Wirtschaftlichkeit des Betriebsverlaufes dienen.

4. Schließlich können auch Zahlenreihen verschiedenartigen Inhaltes zusammengefaßt werden, die nicht zu dem gleichen Betriebsabschnitt oder Betriebsvorgang gehören und in erster Linie den Vergleich der Kosten verschiedener Betriebsabschnitte eines Betriebes mit denen anderer Betriebe ermöglichen sollen.

Zu 1. Zusammenfassungen von Zahlen, die denselben Teilvorgang betreffen, sind z. B. die Angaben über den Materialaufwand der Betriebswerkstätten von Braunkohlenwerken in Mark je Tonne Briketts, über den Holzverbrauch eines Steinkohlenbergwerkes in fm je Tonne Förderung usw.

Zu 2. Die alleinige Angabe nur eines Teilvorganges genügt in der Regel nicht zur Überwachung eines Gesamtvorganges. Sollen z. B. die Betriebswerkstätten eines Braunkohlenbergwerkes überwacht werden, so müssen neben dem Materialverbrauch je Tonne Briketts noch der Lohnaufwand der Werkstätten je Tonne Briketts, das verarbeitete Material je Handwerkerschicht und die Häufigkeit der

---

[1] Vgl. auch Nysten: Die Überwachung des Bergbaubetriebes durch zahlenmäßige und zeichnerische Statistik. Dissertation Aachen 1923. Die Unterteilung ist hier gegen die von Nysten gegebene erweitert worden.

Reparaturen der einzelnen Maschinen, Geräte usw. angegeben werden. Es sollen hiernach die Material- und Lohnaufwände je Tonne Briketts möglichst gering und die verarbeiteten Materialmengen je Handwerkerschicht möglichst hoch sein. Dabei soll das einzelne Stück so gut durchrepariert werden, daß es nicht zu oft wieder unbrauchbar wird.

Zu 3. Soll die gesamte Material- und Instandhaltungswirtschaft dieses Braunkohlenbergwerkes überwacht werden, so genügen hierzu nicht allein die Materialstatistik und die eben erwähnte Werkstättenstatistik, es ist auch eine Reparaturstatistik der gleichartigen Maschinen und Geräte anzufertigen, aus denen die Häufigkeit, absolute und mittlere Dauer und der Kostenaufwand der Reparaturen für den gleichartigen Gegenstand (d. h. sowohl der Maschine und des Gerätes als auch ihrer wichtigeren Konstruktionsteile) hervorgehen. Erst hierdurch erhält man ein vollständiges Bild über den Ort des Verbrauches, die Sorgfalt der Reparatur, die Anforderung des Betriebes, die Eignung des Materials und der Konstruktion. Grundsätzlich sollen also die einzelnen Zahlenreihen unter Beachtung ihrer gegenseitigen Abhängigkeit aufgestellt und beurteilt werden.

Zu 4. Die Zusammenfassungen von Zahlenreihen verschiedenen Inhaltes, die nicht zum gleichen oder voneinander betrieblich unmittelbar abhängigen Betriebsabschnitt gehören, ermöglichen zwar keine Rückschlüsse auf die Güte der Organisation der Anlagen, des Betriebes oder der Arbeitsverfahren, wohl aber können sie wertvolle Aufschlüsse über die allgemeinen Betriebsbedingungen geben. Es gehören hierzu der Vergleich der geförderten Rohkohlenmengen zum Abraum oder zur geförderten Wassermenge usw.

d) Auswertung und Umfang der Betriebsstatistik.

Die Aufstellung und Zusammenfassung der Zahlenreihen muß dem Zweck der Statistik entsprechen. Derselbe besteht vornehmlich in der Auffindung von Mitteln und Wegen zur Hebung der Produktion und der Verminderung der Unkosten aller Art, wie Verbrauch an Material, Arbeitskräften usw. Naturgemäß gehört hierzu auch die Aufdeckung etwaiger Mängel des Betriebes oder der Anlage. Es sind daher zweckmäßig nicht nur die Betriebsergebnisse, sondern auch die Betriebsvorgänge, die die Betriebsergebnisse beeinflussen, statistisch zu erfassen. In dem Maße, wie die Erkenntnis der kausalen Beziehungen der Betriebsvorgänge geklärt wird, ist zweckmäßig auch die Statistik zu entwickeln, wenn diese Erkenntnisse nutzbringend auf den Betrieb übertragen werden sollen. Die Statistik soll eine zwangsläufige Kontrolle des gesamten Unternehmens bewirken. Nach Möglichkeit soll sie so durchgeführt werden, daß die an einer Stelle begangenen Fehler durch andere Ermittlungen aufgedeckt werden, so daß eine weitgehende gegenseitige Kontrolle stattfindet. So kann die Förderzahl durch markscheiderische Vermessung kontrolliert werden. Hierdurch kann gleichzeitig der Abbauverlust ermittelt werden.

Bei der Auswertung der Statistik ist zu beachten, daß die Schwankungen, denen der Betrieb infolge von Tageseinflüssen, Saisoneinflüssen, Konjunkturen, Betriebsumstellungen usw. ausgesetzt ist, richtig beachtet werden. Es können z. B. Zahlengrundlagen, die sich über eine größere Zeitspanne erstrecken, besonders gute oder schlechte Erfolge verdecken, die in gewissen Monaten, Wochen oder Tagen dieser Zeit gewonnen wurden, da ein mehr oder weniger vollkommener Ausgleich der Ergebnisse stattgefunden hat. In vielen Fällen ist es aber wichtig, die Bedingungen genau festzustellen, unter denen Höchstleistungen erzielt und stetig erhalten werden können. Die Wahl des Berichtszeitraumes ist daher von den Zwecken und Zielen der einzelnen Statistiken jeweils abhängig. Immerhin soll sie stets so rechtzeitig fertiggestellt sein, daß sie ihre Aktualität für den gewollten

Zweck nicht verliert. Sie darf also nicht veraltet sein. Das gilt besonders für die kaufmännischen Statistiken und für solche technische, welche die Betriebsveränderungen z. B. zwecks rechtzeitiger Anordnung von Maßnahmen zur Erhaltung der Betriebsbereitschaft usw. betreffen. Ferner ist bei der Auswertung der Statistik die zu erwartende Rückwirkung auf die wirtschaftliche und auf die technische Entwicklung des Betriebes sowie auch die gegenseitige Wechselwirkung beider Entwicklungsvorgänge zu beachten. Es ergibt sich hieraus, daß die Statistik nicht nur schnell und zuverlässig arbeiten soll, sondern daß sie auch das Material in der Form und in dem Umfange verarbeitet, wie sie von den Betriebspersonen benötigt wird, die sich ihrer im Dienste bedienen sollen. Die Statistiken müssen also ihren Benutzern, soweit diese auf den Betrieb in irgendeiner Form einwirken sollen, wie dem Aufsichtsrat, den Direktoren, Abteilungsleitern, Betriebsführern, Fahrsteigern, Steigern usw. einen schnellen Überblick über den jeweils von ihnen zu beeinflussenden Betriebsvorgang geben besonders da, wo durch das Fehlen rechtzeitiger Benachrichtigung starke Verluste oder Gewinnminderungen entstehen können. Es ist hierbei zu beachten, daß die sich ergebenden Geldwerte in erster Linie vom kaufmännischen Standpunkte aus von Bedeutung sind. Für den technischen Betriebsbeamten ist der Geldwert nur ein Vergleichswert. Für ihn sind die Zahlen oft wichtiger, die unmittelbare Rückschlüsse auf die Betriebsvorgänge, die Güte der Konstruktion usw. ermöglichen, wie Verbrauchsmengen, geordnet nach Güte des Materials und Höhe der Beanspruchung usw., da diese in arbeits- und anlageorientierten Betrieben die wichtigsten Grundlagen und Erkenntnisse für die Entwicklung eines auch finanziell günstig arbeitenden Betriebes erbringen. Die Einzelstatistiken sind sonach auf den Umfang zu beschränken, der dem jeweiligen Zweck entspricht. Das gilt auch für die Statistiken, die für den Staat, die Syndikate, die sonstigen Verbände usw. angefertigt werden.

Der Umfang der Betriebsstatistik bezieht sich nicht allein auf die Zahl der hierin zusammenzufassenden Betriebsabschnitte, sondern auch auf die Zeit, über die sie sich erstreckt. Es hängt von der Art des Betriebes ab, welche Vorgänge dauernd oder nur gelegentlich statistisch erfaßt werden sollen, und welche Statistiken täglich, wöchentlich, monatlich oder jährlich abzuschließen sind. In der Regel werden die Einzelvorgänge täglich verfolgt, während die Untersuchung der Zusammenhänge in entsprechend größeren Zeitabständen abgeschlossen wird. Es ist zweckmäßig, alle Aufschreibungen fortlaufend zu addieren bzw. auszuwerten, wodurch die Abschlüsse täglich fertiggestellt werden und die größeren Zusammenstellungen schneller durchzuführen sind. Die Statistik gewinnt dadurch wesentlich an Aktualität und damit unmittelbar an Wert für die Betriebsführung.

e) Die für den Bergbau wichtigsten Betriebsstatistiken.

Einige wichtigere Betriebsstatistiken sollen mit einer kurzen Angabe der von ihnen zu verfolgenden Ziele genannt werden.

1. Einkaufsstatistik: Verfolgung und Auswertung der Preisbewegungen der Materialien und Hilfsstoffe (s. Abschnitt G VII).

2. Material- und Werkstättenstatistik: Statistik der Maschinen, Geräte und Konstruktionsteile (s. Abschnitt G VII, IX).

3. Produktionsstatistik: Verfolgung und Analyse der Produktionszahlen. Registrierende Wägung oder teilweise Nachprüfung der Wagengewichte nach dem Vorschlag von Hagemann[1], Kontrolle der Förderung in den Ab-

---

[1] Preisausschreiben der Dt. Bergwerks-Zg. Sonderdruck 1920, S. 47.

bauen, z. B. durch Vergleich mit marktscheiderischer Vermessung, sowie in den Bremsbergen, Blindschächten, Hauptstrecken und Förderschächten, durch Fahrpläne für Grubenlokomotiven, durch grundrißliche Darstellung des Fördersolls der einzelnen Bremsberge, Blindschächte, Hauptstrecken usw., durch Nachweis der Verluste, wie z. B. Waschabgänge, Staub, Grus, Bruch usw., Verhältnis der Kohlenförderung zur Bergeförderung im Hauptschacht und in den einzelnen Teilen des Grubengebäudes.

Zweckmäßig wird die Statistik, soweit Förderzahlen in Betracht kommen, auf die Nettoförderung bezogen.

4. Belegschaftsstatistik, Leistungsstatistik, Lohnstatistik.

α) **Belegschaftsstatistik.** Belegschaftszahl, Einteilung der Belegschaft nach Ausbildung und Beruf, soweit für den Betrieb in Frage kommend, insbesondere ob gelernt, angelernt oder ungelernt, ferner nach Alter, Geschlecht und Nationalität, insbesondere Angabe der jugendlichen und weiblichen Arbeiter. Verteilung der Belegschaft auf die einzelnen Betriebe, und zwar auf die unterirdischen Betriebe, wie Kohlengewinnung, Förderung, Aus- und Vorrichtung, Ausbau, Reparatur, Maschinenbetrieb usw., und auf die Tagesbetriebe, wie Krafterzeugung, Aufbereitung, Werkstätten, Nebenbetriebe (s. Tabelle 86).

Tabelle 86[1]. Belegschaftsstatistik.

	Belegschaft				
	Juli	August	September	Oktober	Jahr
Beamte . . . . %	2,2 = 93	2,2 = 93	2,4 = 104	2,3 = 103	2,3 = 99
Kohlengewinnung . . %	38,6 = 1641	38,0 = 1626	37,3 = 1612	38,1 = 1691	37,9 = 1667
Aus- und Vorrichtung . . . %	13,6 = 577	14,1 = 605	14,0 = 606	13,8 = 610	14,3 = 627
Grubenausbau . %	9,5 = 406	9,4 = 403	9,3 = 402	10,4 = 459	10,0 = 441
Förderung und Nebenarbeiten. %	15,5 = 661	15,4 = 661	15,5 = 668	15,5 = 688	15,7 = 693
Maschinenbetrieb %	7,5 = 318	7,8 = 334	8,4 = 361	6,6 = 293	6,8 = 300
Tagesarbeiter . . %	13,1 = 556	13,1 = 562	13,1 = 564	13,3 = 592	13,0 = 573
i. Sa.	100 = 4252	100 = 4284	100 = 4317	100 = 4436	100 = 4400

Feststellung der verfahrenen Schichten durch Arbeitskontrollbücher, Portieraufzeichnungen, Kontrolluhren usw. Die Kontrolle durch Verlesen (Führung im Schichtenbuch) ist des Zeitverlustes wegen in größeren Betrieben unzweckmäßig und vor allem wegen des mangelnden Nachweises der Einhaltung der Schichtzeit auch ungenau. Besser ist die Markenkontrolle. Noch zweckmäßiger ist die selbstschreibende Kontrolluhr, an der der Arbeiter selbst auf seiner Karte die Zeit des Betretens und Verlassens des Betriebes aufzeichnet. Er hat dann täglich den Schichtenzettel vor Augen. Streitigkeiten und Betrug können daher weitgehend ausgeschaltet werden. In allen Statistiken sind die Regelschichten, Überschichten und Überstunden, Sonntagsschichten und ebenso die versäumten Schichten (Krankenschichten, willkürliche Feierschichten, betriebliche Feierschichten usw.) anzugeben.

Belegschaftswechsel: wie stark, welche Teile der Belegschaft (Gründe).

β) **Leistungsstatistik.** Leistung je Kopf und Schicht, insbesondere:

Hauerleistung (früher auch Hackenleistung genannt) = Leistung, bezogen auf die bei der eigentlichen Kohlengewinnung verfahrenen Schichten. In der

---

[1] Nach Nysten: a. a. O. S. 53: Betriebsergebnisse des Eschweiler Bergwerksvereins (Taschenbuch für Direktionsgebrauch).

Regel werden die im Versatz usw. tätigen Leute mit zu den Kohlenhauern gerechnet, um deren Anteil in der Belegschaft recht hoch erscheinen zu lassen. Dieses Verfahren ist falsch. Unter Kohlenhauer sollte man nur die unmittelbar mit der Kohlengewinnung beschäftigten Leute verstehen, ebenso wie man im Braunkohlentagebau auch den Abraumbetrieb nicht zur Kohlengewinnung rechnet. Nur so kann man die wichtige technische Entwicklung des Versatzbetriebes zutreffend statistisch erfassen und auswerten. Diese Überlegung gilt grundsätzlich auch für andere, ähnlich liegende Fälle.

Kohlenleistung (Strebleistung, Rutschenleistung) = Leistung, bezogen auf die im Abbau ohne Abbaustreckenvortrieb beschäftigte Belegschaft.

Abbauleistung = Leistung, bezogen auf die im Abbau und in dem Abbaustreckenvortrieb beschäftigte Belegschaft.

Baufeldleistung = Leistung, bezogen auf die im Abbau, Abbaustreckenvortrieb und in der Förderung und Unterhaltung in den Abbaustrecken einschließlich Ortsquerschlägen bis zum Anschlag der Bremsbergförderung beschäftigte Belegschaft.

Revierleistung = Leistung, bezogen auf die im Steigerrevier beschäftigte Belegschaft.

Grubenleistung = Leistung, bezogen auf die unterirdische Belegschaft.

Gesamtleistung = Leistung, bezogen auf die unterirdische und auf die nicht in den Nebenbetrieben beschäftigte oberirdische Belegschaft.

Reparaturhaueranteil = Förderleistung, bezogen auf die Zahl der Reparaturhauerschichten.

Die tatsächliche Leistung der Reparaturhauer stellt man zweckmäßig aus dem Leistungszettel fest, der die Angabe der tatsächlichen und der vom Aufsichtsbeamten und dem Arbeiter gemeinsam als möglich angesprochenen Leistungen enthält. Die Feststellung der Leistung erfolgt seitens der Aufsicht (Steiger) wöchentlich oder monatlich durch Nachzählung unter Vermerk der Güte und der etwaigen besonderen Schwierigkeiten der Arbeit.

γ) **Lohnstatistik.** Die Lohnstatistik soll einen Vergleich ermöglichen zwischen der Lohnhöhe der einzelnen Arbeiterkategorien und den erreichten Spitzenlöhnen innerhalb derselben. Ferner soll sie Auskunft geben über die Belastung der einzelnen Betriebsvorgänge durch die Löhne, um einerseits feststellen zu können, ob die Löhne den Leistungen entsprechen, und andererseits, ob die Umstellung eines Betriebes auf stärkere Mechanisierung bzw. Automatisierung erforderlich bzw. wirtschaftlich ist.

In welchem Umfange die Statistik für die einzelnen Stellen auszuführen ist, hängt von dem jeweiligen Bedarf ab. Für die Bergwerksdirektion werden etwa die folgenden Angaben über die Belegschaft nötig sein: Prozentualer Anteil und absolute Zahl der Beamten, der Arbeiter in der Kohlengewinnung, in der Aus- und Vorrichtung, im Grubenausbau, in der Förderung und bei Nebenarbeiten, im Maschinenbetriebe und in den Tagesbetrieben außer Nebenbetrieben. Die Belegschaft etwaiger Nebenbetriebe wird zweckmäßig gesondert geführt. Für die Revierstatistik empfehlen sich die entsprechenden Angaben über die Arbeiter in der Kohlengewinnung, an den Abbaumaschinen, im Versatz, bei Gesteinsarbeiten, bei der Förderung im Abbau, in der Zimmerung und sonstige Nebenarbeiten.

Für die Betriebsüberwachungsbüros sind neben der Störungsstatistik und den sonstigen Material- und Betriebsstatistiken auch die Statistiken der Arbeits- und Betriebsvorgänge von Bedeutung, die planmäßig durch Zusammenstellung gleichartiger Betriebsvorgänge bzw. Arbeitsvorgänge, die mit Hilfe von Zeitstudien usw. untersucht sind, vergleichsfähige Sollzahlen ergeben, deren Vergleich mit den im Einzelfalle gewonnenen tatsächlichen Zahlen zur Aufdeckung von Mängeln im Zustande der Anlage, in der Anordnung derselben, in der Organisation des Betriebes oder der Arbeit wesentlich beitragen kann.

V. Die Entlöhnung der Beamten und Arbeiter.

a) Allgemeine Grundsätze für die Entlöhnung.

Vom volkswirtschaftlichen Standpunkte betrachtet ist die Entlöhnung eine in ihrer Höhe wesentlich von Angebot und Nachfrage bestimmte Arbeitsrente. Vom betriebswirtschaftlichen Standpunkte ist die Entlöhnung eine Frage der Arbeitskosten. Daraus ergibt sich für die Betriebsleitung das Streben, ein Minimum an Lohnkosten für eine bestimmte Arbeitsleistung oder ein Maximum an Arbeitsleistung für einen bestimmten Lohnaufwand zu erzielen. In diesem Zusammenhange ist die Lohnhöhe zweifellos auch von großer betrieblicher Bedeutung. Es wäre jedoch falsch, die Entlöhnung unter den Wert der Arbeit herabzusenken, da aus psychologischen Gründen auf die Dauer unweigerlich eine wesentlich unökonomischer sich auswirkende Leistungssenkung eintritt, wenn die Entlöhnung unter eine dem Leistungssoll etwa noch entsprechende Minimalgröße herabsinkt. Die Erfahrung lehrt, daß die Durchschnittsentlöhnung nicht zu stark dem Minimalbetrage genähert werden darf, weil sonst die Gefahr besteht, daß auf der einen Seite der Minimalbetrag als Normalbetrag angesehen wird, worauf bei der anderen Seite sehr bald die schädigenden Erscheinungen des Leistungsabfalles einzutreten pflegen. Vom Standpunkte des Betriebes wird daher das Problem der Entlöhnung nicht so sehr durch die absolute Lohnhöhe als durch das Verhältnis des Lohnes zur Leistung bestimmt. Daraus folgt, daß die Art der Entlöhnung den Arbeitnehmer anspornen soll, die vorhandene Organisation der Anlage und des Betriebes nach Möglichkeit voll auszunutzen, also seine beste Arbeitsleistung zu erzielen. Darüber hinaus soll die Entlöhnungsmethode den Arbeitnehmer an der weiteren Vervollkommnung der Organisation der Anlage und des Betriebes interessieren. In diesem Zusammenhange erscheint die Entlöhnungsform als ein Teilproblem der Produktionsfähigkeit, das in alle Gebiete der Organisation der Anlage, des Betriebes und besonders der Betriebsüberwachung übergreift. Die Überwachung hat dabei den besonderen Zweck, Lohnformen auszuarbeiten, die sich den Betriebseigenheiten so anpassen, daß psychologische Hemmungen der Arbeitsleistung vermieden werden. Es gibt also keine allgemein gültige, absolut beste Lohnform, sondern eine gewisse Anzahl typischer Lohnmethoden, deren Anwendungsbereich in erster Linie durch den eben genannten Zweck bestimmt ist. Jedenfalls sollen die Lohnformen so beschaffen sein, daß eine stetige, sowohl quantitative als auch qualitative Steigerung der Leistung erreicht wird. Andererseits sollen die Lohnformen in vielen Fällen so aufgebaut sein, daß sie eine eingehende Überwachung der einzelnen Betriebsvorgänge gestatten. Durch Vergleich der Einzellohnsätze für gleichartige Betriebsvorgänge bzw. der dabei erzielten Lohnhöhen lassen sich dann oft gute Rückschlüsse auf die Zustände der Betriebsteile ziehen.

Bei Bemessung der Beamtengehälter wird die mehr oder weniger umfangreiche Verwendbarkeit beruhend auf der mehr oder weniger umfassenden fachwissenschaftlichen Kenntnis und Erfahrung des Beamten berücksichtigt, während die Arbeiterentlöhnung in der Regel nur die tatsächlich geleistete Arbeit vergüten soll. Diese Art der Arbeiterentlöhnung ist jedoch in vielen Fällen falsch. Handwerksmäßig gut durchgebildete und daher für alle ins Fach schlagende Verwendungszwecke brauchbare Arbeiter werden zweckmäßig höher entlöhnt, weil der indirekte Nutzen eines solchen Arbeiters für das Werk entsprechend höher ist als der eines nur für bestimmte Arbeitsverrichtungen angelernten Arbeiters. Ein Häuer, der mit Grundwasserschwierigkeiten und deren Bekämpfung gut Bescheid weiß, kann in einem Braunkohlentagebau im Falle der Gefahr durch sein wenn auch nur gelegentliches Eingreifen die höhere Entlöhnung gegenüber den sonst mit ihm zusammen bei der Kohlengewinnung beschäftigten, nur oberflächlich angelernten Leuten vollständig verdienen. Beispielsweise sind handwerksmäßig gut durchgebildete Braunkohlenhäuer, die auch mit der praktischen Behandlung von Schwimmsand- und Wassergefahren gut Bescheid wissen, infolge des Vordringens der Tagebaubetriebe nicht allzu häufig. Die in einem Braunkohlentagebau mit der Kohlen- und Abraumgewinnung beschäftigten Leute sind wohl für die laufenden Arbeiten gut angelernt, versagen aber meist bei Eintritt einer der genannten Gefahren und sollten für bestimmte Arbeiten, wie zum Auffahren von Entwässerungsstrecken, nicht ohne weitere, eingehende Berufsausbildung verwendet werden. Wenn es nicht möglich ist, die gelernten Bergleute stets ausschließlich mit Sonderarbeiten zu beschäftigen, sie vielmehr gelegentlich auch Kohlen- oder Abraumgewinnungsarbeiten mit ausführen müssen, so entstehen sofort Schwierigkeiten, wenn man etwa die Gedinge gleichmäßig festsetzen wollte. Man würde Unzufriedenheit gerade in die Kreise der wertvollsten Arbeiter tragen, denen es dadurch unmöglich gemacht würde, ein ihrem allgemeinen Können und ihrem tatsächlichen, für das Bergwerk in Betracht kommenden Werte entsprechendes höheres Einkommen zu erzielen.

Dazu kommt, daß eine Verbesserung der Arbeitsorganisation in der Regel nur mit handwerksmäßig gut durchgebildeten Leuten möglich ist, die dann das durchgeprobte Arbeitsverfahren den ungelernten Leuten anlernen. Es liegt daher im Interesse der Fortentwicklung der Technik und Wirtschaft, einen ausreichenden Stamm hochwertiger, gut durchgebildeter Arbeiter zur Verfügung zu haben. Den erforderlichen Nachwuchs gut ausgebildeter Leute wird man nur erhalten, wenn diese auch mit Sicherheit auf ein ihrem Können entsprechendes, höheres Einkommen rechnen können. Ebenso wie aus sozialen Gründen der ältere Mann mehr verdienen sollte wie der jüngere, so ist es auch im wohlverstandenen volkswirtschaftlichen Interesse notwendig, daß der gelernte hochwertige Facharbeiter grundsätzlich mehr verdient als der ungelernte bzw. angelernte Arbeiter.

Die Entlöhnung des Arbeiters hat also neben der Leistungsfähigkeit für die normale Beschäftigung das Alter und vor allem seine Verwendbarkeit für Sonderaufgaben des Bergwerksbetriebes zu berücksichtigen.

b) Die Entlöhnung der Beamten.

Die Entlöhnung der Beamten erfolgt in der Regel in der Weise, daß neben dem festen Gehalt eine Prämie oder Tantieme für die erzielte Leistung gezahlt wird. Während die Prämie für den Betriebsleiter oft der wichtigste Teil des Einkommens ist, soll sie für Arbeiter, soweit für diese ihrer Tätigkeit wegen eine solche vorgesehen ist, nur einen Zuschuß darstellen, dessen Höhe wohl genügenden Anreiz zu erhöhter Tätigkeit und Aufmerksamkeit gibt, bei dessen Fortfall oder Mindestsatz aber das „Existenzminimum", d. h. der zum Lebensunterhalt erforderliche Mindestlohnsatz gewährleistet bleiben muß. Für mittlere und untere Beamte liegt die relative Höhe der Prämien entsprechend dazwischen.

Die Berechnung der Prämie muß so erfolgen, daß sie den Empfänger ausschließlich oder in erster Linie an seine Tätigkeit und an den von ihm bearbeiteten Betriebszweig interessiert. Dabei sind die Prämien der nebeneinander im Betriebe tätigen Angestellten (Beamten und Arbeiter) möglichst so zu fassen, daß sich ihre Interessen im Interesse des Betriebes ergänzen und möglichst jede Betriebseinzelheit von dem Interesse irgendeines dieser Angestellten erfaßt wird.

Hierbei ist gleichzeitig eine gute, sachgemäße, aus den Interessen der einzelnen herauswachsende gegenseitige Kontrolle durch die Art der Prämienberechnung zu erstreben. Jedenfalls ist es zu vermeiden, daß die Prämieninteressen der nebeneinander im Betriebe arbeitenden Angestellten alle gleichlaufend sind, da hierdurch meist zum Schaden des Ganzen irgendwelche Betriebszweige einseitig bevorzugt oder benachteiligt werden. Ferner werden Prämien an die einzelnen Angestellten zweckmäßig nur für diejenigen Betriebsvorgänge berechnet, an denen sie dienstlich beteiligt sind.

Die Prämien können berechnet werden nach der Menge, der Güte und den Kosten sowohl der Erzeugung als auch nach denen der Hilfsbetriebe. Vielfach werden die Prämien nach einer Kurve berechnet, die anfangs steil und dann langsamer ansteigt, damit das Hauptinteresse am normalen Zustande des Betriebes besteht.

Die Prämien der vorgesetzten Beamten sind so zu gestalten, daß sie ein Interesse an einem sachlich einwandfreien Ausgleich der nachgeordneten Instanzen im Interesse eines geordneten Betriebes haben. Danach wird die richtige Prämienberechnung mitunter um so komplizierter, je zersplitterter die Aufsichtstätigkeit des betreffenden leitenden Beamten ist. Jedoch darf die Zersplitterung der Rechnungsgrundlagen nicht zu weit gehen. Da in der Regel die leitenden Beamten einen größeren, zusammenhängenden Betriebsabschnitt zu beaufsichtigen haben, läßt sich meist auch eine einfache Prämienrechnungsgrundlage finden.

Ihrem Wesen nach sind die Prämien der Beamten mit den Gedingen der Bergleute zu vergleichen.

Gratifikationen, Bonifikationen, Remunerationen und Geschenke aller Art, die nicht rechnerisch vertraglich von der Arbeitsleistung abhängig gemacht werden, werden also nicht als Prämien im obigen Sinne angesehen. Ebenso scheiden Gewinn- und Ertragsbeteiligungen grundsätzlich aus dem Rahmen der Prämien aus, da die Gewinne nicht von der Arbeitsleistung des einzelnen, sondern von dem Zusammenwirken der Verhältnisse des Betriebes und der Konjunktur abhängen, wobei die Ausnützung der Konjunktur als zu den Betriebsmaßnahmen gehörig betrachtet wird. Lohn und Prämien bzw. Gedinge werden auch gezahlt, wenn der Betrieb unrentabel ist. Löhne und Prämien, auch der Unternehmerlohn des mittätigen Unternehmers, sind auf die Aufwandskosten zu verbuchen und scharf von dem Unternehmergewinn zu unterscheiden, der auf das Kapitalkonto zu buchen ist.

c) Die Entlöhnung der Arbeiter.

1. Schichtlohn.

Die Vergütung der Arbeit im Schichtlohn beschränkt man auf die Fälle, wo die Arbeiter keinen oder nur geringen Einfluß auf die Menge bzw. Güte der von ihnen zu leistenden Arbeit haben, wo es auf Sorgfalt in der Arbeitsausführung ankommt, so daß die Arbeitsgeschwindigkeit dagegen an Bedeutung zurücktritt. Ferner wird zweckmäßig Schichtlohn gezahlt, wo man die zu erwartende Arbeitsleistung im voraus für umfassendere Arbeitsabschnitte schwer abschätzen kann, besonders wenn erhebliche Gefahren für die Arbeiter oder für den Betrieb mit der Arbeit verbunden sind und die Arbeitsverhältnisse starken, im einzelnen nicht voraussehbaren Schwankungen unterliegen, oder die einzelnen Arbeitsaufgaben zu geringen Umfanges sind (Ausbaureparatur), um Gedinge zu vereinbaren.

2. Gedinge.

Die Güte und Menge der Arbeitsleistung, gegebenenfalls auch beides zugleich, sucht man durch Gedinge bzw. Prämien zu steigern. Hierzu gehören auch die

Prämien, die für eine vorwiegend in der Überwachung des Betriebes bestehende Arbeit (Maschinenwärter) vereinbart werden. Man unterscheidet:

α) nach den Entlöhnungsgrundsätzen:

a) reine Gedinge (Zeitakkord, Geldakkord) — gemischte Entlöhnung;

b) feste — gleitende Lohnskala;

β) nach dem Personal-Geltungsbereich:

Einzelgedinge — Gruppen- bzw. Kolonnengedinge — Gesamtgedinge — Tarife;

γ) nach dem zeitlichen Geltungsbereich:

gewöhnliche oder kurzfristige Gedinge — Generalgedinge;

δ) nach betrieblichen Gesichtspunkten:

Massen-, Raum-, Längen-, Flächengedinge usw., einfache Gedinge, zusammengesetzte Gedinge usw.;

ε) nach der Berechnungsgrundlage:

feste Gedinge, Staffel- oder Prämiengedinge.

α) Nach den Rechnungsgrundsätzen (Entlöhnungsgrundsätzen). Zu a). Bei reinen Gedingen (Akkorden) erfolgt die Entlöhnung der Arbeiter nur nach Maßgabe ihrer Leistungen. Bei gemischter Entlöhnung erhält der Arbeiter einen verminderten festen Grundlohn je Schicht, der etwa die Hälfte bis zwei Drittel des angenommenen durchschnittlichen Gesamtverdienstes beträgt, und hierzu einen nach Maßgabe der Leistung zu berechnenden Zusatzlohn. Hierdurch werden einerseits zu große Schwankungen in den Löhnen vermieden und andererseits die schädlichen Wirkungen irrtümlich zu niedrig angesetzter Gedinge vermindert. Auf alle Fälle müssen die Gedinge so gestellt werden, daß die damit erreichbare Höhe des Zusatzlohnes auch einen genügenden Anreiz zu erhöhter Leistung gibt.

In der Maschinenindustrie wird vielfach ein bestimmter Stundenlohn als Grundlage festgesetzt und eine bestimmte Arbeitsdauer für eine bestimmte Arbeitsleistung angesetzt. Die Leistung wird also in Arbeitsstunden umgerechnet und darnach die Höhe des Lohnes ermittelt (Zeitakkord). Leistet er in der Schicht mehr als der Schichtzeit entspricht, so wird demnach so gerechnet, als habe er mehr Arbeitsstunden verfahren, als es der tatsächlich aufgewandten Arbeitszeit entspricht. Beim Geldakkord (Stückakkord) wird die Zeit rechnerisch nicht weiter berücksichtigt. Die Lohnhöhe wird unmittelbar aus der Leistung ermittelt. Diese Rechnungsgrundlage wird für die Gedingestellung im Bergbau fast ausschließlich angewandt. An den Zeitakkord erinnert nur die „Doberich"-Gedingestellung, die auf vereinzelten kleineren Gruben Mitteldeutschlands üblich ist bzw. war. Bei dieser Gedingestellung wurde eine bestimmte Schichtleistung vorausgesetzt und hierfür ein bestimmter Lohn vereinbart. Die Leute konnten jederzeit ausfahren, sobald sie diese Leistung erreicht hatten. Bei Minderleistungen erfolgten entsprechende Abzüge. Mehrleistungen wurden nicht vergütet. Eine rechnerische Übertragung der Leistung von einer zur anderen Schicht fand in der Regel nicht statt, um die Gleichmäßigkeit der Förderung zu wahren.

Zu b). Die festen Lohnsätze werden nur auf Grund der nach den Betriebsbedingungen zu erwartenden Arbeitsleistungen ohne Rücksicht auf die schwankenden Kosten der Lebenshaltung berechnet, während eine gleitende Lohnskala auch diesen Schwankungen Rechnung tragen soll. Man kann z. B. von den für eine Familie unbedingt notwendigen Mengen an Nahrungsmitteln, Kleidungsstücken, Wohnung usw. ausgehen (Existenzminimum) und hiernach einen Mindestlohn und den für die betreffende Arbeiterkategorie festzusetzenden Normallohn errechnen. Der jeweils einzusetzende Lohnzuschlag bzw. -abschlag entspricht den Schwankungen der Summe, die man zur Bestreitung des Existenzminimums aufzuwenden hat.

Durch die gleitende Lohnskala können zweifellos viel Lohnverhandlungen vermieden werden, die bekanntlich immer störend auf die Leistungswilligkeit wirken. Andererseits dürfen die Schwierigkeiten nicht übersehen werden, in die eine Industrie geraten kann, wenn die Preise der Produkte bei gleichem Absatz nicht den erhöhten Selbstkosten folgen können.

Die gleitende Lohnskala ist sowohl für die Berechnung der Gedinge als auch der Schichtlöhne herangezogen worden.

β) **Nach dem Personal-Geltungsbereich.** Einzelgedinge entstehen durch Vereinbarung des zum Abschluß von Gedingen ermächtigten Vertreters der Werksverwaltung mit den einzelnen Arbeitern über die Höhe der Entschädigungen, die für bestimmte Einheiten der Arbeitsleistungen zu gewähren sind. Diese Vereinbarungen können sich auch auf die Anrechnung der für die Arbeit verbrauchten Betriebsstoffe (Sprengstoffe usw.) und Gezähe erstrecken.

Kolonnengedinge erstrecken sich auf eine Mehrzahl von Personen, die eine gemeinschaftliche, gleichartige, durch ein Gedinge zu erfassende Arbeit ausführen.

Gruppengedinge werden gegeben, wenn die einzelnen Gruppen innerhalb eines Betriebsabschnittes verschiedenartige, durch besondere Gedinge (s. Abschnitt ε) zu erfassende, wenn auch mehr oder weniger ineinandergreifende Arbeiten auszuführen haben.

Gesamtgedinge, wie sie von Eckardt (Bergbaulicher Verein zu Zwickau) vorgeschlagen worden sind, sollen unter Beibehaltung der Einzel- bzw. Kolonnen- und Gruppengedinge und Schichtlöhne als Grundlage der Verrechnung dahin wirken, daß die Erhöhung der Arbeitsleistung der Belegschaft auch dieser automatisch zukommt.

Zu diesem Zwecke stellt man zunächst für einen Betrieb (Schachtanlage) die sogenannte normale Höhe des Lohnanteiles je Tonne Förderung fest. Sodann dividiert man die gesamte, nach den Gedingen und Schichtlöhnen sich ergebende tatsächliche Lohnsumme durch die in dieser Lohnperiode erzielte Betriebsleistung (Reinförderung oder verkaufsfähige Förderung) und erhält so den rechnerisch nach Gedinge und Schichtlohn sich ergebenden Lohnanteil je Einheit Betriebsleistung. In demselben Verhältnis, in dem der normale Lohnanteil zu dem rechnerisch erhaltenen Lohnanteil steht, werden die Gedinge und Schichtlöhne erhöht oder erniedrigt.

Dadurch bleibt der Lohnanteil je Einheit der Betriebsleistung konstant, solange die sachlichen Faktoren der Leistungsmöglichkeit konstant bleiben. Hierdurch werden zweifellos die durch die Gedingestellung sich immer wieder neu einstellenden Reibungen zwischen Arbeitgeber und Arbeitnehmer vermindert. Dem Arbeitgeber bzw. seinen Beamten kann es an sich bei dieser Regelung gleichgültig sein, wie das Gedinge im einzelnen ausfällt. Ist ein Gedinge zu hoch, so haben nur die anderen Arbeiter den Schaden davon. Der Beamte ist also gewissermaßen nur der unparteiische Sachverständige, der eine möglichst gerechte gegenseitige Bemessung der Gedinge herbeiführen will. Die Interessen der Belegschaftsmitglieder decken sich hinsichtlich der Leistung mit den Interessen des Werkes, da die Faulheit des einzelnen nicht mehr zu Lasten des Werkes, sondern zu Lasten der Belegschaft geht und die Betriebsstörungen beide Teile belasten.

So groß die Vorteile vielleicht sein können, so darf doch nicht verkannt werden, daß man die Gegenwirkung der Belegschaft gegen die Faulheit einzelner Mitglieder nicht allzu hoch einschätzen darf. Analoge Beispiele der Vorgänge bei

den Krankenkassen zeigen dies. Bei Betriebsverbesserungen und Betriebs-
änderungen werden die Auseinandersetzungen mit der Belegschaft nicht aus-
bleiben. Es ist ferner sehr leicht möglich, daß jede Änderung der Arbeitsverhältnisse eines Betriebsabschnittes zu Verhandlungen mit der ganzen Belegschaft
führt, also die Reibungen vermehrt und nicht mindert.

Tarifverträge sind Vereinbarungen über die Arbeitsbedingungen, die zwischen den Arbeitgebern der betreffenden Industrien (oder Gewerbe) eines Bezirkes mit der Arbeiterschaft für einen längeren Zeitraum geschlossen werden.
Solche Vereinbarungen sind im vollen Umfange nur da durchführbar, wo die
Arbeitsbedingungen in ihren Einzelheiten im voraus bekannt und so genau bestimmbar sind, daß sich klare einwandfreie Grundlagen für die Berechnung der
Arbeiten in den einzelnen Gedingesätzen geben lassen.

Im Bergbau sind die Arbeitsverhältnisse nur selten und auch dann nur mit
großen Einschränkungen für die Anwendung von Tarifverträgen geeignet. Infolge der meist vorhandenen Ungleichförmigkeit des Verhaltens der Lagerstätten und des Nebengesteins und infolge des Fortschreitens des Betriebes
treten Schwankungen in der Gewinnung und Förderung und den damit erforderlichen Betriebsmaßnahmen aller Art oft schon in geringen Entfernungen innerhalb ein und derselben Lagerstätte ein, so daß es mitunter unmöglich ist, Gedinge zu stellen, die mehrere Monate hindurch aufrechterhalten werden können.
Vielfach muß das Gedinge innerhalb eines Monats geändert werden, weil sich die
Arbeitsbedingungen in unvorhergesehenem Umfange ändern. Da die endgültige,
für die Berechnung des Gedinges in Betracht kommende Beurteilung der einzelnen
Arbeitsbedingungen eines Ortes infolgedessen nur auf dem Wege der unmittelbaren Vereinbarungen zwischen dem Arbeitgeber oder seinem Vertreter und dem
einzelnen Arbeitnehmer erfolgen kann, so entbehrt ein im Bergbau etwa abgeschlossener Tarifvertrag vielfach jeder festen, sachlichen Grundlage. Es läßt
sich heute noch nicht übersehen, ob es den jetzt mehr und mehr einsetzenden
wissenschaftlichen Betriebsuntersuchungen gelingen wird, Grundlagen für Tarif-
abkommen im Bergbau zu schaffen. Für den deutschen Steinkohlenbergbau
würden solche Tarife wahrscheinlich sehr kompliziert und ihre Anwendbarkeit
sehr problematisch werden.

Infolgedessen beschränkten sich bisher die sogenannten Tarifverträge im
Bergbau meist auf allgemeine Vereinbarungen über Grundlohn, Mindestzusatz-
lohn für Gedingearbeiten, Regelung der Zahl und Bezahlung von Über- und
Feierschichten, von Urlaub, Wohnungsmiete, Hausbrand usw.

Bei allen Tarifregelungen ist zu beachten, daß die Preisverhältnisse (Lebens-
mittelindex) in verschiedenen Gegenden sehr verschieden sein können und entsprechend berücksichtigt werden müssen. Die Tarife sollen rechtsverbindliche
Rechte und Verpflichtungen zwischen den Vertragsparteien schaffen. Die gesetzliche Wahrung der gegenseitigen Tariftreue ist jedenfalls eine der wichtigsten
Aufgaben für den Fall, daß die Tarife zur Regelung der Entlöhnung herangezogen
werden sollen.

γ) **Nach dem zeitlichen Geltungsbereich.** Die gewöhnlichen (kurzfristigen)
Gedinge werden meist auf die Dauer eines Monats abgeschlossen und bilden im
Bergbau die Regel. Sie sollen den veränderlichen Arbeitsbedingungen insofern
Rechnung tragen, als die Gedinge jeden Monat den veränderten Verhältnissen
wieder angepaßt werden sollen.

Von der Erfahrung ausgehend, daß häufige Gedinge- und Lohnverhandlungen die Leistung stören, sind die langfristigen Generalgedinge besser.
Sie werden daher überall vorzuziehen sein, wo die Arbeitsverhältnisse keinen
plötzlichen und wesentlichen Änderungen unterliegen, bzw. wo ein Wechsel der

Arbeitsbedingungen vorher durch die Gedingestellung genügend erfaßt werden kann. In Kalisalzbergwerken kann man z. B. für das Auffahren streichender Strecken allgemein geltende Generalgedinge geben, da, von Ausnahmen abgesehen, die Arbeitsverhältnisse hierbei außerordentlich gleichmäßig sind. Aber auch im Steinkohlenbergbau lassen sich mitunter längere Querschläge usw. im Generalgedinge vergeben, wobei allerdings für die einzelnen Gebirgsarten (Konglomerate, Sandstein, Schieferton usw.) besondere Gedinge vereinbart werden und die Berechnung auf Grund der durchfahrenen Gebirgsschichten erfolgt. Es ist also vorausgesetzt, daß die einzelnen Gebirgsarten eines Lagerstättengebirges für sich — wenigstens innerhalb des in Frage kommenden Gebietes — eine hinreichend gleichartige Beschaffenheit haben. Hierbei muß natürlich der Querschnitt des Querschlages unverändert bleiben, da sonst eine weitere, wesentliche Veränderung der Arbeitsbedingungen eintritt, die sich z. B. in der Notwendigkeit einer Erhöhung des Kubikmetergedinges bei abnehmendem Querschnitt äußern würde. Es folgt daraus, daß sich Generalgedinge nur da aufstellen lassen, wo die Arbeitsbedingungen nur von wenigen, klar erfaßbaren Faktoren beeinflußt werden.

d) **Nach betrieblichen Gesichtspunkten.** Die Berechnungsgrundlage wird sachlich in erster Linie durch die Art und den Verlauf der Betriebsvorgänge beeinflußt. Sofern man die einzelne Arbeit für sich betrachtet, kommen als Berechnungsgrundlagen für den Bergbau hauptsächlich in Betracht: die Massen- (Gewichts- und Stück-) Gedinge, die kubischen (Raum-) Gedinge, die Längen- oder Metergedinge und die Flächengedinge. Die Gedinge sollen nach Möglichkeit erreichen, daß das Interesse des Arbeiters mit den Interessen eines guten Betriebserfolges übereinstimmt. Die psychologische Rückwirkung der Gedingestellung auf die Arbeiter ist daher von größter Bedeutung. Ihre richtige Beurteilung und Berücksichtigung ist eine der schwierigsten Aufgaben der mit der Gedingestellung beauftragten Beamten. Der Aufbau der Gedinge einer Kameradschaft muß z. B. so erfolgen, daß ein Interesse an allen notwendigen Arbeitsverrichtungen vorliegt. Auf alle Fälle sind Gedinge falsch, durch die Nebenarbeiten größeren Umfanges nicht besonders bezahlt werden, weil diese Nebenarbeiten dann entweder überhaupt nicht oder doch so schlecht ausgeführt werden, daß der Betrieb darunter leidet. Handelt es sich um betriebswichtige Nebenarbeiten, wie z. B. um den Bergeversatz, Streckenunterhaltung usw., so ist es oft zweckmäßiger, hierfür besondere Gedinge zu bezahlen. Werden z. B. für den Bergeversatz besondere Leute eingestellt und gesondert bezahlt, so haben die Kohlenhauer ein Interesse daran, daß der Versatz im Abbau rechtzeitig und ordnungsgemäß nachgebracht wird, weil die Druckverhältnisse, die Sicherheit des Betriebes usw. hierdurch günstig beeinflußt werden. Sie werden also darauf drängen, daß die Arbeiten vorschriftsmäßig ausgeführt werden. Wird dagegen die Versatzarbeit in das Kohlengedinge eingerechnet, so steht die Kohlengewinnung im Vordergrund des Interesses, da nur die geförderte Kohle bezahlt wird. Die Versatzarbeit wird oft vernachlässigt, besonders wenn Betriebsstörungen die Kohlengewinnung erschwerten, so daß der Betriebszustand darunter sehr erheblich leiden kann. Es ist also eine vollkommene Gedingeklarheit notwendig, um schädliche psychologische Rückwirkungen zu vermeiden. Dazu ist erforderlich, daß die Gedingestellung angepaßt wird:

a) der Art der Arbeitsvorgänge,

b) dem Ineinandergreifen der Betriebsvorgänge, und daß

c) die erreichbare Lohnhöhe dem Arbeiter genügend Anreiz zur Leistungssteigerung gibt.

Zu a). Die Art der Arbeitsvorgänge wirkt insofern auf die Art der Gedingestellung ein, als sich die Berechnungsgrundlagen den Arbeitsvorgängen im we-

sentlichen anpassen müssen, wenn sie einerseits eine gerechte Errechnung der
Lohnhöhe aus der Arbeitsleistung ermöglichen sollen und andererseits auf den
Arbeiter psychologisch so einwirken sollen, daß seine Interessen mit denen des
Betriebes gleichlaufen. Für den Ausbau wird man in der Regel mit einem einfachen Stückgedinge auskommen, das für jeden in dem betreffenden Betrieb
etwa laut Ausbaubuch vorgesehenen Ausbau zu zahlen ist. Bei der Kohlengewinnung kommt man ebenfalls meist mit einem einfachen Massengedinge aus.
Muß jedoch der Hauer in einem Steinkohlenflöz die Kohle z. B. von Hand mit
der Keilhaue unterschrämen, so ist die Schrämarbeit in diesem Falle meist die
umfangreichste Arbeit, die der Hauer bei der Kohlengewinnung auszuführen hat.
Bei bestimmter und im vorliegenden Falle als gleichbleibend anzunehmender
Festigkeit der zu schrämenden Schicht ist die vom Hauer zu leistende Schrämarbeit bei einer bestimmten, von ihm zu bearbeitenden Stoßlänge durch die
Schramtiefe, insgesamt also durch die Schramfläche gekennzeichnet, da die
Schramhöhe stets dieselbe bleibt bzw. bleiben soll. Die Menge der von einer bestimmten Schramfläche freigelegten gewinnbaren Kohle wächst also mit der
Flözmächtigkeit. Die für die Hereingewinnung der Kohle aufzuwendende Arbeit
nimmt mit der Flözmächtigkeit in der Regel wesentlich weniger zu, als es der
vermehrten Kohlenmenge entspricht. Daraus folgt, daß das Gedinge in den vorliegenden Fällen ein zusammengesetztes sein muß, wobei ein konstantes
Flächengedinge zur Abgeltung der zu leistenden Schrämarbeit und ein mit Zunahme
der Flözmächtigkeit — entsprechend der erleichterten Gewinnung — abnehmen-
des Massengedinge zur Abgeltung der Gewinnungsarbeit dienen soll. Liegen nun
mehrere Betriebe mit verschiedener Flözmächtigkeit nahe beieinander, so kann
der Fall eintreten, daß die einzelnen Kameradschaften gleiche Flächengedinge
für die Schrämarbeit, aber sehr verschiedene Gedinge für die zu gewinnenden
Kohlen erhalten. Besonders bei geringen Flözmächtigkeiten, bei denen diese Ge-
dingekombinationen von erheblicher Wichtigkeit sind, üben schon geringe absolute Schwankungen der Flözmächtigkeit erhebliche Rückwirkungen auf die
Höhe des Kohlengedinges aus. Die Kameradschaften sind dann der Verführung
ausgesetzt, einen Teil der in dem mächtigeren Flözteil gewonnenen Kohlen als
in dem schwächeren Teil gewonnen zu bezeichnen und den dadurch zu Unrecht
erhaltenen Gedingemehrertrag miteinander zu teilen. Es ist in solchen Fällen
besser, ein gleiches Kohlengedinge zu geben und in den schwächeren Flözteilen
die Flächengedinge entsprechend zu erhöhen, obwohl dann die Gedingever-
teilung nicht mehr ganz der Arbeitsverteilung entspricht.

Im Streckenbetrieb ist die Hereingewinnung der Kohlen in der Regel schwieriger als im Abbau. Infolgedessen müßte man die Kohlengedinge entsprechend
höher stellen. Abgesehen von der auch hier entstehenden Verführung zur Übernahme von Kohlen aus Abbaubetrieben usw. erhält der Hauer den Anreiz, in der
Strecke selbst möglichst viel Kohlen aus den Stößen — im Braunkohlenbergbau
auch aus den Firsten — zu rauben. Dadurch wird die Druckwirkung und gegebenenfalls auch die Brandgefahr erhöht, der Betrieb also ungünstig beeinflußt. Um dem vorzubeugen, gibt man nur ein Kohlengedinge, das etwa dem der
Abbaue entspricht, und kombiniert dieses mit einem Längengedinge für die
Streckenauffahrung und gegebenenfalls mit einem Stückgedinge für den Ausbau.
Durch richtige gegenseitige Bemessung des Kohlen- und Längengedinges kann
erreicht werden, daß der Hauer kein Interesse hat, Kohlen aus dem Stoß zu nehmen, sondern die Strecke vorwärts zu treiben.

Zu b). Es wurde bereits darauf hingewiesen, daß es häufig zweckmäßig ist,
die Ausführung der Nebenarbeiten (Bergeversatz, Streckenunterhaltung usw.)
besonderen Arbeitergruppen zu übertragen und diesen für ihre Arbeit gesonderte

Gedinge zu geben, damit die Nebenarbeiten mit der im Interesse des Betriebes liegenden Sorgfalt ausgeführt werden. Hingewiesen wurde vor allem auch darauf, daß die Kohlenhauer bei gesonderter Bezahlung der Versatzarbeit, insbesondere bei Ausführung dieser Arbeit durch besondere Arbeitergruppen, ein wesentlich größeres Interesse an der sorgfältigen Ausführung des Versatzes haben. Diese psychologischen Rückwirkungen der Stellung gesonderter Gedinge und gegebenenfalls der Arbeitsteilung auf die Parallelstellung der Interessen der Arbeiter mit denen des Betriebes sind da, wo mehrere Betriebsvorgänge ineinandergreifen und voneinander abhängig sind, oft von größter Wichtigkeit und müssen im einzelnen Falle genau erforscht und sorgfältig beachtet werden. Sehr lehrreich ist in dieser Hinsicht z. B. der Betrieb der Kraftzentrale einer Fabrik, die einen sehr starken, häufig schwankenden Stromverbrauch hat. Es würde falsch sein, die Belegschaft der Zentrale summarisch etwa nach den Selbstkosten der Kilowattstunde zu bezahlen, noch falscher, die Belegschaft von Kessel- und Maschinenhaus etwa nach dem spezifischen Dampfverbrauch der Turbinen. Auf letzteren haben die Kesselwärter überhaupt keinen Einfluß. Es ist daher richtig, mit den einzelnen Arbeiter- und Betriebsgruppen nur für die von ihnen selbst zu verantwortende Tätigkeit Gedinge bzw. Prämiensätze zu vereinbaren. Die Prämien des Kesselwärters werden nach dem speziellen Kohlenverbrauch und der Gleichmäßigkeit der Dampfspannungen und Dampftemperaturen berechnet, wobei die Schwankungen außer Betracht bleiben, die durch nicht rechtzeitig gemeldete Schwankungen der Dampfentnahme entstehen. Diese Schwankungen werden der Stelle zur Last geschrieben, welche die Erstattung oder Weitergabe der Meldung versäumte. Der Kohlenverbrauch wird auf die den Turbinen zugeführte Dampfmenge bezogen, so daß die Dampfverluste bis zur Meßuhr zu Lasten der Kesselwartung gehen. Die Prämie der Turbinenwartung wird berechnet nach dem spez. Dampfverbrauch unter Berücksichtigung der Beschaffenheit des gelieferten Dampfes und der Rechtzeitigkeit der Meldungen von Belastungsschwankungen. Sinngemäß werden die Prämien für die anderen Betriebsgruppen gebildet. Im vorliegenden Falle ist der Kesselwärter nur am Kesselhausbetrieb interessiert, für den er auch verantwortlich ist. Fehler, die von außen hereingetragen werden, lassen sich durch das registrierende Meldewesen genau feststellen und berücksichtigen. Dasselbe gilt für den Turbinenwärter usw.

Ein solches Verfahren ist nur dann erfolgreich, wenn mit der Aufstellung getrennter Gedinge oder Prämien die Betriebsüberwachung auch so sorgfältig durchgeführt wird — in Maschinen- und Kesselhäusern am besten unter Verwendung von Registrierapparaten —, daß die Störungsursachen jederzeit hinreichend genau ermittelt werden, um die verantwortlich zu machenden Personen finden zu können.

Zu c). Eine weitere sehr wichtige Beziehung zwischen Gedingestellung und Betriebsüberwachung besteht darin, daß richtig zergliederte Gedinge durch die Höhe der einzelnen Sätze in den meisten Fällen sehr deutliche Rückschlüsse auf den Zustand des Betriebes gestatten. Ein Beispiel möge dies erläutern. Bei der Handförderung ist das Gedinge je Wagen zweckmäßig zu zergliedern in einen festen Geldsatz für die im Durchschnitt konstante Zeit zum Füllen des Wagens vor Ort einschließlich der Zeit für das Auswechseln der vollen gegen leere Wagen und der sonstigen, sich bei jedem Wagen ständig wiederholenden, gleichbleibenden Arbeitsleistungen, zu dem ein mit der Förderlänge wachsender Geldsatz tritt.

Die Höhe des festen Geldsatzes muß deutlich erkennen lassen, ob der Wagen aus Schurren oder sonstigen Vorratsbehältern, also in sehr kurzer Zeit, oder durch Einschaufeln, also in längerer Zeit, gefüllt wird. Die Schaufelzeit ist wesentlich abhängig von den Raumverhältnissen, die also der Einwirkung der Arbeiter nicht unterliegen und daher berücksichtigt werden müssen, dann aber auch von Betriebsvorgängen (s. Abschnitt E VIII c), wie Bereithaltung genügender Haufwerkmengen, genügendes Nachrücken der Wagen usw., die zu Lasten der Arbeiter gehen müssen und daher nicht im Gedinge berücksichtigt werden sollten. Insgesamt ist die konstante Zeit aber noch abhängig von Wartepausen, die durch den anschließenden Betrieb hervorgerufen werden und naturgemäß im Gedinge zu berücksichtigen sind. Die Fahrgeschwindigkeit gibt die Grundlage zur Berechnung des mit der Förderlänge veränderlichen Gedingebetrages. Bei der Nachprüfung der Gedinge läßt es sich schnell feststellen, ob die abnorme Höhe des festen Gedingeteiles auf ungünstige Raumverhältnisse, schlechte Arbeitsorganisation oder schlechte Betriebsorganisation zurückzuführen ist. Ebenso kann schnell festgestellt werden, ob eine zu geringe Fahrgeschwindigkeit auf Nachlässigkeit des Arbeiters, auf den Zustand der Bahn oder auf Fehler in der Berechnung zurückzuführen sind. Die dadurch geschaffene Klarheit gibt zugleich Aufschluß über das Verhältnis der Kosten etwa zu treffender Maßnahmen zu den dadurch zu erzielenden Betriebserfolgen. Sie ist also für die weiter zu treffenden Anordnungen der Betriebsleitung von erheblicher Bedeutung.

ε) **Nach der Berechnungsgrundlage.** Psychologisch wirken die Gedinge auf eine zeitliche Arbeitssteigerung hin. Damit ist die Gefahr einer Minderung der qualitativen Arbeitsleistung verbunden. Ebenso kann die Gleichmäßigkeit der Leistungen leiden, sei es, daß der Arbeiter sich anfangs überanstrengt, um hohe Leistungen zu erzielen, sei es, daß er hohe Leistungen erzielt hat und aus Furcht vor Herabsetzung der Gedinge mit den Leistungen zurückhält. In der Art der Berechnung sucht man vielfach diese Mißstände zu beseitigen.

Die einfachen, festen Gedinge können als Stück- oder Zeitgedinge festgesetzt werden. Die Berechnungsart ist im Abschnitt α bereits besprochen worden, weshalb hierauf verwiesen wird.

Will man durch die Art der Gedingeberechnung höhere Leistungen besonders hoch bezahlen, also den Arbeiter zu möglichst hohen Leistungen anregen, so wendet man Prämiengedinge an. Diese können eine einfache (stetige) oder stufige mathematische Berechnungsgrundlage haben, oder können auch nach Linien ansteigen, für die nicht mathematische Zusammenhänge, sondern technisch-wirtschaftliche Beziehungen aller Art maßgebend sind.

Zu den mathematisch begründeten Prämienberechnungsmethoden gehören u. a. die Berechnungen nach Halsey, Rowan und Taylor[1]. Bezeichnet:

s = den veränderlichen Stundenverdienst,
s_0 = den festen Lohnsatz je Stunde,
l = die veränderlichen Lohnkosten je Stück,
t = den veränderlichen Zeitaufwand je Stück,
l_0 = den festen Lohnsatz je Stück,
t_0 = den normalen bzw. vermuteten Zeitaufwand je Stück,
x = einen positiven Bruch,
σ = Prämienzuschlag je Stunde,
q = die in der Zeiteinheit (Stunde) geleistete Stückzahl,
q_0 = die in der Zeiteinheit (Stunde) vermutete (normal geleistete) Stückzahl,

so erhält man, wenn man die Zeit als unabhängige Variable einsetzt:

1. a) die Prämie (nach Halsey)

$$\sigma = x \cdot s_0 \cdot \frac{t_0 - t}{t}$$

und

$$s = s_0 + \sigma = s_0 + x \cdot s_0 \cdot \frac{t_0 - t}{t},$$

$$l = s \cdot t = s_0 \cdot t + x \cdot s_0 \cdot (t_0 - t).$$

---

[1] Kosiol: Theorie der Lohnstruktur. Stuttgart: C. E. Poeschel 1928.

b) Wird die Stückzahl als unabhängige Variable eingesetzt, so ergibt sich

$$\sigma = x \cdot s_0 \cdot \frac{q - q_0}{q_0} \, ;$$

$$s = s_0 + \sigma = s_0 + x \cdot s_0 \cdot \frac{q - q_0}{q_0} \, ;$$

$$l = \frac{s}{q} = \frac{s_0}{q} + x \cdot s_0 \cdot \frac{q - q_0}{q \cdot q_0} \, .$$

2. a) (nach Rowan) Zeit als unabhängige Variable

$$\sigma = s_0 \cdot \frac{t_0 - t}{t_0} \, ;$$

$$s = s_0 + \sigma = s_0 \cdot \frac{2 t_0 - t}{t_0} \, ;$$

$$l = s \cdot t = 2 \cdot s_0 \cdot t - \frac{s_0}{t_0} \cdot t^2 \, .$$

b) Stückzahl als unabhängige Variable

$$\sigma = s_0 \cdot \frac{q - q_0}{q} \, ;$$

$$s = s_0 + \sigma = s_0 \cdot \frac{2 q - q_0}{q} \, ;$$

$$l = \frac{s}{q} = s_0 \cdot \frac{2 q - q_0}{q^2} \, .$$

In den Abb. 146 bis 148[1] kann man an Hand von Diagrammen die verschiedene, mehr oder weniger zur Arbeit anreizende Tendenz der Lohnkurven in Abhängigkeit von Stückkosten und Stundenverdienst verfolgen. In Abb. 146 sind die linearen Lohnsysteme dargestellt. Hauptmerkmal: Festlegung eines Stückkostengesetzes (durch die Linien B, C, D dargestellt), das angibt, in welchem Maße die Lohnausgaben je Stück mit verkürzter Arbeitszeit sinken. Durch den Sonderfall, daß die Lohnkosten je Stück mit der Verkürzung der Arbeitszeit sich noch erhöhen (Linie D), wird der Anreiz auf höheren Verdienst jedoch in einem Maße verschärft, daß sich bei dieser Methode immer recht bedenkliche Spannungen zwischen Arbeitnehmer und -geber ergeben haben.

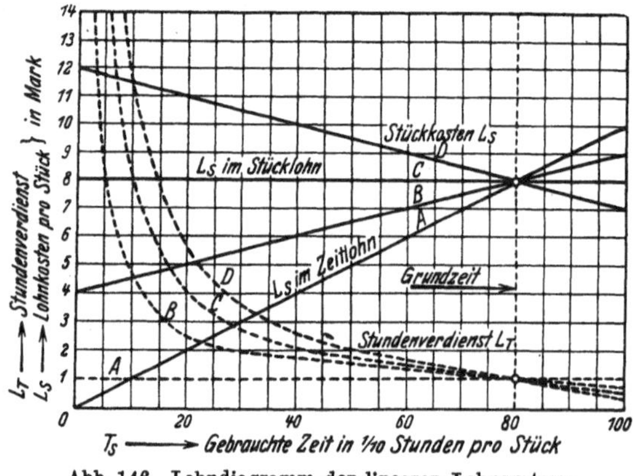

Abb. 146. Lohndiagramm der linearen Lohnsysteme.

Beim Halsey-System (Abb. 147) ergibt sich erst bei einer sehr weitgehenden Herabsetzung der Arbeitszeit gegenüber dem Grundlohn eine wesentliche Verdienststeigerung.

Beim Rowan-System (Abb. 148) bleibt der Anreiz auf Verkürzung der Arbeitszeit je Stück in jedem Falle der gleiche.

---

[1] Heidebroek: Industriebetriebslehre, S. 121ff. Berlin: Julius Springer 1923.

3. Taylor geht von einer bestimmten Arbeitsleistung aus, die auf Grund genauer Zeitstudien ermittelt wird. Es ergibt sich darnach der mittlere Stücklohnsatz $l_0 = s_0 \cdot t_0$.

Wird die veranschlagte Normalzeit erreicht oder gar unterschritten, so wird der Stücklohnsatz um $B\%$ erhöht; es gilt also

$$l = l_0 \cdot \left(1 + \frac{B}{100}\right)$$

und

$$s = \frac{l_0}{t} \cdot \left(1 + \frac{B}{100}\right).$$

Bei Überschreitung der Zeit wird ein um $b\%$ verminderter Stücklohnsatz berechnet, so daß man erhält:

$$l = l_0 \cdot \left(1 - \frac{b}{100}\right)$$

und

$$s = \frac{l_0}{t} \cdot \left(1 - \frac{b}{100}\right).$$

Der Taylorlohn ist also ein Prämienstücklohn mit fester Stückprämie.

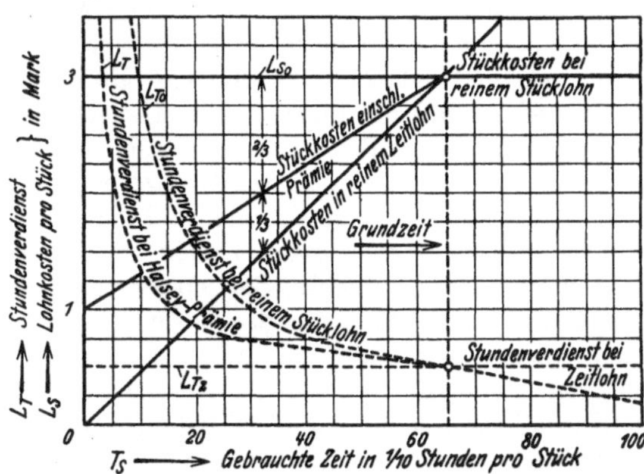

Abb. 147. Prämienlohnsystem „Halsey".

Beim Halseyschen Prämienlohn steigt mit steigender Stückzahl der Stundenverdienst, während die Lohnkosten (je Stück) fallen. Durch entsprechende Wahl der Zahl x kann die Prämiensteigerung und damit deren psychologische Rückwirkung auf die Maßnahmen des Arbeiters zur Steigerung der Quantität (bei starker Prämiensteigerung) oder zur Erhaltung der Qualität (bei geringerer Prämiensteigerung) beeinflußt werden. Beim Rowanschen Lohn wird die Verdienstzunahme mit zunehmender Leistung immer schwächer. Es ist daher die Rücksicht auf die Güte stärker als die Rücksicht auf die Menge der Leistung betont. Ferner hat die Rowansche Lohnmethode den Vorteil, daß sich Fehler in der Abschätzung der Normalleistung weniger stark ausprägen als bei der Halseyschen Lohnmethode. Es eignet sich der Rowanlohn daher besonders für solche Arbeiten, die sich schwer abschätzen lassen (Arbeiten in Reparaturwerkstätten). In dieser Hinsicht bietet die Taylorsche Lohnform den grundsätzlichen Fortschritt, daß die

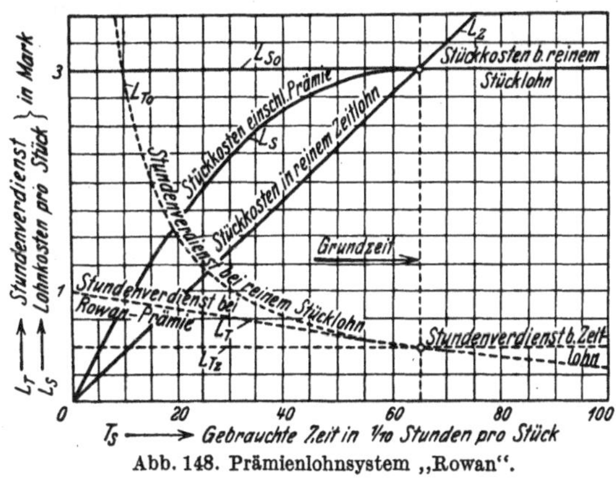

Abb. 148. Prämienlohnsystem „Rowan".

Festsetzung der Normalleistung nicht schätzungsweise, sondern auf Grund genauer Zeit- und Wirkungsstudien erfolgt. Gewiß ist diese Maßnahme für alle Lohnformen gleich notwendig, aber Taylor hat diese Maßnahme zum ersten Male grundsätzlich eingeführt. Neu ist auch die grundsätzliche Stücklohnkürzung bei Unterleistungen. Der Gefährdung der Qualität der Leistung begegnet Taylor durch ein straffes, eingehendes Kontrollsystem.

Alle mathematisch aufgebauten Prämienberechnungen setzen eine große Gleichmäßigkeit und regelmäßige Wiederholung der Arbeitsvorgänge voraus, wie sie sich wohl häufig in der Verarbeitungsindustrie, aber fast nie im Bergwerksbetriebe finden. Hier sind sowohl Gewinnung, Förderung, Aufbereitung und der damit zusammenhängende Tagesbetrieb als auch die Aus- und Vorrichtungsbetriebe so vielseitigen, voneinander unabhängigen Einflüssen ausgesetzt, daß nicht mit einer soweit gehenden Gleichmäßigkeit der Arbeits- und Betriebsbedingungen zu rechnen ist, wie sie zur Aufstellung mathematisch aufgebauter Prämienberechnungen nötig wäre. Es kommt hinzu, daß es in der Regel zweckmäßig ist, in Rücksicht auf den gewollten Betriebsverlauf die Prämiengedinge so zu stellen, daß die hiervon betroffenen Arbeiter und Beamten ein Interesse daran haben, diesen Betriebsverlauf auch zu erzielen. Prämien werden daher vielfach erst kurz vor der untersten Grenze der gewollten Betriebsleistung berechnet, und zwar sogleich in einer Höhe, daß sie einen entsprechenden Ansporn geben. Weitere Prämiensteigerungen finden gegebenenfalls nur bis zu der Leistungssteigerung statt, an der die Betriebsleitung noch ein tatsächliches Interesse hat. Überhaupt ist im Bergbau das besondere Interesse des Betriebes für die Prämienberechnung maßgebend. Soll z. B. ein Querschlagsbetrieb beschleunigt werden, sollen vor allem gewisse Mindestleistungen erreicht werden, so gibt man bis zur Normalleistung ein einfaches Gedinge und berechnet erst für die Überschreitung derselben Prämien, die gegebenenfalls nach oben gestaffelt werden können. Zahlt man z. B. je lfdm Querschlag innerhalb der Normalleistung 100 ℳ, so kann man bei der Überschreitung dieser Leistung für den ersten Meter 5 ℳ, für den zweiten 10 ℳ usw. zahlen, oder man gibt einen gleichbleibenden Zuschlag. Den Zuschlag kann man rechnen entweder nur für die über die Normalleistung erzielte Leistung — in diesem Falle sind die Zuschläge zahlenmäßig höher und man erreicht den Ansporn zu Höchstleistungen — oder man berechnet den entsprechend niedrigeren Satz auf die gesamte Querschlagslänge, wodurch man vor allem den Ansporn dazu gibt, eine gewisse Mindestleistung zu überschreiten. Jedenfalls sind die dem Betriebserfordernis angeschmiegten, graphisch nach einer entsprechend verlaufenden Linie im Koordinatensystem abzulesenden Prämiensätze für den Bergwerksbetrieb in den meisten Fällen zweckmäßiger als die auf mathematischen Formeln aufgebauten. Bei den graphisch, also mehr oder weniger willkürlich aufgebauten Prämiengrundlagen lassen sich die gegenseitigen Beziehungen der jeweiligen Betriebserfordernisse mit den durch die Art und Höhe der Lohnberechnung bei dem Arbeiter erzielten psychologischen Rückwirkungen am besten und sichersten in Übereinstimmung bringen. Es kommt in allen Fällen nur darauf an, die Prämien so zu stellen, daß gute, erstrebenswerte Prämien im Durchschnitt erreicht werden und daß weiterhin durch die Art der Prämie das Interesse des Arbeitnehmers mit dem des Betriebes gleichgerichtet ist.

Zum Schluß soll noch eindringlich darauf hingewiesen werden, daß der früher weitverbreitete Brauch, neben den Gedingen Höchstverdienstgrenzen festzusetzen, falsch ist, da dann der Ansporn fehlt, die Kräfte und damit zugleich die Betriebsanlagen voll auszunutzen. Infolgedessen ist die Zahl der Betriebspunkte nebst Strecken und Betriebseinrichtungen größer, als sonst nötig wäre. Damit wachsen aber auch die Kosten für Zinsen, Abschreibung und Unterhaltung bei gleicher Förderung.

VI. Stapelvorräte von Bergwerksprodukten.

a) Die Gründe für die Stapelung der Bergwerksprodukte.

Je nach den Ursachen, aus denen in den Erzeugungsstätten Vorratslager für die eigenen Erzeugnisse angelegt werden, kann man die folgenden wichtigeren Lagerarten unterscheiden:

1. **Dispositionslager** (bzw. **Umsatzlager**), und zwar **Tages- sowie Saisonlager**, und

2. **Konjunkturlager**, und zwar **Spekulations- sowie Betriebsausgleichslager**.

Die **Dispositionslager** sollen die Absatzdisposition erleichtern. Die Lagergröße ist in erster Linie von der Gleichmäßigkeit des Absatzes abhängig. Die **Tageslager** sollen demnach die kleineren täglichen Absatzschwankungen auszugleichen in der Lage sein, während die **Saisonlager** die Produktion während der regelmäßig periodisch auftretenden Zeiten der Absatzstockungen aufnehmen sollen, damit sie während der „Saison" in genügender Menge sofort greifbar zur Verfügung steht.

Die **Konjunkturlager** haben entweder den Zweck, zu erwartende gute Konjunkturen auszunutzen (**Spekulationslager**) oder bei sinkender Konjunktur deren Rückwirkung auf den Betrieb einzuschränken, um dadurch die bei verminderter Produktion entstehende Erhöhung der Produktionskosten möglichst einzuschränken (**Betriebsausgleichslager**).

In Bergwerksbetrieben kommt eine Stapelung der Förderung in der Regel nur bei Absatzstockungen in Betracht. Diese Stapelung hat, besonders bei geringwertigen Massenprodukten wie bei Kohle und nicht hochprozentigen Eisenerzen, nur den Zweck, den Produktionsprozeß auf gleichmäßiger Höhe halten zu können (Betriebsausgleichslager). Zu Spekulationszwecken, also als Mittel zur Erzielung höherer Gewinne, können in der Regel nur solche hochprozentige Erze mit Aussicht auf den gewollten Erfolg gestapelt werden, aus welchen hochwertige Metalle gewonnen werden, die starken Preisschwankungen unterliegen. Bei den geringwertigen Massenprodukten übersteigen die Stapelkosten in der Regel die etwaigen Preiserhöhungen. Gestapelte Kohlenvorräte können daher nicht wie Material- und Rohstofflager als Teile der Anlage behandelt werden, da sie grundsätzlich nur als ein Ausnahmezustand und Notbehelf angesehen werden können. Die Größe der erforderlichen Stapel läßt sich für das einzelne Werk infolge der Verschiedenartigkeit der Marktschwankungen nie eindeutig bestimmen. Es kann bei den Bergwerksstapeln daher im Gegensatz zu den am Verbrauchsort durch den Groß- und Platzhandel zu errichtenden Umsatzlagern nie von einem „notwendigen Lagerbestand" gesprochen werden. Dieser Unterschied ist wesentlich. Er zeigt, daß die Notwendigkeit einer Stapelung von Kohlen am Erzeugungsort einen Mangel in der Verteilungsorganisation, also im Kohlenhandel, zu überbrücken hat. Der volkswirtschaftliche Nachteil dieses Mangels zeigt sich darin, daß gegebenenfalls Kohlenmengen zuerst am Erzeugungsorte und dann noch einmal im Umsatzlager des Platzhandels, also zweimal gestapelt werden müssen. Die Kosten für die erste Stapelung würden sich bei zweckentsprechenderer Organisation des Handels vermeiden lassen.

b) Die Kosten der Stapelung.

Die Kosten der Stapelung sind in der Regel vergleichsweise sehr hoch und beeinflussen daher die Gewinnaussichten eines Bergwerksunternehmens sehr ungünstig. Es kommen bei der Stapelung sowohl fixe als auch veränderliche Kosten in Betracht.

An fixen Kosten kommen in Frage die Kosten für Verzinsung und Amortisation (Miete) der Stapelanlagen usw. Degressiv sind die Kosten für die Umstellungsarbeiten vom Waggonversand zur Stapelung und zurück (die Zu- und Abrüstungsarbeiten) in bezug auf die Zeitdauer und den anteiligen Umfang eines Stapelvorganges. Muß sehr häufig, aber stets nur auf kurze Zeit gestapelt werden, so werden die Kosten für die Umstellungsarbeiten bezogen auf die Stapelmenge

sehr hoch. Es empfiehlt sich in solchen Fällen, alle Einrichtungen zur Stapelung
jederzeit betriebsfähig zu halten, um die Umstellungsarbeit auf die notwendigsten
Anschlußarbeiten beschränken zu können. Die Stapelung selbst ist möglichst
weitgehend zu mechanisieren, besonders wenn insgesamt alljährlich erhebliche
Mengen gestapelt werden. Kommt es nur selten zur Stapelung, so ist es oft billiger,
sich von Fall zu Fall mit schnell herzustellenden Hilfseinrichtungen zu behelfen.
Proportional zur Stapelmenge steigen die Kosten für die eigentliche Stapelung,
bei der Braunkohlenbrikettstapelung[1] z. B. für das Absetzen einschließlich Hoch-
setzen und Schränken, für die Rinnenkolonne, für die Verladung vom Stapel.
Findet die Zurückverladung vom Stapel in Zeiten starker Absatzhausse statt,
so entstehen oft noch besondere Unkosten durch Überstunden und Sonntags-
arbeit. Hinzu kommen die Verluste für Bruch und Spänefall durch die Stapelung,
für die Werkstattbelastung und für die Feuerversicherung. Ebenso wächst der
Produktionsausfall oft mit der Stapelmenge. Er wird gleichzeitig durch die
Häufigkeit und anteilige Menge der einzelnen Stapelvorgänge in derselben Weise
beeinflußt wie die Kosten der Umstellungsarbeiten. Um Produktionseinschrän-
kungen zu vermeiden, müssen die Stapeleinrichtungen so ausgebaut werden,
daß sie die größten in der Zeiteinheit in Frage kommenden Anteilsmengen der
Produktion zu bewältigen vermögen. Hierbei muß die Einrichtung gegebenenfalls so mechanisiert sein, daß der Leutebedarf für die Bedienung der Stapel-
einrichtung nicht empfindlich auf den für die Produktion bestimmten Mannschafts-
bestand einwirkt, auch wenn für die Stapelung keine fremden Arbeitskräfte zur
Verfügung stehen.

Wesentliche Kosten entstehen ferner durch den Zinsverlust für das durch die
Stapelung gebundene Betriebskapital. Es kommt hinzu, daß dadurch die Liquidität des Unterneh-
mens entsprechend ge-
mindert wird, und daß
häufig verlustbringende
Kreditgeschäfte seitens
der Werksverwaltung
getätigt werden müssen,
um die im Stapel fest-
zulegenden Geldmittel
aufbringen zu können.
Die Steuerbelastung der
Stapel ist in der Regel
gering, da an den im
Winter liegenden Stich-

Tabelle 87. Stapelkosten je t Braunkohlenbriketts[1].

		Werk A ℳ/t	Werk B ℳ/t
a) Für Mehrsetztonnen		6,6	6,6
b) „ Werkstattbelastung		3,0	3,0
c) „ Rinnenkolonne		6,0	6,0
d) „ Hochsetzen und Schränken		10,0	10,0
e) „ Verladung vom Stapel		65,6	62,0
f) „ Bruch- und Späneanfall		5,0	5,0
g) „ Produktionsausfall		57,6	67,6
h) „ Zinsverlust		12,0	18,0
i) „ Feuerversicherung		11,0	16,5
	Summe	176,8	194,7

tagen der Steuerbehörden selten größere Stapelvorräte auf den Werken liegen,
soweit es sich um Kohlen handelt. Der Wert des Stapels wird in der Regel
nach den Wiederbeschaffungskosten berechnet, vermindert um die durch Grus-
und Bruchbildung bewirkten Entwertungen. Die Mehrkosten je Stapeltonne
Braunkohlenbriketts betragen im Durchschnitt 1,5 bis 2 ℳ. Über die Einzelheiten gibt die Tabelle 87 Auskunft.

c) Die zur Vermeidung der Stapelung nötigen Maßnahmen.

Es ist somit verständlich, wenn die Werksverwaltungen bemüht sind, die
ungünstigen Folgen der Stapelung möglichst einzuschränken. Eine längere

---

[1] Schmid: Diss. Freiberg 1930 a. a. O.

Stillegung der Werke in den Zeiten von Absatzmangel kommt meist nicht in Frage, weil die Kosten der Stillegung meist höher sind als die Unkosten der Stapelung. Kurzarbeit ist in Betrieben, die ihrer Natur nach längere Zeit ununterbrochen geführt werden müssen, wie in Kokereien, Braunkohlenbrikettfabriken usw. nicht gut möglich. Immerhin läßt sich in vielen Fällen eine Kombination von Kurzarbeit in der Grube mit Betriebseinschränkung in den Verarbeitungsbetrieben (Stillegen einzelner Koksofenkammern, Pressen usw.) durchführen, sofern die Mehrkosten des Grubenbetriebes hierdurch, bezogen auf die Produktionseinheit, nicht zu stark anwachsen. In manchen Betrieben, wie z. B. bei Braunkohlenbrikettfabriken, sind auch Feierschichten möglich, die sich am besten an Sonn- und Feiertage anschließen, um die Zu- und Abrüstkosten (Anheizen) nicht unnötig zu erhöhen. Die Feierschichten erstrecken sich dann natürlich meist auf den Gesamtbetrieb (Grube und Fabrik).

Ein anderes Mittel dürfte in einer zweckentsprechenden Organisation des Handels zu finden sein. Da der Handel in Deutschland heute meist nicht finanzkräftig ist, schränkt er die Stapelhaltung auch für die notwendigen Umsatzlager weitgehend ein. Hierin kann das Gleitpreissystem, das im Sommer billigere Preise vorsieht, um dem Handel einen Anreiz zur Lagerbildung zu bieten, infolge des eben erwähnten Kapitalmangels zur Zeit nicht viel nützen, insbesondere da in der Regel zu kurze Zahlungsfristen vorgesehen werden. Es ist vielleicht zweckmäßiger, dem Platzhandel Kommissionslager zu überlassen, die einen bestimmten Prozentsatz des eigenen Lagers betragen, so daß stets eine gewisse Sicherung für das Werk bzw. das Syndikat vorliegt. Durch geeignete fortlaufende Überwachung des Bestandes dieser Lager durch Syndikats- oder Werksangestellte kann diese Sicherung stets wirksam erhalten werden.

VII. Die Materialwirtschaft im Bergbau.

a) Die räumliche Anordnung der Magazine.

1. Unter Tage.

Die Konzentrierung der Magazine auf ein Zentralmagazin ermöglicht zweifellos die einfachste Verwaltung und Übersicht, ist aber infolge der entfernten Lage der einzelnen Betriebsabteilungen nur selten durchführbar.

Bei unterirdischen Bergwerksbetrieben größeren Umfanges, z. B. im Steinkohlenbergbau, macht sich die Anlage untertägiger Zwischenlager[1] notwendig, einerseits um den Antransport zu den Verbrauchsstellen zu erleichtern andererseits um einen unvorhergesehenen, während des Betriebes auftretenden plötzlichen Bedarf schnell genug decken zu können. Die Zwischenlager können entweder auf jeder Sohle in der Nähe des Schachtes oder in den einzelnen Revieren angelegt werden. Wenn auch die Sohlenmagazine den Vorteil größerer Zentralisierung haben, so sind doch die Reviermagazine bei ordnungsgemäßer Verwaltung vorzuziehen, da im Falle eines Bedarfes das Suchen nach dem das Reviermagazin verwaltenden Reviersteiger oder der von ihm mit der Materialausgabe beauftragten Person (Aufseher, Schießmeister usw.), die im Revier bald zu benachrichtigen sind, in der Regel nicht so viel Zeit in Anspruch nimmt wie der lange Weg vom Revier zum Schacht und zurück. Es kommt hinzu, daß auch die Sohlenmagazinverwalter bzw. -ausgeber nicht immer während der ganzen Schicht zugegen sein werden, da aus Gründen des ungestörten Betriebsverlaufes

---

[1] Wesemann: Die planmäßige Bewirtschaftung der Betriebsstoffe im Steinkohlenbergbau. Diss. Aachen 1927.

die Materialausgabe möglichst nur zu Beginn der Schicht erfolgen soll[1]. Dagegen werden die zu Sonderzwecken dienenden Magazine meist als Sohlenmagazine angelegt. Das gilt z. B. für die Sprengstoffmagazine zur Vereinfachung und besseren Durchführung der gesetzlich vorgeschriebenen Überwachung der Verausgabung und Wiedervereinnahmung der Sprengstoffe sowie der Überwachung der Lager durch die Bergbehörden. Ebenso werden die unterirdischen Lagerräume für elektrotechnische, Schmiede- und Schlossermaterialien in der Regel als Sohlenmagazine angelegt, da der Tätigkeitsbereich der Maschinensteiger (Rohrsteiger usw.) und der ihnen unterstellten Handwerker sich über alle Reviere der betreffenden Sohle erstreckt. Wenn mehrere Maschinensteiger nebeneinander Gruppen von Steigerrevieren in maschineller Hinsicht bearbeiten, so würden je nach Lage des Falles, insbesondere je nach den in Frage kommenden Entfernungen auch Gruppenmagazine in Frage kommen können.

2. Über Tage.

Sinngemäß wird man in Tagebauen[2] kleine Magazine neben dem Werksmagazin unterhalten, besonders bei großer Entfernung der Tagebaue von der eigentlichen Tagesanlage (Brikettfabrik).

Alle nicht durch die Lage des Betriebes unbedingt erforderlichen kleinen Nebenmagazine (Meistermagazine usw.) sind aufzuheben, da sie die Kontrolle erschweren und den Gesamtbedarf an vorrätig zu haltenden Materialien nur unnötig erhöhen.

Hat man für die Werke eines Konzerns eine Zentralwerkstatt vorgesehen, so erhält diese ein Zentralmagazin. Die Betriebsmagazine der einzelnen Werke können dann entsprechend kleiner gehalten werden.

Neben den im Magazin gelagerten und auf dem Lagerkonto verbuchten Materialien (Magazinmaterialien) gelangen auf manchen Betrieben auch Materialien unmittelbar in den Betrieb (Betriebsmaterialien). In Braunkohlentagebaubetrieben werden z. B. Baggerschienen und -schwellen ihrer Sperrigkeit wegen oft nicht auf Lager genommen, sondern im Betriebe abgelagert und sogleich dem Betrieb überlastet. Es ist zweckmäßig, die nicht sofort zu verbrauchenden Materialien über das Lager gehen zu lassen, und damit über das Lagerkonto, um den Verbrauch besser kontrollieren zu können.

b) Der Materialeinkauf.

1. Die Grundsätze des Einkaufes.

Die Einkaufsabteilung eines Bergwerkes hat die Aufgabe, die für den Betrieb erforderlichen Materialien, Hilfsstoffe und Ersatzteile zur rechten Zeit, zu den günstigsten Beschaffungspreisen und -bedingungen und in der erforderlichen Menge und Beschaffenheit verfügbar zu halten. Infolge des großen Material-

---

[1] Nach dem Grundsatze, alle Betriebsmaßnahmen so zu treffen, daß die ständige Wiederholung kurzer Pausen für eine größere Zahl der Belegschaft vermindert wird, wenn sich die hierbei zu erledigenden Arbeiten vorbereitend durch einen oder wenige Arbeiter erledigen lassen, wird man überhaupt die Materialausgabe so einrichten, daß die betreffenden Arbeiter zu Beginn der Schicht ohne Wartepausen ihr Material in Empfang nehmen können. Sprengstoffe wird man zweckmäßig nicht an die einzelnen Schießmeister ausgeben, die sie in ihre Transportbehälter selbst einpacken müssen und auf diese Weise unnötig Zeit verlieren. Man wird besser die Sprengstoffe von der Ausgabestelle in Wechselbehälter fertig verpacken lassen, die dann von den Schießmeistern zu Beginn der Schicht sofort und ohne Zeitverlust abgehoben werden können.

[2] Härtig: Aufbau und Auswirkungen einer systematischen Überwachung des Materialverbrauches und der Instandhaltungsarbeiten im Braunkohlenbergbau. Vortrag, gehalten vor dem Ausschuß für wissenschaftliche Betriebsuntersuchungen des deutschen Braunkohlen-Industrievereins 1930.

bedarfes eines Bergwerkes ist die Tätigkeit der Einkaufsabteilung auf das finanzielle Ergebnis des Unternehmens von erheblichem Einfluß, der mit zunehmender Mechanisierung des Betriebes an Bedeutung wächst.

Vom kaufmännischen Standpunkte aus gesehen setzt der wirtschaftliche Einkauf, insbesondere der wichtigeren Massenartikel, neben der Beherrschung der Einkaufstechnik und der Firmenkenntnis einen guten Überblick über die Marktlage der betreffenden Materialien und der Einwirkung des Geld-, Kapital- und Frachtenmarktes voraus. Hierzu sind die Berichte der Fach- und Handelszeitungen, Banken, Börsen und Märkte sowie die amtlichen und oft auch die privaten Statistiken auf alle die Umstände zu prüfen, welche auf die örtliche oder Weltkonjunktur einwirken. Die Angaben über Erzeugung und Gewinnung, Welt- oder Landesvorräte, Preisbewegungen usw. werden zweckmäßig graphisch aufgetragen, um die Schlußfolgerung über die zu erwartende Marktlage zu erleichtern, wobei die Saisoneinflüsse auszuschalten sind.

Vom technischen Standpunkte aus ist zu beachten, daß nicht nur die Beschaffungskosten der Materialien, sondern auch die Bearbeitungskosten in den Werkstätten und die Widerstandsfähigkeit der aus den Materialien gefertigten bzw. reparierten Gegenstände gegen die Beanspruchung des Betriebes, sowie die finanziellen Einbußen zu berücksichtigen sind, die durch solche Betriebsstörungen und Betriebsunterbrechungen verursacht werden, welche auf die Verwendung schlechter oder zu schwacher Materialien usw. zurückzuführen sind. In Bergwerksbetrieben haben die letzteren Gesichtspunkte in der Regel die weitaus überwiegende Bedeutung, namentlich mit Zunahme der Betriebsmechanisierung. Es ist daher in diesen Betrieben zweckmäßig, den Einkauf durch sachverständige Ingenieure leiten oder doch überwachen zu lassen.

2. Die Einteilung des Einkaufsmaterials.

Bei der Beschaffung der Materialien usw. unterscheidet man Abschlußmengen und Abrufmengen.

Bei den Abschlüssen wird man in der Regel um so größere Vorteile erzielen in bezug auf Preis und sonstige Zahlungs- und Lieferbedingungen, Verpflichtung der Verkäufer zur rechtzeitigen Belieferung in den vereinbarten bzw. jeweils angeforderten Mengen und in der vorgeschriebenen Beschaffenheit, je größer der zu erteilende Auftrag ist. Man wird daher nach Möglichkeit den Bedarf einer längeren Betriebszeit, etwa den Jahresbedarf, abschließen und im Abschluß die Materialgruppen zusammenfassen, die am zweckmäßigsten von der betreffenden Firma geliefert werden. Der Zeitpunkt der Käufe bzw. Abschlüsse hängt von der Art des Bedarfes ab. Ist dieser dringend, so muß der Abschluß sofort getätigt werden. Jedoch soll dieser Fall möglichst vermieden werden. Er rechtfertigt sich in der Regel nur, wenn der Eintritt eines Bedarfsfalles nicht vorausgesehen werden konnte. Bei laufend gebrauchten Massenartikeln usw. ist die Höhe der Eindeckung vielfach von der Beurteilung der jeweiligen Marktlage abhängig zu machen.

Die Abrufmengen (Bestellmengen) werden bestimmt von dem Bedarf, dem zur Aufrechterhaltung der Betriebssicherheit für nötig zu erachtenden geringsten Lagerbestand und den durch Lagerung und Anlieferung entstehenden Kosten. Durch die Lagerhaltung entstehen für die Verwaltung, Bereitstellung der Lagerräume und Kapitalfestlegung einschließlich Zinsen usw. die Lagerspesen. Dieselben werden um so niedriger, je kleiner das Lager gehalten wird. Will man in zu kleinen Mengen abrufen und das Mindestlager sehr gering bemessen, so wird die Sicherung des Betriebes zunehmend von der Rechtzeitigkeit der Belieferung abhängig. Außerdem werden die Bezugsspesen für Verpackung, Verladung,

Ab- und Anfuhr und Fracht bei kleinen Lieferungen relativ teuer. Allerdings ist zu beachten, daß die Abnahme der Bezugsspesen u. a. durch die Größe des Beförderungsmittels wie Kraftwagen, Eisenbahnwagen und Schiff eine Grenze mit deren vollen Belastung findet. Die günstigste Abrufmenge ist sonach rein rechnerisch die, bei welcher die Summe der Lager- und Bezugsspesen ein Minimum wird. Das Minimum kann für gegebene Verhältnisse rechnerisch oder graphisch ermittelt werden. In allen Fällen ist die rechtzeitige Versorgung des Betriebes sicherzustellen, da sonst im Betriebe Unkosten entstehen, denen gegenüber die etwaige Ersparnis an Lager- und Bezugsspesen bedeutungslos ist. Bei teuren Ersatzteilen und sonstigen Einzelstücken sind die betrieblichen Anforderungen in Rücksicht auf die Vermeidung von Betriebsstörungen bzw. -unterbrechungen in der Regel von ausschlaggebender Bedeutung.

c) Die Auftragserteilung.

1. Allgemeine Gesichtspunkte für die Auftragserteilung.

Um Wiederholungen zu vermeiden, soll an dieser Stelle die Auftragserteilung sowohl für die Lieferung von Materialien als auch für die Ausführung von Bauten usw. besprochen werden. Bei Bauten ist für die Auftragserteilung zunächst die Art der Bauorganisation maßgebend. Für den Einkauf der Materialien ergeben sich die Folgerungen sinngemäß.

Es ist stets zweckmäßig, wenn sich der Auftraggeber die technische Oberaufsicht vorbehält. Je nach der Art des Bauprojektes wird man die Projektierung und Bauleitung entweder der Gesamtanlage oder der zusammengehörenden Gattungen der einzelnen Anlageteile je einer einschlägigen Großfirma übertragen, sofern solche Firmen über einen Stab bewährter Spezialfachleute verfügen, wodurch gleichzeitig die wertvollen Erfahrungen, die gute Spezialfirmen gesammelt haben, dem Neubau zugute kommen. Der Bau in eigener Regie und Bauleitung bringt die Schwierigkeit mit sich, daß gute Fachleute von Ruf sich nur selten zur Übernahme vorübergehender Arbeiten bereit finden werden, da sie für den späteren Betrieb entweder überhaupt nicht oder doch nur in geringerer Zahl als für die Bauperiode benötigt werden.

Andererseits ist es schon im Interesse einer rechtzeitigen Anlieferung oft zweckmäßig, Apparate, Maschinen usw., die in größerer Zahl gleichartiger Stücke gebraucht werden, serienweise an verschiedene Firmen zu vergeben. Ist z. B. eine größere Anzahl Kessel nötig, so kann man den Auftrag an mehrere Kesselbaufirmen übertragen, mit der Maßgabe, daß möglichst gleichartige Kessel — etwa Steilrohrkessel — zu liefern sind. Vor allem ist es dann wichtig, gleiche Abmessungen und Ausführungsformen für die Kesselarmaturen wie Hähne, Ventile, Meßinstrumente und gleichartige Anordnung der Feuerungs- und Bedienungsvorrichtungen, Bühnen, Treppen, Dampfrohrleitungen usw. vorzuschreiben, damit der Betrieb in allen Teilen gleichartig organisiert werden kann. Selbstverständlich werden die zu einer Serie gehörenden Kessel auch in den Kesselhäusern zusammen eingebaut.

Die Auftragserteilung für Anlagen und Anlageteile muß mit größter Sorgfalt geschehen, da nicht nur die Anlagekosten, sondern auch die Art der Ausführung und damit die zukünftigen Betriebskosten von der Auftragserteilung beeinflußt werden. Die erste Vorarbeit, die vor der Auftragserteilung erledigt sein muß, ist die gründliche Durcharbeitung des Projektes bzw. verschiedener zum Vergleich dienender Projekte, um die günstigste Ausführungsform zu finden und festzulegen.

2. Besondere Gesichtspunkte.

Für die Auftragserteilung sind die folgenden Gesichtspunkte zu beachten:

α) **Umfang des Auftrages.** Von Bedeutung ist die Frage, ob Typen oder Sonderausführungen in Betracht kommen, welche Leistungen die Maschinen und Anlagen erreichen sollen (Mindest-, Durchschnitts- und Spitzenleistungen), bzw. welchen Fassungsraum die Anlage haben soll. Die Abmessungen der zur Verfügung stehenden Grundstücksflächen, Gebäude und Räume sind anzugeben und zu berücksichtigen.

β) **Güte der Lieferung.** Es sind Angaben zu machen über die verlangte Sicherheit der Bauteile evtl. unter Vorschreibung der zu verwendenden Materialien. Hierbei ist der Unterschied zwischen handelsüblichen und genau bestimmten Materialsorten zu beachten. Gegebenenfalls sind auch die Gewichte der Lieferungsteile festzulegen.

Zur Bestimmung der Güte dient auch die Festlegung der Wirkungsgrade, des Ausbringens, der Erzeugungsgüte, der Arbeitsverfahren, der Betriebskosten usw.

Die Wirkungsgrade sind sowohl für die einzelnen Anlageteile als auch für die Gesamtanlage festzulegen. Es ist dabei zu unterscheiden, ob sich diese Garantie auf den Probebetrieb oder auf den Dauerbetrieb erstrecken soll.

Die Behandlungsvorschriften dürfen nicht zu schwer und unübersichtlich sein, da sonst die Gewährleistung leicht hinfällig wird. Gegebenenfalls ist geeignetes Personal durch den Lieferanten auszubilden, wobei letzterer Garantie für die Ausbildung zu übernehmen, ungeeignete Leute also auszuschalten hat. Vielfach werden geeignete Leute vom Lieferanten für die Beaufsichtigung übernommen (z. B. die Elektromonteure für die in den 90er Jahren des vorigen Jahrhunderts errichteten elektrischen Anlagen).

Für die Güte der Leistung ist auf eine bestimmte Zeit von dem Lieferanten Gewähr zu leisten (Garantiedauer).

γ) **Lieferzeit.** Die Festlegung einer genauen Lieferzeit ist wichtig, besonders wenn mehrere Firmen gleichzeitig liefern. Es ist dann in manchen Fällen eine genaue Verständigung über die einzelnen Lieferzeiten erforderlich, damit nicht der eine Lieferant bei der Montage auf den anderen warten muß. Die Überwachung und Bestimmung der Lieferfristen erfolgt am besten durch den Käufer, da er das größte Interesse an der rechtzeitigen Fertigstellung der Anlage hat. Jedoch kommt es darauf an, ob die Lieferanten selbständig nebeneinander stehen, oder ob der Auftrag einem Lieferanten geschlossen übertragen wurde und die anderen Lieferanten nur dessen Unterlieferanten sind. In solchen Fällen hat der Hauptlieferant ebenfalls ein großes Interesse an der rechtzeitigen Lieferung der Unterlieferanten.

Die Fristen der Fertigstellung sind zweckmäßig so zu bemessen, daß der Probebetrieb so frühzeitig durchgeführt werden kann, daß etwa dabei sich zeigende Mängel vor der eigentlichen Inbetriebnahme beseitigt werden können.

Für verspätete und auch für unsachgemäße Lieferung bzw. Fertigstellung werden vielfach **Konventionalstrafen** vorgesehen. Diesen steht mitunter eine **Sonderzahlung** für frühere Fertigstellung bzw. Überschreitung einer bestimmten Güte der Lieferung gegenüber.

δ) **Montage.** Der Lieferant hat sich zu sachgemäßer Montage zu verpflichten, so daß ein störungsfreier Betrieb der errichteten Anlage bzw. eine einwandfreie Sicherheit der Bauteile usw. gewährleistet wird. Die Montage darf keine Störung des bestehenden Betriebes herbeiführen. Die Überwachung und Nachprüfung der zur Montage bereitgestellten Fundamente, Anker usw. geschieht neben der selbstverständlichen Kontrolle des Auftraggebers durch den Lieferanten, der sie zur Montage der von ihm auszuführenden Anlageteile benutzt.

35*

Die Montagekosten sind entweder als Pauschalsumme oder nach Tagelöhnen usw. zu berechnen. Im letzteren Falle sind die Gehälter bzw. Löhne nebst Zuschlägen für die Montageingenieure, Monteure und Hilfsarbeiter zu vereinbaren. Bei Tagelohn sind Bestimmungen über Zeit und Art der Arbeit, ob Schichtlohn oder Akkord, über Bezahlung der Reisestunden usw. zu treffen. Die Unterkunft der Montageingenieure und Monteure ist zu vereinbaren. Bei der Gestellung von Hilfsarbeitern, Licht, Kraft, Wasser, Werkzeugen usw. durch den Käufer ist der Umfang dieser Verpflichtung genau zu umschreiben und klarzustellen, zu wessen Lasten dieselbe zu verrechnen ist, d. h. ob zu Lasten des Käufers oder zu Lasten der Pauschalsumme für die Montage.

Ferner ist Vereinbarung darüber zu treffen, ob Unfälle zu Lasten des Lieferanten oder des Käufers gehen. Hierdurch wird die Versicherungspflicht klargestellt.

Ferner werden meist noch Vereinbarungen getroffen über Schadenersatzleistungen bei Beschädigungen der Anlage, Diebstahl durch Personal des Lieferanten usw.

ε) **Fracht, Verpackung, Versicherung.** Es sind Abmachungen darüber zu treffen, zu wessen Lasten die Kosten für Fracht, Verpackung und Versicherung zu verrechnen sind. Bestimmungsort, Bahnstation und evtl. Anschlußgleis sind anzugeben. Bestimmungen sind zu treffen über die Art der Verpackung und über deren Preis sowie über die Vergütung bei Rücksendung des Verpackungsmaterials.

Hinsichtlich der Versicherung ist festzustellen, ob die Haftung bzw. Übernahme des Transportrisikos zu Lasten des Käufers oder Verkäufers gehen soll. Vielfach übernimmt der Lieferant das Risiko für seine Lieferung bis zur Abnahme der Anlage bzw. des Anlageteils (Probebetrieb). Hiernach richtet sich das Interesse des Käufers an der Art der Verpackung, der Transportversicherung usw.

Ferner ist anzugeben, welche Zeichnungen zu liefern sind. Eigentumsrechte irgendwelcher Art für Bauzeichnungen zugunsten des Lieferanten schließt der Käufer im Interesse späterer Bauausführungen (Änderungen, Erweiterungen usw.) grundsätzlich aus.

ζ) **Preisbemessung.** Der Preis kann nach Gewicht, nach Abmessungen, nach Stückzahl usw. erfolgen.

Bei der Zahlung nach dem Gewicht ist das Höchstgewicht festzusetzen, evtl. mit der Maßgabe, daß Überschreitungen des Gewichtes nur bis zu einem gewissen Prozentsatze, der vorher vereinbart wurde, bezahlt werden.

Bei Unterschreitung des Gewichtes ist gegebenenfalls (z. B. bei Eisenkonstruktionen) der Nachweis der Sicherheit zu verlangen.

Ebenso sind die Gewichte der Einzelteile, z. B. der Maschinen, der Eisenkonstruktionen usw. mit ihren verschiedenen Preissätzen zu vereinbaren.

Bei Materiallieferungen können auch die für das betreffende Material in Frage kommenden Eigenschaften zur Preisfestsetzung herangezogen werden. So werden Kohlen nach Gewicht unter Berücksichtigung des Heizwertes, des Aschengehaltes usw. bezahlt.

Die Güte der Lieferung ist also stets ein wichtiger Faktor der Preisfestsetzung. Die Abmachungen über die Güte (Punkt β) werden deshalb häufig als Grundlagen der Preisbemessung benutzt.

In manchen Fällen werden die Preise für Material und Montage nicht nach den obigen Grundsätzen, sondern auf Grund der nachgewiesenen Selbstkosten, zuzüglich eines vereinbarten prozentualen Aufschlags bezahlt (Kolonialvertrag-Selbstkosten $+ x\%$). Hierbei ist zu beachten, daß die Selbstkosten je nach dem Grade der Verarbeitung in sehr verschiedenem Verhältnis zum Materialrohpreis stehen. In einer Maschinenfabrik rechnete man überschlägig für Eisenkonstruktionen das Verhältnis:

$$\frac{\text{Materialpreis}}{\text{Unkosten}} \sim \frac{70}{30} \quad \text{und für Maschinen:} \quad \frac{\text{Materialpreis}}{\text{Unkosten}} \sim \frac{57}{43}.$$

η) **Zahlung.** Die Zahlung kann in sehr verschiedener Weise vereinbart werden. Gebräuchliche Zahlungsvereinbarungen sind die folgenden:

a) Die Zahlung erfolgt nach fertiger Ablieferung bzw. Übernahme der Anlage binnen einer vereinbarten Zeit mit dem Rechte des Käufers, ein bestimmtes Skonto abzuziehen. Auch Ratenzahlungen mit Skonto sind üblich, wobei natürlich auch für die Raten bestimmte Termine vereinbart werden.

b) Es wird eine Vorschußzahlung vor Beginn der Lieferung bzw. Fertigstellung derselben verlangt. Die Vorschußzahlung kann, abgesehen von der Verpflichtung des Lieferanten zur Lieferung, vorbehaltlos erfolgen, oder die Summe wird als Sicherheit bei einer Bank usw. bis zur beiderseitigen Erfüllung des Vertrages hinterlegt.

Die Vorschußsumme kann in vereinbarten Sätzen mit dem Fortschritt der Arbeit ergänzt bzw. erhöht werden. Termin und Höhe der einzelnen Raten müssen festgelegt werden. Insbesondere ist Bestimmung darüber zu treffen, ob die Zahlungstermine von bestimmten Zeitabschnitten oder vom Stand der Arbeiten abhängig gemacht werden sollen.

Die Vorschußzahlungen haben den Zweck, namentlich bei großen Objekten dem Lieferanten die Ausführung der Arbeiten zu ermöglichen, ohne Bankgelder in Anspruch nehmen zu müssen, da die hohen Bankzinsen sonst in den Preis einkalkuliert und vom Käufer getragen werden müßten. Die Regelung der Vorschußzahlung erfolgt daher vielfach unter dem Gesichtspunkte der billigsten Geldbeschaffung.

Wichtig ist es auf alle Fälle, die Restzahlung so zu bemessen, daß sie als Hauptzahlung wirkt, so daß dem Käufer bis zum Schluß ein genügendes Unterpfand zur Sicherung seiner Rechte bleibt. Die Restzahlung ist erst nach erfolgter Abnahme der Anlage fällig und kann in einer Zahlung oder in Raten erledigt werden. Vereinbarungen über Skonto können auch bei der Vorschuß- und Restzahlung getroffen werden.

c) Vielfach werden Anzahlungen vereinbart, deren Betrag vergleichsweise meist gering ist. Diese Anzahlung hat meist den Charakter einer Sicherheitszahlung, die dem Lieferanten als Konventionalstrafe verfällt, wenn der Käufer ohne triftigen, für den Vertrag gültigen Grund vom Kauf zurücktritt.

ϑ) **Gerichtsstand.** Der Gerichtsstand muß im Vertrage festgelegt werden. Entweder gilt der Ort des Käufers, des Verkäufers oder ein neutraler Ort als Gerichtsstand. Wichtig ist die Wahl des Gerichtsstandes z. B. mit Rücksicht auf den am betreffenden Gericht zugelassenen Rechtsanwalt besonders dann, wenn die eine oder andere Partei in der Regel mit einem bestimmten Rechtsanwalt arbeitet, der besonders sachkundig ist. Bei Lieferungen ins Ausland wird oft ein Gerichtsstand in einem neutralen Staat vereinbart, um eine für beide Teile neutrale Rechtspflege zu sichern. Für diesen Fall müssen beide Teile entsprechende Sicherungssummen bei diesem Gericht hinterlegen, wenn ein etwaiger Rechtsstreit Sinn haben soll.

Je nach der Art des Auftrages bzw. der Art der Lieferung kann es sich um Sachlieferungen oder um Werkverträge handeln.

Sachlieferungen kommen in Betracht beim Kauf fertiger Waren und Warengattungen, wie typisierter Maschinen, Grubenholz, Materialien aller Art, insbesondere wenn sie Normalien entsprechen und als Massen- oder Serienartikel hergestellt werden. Auch Grundstücke, Häuser usw. können zur Sachlieferung dienen.

Der Verkäufer haftet dafür, daß die Sache die zu erwartenden (handelsüblichen) oder besonders zugesicherten Eigenschaften hat. Die Haftung tritt nach deutschem Recht nicht ein, wenn der Käufer den Mangel beim Abschluß des Kaufvertrages gekannt hat bzw. erkennen mußte. Hatte der Verkäufer den Mangel gekannt, ihn jedoch — arglistig — verschwiegen, so tritt die Haftung auf alle Fälle ein. Der Verkäufer muß nicht nur die von ihm gekannten Fehler, sondern auch seine Zweifel an der Fehlerlosigkeit der Kaufsache dem Käufer mitteilen. Die Vorschriften gelten nicht bei öffentlicher Versteigerung.

Die Haftung des Verkäufers für Mängel der Sache bestehen in dem Recht des Käufers auf Wandelung = Rückgängigmachung des Kaufes oder auf Minderung = entsprechende Herabsetzung des Kaufpreises. Andere Rechte, insbesondere ein Recht auf Schadenersatz bestehen nicht (BGB. 459 bis 493).

Ein Werkvertrag kommt zustande, wenn nicht eine fertige Ware ab Lager gekauft wird, sondern die Herstellung eines Gegenstandes, einer Anlage usw. in Auftrag gegeben wird. Dem Besteller tritt der Lieferant gegenüber, der im Bürgerlichen Gesetzbuch auch „Unternehmer" genannt wird. Für den Werkvertrag ist es wesentlich, daß der Besteller dem Unternehmer eine Vergütung für die Ausführung des Auftrages zu zahlen hat, gleichgültig, ob eine solche ausdrücklich vereinbart ist oder nach den Umständen selbstverständlich bzw. zu erwarten ist.

Bei fehlerhafter oder nicht rechtzeitiger Lieferung kann der Käufer Beseitigung des Mangels unter Gewährung einer angemessenen Frist verlangen. Ist die Beseitigung des Mangels unmöglich oder verweigert der Unternehmer die Beseitigung, so kann der Besteller entweder Wandelung (Rückgängigmachung) oder Minderung des Preises verlangen. Endlich kann er unter Zurückweisung des Werkes Schadenersatz wegen Nichterfüllung des Vertrages seitens des Unternehmers verlangen, wenn der Mangel auf einem Umstande beruht, den der Unternehmer zu vertreten hat, insbesondere also durch den Unternehmer selbst oder seine Leute verschuldet ist (BGB. 615 und 631 bis 651).

Unter Umständen kann der Besteller, wenn der Unternehmer den Mangel des Werkes nicht sofort beseitigt, auch ohne vorherige Fristbestimmung die ihm wahlweise zustehenden Ansprüche auf Wandelung oder Minderung ausüben, wenn die sofortige Geltendmachung dieser Rechte durch ein besonderes Interesse des Bestellers gerechtfertigt wird.

Auf alle Fälle sind hiernach die je nach dem in Frage kommenden Recht geltenden Kauf- und Vertragsgrundlagen sorgfältig zu prüfen und zu beachten.

d) Normung, Typisierung, Spezialisierung.

1. Wesen und Einteilung.

Die Anordnung und Ausführung der Betriebsanlagen soll einen übersichtlichen, leistungsfähigen und billigen Betrieb gewährleisten. Hierzu dienen u. a. alle Vorkehrungen, die eine Vereinheitlichung und Vereinfachung der Betriebsmittel herbeiführen können, wie z. B. die Maßnahmen der Normalisierung bzw. Typisierung, d. h. die Beschränkung der Ausführungsformen von Maschinenteilen, Geräten, Betriebsmaterialien und Betriebsmitteln (Normalisierung) bzw. von Maschinengattungen (Typisierung). Durch Spezialisierung, auch die des Verbrauches, z. B. durch planmäßige Verteilung bestimmter Normalien oder Typen an bestimmte Industriezweige, Werke und hier evtl. an bestimmte Werksabteilungen können ebenfalls wesentliche Verbilligungen der Anlagen und des Betriebes erzielt werden. Infolgedessen gewinnen diese Bestrebungen immer mehr an Bedeutung.

Der Weg der Spezialisierung wird vielfach für die einzelnen Betriebe älterer Werksanlagen geboten sein, die über Maschinen und Materialien verschiedenartiger Typen verfügen und eine allmähliche Vereinheitlichung derselben durchführen wollen, indem jeder Einzelbetrieb nur Maschinen und Materialien eines bestimmten Types bzw. nach einer bestimmten Norm erhält, während die anderen Typen usw. den anderen Einzelbetrieben zugeteilt werden, bis sie dort verbraucht sind.

Man unterscheidet in der industriellen Normung:

1. **Grundnormen**, z. B. Spannung des elektrischen Stromes, Gewindetabellen usw.

2. **Konstruktionsnormen**, z. B. Zeichnungsnormen, Kurventabellen, Werkstattabellen usw.

3. **Teilnormen**, d. h. Normen von Teilen, bei denen nur die Hauptanschlußmaße angegeben werden, um der Eigenart der Firmen im Bau der Teile nicht vorzugreifen, z. B. Teile von Transmissionen, Nabenbohrungen von Wagenrädern usw. (Anschlußnormen).

4. **Vollnormen**, d. h. Normen von Teilen, bei denen in bezug auf Abmessungen, Toleranzen und Werkstoffe so eindeutige Angaben gemacht werden, daß sie als Marktware gelten, z. B. Schrauben, Muttern, Werkzeug, Isolatoren usw.

5. **Materialnormen**, d. h. übereinstimmende Festlegung der Eigenschaften des Materials, welches zur Herstellung der zu normierenden Gegenstände verwendet werden soll.

6. **Normierung der Herstellungsverfahren**: Eine solche kann in Frage kommen, wenn dadurch die Güte des Erzeugnisses in bestimmter Weise beeinflußt wird, z. B. gestanzte oder gebohrte Nietlöcher.

Die Normung der Abmessungen von Maschinenteilen setzt naturgemäß Normen für die Beurteilung der zu verlangenden Genauigkeit voraus, welche z. B. in den Normen des V. d. I. durch die Dinpassungen[1] festgelegt sind. Man unterscheidet hier:

1. nach dem **Gütegrade**:
Edelpassung $= e$, Feinpassung $= f$, Schlichtpassung $= s$, Grobpassung $= g$,
2. nach der **Art der Einpassung**:
a) Festsitze: Preßsitz $= P$, Festsitz $= F$, Treibsitz $= T$, Haftsitz $= H$, Schiebesitz $= S$;
b) Gleitsitze: Gleitsitz $= G$, enger Laufsitz $= EL$, Laufsitz $= L$, leichter Laufsitz $= LL$, weiter Laufsitz $= WL$.

Die Kurzzeichen der Einpassung werden für die Sitze der Edel- und Schlichtpassung usw. durch Voransetzung der Kurzzeichen für den Gütegrad ergänzt. Als einheitlicher Maßstab für Toleranzen und Spiele wurde (für Rundkörper) die „Paßeinheit" PE gewählt, wobei 1 $PE = 0{,}005 \sqrt[3]{D}$ ist (D und PE in m/m).

Die **Edelpassung** kommt nur für Festsitze, die **Feinpassung** für alle Sitze in Frage. Die **Schlichtpassung** gilt nur für Gleitsitze, die noch eine erhebliche Genauigkeit, aber nicht die der Feinpassung verlangen. Die **Grobpassung** gilt ebenfalls nur für Gleitsitze, jedoch solcher Paßteile, die ein erhebliches Spiel zulassen oder große Herstellungstoleranzen erfordern oder zur Vermeidung des Festrostens usw. sehr lockere Sitze bedingen.

Die **Toleranz** ist der Unterschied zwischen dem zulässigen Größt- und Kleinstmaß, die beide auf ein Nennmaß bezogen werden, wobei der Unterschied

---

[1] Gramenz, R.: Die Dinpassung und ihre Anwendung. Berlin: Beuth-Verlag 1925.

zwischen Größtmaß und Nennmaß als oberes Abmaß und der Unterschied zwischen Kleinstmaß und Nennmaß als unteres Abmaß bezeichnet wird. Bei der Passung von Welle und Lager ergibt sich darnach die Festsetzung eines oberen Abmaßes für die Welle und eines unteren Abmaßes für das Lager.

Die Materialnormierung setzt natürlich auch eine Normierung der Materialprüfung voraus, damit einheitliche Voraussetzungen für die an das Material zu stellenden Ansprüche geschaffen werden. Für den Bergbau kommen neben den Baustoffen für Kessel-, Maschinen- und Eisenbauten namentlich auch Mauermaterialien sowie Eisen und Holz für den Grubenausbau, sowie die Materialien für Gezähe usw. in Betracht. Die im einzelnen Fall anzuwendenden Normen müssen den Betriebsanforderungen entsprechen. Bei Wasserabschlußarbeiten, Zementbauten in druckhaftem Gebirge usw. müssen Spezialzemente verwendet werden, deren Eigenschaften weitgehenden Ansprüchen (schnelles Abbinden, hohe Festigkeit) in bezug auf Normung entsprechen müssen. Ebenso muß auch die Beständigkeit des Materials bei der Aufstellung der Normen vielfach beachtet werden.

Die Normierung der Herstellungsverfahren soll in vielen Fällen die Betriebssicherheit der Anlagen erhöhen. Bekanntlich erleiden Kesselbleche an den Rändern durch Scheranschnitte infolge der hiermit verbundenen Formänderung (Gleitflächen) eine erhebliche Materialschwächung. Besser ist hier das Autogenschneidverfahren, welches nur Wärmespannungen mit geringem Wirkungsbereich verursacht. Ebenso erzeugt die hydraulische Nietung bei Drücken von mehr als 8000 kg/cm² leicht Quetschgleitflächen in den Nietlochrändern, die dann der Korrosion leichter zugänglich werden. Durch eine zweckmäßige Herstellungsnormung kann je nach Lage des Falles ein bestimmtes Verfahren entweder vorgeschrieben oder ausgeschlossen werden.

Die Normalisierung der Geräte und Gezähe legt naturgemäß auch die Normalisierung der Arbeitsverfahren und der Arbeitsorganisation nahe. In der Maschinenindustrie haben diese Bestrebungen schon erhebliche Verbreitung gefunden und beachtliche Erfolge erzielt. Im Bergbau liegen die Verhältnisse schwieriger, da die Normalisierung nur für bestimmte, d. h. gleichartige Betriebsverhältnisse durchführbar ist, und die verschiedenartigen Lagerungsverhältnisse hier störend wirken. Immerhin gibt es auch im Bergbau schon Ansätze zu einer Normalisierung der Arbeitsverfahren. Das gilt z. B. für den Schüttelrutschenabbau und für den systematischen Grubenausbau, der anfangs nur der bergpolizeilich geforderten Erhöhung der Betriebssicherheit dienen sollte.

2. Die Vorteile der Normung.

Der durch die Normung und Typisierung erzielbare Nutzen ist sowohl für den einzelnen Betrieb als auch für die Allgemeinheit außerordentlich groß. Die wichtigeren Vorteile sind:

1. Die normierten Gebrauchs- und Verschleißmaterialien kann man, da sie überall in gleicher Ausführung und Beschaffenheit angefordert und verwendet werden, als Massenartikel herstellen. Ihre Erzeugung wird daher in besonderen Spezialfabriken der Regel nach billiger und besser möglich sein als die Selbstherstellung.

2. Diese Massenerzeugung ermöglicht trotz billigerer Preise der Fertigware vielfach die Verwendung besserer, teurerer Rohstoffe, also auch eine bessere Qualität der Erzeugnisse.

3. Die Normung ermöglicht eine Austauschbarkeit der Erzeugnisse verschiedener Herkunft und die Aufstellung einheitlicher Leistungs- und Prüfungsnormen. Infolgedessen ist die Prüfung der •Wareneingänge nach Normen

verhältnismäßig einfach und beugt etwaigen Streitereien und Mißverständnissen vor.

4. Durch die Normung wird die Zahl der Ausführungsformen für Gebrauchs- und Verschleißmaterialien herabgesetzt und die Beschaffenheit der zu verwendenden Stoffe vorgeschrieben. Dadurch kann die Lagerhaltung bedeutend verkleinert und vereinfacht und die Ersatzbeschaffung — zugleich im Hinblick auf Punkt 1 — beschleunigt werden. Infolgedessen wird auch die mittlere Lagerfrist[1] verkürzt. Es wird also das Lagerkapital vermindert und schneller umgesetzt.

5. In den technischen Büros wird die Konstruktionsarbeit erleichtert, da in Zeichnungen von Maschinen und Maschinenteilen häufig nur Hauptanschlußteile anzugeben sind.

6. Die Kalkulation wird einfacher, da die einmal erhaltenen Preisnormen sich leicht den Kostenschwankungen für Material und Lohn anpassen lassen.

7. Die Montage der Maschinen und sonstigen Betriebsanlagen wird vereinfacht.

8. Im Betriebe lassen sich unbrauchbar gewordene Maschinenteile ohne große Nacharbeit leicht und schnell ersetzen, wodurch der Betrieb leistungsfähiger und sicherer und die Aufsicht einfacher wird.

9. In der allgemeinen kaufmännischen Verwaltung ergeben sich Vereinfachungen durch Verwendung präzis festgelegter Begriffe und Bezeichnungen für die Fabrikate. Durch Formularnormung kommt größere Ordnung und Übersichtlichkeit in die Schriftführung.

10. Dem Einkauf bietet die Normierung eine Handhabe, um vom Lieferanten Gegenstände von bestimmter Ausführung und Qualität des Materials zu erhalten.

11. Bei der Normung von Maschinenteilen, Werkzeugen usw. kann man durch entsprechende Beachtung der Erfahrungen auf dem Gebiete der Unfallverhütung die allgemeinen Betriebsgefahren wesentlich herabsetzen. An sich bewirkt die Normung schon dadurch eine Verminderung der Betriebsgefahren, daß die versehentliche Verwendung nicht genau passender, aber ähnlicher Maschinenteile vermieden wird, indem solche Teile durch die Normung vollkommen gleichmäßig ausgebildet werden.

e) Die Überwachung des Materialverbrauches im Bergwerksbetriebe.

1. Der Unterschied der Materialwirtschaft in Maschinenfabriken und im Bergwerksbetriebe.

Der grundlegende Unterschied der Materialwirtschaft und Lagerhaltung einer Maschinenfabrik gegenüber einem Bergwerksbetriebe wird dadurch bedingt, daß für den Fabrikbetrieb in erster Linie der Bedarf an Rohstoffmaterialien für die Erzeugung seiner Produkte maßgebend ist, während der Bergwerksbetrieb lediglich durch die für die Durchführung des Betriebes und Instandhaltung bzw. Instandsetzung der Betriebseinrichtungen erforderlichen Materialien und Hilfsstoffe beeinflußt wird.

Da im Fabrikationsbetriebe wegen der Normalisierung und Typisierung der Erzeugnisse, insbesondere im Hinblick auf den Herstellungspreis, vergleichsweise selten ein Wechsel der Rohstoffmaterialarten erwünscht ist, so ist die Vorratsstatistik hier im allgemeinen der wichtigste Teil der Materialüberwachung. Auch bei stärkerem Wechsel in der Art der zu erzeugenden Produkte wird den

---

[1] Kwiecinsky: Ermittlung der mittleren Lagerfrist. Techn. Wirtsch. 1925, H. 11, S. 13.

Konstrukteuren nahegelegt, soweit als möglich mit den vorhandenen normalen Konstruktionseinzelteilen (Schrauben, Bolzen, Nieten, Profileisen) auszukommen, um die Lager möglichst knapp halten zu können. Das schließt natürlich einen Wechsel in der Materialart bei der Anfertigung neuer Serien und daneben auch einen Wechsel in den Konstruktionsteilen bei der Anfertigung neuer Typen nicht aus, schon im Hinblick auf etwaige Konkurrenz.

Im Bergbau kommt ähnlich wie bei großen Reparaturwerkstätten (z. B. den Zentralwerkstätten der Eisenbahnen) in erster Linie der gesamte Kostenaufwand für Reparatur und Ersatzteile unter besonderer Berücksichtigung der Rückwirkung der Reparaturbedürftigkeit des betreffenden Teiles auf die gesamten Betriebskosten in Frage. Wird z. B. eine Abbaulokomotive im Betriebe reparaturbedürftig, so wird der Betrieb tatsächlich nicht nur mit den Reparaturkosten belastet, sondern auch mit den Kosten, die durch die Betriebsstörung sowie durch den Ab- und Antransport der Lokomotive erwachsen. Es tritt daher hier neben der die Lagerhaltung überwachenden Vorratsstatistik die Statistik der Gebrauchsdauer und dadurch die Gütestatistik der Materialien bzw. Ersatzteile, sowie die Statistik der ausgeführten Reparaturen zum Schutz gegen schlechte Ausführung derselben stark in den Vordergrund des Interesses. Mit der zunehmenden Mechanisierung des Bergbaues ist die Größe und Art des Bedarfes an Gezähe, Kleinmaschinen (Bohrhämmer, Schrämmaschinen, Haspel, Abbaufördereinrichtungen, Versatzmaschinen), in Tagebauen auch von Großmaschinen (Bagger, Absetzer, Gleisrückmaschinen) sowie allgemein an Lokomotiven, Fördereinrichtungen und sonstigen maschinellen Betriebseinrichtungen aller Art von wachsender Bedeutung. Mit der Überwachung der Reparaturen dieser Einrichtungen und Geräte muß daher auch die Überwachung der Instandhaltung parallel gehen, um die Reparaturbedürftigkeit möglichst niedrig zu halten. Die Kennziffern der für Reparatur und Instandhaltung aufzuwendenden Arbeiten, Materialien und Zeiten (einschließlich der Zeit für Abfuhr vom und Anfuhr zum Betrieb) und den gegebenenfalls damit verbundenen Betriebsunterbrechungen geben unter Berücksichtigung der sonstigen Betriebskosten einen guten Vergleich für die Sicherheit und Brauchbarkeit der Einrichtungen. Hiernach ergibt sich für die Materialüberwachung die Notwendigkeit der Verbrauchskontrolle sowie der Kontrolle der Instandhaltung und Instandsetzung. Im Steinkohlenbergbau sowie in anderen unterirdischen Bergwerksbetrieben mit druckhaftem Gebirge ist unter den Verbrauchsmaterialien vor allem der Bedarf an Grubenholz wichtig. Er wird deshalb in den meisten Fällen besonders überwacht.

2. Der Aufgabenkreis der Materialüberwachung.

Die Materialüberwachung hat darnach die folgenden Aufgaben zu erfüllen:

α) Die Lager- und Verbrauchskontrolle soll

a) einen Überblick über den laufenden Bedarf und über die tatsächlich vorhandenen und notwendigen (Mindest-) Vorräte an Materialien, Ersatzteilen, Kleinmaschinen, Geräten, Gezähen usw. geben.

b) Durch diese Kontrolle soll der erforderliche Ersatz rechtzeitig und in angemessener Höhe und Güte bestellt werden.

c) Durch die Kontrolle soll die Beschaffung unnötiger Profile und Formen von Stab- und Kleineisen, Gezähen, Geräten usw. vermieden werden und der Verbraucher dazu erzogen werden, mit möglichst wenigen, allgemein gängigen Normalausführungen auszukommen, um das Lager möglichst klein halten zu können und die Ersatzbeschaffung zu beschleunigen und zu verbilligen.

d) Die Kontrolle soll einen raschen Austausch zwischen den einzelnen Konzernwerken und dort zwischen den einzelnen Bedarfsstellen bzw. den hiermit zusammenhängenden Zentral-, Haupt- und Nebenmagazinen ermöglichen, was insbesondere für größere Ersatzteile, Kleinmaschinen und Geräte öfter von erheblicher Bedeutung ist.

e) Die Verbrauchskontrolle soll die Betriebe bzw. die als Verbraucher in den Betrieben auftretenden Angestellten und Arbeiter zur fürsorglichen Verwendung und Verwahrung der Materialien (Materialverantwortlichkeit) erziehen, wobei die Materialien stets in guter Beschaffenheit und genügender Menge zur Verfügung gestellt werden sollen.

f) Die Verbrauchskontrolle soll nachprüfen, gegebenenfalls unter Heranziehung besonderer Versuchsabteilungen oder Versuchslaboratorien, ob die Materialien in der angeforderten Menge nötig sind, ob die Verbrauchszeit in bezug auf die nach Sachlage des Betriebes zu erwartende Abnutzung angemessen ist, ob durch Verwendung anderer Stoffe (z. B. Stahlsorten), anderer Konstruktionen usw. eine Herabsetzung der Material- und Reparaturkosten und Verminderung der Betriebsstörungen zu erzielen ist, und ob die angelieferten Materialien den vereinbarten Lieferbedingungen in bezug auf Güte usw. entsprechen.

β) Die Überwachung der Instandhaltung und Instandsetzung hat die Aufgabe, Ersparnisse herbeizuführen:

a) durch Hinwirken auf die richtige Behandlung und Verwendung der Einrichtungen, Geräte usw. im Betriebe. Gegebenenfalls sind geeignete Behandlungsvorschriften auf Grund eingehender Untersuchungen vorzusehen. Der Zustand der Einrichtungen ist dauernd zu überwachen;

b) durch Hinwirken auf die rechtzeitige Ausbesserung kleinerer Schäden sogleich im Betriebe;

c) durch richtige Auswahl geeigneter Werkstoffe, Materialien, Geräte, Maschinen usw;

d) durch Feststellung des für die einzelnen Reparaturen notwendigen Materials, um auch der Materialverschwendung in der Werkstatt vorzubeugen;

e) durch Angabe über zweckmäßige Verwertung des Altmaterials;

f) ferner ist festzustellen, ob neben den Betriebswerkstätten eine Zentralwerkstätte zweckmäßig ist, und welche Reparaturen in den einzelnen Werkstätten auszuführen sind.

g) Die Belastung und Leistung der einzelnen Werkstätten, sowie die Güte der hier geleisteten Arbeit ist dauernd zu überwachen.

γ) Aus der Verbrauchskontrolle und insbesondere aus der Kontrolle der Instandhaltung und Instandsetzung läßt sich eine wertvolle Ergänzung der Betriebsstatistik insofern gewinnen, als hierdurch

a) die Kosten der Reparaturen als solche und damit die Instandhaltungsbzw. Instandsetzungskosten für alle wichtigen Apparate und Maschinen ausgewiesen werden, und ebenso

b) der für den Betrieb der einzelnen Abteilungen erforderliche Aufwand an Material, Reparaturen, sowie an Geräten, Kleinmaschinen usw. festgestellt wird.

δ) Hierzu muß eine zweckmäßig organisierte Überwachung mit Führung entsprechender Konten, Listen bzw. Kartotheken vorgesehen werden.

a) Die Lager- und Verbrauchskontrolle. Zu a). Die Betriebsbeamten sind häufig geneigt, starke Materialreserven vorrätig zu halten, und geben daher oft mehr in ihren Bestellungen an, als sie unter ordnungsmäßiger Berücksichtigung des Verbrauches und der Abnutzung nötig haben. Es ist daher von größter Wichtigkeit, den tatsächlichen Bedarf an Materialien, Geräten usw. festzustellen. Auf den holländischen Staatsgruben[1] in Limburg wird der voraussichtliche Be-

---

[1] Van Nes, C. L, u. Ch. Th. Groothoff: Over de invoering van gedetailleerde bedriefsplannen op de Staatsmijnen. S. auch Wesemann: a. a. O.

darf an Betriebsmaterialien an Hand der Betriebspläne ermittelt. Die hierdurch ermöglichte Gesamtbestellung der Materialien für ein ganzes Jahr vereinfacht den Geschäftsgang in der Einkaufsabteilung wesentlich. Solche Materialwirtschaftspläne[1] lassen sich bei Neuanlagen nur schätzungsweise auf Grund der an anderer Stelle gemachten Erfahrungen aufstellen. Im Betriebe dienen sodann die Verbrauchsstatistiken und die Beobachtungs- und Untersuchungsergebnisse der Betriebsüberwachungsstellen zur klaren Feststellung des Bedarfs. Die Verbrauchsstatistik weist die Unregelmäßigkeiten des Verbrauches sowie die Abweichungen von der sonst normalen Verbrauchshöhe nach und lenkt so die Überwachung auf die Ergründung der Ursachen mit dem Ziele, Mittel zur Beseitigung etwaiger Mängel zu finden und für die Verbreitung gefundener Verbesserungen zu sorgen. Zu diesem Zweck müssen die Statistiken einfach und übersichtlich sein. Besonders gut bewährt haben sich die Kartotheken. Die tägliche Nachtragung und Abrechnung derselben ermöglicht jederzeit den sofortigen Überblick über die Zu- und Abgangsbewegung der einzelnen Materialien bis zum Stande des Vortages auch für die Nebenlager (Reviermagazin usw.), ohne mehr Arbeit zu erfordern als die monatlich nachzutragenden Kartotheken. Der Nutzen der Statistik wächst mit der Schnelligkeit ihrer Nachtragung. Der Materialverwalter hat stets Klarheit über Vorrat und Bedarf und die Betriebsleitung kann sich sofort orientieren.

Ein sehr wertvolles Hilfsmittel zur Aufstellung der Materialwirtschaftspläne ist der Ausrüstungsplan, den man zweckmäßig mit dem Betriebsplan verbindet. Der Ausrüstungsplan eines Steigerrevieres würde u. a. anzugeben haben, welche Streckenlängen (Querschläge, Richtstrecken, Sohlenstrecken, Abbaustrecken, Bremsberge usw.) aufzufahren sind, welche Gleislängen infolgedessen in Frage kommen. Ebenso sind die erforderlichen Haspel, Gewinnungsmaschinen einschließlich Bohrhämmer und Abbauhämmer, die Abbaufördereinrichtungen, die Ent- und Beladeeinrichtungen, Versatzmaschinen usw., sowie die zur Kraftzufuhr und Wasserversorgung erforderlichen Kabel- und Rohrleitungen festzustellen. Unter Berücksichtigung der zu verlangenden Leistung gewinnt man dadurch schon sehr gute Grundlagen zur Vorausschätzung des zu erwartenden Bedarfs an Materialien, Ersatzteilen usw. Die Nachprüfung des Bedarfes an Schienen, Wetterlutten, Rohren usw. läßt sich nach Roelen[2] auf Grund der monatlichen Aufstellungen über die Längenunterschiede zwischen den aufgefahrenen und abgeworfenen Strecken (einschließlich Bremsbergen usw.) durchführen.

Der gemäß Ausbaubuch vorgesehene systematische Ausbau ermöglicht die Berechnung des Grubenholzbedarfes der Abbaue und sonstigen Grubenbaue mit Ausnahme des nunmehr noch allein zu schätzenden Bedarfes für Reparaturbauten unter Beachtung der Rückgewinnung.

Je nach den Schwankungen des Betriebes wird der Bedarf an Materialien und Ersatzteilen, beim Steinkohlenbergbau auch an Kleinmaschinen, aller Art stark schwanken. Die dadurch entstehenden Schwankungen der spezifischen Verbrauchszahlen müssen entsprechend bewertet werden. Wenn sich die Schwankungen periodisch wiederholen, so werden zweckmäßig die den Perioden entsprechenden Monate miteinander verglichen.

Der Mindestbestand im Lager ist so festzulegen, daß ein im Interesse der Betriebssicherheit bei normalem Betriebsverlauf als notwendig anzusehender Bestand bis zur Neulieferung vorhanden ist. Die kürzeren oder längeren Liefer-

---

[1] In diesem Zusammenhange fallen unter „Materialien" auch Betriebsstoffe, Ersatzteile, Kleinmaschinen usw.

[2] Roelen: Die planmäßige Erfassung und Auswertung der Betriebsvorgänge im Steinkohlenbergbau. Dissertation Aachen 1922.

zeiten sind also neben der Größe des laufenden Bedarfes für die Bestimmung des Mindestbestandes maßgebend. Da normalisierte und typisierte Gegenstände in der Regel aus den Lagervorräten der Lieferfirmen sofort zu haben sind, so folgt allein hieraus schon ein erheblicher Nutzen aus der Verwendung solcher Gegenstände. Die Mindestbestände sind daher am besten von einem Techniker zu bestimmen, der nicht nur die eigenen Betriebsverhältnisse richtig beurteilen kann, sondern auch die wirklichen Lieferzeiten der in Frage kommenden Firmen kennt. Es ist zweckmäßig, bei den Materialien und Ersatzteilen, die nicht vom Fabrik- oder Händlerlager sofort lieferbar sind, die erfahrungsgemäßen Lieferzeiten auf dem Kartothekzettel anzugeben. Für den Bergbau kommt die sachgemäße Beurteilung der Betriebsverhältnisse um so mehr in Frage, als die durch den Wechsel der Gebirgs- und Abbauverhältnisse bewirkte typische Unsicherheit in der Beurteilung des voraussichtlichen Betriebsverlaufes ohnehin eine höhere Bemessung des Mindestbestandes tunlich erscheinen läßt.

Um den Bestand an Materialien aller Art nicht allzu groß werden zu lassen, werden die Nebenmagazine, wie z. B. die Reviermagazine, möglichst klein gehalten. Ihre Ergänzung erfolgt deshalb zwei- oder dreimal im Monat. Es ist zweckmäßig, die Bestandauffüllung der Reviermagazine in regelmäßiger Wiederkehr nach einem bestimmten Plane erfolgen zu lassen[1]. Auch hier ist es zweckmäßig, den jeweiligen Bestand durch eine täglich nachzuführende Liste oder besser Kartothek festzustellen. Durch graphische Darstellungen kann der Überblick wesentlich erleichtert werden. Neben der später noch zu besprechenden Erziehung zur Materialverantwortlichkeit gewinnt man dadurch die besten Unterlagen über den tatsächlichen Revierbedarf und damit über die für das Revier bereit zu haltenden Mengen.

Die genaue, täglich nachzuholende Bestandsfeststellung hat neben den bereits erwähnten Vorteilen noch den Vorteil, Diebstahl oder Unterschlagung schnell feststellen zu können. Um die Untersuchungen nach dem Verbleib und Verbrauch zu erleichtern, werden die einzelnen Stücke durch Einschlagen, Einbrennen, Aufmalen einer Zahl, am besten einer fortlaufenden Kartotheknummer, bei Gezähen der Kontrollnummer des betreffenden Arbeiters, bei Grubenholz der Reviernummer usw. bezeichnet. Auch elektrisches Einbrennen der Erkennungszeichen, wobei eine Gefügeänderung des Eisens, Stahles bzw. andersartigen Metalles an der betreffenden Stelle erzeugt wird, kann man zur Kenntlichmachung von Gebrauchsgegenständen anwenden. Durch nachträgliches Ätzen kommt das Zeichen wieder zum Vorschein, wenn es auch infolge von Verschleiß unsichtbar geworden war. Die Größen der Grubenstempel usw. werden durch bestimmte Farbringe (Ölfarben) gekennzeichnet. Diese Maßnahmen dienen nicht nur zur Bekämpfung von Veruntreuungen, sie ermöglichen auch am besten die Aufdeckung von Materialverschwendung aller Art.

Zu b). Über die Höhe der zu haltenden Lagerbestände werden die Betriebsbeamten und die kaufmännische Leitung stets verschiedener Meinung sein, solange der Bedarf nicht durch eine zweckmäßige Statistik und Betriebsüberwachung einwandfrei festgestellt ist. Während der Betriebsbeamte gefühlsmäßig möglichst starke Reserven halten will, um den Betrieb zu sichern, wird der Kaufmann aus Ersparnisrücksichten möglichst niedrige Lagerbestände vorschlagen. In dieser Hinsicht ist die gut geführte Statistik ein wertvoller, objektiver Maßstab für den Umfang und den Zeitpunkt der Bestellung. Da namentlich größere Bestellungen in der Regel der Genehmigung des Vorstandes unterliegen, er also die Verantwortung für die Ausgaben zu übernehmen hat, so bedarf er eines lau-

---

[1] Wesemann: a. a. O.

fenden Verbrauchsnachweises, wenn er die Notwendigkeit der Anforderungen verantwortlich beurteilen will. Eine zu hohe Materialbestellung belastet das Ausgabenkonto, eine zu geringe Bestellung kann den Betrieb schwer gefährden. Es ist daher zur Vereinfachung der Übersicht zweckmäßig, auf den Kartothekzetteln den Mindest- und Normalbestand anzugeben. Zur weiteren Sicherung wird der Mindestbestand in den Lagerräumen an den Fächern oder Ständen, in denen die Materialvorräte untergebracht sind, durch Zettel angegeben, die gleichzeitig die zugehörige Kartotheknummer tragen.

Da die Betriebsüberwachung den tatsächlichen Verbrauch in der Grube kontrolliert und mit der Anforderung vom Lager vergleicht, so ist sie die berufene Stelle, die Interessen des Betriebes mit denen der kaufmännischen Leitung in Einklang zu bringen. Geht man weiter davon aus, daß die Auswahl des Materiales nach technisch-wirtschaftlichen Gesichtspunkten zu erfolgen hat, daß nicht die Höhe der angelegten Materialpreise, sondern unter der Einwirkung von Preis und Güte die Höhe der anteiligen Betriebskosten in Frage kommt, so liegt der Schluß nahe, den Einkauf durch die Betriebsüberwachung wirksam beeinflussen zu lassen.

Die richtig geführte Verbrauchsstatistik gibt ferner objektive Unterlagen, an Hand deren man mit Hilfe des Betriebsplanes die Ausrüstungspläne errechnen und den Bedarf für das nächste Geschäftsjahr feststellen kann. Beim Fehlen eines gut geführten und überwachten Verbrauchsnachweises liegt die Möglichkeit vor, daß einzelne Posten im Haushaltplan falsch veranschlagt werden.

Zu c). Es wurde bereits darauf hingewiesen, daß genormte Gegenstände in der Regel aus den Lagervorräten der Lieferfirmen sofort zu haben sind, also eine Erniedrigung des Mindestbestandes zulassen. Das Lager kann wesentlich kleiner und übersichtlicher gehalten werden, weil der Materialumsatz schneller und die Zahl der einzelnen Materialarten geringer wird, wenn die Betriebsbeamten möglichst nur genormte Materialien verwenden. Hier gilt es oft, die Vorliebe einzelner Betriebsbeamter für ausgefallene Abmessungen usw. nachhaltig zu bekämpfen und ihn zu überzeugen, daß er gegebenenfalls mit einer stärkeren, aber normalisierten Ausführung mindestens dasselbe erreicht. Der Nachteil dieser Vorlieben ist die Belastung des Lagers und des Einkaufes und vor allem die Erschwerung der Kontrolle.

Zu d). Die Kontrolle der einzelnen Magazine hat sich nicht nur auf anormale Materialbeschaffenheit zu erstrecken, sondern auf die Austauschmöglichkeit. Wesemann[1] berichtet, daß ein Steiger über 300 m einer bestimmten Rohrabmessung aufgestapelt hatte, ohne sie in den nächsten Monaten verwenden zu können, während der Steiger des Nachbarrevieres auf die durch besondere Umstände verzögerte Anlieferung von 160 m Rohr der gleichen Abmessung seit mehreren Tagen wartete. Solche Fälle wiederholen sich häufig, wo die vergleichende Lagerstatistik fehlt. Der Beamte, der überflüssige Vorräte hat, wird oft geneigt sein, sei es aus Bequemlichkeit, Rivalität oder Sorge um den eigenen Betrieb, die Abgabe als unmöglich hinzustellen, und nur unter dem Zwang des höheren Befehls die Materialien herausgeben. Hier hat die Betriebsüberwachung an Hand der Statistik festzustellen, ob die Abgabe unbeschadet des eigenen Betriebes des bisherigen Materialinhabers möglich ist. Die Kontrolle darüber, ob Anforderungen eines Betriebes in Bedarfsfällen sofort aus den Beständen der anderen Magazine des Konzerns gedeckt werden können, gibt auch die Möglichkeit, namentlich für seltener gebrauchte, teure Ersatzteile die Reserven niedriger zu halten. Es kommt ferner hinzu, daß oft auf einem Konzernwerk durch Umbau

---

[1] Wesemann: a. a. O.

Ersatzteile frei werden, die dort nicht mehr gebraucht, also gewissermaßen wertlos werden, aber auf einem anderen Werk sehr nötig sind. Durch die Überwachung konnten die Bestände an den wichtigsten und teuersten Ersatzteilen eines Braunkohlenkonzerns um reichlich 60% gemindert werden[1].

Zu e). Das Fehlen einer Kontrolle und die ebenso irrige, wie weitverbreitete Ansicht, daß die in den meisten Verbrauchsmaterialien steckenden Werte für die Werke eine ganz nebensächliche Rolle spielen, hat, wie Härtig[1] ganz richtig bemerkt, in vielen Fällen zu einer Verschwendung des Materials geführt. Beträchtliche Mengen von Kleineisenzeug, Schienen usw. gehen beim Gleisbau und beim Abbau sowohl in den Tagebauen als auch in den Grubenbauen noch immer verloren. So berichtet Wesemann[2], daß wenige Tage nach den erfolgten Bestandsaufnahmen aus den Reviermagazinen über 30 Grubenwagen unbrauchbarer oder für die Bedarfszwecke völlig ungeeigneter Materialien zutage gefördert wurden. Es gilt daher, die Verantwortlichkeit der Verbraucher in bezug auf den Verbrauch so genau festzulegen, daß die Verschwendung möglichst unterbunden wird. Nicht der Verbraucher, sondern der Vorgesetzte entscheidet über den Verbrauch. Der Arbeiter soll Material nur auf Grund von Gutscheinen erhalten, die der Betriebsbeamte nach eingehender Prüfung des Bedarfes ausstellt. Der Arbeiter muß mit diesem Material auskommen und hat andernfalls den Mehrbedarf zu begründen. Ebenso wird die Notwendigkeit der Materialausgabe der Betriebsbeamten durch die Betriebsüberwachung und Betriebsleitung nachgeprüft.

Sehr zweckmäßig haben sich die Verbrauchshefte erwiesen, die täglich nachzutragen und den Betriebsbeamten (Betriebsführer, Fahrsteiger, Steiger) vorzulegen sind. Ebenso sind graphische Darstellungen des Materialverbrauches, die ebenfalls täglich nachzutragen sind, sehr wertvoll. Als zweckmäßig hat es sich ferner erwiesen, von den einzelnen Betrieben (Steigerrevieren) wöchentliche Verbrauchsvoranschläge zu verlangen, die, auf die Fördereinheit abgestellt, der Betriebsleitung einen guten Überblick geben und sie gegebenenfalls veranlassen, auf Sparsamkeit hinzuwirken, bevor der Verbrauch[2] eintritt.

Zu f). Die Verbrauchsstatistik erfaßt zwar den täglichen Abgang der Materialien aus dem Magazin in die Betriebe, sagt aber nichts aus über die Notwendigkeit des Verbrauchs. Nur mittelbar erhält man durch den Vergleich mit den Verbrauchsziffern ähnlicher Betriebe einen gewissen Anhalt. Zu diesem Zweck wird der Verbrauch auf irgendwelche Einheit z. B. je Tonne Förderung bezogen und so kontenmäßig angegeben. Bei der Verteilung des Verbrauches sind solche Materialien, die auf einmal in großer Menge in den Betrieb gehen, aber erst in längerer Zeit verbraucht werden (Gleise usw.), auf entsprechende Zeit zu verteilen. Die Prüfung der Konten geht dann zweckmäßig vom Gesamtverbrauch in den Einzelverbrauch vor, um die Stellen zu hohen Verbrauches schnell zu finden und einwandfrei abzuscheiden. Auffallende Zahlen werden untersucht. Es ist nachzuforschen, ob der Verbrauch durch mangelhafte Aufsicht, schwierige Betriebsverhältnisse, geringe Qualität der Materialien, schlechten Erhaltungszustand oder mangelhafte Konstruktion der Maschinen und Geräte bedingt ist. Durch pflegliche Behandlung läßt sich die Gebrauchsdauer oft sehr erhöhen. Härtig[1] berichtet, daß die Verschleißkosten für Transportbänder an Absetzapparaten von 0,5 Pf./m^3 auf 0,1 Pf./m^3 sanken, nachdem man die richtige Behandlungsweise herausgefunden hatte. Ein hoher Ölverbrauch z. B. ist meist die Folge eines schlechten Lagerzustandes, für den in erster Linie je nach Lage des Falles die Instandhaltung, also die Betriebsaufsicht, oder die Instandsetzung,

---

[1] Härtig: a. a. O.   [2] Wesemann: a. a. O.

also die Werkstatt, verantwortlich zu machen ist. Härtig[1] gibt den Ölverbrauch
von 5 Braunkohlenwerken wie folgt an (Tabelle 88):

Tabelle 88. Ausgaben für Öl auf 5 Braunkohlenwerken.

| Werk | Abraum | | Grube | | Fabrik | Sonstig. Verbr. | Ges.-Verbr. |
	$\mathscr{M}$ je 1000 m³ Abraum	$\mathscr{M}$ je 1000 t Briketts	$\mathscr{M}$ je 1000 t Rohkohle	$\mathscr{M}$ je 1000 t Briketts	$\mathscr{M}$ je 1000 t Briketts	$\mathscr{M}$ je 1000 t Briketts	$\mathscr{M}$ je 1000 t Briketts
Grube I	4,8	44,5	5,1	17,3	63,5	—	125,3
Grube II	12,7	31,5	5,7	15,9	35,2	—	82,5
Grube III	2,7	16,9	1,7	5,2	27,4	—	48,6
Grube IV	3,1	42,2	1,3	3,7	33,6	—	79,5
Grube V	4,8	31,0	1,3	4,0	18,9	—	53,9
Durchschnitt	3,9	27,3	2,1	6,3	27,8	—	61,4

Der Ölverbrauch des Abraumbetriebes der Grube I liegt etwas über dem
Durchschnitt. Dabei ist der Verbrauch der Abraumwagen normal, so daß die
Ursache für den höheren Verbrauch in den Dampflokomotiven zu suchen ist. Der
höhere Ölverbrauch des Grubenbetriebes von Grube I erklärt sich aus der Art
der Betriebsmittel, da hier noch im Gegensatz zu den übrigen Gruben Kettenbahnförderung vorhanden ist. Jedoch ist der rd. 130 % über dem Durchschnitt
liegende Ölverbrauch der Brikettfabrik von Grube I unberechtigt. Aus dem Monatsbericht dieser Fabrik ging hervor, daß der Verbrauch an Pressenöl außergewöhnlich hoch war. Die Untersuchung zeigte, daß durch die Undichtigkeit der
Lager große Ölverluste entstanden. Nachdem die Verlustquelle gefunden war,
konnte der Mangel natürlich leicht beseitigt werden. Im allgemeinen kann man
sagen, daß ein relativ hoher Material- und Betriebsstoffverbrauch der zahlenmäßige Ausdruck für eine ungenügende Überwachung des Betriebes, insbesondere
der Instandhaltung und Instandsetzung ist.

Mitunter lassen sich durch Verwendung hochwertiger Materialien wesentliche
Verbesserungen der Betriebsergebnisse erzielen. Durch Verwendung eines geeigneten Stahles gelang es auf einer Braunkohlenbrikettfabrik aus einer Formlage
im Durchschnitt etwa 2500 bis 3000 t Briketts zu pressen, während früher die
Formen nach einer Erzeugung von etwa 280 bis 300 t ausgewechselt werden mußten.
Es gelang aber nicht, auf einer anderen Fabrik desselben Konzerns, die aber eine
etwas anders geartete Kohle zu verarbeiten hatte, mit diesem Formmaterial auch
nur annähernd gleichwertige Ergebnisse zu erzielen. Hier konnten auch die eingearbeiteten Leute der ersten Fabrik die Leistung einer Formlage aus dem erwähnten Stahl nicht über rd. 300 bis 350 t steigern, ohne durch den Formen-
verschleiß zum Auswechseln gezwungen zu sein. War der Erfolg in der ersten Fabrik vorwiegend der systematischen Betriebsüberwachung zuzuschreiben, so gibt
der Mißerfolg in der zweiten Fabrik Aufgaben, die von den Versuchsabteilungen
der Werke, gegebenenfalls auch von den Versuchsanstalten der Hochschulen usw.
zu lösen sind.

Man erkennt hieraus zwanglos die besonderen Aufgabenbereiche der Betriebsüberwachung und der Versuchsabteilung. Die Betriebsüberwachung
soll feststellen, wo Mängel vorhanden sind, und dieselben abstellen, sofern Mittel
hierfür bekannt sind oder aus Betriebsversuchen erkannt werden können. Die
Versuchsabteilung soll in Fällen, wo solche Mittel noch nicht bekannt sind,
feststellen, wie die Mängel beseitigt werden können[1].

---

[1] Härtig: a. a. O.

Die Aufgabe, wie die Mängel zu beseitigen sind, ist stets eine technische. Dagegen kann die Frage, wo z. B. ein zu starker Rohmaterialverbrauch stattfindet, auch von einer nicht technisch vorgebildeten Kraft festgestellt werden, z. B. in Fertigungsbetrieben bei der serienweisen Herstellung typisierter und normalisierter Erzeugnisse, bei denen Art und Stückgröße usw. der nötigen Rohstoffe ein für allemal festliegen. Das gilt auch für chemische Fabriken, die nach bestimmten Rezepten arbeiten, so daß der normale Einsatz an Rohstoffen und das zu erwartende Ausbringen vorbekannt sind. In diesen Fällen bleibt die Feststellungsmöglichkeit aber nur im Rahmen des vorgeschriebenen Fabrikationsganges. In Bergwerksbetrieben und in Reparaturbetrieben ist aber infolge der wechselnden Arbeitsbedingungen eine Beurteilung der Frage, ob und wo Mängel aufgetreten sind, nur dem Fachmann möglich.

Wesentlich erleichtert wird die Aufgabe der Betriebsüberwachung und Versuchsabteilung, wenn die Betriebsbeamten und Arbeiter durch geeignete Prämien usw. zur freiwilligen, tätigen Mitarbeit herangezogen werden.

Die Art der Betriebsüberwachung wird sich, soweit die Überwachung des Materialverbrauches in Betracht kommt, nach den örtlichen Verhältnissen zu richten haben. In Betrieben, in denen viel Kleinmaschinen benutzt werden, wie im Steinkohlenbergbau, sind Materialprüfer erforderlich, die den Zustand dieser Kleinmaschinen, wie z. B. der Haspel, Schüttelrutschenanlagen einschließlich Motoren und Gegenzylinder, der Bohr- und Abbauhämmer, sowie der Preßluft-, Druckwasser- und Kabelleitungen in der Grube dauernd überwachen unter Vergleich der Aufstellungsorte der Maschinen mit dem Maschinenlageplan. Die im Range von Fahrhauern oder Vorarbeitern stehenden Prüfer werden zweckmäßig einem älteren, erfahrenen Maschinenfahrsteiger bzw. -obersteiger unterstellt, der unter der Oberleitung der Betriebsüberwachungsstelle den Prüfern ihre tägliche Aufgabe zuweist.

β) Die Überwachung der Instandhaltung und Instandsetzung. Eine wichtige Aufgabe der Betriebsüberwachung und der von ihr zu beeinflussenden Betriebsstellen besteht darin, durch vorbeugende Maßnahmen das Auftreten von Betriebsstörungen möglichst zu verhindern. Die Maschinen sind in bestimmten Zeitabständen darauf zu prüfen, ob die Wellen, Zylinderachsen usw. in der Waage und in der richtigen Lage zueinander liegen, ob die Fundamente in Ordnung sind usw. Das Sauberhalten der Maschinen, Nachsehen der Ventile, Bolzen, Federn Lager usw. gehört natürlich auch zur pfleglichen Behandlung. In manchen Fällen ist es zweckmäßig, den Arbeitern oder Aufsichtspersonen an geeigneten Betriebsstellen passendes Handwerkszeug und Material zur Verfügung zu stellen, um kleinere Schäden sofort beseitigen zu können. So stellt man z. B. dem Aufseher oder Vorarbeiter auf der Kippe eines Tagebaues zweckmäßig Schraubenschlüssel, Schrauben, Schraubenbolzen, Hammer und Nägel zur Verfügung, um beispielsweise verlorengegangene Schraubenmuttern zu ersetzen, Lagerdeckel der Achslager der Abraumwagen usw. wieder in Ordnung zu bringen und dadurch den Eintritt größerer Schäden zu verhindern. Ferner erweist es sich vielfach als zweckmäßig, den Betriebsbeamten und gegebenenfalls auch den Arbeitern Zeichnungen der Kleinmaschinen usw. in die Hand zu geben, aus denen die Wirkungsweise der Apparaturen klar hervorgeht, um sie vor falscher Behandlung zu bewahren. Außerdem wird durch die Kenntnis des inneren Aufbaues der Maschinen die Freude am Arbeiten geweckt und das Gefühl der Mitverantwortlichkeit gestärkt. Über die Bedeutung der richtigen Auswahl der Materialstoffe sind im Abschnitt G IX eingehende Angaben gemacht worden.

Altmaterialien lassen sich in vielen Fällen zu brauchbaren Neumaterialien verarbeiten, besonders wenn letztere bei gleicher oder ähnlicher Form nur kleinere

Abmessungen haben (z. B. starke, abgenutzte Schraubenbolzen zu schwächeren Schraubenbolzen). Dadurch kann das sonst wertlose Altmaterial wieder verwendet werden.

Die Zusammenfassung der Reparaturbetriebe unter einer Leitung läßt nicht nur eine größere Wirtschaftlichkeit dieser Betriebe erreichen, sondern setzt auch die Leitung in die Lage, den Einfluß der Störungen auf den Gesamtbetrieb zu überblicken und danach die Maßnahmen zu treffen. Für den Bergbau erhält die Frage der richtigen Organisation der Reparaturbetriebe eine mit der Mechanisierung des Bergbaues wachsende Bedeutung. Der Anteil der Belegschaft der Instandsetzungs- und Reparaturwerkstätten an der Gesamtbelegschaft beträgt beim Braunkohlenbergbau nach Voigt[1] 13 bis 25% und wird beim Steinkohlenbergbau, wo er 1928 rd. 5 bis 9% betrug, voraussichtlich noch stark anwachsen. Durch die Zusammenfassung der Reparaturbetriebe ist die Zahl der Werkstätten in den größeren Konzernen wesentlich gesunken. In der Regel wird eine Haupt- oder Zentralwerkstatt errichtet, die die laufenden Reparaturen aller Betriebe auszuführen hat. Daneben bestehen Betriebswerkstätten, die in erster Linie die seltener vorkommenden und schnell zu beseitigenden Reparaturvorfälle zu bearbeiten haben. Der Zentralwerkstätte stehen für den Außendienst fliegende Handwerkerkolonnen zu Montagearbeiten usw. zur Verfügung, während den Betriebswerkstätten namentlich für abgelegene Betriebsteile die Betriebswachen angegliedert sind. Letztere sind zweckmäßig auf den Betrieb zu verteilen und in kleinen Werkstätten unterzubringen, deren Ausrüstung in Schraubstöcken, Schmiedefeuern, Amboß, Bohrbank, Schleifstein und einem Magazin für das notwendigste Werkzeug und besonders nötige Reserveteile besteht. Es ist von besonderer Bedeutung, in diesen Wachen fleißige, zuverlässige und erfahrene Leute zu beschäftigen, da sie bei Störungen oft selbständig und zielbewußt schon eingreifen müssen, ehe die Betriebsleitung benachrichtigt ist und nähere Anweisungen geben kann.

Wenn auch die Reparaturwerkstätten stets mit guten Werkzeugmaschinen und sonstigen Apparaten ausgerüstet werden sollen, so sind sehr starke und leistungsfähige Apparate nur da mit wirtschaftlichem Vorteil anwendbar, wo sie genügend ausgenutzt werden können. Dieser Umstand zwingt vielfach zur Zusammenziehung der Reparaturbetriebe, die sich unter der eben gemachten Voraussetzung auch da vorteilhaft zeigen, wo die einzelnen Betriebe weit verstreut liegen. So gibt Voigt[1] an, daß die Hin- und Rückfrachten zur und von der Zentralwerkstatt bei einer mittleren Entfernung der Betriebe von rd. 30 km nur 1 Pf. je Kilogramm Material betragen, wobei die Betriebswerkstätten den größten Teil ihrer Reparaturbedürfnisse — nach dem Werkstoffwert etwa 75% — aus der Hauptwerkstatt beziehen.

Auf den Steinkohlenbergwerken wird man den Reparaturbetrieb ebenfalls weitgehend zusammenfassen. Immerhin wird man auf den Schachtsohlen in der Nähe der Füllörter gegebenenfalls kleinere Werkstätten unterhalten, die die Aufgaben der Betriebswachen haben.

γ) **Die Ergänzung der Betriebsstatistik.** Der Verbrauch an Materialien und Ersatzteilen, der Aufwand an Arbeiterstunden usw. für Reparaturen wird täglich nachgetragen nach Kapiteln und nach Betriebsabteilungen wie Steigerrevieren, Aufbereitung usw. Größere Maschinen, wie Hauptfördermaschinen, Bagger, ebenso die einer Type angehörenden wichtigeren Kleinmaschinen, wie Bohrhämmer, Haspel, Kompressoren erhalten zweckmäßig ebenfalls besondere Bögen. Der Materialverbrauch kann, soweit er nach Kapiteln und Betriebsab-

---

[1] **Voigt:** Betriebswirtschaft v. Instandsetzungswerkstätten. Z. Masch.-Bau Bd. 7, S. 657.

teilungen verrechnet werden soll, in Büchern nachgetragen werden. Für die Verfolgung der an Maschinen usw. entstehenden Kosten ist meist die Kartothek vorzuziehen. Diese Kartothekkarten erhalten am Kopf die Bezeichnung des Apparates, der Grube, der Betriebsabteilung und des Jahres und Monates, sowie für die einzelnen Monate die verfahrenen Handwerkerstunden, Löhne, gebrauchte Materialien, Ersatzteile nebst Wert derselben und in besonderen Spalten zu Vergleichszwecken die auf eine geeignete Einheit bezogenen spez. Reparaturkosten. Die Handwerkerstunden werden aus den von den Meistern zu führenden Kontierungsbüchern entnommen, die Materialien und Ersatzteile aus den Verbrauchsnachweisen.

Diese genaue Überwachung hat die folgenden Vorteile:

1. Man kann eine freie Gliederung der Selbstkosten vornehmen, d. h. nicht nur die Gesamtkosten des Betriebes, sondern auch die der Betriebsabschnitte (Steigerreviere), sowie der einzelnen Maschinen bzw. Maschinengattungen usw. ermitteln.

2. Dadurch wird eine straffe Überwachung des Maschinen- und Geräteparkes ermöglicht und durch die Feststellung der Teile, die besonders starkem Verschleiß unterliegen, Anregung zur Nachforschung der Ursachen (Konstruktion, Wartung, Werkstoff usw.) gegeben.

3. Ferner wird hierdurch eine gute Überwachung der Werkstätten, und zwar durch Feststellung der Leistung je Kopf und Schicht, sowie des Materialaufwandes und der Löhne (bzw. Handwerkerstunden) je Produktionseinheit erreicht. Sehr lehrreich sind die von Härtig[1] angegebenen und hierunter wiederholten Zahlen von den Betriebswerkstätten eines größeren Braunkohlenkonzerns (Tabelle 89). Diese Zahlen zeigen, daß sie zum Vergleich mittlerer und größerer Betriebswerkstätten gleichartiger Betriebe dienen können. Sie sind natürlich nicht zur Beurteilung der hochorganisierten Zentralwerkstätten zu verwenden.

Tabelle 89[1]. **Vergleichende Übersicht des Materialverbrauches und Lohnaufwandes der Werkstätten mehrerer Braunkohlenwerke je t Brikett.**

Werk	1 Materialverbrauch der Werkstätten je t Briketts ℳ	2 Lohnaufwand der Werkstätten je t Briketts ℳ	3 Materialverbrauch und Lohnaufwand der Werkstätten je t Briketts (1 + 2) ℳ	4 Verhältnis des Materialverbrauches zum Lohnaufwand 1 : 2	5 Verarbeitetes Material je Kopf und Schicht kg
III	10,7	12,7	23,4	1 : 1,2	16,5
V	11,5	19,4	30,9	1 : 1,7	9,2
I	22,5	62,5	85,0	1 : 2,8	7,2
II	11,3	40,4	51,7	1 : 3,6	5,1
IV	10,3	40,2	50,5	1 : 3,9	4,0

[1] In dieser Zusammenstellung sind die Handwerker der Nebenbetriebe und die Elektriker nicht mit erfaßt.

Die Zahlen müssen unter Beachtung ihrer gegenseitigen Abhängigkeit beurteilt werden. Hohe Kopfleistungen ergeben für sich allein leicht ein falsches Bild, da sie auch auf Materialverschwendung zurückgeführt werden können. In gleichartigen Betrieben muß auch der Materialverbrauch für Betrieb, Reparatur usw. je Tonne Erzeugung etwa der gleiche sein, kann also ebenfalls

[1] Härtig: a. a. O.

zur Beurteilung herangezogen werden. Der Materialverbrauch soll möglichst niedrig sein. Ist der Lohnaufwand zum Materialverbrauch vergleichsweise hoch, so sind entweder zuviel Handwerker beschäftigt oder die Arbeitsvorbereitung bzw. Arbeitsorganisation ist schlecht. Es ist also die Werkstatt am besten, die neben höchster Kopfleistung und niedrigstem Materialverbrauch je Tonne Erzeugung die höchste Verhältniszahl $\dfrac{\text{Materialverbrauch}}{\text{Lohnaufwand}}$ hat, im vorliegenden Falle also Grube III.

Da im vorliegenden Falle der Materialverbrauch (Spalte 1) bei allen Gruben außer Grube I fast gleich ist, so hat Grube III neben der höchsten Kopfleistung auch den niedrigsten Lohnaufwand je Tonne Briketts. Für die Beurteilung muß zunächst der Zahlenwert von Spalte 1 näher untersucht werden. Die Höhe des Materialverbrauches wird bedingt durch die vom Zustand, von der Konstruktion, der Wartung und der Anstrengung der Einrichtung abhängige Reparaturhäufigkeit und durch die mehr oder weniger sorgsame und zweckmäßige Verwendung des Materials bei der Reparatur seitens des Handwerkers (z. B. gute Bearbeitung und Ausnutzung des Materials). Die Reparaturhäufigkeit betrifft die Werkstatt nur insoweit, als die Reparaturen nicht sorgfältig und sachgemäß ausgeführt werden, in allen anderen Fällen nur den Betrieb. Unter der Voraussetzung der sorgfältigen Ausführung der Reparatur arbeitet die Werkstatt am besten, die ein Maximum der Kopfleistung (Spalte 5) mit einem Minimum des Materialverbrauches für den einzelnen Reparaturfall verbindet. Wenn auch im vorliegenden Falle der Materialverbrauch je Tonne Briketts nach Spalte 1 außer Grube I etwa gleichbleibend ist, so kann eine weitere Feststellung der Reparaturhäufigkeit und des Materialverbrauches für den einzelnen Reparaturfall nichts schaden, besonders da hier Grube I stark aus dem Rahmen herausfällt.

Eine weitere Klärung kann gewonnen werden, wenn man die für die einzelnen Betriebsabteilungen der Gruben aufgewandten Handwerkerstunden miteinander vergleicht. Es ergeben sich im vorliegenden Falle für den gleichen Zeitraum (Tabelle 90):

Tabelle 90. Aufgewandte Handwerkerstunden für die einzelnen Betriebsabteilungen mehrerer Braunkohlengruben.

Handwerkerstunden für	bezogen auf	Grube I	Grube IV	Konzern-Durchschnitt
Abraum	1000 m³ Abraum	26	14	13
Grube	1000 t Rohkohle	28	21	12
Fabrik	1000 t Briketts	261	146	122
Nebenbetriebe und allgemeines . . .	1000 t Briketts	228	244	131

Da im Braunkohlentagebau das Verhältnis von Abraum zur Kohle sehr verschieden sein kann, so geben die in der letzten Tabelle angegebenen Zahlen einen besseren Vergleich, wobei nicht verkannt werden darf, daß Beschaffenheit des Deckgebirges, Lagerungsverhältnisse, Feldform usw. wesentlich einwirken können. Der Vergleich zeigt, daß Grube I in allen Fällen rd. 100% über dem Durchschnitt liegt, also das in der vorhergehenden Tabelle 89 gewonnene Bild bestätigt. Die Werkstatt arbeitet, was Kopfleistung (Spalte 5) und Verhältnis von Materialverbrauch zu Lohnaufwand (Spalte 4, Tabelle 89) anbelangt, scheinbar nicht am schlechtesten, jedoch liegen Materialverbrauch je Tonne Briketts (Spalte 1, Tabelle 89) und Handwerkerstunden je Kubikmeter Abraum oder Tonne Rohkohle bzw. je Tonne Briketts (Tabelle 90) so hoch, daß man auf eine sehr große Reparaturhäufigkeit schließen muß, die entweder auf den Zustand der Anlage oder auf mangelhafte Beaufsichtigung der Wartung oder der Reparaturausführung zurückzuführen ist.

Durch diese Art der Auswertung der Lohn- und Materialverbrauchsnachweise, die sinngemäß auch für andere Bergbaubetriebe (Steinkohle-, Kalisalz- und Erzbergbau) in den einzelnen Betriebsabteilungen durchgeführt werden kann, ist der Untersuchungskreis geschlossen, soweit es sich um den Materialverbrauch seitens der Reparaturwerkstätten handelt. Für den Betrieb kommt der nach dem Ausführungsplan vorgesehene normale Materialaufwand unter Einbeziehung des für die Wartung und laufende Instandhaltung erforderlichen Materials hinzu, wobei für den unterirdischen Grubenbetrieb in druckhaftem Gebirge noch der mehr oder weniger erhebliche Bedarf an Reparaturholz hinzuzurechnen ist.

d) Die Aufstellung von Konten, Listen und Kartotheken. Die Ausgabe der Materialien erfolgt auf Materialbezugscheine, die mit den Unterschriften der bei der Materialanforderung beteiligten Personen — evtl. auch der vorgesetzten Aufsichtspersonen, wie Betriebsführer — versehen sind, und neben dem angeforderten Material noch die Angaben über die anfordernde Betriebsabteilung (Steigerrevier) und über das Konto enthält, auf das das Material zu verrechnen ist. Gegebenenfalls kann ein Sammelschein für mehrere Materialien ausgestellt werden, sofern diese auf ein Konto zu verrechnen sind. Die Bezugscheine sind der besseren Kontrolle wegen mit fortlaufenden Nummern zu versehen. Zweckmäßig wird auch die Markennummer des Arbeiters angegeben, der die Materialien empfängt. Bei Konzernwerken erhalten die Bezugscheine der einzelnen Gruben verschiedene Farben, um Verwechslungen vorzubeugen. Die Bezugscheine sind der Kontrolle wegen mindestens 3 Monate aufzubewahren. Die Bezugscheine werden in einem Durchschreibeheft in mehreren Exemplaren ausgeschrieben. Es kann ein Exemplar für den Aussteller (Steiger), eins für den Lagerverwalter und eins für die Betriebsüberwachung bestimmt sein. Die Scheine laufen später als Abrechnungsunterlagen durch die Buchhaltung zur Betriebsüberwachung und können so auf die gegenseitige Übereinstimmung geprüft werden. Um Fälschungen zu erschweren, ist es zweckmäßig, zweiseitig schreibendes Farbpapier in die Durchschreibehefte einzulegen und alle Zahlen nochmals in Buchstaben zu wiederholen.

Die Verbrauchsnachweise werden, soweit es sich um die Feststellung der Bewegungen im Magazin handelt, nach Materialgruppen zusammengestellt. Daneben müssen die Ersatzteillisten geführt werden. Es ist zweckmäßig, die Unterteilung der Materialgruppen nicht zu weit zu treiben, um den Überblick nicht zu erschweren. Für den Steinkohlenbergbau schlägt Wesemann[1] 8 Gruppen vor, und zwar:

1. metallische Materialien; 2. Beleuchtungs-, Spreng- und Zündmaterialien; 3. Seile, Treibriemen und Ketten; 4. Baumaterialien; 5. Liderungs- und Schmiermaterialien; 6. Gezähe, Werkzeuge und Geräte; 7. elektrische Materialien und 8. sonstige Materialien. Hierzu kommt das Grubenholz.

Für den Braunkohlentagebau schlägt Härtig[2] 10 Gruppen vor, und zwar:

1. Profileisen, Eisenblech, Kleineisen, Eisenrohre; 2. Stahl, Formzeug, Werkzeuge; 3. Schweißmaterial; 4. Metalle und Legierungen; 5. Seile, Riemen, Bänder (Ketten); 6. Gleismaterial (Eisenteile); 7. Holz; 8. Öle, Fette, Putzwolle; 9. Verschiedenes (Dichtungsmaterialien, Baustoffe usw.) und 10. elektrische Materialien.

---

[1] Wesemann: a. a. O.   [2] Härtig: a. a. O.

Die nach Materialgruppen eingeteilten Listen bzw. Karten der Magazine werden gemäß den täglich einlaufenden Bezugscheinen nachgetragen. Für Braunkohlenwerke wird zweckmäßig je eine Kartothekkarte benutzt, auf der für die 3 Hauptbetriebsabteilungen (Grube, Abraum, Fabrik) die Anforderungen in verschiedenen Farben eingetragen werden. Der Ersatzteilnachweis wird für die einzelnen Betriebsabteilungen zusammengestellt nach den dort benutzten Maschinen, Geräten und Apparaten, da diese hier in der Regel sehr große, teure und daher wichtige Aggregate darstellen.

Diese relativ einfache Buchung ist nur in stark konzentrierten Betrieben mit einer sehr geringen Zahl selbständig abrechnender Betriebsabteilungen möglich. Im unterirdischen Steinkohlenbergbau, wo aus Zweckmäßigkeitsgründen die einzelnen Steigerreviere usw. selbständig abrechnen, muß auch der Verbrauchsnachweis für die einzelnen Reviere getrennt geführt werden. Bei Betrieben mit vorherrschender Verwendung von Kleinmaschinen wie im Steinkohlenbergbau wird der Ersatzteilnachweis ebenfalls revierweise usw. geordnet nach den einzelnen Maschinentypen geführt.

In besonderen Hauptkartotheken der Zentrale (Betriebsüberwachung) wird man den Ersatzteilverbrauch der großen Maschinen, Geräte und Apparate für den Konzern zusammenstellen, um einen Überblick über den Bestand an wertvollen Ersatzteilen der Austauschmöglichkeit halber zu haben.

Im übrigen genügt die Zusammenstellung des Gesamtverbrauches an den einzelnen Materialgruppen und der Ersatzteile der Betriebsabteilung (Steigerrevier usw.) und des Ersatzteilverbrauches der einzelnen Maschinentypen. Die Zusammenstellung für die Betriebsabteilungen dient zur Überwachung derselben und zur Feststellung ihrer Betriebskosten, während die Zusammenstellung für die Maschinen, Geräte- und Apparatetypen unter Heranziehung der Reparaturkosten, Störungszeiten usw. zur vergleichenden Prüfung der Konstruktionen, der Wartung usw. dienen kann.

Auf den Listen bzw. Karteibögen, die für ein Jahr vorgesehen sind, werden die Verbrauchsmengen zweckmäßig für die einzelnen Abteilungen fortlaufend addiert, wodurch die Abrechnung beschleunigt und die Nachprüfung erleichtert wird und jederzeit die Sollbestände rechnerisch festgestellt sind. Man erhält also eine dauernd nachgetragene Bestandskartothek. Der Zweck derselben ist:

1. Vergleich des Bestandes mit dem Mindest- evtl. mit dem Höchstbestand. Hierzu sind am Kopf der Karten Angaben über die Materialart nebst Abmessungen evtl. Stückgewicht usw. und ferner der vorgesehene Höchst- und Mindestbestand angegeben;

2. Feststellung der Bestandsbewegungen innerhalb des Jahres;

3. Feststellung des Zu- und Abganges und des Bestandes an jedem Tage.

Zum Vergleich der zahlenmäßigen Nachweisungen mit dem tatsächlichen Bestande sind häufigere — etwa vierteljährlich — unvermutete Bestandsrevisionen mindestens in Gestalt ausgiebiger Stichproben und jährliche Inventuraufnahmen durch die Überwachungsstelle vorzusehen. Ferner sollte der Lagerverwalter angewiesen werden, den Lagerbestand mehrmals im Jahre selbst durchzuzählen und mit dem Sollbestand zu vergleichen.

Mit dem Verbrauchsnachweis des Magazins muß die Betriebskartei in Übereinstimmung zu bringen sein. Letztere enthält in besonderen Karten Angaben über die an den einzelnen Arbeiter ausgegebenen Gezähe, Geräte und nicht unmittelbar im Betriebe zu verbrauchenden Materialien sowie Karten über Kleinmaschinen und größere Untertagemaschinen einschließlich Angaben des Standortes, des Befundes über den Zustand, des letzten Überholungstermines usw. Diese Karten erleichtern die meist monatlich anzufertigende Zusammenstellung über den Verbrauch der einzelnen Maschinen-, Geräte- und Apparate-typen an Ersatzteilen und Reparaturkosten.

Die Betriebskartei ist ebenfalls täglich nachzutragen und abzurechnen. Sie ermöglicht einerseits die genaue Kontrolle des Verbleibes der Gezähe, Geräte, Maschinen usw. in der Grube bzw. im Betriebe und dadurch auch die Kontrolle über den tatsächlichen Verbrauch (z. B. der Bohrer in bezug auf Schießleistung usw.), so daß der damit verbundene Abgang des Materials eingehend technisch geprüft wird.

Ferner findet die Betriebskartei eine gegenseitige Kontrolle im Material-wirtschaftsplan, der angibt, was verbraucht werden sollte, während erstere nachweist, was verbraucht wurde.

VIII. Holzwirtschaft im Bergbau.

Für den unterirdischen Bergbaubetrieb in druckhaftem Gebirge, insbeson-dere für den Steinkohlenbergbau, ist das Grubenholz eines der wichtigsten Hilfsmaterialien. Es muß dem Betriebe stets rechtzeitig in genügender Menge, in guter Beschaffenheit und in den geeigneten Abmessungen zur Verfügung stehen, um Betriebsgefahren und Betriebsstörungen und den damit verbundenen Förderausfall zu vermeiden. Da in der Regel große Holzmengen beschafft und vorrätig gehalten werden müssen, um die rechtzeitige Bereitstellung zu sichern, ist seitens der Betriebsüberwachung die Beschaffung, die Zubereitung und Stapelung über Tage, der Verbrauch im Betriebe und schließlich die Altholz-verwertung den Betriebserfordernissen entsprechend zu regeln.

a) Die Beschaffung des Holzes.

Maßgebend für die Beschaffung sind die Verwendungsart, die Verwendungs-fähigkeit und die Güte des Holzes.

Die Verwendungsart bestimmt in erster Linie die an Güte, Abmessungen und Art der Bearbeitung des Holzes zu stellenden Anforderungen. Während die Verzugspfähle für schwimmendes Gebirge besäumt sein müssen (d. h. recht-eckigen, vollkantigen Querschnitt haben müssen) und gegebenenfalls mit Feder und Nut versehen werden, können sie bei Verwendung in festerem Gebirge mehr oder weniger stark „Baumkanten" haben. In wenig druckhaften Abbauen mit schnellem Abbaufortschritt kann man zur Not schwächere Stempel ver-wenden, die etwas astig und nicht ganz gerade gewachsen sind, während man bei druckhaftem, zum Steinfall neigendem Hangenden einen kräftigen, wider-standsfähigen, möglichst bruchsicheren Ausbau braucht. Die Verwendungs-bedingungen müssen also genau bekannt sein, um die Einkaufsbedingungen darnach festlegen zu können.

Die Verwendungshäufigkeit ist für die Menge der Bestellungen und für den Umfang des zu haltenden Lagers ausschlaggebend. Haenel[1] unterscheidet 5 Verbrauchsklassen:

Zur Klasse 1 gehören die sehr viel gebrauchten Grubenholzarten (geordnet nach ihren Abmessungen). Man hält in der Regel etwa 40% mehr auf Vorrat, als rechnerisch unter Berücksichtigung von Verbrauch und Lieferzeit erforderlich ist, um den Betrieb genügend sicherzustellen. Zur Klasse 2 gehören die gut gangbaren Holzsorten, für die noch rd. 20% Zuschlag vorgesehen werden, während man schon für die Klasse 3 als vergleichsweise wenig gebrauchte Holzsorte keinen Zuschlag vorsieht. Die nur vereinzelt gebrauchten Holz-

---

[1] Haenel: Die Holzwirtschaft im Betriebe von Steinkohlengruben. Dissertation Aachen 1926.

sorten werden der Klasse 4 zugeteilt. Es ist hier vielfach zweckmäßig, nachzuprüfen, ob eine Bestellung überhaupt nötig ist. Insbesondere ist die Nachprüfung nötig im Falle etwaiger Mehrforderungen. Jedenfalls sollte stets festgestellt werden, ob eine der gangbaren Holzsorten an Stelle dieser wenig benutzten verwendet werden kann. Bei den Holzsorten der Klasse 5, die nur ganz vereinzelt gebraucht werden, gilt die für Klasse 4 erwähnte Nachprüfung in erhöhtem Maße.

Die Nachbestellung der Hölzer muß stets so rechtzeitig erfolgen, daß die einzelnen Holzsorten stets in genügender Menge am Lager sind. Es dient zur Kontrolle der Pünktlichkeit des Einkaufes, wenn man feststellt, welche Abmessungen gefehlt hatten und daher durch stärkere bzw. längere Hölzer ersetzt werden mußten, und welche Verteuerung des Betriebes hierdurch entstanden war.

Beim Einkauf und bei der Abnahme des Grubenholzes ist die Güte desselben ebenso zu untersuchen wie die Einhaltung der ausbedungenen Abmessungen.

Die Güte des Grubenholzes wird vorwiegend beeinflußt durch die Anordnung der Jahresringe, die Astigkeit, den Wassergehalt, den Harzgehalt, die Fällungszeit und den Gesundheitszustand[1].

Das im Sommer sich bildende „Sommerholz" ist dichter und schwerer, fester und widerstandsfähiger als das Frühjahrsholz. Bei den Nadelhölzern steigt mit dem Breiterwerden der Jahresringe in erster Linie der Anteil des Frühjahrsholzes, bei Laubhölzern dagegen der Anteil des Sommerholzes. Mit zunehmender Jahresringbreite sinkt daher die Festigkeit, Dauer und Schwere des Nadelholzes, während die des Laubholzes steigt. Gradfaseriges Nadelholz mit engen und vor allem gleichmäßig weiten Jahresringen hat gute Biegungs- und Warnfähigkeit. Die Kernrisse (Mark- oder Strahlenrisse) und die Oberflächenrisse setzen die Festigkeit des Holzes herab. Die Oberflächenrisse lassen sich durch langsames Austrocknen des Holzes weitgehend vermeiden. Zweckmäßig wird deshalb die Entrindung des Holzes möglichst lange hinausgeschoben. Hoher Wassergehalt des Holzes ist also wegen der Rißbildung beim Austrocknen unangenehm. Sehr nasses Holz fault leichter und hat eine wesentlich geringere Druck- und Biege-

Tabelle 91. Zusammenhänge zwischen natürlichen und technischen
Eigenschaften von Hölzern.

	Es werden erhöht:				
	die Druck-festigkeit durch	die Lebens-dauer durch	die Biegungs-festigkeit durch	das Warnver-vermögen durch	die Handlich-keit durch
1.	Breitringigkeit beim Laubholz	wie zuvor	gleichmäßige Ringbreite	wie zuvor	Engringigkeit beim Laubholz
2.	Engringigkeit beim Nadelholz	wie zuvor	gleichmäßige Ringbreite	wie zuvor	Breitringigkeit beim Nadelholz
3.	geraden Faserverlauf	—	geraden Faserverlauf	—	—
4.	Astreinheit	Astigkeit	Astreinheit	Astreinheit	Astreinheit
5.	Gradschaftig-keit	—	Geradschaftig-keit	—	—
6.	Rißfreiheit	Rißfreiheit	Rißfreiheit	Rißfreiheit	—
7.	Trockenheit	Trockenheit	Trockenheit	Trockenheit	Trockenheit
8.	Harzarmut	Harzreichtum	Harzarmut	Harzarmut	Harzarmut

[1] Lincke: Das Grubenholz von der Erziehung bis zum Verbrauch. Berlin: P. Parey 1921.

festigkeit sowie ein schlechteres Warnvermögen als gut getrocknetes Holz. Der Harzgehalt erhöht die Widerstandsfähigkeit gegen Fäulnis, erniedrigt aber Biege- und Druckfestigkeit. Die Blaustreifigkeit des Holzes, die durch einen Pilz (Ceratostoma piliferum) hervorgerufen wird, soll die technischen Eigenschaften des Nadelholzes nicht schädigen. Hölzer, die durch Erkrankung des Baumes auf dem Stamm trocken geworden sind, können gut brauchbar sein, wenn zu der Erkrankung des Baumes (Insektenfraß usw.) keine Erkrankung des Holzes wie Schwamm, Rotfäule usw. hinzugetreten sind. Nach Lincke ergeben sich vorstehende, hier teilweise wiedergegebene Beziehungen der Holzeigenschaften (Tabelle 91).

b) Die Stapelung des Holzes über Tage.

Das angelieferte Holz ist sofort zu zählen. Die Hölzer gleicher Abmessungen sind zweckmäßig durch gleichfarbige Ölfarbenstriche zu kennzeichnen und auf gemeinsamen Stapel zu setzen. An den Stapeln sind Tafeln mit Angabe der Zahl und den Abmessungen der hier gelagerten Grubenhölzer sowie dem Anlieferungstag anzubringen. Maß und Anlieferungstag wird bei größeren Hölzern auch an der Stirnfläche durch Hammerstempel eingeschlagen. Gleichartige Hölzer verschiedener Lieferzeiten sind nicht gemeinsam zu stapeln, um mit Sicherheit das ältere Holz vor dem jüngeren dem Verbrauch zuzuführen.

Die Holzstapel sollen übersichtlich sein und eine möglichst bequeme Zufuhr des Holzes vom Eisenbahnwagen sowie Abfuhr zum Schacht bzw. zur Sägerei und Imprägnierungsanlage gestatten. Auf Zechen mit großem Holzverbrauch wird das Abladen des Langholzes von den Eisenbahnwagen und der Transport nach dem Stapelplatz zweckmäßig mittels in Laufkatzen hängenden Greifern, die auf fahrbaren eisernen Brücken von 100 m und größeren Spannweiten bewegt werden, erfolgen, wodurch ganz erheblich an Zeit und Arbeitern gespart werden kann. Die Anlage ist so zu treffen, daß das Grubenholz stets in gleicher Richtung von der Entladestelle über den Stapelplatz einschließlich Zwischen- und Bereitschaftslager zur Abfuhrstelle bewegt wird.

Der Holzstapelplatz eines größeren Steinkohlenbergwerkes hat eine Breite von etwa 100 bis 120 m und eine Länge von etwa 120 bis 160 m. An der einen Schmalseite befindet sich das Bahnanfuhrgleis und an der anderen Schmalseite die zum Schacht führenden Grubengleise. In der Längsachse des Platzes ist ein etwa 10 bis 15 m breiter Geländestreifen freigehalten zur Aufnahme von zwei Grubengleisen nebst den erforderlichen Drehplatten usw. (Abb. 149).

Von diesem Holzstapelplatz wird am Anschlußgleis in voller Breite desselben ein Platz von etwa 60 bis 80 m Tiefe als Hauptstapel abgeteilt. Dieser Platz dient zur Stapelung aller frisch eingehenden Hölzer, die mittels des fahrbaren Verladekranes von den Wagen abgeladen werden. Zwischen den einzelnen Stapeln werden Grubengleise (Feldbahngleise) verlegt, um den An- und Abtransport möglichst zu erleichtern. Infolgedessen erhalten die Stapel eine mehr oder weniger schachbrettartige Anordnung. Hinter dem Hauptstapel wird vom Platz ein etwa 30 bis 40 m tiefer Abschnitt abgetrennt, der auf der einen Seite der Längsachse zur Aufnahme der oft und plötzlich gebrauchten, betriebswichtigen Grubenhölzer dient, während auf der anderen Seite das Zwischenlager für die zu verarbeitenden Hölzer vorgesehen ist. Vom Hauptstapel aus gesehen liegt dann hinter dem Zwischenlager die Sägerei und Imprägnierungsanlage, an die sich der Bereitschaftsstapelplatz anschließt. Hinter dem Stapelplatz für betriebswichtige Hölzer liegen die Aufstellungsgleise für die beladenen Holzgrubenwagen. Neben der Sägerei und dem Bereitschaftsstapel kann noch der Stapelplatz für das Altholz vorgesehen werden, der in zwei Unterabschnitte eingeteilt wird für das unsortierte, aus der Grube kommende Altholz und für das Abfallholz, während das aus dem Altholz ausgelesene Brauchholz nach entsprechender Bearbeitung dem betreffenden Lagerstapel zugeführt wird.

In der Sägerei sind neben ein bis zwei gewöhnlichen Kreissägen noch Einrichtungen zum Anspitzen der Stempel sowie zur Herstellung von Schrägschnitten für schwedische Zimmerung, Sparrenzimmerung usw. oder zum Ausblatten vorzusehen. Man verwendet hierzu u. a. schwenkbar angeordnete Kreissägen, die

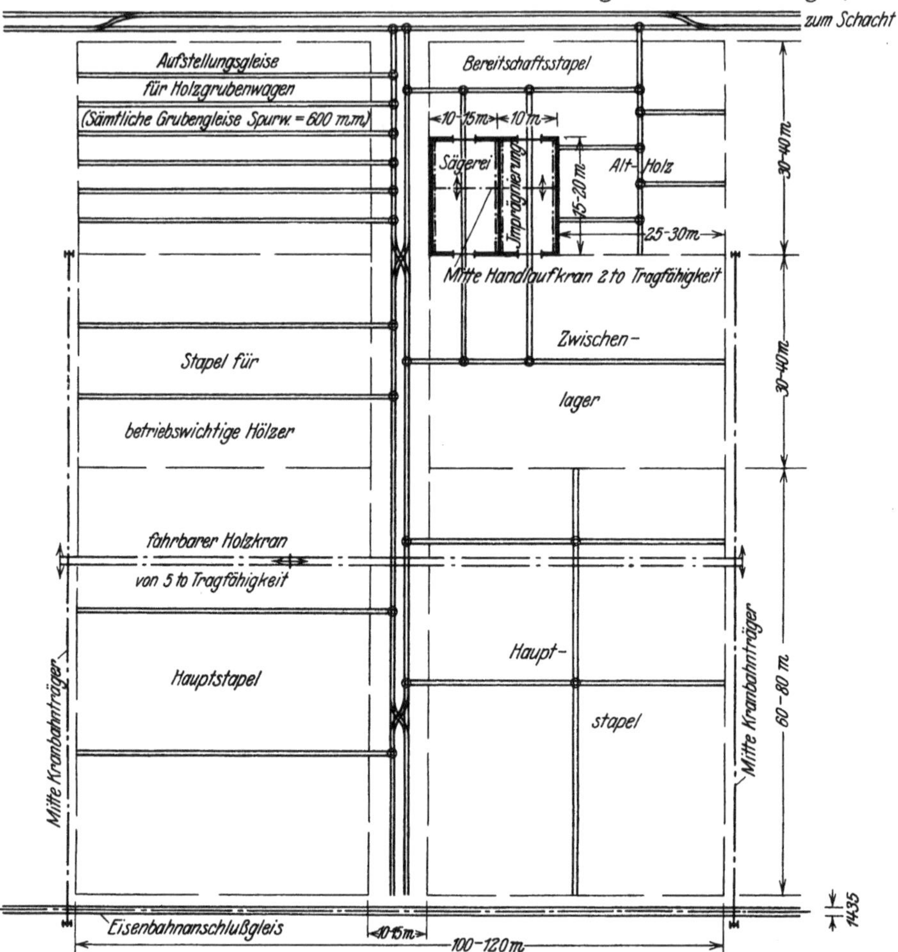

Abb. 149. Grundriß des Holzstapelplatzes eines größeren Steinkohlenbergwerkes.

auf gemeinsamen Rahmen so verlagert sind, daß das Herrichten der Hölzer auf bestimmte Abmessungen völlig automatisch vor sich gehen kann.

Das Entladen und Stapeln der Hölzer muß schnell vor sich gehen, besonders wenn größere Mengen auf einmal anrollen. Es ist daher mitunter zweckmäßig, diese Arbeiten durch Unternehmer ausführen zu lassen, die leichter und schneller über die Leute disponieren können und sich dem jeweiligen Leutebedarf schneller anpassen können als die Werksverwaltung. Das Kurzholz wird in gewöhnliche Grubenwagen verladen, die an den Seiten und den hinteren Stirnwänden die Bezeichnung des Bestimmungsortes (Steigerrevier usw.) erhalten. Für Langholz sind besondere Holzwagen vorzusehen.

Die für ein Steigerrevier bestimmten Holzwagen werden zu Zügen vereint. Der Holztransport zu den Steigerabteilungen erfolgt zweckmäßig nach einem Fahrplan an bestimmten Tagen und zu bestimmten Zeiten durch eine besondere Holztransportkolonne, um die richtige Ankunft des Holzes zu sichern. Die Übernahme des Holzes im Revier erfolgt nach Anweisung des Reviersteigers durch einen von ihm Beauftragten (Schießmeister, Fahrhauer usw.).

c) Die Stapelung des Holzes unter Tage.

Es ist unzweckmäßig, die Holzstapelplätze der Steigerabteilungen in der Nähe von Füllörtern des Hauptschachtes oder von Stapelschächten usw., die die Förderung mehrerer Abteilungen aufnehmen, anzulegen. Es wird hierdurch der gegenseitige Holzdiebstahl begünstigt. Ebensowenig sind die Stapel an abgelegenen Stellen anzulegen, um unnötige Transportarbeiten zu vermeiden. Außerdem ist hier die Kontrolle schlecht durchführbar, so daß Diebstahl seitens fremder Abteilungen oder unerlaubte Entnahme und unzweckmäßige Verwendung seitens der eigenen Belegschaft begünstigt werden. Unzulässig ist aus den gleichen Erwägungen heraus die Anlage der Stapel an Ausweichen in längeren einspurigen Strecken, an Aufbrüchen usw., zugleich auch deshalb, weil hier der Betrieb durch die Holzzufuhr und -entnahme stark gestört wird.

Die Stapelplätze der Steigerabteilungen dienen als Zwischenlager zum Ausgleich zwischen Holzanfuhr und augenblicklichem Bedarf, wobei zu beachten ist, daß die weitaus größte Menge des für den Ausbau in den Abbauen bestimmten Holzes sowie das Kurzholz unmittelbar dem Verbrauch zugeführt wird. Gestapelt werden namentlich die für Reparaturen bestimmten Hölzer und daneben solche Hölzer, für die je Schicht oder Tag und Verbrauchsort nur ein geringer Bedarf besteht. Auch letztere werden am besten möglichst sofort dem Verbrauch zugeführt.

Die Größe und Lage der Stapel richtet sich nach den örtlichen Verhältnissen. Am besten sieht man für jede Holzsorte zwei Ablageplätze vor, damit Neuholz nicht auf vorhandenen Bestand gelegt wird und dieser bis zum Eintritt der Fäulnis liegen bleibt. Um zu lange Lagerung zu vermeiden, ist es zweckmäßig, alle in den Abteilungsstapeln lagernden Hölzer etwa am 1. und 15. jeden Monates mit einem farbigen, möglichst unverwaschbaren Strich (farbige Fettkreide) zu versehen. Hölzer mit mehr als einem oder gar zwei Strichen sind für den sofortigen Verbrauch bereit zu stellen. Ihre Abmessungen sind im Merkbuch der Steiger einzutragen. Diese Überwachung wird besonders erleichtert, wenn man jedesmal die Farbe der Kreide wechselt.

Im Stapel ist das Holz möglichst aufrecht oder schräg zu stellen, weil dadurch das längere Holz leichter erkennbar wird. Hierdurch wird die Übersicht erleichtert, also dem unbeabsichtigten Verschnitt längerer Hölzer vorgebeugt. Außerdem gerät das aufrecht stehende Holz nicht so leicht in Schlamm und Wasser, wird also besser vor Fäulnis bewahrt.

Es ist ferner wichtig, durch ständige Überwachung dafür zu sorgen, daß in den Betrieben kein Holz unbenutzt liegen bleibt. Zweckmäßig läßt man die Strecken etwa halbmonatlich durch Aufräumkolonnen befahren, die das ungebraucht herumliegende Holz sammeln und zu Tage fördern, wo es neu sortiert und dem Verbrauch wieder zugeführt wird.

d) Die Verbrauchsüberwachung des Holzes.

1. Die Kennzeichnung des Holzes.

Eine sehr wichtige Grundlage für die Verbrauchsüberwachung ist das Ausbaubuch, das am zweckmäßigsten nach der Angabe der Fahrsteiger anzulegen ist, da diese neben ihrer guten Erfahrung durch den Vergleich, den sie zwischen benachbarten Steigerabteilungen anstellen können, am besten in der Lage sind, die Notwendigkeit von Art und Stärke des Ausbaues zu beurteilen.

Die Verbrauchsüberwachung wird ferner erleichtert durch zweckmäßige Kennzeichnung des Holzes. Durch die Kennzeichnung soll festgestellt werden:

1. die Länge, durch Ringmarkierung etwa 15 cm vom Kopf- und Fußende entfernt, um Anpassung ohne zu starken Verschnitt noch zu ermöglichen,

2. die Steigerabteilung und der Verwendungsort durch entsprechende Stempelung des Holzes.

Die Markierung bzw. Stempelung erfolgt durch Ölfarben oder sonstige auffallende, wasserunlösliche, haltbare Farben. Langholz wird evtl. auch an den Stirnflächen gekennzeichnet. Die Markierung erfolgt über Tage vor der Verladung in die Grubenwagen. Hierdurch wird sowohl die Abgabe des Holzes über Tage als auch die Übernahme und die tatsächliche Verwendung unter Tage besser überwachbar.

2. Die Überwachung am Verwendungsort.

Am Verwendungsort ist darauf zu achten, daß das Holz bis an die Arbeitsstelle herangeschafft wird. An den Kippstellen der Rutschen bleibt oft Holz in den Strecken liegen. Im Abbau gerät Holz, das nicht sofort verwendet wird, leicht in den Versatz. Es empfiehlt sich, das Kurzholz über Tage mit Farbe zu bespritzen und jede Woche eine andere Farbe zu wählen, um das Alter der in den Strecken liegenden Hölzer schneller feststellen zu können. Ebenso zweckmäßig ist es, das in den antransportierten Bergen enthaltene Holz der Menge und Art nach festzustellen, wenigstens wenn es sich um mehr als gelegentliche Fälle handelt, und die Herkunft der Berge festzustellen, damit dort der Unaufmerksamkeit vorgebeugt wird.

Der Ausbau selbst muß sachgemäß und dem Ausbaubuch entsprechend durchgeführt werden. Es ist u. a. darauf zu achten, daß das möglichst dicke, astfreie Quetschholz so angebracht wird, daß die zu schützenden Hölzer durch sie nicht auf Biegung beansprucht werden. Als Quetschholz eignet sich am besten das Kernholz von Nadelholz. Es ist überhaupt zu beachten, daß bei Laubholz der Kern hart, fest und widerstandsfähig und das Splintholz vergleichsweise weicher ist, während beim Nadelholz der Kern weicher und poröser als das Randholz ist. Bei angespitzten (Nadelholz-) Stempeln ist das Randholz zu entfernen, da sonst leicht ein Aufspalten des Stammes eintritt. Das Nachspitzen muß daher so rechtzeitig erfolgen, daß das Randholz nicht auf die Sohle aufsetzt. Tannenspitzen sind mit ihren Rundteilen nach dem Inneren der Grubenbaue zu verlegen, Eichenspitzen mit dem flachen Teil. Bei Holzpfeilern soll die unterste Holzlage rechtwinklig zu dem zu schützenden Grubenbau eingebracht werden. In längeren Schüttelrutschenstößen tritt oft im unteren Drittel derselben beim Versetzen ein Mangel an Grobbergen ein, der die Bergeversetzer leicht veranlaßt, Grubenholzverschläge zur Sicherung der Versatzstöße einzubauen. Diesem unnötigen Holzverbrauch steuert man am besten durch bessere Bergeverteilung sowie durch Bereitstellung von Versatzdrahtgeweben.

Streng zu verbieten ist ferner das Zerschneiden längerer Grubenhölzer in kleinere Gebrauchsstücke, da größere Hölzer relativ teuer sind. Eine Abhilfe wird durch die Ölfarbringe an den Holzenden geschaffen, da der Verschnitt durch das Fehlen der Ringe erkannt wird. Um dem Betrug vorzubeugen, ist es zweckmäßig, für die einzelnen Längen verschiedene Farben oder Farbzusammenstellungen vorzusehen. Das Zerschneiden von größeren Hölzern darf nur gestattet werden bei Holzmangel im Stapellager über Tage, was auf schlechte Verwaltung des Holzbeschaffungsbüros hindeutet, oder bei plötzlichem, dringendem Bedarf, z. B. bei größeren Brüchen usw.

3. Die Altholzverwertung.

Im Betrieb der Steinkohlengruben fallen in der Regel sehr erhebliche Mengen von Altholz an, so daß deren Verwertung von beachtlicher Bedeutung ist. Das Altholz ist grundsätzlich aus der Grube zu entfernen und auf den Altholzstapelplatz zu schaffen. Dort ist das Holz auf seine weitere Verwendbarkeit zu prüfen. Die Feststellung erstreckt sich auf die Länge sowie auf die erlittene Beanspruchung durch Fäulnis und mechanische Einflüsse.

Als Kappen, Stempel oder sonstige betriebswichtige Ausbauhölzer soll Altholz nie verwendet werden, da man in der Regel nie genau feststellen kann, seit wann das Holz in der Grube ist, wie es dort gelagert hat, wo es eingebaut war, also welchen Beanspruchungen durch beginnende Fäulnis oder mechanische Einwirkungen es bereits ausgesetzt war. Die Auswahl des Altholzes erfolgt nach seiner von der Länge der einzelnen Stücken abhängigen Verwendungsfähigkeit. Hierbei wird vorausgesetzt, daß Fäulniserscheinungen sich noch nicht in erheblichem Umfange bemerklich machen und das Holz nicht durch den Druck usw. zu stark gespalten ist. Man verwendet z. B. Altholz von mehr als 1,5 m Länge für Holzpfeiler, Stücken von 0,60 bis 1.20 m Länge zu Holzquetschmauern, Stücken von 0,90 bis 1,20 m Länge und mindestens 0,15 m Stärke zu Grubenschwellen und das kleinere Holz als Brennholz.

Das Brennholz ist möglichst billig an die Belegschaft abzugeben, um ihr jede Veranlassung zum Altholzdiebstahl zu nehmen. Insbesondere ist das Mitnehmen von Altholz aus der Grube zu verbieten und evtl. durch ständige Kontrolle (Grubenpolizei) zu unterbinden, da sonst häufig sehr viel hochwertiges Langholz zu „Altholz" verschnitten wird.

4. Die Auswertung der Betriebsüberwachung.

Die Auswertung der Betriebsüberwachung hat unter dem Gesichtspunkt des laufenden Betriebes sowie unter dem der Fortentwicklung desselben zu erfolgen.

Für die Überwachung des laufenden Betriebes ist zunächst der Mindestholzbedarf nach dem Ausbaubuch und dem tatsächlichen bzw. vorgesehenen Fortschritt des Abbaues sowie der Aus- und Vorrichtung zu errechnen. Durch Multiplikation mit einem vom wirksamen Gebirgsdruck abhängigen Faktor (in der Regel nur für die neu aufzufahrenden Grubenbaue, die einem länger dauernden Gebrauch dienen sollen) erhält man die Sollzahl für die Neuauffahrungen und den Abbau im engeren Sinne. Hinzu kommen die zur Unterhaltung der vorhandenen Grubenbaue nötigen Grubenholzmengen, die man am besten ebenfalls aus der Länge dieser Grubenbaue multipliziert mit einem vom Gebirgsdruck abhängigen Erfahrungsfaktor erhält. Hierbei sind die im betreffenden Monat abgeworfenen bzw. abzuwerfenden Grubenbaue entsprechend zu berücksichtigen. Für den abgelaufenen Monat erhält man die Faktoren durch Division des Holzverbrauches durch die zugehörigen Streckenlängen. Mit dem tatsächlichen oder zu erwartenden Holzverbrauch sind auch die Holzkosten zu errechnen.

Die Soll- und Istzahlen sind beim Monatsschluß miteinander zu vergleichen. Auffallender Mehr- oder Minderverbrauch gegenüber der Sollzahl ist zu begründen. Die Soll- und Istzahlen sind unter Berücksichtigung der jeweils anteiligen Förderung für die gesamte Grube und für die einzelnen Steigerabteilungen zu errechnen. Die aus den Büchern festgestellten Betriebsergebnisse werden der größeren Sinnfälligkeit halber am besten graphisch dargestellt. Die Ergebnisse werden bei den Betriebskonferenzen besprochen.

Es ist sehr wichtig, den Steigern die Holzkosten und einen Übersichtsplan der Holzvorräte zu geben, damit sie darnach die für ihre Zwecke passendsten Holzsorten anfordern und sich über die entstehenden Kosten sofort Klarheit verschaffen können. Zur Erleichterung der Rechnung können graphische Berechnungstafeln dienen.

Von Bedeutung sowohl für den laufenden Betrieb wie für die Entwicklung der Organisation der Holzversorgung ist die sofortige Beachtung und Untersuchung der Klagen der Betriebsbeamten. Es ist hierzu ein Betriebsbuch für die Holzbewirtschaftung in der Steigerstube auszulegen, in das die Wünsche und Beanstandungen eingetragen werden, die evtl. bei der Betriebsbesprechung zu begründen sind. Am besten bespricht der Holzstapelmeister nach Beendigung der Frühschicht die Beanstandungen mit den Abteilungssteigern.

Die Betriebsüberwachung wird die Beanstandungen nach den in Frage kommenden Gesichtspunkten bearbeiten, wie unregelmäßige Zufuhr, versehentlich oder bewußt herbeigeführte Irrläufer, falsche Hölzer, schlechte Hölzer usw. Den Ursachen berechtigter Klagen ist nachzugehen, um Abhilfe zu schaffen.

Für die Betriebsüberwachung ergibt sich aus der Aufstellung der angeforderten Hölzer unter Berücksichtigung der erforderlichen Mengen und der Betriebsverhältnisse die Aufgabe, eine möglichst weitgehende Normalisierung der Abmessungen durchzuführen. Ferner empfiehlt es sich oft, durch Versuchsreihen festzustellen, welche Ausbauarten für die einzelnen Fälle am zweckmäßigsten sind, wobei neben dem reinen Holzausbau auch der Eisen-, Beton- und Mauerausbau sowie der zusammengesetzte Ausbau (z. B. Eisen und Holz) in Betracht kommen können. Beim Holzausbau können die einzelnen Holzarten (Nadelholz, Laubholz), die Holzstärken, die Imprägnierungsverfahren usw. Gegenstand eingehender Untersuchungen werden.

Für die einheitliche Holzüberwachung wird sich die Aufstellung besonderer Terminkalender etwa in folgender Form ergeben[1]:

a) nach Wochentagen:

Wochentag	Aufgaben
Montag . . .	—
Dienstag . .	Das „Betriebsbüro" wegen Holzkosten der vergangenen Woche mahnen. Nachprüfung der schaubildlichen Darstellungen. Auswertung in $\mathcal{M}$/Wagen und % für Anteilfeststellungstafeln je Abteilung und je Flöz.
Mittwoch . .	—
Donnerstag .	Holzanforderung für Sonnabend (kurze Schicht) besprechen.
Freitag . . .	Überwachung der Altholzbestände, da am Sonnabend meist Verkauf des Brennholzes stattfindet. In Zeiträumen von 14 Tagen Stichproben auf der Halde nehmen. Gezeichnete Stempel zählen. Gesamtwagenzahl von Altholz anfordern. Verbrauch des wiederverwandten Holzes nachprüfen.
Sonnabend .	Überwachung der Holzförderung; Sonnabend-Nachtschicht (Kurzschicht).

b) nach Monatstagen:

Monatstag	Aufgaben
2.	Die Gesamtkosten des vergangenen Monats anfordern und auswerten.
3.	Rücksprache mit Steigern und Fahrsteigern über die Monatskosten.
4.	Überprüfung der Vorausbestimmung des Holzbedarfes.
6.	Rücksprache mit dem Betriebsingenieur über die Vorausbestimmung des Holzbedarfes.
8.	Rücksprache mit der Einkaufsabteilung über die Vorausbestimmung des Holzbedarfes.
10.	Farbenwechsel in der Holzmarkung.
14.	Mitteilung des Farbenwechsels an die Fahrsteiger.
24.	Übersichtspläne für die Abteilungssteiger vorbereiten lassen.

---

[1] S. auch Haenel: a. a. O.

IX. Organisation und Überwachung der Reparaturwerkstätten[1].
a) Der Aufgabenkreis der Reparaturwerkstätten.

Reparaturwerkstätten[2] größeren Umfanges ermöglichen eine größere Unabhängigkeit von Lieferterminen als die Lieferung von Fremdwerken. In dieser Hinsicht kann eine teurere Herstellung im eigenen Werke oft vorteilhafter sein, weil die Verluste durch die bei Überschreitung des Liefertermines sonst verlängerte Störung (entgangener Betriebsgewinn) wegfallen. Hiernach wird der Aufgabenkreis der Reparaturwerkstätten von ihren Herstellungspreisen und Liefermöglichkeiten zu denen der Fremdwerke abhängen. Wesentlich bestimmt wird somit dieser Aufgabenkreis von der Organisation und Überwachung der Reparaturwerkstätten. Die Organisation hat den Zweck:

1. die Reparaturen zu beschleunigen und zu verbilligen,
2. das Materiallager zu verringern und Altmaterial möglichst wieder verwendungsfähig zu machen,
3. durch Feststellung der Häufigkeit und der Ursachen der Reparaturbedürftigkeit systematisch eine Ausschaltung der Konstruktions- und Materialmängel sowie der Behandlungsfehler herbeizuführen.

Das Ziel wird erreicht durch Vereinfachung der Arbeitsverfahren, eine möglichst übersichtliche Disponierung der Anlage, klare, einfache Organisation des Betriebes und der Betriebsüberwachung.

b) Die Ausrüstung und Organisation der Reparaturwerkstätten.

Zu dem genannten Zwecke müssen der Werkstatt gute Maschinen und Geräte zur Verfügung stehen. Eine moderne Hauptwerkstatt wird daher Schnelldrehbänke, Hobelmaschinen, Schnellhobler, Schleifmaschinen, Radialbohrmaschinen und je nach Lage des Falles auch sonstige Arbeitsmaschinen aufweisen. Ebenso werden in der Schmiede neben Schmiedeöfen Exzenterpressen, Lufthämmer und gegebenenfalls eine kleine Rotgießerei zur Verfügung stehen. Auch ist das bewegliche Handwerkszeug der Arbeit anzupassen, die mit ihm ausgeführt werden soll. Ferner ist dem Handwerker das Halten schwerer Werkstücke bei deren Bearbeitung durch geeignete Vorrichtungen wie Schwenkarme, Böcke usw. abzunehmen oder zu erleichtern.

Bei der Wiederherstellung von Gebrauchs- und Verschleißgegenständen aus Eisen und Stahl wird man zweckmäßig von der elektrischen oder autogenen Schweißerei Gebrauch machen, weil dadurch die Arbeitsverfahren meist wesentlich vereinfacht werden und die Wiederverwendung von Maschinenteilen ermöglicht wird, die sonst zum Schrott geworfen werden müßten (Vorschuhen von Preßstempeln). Die Nitrierhärtung nach Krupp[3] z. B. vermeidet die bei der Einsatzhärtung meist entstehenden Spannungen und deren Folgen (Risse, Verziehungen) und ermöglicht, da die Formänderung gesetzmäßig vorausbestimmbar ist, eine vereinfachte Bearbeitung und bessere Härtung.

Die Anordnung der einzelnen Arbeitsmaschinen in der Reparaturwerkstätte hängt wesentlich von der Größe derselben bzw. der Größe der hierauf zu bearbeitenden Teile ab. Man wird bestrebt sein, die Anordnung so zu treffen, daß

---

[1] Kleinböhl: Die wissenschaftliche Betriebsführung in Reparaturwerkstätten. Berlin: VDI-Verlag 1926. Brasch: Betriebsorganisation und Betriebsabrechnung. Berlin: VDI-Verlag 1928. Voigt: Betriebswirtschaft von Instandsetzungswerkstätten. Z. Masch.-Bau 1928, S. 657.

[2] Die Bezeichnung „Reparaturwerkstätten" soll zugleich auch die Werkstätten von Bergwerken umfassen, die in mehr oder weniger großem Umfange auch Neuanfertigungen ausführen.

[3] Kruppsche Monatsh. Februar 1926.

die Werkstücke, deren Reparatur die Werkstatt am stärksten belasten, die Arbeitsstellen auf möglichst kurzen Wegen durchwandern.

In den folgenden Abbildungen sind die Lagepläne bzw. Grundrisse einiger Reparaturwerkstätten dargestellt.

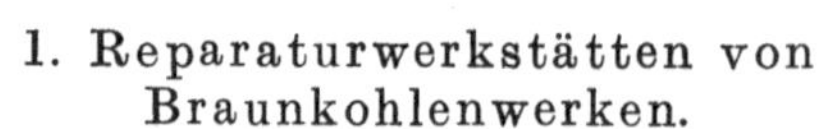

1. Reparaturwerkstätten von Braunkohlenwerken.

Abb. 150 zeigt im Grundriß die Anordnung der Arbeitsplätze in der Werkstätte auf Gruhlwerk II im rheinischen Braunkohlenrevier. Sie deckt den Reparaturbedarf der Brikettfabrik mit 2500 t Tagesleistung einschließlich der Brikettverladung und ist als Beispiel für eine Einzelwerkstatt anzusprechen. Der Platzbedarf der Werkstätte einschließlich der zugehörigen Magazine beträgt ungefähr 1635 m². Der gesamte Kraftbedarf dieser Werkstätte beträgt etwa 65 bis 70 PS.

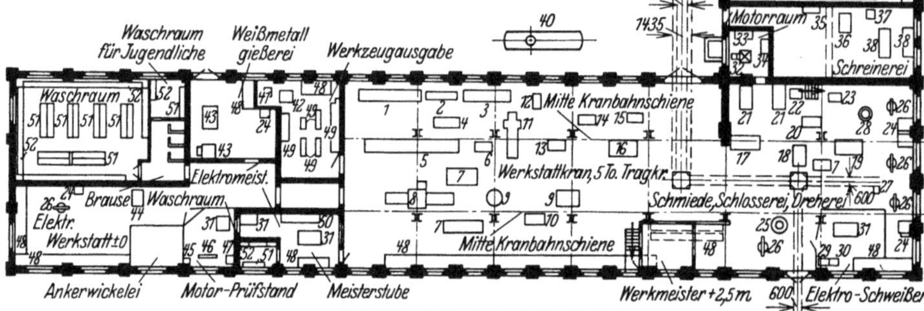

Abb. 150. Grundriß des Werkstatt- und Magazingebäudes auf Gruhlwerk II. (Maßstab ungefähr 1:600).

1 Spindeldrehbank, Spitzenhöhe 260 mm, Drehlänge 3,50 m, Kraftbedarf 3,0 PS,
2 ,, ,, 250 ,, ,, 1,50 m, ,, 1,5 ,,
3 ,, ,, 280 ,, ,, 2,90 m, ,, 3,0 ,,
4 ,, ,, 190 ,, ,, 1,25 m, ,, 1,0 ,,
5 ,, ,, 400 ,, ,, 5,70 m, ,, 5,0 ,,
6 Schnell-Bohrmaschine, Ausladung 300 mm, Bohrtiefe 150 mm, größter Bohrdurchmesser 24 mm, Kraftbedarf 1 PS, 7 Richtplatte, 8 Kopf-Drehbank, Spitzenhöhe 1050 mm, Planscheibendurchmesser 1,5 m, Kraftbedarf 7,5 PS (eigener Antrieb), 9 Autogene Schweißerei, 10 Blech-Biegemaschine, 11 Hobelmaschine, Hobellänge 2 m, verstellbare Hubhöhe 750 mm, Tischbreite 800 mm, Kraftbedarf 3 PS, 12 Schleifstein, Kraftbedarf 0,5 PS, 13 Shapingmaschine, Hub 300 mm, Kraftbedarf 2 PS, 14 Fräsmaschine, Tischlänge 1 m, Tischbreite 300 mm, Kraftbedarf 2 PS, 15 Eisensäge, Kraftbedarf 1 PS, 16 Radialbohrmaschine, größte Ausladung 1,3 m, Bohrtiefe 300 mm, größter Bohrdurchmesser 50 mm, Kraftbedarf 3 PS, 17 Säulenbohrmaschine, größte Ausladung 650 mm, Bohrtiefe 270 mm, größter Bohrdurchmesser 60 mm, Kraftbedarf 3 PS, 18 Universalschere und Lochstanze, Kraftbedarf 5 PS, 19 Lufthammer, größter Hub 270 mm, Bärgewicht 100 kg, Kraftbedarf 3 PS, 20 Gewindeschneidemaschine bis 2'' Gas-Gewinde, Kraftbedarf 1 PS, 21 Kompressoren je 6,4 m³ stündlich bei 6,5 atü, je 6 PS Kraftbedarf, 22 Gebläse, Kraftbedarf 2 PS, 23 Schmirgelstein, Kraftbedarf 2 PS, 24 Schmiedefeuer, 25 Rundfeuer, 26 Amboß, 27 Schmiedeschraubstock, 28 Schmiedehorn, 29 Motor, Kraftbedarf 15 PS, 30 Umformer, 100 Volt, 250 Amp., 9 kW, 31 Tisch, 32 Motor, Kraftbedarf 48 PS, 33 Schaltanlage 3000 V, 34 Lichtverteilung 220 V, 35 Drehbank, Spitzenhöhe 180 mm, Drehlänge 1 m, Kraftbedarf 0,5 PS, 36 Bandsäge, Kraftbedarf 0,5 PS, 37 Schleifstein, 38 Hobelbank, 39 Streckbahn, 40 Druckluftkessel, 6,5 atü, 4,5 m³ Inhalt, 41 Schmirgelstein, 0,5 PS, 42 Schleifmaschine, 0,5 PS, 43 Schmelzöfen, 44 Schnell-Bohrmaschine, Ausladung 300 mm, Bohrtiefe 150 mm, größter Bohrlochdurchmesser 24 mm, Kraftbedarf 1 PS, 45 Akkumulatorladestation, 46 Schalttafel, 220 V, 47 Schalttafel, 3000 V, 48 Werkbänke, 49 Regale, 50 Werkzeugschränke, 51 Waschständer, 52 Kleiderschränke, 53 Gleisanlagen (600 mm bzw. 1435 mm), 54 Werkstattkran, 5 t Tragkraft.

Als Beispiel für eine Zentralwerkstätte im Braunkohlenbergbau ist in Abb. 151 bis 157 die Zentralwerkstatt der Bubiag, Werksdirektion Mückenberg, dargestellt. In ihr werden nicht nur die gesamten, in den Abraum-, Gruben- und Fabrikbetrieben erforderlichen Reparaturen ausgeführt, sondern auch die

Anfertigung von Ersatzteilen bzw. Neuanlagen vorgenommen. Die Gesamt-
tagesleistung der von dieser Werkstätte versorgten Braunkohlengruben betrug im
Durchschnitt des Jahres 1929 ungefähr 6230 t Briketts, 17400 t Rohkohlen-

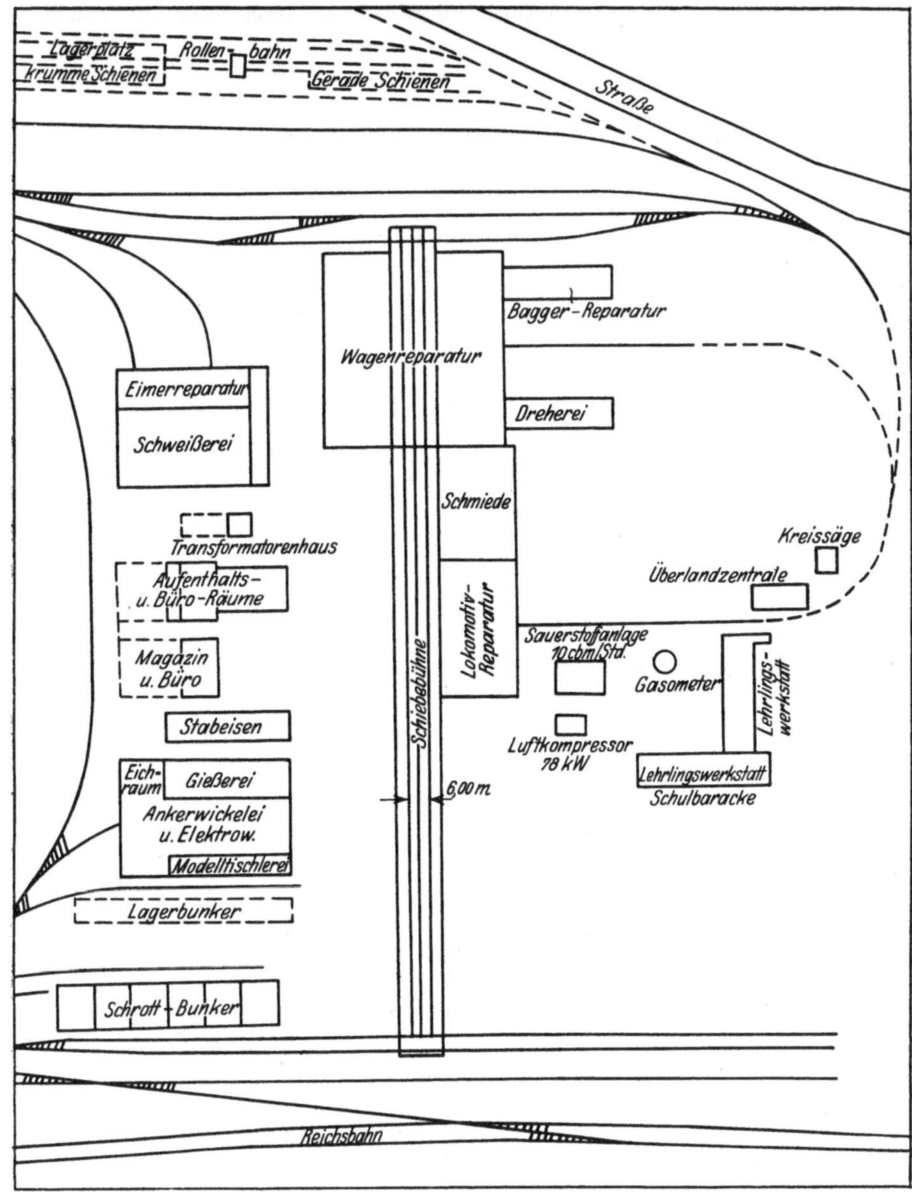

Abb. 151. Lageplan der Zentralwerkstatt der Bubiag. (Maßstab ca. 1:2000.)

förderung und 61000 m³ Abraum. Die Zahl der beschäftigten Handwerker beträgt
ca. 250. In der Lehrlingswerkstatt, der eine Werkschule angegliedert ist, werden
jährlich 30 Lehrlinge in 4jähriger Lehrzeit nach den erforderlichen Berufen ausgebildet. Der gesamte Kraftbedarf beträgt etwa 580 kW.

Der Lageplan der genannten Zentralwerkstätte (Abb. 151) zeigt die gegenseitige Anordnung der einzelnen Werkstattgebäude, der Magazine, Lagerplätze usw. sowie der Anschlußgleise und Verschiebebühne.

Die folgenden Abbildungen geben die Grundrisse einiger Abteilungen der Zentralwerkstatt und zeigen ihre Einrichtung und die Anordnung der einzelnen Werkzeugmaschinen und Einrichtungsgegenstände.

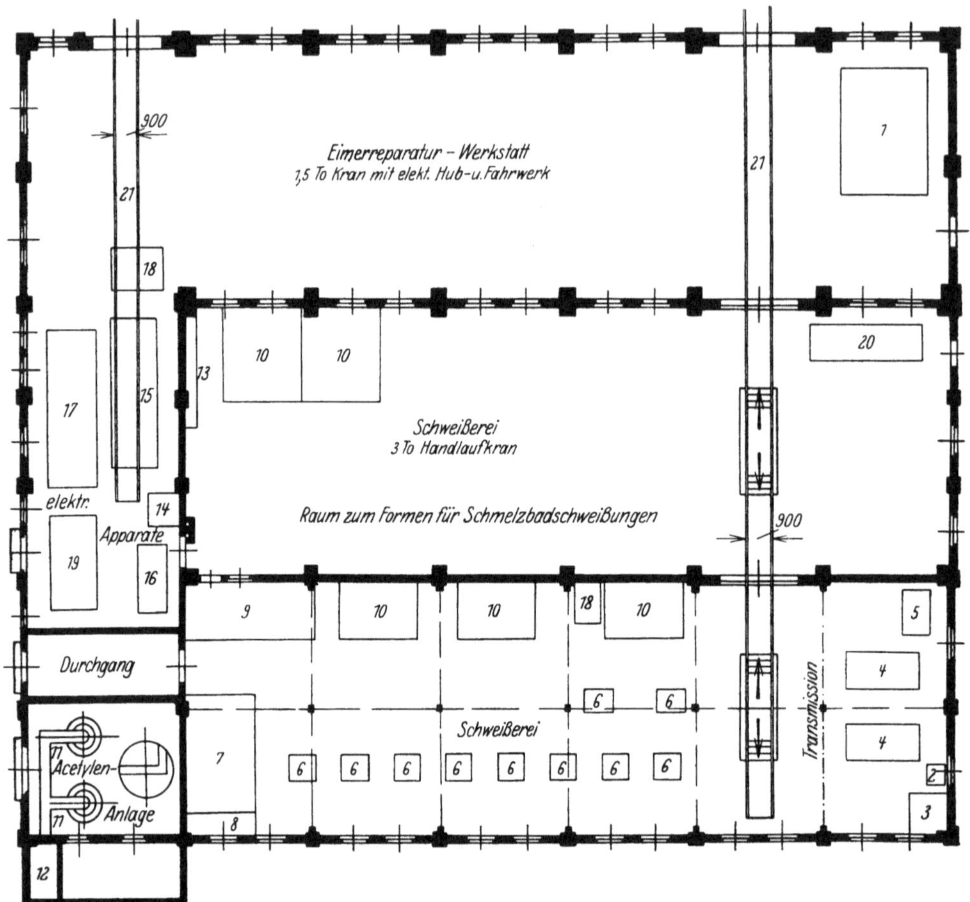

Abb. 152. Grundriß der Eimerreparaturwerkstätte und Schweißerei der Zentralwerkstätte der Bubiag. (Maßstab ca 1 : 285.)

1 Zweispindel-Schakenbohrmaschine bis 70 mm Bohrlochdurchmesser, Motorleistung $2 \times 7{,}5$ kW, *2* Ventilator 3,3 kW, *3* Antriebsmotor 15 kW, *4* Schleifmaschine, *5* Bohrmaschine, *6* Schweißtische, *7* Werkzeugausgabe, *8* Feilbank, *9* Aufbewahrungsraum für Schweißmaterial, *10* Kabinen für Elektroschweißer, *11* Azetylenentwickler à 100 kg Füllung, *12* Schlammpumpe, 75 l/min Leistung, 1,5 kW, *13* Schalttafel, *14* Schalter 2200 V, *15* Stationäre Schweißanlage 2×600 Amp., 2200 V, *16* Stationärer Schweißumformer 280 Amp., *17* Transportabler Schweißumformer 600 Amp., *18* Transportabler Schweißumformer 250 Amp., *19* Transportabler Schweißumformer 225 Amp., *20* Sauerstoffbatterie, 50 m³ bei 25 at, *21* Gleisanlage.

Abb. 158a bis c zeigt den Plan eines Werkstattgebäudes mit Lagerraum im Kellergeschoß, wie er von den Eintracht-Werken, Welzow N.-L., entworfen wurde. Die Werkstätte ist für ein Braunkohlenwerk von 6000 t täglicher Rohkohlenförderung, von der ca. 4000 t brikettiert werden, vorgesehen. Der Grundflächenbedarf beträgt ca. 2800 m². Die Reparaturleute verteilen sich auf folgende Berufsgruppen:

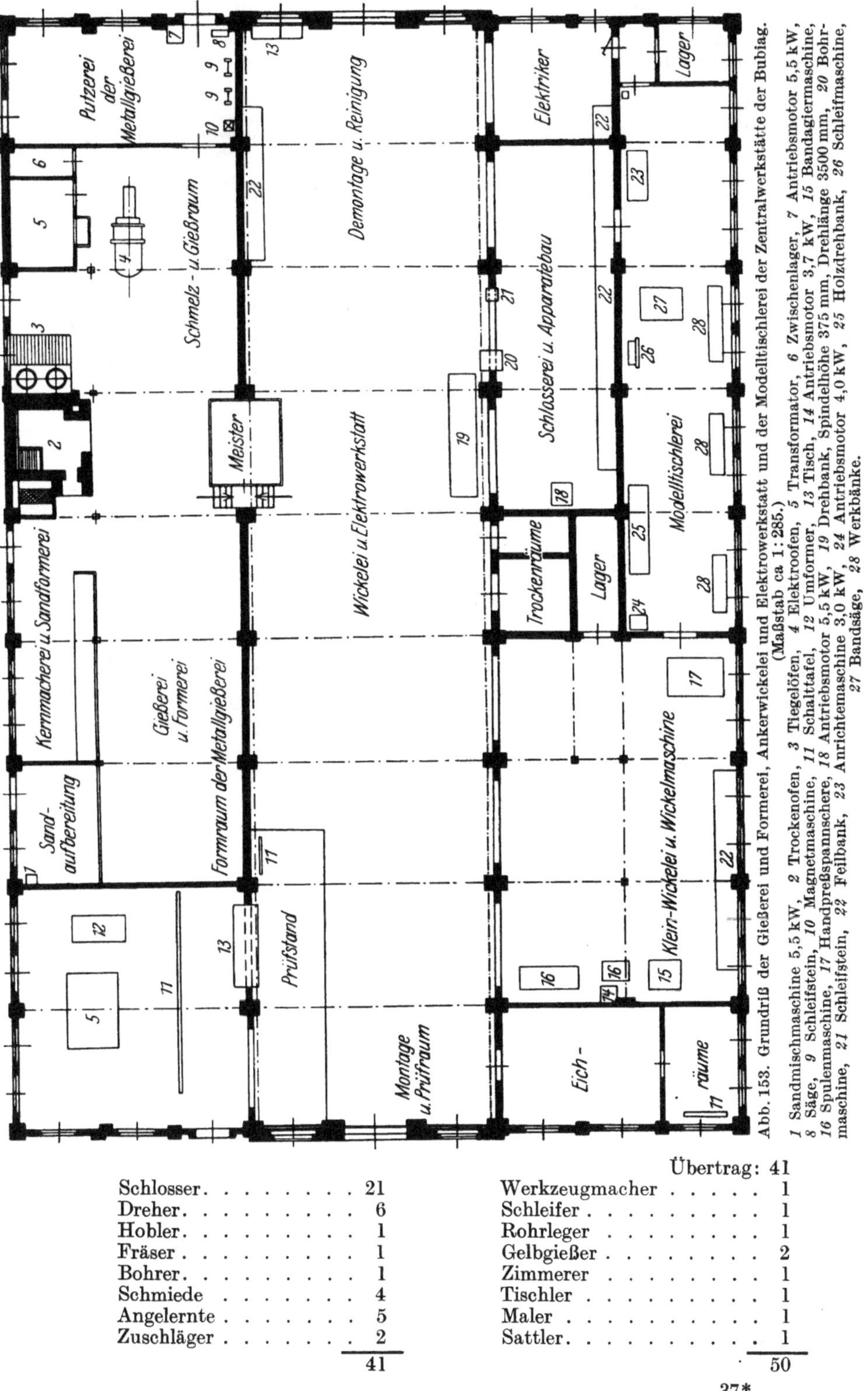

Abb. 153. Grundriß der Gießerei und Formerei, Ankerwickelei und Elektrowerkstatt und der Modelltischlerei der Zentralwerkstätte der Bubiag. (Maßstab ca 1:285.)

1 Sandmischmaschine 5,5 kW, 2 Trockenofen, 3 Tiegelöfen, 4 Elektroofen, 5 Transformator, 6 Zwischenlager, 7 Antriebsmotor 5,5 kW, 8 Säge, 9 Schleifstein, 10 Magnetmaschine, 11 Schalttafel, 12 Umformer, 13 Tisch, 14 Antriebsmotor 3,7 kW, 15 Bandagiermaschine, 16 Spulenmaschine, 17 Handpreßspannschere, 18 Antriebsmotor 5,5 kW, 19 Drehbank, Spindelhöhe 375 mm, Drehlänge 3500 mm, 20 Bohrmaschine, 21 Werkbänke, 22 Feilbank, 23 Anrichtemaschine 3,0 kW, 24 Antriebsmotor 4,0 kW, 25 Holzdrehbank, 26 Schleifmaschine, 27 Bandsäge, 28 Werkbänke.

Übertrag: 41

Schlosser	21	Werkzeugmacher	1
Dreher	6	Schleifer	1
Hobler	1	Rohrleger	1
Fräser	1	Gelbgießer	2
Bohrer	1	Zimmerer	1
Schmiede	4	Tischler	1
Angelernte	5	Maler	1
Zuschläger	2	Sattler	1
	41		50

37*

<table>
<tr><td>Übertrag: 50</td><td>Übertrag: 60</td></tr>
<tr><td>Kesselschmiede . . . . . 1</td><td>Maurer . . . . 2</td></tr>
<tr><td>Kupferschmiede. . . . . 1</td><td>Presser . . . . 1</td></tr>
<tr><td>Autogenschweißer . . . . 1</td><td>Werkstattarbeiter . . . . . 2</td></tr>
<tr><td>Elektroschweißer . . . . 3</td><td>Magazinarbeiter. . . . . . 2</td></tr>
<tr><td>Elektriker . . . . 4</td><td>Hof- u. Transportarbeiter . 3</td></tr>
<tr><td>60</td><td>Insgesamt 70</td></tr>
</table>

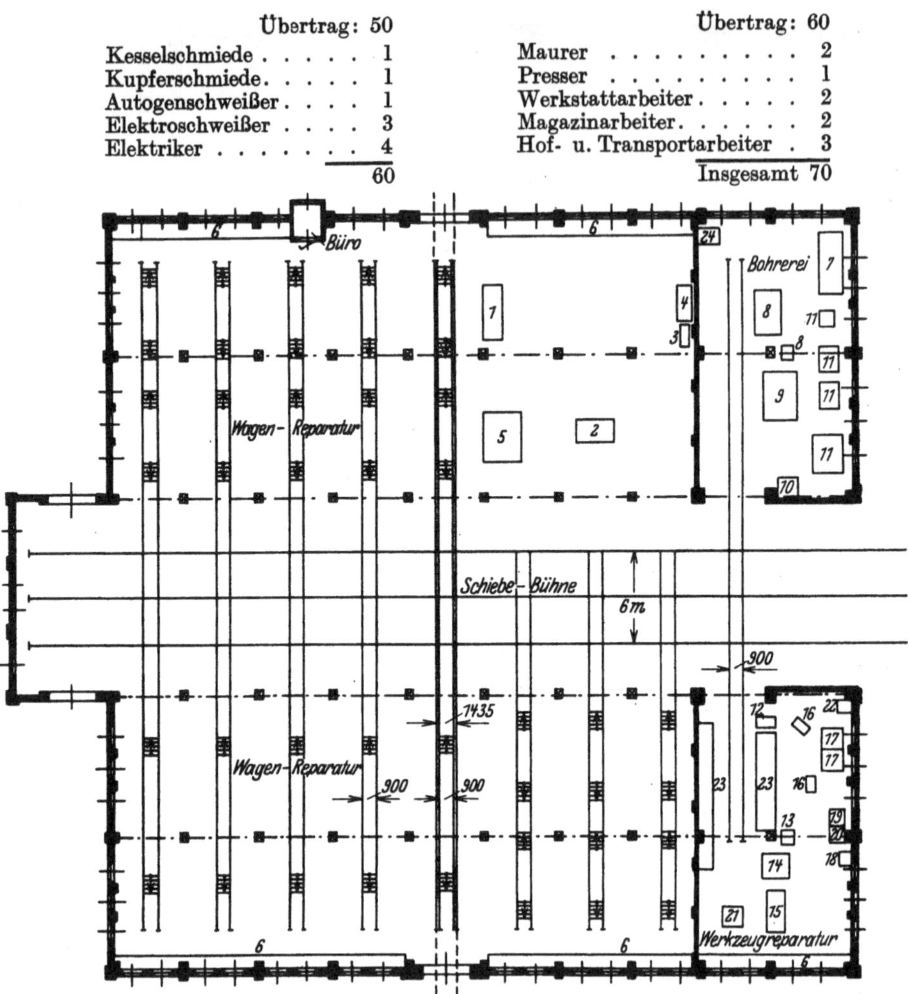

Abb. 154. Grundriß der Wagen- und Werkzeugreparaturwerkstätte der Zentralwerkstätte der Bubiag.
(Maßstab ca. 1:500).

1 Blechbiegewalze 4,0 kW, *2* Kombinierte Stanze-Schere, 7,5 kW, *3* Schmirgelscheibe 4,0 kW, *4* Elektrischer Schweißstand (Schweißtransformator 200 Amp.), *5* Richtplatte, *6* Feilbank, *7* Drehbank, Spindelhöhe 375 mm, Drehlänge 1500 mm, 9,0 kW, *8* Radialbohrmaschine 3,3 kW, *9* Fräsmaschine 5,5 kW, *10* Antriebsmotor 8,2 kW, *11* Bohrmaschine, *12* Bohrerschleifmaschine 0,37 kW, *13* Antriebsmotor 5,5 kW, *14* Universal-Werkzeug-Schleifmaschine, *15* Drehbank, Spindelhöhe 250 mm, Drehlänge 1000 mm, *16* Amboß, *17* Schmiedefeuer, *18* Härteofen, *19* Ölbehälter, *20* Wasserbehälter, *21* Anreißplatte, *22* Ventilator, *23* Werkzeugregal, *24* Bügelsäge.

Es bedeuten in Abb. 158a:

1. Mechanische Werkstatt.
Maschinelle Einrichtung.

1. 1 Hochleistungs-Schnelldrehbank:

Spitzenhöhe	350 mm
Spitzenweite	3100 mm
Kraftbedarf	11 PS
Fläche.	6 × 1 m
Bedienung	1 Mann

2. 1 Hochleistungs-Schnelldrehbank:

Spitzenhöhe	300 mm
Spitzenweite	5000 mm
Kraftbedarf	8 PS
Fläche	7 × 1 m
Bedienung	½ Mann

3. 3 Hochleistungs-Schnelldrehbänke:

Spitzenhöhe	250 mm
Spitzenweite	3000 mm
Kraftbedarf je . .	6 PS
Fläche.	4,7 × 0,5 m
Bedienung je. . . .	1 Mann

4. 1 Hochleistungs-Schnelldrehbank:

Spitzenhöhe	200 mm
Spitzenweite	1500 mm
Kraftbedarf	2 PS
Fläche	2,6 × 0,6 m
Bedienung	1 Mann

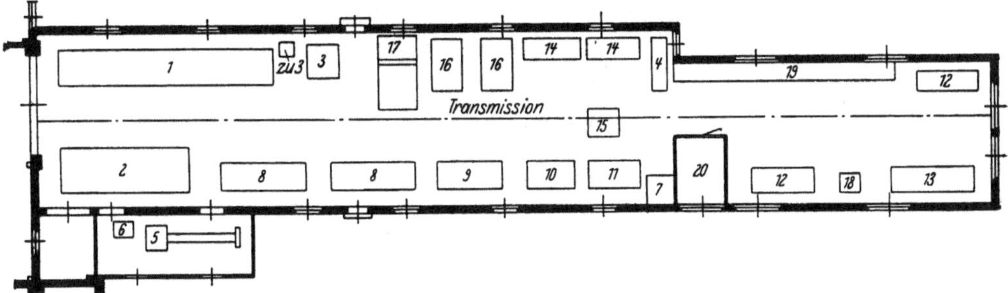

Abb. 155. Grundriß der Dreherei der Zentralwerkstätte der Bubiag. (Maßstab ca. 1: 350.)
1 Wellendrehbank mit Flanschmotor, Spitzenhöhe 400 mm, Drehlänge 6000 mm, 12 kW, *2* Einscheiben-Schnell-drehbank, Spitzenhöhe 520 mm, Drehlänge 3000 mm, 13,3 kW, *3* Stoßbank 3,0 kW, *4* Gewindeschneide-maschine 2,25 kW, *5* Hydraulische Presse, *6* Pumpe mit Motor 2,2 kW, *7* Antriebsmotor 36,9 kW, *8* Dreh-bank, Spitzenhöhe 300 mm, Drehlänge 2000 mm, *9* Drehbank, Spitzenhöhe 250 mm, Drehlänge 1500 mm, *10* Drehbank, Spitzenhöhe 225 mm, Drehlänge 1000 mm, *11* Drehbank, Spitzenhöhe 200 mm, Drehlänge 1500 mm, *12* Drehbank, Spitzenhöhe 275 mm, Drehlänge 1000 mm, *13* Drehbank, Spitzenhöhe 275 mm, Drehlänge 1500 mm, *14* Drehbank, Spitzenhöhe 200 mm, Drehlänge 1000 mm, *15* Universalfräsmaschine, *16* Shaping-maschine, *17* Langhobler, *18* Schleifstein, *19* Feilbank, *20* Meisterstube.

5. 1 Hochleistungs-Radsatzdrehbank:

Spitzenhöhe		600 mm
Kraftbedarf		15 PS
Fläche.		5 × 2 m
Bedienung		½ Mann

6. 1 Horizontalbohrwerk:

Spitzenhöhe		300 mm
Kraftbedarf		10 PS
Fläche		2,5 × 1,2 m
Bedienung.		⅓ Mann

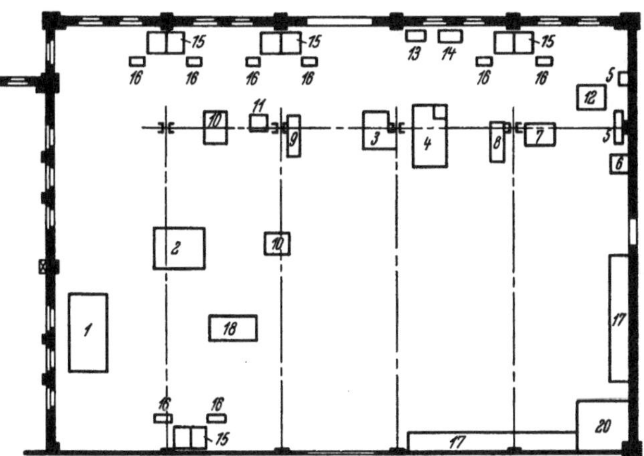

Abb. 156. Grundriß der Schmiede der Zentralwerkstätte der Bubiag.
(Maßstab ca. 1: 400.)
1 Kohlenstaubofen, 5,5 kW, *2* Lufthammer, 250 kg Bärgewicht, 19 kW, *3* Rundeisenschere 7,5 kW, *4* Exzenterpresse 7,5 kW, *5* Ventilator 2,2 kW, *6* Antriebsmotor 18 kW, *7* Spindelpresse, *8* Gewinde-schneidemaschine, *9* Säge, *10* Blattfederhammer, *11* Lochplatte, *12* Koksofen, *13* Stumpfschweißmaschine, *14* Schmirgelstein, *15* Schmiedefeuer, *16* Amboß, *17* Werkbank, *18* Richtplatte. *19* Ba-lanciers, *20* Meisterstube.

7. 1 Universal-Fräsmaschine:

Tischgröße . . . . 1250 × 1350 mm
Kraftbedarf		7 PS
Fläche. . . . . . . 2,5 × 1,5 m
Bedienung		⅓ Mann

9. 1 Kraftschnellhobler:

Hub.		650 mm
Kraftbedarf		6 PS
Fläche. . . . . . . 1,8 × 1,1 m
Bedienung		½ Mann

8. 1 Einpilaster-Hobelmaschine:

Hobelhöhe.		800 mm
Hobelbreite		1000 mm
Hobellänge		2000 mm
Kraftbedarf		13 PS
Fläche		4 × 2,5 m
Bedienung.		⅓ Mann

10. 1 Kraftschnellhobler:

Hub.		500 mm
Kraftbedarf		5 PS
Fläche		1,8 × 1,1 m
Bedienung		½ Mann

11. 1 Hochleistungs-Gewindeschneide-   12. 2 Schmirgelscheiben:
     maschine (für Gewinde bis 2″ Gas):
     Kraftbedarf . . . .   3 PS   Kraftbedarf je . . .   5 PS
     Fläche. . . . . . .   2 × 0,7 m   Fläche . . . . . .   1 × 1 m
     Bedienung nach Be-
     darf. . . . . . .   1 Mann

                         Sonstige Einrichtung.
                 13. 9 Ablegetische . . . 2 × 1 m.

                         2. Schlosserei.
                     Maschinelle Einrichtung.
14. 1 Hochleistungs - Säulen - Radialbohr-
     maschine mit um 360⁰ schwenkbarem
     Ausleger: 15. 1 Schnellbohrmaschine:
     Kraftbedarf . . . .   4 PS   Kraftbedarf . . . .   1 PS
     Größte Ausladung .   2 m   Fläche . . . . . .   0,5 × 0,5 m
     Fläche . . . . . .   3 × 1,25 m   Bedienung n. Bedarf   1 Mann
     Bedienung . . . . .   1 Mann

                         Sonstige Einrichtung.
                 16. 1 Anreißplatte . . . 2,5 × 1,5 m
                 17. 1 Feilbank . . . . . 10,5 × 1,6 m mit 12 Schraubstöcken
                 18. 6 Ablegetische . . .   2 × 1 m.

                         3. Schmiede.
                     Maschinelle Einrichtung.
19. 1 Hochleistungs-Säulen-Radialbohr-
     maschine mit um 360⁰ schwenkbarem
     Ausleger: 20. 1 Lufthammer:
     Größte Ausladung .   1,5 m   Bärgewicht . . . .   150 kg
     Kraftbedarf . . . .   5 PS   Kraftbedarf . . . .   11 PS
     Fläche. . . . . . .   2 × 1 m   Fläche . . . .   2 × 1,10 m
     Bedienung n. Bedarf.   1 Mann
21. 1 Stumpfschweißmaschine: 22. 1 dreistelliger Nietenwärmer:
     Schweißdauerleistung   105 kVA   Dauerleistung . . .   33 kVA
     Frequenz . . . . .   50 Per.
     Volt leer.   380
     Ampere   274
     Fläche. . . . . . .   1,2 × 1,2 m
23. 1 Spindel- oder Exzenterpresse: 24. 1 Schmiedefeuer:
     Kraftbedarf . . . .   21 PS   etwa 1,3 × 2 m Herdfläche
     Fläche. . . . . . .   2 × 1,5 m
     Bedienung n. Bedarf.   1 Mann

                     Sonstige Einrichtung:
25. 2 Ambosse mit Rund- und Quadrathorn
     und Stauchsockel   ca. 200 kg   26. 2 Lochplatten
27. 1 Richtplatte . . .   2 × 1 m   28. 2 Gußkörper für Baggereimer
29. 1 Schmiedeofen . .   3 × 2 m   30. 1 Regal für Matrizen.

                         4. Schweißerei.
                     Maschinelle Einrichtung.
31. 3 Schweißumformer: 32. 1 Schweißautomat für Radsätze:
     Antriebsleistung je .   30 kW   Spitzenhöhe . . . .   800 mm
     Drehstrom. . . . . 380 V, 55 A   Spitzenweite. . . . 800—1800 mm
     Schweißleistung . . 0—4 kW bis 200 A
                 33. 1 autogene Schweiß- und Schneideanlage.
                         Sonstige Einrichtung.
                 34. 4 Schweißtische.

                     5. Elektrische Werkstatt.
                     Maschinelle Einrichtung.
35. 1 Schnellbohrmaschine: 36. 1 Ladeaggregat.
     Größter Bohrer ⌀ .   15 mm   37. 1 Ladeschalttafel mit Volt- und Am-
     Kraftbedarf . . . .   1 PS   peremeter.
     Fläche. . . . . . . 0,5 × 0,5 m

                     Sonstige Einrichtung.
             38. 1 Feilbank, 6 m lang, 0,8 m breit, mit 4 Schraubstöcken.

6. Wagenbau.
Maschinelle Einrichtung.
39. 1 Schnellbohrmaschine:
Größter Bohrer ⌀ .　　60 mm
Kraftbedarf . . . .　　5 PS
Fläche. . . . . . .　　1 × 1 m

40. 1 dreistelliger Nietenwärmer:
Dauerleistung . . .　　33 kVA

Sonstige Einrichtung.
41. 1 Feilbank, 9,5 m lang, 0,8 m breit, mit 5 Schraubstöcken.

7. Lokomotiv-Halle.
Maschinelle Einrichtung.
42. 1 Schnellbohrmaschine:
Größter Bohrer ⌀ .　　60 mm
Kraftbedarf . . . .　　5 PS
Fläche. . . . . . .　　1 × 1 m

43. 1 Preßluft-Nietfeuer:
Luftverbrauch . . .　　0,1 m³/min

Sonstige Einrichtung.
44. 1 Feilbank, 9,5 m lang, 0,8 m breit, mit 5 Schraubstöcken.

8. Schleiferei.
Maschinelle Einrichtung.
45. 1 doppelseitige Schleifmaschine:
Kraftbedarf . . . .　　15 PS
Fläche. . . . . . .　　2,5 × 1,5 m

46. 1 Schleifmaschine:
Kraftbedarf . . . .　　2 PS
Fläche . . . . . .　　1 × 1 m

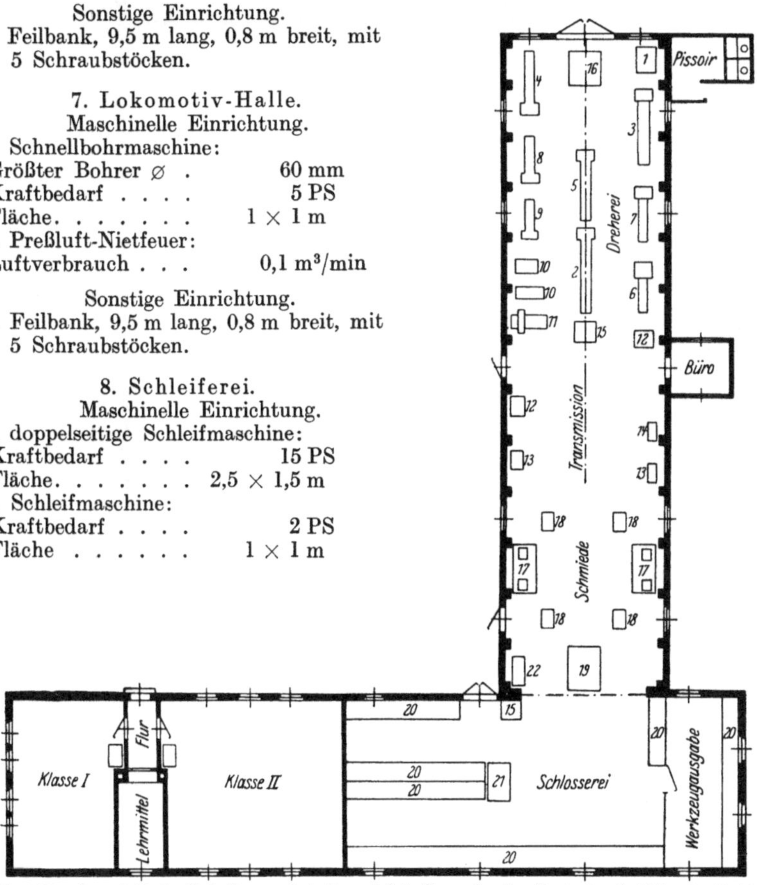

Abb. 157. Grundriß der Lehrlingswerkstatt und Schulbaracke der Zentralwerkstätte der Bubiag. (Maßstab ca. 1 : 350.)

1 Antriebsmotor 22 kW, *2* Drehbank, Spitzenhöhe 270 mm, *3* Drehbank, Spitzenhöhe 260 mm, *4* Drehbank, Spitzenhöhe 215 mm, *5* Drehbank, Spitzenhöhe 195 mm, *6* Drehbank, Spitzenhöhe 180 mm, *7* Drehbank, Spitzenhöhe 175 mm, *8* Drehbank, Spitzenhöhe 170 mm, *9* Drehbank, Spitzenhöhe 150 mm, *10* Shapingmaschine, *11* Langhobler, *12* Bohrmaschine, *13* Schleifmaschine, *14* Sandstein, *15* Ofen, *16* Schweißerstände, *17* Doppelfeuer, *18* Amboß, *19* Richtplatte, *20* Feilbänke, *21* Reißplatte, *22* Ventilator 2,2 kW.

9. Pressenraum.
Maschinelle Einrichtung.
47. 1 hydraulische Presse:
Kraftbetrieb . . . .　　1 PS
Fläche . . . .　　5 × 2 m

10. Werkzeugmacherei.
Maschinelle Einrichtung.
48. 1 Schnellbohrmaschine:
Kraftbedarf . . . .　　1 PS
Fläche. . . . . .　　0,5 × 0,5 m
Größter Bohrer ⌀ .　　15 mm

49. 1 Elektro-Muffelofen:
Stromverbrauch . .　　40 kWh
Muffelgröße　350 × 350 × 700 mm

Sonstige Einrichtung.
50. 1 Feilbank, 3 m lang, 0,8 m breit.
51. 2 Schraubstöcke.
52. 1 Ölbecken.
53. 1 Wasserbecken.

11. Tischlerei.
Maschinelle Einrichtung.
54. 1 Bandsäge:
Kraftbedarf . $1^1/_2$ PS
Fläche . . 1×1 m
55. 1 Abrichter:
Fläche . $1,5 \times 0,8$ m
Kraftbedarf . . 5 PS

Sonstige Einrichtung.
56. 2 Hobelbänke:
Fläche. . . . . . 2×1 m

12. Sonstiges.
57. 1 Kompressorenraum mit
1 Kompressor für 7 m³ an-
gesaugte Luft.
58. 1 Abstellraum für Elektrokarren, Schablonen, Schläuche
usw.
59. Aufzug für Elektrokarren.
60. Falltür nach dem Kellergeschoß.
61. Kartenkontrolle.

13. Zwischenlager.
Maschinelle Einrichtung.
62. 1 Hochleistungs-Bügelsäge-
maschine bis 150 mm ∅:
Kraftbedarf . .　　　½ PS
Fläche . . . .　$1,1 \times 0,7$ m
63. 1 Hochleistungs-Bügelsäge-
maschine bis 300 mm ∅:
Kraftbedarf . .　　　3 PS
Fläche . . . .　　2×1 m
64. 1 Schere mit Stanze für:
Bleche bis . .　　24 mm
Vierkanteisen bis　50 mm
Winkeleisen bis　100 mm
Lochdurchmesser　30 mm
Kraftbedarf. .　　11 kW
Fläche . . . .　$2,3 \times 1,3$ m
65. Zentriermaschine.

2. Reparaturwerkstätten von Steinkohlenwerken.

Als Beispiel für eine Steinkohlenreparaturwerkstätte ist in
Abb. 159 der Grundriß vom
Werkstättengebäude, Materiallager und Bauhof der Zeche
„Sachsen" angegeben. Die Einrichtungen dieser Werkstätte
können den Reparaturbedarf
für eine Tagesförderung von etwa
5000 bis 6000 t decken. Der gesamte Kraftbedarf beläuft sich
auf etwa 145 bis 150 PS, der
Grundflächenbedarf einschließlich Bauhof und Materiallager
auf ungefähr 8000 m². Die in
dieser Werkstätte aufgestellten Werkzeugmaschinen sind nachfolgend aufgeführt:

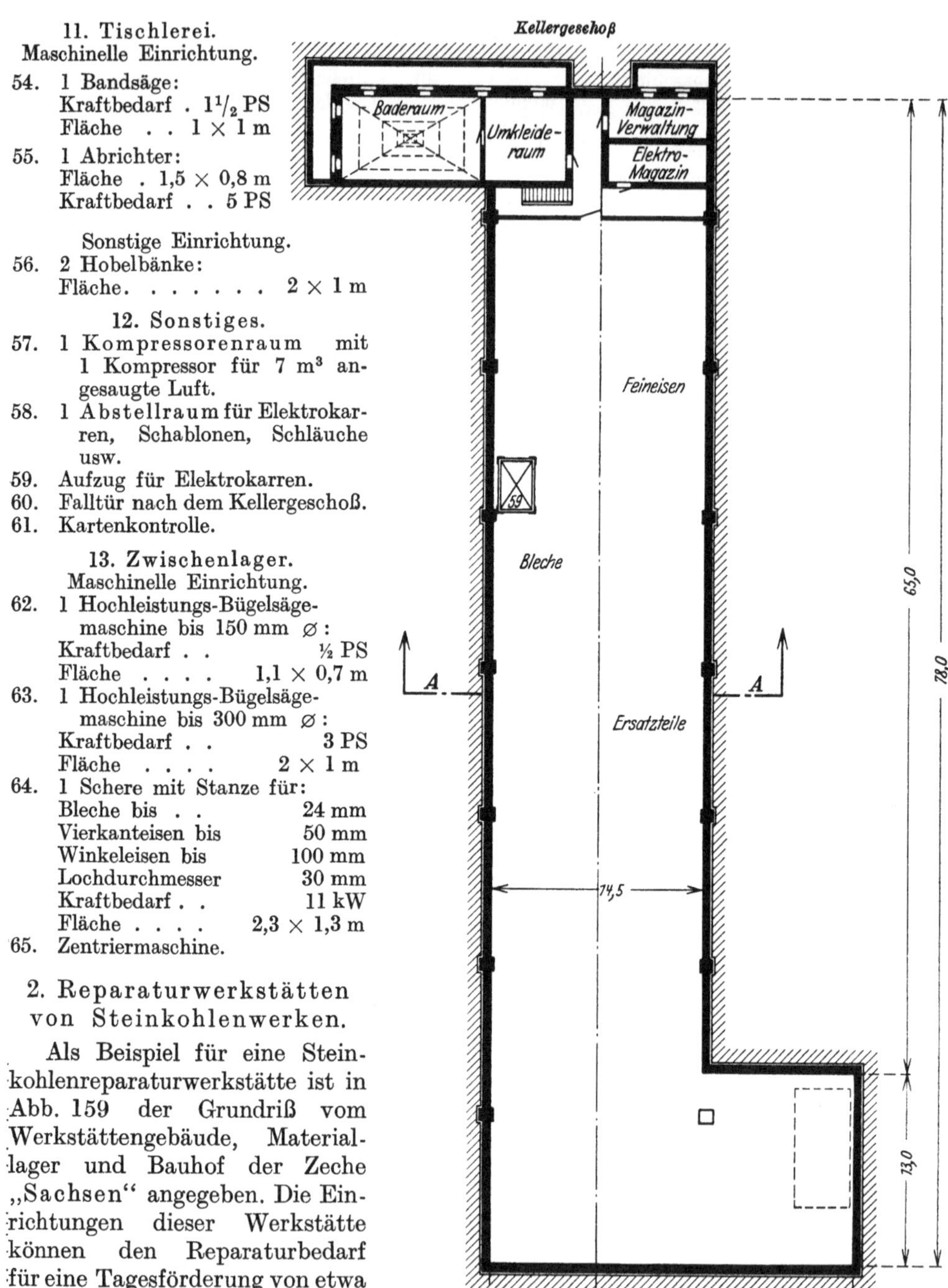

Abb. 158a.

Abb. 158a bis c. Werkstattplan für ein Braunkohlenwerk
von 6000 t Rohkohlenförderung (Eintracht-Werke, Welzow,
N.-L. Maßstab ca. 1:500.)

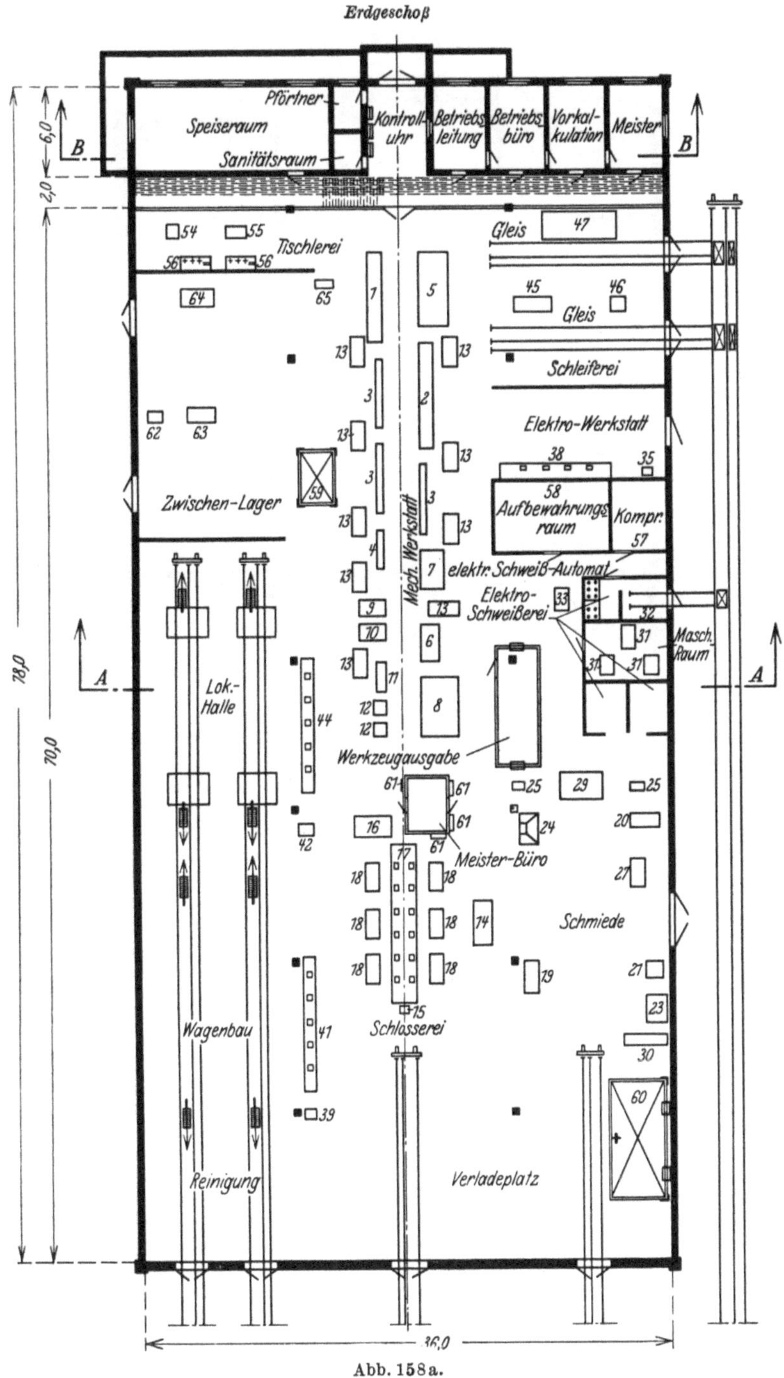

Abb. 158a.

1. Leitspindeldrehbank, Spitzenhöhe 250 mm, Drehlänge 3000 mm, Kraftbedarf 3 PS.
2. Einscheibenschnelldrehbank, Spitzenhöhe 230 mm, Drehlänge 1000 mm, Kraftbedarf 4 PS.
3. Desgl., Spitzenhöhe 350 mm, Drehlänge 4000 mm, Kraftbedarf 9 PS.
4. Plandrehbank, Planscheibendurchmesser 2000 mm, Kraftbedarf 4 PS.

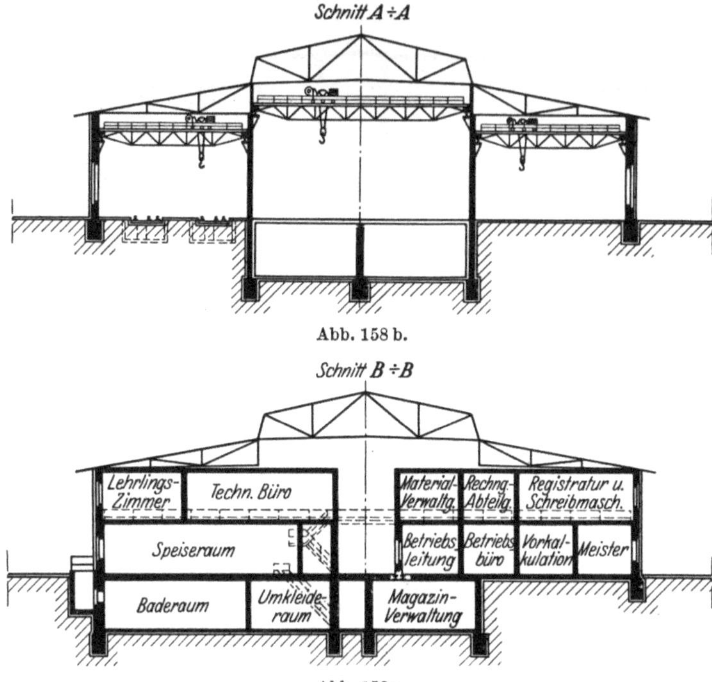

Abb. 158 c.

5. Ständerbohrmaschine, Löcher bis 80 mm ⌀ und 300 mm Tiefe, Ausladung 500 mm, Kraftbedarf 2 PS.
6. Schnellbohrmaschine, Löcher bis 30 mm ⌀ und 100 mm Tiefe, Ausladung 255 mm, Kraftbedarf 1 PS.
7. Säulenschnellbohrmaschine, Löcher bis 15 mm ⌀ und 120 mm Tiefe, Ausladung 210 mm, Kraftbedarf 3,6 PS.
8. Schnellbohrmaschine, Löcher bis 16 mm ⌀, Kraftbedarf 2 PS.
9. Bohrmaschine, Löcher bis 35 mm ⌀ und 50 mm Tiefe, Kraftbedarf 3 PS.
10. Schnellbohrmaschine, Löcher bis 32 mm ⌀ und 180 mm Tiefe, Ausladung 260 mm, Kraftbedarf 2 PS.
11. Universal-Radialbohrmaschine, Löcher bis 125 mm ⌀ und 350 mm Tiefe, Ausladung bis 1520 mm, Kraftbedarf 5,5 PS.
12. Shapingmaschine, größter Hub des Stößels 650 mm, größte Querbewegung des Tisches 650 mm, Kraftbedarf 5 PS.
13. Desgl., größter Hub des Stößels 650 mm, größte Querbewegung des Tisches 755 mm, Kraftbedarf 5 PS.
14. Langhobelmaschine, 3000 × 1150 × 1000 mm, 2 Supporte, Kraftbedarf 13,6 PS.
15. Universalfräsmaschine, Arbeitsfläche 1250 × 300 mm, Kraftbedarf 3 PS.
16. Gewindeschneidemaschine für Whitworthgewinde ⅓ bis 2″, Gasgewinde ¼ bis 1⅝″, Kraftbedarf 2,5 PS.
17. Universallochmaschine, Ausladung 760 mm, Hubzahl 25/min, Lochdurchmesser bis 35 mm bei 25 mm Stärke, Kraftbedarf 8 PS.
18. Blechschere, schneidet Flußeisenblech bis 20 mm Stärke, Flacheisen bis 22 mm Stärke, Quadrateisen bis 35 mm Stärke, Rundeisen bis 40 mm Stärke, sowie Profileisen verschiedener Abmessungen, locht bis 30 mm ⌀ und 20 mm Stärke (Messerlänge der Schere 220 mm), Hubzahl 11/min, Ausladung der Stanze 350 mm, Kraftbedarf 7 PS.
19. Blech-, Profileisen- und Gehrungsschere, schneidet Flußeisen bis 25 mm Stärke, Flacheisen bis 110 × 35 mm Stärke, Quadrateisen bis 48 mm Stärke, Rundeisen bis 55 mm Stärke, sowie Profileisen, Messerlänge 340 mm, Kraftbedarf 11 PS.
20. Lufthammer, Bärgewicht 150 kg, Hubhöhe 500 mm, Ausladung bis Mitte Bär 380 mm, Anzahl der Schläge 150/min, Kraftbedarf 15 PS.
21. Lufthammer, Bärgewicht 80 kg, Hubhöhe 380 mm, Ausladung 340 mm, Schlagzahl 190/min, Kraftbedarf 10 PS.

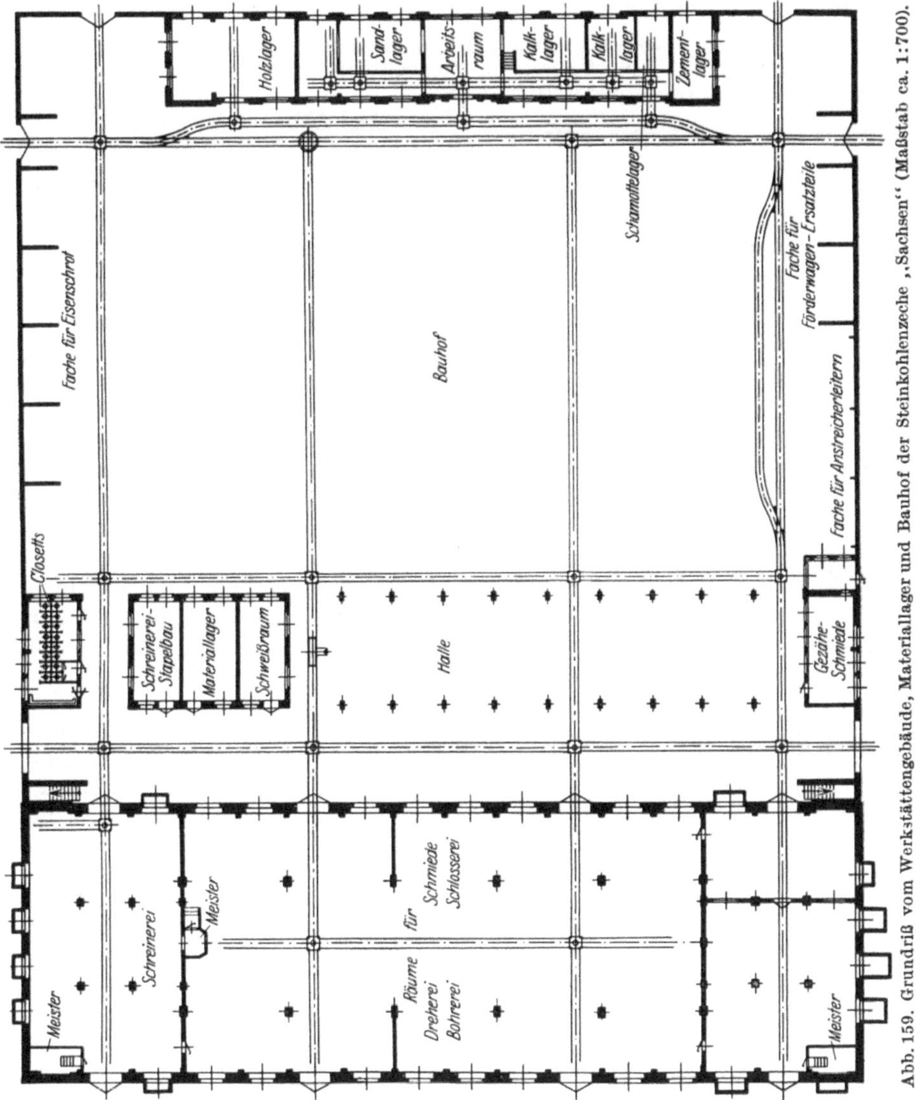

Abb. 159. Grundriß vom Werkstättengebäude, Materiallager und Bauhof der Steinkohlenzeche „Sachsen" (Maßstab ca. 1:700).

22. Kaltsäge, Sägeblattdurchmesser 610 mm, Kraftbedarf 5 PS, größter Schnitt 165 mm ⌀, rechtwinklig 320 × 160 mm.

23. Schleifstein, Sandsteinscheibendurchmesser 1000 mm, Breite 150 bis 170 mm, Kraftbedarf 2 PS.

24. Keilnutenstoßmaschine für Handbetrieb.

25. Winkelbiegemaschine für Handbetrieb.

26. Blechbiegemaschine für Handantrieb, biegt Bleche bis 6 mm Stärke und 1000 mm Breite.

27/28. Bandsägen: Rollendurchmesser 1000 mm, 700 mm; größte Schnitthöhe 700 mm, 430 mm; Tischgröße 900 × 850 mm, 755 × 635 mm; Sägeblattlänge 6740 mm, Kraftbedarf 2 PS, 2 PS.

29. Kreissäge, Blattdurchmesser 400 mm, Schnitthöhe 125 mm, Tischgröße 900 × 600 mm, Kraftbedarf 2 PS.

30. Universal-Abricht-Füge- und Kehlmaschine, Tischlänge 2500 mm, Hobelbreite 600 mm, Kraftbedarf 2,5 PS.

31. Dicktenhobelmaschine, Hobelbreite 600 mm, Hobelhöhe 200 mm, Kraftbedarf 3 PS.

32. Abricht-, Füge-, Kehl- und Dicktenhobelmaschine, Hobelbreite 600 mm, Hobelhöhe 180 mm, Kraftbedarf 4 PS.
33. Holz-Fräsmaschine, Tischgröße 850 × 800, Kraftbedarf 1,5 PS.
34. Langlochbohrmaschine zum Bohren von Stemmlöchern von 40 mm Stärke, 180 mm Tiefe und 275 mm Länge, Kraftbedarf 1 PS.

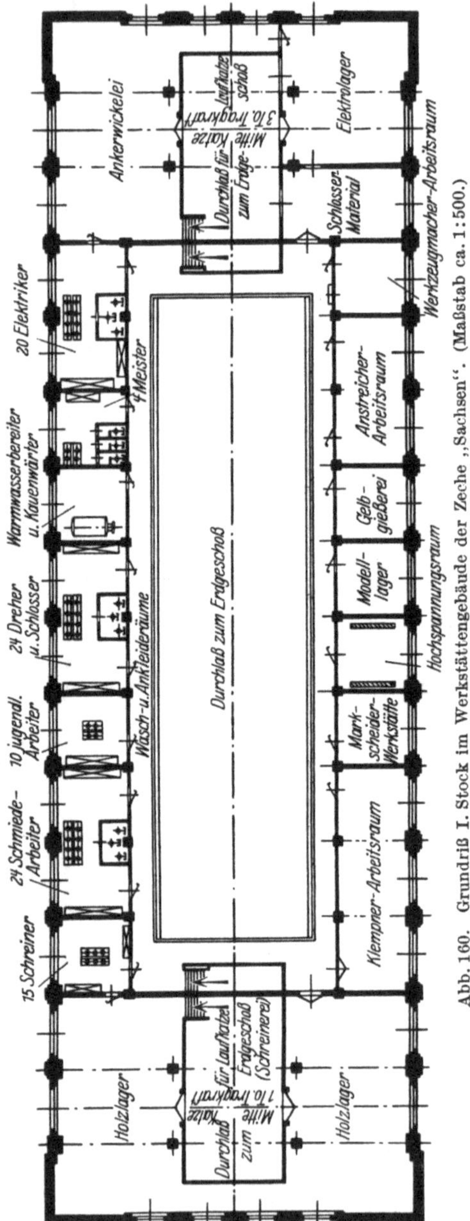

Abb. 160. Grundriß I. Stock im Werkstättengebäude der Zeche „Sachsen“. (Maßstab ca. 1:500.)

Aus Abb. 160 ist die Anordnung der Wasch- und Ankleideräume, sowie verschiedener Lager- und Arbeitsräume im Obergeschoß des Werkstattgebäudes der Zeche „Sachsen“ ersichtlich. Das Holzlager ist mit der im Erdgeschoß gelegenen Schreinerei durch eine Öffnung im Fußboden verbunden, durch die ein Laufkran mit 1 t Tragkraft und 5 m Stützweite das benötigte Holz hinabläßt. Auf der gegenüberliegenden Seite des Obergeschosses befindet sich die Ankerwickelei, der ebenfalls durch einen Laufkran, jedoch mit 3 t Tragfähigkeit durch eine entsprechende Bodenöffnung aus dem Erdgeschoß die zu untersuchenden Motoren und Gegenstände zugehoben werden.

Abb. 161 stellt den Grundriß einer Steinkohlenreparaturwerkstätte für ca. 4000 t Tagesförderung dar. Der gesamte Kraftbedarf der Werkzeugmaschinen beträgt in diesem Falle etwa 70 PS, der Grundflächenbedarf rd. 1460 m². Die Wasch- und Ankleideräume befinden sich bei dieser Werkstätte im Keller unter der Schlosserei, Staub- und Späneabsaugung unter der Schreinerei, der Ventilator für die Schmiedefeuer unter dem Schweißraum.

Abb. 162 zeigt eine Steinkohlenwerkstätte für ca. 2000 t Tagesförderung. Die eingebauten Werkzeugmaschinen entsprechen in ihren Abmessungen ungefähr denen der vorgenannten Werkstätte, der gesamte Kraftbedarf beträgt in diesem Falle etwa 40 bis 45 PS, der Grundflächenbedarf rd. 725 m².

c) Die Organisation der Reparaturarbeiten.

1. Austauschbau.

Von wesentlicher Bedeutung für die Schnelligkeit und Billigkeit der Reparaturen ist der Austauschbau. Müssen die Einzelteile bei dem zu reparierenden

Gegenstand bleiben, so dauert dessen Reparatur solange, bis alle diese Einzelteile abgenommen, wieder hergestellt und angebaut sind. Durch die Normung ist es möglich, die alten ausbesserungsbedürftigen Einzelteile durch gebrauchsfertige vom Lager ohne weiteres zu ersetzen. Die alten Teile können unabhängig vom augenblicklichen Bedarf wieder hergestellt und auf Lager gelegt werden. Infolge-

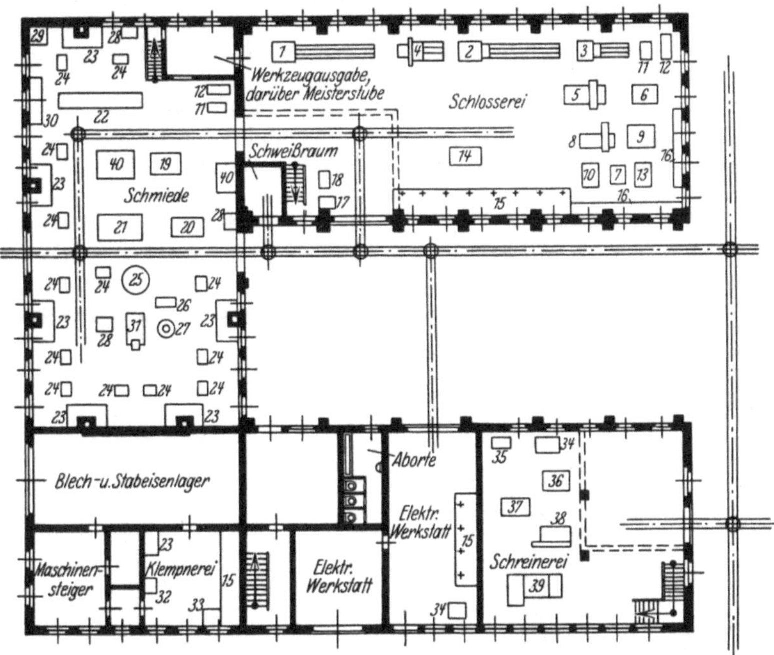

Abb. 161. Grundriß einer Steinkohlenreparaturwerkstätte für 4000 t Tagesförderung. (Maßstab ca. 1:500.) *1* Leitspindel-Drehbank, Spitzenhöhe 450 mm, Spitzenweite 6000 mm Kraftbedarf 4 PS, *2* Leitspindel-Drehbank, Spitzenhöhe 200 mm, Spitzenweite 1500 mm, Kraftbedarf 2,5 PS, *3* Schnelldrehbank, Spitzenhöhe 200 mm, Spitzenweite 2000 mm, Kraftbedarf 2,5 PS, *4* Plandrehbank, Spitzenhöhe 1000 mm, größter Scheibendurchmesser 1500 mm, Kraftbedarf 4 PS, *5* Planhobelmaschine, Hobellänge 2000 mm, Breite 600 mm, Hubhöhe 600 mm, Kraftbedarf 3 PS, 1 Support, *6* Shapingbank, Stößelhub 500 mm, Kraftbedarf 4 PS, *7* Kaltsäge (Bogensäge) schneidet bis 250 mm ⌀, Kraftbedarf 2 PS, *8* Radialbohrmaschine, Bohrlochdurchmesser 50 mm, Ausladung 1000 mm, Kraftbedarf 5 PS, *9* Säulen-Schnellbohrmaschine, Bohrlochdurchmesser 60 mm, Bohrtiefe 220 mm, Ausladung 340 mm, Kraftbedarf 5 PS, *10* Schnellbohrmaschine, Bohrlochdurchmesser 16 mm, Bohrtiefe 120 mm, Ausladung 200 mm, Kraftbedarf 1 PS, *11* Schmirgelstein (für Werkstücke), Schleifscheibendurchmesser 600 mm, Breite 60 mm, Kraftbedarf 3 PS, *11a* Schmirgelstein (für Werkzeuge), 2 Schleifscheiben zu 250 mm ⌀, Breite 30 mm, Kraftbedarf 1 PS, *12* Schleifstein, ⌀ 1000 mm, Kraftbedarf 0,5 PS, *13* Gewindeschneidebank, Gasgewinde 1/4 bis 3″, Whitworthgewinde 3/8 bis 2″, Kraftbedarf 1,5 PS, *14* Transportabler Rohrbock, *15* Werkbank, *16* Werkzeugschränke, *17* Gasfeuer, *18* Amboß, *19* Ständerbohrmaschine, Bohrlochdurchm. 50 mm, Bohrtiefe 200 mm, Ausladung 350 mm, Kraftbedarf 3 PS, *20* Säulen-Bohrmaschine, Bohrlochdurchm. 50 mm, Bohrtiefe 200 mm, Ausladung 300 mm, Kraftbedarf 3 PS, *21* Stanze und Schere, stanzt Löcher bis 16 mm, schneidet Blech bis 12 mm Stärke, Rundeisen bis 40 mm. Vierkanteisen bis 40 mm, Winkeleisen bis 80/80, Kraftbedarf 5 PS, *22* Bohrerstauchmaschine, *23* Herd, *24* Amboß, *25* Rundfeuer, *26* Gesenkplatte, *27* Richthorn, *28* Schraubstock, *29* Gashärteofen, *30* Regal für Gezähe, *31* Lufthammer, 25 kg Bärgewicht, Kraftbedarf 3 PS, *32* Blech-Biege-Maschine, *33* Gewindeschneidemaschine, Kraftbedarf 1,5 PS, *34* Bohrmaschine, Kraftbedarf 3 PS, *35* Schleifstein, Kraftbedarf 1 PS, *36* Abricht-Maschine, Kraftbedarf 2,5 PS, *37* Bandsäge, Kraftbedarf 2 PS, *38* Dicktenhobelmaschine, Kraftbedarf 3 PS, *39* Holz-Fräsmaschine, Kraftbedarf 1,5 PS, *40* Richtplatte.

dessen können die mechanischen Werkstätten (Dreherei, Fräserei, Tischlerei, Zimmerwerkstatt usw.) gleichmäßiger belastet werden, da sie unabhängig vom Augenblicksbedarf arbeiten können, solange der Lagervorrat zum Ausgleich der Belastungsschwankungen ausreicht. Die Reparatur des Gegenstandes erfolgt schneller, da sie in der Hauptsache — sofern keine schweren Beschädigungen vorliegen — nur im Ausbau der zu reparierenden und im Anbau der gebrauchsfertigen Einzelteile besteht. Das Warten auf die Reparatur der Einzelteile fällt weg. Hinzu kommt bei den älteren Arbeitsverfahren, daß im Bedarfsfalle meist kurze Liefertermine gestellt werden, wodurch die Stückpreise sich viel höher stellen als bei der Auflage größerer Serien. Ferner wird in diesen dringenden Fällen der Materialverbrauch nicht scharf genug nachgeprüft. Trotzdem ist die Reparaturdauer stets größer als beim Austauschbau.

Es folgt daraus, daß der Austauschbau zwar ein stets hinreichend vollzähliges Lager erfordert, das aber durch Normierung weitgehend eingeschränkt werden kann, während man bei den älteren Arbeitsverfahren eine wesentlich größere und daher meist teurere Reserve an Betriebsmaschinen und sonstigen Betriebsgegenständen brauchte.

Neben der Verkürzung der Reparaturdauer, dem Ausgleich der Spitzenbelastung der Reparaturwerkstatt und der Verminderung der Lagervorräte ermöglicht die Normalisierung auch eine weitgehende systematische Verwendung des Altmaterials, indem aus abfallenden größeren, als solche nicht mehr verwendbaren Einzelteilen kleinere Teile hergestellt werden, wie sie sich einerseits aus der Stückform und andererseits aus den Anforderungen der Lagerverwal-

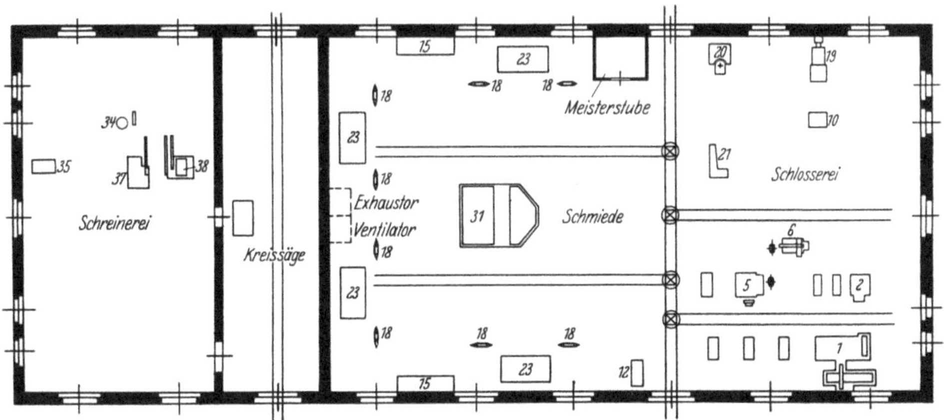

Abb. 162. Grundriß einer Steinkohlenreparaturwerkstätte für 2000 t Tagesförderung. (Maßstab ca. 1:350. Erläuterungen siehe Abb. 161.)

tung am zweckmäßigsten ergeben. Vielfach wird man sich auch mit roh vorgearbeiteten Teilen begnügen, aus denen man dann je nach Bedarf durch weitere Bearbeitung mehrere Gegenstände ähnlicher Art, aber verschiedener Abmessung herstellen kann. Hieraus ergibt sich, wie Voigt[1] richtig angibt, daß die Instandsetzungswerkstätten wichtige Mitarbeiter in konstruktiver Hinsicht werden können, da man dort am eindringlichsten den Mangel an Einheitlichkeit der Form erkennt. Typisierung und Normung ergeben die Möglichkeit, aus einem Reparaturvorgang einen einfachen Ersatzvorgang zu machen und die Ausbesserung bzw. Herstellung der Ersatzteile zu vereinfachen. Ebenso wird die Werkstatt auch die Materialfrage entscheidend lösen können. Voigt[1] gibt die nachstehende Tabelle 92 an, aus der die Verwendbarkeit verschiedener Stahlsorten für einen bestimmten Gebrauchszweck hervorgeht.

2. Arbeitsvereinfachung bei häufig wiederkehrenden Reparaturarbeiten (Reihenfertigung).

Ebenso sind für häufig wiederkehrende, schwierige Arbeiten die Arbeitsvereinfachungen oft von größter Bedeutung. Voigt[1] weist u. a. auf die Reparatur von Baggereimern hin. In modernen Betrieben wird der Eimer in einem

---

[1] Voigt: a. a. O.

Tabelle 92. Wirtschaftlichkeit von Schleppsohlen für Baggereimer bei
Verwendung verschiedener Werkstoffe.

Werkstoff	Mangan-stahl	Si-Cr-Mn-Legierung	C-Stahl Mn-Le-gierung	Cr-Ni-Legierung
Preis in Mark je 100 kg = 14 Stück	58	55	50,50	85
Haltbarkeit in Betriebstagen	33	28	21	23
Gesamtkosten in Einheiten	100	111	135	210

Schmiedeofen im ganzen angewärmt; im warmen Zustand wird er sodann auf
eine Form gezogen und mit mechanischen Pressen gerichtet. Hieran schließt sich
die weitere Bearbeitung unter Verwendung autogener (oder elektrischer) Schweißerei usw. Gegenüber den alten Wiederherstellungsverfahren betrug die Ersparnis
rd. 64% der Arbeiterstunden, was in einem bestimmten Falle einer Ersparnis
von 56000 Arbeiterstunden im Jahre entsprach.

Bei häufig wiederkehrenden Reparaturarbeiten gleicher Art lassen sich in
vielen Fällen durch Zeitmessungen die günstigsten Arbeitsmethoden ermitteln,
die (nach Taylor) in Unterweisungskarten festzulegen sind. Nach diesen wird
der Betrieb geregelt. Auf alle Fälle sollen die für solche Arbeiten erforderlichen
mittleren Arbeitszeiten festgestellt werden, um darnach gerechte Akkorde festsetzen zu können. Außerdem kann man dann die tatsächliche Belastung der Werkstatt besser übersehen. Voigt hat beispielsweise die folgenden Zeitmessungen
bei Lagerreparaturen erhalten:

Tabelle 93. Zeitmessungen bei Lagerreparaturen.

Einzelarbeitsvorgänge	Mittel aus je vier Lagerreparaturen					Ge-samt-mittel
	1 min	2 min	3 min	4 min	5 min	min
Abschrauben des Lagerunterteiles	4,5	4,0	4,0	3,5	2,5	3,5
Abschrauben des Lageroberteiles	6,0	5,0	8,0	3,0	3,0	5,0
Holen und Fertigmachen der Lager	4,0	5,0	5,0	5,5	6,5	5,0
Nacharbeiten der Lager	13,0	9,0	15,0	8,5	8,5	11,0
Festschrauben des Lageroberteiles	8,0	7,5	6,5	6,5	6,5	7,0
Festschrauben des Lagerunterteiles	6,0	6,0	4,5	6,0	5,0	5,5
Außergewöhnliche Nebenarbeiten	4,0	2,5	1,5	2,0	2,0	2,5
Nebenarbeiten (Schmieren usw.).	6,5	7,0	5,5	9,0	8,0	7,5
Summa = 1 neues Lager	52,0	46,0	50,0	44,0	42,0	47,0

Es sind also nur Mittelwerte für die Akkordberechnung verwandt worden.
Gleichwohl wurde früher trotz Aufsicht eines als tüchtig geltenden Meisters das
Doppelte, oft auch das Dreifache an Arbeitszeit gebraucht.

Zweckmäßig werden häufig wiederkehrende Reparaturarbeiten gleicher Art
in Reihenfertigung ausgeführt. Es ist zu beachten, daß in einem systematisch
überwachten Reparaturbetrieb der Ausführung einer Arbeit eine Reihe von Tätigkeiten vorangehen müssen, deren Umfang nahezu unabhängig von der anzu-
fertigenden Stückzahl ist. Hierzu gehören u. a. die Vordisposition über die anzufertigende Stückzahl, die Materialbeschaffung bzw. -bereitstellung, die Ausschreibung der Auftrags-, Arbeits- und Materialscheine, die Ausgabe und Wieder-
einnahme der Zeichnungen, Arbeitszettel, Unterweisungskarten, Werkzeuge und
Lehren einschließlich Registrierung des Veranlaßten sowie der Festlegung und
Verfolgung der Termine, der Abrechnung und Verbuchung. Die Kosten dieser

Arbeiten, die sogenannten „Auflegungskosten", betragen nach Schulz-
Mehrin[1] oft etwa ebenso viel und auch mehr als die eigentlichen Fertigungslöhne eines Stückes. Je größer die Stückzahl eines Auftrages ist, um so geringer
sind die Auflegungskosten. Das Sinken der je Stück anteiligen Auflegungskosten folgt etwa einer gleichseitigen Hyperbel.

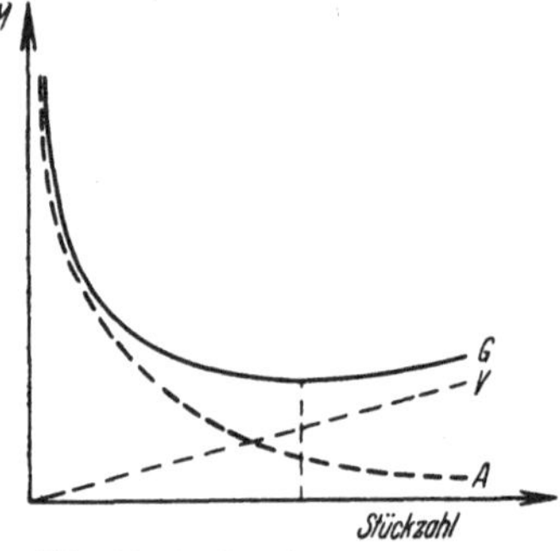

Abb. 163. Verzinsungs- und Auflegungs-
kosten und günstigste Stückzahl eines
Auftrages.
V Verzugszinsen, *A* Auflegungskosten,
G Gesamtkosten.

Andererseits steigen mit der Stückzahl eines
Auftrages die Kosten für Verzinsung des Kapitals,
das für Herstellung und Lagerung der Stücke auf-
gewendet werden muß. Je Stück wachsen diese
Kosten meist etwa geradlinig mit der aufgelegten
Stückzahl eines Auftrages. Wenn die übrigen
Kosten für Material, reine Fertigungslöhne usw.
je Stück konstant bleiben, was oft der Fall ist, so
gibt das Minimum der Summe von Auflegungs-
und Verzinsungskosten die günstigste Stückzahl
eines Auftrages an (s. Abb. 163).

Man kann hiernach die in den Reparaturwerkstätten auszuführenden Arbeiten in fünf Gruppen
einteilen, und zwar:

I. Schichtlohnarbeiten: Dauer und Umfang der Arbeiten sind nicht genügend
genau feststellbar;

II. vorkalkulierte Spezialarbeit: Dauer und Umfang der einzelnen Teilarbeiten
sind bekannt, jedoch noch nicht die Wirkung der Organisation der ineinandergreifenden
Arbeitsvorgänge;

III. Reparatur zahlreich vorhandener Geräte und Maschinen: z. B. Reparatur
von Grubenförderwagen: Dauer und Umfang der Arbeiten sind am einzelnen Stück verschieden. Jedoch ergeben sich durch Großzahlstudien bestimmte Mittelwerte;

IV. Werkzeugreparatur: Dauer und Umfang der Arbeiten sind im allgemeinen
genau bekannt bzw. voraus zu bestimmen;

V. Serienfertigung: Dauer und Umfang der Arbeiten sind genau bekannt bzw.
bestimmbar.

Das Ziel der Betriebsüberwachung geht darauf hinaus, den Umfang der
Schichtlohnarbeiten (Gruppe I) zugunsten der Akkordarbeiten (Gruppe II bis V)
einzuschränken. In den Werkstätten eines mitteldeutschen Steinkohlenbergwerkes stieg der Anteil der Akkordarbeit im Laufe des Jahres 1929 von 10% auf
68%. Die günstigen Bedingungen, die nach Ansicht der Werksleitung in den Werkstätten für die Ausführung von Arbeit im Akkord vorliegen, bieten die Möglichkeit, diese in noch größerem Ausmaße als bisher einzuführen.

Die Arbeitsleistung muß also mehr und mehr eine Funktion der Zeit werden.
Je genauer der Zeitbedarf festgestellt werden kann, um so besser müssen Sollzeit bzw. kalkulierte Arbeitszeit mit der Istzeit (wirklichen Arbeits-
zeit) übereinstimmen, so daß das Verhältnis von $\dfrac{\text{Sollzeit}}{\text{Istzeit}}$ einen Maßstab ergibt
für die Genauigkeit, mit der die erforderliche Arbeitsdauer im einzelnen Fall be-
stimmt wurde bzw. werden konnte. Das Verhältnis von $\dfrac{\text{Sollzeit}}{\text{Istzeit}}$ betrug auf einem
mitteldeutschen Steinkohlenwerke für die Gruppen II und III: 92,9 bzw. 93,4%
und für die Gruppen IV und V: 98,7 bzw. 98,9%. Für Gruppe III, die im vorliegenden Falle nur die Reparatur von Grubenförderwagen umfaßte, war das Verhältnis innerhalb eines Jahres durch eingehende Beobachtung von 87,2% auf
93,4% gestiegen. Innerhalb von vier Jahren stieg die durchschnittliche Reparatur-
leistung in Wagen je Mann und Schicht von 1,55 auf 3,21. Während die Schicht-

---

[1] Schulz-Mehrin: Bedeutung der Marktanalyse und Absatzschätzung für die Fabrikation. V. d. I. Nachr. 1929, S. 9 vom 9. Juni 1929.

verdienste in dieser Zeit von 6,70 M auf 8,41 M stiegen, sanken die Lohnkosten für die Reparatur je Wagen von 4,32 M auf 2,62 M. Erzielt wurde dieser Fortschritt in erster Linie durch zweckmäßigere Arbeitsorganisation und bessere Betriebseinrichtung.

Die Kontrolle der wirklich angewandten Arbeitszeit erfolgt am besten aus den Arbeitszetteln, in die der Handwerker selbst die für eine bestimmte Arbeit aufgewandte Zeit einzutragen hat. In diesem Arbeitszettel muß die Summe der Einzelzeiten mit der gesamten reinen Arbeitszeit der Schicht übereinstimmen.

Eine Umstellung des Reparaturwerkstättenbetriebes auf vermehrte Akkordarbeit ist nur durchführbar, wenn die Handwerker auch mit einer Lohnsteigerung rechnen können, die einen genügenden Anreiz zur Mehrleistung bietet. Unter Berücksichtigung dieser Mehrkosten und der Mehrkosten für die verstärkte Betriebsüberwachung muß noch ein Gewinn für die Werksverwaltung bleiben[1], wenn sie das Risiko der Betriebsumstellung eingehen will. Zur Verstärkung der Betriebsüberwachung sind in der Regel ein Werkstattschreiber, ein bestimmter Anteil der Kosten für den Zeitbeobachter einschließlich Sozialversicherung, sowie die Ausgaben für Bürobedarf usw. nötig.

Setzt man:

A = Gewinn oder Verlust der Betriebsumstellung je Jahr,
B = Kosten der verstärkten Betriebsüberwachung je Jahr,
L_v = durchschnittlicher Schichtverdienst vor der Umstellung einschließlich Soziallasten,
L_n = durchschnittlicher Schichtverdienst nach der Umstellung einschließlich Soziallasten,
H_v = durchschnittliche Handwerkerzahl vor der Umstellung,
H_n = durchschnittliche Handwerkerzahl nach der Umstellung,
F = Zahl der Arbeitstage im Jahr,

so wird
$$A = [(H_v - H_n) \cdot L_n - (L_n - L_v) \cdot H_n] \cdot F - B,$$
also

A = (Ersparnis durch Rückgang der Handwerkerzahl — Lohnerhöhung der verbliebenen Handwerker) × Arbeitstage vermindert um Ausgaben für verstärkte Betriebsüberwachung.

3. Mehrfache Bearbeitung eines Werkstückes.

Werkstücke, die einer mehrfachen Bearbeitung bedürfen, werden zweckmäßig in Zwischenkontrollstellen untersucht und dürfen erst nach entsprechendem Vermerk des Kontrollbeamten der weiteren Bearbeitung zugeführt werden. Ist ein Werkstück Ausschuß geworden, so wird es vom Kontrollbeamten der betreffenden Zwischenkontrollstelle von der weiteren Bearbeitung ausgeschlossen. Er versieht die das Werkstück begleitende Laufkarte mit einem entsprechenden Vermerk und sendet sie dem Betriebsingenieur zu, der das Weitere veranlaßt, z. B. die neue Materialanforderung ausschreibt, über die Art der etwaigen Weiterverwertung des Ausschußstückes verfügt usw. Dadurch wird es den Meistern bzw. Arbeitern unmöglich, selbst Material anzufordern, also Versehen bei der Arbeitsausführung usw. zu verheimlichen.

4. Die Ausnutzung der Arbeitsmaschinen.

Die Arbeitsmaschinen der Reparaturwerkstätten sollen sowohl zeitlich als auch ihrer Leistungsfähigkeit nach möglichst gut ausgenützt werden. Es soll z. B. nach Möglichkeit vermieden werden, daß einfache Arbeitsvorgänge mit hochwertigen, für komplizierte Arbeitsvorgänge eingerichteten Arbeitsmaschinen ausgeführt werden, nur weil infolge mangelhafter Disposition die betreffende Ar-

---

[1] Nach freundlicher Mitteilung des Herrn Oberbergverwalter Dipl.-Ing. Wolf-Freital-Zauckerode, von dem auch die Rechnungsgrundlage stammt.

beit nötig wurde, und alle einfachen, für den Zweck ausreichenden Arbeitsmaschinen besetzt sind. Bei guter, genügend weit voraus disponierender Betriebsführung wird auf dem Akkordzettel häufig die Maschine angegeben, die für die Arbeit am zweckmäßigsten ist und für die auch der Akkord berechnet wird. Für die Verteilung der Arbeiten an die einzelnen Maschinen (Drehbänke usw.) und an sonstige Arbeitsstellen sind besondere Listen aufzustellen, in welche Art, Dauer und voraussichtlicher Zeitpunkt der auszuführenden Arbeiten unter Angabe der Werkstücke, Laufzettelnummer usw. zu vermerken sind. Die Arbeitsunterlagen werden in Arbeitsverteilungstafeln gesammelt, in deren oberster Reihe von Fächern die zur Zeit in Arbeit befindlichen Aufträge untergebracht sind, die nächstfolgenden in der zweiten Reihe und alle anderen werkstattreifen Aufträge in der dritten Reihe. An dieses Arbeitsprogramm hat sich der Meister zu halten. Natürlich muß ihm eine gewisse Bewegungsfreiheit zugestanden werden, da die tatsächlichen Zeitaufwände das Arbeitsprogramm mehr oder weniger stark beeinflussen. Der Meister muß z. B. eine Arbeit, die im Programm einer bestimmten Arbeitsmaschine zugewiesen ist, einer gleichartigen Arbeitsmaschine zuweisen dürfen, wenn diese im gegebenen Augenblick frei, die erstere aber noch besetzt ist. Auf keinen Fall dürfen also derartige Besetzungspläne übertrieben werden. Sie müssen so elastisch wie möglich sein und sollen in erster Linie nur Richttermine aufstellen, um einigen Überblick über die Werkstattbesetzung zu erhalten. Am besten lassen sich solche Richttermine für reine Massenfertigung aufstellen, für Reparaturwerkstätten aber um so weniger, je stärker die Art und Dringlichkeit der einzelnen Arbeiten wechselt, und je kleiner der Betrieb dieser Werkstatt ist.

d) Die Überwachung des Materialverbrauches in Werkstätten.

Wichtig ist es auch, eine stete Kontrolle des Materialflusses zu haben. Bei Austauschmaterialien (Vorbedingung — Dinormen oder Werksnormen) muß die Menge der vom Lager verausgabten der Anzahl der reparierten, wieder ins Lager zurückkehrenden Werkstücke einschließlich der Ausschußstücke entsprechen. Verbrauchsmaterialien werden nur in der Menge verausgabt, wie sie für die einzelnen Arbeiten als erforderlich nachgewiesen sind. Der Materialverschwendung ist vorzubeugen.

Hierzu ist eine wiederholte Kontrolle der zu reparierenden oder herzustellenden Gegenstände zwischen den einzelnen Arbeitsgängen nötig, um Ausschußstücke von der weiteren Bearbeitung und damit auch von dem weiteren Verbrauch von Materialien auszuschließen.

Ebenso ist eine zweckmäßige Organisation der Lagerverwaltung nötig. Das Lager ist einzuteilen in Rohstofflager (Beschaffung der Verbrauchsmaterialien usw.), Halbteillager (zugleich Kontrollstation) und Fertiglager (zugleich endgültige Kontrolle).

Die für die Durchführung eines Auftrages vom Rohstoff- und Halbteillager erforderlichen Materialien müssen bei der Auftragserteilung zugleich der Lagerverwaltung bekannt gegeben werden, damit die entsprechenden Mengen aus den Lagervorräten rechtzeitig gegen andere Bestellungen gesperrt und der Lagerersatz rechtzeitig bewirkt werden kann. Für die rechtzeitige Ersatzbeschaffung ist die Kenntnis einerseits der Lieferzeiten der Rohstoffe usw. und andererseits des voraussichtlichen Bedarfes erforderlich. Die Einkaufsbestellungen müssen terminmäßig verfolgt und die Materialeingänge müssen auf ihre vorschriftsmäßige Beschaffenheit geprüft werden. Bei Beanstandungen ist zweckmäßig der Betrieb zu befragen, ob und in welchem Umfange die beanstandeten Materialien noch brauchbar sind. Die Lagervorräte sollen stets ausreichend, aber nicht zu groß sein.

Die rechtzeitige Versorgung der Arbeitsstellen mit den Materialien erfolgt am besten durch eine Materialtransportkolonne, die nach einem festen Fahrplan arbeitet und bei großen Werkstätten etwa stündlich oder halbstündlich die einzelnen Arbeitsstellen berührt. Die Materialien sind so heranzuschaffen, daß sie vor Eintritt des Bedarfes an der Arbeitsstelle eintreffen. Zweckmäßig sind in vielen Fällen auch elektrische Rufsysteme oder Telephonanlagen, durch die der Handwerker von seinem Arbeitsplatz oder von der Nähe desselben Material anfordern, den Meister zur Abnahme der Arbeit anrufen kann usw.

Zur Erleichterung des Materialtransportes sind an den Arbeitsplätzen je ein Lagertisch für erledigte und unerledigte Werkstücke — nebst den zugehörigen Materialien — vorzusehen. Hierdurch wird die Überwachung des Arbeitsfortschrittes sowie des Schleppdienstes von Arbeitsstelle zu Arbeitsstelle bzw. vom Lager zur Arbeitsstelle usw. infolge der größeren Übersichtlichkeit wesentlich erleichtert.

Die richtige Leitung der Arbeitsverteilung, des Schleppdienstes usw. erfordert die Aufstellung eines fortlaufend weiter zu führenden Arbeitsplanes, auf dem der Gang der Arbeiten für jedes einzelne Werkstück möglichst genau vorherbestimmt wird. Diese Planung erstreckt sich gegebenenfalls auf die Arbeitsorte (Arbeitsmaschinen usw.), die Transportwege, Zwischenlager (Halbteillager) und Zwischen- und Schlußprüfung, Zuführung des Materials an die einzelnen Arbeitsorte, soweit es dort für die Reparatur des Werkstückes gebraucht wird usw. Am besten wird diese Planung in Gestalt eines Arbeitsstammbaumes aufgestellt, dessen Grundlagen in der Übersicht (Formular 20) zusammengefaßt sind.

Der Meister stellt täglich die Liste der frei werdenden Arbeitsmaschinen auf, nach der der Arbeitsverteiler die Arbeiten verteilt.

Formular 20. Schema für einen Arbeitsstammbaum.

Arbeitsplan für die Anfertigung bzw. Reparatur eines Gegenstandes.	
Fertigungsauftrag	Angabe des anzufertigenden Gegenstandes.
Fertigungsplan	Aufzählung der einzelnen herzustellenden Teile des Gegenstandes.
Arbeitsgang	Aufzählung der an einem Teile des Gegenstandes zu seiner Herstellung erforderlichen Arbeiten in der Reihenfolge der Ausführung unter Angabe der zu verwendenden Arbeitsmaschinen und der Transportart und Transportwege des Teiles von und zu den betreffenden Arbeitsmaschinen und der Zwischenkontrollstationen zur Ausscheidung etwaiger Ausschußstücke (sodann die an den anderen Teilen erforderlichen Arbeiten). Als Arbeitsgänge kommen in Frage, z. B. Schmieden, Schweißen, Hobeln, Fräsen, Bohren usw.
Arbeitsstufe . . . . (Teilarbeiten I. Ordnung)	Angabe der bei Ausführung der einzelnen Arbeiten aufeinanderfolgenden Arbeitsstufen, z. B. die einzelnen Schmiedefolgen beim Gesenkschmieden, ferner das grobe Vorhobeln, genaue Nachhobeln und genaueste Nachschleifen usw.
Griff. . . . . (Teilarbeiten II. Ordnung)	Angabe der für Zurüstung, Arbeitsausführung und Abrüstung bei jeder Arbeitsstufe erforderlichen Teilarbeiten.
Griffelement	Die einzelnen Griff- oder Arbeitselemente einer Teilarbeit.

e) Die Überwachung der Reparaturarbeiten.

Es ist klar, daß die Überwachung nur von einer Stelle aus erfolgen kann, die sowohl über die verfügbaren Arbeitsstellen als auch über die voraussichtliche

Dauer der einzelnen Arbeiten orientiert ist. Hierzu ist es zweckmäßig, für jede zu reparierende Betriebseinrichtung (z. B. Abraumwagen, Lokomotive usw.) in Gegenwart des Meisters durch den zuständigen Ingenieur (bei großen Werkstätten!) die einzelnen Arbeiten genau in Fristenzettel aufzunehmen. In diesem (Vordruck für jede Art von Abraumwagen, Lokomotiven usw.) ist jeder Einzelteil mit genauen Maßen und Angaben über die Dauer der regulären, mindestens vier- bis fünfmal durch Zeitstudien nachgeprüften Reparaturarbeiten der Einzelteile (Armaturen, Lager usw.) angegeben. In den „Bemerkungen" kann die Befristung von Sonderfällen begründet werden. Wird im Fristenzettel eine besondere Spalte für die Akkorde vorgesehen, so kann er zugleich als Kalkulationsunterlage im Akkordbüro verwendet werden, das darnach die Akkordscheine ausstellt.

Die Aufeinanderfolge der Arbeiten im Fristenzettel wird zweckmäßig so gehalten, wie die Arbeiten nacheinander ausgeführt werden.

Gehen Arbeiten durch mehrere Werkstattabteilungen, so erhalten sie eine Laufkarte (Begleitkarte), deren Nummer auf dem Fristenzettel und den Akkordscheinen eingetragen ist. Diese Laufkarte geht mit entsprechendem Vermerk des Kontrollbeamten wieder an die Zentrale zurück, wenn das Werkstück etwa infolge falscher Bearbeitung usw. Ausschuß geworden ist.

Auf der Laufkarte oder auf einer besonderen Materialbegleitkarte werden in der Zentrale die Materialien usw. eingetragen, die zur Reparatur des Werkstückes an den einzelnen Arbeitsstellen gebraucht werden. Nur diese Materialien werden an die betreffenden Stellen verausgabt. Der Meister hat die Übernahme dieser Materialien zu bescheinigen und dafür zu sorgen, daß sie den betreffenden Arbeitsstellen zugeführt werden.

Die Tätigkeit des Meisters beschränkt sich in den Reparaturwerkstätten hiernach fast ausschließlich auf die Überwachung der Arbeiten. Von dieser wichtigen Tätigkeit soll er nicht durch Nebenarbeiten abgelenkt werden. Natürlich wird er in den Arbeitsplan eingreifen müssen, wenn dieser infolge von unvorhergesehenen Bearbeitungszeiten, Störungen usw. nicht innegehalten werden kann. Die Betriebsdisposition muß also, wie bereits erwähnt, eine gewisse Elastizität besitzen, und zwar um so mehr, je weniger mechanisiert und je kleiner der Betrieb ist, d. h. je häufiger Reparaturarbeiten sind, die sich nach der Art ihrer Ausführung zu selten wiederholen, so daß die Vorausbestimmung der Fristen zu stark erschwert wird.

Für Reparaturwerkstätten ist das Fachmeistersystem am zweckmäßigsten, da die außerordentliche Verschiedenartigkeit der Arbeiten eine gute Fachkenntnis des Werkstattmeisters voraussetzt. Nur in sehr großen und gleichmäßig arbeitenden Betrieben können die Funktionsmeister von Vorteil sein, die über die einzelne Werkstatt hinaus innerhalb des ganzen Reparaturbetriebes bestimmte Arbeitsfunktionen übernehmen, wie z. B. die Überwachung der Arbeitsmaschinen (Instandhaltungsmeister) oder die Überwachung der terminmäßigen Erledigung der Arbeiten (Arbeitsverteilungsmeister). Diese können auch neben dem Fachmeister der Werkstatt von Vorteil sein, da sie die Zusammenhänge des Betriebes besser übersehen als die einzelnen Fachmeister.

Für den Gesamtbetrieb des Unternehmens ist neben einer guten Organisation des Betriebes der Reparaturwerkstätten auch die Überwachung der Reparaturhäufigkeit von erheblicher Bedeutung.

Eine genaue statistische Erfassung der Häufigkeit der erforderlichen Reparaturen der Gebrauchsgegenstände, der Art der dabei hervortretenden Mängel, der erforderlichen Reparaturdauer usw. gibt die einwandfreiesten Unterlagen für die Beurteilung der Brauchbarkeit des Gegenstandes, seiner Konstruktionsvorzüge bzw. der Konstruktionsnachteile. Bei gleichen Zwecken dienenden Gebrauchsgegenständen verschiedener Konstruktionssysteme ist für jedes System eine gesonderte Liste zu führen. Ist eine größere Anzahl völlig gleichartiger Gebrauchsgegenstände vorhanden, so sind diese fortlaufend zu numerieren, um die Reparaturbedürftigkeit des einzelnen Stückes stets genau verfolgen zu können. Die häufige Wiederkehr derselben Nummern deutet schlechte Durchführung der Reparaturen oder schlechten Gesamtzustand des betreffenden Gegenstandes an. Die Statistik soll erkennen lassen:

1. Beanspruchung der Einrichtung durch die Betriebsverhältnisse,
2. Beanspruchung der Einrichtung durch die Bedienung,
3. Eignung der Einrichtung für den Betrieb.

Für die Feststellungen sind zweckmäßig die folgenden Gesichtspunkte zu beachten:

a) Nach dem Umfange der Reparaturen kann man unterscheiden:

Leichtreparaturen, die im Betriebe selbst ausgeführt werden können unter Bereithaltung entsprechender Geräte und Materialien, wie z. B. Nachziehen von Schrauben usw., sowie

Werkstättenreparaturen und Grundreparaturen, die beide von den Werkstätten durchzuführen sind. Erstere beschränkt sich auf den zu reparierenden Teil, während letztere eine systematische und umfassende Revision aller Teile bezweckt.

b) Die Art der Reparatur wird bedingt durch die Reparaturbedürftigkeit der einzelnen Konstruktionsteile wie Radsätze, Lager und Puffer eines Wagens usw. Von Bedeutung ist in dieser Hinsicht die Kennzeichnung der Betriebswichtigkeit, Abnutzungsschnelligkeit bzw. der dauernden oder stoßweisen Beanspruchung dieser Teile.

c) Es ist zu ermitteln die Häufigkeit, absolute und mittlere Dauer und der Kostenaufwand (Lohn und Material usw.) für die Reparaturen
je gleichartigen Gebrauchsgegenstand,
je Konstruktionsteil (Art der Reparatur),
und zwar ausgedrückt in der absoluten Zahl, in Prozenten der in Benutzung stehenden Stückzahl sowie je Leistungseinheit (t Förderung, tkm Abraum usw.).

d) Unter Ermittlung des durchschnittlichen Zeitaufwandes und der Kosten für den Transport der zu reparierenden Gegenstände zur Werkstatt und zum Betrieb zurück, sowie der Anzahl und durchschnittlichen Dauer der hierdurch bewirkten Betriebsstörungen und des damit zusammenhängenden Leistungsausfalles sind die mittelbaren Unkosten der Reparaturen festzustellen
je gleichartigen Gebrauchsgegenstand,
je Konstruktionsteil,
ausgedrückt in der absoluten Zahl, je Leistungseinheit usw.

Aus diesen Untersuchungen lassen sich dann Folgerungen ziehen:

e) Zur Beurteilung der einzelnen Konstruktionsteile eines Konstruktionssystems sowie zur Beurteilung von Gebrauchsgegenständen verschiedener Konstruktion, die dem gleichen Zweck dienen. Hierdurch lassen sich Grundlagen zu einer systematischen Verbesserung der Konstruktionseinzelheiten schaffen.

f) Ferner kann man die Gesetzmäßigkeiten der Reparaturbedürftigkeit der einzelnen Konstruktionsteile erkennen, wodurch man Grundlagen erhält zur Beurteilung der voraussichtlichen Belastung der Reparaturwerkstatt, der Sorgfalt der Reparatur und Behandlung im Betriebe.

g) Schließlich lassen sich Unterlagen schaffen zur Beurteilung der Arbeitszeit je Reparatur, zur Verbesserung der Arbeitsmethoden und zur Beurteilung der Leistungsfähigkeit der Reparaturwerkstatt.

H. Die Begutachtung und Bewertung von Lagerstätten und Bergwerken.

I. Die Gesichtspunkte für die Bewertung eines Unternehmens.

(Anschaffungswert, Kurswert, Ertragswert, gemeiner Wert.)

Die Bewertung eines Gegenstandes kann nach verschiedenen Gesichtspunkten erfolgen. Für die bilanzmäßige Bewertung industrieller Unternehmungen und deren Bewertung bei Einbringung derselben als Sachwert in Aktiengesellschaften gibt für Deutschland das HGB. vom 10. V. 1897 Auskunft. Nach § 40 sind Vermögensgegenstände und Schulden nur nach dem Werte anzusetzen, der ihnen in dem Zeitpunkte beizulegen ist, für den die Aufstellung stattfindet. Der § 261 enthält Vorschriften darüber, wie der Wert der einzelnen Vermögensgegenstände höchstens eingesetzt werden darf, er läßt den Unternehmungen aber freie Hand, unter Berücksichtigung des § 40 den Wert der Vermögensstücke niedriger, d. h. den tatsächlichen Werten entsprechend einzusetzen. Nach § 191 Abs. 2 müssen Gründer einer Aktiengesellschaft bei Einlagen, die nicht durch Barzahlungen geleistet werden, sondern in Anlagen (Betriebsanlagen usw.) bestehen, „im Falle des Überganges eines Unternehmens auf die Gesellschaft die Betriebsergebnisse aus den letzten beiden Geschäftsjahren" angeben.

Diese Stellungnahme des Gesetzes ist jedem ohne weiteres klar, der bedenkt, daß die Industrie kein Lotteriespiel sein soll, sondern die Zusammenfassung einer auf Erwerb gerichteten Tätigkeit.

Aus diesem Grunde scheidet der Kurswert der Kuxe oder Aktien für die gutachtliche Bewertung vollständig aus. Je nach dem zufälligen Zusammentreffen von Angebot und Nachfrage und nach täglich schwankenden Stimmungen und je nach der in der letzten Zeit betriebenen Finanzpolitik ist der Kurswert meist höher oder niedriger als der tatsächliche Wert des Unternehmens.

Aus gleichem Grunde ist auch der Ankaufspreis nicht immer ein Maßstab für den Wert eines Unternehmens. Man kann vielfach gezwungen sein, beispielsweise um Darlehen und Beteiligungen zu retten, um den Rohstoffbezug sicherzustellen usw., Anlagen zu einem ihren Wert übersteigenden Preis anzukaufen. Dann dürfen zwar die Anlagen gemäß § 261 HGB., Abs. 3 zum Anschaffungspreis in die Bilanz eingesetzt werden, der vorsichtige Kaufmann und Industrielle wird jedoch nach § 40 HGB. nur den tatsächlichen Wert in Rechnung setzen.

Auch der Herstellungspreis kann für den Wert der Anlage nicht ausschlaggebend sein. Von zwei für einen Betrieb entworfenen Anlageprojekten, deren Ausführung denselben Geldaufwand erfordert, kann z. B. das eine Projekt infolge seiner hier angenommenen ungeschickten Disposition gegebenenfalls nur einen verlustbringenden Betrieb ermöglichen, während das andere gut disponierte Projekt bei gleichen Anlagekosten sichere Rentabilitätsaussichten bietet. Daraus ergibt sich, daß bei Bewertung der Anlage alle die Imponderabilien zu berücksichtigen sind, die der Geist des Konstrukteurs und der des Betriebsleiters in die Anlage hineingetragen haben bzw. dort in Wirkung halten. Diese an sich nicht ohne weiteres in Geldwert ausdrückbaren Eigenschaften der Anlage äußern sich vor allem in den Erträgnissen derselben.

Die allgemeinen Gesichtspunkte, nach denen der vorsichtige Industrielle, der vorwiegend als normaler Erwerber von Bergbauunternehmungen in Frage kommt, die Bergwerke zu bewerten hat, werden also stets stark von der Ertragsfähigkeit des Werkes beeinflußt.

Erscheint menschlicher Voraussicht nach auf absehbare Zeit jede Möglichkeit eines verlustfreien Betriebes ausgeschlossen, so ist der Wert des Werkes nur gleich seinem Abbruchswert. Liegen Aussichten vor, daß das Werk in absehbarer Zeit einen verlustfreien Betrieb ermöglicht, bzw. ist der Betrieb verlustfrei oder gewinnbringend, so sind die Anlagen unter dem Gesichtspunkte der Fortsetzung des Betriebes zu bewerten. Im ersten Falle ist nur der Wert und die Liquidität der dem Unternehmen gehörenden Wertteile zu beurteilen, im letzteren Falle außerdem die Organisation der Anlagen, des Betriebes und des Verkaufes unter Berücksichtigung der Menge, Güte und Erzeugungskosten der Produkte sowie deren Verkaufsmöglichkeiten.

Unter diesen Gesichtspunkten müssen im Falle der Fortsetzung des Betriebes namentlich die etwaigen Erträgnisse der letzten Betriebsjahre des Werkes beurteilt und für die Wertermittlung verwandt werden. Sind z. B. wesentliche Betriebsverbesserungen in den letzten Jahren nicht vorgenommen worden und sind dieselben nicht ohne sehr erhebliche Umbaukosten oder nicht mit sicherer Aussicht auf Erfolg durchführbar und sind auch sonstige Änderungen der Betriebs- und Absatzverhältnisse nicht zu erwarten, so ist für die Wertberechnung höchstens der Durchschnitt der letzten Jahre zugrunde zu legen.

Sind Betriebsverbesserungen dagegen durchgeführt worden bzw. sind aus sonstigen Gründen bessere Erträgnisse zu erwarten und ist mit einer nachhaltigen Wirkung dieser Grundlagen zu rechnen, so sind die nunmehr erreichbaren Erträgnisse maßgebend. In solchen Fällen kann z. B. der Ertrag des letzten Betriebsjahres allein für die Bewertung maßgebend sein, wenn die Betriebsverbesserung usw. erst während der Dauer desselben voll wirksam war.

Sinngemäß sind natürlich auch dauernde Betriebsverschlechterungen, Änderungen der Absatzverhältnisse usw. zu beachten. Im Falle drohender Verschlechterung ist die zukünftige Entwicklung stets zu berücksichtigen, während bei zu erwartender Verbesserung mehr zurückhaltende Vorsicht geboten ist.

Der hiernach festzustellende Wert kann als gemeiner Wert angesprochen werden, den das Werk für jeden normalen Käufer hat. Daneben kann für Käufer, die ein besonderes Interesse am Erwerb des Werkes haben, auch ein besonderer Wert in Frage kommen, der nicht im Wesen des zu erwerbenden Werkes, sondern in dem des Erwerbers begründet ist. So wird z. B. ein Eisenhochofenwerk einen den gemeinen Wert übersteigenden Preis für ein Eisenerzbergwerk oder ein Kokskohle führendes Steinkohlenwerk zahlen können, weil es immer noch in der Ausschaltung des Zwischengewinnes und in der Sicherung des Erz- bzw. Rohkohlenbezuges seine Rechnung findet. Ebenso kann eine höhere Bewertung gerechtfertigt sein, wenn durch eine Fusion zweier Werke bessere Betriebsverhältnisse geschaffen werden können. Das wäre z. B. der Fall, wenn eine starke Verwerfung spitzwinklig durch eine Markscheide hindurchgeht und nun nach der Fusion nicht mehr die Markscheide, sondern die Verwerfung als Grenze der Baufelder gewählt werden kann.

Für die Bewertung der Anlagen durch die Steuerbehörden darf nach der Rechtsprechung grundsätzlich nur der gemeine Wert in Rechnung gesetzt werden.

Nach dem Vorstehenden kann also die Bewertung erfolgen:

a) nach den Grundsätzen des vorsichtigen Kaufmannes lediglich zum Abbruchswert;

b) nach den Grundsätzen des Industriellen in Rücksicht auf die Fortsetzung und gegebenenfalls weitere Entwicklung des Betriebes als selbständiges oder als anzugliederndes Unternehmen und zwar in beiden Fällen:

α) unter ausschließlicher Berücksichtigung der bisherigen wirtschaftlichen Grundlagen, insbesondere der Geschäftsergebnisse, Betriebsbedingungen, Absatzverhältnisse usw. und

β) unter ausschließlicher oder mehr oder weniger hervortretender Berücksichtigung der zu erwartenden wirtschaftlichen Grundlagen.

II. Zusammenstellung von Gesichtspunkten, die bei der Begutachtung von Lagerstätten und Bergwerken in Frage kommen.

a) Allgemeine Gesichtspunkte für die Beurteilung eines Bergwerkes.

Die Bewertung der Lagerstätten und Bergwerke gehört in den meisten Fällen zu den schwierigsten Aufgaben, die an den Fachmann herantreten. Je nach den Anlässen kann auch das Endurteil gewissen Abweichungen unterliegen. Der Fall einer abweichenden Bewertung kann eintreten, wenn z. B. der Gutachter einerseits von Kauflustigen gefragt wird, ob eine Bergwerksanlage zum Zwecke des Betriebes erworben werden soll, oder wenn der Gutachter andererseits von den Eigentümern des Werkes gefragt wird, ob sie dasselbe betreiben oder unter Verlustgabe der angelegten Kapitalien ruhen lassen sollen. Liegt die Wahrscheinlichkeit einer angemessenen Verzinsung und Amortisation der Anlagekapitalien hart an der Grenze des nur Möglichen, so wird der Gutachter dem Kauflustigen abraten, während er den Eigentümer immerhin auf die Möglichkeit der Rettung bzw. Zurückgewinnung der Kapitalien mit Hilfe des Betriebes aufmerksam machen kann. In allen Fällen muß der Gutachter gründliche Sachkenntnisse besitzen, vorsichtig, wenn auch nicht pessimistisch, so doch noch viel weniger optimistisch urteilen, und in jeder Hinsicht sachlich bleiben.

Bei der Beurteilung eines Bergwerkes ist vor allem zu beachten, wie groß außer den allgemeinen Risiken der Konjunktur im besonderen Falle die technischen Risiken sind, in welchem Umfange sie erkannt und überwunden sind.

Darnach wird man zu unterscheiden haben, ob es sich handelt:

a) um noch unerschlossene, nur durch einige Fundpunkte nachgewiesene oder eingehend abgebohrte Lagerstätten;

b) um Bergwerke, die in der Aus- und Vorrichtung begriffen sind;

c) um betriebene Bergwerke;

d) um Bergwerke, die im Betriebe waren, zur Zeit aber auflässig sind.

In allen Fällen müssen in einem vollständigen Gutachten alle Angaben enthalten sein, die den Wert des Bergwerkes für den Käufer oder sonstigen Auftraggeber beeinflussen können. Die wichtigsten dieser Fragen sind bereits in den früheren Abschnitten besprochen worden. Es sollen deshalb hier die wichtigsten Punkte nur in Gestalt einer Disposition mit kurzen, stichwortartigen Hinweisen zusammengestellt werden. Dem Gutachter muß es überlassen bleiben, bei Abfassung seines Gutachtens je nach der Lage des Falles die einzelnen hier angegebenen Punkte mehr oder weniger zu berücksichtigen oder zu ergänzen[1].

---

[1] **Pütz:** Die Begutachtung und Wertschätzung von Bergwerksunternehmungen mit besonderer Berücksichtigung der oberschlesischen Steinkohlengruben. Dissertation Freiberg 1911.

b) Besondere Gesichtspunkte für die Beurteilung eines Bergwerkes.

1. Land und Menschen.

I. Bezeichnung des Bergwerkes, geographische Lage, Besitzverhältnis (Aktiengesellschaft, Gewerkschaft, Privatbesitz), Satzung der Gesellschaft mit den daraus zu ziehenden Folgerungen.

II. Allgemeine Bergbaupolitik des Landes, ob industriefreundlich, -feindlich oder indifferent, Verhalten gegen Ausländer im Bergbau.

III. Beamten- und Arbeiterverhältnisse des Landes:

a) Werden Beamte im Lande ausgebildet oder müssen diese vom Ausland herangezogen werden? Dürfen Ausländer für leitende Stellen eingestellt werden?

b) Sind einheimische Arbeiter vorhanden oder müssen ausländische Arbeiter herangezogen werden? Machen klimatische oder politische Verhältnisse die Heranziehung farbiger Arbeiter notwendig? Sind die Arbeiter für industrielle Tätigkeiten brauchbar? Allgemeine Arbeiter- und Lohnverhältnisse, Schichtdauer, gesetzliche Lage der Arbeiter, Kassenwesen, Wohlfahrtseinrichtungen, politische Verfassung der Arbeiterschaft, deren Ursachen und Wirkungen.

IV. Verhältnisse des Bergwerksunternehmertums (Tiefbohr-, Schachtbau-, Querschlagsfirmen usw.). Sind solche vorhanden, zuverlässig und leistungsfähig und für welche Betriebszweige? Ist deren Heranziehung vorteilhaft oder nicht? Können ausländische Unternehmer herangezogen werden? Sind leistungsfähige, gute Bergwerksmaschinenfabriken und sonstige Bergbaubedarfsindustrien im Lande vorhanden?

2. Materielle Grundlagen.

I. Die geologisch-bergwirtschaftliche Untersuchung der Lagerstätte und des Nebengebirges.

a) Steinkohlen: Mager-, Fett-, Gaskohlen usw.,

b) Braunkohlen: bitumenreiche, bitumenarme Kohlen, Heizwert der Kohle,

c) Erze: Ist ein oder sind mehrere Arten von Mineralien vorhanden? Liegen bei Gängen Änderungen der Erzführungen vor?

d) Salze: Karnallite, Sylvinite, Hartsalze usw.

Zu c). Von Bedeutung sind bei Erzen die Fragen der primären und sekundären Teufenunterschiede.

Hinsichtlich der primären Teufenunterschiede ist festzustellen, welche Erfahrungen über das Verhalten des Ganges in größerer Teufe vorliegen. In manchen Fällen ändert ein Gang bekanntlich seine Metallführung, indem z. B. der Bleiglanz in größerer Teufe der Menge nach zurücktritt und dafür Zinkblende oder Schwefelkies mehr hervortreten. Gegebenenfalls können ähnliche Vorkommen — mit Vorsicht — zur Beurteilung des mutmaßlichen Verhaltens herangezogen werden.

Bei den sekundären Teufenunterschieden — eiserner Hut, Zementationszone usw. — ist zu beachten, daß der Schwerpunkt des Bergbaues in der Regel bei den primären Erzen liegt. Die Ausdehnung des zuweilen sehr viel günstiger erscheinenden eisernen Hutes und besonders der oft reichen Zementationszone muß daher möglichst genau festgestellt werden. Das gilt sowohl für die Ausdehnung im Streichen als auch namentlich in bezug auf die Teufe.

Auch muß beachtet werden, daß bei einem Wechsel der Mineralführung des Ganges (oxydische und sulfidische Erze z. B.) auch andere Aufbereitungsverfahren angewandt werden müssen. Die Amortisation der einzelnen Aufbereitungen muß also durch die hiermit aufzubereitenden Erze erfolgen können. Ferner ist bei der Beurteilung von Erzlagerstätten zu beachten:

Wie ist das Verhalten der Erzfälle, deren Anteilsverhältnis zur Gangfläche in %, ihre mittlere Ausdehnung in m² bzw. streichende Ausdehnung auf den einzelnen Sohlen in m, oder mittlere Entfernung der einzelnen Erzfälle von Mitte zu Mitte, mittlere Mächtigkeit der Erzfälle, mittlerer Bergegehalt des Haufwerkes, Verwachsungsart (lagenförmig, nierenförmig) und Verwachsungsgrad (grob, fein, imprägniert)? Wie groß ist der Metallgehalt je m³ anstehender Erze nach Abzug der tauben Mittel bzw. der Metallgehalt je Tonne gewonnener Fördererze? Wie groß ist die zu erwartende Menge der Waschabgänge, das zu erwartende Ausbringen und der Metallgehalt der Konzentrate? Wie wirkt sich die chemische Zusammensetzung der Erze und Berge auf die Weiterverarbeitung aus (Verhüttung)?

II. Untersuchung der bergbaulichen und maschinellen Anlagen.

a) Tagesanlagen: Eisenbahnanschluß, Zechenbahnhof, Wege, Halden; Kessel- und Maschinenhaus, Kraftzentrale; Anlagen zur Förderung, Bewetterung, Wasserhaltung (Wassermenge, Vorflut) und zur Weiterverarbeitung der Bergwerksprodukte (Separation, Aufbereitung, Brikettierung, Kokerei, Schwelerei, Montanwachsfabriken, Kalisalzfabrik usw.); Werkstätten, Magazine, Holzplatz, Kauen, Verwaltungsgebäude.

b) Grubenanlagen: Schächte, Füllörter, Streckenförderung, Aus- und Vorrichtung; Organisation des Abbaues. Wird Raubbau betrieben durch schlechten Abbau oder alleinigen Abbau der wertvollsten Lagerstättenteile? Welche Mengen von Mineralien sind aufgeschlossen (visible ore), welche Mengen können außerdem als wahrscheinlich anstehend angesehen werden (probable ore), und welche Mengen können als möglicherweise vorhanden angenommen werden (possible ore)?

Das Institut of Mining und Metallurgy in London schreibt nach Krusch[1] seinen Bergingenieuren die Einteilung der Erzvorräte eines Ganges in nachfolgend genannte Gruppen vor:

1. Visible ore = sichtbares Erz = der zum Abbau fertig vorgerichtete Erzkörper, soweit er allseitig von Grubenbauen umschlossen ist.

2. Probable ore = wahrscheinliches Erz = der nicht allseitig von Grubenbauen umschlossene, aber doch freigelegte Erzkörper in einer Breite bis zu rd. 25 m rings um die Grubenbaue unter der Voraussetzung, daß die Erze bis zum äußersten Aufschluß voll anstehen.

3. Possible ore = mögliches Erz = das möglicherweise vorhandene Erz auf Grund des allgemeinen Eindruckes der Lagerungsverhältnisse, der Genesis usw.

Das „sichtbare Erz" ist durch Berechnungen ziemlich genau zu erfassen und zahlenmäßig anzugeben. Die Menge des „wahrscheinlichen Erzes" ist in Zahlen zu schätzen, die Menge des „möglichen Erzes" im Gegensatz zu dem Londoner Institut nicht in Zahlen zu schätzen, sondern nur so, daß man die Menge im Vergleich zum sichtbaren und wahrscheinlichen Erz als groß oder klein schätzt und Zahlen nur unter der größten Vorsicht angibt, aber für Wertberechnungen stets außer acht läßt. Die Bohrlochaufschlüsse werden je nachdem dem sichtbaren oder wahrscheinlichen Erz eingerechnet.

c) Betriebsmittel für den Grubenbetrieb: Fördermittel unter Tage, Grubenlokomotiven oder sonstige maschinelle Förderung, Pferde, Gleisanlagen, Förderwagen (Zustand, Zahl und Inhalt, erreichter oder erreichbarer Wagenumlauf), Grubenholzverbrauch, Rohrleitungen aller Art, Beleuchtung, Sprengstoffmagazine usw. Bei Tagebaubetrieben: Kohlen- und Abraumbagger, Abraumbahnanlage, Kohlenförderung, Kippe, Wasserhaltung, Organisation des Betriebes usw.

III. Untersuchung des Grundbesitzes und der Koloniebauten.

Arbeiter- und Beamtenwohnungen, Zahl im Verhältnis zur Belegschaft, Größe des Grundbesitzes und Lage desselben, Bergschäden, Spülversatzmaterial usw.

3. Rechtliche Grundlagen.

I. Rechtsgrundlage des Abbaurechtes; Regal, verpachtet (Bedingungen, Zeitdauer), sonderrechtliche Belastung (Privatregal); Grundeigentümerbergbau,

---

[1] Krusch: Die Untersuchung und Bewertung von Erzlagerstätten. Stuttgart: Ferdinand Enke 1911.

selbständige Abbaugerechtigkeit zulässig oder vorhanden; ist andernfalls das Grundeigentum erworben oder Abbaurecht gepachtet, mögliche Rechtsfolgen.

II. Gesetzliche Regelung der Zwangsenteignung für Betriebszwecke, Bergschäden, Betriebszwang.

III. Sonstige Rechte und Lasten, Bergbauhilfskassen, Zwangsgenossenschaften usw.

4. Allgemeine Handelslage.

I. Verkehrs- und Transportverhältnisse für Eisenbahnen und Kanäle:

a) Verkehrsstatistik und Belieferungsstatistik unter Berücksichtigung des Bedarfes;

b) sind die Verkehrseinrichtungen privat oder staatlich, Tarifpolitik, Wagengestellung; ist eigener Wagenpark evtl. vorteilhaft?

c) Lager- und Stapelplätze, offene Reeden, Häfen, Belade- und Entladeeinrichtungen;

d) Post und Telegraph.

II. Handelsbedingungen:

a) politische Verhältnisse nach innen und außen, Kultur- und Zivilisation des Landes;

b) wie ist die allgemeine finanzielle Lage gleichartiger Gruben des Bezirkes? Abhängigkeit von Händlern, Syndikatsbildung, Möglichkeit einer Syndikatsbildung, Zwangskartelle, private oder staatliche Monopole, spezielle Finanzlage des zu begutachtenden Werkes;

c) Handelsbeziehungen zum In- und Auslande, Zölle (Einfuhrzölle auf Maschinen, Ausfuhrzölle auf Bergwerksprodukte), Marktorte, Frachtwege und -tarife, Möglichkeit der Rückfrachten, Handelsgebräuche für das betreffende Bergwerkserzeugnis auf dem Weltmarkte bzw. auf den in Frage kommenden örtlichen Märkten.

III. Absatzbedingungen:

a) Lage des Absatzgebietes; ist der Weltmarkt oder der örtliche Markt für den Absatz maßgebend? Spezielle Absatzgebiete eines bestimmten Werkes; liegt Konkurrenz anderer Liefergebiete vor oder ist sie zu erwarten? Welche Mengen und Werte sind von dort zu erwarten? Wie verhalten sich Ein- und Ausfuhr der in Frage kommenden Bezirke und Länder?

b) Art des Bergwerksproduktes, Handelsmarken oder Spezialprodukte, gleichbleibende oder veränderliche Produkte (z. B. veränderliche Erzführung der Gänge), erzielbare Verkaufspreise, Verkaufspreise der Konkurrenz, Ursachen der Preisunterschiede.

c) Selbstkosten und Konkurrenzfähigkeit; eigene Selbstkosten, Selbstkosten der Konkurrenz.

d) Sicherheit des Absatzes; Dauer der Lieferungsverträge (lang- oder kurzfristig); hat Mineralwert eine fallende (langfristige Verträge) oder steigende Tendenz (kurzfristige Verträge)? Preisstatistik und Ursachen der Preisschwankungen; ist der Weltmarkt oder örtliche Markt für die Preise maßgebend? Wie groß ist die Welterzeugung und der Weltverbrauch bzw. Zufuhr und Verbrauch in dem in Frage kommenden Bezirke?

e) Erhebung über die voraussichtlich in Zukunft geltenden Selbstkosten und Verkaufspreise, Angebot und Nachfrage, Auftreten neuer oder Ausschalten alter Konkurrenz und damit Feststellung der voraussichtlich als nachhaltig sich ergebenden durchschnittlichen Absatzmengen; ist die Tendenz als gleichbleibend, steigend oder fallend zu beurteilen?

5. Finanzielle Grundlagen.

I. Art der Gründung, etwaige Belastung aus Gründungsvorgängen.

II. Anlage- und Betriebskapital, Verhältnis zur Leistungsfähigkeit und Umsatzgeschwindigkeit.

III. Finanzpolitik; ist diese vorsichtig auf lange Sicht oder auf sofortige Ausbeute gerichtet? Art der Ermittlung der Selbstkosten.

IV. Finanzlage; Selbstkosten und Verkaufspreise unter Berücksichtigung der vorhandenen und zu erwartenden Bergschäden und aller sonstiger Unkosten, Zerlegung und Kritik der Selbstkosten.

V. Beurteilung vorhandener Reserven und Schulden, und zwar bei den Reserven sowohl der finanziellen Reserven (Beteiligungen, Rücklagen usw.) als auch der Betriebsreserven (Haldenvorräte sowie zum Abbau vorgerichtete oder abgeräumte Kohle usw.) unter Berücksichtigung der Folgen auf die Selbstkosten (z. B. Erhöhung der Grubenunterhaltungskosten bei ausgedehnter Vorrichtung).

III. Praktische Durchführung der Untersuchung von Lagerstätten.

a) Erzbergbau.

1. Statistische und graphische Aufzeichnungen zwecks Feststellung des Verhaltens der Erzlagerstätten.

Von Bedeutung ist in diesem Zusammenhange unter Beachtung der Genesis der Lagerstätte das Auftreten von Erzfällen und tauben Mitteln sowie die Anreicherung der Gänge in der Nähe von Verwerfungen usw. Neben dem Verhältnis von Abbaufläche zur gesamten Gangfläche ist auch die mittlere Größe der Erzfälle bzw. tauben Mittel maßgebend insbesondere für den Umfang der Untersuchungs- und Vorrichtungsarbeiten. Um beide Faktoren richtig übersehen zu können, empfiehlt es sich, neben dem prozentualen Verhältnis der Fläche der Erzfälle bezogen auf die gesamte Gangfläche auch die mittlere Flächenausdehnung und Mächtigkeit der Erzfälle oder, was etwa dasselbe sagen würde, die mittlere Entfernung, mittlere Breite und mittlere Mächtigkeit der Erzfälle in den einzelnen Teufen anzugeben. Zweckmäßig ist ein Plan anzufertigen, in dem die Gangmächtigkeiten und Erzgehalte an sämtlichen Stellen der Musterung eingetragen sind. Die Art der Musterung sowie die Berechnungsgrundlagen (spezifische Gewichte und eingerechnete Sicherheitsfaktoren für Mengen und Erzgehalte) sind anzugeben.

Das verschiedenartige Verhalten besonders der Erzgänge läßt sich durch genaue Untersuchungen evtl. unter Benutzung langjähriger Statistiken feststellen. Man kann für die einzelnen Teufen, Zonen und für das Verhalten im Streichen gute Mittelwerte erhalten, die zwar nur lokale Bedeutung haben, hier aber, namentlich wenn sie graphisch aufgetragen werden, einen klaren Einblick in das Verhalten des Ganges geben.

Abb. 164[1] stellt ein Beispiel für eine mehr quantitativ durchgeführte Kontrolle eines größeren, geologisch einheitlichen Revieres dar. Erz-, Silber- und Bleiausbringen sind auf 1 m² ausgehauener Gangfläche bezogen. Das Ausbringen je Quadratmeter wird daher bedingt durch die schwankende Mächtigkeit der Gänge und die Entwicklung der Aufbereitungs- und Abbautechnik, die es gestatten, auch ärmere Erze zu gewinnen. So zeigen die Kurven deutlich, wie trotz einer vermehrten Erzausbeute je Quadratmeter ausgehauener Gangfläche das Ausbringen von Blei und Silber sinkt. Dennoch lassen sich schon aus diesen Kur-

---

[1] Nach einer Studienarbeit des Dipl.-Ing. Wernicke. Freiberg.

ven Schlüsse auf die Qualität der Erzführung ziehen. Im vorliegenden Falle sinkt
in den Jahren 1891 bis 1910 das Silberausbringen je Quadratmeter ausgehauener
Gangfläche wesentlich stärker als das Bleiausbringen, woraus auf eine Abnahme
des Silbergehaltes im Bleiglanz, dem wichtigsten Silberträger des Ganges, geschlossen werden muß.

Auf der Abszisse sind als Bezugswerte die Jahreszahlen eingetragen worden.
Wenn auch der Abbau allmählich in die Teufe fortschritt, also das Bild das allgemeine Verhalten der Gänge mit fortschreitender Teufe zeigt, so sind doch die
Ergebnisse ungenau, da sie nicht angeben, wie sich die Gänge in den einzelnen
Teufen verhalten. Andererseits ist diese Darstellungsart aus den Fördertabellen
am einfachsten herzustellen und genügt für die Erzielung einer allgemeinen Übersicht.

Die untere Kurve zeigt den je 100 m² ausgehauener Gangfläche auftretenden
Bedarf an Ortsbetrieben, Überhauen, Absinken und sonstigen Untersuchungsbauen. Diese Kurve ist besonders wichtig, da sie einerseits den spezifischen Bedarf an Untersuchungsbauen zur gleichmäßigen Durchführung des Betriebes er-

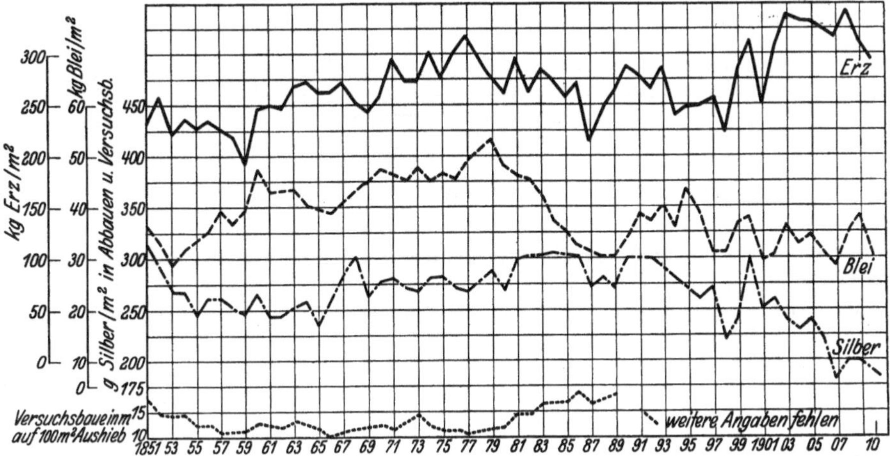

Abb. 164. Betriebszahlen des Freiberger Gangbergbaues aus den Jahren 1851—1910.

kennen läßt, andererseits aber auch angibt, ob etwa mit Rücksicht auf einen geplanten Verkauf in den letzten Jahren die Untersuchungsarbeiten eingeschränkt
wurden, um bessere Geschäftsergebnisse zu erzielen.

Abb. 165 ist nach den Betriebsergebnissen einer einzigen Grube zusammen-
gestellt. Die drei Kurven sind auf die Tonne Roherz bezogen und stellen die drei
Verkaufsprodukte der Grube Zink, Blei und Silber dar. Auch hier sind auf der
Abszisse leider nur die Jahreszahlen als Bezugswerte eingesetzt. Immerhin lassen
die Kurven grundsätzlich eine Verarmung der Erze nach der Teufe zu erkennen.
Die geringe Zunahme des Silbergehaltes vermag keinen Ausgleich zu bieten.
Die Kurven der Abb. 165 stellen eine ausschließlich qualitative Kontrolle dar.
Nur in Verbindung mit einer die Erzmenge je Quadratmeter ausgehauener Gang-
fläche angebenden Kurve und einer Kurve, die über den spezifischen Bedarf an
Untersuchungsbauen Auskunft gibt, hätte man einen besseren Einblick in die
Betriebsverhältnisse gewinnen können. Zweckmäßiger wäre es gewesen, auf der
Abszisse die Teufe als Bezugswert anzugeben und außer den in der Abbildung
angegebenen und oben schon genannten Kurven auch solche einzutragen, die

Auskunft geben über den Prozentanteil der Erzfälle zur gesamten Gangfläche, über die mittlere Ausdehnung und die mittlere Mächtigkeit der Erzfälle, über das Ausbringen von Roherz je Kubikmeter ausgehauenen Gangraumes usw. Ferner wären zweckdienlich Kurven über die je 1000 m² Gangfläche und je 1000 t Roherz aufgefahrenen Grubenbaue und über das Verhältnis der abgebauten, d. h. der im Abbau selbst liegenden, zu den insgesamt aufgefahrenen Strecken (bzw. Grubenbauen), sowie über die Menge der jeweils durch Aus- und Vorrichtung nachgewiesenen Erze (visible ores) aufgezeichnet worden. Der letzte Nachweis

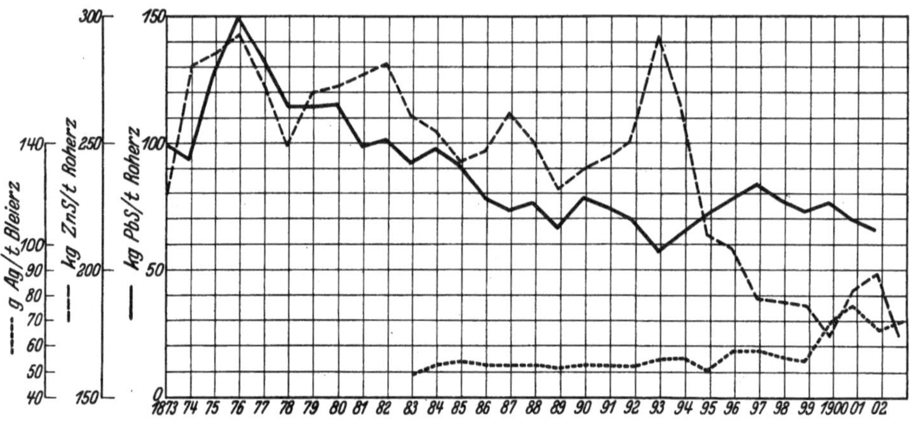

Abb. 165. Betriebszahlen von Grube Holzappel 1873—1902 (nach Schöppe).

erfolgt zweckmäßig auch auf einer besonderen Darstellung, die auf der Abszisse die Jahre als Bezugswerte hat.

Abb. 166 beschränkt sich auf die Angabe des Silbergehaltes im reinen Bleiglanz für die verschiedenen Teufen zweier Gangerzbergwerke. Diese Kurven sind namentlich für solche Gruben von besonderer Bedeutung, bei denen der in gewissen Erzmineralien konzentrierte Edelmetallgehalt die wichtigste Grundlage für den Verkaufswert des Bergwerksproduktes bildet. Häufig ist bekanntlich das Auftreten von Au in FeS_2 und $FeAsS$ und von Ag bzw. Ag_2S in PbS, ZnS und FeS_2.

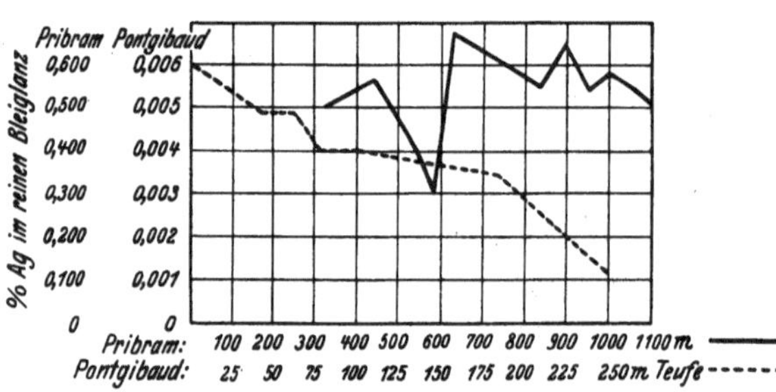

Abb. 166. Abhängigkeit des Silbergehaltes im Bleiglanz von der Teufe in zwei Gangerzbergwerken.

Jedoch ist zur vollständigen Beurteilung der Verhältnisse noch eine Vervollständigung des Kurvenbildes in dem oben für Kurvenbild 165 angegebenen Umfange nötig.

Diese Kurvenschaubilder sind nicht für den Gutachter wichtig. Die Aufstellung und Fortführung derselben ergeben eine montan-geologische Betriebskontrolle, die den besten Schutz vor den unangenehmen Überraschungen bietet, wie sie das wechselnde Verhalten mancher Gänge oft mit sich bringt.

Leider sind die Ermittlungen in der Regel nicht eingehend genug durchgeführt, um zuverlässige und umfassende Statistiken oder genügend genaue graphische Darstellungen geben zu können.

2. Die Untersuchungen in der Grube.

a) Verhaltungsmaßregeln bei der Befahrung und Probenahme. Die Untersuchungen müssen natürlich auf Erzbergwerken, auf denen sehr wertvolle Metalle (Gold) gewonnen werden, besonders genau erfolgen, namentlich wenn die Metallführung nicht durchaus gleichmäßig ist. Findet eine Untersuchung der Lagerstätte durch einen Gutachter zwecks Bewertung des Bergwerkes statt, so muß dieser — besonders wenn er das Bergwerk nicht sehr genau aus längerer Betriebserfahrung her kennt — mit großer Vorsicht vorgehen.

Er muß sich selbstverständlich zunächst eine möglichst genaue Kenntnis der Genesis der Lagerstätte und deren Beziehung zum geologisch-tektonischen Aufbau der Umgebung verschaffen. Bei Kontaktlagerstätten ist die Kenntnis des Verlaufes des Kontakthofes, bei metasomatischen die der Bruchzone und evtl. vorhandener undurchlässiger Horizonte erforderlich, die für die Entstehung der Lagerstätte maßgebend waren. Ferner wird der Gutachter noch folgende Notizen für seine Aufnahmen machen müssen:

Tabelle 94: Aufzeichnungen für Probenehmer.

Art der Lagerstätte und nähere Bezeichnung der geographischen Lage:

Lfd. Nr. ler Probestelle nach dem Grubenriß	Lfd. Nr. der Probe	Datum der Probenahme	Teufenzone		Profil der Lagerstätte an der Probestelle	Menge in % der anstehenden Massen		Metallgehalt der abbauwürdigen Teile	Zu erwartende Aufbereitungsverluste	Nebengestein, Schlechten, Nachfall, Verwerfungen usw.	Art der Berge	Anmerkungen wie Angabe über die Abbauverhältnisse usw.
			primär	sekundär		der über Tage auszuklaubenden Berge	der unter Tage zurückbleibenden oder anzubauenden Zwischenmittel					

Die Übersicht ist nach Bedarf zu vervollständigen. Zweckmäßig werden die Eintragungen durch kleine Profilskizzen erläutert.

Um sich bei Befahrung der Grube vor beabsichtigten und unbeabsichtigten Täuschungen zu schützen, wird der Gutachter zweckmäßig nur nach einem mitzuführenden Grubenriß fahren und gegebenenfalls die Hauptstrecken, die Lage der Streckenkreuze usw. schnell mit Meßband und Kompaß nachmessen. Auf diese Weise schützt er sich in Streckenlabyrinthen, die immer wieder an denselben Lagerstättenteil zurückführen, am besten vor Täuschungen. Die Probestellen müssen daher auch genau auf dem Riß eingetragen werden und erhalten hier zweckmäßig dieselben Nummern oder Zeichen, wie die von diesen Stellen entnommenen Proben. Diese Maßnahmen sind erforderlich, um z. B. die Lage und Ausdehnung von Erzfällen, den im Streichen und Fallen der Lagerstätte eintretenden Wechsel der Metallführung nach Menge und Art genau feststellen zu können. Um den Gutachter über die Ausdehnung der Erzfälle usw. zu täuschen, werden oft arme Lagerstättenteile durch dichte Zimmerung, Versaufenlassen einzelner Grubenteile (dressing the mine) verborgen. Bei Golderzgängen wird oft Goldstaub an Grubenstöße gebracht (salting the mine). Ferner ist zu beachten, daß sich an lang freistehenden Oberflächen der Grubenbaue Ausblühungen metallreicher Mineralien (Sulfate usw.) bilden können, die ebenfalls einen entsprechend höheren Metallgehalt des Lagerstättenteiles vortäuschen können. Es wird deshalb vorgeschlagen, die Stöße vor der Probenahme mit Wasser und Stahlbürste gründlich zu reinigen. Sicherer ist es jedenfalls, eine Schicht von etwa 5 bis 10 cm abzutreiben und erst den dahinterliegenden unzersetzten Gangteil zur Probe zu verwenden. In jedem Falle muß der Gutachter versuchen, solche Proben zu erhalten, die dem Zustand des von der betreffenden Stelle zu gewinnenden Fördergutes entsprechen, um zu richtigen Bewertungsgrundlagen (Aufbereitungskosten, Verkaufswert usw.) zu gelangen. Er wird also Bergemittel und Nachfall gegebenenfalls mit in die Probe nehmen müssen.

Um vor Täuschungen bewahrt zu bleiben, wird der Gutachter die Proben zweckmäßig selbst nehmen bzw. die Probenahme persönlich überwachen. Bei den Einzelprobenahmen und der Sackprobe sollen die Abstände der Probestellen nicht allzu groß sein. Sie können um so größer sein, je gleichmäßiger das Verhalten der Lagerstätte ist. Bei Goldlagerstätten wird man den Abstand jedoch kaum über 3 m nehmen. Bei schroffem Wechsel der Metallführung geht man hier bis auf Abstände von 25 cm herunter[1].

Bei ungenügender Aufsicht können leicht Fälschungen der genommenen Proben durchgeführt werden, indem man Goldstaub usw. in dieselben mengt (salting the sample). Beliebt ist das Hineinschießen von Goldstaub in die Probesäcke. Metallfeilspäne sind als solche unter dem Mikroskop erkennbar, weshalb man loses „Freigold" in Proben stets darauf prüfen soll. Ferner ist es zweckmäßig, Probesäcke aus Glanzleder mit der glatten Seite nach außen oder noch besser Blechgefäße zu verwenden, die aber nicht aus zusammengelöteten, sondern aus maschinell gefalzten Blechen hergestellt sind, da letztere nicht unmerkbar aufzubiegen und wieder zusammenzulöten sind.

Die Gefäße sind nach dem Einfüllen der Probe sofort zu verschließen und die Verschlüsse zu versiegeln, wobei die Siegel durch Kappen so zu schützen sind, daß sie nicht „zufällig" beschädigt werden können. Die Siegelformen sind öfters unter geheimzuhaltender Datumsangabe zu wechseln, wobei die einzelnen Siegelformen zweckmäßig nur für den Eingeweihten erkennbare Abweichungen zeigen.

β) **Die Methoden der Probenahme.** Es gibt folgende Methoden der Probenahme:
A. Einzelproben:
a) die Pick-, Schlitz- oder Streifenprobe,
b) die Bohrmehlprobe,
c) die Bohrkernprobe,
d) die Schußprobe.
B. Durchschnittsproben:
e) die Sackprobe,
f) die Wagenprobe,
g) die täglichen Proben beim regulären Betriebe.

Hiervon ergeben die Proben unter A Aufschluß über die Zusammensetzung der Lagerstätte an den einzelnen Probestellen, während die unter B genannten Proben nur Durchschnittsergebnisse bringen sollen.

Zu a): Die Pick-, Schlitz- oder Streifenprobe wird in manchen Bergbaubezirken als wenig zuverlässig angesehen. Jedoch kann man bei sorgfältiger Probenahme zweifellos gute Resultate erzielen. Amerikanische Prospektoren[2] rechnen meist mit einer Fehlergrenze von 5%.

Krusch[3] schlägt vor, der Entnahmestelle einen Streifen von etwa 15 cm Breite und 3 cm Tiefe durch die ganze Mächtigkeit der Lagerstätte (und evtl. des Nachfalles), also möglichst rechtwinklig zum Einfallen und Streichen, zu entnehmen. Lösen sich größere Stücke, so schlägt man von ihnen nur die zum Probestreifen gehörenden Teile ab und fügt nur diese dem Muster bei. Die Länge der

---

[1] Michaelis: Untersuchung und Wertberechnung von Goldbergwerken. Öst. Zeitschr. f. Berg- u. Hüttenw. Nr. 29 bis 32. Wien 1904.

[2] Nach mündlicher Mitteilung von Dr. Bornitz, Zwickau.

[3] Krusch: a. a. O.

Probestelle und die hier vorhandene Mächtigkeit der Lagerstätte (bei nicht rechtwinkliger Lage des Stoßes zur Lagerstättenebene) sind stets zu messen und anzugeben. Bei zackigen Stößen, d. h. Stößen, die vom Liegenden zum Hangenden in Absätzen vor- und zurückspringen, sind bei der Probenahme alle Flächen wegzulassen, die parallel zum Einfallen und Streichen liegen. Am besten wird der Stoß zuvor eben und rechtwinklig zur Lagerstättenebene zugeführt.

Michaelis schlägt vor, ein möglichst zylindrisches Stück (sample) herauszulösen, und erreicht damit sicher eine zuverlässige Probenahme, die der Bohrkernprobe nahe kommt.

Vor allem ist es wichtig, daß die Querschnittsflächen der Probe parallel zur Lagerstättenebene in allen Teilen einer Probe einander gleichbleiben. Ist eine Probe an den reicheren Stellen stärker als an den anderen, so ergibt diese einen zu hohen Durchschnittsgehalt, wenn man die Stärkenverhältnisse bei der Berechnung nicht entsprechend berücksichtigt.

Zu b). Die Bohrmehlprobe besteht darin, daß man möglichst rechtwinklig zur Lagerstättenebene ein Bohrloch herstellt und das dabei entfallende Bohrmehl sammelt. Bei zuverlässiger Überwachung jeder Bohrung durch den Gutachter oder dessen Vertrauensmann erhält man einwandfreie Ergebnisse.

Zu c). Die Bohrkernprobe erhält man in der Art der Bohrmehlprobe durch Anwendung der Kernbohrung. Die Lage des Bohrkernes im Gebirge kann durch Kerben oder Buntstiftstriche vor der Entnahme orientiert werden. Zur Untersuchung wird der Kern zweckmäßig der Länge nach gespalten bzw. aufgeschnitten, was leicht geschehen kann, wenn die einzelnen Kernstücke nicht länger als 10 cm sind. Eine Hälfte wird untersucht, die andere zur Kontrolle aufbewahrt. Diese Probenahme dürfte von allen die zuverlässigste sein, sofern es sich um ein genügend kernfähiges Gebirge handelt.

Zu d). Die Schußprobe besteht darin, daß man mittels eines oder mehrerer Löcher eine über die ganze Mächtigkeit möglichst gleich starke Probe herunterschießt. Da die Tiefen bzw. Vorgaben der einzelnen Löcher nicht gleich sind, und auch das einzelne Loch stets eine Vorgabe wirft, deren Stärke nach den Rändern abnimmt, so erhält man trotz der großen Mengen des gewonnenen Probematerials, durch die sich manche Gutachter täuschen lassen, keine zuverlässigen Durchschnittsproben. Je nach der Richtung und Lage der Bohrlöcher zu den reicheren oder ärmeren Gesteinsbänken kann das Ergebnis stark beeinflußt werden.

Zu e). Die Sackprobe wird in der Weise durchgeführt, daß man an möglichst vielen Stellen einer Sohle Proben entnimmt und alles in einen Sack wirft, in der Absicht, den Durchschnittsgehalt der betreffenden Sohle festzustellen. Die Probe ist nur dann einigermaßen zuverlässig, wenn der Metallgehalt nicht zu unregelmäßig in der Lagerstätte verteilt ist, also keine Beschränkung des Metallgehaltes auf Erzfälle vorliegt, und Proben von möglichst vielen Punkten in gleichmäßigen Abständen jedesmal durch die ganze Lagerstättenmächtigkeit entnommen werden. Die Methode setzt große Erfahrungen und genaue Kenntnis der betreffenden Lagerstätte voraus, um ein einigermaßen zuverlässiges Resultat zu erzielen.

Zu f). Die Wagenprobe erfolgt bei einer in Betrieb befindlichen Grube durch Entnahme bestimmter Mengen aus jedem oder jedem xten geförderten Erzwagen (z. B. jedem 3., 4., 5., Wagen). Man erhält so Aufschluß über die Zusammensetzung der tatsächlich geförderten Mineralien. Die Ergebnisse dieser Methoden bringen jedoch keinen zuverlässigen Aufschluß über die durchschnittliche Zusammensetzung der Lagerstätte, da beispielsweise während der Anwesenheit des Gutachters häufig nur Mineralien aus dem besten Lagerstättenteile gefördert werden.

Zu g). Die täglichen Proben beim regulären Betrieb können nach verschiedenen Gesichtspunkten genommen werden. Sie können den Zweck haben, die Zusammensetzung des tatsächlich geförderten Gutes dauernd zu überwachen oder die Schwankungen der Zusammensetzung der Lagerstätte an den einzelnen Punkten derselben mit dem fortschreitenden Abbau festzustellen.

γ) **Die Verwertung der Proben.** Im allgemeinen erhält man bei den vorgenannten Arten der Probenahme von jeder Probe mehr Material, als für die chemische Untersuchung nötig ist. Um gute Durchschnittswerte zu erhalten, empfiehlt es sich, daß Material in möglichst kleine Stücke zu zerkleinern und das Material sodann in der gleichmäßigen Form eines geraden, oben etwas abgerundeten Kegels anzuhäufen. Dieser Kegel wird mittels Blechen in vier Quadranten geteilt, von denen zwei einander gegenüberliegende zur weiteren Durchführung der Untersuchung entnommen werden, während die beiden anderen wegfallen bzw. für eine spätere Kontrolle zurückbehalten werden. Die entnommenen beiden Viertel werden wieder in der obigen Gestalt angehäuft, nachdem das Material bei Bedarf noch weiter zerkleinert worden ist, wieder geviertelt und so fort, bis ein Rest von etwa 1 kg übrigbleibt, von dem die zu den Analysen im Laboratorium erforderlichen Mengen entnommen werden. Ähnlich ist auch die sogenannte Ringprobe, die z. B. in Oberschlesien gebräuchlich ist.

Liegen viele in sehr geringen Abständen entnommene Proben vor, so kann man bei entsprechendem Verhalten der Lagerstätte die Anzahl der auszuführenden Analysen vermindern, indem man die innerhalb einer größeren Entfernung (3 bis 5 m) entnommenen Proben zusammenmischt und als eine Probe behandelt. Hierbei müssen die einzelnen Proben nach dem Verhältnis der zugehörigen Mächtigkeit gemischt werden.

Ist bei Golderzen grobkörniges Freigold vorhanden, so wird dieses bei der Zerkleinerung breitgeschlagen und auf dem Feinsieb zurückbehalten, so daß der zur Feuerprobe verwandte Siebdurchgang einen entsprechend geringeren Goldgehalt ergibt. Man sammelt sorgfältig die auf dem Feinsieb zurückbleibenden Metallspäne, kupelliert sie und wiegt das erhaltene Korn ab. Von dem gut gemengten Siebfeinen bestimmt man den Goldgehalt mindestens durch zwei Analysen und berechnet unter Berücksichtigung aller Resultate den Durchschnittsgehalt der Probe.

Bei reichen Erzen wird gegebenenfalls das Freigold zunächst ausgewaschen und bestimmt, der Goldgehalt der Waschabgänge für sich ermittelt und aus den gesamten Resultaten der Goldgehalt der Probe rechnerisch festgestellt.

Eine derartig genaue Probenahme ist vorwiegend nur im Edelmetallbergbau durchführbar. In den meisten anderen Fällen wird man sich mit weniger eingehenden Untersuchungen der Lagerstätte begnügen müssen. Es hängt jedoch die durchführbare Genauigkeit der Untersuchung nicht allein vom Werte der Lagerstätte, sondern auch von den entstehenden Kosten und von der Bedeutung der Untersuchung für die späteren Betriebsdispositionen ab. So werden Braunkohlentagebaufelder in der Regel durch systematisch in etwa 50 bis 200 m Abstand voneinander angesetzte Bohrungen untersucht. In einzelnen Fällen werden diese Untersuchungen so durchgeführt, daß man die Kohle des Flözes in Schichten von je 0,5 bis 1 m auf ihren Teergehalt, den Gehalt an Asche, Schwefel usw. untersucht.

3. Die Genauigkeit der Untersuchung hinsichtlich des
Lagerstätteninhaltes.

Die Untersuchung erfolgt um so genauer, je gleichmäßiger und dichter sich die Probenahme über das ganze Feld verteilt. Gleichzeitig wird damit auch meist der geologisch-tektonische Aufbau der Lagerstätte, gegebenenfalls auch der des Hangenden und in einigen Fällen der des Liegenden klargestellt. Je weniger gleichmäßig die Verteilung der Probestellen im Felde ist und je weiter die einzelnen Probestellen voneinander entfernt sind, um so größer ist die Wahrscheinlichkeit, daß Unregelmäßigkeiten im Verhalten der Lagerstätte nicht gefunden werden. Damit nimmt dann aber die Unsicherheit des Ergebnisses der Untersuchung zu.

Aus diesem Grunde bewertet man bei Lagerstätten mit unregelmäßigem Verhalten nur die tatsächlich aufgeschlossenen Feldesteile (sichtbare Erze) und schlägt hierzu nur einen geringen Teil im unmittelbaren Bereich der Aufschlüsse als wahrscheinliche Vorräte (wahrscheinliche Erze), während man die möglichen Vorräte zweckmäßig bei der Vorratsermittlung ganz außer acht läßt.

Auch bei Braunkohlenfeldern sollte man gegebenenfalls als Tagebaufeld nur den tatsächlich durch systematisches Abbohren festgestellten Teil ansprechen und die übrigen Feldesteile allenfalls in unmittelbarer Nähe als wahrscheinliches Tagebaufeld in Rechnung ziehen, wenn nicht das vorliegende Ergebnis der vorhandenen Bohrungen das Gegenteil wahrscheinlich oder sicher macht. Die entfernteren Teile oder ungenügend abgebohrte Felder sollte man vorwiegend als Tiefbaufelder bewerten. In vielen Fällen wird man bei Anwendung guter physikalischer Untersuchungsmethoden den Bereich der wahrscheinlichen Vorräte größer bemessen können als sonst.

b) Steinkohlenbergbau und Braunkohlentiefbau.

Im Flözbergbau, insbesondere im Steinkohlenbergbau und mit erheblicher Einschränkung auch im Braunkohlentiefbau kann man vielfach bereits mit wenigen Aufschlüssen evtl. schon mit einigen Bohrergebnissen einigermaßen zuverlässige Rückschlüsse auf den zu erwartenden Lagerstätteninhalt ziehen. Es ist jedoch zu beachten, daß die Regelmäßigkeit der Flözführung und des Flözverhaltens in den einzelnen Revieren stark voneinander abweicht. Während im rheinisch-westfälischen Gebiet eine große Regelmäßigkeit vorliegt, ist dies im Zwickauer und Lugau-Ölsnitzer Revier nicht mehr in diesem Umfange der Fall. Auch innerhalb eines Reviers, sogar innerhalb eines Bergwerksfeldes können z. B. durch tektonische Vorgänge starke Unregelmäßigkeiten der Flözführung bewirkt werden, so daß auch in einigermaßen regelmäßigen Flözvorkommen die Vorratsberechnung auf Grund weniger Bohrergebnisse mit größter Vorsicht zu bewerten ist. Da man in Steinkohlenfeldern von entsprechender Größe meist eine mehr als hundertjährige Lebensdauer hat und nur 30 Jahre in Anrechnung bringen soll, wie später erläutert wird, so ist in solchen Fällen die rechnerische Kürzung eines größeren Vorrates unschädlich bzw. belanglos. Bei kleinen Feldern ist dagegen die Ermittlung des Lagerstättenvorrates möglichst genau durchzuführen, um festzustellen, ob das Feld überhaupt bauwürdig ist oder ob es zweckmäßig mit anderen Feldern konsolidiert werden muß — falls die Möglichkeit hierzu vorliegt —, um es bauwürdig zu machen.

IV. Die Bewertung der Bergwerkserzeugnisse.
a) Die Preisbildung der Bergwerksprodukte.
1. Weltmarkt, örtliche Lage, allgemeine Konjunktur.

Die Preise der Edelsteine, Metalle und Kalisalze werden in erster Linie durch den Weltmarkt bestimmt, während für die Brennstoffpreise vorwiegend der örtliche Markt maßgebend ist, und zwar um so stärker, je geringwertiger der Brennstoff ist. So sind die relativ sehr hohen Preise, die mancherorts für minderwertige

Brennstoffe erzielt werden, durch die örtliche Lage des in der Regel kleinen Absatzgebietes bedingt. Naturgemäß wirkt die allgemeine Konjunktur auf die Preise zurück. Die Preise werden sonach vorwiegend im freien Wettbewerb von Angebot und Nachfrage diktiert. Nur in vereinzelten Ausnahmefällen kann die Selbstkostenkalkulation als Grundlage für die Preispolitik dienen. In der Regel werden die Preise maßgebend sein für die Höhe der zulässigen Selbstkosten. Daran ändert auch die Tatsache nichts, daß sich durch Veredelung der Produkte oft höhere Preise erzielen lassen, da diesen auch erhöhte Kosten durch die Weiterverarbeitung gegenüberstehen.

2. Der Einfluß der Liquidität des Unternehmens und der Einfluß des Zahlungstermines.

Im einzelnen werden die Preise vielfach weitgehend beeinflußt durch die Rücksicht auf die Liquidität des Unternehmens. In Zeiten der Geldknappheit ist es mitunter erforderlich, Verkäufe zu Verlustpreisen zu tätigen, um aus einer akuten Zahlungsunfähigkeit herauszukommen, die lediglich auf einen Mangel an Barmitteln zurückzuführen ist, ohne daß die allgemeine Finanzlage des Unternehmens eine schlechte zu sein braucht. Solche Verkäufe finden dann natürlich nur gegen Barzahlung statt. Gewiß kann man den Verkauf zu Verlustpreisen als Warenverschleuderung ansehen. Gelingt jedoch im vorliegenden Falle rechtzeitig die Wiederherstellung der Liquidität, so hat die Krise nur einen Augenblickscharakter gehabt, ohne weitere Folgen zu tragen. Würde ein vorübergehend illiquides Unternehmen auf den gegebenenfalls zu Verlustpreisen zu tätigenden Barverkauf verzichten, so könnte seitens der unbefriedigten Gläubiger leicht der Konkurs des Unternehmens beantragt werden. Die Folge davon wäre dann nicht allein die Verschleuderung noch umfangreicherer Mengen der Produktion zu den meist noch niedrigeren Konkursverkaufspreisen, sondern mitunter auch der völlige Zusammenbruch eines sonst gut lebensfähigen Unternehmens.

Solche Liquidationsverkäufe sind namentlich bei kleineren Einzelunternehmungen häufig, wenn ihnen geeignete Bankverbindungen fehlen und auch kein Rückhalt durch entsprechend straff organisierte Syndikate zu Gebote steht. Es ist klar, daß hier solche Liquidationsverkäufe bei einer allgemeinen Geldversteifung auch einen sehr fühlbaren, unangenehmen Druck auf die Preisgestaltung des offenen Marktes ausüben können. In dieser Hinsicht besteht der Wert der Syndikate darin, daß sie im allgemeinen die Barzahlung der gelieferten Produkte zu einem bestimmten Termin besser erzwingen können als die Einzelwerke, denen hierdurch wieder die Liquidität sichergestellt wird.

Für die Beurteilung der erzielten Preise ist der Zahlungstermin von erheblicher Bedeutung, da bei weit hinausgeschobenem Zahlungstermine erhebliche Zinsverluste vom Verkäufer zu tragen sind. Wenn Hütten die erworbenen Erze erst nach erfolgter Verhüttung bezahlen, so können oft Zeitspannen von mehreren Monaten zwischen der Lieferung und Bezahlung der Erze auftreten, wodurch für das Bergwerk erhebliche Verluste entstehen, die um so unangenehmer wirken, je weniger genau sich diese Zeitspanne im voraus bestimmen läßt.

3. Der Zweck der Kampfpreise.

Eine Abweichung von der normalen Preisbildung findet sich in der Regel in den sogenannten „bestrittenen Absatzgebieten", d.h. in den Gebieten, in denen infolge der Frachtlage usw. die Produkte zweier miteinander konkurrierender Bergbaubezirke zu annähernd gleich günstigen Bedingungen angeboten werden können. Auch hier werden die Produkte in der Regel unterhalb eines Preises verkauft, der der Summe der anteiligen festen und proportionalen

Kosten entspricht, also strenggenommen zu Verlustpreisen. Ist die Leistungsfähigkeit eines Bergbaubezirkes durch den Absatz im unbestrittenen Gebiete nicht ausgenützt, oder ist seine Leistungsfähigkeit ohne Erhöhung der festen Kosten noch zu steigern, so kann man jeden Verkauf von Produkten innerhalb der bestrittenen Gebiete, der neben den proportionalen Kosten auch einen Teil der fixen Kosten deckt, als einen relativen Gewinn ansehen, der geeignet ist, den Anteil der fixen Kosten für den Absatz im unbestrittenen Gebiet entsprechend zu senken. Hierin liegt die große volkswirtschaftliche Bedeutung des Kampfes um die bestrittenen Gebiete zweier Bergbaubezirke, die verschiedenen Staaten angehören.

Niedrige Kampfpreise haben vielfach auch den Zweck, die schwächere Konkurrenz zum Erliegen zu bringen oder sie zum Eintritt in ein Syndikat usw. gefügig zu machen. Auf dem Erzweltmarkte haben Kampfpreise gelegentlich auch den Zweck gehabt, die schwächere Konkurrenz zur vorzeitigen Abstoßung ihrer Vorräte zu möglichst niedrigen Preisen zu veranlassen. Hierdurch wird nicht allein die Ausschaltung der Konkurrenz erleichtert durch Aufkauf, Abschluß von Lieferungsverträgen, Betriebseinstellungen usw., sondern auch ein schneller Überblick über die tatsächlich vorhandenen Weltvorräte erreicht, der die weiteren Maßnahmen der Preispolitik entsprechend beeinflussen kann.

b) Die Aufstellung fester Handelsmarken für die Bergwerksprodukte.

Für die Beurteilung des Lagerstätteninhaltes ergeben die charakteristischen Eigenschaften bestimmter Fundpunkte, Distrikte, Lagerstättenarten usw., die also hauptsächlich durch die Genesis dieser Lagerstätten bestimmt werden, sehr wichtige Anhaltspunkte. Sie ermöglichen vielfach die Aufstellung fester Handelsmarken, die namentlich im Steinkohlen-, Kalisalz- und Erzhandel durchgeführt worden sind[1].

Diese Handelsmarken sind ausschlaggebend für die Preisbildung und bilden vor allem im Erzhandel vielfach allgemein gültige Preisgrundlagen. Es sind daher Lagerstätten, deren Inhalte Gegenstand solcher Handelsmarken bilden, leichter und sicherer zu beurteilen.

Aus diesem Grunde ist die Feststellung der Genesis, bei Sedimenten auch die Fossilführung, ferner die petrographische Beschaffenheit des Lagerstätteninhaltes von großer Bedeutung.

Der Wert der Steinkohlen wird in erster Linie bestimmt durch Heizwert, Langflammigkeit, Sortenfall, Aufbereitbarkeit, Wetterbeständigkeit, Verkokbarkeit unter Berücksichtigung der Nebenprodukte, Aschengehalt und seiner Nebenbestandteile wie Schwefel usw. Gute Kesselkohle soll bei hohem Heizwert langflammig sein, aber nicht rußen. Am besten eignen sich für Schiffskohlen Steinkohlen mit Eßkohlencharakter. Für den Hausbrand werden kurzflammige Kohlen (Anthrazit) bevorzugt. Der Anfall an kleineren Nuß- und besonders an Feinkohlen bewirkt eine Wertverminderung der Produktion. Je 1% Feinkohle mindert sich der Wert je Tonne Kohle in Rheinland-Westfalen um rd. 0,04 bis 0,05 $\mathcal{M}$ bei Fettkohle, um rd. 0,10 bis 0,12 $\mathcal{M}$ bei Eßkohlen und 0,18 bis 0,20 $\mathcal{M}$ bei Anthrazit. Die Bedeutung des Sortenfalles ist abhängig von den Möglichkeiten der Preisbildung. In dem Maße, in dem es gelingt, Feinkohlen günstig zu verwerten (Entwicklung der Staubkohlenfeuerung), tritt die ungünstige Preiswirkung derselben zurück. Die Aufbereitungsfähigkeit der Kohlen wird vor allem bestimmt durch den Verwachsungsgrad, durch die Struktur von Kohlen und Bergen, durch die mehr oder weniger starken Schwankungen ihrer mittleren spezifischen Ge-

---

[1] Krusch: a. a. O.

wichte usw. Bei mangelnder Wetterbeständigkeit sinkt der Wert besonders der im Freien gelagerten Kohlen sehr schnell. Dasselbe gilt für Kohlen, die beim Lagern durch Trocknung, durch Zersetzung von Schwefelkies usw. zerfallen. Die Verkokbarkeit beeinflußt den Wert der Kohle in verschiedener Weise. Bei

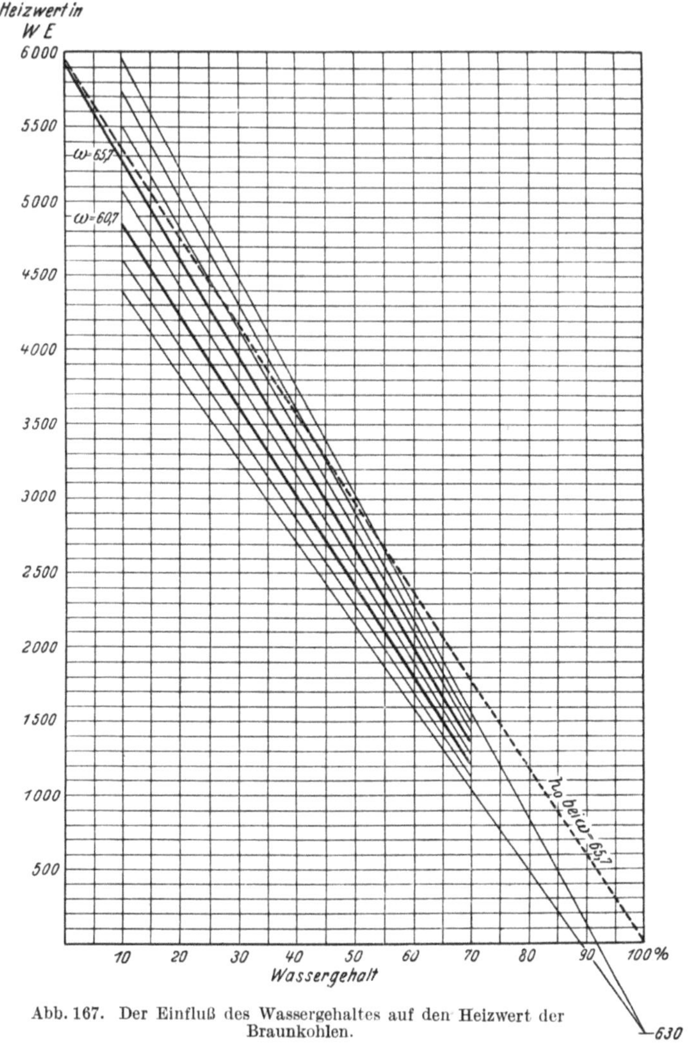

Abb. 167. Der Einfluß des Wassergehaltes auf den Heizwert der Braunkohlen.

h_0 oberer Heizwert, h unterer Heizwert der Rohkohle, x Wassergehalt der Rohkohle in Prozenten, h_1 unterer Heizwert der Briketts, r Wassergehalt der Briketts in Prozenten, ω Gütezahl der Kohlensorte (für Rohkohle und dem daraus hergestellten Brikett geltend).

$$h_1 = \frac{100 - r}{100 - x} \cdot (h + 6{,}3\,x) - 6{,}3\,r, \quad \omega = \frac{h + 630}{100 - x}, \quad h = \omega\,(100 - x) - 630, \quad h_0 = (100 \cdot \omega - 630)(100 - x).$$

gutem Hochofenkoks beträgt der Koksminderbedarf von Eisenhochöfen gegenüber den schlechteren, noch zur Verhüttung verwandten Kokssorten je Tonne Roheisen etwa 100 bis 150 kg. Das entspricht einem Mehrwert sowohl des besseren Kokses als auch der hierzu verwandten Kokskohle, dem bei Gasflammkohlen der Mehrwert aus den größeren Mengen der erzielbaren Nebenprodukte entgegensteht. Der Aschengehalt kann die Bedienung der Feuerungen sehr erschweren, besonders wenn die Asche auf den Rosten zu Verschlackungen neigt. Hoher Schwefelgehalt kann durch den Gehalt der Rauchgase an schwefliger Säure sehr unangenehm wirken und dem Verbrauch dieser Kohlensorten entgegenwirken. Ferner wird die Korrosion der Kesselwandungen erheblich begünstigt.

Für die norddeutschen und ähnlichen Braunkohlen kommt neben den allgemeinen Anforderungen noch die Eignung für die Brikettierung in Frage. Von Bedeutung ist besonders der Einfluß des Wassergehaltes auf die Brikettierfähigkeit und die Wetter- bzw. Lagerbeständigkeit der Briketts. Bei den Schwelkohlen ist die Menge und die Beschaffenheit des anfallenden Teeres zu beachten. Saure Teere sind weniger wertvoll.

Eine einfache Vergleichsmöglichkeit ergibt sich für die Bewertung der zu Feuerungszwecken zu verwendenden Braunkohlen und Braunkohlenkriketts durch die Anwendung der Gütezahl bzw. der Heizwertlinien[1]. In Abb. 167 sind die unteren Heizwertlinien dargestellt bis auf die gestrichelte Linie, die sich auf den oberen Heizwert einer Kohle vom Gütegrad 65,7 bezieht. Die Gütezahl (Kennzahl) ω ist nach der Gleichung $\dfrac{h + 630}{100 - x}$ leicht zu ermitteln. Die Anwendung der Abbildung ist einfach. Eine Kohle, die bei 50% Wassergehalt einen unteren Heizwert von ungefähr 2670 kcal hat, entspricht dem Gütegrad bzw. der Gütezahl 65,7 und würde z. B. als Brikett bei 15% Wassergehalt einen unteren Heizwert von ungefähr 4970 kcal haben.

Die Ausführungen zeigen, daß die Bewertung der Kohle nicht nur vom Heizwert abhängig ist, sondern daß die sonstigen Eigenschaften der Kohlen mehr oder weniger entscheidend mitwirken. Es kommt hinzu, daß die Bewertung auch von dem Verwendungszweck stark beeinflußt wird. Infolge des geringen Wertes sind die Kohlen für teure Frachten nur unter besonderen wirtschaftlichen Verhältnissen geeignet. Daher haben die Preise eine mehr örtliche bzw. regionale Bedeutung und werden nur in den „bestrittenen Gebieten" von den benachbarten Produktionsgebieten beeinflußt.

Während die Preise der einzelnen Kohlenhandelsmarken noch sehr stark von den örtlichen Absatzverhältnissen des betreffenden Kohlenerzeugungsgebietes abhängig sind, gelten für Kalisalze und für die meisten Erze infolge ihres meist monopolartigen Charakters Landes- oder Weltpreise, die für eine bestimmte Frachtgrundlage allgemeine Gültigkeit haben.

Nach Michaelis-Przibylla[2] setzt das Reichskaligesetz von 1910 die folgenden Handelsmarken für Kalisalze fest:

1. Karnallit	mit	9	bis	12%	K₂O
2. Rohsalze	„	12	„	15%	„
3. Düngesalze	„	20	„	22%	„
„	„	30	„	32%	„
„	„	40	„	42%	„
4. Chlorkalium	„	50	„	60%	„
„	„	über		60%	„
5. Schwefelsaures Kali	„	„		42%	„
6. Schwefelsaure Kalimagnesia					

Von den charakteristischen Eigenschaften der Erzhandelsmarken seien folgende erwähnt:

Die Rio-Tinto-Kiese haben einen geringen Arsengehalt, während die skandinavischen Kiese hiervon frei sind.

---

[1] Kegel: Die graphische Darstellung des Einflusses des Wassergehaltes der Braunkohlen auf deren Heizwert. Braunkohlenarchiv 1921, H. 1.

[2] Michaelis-Przibylla: Die Kalirohsalze, S. 302. Leipzig: O. Spamer 1916.

Die Bilbao-Eisenerze sind phosphorarm, die Minette Lothringens ist vergleichsweise phosphorreich.

Die lappländischen Eisenerze sind phosphorreiche Magneteisenerze, die Sudburry-Erze sind nickelhaltige Magnetkiese.

In Südafrika[1] werden die Diamanten innerhalb bestimmter Größen in folgende Wertklassen eingeteilt:

1. Close goods, reine Steine mit guter Kristallform,
2. Spotted Stones, Steine mit Einschlüssen,
3. Rejection Cleavage, fleckige Spaltstücke,
4. Fine Cleavage, feine weiße Spaltstücke,
5. Light-brown Cleavage, bräunliche Spaltstücke,
6. Ordinary and rejection Cleavage, minderwertige und verzerrte Stücke,
7. Flats, plattige, verzerrte Oktaeder,
8. Macles, flache, dreieckige Zwillinge,
9. Rubbish, Ausschuß, nur technisch verwendbare Stücke,
10. Boart, geringste Schleifware.

c) Allgemeine Vorbegriffe zur Abschließung von Lieferungsverträgen.

Die Bewertung der Bergwerkserzeugnisse ist für das finanzielle Ergebnis des betreffenden Unternehmens und damit für die Beurteilung des Bergwerkes von so grundlegender Bedeutung, daß an dieser Stelle eine eingehende Klärung der Frage der Lieferungsverträge erforderlich erscheint. Vorwiegend soll die Bewertung der Erze in den Verträgen besprochen werden, da diese wohl die größten Schwierigkeiten bei der Abschließung bereiten. Die hier dargelegten Gesichtspunkte können zudem meist sinngemäß auf die Bewertung der anderen Bergwerkserzeugnisse übertragen werden.

1. Der Lieferort.

Die Verträge werden stets so abgeschlossen, daß ein bestimmter Lieferort vereinbart wird, an dem das Produkt (Erz usw.) vom Verkäufer an den Käufer übergeben wird. Mit der Übergabe ist der Vertrag von seiten des Verkäufers erfüllt, denn Transportrisiko und Fracht gehen von diesem Augenblicke an bei weiterem Transport zu Lasten des Käufers. Von Wichtigkeit ist die Lage des Lieferortes vor allem für den Fall einer Zurückweisung des Erzes wegen irgendwelcher Mängel. Liegen Bergwerk und Hütte weit auseinander und der Lieferort in der Nähe der Hütte, so ist der Verkäufer in solchen Fällen oft gezwungen, sein Erz weit unter Preis an die Hütte abzugeben, wenn er dasselbe nicht an eine zufällig in der Nähe liegende andere Hütte zu annehmbaren Preisen verkaufen kann. Bei einem Verkauf an eine entfernter liegende zweite Hütte, würde der Verkäufer die erneuten Frachtkosten zu tragen haben.

Es liegt daher stets im Interesse des Bergwerkes, den Lieferort möglichst nahe der Grube festzusetzen, weil der Verkäufer dann stets weiter über seine Bergwerkserzeugnisse verfügen kann, ehe er sie mit unnützen Frachtkosten belastet. Aus diesem Grunde ist es erforderlich, daß der Bergmann die im Handel üblichen, hier in Betracht kommenden Bezeichnungen kennt.

Wird das Erz über See verfrachtet, so wird es entweder auf der Grube abgenommen oder es ist

f. o. b. (frei an Bord) frei Abgangshafen oder

c. i. f. (cost, insurance, freight = einschließlich Kosten, Versicherung, Fracht),

c. a. f. (cost, assurance, freight = Kosten, Sicherheit, d. h. Bürgschaft, Fracht)

---

[1] **Krenkel:** Der Diamant und seine Gewinnung. Z. int. Bergw. u. Bergtechn. 1929, S. 108.

frei Bestimmungshafen (Heimathafen der Hütte) zu liefern. Wenn nur Landtransport in Frage kommt, so findet die Übernahme meist an der Grube, bei kleineren Mengen und bisweilen auch bei Auslandtransporten dagegen auf der Hütte statt.

Aus dieser Ausführung geht hervor, daß sich der Verkäufer über die Einwirkung der Frachtengrundlage auf die für ihn erforderliche Preisbildung bzw. auf die Rentabilität seines Betriebes Klarheit verschaffen muß. Im Abschnitt A III b 3 ist die gegenseitige Einwirkung der Frachten und der Aufbereitung auf den Erlös der Bergwerksprodukte eingehend besprochen worden, weshalb hierauf verwiesen wird.

Viele Rohhütten berechnen die Transportkosten z. B. für den Transport von Blasenkupfer und Rohblei zu den Raffinerien in Gestalt von entsprechenden Abzügen vom Metallgehalt oder Metallpreis. Das Verfahren ist besonders auf manchen amerikanischen Hütten üblich[1]. Zweckmäßig werden feste Beträge vorgesehen, die von etwaigen Schwankungen der Eisenbahntarife nach Übernahme des Erzes nicht mehr betroffen werden, da sonst die endgültige Abrechnung des von der Hütte übernommenen Erzpostens erst nach erfolgter Verhüttung durchgeführt werden kann. Das ist zwar mitunter üblich, ist aber im Interesse des Bergbauunternehmens in der Regel zu vermeiden.

2. Verpackung.

Billige Erze werden gewöhnlich lose in den Schiffs- bzw. Wagenraum geschüttet, während edlere Erze in Säcken oder Fässern verpackt werden. Über die Art der Verpackung müssen im Kaufvertrage Bestimmungen getroffen werden, um die hiermit verbundenen Kosten gegebenenfalls bei der Preisfestsetzung der Erze berücksichtigen zu können.

3. Gewichtsbestimmung.

Es muß genau festgelegt werden, ob unter der Bezeichnung „Tonnen" metrische Tonnen (1000 kg), kurze Tonnen (short tons = 907,1853 kg = 2000 lb (Pfund) oder lange Tonnen (long tons = 1016,0457 kg = 2240 lb (Pfund) usw. zu verstehen sind. Das Wort „Unze" wird da, wo es in bezug auf Gold und Silber angewandt wird, als Goldgewichtsunze (= 28,34954 g) verstanden und das Wort „Einheit" (unit) bedeutet meist 1% einer kurzen Tonne (= 20 lb; 1 lb = 1 Pfund engl. = 16 Unzen = 0,453 592 65 kg). Unter 1 Karat werden 0,200 g verstanden (früher 0,205 g).

4. Metallgehaltsfeststellung.

Die Probenahme und das Verwiegen werden vertraglich vielfach vom Käufer auf dessen Kosten und Anlage durchgeführt, wozu der Verkäufer einen Vertreter zwecks Kontrolle entsenden kann. Häufig findet auch die Probenahme durch ein gemeinsam bestimmtes öffentliches Probierlaboratorium auf Kosten eines oder beider Vertragsschließender statt, wobei natürlich beide Parteien Vertreter zur Kontrolle entsenden. In anderen Fällen wird die Probe gemeinsam genommen, aber je zu ⅓ an beide Parteien abgegeben und von jeder Partei analysiert. Das letzte Drittel der Probe wird als Schiedsprobe aufbewahrt. Die Analysenresultate werden brieflich zu einer bestimmten Stunde der Post zwecks Weiterbeförderung an die Gegenpartei übergeben, so daß sich beide Briefe kreuzen und eine gegenseitige Beeinflussung der Angaben nicht stattfinden kann. Gleichzeitig sind die zulässigen Abweichungsgrenzen festgelegt, bis zu denen die Analysenresultate voneinander abweichen dürfen. Es wird dann das Mittel

---

[1] **Parsons, A. B.:** Handel mit metallhaltigen Erzen und Konzentraten. E. a. M. J. Pr. 23. 12. 1922.

beider Analysen als Rechnungsgrundlage gewählt. Als zulässige Abweichungsgrenze werden z. B. häufig die folgenden Beträge festgesetzt:

Für SiO_2, Fe, Ca, S rd. 0,5%, für Au 0,02%, für Ag 0,05%, für Cu 0,2 bis 0,5 bisweilen bis 1%, für Pb 0,5% usw. Bei größeren Abweichungen wird die Schiedsprobe durch einen vorher vereinbarten Chemiker (öffentliches Probierlaboratorium) analysiert, und man nimmt dann das Mittel zwischen dieser und der dieser am nächsten liegenden Analyse der beiden Parteien. Die andere Partei trägt in der Regel die Kosten der Schiedsprobe.

Die Analysenangaben werden in der Regel auf das Trockengewicht bezogen. Da der etwaige Feuchtigkeitsgehalt den Koksverbrauch im Hüttenprozeß erhöht, letzteren also verteuert, so werden in der Regel feuchte Erze (Schwimmaufbereitung) entsprechend schlechter bezahlt. Es verlohnt sich vielfach für die Grube, solche Erze vor dem Verkauf zu trocknen.

Die anzuwendende Technik der Probenahme und der auszuführenden Analyse wird zweckmäßig ebenfalls vorher genau vereinbart. Allgemein gehaltene Vorschriften, wie z. B. „Anwendung besterprobter Methoden" usw., führen leicht zu Streitigkeiten. Einen vorzüglichen Anhaltspunkt für die anzuwendenden Methoden gibt das von der Gesellschaft Deutscher Metallhütten- und Bergleute e. V., Berlin, herausgegebene Buch: „Ausgewählte Methoden für Schiedsanalysen und kontradiktatorisches Arbeiten bei der Untersuchung von Erzen, Metallen und sonstigen Hüttenprodukten"[1]. In diesem Buche werden als zweckmäßige Arten der Probenahme angegeben:

a) regelmäßige Entnahme je einer kleinen Menge in kurzen Zeiträumen während des Entladens (Löschens) bzw. Ladens,

b) regelmäßige Entnahme je einer größeren Menge in größeren Zeiträumen während des Entladens (Löschens) bzw. Ladens,

c) regelmäßige Entnahme je einer größeren Menge in größeren Zeiträumen von dem Erzhaufen im Schiffsraum bzw. Waggon.

Am Haufwerk wird entweder die bereits erwähnte Kegel- oder Vierteilungsprobenahme empfohlen oder die Kreuzungsprobe. Bei letzterer wird das Haufwerk in eine rechteckige Form von 30 bis 60 cm Höhe — bei mehr als 100 t auch 60 bis 90 cm Höhe — gebracht. Durch den Haufen werden kreuzweise Gräben von etwa 30 cm Breite geschaufelt, wobei jede 5., 10., 20. oder 100. Schaufel voll für die Probe zurückbehalten wird. Das andere wirft man auf den stehengebliebenen Pfeiler. Die Rohprobe wird bei grobstückigem Erze zerkleinert.

Bei der Probenahme von Erzen aus Säcken, Kisten oder Fässern verfährt man in obiger Weise und entleert zu diesem Zwecke entweder alle oder jeden 3., 5. oder 10. Behälter. Man kann auch jeden Behälter für sich entleeren, eine Schaufelprobe entnehmen und den Rest wieder in den Behälter zurückfüllen. Die einzelnen Proben werden dann zusammengeworfen und wie oben behandelt.

Der Feuchtigkeitsgehalt wird durch den Gewichtsverlust ermittelt, den die Probe im Trockenschrank bei einer Temperatur von 100° C (bei Kohlen 105° C) erleidet. Es muß so lange getrocknet werden, bis sich das Gewicht der Probe nicht mehr ändert.

Als Analysen wendet man zur Bestimmung von Gold und Silber meist die erprobtesten Arten des trockenen Probierens an, das Kupfer wird elektrolytisch oder mittels einer nassen Analyse nachgewiesen. Durch die nasse Analyse wird

---

[1] Selbstverlag der Gesellschaft Berlin 1924. Für Kalisalze sind unter dem Titel: „Zusammenstellung der in der Kaliindustrie gebräuchlichen Untersuchungsmethoden" die offiziellen Methoden des Kalisyndikates veröffentlicht worden. (Hermann: Einführung in die Kaliindustrie. Halle: Knapp 1925.)

auch das Blei nachgewiesen, soweit es sich nicht um die Bestimmung seines Edelmetallgehaltes handelt, ferner Zink usw.

5. Einfluß der Marktlage.

Eine im regelmäßigen Betriebe befindliche Hütte kann jeden Tag Metall zu den vorliegenden Marktnotierungen verkaufen, ist also in der Lage, Erze auf Grund dieser Notierungen sofort zu bezahlen. Natürlich gibt es eine gewisse Begrenzung, Verkäufe und Ankäufe gleichlaufend vorzunehmen dadurch, daß hohe Preise die Metallerzeugung anreizen und die Vorratshaufen auf der Hütte anschwellen lassen, die aufgearbeitet werden müssen, wenn der Markt darniederliegt und die Gruben wegen der geringen Preise mit der Erzeugung zurückhalten. Hierbei ist zu beachten, daß die Metallpreise in der Regel wesentlich schneller sinken als steigen. Daraus folgt, daß die Hütten entweder eine langfristige Lieferverpflichtung verlangen oder — namentlich bei Edelmetallen — den Zahlungsbetrag bisweilen auf Grund der an dem Bearbeitungstag geltenden Marktnotierungen berechnen.

Da die Notierungen der Metalle auf verschiedenen Märkten und hier auch seitens der Vertrauensleute verschiedener Zeitungen gleichzeitig in verschiedener Höhe angesetzt werden, so ist es zweckmäßig, im Vertrage neben dem Markte auch die Zeitung usw. anzugeben, deren Notierung gelten soll. Bei starker Erhöhung der Produktion ist mitunter zu erwägen, ob der Markt die erhöhte Fördermenge aufnehmen kann, ohne hierauf durch eine wesentliche Preissenkung zu reagieren. Im letzteren Falle ist zu prüfen, ob die Grube noch konkurrenzfähig bleibt.

d) Die Abschließung von Erzlieferungsverträgen.

1. Die besonderen Eigenarten des Erzkaufes.

Die Bezahlung der Erze geschieht fast stets nach vereinbarten Formeln, bei denen in der Regel der Metallgehalt der Erzmenge als Rechnungsgrundlage angenommen und die Abwesenheit schädlicher Bestandteile vorausgesetzt wird.

Die als Abnehmer der Erze in erster Linie in Frage kommenden leistungsfähigen Hütten sind stets große Anlagen, die über größere Erzvorräte verfügen und diese ständig ergänzen müssen, um einen geordneten, gleichmäßigen Betrieb durchführen zu können. Die Größe und Art der Erzvorräte wird bedingt durch die Anforderungen, die die Hütte an eine zufriedenstellende, d. h. selbstschmelzende Hüttencharge stellen muß, und die sich vor allem darauf beziehen, aus den Erzen die Metalle mit den geringsten Kosten in größter Reinheit zu erzeugen. Dazu gehört, daß der Metallgehalt nicht zu niedrig ist, daß störende Beimengungen, die das Ausbringen erschweren, fehlen, und die Berge eine leicht schmelzende Schlacke ergeben. Es muß also z. B. bei Eisen namentlich der Gehalt an Eisen, Kalk, Kieselsäure usw. in günstigem Mengenverhältnis zueinander stehen.

Erze, die solche Berge führen, werden selten gefunden. Es kommt auch selten vor, daß eine Grube zwei oder drei Erzarten liefert, die eine geeignete Mischung ermöglichen. Infolgedessen beziehen die Hütten oft von verschiedenen Gruben Erze verschiedener Zusammensetzung, die in geeignetem Verhältnis gemischt (gemöllert) werden, um das oben gekennzeichnete Ziel zu erreichen.

Die vorstehenden Ausführungen zeigen, daß der Erzkauf ein verwickeltes, schwieriges Geschäft ist. Der Erzkäufer bzw. Erzverkäufer muß wissen, welche Erzsorten die Hütte genügend auf Lager hat und welche zur Möllerung gebraucht werden. Er muß also nicht allein den Metallmarkt, sondern auch den Bergemarkt kennen, d. h. er muß wissen, wie und wo er die genügende Menge Erz mit geeigneten Bergearten erhält, um den Hüttenbetrieb billig zu gestalten, bzw. wo diese Erze gebraucht werden.

2. Der allgemeine Inhalt der Erzlieferungsverträge.

Man unterscheidet offene oder Normalverträge, die die Hütten allen Interessenten zur Kenntnis geben, und Sonder- oder Spezialverträge, die von Fall zu Fall zwischen Käufer und Verkäufer abgeschlossen werden. Aus naheliegenden Gründen sind im allgemeinen die Sonderverträge für den Bergbautreibenden die günstigeren. In der Regel gibt der Vertrag einen von der Hütte zu zahlenden Grundpreis für das Metall an, der auf eine willkürliche Analyse und willkürliche Metallnotierung aufgebaut ist. Die Festsetzung im einzelnen erfolgt dann in der Weise, daß man zum Grundpreise Prämien für einen höheren Metallgehalt oder geringeren Gehalt an schädlichen Beimengungen hinzurechnet, oder im entgegengesetzten Falle entsprechende Beträge abzieht. Die Höhe der Zuschläge bzw. Abzüge sind für die einzelnen prozentualen Veränderungen der Erzzusammensetzung für mehr oder weniger kleine Prozentteile genau vereinbart. Ebenso ist meist auch der zulässige Mindestgehalt an Metallen bzw. Höchstgehalt an schädlichen Bestandteilen angegeben.

In den allgemeinen Vertragsklauseln wird ferner bestimmt, auf welche Zeit der Vertrag abgeschlossen ist, ob dem Käufer alle Erze, Schlämme und Konzentrate zu liefern sind, die der Verkäufer erzeugt, wie die Übergabe, das Verwiegen und die Probenahme zu erfolgen hat, an welchem Tage und in welcher Art und Währung die Zahlung zu erstatten ist, und welche Orte als Erfüllungsorte für die Lieferung bzw. für die Zahlung anzusehen sind (Gerichtsstand). Ebenso müssen Abmachungen darüber getroffen werden, wer etwaige Steuern, Gebühren und Lagergelder, z. B. Schiffsmiete bei zu langsamer oder verspäteter Löschung der Ladung, zu tragen hat.

In manchen Fällen wird sich der Käufer vorbehalten, bestimmte Erzposten einer anderen Hütte zuzuweisen, wobei sich der Verkäufer ausbedingen wird, daß ihm dadurch kein Schaden erwächst. Von Bedeutung sind noch die Bestimmungen, nach der jedem Vertragschließenden der Rücktritt vom Vertrag freisteht, wenn bzw. solange er an der Erfüllung des Vertrages durch höhere Gewalt gehindert wird. In der Regel gilt das Übereinkommen, daß Naturgewalten, Feuer, Hochwasser, Störung der Eisenbahn, Krieg, Aufstand oder Bürgerkrieg, Beschlagnahme durch die Regierung usw., in manchen Fällen auch Streiks, die eine Störung des Betriebes des Käufers verursachen, diesem das Recht geben sollen, durch briefliche oder telegraphische Mitteilung an den Verkäufer für die Dauer der Störung vom Vertrage zurückzutreten. So haben einige amerikanische Hüttengesellschaften, als sie in den Jahren 1919/20 infolge der hohen Metallnotierungen, hohen Löhne und verminderten Leistungsfähigkeit mit Verlust arbeiteten, die weitere Abnahme von Erzen unter den bis dahin geltenden Vertragsbestimmungen mit der Begründung verweigert, daß die abnormen wirtschaftlichen Verhältnisse als höhere Gewalt anzusehen seien, die vom Vertrage entbinden. Auch in Deutschland findet diese Anschauung vielfach Anhänger. So hat das Landgericht zu Essen am 10. VII. 1922 unter Aktenzeichen 8. O. 217 — 21 ein Urteil gefällt, nach dem für Verträge immer nur das Risiko als übernommen gelten kann, das zur Zeit des Vertragsschlusses vorhanden oder als möglich voraussehbar war.

3. Die Berechnungsgrundlagen für die Festsetzung des Metallpreises.

Die Berechnungsgrundlage für die Festsetzung des Kaufpreises muß klar und übersichtlich sein. Die Zergliederung muß so erfolgen, daß Übervorteilungen der einen oder anderen Partei vermieden werden.

Zweckmäßig geht man bei der Bewertung von dem Metallpreise aus, den das im Erz enthaltene, von der Hütte zu gewinnende Metall nach der Notierung des vereinbarten Marktes haben würde, wobei 1% Metallgehalt je Tonne Hüttenhaufwerk = 10 kg sind, und von dem Anteil des Metallgehaltes, den die Hütte tatsächlich gewinnen kann unter Berücksichtigung der entstehenden Kosten[1]. Hiernach sind die folgenden Vereinbarungen bzw. Rechnungsgänge erforderlich:

α) Vereinbarung über die in Rechnung zu setzende Höhe des bei der Verhüttung entstehenden Metallverlustes (Hüttenabzug = metallurgische Verluste) und damit Ermittlung der voraussichtlich gewinnbaren Metallmenge.

β) Ermittlung des Rohpreises der Erze durch Multiplikation der gemäß α) ermittelten Menge mit dem vereinbarten Metalleinheitspreis.

γ) Ermittlung des Kaufpreises durch Einrechnung der Abzüge oder der Vergütungen zum Rohpreis. Die Abzüge oder Vergütungen entstehen durch:

1. die durchschnittlichen Verarbeitungskosten (Werkskosten), deren Höhe durch die mittlere Zusammensetzung der Erze (Metalle, Berge) und den damit zusammenhängenden Brennstoffaufwand bestimmt wird, zu dem je nach der Lage des Falles die Handlungsunkosten hinzutreten, und durch

2. die Strafen bzw. Vergütungen wegen der Gegenwart unerwünschter oder erwünschter Bestandteile, die die Verarbeitungskosten entsprechend erhöhen (Strafen) oder erniedrigen (Vergütungen).

α) **Der Hüttenabzug** (metallurgische Verlust) entsteht in erster Linie dadurch, daß die Schlacke einen bestimmten Prozentsatz an Metall enthält, der infolgedessen verloren geht. Die Höhe des Prozentabsatzes hängt von der Hüttentechnik und von der Beschaffenheit der Schlacke, also von der Möllerung der Erze ab. Infolgedessen kann der metallurgische Verlust je nach der technischen Vollkommenheit der betreffenden Hütte und je nach dem dieser zur Verfügung stehenden Erzmaterial sehr verschieden sein. In jedem Falle ist es für den Bergmann wichtig, sich einen Überblick über den normalen metallurgischen Verlust und über den von den einzelnen Hütten berechneten zu verschaffen.

Metallverluste können auch durch das Zusammenwirken verschiedener in einem Erz enthaltener Metalle entstehen, ferner durch Sublimation usw.

Geht man davon aus, daß der prozentuale Metallgehalt der Schlacken gleichbleibt, so nimmt der metallurgische Verlust mit der anteiligen Schlackenmenge zu. Man rechnet nun vielfach so, daß der Metallverlust bei der Verhüttung je Tonne durchzusetzenden Erzes gleichbleibt. Für Bleierze nimmt man in der Regel einen Hüttenverlust von 1,5%, für Kupfer von 0,5 bis 1% der Erzmenge an. Nimmt man z. B. für Kupfererze einen Hüttenabzug von 1% Cu je Tonne Erz an, so ergibt sich bei einem Kupfergehalt des Erzes von 5% Cu ein Verlust von 1 auf 5 gleich 20% des tatsächlichen Metallgehaltes und bei einem Kupfergehalt des Erzes von 25% ein Verlust von 1 auf 25 gleich 4% des tatsächlichen Metallgehaltes. Streng genommen müßte der Metallverlust, falls keine Sublimationsverluste usw. vorhanden sind, in Prozenten auf den Schlackengehalt bezogen werden, so daß er bei einem Erz von 25% Cu noch niedriger würde.

Beträgt nun der Metallgehalt der Schlacke für ein bestimmtes Kupfererz von bestimmter Bergezusammensetzung rd. 0,95% Cu und setzt man

x = Metallverlust (Hüttenverlust) in % der anfallenden Schlackenmenge,
y = Metallverlust (Hüttenverlust) in % der Erzmenge,
c = Metallgehalt des Erzes in %,
d = Schlackenmenge in Vielfachem des nicht metallischen Anteiles des Erzes $\left(d \gtrless 1\right)$,

---

[1] Die Erze werden an den ausländischen Börsen meist je long tons (1016 kg) gehandelt. Die Londoner Börsenumrechnung auf metrische Tonne lautet: long tons weniger 1,6%.

so ist:

$$y = \frac{d \cdot x \cdot (100 - c)}{100} \quad \text{bzw.} \quad x = \frac{100 \cdot y}{d \cdot (100 - c)} \,.$$

Ist $d = 1$, so wird für ein Erz von 5% Cu

$$y = \frac{1 \cdot 0{,}95 \cdot (100 - 5)}{100} = 0{,}903 \,\% \,.$$

Für ein Kupfererz von 25% Cu-Gehalt würde sich darnach der Hüttenabzug bei sonst gleicher Zusammensetzung der Berge errechnen zu

$$y = \frac{1 \cdot 0{,}95 \cdot (100 - 25)}{100} = 0{,}713 \,\% \,.$$

Der Hüttenabzug müßte also 0,903% bei dem 5%igen Erz bzw. 0,713% bei dem 25%igen Erz betragen.

Ist $d = 2$, so wird für ein Erz von 5% Cu:

$$y = \frac{2 \cdot 0{,}95 \cdot (100 - 5)}{100} = 1{,}805 \,\%$$

und für ein Kupfererz von 25% Cu:

$$y = \frac{2 \cdot 0{,}95 \cdot (100 \cdot 25)}{100} = 1{,}426 \,\% \,.$$

Die Verluste wachsen also, was einleuchtend ist, auch mit der je Tonne anfallenden Schlackenmenge. Bei abnehmendem Metallgehalt wachsen in diesem Falle nicht nur die absoluten Verlustbeträge, sondern auch die Verlustunterschiede gegen Erze höheren Metallgehaltes mit der Größe d.

Der Koeffizient d ist von der Zusammensetzung der nichtmetallischen Anteile des Erzes in erster Linie bestimmt, da hiervon die etwa sublimierenden Mengen (z. B. Schwefel) und die erforderlichen Zuschläge abhängig sind. Der Verlust sublimierender Metallmengen ist je nach dem Wirkungsgrad der Rückgewinnungsanlagen — elektrische Gasreinigung usw. — zu berechnen.

Grundsätzlich ist es noch unrichtiger, den Hüttenabzug in einem bestimmten Prozentverhältnis vom Metallgehalt zu berechnen, denn damit würden die reichen Erze stärker belastet, wenn man nicht, wie es in solchen Fällen in der Praxis meist geschieht, den Prozentsatz bei höherem Metallgehalt der Erze entsprechend herabsetzt. In diesem Falle muß eine den Verhältnissen entsprechende Rechnungsgrundlage aufgestellt werden, damit die Übervorteilung der einen oder anderen Partei vermieden wird.

Ebenso sollte man im Interesse der Übersichtlichkeit grundsätzlich Hüttenabzüge für Verarbeitungskosten usw. ablehnen. Der Hüttenabzug soll nur die tatsächlich bei der Verhüttung zu erwartenden Metallverluste berücksichtigen.

Bei der Bemessung der Abzüge muß die Genauigkeit der für die Untersuchung der Erze angewandten Probiermethoden berücksichtigt werden. So ist auf amerikanischen Hütten nach Parsons[1] festgestellt worden, daß die Goldausbeute im Ofen der Hütten im allgemeinen größer ist als der durch die dort üblichen Probiermethoden festgestellte Goldgehalt. Dazu kommt, daß fast stets genügend Blei und Kupfer als Goldsammler in den Hüttenchargen enthalten sind, um praktisch fast ohne Verlust zu arbeiten. Bei Gold wird meist der gesamte Goldgehalt, jedoch vielfach wesentlich unter dem Marktpreis des Reingoldes bezahlt.

Immerhin ist der prozentuale Abzug vom Metallgehalt sehr gebräuchlich. Bei Blei-Silbererzen werden oft 95% vom Bleigehalt und 98% vom Silbergehalt bezahlt. Ferner wird meist 1% Feuchtigkeitsverlust berechnet und eine

---

[1] Parsons: a. a. O.

allgemeine Abgabe je Tonne (für Bahn- und Seefracht, Hüttenlohn, Spesen und Ausfuhrabgaben) festgesetzt. Folgendes Beispiel soll dies erläutern:

Abrechnung über 100 t Bleierz mit 80% Blei und 10 Unzen Silber je Tonne. Bleipreis £ 22, Silberpreis d 24 je Unze.
Bedingungen: 95% Pb, 98% Ag bezahlt, 1% Feuchtigkeitsverlust berechnet. Allgemeine Abgaben je Tonne (Bahnfracht[1] usw.) £ 9.

Angeliefert: 100,000 t
                        1,000 (1% Feuchtigkeitsabzug)
                       ─────────
                       99,000 t.
Bleigehalt: 99,000 # 76% oder 75,24 t.
Silbergehalt: 99,000 # 9,8 Unzen, d. h. 970 Unzen.
Bleiwert: 75,240 # £ 22   £ 1655,28
       Abzug 1,6% Differenzen long t — metr. t   £   26,48
                                             ─────────
                                             £ 1628,80   £ 1628,80
Silberwert: 970 Unzen zu d 24, d. s. 23 280 d oder   £   97,00
Wert des Feinmetallgehaltes . . . . £ 1725,80
Abzug je Tonne laut Vereinbarung £ 9 oder für 100 t . . . . . . £ 900,00
Zugunsten des Verkäufers . . . . £ 825,80

Abgesehen von der Höhe des Abzuges wird in der Regel ein bestimmter Mindestmetallgehalt festgesetzt, von dem an die Hütte das Erz übernimmt.

Nicht immer wird in den Kaufverträgen der Hüttenabzug besonders berechnet, sondern er wird häufig auch in der Weise berücksichtigt, daß man den Metalleinheitspreis für verschiedenen Metallgehalt verschieden hoch vereinbart. So wurde vor dem Kriege nach Krusch[2] gelegentlich folgender Vertrag abgeschlossen:

Bei einem Kupferpreis von 73 £ für best selected Cu:

81,00 ℳ je 100 kg Cu in armen Erzen . . . . (7% Cu)
104,00 ℳ „ 100 „   „ „ mittelarmen Erzen. . . . . (15% „)
114,00 ℳ „ 100 „   „ „ reichen Erzen. . . . . . . (23% „)

Zur Verrechnung gelangte der Kupfergehalt des Erzes minus 1%.

Begründet wurde die verschiedene Bezahlung damit, daß die Metallverluste in ärmeren Erzen relativ größer sind. Es erübrigt sich zu sagen, daß der Kaufvertrag klarer würde, wenn der Verlust lediglich in Gestalt des oben erwähnten Hüttenabzuges in Rechnung gestellt worden wäre, um so mehr, als nach dem Beispiel stets 1% Cu außerdem abgezogen wurde. Es kann sich hierbei allerdings auch darum gehandelt haben, daß die Hütte ein vorwiegendes Interesse an reicheren Erzen hatte bzw. daß ihr vorwiegend ärmere Erze angeboten wurden.

β) **Die Ermittlung des Rohpreises der Erze nach Metallgehalt und vereinbarten Metalleinheitspreisen.** Aus ähnlichen Überlegungen heraus wie unter α) ist es auch falsch, die Verarbeitungskosten usw. durch prozentuale Abzüge von dem Metallpreis verrechnen zu wollen, da hierdurch die reicheren Erze je Gewichtseinheit Metallausbringens ebenso stark belastet würden wie die ärmeren, obwohl die anteiligen Verhüttungskosten bei reicheren Erzen naturgemäß niedriger sind. Es empfiehlt sich darnach, auch den Metallpreis lediglich nach den Marktnotierungen in voller Höhe einzusetzen. Im einzelnen hängt die Staffelung der zu bezahlenden Metallpreise vielfach von den Bedürfnissen der Hütte ab. Es gibt z. B. Hütten, die vorwiegend einen Bedarf an reichen Bleierzen haben und diese daher besser bezahlen als solche, denen reiche Bleierze im Überschuß angeboten werden. Ein Beispiel für die Bezahlung des Erzes nach dem Metallgehalt ohne besonderen Abzug für Hüttenverlust und ohne gesonderte Berechnung des Hüttenlohnes zeigt die nachstehende Preistafel einiger Siegerländer Hütten um 1924 (Tabelle 95):

---

[1] Seefracht, Hüttenlohn, Spesen, Ausfuhrabgabe.   [2] Krusch: a. a. O.

Tabelle 95. Preistafel für Spateisenstein und Rostspat (Siegerland 1924).

Die Preistafel für Spateisenstein lautete:

Basis	33% Fe	6% Mn	12% Rest = 15,75 ℳ Grundpreis
Preisanteil.	+ 13,95 ℳ	+ 4,95 ℳ	− 3,15 ℳ
Skala je %	± 0,45 ℳ	± 0,90 ℳ	∓ 0,25 ℳ

Für Rostspat lautete die Preistafel:

Basis	46% Fe	8% Mn	15% Rest = 21,00 ℳ Grundpreis
Preisanteil.	+ 18,58 ℳ	+ 6,60 ℳ	− 4,18 ℳ
Skala je %	± 0,50 ℳ	± 1,00 ℳ	∓ 0,30 ℳ

Eine volle Klarheit gibt die Berechnung ebenfalls nicht. Der Abzug für die Berge reicht nicht für den Hüttenlohn, so daß dieser zum Teil auch in einer Unterbezahlung des Metallgehaltes zu suchen ist.

γ) **Ermittlung des Kaufpreises der Erze einschließlich Strafen bzw. Vergütungen.** Die Höhe der Verarbeitungskosten läßt sich deshalb nicht eindeutig bestimmen, weil nicht so sehr die Zusammensetzung des einzelnen Erzpostens als vielmehr die Zusammensetzung des gemöllerten Beschickungsmaterials (Hüttenchargen) neben dem technischen Zustande der Hütte für die Höhe der Verarbeitungskosten je Einheit ausgebrachten Metalls maßgebend sind. Hierauf ist bereits hingewiesen worden.

Die Zusammensetzung der Hüttencharge hängt für die einzelnen Hütten von dem Mengenverhältnis und der Zusammensetzung der einzelnen Erzposten ab, die die Hütte von ihren einzelnen Bezugsquellen erhält. Das bezieht sich sowohl auf den Metallgehalt als auch auf die Zusammensetzung der Erze. Je nach ihrer geographischen Lage zu den einzelnen Bergbaubezirken (Verkehrslage) werden die Hütten vorzugsweise Erze von einer bestimmten Beschaffenheit — beispielsweise metallreiche Erze — erhalten. Andererseits können die in den Erzen enthaltenen Berge vorzugsweise Kieselsäure enthalten, während kalkhaltige Erze fehlen und umgekehrt.

Daraus geht hervor, daß bestimmte Erze die Verarbeitungskosten der Betriebe verschiedener Hütten verschiedenartig beeinflussen können, so daß dieselben Erze für verschiedene Abnehmer verschiedenen Wert haben können. Der Wert wird im einzelnen Falle abhängig sein von der allgemeinen Entwicklung des Metallmarktes, von der Vollkommenheit der technischen Einrichtung und von der Leitung der Hütte sowie von der Art der ihr vorwiegend angebotenen Erzsorten und von der Vollkommenheit der durchgeführten Erzaufbereitung. Mitunter greift die Entwicklung der Erzaufbereitungstechnik weitgehend in die durchschnittliche Zusammensetzung der von den Gruben gelieferten Konzentrate und damit in die Grundlagen der Preisbildung ein. Während z. B. einige nordamerikanische Kupferhütten[1] vor Anwendung der Schwimmaufbereitung soviel Kieselsäure mit den Erzen angeboten erhielten, daß sie Abzüge (Strafen) für den für ihren Betrieb viel zu hohen Gehalt an Kieselsäuren berechnen mußten, hat die mit der Schwimmaufbereitung verbundene wesentliche Verminderung der Kieselsäure in den Erzkonzentraten die Wirkung gehabt, daß diese Hütten jetzt keine Sonderabzüge für Kieselsäure berechnen.

Aus diesen Überlegungen folgt, daß die Strafen und Vergütungen, die die Hütten für Abweichungen von einer als normal angenommenen Zusammensetzung der Erze berechnen, soweit sie sachlich vom Standpunkte der einzelnen Hütten berechtigt sind, das ganz individuelle Verhältnis der Hütte zum Erzmarkt widerspiegeln.

---

[1] Parsons a. a. O.

Daraus ergeben sich für den Verkäufer von Erzen Schwierigkeiten insofern, als er nur selten in der Lage sein wird, diese Verhältnisse im einzelnen Falle genügend zu kennen, um die Sachlage richtig auszunutzen. Ferner ist zu beachten, daß die Höhe der Strafen und Vergütungen nicht nur gleichzeitig im einzelnen Falle, sondern im Laufe der Zeit auch allgemein erheblichen Schwankungen unterliegen kann.

Für den Bergmann ist es daher im Interesse des finanziellen Erfolges seines Unternehmens oft von ausschlaggebender Bedeutung, diejenige Hütte ausfindig zu machen, die ihm infolge ihrer geographischen Lage, ihres technischen Zustandes und ihrer geschäftlichen Beziehungen zum Erzhandel die höchsten Preise für seine Produkte zahlt bzw. zahlen kann.

Die Verarbeitungskosten werden meist je Tonne gelieferten Hüttenerzes berechnet. Man geht vielfach auch von der Gewichtseinheit ausbringbaren Metalls aus. Bei sonst gleichbleibender Zusammensetzung der Berge einerseits und der Metallverbindungen andererseits steigen oder fallen die Verarbeitungskosten je Tonne Erz vielfach mit dem Metallgehalt. So gibt Parsons[1] an, daß die Betriebskosten in einem Normalvertrage zu

5 $ je Tonne bei einem Rohmetallgehalt (Cu) im Werte von weniger als 25 $ je t Erz
6 $ „   „   „   „   „   „   „   „   „   25 bis   40 $ „ t „
8 $ „   „   „   „   „   „   „   „   „   über   40 $ „ t „

berechnet wurden.

Bei einigen westdeutschen Hütten sinkt der Schmelzlohn bei steigendem Cu-Gehalt, wie die folgende Kupferpreisberechnung zeigt:

Preis: Kupfer wird bezahlt zum Durchschnitte der offiziellen Berliner Raffinade-Kupfernotierungen (Durchschnitt der Lieferwoche).

Skala für Schmelzlohn:

Bei einem Gehalt von

$$
\left.\begin{array}{llll}
4 & \text{bis } 4,49\% \text{ Cu} & = 79\ \mathcal{M} \\
4,5 & \text{„ } 4,99\% \text{ „} & = 73\ \mathcal{M} \\
5,0 & \text{„ } 5,49\% \text{ „} & = 69\ \mathcal{M} \\
5,5 & \text{„ } 5,99\% \text{ „} & = 66\ \mathcal{M} \\
6,0 & \text{„ } 6,49\% \text{ „} & = 62\ \mathcal{M} \\
6,5 & \text{„ } 6,99\% \text{ „} & = 60\ \mathcal{M} \\
7,0 & \text{„ } 7,99\% \text{ „} & = 58\ \mathcal{M} \\
8,0 & \text{„ } 8,99\% \text{ „} & = 54\ \mathcal{M} \\
9,0 & \text{„ } 9,99\% \text{ „} & = 51\ \mathcal{M}
\end{array}\right\} \text{Schmelzlohn je t Erz}
$$

frei Waggon Verladestation Grube.

Beispiel zur Preisfestsetzung (Dez. 1924):

Durchschnittskurs der Lieferwoche . . . . 124,— $\mathcal{M}$
Preis für 100 kg Erz entsprechend einem Cu-Inhalt von 7 kg = 7·1,24. . . . 8,68 $\mathcal{M}$
Schmelzlohn für 100 kg 7%iges Erz . . . . 5,80 $\mathcal{M}$

Erzielter Preis für 100 kg   2,88 $\mathcal{M}$

Der Mindestgehalt an Cu liegt für absatzfähige Kupfererze bei ungefähr 4%. Erze mit geringerem Cu-Gehalt werden nur bei geringer Fracht und hohen Kupferpreisen abgenommen. Jedoch darf selbst im günstigsten Falle der Cu-Gehalt nicht wesentlich unter 3,5% sinken.

Die Preisberechnung nach dieser Tabelle läßt erkennen, daß im „Schmelzlohn" sicher auch die metallischen Hüttenverluste mit eingerechnet sind, so daß diese Preistafel keine genaue Darstellung über die Höhe der in Rechnung gesetzten Hüttenverluste und des eigentlichen Hüttenlohnes gibt.

Strafen werden für solche Metalle und Berge angerechnet, die den Hüttenbetrieb verteuern bzw. das Ausbringen vermindern, während im umgekehrten

---

[1] Parsons: a. a. O.

Falle Vergütungen gewährt werden. Es wurde bereits darauf hingewiesen, daß die Stellungnahme der Hütten zu den hier in Frage kommenden Bestandteilen verschieden sein kann. Es lassen sich daher auch keine allgemein gültigen Rechnungsgrundlagen zur Bemessung der Strafen bzw. Vergütungen aufstellen.

Neben der Kieselsäure gibt namentlich der Gehalt an S, As, Sb, Ni, Co, Zn usw. Veranlassung zur Berechnung von Strafen.

Schwefel ist besonders für Bleierze bei Gegenwart von Zink störend, weshalb viele Bleihütten den über ein bestimmtes Höchstmaß hinausgehenden Schwefelgehalt bestrafen. Für Kupferhütten ist der Schwefelgehalt der Erze meist unschädlich, er wird sogar bisweilen bezahlt. Im übrigen wird der Schwefelgehalt bei manchen Erzen (Pyriten) bezahlt, sobald er mit Vorteil gewonnen werden kann.

Arsen bildet mit Eisen sog. Speisen, die einen hohen Schmelzpunkt haben und daher den Betrieb verteuern. Andererseits kann bei geeigneter Erzzusammensetzung das Arsen auch mit Vorteil gewonnen werden. Es hängt also von der Erzzusammensetzung, von der technischen Einrichtung der Hütte und von der Marktlage ab, ob das Arsen bezahlt, ignoriert oder bestraft wird. Dasselbe gilt grundsätzlich auch für Kobalt, Nickel und Antimon. Auch Zink wird nur in den eigentlichen Zinkerzen bezahlt, dagegen bei Bleierzen bestraft, während es bei Kupfererzen vielfach ignoriert wird.

Bei manganhaltigen Eisenerzen sind die Anforderungen hinsichtlich des Phosphorgehaltes sehr streng. Man verlangt bei 48 bis 50% Fe einen Gehalt von weniger als 0,2 bis 0,3% P und bei 30% Fe weniger als 0,15% P. Für Thomaserze ist dagegen ein Phosphorgehalt von etwa 0,7% bei 30% Fe und 1% bei 50% Fe erwünscht, da das Thomaseisen etwa 2% P enthalten soll, während Bessemer-Eisen nicht mehr als 0,08 bis 0,1% P enthalten darf.

Im Siegerländer Spateisenstein tritt mitunter ein Kupfergehalt recht störend auf. Enthält Stahl bzw. Eisen 0,45% Cu, so beginnt die Schweißarbeit zu leiden, besonders wenn der S-Gehalt gleichzeitig 0,04% übersteigt. Aus diesem Grunde wird der Kupfergehalt im Eisenerz vielfach bestraft. Man rechnet in der Regel mit einer Basis von 0,25% Cu im Rostspat und rechnet je $\pm$ 0,01% Cu einen Betrag von $\mp$ 0,03 $\mathscr{M}$ je 100 kg. Ein Rostspat von mehr als 0,45% Cu wird meist nicht mehr abgenommen. Man bezeichnet einen Rostspat von 0,2% Cu als kupferarm, einen solchen von 0,2 bis 0,3% Cu als normal und einen solchen von mehr als 0,3% Cu als kupferreich.

Während der Kupfergehalt im Eisen stets als schädlich angesehen wird, ist ein geringer Eisengehalt bei manchen Kupfererzen erwünscht, weil das Eisen, das hier nicht gewonnen wird, den Hüttenprozeß erleichtert. Es wird deshalb für solche Kupfererze der Eisengehalt häufig bis zu einem gewissen Grade besonders bezahlt.

In einigen Fällen ist auch die Verwendungsart für die Bewertung der Erze von Bedeutung. Es werden z. B. Chromerze mit hohem Cr-Gehalt vorwiegend in der chemischen und Eisenhüttenindustrie gebraucht. Die Korngröße der Erze ist hier ziemlich belanglos. Chromerze mit niedrigem Cr-Gehalt werden nur für feuerfeste Mauerung verwendet, weshalb nur grobstückige Erze hier brauchbar sind.

Die vorstehenden Ausführungen zeigen deutlich, welchen Wert eine gute und vor allem auch sachgemäß nicht nur vom physikalisch-technischen, sondern auch vom wirtschaftlich-technischen Standpunkte geleitete Aufbereitungsanstalt haben kann. Wie sich aus dem Vorstehenden ergibt, kann es z. B. mitunter richtiger sein, nicht die ganze Kieselsäure aus den Erzen zu entfernen, wenn die Kieselsäure bis zu gewissen Mengen bezahlt und nicht bestraft wird.

V. Der Einfluß der Risikofälle auf die Bewertung der Bergwerke.

a) Einteilung und Wesen der Risiken.

Die Spanne zwischen Verkaufswert der Erzeugnisse ab Werk und den Selbstkosten einschließlich aller Nebenkosten gibt den Betrag für den Gewinn oder Verlust. Die für einen bestimmten Fall geschätzten oder auf Grund der Bücherausweise ermittelten Zahlen müssen für die Bewertung des Bergwerkes einer sorgfältigen Kritik unterzogen werden. Die Schwankungen in den Gewinnungskosten (Löhne, Leistungen, Materialkosten usw.) und in den Verkaufspreisen namentlich auf dem Erzmarkte können das Bild im Laufe der Zeit erheblich verschieben. Will man also von dem jeweiligen Verkaufswerte und den Selbstkosten der Bergwerkserzeugnisse auf den Wert des Bergwerksunternehmens schließen, so muß man die Aussichten und die Entwicklungsfähigkeit des betreffenden Marktes (Kupfer-, Blei-, Kohlenmarkt usw.) genau untersuchen und ebenso die voraussichtliche Entwicklung der Selbstkosten. Nur unter angemessener Berücksichtigung dieser Umstände wird man brauchbare Unterlagen für die Bewertung des Bergwerkes erhalten. In diese Fragen kann, wie bereits wiederholt nachgewiesen wurde, die Entwicklung der Berg-, Aufbereitungs- und Hüttentechnik erheblich einwirken.

In allen Fällen sind darnach die folgenden Fragen von wesentlicher Bedeutung:

1. Welche Risikofälle sind überwunden und ausgeschaltet? Sind sie endgültig ausgeschaltet oder ist eine Wiederholung möglich bzw. zu befürchten? Ist die Konkurrenzfähigkeit, also der wirtschaftliche Bestand, oder die Anlage selbst, also der materielle Bestand, bedroht?

2. Welche Risikofälle sind noch zu erwarten?

3. Sind diese auf das Werk oder Teile des Betriebes zu lokalisieren oder bedrohen sie den Bergbau des ganzen Bezirkes (Konkurrenzfähigkeit der Werke des Bezirkes untereinander und gegenüber anderen Bezirken)?

4. Haben die Risikofälle eine gleichbleibende, steigende oder fallende Tendenz (Absatzverhältnisse, Abbauschwierigkeiten, Wasserzuflüsse usw.)?

Die scharfe Erfassung und Beurteilung des Risikos ist für die Begutachtung demnach von erheblicher Bedeutung. Es erscheint daher angebracht, die Einwirkung der Risikofälle auf die Begutachtung an einem Beispiel zu zeigen.

Unter Risikofällen sind alle diejenigen Vorfälle in Betrieb und Wirtschaft zu verstehen, deren Eintritt nicht so sicher ist, daß sie mit absoluter Sicherheit in Rechnung gesetzt werden können, deren Eintritt aber doch im Bereiche der Wahrscheinlichkeit bis Möglichkeit liegt. Schon diese Definition zeigt, daß eine scharfe Trennung zwischen Risikofällen und normalen Betriebs- und Wirtschaftsvorgängen nicht möglich ist. Was für einen kleinen Betrieb noch als Risikofall aufzufassen ist, wird vielfach nach den Gesetzen der Wahrscheinlichkeitsrechnung für den großen Betrieb zu einem rechnungsmäßig mit genügender Genauigkeit erfaßbaren Normalfall.

Der Risikofall kann das wirtschaftliche Ergebnis sowohl günstig als auch ungünstig beeinflussen.

b) Die Bedeutung des Risikos je nach dem Entwicklungsstadium des Bergwerkes.

1. Bei im Aufschluß befindlichen Bergwerken.

Der erste Risikofall für ein Bergwerksunternehmen liegt vor, solange die Lagerstätte, auf der das Bergwerk bauen soll, noch nicht systematisch untersucht ist.

Natürlich beeinflussen die Ablagerungsverhältnisse auch späterhin dauernd das Risiko der Konkurrenzfähigkeit.

Die Bewertung und Finanzierung des Bergwerksunternehmens wird während der Ausbauzeit fast ausschließlich von dem technischen Risiko beeinflußt. Die Abteufschwierigkeiten lassen sich in einem neu in Angriff zu nehmenden Felde nur selten mit Sicherheit genau voraussagen. Da es sich beim Ausbau um die Festlegung vergleichsweise erheblicher Summe handelt, deren Betrag, prozentual genommen, je nach den tatsächlich eintretenden Gebirgsschwierigkeiten erheblich schwanken kann, so ist für den Bergbau der in engen Grenzen unbestimmbare Kapitalbedarf, namentlich für die Ausbauzeit, charakteristisch.

Hierbei ist die Tatsache von wesentlicher allgemeiner Bedeutung, daß sich die Risiken technischer und wirtschaftlicher Art mit dem Fortschreiten des Ausbaues und des Betriebes mehr und mehr erkennen und beurteilen lassen und zum Teil auch ausgeschaltet werden. Die Risiken des Schachtabteufens sind z. B. mit beendetem Schachtabteufen, also gegebenenfalls nach gelungenem Anschluß des wasserdichten Schachtausbaues an das wassertragende Gebirge usw., in der Regel endgültig beseitigt und spielen nur dann erneut eine Rolle, wenn der Schacht beschädigt wird oder wenn sich aus irgendwelchen Gründen ein neuer Schacht erforderlich machen sollte.

Mit jedem geteuften Schachtmeter wird das Risiko des Abteufens verringert, wobei natürlich den in den einzelnen Gebirgsgliedern enthaltenen verschiedenen Risiken entsprechend Rechnung getragen werden muß.

Ist z. B. ein auf 600 m abzuteufender Schacht bereits 500 m geteuft, so hat der abgeteufte Schachtteil keineswegs immer $^5/_6$ des zukünftigen Gesamtwertes des fertigen Schachtes. Sind die Hauptschwierigkeiten des Abteufens in der Teufe zwischen 500 und 600 m zu überwinden, so muß der Wert des bereits geteuften Schachtteiles wesentlich niedriger eingesetzt werden, und zwar gegebenenfalls unter dem Herstellungspreis, wenn es nicht sicher ist, daß die bevorstehenden Schwierigkeiten mit erträglichem Kostenaufwand überwunden werden können.

Aus diesem Grunde wird man die Anlageteile, deren Ausbau ohne erhebliches Risiko bzw. ohne erhebliche Schwierigkeiten durchgeführt werden kann, wie z. B. die Tagesanlagen, bei der Beurteilung der Kreditfähigkeit solange noch nicht voll bewerten, als die wichtigsten Risiken, im vorliegenden Beispiel also beim Schachtabteufen und bei der Ausrichtung, noch nicht überwunden oder beseitigt sind. Es ist zu beachten, daß die Tagesanlagen nur Abbruchswert haben, wenn die Aufschlußarbeiten endgültig mißlungen sind.

Hiernach beginnt die Kreditfähigkeit eines im Ausbau, also noch nicht im Betriebe befindlichen Werkes im allgemeinen erst mit Abschluß der ersten Ausrichtungsarbeiten.

Damit ist nicht gesagt, daß Kreditwürdigkeit und Bewertung des Bergwerkes nun keinen Rückschlag mehr erfahren könnten. Das mit dem Bergbau verbundene Risiko bringt es je nach Lage des Falles mit sich, daß die Bewertung und damit der Kredit mit dem weiteren Fortschritt der Aufschlußarbeiten zu- oder abnehmen. Die weiteren Aufschlußarbeiten können z. B. Hoffnungen zerstören, die bei Beendigung des Abteufens und der ersten Aufschlußarbeiten, also bei Beginn des Betriebes, als durchaus berechtigt in die Feldesbewertung eingesetzt und für die Kreditfähigkeit berücksichtigt werden konnten.

Ferner ist zu beachten, daß die in Rechnung zu setzende Wertsteigerung und Kreditfähigkeit des Bergwerkes nicht immer dem darin festgelegten Kapitalaufwand entsprechen. Bei sehr günstigen Aufschlüssen ist der tatsächliche Wert meist höher und bei ungünstigen niedriger als der Kapitalaufwand, so daß im letzteren Falle oft Sanierungsmaßnahmen nötig sind, um die Kreditfähigkeit wiederherzustellen.

2. Bei im Betrieb befindlichen Bergwerken.

Für das im Betrieb stehende Bergwerk ist demnach die Kreditfähigkeit außer von der erreichbaren Verzinsung des erforderlichen Anlagekapitals noch von den besonderen Risiken des Abbaues und der Konjunktur abhängig zu machen. Je ungleichmäßiger das Mineralvorkommen an sich ist, je gestörter die Tektonik, je größer die Gefahr von Wasser- und Gaseinbrüchen, Bränden usw. ist, desto größer ist die Wahrscheinlichkeit, daß mit fortschreitendem Abbau das zu befürchtende Ereignis auch wirklich eintritt. Hierbei muß berücksichtigt werden, daß die Gefahrquelle mit fortschreitendem Abbau in dem einen Falle verringert, im anderen vergrößert werden kann.

Im Braunkohlentiefbau wird mit der durch den Abbau bewirkten Entwässerung des Gebirges in der Regel auch die Gefahr der Wasser- und Schwimmsandeinbrüche verringert. Beim Kalisalzbergbau nimmt dagegen die Gefahr der Wassereinbrüche mit der Abbaufläche und der damit sich steigernden Druckwirkung sehr häufig zu.

Außerdem ist zu beachten, daß die nach Abzug der voraussichtlichen Abbauverluste sich ergebende Gesamtmenge der Lagerstätte immer nur dann im vollen Umfange als Rechnungsgrundlage für den Wert und den Kredit des Bergwerkes herangezogen werden kann, wenn die Absatzverhältnisse derartige sind, daß die zu fördernden Mineralien innerhalb der in Rechnung gesetzten Zeit abgesetzt werden können.

3. Für Einzelwerke bzw. für ganze Gebiete.

Während die Einwirkungen der wirtschaftlichen Lage die betreffenden Industrien eines Gebietes in der Regel ziemlich gleichmäßig treffen und die Abweichungen in erster Linie von den normalen Produktionsbedingungen und dem finanziellen Unterbau des Unternehmens, aber weniger von seiner Größe beeinflußt werden, sofern man von unwirtschaftlich kleinen Anlagen absieht, wirkt der unvermutete Eintritt technischer Schwierigkeiten in der Regel um so schärfer, je kleiner das Unternehmen ist.

Eine Schlagwetter-Kohlenstaubexplosion, mag sie noch so verheerend sein, wird immer auf eine Schachtanlage bzw. auf eine Gruppe unterirdisch zusammenhängender Betriebsanlagen beschränkt bleiben und kann auf völlig getrennte, d. h. nicht miteinander durchschlägige Anlagen nicht übergreifen. Der Fall, daß mehrere Anlagen gleichzeitig von gleich wirksamen Betriebsschwierigkeiten dieser Art betroffen werden, ist selten. Die Wahrscheinlichkeit, daß die Betriebsergebnisse durch plötzlich eintretende Betriebsschwierigkeiten erheblich beeinflußt werden können, nimmt für ein Unternehmen mit der Zahl der in diesem zusammengefaßten Einzelanlagen ab.

Andererseits können Betriebsschwierigkeiten vorliegen, die ein ganzes Gebiet umfassen, und die je nach ihrer Art entweder dauernd wirksam sein können oder dauernd drohen und bei ihrem Eintritt die Bergwerke eines ganzen Revieres gefährden. Zu den ersteren Schwierigkeiten gehören z. B. die vergleichsweise starken Druckerscheinungen, die den Abbau im Zwickau-Lugau-Ölsnitzer Steinkohlenrevier allgemein erschweren und auf den ungünstigen tektonischen Aufbau der Lagerstätte zurückzuführen sind. In solchen Fällen ist die Konkurrenzfähigkeit des einzelnen Werkes gegenüber den anderen des gleichen Bezirkes nicht verringert, wohl aber gegenüber denen anderer Bezirke.

Ein Beispiel für den zweiten Fall sind die Wasserdurchbrüche auf dem Anhaltischen Kalisalzbergwerk Leopoldshall, die das Ersaufen der benachbarten Bergwerke zu Staßfurt und Neu-Staßfurt im Gefolge hatten, obwohl diese Grubenbaue nicht miteinander durchschlägig waren. Hierzu gehört auch die Verwässerung von Erdöllagern durch einzelne undichte Bohrlöcher.

Es ist sonach nicht allein für die Bewertung eines Bergwerkes festzustellen, ob die etwaigen Risikofälle technischer oder wirtschaftlicher Natur eine gleichbleibende, steigende oder fallende Tendenz haben, sondern zugleich, ob sie sich auf die Einzelanlage und hier vielleicht sogar auf einen Betriebsteil lokalisieren lassen, oder ob die Gefahr oder Wahrscheinlichkeit besteht, daß sie gleichzeitig eine größere Anzahl oder die Gesamtheit der Bergwerksanlagen des betreffenden Gebietes bedrohen.

c) Der Einfluß des Risikos auf den Zinsfaktor.

In wirtschaftlicher Hinsicht drückt sich das Risiko in der Höhe des Zinsfaktors aus, den man normalerweise für die Verzinsung des im Unternehmen festzulegenden Anlagekapitals zugrunde legen muß. Drückt man die ungünstige Wirkung des Risikos durch eine Gefahrenziffer aus, deren Wert mit der Größe der Gefahr, d. h. der Wahrscheinlichkeit des Eintrittes des Risikofalles sowie des Umfanges der damit verbundenen Verluste zunimmt, so wächst der eben erwähnte Zinsfaktor mit dieser Gefahrenziffer. Die Bemessung der Gefahrenziffer bzw. des Zinsfaktors muß unter angemessener Bewertung aller das Unternehmen betreffenden Risikofälle erfolgen und kann der Natur der Sache nach nur auf dem Wege der Einschätzung festgestellt werden. Der Zinsfaktor wird daher stets höher als der landesübliche Zinsfuß (Hypothekenzinsfuß) sein.

VI. Die rechnerische Bewertung von Bergwerken.

a) Die Bewertung von Gesamtanlagen.

1. Die rechnerische Ermittlung von Lebensdauer und Rente eines Bergwerkes.

Zur Bewertung sind die folgenden allgemeinen Grundlagen erforderlich:

Die anstehenden Mineralien sind nach Maßgabe der Aufschlüsse, Probenahmen, der geologischen Verhältnisse usw. zu ermitteln. Nur die sicheren und gegebenenfalls die wahrscheinlichen Vorräte sind einzusetzen. Die möglichen Vorräte sind bei der Bewertung auszuschließen. Zu den Vorräten zählen nur die wirtschaftlich-technisch erreichbaren Lagerstätten. Von den wahrscheinlichen Vorräten ist nur $\frac{1}{3}$ bis $\frac{1}{2}$ in Rechnung zu setzen.

1. Der Lagerstätteninhalt für die sicheren und zum Teil die wahrscheinlichen Lagerstättenvorräte ist $= V$.

2. Hiervon sind abzusetzen:

a) für nicht in Angriff zu nehmende Grubenfeldteile wie Markscheidepfeiler, Sicherheitspfeiler usw. $= S$.

Der zum Abbau verfügbare Lagerstätteninhalt ist sonach $= V - S$.

b) Zur Berücksichtigung des Abbauverlustes ist zu setzen:

A = Faktor der Abbauvollständigkeit,
A_v = Faktor der Abbauverluste.

Dann ist der Wirkungsgrad der Abbauvollständigkeit $A = 1 - A_v$. Durchschnittlich wird $A = 0{,}3$ bis $0{,}9$ sein[1].

---

[1] Beim Braunkohlentagebau kann A bis $0{,}9$ gerechnet werden.

Hierbei sind A und A_v abhängig vom Stande der Technik und den sonstigen Verhältnissen. Der gewinnbare Anteil N des zum Abbau verfügbaren Lagerstätteninhaltes ist:

$$N = A \cdot (V - S).$$

c) Zur Berücksichtigung der bekannten Erzfälle und sonstigen regelmäßigen Inhaltskonzentrationen, wobei die Inhaltsverminderungen (Bergemittel usw.) $= J < 1$ seien, setzt man den Faktor T ein:

$$T = 1 - J \text{ (wobei } T < 1 \text{ ist).}$$

d) Zur Berücksichtigung möglicher, noch unbekannter und daher unbestimmbarer Abbau- und sonstiger Substanzverluste, z. B. durch unbekannte Gebirgsstörungen, Grubenbrand, Wasserdurchbrüche usw., wobei diese Substanzverluste mit U bezeichnet werden mögen, setzt man:

$$B = 1 - U \text{ (wobei } B < 1 \text{ ist).}$$

Dann beträgt die in Ansatz zu bringende förderfähige Mineralienmenge M:

$$M = A \cdot B \cdot T \cdot (V - S). \tag{I}$$

3. Es betrage die durchschnittliche jährliche Leistungsfähigkeit des Bergwerkes unter Berücksichtigung der Schwankungen durch Betriebsstörungen aller Art $= L_f$. Dann ist die Lebensdauer der vorhandenen bzw. beabsichtigten Grube in Jahren:

$$g_1 = \frac{A \cdot B \cdot T \cdot (V - S)}{L_f}.$$

4. Es betrage die durchschnittliche Jahresabsatzmöglichkeit des Bergwerkes unter Berücksichtigung der Konjunkturschwankungen usw. $= L_a$. Dann beträgt die Lebensdauer der Grube in Jahren[1]:

$$g_2 = \frac{A \cdot B \cdot T \cdot (V - S)}{L_a}.$$

In der Rechnung ist die höchste Lebensdauer, d. h. die niedrigste Absatzziffer, als g einzusetzen, da z. B. bei geringerer Absatzmöglichkeit die höhere Leistungsfähigkeit nicht ausgenutzt werden kann und umgekehrt.

Die tatsächliche Leistung soll mit L bezeichnet werden. Dann ist:

$$g = \frac{A \cdot B \cdot T \cdot (V - S)}{L} = \frac{M}{L}, \tag{II}$$

$g =$ Lebensdauer des Bergwerksfeldes.

Allgemein ist zu beachten, daß man für g keinen größeren Betrag als 30 bis 50 Jahre in die weiteren Rechnungen einsetzen soll, schon weil die politischen und rechtlichen Verhältnisse nicht gut auf längere Zeit zu übersehen sind. Daraus ergibt sich, daß z. B. in Steinkohlenfeldern nur der Gebirgsteil einschließlich Kohleninhalt und Risiken bis zu derjenigen Teufe (Sohle) bewertet werden darf, der innerhalb der nächsten 30 bis 50 Jahre abgebaut werden kann.

5. Bezeichnet man mit

$D_s =$ Durchschnittsselbstkosten je Tonne einschließlich Betriebs-, Büro-, Verwaltungs- und sonstigen Generalunkosten,
$D_e =$ Durchschnittserlös je Tonne,

---

[1] Man wird voraussichtlich nicht mit einem bestimmten Absatz eines Bergwerksproduktes von vornherein rechnen können. Meist wird der Absatz mit der Entwicklung des Werkes steigen. Es kann aber auch der umgekehrte Fall eintreten. Bei Berücksichtigung der Lebensdauer des Werkes müßte man diesem Umstand nach Möglichkeit Rechnung tragen.

so beträgt der Durchschnittsgewinn je Tonne $= (D_e - D_s)$ und der durchschnittliche Jahresverdienst

$$R = L \cdot (D_e - D_s) = \text{Bergwerksrente}. \tag{III}$$

6. Rechnet man den landesüblichen Zinsfuß zu $P\%$, so ist der Verzinsungsfaktor

$$p = 1 + \frac{P}{100}. \tag{IV}$$

Der Zinsfuß, den man unter Berücksichtigung des höheren Risikos für ein im Bergbau angelegtes Kapital in der Regel verlangt, muß je nach der Art des Risikos mit 3 bis 6% über dem landesüblichen Zinsfuß angesetzt werden. Bei sehr starken Risiken muß der Zinsfuß auch noch höher eingesetzt werden. Der Zinsfuß, der für das im Bergwerk angelegte Kapital berechnet werden soll, sei mit Q bezeichnet. Es ist dann:

$$q = 1 + \frac{Q}{100}. \tag{V}$$

Es ist zu beachten, daß nur für das noch im Bergwerk steckende Kapital der höhere Zinssatz q, jedoch für das durch Amortisation gesicherte Kapital nur der Zinssatz p gerechtfertigt ist, sofern das Kapital nicht wieder im Bergwerk angelegt worden ist.

Setzt man

$W =$ augenblicklichen Wert des Bergwerkes bzw. der Bergwerksrente, so ist der Endwert desselben nach g Jahren $= W \cdot q^g$.

Dieser Betrag muß gleich dem Endwert der Amortisationsrente sein. Dieser beträgt $R \cdot \dfrac{p^g - 1}{p - 1}$. Hieraus ergibt sich:

$$W \cdot q^g = R \cdot \frac{p^g - 1}{p - 1},$$

$$W = \frac{R \cdot (p^g - 1)}{q^g \cdot (p - 1)}. \tag{VI}$$

Bei dieser Formel ist unter W das gesamte im Bergwerk enthaltene Kapital zu verstehen. Es muß jedoch berücksichtigt werden, daß sich das im Bergwerk enthaltene Kapital zusammensetzt aus:

1. dem Anlagekapital,
2. dem Grubenfeldkapital.

Während die Amortisationszeit für die Anlage wegen der Veraltung der Maschinen, den erforderlichen Umbauten, der starken Abnutzung usw. durchschnittlich nur mit 10 bis 20 Jahren in Rechnung gestellt werden darf, dauert die Amortisationszeit der Grube evtl. 30 bis 40 Jahre.

Setzt man die Amortisationszeit des Anlagekapitals $= \alpha$, wobei zu beachten ist, daß $\alpha \leqq g$ sein muß, $W_a =$ Wert des in der Anlage festgelegten Kapitals, das entweder dem tatsächlichen Betrage oder dem bei Neuanlagen einzusetzenden Betrage entspricht, $W_g =$ den zu ermittelnden Wert des Grubenfeldes, $R_a =$ Rente aus den Anlagewerten, $R_g =$ Rente aus dem Grubenfeldwerte, wobei $R = R_a + R_g$ ist, so ist nach der allgemeinen Formel:

$$W_a = R_a \cdot \frac{(p^\alpha - 1)}{q^\alpha \cdot (p - 1)}. \tag{VII}$$

Hieraus folgt

$$R_a = W_a \cdot q^\alpha \cdot \frac{p - 1}{p^\alpha - 1}.$$

Diesen Betrag muß man von R abziehen, um R_g zu erhalten. Es ist dann

$$W_g = \frac{R - W_a \cdot q^\alpha \cdot \dfrac{p-1}{p^\alpha-1}}{q^g} \cdot \frac{p^g-1}{p-1}. \tag{VIII}$$

Will man W_a weiter in Einzelbeträge auflösen, so ist sinngemäß zu verfahren. Es empfiehlt sich jedoch weitere Auflösung nur, soweit es sich um größere Beträge handelt, für die besondere Amortisationszeiten und Zinssätze in Frage kommen. Beispielsweise kann man eine größere Beamten- und Arbeiterkolonie, größeren Grundbesitz usw. für sich ausschalten, um eine genauere Wertberechnung durchzuführen. Die Lebensdauer der Häuser in den Kolonien soll man nicht höher als 30 Jahre einsetzen, so daß $\varkappa = 30$ wird. Auf alle Fälle darf die Lebensdauer der Wohnhäuser nur dann über die Lebensdauer des Werkes in Rechnung gesetzt werden, wenn das Werk in einer stark industriellen Gegend liegt, so daß anzunehmen ist, daß die Häuser auch nach Einstellung des betreffenden Werkbetriebes in Benutzung bleiben. Zu beachten ist hierbei, daß der Kohlenbergbau bei ausgedehnten Kohlenvorkommen vielfach die Grundlage einer angesiedelten Industrie (z. B. chemische Großindustrie, Hüttenwerke usw.) ist, die sich wirtschaftlich nur so lange in dieser Gegend halten kann, als der Kohlenbergbau dort umgeht.

Bei unbebauten Grundstücken ist die Summe zu amortisieren, die über den tatsächlichen — landwirtschaftlichen — Wert hinaus gezahlt werden mußte. Die Amortisationszeit kann der Lebensdauer des Bergwerkes g gleichgesetzt werden.

Die Lebensdauer der Werksanlagen und Werkseinrichtungen kann man etwa folgendermaßen einsetzen:

Schächte	30	bis 25	Jahre
Maschinen, Kesselanlagen	15	„ 10	„
Koksöfen, Schwelöfen	15	„ 10	„
Eisenbahnen, Wegebau	30	„ 25	„
Abraum- und Grubenlokomotiven	10	„ 8	„
Geräte	7	„ 2	„
Betriebsgebäude, sofern sie später noch für neue Einrichtungen (Maschinen usw.) brauchbar sind	20	„ 15	„
Wohngebäude	30	„ 25	„

Die Lebensdauer ist in vielen Fällen noch niedriger einzusetzen.

Setzt man:

W_k = Wert des in der Beamten- und Arbeiterkolonie angelegten Kapitals,
R_k = Rente aus diesem Kapital,
W_{gr} = Wert des in Grundstücken über deren Nutzungswert angelegten Kapitals,
R_{gr} = Rente aus diesem Kapital,

und bezeichnet man hier mit W_a und R_a das Anlagekapital und dessen Rente nach Abzug der ausgeschiedenen Einzelbeträge, so wird.

$$W_g = \frac{R - \left[W_a \cdot q^\alpha \cdot \left(\dfrac{p-1}{p^\alpha-1}\right) + W_k \cdot q^\varkappa \cdot \left(\dfrac{p-1}{p^\varkappa-1}\right) + W_{gr} \cdot q^{gr} \cdot \left(\dfrac{p-1}{p^{gr}-1}\right) \right]}{q^g} \cdot \left(\frac{p^g-1}{p-1}\right). \tag{IX}$$

2. Die Erläuterung der entwickelten Formeln an Beispielen.

Die vorstehenden Gleichungen ermöglichen, wie die folgenden Beispiele zeigen werden, je nach den Gesichtspunkten, unter denen der einzelne Gutachter seine Aufgabe zu lösen versucht, ganz verschiedenartige rechnerische Ergebnisse für die Bewertung des Grubenfeldes. Schon die Einschätzung der Gefahrenziffer und damit des Zinsfußes Q kann mehr oder weniger erheblichen Schwankungen unterliegen. Wenige Prozente vermögen aber schon erhebliche Wertunterschiede herbeizuführen.

Außerdem kann die Bewertung einer vorhandenen Anlage sehr verschieden ausfallen. Hält der Gutachter die Anlage für mehr oder weniger verfehlt, glaubt er dieselben Betriebsergebnisse mit einer billigeren Anlage erzielen zu können, so wird er vielleicht entsprechende Abzüge von dem für die Anlage festgelegten Baukapital machen. Ebenso kann die Ausnutzung des Bergwerksfeldes oder die Bewertung nach den bisherigen bzw. nach den zukünftigen zu erwartenden Erträgnissen von einschneidender Bedeutung sein. Einige Beispiele mögen dies erläutern.

α) **Die zweckmäßigste Ausnutzung des Bergwerksfeldes.** Ein Braunkohlentiefbaufeld habe derartig gestaltete Lagerungsverhältnisse, daß man aus einer Schachtanlage eine durchschnittliche Leistung von jährlich etwa $400000\,\text{t} = L_f$ erzielen kann. Die Absatzmöglichkeit betrage $L_a = 1200000\,\text{t}$.

Das Feld habe einen durch Bohrungen nachgewiesenen Kohleninhalt von 200 Mill. m³.

Für Sicherheitspfeiler aller Art müssen 40 Mill. m³ angebaut werden, so daß $V - S = 160$ Mill. m³ beträgt.

Es seien ferner:

1. Abbauvollständigkeit $A = 0,5$,
2. der Faktor für wahrscheinliches und mögliches Risiko $B = 0,33$,
3. 1 m³ anstehende Kohle $= 1,2\,\text{t}$.

Dann ist die gewinnbare Mineralienmenge M_t:

$$M_t = 0,5 \cdot 0,33 \cdot 1,2 \cdot 160\,\text{Mill.} \cong 30\,\text{Mill. t förderfähige Kohle.}$$

Daraus ergibt sich eine Lebensdauer

a) gemäß der Leistungsfähigkeit einer Anlage:

$$g_1 = \frac{30}{0,4} = 75\,\text{Jahre},$$

b) gemäß der Absatzmöglichkeit (hier gleich der Leistungsfähigkeit von drei Anlagen):

$$g_2 = \frac{30}{1,2} = 25\,\text{Jahre.}$$

Es sei angenommen, daß die Ausdehnung des Feldes gegebenenfalls auch die gleichzeitige Errichtung von drei Anlagen zuläßt. Das Kapital zur Errichtung einer Anlage betrage 1 Mill. $\mathscr{M}$.

Ferner sei angenommen:

$D_s =$ Durchschnittsselbstkosten je Tonne Kohle $= 1,60\,\mathscr{M}$,
$D_e =$ Durchschnittserlös je Tonne Kohle $\qquad = 2,50\,\mathscr{M}$,
$\alpha \;\; = 12$ Jahre.

Es ist dann:

$$R = L \cdot (D_e - D_s) = 400000 \cdot (2,50 - 1,60) = 360000\,\mathscr{M} \text{ von jeder Anlage.}$$

Nimmt man nun

$$q = 1,08, \text{ dann ist } q^{12} = 2,52; \text{ bzw. } p = 1,04, \text{ dann ist } p^{12} = \quad 1,60,$$
$$q^{25} = 6,85 \qquad\qquad\qquad\qquad p^{25} = \quad 2,67,$$
$$q^{75} = 321 \qquad\qquad\qquad\qquad p^{75} = 18,94.$$

Unter Zugrundelegung dieser Annahmen ist

a) der Grubenfeldwert bei Errichtung von nur einer Anlage ($g_1 = 75$ Jahre)

$$W_{g_1} = \frac{R - W_a \cdot q^{\alpha} \cdot \dfrac{p-1}{p^{\alpha}-1}}{q^{g_1}} \cdot \frac{p^{g_1}-1}{p-1} = \frac{360000 - 1000000 \cdot 2,52 \cdot \dfrac{0,04}{0,60}}{321} \cdot \frac{18,94-1}{1,04-1}$$

$$\cong 268000\,\mathscr{M},$$

b) der Grubenfeldwert bei Errichtung von drei Anlagen ($g_2 = 25$ Jahre), wobei zu berücksichtigen ist, daß den Renten von drei Anlagen auch die Kosten von drei Anlagen gegenüberstehen:

$$W_{g_2} = \frac{3 \cdot 360\,000 - 3 \cdot 1\,000\,000 \cdot 2{,}52 \cdot \dfrac{0{,}04}{0{,}60}}{6{,}85} \cdot \frac{2{,}67 - 1}{1{,}04 - 1} \cong 3\,511\,000 \,\mathscr{M}.$$

Die Berechnung läßt klar erkennen, daß der Grubenfeldwert nicht allein von der Größe des Lagerstätteninhaltes und von den Anlagekosten schlechthin abhängig ist, sondern ganz wesentlich auch von der Leistungsfähigkeit der Anlagen und der Absatzmöglichkeit bedingt wird. Daneben spielt natürlich das Verhältnis der Selbstkosten zu den Verkaufspreisen und deren gegenseitige Entwicklung eine wesentliche Rolle[1].

β) **Die Bewertung eines Bergwerksfeldes nach den bisherigen oder nach den zukünftig zu erwartenden Betriebsergebnissen.** Bei bestehenden Werken wird man die Bewertung derselben von den Erträgnissen unter Berücksichtigung des Betriebszustandes, der Entwicklung der Absatzverhältnisse usw. abhängig machen, wenn man nicht wegen vollständiger Ertragslosigkeit nur den Abbruchswert in Rechnung zu setzen hat.

Werden die Verhältnisse, die die Erträgnisse des Werkes bedingen, menschlicher Voraussicht nach denen der letzten Betriebsjahre vor Aufstellung der Bewertung etwa gleichbleiben, so ist für die Berechnung der Durchschnitt der Erträgnisse dieser Betriebsjahre maßgebend.

Sind dagegen dauernde Veränderungen eingetreten oder zu erwarten, so müssen diese, wie das nachstehende Beispiel ergibt, entsprechend berücksichtigt werden.

In einem Braunkohlentagebauwerke mit guten Anlagen betrage z. B. der Anlagewert rund $3\,566\,000\,\mathscr{M}$. Der Tagebau sei erst im vorletzten Betriebsjahre gut ausgebaut worden mit dem Erfolge, daß der Betriebsüberschuß, der in den beiden vorletzten Betriebsjahren zusammen $1\,225\,769\,\mathscr{M}$ betrug, im letzten Jahre allein auf $2\,106\,231\,\mathscr{M}$ bei etwa gleicher Förderung stieg. Hiervon gehen für Abschreibungen und Unkosten der beiden vorletzten Jahre $1\,089\,822\,\mathscr{M}$ und des letzten Jahres $1\,034\,178\,\mathscr{M}$ ab.

Der Wert des Tagebaufeldes errechnet sich nun sehr verschieden, je nachdem man den Durchschnitt der Erträgnisse der letzten 3 Jahre oder nur den Ertrag des letzten Betriebsjahres einsetzt. Berücksichtigt man die Betriebsverbesserungen bei der Bewertung nicht, und berechnet man den Wert des Bergwerkes nach dem Durchschnitt der drei letzten Jahreserträgnisse, so erhält man

$$W_a = 3\,566\,000\,\mathscr{M},$$

R = Summe der Geschäftserträgnisse $= 3\,332\,000\,\mathscr{M}$
$\quad$ „ $\quad$ „ Abschreibungen und Unkosten $= 2\,124\,000\,\mathscr{M}$
$$\text{Rente von 3 Jahren} = \overline{1\,208\,000\,\mathscr{M}.}$$

Dann ist

$$R = \tfrac{1}{3} \cdot 1\,208\,000 \cong 402\,700\,\mathscr{M}.$$

Rechnet man mit

$\alpha = 15$ Jahre = mittlere Lebensdauer der Anlagen,
$g = 30$ $\quad$ „ $\quad$ = Lebensdauer des Tagebaufeldes,
$p = 1{,}04$ (landesübliche Verzinsung mündelsicherer Werte $= 4\%$),
$q = 1{,}07$ ($\quad$ „ $\quad$ „ von Bergwerkskapitalien $= 7\%$),

---

[1] Vgl. auch Kegel-Willers: Die günstigste Abbauzeit eines Grubenfeldes. Glückauf 1930, S. 1025. Hiernach ist die günstigste Abbauzeit einer Bauabteilung usw. niemals größer als die Tilgungszeiten der Anlagewerte.

so ist

$$W_g = \frac{402\,700 - 3\,566\,000 \cdot 1{,}07^{15} \cdot \dfrac{1{,}04 - 1}{1{,}04^{15} - 1}}{1{,}07^{30}} \cdot \frac{1{,}04^{30} - 1}{1{,}04 - 1} \cong -\,656\,000\ \mathit{M}.$$

Das heißt also, das Grubenfeld würde nur einen negativen Wert haben, wenn die in den Anlagen festgelegten Werte mit 7% verzinst werden müßten. Verzinst man diese mit 5%, so erhält man

$$W_g = \frac{402\,700 - 3\,566\,000 \cdot 1{,}05^{15} \cdot \dfrac{1{,}04 - 1}{1{,}04^{15} - 1}}{1{,}05^{30}} \cdot \frac{1{,}04^{30} - 1}{1{,}04 - 1} \cong 415\,000\ \mathit{M}.$$

Der Wert ist also trotz niedriger Verzinsung des Risikokapitals, wie die Rechnung zeigt, noch immer sehr gering.

Berücksichtigt man jedoch die Einwirkung der erwähnten Betriebsverbesserungen und setzt man demzufolge den letzten Jahresertrag als den mutmaßlichen zukünftigen Durchschnittsertrag in Rechnung, so erhält man aus

$$
\begin{aligned}
\text{Geschäftserträgnis} &\ldots \ldots \ldots\ 2\,106\,231 \\
\text{Abschreibungen und Unkosten}&\ \underline{1\,034\,178} \\
R = {}&\overline{1\,072\,053} \cong 1\,072\,000\ \mathit{M}
\end{aligned}
$$

bei sonst gleichen Werten

$$W_g = \frac{1\,072\,000 - 3\,566\,000 \cdot 1{,}07^{15} \cdot \dfrac{1{,}04 - 1}{1{,}04^{15} - 1}}{1{,}07^{30}} \cdot \frac{1{,}04^{30} - 1}{1{,}04 - 1} \cong 4\,269\,000\ \mathit{M}.$$

Der Wert des Grubenfeldes ist also infolge der glücklichen Durchführung der Betriebsverbesserungen erheblich gewachsen.

Krusch[1] schlägt vor, bei Wertberechnungen für noch nicht im Betriebe befindliche Werke die Zinseszinsen bei Abschreibungsteilquoten nicht zu berücksichtigen, um auf diese Weise einen weiteren Sicherheitsfaktor in den Ermittlungen zu erhalten. Er schlägt als Rechnungsgang für diese Fälle vor:

Lagerstättenwert + Bergwerksanlagekapital = 10fachen Betriebsüberschuß

$$-\,10 \cdot \left(\frac{\text{Lagerstättenwert}}{n} + \frac{\text{Bergwerksanlagekapital}}{n} \right).$$ Er rechnet dabei mit einer 10%igen Verzinsung des Anlagekapitals. Ferner bedeutet n die in Rechnung zu setzende Abschreibungszeit in Jahren. Diese Zeit darf nicht länger als die Betriebsdauer der Anlage sein.

Die Rechnung liefert für die von Krusch bezeichneten Fälle genügend genaue Ergebnisse. Seinem Bestreben, die Zahl der Sicherheitsfaktoren möglichst zu erhöhen, ist durchaus beizupflichten.

b) Begutachtung von Anlagen hinsichtlich der Möglichkeit einer Rationalisierung bzw. Betriebsumstellung.

1. Das Wesen der Rationalisierung.

In vielen Fällen handelt es sich bei der Begutachtung eines Bergwerkes nicht um seine Bewertung, sondern um die Untersuchung der Möglichkeit einer Rationalisierung der Betriebes. In der Regel müssen Betriebe, die nicht mehr lebensfähig sind, abgeworfen werden (negative Rationalisierung). Die verbleibenden Betriebe werden dann weiter ausgebaut, um die Produktion hier verbilligen und gegebenenfalls auch konzentrieren zu können (positive Rationalisierung).

---

[1] Krusch: a. a. O. S. 165.

α) **Negative Rationalisierung.** Die negative Rationalisierung bedeutet erhebliche Vermögensverluste, die sich im Bergbau am stärksten, wenn auch äußerlich weniger erkennbar, auf das allgemeine Volksvermögen erstrecken durch das Unbauwürdigwerden der Flöze, die etwa infolge der erschwerten Wirtschaftsverhältnisse auch auf den weiter betriebenen Zechen nicht mehr gebaut werden können. Die gegenseitige Zweckverbundenheit der negativen und positiven Rationalisierung zwingt in vielen Fällen zu einem umfassenden Zusammenschluß der Einzelunternehmungen.

β) **Positive Rationalisierung.** Die positive Rationalisierung besteht in der Verbesserung oder in dem Umbau der Anlagen über und unter Tage, in der Einführung verbesserter Methoden des Abbaues, in der Veredelung und Weiterverarbeitung des Produktes usw. Die Lösung dieser Frage ist häufig deshalb so schwierig, weil es sich in der Regel um veraltete oder sonstwie ungünstige Anlagen handelt und die Fragen vielfach erst zur Lösung aufgeworfen werden, wenn finanzielle Schwierigkeiten beim Unternehmen schon eingetreten oder doch in greifbare Nähe gerückt sind.

Es handelt sich vorwiegend um die folgenden Fragen:

β_1) Welche Verbesserungen lassen sich ohne Umänderung der vorhandenen Anlagen durchführen?

β_2) In welchem Umfange sind Umbauten oder Erweiterungen der Anlage erforderlich?

β_3) Wie wirkt die Finanzlage des Unternehmens auf die Durchführbarkeit der zu treffenden Maßnahmen ein?

I. Handelt es sich um die Erhöhung des Betriebsgewinnes oder

II. um die Vermeidung bzw. Beseitigung von Betriebsverlusten.

β_1) Verbesserungen im Betriebe ohne Umänderung der bestehenden Anlagen: Die ohne Umänderung der Anlage zu treffenden Verbesserungen bestehen in erster Linie in der Verbesserung der Arbeitsverfahren und der sonstigen Betriebsorganisation. Die hierzu anzustellenden systematischen Zeitmessungen und Untersuchungen über das zweckmäßigste Ineinandergreifen des Betriebes in der gegebenen Anlage lassen sich zumeist mit geringen Kosten durchführen und bringen häufig einen schnellen Erfolg innerhalb der durch die Sachlage gegebenen Grenze.

β_2) Feststellung des Umfanges von Umbauten und Erweiterungen: Sollte sich eine ausreichende Besserung der Betriebsergebnisse ohne Umbau oder Erweiterung der Anlage nicht erzielen lassen, so ist zu untersuchen, ob die ganze Anlage umgebaut werden muß, ob der Umbau auf einzelne Anlageteile beschränkt werden kann, und ob schließlich ein allmählicher organischer Umbau möglich ist.

Es ist hierbei zu ermitteln, welche Kosten die einzelnen Maßnahmen verursachen und welche Betriebserfolge dafür erzielt werden, die in der Beeinflussung der Erzeugungskosten, der Güte und schließlich der Menge der Erzeugnisse bestehen können. Der hiernach zu erwartende Sondergewinn ist festzustellen.

Bei der Feststellung dieses Gewinnes ist zu beachten, ob dieser

a) einigermaßen sicher zu errechnen oder durch Vorversuche ermittelt ist, was z. B. bei reiner Maschinenarbeit, bei Aufbereitungsanlagen und bei ähnlich liegenden Fällen vielfach ermöglicht werden kann, oder ob

b) der zu erwartende Gewinn nur mehr oder weniger roh geschätzt werden kann, weil es sich beispielsweise um die Anwendung noch unerprobter Verfahren handelt, wenn auch vielleicht rein maschineller Natur, oder weil die Mitarbeit der im Betriebe tätigen Menschen (Beamten und Arbeiter) für den Erfolg eines neu aufzunehmenden Arbeitsverfahrens von ausschlaggebender Bedeutung ist oder doch sein kann. Im letzteren Falle kann vielfach auch die Übertragung anderwärts erprobter und bewährter Verfahren auf Schwierigkeiten stoßen, wenn diese Verfahren der Belegschaft des umzugestaltenden Betriebes noch unbekannt sind. Es braucht hier durchaus nicht immer böser Wille vorausgesetzt zu werden. Die Macht der Gewohnheit und der Anschauung über die Zweckmäßigkeit der bisherigen Betriebsvorgänge und das Geschick oder Ungeschick der mit der Umstellung betrauten Personen erzeugen aus psychologisch verständlichen Gründen vielfach eine Voreingenommenheit gegen die beabsichtigten Neuerungen und verhindern es, daß alle technischen Beamten und die im Betriebe tätigen Arbeiter das Wesen der Neuerung rechtzeitig richtig erfassen. Gewiß läßt sich durch allmähliche Umstellung des Betriebes, zu der man zunächst nur die intelligentesten technischen Beamten und Arbeiter heranzieht, eine allmähliche Ausbildung der gesamten Belegschaft erreichen. Es ist dann aber mindestens die Zeitdauer nicht sicher bestimmbar, die die Umstellung des Betriebes bis zum Eintritt des gewollten Erfolges erfordert. Auf alle Fälle ist die Zeitdauer beträchtlich.

Im Bergbau bereitet aus diesem Grunde die Übertragung und Entwicklung von neueren Abbau- und Gewinnungsmethoden usw. mitunter erhebliche Schwierigkeiten.

Die Unsicherheit über die Höhe des zu erwartenden Erfolges und über die Zeitdauer bis zum Eintritt desselben kann daher zusammen mit der vielfach vorhandenen Unsicherheit über die Höhe der notwendigen Geldmittel außerordentlich hemmend für den Entschluß zur Durchführung der Umstellung sein. Sind die Verhältnisse sehr schwierig zu beurteilen, so ist es oft zweckmäßig, die aus den ungünstigsten Möglichkeiten sich ergebenden Kosten in bezug auf Anlage bzw. auf Betrieb in Ansatz zu bringen. Vom Finanzplan des Unternehmens hängt es dann ab, ob der obere Grenzwert der Kosten noch erträglich ist oder ob es sich empfiehlt, weitere Untersuchungen (z. B. Bohrungen, Aufschlußarbeiten, Aufbereitungsversuche) durchzuführen, um die Sachlage genauer beurteilen zu können, oder andere, wirtschaftlicher zum Ziele führende Wege zu suchen.

β_3) Die Einwirkung der Finanzlage des Unternehmens auf die Umstellung bzw. Erweiterung der Anlage: Der wirtschaftliche Enderfolg einer Betriebsumstellung wird bedingt durch

1. die reinen Herstellungskosten der Betriebsumstellung,

2. die hierauf während der Umstellung bis zum Eintritt des Betriebserfolges entfallenden Bauzinsen,

3. die bei einem mit Verlust arbeitenden Altbetrieb während der Umstellung bis zum Eintritt des Betriebserfolges noch weiter entstehenden Verluste,

4. die Verzinsung dieser Verluste,

5. die Höhe des durch die Umstellung erzielten Rohgewinnes vor Abschreibung der Anlage.

Hieraus geht hervor, daß für den wirtschaftlichen Erfolg einer Umstellung nicht nur die reinen Herstellungskosten der Umstellung und der dadurch erzielbare Rohgewinn in Frage kommen, sondern auch der Zustand des Altbetriebes.

Die Umstellungsarbeit wird stets Erfolg haben, wenn die Betriebsgewinne des bisherigen Betriebes mindestens den Betrag der Bauzinsen für die Umstellung neben den für das bisherige Gesamtunternehmen erforderlichen Rücklagen ganz bzw. anteilig erreichen, sofern der durch den Umbau bewirkte Betriebserfolg eine ausreichende Amortisation und Verzinsung der reinen Herstellungskosten der Umstellung sichert. Hier ist die Bauzeit und die Zeit bis zum Eintritt des Umstellungserfolges hinsichtlich der finanziellen Sicherheit des Unternehmens belanglos. Natürlich wird die Umstellung finanziell um so erfolgreicher, je schneller der Umstellungserfolg eintritt. Von größerer Bedeutung ist hier die Frage, ob das Unternehmen eigene Kapitalreserven besitzt, die es zur Umstellung heranziehen kann, oder ob es Bankschulden eingehen muß. Im letzteren Falle ist zu untersuchen, wie hoch die Bankzinsen und die sonstigen Belastungen durch die Aufnahme eines Kredites unter Berücksichtigung der Zeitdauer bis zum Betriebserfolg werden, um sich über die Zweckmäßigkeit einer Betriebsumstellung schlüssig zu werden.

Ergibt sich die Zweckmäßigkeit der Betriebsumstellung grundsätzlich, so kann man gegebenenfalls eine übermäßige finanzielle Belastung des Unternehmens vermeiden, indem man die Umstellung allmählich durchführt. Von Bedeutung ist dann die Bestimmung der Reihenfolge, in der die einzelnen Betriebsteile umzustellen sind, des Umfanges des auf einmal umzustellenden Betriebsteiles und des Tempos, in dem die Umstellungen nacheinander folgen sollen.

Zweckmäßig wird man in erster Linie diejenigen Betriebsteile umstellen, die mit dem geringsten Aufwand an Mitteln in der kürzesten Zeit den größten Erfolg bringen. Ebenso werden neu anzulegende Betriebsteile von Anfang an nach den als besser erkannten Gesichtspunkten eingerichtet.

Ganz anders liegt der Fall, wenn der Altbetrieb keine Gewinne, sondern Betriebsverluste bringt. Nimmt man an, daß die Umstellungsarbeit den gleichen Aufwand an Herstellungskosten erfordert und denselben Betriebserfolg bringt, wie in dem zuvor angenommenen Falle, so kommt hier im Gegensatz zu diesem Falle wesentlich der Zeitpunkt in Betracht, zu dem man sich zur Umstellung entschließt, und die Zeitdauer bis zum Eintritt des Betriebserfolges. Je später man sich zur Umstellung entschließt, um so mehr sind etwaige Kapitalreserven aufgebraucht, um so mehr muß Fremdkapital herangezogen werden. Ist die Dauer der Umstellung bis zum Eintritt des Betriebserfolges sehr groß, so kann die Summe der inzwischen auflaufenden Betriebsverluste so groß werden, daß die Zweckmäßigkeit der Umstellung in Frage gestellt wird, weil die gemäß 1. bis 4., S. 638 (Herstellungskosten, Bauzinsen, Betriebsverluste und Bankzinsen für die zur Deckung der Verluste aufzunehmenden Bankschulden) sich ergebende Höhe des gesamten Anlagekapitals eine ausreichende Verzinsung und Amortisation desselben unmöglich macht. Ferner kann das Unternehmen durch die Höhe der aufzunehmenden, meist kurzfristigen Bankschulden in finanzielle Schwierigkeiten geraten, ehe überhaupt die Umstellung durchgeführt ist bzw. der Umstellungserfolg eintritt.

Können die Betriebsverluste durch Zubußen bzw. Nachzahlung der Gesellschafter gedeckt werden, so ist eine Sanierung z. B. in der Form möglich, daß die Einzahlungen für diese Verluste sofort abgebucht werden.

2. Die Folgerungen aus den Untersuchungen zur Betriebsumstellung bzw. -erweiterung.

Es geht daraus hervor, daß die Umstellung eines unrentabel werdenden Betriebes oder Betriebsteiles möglichst schnell begonnen und durchgeführt werden muß, ehe die Finanzkraft des Unternehmens durch die Betriebsverluste zu sehr geschwächt wird, sofern eine Umstellung überhaupt Aussicht auf Erfolg hat. Ist der Erfolg nicht von vornherein sicher, ist namentlich die Dauer der Umstellung bis zum Eintritt des Betriebserfolges nicht feststellbar, so ist bei hohen Betriebsverlusten des Altbetriebes an Stelle der Betriebsumstellung meist die Betriebseinstellung zu empfehlen. Je gespannter die Geldlage ist, um so vorsichtiger muß man in solchen Fällen vorgehen, d. h. um so eher wird man zur Betriebseinstellung gelangen. Bei starken Betriebsverlusten ist daher die zeitsparende Disponierung einer Umstellung vielfach wichtiger als die reinen Kosten derselben, wenn nur zunächst die Betriebsverluste beseitigt werden. Es kann in solchen Fällen z. B. eine zweimalige Umstellung als wirtschaftlich notwendig in Frage kommen, von denen die erste, schnell durchführbare gegebenenfalls die Verluste eben ausschaltet, während die zweite, sich anschließende, längere Zeit beanspruchende Umstellung nur den Zweck hat, einen Betriebsgewinn entweder herbeizuführen oder diesen zu erhöhen. In allen diesen Fällen muß zunächst die Gesundung des Betriebes herbeigeführt werden, ehe eine Gesundung der Finanzlage eintreten kann.

In vielen Fällen wird die positive Rationalisierung eine Erhöhung der Leistungsfähigkeit der Anlage herbeiführen sollen. Hier ist zu beachten, daß die Leistungsfähigkeit der Anlage abhängig ist von der Leistungsfähigkeit des Förderschachtes, den maschinellen Einrichtungen über Tage, insbesondere der Verladung, der Wäsche und sonstigen Verarbeitungsanlagen, dem Stande der Aus- und Vorrichtung, der Betriebsorganisation, der Arbeiterzahl und dadurch von der Zahl der verfügbaren Wohnungen. Jeder dieser Faktoren muß der Leistungserhöhung angepaßt werden, wenn die Anlage als solche leistungsfähiger werden soll. Die Zeitdauer, welcher diese einzelnen Faktoren zu ihrer Umstellung bedürfen, ist außerordentlich verschieden. Die längste Zeitdauer ist für den Gesamterfolg oft maßgebend. Schwierig kann insbesondere die Arbeiterfrage werden.

Ferner ist zu beachten, daß durch Verstärkung der einzelnen Betriebe nicht immer eine Verbilligung derselben eintritt. Muß z. B. ein weiteres Betriebsaggregat eingeschaltet werden, das nicht völlig ausgenützt wird, so kann eine Verteuerung eintreten. Schmalenbach hat beispielsweise festgestellt, daß ein Braunkohlenwerk bei einer monatlichen Briketterzeugung von 25000 t monatliche Gesamtkosten von 220000 ℳ hatte. Diese Kosten stiegen bei einer Leistungssteigerung auf 26000 bis 27000 t nur auf 222000 bis 224000 ℳ, um bei einer Monatsleistung von 28000 t plötzlich auf 240000 ℳ zu springen, da ein weiterer, nicht voll ausgenutzter Bagger in Betrieb genommen werden mußte. Es ist daher innerhalb eines Konzerns oder innerhalb einer Anlage zu prüfen, ob ein Betrieb oder Betriebszweig noch ohne Verstärkung der Anlage stärker belastet werden kann, ehe die Anlage vergrößert werden muß.

Namen- und Sachverzeichnis.

Organisation, Wirtschaft und Betrieb im Bergbau. Von Dr. Bartel Granigg, o. ö. Professor an der Montanistischen Hochschule Leoben, Dr. mont. und Docteur ès sc. phys. der Universität Genf. Mit 70 Abbildungen im Text und auf 11 Tafeln sowie 3 mehrfarbigen Karten. V, 283 Seiten. 1926.

Gebunden RM 28.50

Inhaltsübersicht: A. Allgemeiner Teil. — Erstes Kapitel: Der Aufbau einer Bergdirektion. — I. Die oberste Leitung eines Bergbaubetriebes. — II. Das Sekretariat einer Bergdirektion. — III. Der Bergwesenvorstand (Grubenvorstand). — IV. Die Bergbau-Betriebsleitung. — V. Die Zentralmarkscheiderei. — VI. Die Maschinenabteilung. — VII. Die Bauabteilung. — Zweites Kapitel: Bergbau und Arbeit. — I. Technik und Kultur. — II. Von der Gütererzeugung. — III. Von der Güterverteilung und vom Güterverbrauch. — IV. Der Mensch in der Gütererzeugung. — V. Vom Taylorsystem im Bergbau. — Drittes Kapitel: Die Grundlagen des Bergbaubetriebes. — I. Die geologischen Grundlagen. — II. Die geographischen Grundlagen. — III. Die technischen Grundlagen und die Ausbaugrößen im Bergbau. — IV. Die rechtlichen Grundlagen des Bergbaubetriebes. — Viertes Kapitel: Bergbau und Kapital. — I. Die Schätzung von Bergbauobjekten. — II. Kapitalassoziationen und Interessengemeinschaften im Bergbau. — III. Die finanzielle Behandlung von neu aufzuschließenden Bergbauobjekten. — Fünftes Kapitel: Bergbau und Markt. — I. Markt. — II. Der Verkauf von Bergbauprodukten. — B. Spezieller Teil. — Sechstes Kapitel: Das Schürfen. — I. Geologische Vorarbeiten. — II. Rechtliche Vorarbeiten. — III. Physiologisches Schürfen. — IV. Physikalisches Schürfen. — V. Bergbautechnisches Schürfen. — Siebentes Kapitel: Der Entwurf und Betrieb von Bergbauanlagen. — I. Allgemeine Grundsätze. — II. Entwurf und Betrieb eines Tagbaues im gebirgigen Terrain. — III. Entwurf und Betrieb eines Tagbaues in der Ebene. — IV. Entwurf und Betrieb im Grubenbau. — V. Bemerkungen zur wirtschaftlich-technischen Untersuchung von Bergbaubetrieben und zur Aufstellung von Betriebsplänen.

Grundlagen für den Entwurf von Braunkohlenbrikettfabriken

und Möglichkeiten zur Verbesserung ihrer Energieerzeugung, Wärmewirtschaft und Leistungsfähigkeit. Von Dr.-Ing. Otto Schöne, Oberingenieur und Leiter der Abteilung für Kraft- und Wärmewirtschaft der Ilse Bergbau A.-G., Grube Ilse N.-L. Mit 67 Textabbildungen. XII, 175 Seiten. 1930. RM 24.—; gebunden RM 25.50

Die Bergwerksmaschinen. Eine Sammlung von Handbüchern für Betriebsbeamte. Unter Mitwirkung zahlreicher Fachgenossen herausgegeben von Diplom-Bergingenieur Hans Bansen.

Es liegen vor:

Dritter Band: Die Schachtfördermaschinen. Zweite, vermehrte und verbesserte Auflage. Bearbeitet von Fritz Schmidt und Ernst Förster.

I. Teil: Die Grundlagen des Fördermaschinenwesens. Von Professor Dr. Fritz Schmidt, Berlin. Mit 178 Abbildungen im Text. VIII, 209 Seiten. 1923.

RM 8.40

II. Teil: Die Dampffördermaschinen. Von Professor Dr. Fritz Schmidt, Berlin. Mit 231 Abbildungen im Text. VII, 291 Seiten. 1927. RM 15.—

III. Teil: Die elektrischen Fördermaschinen. Von Professor Dr.-Ing. Ernst Förster, Magdeburg. Mit 81 Abbildungen im Text und auf einer Tafel. VII, 154 Seiten. 1923. RM 6.—

3 Teile in einem Band gebunden RM 31.50

Sechster Band: Die Streckenförderung. Von Diplom-Bergingenieur Hans Bansen. Zweite, vermehrte und verbesserte Auflage. Mit 593 Textfiguren. XII, 444 Seiten. 1921.

Gebunden RM 18.—

Billig Verladen und Fördern. Die maßgebenden Gesichtspunkte für die Schaffung von Neuanlagen nebst Beschreibung und Beurteilung der bestehenden Verlade- und Fördermittel unter besonderer Berücksichtigung ihrer Wirtschaftlichkeit. Von Dipl.-Ing. Georg v. Hanffstengel, a. o. Professor an der Technischen Hochschule zu Berlin. Dritte, neubearbeitete Auflage. Mit 190 Textabbildungen. VIII, 178 Seiten. 1926.

RM 6.—

Bergbaumechanik. Lehrbuch für bergmännische Lehranstalten, Handbuch für den praktischen Bergbau. Von Dipl.-Ing. **J. Maercks**, Bergschule Bochum. Mit 455 Textabbildungen. IX, 451 Seiten. 1930.   RM 19.50; gebunden RM 21.—

Lehrbuch der Bergbaukunde mit besonderer Berücksichtigung des Steinkohlenbergbaues. Von Professor Dr.-Ing. e. h. **F. Heise**, Bochum, und Professor Dr.-Ing. e. h. **F. Herbst**, Essen.

Erster Band: Gebirgs- und Lagerstättenlehre. Das Aufsuchen der Lagerstätten (Schürf- und Bohrarbeiten). Gewinnungsarbeiten. Die Grubenbaue. Grubenbewetterung. Sechste, verbesserte Auflage. Mit 682 Abbildungen im Text und einer farbigen Tafel. XXI, 716 Seiten. 1930.   Gebunden RM 22.50

Zweiter Band: Grubenausbau. Schachtabteufen. Förderung. Wasserhaltung. Grubenbrände, Atmungs- und Rettungsgeräte. Dritte und vierte, verbesserte und vermehrte Auflage. Mit 695 Abbildungen. XVI, 662 Seiten. 1923.   Gebunden RM 11.—

Grundzüge der Bergbaukunde einschließlich Aufbereiten und Brikettieren. Von Dr.-Ing. e. h. **Emil Treptow**, Geh. Bergrat, Professor i. R. der Bergbaukunde an der Bergakademie Freiberg, Sachsen. Sechste, vermehrte und vollständig umgearbeitete Auflage.

I. Band: **Bergbaukunde.** Mit 871 in den Text gedruckten Abbildungen. X, 636 Seiten. 1925.   Gebunden RM 18.—

II. Band: **Aufbereitung und Brikettieren.** Mit 324 in den Text gedruckten Abbildungen und 11 Tafeln. X, 338 Seiten. 1925.   Gebunden RM 21.—

Lehrbuch der Bergwerksmaschinen (Kraft- und Arbeitsmaschinen). Zweite, verbesserte und erweiterte Auflage. Bearbeitet von Dr. **H. Hoffmann †**, Bergschule Bochum, und Dipl.-Ing. **C. Hoffmann**, Bergschule Bochum. Mit 547 Textabbildungen. VIII, 402 Seiten. 1931.   Gebunden RM 24.—

Lehrbuch der Markscheidekunde. Von Dr. phil. **P. Wilski**, o. Professor der Markscheidekunde an der Technischen Hochschule zu Aachen.

Erster Teil: Mit 131 Abbildungen im Text, einer mehrfarbigen und 27 schwarzen Tafeln. VIII, 252 Seiten. 1929.   Gebunden RM 26.—

Ingenieurgeologie. Herausgegeben von Dr. **K. A. Redlich**, o. ö. Professor der Deutschen Technischen Hochschule Prag, Dr. **K. v. Terzaghi**, o. ö. Professor des Institute of Technology, Cambridge, Mass., U.S.A., und Dr. **R. Kampe**, Direktor des Quellenamtes Karlsbad, Privatdozent der Deutschen Technischen Hochschule Prag. Mit Beiträgen von Dir. Dr. H. Apfelbeck, Falkenau, Ing. H. E. Gruner, Basel, Dr. H. Hlauschek, Prag, Privatdozent Dr. K. Kühn, Prag, Privatdozent Dr. K. Preclik, Prag, Privatdozent Dr. L. Rüger, Heidelberg, Dr. K. Scharrer, Weihenstephan-München, o. ö. Professor Dr. A. Schoklitsch, Brünn. Mit 417 Abbildungen im Text. X, 708 Seiten. 1929.   Gebunden RM 57.—

Additional material from *Lehrbuch der Bergwirtschaft*
ISBN 978-3-642-89935-5, is available at http://extras.springer.com